Statistik

Einführendes Lehrbuch für Wirtschafts- und Sozialwissenschaftler

Von

Dr. Peter Bohley

ord. Professor, Direktor des
Wirtschaftswissenschaftlichen Instituts
und Leiter des
Statistischen Seminars
der Universität Zürich

3., überarbeitete und erweiterte Auflage

R. Oldenbourg Verlag München Wien

CIP-Titelaufnahme der Deutschen Bibliothek

Bohley, Peter:
Statistik : einführendes Lehrbuch für Wirtschafts- und Sozialwissenschaftler / von Peter Bohley. - 3., überarb. u. erw. Aufl. - München ; Wien : Oldenbourg, 1989
ISBN 3-486-20840-3

Gesamtherstellung: R. Oldenbourg Graphische Betriebe GmbH, München

ISBN 3-486-20840-3

Vorwort zur ersten Auflage

Motto: „Nur so formal wie nötig, so anschaulich wie möglich."

Das vorliegende Lehrbuch ist konzipiert als eine Einführung in die Statistik. Es umfaßt jene Stoffbereiche, die sich Volks- und Betriebswirte im Grundstudium erarbeiten sollten, richtet sich aber auch an Studierende aus den Nachbardisziplinen der Soziologie, Politikwissenschaft oder Geographie. Hervorgegangen ist es aus einer rund zehnjährigen Unterrichtspraxis an der Rechts- und Staatswissenschaftlichen Fakultät der Universität Zürich. Gegenüber den vielen vorhandenen und darunter auch sehr guten Lehrbüchern der Statistik sollte das vorliegende Lehrbuch sein eigenständiges Gepräge durch das Bemühen des Verfassers erhalten,

- möglichst hohe Anschaulichkeit mit Hilfe von vielen Zeichnungen, Schaubildern und Übersichtsschemata und durch den generellen „lay-out" des Stoffes zu erreichen,
- Methoden und Probleme anhand von Beispielen aus der Praxis, die nebenher auch einen gewissen eigenständigen Informationsgehalt besitzen, zu erläutern,
- Zusammenhänge nicht nur durch die Kurzschrift von Formeln, sondern auch durch verbale Formulierung zu erklären,
- den Stoff gut verständlich und leicht lernbar darzustellen und die im Vorurteil vieler angehender Wirtschaftswissenschaftler „trockene" oder „spröde" Statistik als interessant, wenn nicht gar spannend erscheinen zu lassen.

Statistik lernen erfordert eigenes Tun. Um den Leser zu aktivieren, wurden viele Kontrollfragen locker in den Text eingestreut. Die Antworten auf diese Fragen sollte man erst nachschlagen, nachdem man vorher eine eigene Antwort möglichst schriftlich festgelegt hat. Zahlreiche Beispiele in Form von Aufgaben mit Lösung sollen ebenfalls der Einübung des vorher gelesenen Stoffs dienen. Soweit die Aufgaben (mit anschließender Lösung) mehr sind als reine Übungsaufgaben zum Textteil, sind sie durch einen Stern ausgezeichnet. Diese Aufgaben haben den Zweck, den Textteil in einigen Punkten zu ergänzen und den Text insgesamt zu entlasten.

Gegenstand des vorliegenden Lehrbuchs sind die Bereiche der Deskriptiven Statistik (Kapitel II bis IX) und der Schließenden Statistik (Kapitel XVI bis XX) einschließlich einer knapp gehaltenen Einführung in die Wahrscheinlichkeitstheorie (Kapitel X bis XV). Am Anfang des Lehrbuchs steht ein Kapitel aus der Wirtschaftsstatistik, das sich mit der Frage nach der Messung der Teuerung befaßt. Kaum ein anderes Gebiet der Statistik hat unmittelbarere Beziehung zur Alltagswirklichkeit von Herrn oder Frau Jedermann. Vom Verfasser wurde darin ein geeigneter Stoff zum Einstieg in die Statistik gesehen.

Das vorliegende Lehrbuch wird ergänzt durch eine Beilage „Formeln, Rechenregeln und Tabellen zur Statistik". Die Formeln sind in der im Text anzutreffenden Reihenfolge aufgeführt. Jedem Kapitel vorangestellt ist ein Verzeichnis der jeweils erstmals verwendeten Symbole. Die Formelsammlung dient daher auch als Abkürzungsverzeichnis. Sie erschließt darüber hinaus den Text. Wer das Buch einmal gründlich durchgearbeitet hat, findet sich mit Hilfe der Formelsammlung rasch wieder im Text zurecht. Ein

Digitalsucher am Seitenrand erleichtert das Auffinden der Kapitel. Die „Rechenregeln“ (der Kombinatorik, Integralrechnung etc.) enthalten eine kurz kommentierte Sammlung von oft auch anderwärts Nützlichem.

Mein Dank für die Hilfe bei der Verwirklichung des vorliegenden Buches gilt zunächst meinem akademischen Lehrer Rolf Wagenführ, der es in unvergleichlicher Weise verstanden hat, in seinen Vorlesungen Statistik mit Leben zu erfüllen. Er hat mir, dem an der Universität Kiel bei Erich Schneider, Heinz Haller und Gottfried Bombach ausgebildeten Volkswirt, während meines Heidelberger Doktorandenstudiums den Zugang zur Statistik geöffnet und die Wege geebnet für ein Zweitstudium , das ich in den Jahren 1964 - 1967 an der Ecole Nationale de la Statistique et de l'Administration Economique in Paris absolvierte. Großen Dank schulde ich meinen dortigen akademischen Lehrern Gérard Calot und Edmond Malinvaud, ferner der Volkswagenwerkstiftung, die dieses Zweitstudium finanzierte. Nicht zuletzt schulde ich Dank dem Finanzwissenschaftler Heinz Haller, dessen Assistent ich zunächst in Heidelberg und später in Zürich war, für die Freiheit, die er mir für die Betätigung im klassischen „anderen“ Fach der wirtschaftlichen Staatswissenschaften, Statistik, gewährte. Nach dem Wechsel an die Universität Zürich erhielt ich großzügige Förderung von dem damaligen Inhaber des Lehrstuhls für Statistik, Professor Bickel, dessen Lehrveranstaltungen ich nach und nach übernahm.

Ich möchte schließlich den unmittelbar am Entstehen des vorliegenden Lehrbuchs Beteiligten für die Unterstützung danken, insbesondere meinen früheren und jetzigen Assistenten, den Herren lic.oec.publ. Walter Aschwanden, Dr.rer.pol. Najib Harabi, lic.oec.publ. Gian Antonio Paravicini Bagliani, lic.oec.publ. und Dipl.math. ETH Hans-Peter Geiger, lic.ès.sc.math. Dr.sc.techn. Lennart Pirktl, Dipl.math. ETH Daniel Stofer, Dr.rer.pol. Armin Jans und Dr.rer.pol. Daniel Zimmermann, ferner meinen Sekretärinnen Frau Renée Walter-Müller, Frau Helen Scheurmann und Frau Eva Wyss und nicht zuletzt meinen Studenten. Besonderer Dank gilt schließlich noch Herrn Dipl. Volkswirt Martin Weigert, dem Lektoratsleiter beim Oldenbourg-Verlag für seinen zupackenden Einsatz bei der Verwirklichung meines Buchprojekts.

Zürich, Frühjahr 1985

Vorwort zur zweiten Auflage

Die ersten neun Kapitel wurden für die zweite Auflage gründlich überarbeitet. Die Beispiele wurden aktualisiert und teilweise durch bessere ersetzt. Es weckt das Interesse am methodischen Stoff, wenn er an interessanten Beispielen demonstriert werden kann. Nebenbei erhält das Lehrbuch dadurch auch ein klein wenig den Charakter eines wirtschaftsstatistischen Zeitdokuments. Das kann für den Studierenden nur von Vorteil sein, denn er sollte ja nicht nur Methoden beherrschen, sondern auch ein paar Fakten und Größenordnungen kennen.

Die 2. Auflage erhielt ein Register und ist daher leichter zugänglich, als die erste Auflage es war. Die bisher im Text verstreuten Literaturangaben sind zu einem Literaturverzeichnis am Ende des Buches zusammengefaßt worden. Außerdem wurde dem Buch ein

Kapitel zur multiplen Regressionsanalyse beigefügt, geschrieben von meinem Oberassistenten Dr. Lennart Pirktl. Durch die Straffung des Textes an anderer Stelle war dies ohne Vergrößerung des Buchumfangs möglich. Erwähnt sei schließlich noch, daß das Buch jetzt durchgehend paginiert ist.

Die zweite Auflage mußte überraschenderweise schon so kurz nach Erscheinen der ersten Auflage herausgebracht werden, daß es nicht möglich war, den ganzen Text, wie geplant, mit elektronischer Textverarbeitung herzustellen. Daß es aber möglich war, zehn Kapitel auf EDV zu bringen, verdanke ich dem großartigen Einsatz meiner Mitarbeiter, allen voran Fräulein Silvia Rey, meiner Sekretärin, dann aber auch Herrn Dr. Pirktl, Herrn Dipl.ing. Abid M. Ramid sowie den Herren lic.oec.publ. Theodor Haldemann und Ralf Herpolsheimer, ferner der sehr intensiven Unterstützung durch Herrn Dr. Peter Vollenweider vom Rechenzentrum der Universität Zürich und nicht zuletzt meinem Kollegen Prof. Dr. Kurt Bauknecht, dem Direktor des Universitätsrechenzentrums. Schließlich danke ich jenen Kollegen, die mich durch kritische Kommentare auf Fehler oder Ungenauigkeiten in der 1. Auflage aufmerksam gemacht haben.

Zürich, Herbst 1986

Vorwort zur dritten Auflage

Die dritte Auflage unterscheidet sich von der vorangegangenen in mehrfacher Hinsicht. Auch die Kapitel X bis XX sind jetzt einer gründlichen Überarbeitung unterzogen worden. Ferner wurde in die dritte Auflage ein Kapitel zur Bevölkerungsstatistik aufgenommen. Angesichts der enormen Probleme, vor die sich die Gemeinwesen und Volkswirtschaften in den nächsten Jahrzehnten infolge von Übervölkerung oder Bevölkerungsschwund gestellt sehen, kann ein Wirtschafts- und Sozialwissenschaftler nicht ohne einige bevölkerungsstatistische Grundkenntnisse auskommen. Schließlich wurde in Kapitel IX ein Abschnitt zur Einführung in die vor allem in der betriebswirtschaftlichen Praxis Anwendung findenden Prognoseverfahren eingefügt.

Die dritte Auflage ist nunmehr durchgehend in Buchdrucksatz hergestellt; der Schreibmaschinentext wurde ersetzt. Im Interesse besserer Lesbarkeit wurde eine größere Schrift gewählt, was unvermeidbarerweise zu einer gewissen Vergrößerung der Seitenzahl beitrug.

Mein Dank für die Verwirklichung der dritten Auflage gilt außer den Herren Dr. Pirktl, Ralf Herpolsheimer und meinem EDV - Spezialisten Ermin Trevisan meiner Sekretärin am Wirtschaftswissenschaftlichen Institut, Frau Voigt, sowie ganz besonders meiner Sekretärin am Statistischen Seminar Frau Braune - Krickau. Gleichzeitig danke ich meinen Studenten und vielen meiner Leser für zahlreiche wertvolle Hinweise.

Zürich, im Herbst 1988

Inhaltsverzeichnis

EINLEITUNG

1. Was versteht man unter Statistik?

Statistik ist eine bestimmte Art von *Information* und eine bestimmte Art von *Informationsgewinnung.* Statistik entsteht und besteht aus dem Zählen oder dem Messen und dem Aufbereiten von Dingen oder Phänomenen, die *wiederholt* und meist sogar *massenhaft* auftreten.

In einem ersten und elementaren Sinn versteht man unter Statistik so viel wie *Ergebnis* des Zählens und Messens. Man spricht hier auch von den Resultaten einer Erhebung. Die Durchführung von Erhebungen und die Darbietung ihrer Resultate erfolgt in erster Linie von statistischen Ämtern oder anderen staatlichen Behörden, daneben aber auch von halbprivaten oder privaten Stellen, wie Handelskammern, Berufsvereinigungen, Marktforschungsinstituten oder wissenschaftlichen Instituten. Man findet diese Art der Statistik vor allem in statistischen Jahrbüchern und anderen periodischen Veröffentlichungen. Dort werden die geographischen Vermessungen eines Landes, die Zahl und Struktur seiner Bevölkerung, seiner Unternehmen und Arbeitsstätten, die Zahl der Beschäftigten, der Umfang und die Struktur des Außenhandels, die Löhne, die Preise, die Steuern, das Sozialprodukt und viele andere Zähl- und Meßergebnisse mitgeteilt und teilweise graphisch veranschaulicht.

In einem zweiten Sinn bedeutet Statistik so viel wie *Aufbereiten und Verarbeiten* des Gezählten und Gemessenen. Setzt man z.B. eine Bevölkerungszahl in Beziehung zur Bodenfläche, so erhält man als sog. Beziehungszahl die Bevölkerungsdichte: 247 Einwohner pro Quadratkilometer für die Bundesrepublik Deutschland, 154 für die DDR, 151 für die Schweiz und 90 für Österreich. Solche Beziehungszahlen sind ebenfalls Statistiken oder statistische Angaben. Auch bei Kennzahlen, die aufgrund von Auswahlverfahren oder Stichproben gewonnen wurden, wie beispielsweise Preisindizes für den Konsum, Durchschnittsausgaben der Privathaushalte oder Popularitätswerte von Politikern, spricht man von statistischen Angaben. Schließlich gibt man auch der Gesamtheit der Methoden, die der Gewinnung und der Analyse statistischer Meßergebnisse dienen, den Namen Statistik. Gemeint ist dann eine Wissenschaft oder „Hilfswissenschaft".

Nicht jeder beliebige Zähl- oder Meßvorgang führt zu einer Statistik oder hat mit Statistik zu tun. Notwendige Voraussetzung für statistisches Erheben und Verarbeiten ist i.d.R. das Vorliegen einer Masse. Der französische Statistiker *Gérard Calot* hat einmal die scherzhaft gemeinte Definition gegeben: Wenn ein Mensch stirbt, ist's ein Malheur, bei 100 Toten ist's eine Katastrophe, bei 1000 Toten eine Statistik. („Un homme qui meurt est un malheur; cent hommes qui meurent, une catastrophe; mille hommes qui meurent, une statistique").

Statistische Information steht also im Gegensatz zur Information über ein einmaliges, spezifisches Ereignis. Wo wegen ihrer Wiederholung oder Massenhaftigkeit die Ereignisse sich der Einzelbeschreibung und dem Überblick entziehen, beginnt die Statistik. Sie hält das Massenphänomen zunächst zahlenmäßig fest, ermittelt sodann das Typische, Beachtenswerte und destilliert schließlich die verborgenen Regelmäßigkeiten und Zusammenhänge heraus. In diesem Sinne sind typische Fragestellungen an den Statistiker etwa die folgenden: Mit welcher Bevölkerungszahl und -struktur ist in den nächsten 30 Jahren zu rechnen, wie groß ist das Durchschnittseinkommen der Zahnärzte, wie stark konzentriert ist der Stahlmarkt, welche saisonalen Regelmäßigkeiten oder Trends weisen der Konjunkturverlauf, die Arbeitslosigkeit und viele andere Wirtschaftsreihen auf?

Statistische Information steht im Dienst des *Orientierungsbedürfnisses* des Bürgers, des Politikers, des Unternehmers und ist *Voraussetzung* für Gesetzgebung und öffentliche Verwaltung, für unternehmerische *Entscheidungen* und für *wissenschaftliches Erkennen* sozialer oder wirtschaftlicher Zusammenhänge. Erkenntnisziel der (in diesem Lehrbuch behandelten) Statistik ist also die Beschreibung volks- und betriebswirtschaftlicher, gesellschaftlicher und staatlicher Phänomene und das Aufspüren und Quantifizieren von Gesetzmäßigkeiten in diesen geistes- oder kulturwissenschaftlichen Gegenstandsbereichen.

Statistik gibt es der Sache nach seit dem Altertum. Um zu regieren oder um beispielsweise den Bau von Pyramiden zu organisieren, waren Zählungen der Bevölkerung erforderlich. Statistik setzte man über lange Zeit hinweg mit *Staatskunde* gleich, ihr Gegenstand war der „Zustand des Staates", sie beschrieb dessen „Merkwürdigkeiten" i.S. von Bemerkenswertem, Wichtigem. So läßt sich der Begriff Statistik auch auf „Staat" resp. „Staatsmann" (statista) zurückführen, und er hat sich seit dem Kolleg *Gottfried Achenwalls* (1719-1772) an der Universität Göttingen unter dem Titel „Notitia politica vulgo statistica" eingebürgert. Die Staatskunde ist eine der Wurzeln der heutigen Statistik.

Eine zweite Wurzel der Statistik liegt in der im 17. Jahrhundert in England entstandenen *„politischen Arithmetik"*. Auch hier stand die Bevölkerung im Mittelpunkt des Interesses, diesmal jedoch, um anhand vor allem von Sterbetafeln Regelmäßigkeiten oder „Gesetze" zu finden, d.h. um die *Bevölkerungsentwicklung* zu erklären. In Deutschland wurde diese „moderne" Art von Bevölkerungsstatistik zuerst von dem preußischen Feldprediger *Johann Peter Süßmilch* (1707-1767) betrieben. Die dritte Wurzel schließlich unserer heutigen Statistik bildet die *Wahrscheinlichkeitsrechnung.* Sie begann mit den von dem französischen Glücksspieler *Chevalier de Méré* (1607-1684) aufgeworfenen Fragen. Die von seinen Landsleuten *Blaise Pascal* (1623-1662) und *Pierre Fermat* (1601-1665) gefundenen Antworten und die Arbeiten des Basler Mathematikers *Jakob Bernoulli* (1654-1705) legten die Fundamente.

2. Kann man mit Statistik irreführen?

„Es gibt Lügen, schlimme Lügen und als höchste Steigerungsform statistische Lügen". So wird Statistik oft apostrophiert und als Hexerei abgetan. Wer ist daran schuld? Sicherlich liegt es teilweise daran, daß Unberufene oder Scharlatane sich als Statistiker versuchten. Aber Statistik wird auch absichtlich mißbraucht, um etwas zu vertuschen, um Fakten zu verdrehen oder um den Leuten ein X für ein U vorzumachen. Kann man dagegen durch Appelle für ehrliche und anständige Statistik an alle, die es angeht, etwas ausrichten? Auf die leichte Schulter darf der Ruf der Statistik keinesfalls genommen werden. Das Debakel der für 1983 vorgesehenen deutschen Volkszählung wäre nicht eingetreten, wären mit Statistik nicht vielerorts negative Assoziationen verbunden gewesen. Gerade Statistik in ihrer elementaren und für ein modernes Gemeinwesen grundlegenden Form, wie sie u.a. durch eine Volkszählung als Vollerhebung zustandekommt, ist gefährdet, wenn Mißverständnisse und fehlendes Wissen um sich greifen.

Nicht nur Akteure lassen sich benennen, die Statistik in Mißkredit bringen, es gibt auch in der Natur des Faches liegende Gründe. Vier mögliche statistische Fehler- oder Täuschungsarten sind zu unterscheiden. Die erste und primitivste Art besteht darin, die *Ausgangsdaten,* das Urmaterial oder die Urliste zu *fälschen* oder aus Versehen falsch zu zählen oder zu messen. Seit es sie gibt, sind Kriegsstatistiken über eigene Stärken und fremde Verluste Beispiele für diese Art Fälschung.

Die zweite Fehlerart besteht in der *Wahl einer falschen Verarbeitungsmethode.* Solche Fehler unterlaufen oft unabsichtlich. Weder EDV noch Statistikpakete, nur statistisches Wissen schützen vor ihnen, denn den nackten Zahlen kann man nicht ansehen, mit welcher Methode man sie weiterverarbeiten soll oder darf. Ein einfaches Beispiel zeigt, wie leicht solch ein Fehler unterlaufen kann. Aus den Angaben für die Bevölkerungsdichte von 247 und 154 Einwohnern pro km^2 für die Bundesrepublik Deutschland resp. die DDR wird zwar kaum jemand einen „ungewogenen" Durchschnitt von 200,5 Einwohnern pro km^2 (= 247·0,5 + 154·0,5) für das heutige Gesamtdeutschland errechnen. Aber wer unter Berücksichtigung der Bevölkerung von 61,4 Mio. im Westen (=79% der Gesamtbevölkerung) und 16,7 Mio. im Osten (=21%) einen Durchschnitt (ein arithmetisches Mittel) von 227 Einwohnern pro km^2 (= 247·0,79 + 154·0,21) errechnet, der hat sich ebenfalls verrechnet! Er hat die falsche Verarbeitungsmethode gewählt! Die richtige Methode des sog. harmonischen Mittels ergibt 219 Einwohner pro km^2 (zusammen 78,1 Mio. Einwohner auf insgesamt 357'020 km^2; Westdeutschland: 248'687 km^2, DDR: 108'333 km^2).

Eine dritte Art von Fehlern entsteht durch *falsches Rechnen* oder durch die *falsche Benutzung* einer an sich zutreffenden Verarbeitungsmethode. Rechenfehler spielen mit der Verbreitung elektronischer Rechner zwar heutzutage eine immer kleinere Rolle. Eine fehlerhafte Benutzung der richtigen Methode ist aber nach wie vor eine tückische Fehlerquelle, die aus Fahrlässigkeit oder in böser Absicht zu unrichtiger Statistik führt und viel zum schlechten Ruf der Statistik beigetragen hat. Es gibt leider zahlreiche Beispiele für unzulässige Trendextrapolationen und geschönte oder unzulässige Indexreihen. Und wie häufig sind richtig addierte oder prozentualisierte Umfrageergebnisse falsch, weil der Fragende nicht die zugegebenermaßen schwierige Kunst des Formulierens richtiger Fragen beherrschte!

Eine vierte und letzte Art falscher oder häufig auch nur falsch verstandener Statistik entsteht durch eine unzulässige Darbietung oder eine *irreführende Interpretation* der Ergebnisse. So z.B. untersuchte im Jahr 1835 der Statistiker *H.C. Lombard* 8488 Todesfälle und stellte das durchschnittliche Sterbealter der einzelnen Berufe fest. Für die Studenten stellte er ein Sterbealter von 20 Jahren fest und interpretierte „Studenten sterben jung" (entnommen *H. Swobodas* amüsantem Buch über die moderne Statistik). Vor allem durch graphisch dargestellte Statistiken kann irregeführt werden, denn Bilder sind suggestiv. Der Verlauf einer Kurve, z.B. des Konjunkturverlaufs, kann sanft gekräuselt sein oder dramatische Höhen und Tiefen wie ein Alpenpanorama aufweisen, je nachdem, welchen Maßstab man an den Achsen gewählt hat. Läßt man die Maßstabsangabe auch noch weg, läßt sich alles „beweisen". Und doch wird mit dieser Art einfachster Irreführung z.B. im Fernsehen tagtäglich gearbeitet.

Gottlob: schon wenige Grundkenntnisse sind ausreichend, um die meisten Fälle fehlerhafter Statistik zu durchschauen und um die Absichten jener zu durchkreuzen, die mit Statistik täuschen wollen. Die Antwort auf die oben gestellte Frage lautet daher: Mit Statistik irreführen kann man nur diejenigen, die nicht Bescheid wissen. Zu undifferenziertem Mißtrauen gegenüber der Statistik oder genereller Ablehnung besteht kein Grund. Das ist gut so, denn in einem viel höheren Maß, als wir alle ahnen, sind wir bei unseren alltäglichen Entscheidungen auf *Informationen* in Form von Statistik angewiesen.

Kapitel I: Preisindizes für den Konsum

1.1: *Inflation und das Adäquationsproblem* - **1.2:** *Die Konstruktion von Preisindizes für den Konsum* - **A.** *Aufstellungsprobleme* - **B.** *Verlaufsprobleme* - **1.3:** *Der schweizerische Landesindex der Konsumentenpreise* - **A.** *Warenkorbermittlung* - **B.** *Preisermittlung* - **C.** *Beispiel für die Indexberechnung* - **D.** *Vorsicht beim Arbeiten mit Verhältniszahlen* **E.** *Der neue Index seit 1982* - **1.4:** *Die deutschen Preisindizes für die Lebenshaltung* **A.** *Die buchführenden Haushalte* - **B.** *Die Warenkörbe und Preise* - **C.** *Die Indizes im Zeitablauf* - **1.5:** *Anwendungen* - **1.6:** *Die deutsche Hyperinflation von 1923* - **1.7:** *Aufgaben mit Lösung* - **1.8:** *Antworten auf die Kontrollfragen*

1.1 Inflation und das Adäquationsproblem

In einer arbeitsteiligen Wirtschaft produziert nicht jeder die von ihm benötigten Güter und Dienste selber. Die Menschen stellen ihre jeweiligen Fähigkeiten zur Verfügung, wofür sie ein *Geldeinkommen* erzielen. Wir leben nicht wie Robinsone auf lauter Inseln. Einkommen in Form von Naturalien (Entnahmen aus dem eigenen Betrieb, freie Kost und Logis oder das Kohledeputat des Bergmannes) sind Ausnahmeerscheinungen.

Beim Geldeinkommen handelt es sich um eine sog. nominale Größe. Sein Gegenwert besteht in Güter- oder Dienstleistungsmengen, also in „Realem". Wieviel „Reales" einem bestimmten Geldeinkommen entspricht, hängt von den Güterpreisen oder, allgemeiner gesagt, vom Preisniveau ab. Ein steigendes Preisniveau läßt den realen Gegenwert eines *gegebenen* Geldeinkommens schrumpfen. Mit steigender Arbeitsproduktivität und damit steigendem Wohlstand einer Volkswirtschaft steigt das Realeinkommen natürlich, aber es steigt nicht so stark wie das Nominaleinkommen, wenn sich gleichzeitig das Preisniveau hebt (beim Ansteigen des Preisniveaus spricht man auch von *Inflation* oder *Teuerung,* ein Sinken des Preisniveaus heißt *Deflation).* Um den Effekt der Inflation auf das Nominaleinkommen rechnerisch rückgängig zu machen, benötigt man eine statistische Messung der Inflation. Die rechnerische Bereinigung des Nominaleinkommens um die Inflation heißt *Deflationierung.* Das Ergebnis ist ein *preisbereinigtes* oder *deflationiertes* Nominaleinkommen, das man auch als Realeinkommen bezeichnet. Auch das Realeinkommen ist natürlich eine in Geld gemessene Größe und keine Angabe in Stück oder Kilo, aber ein im Zeitablauf gleichbleibendes Realeinkommen bedeutet gleichbleibenden Gegenwert in Stück und Kilo, ein zunehmendes Realeinkommen bedeutet zunehmenden Gegenwert in Stück und Kilo.

Für die Bestimmung der Entwicklung des Realeinkommens benötigt man also eine Messung der Inflation. Um aber dieses Phänomen vermessen zu können, müssen wir zuerst ein dem Phänomen *adäquates* Konstrukt bilden, d.h. wir müssen eine Approximation eines statistischen Begriffs an den Sachbegriff vornehmen. *Erst nachdem statistische Begriffe festgelegt sind, die den Sachbegriffen möglichst gut entsprechen, kann mit statistischem Erheben, Zählen usw. begonnen werden.* Das „Zurechtschneidern" eines geeigneten Konstrukts bezeichnet man als die Lösung des *Adäquationsproblems.* Mit ihr beginnt die Arbeit des Statistikers. Am Anfang dieses Lehrbuches steht daher ein Beispiel dafür, wie man dieses Problem für das Phänomen Inflation angeht und zu lösen versucht. (siehe auch Aufg. 1 - 3)

Die Messung der Inflation eignet sich aber neben der Einführung in die Adäquationsproblematik ebenso zur exemplarischen Einführung in die spezifische Arbeitsweise des Statistikers, die nicht gleichzusetzen ist mit der eines Mathematikers. Mit dem Konsumentenpreisindex können bereits einige wichtige, spezifisch statistische Begriffe und Techniken vorgestellt werden, wie z.B. das Ins-Verhältnis-Setzen, die Summation, das Gewichten, das Mittelwert - Bilden oder das repräsentative Auswählen.

1.2 Die Konstruktion von Preisindizes für den Konsum

Die Datenmasse der Preise einer Volkswirtschaft bildet das allgemeine Preisniveau. In diesem Kapitel wollen wir uns auf das Preisniveau der dem privaten Konsum, d.h. dem privaten Lebensunterhalt dienenden Güter- und Dienstleistungen beschränken. Dieses Preisniveau wird „angezeigt" (indiziert) durch einen Index, der in verschiedenen Ländern verschiedene Namen hat: In der *Schweiz* heißt er *„Landesindex der Konsumentenpreise"*, in der *Bundesrepublik Deutschland* heißt er *„Preisindex für die Lebenshaltung"* und in *Österreich* lauten die offiziellen Bezeichnungen *„Index der Verbraucherpreise"* resp. *„Pensionistenindex"*. In der *DDR* gibt es *keinen* Index, der das Preisniveau der von der Bevölkerung gekauften Konsumgüter mißt.

Der Preisindex für den Konsum ist das überall meistbeachtete Maß für die Bestimmung der Inflationsrate. Um ihn zu konstruieren, ermittelt man die von den Konsumenten gekauften Güter und Dienstleistungen, die zusammengenommen den sog. *Warenkorb* bilden. Dann stellt man den Anteil der Ausgabe für jeden Artikel an den Gesamtausgaben fest und ferner die Preise jeden Artikels.

Wenn $p_t^{(i)}$ und $p_0^{(i)}$ die Preise der Ware oder der Leistung Nr. i im Zeitpunkt t (dem sog. laufenden Zeitpunkt, für den man den Index jeweils berechnet) resp. im Zeitpunkt 0 (dem sog. Basiszeitpunkt) sind und $g_0^{(i)}$ der Prozentanteil des Artikels i am gesamten Wert des Warenkorbes im Zeitpunkt 0 ist und es insgesamt 250 Einzelartikel gibt, dann bildet man die folgende Summe gewichteter „Preisverhältnisse":

$$\frac{p_t^{(1)}}{p_0^{(1)}} g_0^{(1)} + \frac{p_t^{(2)}}{p_0^{(2)}} g_0^{(2)} + \cdots + \frac{p_t^{(250)}}{p_0^{(250)}} g_0^{(250)} = I_0^t \qquad (1\text{-}1)$$

oder unter Verwendung des Summenzeichens:

$$\sum_{i=1}^{250} \frac{p_t^{(i)}}{p_0^{(i)}} g_0^{(i)} = I_0^t \qquad (1\text{-}2)$$

Ein Index ist im Zeitpunkt 0 stets gleich 100, weil dann das „Preisverhältnis" für alle Waren $\frac{p_0^{(i)}}{p_0^{(i)}} = 1$ ist und sich die Summe der Prozentanteile (Gewichte) zu 100 Prozent addiert:

$$\sum_{i=1}^{250} g_0^{(i)} = 100 \qquad (1\text{-}3)$$

Zwei große Problemkreise treten bei der Konstruktion von Preisindizes für den Konsum auf:

A) Probleme bei der *Aufstellung*
B) Probleme der *laufenden Berechnung* des Indexes.

A. Aufstellungsprobleme

1.) Als erstes muß man sich über die Zusammensetzung des Warenkorbes klar werden. Damit im Warenkorb alles berücksichtigt ist, was in den einzelnen Monaten im Verlauf eines Jahres gekauft wird - vom Wollpullover im kalten Januar über die Reiseausgaben in den großen Ferien bis hin zu den Weihnachtsgeschenken - legt man in der Regel eine 12-Monats- oder Einjahresperiode fest, während der man den Warenkorb ermittelt. Diese Periode nennt man die *Basisperiode* oder den *Basiszeitpunkt*.

Was wird in den 12 Monaten der Basisperiode in den Warenkorb gelegt? Man könnte es sich einfach machen und einen Beamten des Statistischen Amtes beauftragen, sich zu überlegen, welche Güter der typische oder durchschnittliche Konsument kauft und dem Beamten die Auswahl des Warenkorbes überlassen. Aber das Ergebnis wäre beeinflußt vom persönlichen Geschmack des Beamten. Man könnte auch die Einzelhändler bitten, ihre Umsätze zu melden, und daraus entnehmen, „was gekauft wird". Aber viele Konsumgüter werden nicht über den Einzelhandel gekauft und man erhielte einen ganz einseitigen Warenkorb. Auch so geht es nicht. Es bleibt nichts anderes übrig, als die Konsumenten resp. eine gewisse Auswahl von ihnen selber entscheiden zu lassen, welche Güter in den Warenkorb hinein sollen. Scheinbar ideal wäre es, eine *Zufallsstichprobe* von Konsumenten (Privathaushalten) aus der Gesamtbevölkerung zu beauftragen, die Zusammensetzung ihres Warenkorbes mitzuteilen.

Zufallsstichproben aus der Gesamtbevölkerung zieht man ja aus vielerlei Anlässen. Allerdings stünde man im vorliegenden Fall vor dem Problem, daß man die zufällig ausgewählten Haushalte nicht zwingen könnte, ihre Ausgaben während eines Jahres offenzulegen. Und selbst wenn man dies könnte, müßte man sich fragen, ob man sich auf erzwungene Angaben wirklich verlassen könnte. Einigermaßen zutreffende Angaben über die Konsumausgaben während eines Jahres erhält man nur von Personen, die von sich aus *freiwillig* bereit sind mitzumachen und die dazu auch einigermaßen *fähig* sind. Viel zuverlässiger als eine Zufallsstichprobe führt daher eine auf dem *Quotenverfahren* beruhende *Repräsentativauswahl* zum Ziel, einen *der Wirklichkeit entsprechenden Warenkorb* von den Haushalten zu erfahren.

Beim Quotenverfahren läßt man sich von dem bei einer *Volkszählung* oder einer anderen sog. „Vollerhebung" gewonnenen Bild über die *Zusammensetzung der Bevölkerung* hinsichtlich sozialer Schichten, Einkommen, Haushaltsgröße, Wohnort in Stadt oder Land usw. leiten und versucht in möglichst vieler Hinsicht, quotal (d.h. in prozentualen Anteilen) dieselbe Zusammensetzung in der zu bildenden Repräsentativauswahl herzustellen. Am besten geht man so vor, durch Inserate in der Presse, durch direkte Ansprache u.ä. eine genügend große Zahl freiwillig sich meldender Haushalte zu finden, unter denen man dann die quotenmäßig repräsentative Auswahl treffen kann.

Hat man die Haushalte festgelegt, für deren Warenkorb man die Preisentwicklung beobachten will, dann drückt man den Haushaltsvorständen sog. *Haushaltungsbücher* in die Hand und bittet sie, ihre Verbrauchsausgaben während eines Jahres aufzuschreiben. Natürlich ist das leichter gesagt als getan. Auch wenn man sich nur auf diejenigen verläßt, die sich freiwillig meldeten, ist nicht garantiert, daß man vollkommen „richtige" Angaben erhält. Manche schämen sich, der Wahrheit gemäß z.B. *alle* Angaben für

Zigaretten, Schnaps oder andere Genußmittel anzugeben. Ferner gibt es den sog. *Hawthorne-Effekt:* Leute, die sich beobachtet fühlen, verändern tatsächlich ihr Verhalten resp. ihre Lebensführung. Es bleibt daher nichts anderes übrig, als die Angaben der Haushalte nachträglich „aufzubessern". Dazu zieht man z.B. die Umsatzzahlen des Einzelhandels oder die Ergebnisse von Verbrauchsteuerstatistiken heran.

Auch aus anderen Gründen ergeben die Haushaltungsbücher keinen fertigen Warenkorb. Wenn in ihnen „Ausgaben für Fisch" verzeichnet sind, genügt dies nicht, denn es gibt vieles aus Fisch, das gekauft wird und das man daher auch preisstatistisch erfassen muß. Es gibt frischen Fisch, gefrorenen Fisch und verarbeiteten Fisch und alles gibt es in vielen Varianten. Der frische Fisch kann eine Bachforelle oder ein Kabeljau sein, der verarbeitete Fisch kann aus Salzheringen oder Ölsardinen in der Büchse bestehen. Der Statistiker muß aus solchen Sammelangaben einzelne sog. *Indexpositionen* machen und das „Gewicht" (Ausgabenanteil bezogen auf die gesamten Verbrauchsausgaben im Warenkorb) jeder Indexposition festlegen. Die Haushaltsrechnungen liefern daher nur ein Rohschema für den Warenkorb, das in vieler Hinsicht konkretisiert, differenziert und korrigiert werden muß, um für die Zwecke eines Preisindexes für den Konsum brauchbar zu sein.

2.) Auch der auf die soeben beschriebene Weise ermittelte Warenkorb kann nicht ohne weiteres verwendet werden, denn nun kommt das Problem, daß man ja in der Zukunft jeden Monat Meldungen über die *Preise* der einzelnen Waren und Dienstleistungen erhalten können muß. Für die Warenkorbgüter muß man *vorausschauend* gewisse Schwierigkeiten einkalkulieren. Wenn man erwartet, es gebe zu große Ermittlungsprobleme, muß man gewisse Güter oder Dienste weglassen. Würden z.B. Bilder von Rembrandt oder Dürer zum Konsum der Durchschnittsfamilie gehören, könnte man sie nicht in den Warenkorb tun, denn Preise von Rembrandts und Dürern lassen sich höchst selten einmal feststellen.

Bei den im Korb verbleibenden „Indexgütern" muß man schließlich zwischen „Skylla und Charybdis" hindurchsteuern: man darf sie *nicht zu genau beschreiben:* „Herrenhemd, 50% Kunstfaser, 50% Baumwolle, grün-gelb gestreift mit roten Punkten auf dem abgerundeten Kragen, Perlmutterknöpfe und amerikanische Manschetten", denn die Gefahr besteht, daß solch ein Artikel sehr bald wieder vom Markt verschwindet. Man darf aber auch *nicht zu ungenau* beschreiben und nur sagen: „Herrenbekleidung", denn dazu gehören Anzüge, Hemden, Hosen, Sakkos und je nach Geschmack vieles andere mehr. Man muß eine Indexposition daher mit einer mittleren Genauigkeit festlegen, die hinreichend ist, um Vergleichbarkeit zuzulassen aber auch Spielraum läßt, gegebenenfalls von einer Variante eines Gutes zu einer anderen Variante übergehen zu können. Allerdings dürfen für den Index immer nur solche Gütervarianten gewählt werden, die tatsächlich auch *große Verbrauchsbedeutung* haben und deren Preisverlauf möglichst *repräsentativ* für möglichst viele andere Gütervarianten ist. Gesucht sind also gute *„Preisrepräsentanten"* (Waren oder Leistungen, die innerhalb einer Güterart den Preisverlauf möglichst typisch wiedergeben).

3.) Nachdem endlich festgelegt ist, welche Artikel im Warenkorb definitiv ihren Platz haben und wie sie definiert sind, erhebt sich die Frage, welche Preise man berücksichtigen soll. Es gibt Discountpreise, Aktions-, Schluß- und Ausverkaufspreise, Preise von Geschäften, die Marken ausgeben usw. Grundsätzlich sollte natürlich nicht auf Ausnahmepreise sondern auf den vom Konsumenten im Moment des Kaufes tatsächlich zu entrichtenden *Barpreis* abgestellt werden. Jedoch: Da für jede Indexposition viele Barpreise gemeldet werden, stellt sich sofort die nächste Frage, welchen dieser Barpreise man in die Indexformel (1-1) resp. (1-2) einsetzen soll.

• **Kontrollfrage 1 :** Würden Sie als Barpreis den Preis inklusive oder exklusive Umsatz- und Verbrauchsteuern verwenden ? Was entspricht besser dem Zweck eines Preisindexes für den Konsum ?

Läßt man sich die Barpreise jeder Gutsvariante aus *allen* Geschäften melden, die diese führen? Das ergäbe monatlich eine unerhörte Datenflut und einen dementsprechenden Aufwand! Für Preise, die in Geschäften festgestellt werden können, muß man daher eine Auswahl treffen, wiederum nach dem Prinzip der repräsentativen Auswahl. Diese Geschäfte nennt man Berichtsstellen (Meldestellen). Daneben gibt es aber auch Verbände, Gemeinden oder Behörden als Berichtsstellen für solche Güter oder Leistungen, die wie Verkehrstarife oder elektrischer Strom nicht „geschäftsgebunden" sind.

4.) Ganz entscheidend für die Aufstellung eines brauchbaren Indexes ist immer die richtige Wahl der *Basisperiode.* Eine Basisperiode sollte in jeder Hinsicht *„normal"* sein, d.h. sich nicht durch Besonderheiten auszeichnen. Sonst ist der einen Vergleich zur Basisperiode darstellende, später von Monat zu Monat berechnete Indexstand dauernd verzerrt. Eine Basisperiode sollte also weder in einer konjunkturellen Überhitzungsphase noch in einer konjunkturellen Talsohle liegen, es sollten in ihr nicht gerade extrem viele Streiks oder eine große internationale Krise stattgefunden haben. Eine Basisperiode sollte ferner möglichst aktuell sein, man darf keine Basisperiode nehmen, die zu weit zurückliegt, da sonst der Index von Anfang an veraltet ist.

B. Verlaufsprobleme

Vieles kann passieren, nachdem der Warenkorb, die Preisarten und die Berichtsstellen festgelegt sind.

1.) Es kann plötzlich *keinen Preis* mehr geben, weil ein Artikel *vom Markt verschwunden* ist. Man kann jetzt nicht einfach das entsprechende $\frac{p_t}{p_0}$ wegfallen lassen, denn der Index würde ja wegen des Wegfalls sinken, was einen ganz falschen Eindruck entstehen lassen würde, so, als ob die Ware plötzlich zum Preis von Null abgegeben würde. In der Regel setzt man an die Stelle des verschwundenen Artikels einen *Ersatzartikel* und gewichtet diesen mit dem Gewicht des verschwundenen Artikels.

2.) Laufend treten *neue Güter* auf. Hier macht man es sich in der Regel leichter: man ignoriert sie einfach. Schön ist das nicht, denn da sich die Konsumgewohnheiten dauernd auf neue Güter verlagern, verliert der Preisindex für den Konsum auf diese Weise an Realitätsnähe.

3.) Am häufigsten kommt es zu *Qualitätsänderungen* bei Waren oder Leistungen, deren Preise beobachtet werden.

a) Man kann Qualitätsveränderungen *ignorieren.* Dies ist nicht sehr schlimm, wenn die Qualitätsänderung nur gering ist, z.B.die Kleiderlänge mit der Mode variiert, oder der Joghurt mit anderen Vitaminen angereichert ist als bisher. Möglichst achtet man von vornherein bei der Indexaufstellung darauf, stark der Mode unterworfene Artikel wegzulassen und durch eher modisch unbeeinflußte zu ersetzen.

b) Man kann die Qualitätsveränderung zu *bewerten* suchen und den Marktpreis korrigieren, bevor man ihn für die Indexaufstellung verwertet. Ohne Ermessensspielraum kommt man hierbei natürlich nicht aus. Das Qualitätsänderungsproblem ist niemals vollkommen lösbar. Gegebenenfalls betrachtet man einen qualitativ veränderten Artikel wie einen neuen Artikel.

4.) Die bisher aufgezählten Verlaufsprobleme entstanden aus Veränderungen auf der *Anbieterseite*. Auch von der *Nachfragerseite* her treten jedoch im Zeitablauf infolge steigender privater Einkommen, wegen eines sich ändernden Geschmacks und aus vielen anderen Gründen Veränderungen ein. Berühmt geworden sind die von den deutschen Statistikern *Ernst Engel* (1821-1896) und *Hermann Schwabe* (1830-1874) beobachteten und als „Gesetze" formulierten Konsumverschiebungen. Das *Engelsche Gesetz* besagt, daß mit steigendem Einkommen die Ausgaben für Nahrungsmittel im Durchschnitt zwar absolut zunehmen, relativ jedoch abnehmen. Das *Schwabesche Gesetz* besagt, daß innerhalb gleicher sozialer Schichten mit steigendem Einkommen die Wohnungsausgaben relativ abnehmen. Solche Verschiebungen schlagen natürlich auch auf den durchschnittlichen oder typischen Warenkorb durch, dessen Zusammensetzung sich dauernd ändert.

Insgesamt haben alle genannten Veränderungen zur Folge, daß ein Index im Lauf der Zeit veraltet, d.h. nicht mehr genau die Realität widerspiegelt. Der Warenkorb verändert sich, wie dies schematisch in Fig. 1-1 illustriert ist.

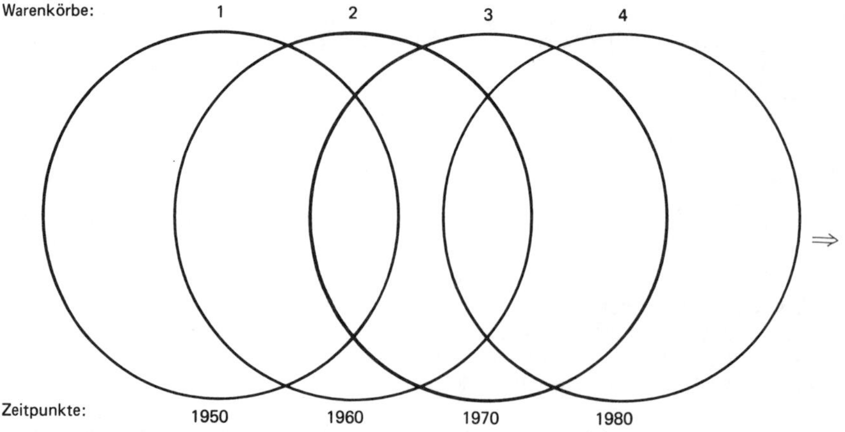

Fig. 1-1: Warenkörbe im Zeitablauf

• **Kontrollfrage 2 :** Werden zum heutigen Zeitpunkt wohl die Preise aller früheren Warenkörbe erfragt und verarbeitet ? Wäre das plausibel ?

5.) Der *Wechsel der Jahreszeiten* hat auf eine ganze Reihe von Preisen seinen Einfluß, und daraus ergibt sich das Problem, daß selbst dann, wenn sich von Jahr zu Jahr das Preisniveau überhaupt nicht verändert, ein Preisindex für den Konsum einen auf- und absteigenden Verlauf nimmt, weil zu gewissen Zeiten Obst, Gemüse, Kartoffeln u.ä. billiger sind als zu anderen Zeiten (siehe Fig. 1-2).

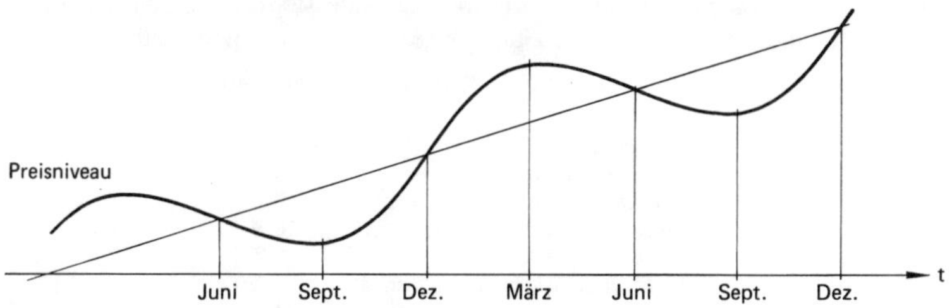

Fig. 1-2: Saisonschwankungen des Preisniveaus

Es stellt sich daher die Frage, ob man einen Index „saisonbereinigen" soll, so daß er stets nur *bleibende* Preisänderungen angibt. Freilich stellen sich einer Saisonbereinigung oft sehr große Schwierigkeiten entgegen, weil der Saisonverlauf jeden Jahres anders gestaltet ist. Man kann also im besten Fall immer nur eine durchschnittliche, „normale" Saisonschwankung ausmerzen, aber nie die volle, jedes Jahr etwas anders gestaltete.

1.3 Der schweizerische Landesindex der Konsumentenpreise

A. Warenkorbermittlung

Dem schweizerischen Konsumentenpreisindex mit der Basis Dezember 1982 liegt ein Warenkorb zugrunde, der aus den Aufzeichnungen von 442 Haushalten während des Jahres 1981 hervorging: Es handelte sich um den Warenkorb sog. Unselbständigerwerbender, d.h. im wesentlichen von Arbeitnehmerhaushalten in städtischen Verhältnissen. Nicht berücksichtigt wurden insbesondere die Haushalte von Selbständigen und Rentnern.

Die Durchschnittsgröße der Indexhaushalte lag erheblich *über* dem bei der Volkszählung von 1980 festgestellten Landesdurchschnitt von rd. 2,5 Personen pro Haushalt. Zwar verteilten sich die „Indexhaushalte" auf verschiedene Haushaltsgrößen, wie die folgende Übersicht zeigt, doch waren vor allem die Ein- und Zweipersonenhaushalte untervertreten. Erfahrungsgemäß bereitet es nämlich Schwierigkeiten, Kleinhaushalte zu finden, die bereit sind, während zwölf Monaten genaue Aufzeichnungen über ihre Verbrauchsausgaben zu machen. Die 4-Personen-Haushalte sowie die „5 und mehr"-Personenhaushalte, auf die laut Volkszählung nur rund 16 resp. 9 Prozent der Haushalte entfielen, waren hingegen überrepräsentiert.

Haushaltsgröße nach Personenzahl	rechnungsführende Haushalte absolut	in Prozent
1	55	12,4
2	66	14,9
3	85	19,2
4	142	32,1
5 u. mehr	94	21,3
	442	100

In anderer Hinsicht, so insbesondere im Hinblick auf die Vertretung der verschiedenen Sprachregionen der Schweiz, wurde jedoch das Auswahlziel der Repräsentativität gut erreicht: auf die Deutsche Schweiz entfielen 71 Prozent, auf die Französische Schweiz 25 Prozent und auf die Italienische Schweiz 4 Prozent der buchführenden Haushalte.

Der sich aus rd. 300 Indexpositionen zusammensetzende Warenkorb des schweizerischen Verbraucherpreisindexes hat die in Tabelle 1-1 gezeigte Zusammensetzung:

Tab. 1-1: Indexquoten des schweizerischen Warenkorbs

Nahrungsmittel	21 %
Getränke, Tabakwaren	5 %
Bekleidung	7 %
Wohnungsmieten	18 %
Heizung und Beleuchtung	5 %
Haushaltseinrichtung und -unterhalt	6 %
Verkehr	14 %
Körper - und Gesundheitspflege	8 %
Bildung und Erholung	16 %
	100 %

Hinter jeder Güterhauptgruppe der Tabelle 1-1 stehen viele Unter- und Einzelpositionen. So fallen unter Nahrungsmittel auch z.B. Fische. Für diese wurden drei Indexpositionen geschaffen (daneben ihr „Gewicht" in Prozentanteilen am Gesamtwert des Warenkorbs):

Fische, frisch	0,124	Prozent
Fische, gefroren	0,089	"
Fische, in Büchsen	0,093	"
Fisch insgesamt:	0,306	"

B. Preisermittlung

Hinter jeder Indexposition stehen wiederum Gütervarianten oder sog. Preisrepräsentanten, deren Preise laufend gemeldet werden müssen, um in die Berechnung des Preisindexes eingehen zu können. Die Mehrzahl dieser Preismeldungen erfolgt auf schriftlichem Weg von den Geschäften (Meldestellen) direkt nach Bern, die Nahrungsmittelpreise und Mietpreise werden jedoch an Ort und Stelle in sog. Indexgemeinden (48 für Nahrungsmittel, 85 für Mieten) von den dortigen Gemeindebehörden erhoben.

Nicht alle Preise werden monatlich festgestellt, bei einer Reihe von Indexpositionen begnügt man sich mit weniger häufigen Meldungen. Tabelle 1-2 zeigt auszugsweise den Erhebungsplan für einige Gütergruppen.

Tab. 1-2: Erhebungsplan der Preise für den schweizerischen Konsumentenpreisindex

Gütergruppen	Kadenz	Monate											
		J	F	M	A	M	J	J	A	S	O	N	D
Nahrungsmittel allg.	m	x	x	x	x	x	x	x	x	x	x	x	x
darunter:													
Fleisch-, Fischkonserven	vj		x			x			x			x	
Mahlzeiten in Gaststätten	vj		x			x			x			x	
Kartoffeln zum Einkellern	j										x		
Getränke, Tabak	vj		x			x			x			x	
Bekleidung	vj			x			x			x			x
Mieten	hj				x							x	
Verkehr	vj	x			x			x			x		
dav. Benzin	m	x	x	x	x	x	x	x	x	x	x	x	x
Körper-/Gesundheitspflege	vj			x			x			x			x
Bildung/Erholung	vj		x			x			x			x	

C. Beispiel für die Indexberechnung

Unter äußerst vereinfachten Annahmen soll jetzt gezeigt werden, wie der Preisindex berechnet wird. Zugleich soll erkennbar werden, wie die Formeln (1-1) bis (1-3) anzuwenden sind.

Um alles ganz einfach zu machen, wollen wir annehmen, es gebe nur ein einziges Konsumgut. Man kann sich dieses als ein verschnürtes Paket vorstellen, in dem alles enthalten ist, was man zum Leben braucht. Wenn im Warenkorb nur ein Gut liegt, hat dieses natürlich ein „Gewicht" von 100 Prozent, d.h. in Formel (1-3) kann man das Summenzeichen weglassen, weil i=1 und damit $g_0^{(1)} = 100$ ist. Ebenso vereinfacht sich bei bloß einem Gut die Formel (1-1) zu ihrem ersten Glied. Gibt es nur ein Gut, dann erübrigt es sich obendrein, dieses als Gut 1 zu bezeichnen; wir haben es dann schlicht mit *dem* Gut zu tun. Läßt man also die Laufnummer 1 auch noch weg, dann errechnet sich der Index aus

$$\frac{p_t}{p_0} \cdot g_0 = \frac{p_t}{p_0} \cdot 100 = I_0^t.$$

p_t und p_0 stehen jetzt für die Preise des Pakets zum „laufenden" Zeitpunkt t und zum Zeitpunkt 0. Wir wollen jetzt noch einfachheitshalber annehmen, das Paket sei jeweils nur in zwei Geschäften (= Meldestellen A und B) verkauft worden, u.z. zu den folgenden Preisen:

		Preise in Periode:			
Geschäft	Preis	0	1	2	3
A	${}_Ap_t$	10	20	10	10
B	${}_Bp_t$	20	40	80	20

Um den Index zu berechnen, ist in Formel (1-1) jetzt stets der *Durchschnittspreis* $\overline{p}_t$ sowie $\overline{p}_0$ einzusetzen, so daß sich folgende Indexreihe ergibt:

Periode t:	0	1	2	3
${}_Ap_t$:	10	20	10	10
${}_Bp_t$:	20	40	80	20
$\overline{p}_0$ resp. $\overline{p}_t$:	15	30	45	15
$\frac{\overline{p}_t}{\overline{p}_0} \cdot 100 = I_0^t$:	100	200	300	100

Man sieht, der Index hat die Eigenschaft, eine von Periode 0 zu Periode 1 eingetretene *Verdoppelung* der beiden gemeldeten Preise (und damit ihres Durchschnitts) durch eine *Verdoppelung des Indexstands* von 100 auf 200 anzuzeigen, eine durchschnittliche Verdreifachung der Preise wird durch einen Indexstand von 300 indiziert. Ebenso nimmt der Index in Periode 3 wieder seinen ursprünglichen Stand von 100 ein, denn die beiden Preise haben wieder ihre Ausgangshöhe erreicht.

D. Vorsicht beim Arbeiten mit Verhältniszahlen

Natürlich liegen in der Praxis die Dinge nicht so einfach wie soeben angenommen. Ein komplizierterer Ausdruck muß daher in Formel (1-1) den Ausdruck $\frac{p_t^{(i)}}{p_0^{(i)}}$ ersetzen. So wurde soeben aus den *Durchschnittspreisen* der Ausdruck $\frac{\bar{p}_t^{(i)}}{\bar{p}_0^{(i)}}$ gebildet. In der praktischen Anwendung kann aber auch dieser Ausdruck Schwierigkeiten bereiten. Könnte dann ein Verfahren in Frage kommen, mit „durchschnittlichen Preisverhältnissen zur Vorperiode" zu arbeiten, denn es ist doch z.B. $\frac{p_3}{p_2} \cdot \frac{p_2}{p_1} \cdot \frac{p_1}{p_0} = \frac{p_3}{p_0}$, weil sich die Ausdrücke im Zähler und Nenner kürzen lassen? Bei zwei Geschäften (zwei Meldestellen) müßte man allerdings definieren:

$$\frac{1}{2}\left(\frac{{}_Ap_t}{{}_Ap_{t-1}} + \frac{{}_Bp_t}{{}_Bp_{t-1}}\right) = \bar{P}_{t-1}^{t}$$

Der Index würde sich jetzt wie folgt berechnen (weiterhin unter der Annahme *eines einzigen* Konsumgutpakets):

$$I_0^t = \bar{P}_{t-1}^{t} \cdot \bar{P}_{t-2}^{t-1} \cdots \bar{P}_0^{1} \cdot 100.$$

Die leicht zu unterschätzende Schwäche dieses Berechnungsverfahrens offenbart sich vor allem bei gegenläufig schwankenden Preisen. Tabelle 1-3 zeigt mit fiktiven Preisen für unser als Beispiel gewähltes „Paket", wie sich ein so berechneter Index im Lauf der Zeit „aufschaukeln" kann. In der vorletzten Spalte von Tab. 1-3 ist der nicht korrekt berechnete, in der letzten Spalte der richtig berechnete Indexstand ausgewiesen.

Tab. 1-3: Fiktiver Preisverlauf eines Gutes in 2 Geschäften und alternative Berechnungsresultate

Per.	Geschäft A		Geschäft B		Durchschnitts-preis	Preisindex	
t	${}_Ap_t$	$\frac{{}_Ap_t}{{}_Ap_{t-1}}$	${}_Bp_t$	$\frac{{}_Bp_t}{{}_Bp_{t-1}}$	$\bar{p}_t$	falsch: $\bar{P}_{t-1}^{t} \cdot \bar{P}_{t-2}^{t-1} \cdots$	richtig: nach Formel (1-1)
0	10	-	20	-	15	100	100
1	20	2,0	10	0,5	15	125	100
2	10	0,5	20	2,0	15	156	100
3	20	2,0	10	0,5	15	195	100
4	10	0,5	10	1,0	10	146	67
5	20	2,0	10	1,0	15	220	100
6	20	1,0	20	2,0	20	330	133
7	10	0,5	20	1,0	15	247	100

• **Kontrollfrage 3 :** Man zeige, wie die Ergebnisse für Periode 2 und Periode 3 des richtig und des inkorrekt gerechneten Indexstandes zustandekommen.

Eine Fehlentwicklung ähnlich der in Tabelle 1-3 gezeigten war tatsächlich im Teilbereich Früchte und Gemüse aufgetreten. Sie beeinflußte natürlich auch den Verlauf des Gesamtindexes. Die Größenordnung des Irrtums beim Gesamtindex mit der Basis vom September 1977, der im Dezember 1982 einen Stand von 124,7 erreicht hatte, wurde auf rd. zwei Indexpunkte geschätzt. Dies wurde zu Recht als zu viel angesehen, so daß unter Verwendung eines neuen Verfahrens ein neuer Index mit der Basis Dez. 1982 begonnen wurde.

Hinweis:
Es kommt gar nicht so selten vor, daß veröffentlichte Zahlen nachträglich korrigiert werden müssen. Deswegen sollte man beim Arbeiten mit fortlaufend veröffentlichten Zahlenreihen stets auf die aktuellste Publikation zurückgreifen! Gegebenenfalls korrigierte Zahlen findet man nur dort.

E. Der neue Index seit 1982

Nachdem zunächst der schweizerische Bauernverband und dann im Oktober 1981 eine Schweizer Wochenzeitung auf den inkorrekten Indexverlauf vor allem im Teilbereich Früchte und Gemüse hingewiesen hatten, wurde eine neue Preisindexreihe begonnen. Tab. 1-4 zeigt den Verlauf dieses Indexes mit der Basis Dezember 1982.

Tab 1-4: Der Landesindex der Konsumentenpreise, Basis Dez. 1982

Dez. 1982	100,0
1983 Durchschnitt	100,9
1984 "	103,9
1985 "	107,4
1986 "	108,2
1987 "	109,8
Quelle: Die Volkswirtschaft, Heft 3, 1988, S. 15*	

Bemerkung:
Die Notwendigkeit der unvorhergesehenen Neubasierung ließ es zeitlich nicht zu, eine umfangreichere Verbrauchserhebung, wie sie 1975 im Hinblick auf den Preisindex mit Basis Sept. 1977 erfolgt war (damals führten rd. 1'000 Haushalte ein Haushaltungsbuch), erneut durchzuführen. Man war gezwungen, auf einen hinsichtlich der Repräsentativauswahl aus der gesamten Bevölkerung sehr kleinen Kreis von 442 Haushalten zurückzugreifen.

Die Berechnung des schweizerischen Konsumentenpreisindexes erfolgt seit seinen Anfängen im Jahr 1922 und den späteren Revisionen von 1926, 1950, 1966 und 1977 stets dezentral, d.h. beginnend mit der Gemeindestufe. Zuerst werden für die Indexgemeinden Basel, Bern, Genf, Zürich von den städtischen statistischen Ämtern komplette Städteindizes berechnet. Diese erhalten dann ein Gewicht von 10% für Basel, Bern und Genf, und von 20% für Zürich. Die übrigen Gemeinden, für die der Index global von Bern aus berechnet wird, erhalten ein Gewicht von 50%. Aus diesen „Kommunalindizes“ wird der Landesindex durch sog. Aggregation hergestellt.

1.4 Die deutschen Preisindizes für die Lebenshaltung

A. Die buchführenden Haushalte

In der Bundesrepublik Deutschland werden nebeneinander fünf Preisindizes für die Lebenshaltung berechnet, u.z. für:

- *Alle privaten Haushalte.* Die für diesen Index berücksichtigten Haushalte bestanden in Durchschnitt aus 2,4 Personen, die je Monat und Haushalt im Basisjahr 1980 DM 2'665,- Verbrauchsausgaben hatten.
- *Vier-Personen-Haushalte von Angestellten und Beamten mit höheren Einkommen.* Sämtliche berücksichtigten Haushalte bestanden aus zwei Erwachsenen und zwei Kindern, darunter mindestens einem Kind unter 15 Jahren. Sie lebten in städtischen Verhältnissen, d.h. in Gemeinden mit über 20'000 Einwohnern und gaben 1980 monatlich DM 4'148,- für den privaten Verbrauch aus.
- *Vier-Personen-Arbeitnehmerhaushalte mit mittlerem Einkommen.* Alle berücksichtigten Haushalte bestanden aus zwei Erwachsenen und zwei Kindern, darunter mindestens eines unter 15 Jahren, wohnten in Gemeinden mit mehr als 20'000 Einwohnern und gaben 1980 monatlich DM 2'575,- für den Verbrauch aus. Der (langjährige) Vorläufer dieses Haushaltstyps war die fünfköpfige Arbeiterfamilie.
- *Zwei-Personen-Haushalte von Renten- und Sozialhilfeempfängern.* Alle diese Haushalte bestanden aus zwei älteren Erwachsenen, die in Gemeinden mit über 5'000 Einwohner lebten und mit monatlichen Konsumausgaben im Jahr 1980 von DM 1'192,- auskamen.
- *Die einfache Lebenshaltung eines Kindes.* Hier wurde von einem von Experten festgelegten Warenkorb ausgegangen.

Eine parallel laufende Berechnung von fünf Lebenshaltungspreisindizes gibt es seit 1962. Mit dieser Basis wurde der erste Index für „alle Haushalte“ eingeführt, der seither zum Hauptindex aufgerückt ist. Alle fünf Indizes haben heute die Basis 1980. Auch im Hauptindex sind freilich nicht wirklich alle Haushalte erfaßt. Ausländische Haushalte, Anstaltshaushalte und Haushalte mit einem Monatseinkommen von über DM 20'000 sind nicht berücksichtigt. Dafür gibt es gute Gründe, wie z.B. die Schwierigkeit, für kleine Gruppen eine repräsentative Auswahl an Buchführern zu finden, Sprach- und Leseschwierigkeiten bei den Ausländern oder auch die Tatsache, daß Ausländerhaushalte oft einen großen Teil ihres Einkommens in ihre Heimat überweisen, so daß letztlich im Inland gar nicht erfaßbare Warenkörbe gekauft werden.

B. Die Warenkörbe und Preise

Man hat den Warenkorb des Hauptindexes durch eine nicht weniger als 50'000 Haushalte umfassende Repräsentativauswahl, die sog. Einkommens- und Verbrauchsstichprobe von 1978, festgestellt. Solche riesigen Verbrauchserhebungen können natürlich nur im Abstand von mehreren Jahren (neuerdings: alle fünf Jahre) durchgeführt werden. Um den Warenkorb für 1980 festzustellen, zog man daher auch noch die Verbrauchsaufzeichnungen (sog. Wirtschaftsrechnungen) von rd. 1'000 Haushalten heran, die zusätzlich zu den Haushalten der großen Verbrauchsstichproben Jahr für Jahr ihren Verbrauch in Haushaltungsbüchern aufschreiben. (Von diesen repräsentieren ca. 400 die Arbeitnehmer mittleren Einkommens, ca. 300 die Angestellten und Beamten und ca. 150 die Rentner - ihre Einkaufsschemata bestimmen maßgeblich die jeweiligen haushaltstypischen Warenkörbe).

Mit Hilfe all dieser Angaben hat man die Ergebnisse der Einkommens- und Verbrauchsstichprobe von 1978 auf 1980 „hochgerechnet“ und nach erfolgten Korrekturen die Gewichte der sog. Indexpositionen festgelegt. Der Warenkorb des Hauptindexes besteht aus ca. 800 Indexpositionen als den kleinsten Waren- oder Leistungskategorien, für die ein „eigenes“ Gewicht als Promillezahl festgelegt wird. Beim Fisch z.B. besitzt der deutsche Hauptindex folgende neun Indexpositionen mit den daneben angegebenen Promillegewichten:

Kabeljau	0,29	Promille
Seelachs-Filet	0,11	"
Rotbarsch-Filet	0,35	"
tiefgefrorene Fischfilets, nicht paniert	0,47	"
Heringe in Tomatensoße	0,48	"
Ölsardinen	0,19	"
Rollmops	0,71	"
Makrelen	0,48	"
Fischstäbchen	0,29	"
Fisch insgesamt	3,37	"

• **Kontrollfrage 4 :** Essen die Deutschen zehnmal mehr Fisch als die Schweizer ?

Hinter einer Indexposition stehen fast immer mehrere und oft sogar sehr viele Preisreihen. Für gewisse Indexpositionen, z.B. für Zigaretten, werden 100 Preisreihen ermittelt, bei Dienstleistungen der Kreditinstitute sind es 3’600 und bei der Haftpflichtversicherung von Kraftfahrzeugen sogar 14’000! Insgesamt werden für den Warenkorb des Hauptindexes fast 300’000 Preisreihen laufend ermittelt und verarbeitet! Um den Überblick zu behalten, muß man Indexpositionen zusammenfassen und erhält Güterarten, Gütergruppen und schließlich acht Hauptgruppen. Interessant ist der Vergleich der Ausgabenanteile dieser Hauptgruppen für die verschiedenen Haushaltstypen, wie er durch Tab. 1-5 ermöglicht wird.

Tab. 1-5: Anteile der Hauptgruppen am Warenkorb 1980 der verschiedenen Preisindizes, in Promille

Hauptgruppe	Alle Haushalte	Angestellte	Arbeitnehmer Beamte	Rentner mittl. Einkommens	Kind
1. Nahrungsmittel, Getränke, Tabak	249	212	282	333	460
2. Bekleidung, Schuhe	82	85	88	66	238
3. Wohnungsmiete, Energie (ohne Kraftstoffe)	213	191	217	306	158
4. Möbel, Haushaltsgeräte	94	87	77	75	51
5. Gesundheit, Körperpflege	40	56	28	47	32
6. Verkehr, Nachrichtenübermittlung	143	140	132	71	28
7. Bildung, Unterhaltung, Freizeit (ohne Dienste des Gastgewerbes)	85	102	93	57	23
8. Persönliche Ausstattung, Beherbergung, sonstige Güter	94	128	82	45	11
Lebenshaltung insgesamt	1’000	1’000	1’000	1’000	1’000

Quelle: G. Rasch, Neuberechnung des Preisindex für die Lebenshaltung auf Basis 1980, in: Wirtschaft und Statistik, Heft 7, 1984, S. 643.

Tabelle 1-5 läßt beachtliche Unterschiede der Warenkörbe der verschiedenen Haushaltstypen untereinander erkennen. Vor allem bei den Nahrungs- und Genußmitteln gibt es große „Gewichtsunterschiede". Noch beachtlicher ist jedoch die erstaunlich rasch sich vollziehende *zeitliche Verschiebung* der Ausgabenanteile für die verschiedenen Güterhauptgruppen (auch hier wieder besonders bei Nahrungsmitteln), wie dies Tab. 1-6 für den 4-Personen-Arbeitnehmerhaushalt mit mittlerem Einkommen zeigt.

Tab. 1-6: Anteile der Verbrauchsausgaben bei Vier-Personen-Arbeitnehmerhaushalten mit mittleren Einkommen in Prozent

Güterhauptgruppen	1965	1975	1984
Nahrungsmittel	40,0	29,8	26,0
Bekleidung, Schuhe	11,9	9,9	8,1
Wohnungsmiete	11,2	15,5	18,5
Energie (ohne Kraftstoffe)	4,5	5,1	6,6
Güter der Haushaltsführung	10,0	9,9	8,5
Verkehr, Nachrichtenübermittlung	9,7	13,8	16,3
Körper, Gesundheitspflege	3,4	3,0	3,2
Bildung, Unterhaltung	6,5	8,9	8,6
Persönl. Ausstattung, Sonstiges	2,8	4,2	4,3
Lebenshaltung insgesamt	100,0	100,0	100,0

Quelle: Stat. Bundesamt, Fachserie 15, Reihe 1: Einnahmen und Ausgaben ausgewählter privater Haushalte 1984.

C. Die Indizes im Zeitablauf

Die in Tabelle 1-6 gezeigten Verschiebungen sind der Grund für Neuberechnungen der Warenkörbe und Neubasierung der Preisindizes für die Lebenshaltung. Das Statistische Amt der Europäischen Gemeinschaften hat vorgeschlagen, alle durch fünf teilbaren Jahre zu Indexbasisjahren zu machen. Das Statistische Bundesamt folgte dieser Aufforderung bisher nur mit Einschränkungen, denn ein starres Schema für die Wahl eines Basisjahres kann in Widerspruch zu dem Erfordernis stehen, nur ein „normales" Jahr zur Indexbasis zu machen. Die letzten Preisindexbasisjahre vor 1980 waren: 1976, 1970, 1962, 1958, 1950 und zuletzt vor dem Krieg 1938.

Die deutschen Preisindizes werden wie der schweizerische stufenweise berechnet. Abgesehen von bundeseinheitlichen Preisen, die zentral beobachtet werden, werden in insgesamt 118 repräsentativ (d.h. entsprechend der Bevölkerungsverteilung auf die Gemeindegrößen) ausgewählten Gemeinden jeweils zur Monatsmitte Gemeindedurchschnittspreise ermittelt. Dabei werden von geschulten Preisermittlern die Preise in den verschiedenen Geschäftslagen (Vororte, Innenstadt etc.) und bei den verschiedenen Geschäftstypen (Fachgeschäfte, Filialgeschäfte, Warenhäuser, Supermärkten etc) erhoben. Mit den Gemeindedurchschnittspreisen werden zuerst die Länderindizes errechnet. Aus diesen werden sodann, gewichtet mit den Bevölkerungszahlen der einzelnen Länder, die bundesweit gültigen Preisindizes gebildet.

In Tab. 1-7 sind die Zeitreihen angegeben, die von den fünf Preisindizes gebildet werden. Überraschend ist, wie wenig diese Zeitreihen trotz der unterschiedlichen Warenkorbzusammensetzungen voneinander abweichen.

Tab. 1-7: Die Entwicklung der Preisindizes für die Lebenshaltung mit Basis 1980 (Jahresdurchschnitt 1980: 100)

	Alle Haushalte	Angestellte und Beamte	Arbeitnehmer mittl. Einkommens	Rentner	Kind
1980 Durchschnitt	100,0	100,0	100,0	100,0	100,0
1981 "	106,3	106,6	106,3	106,1	105,8
1982 "	111,9	112,2	112,0	112,2	111,0
1983 "	115,6	116,0	115,6	115,8	114,1
1984 "	118,4	118,7	118,4	118,7	117,0
1985 "	121,0	121,5	120,9	121,1	118,5
1986 "	120,7	121,4	120,7	121,4	118,9
1987 "	121,0	121,9	120,8	120,9	119,5
Quelle: Stat. Bundesamt, Fachserie 17, Reihe 7 Preise und Preisindizes f.d. Lebenhaltung oder Wirtschaft und Statistik, verschied. Hefte					

Abschließend zeigt Tab. 1-8 den Indexverlauf (alle Haushalte) mit und ohne Berücksichtigung von Gütern (hauptsächlich Nahrungsmitteln), deren Preise Saisonschwankungen unterworfen sind. Beispielhaft angegeben ist der Verlauf im Jahr 1984.

Tab. 1-8: Preisindex der Lebenshaltung (alle privaten Haushalte, Basis 1980) mit und ohne Saisonartikel, 1984

Monat	Index inkl. Saisonartikel	Index ohne Saisonartikel	Saison-artikel
Januar	117,5	117,5	117,3
Februar	117,8	117,7	123,0
März	117,9	117,7	126,8
April	118,1	117,9	126,5
Mai	118,2	117,9	126,5
Juni	118,6	118,2	132,1
Juli	118,4	118,3	124,6
August	118,2	118,3	113,8
September	118,3	118,6	104,5
Oktober	119,0	119,4	104,8
November	119,2	119,5	108,0
Dezember	119,3	119,5	109,0
1984 Durchschnitt	118,4	118,4	118,1
Quelle: Stat. Bundesamt, Fachserie 17, Reihe 7, S. 47.			

Man erkennt deutlich, daß die *Ausklammerung der Saisonartikel* eine *Beruhigung des Indexverlaufs* nach sich zieht. Das Auf und Ab des Indexverlaufs wird vermieden.

1.5 Anwendungen

Sobald ein statistisches Meß- oder Berechungsergebnis interpretiert oder „angewendet" wird, um einem Vergleich, einer Urteilsbildung oder einer Entscheidung als Grundlage zu dienen, muß man sich der *Adäquationsproblematik* erinnern! Auch die gelungenste Adäquation kann die Kluft zwischen einem Realphänomen resp. dem zu diesem gehörenden theoretischen Begriff und dem der Messung und Verarbeitung zugänglichen statistischen Konstrukt nie völlig überbrücken. Daher ist Besinnung und Zurückhaltung bei der Interpretation oder Anwendung stets angebracht. Unter Beachtung dieses fundamentalen Hinweises soll jetzt gefragt werden, welcher Gebrauch von einem Preisindex für den Konsum (PIK) gemacht werden kann. Zu diesem Zweck soll zuerst durch Figur 1-3 rekapituliert werden, aus welchen Preisen sich das Preisniveau zusammensetzt, dessen Veränderung von einem PIK gemessen wird (oberste Etage der Pyramide von Fig. 1-3).

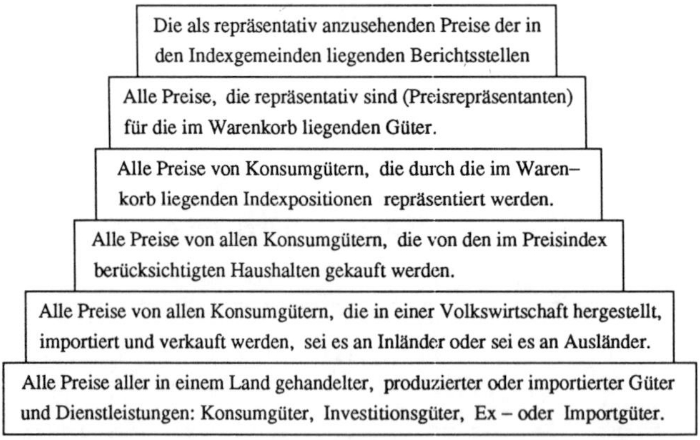

Fig. 1-3: Die in einem PIK berücksichtigten Preise (oberste Etage)

Die aus dem eingeschränkten Preisbereich resultierende *Beschränkung des Anwendungsbereichs* eines PIK muß man also im Auge behalten, um Interpretationsfehler zu vermeiden. Man kann einen PIK nicht verwenden, um beispielsweise etwas über Preisänderungen von Exporten auszusagen. Die folgenden Anwendungen sind jedoch zulässig.

1.) Die Messung des Anstiegs des Konsumgüterpreisniveaus gegenüber dem Basiszeitpunkt. Das Ergebnis ist unmittelbar ablesbar. Ein Indexstand im März 1985 von 120,9 bedeutet eine Erhöhung des Preisniveaus um 20,9% gegenüber dem Basiszeitpunkt.

2.) Die Messung des Anstiegs des Konsumgüterpreisniveaus zwischen zwei beliebigen Zeitpunkten. Hier ist zu unterscheiden zwischen dem *Vormonatsvergleich* und dem *Vorjahresmonatsvergleich.*

a) Vormonatsvergleich: Ein Indexstand von 120,9 im März 1985 gegenüber 120,5 im Februar 1985 bedeutet einen relativen Anstieg um $\frac{120{,}9}{120{,}5} \cdot 100 - 100 = \underline{0{,}3\%}$

Innerhalb eines Monats ist in diesem Fall das Preisniveau um 0,3% angestiegen.

b) Vorjahresmonatsvergleich: Lag der Indexstand im März 1985 bei 120,9 und im März 1984 bei 117,9, dann stieg das Preisniveau gegenüber dem gleichen Monat des Vorjahres um $\frac{120{,}9}{117{,}9} \cdot 100 - 100 = \underline{2{,}5\%}$

Man sagt jetzt auch: die *Jahresteuerungsrate* lag *im März 1985* bei 2,5 Prozent. Die Feststellung der Jahresteuerungsrate ist die *am weitesten verbreitete und beachtete Anwendung des PIK.*

Hinweis:
Eine Angabe des Preisanstiegs durch Prozent*punkte* sollte man *vermeiden,* weil die Bedeutung dieser Angabe nicht eindeutig ist, sondern vom Niveau eines Preisindexes abhängt.

• **Kontrollfrage 5 :** Um wieviele Prozent*punkte* stieg das Preisniveau in Land A, falls der PIK von 119,7 (März 1982) auf 128,5 (März 1983) angestiegen war ? Um wieviele Prozentpunkte stieg der PIK des Landes B, in dem der PIK eine um fünf Jahre weiter zurückliegende Basisperiode hatte, wenn er sich von 174,9 (März 1982) auf 187,8 (März 1983) erhöhte ? Welches Land hatte eine höhere Inflationsrate ?

3.) Die Messung eines jahresdurchschnittlichen Preisniveauanstiegs. Auch die Feststellung dieser Größe ist gebräuchlich und legitim. Hierbei wird der Durchschnitt aus den 12 Monatsindexständen gegenüber dem jeweiligen Vorjahresmonat gebildet. Lagen z.B. die Indexstände gegenüber dem Vorjahr während der Monate Januar bis Juni 1981 bei 103 und von Juli bis Dezember 1981 bei 104, dann erhöhte sich der jahresdurchschnittliche Indexstand im Jahr 1981 gegenüber dem Vorjahr um 3,5%: $\frac{6}{12}(103+104) = \underline{103{,}5}$

4.) Die Deflationierung von Nominaleinkommen. Angenommen, im März 1984 habe ein Angestellten-Monatseinkommen 2'400.-- betragen, und dies bei einem PIK-Indexstand von 117,9. Im März 1985, beim PIK-Indexstand von 120,9, sei dieses Monatseinkommen mit 2'640.- um 240.- oder um 10 Prozent höher gewesen. Da sich das Preisniveau in dieser Zeit um 2,5 Prozent erhöht hat, muß man das nominale Einkommen durch 1,025 dividieren, um das Realeinkommen (in Preisen vom März 1984) zu erhalten: $\frac{2640}{1{,}025} = \underline{2'576.-}$ Real ist das Einkommen also nur um 176.- d.h. um $\frac{2576}{2400} \cdot 100 - 100 = \underline{7{,}3\ \text{Prozent}}$ gestiegen.

5.) Die Messung eines veränderten Geldmaßstabs. Eine populäre, aber nicht ganz unproblematische Anwendung des PIK besteht in der Feststellung der *Veränderung der Kaufkraft* des Geldes (Erosion des Geldmaßstabs, Kaufkraftschwund). Ein PIK-Anstieg von 117,9 (März 1984) auf 120,9 (März 1985), also um 2,54%, bedeutet demnach einen Kaufkraftschwund von $\frac{117{,}9}{120{,}9} \cdot 100 - 100 = \underline{-2{,}48\ \text{Prozent.}}$

• **Kontrollfrage 6 :** Welcher Kaufkraftschwund entspricht generell einem 10%igen Preisanstieg ?

Strenggenommen ist die zuletzt vorgenommene Anwendung des PIK nur zulässig für jenes Geld, das die Durchschnittsfamilie verdient hat, denn die Werterosion wurde ja für jene Güter gemessen, die dieser Personenkreis einkauft. Man muss unterstellen können, auch die Preise anderer Güter entwickelten sich grosso modo ähnlich wie die Preise der Warenkorbgüter. Der Preisniveauanstieg „zerfresse" also in ungefähr gleicher Weise auch das von anderen Leuten gehaltene Geld resp. den für diese zutreffenden Wertmaßstab.

6.) Die Feststellung eines Realzinssatzes. Außer Lohneinkommen werden *auch andere Geldgrößen mit einem PIK deflationiert,* beispielsweise die Verzinsung des Sparkapitals. Man kann dieses Sparkapital, soweit es von Privatpersonen angesammelt worden ist, als Vorsorge für die Zukunft ansehen u.z. in dem Sinne, daß es später einmal in Konsumgüter „zurückverwandelt" werden soll. Der Preisniveauanstieg der Konsumgüter reduziert also auch den Gegenwert des Ersparten. Beträgt z.B. ein *Nominalzins* 4% und eine Inflationsrate, gemessen durch die Zunahme des PIK 3%, dann spricht man von einem *Realzins* von ca. 1%. Es bedurfte nämlich 3% der Verzinsung, um den Realwert des Sparkapitals konstant zu halten, somit blieb nur noch etwa 1% als tatsächlicher Zuwachs übrig.

• **Kontrollfrage 7 :** Warum ist der Realzins nicht *genau* die Differenz zwischen Inflationsrate (Preisniveauanstieg) und Nominalzins, sondern nur „in etwa" ?

7.) Der Vergleich von Inflationsraten. Man verwendet einen PIK auch oft als eine Kennzahl zum *Vergleich von Inflationsraten* verschiedener Perioden und verschiedener Staaten. Als eine solche Kennzahl kann der PIK eine Entscheidungsgrundlage in verschiedener Hinsicht sein. Es können beispielsweise die Wähler die Inflationsrate zum Erfolgskriterium für die Wirtschaftspolitik ihrer Regierung machen und ihre Wahlentscheidung daran orientieren und es können die Devisenoperateure die Inflationsraten verschiedener Länder als maßgebend dafür ansehen, wo sie ihre Geldanlage vornehmen sollen.

8.) Die Lohnindexierung. Lohn-Indexierungen sind eine problematische Sache. Einen Automatismus etablieren zu wollen, der Reallohnsenkungen ausschließen soll, ist schon deswegen problematisch, weil es Situationen gibt, in denen Reallohnsenkungen unvermeidlich sind. Vor allem aber entkleidet ein Automatismus der genannten Art eine Statistik ihres essentiellen Informationscharakters. Eine Statistik soll der Entscheidungsvorbereitung dienen, nicht aber Entscheidungen vorwegnehmen. Je mehr und engere Zusammenhänge zwischen Lohn- und Gehaltsverträgen und dem Verlauf eines PIK hergestellt werden, desto mehr wächst die *Gefahr der Korrumpierung der Statistik.*

1.6 Die deutsche Hyperinflation von 1923

Geld ist mehr als ein notwendiges Schmier- oder Hilfsmittel einer arbeitsteiligen Volks- oder Weltwirtschaft. Geld als Wertmaßstab entstand schon in grauer Vorzeit, als es nur eine Tauschwirtschaft gab, aber der Besitz von Kleidern, Waffen oder Vieh (aus lat. pecus = Vieh entstand pecunia = Geld) Rang- oder Würdeordnungen anzeigte. Bei einem fortbestehenden Bedürfnis nach stabilen Ordnungen kommt der Stabilität des Wertmaßstabes Geld auch heute noch eine gar nicht zu überschätzende reale und psychologische Bedeutung zu. Ein Beispiel für die Folgen der Zerstörung dieses Maßstabes liefert die deutsche Hyperinflation in den zwanziger Jahren, die zu Grunderschütterungen von Staat und Gemeinwesen führte. Das Kapitel über den Konsumentenpreisindex soll daher mit der Wiedergabe des Verlaufs der sog. Reichsindexziffer für die Lebenshaltungskosten von 1920 bis 1923 abgeschlossen werden. Tabelle 1-9 zeigt einen jeder Vorstellung sich entziehenden Indexverlauf, an dessen Ende der Heizwert des Papiergelds höher war als der der Kohle, die dafür zu kaufen war. „Der kollektive seelische Zustand der Deutschen kam in diesen Monaten dem Wahnsinn nahe“ hat ein bekannter Historiker zu Recht gesagt. Die Existenzgrundlage weiter Bevölkerungsschichten, die ihr Vermögen in der Form von Geldforderungen gehalten hatten, wurde damals zerstört. Als der Hexensabbat mit einer Währungsreform und der Einführung der Rentenmark sein Ende nahm, waren frühere Sparguthaben oder Anleihen total wertlos geworden. Die politischen Folgen dieser Inflation waren unheilvoll.

*Tabelle 1-9:*Reichsindexziffer für die Lebenshaltungskosten (Auszug) (1913/14 = 100)

1920	Febr.	847	
1921	Jan.	1 179	
1922	Jan.	2 041	
	Juli	5 392	
	Sept.	13 319	
	Okt.	22 066	
	Nov.	44 610	
	Dez.	68 506	
1923	Jan.	112 000	
	Mai	381 000	
	Juni	765 000	
	Juli	3 800 000	(= 3,8 Millionen)
	Aug.	58 600 000	
	Sept.	1 500 000 000	(= 1,5 Milliarden)
	Okt.	365 700 000 000	
	Nov.	65 700 000 000 000	(= 65,7 Billionen)
	Dez.	124 700 000 000 000	
Quelle: Statistisches Jahrbuch für das Deutsche Reich, Jg. 44, 1924/25, S. 259.			

• **Kontrollfrage 8 :** a) Kann man auch andere Preisniveaus als das von Konsumgütern durch Indizes messen? Welche z.B.? b) Hat der Verlauf von Börsenindizes auch Bedeutung für Nichtaktienbesitzer?

1.7 Aufgaben mit Lösung

Aufgabe 1 - 1:
Der Warenkorb der Durchschnittsfamilie bestehe fiktiv aus Brot, Wohnungsmiete und einem Anzug. Die 1970 gekauften Mengen und die Preise 1970 und 1978 lauteten:

	1970		1978
Artikel	gekaufte Menge	Preis	Preis
Brot	200 kg	2,- pro kg	2,-
Miete	12 Monate	800,- pro Monat	900,-
Anzug	1 Stück	500,- pro Stück	400,-

Stellen Sie mit Hilfe von Formel (1-2) einen Preisindex für den Konsum für 1978 auf der Basis 1970 her.

Lösung:
Die Gesamtausgaben betrugen 1970 10'500, die drei Gewichte 3,8%, 91,4% und 4,8%. Die drei Preisverhältnisse betrugen 1, 1,125 und 0,8. Somit betrug $I_{70}^{78} = 1 \cdot 3{,}8 + 1{,}125 \cdot 91{,}4 + 0{,}8 \cdot 4{,}8 = \underline{110{,}5}$.

Aufgabe 1 - 2:
Das Durchschnittseinkommen aller Arbeiter und Angestellter habe im Zeitpunkt 0 1'000,- betragen und wurde ganz für 2 Güter ausgegeben, die in den Mengen $q_0^{(1)}$ und $q_0^{(2)}$ gekauft wurden. Ein Preisindex für den Konsum ist unter Verwendung dieses Verbrauchsmusters gebildet worden. Die Angaben lauten:

Gut 1: $p_0^{(1)} = 10.$-/Einheit, $q_0^{(1)} = 50$ Einh.
Gut 2: $p_0^{(2)} = 4.$-/Einheit, $q_0^{(2)} = 125$ Einh.

Das Einkommen sei um nominal 10%, die beiden Preise jeweils um 7% gestiegen. Um wieviel stieg das Realeinkommen der Arbeiter und Angestellten?

Lösung:
$p_1^{(1)} = 10{,}70$. $p_1^{(2)} = 4{,}28$. Ohne Rechnung lässt sich angeben, daß der Preisindex um 7% von 100% auf 107% gestiegen ist, da ja alle Preise parallel um 7% gestiegen sind. Somit: Das neue Nominaleinkommen von 1'100.- ist durch 1,07 zu dividieren. Das Realeinkommen stieg also nur auf 1'028, d.h. um 2,8%.

Probe: Realzunahme um 2,8% bedeutet, daß von Gut 1 $q_1^{(1)} = 51{,}4$ Einheiten von Gut 2 und $q_1^{(2)} = 128{,}5$ Einheiten gekauft werden können. Bei Zugrundelegung konstanter Preise ergibt sich: $51{,}4 \cdot 10 + 128{,}5 \cdot 4 = 1'028$. Unter Zugrundelegung der gestiegenen Preise ergibt sich natürlich $51{,}4 \cdot 10{,}70 + 128{,}5 \cdot 4{,}28 = 1'100$.

*** Aufgabe 1 - 3:**
Unter *Adäquation* versteht man die Bildung eines statistischen Begriffs, der einem theoretischen Begriff oder dem, was wir unter einem sozialen oder wirtschaftlichen Phänomen verstehen, „möglichst nahe" kommt. Der Erkenntnisgegenstand der sozialen und wirtschaftlichen Realität läßt sich meist nicht unmittelbar messen, sondern bedarf vorher der Herstellung einer geeigneten Konstruktion, d.h. eines statistischen „Konstrukts", das zum Messen und Zählen geeignete Bestandteile besitzt. Das Zählen und Messen muß dabei praktisch, technisch, juristisch und wirtschaftlich (geringe Erhebungskosten!) realisierbar sein. Das *Adäquationsproblem* besteht also darin, theoretische Begriffe oder

soziale und wirtschaftliche Phänomene in Kategorien der Statistik zu übersetzen. Nur wenn dieser *erste* Schritt vollständig durchgeführt ist, können die erst dann eindeutig definierten Größen in einem *zweiten* Schritt mit Hilfe statistischer Methoden gemessen und verarbeitet werden. Der *dritte* und letzte Schritt besteht schließlich in der Rückübersetzung der Zahlenergebnisse in das Sachproblem, d.h. in der dem Phänomen oder dem theoretischen Begriff angemessenen Anwendung der Meßergebnisse und deren sachadäquater Interpretation.

Im Bereich der Wirtschafts- und Sozialwissenschaften besteht Statistik also stets *aus drei Schritten und nicht nur aus dem zweiten Schritt,* wie häufig im Fall der Naturwissenschaften, deren Erkenntnisobjekte oft unmittelbar statistisch meßbare Größen wie Temperaturen, Festigkeit, Entfernungen u.s.w. besitzen. Das Eindringen (herkömmlicher) naturwissenschaftlicher Mentalitäten in die Geisteswissenschaften und damit in die Sozial- und Wirtschaftswissenschaften, aber auch das attraktive Angebot an EDV hat zu einer Vernachlässigung des ersten und dritten Schrittes geführt und - auch in den meisten Lehrbüchern - zu einer Überbetonung der „reinen Methode".
Überlegen Sie, welche Meßschwierigkeiten hinter scheinbar unmittelbar meßbaren quantitativen Größen wie Bevölkerung eines Landes, Arbeitslose, Bruttosozialprodukt stekken.

Lösung:
Wenige Stichworte mögen andeuten, welche Fragen zu beantworten sind, bevor der Statistiker messen kann. Bevölkerung: Nur Staatsangehörige oder alle Personen, die auf dem Gebiet eines Landes wohnen? Wohin zählt man die Ferienreisenden, wohin Grenzgänger, die fünf Tage im Ausland arbeiten? Arbeitslose: nur beim Arbeitsamt registrierte Personen oder alle, die arbeiten möchten, aber keine Arbeit haben? BSP: Wie soll man die Bestandteile abgrenzen und messen, z.B. Wertschöpfung des Staates, unsichtbare Leistungen im Rahmen der Hausfrauenarbeit, Wertsteigerungen?

*** Aufgabe 1 - 4:**
Die Österreicher gehen bei der Auswahl der Haushalte für ihren Verbraucherpreisindex nach dem Zufallsprinzip vor. Niemand kann sich dort freiwillig melden, um ein Haushaltungsbuch zu führen. Beim Index, der die Basis 1976 hat, waren z.B. von rd. 20'000 zufällig gezogenen Adressen nach gutem Zureden etwa ein Drittel bereit, freiwillige Angaben über die Verbrauchsausgaben zu machen (6'674 Haushalte), beschränkt allerdings auf einen Monat. Verteilt auf 12 Monate ergab dies durchschnittlich rd. 550 befragte Haushalte pro Monat. Obwohl mit mehrmaligen Interviewerbesuchen bei den ausgewählten Haushalten offensichtlich keine Kosten gescheut wurden, mußten die Ergebnisse nachträglich nicht nur korrigiert, sondern aufgrund anderweitiger Informationen regelrecht „postuliert" werden. Das betraf nicht nur alkoholische Getränke und Tabak, sondern auch Urlaubsausgaben und vieles andere. Als Beispiel für den Unterschied zwischen den Verbraucherangaben und den für den Index verwendeten Werten ist Heft 621 der Reihe „Beiträge zur österreichischen Statistik", Index der Verbraucherpreise 76, Zwischenrevision, Wien 1981, S. 16 zu entnehmen (Angaben in Schilling pro Haushalt und Monat):

	Ausgaben gemäß „Zufalls"-Konsumerhebung 1974	„Korrigierte" Werte für den Warenkorb
Zigaretten	132,89	249,33
Zigarren	1,65	3,59
Bier	80,24	98,40
Branntwein	36,38	73,15

Was wäre kritisch zum methodischen Vorgehen in Österreich zu sagen ?

Lösung:
Im Bereich der Adäquation hat das Zufallsverfahren keinen Platz. Zuerst muß man statistisch meßbare Größen festlegen, d.h. ein für die spätere Messung geeignetes Konstrukt, wie z.B. einen Warenkorb und eine repräsentative Auswahl von Berichterstattern (Geschäften), zurechtschneidern. Nur so kann man das Adäquationsproblem lösen. Das Zufallsverfahren ist untauglich für die Lösung dieses Problems. Im konkreten Fall muß der Warenkorb und müssen die Preise, die gemessen werden sollen, mit anderen erkenntnistheoretisch zulässigen Mitteln festgelegt werden, es ist zuerst eine nichtstochastische (nicht auf dem Zufallsprinzip beruhende) Erkenntnisaufgabe zu bewältigen. Erst danach kann gegebenenfalls der Statistiker auf das Zufallsverfahren zurückgreifen.

1.8 Antworten auf die Kontrollfragen

1. Dem Sinn eines Preisindexes für den Konsum entsprechend müssen die *vom Konsumenten zu zahlenden Preise* genommen werden, also Preise *inklusive* indirekte Steuern, Zölle etc. Alles andere wäre auch technisch kaum durchführbar. Direkte Steuern gehören natürlich nicht zu Konsumausgaben.

2. Natürlich nicht. Man stelle sich vor, welchen Aufwand es bedeuten würde. Ferner: viele alte Güter exisitieren gar nicht mehr. Alte Preisindizes werden nur „künstlich" weitergeführt über die sog. Verkettung, zu der in Kap. II mehr gesagt wird. Der Grund für die künstliche Weiterführung: für historische Vergleiche benötigt man über lange Zeiträume hinweg vergleichbare Kennzahlen.

3. Richtige Berechnung: für Periode 1 bis 3, ebenso für Periode 5 und 6 sowie 8 bis 10: $I_0^t = \frac{15}{15} \cdot 100 = 100.$
   Falsche Berechnung:

$$I_0^0 = \frac{1}{2} \left(\frac{1}{1} + \frac{2}{2}\right) \cdot 100 = 1 \cdot 100 = 100$$

$$I_0^1 = \frac{1}{2} (2+0,5) \cdot 1 \cdot 100 = 1,25 \cdot 100 = 125$$

$$I_0^2 = \frac{1}{2} (0,5+2) \cdot 1,25 \cdot 100 = 1,25 \cdot 1,25 \cdot 100 = 156$$

$$I_0^3 = \frac{1}{2} (2+0,5) \cdot 1,56 \cdot 100 = 1,25 \cdot 1,56 \cdot 100 = 195$$

4. Nein, denn der Schweizer Fischkonsum von 0,306 Prozent entspricht 3,06 Promille, was nur etwa 10% weniger ist als die deutschen 3,37 Promille.

5. Land A: Anstieg um 8,8 Prozentpunkte; Land B: Anstieg um 12,9 Prozentpunkte. In beiden Ländern betrug die Inflationsrate gleichermaßen 7,4%. Kein Unterschied.

6. $\frac{100}{110} \cdot 100 - 100 = 90,9 - 100 = -9,1\%.$

7. Weil ja auch das eine Prozent zu deflationieren wäre. Der Realzins ist also etwas kleiner als 1%, nämlich: $\frac{1,04}{1,03} - 1 = 0,0097 = \underline{0,97\%}$

8. a) Ja. Z.B. das Niveau der Aktienkurse durch einen Börsenindex.

   b) Durchaus! Börsenindizes zeigen wie ein Barometer den Verlauf der Konjunktur, vor allem den erwarteten Verlauf, an. Viele Investoren und Haushalte orientieren sich bei ihren Entscheidungen an ihm, wodurch der Verlauf eines Börsenindexes direkten Einfluß auf die gesamtwirtschaftliche Aktivität gewinnen kann.

Kapitel II: Indexzahlen

2.1: *Vorbemerkung* - **2.2:** *Elementarindizes (Meßziffern)* - **A.** *Preismeßziffern* **B.** *Mengenmeßziffern* - **C.** *Wertmeßziffern* - **2.3:** *Von den Meßziffern zu gewogenen Indizes* - **A.** *Ungewogener Preisindex* - **B.** *Durchschnitt von Elementarindizes* - **2.4:** *Gewogene Indizes* - **A.** *Indizes nach Laspeyres* - **B.** *Indizes nach Paasche* - **C.** *Indizes nach Fisher* - **D.** *Überblick* - **E.** *Indexabwandlungen* - **2.5:** *Wertindizes* - **2.6:** *Wünschbare Indexeigenschaften* - **A.** *Billigkeit und rasche Verfügbarkeit* - **B.** *Aggregierbarkeit aus Teilindizes* - **C.** *Faktorumkehreigenschaft* - **D.** *Zirkulareigenschaft* - **E.** *(Zeit-) Umkehreigenschaft* - **2.7:** *Umbasieren und Verketten* - **A.** *Umbasieren* - **B.** *Verketten (Verknüpfen)* - **2.8:** *Der Preisüberhangeffekt* - **2.9:** *Aufgaben mit Lösung* - **2.10:** *Antworten auf die Kontrollfragen*

2.1 Vorbemerkung

Das zweite Kapitel setzt die Behandlung jenes Stoffes, in den im ersten Kapitel exemplarisch eingeführt wurde, fort. An den Anfang des Buches ist damit die Behandlung eines Bereiches gestellt, dem in der Statistik neben einer außerordentlich großen praktisch-anwenderischen auch eine große theoretische Bedeutung zukommt. Der Zweck eines Indexes bzw. einer Indexreihe ist es, eine meist in der Zeit sich vollziehende Entwicklung darzustellen. Eine Indexreihe ist dabei i.d.R. die *Kurzcharakteristik einer „durchschnittlichen" Veränderung,* sie faßt eine Vielzahl von Einzelentwicklungen in eine einzige Zahlenreihe zusammen. Statt des zeitlichen kann übrigens auch ein *örtlicher* Vergleich mittels Indexzahlen gegeben werden. An die Stelle des Basiszeitpunktes tritt dann ein Basisort. Da Indexzahlen aber in erster Linie für den zeitlichen Vergleich aufgestellt werden, sind die folgenden Ausführungen an diesem Fall orientiert. Indexzahlen sind im übrigen ein Spezialfall der *Verhältniszahlen.*

Exkurs:
Der Statistiker bedient sich für die Beschreibung oder Charakterisierung von Phänomenen sehr oft der *Verhältniszahlen.* Diese sind eine gebräuchliche statistische Ausdrucksform, aber auch ein Instrument, bei dessen Handhabung stets besondere Aufmerksamkeit geboten ist. Es gibt drei Arten von *statistischen Verhältniszahlen* (Maßzahlen, die durch Quotientenbildung entstehen):

- *Gliederungszahlen:* Eine Teilgröße wird zu ihrer Gesamtgröße in Beziehung gesetzt. Das Ergebnis ist eine Anteilsangabe oder „Quote". Beispiele: die Staatsquote, d.h. das Verhältnis der Staatsausgaben zum BSP (Bruttosozialprodukt), Anteil der Arbeitslosen an den Erwerbspersonen (Arbeitslosenquote).
- *Beziehungszahlen:* Zwei wesensverschiedene, aber in sinnvollem Zusammenhang stehende Größen werden in Beziehung gesetzt. Oft spricht man dann von einer „Dichte". Beispiele: Ärzte pro 1000 Einwohner (Ärztedichte), Einwohner pro km^2 (Bevölkerungsdichte), Kraftfahrzeuge pro Streckenabschnitt (Verkehrsdichte).
- *Indexzahlen:* Zwei inhaltlich gleichartige, sich auf verschiedene Zeitpunkte oder verschiedene geographische Orte beziehende Größen werden in Beziehung gesetzt. Beispiele: Preisniveau 1986 im Verhältnis zum Preisniveau 1985. Steuerbelastung im

Land B im Verhältnis zur Steuerbelastung im Land A, Das Ergebnis ist eine prozentuale Veränderung oder ein Vergleich in Prozentform.

Notation:
Indexzahlen werden heute üblicherweise als Prozentzahlen ausgedrückt. Im Basiszeitpunkt beginnt eine Indexreihe daher mit 100 oder 100% (die Bezeichnung % wird freilich meist weggelassen). Äquivalent ist jedoch die Basierung einer Indexreihe auf 1. Denn: 100 Prozent (pro centum) bedeutet 100 pro 100, d.h. 1. Um die Dinge zu vereinfachen, wird bei den Formeln und bei Zwischenrechnungen im folgenden 100 resp. 100% weggelassen. Nur Endergebnisse werden in der bei Veröffentlichungen üblichen Form angegeben, d.h. als Prozentangabe ohne das Symbol %. In konstruierten Beispielen wird statt DM, Schweizer Franken, Dollar oder österreichischen Schilling die „Währungsdimension" WE („Währungseinheit") verwendet, im Unterschied zu „realen" Beispielen, für die die ursprüngliche Währungsdimension beibehalten wird. Ebenfalls wird statt spezieller physikalischer Dimensionen wie Tonnen, Stück oder Stunden auch die allgemeine Bezeichnung ME („Mengeneinheit") verwendet.

2.2 Elementarindizes (Meßziffern)

A. Preismeßziffern

Der einfachste Fall eines Preisindexes liegt vor, wenn man die Entwicklung des Preises eines *einzelnen* Gutes im Zeitablauf darstellen will, z.B. des Preises von 1 Tonne Kohle. Statt der absoluten Preise gibt man dann die Preisverhältniszahlen oder Preismeßziffern (etwas farbloser auch Preismeßzahlen genannt) an:

Preismeßziffer:

$$P_0^t = \frac{p_t}{p_0} \qquad (2\text{-}1)$$

P_0^t heißt auch *elementarer Preisindex.* Es ist zu beachten, daß sich die beiden für die Preismeßziffer verwendeten Preise stets auf dasselbe Gut in gleicher Qualität und Menge beziehen müssen.

Beispiel:

Tab. 2-1: Die Entwicklung des Kohlepreises 1870 bis 1980

Datum	Preis p (WE/t)	Preismeßziffer
1870	3,00	100
1925	3,45	115
1980	3,60	120

Die Darstellung einer Preisentwicklung statt in den ursprünglichen Preisen in Form einer Preismeßziffer hat zwei Vorteile:
1.) Man sieht auf einen Blick, um wieviel *Prozent* ein Preis in jedem Zeitpunkt *gegenüber dem Basiszeitpunkt* 0 gestiegen ist.

2.) Man kann verschiedene Preisentwicklungen miteinander *vergleichen*, z.B. die des Kohlepreises mit der des Preises für eine Stunde ungelernter Arbeit. Hat sich letzterer im gleichen Zeitraum unterschiedlich zum Kohlepreis entwickelt, so zeigt die Nebeneinanderstellung beider Meßziffernreihen sofort die Unterschiede (vgl. Tabelle 2-2).

Beispiel:

Tab. 2-2: Entwicklung von Kohlepreis und Lohn für „ungelernte Arbeit" 1870 bis 1980

	Kohle		„Ungelernte Arbeit"	
Datum	p_t (in WE/t)	Preismeßziffer	p_t (in WE/Std.)	Preismeßziffer
1870	3,00	100	1,30	100
1925	3,45	115	1,43	110
1980	3,60	120	1,52	117

Über diese unmittelbare, oft *wirtschaftshistorisch* interessante Verwendung hinaus hat eine Preismeßziffer vor allem als *Baustein* für die unten zu behandelnden gewogenen Indizes Bedeutung.

B. Mengenmeßziffern

Analog zur Preismeßziffer gibt es eine *Mengenmeßziffer.* Mit q_t werden Mengen zum Zeitpunkt t bezeichnet.

Mengenmeßziffer:

$$M_0^t = \frac{q_t}{q_0} \tag{2-2}$$

Man nennt (2-2) auch einen elementaren *Mengenindex.* Hierbei stehen q_0 und q_t für Mengen (Quantitäten). Auch hier dürfen stets nur die *wohldefinierten* Mengen *ein und desselben* Gutes oder *ein und derselben* Dienstleistung zu verschiedenen Zeitpunkten (Orten) in Beziehung gesetzt werden. Man darf nur *Vergleichbares* in Beziehung setzen, z.B. Stückzahlen des gleichen Automodells oder Arbeitsstunden der gleichen Kategorie von Arbeitern, ebenso wie man nur den Preis pro Tonne Kohle zum Preis pro Tonne Kohle und nicht zum Preis pro Zentner Kohle in Beziehung setzen darf.

C. Wertmeßziffern

Setzt man Werte (z.B. den Wochenlohn eines Arbeiters bestehend aus Stundenlohn mal Arbeitsstunden) in Beziehung, so erhält man eine Wertmeßziffer, die auch *elementarer Wertindex* genannt wird.

Wertmeßziffer:

$$W_0^t = \frac{p_t \cdot q_t}{p_0 \cdot q_0} \tag{2-3}$$

2.3 Von den Meßziffern zu gewogenen Indizes

Ein Elementarindex (früher sprach man auch von „Einzelindex") zeigt stets nur die Entwicklung des Preises oder der Menge *eines* Gutes oder die Entwicklung *einer* bestimmten Wertgröße an. Mit ihrer Hilfe wäre es schwierig, sich einen Überblick über die Entwicklung *aller* oder auch nur eines bestimmten Teilausschnitts der Preise oder Produktionsmengen zu verschaffen. Natürlich könnte man die Meßziffern aller Einzelgüter nebeneinander stellen, aber dabei ginge der Überblick rasch verloren. Aus diesem Grunde besteht die Notwendigkeit, eine Zahl zu finden, die *zusammenfaßt,* die eine *durchschnittliche* Entwicklung angibt. Im Gegensatz zum Einzelindex liegt dann gewissermaßen ein „Generalindex" vor.

A. Ungewogener Preisindex

Naheliegend könnte es erscheinen, den folgenden Ausdruck zu bilden:

$$U_0^t = \frac{\sum_{i=1}^{n} p_t^{(i)}}{\sum_{i=1}^{n} p_0^{(i)}} \qquad (2\text{-}4)$$

Jetzt erhält man zwar eine Zusammenfassung, in vielen Fällen jedoch eine schlechte. Die zwei Hauptnachteile werden an folgendem *Beispiel* evident:

Beispiel:

Tab. 2-3: Preise von Konsumgütern

lfd. Nr.		Preise (WE/ME)	
i	Gut	Dez. 1970	Dez. 1971
1	Butter (kg)	3,00	3,60
2	Brot (kg)	0,50	1,00
3	Stecknadeln (Dtzd.)	0,05	0,10
4	Auto (Stück)	8'000,00	8'000,00

Der ungewogene Preisindex U_0^t ergibt für den Dez. 1971 (für den Dez. 1970 als Basiszeitpunkt ist er stets 100):

$$U_{\text{Dez. }70}^{\text{Dez. }71} = \frac{3{,}60 + 1{,}00 + 0{,}10 + 8'000}{3{,}00 + 0{,}50 + 0{,}05 + 8'000} \cdot 100 = \frac{8'004{,}7}{8'003{,}55} \cdot 100 = \underline{100{,}0} \ .$$

Man erkennt als Nachteile:

1.) Jedem Gut wird hier eine *Bedeutung* entsprechend seinem Preis beigemessen. Da der Autopreis aber alle anderen Preise dominiert und dieser Preis als einziger konstant blieb, zeigt der Index für 1971 keinen Preisanstieg an (resp. erst an 2. Stelle hinter dem Komma). Würde man durch diesen Index den Preisanstieg eines Warenkorbes messen wollen, so ist klar, daß er dieser Aufgabe nicht gerecht würde: Brot hat sich im Preis verdoppelt und niemand wird bestreiten, daß dieser Preis für den Normalhaushalt trotz allem doch noch wichtiger ist als der Autopreis.

2.) Die Entwicklung eines ungewogenen Indexes hängt von den *Einheiten* ab, in denen gemessen wurde. Hätte man z.B. den Brotpreis je Tonne angegeben (die Tonne hat 1'000 kg), so wäre der Indexstand im Dez. 1971:

$$U_{Dez.70}^{Dez.71} = \frac{3{,}60 + 1'000{,}00 + 0{,}10 + 8'000}{3{,}00 + 500{,}00 + 0{,}05 + 8'000} \cdot 100 = \frac{9'003{,}70}{8'503{,}05} \cdot 100 = \underline{106{,}6} \ .$$

Jetzt wird also ein Preisanstieg von 6,6% signalisiert. Durch die Veränderung der Einheiten, deren Preise in den Index eingehen, könnte man jedes beliebige Ergebnis erzielen. Der Index U_0^t kommt nicht in Frage, um einen zusammenfassenden Überblick über die Entwicklung der Konsumgüterpreise zu geben.

B. Durchschnitt von Elementarindizes

Einen Fortschritt könnte man darin sehen, ein einfaches arithmetisches Mittel aus den Preismeßziffern zu bilden. Jetzt stehen die einzelnen Preise gewissermaßen gleichberechtigt nebeneinander:

$$\boxed{\bar{P}_0^t = \frac{1}{n} \sum_{i=1}^{n} \frac{p_t^{(i)}}{p_0^{(i)}} = \frac{1}{n} \sum_{i=1}^{n} P_0^{t^{(i)}}} \qquad (2\text{-}5)$$

Für unser fiktives Beispiel von Tabelle 2-3 mit 4 Gütern (n=4), ergibt das:

$$\bar{P}_{Dez.70}^{Dez.71} = \frac{1}{4}(1{,}2 + 2 + 2 + 1) \cdot 100 = \frac{620}{4} = \underline{155} \ .$$

Der Indexstand liegt im Dez. 1971 jetzt um 55% höher als im Dez. 1970. Hier kommt nun die Verdoppelung des Brot- und Stecknadelpreises sehr gut zum Ausdruck, und ferner bleibt es auf das Ergebnis ohne jeden Einfluß, ob ich z.B. den Brotpreis für kg oder für Tonnen angebe. Die *Einheiten*, für die ich den Preis angebe, spielen keine Rolle mehr. Hingegen wird dem Preisverlauf aller Güter die gleiche Bedeutung beigemessen. Sofern alle Güter als gleichwertig angesehen werden, kann man daher $\bar{P}_0^t$ verwenden. Für jede einzelne Indexposition eines Verbraucherpreisindizes werden eine große Zahl Preise Monat für Monat gemeldet. Ein gemäß (2-5) gebildeter Durchschnitt von Elementarindizes kann dann als *die* Preismeßziffer verwendet werden. Man mißt dann beispielsweise jedem Herrenhemd, aus welchem Geschäft es auch stammt, eine *gleiche* Bedeutung zu.

Sobald die Voraussetzung gleicher Bedeutung nicht mehr zutreffend ist, kann man den Durchschnitt von Elementarindizes nicht mehr verwenden. Für die Messung des Preisniveaus eines Warenkorbes sind beispielsweise verschiedene Preisentwicklungen verschieden stark zu *gewichten.* Einer Veränderung des Butter- oder Brotpreises ist ein hohes Gewicht, einer Veränderung des Stecknadelpreises ein sehr geringes Gewicht und einer Veränderung des Autopreises vielleicht ein mittleres Gewicht zu geben. Die Frage, die sich generell stellt, lautet: *welches Gewicht ist zu nehmen?*

2.4 Gewogene Indizes

Im folgenden werden drei mit verschiedenen Wägungs- oder Gewichtsschemata gebildete Indextypen behandelt: der Laspeyres-, der Paasche- und der Fisherindex. Die in der Praxis vorzufindenden Indizes gehören fast alle zu einem dieser drei Typen. Die meisten sind vom Laspeyrestyp resp. einer Abwandlung desselben. Der Erfinder dieses Indextyps war Etienne *Laspeyres* aus Halle an der Saale (1834-1913), viele Jahre Professor für Staatswissenschaften in Gießen.

A. Indizes nach Laspeyres

1.) Laspeyrespreisindex (PIL)

Die „Gewichte", die man bei einem gewogenen Preisindex verwendet, ergeben sich aus der Berücksichtigung der *Mengen,* die von den einzelnen Gütern gekauft wurden. Bezieht sich ein Preisindex auf den Einkauf oder die Produktion oder den Export, dann sind dementsprechend die Mengen, die eingekauft oder produziert oder exportiert wurden, zu nehmen. Entscheidend dafür, daß man einen Preisindex als einen *Laspeyres*preisindex bezeichnet, ist die Berücksichtigung der Mengen des *Basis*zeitpunkts oder der *Basis*periode.

Die „Gewichtung" kann dabei auf zweierlei, im Ergebnis gleichwertige Weise erfolgen, wobei das eine Mal die sog. *Praxisformel,* das andere Mal die sog. *Grundformel* resultiert. Zuerst sei die Praxisformel vorgestellt, wie wir sie von Kapitel I her kennen. Alle dargestellten Verbraucherindizes sind nämlich Laspeyrespreisindizes. Die Gewichte erscheinen hier als *Prozentsätze* oder Ausgabenanteile, die wir wieder mit $g_0^{(i)}$ bezeichnen wollen. Die Mengen $q_0^{(i)}$ treten in diesem Fall nicht explizit auf, sie sind aber implizit in den $g_0^{(i)}$ enthalten. (Bei der Grundformel hingegen treten die Mengen $q_0^{(i)}$ explizit als Gewichte in Erscheinung).

Laspeyrespreisindex (Praxisformel):

$$PIL_0^t = \sum_{i=1}^{n} \frac{p_t^{(i)}}{p_0^{(i)}} \cdot g_0^{(i)} = \sum_{i=1}^{n} P_0^{t\,(i)} \cdot g_0^{(i)} \qquad (2\text{-}6)$$

Hierbei ist $P_0^{t\,(i)}$ die Preismeßziffer (2-1) und $g_0^{(i)}$ ist folgendermaßen definiert:

$$g_0^{(i)} = \frac{p_0^{(i)} \cdot q_0^{(i)}}{\sum_{j=1}^{n} p_0^{(j)} \cdot q_0^{(j)}}, \quad i = 1, 2, \cdots, n \qquad (2\text{-}7)$$

Beispiel:
Nehmen wir in Fortführung des Beispiels von Tab. 2-3 an, die Haushalte hätten im Dez. 1970 ihre Ausgaben auf Butter, Brot, Stecknadeln und Autos gemäß der in Tabelle 2-4 angegebenen Art aufgeteilt (Die Preise verstehen sich stets als Preise pro angegebene Mengeneinheit):

Tab. 2-4: Ausgaben der Haushalte im Dez. 1970

lfd. Nr. i	Gut	Menge $q_{70}^{(i)}$	Preis $p_{70}^{(i)}$	Ausgabe $p_{70}^{(i)} \cdot q_{70}^{(i)}$	Gewichtsanteil $g_{70}^{(i)}$
1	Butter (kg)	300	3,00	900,00	20,93
2	Brot (kg)	5'190	0,50	2'595,00	60,35
3	Stecknadeln (Dtzd.)	100	0,05	5,00	0,12
4	Auto (Stück)	1/10	8'000,00	800,00	18,60
				4'300,00	100,00

Der gewogene (gewichtete) Index lautet jetzt *für den Zeitpunkt Dezember 1971* (Preise für Dez. 1971 s. Tab. 2-3):

$$PIL_{Dez.1970}^{Dez.1971} = \frac{3,60}{3,00} \cdot 20,93 + \frac{1,00}{0,50} \cdot 60,35 + \frac{0,10}{0,05} \cdot 0,12 + \frac{8'000}{8'000} \cdot 18,60 = \underline{164,65}$$

Der soeben berechnete Index zeigt eine Preisanstieg von rund 65% an. Durchschlagend für diesen Anstieg war die Brotpreisverdoppelung in Verbindung mit dem hohen Gewicht, das dieser Entwicklung beigemessen wurde. Jetzt haben wir einen Index, der die in der Realität vorzufindende Bedeutung der einzelnen Güter für die Messung des Preisniveausanstiegs berücksichtigt.

Die Praxisformel (2-6) ist aus der Grundformel hergeleitet, die wie folgt lautet.

Laspeyrespreisindex (Grundformel):

$$PIL_0^t = \frac{\sum_{i=1}^{n} p_t^{(i)} \cdot q_0^{(i)}}{\sum_{i=1}^{n} p_0^{(i)} \cdot q_0^{(i)}} \qquad (2\text{-}8)$$

Jeder Preis wird hier direkt mit der ihm im Basiszeitpunkt zugeordneten Menge multipliziert.

- **Kontrollfrage 1 :** Man zeige die Umformungsschritte von der Grundformel zur Praxisformel.

Indexaussage:

Durch den Laspeyrespreisindex will man die Preisentwicklung (Preisveränderung) eines zu einem bestimmten Zeitpunkt der Vergangenheit festgestellten Mengengerüstes (Warenkorbes) darstellen. Durch das Festhalten an einem einmal aufgestellten Mengengerüst („konstantes Wägungsschema") wird die „reine" Preisveränderung zum Ausdruck gebracht bei *Vergangenheitsgewichtung*.

• **Kontrollfrage 2 :** Ändert sich der PIL, wenn Sie in Tabelle 2-4 den Butterpreis pro Tonne und die verbrauchte Menge ebenfalls in Tonnen ausdrücken?

2.) Laspeyresmengenindex (MIL)

Zu jedem Preisindex gibt es einen dualen Mengenindex (auch Volumenindex genannt). Dementsprechend berechnet man analog zum Laspeyrespreisindex den Laspeyresmengenindex. Die Rollen von Preis und Menge sind jetzt vertauscht. Zum Ausdruck gebracht wird jetzt eine durchschnittliche *mengenmäßige Entwicklung*. Daher hält man die Preise im *Basis*zeitpunkt fest. Man will direkt eine *reale Entwicklung* z.B. des Exports oder der Produktion einer Volkswirtschaft oder eines viele Produkte herstellenden Unternehmens angeben.

Laspeyresmengenindex (Grundformel):

$$MIL_0^t = \frac{\sum q_t \cdot p_0}{\sum q_0 \cdot p_0} \tag{2-9}$$

Hinweis: Es wird von jetzt an der Summationsindex i weggelassen.

Die aus der Grundformel direkt ableitbare Praxisformel lautet wie folgt:

Laspeyresmengenindex (Praxisformel):

$$MIL_0^t = \sum \frac{q_t}{q_0} \cdot g_0 = \sum M_0^t \cdot g_0 \tag{2-10}$$

Hierbei ist M_0^t die in (2-2) eingeführte Mengenmeßziffer.

• **Kontrollfrage 3 :** Wie lauten die beiden Zwischenschritte zwischen der Grund- und Praxisformel? Man gehe von der Grund- zur Praxisformel über!

Indexaussage:

Durch einen *Laspeyresmengenindex* soll eine reale Entwicklung, wie sie sich bei Konstanz der Preise ergeben hätte, zum Ausdruck gebracht werden. Sie soll einerseits unabhängig von den Maßeinheiten sein, in denen die Mengen gemessen werden, und soll andererseits die *Bedeutung* der verschiedenen Güter, ausgedrückt durch ihren *Preis,* berücksichtigen. Man unterstellt beim MIL eine *gleichbleibende* Preisstruktur, man gewichtet also die Mengen mit den Preisen des *Basis*zeitpunktes (-raumes) (*Vergangenheitsgewichtung*).

Um keine *Mißverständnisse* aufkommen zu lassen: Eine Zunahme des Mengenindexes bedeutet nicht notwendigerweise, daß mehr Güterwagen für den Export benötigt werden oder daß das auf eine Waage gestellte Gewicht des Exports zunimmt. Export besteht auch aus Dienstleistungen, die nicht im physischen Sinn über eine Grenze transportiert werden, und das Exportvolumen z.B. von mikroelektronischen Geräten kann enorm zunehmen (Stückzahlen), obwohl ihr Volumen in ccm oder ihr Gewicht in kg stark abnimmt.

Beispiel:

Tab. 2-5: Exporte einer Volkswirtschaft

i	Gut	Mengen q_{78}	q_{79}	Preis p_{78}	$p_{78}\,q_{78}$	$p_{78}\,q_{79}$
1	Uhren (Stck.)	5'000	4'000	200.-	1'000'000	800'000
2	Käse (t)	10'000	20'000	500.-	5'000'000	10'000'000
3	Hotelübernachtungen von Ausländern (Anzahl)	1'000'000	900'000	30.-	30'000'000	27'000'000
					36'000'000	37'800'000

Der Laspeyres-Mengenindex für 1979 mit der Basis 1978 lautet:

$$MIL_{78}^{79} = \frac{37'800'000}{36'000'000} \cdot 100 = \underline{105} \quad .$$

Das Exportvolumen, d.h. der „reale“, von Preisänderungen abstrahierende Export hat dementsprechend dank der Expansion des Käseexports trotz rückläufiger Zahl der Übernachtungen seitens ausländischer Gäste und des Rückgangs des Uhrenexports 1979 um 5% gegenüber 1978 (= Basis) zugenommen.

B. Indizes nach Paasche

Während beim Laspeyresindex stets das Gewichtsschema des Basiszeitpunkts genommen wird, wird beim Paascheindex das andere Extrem als Gewichtungsschema genommen: *Es wird mit den Preisen resp. Mengen des laufenden Zeitpunktes t gewichtet.* Man sagt auch, es findet eine *Gegenwartsgewichtung* statt. (Hermann *Paasche,* 1851-1925, war Nationalökonom und Politiker - um die Jahrhundertwende sogar Vizepräsident des Deutschen Reichstags).

1.) Paaschepreisindex (PIP)

Die Symmetrie im Aufbau des Paaschepreisindexes im Verhältnis zum Laspeyrespreisindex wird durch die Grundformel am besten erkennbar.

Paaschepreisindex (Grundformel):

$$PIP_0^t = \frac{\Sigma p_t \cdot q_t}{\Sigma p_0 \cdot q_t} \tag{2-11}$$

Beispiel:
Angenommen, im Dez. 1971 habe eine Preis- und Verbrauchsstruktur gemäß Tabelle 2-6 vorgelegen. Der Verbrauch habe sich also gegenüber dem von Dez. 1970 (siehe Tabelle 2-4) leicht zugunsten von Automobilen und daher zuungunsten von Lebensmitteln verschoben.

Tab. 2-6: Ausgaben der Haushalte

lfd. Nr.	Gut	Preise p_{70}	p_{71}	Menge q_{71}	$p_{70}\,q_{71}$	$p_{71}\,q_{71}$
1	Butter (kg)	3,00	3,60	300	900	1'080
2	Brot (kg)	0,50	1,00	4'000	2'000	4'000
3	Stecknadeln (Dtzd.)	0,05	0,10	60	3	6
4	Auto (Stück)	8'000,00	8'000,00	2/10	1'600	1'600
					4'503	6'686

Der Paaschepreisindex für den Dez. 1971 ergibt somit nach Einsetzen in (2-11):

$$PIP_{70}^{71} = \frac{6'686}{4'503} \cdot 100 = \underline{148,48} \quad .$$

Der durch den PIP ausgewiesene Preisniveauanstieg ist also niedriger als der durch den PIL ausgewiesene. (Dieser hatte 164,65 betragen).

Indexaussage:

Der *Paaschepreisindex* will wie der Laspeyrespreisindex einen „reinen" Preisvergleich ermöglichen, u.z. den Vergleich des Preisniveaus eines „laufenden" Zeitpunktes (einer laufenden Periode) mit dem eines Basiszeitpunktes (einer Basisperiode). Im Gegensatz zum Laspeyresindex wird ein *aktuelles* Mengengerüst konstant gehalten, d.h. es wird unterstellt, es seien bereits in der Basisperiode die heute festgestellten Mengen gekauft worden (*Gegenwartsgewichtung*).

Vergleich mit dem Laspeyresindex:

Ist ein Paaschepreisindex einem Laspeyrespreisindex überlegen? *Ja und nein.* Die Frage, ob das Gewichtungsschema des Basiszeitpunkts oder des laufenden Zeitpunkts besser ist, läßt sich nicht eindeutig beantworten. Gewiß ist es wünschenswert, möglichst aktuelle

Gewichte zu haben. Ein Laspeyrespreisindex mit einer zehn oder mehr Jahre alten Basis kann eine Preisentwicklung nicht mehr zutreffend wiedergeben, wenn inzwischen eine völlig andere Verbrauchsstruktur vorliegt. Andererseits hat der Paaschepreisindex eine analoge Schwäche: wenn er einen Preisanstieg angibt, so „unterschiebt" er, daß früher bereits eine Verbrauchsstruktur vorlag, wie sie erst heute besteht. Ist der Laspeyrespreisindex nach einigen Jahren auf einem *veralteten* Gewichtungsschema aufgebaut, so der Paaschepreisindex auf einem für die Vergangenheit *fiktiven* Gewichtsschema.

Laspeyres-Effekt:

In unserem Beispiel betrug der Preisanstieg, gemessen am Paascheindex, rund 48% gegenüber rund 65% beim Laspeyresindex. In der Tat: der „Laspeyrespreisanstieg" ist höher als der „Paaschepreisanstieg" (Laspeyres-Effekt), wenn die Verbraucher „normal" reagieren, d.h. wenn sie bei (relativ) steigenden Preisen eines Gutes eine geringere Menge dieses Gutes nachfragen und umgekehrt, wenn sie bei (relativ) fallenden Preisen eines Gutes eine größere Menge dieses Gutes nachfragen. In einem solchen Fall haben sie sich von den *überdurchschnittlich* teurer gewordenen Gütern (Brot usw. in unserem Bsp.) abgewendet und dem *relativ* billiger gewordenen Gut (Auto) zugewendet. Ein „Paasche" gibt daher *in der Regel einen geringeren Preisanstieg an als ein „Laspeyres"*. Das heißt aber nicht, daß das durch Paasche vermittelte Bild der Preisentwicklung richtiger ist, denn er arbeitet ja mit der Unterstellung, die Leute hätten früher weniger Brot gegessen und mehr Autos gefahren als es tatsächlich der Fall war.

Man kann das soeben Gesagte durch eine Schere,die sich im Zeitablauf infolge der Substitution von relativ teurer gewordenen durch relativ billiger gewordene Güter immer mehr öffnet, veranschaulichen.

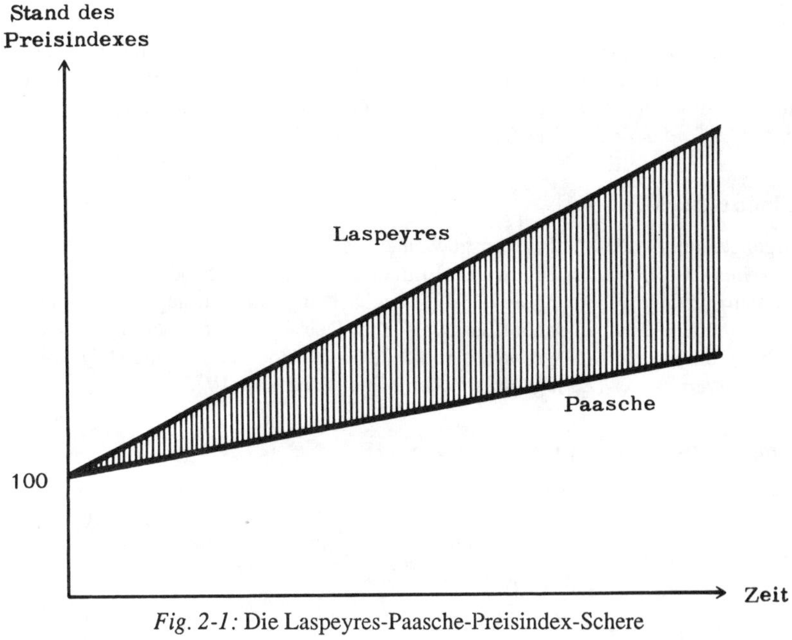

Fig. 2-1: Die Laspeyres-Paasche-Preisindex-Schere

• **Kontrollfrage 4** : Es wurde im Text darauf verzichtet, aus der Paaschegrundformel eine „Paaschepraxisformel" herzuleiten. Leiten Sie sie her unter Verwendung von

$$g_t = \frac{p_t q_t}{\sum p_t q_t}$$

Hinweis:
Der Paaschepreisindex hat einen entscheidenden *praktischen Nachteil* gegenüber dem Laspeyresindex, auf den im Abschnitt 2-6 zurückzukommen sein wird: er erfordert laufende Informationen über Preise *und* Mengen und nicht nur über Preise. Dies - und nicht eine grundsätzliche theoretische Überlegenheit - begründet vor allem die Bevorzugung des Laspeyresindexes.

2.) Paaschemengenindex (MIP)

Die Grundformel für den Mengen- oder *Volumenindex* mit dem Basiszeitpunkt 0 lautet:

Paaschemengenindex (Grundformel):

$$\text{MIP}_0^t = \frac{\sum q_t \cdot p_t}{\sum q_0 \cdot p_t} \tag{2-12}$$

Indexaussage:

Durch einen *Paaschemengenindex* soll wie beim Laspeyresmengenindex eine reale, nicht durch Preisänderungen beeinträchtigte Entwicklung zum Ausdruck gebracht werden. Man unterstellt eine gleichbleibende Preisstruktur, gewichtet jedoch die Mengen mit den Preisen des *laufenden Zeitpunktes (Gegenwartsgewichtung).*

C. Indizes nach Fisher

Vergangenheits- oder Gegenwartsgewichte - das waren die beiden Alternativen, die Laspeyres und Paasche zu ewiger Erinnerung verholfen haben. Der amerikanische Ökonom Irving *Fisher* (1867-1947) beobachtete die vorliegende Situation mit Mißvergnügen, brachte daher Laspeyres und Paasche unter einen Hut (ein Wurzelzeichen), bildete ein sog. *geometrisches Mittel* aus beiden und nannte stolz seinen Index einen *idealen* Index. (Zum geometrischen Mittel siehe Kap. IV).

1.) Fishers Preisindex (PIF)

Definition:

$$\text{PIF}_0^t = \sqrt{\text{PIL}_0^t \cdot \text{PIP}_0^t} \tag{2-13}$$

oder explizit:

$$PIF_0^t = \sqrt{\frac{\sum p_t \cdot q_0}{\sum p_0 \cdot q_0} \cdot \frac{\sum p_t \cdot q_t}{\sum p_0 \cdot q_t}} \qquad (2\text{-}13')$$

Indexaussage:

Der Zweck, dem der Fisher-Preisindex dienen soll, ist derselbe wie der bei den beiden anderen Preisindizes: Ein Bild über die Entwicklung einer Vielzahl von Einzelpreisen zu geben, d.h. eine *Synthese aus vielen Einzelpreisentwicklungen* herzustellen, durch die eine Preisniveauveränderung ausgedrückt werden soll.

Als „Kreuzung" oder geometrischer Mittelwert aus Laspeyres- und Paaschepreisindex liegt der Wert des Fisherindexes stets zwischen diesen beiden. Da in der Regel der Paaschepreisindex für den Zeitpunkt t einen kleineren Wert hat als der Laspeyrespreisindex, gilt ebenfalls in der Regel die folgende Relation:

$$PIP_0^t < PIF_0^t < PIL_0^t \qquad (2\text{-}14)$$

Beispiel:
Für unser Beispiel (siehe Tabellen 2-3, 2-4 und 2-6), bei dem $PIP_{70}^{71} = 148{,}48$ und $PIL_{70}^{71} = 164{,}65$ war, beläuft sich der Fisherpreisindex auf :

$$PIF_{70}^{71} = \sqrt{148{,}48 \cdot 164{,}65} = \underline{156{,}36}$$

Indexvergleich:

Wir haben jetzt eine fünfte Indexzahl vorliegen, die den Preisanstieg der betrachteten vier Güter vom Dez. 1970 bis Dez. 1971 *zusammenfassend* wiedergeben soll. Die Indexzahlen lauten der Reihe nach:

ungewogener Index	100,0
Durchschnitt von Elementarindizes	155,0
Laspeyresindex	164,6
Paascheindex	148,5
Fisherindex	156,4

Die beiden ersten Indexzahlen sind zur Charakterisierung *durchschnittlicher* Entwicklungen verschiedenartiger Güter i.d.R. *unbrauchbar,* die drei letzteren sind theoretisch *in Frage kommende Alternativen.* Die zahlenmäßige Diskrepanz zwischen ihnen ist aufgrund des gewählten Beispiels bewußt stark hervorgehoben, in der Regel wird sie nicht derartige Ausmaße annehmen. Die Wahl zwischen den drei in Frage kommenden Alternativen wird meist aus *Praktikabilitätsgründen* getroffen, und das bedeutet de facto, daß die Wahl auf den *Laspeyresindex* fällt. Einen Paascheindex berechnet man jedoch häufig als *Kontrollindex.* Man kann so feststellen, ob sich die in Fig. 2-1 gezeigte Schere bereits relativ weit geöffnet hat. Ist dies der Fall, wird es Zeit, den Laspeyresindex auf eine neue Basis zu stellen. Fisher-Indizes findet man verhältnismäßig selten. Beim Außenhandel können jedoch nach der Formel von Fisher Preis- und Mengenindizes leicht berechnet werden, weil bei den Grenzabfertigungen laufende Angaben über Preise und Mengen anfallen.

Bemerkung:
Mit der Basis 1970 werden in der Schweiz Preisindizes für die Exporte und Importe berechnet, u.z. nach der

Fisher-Praxisformel:

$$PIF_0^t = \sqrt{\frac{\sum \frac{p_t}{p_0} g_0}{\sum \frac{p_0}{p_t} g_t}} \qquad (2\text{-}15)$$

Hierbei ist g_0 durch (2-7) und g_t in der Kontrollfrage 4 definiert worden. Der üblicherweise verwendete Name *„Index der Mittelwerte"* für die schweizerischen Außenhandelspreisindizes kommt daher, daß die in Formel (2-15) eingesetzten Preise Mittelwerte der Preise innerhalb einer Zolltarifsposition darstellen.

2.) Fishers Mengenindex (MIF)

Definition:

$$MIF_0^t = \sqrt{MIL_0^t \cdot MIP_0^t} \qquad (2\text{-}16)$$

oder explizit:

$$MIF_0^t = \sqrt{\frac{\sum q_t \cdot p_0}{\sum q_0 \cdot p_0} \cdot \frac{\sum q_t \cdot p_t}{\sum q_0 \cdot p_t}} \qquad (2\text{-}17)$$

Bemerkung:
Auch für die schweizerischen Export- und Import*mengen* wird ein Index nach Fisher berechnet (Volumenindizes).

D. Überblick

Die *Grundformeln* der bisher behandelten „gewogenen" Indizes sind in der folgenden Tabelle einander gegenübergestellt.

Tab. 2-7: Gewogene Preis- und Mengenindizes (Grundformeln)

	Preisindex	Mengenindex
Laspeyres	$PIL_0^t = \frac{\sum p_t \cdot q_0}{\sum p_0 \cdot q_0}$	$MIL_0^t = \frac{\sum q_t \cdot p_0}{\sum q_0 \cdot p_0}$
Paasche	$PIP_0^t = \frac{\sum p_t \cdot q_t}{\sum p_0 \cdot q_t}$	$MIP_0^t = \frac{\sum q_t \cdot p_t}{\sum q_0 \cdot p_t}$
Fisher	$PIF_0^t = \sqrt{\frac{\sum p_t \cdot q_0}{\sum p_0 \cdot q_0} \cdot \frac{\sum p_t \cdot q_t}{\sum p_0 \cdot q_t}}$	$MIF_0^t = \sqrt{\frac{\sum q_t \cdot p_0}{\sum q_0 \cdot p_0} \cdot \frac{\sum q_t \cdot p_t}{\sum q_0 \cdot p_t}}$

E. Indexabwandlungen

Indizes kommen oft nicht in einer der bisher dargestellten „reinen" Form zur Anwendung.

Bei einem Preisindex beispielsweise steht u.U. $p_0^{(i)}$ nicht für den Preis des Gutes i im Zeitpunkt 0, sondern für den Durchschnitt der Preise für Gut i, wie sie während 12, 24 oder noch mehr Zeitpunkten beobachtet wurden (ganz abgesehen davon, daß u.U. für jede einzelne dieser Perioden bereits ein Durchschnittspreis aus den Preismeldungen aller Berichterstatter gebildet worden ist).

Sehr oft bezieht sich ferner der Index 0 von p_0 und q_0 nicht streng auf *denselben* Zeitpunkt oder *dieselbe* Zeitperiode. So werden z.B. die q_0 für die Konsumentenpreisindizes meist für einen früheren Zeitraum ermittelt als die Basiszeitpunktpreise.

Index der industriellen Produktion:

Einer der wichtigsten Mengenindizes ist der *Index der industriellen Produktion.* Die Mengen q werden bei diesem Index nicht mit den Marktpreisen p gewichtet, da dies zu Verfälschungen der Indexaussage führen würde. Es käme nämlich, würde man so vorgehen, zu Doppel- und Mehrfachgewichtungen von solchen Gütern, die mehrere Produktionsstufen durchlaufen (mehrmals in den Index eingehen). Vielmehr nimmt man den Nettoproduktionswert der einzelnen Betriebsabteilungen und gewichtet mit ihnen. Der Index (Praxisformel) lautet daher:

$$I_0^t = \frac{\sum \frac{q_t}{q_0} \cdot w_0}{\sum w_0} \qquad (2\text{-}18)$$

wobei $w_0^{(i)}$ der Nettoproduktionswert der Betriebsabteilung ist, die das Produkt i in der Menge $q^{(i)}$ herstellt. ($w_0 = q_0 \cdot n_0$; n_0 : Nettoproduktionswert pro Stück).

Exkurs:
Zur Erläuterung des Begriffes Nettoproduktionswert diene das folgende Schema:

<table>
<tr><td>Ausgeschüttete Gewinne
Nichtausgeschüttete Gewinne
Direkte Steuern der Unternehmung
Aufwandzinsen, Pachten, Mieten
Sozialleistungen
Löhne und Gehälter</td><td>Wertschöpfung</td><td rowspan="2">Nettoproduktionswert</td><td rowspan="3">Bruttoproduktionswert</td></tr>
<tr><td colspan="2">Indirekte Steuern ./. Subventionen
Abschreibungen</td></tr>
<tr><td colspan="3">Fremdleistungen (Vorprodukte,
Käufe von Vorleistungen)</td></tr>
</table>

Der Bruttoproduktionswert entspricht seinerseits dem Umsatz zuzüglich Bestandesveränderung an Halb- und Fertigerzeugnissen sowie selbsterstellten Anlagen.

2.5 Wertindizes

Die meisten ökonomischen Aggregate stellen Wertsummen dar, z.B. das Volkseinkommen, die Lohn- und Gehaltsumme der unselbständig Erwerbenden, die Umsätze einer Firma oder eines Wirtschaftssektors, der Handelswert der Exporte oder Importe u.s.w.. Eine Wertsumme ist ein Aggregat aus Einzelwerten, die sich als Produkt aus Mengen und zugehörigen Preisen ergeben. Der zeitliche Verlauf solcher Wertsummen wird aus Vergleichsgründen oft als ein sog. Wertindex dargestellt:

Definition:

$$WI_0^t = \frac{\sum p_t \cdot q_t}{\sum p_0 \cdot q_0} \qquad (2\text{-}19)$$

Ein Wertindex mißt die Veränderung von Preis *und* Menge und nicht von Preisen allein oder Mengen allein. Dementsprechend kann die Veränderung des Wertindexes sowohl durch die Veränderung der Preise oder der Mengen oder von beiden zugleich verursacht worden sein.

Zwei wichtige Eigenschaften von Wertindizes sind zu beachten:

1.) Ein Wertindex steht in folgender „*kreuzweisen*" Beziehung zu Preis- und Mengenindizes nach Laspeyres und Paasche:

$$WI_0^t = MIL_0^t \cdot PIP_0^t = MIP_0^t \cdot PIL_0^t \qquad (2\text{-}20)$$

Die Richtigkeit dieser Relation erkennt man, wenn man die Definitionen einsetzt. Z.B. ergibt sich für den linken Teil der Gleichung:

$$\frac{\Sigma p_t \cdot q_t}{\Sigma p_0 \cdot q_0} = \frac{\Sigma q_t \cdot p_0}{\Sigma q_0 \cdot p_0} \cdot \frac{\Sigma p_t \cdot q_t}{\Sigma p_0 \cdot q_t}$$

• **Kontrollfrage 5 :** Überprüfen Sie den rechten Teil der Gleichung 2-20.

2.) Ein Wertindex ist stets das *Produkt aus einem Preis- und Mengenindex jeweils nach Fisher:*

$$WI_0^t = PIF_0^t \cdot MIF_0^t \qquad (2\text{-}21)$$

Beweis:

Man benötigt (2-13) und (2-16) in Verbindung mit (2-20). Gemäß (2-20) gilt:

$$WI_0^t = MIL_0^t \cdot PIP_0^t \quad \text{und:} \quad WI_0^t = MIP_0^t \cdot PIL_0^t$$

$$WI_0^t = \sqrt{PIL_0^t \cdot PIP_0^t \cdot MIL_0^t \cdot MIP_0^t}$$

$$= \sqrt{PIL_0^t \cdot PIP_0^t}\sqrt{MIL_0^t \cdot MIP_0^t} = PIF_0^t \cdot MIF_0^t$$

2.6 Wünschbare Indexeigenschaften

A. Billigkeit und rasche Verfügbarkeit

Indizes sind hochwichtige *Entscheidungsgrundlagen* für Politik und Wirtschaft und müssen daher rasch vorliegen. Oft erfordert ein Index für seine Berechnung eine umfangreiche Organisation und verursacht hohe Kosten. Zwei wesentliche Eigenschaften praktischer Art bestehen daher darin, daß die Datenbeschaffung kostengünstig sein muß und daß sie nicht allzuviel Zeit beanspruchen darf. Wenn im laufenden Zeitpunkt ein drei Jahre alter Index veröffentlicht würde, wäre er als Entscheidungsgrundlage wertlos. Wenn für den angestrebten praktischen Zweck andererseits mehr Aufwand getrieben wird als unbedingt erforderlich ist, bedeutet dies Verschwendung von Steuergeldern.

Der *Laspeyresindex* mit seinem einmal festgelegten Gewichtungsschema hat den *enormen Vorteil,* von Monat zu Monat nur die Informationen über die aktuellen Preise (beim PIL) oder Mengen (beim MIL) zu benötigen. Die Gewichte g_0 liegen ein für allemal fest und sind abgespeichert. Der Paascheindex und somit auch der Fisherindex sind außer in wenigen Fällen, in denen die q_t automatisch zugleich mit den p_t anfallen, weder schnell noch kostengünstig zu berechnen.

B. Aggregierbarkeit aus Teilindizes

In vielen Fällen muß man neben einer Gesamtentwicklung auch die Entwicklung in Teilsektoren kennen, so z.B., wie sich die Preise der Warengruppen Nahrungsmittel, Heizung und Beleuchtung, Miete jeweils für sich genommen verhalten haben.

Ganz unterschiedliche wirtschaftspolitische Entscheidungen drängen sich auf, wenn beispielsweise der Anstieg des PIK über längere Zeit schwerpunktmäßig durch einen Anstieg im Bereich „Nahrungsmittel" oder durch einen Anstieg im Bereich „Verkehr" verursacht war. Auch aus sozialpolitischen Gründen ist die Kenntnis sektoraler Preisentwicklungen von Interesse. Rentner beispielsweise verbrauchen einen überdurchschnittlichen Anteil ihres Einkommens für Nahrungsmittel, hohe Einkommensbezieher hingegen für Dienstleistungen.

Wenn neben einer Gesamtentwicklung sektorale (Teil-)Entwicklungen indexmäßig zum Ausdruck gebracht werden, müssen die entsprechenden Indizes aufeinander abgestimmt sein. Anders gesagt, es muß ein Gesamtindex aus den Teilindizes (auch Gruppen- oder Subindizes genannt) aggregierbar sein. Dies gilt einerseits rein technisch. Wenn man Teilindizes berechnet hat, muß man durch Gewichtung dieser Teilindizes den Gesamtindex errechnen können. Andererseits erfordert es auch die Plausibilität, daß ein Gesamtindex nicht beispielsweise eine Zunahme um 10% ausweist, während alle Teilsektoren nur einen 5%igen Anstieg anzeigen. Sowohl der Laspeyres- als auch der Paascheindex lassen sich aus Teilindizes aggregieren.

Beweis, daß der PIL aus Teilindizes aggregierbar ist:
Es gebe zwei Gütergruppen. Gruppe I umfaßt die Güter a-k, Gruppe II die Güter l-z. Die Gruppenindizes seien mit ${}_{(A)}PIL_0^t$ und ${}_{(B)}PIL_0^t$ bezeichnet, der Totalindex mit ${}_{(T)}PIL_0^t$.

Jetzt gilt:

$$ {}_{(A)}PIL_0^t = \frac{\sum\limits_{i=a}^{k} \frac{p_t}{p_0} \cdot p_0 \cdot q_0}{\sum\limits_{i=a}^{k} p_0 \cdot q_0} \quad \text{und} \quad {}_{(B)}PIL_0^t = \frac{\sum\limits_{i=l}^{z} \frac{p_t}{p_0} \cdot p_0 \cdot q_0}{\sum\limits_{i=l}^{z} p_0 \cdot q_0}. \tag{2-22} $$

Gewichtet man jetzt ${}_{(A)}PIL_0^t$ mit $\frac{\sum\limits_{i=a}^{k} p_0 \cdot q_0}{\sum\limits_{i=a}^{z} p_0 \cdot q_0}$ und ${}_{(B)}PIL_0^t$ mit $\frac{\sum\limits_{i=l}^{z} p_0 \cdot q_0}{\sum\limits_{i=a}^{z} p_0 \cdot q_0}$,

dann ergibt sich:

$$ {}_{(A)}PIL_0^t \cdot \frac{\sum\limits_{i=a}^{k} p_0 \cdot q_0}{\sum\limits_{i=a}^{z} p_0 \cdot q_0} + {}_{(B)}PIL_0^t \cdot \frac{\sum\limits_{i=l}^{z} p_0 \cdot q_0}{\sum\limits_{i=a}^{z} p_0 \cdot q_0} = $$

$$ \frac{\dfrac{\sum\limits_{i=a}^{k} \frac{p_t}{p_0} \cdot p_0 \cdot q_0}{\sum\limits_{i=a}^{k} p_0 \cdot q_0} \cdot \sum\limits_{i=a}^{k} p_0 \cdot q_0 + \dfrac{\sum\limits_{i=l}^{z} \frac{p_t}{p_0} \cdot p_0 \cdot q_0}{\sum\limits_{i=l}^{z} p_0 \cdot q_0} \cdot \sum\limits_{i=l}^{z} p_0 \cdot q_0}{\sum\limits_{i=a}^{z} p_0 \cdot q_0} = \tag{2-23} $$

$$ \frac{\sum\limits_{i=a}^{k} \frac{p_t}{p_0} \cdot p_0 \cdot q_0 + \sum\limits_{i=l}^{z} \frac{p_t}{p_0} \cdot p_0 \cdot q_0}{\sum\limits_{i=a}^{z} p_0 \cdot q_0} = \frac{\sum\limits_{i=a}^{z} \frac{p_t}{p_0} \cdot p_0 \cdot q_0}{\sum\limits_{i=a}^{z} p_0 \cdot q_0} = {}_{(T)}PIL_0^t $$

• **Kontrollfrage 6 :** Können Sie dieselbe Aggregierung auch für einen Paascheindex vornehmen? Prüfen Sie es nach!

C. Faktorumkehreigenschaft

Eine Verbrauchsausgabe, ein Wert oder eine Wertsumme entsteht als Produkt oder als Summe von Produkten aus Preis und Menge. Anhand eines Beispiels soll der Sinn der Faktorumkehreigenschaft verdeutlicht werden. Angenommen, der Literverbrauch eines Haushalts an Superbenzin und die Preise für einen Liter Superbenzin hätten sich wie folgt entwickelt:

Tab. 2-8: Preise und Mengen von Superbenzin

1970			1986		
p_{70}	q_{70}	$p_{70} \cdot q_{70}$	p_{86}	q_{86}	$p_{86} \cdot q_{86}$
0,60	3'000	1'800	1,10	4'500	4'950

Die Ausgaben für Superbenzin nahmen also von 1970 bis 1986 von 1'800 WE auf 4'950WE oder (ausgedrückt als Index) von 100 auf 275 zu. Der mengenmäßige Verbrauch stieg von 3'000 auf 4'500 Liter, also um 50%, der Preis stieg von 0,60 auf 1,10 WE, also um 83%. Anders ausgedrückt: der elementare Mengenindex stieg von 100 auf 150, der elementare Preisindex von 100 auf 183. Der Stand des Wertindexes ist das Produkt aus dem Stand des Mengen- und des Preisindexes: $275 = 1{,}5 \cdot 1{,}83 \cdot 100$.

Immer wenn für einen Indextyp X gilt, daß das Produkt aus Mengenindex (MIX) und Preisindex (PIX) den Wertindex ergibt, liegt beim Index X die Faktorumkehreigenschaft vor:

$$\boxed{WI = MIX \cdot PIX} \qquad (2\text{-}24)$$

In einem solchen Fall hätte man dann z.B. den Mengenindexstand für den Verbrauch an Superbenzin erhalten, wenn man den Wertindex von 275 durch 1,83 dividiert hätte, d.h. wenn man die Benzinausgabe (Wertsumme) preisbereinigt hätte, denn $275 : 1{,}83 = 150$. Der *Elementarindex besitzt die Faktorumkehreigenschaft.* Ob *direkt als Mengenindex* errechnet oder *indirekt durch Preisbereinigung* eines Wertindexes, man erhält *dasselbe Ergebnis.* So sollte es auch sein, das Ergebnis ist unmittelbar einleuchtend.

Leider fehlt dem Laspeyres- und dem Paascheindex die Faktorumkehreigenschaft. Führt man, wie in Kapitel I geschehen, die Preisbereinigung mit einem Laspeyrespreisindex durch, um eine reale, d.h. eine mengenmäßige Entwicklung zu erhalten, dann ist das Ergebnis nicht genau dasselbe, wie wenn man direkt die mengenmäßige Entwicklung durch einen Laspeyresmengenindex festgestellt hätte.

Aus (2-20) kann man sofort das Ergebnis ablesen, wenn man einen Wertindex mit einem Laspeyres- oder Paaschepreisindex *deflationiert:*

$$\boxed{\frac{WI_0^t}{PIL_0^t} = MIP_0^t \quad \text{resp.} \quad \frac{WI_0^t}{PIP_0^t} = MIL_0^t} \qquad (2\text{-}25)$$

<u>*Resultat:*</u>

Deflationiert man einen Wertindex durch einen Laspeyrespreisindex, dann erhält man einen Mengenindex nach Paasche, deflationiert man einen Wertindex durch einen Paaschepreisindex, dann erhält man einen Mengenindex nach Laspeyres.

• **Kontrollfrage 7 :** Prüfen Sie obiges Ergebnis unter Verwendung der *Grundformel* für den Laspeyresindex nach.

Statt des Wertindexes kann man auch die Wertsumme selbst (z.B. die Lohnsumme) direkt deflationieren, d.h. $\sum p_t q_t$ durch den Preisindex dividieren. Nimmt man den PIP zum Deflationieren, so erhält man:

$$\frac{\text{Wertsumme in t}}{PIP_0^t} = \frac{\sum p_t q_t}{\frac{\sum p_t q_t}{\sum p_0 q_t}} = \sum p_0 q_t = \begin{array}{c}\text{Wertsumme in t}\\ \text{in konstanten Preisen (von 0)}\end{array} \tag{2-26}$$

Der Ausdruck rechts ist der Wert, der sich ergibt, wenn man die aktuellen Mengen mit konstanten Preisen bewertet. Das ist, was man erhalten möchte, nämlich die reale, von Preisänderungen unbeeinflußte Entwicklung eines Wertaggregats wie Löhne, BSP, Umsätze.

Man sieht also: Wertsummen resp. Wertindizes sollten im Prinzip *mit dem Paascheindex deflationiert* werden. Hat man keinen Paaschepreisindex zur Verfügung (das ist der häufigste Fall), so erzielt man ein etwas neben dem anvisierten Ziel liegendes Resultat. Freilich, allzu gravierend ist der Unterschied nicht.

Anders als der Laspeyres- und der Paascheindex besitzt der *Fisherindex* die Faktorumkehreigenschaft, worauf übrigens seine Bezeichnung als „idealer" Index in erster Linie zurückzuführen ist. Man erkennt dies unmittelbar aus (2-21):

$$\frac{WI_0^t}{PIF_0^t} = MIF_0^t \tag{2-27}$$

Das Ergebnis der Preisbereinigung eines Wertindexes durch einen Fisherpreisindex ergibt also einen Fishermengenindex.

D. Zirkulareigenschaft

Das Vorhandensein dieser Eigenschaft bedeutet: Liegt z.B. eine Indexzahl I_1^2 vor und eine zweite Indexzahl (desselben Indexes) I_0^1, dann kann man den Indexstand I_0^2 als Produkt aus I_1^2 und I_0^1 berechnen. D.h. also, daß bei einem Index die Zirkulareigenschaft vorliegt, falls für diesen Index gilt:

$$I_1^2 \cdot I_0^1 = I_0^2 \tag{2-28}$$

Verallgemeinert bedeutet dies, daß man bei einem Index mit Zirkulareigenschaft bilden kann:

$$I_0^t = I_{t-1}^t \cdot I_{t-2}^{t-1} \cdot \ldots \cdot I_1^2 \cdot I_0^1 \qquad (2\text{-}29)$$

Sowohl die oben gezeigten Elementarindizes P_0^t, M_0^t und W_0^t als auch der Wertindex WI_0^t besitzen die Zirkulareigenschaft, wovon man sich selber leicht überzeugen kann.

Beispiel:

Gegeben sei eine Preisreihe für 1 kg Butter. Daneben gestellt sind die auf die jeweiligen Vorperioden bezogenen Preismeßziffern (Elementarindizes). Man erkennt, daß eine jeweils auf den Basiszeitpunkt bezogene Preismeßziffer P_0^t sich stets als Produkt aus den die Glieder einer Kette bildenden einzelnen Preismeßziffern P_{t-1}^t ergibt:

Butterpreis			
Zeitpunkt	p_t	P_{t-1}^t	P_0^t
0	10,00		
1	11,00	$\frac{11{,}00}{10{,}00} = 1{,}100$	$\frac{11{,}00}{10{,}00} = 1{,}100$
2	13,20	$\frac{13{,}20}{11{,}00} = 1{,}200$	$\frac{13{,}20}{10{,}00} = 1{,}320$
3	13,86	$\frac{13{,}86}{13{,}20} = 1{,}050$	$\frac{13{,}86}{10{,}00} = 1{,}386$

Es ist also

$$P_0^3 = P_2^3 \cdot P_1^2 \cdot P_0^1 \text{, d.h. } 1{,}386 = 1{,}050 \cdot 1{,}200 \cdot 1{,}100 \,.$$

Immer, wenn auf der rechten Seite von (2-29) der Nenner des Vorgliedes sich gegen den Zähler des Folgeglieds kürzt, liegt Zirkulareigenschaft vor:

$$\frac{13{,}86}{13{,}20} \cdot \frac{13{,}20}{11{,}00} \cdot \frac{11{,}00}{10{,}00} = \frac{13{,}86}{10{,}00}$$

Wichtige Warnung:

Bei vielen Indizes, wie z.B. den Laspeyres-, Paasche- oder Fisherindizes, besteht keine Zirkulareigenschaft.

• **Kontrollfrage 8 :** Man überprüfe das Fehlen der Zirkulareigenschaft beispielsweise beim Laspeyrespreisindex.

Hinweis:
Wenn man mit der Praxisformel (1-2) resp. (2-6) arbeitet und die Preismeßziffern $P_0^{t(i)}$ als Gliederkette aus P_{t-1}^t bildet, ist dies völlig in Ordnung, weil die Elementarindizes die Zirkulareigenschaft besitzen. Man darf aber nicht *bei Preismeldungen aus n verschiedenen Geschäften A, B, ... für dasselbe Gut i aus Durchschnitten von Elementarpreisindizes* gemäß (2-5) eine Gliederkette aus $\bar{P}_{t-1}^t$ bilden, denn *der Durchschnitt von Elementarpreisindizes besitzt nicht die Zirkulareigenschaft.* Mit konkreten Zahlen wurde dies in Tabelle 1-3 bereits vorgeführt. Man erkennt dies aber auch allgemein:

$$\frac{1}{n}\sum\frac{p_t}{p_{t-1}}\cdot\frac{1}{n}\sum\frac{p_{t-1}}{p_{t-2}}\cdots\frac{1}{n}\sum\frac{p_1}{p_0}\neq\frac{1}{n}\sum\frac{p_t}{p_0}$$

Das Kürzen von Nenner und Zähler der aufeinander folgenden Glieder „funktioniert“ nicht, wie man beim Ausschreiben der beiden ersten Glieder sofort erkennt:

$$\frac{1}{n}\left(\frac{{}_Ap_t^{(i)}}{{}_Ap_{t-1}^{(i)}}+\frac{{}_Bp_t^{(i)}}{{}_Bp_{t-1}^{(i)}}+\cdots\right)\cdot\frac{1}{n}\left(\frac{{}_Ap_{t-1}^{(i)}}{{}_Ap_{t-2}^{(i)}}+\frac{{}_Bp_{t-1}^{(i)}}{{}_Bp_{t-2}^{(i)}}+\cdots\right)\cdots$$

Die ${}_Ap_{t-1}^{(i)}$ resp. ${}_Bp_{t-1}^{(i)}$ in den beiden Klammern lassen sich nicht gegeneinander kürzen. Der in Kap. I, Abschnitt 1-3 D gezeigte inkorrekte Indexverlauf entstand aus fehlender Beachtung dieses Tatbestands. Die PIL-Formel verlangt, daß, wie immer man praktisch vorgeht, als Äquivalente zu $\frac{p_t^{(i)}}{p_0^{(i)}}$ Bausteine verwendet werden, die die Zirkulareigenschaft besitzen.

- **Kontrollfrage 9 :** Überprüfen Sie das Vorhandensein der Zirkulareigenschaft beim ungewogenen Preisindex U_0^t der Formel (2-4).

E. (Zeit-)Umkehreigenschaft

Die Wünschbarkeit dieser Eigenschaft entspringt dem Bedürfnis der Logik: wenn das Preisniveau heute doppelt so hoch ist wie 1950, so war offensichtlich das Preisniveau von 1950 die Hälfte des heutigen Preisniveaus; wenn die Steuerbelastung in Land B 2/3 derjenigen von Land A ist, dann ist offensichtlich diejenige von Land A das anderthalbfache derjenigen von Land B; wenn Fünfpersonenhaushalte einen vierfachen mengenmäßigen Verbrauch an Lebensmitteln haben wie Einpersonenhaushalte, dann haben letztere einen mengenmäßigen Verbrauch von 1/4 der ersteren.

Diese Eigenschaft, die dann, wenn es sich um eine zeitliche Entwicklung handelt, die *Zeitumkehreigenschaft* heißt, bedeutet, daß:

$$I_0^t=\frac{1}{I_t^0}\quad\text{resp.}\quad I_0^t\cdot I_t^0=1 \qquad (2\text{-}30)$$

Diese Eigenschaft ist vor allem bei Indizes erwünscht, die *nichtzeitliche,* also z.B. geographische, soziale und andere Vergleiche herstellen.

Elementarindizes besitzen stets diese Eigenschaft:

z.B. ist $P_0^t = \frac{1}{P_t^0}$, denn: $\frac{p_t}{p_0} \cdot \frac{p_0}{p_t} = 1$.

Die Laspeyres- und Paascheindizes besitzen keine Zeitumkehreigenschaft.

Wie man sieht, gilt z.B. für den Laspeyrespreisindex:

$$PIL_0^t \cdot PIL_t^0 \neq 1, \text{ denn: } \frac{\Sigma p_t \cdot q_0}{\Sigma p_0 \cdot q_0} \cdot \frac{\Sigma p_0 \cdot q_t}{\Sigma p_t \cdot q_t} \neq 1.$$

Ohne Frage liegt hier ein weiterer Schönheitsfehler der Laspeyres- und Paascheindizes vor, der aber bei zeitorientierten Indizes, durch die stets das Heute mit dem Gestern verglichen wird, nicht allzu gravierend ist.

Hinweis:
Man kann generell bei einem Index die Umkehreigenschaft dadurch herstellen, daß man von einem mittleren Gewichtsschema $\bar{q}$ ausgeht. Es liegt dann kein Laspeyres- oder Paascheindex mehr vor, sondern ein sog. *Lowe*-Index (siehe dazu Aufgabe 2-2).

Der Fisherindex besitzt übrigens die Umkehreigenschaft. Es sei am Preisindex gezeigt:

$$PIF_0^t = \sqrt{\frac{\Sigma\, p_t \cdot q_0}{\Sigma\, p_0 \cdot q_0} \cdot \frac{\Sigma\, p_t \cdot q_t}{\Sigma\, p_0 \cdot q_t}}$$

$$PIF_t^0 = \sqrt{\frac{\Sigma\, p_0 \cdot q_t}{\Sigma\, p_t \cdot q_t} \cdot \frac{\Sigma\, p_0 \cdot q_0}{\Sigma\, p_t \cdot q_0}}$$

Somit:

$$PIF_0^t \,.\, PIF_t^0 = \sqrt{\frac{\Sigma\, p_t \cdot q_0}{\Sigma\, p_0 \cdot q_0} \cdot \frac{\Sigma\, p_t \cdot q_t}{\Sigma\, p_0 \cdot q_t} \cdot \frac{\Sigma\, p_0 \cdot q_t}{\Sigma\, p_t \cdot q_t} \cdot \frac{\Sigma\, p_0 \cdot q_0}{\Sigma\, p_t \cdot q_0}} = 1. \qquad (2\text{-}31)$$

Hinweis:
Die im vorangegangenen behandelten „Eigenschaften" gehen auf eine von Irving Fisher aufgestellte Indexaxiomatik zurück. Er selbst sprach von „Tests", die ein Index bestehen sollte.

2.7 Umbasieren und Verketten

A. Umbasieren

Das Umbasieren von Indexreihen entspringt vor allem dem Bedürfnis, prozentuale Veränderungen von einem im Rahmen einer gegebenen Problemstellung jeweils interessierenden Zeitpunkt aus rasch ablesen zu können und *Vergleiche zwischen verschieden basierten Indexreihen anstellen zu können.* Auch für das *Deflationieren* benötigt man Indexreihen mit gleichem Basiszeitpunkt resp. Indexreihen, die auf einen gemeinsamen Zeitpunkt umbasiert werden. Dieser Zeitpunkt (Jahr, Monat, Tag etc.), auf den umbasiert wird, sei mit t_u bezeichnet. Ein auf t_u umbasierter Index hat dann in diesem Zeitpunkt den Stand von 100.

Das Umbasieren ist eine einfache Dreisatzaufgabe: der umbasierte Index im laufenden Zeitpunkt t verhält sich zu 100 (= umbasierter Index im Zeitpunkt t_u) wie der Originalindex im Zeitpunkt t zum Originalindex im Zeitpunkt t_u :

$$\frac{\text{umbasierter Index in t}}{100} = \frac{\text{Originalindex in t}}{\text{Originalindex in } t_u} .$$

Daraus folgt:

$$\boxed{\text{Umbasierter Index in t} = \frac{\text{Originalindex in t}}{\text{Originalindex in } t_u} \cdot 100} \qquad (2\text{-}32)$$

Beispiel:

Um die Entwicklung der Verbraucherpreise in der Schweiz, in Deutschland (BRD) und in Österreich seit 1975 zu vergleichen, ist eine Umbasierung der für die drei Länder veröffentlichten Konsumentenpreisindizes erforderlich, weil keiner von ihnen seine Basis im Jahr 1975 hat. Für den Vergleich wird von den aus den jeweiligen statistischen Jahrbüchern entnehmbaren langjährigen Reihen der Konsumentenpreisindizes ausgegangen, die in Tabelle 2-9, Spalte 2 bis 4 wiedergegeben sind.

Für die Umbasierung wird gemäß Formel (2-32) jeweils der Quotient aus dem Indexstand im „laufenden Jahr“ und im Jahr t_u = 1975 gebildet. So ist z.B. der umbasierte schweizerische Index für 1976: $\frac{166{,}0}{163{,}2} \cdot 100 = 101{,}7$. Die Ergebnisse sind in den Spalten 5 bis 7 angegeben.

Man kann jetzt leicht vergleichen, u.z. einzeln für jedes Land und für die Länder untereinander: Für die Schweiz z.B. stieg das Preisniveau der Konsumgüter von 1975 bis 1976 um 1,7 Prozent und von 1975 bis 1986 um insgesamt 39,4 Prozent. Im Vergleich dazu stiegen in der BRD von 1975 bis 1986 die Preise um 46,1 Prozent und in Österreich um 66,9 Prozent. Im Zeitraum 1975 bis 1986 herrschte zwar auch in der Schweiz nicht gerade Preisstabilität, doch schneidet die Schweiz hinsichtlich der Teuerungsrate besser ab als die BRD und diese besser als Österreich.

Tab. 2-9: Konsumentenpreisindizes in der Schweiz, Deutschland (BRD) und Österreich seit 1975, „ursprüngliche" und umbasierte Reihen

	Originalindizes			umbasierte Indizes		
	CH[1]	D[2]	A[3]	CH	D	A
Jahr	Sept. 1966 = 100	1980 = 100	1966 = 100	1975 = 100		
1975	163,2	82,6	163,5	100,0	100,0	100,0
1976	166,0	86,3	175,5	101,7	104,5	107,3
1977	168,1	89,3	185,1	103,0	108,1	113,2
1978	169,9	91,6	191,7	104,1	110,9	117,2
1979	176,0	95,0	198,8	107,8	115,0	121,6
1980	183,0	100,0	211,4	112,1	121,1	129,3
1981	195,0	106,3	225,8	119,5	128,7	138,1
1982	205,9	112,0	238,1	126,2	135,6	145,6
1983	212,0	115,6	246,0	129,9	140,0	150,5
1984	218,3	118,4	260,0	133,8	143,3	159,0
1985	225,8	120,9	268,3	138,4	146,4	164,1
1986	227,5	120,7	272,8	139,4	146,1	166,9

1) Landesindex der Konsumentenpreise,
Quelle: Stat. Jb. der Schweiz, verschiedene Jahrgänge
2) Preisindex für die Lebenshaltung in langjähriger Übersicht,
Quelle: Stat. Jb. 1987 für die BRD, S. 526
3) Index der Verbraucherpreise,
Quelle: Stat. Hb. f. d. Republik Österreich verschiedene Jahrgänge

Das Umbasieren eines gewogenen Indexes ist ein außerordentlich verbreitetes und nützliches Hilfsmittel, dessen man sich für vielerlei Zwecke bedient. *Wichtig ist es, einen auf* t_u *umbasierten Index nicht mit einem Index auf der Basis* t_u *(*$t_u = 0$*) zu verwechseln. Ein von 0 auf* t_u *umbasierter Index ist kein Index mit einer für das Jahr* t_u *festgestellten Gewichtung!* Es wäre zu schön, wenn es so einfach wäre, die Erstellung eines neuen Warenkorbs zu umgehen. Auch ein auf das Jahr t_u umbasierter Index bleibt immer ein Index mit der Basis 0 hinsichtlich seines Gewichtungsschemas.

B. Verketten (Verknüpfen)

Gewogene Indizes muß man wegen des Veraltens der Gewichtungsschemata von Zeit zu Zeit revidieren, d.h. auf eine neue Basis stellen (allerdings nicht im Sinne einfachen Umbasierens!). Man berechnet also von Zeit zu Zeit ein neues Gewichtungsschema und beginnt eine neue Indexreihe mit dem Stand 100. Das ergibt natürlich immer wieder Entwicklungs„brüche", über die hinweg kein Vergleich möglich wäre, gäbe es nicht das Verketten. Will man beispielsweise Reallohnentwicklungen feststellen, die eine solche Bruchstelle übergreifen, so bleibt nichts anderes als eine „Verkettung" oder „Verknüpfung" verschiedener Preisindizes übrig. Zulässig und sinnvoll ist das Verketten oder Verknüpfen natürlich *nur bei inhaltlich vergleichbaren Indexreihen,* also z.B. bei Indexreihen, die alle den Zweck haben, die Preisniveauänderung vergleichbarer Warenkörbe zu messen. Durch das Verketten wird eine alte Indexreihe fortgeführt, u.z. so, daß die verkettete (d.h. fortgeführte) Indexreihe sich von nun an im gleichen Verhältnis wie die „neue" Indexreihe verändert. Verkettete Reihen verändern sich proportional zu den Reihen, mit denen sie verkettet werden. Als Verkettungszeitpunkt t_k nimmt man i.d.R. den letzten Zeitpunkt, für den ein alter Index berechnet wurde. Dieser ist i.d.R. zugleich der Basiszeitpunkt des neuen Indexes.

Das Verketten geschieht wie das Umbasieren mittels Dreisatzes:

$$\frac{\text{Verketteter alter Index in t}}{\text{alter Index in } t_k} = \frac{\text{neuer Index in t}}{\text{neuer Index in } t_k}.$$

Somit:

$$\text{Verketteter alter Index in t} = \frac{(\text{neuer Index in t}) \cdot (\text{alter Index in } t_k)}{\text{neuer Index in } t_k} \qquad (2\text{-}33)$$

In der Regel hat der neue Index im Zeitpunkt t_k einen Stand von 100.

Analog zu einer „Vorwärts"-Verkettung, d.h. einer Fortführung eines „alten" Indexes, gibt es eine „Rückwärts"-Verkettung, die ebenfalls eine durchlaufende Indexreihe ergibt. Es wird dann ein neuer Index für den Zeitpunkt *vor* seinem Basiszeitpunkt „rückgerechnet" u.z. so, daß die verkettete (d.h. rückgerechnete) Indexreihe sich im gleichen Verhältnis ändert wie sich die alte Indexreihe veränderte.

• **Kontrollfrage 10 :** Wie lautet die Formel für Rückwärtsverkettung?

Hinweis:
Voraussetzung dafür, daß eine Verkettung vorgenommen werden kann, ist stets, daß für mindestens *eine Periode* beide Indizes berechnet wurden. Es muß stets eine Überlappung für einen Zeitpunkt vorliegen.

Beispiel:
Tabelle 2-10 zeigt die Verkettung der drei letzten schweizerischen KPIs mit den Basiszeitpunkten Sept. 1966 = 100, Sept. 1977 = 100 und Dez. 1982 = 100. Durch die Verkettung wird der (mittlerweile: ur-)alte Index von 1966 über den Sept. 1977 hinaus, für den er letztmalig berechnet wurde, fortgeführt. Ab Okt. 1977 ist der 1966er KPI nicht mehr ein *berechneter* Index, sondern nur noch ein „weitergerechneter", eben: verketteter Index. Von Okt. 1977 bis Dez. 1982 wurde dafür der KPI auf der Basis Sept. 1977 = 100 verwendet. Die Aufdeckung der Mängel beim 1977er KPI führte dazu, daß ab Dez. 1982 ein wiederum neuer KPI berechnet wurde, was natürlich zur Folge hat, daß für die Weiterführung des 1966er KPI ab Jan. 1983 der 1982er KPI verwendet werden muß. Die verketteten Indexstände sind in Tab. 2-10 durch einen Stern ausgezeichnet. Die Berechnung gemäß Formel (2-33) ergab z.B. für den 1966er KPI für Okt. 1977:

$$\underline{168{,}9} = \frac{100{,}2 \cdot 168{,}6}{100}$$

Tab. 2-10: Verkettung der schweizerischen KPI von 1966, 1977 und 1982

Zeitpunkt	Sept. 1966 = 100	Sept. 1977 = 100	Dez. 1982 = 100
Sept. 1966	100,0		
Okt. 1966	100,2		
Nov. 1966	101,4		
Dez. 1966	101,9		
.	.		
.	.		
.	.		
Aug. 1977	168,5		
Sept. 1977	168,6	100,0	
Okt. 1977	* 168,9	100,2	
Nov. 1977	* 168,8	100,1	
Dez. 1977	* 169,0	100,3	
.	.	.	
.	.	.	
.	.	.	
Nov. 1982	* 210,9	125,1	
Dez. 1982	* 210,2	124,7	100,0
Jan. 1983	* 210,0	* 124,6	99,9
Feb. 1983	* 210,2	* 124,7	100,0
März 1983	* 210,6	* 124,9	100,2
.	.	.	.
.	.	.	.
.	.	.	.
Jun. 1987	* 230,2	* 136,6	109,5
Juli 1987	* 230,4	* 136,7	109,6
Quelle: Stat. Jb der Schweiz, verschiedene Jahrgänge			

• **Kontrollfrage 11 :** Welchen Stand hätte der rückwärtsgerechnete KPI mit der Basis Dez. 1982 = 100 im Dez. 1966 gehabt?

Die Rückwärtsverkettung ist ebensosehr gebräuchlich wie die Vorwärtsverkettung. Die in Tab 2-9 wiedergegebene deutsche Indexreihe ist z.B. eine von 1979 an rückwärtsverkettete Indexreihe.

2.8 Der Preisüberhangeffekt

Eine der Anwendungsmöglichkeiten eines Preisindexes besteht im Vorjahresmonatsvergleich (s. Kap. I, Abschnitt 1.5). Wird ein solcher Vorjahresmonatsvergleich vorgenommen, dann muß man auf den sog. *Preisüberhang- oder Vergleichsbasiseffekt* (kurz: Basiseffekt) achten, um aus der Veränderungsrate keine falschen Schlüsse zu ziehen. Dies soll abschließend in Fig. 2-2 noch geklärt werden: Es ist dort für zwei aufeinanderfolgende Jahre der monatliche Indexverlauf als Liniendiagramm eingetragen. Im ersten der beiden Jahre stieg der Index in jedem Monat an, um dann vom Januar des zweiten Jahres an konstant zu bleiben. Trotz eines völlig stabilen Preisniveaus zeigt der Vorjahresmonatsvergleich im Beispiel noch elf Monate lang eine Preisniveauerhöhung an. Dies ist die Wirkung der im vorangegangenen Jahr erfolgten Preissteigerung, die angesichts des vorgenommenen Vergleichs statistisch gesehen noch „nachwirkt". Selbst eine von einem bestimmten Zeitpunkt an hundertprozentig erfolgreiche Wirtschaftspolitik muß es sich also gefallen lassen, noch während elf Monaten mit (freilich abnehmenden) statistisch ausgewiesenen Teuerungsraten konfrontiert zu sein. Hier liegt aber *keine statistische Irreführung* vor, sondern eine aus der gewählten Vergleichsbasis sich ergebende Konsequenz.

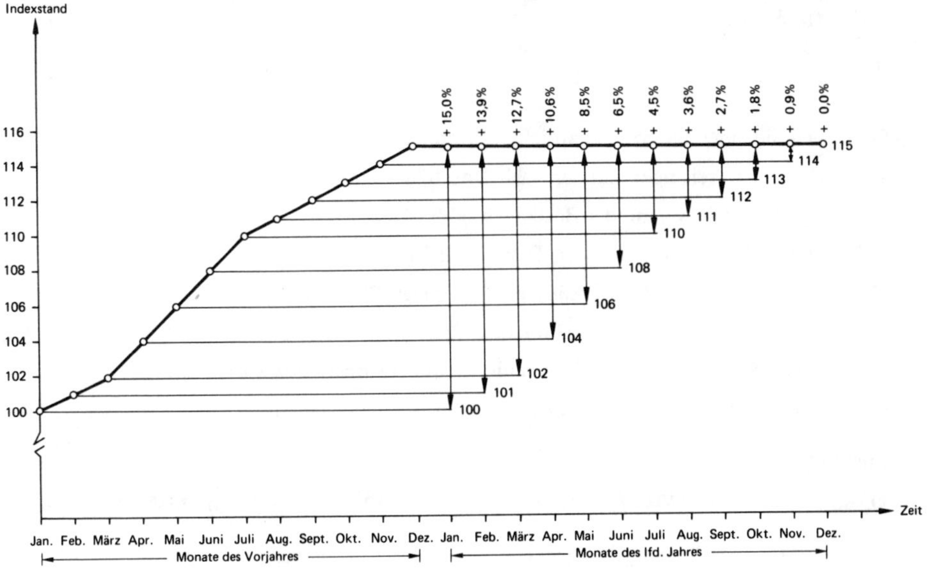

Fig. 2-2: Überhang- oder Vergleichsbasiseffekt

Der Preisüberhangeffekt ist natürlich auch dann in Rechnung zu stellen, wenn nicht, wie im Beispiel, von einem bestimmten Monat an plötzlich völlige Preisstabilität herrscht, sondern die Teuerung weitergeht. Der Vorjahresvergleich enthält dann zwei Komponenten: Laufende Teuerung und Überhang. *Immer wenn in den Monaten nach einem Vorjahresvergleichsmonat noch Preissteigerungen stattgefunden haben, besteht ein Teil der durch einen Vorjahresvergleich ausgewiesenen Teuerung aus Überhang.*

Ein Überhang steckt natürlich auch in einem aus den zwölf Monatswerten ermittelten *durchschnittlichen Jahresindexstand* gegenüber dem Vorjahr. Solche durchschnittlichen Indexstände werden (als Hypothese) insbesondere auch in den im Herbst eines jeden Jahres erstellten Gutachten über die Wirtschaftsentwicklung des nächsten Jahres verwendet. Es ist *kein Widerspruch,* wenn in einem solchen Gutachten steht, man rechne mit *Preisstabilität* im nächsten Jahr, und wenn gleichzeitig ein um 3% erhöhtes Preisniveau, gemessen am jahresdurchschnittlichen Indexstand gegenüber dem Vorjahr, den Berechnungen zugrunde gelegt wird.

2.9 Aufgaben mit Lösung

Aufgabe 2-1:
Gegeben seien die Erzeugerpreise und Absatzmengen für landwirtschaftliche Produkte.

	Mengen			Preise		
Gut	Dez. 67	Dez. 70	Dez.73	Dez.67	Dez. 70	Dez. 73
Mehl (t)	200	250	300	0,6	0,7	0,8
Eier (Mio. Stck.)	8	9	12	30,0	32,0	35,0
Zucker (t)	70	80	100	0,7	0,7	0,9
Butter (t)	40	45	50	9,0	10,0	13,0

Berechnen Sie einen landwirtschaftlichen Erzeugerpreisindex, u.z. als

a) ungewogenen Preisindex mit der Basis Dez. 67 für Dez. 73,

b) Laspeyres-Preisindex mit der Basis Dez. 67 für Dez. 73,

c) Paasche-Preisindex mit der Basis Dez. 67 für Dez. 73,

d) Paasche-Preisindex mit der Basis Dez. 67 für Dez. 70,

e) Wertindex auf der Basis Dez. 67 für Dez. 73.

f) Berechnen Sie den Laspeyres-Mengenindex mit der Basis Dez. 67 für Dez. 73.

g) Deflationieren Sie den Wertindex mit dem Paaschepreisindex.

Lösung:

a) $U_{67}^{73} = 123{,}33$ b) $PIL_{67}^{73} = 133{,}03$ c) $PIP_{67}^{73} = 132{,}07$ d) $PIP_{67}^{70} = 109{,}99$

e) $WI_{67}^{73} = 182{,}05$ f) $MIL_{67}^{73} = 137{,}84$ g) $\dfrac{WI_{67}^{73}}{PIP_{67}^{73}} = 137{,}84$.

***Aufgabe 2-2:**
Statt nach der Formel von Laspeyres schlug man vor, einen Preisindex nach folgender Formel zu berechnen (*Loweindex*):

$$PILo_0^t = \frac{\sum p_t \left(\frac{q_0 + q_t}{2}\right)}{\sum p_0 \left(\frac{q_0 + q_t}{2}\right)} \, 100 \, .$$

a) Berechnen Sie den Stand dieses Indexes für folgende Daten:

Gut	p_0	q_0	p_t	q_t
A	3	4	4	6
B	6	5	5	11
C	1	3	5	1

b) Wie würde der nach dem gleichen Prinzip aufgebaute Mengenindex aussehen?

c) Besitzt der Lowe-Preisindex die Zeitumkehreigenschaft?

d) Besitzt der Loweindex die Faktorumkehreigenschaft?

e) Berechnen Sie für die obigen Daten den Laspeyres- und Paaschepreisindex.

Lösung:

a)

Gut	$\bar{q} = \frac{q_0 + q_t}{2}$	$p_t \cdot \bar{q}$	$p_0 \cdot \bar{q}$
A	5	20	15
B	8	40	48
C	2	10	2
		70	65

$$PILo_0^t = \frac{70}{65} \cdot 100 = \underline{107{,}69} \ .$$

b)

$$MILo_0^t = \frac{\Sigma q_t(\frac{p_t + p_0}{2})}{\Sigma q_0(\frac{p_t + p_0}{2})} 100 \, .$$

c)

$$PILo_0^t \cdot PILo_t^0 = \frac{\Sigma p_t \bar{q}}{\Sigma p_0 \bar{q}} \cdot \frac{\Sigma p_0 \bar{q}}{\Sigma p_t \bar{q}} = 1 \quad \text{, d.h. ja.}$$

d) nein, da:

$$PILo_0^t \cdot MILo_0^t = \frac{\Sigma p_t \bar{q}}{\Sigma p_0 \bar{q}} \cdot \frac{\Sigma q_t \bar{p}}{\Sigma q_0 \cdot \bar{p}} \neq \frac{\Sigma p_t q_t}{\Sigma p_0 q_0} \ .$$

e) $PIL_0^t = 124{,}44$; $PIP_0^t = 98{,}82$.

***Aufgabe 2-3:**

Man schreibe einmal für die Zeitpunkte t = 1, 2, 3 die Paasche-Preisindex-Grundformel hin. Was bemerkt man hinsichtlich der Vergleichbarkeit der Indexergebnisse?

Lösung:

$$PIP_0^1 = \frac{\Sigma p_1 q_1}{\Sigma p_0 q_1} \ .$$

$$PIP_0^2 = \frac{\Sigma p_2 q_2}{\Sigma p_0 q_2} \ .$$

$$PIP_0^3 = \frac{\Sigma p_3 q_3}{\Sigma p_0 q_3} \ .$$

Für die aufeinanderfolgenden Indexangaben ändern sich neben den Preisen jedesmal auch die Mengen. Die PIP-Reihe gibt also nicht eine *reine* Preisänderung wieder. Nur im Vergleich mit dem Basiszeitpunkt liegt die Angabe eines *reinen* Preisvergleichs vor. Da man aber bei den aufeinanderfolgenden Indexberechnungen jedesmal das Gewichtungsschema auf den neuesten Stand bringt, hat man kein für alle Angaben unverändertes Gewichtungsschema vorliegen wie beim Laspeyresindex (*kein konstantes Wägungsschema*).

***Aufgabe 2-4:**

Besitzt der Wertindex die Zeitumkehr- und Zirkulareigenschaft?

Lösung:

Ja, beides.

Zeitumkehreigenschaft:

$$WI_0^t = \frac{\Sigma p_t\, q_t}{\Sigma p_0\, q_0} = \frac{1}{\dfrac{\Sigma p_0\, q_0}{\Sigma p_t\, q_t}} = \frac{1}{WI_t^0} . \quad \text{Somit } WI_0^t \cdot WI_t^0 = 1 .$$

Zirkulareigenschaft:

$$WI_1^{\,2} \cdot WI_0^{\,1} = \frac{\Sigma p_2\, q_2}{\Sigma p_1\, q_1} \cdot \frac{\Sigma p_1\, q_1}{\Sigma p_0\, q_0} = \frac{\Sigma p_2\, q_2}{\Sigma p_0\, q_0} = WI_0^{\,2} .$$

Aufgabe 2-5:

Angenommen, die Zahl der Arbeiter und die Stundenlöhne entwickelten sich in der Werftindustrie in den letzten Jahren wie folgt (Die Arbeitszeit sei im betrachteten Zeitraum konstant geblieben):

	Basisjahr 1973		1977	
Lohn-gruppe	Zahl der Arbeiter (1'000)	Lohn (WE/Std.)	Zahl der Arbeiter (1'000)	Lohn (WE/Std.)
1	50	8	50	9
2	100	9	30	10
3	80	10	75	12
4	50	12	30	15
5	20	15	15	20
	300	-	200	-

a) Man gebe die Entwicklung der *Beschäftigtenzahl* von 1973 bis 1977 als Index an.

b) Man gebe die Entwicklung der *Lohnsumme* von 1973 bis 1977 als Index an.

c) Man berechne einen Index für die Entwicklung der *Stundenlöhne* mit Vergangenheitsgewichtung.

Lösung:

a)

$$U_{73}^{77} \;:\; \frac{\Sigma q_1}{\Sigma q_0} \cdot 100 = \frac{200}{300} \cdot 100 = \underline{66{,}7} .$$

b)

$$WI_{73}^{77} \;:\; \frac{\Sigma p_1\, q_1}{\Sigma p_0\, q_0} \cdot 100 = \frac{2'400}{3'000} \cdot 100 = \underline{80} .$$

c)

$$PIL_{73}^{77} \;:\; \frac{\Sigma p_1\, q_0}{\Sigma p_0\, q_0} \cdot 100 = \frac{3'560}{3'000} \cdot 100 = \underline{118{,}7} .$$

2.10 Antworten auf die Kontrollfragen

1. $$\frac{\sum p_t\, q_0}{\sum p_0\, q_0} = \frac{\sum \frac{p_t}{p_0}\, p_0\, q_0}{\sum p_0\, q_0} = \sum \frac{p_t}{p_0} \left(\frac{p_0\, q_0}{\sum p_0\, q_0}\right) = \sum \frac{p_t}{p_0}\, g_0 \, .$$

2. Nein, $3 \cdot 300 = 3'000 \cdot 0{,}3 = \underline{900}$.

3. $$\frac{\sum q_t\, p_0}{\sum q_0\, p_0} = \frac{\sum \frac{q_t}{q_0}\, q_0\, p_0}{\sum p_0\, q_0} = \sum \frac{q_t}{q_0} \left(\frac{q_0\, p_0}{\sum q_0\, p_0}\right) = \sum \frac{q_t}{q_0}\, g_0 \, .$$

4. $$\frac{\sum p_t\, q_t}{\sum p_0\, q_t} = \frac{\sum p_t\, q_t}{\sum \frac{p_0}{p_t} \cdot p_t\, q_t} = \frac{1}{\sum \frac{p_0}{p_t} \left[\frac{p_t\, q_t}{\sum p_t\, q_t}\right]} = \frac{1}{\sum \frac{p_0}{p_t} \cdot g_t} \, .$$

5. $$\frac{\sum q_t\, p_t}{\sum q_0\, p_t} \cdot \frac{\sum p_t\, q_0}{\sum p_0\, q_0} = \frac{\sum p_t\, q_t}{\sum p_0\, q_0} \, .$$

6. Ja. Der 1. Unterindex lautet jetzt: $_{(A)}PIP_0^t = \dfrac{\sum_a^k \frac{p_t}{p_0}\, p_0\, q_t}{\sum_a^k p_0\, q_t}$. Analog $_{(B)}PIP_0^t$.

   Das Gewicht des 1. Unterindexes beträgt: $\dfrac{\sum_a^k p_0\, q_t}{\sum_a^z p_0\, q_t}$.

   Analog für den 2. Unterindex: $\dfrac{\sum_l^z p_0\, q_t}{\sum_a^z p_0\, q_t}$.

   Somit:
   $$\frac{1}{\sum_a^z p_0\, q_t} \cdot \left(\frac{\sum_a^k \frac{p_t}{p_0}\, p_0\, q_t}{\sum_a^k p_0\, q_t} \cdot \sum_a^k p_0\, q_t + \frac{\sum_l^z \frac{p_t}{p_0}\, p_0\, q_t}{\sum_l^z p_0\, q_t} \sum_l^z p_0\, q_t \right) = \frac{\sum_a^z \frac{p_t}{p_0}\, p_0\, q_t}{\sum_a^z p_0\, q_t} = PIP_0^t \, .$$

7. $$\frac{\sum p_t\, q_t}{\sum p_0\, q_0} : \frac{\sum p_t\, q_0}{\sum p_0\, q_0} = \frac{\sum p_t\, q_t}{\sum p_t\, q_0} \, .$$

8. Im allgemeinen ist $\dfrac{\sum p_2\, q_1}{\sum p_1\, q_1} \cdot \dfrac{\sum p_1\, q_0}{\sum p_0\, q_0} \neq \dfrac{\sum p_2\, q_0}{\sum p_0\, q_0}$, denn im allg. ist $\dfrac{\sum p_2\, q_1 \cdot \sum p_1\, q_0}{\sum p_1\, q_1} \neq \sum p_2\, q_0$.

   D.h. also: $PIL_1^2 \cdot PIL_0^1 \neq PIL_0^2$

9. $$U_{t-1}^t \cdot U_{t-2}^{t-1} \cdots U_0^1 = \frac{\sum p_t^{(i)}}{\sum p_{t-1}^{(i)}} \cdot \frac{\sum p_{t-1}^{(i)}}{\sum p_{t-2}^{(i)}} \cdot \ldots \cdot \frac{\sum p_2^{(i)}}{\sum p_1^{(i)}} \cdot \frac{\sum p_1^{(i)}}{\sum p_0^{(i)}} = \frac{\sum p_t^{(i)}}{\sum p_0^{(i)}} \, .$$

   Hier ist das Kürzen erlaubt. Da Durchschnittspreise eines Gutes sich durch Multiplikation von Zähler und Nenner mit jeweils 1/n (bei n Preisen) ergeben, darf man bei den Indexformeln gewichteter Indizes mit Durchschnittspreisen arbeiten, auch wenn man eine Gliederkette aus den Verhältnissen der Durchschnittspreise zur jeweiligen Vorperiode bildet.

10. Der Ansatz für die Rückwärtsverkettung lautet:

$$\frac{\text{verketteter neuer Index in t}}{100} = \frac{\text{alter Index in t}}{\text{alter Index in } t_k},$$

Somit:

$$\text{verketteter neuer Index in t} = \frac{\text{alter Index in t} \cdot 100}{\text{alter Index in } t_k}.$$

11.

$$\underline{48{,}5} = \frac{101{,}9 \cdot 100}{210{,}2}$$

Kapitel III: Instrumente der Darstellung

3.1: *Vorbemerkung* - **3.2:** *Die Zahlenangabe* - **3.3:** *Statistische Variablen und Skalen* - **3.4:** *Statistische Tabellen* **A.** *Die Bausteine einer Tabelle* - **B.** *Form und Umfang einer Tabelle* - **C.** *Die Gliederung einer Tabelle* **3.5:** *Beispiele für Tabellen* - **3.6:** *Die zeichnerische Darstellung* - **A.** *Das einfache Kurven- oder Liniendiagramm* **B.** *Das Stabdiagramm-* **C.** *Das Säulendiagramm (Balkendiagramm)* - **D.** *Das Kreisdiagramm* - **E.** *Bilder-, Flächen- und Körperdiagramme* - **F.** *Kurvendiagramme auf halblogarithmischem Papier* - **G.** *Histogramm und Häufigkeitspolygon* - **H.** *Summenkurven (Ogiven)* **I.** *Bevölkerungspyramiden* - **J.** *Kartographische Darstellungen* **K.** *Synopsis* - **3.7:** *Aufgaben mit Lösung* - **3.8:** *Antworten auf die Kontrollfragen*

3.1 Vorbemerkung

Die Darstellung dient der Anschauung und die Anschauung dient dem Verstehen. Mit der Darstellung legt der Statistiker anderen Personen Zählergebnisse oder Berechnungsresultate vor und mit ihr leistet er sich selber wichtige Dienste. Die Darstellung oder Präsentation steht einerseits (fast) am Anfang, andererseits (fast) am Ende der Arbeit des Statistikers. Im ersten Fall soll sie vor allem ihm selber, im zweiten Fall vor allem dem Benutzer die Durchschaubarkeit und Entschlüsselung der in den Daten steckenden Information ermöglichen. Die Darstellung hilft, Wesentliches zu erkennen und Hypothesen zu formulieren.

Um für die Darstellung die richtige Wahl zu treffen, benötigt man einen Überblick über das Arsenal in Frage kommender Darstellungsweisen. Ferner muß man wissen, wie eine Darstellung technisch einwandfrei ausgeführt wird. Entscheidend ist sodann die ehrliche Absicht, jegliche Irreführung und Täuschung zu unterlassen, die gerade im Bereich der Darstellung oft verführerisch leicht „machbar" ist. Schließlich bedarf es für die Wahl der richtigen Darstellungsweise auch einiger Übung und eines gesunden Menschenverstandes.

3.2 Die Zahlenangabe

Statistische Zahlenangaben resultieren daraus, daß man etwas gezählt resp. gemessen oder verarbeitet hat. Wenn man Daten dadurch gewonnen hat, daß man Personen , Dinge oder Phänomene *im gleichen Zeitpunkt* an verschiedenen Orten gezählt oder gemessen hat, erhält man *Querschnittsdaten.* Hat man Daten dadurch gewonnen, daß man Personen, Dinge oder Phänomene *im Zeitablauf* immer wieder neu gezählt oder gemessen hat, erhält man *Längsschnittdaten* oder eine *Zeitreihe.*

Zahlenangaben müssen stimmen, das ist selbstverständlich. In der Statistik bedeutet das aber nicht unbedingt, daß eine Zahl möglichst viele Stellen hinter dem Komma haben muß. Oft gibt man Meß- oder Berechnungsergebnisse in „abgerundeter" Form, als „Unsicherheitsbereich", als Intervall an! Das ist typisch für die Statistik und anders als in der Mathematik. In der Statistik kann man durch übertriebene Genauigkeit des Guten zuviel tun. So gibt es z.B. nur geschätzte Weltvorräte an Erdgas in Mrd. ME. Gibt man jetzt einen pro Kopf-Vorrat von 103,5625 ME Erdgas an, dann hat man durch übertriebene Genauigkeit gesündigt. Man hat vielleicht gezeigt, daß man richtig dividieren kann, aber man hat *keine klare statistische Information* gegeben. Die Weltvorräte waren vielleicht bis auf 1 Mrd. ME genau geschätzt gewesen, die Weltbevölkerung auf 100 Millionen genau. Eine übertrieben genaue Angabe täuscht eine gar nicht vorhandene Information vor. Man beachte also das Prinzip: *Keine falsche Genauigkeit vortäuschen!* Man kann stattdessen das Ergebnis in der Form 100 ME ± 10 ME oder einfach ca. 100 ME angeben.

Die zuletzt gemachte Angabe ist ein Beispiel für das *Runden.* Dafür gibt es *Regeln.* Rundet man 103,5625 auf zwei Stellen hinter dem Komma, so wird 103,56 daraus, rundet man auf eine Stelle, dann 103,6, rundet man auf ganze Zahlen, dann wird 104 daraus. Wenn an letzter Stelle eine 5 steht, muß man einer Zusatz-Regel folgen, damit man beim Runden auf eine Stelle weniger keinen systematischen Fehler begeht. Z.B. eine „5" ist *ab*zurunden, wenn davor eine gerade Zahl steht, und *auf*zurunden, falls davor eine ungerade Zahl steht. Das ergäbe also 103,562. Entsprechend wäre aus 103,5635 die aufgerundete Zahl 103,564 geworden. (Prinzip: *Systematische Fehler vermeiden!*) Oft erhält man Daten in Form gerundeter Zahlen, z.B. Beschäftigte 1983 im deutschen Bergbau: 227'000 (1960 waren es noch 616'000 gewesen!). Das bedeutet, wenn „auf 1000" gerundet wurde, daß es tatsächlich zwischen 226'500 und 227'500 waren. Und wenn der Energieverbrauch je Einwohner 1982 für die Schweiz mit 3,8 Tonnen Öleinheiten angegeben wird (zum Vergleich BRD: 4,1; Österreich: 3,4) so bedeutet diese Zahl, daß der Verbrauch zwischen 3,75 und 3,85 gelegen hat. Statistische Zahlen stehen also, wenn es sich nicht gerade um das genaue Ergebnis eines Abzählens handelt, oft für ein *Intervall*, das die Breite einer Einheit der letzten signifikanten Ziffer hat.

3.3 Statistische Variablen und Skalen

Definition einer statistischen Variablen

Eine statistische Variable liegt vor, wenn sich sog. Ausprägungen von Merkmalen durch eine Zahl oder Zahlenintervalle ausdrücken lassen (allgemein mit „x_i" oder mit „x_{i-1} bis unter x_i" bezeichnet), und zu diesen Zahlen oder Zahlenintervallen empirisch meßbare oder gemessene Häufigkeiten gehören (empirisch = durch Erfahrung, Beobachtung der Realität gewonnen).

Beispiele für Merkmale sind Körpergewicht, Einkommen, Familiengröße oder Geschlecht. Man bezeichnet Familiengröße, Einkommen, Körpergewicht als *quantitative Merkmale* und die Form oder die zahlenmäßige Größe, in der das Merkmal jeweils auftritt, als die *Ausprägung des Merkmals* oder als den *Wert der statistischen Variablen.* Ein quantitatives Merkmal nimmt in Zahlen angebbare Ausprägungen an.

Das Merkmal Geschlecht kann nur in der „Qualitätsbezeichnung" Mann oder Frau vorkommen, es heißt daher ein *qualitatives Merkmal.* Man spricht auch von einem *kategorialen Merkmal*, um auszudrücken, daß die Merkmalsausprägungen die Form einer Kategorienangabe haben.

Bei quantitativen Merkmalen resp. bei statistischen Variablen sind im übrigen zwei Fälle zu unterscheiden:

1) Es können im in Frage kommenden Bereich, bei menschlichen Körpergewichten z.B. von 1,5 kg bis vielleicht 300 kg, *im Prinzip sämtliche Werte* vorkommen. Es liegt dann ein *quantitativ-stetiges Merkmal* vor. Dieses führt dementsprechend zu einer stetigen statistischen Variablen.

2.) Es können nur *einige* bestimmte Zahlenwerte in Frage kommen, z.B. bei der Haushaltsgröße die ganzen Zahlen von 1 bis vielleicht 20. Es liegt bei der Haushaltsgröße ein *quantitativ-diskretes Merkmal* (eine diskrete statistische Variable) vor.

Hinweis:
Für die Unterscheidung in stetig oder diskret kommt es auf die *von der Natur („intrinsisch") gegebene Eigenschaft an, jeden beliebigen Wert annehmen zu können, und nicht* auf die in der *Realität* immer nur bis zu einer bestimmten Genauigkeit mögliche Meßgenauigkeit. Das Körpergewicht in kg wird meist nur bis auf eine Stelle hinter dem Komma angegeben und wäre mit den normalen Waagen auch bestenfalls vielleicht auf 4 oder 5 Stellen genau angebbar. Trotzdem betrachten wir es als eine stetige Variable, die jeden Wert in einem gegebenen Bereich annehmen kann. Auch Angaben in Währungseinheiten, z.B. für die Einkommenshöhe, die ja nur bis auf den Rappen oder den Pfennig genau sein können, betrachten wir als Werte einer *stetigen* Variablen.

Jeder Merkmalsträger einer Bevölkerung oder einer sog. Population, z.B. jeder Mensch oder jedes Unternehmen, besitzt von Natur aus viele Arten von Merkmalen. Beschränkt man sich auf die Messung *eines einzigen* Merkmals bei allen Merkmalsträgern, erhält man eine *eindimensionale* statistische Variable, werden hingegen bei jedem Merkmalsträger zwei Merkmale gemessen, so erhält man eine *zweidimensionale* statistische Variable. Die eindimensionale statistische Variable läßt sich in einer *einfach gegliederten Tabelle* darstellen, für die zweidimensionale statistische Variable bedarf es einer *Tabelle mit doppeltem Eingang.*

Oft genügt die Unterscheidung zwischen qualitativen und quantitativen Merkmalen und bei letzteren zwischen diskreten und stetigen Merkmalen. Im Hinblick auf die Weiterverarbeitung müssen wir Merkmale oft aber auch entsprechend ihrer Natur noch genauer unterscheiden. Dieser Unterscheidung dienen die zu den Merkmalen passenden Skalen.

1.) *Nominalskalierte Merkmale:* Ihre Ausprägungen besitzen keinerlei Reihenfolge. Diese stehen *gleichberechtigt* nebeneinander, jede Reihenfolge (an einer Nominalskala abgetragen) ist möglich (*rein klassifikatorische Merkmale*). Bsp.: Geschlecht, Haarfarbe, Blutgruppe. Die meisten qualitativen Merkmale sind nominalskalierte Merkmale und umgekehrt sind nominalskalierte Merkmale immer qualitative Merkmale.

2.) *Ordinalskalierte Merkmale:* Ihre Ausprägungen stehen *in einer natürlichen Reihenfolge* auf der sogenannten Ordinal- oder Rangskala. Man kann eine „größer als"-Ordnung herstellen. Obwohl man den Ausprägungen Zahlen zuordnen kann, haben aber die zahlenmäßigen Abstände zwischen den Zahlenwerten keinen rechenmäßigen Sinn. Bsp.: Examensnoten, Güteklassen. Je nach Problemstellung können qualitative oder quantative Merkmale ordinalskaliert sein.

3.) *Metrisch skalierte (auf einer metrischen oder Kardinalskala abgetragene) Merkmale:* Bei ihnen unterscheidet man einerseits *diskret* und *stetig* skalierte Merkmale und andererseits *intervall-* und *verhältnisskalierte* Merkmale. Die Unterscheidung „diskret - stetig" entspricht der schon oben gezeigten Unterscheidung bei quantitativen Merkmalen. Die Unterscheidung „intervallskaliert - verhältnisskaliert" deutet auf folgenden zusätzlichen Unterschied hin: Bei der Intervallskalierung (Intervallskala) ergeben *nur die Entfernungen* zwischen den Merkmalsausprägungen einen Sinn, eine *Quotientenbildung* ist jedoch *sinnlos.* Bsp.: Temperaturen, Kalenderzeiten. Man kann also nicht sagen, der 20. Januar sei doppelt so viel wie der 10. Januar oder eine Temperatur von 30^0 stehe zu 15^0 im gleichen Verhältnis wie eine Temperatur von 200^0 zu 100^0. Bei verhältnisskalierten Merkmalen (Verhältnisskalen) hat außer der Abstandsbildung auch die Quotientenbildung einen Sinn. Bsp.: Einkommen, Alter, Umsätze, Volumen. Metrisch skalierte Merkmale sind immer quantitative Merkmale.

3.4 Statistische Tabellen

Eine *Tabelle*, d.h. eine *geordnete Datensammlung*, ist die *grundlegende statistische Wiedergabeform* und sie sollte stets gewählt werden, wenn der Benutzer selber *weitere Verarbeitungen* vornehmen will. Eine graphische Darstellung kann eventuell zusätzlich gegeben werden, genügt aber für sich alleine genommen nicht immer.

A. Die Bausteine einer Tabelle

1) Zu jeder Tabelle gehört eine *Überschrift*, die ähnlich wie eine Schlagzeile in Kürze angibt, worum es sich bei den wiedergegebenen Zahlen handelt.

2.) Im Hauptfeld der Tabelle befinden sich in der Regel *Zahlen*. Beziehen sich diese Zahlen auf einen festen Zeitpunkt (Stichtag), dann geben sie eine *Bestandesmasse* an (z.B. Anzahl Erwerbstätige am ...), beziehen sie sich auf einen Zeitraum, dann geben sie eine *Bewegungsmasse* an (z.B. Anzahl Geburten von ... bis ...).

3.) Der *Zeitpunkt* resp. der *Zeitraum*, auf den sich die Zahlen beziehen, muß in der Tabelle klar zum Ausdruck kommen.

4.) Die *Einheit* (z.B. Millionen), die die Zahlen repräsentieren sowie die *Dimension der Einheit* (z.B. kg, m^3, DM, Schilling, Franken) muß aus der Tabelle ebenfalls hervorgehen.

5.) Falls die Zahlen einer kurzen *Kommentierung* bedürfen, dann schreibt man diese als *Fußnote* an das Ende der Tabelle (nicht an das Ende der Seite, auf der die Tabelle steht!).

6.) An das Ende jeder Tabelle gehört ferner eine *Quellenangabe*. Ist die Tabelle das Resultat eigener Zählungen oder Berechnungen, so kann man angeben: eigene Erhebung oder eigene Berechnung. Grundsätzlich muß *die Herkunft aller Zahlen* einer Tabelle *dokumentiert* sein.

7.) Neben der Quellenangabe, die ja nur auf den Fundort der Zahlen hinweist, sollte die Tabelle möglichst auch auf die *Literaturstelle(n)* hinweisen, in denen die *genaue Definition* der vorgelegten Zahlen gegeben wird. So sollte z.B. unter der Tabelle, die den Verlauf des Konsumentenpreisindexes angibt, auf die wichtigsten Veröffentlichungen hingewiesen werden, in denen die Methoden bei der Aufstellung dieses Indexes beschrieben werden. Leider wird das selten gemacht, mit der Folge, daß es oft sehr zeitraubend ist, sich über die genaue Definition veröffentlichter Zahlen zu informieren.

8.) Neben Zahlen enthalten Tabellen auch *Symbole*.

a) Ein „-“ bedeutet, daß wirklich *nichts* vorhanden ist. Diese Fall ist genau zu unterscheiden von den Angaben 0 oder 0,0 oder 0,00. Diese besagen, daß eine zahlenmäßige Angabe vorhanden ist, sie aber kleiner als 0,5 oder 0,05 oder 0,005 ist, d.h. kleiner als die Hälfte der verwendeten Zähleinheit.

b) Ein „...“ oder „*“ bedeutet: die Angabe fällt später an.

c) Ein „x“ oder „·“ deutet darauf hin, daß aus begrifflichen oder sachlogischen Gründen eine Angabe gar nicht gemacht werden kann, resp. gar nicht sinnvoll ist.

Achtung: Da die Verwendung der Symbole nicht einheitlich ist, sollte man stets im *Abkürzungsverzeichnis* einer Publikation nachsehen und gegebenenfalls ein eigenes Abkürzungsverzeichnis erstellen.

B. Form und Umfang einer Tabelle

Zu beidem läßt sich *keine starre Regel* aufstellen. Was die *Form* betrifft, so kann man nicht alles über einen Leisten schlagen. Es gilt aber immer zu beachten, daß die *Übersichtlichkeit gut sein* muß. Was den *Umfang* betrifft, so ist folgendes zu beachten: In Quellenwerken, in statistischen Jahrbüchern und überhaupt in allen Veröffentlichungen, die dazu dienen, anderen Benützern *Ausgangsmaterial* für weitere Berechnungen zu liefern, können Tabellen *nie zu umfangreich* sein. Dort setzen vor allem die Kosten der Veröffentlichung eine Grenze und zwingen den Benutzer, eventuell mehrere Jahrgänge einzusehen. Statistische Tabellen im Zusammenhang mit einem Bericht, vor allem, falls sie in den Text einbezogen sind, müssen hingegen *knapp* gehalten werden. Statt Monatsangaben können Jahresangaben genügen und statt Angaben für jedes einzelne Jahr kann es genügen, einige wenige Jahre herauszugreifen. Hier muß man sich auf den ursprünglichen Zweck eines großen Teils der statistischen, d.h. mit *Massenphänomenen* befaßten Arbeit besinnen: in *kurzer und präziser Form* über sonst unübersichtlich bleibende Massenerscheinungen und -entwicklungen zu informieren.

C. Die Gliederung einer Tabelle

Bei Zeitreihen ergibt sich die Gliederung einer Tabelle einerseits aus den *Zeitpunkten* oder *Zeitintervallen*, zu denen oder in denen die Zähl- oder Meßergebnisse anfallen oder auf die sich die Berechnungsergebnisse beziehen, andererseits hängt die Gliederung davon ab, welche Größen, Teilgrößen, Merkmalsträger oder Merkmalsausprägungen man im Zeitablauf im Vergleich verfolgen möchte. Eine besonders wichtige Art der Gliederung resultiert aus den *Merkmalsausprägungen,* zu denen man die *Häufigkeiten* angibt, mit denen sie auftreten. Man gibt dann eine *statistische Variable* in Form einer Tabelle an. Eine Häufigkeit (lat. frequentia, engl. frequency, franz. fréquence) kann in verschiedener Form angegeben werden:

1.) Die aus einer Erhebung oder Zählung sich umittelbar ergebende *Urform* ist die Angabe von *absoluten Häufigkeiten.* Wir wollen sie, abgeleitet von „Frequenz", symbolisch mit f_i (für den Wert oder die „Klasse" Nr.i, wobei i = 1, 2, ..., k annimmt) bezeichnen. Die Gesamtzahl der Merkmalsträger (die jeweils eine Ausprägung „tragen") wird mit N oder n bezeichnet

2.) Für *Vergleiche* oder für das Erkennen von *Strukturen* vorteilhafter ist die Angabe von *relativen Häufigkeiten.* Sie werden mit $\frac{f_i}{n}$ bezeichnet. Häufig bildet man auch Prozentzahlen, indem man $\frac{f_i}{n}$ mit 100% multipliziert.

Stets gilt natürlich, daß die Summe der Teile das Ganze ergeben muß:

$$\sum_{i=1}^{k} f_i = n \qquad (3\text{-}1)$$

resp.

$$\sum_{i=1}^{k} \frac{f_i}{n} = 1 \qquad (3\text{-}1')$$

resp.
$$\sum_{i=1}^{k} \frac{f_i}{n} \cdot 100\% = 100\% \qquad (3\text{-}1'')$$

3.) Für den *praktischen* Gebrauch besonders geeignet ist die *kompakte* Angabe von *kumulierten* (absoluten resp. relativen) Häufigkeiten, die wie folgt bezeichnet werden:

aufwärtskumulierte absolute Häufigkeiten:

$$\text{cumf}_i = \sum_{j=1}^{i} f_j \qquad (3\text{-}2)$$

aufwärtskumulierte relative Häufigkeiten:

$$F_i = \frac{\text{cumf}_i}{n} \qquad (3\text{-}2')$$

Oft wird auch die Prozentzahl $F_i \cdot 100\%$ verwendet.

abwärtskumulierte absolute Häufigkeiten:

$$\text{decumf}_i = n - \sum_{j=1}^{i} f_j \qquad (3\text{-}3)$$

abwärtskumulierte relative Häufigkeiten:

$$\frac{\text{decumf}_i}{n} = 1 - F_i \qquad (3\text{-}3')$$

Die Wahl unter den gezeigten vier Angabevarianten für kumulierte Häufigkeiten hängt von der jeweiligen praktischen Fragestellung ab.

Achtung: Benutzer anderer Lehrbücher finden teilweise auch die Symbole h_i und H_i anstelle von oder neben f_i und F_i .

3.5 Beispiele für Tabellen

Beispiel 1:

Zu den „klassischen“ Tabellen gehören sog. Sterbetafeln. Die darin angegebenen Zahlen erfordern umfangreiche *Berechnungen.* Sterbetafeln sind also *Berechnungsergebnistabellen.* In der Tab.3-1 ist für verschiedene ausgewählte Altersjahre (maßgebend ist entweder der Zeitpunkt der Geburt = Alter 0 oder der Zeitpunkt, an dem jemand genau x Jahre alt geworden ist) die im Durchschnitt zu erwartende (Rest-)Lebensdauer angegeben. Da die Lebenserwartung infolge des technischen Fortschritts, besserer Ernährung, besserer medizinischer Versorgung etc. bisher regelmäßig angestiegen ist (Hauptausnahme neuerdings: die Sowjetunion), müssen Sterbetafeln von Zeit zu Zeit neu berechnet werden. Für einige ausgewählte Berechnungszeiträume sind in Tabelle 3-1 einige deutsche Resultate getrennt nach Männern (m) und Frauen (w) wiedergegeben.

Tab. 3-1: Lebenserwartungen in Jahren im Alter x für Deutschland (ab 1949/51 für die Bundesrepublik)

Vollendetes Altersjahr	männlich 1901/10	1924/26	1949/51	1970/72	1981/83
0	44,82	55,97	64,56	67,41	70,46
5	55,15	60,09	64,47	64,49	66,48
10	51,16	55,63	59,76	59,68	61,59
15	46,71	51,00	54,98	54,81	56,68
20	42,56	46,70	50,34	50,21	51,97
30	34,55	38,56	41,32	41,00	42,58
40	26,64	30,05	32,32	31,77	33,22
50	19,43	21,89	23,75	23,05	24,41
60	13,14	14,60	16,20	15,31	16,61
70	7,99	8,74	9,84	9,35	10,16
75	5,97	6,50	7,28	7,17	7,67
80	4,38	4,77	5,24	5,36	5,73
85	3,18	3,50	3,72	3,92	4,33
90	2,35	2,68	2,66	2,81	3,43
Vollendetes Altersjahr	**weiblich 1901/10**	**1924/26**	**1949/51**	**1970/72**	**1981/83**
0	48,33	58,82	68,48	73,83	77,09
5	57,27	61,62	67,61	70,56	72,99
10	53,35	57,11	62,84	65,70	68,07
15	49,00	52,47	57,99	60,79	63,14
20	44,84	48,09	53,24	55,97	58,27
30	39,94	39,76	43,89	46,30	48,54
40	29,16	31,37	34,67	36,77	38,93
50	21,35	23,12	25,75	27,65	29,65
60	14,17	15,51	17,46	19,12	20,93
70	8,45	9,27	10,42	11,63	13,09
75	6,30	6,87	7,68	8,59	9,75
80	4,65	5,06	5,57	6,16	7,03
85	3,40	3,76	4,02	4,37	4,98
90	2,59	2,92	2,89	3,16	3,62

Quelle: Stat.Jb. für die BRD, 1985, S.78

Beispiel 2:

Tabelle 3-2 gibt *Berechnungsergebnisse* als *Querschnittsdaten* an. Für einige ausgewählte Länder werden für die 1. Hälfte der achtziger Jahre die Lebenserwartungen zum Vergleich nebeneinander gestellt. In Island, in Japan und in der Schweiz sind die Lebenserwartungen am höchsten, obwohl die Unterschiede zu den meisten anderen entwickelten Ländern nicht allzu groß sind. In der Sowjetunion ging die Lebenserwartung insbesondere bei Männern von 1969/71 bis 1984/85 (um 1,7 Jahre auf den Geburtstermin bezogen) zurück. Der Rückgang bei Frauen war weniger ausgeprägt.

Tab. 3-2: Lebenserwartungen im Vergleich verschiedener Länder

Lebenserwartung nach dem Alter						
Land	Sterbetafel (m=männlich w=weiblich)		Bei vollendetem Alter von ... Jahren 0	10	40	60
Ägypten	1980	m	54,1	47,6	38,4	7,4
		w	56,8	52,2	42,8	8,1
Bundesrepublik Deutschland	1983/1985	m	71,2	62,2	33,6	16,9
		w	77,8	68,7	39,4	21,4
DDR	1984	m	69,6	60,7	32,4	16,0
		w	75,4	66,4	37,2	19,4
Frankreich	1983	m	70,7	61,7	33,7	17,6
		w	78,8	69,6	40,6	22,6
Island *)	1984	m	74,9	(60,5)	(32,5)	(16,1)
		w	80,6	(66,1)	(37,1)	(19,2)
Japan	1984	m	74,5	65,3	36,5	19,2
		w	80,2	70,8	41,5	23,0
Österreich	1985	m	70,4	61,6	33,4	17,0
		w	77,4	68,3	39,0	21,0
Schweiz *)	1985	m	73,5	(59,5)	(31,3)	(15,0)
		w	80,4	(66,2)	(37,2)	(19,3)
Sowjetunion	1984/85	m	62,9	55,7	28,9	14,8
		w	72,8	65,3	36,6	19,5
Vereinigte Staaten von Amerika	1983	m	71,0	62,1	34,1	17,8
		w	78,3	69,2	40,2	22,6

Quelle: Statistisches Jahrbuch für die Bundesrepublik Deutschland, 1987, S.664f., A. Blum, R. Pressat, Une nouvelle table de mortalité pour l'URSS (1984 - 1985), in: Population, 42. Jg. 1987, 843 ff.

*) die Zahlen geben die Lebenserwartung beim vollendeten Alter von 15, 45 sowie 65 Jahren wieder

Die nächsten acht Tabellen geben *Zähl-* oder *Meßergebnisse* wieder. Das Nebeneinanderstellen von Ergebnissen für verschiedene Länder soll dazu anregen, Vergleiche zu ziehen. Statistik lebt vom Vergleich!

Beispiel 3:

Tabelle 3-3 ist ein Beispiel für eine *nach der Zeit und dem qualitativen Merkmal „Staatsgebiet“ (nicht Staatsangehörigkeit!) gegliederte* Tabelle. Wiedergegeben sind die auf 100'000 gerundeten Wohnbevölkerungen (also Inländer und Ausländer) auf den Gebieten der Bundesrepublik Deutschland, der DDR, Österreichs, der Schweiz sowie der Türkei. Die Zahlen sind die Ergebnisse von Volkszählungen resp. von sog. Fortschreibungen zwischen den Volkszählungsterminen. Die Zahlen für die Türkei (Bevölkerung zur Jahresmitte) sollen im kontrastierenden Vergleich zeigen, welche dramatischen Bevölkerungsentwicklungen sich in vielen Entwicklungsländern abspielen.

Tab. 3-3: Wohnbevölkerung seit 1950 einiger ausgewählter Länder, in Mio.

Jahre	BRD	DDR	Österreich	Schweiz	Türkei
1950	50,8*	18,4*	6,9	4,7*	20,9*
1	50,5	18,4	6,9*	4,7	21,6
2	50,9	18,3	6,9	4,8	22,2
3	51,4	18,1	6,9	4,9	22,8
4	51,9	18,0	6,9	4,9	23,4
5	52,4	17,8	6,9	5,0	24,1
6	53,0	17,6	7,0	5,0	24,8
7	53,7	17,4	7,0	5,1	25,5
8	54,3	17,3	7,0	5,2	26,2
9	54,9	17,3	7,0	5,3	26,8
1960	55,4	17,2	7,0	5,4*	27,5*
1	56,2*	17,1	7,1*	5,5	28,2
2	56,9	17,1	7,1	5,7	28,9
3	57,4	17,2	7,2	5,8	29,6
4	58,0	17,0*	7,2	5,9	30,4
5	58,6	17,0	7,3	5,9	31,1*
6	59,1	17,1	7,3	6,0	31,9
7	59,3	17,1	7,4	6,1	32,7
8	59,5	17,1	7,4	6,1	33,6
9	60,1	17,1	7,4	6,2	34,2
1970	60,7*	17,1	7,5	6,3*	34,9
1	61,3	17,1*	7,5*	6,3	36,2
2	61,7	17,0	7,5	6,4	37,2
3	62,0	17,0	7,5	6,4	38,1
4	62,1	16,9	7,6	6,5	39,0
5	61,8	16,8	7,6	6,4	40,1*
6	61,5	16,8	7,6	6,3	40,9
7	61,4	16,8	7,6	6,3	41,8
8	61,3	16,8	7,6	6,3	42,6
9	61,4	16,7	7,5	6,4	43,5
1980	61,6	16,6	7,5	6,4*	44,4*
1	61,7	16,6*	7,6*	6,4	45,4
2	61,6	16,7	7,6	6,5	46,3
3	61,4	16,7	7,6	6,5	47,3
4	61,2	16,7	7,6	6,5	48,3
5	61,0	16,7	7,6	6,5	49,3*
6	61,1	16,6	7,6	6,6	50,3

*) Jahr einer Volkszählung. Quellen siehe Angaben bei Fig. 3-1

Beispiel 4:

Tabelle 3-4 enthält in Gegenüberstellung für Deutschland und die Schweiz die absoluten und relativen Häufigkeiten der Merkmalsausprägungen je einer *qualitativen statistischen Variablen.* Gezählt wurden die Häufigkeiten der in verschiedenen Wirtschaftsbereichen erwerbstätigen Personen. Gemäß einer berühmt gewordenen Einteilung des amerikanischen Ökonomen Colin Clark kann man für eine Volkswirtschaft einen primären Sektor („Landwirtschaft"), einen sekundären Sektor („Industrie") und einen tertiären Sektor („Dienstleistungen") unterscheiden. Mit zunehmendem Entwicklungsstand einer Volkswirtschaft läßt sich hierbei eine ständige Verschiebung der Anteile vom ersten zum dritten Sektor beobachten, wobei die am weitesten fortgeschrittenen Volkswirtschaften mittlerweile bereits Anteile von über 50% für den dritten Sektor aufweisen.

Tab. 3-4: Erwerbstätige nach Wirtschaftssektoren 1984
in der Schweiz und Deutschland (BRD)

	Schweiz		BRD *)	
Erwerbstätige im	absolute Häufigkeit in 1000	relative Häufigkeit in %	absolute Häufigkeit in 1000	relative Häufigkeit in%
primären Sektor	210,7	6,7	1'376	5,2
sekundären Sektor	1'190,9	37,9	11'130	41,8
tertiären Sektor	1'740,5	55,4	14'102	53,0
insgesamt	3'142,1	100,0	26'608	100,0
Quellen: Stat. Jb. der Schweiz 1985, S. 384f. ; Stat. Bundesamt Wiesbaden, Fachserie 1, Reihe 4.1.1 Stand und Entwicklung der Erwerbstätigkeit 1984, S. 45				
*) Zum sekundären Sektor sind gezählt: Verarbeitendes Gewerbe, Energie- und Wasserversorgung, Bergbau, Baugewerbe; zum tertiären sind gezählt: Handel, Verkehr, Nachrichtenübermittlung, „übrige Wirtschaftsbereiche" (darunter: öffentliche Verwaltung, Kreditinstitute, Versicherungen etc.).				

Zum Vergleich: Für die Schweiz betrug noch 1970 der Anteil des primären Sektors 8,5% und der des tertiären Sektors 45,3%. In der BRD lagen (1971) die entsprechenden Anteile bei 8% resp. 43,6%. Die Strukturverschiebung ging also mit Riesenschritten voran (siehe auch Fig. 3-4).

• **Kontrollfrage 1 :** Zu welcher Untergruppe von Verhältniszahlen gehören die Zahlen der Spalten 3 und 5?

Beispiel 5:

Tabelle 3-5 ist ein Beispiel für eine nach einem *diskret- quantitativen Merkmal* gegliederte Tabelle. Das Merkmal ist die Personenzahl pro Privathaushalt. Es sind zum Vergleich gegenübergestellt zwei *diskrete statistische Variablen:* eine für die Schweiz und eine für die Bundesrepublik Deutschland. Die Schweizer Zahlen entstammen der Volkszählung von 1980, die deutschen Zahlen dem sog. Mikrozensus („kleine Zählung") von 1982. Mit f_i resp. $\frac{f_i}{n}$ sind die Häufigkeiten der betreffenden Haushalte angegeben.

Tab. 3-5: Haushalte nach der Personenzahl pro Haushalt

Wert der stat. Variablen x_i Anzahl Personen pro Privathaushalt	Schweiz (1980) f_i (in 1000)	$\frac{f_i}{n} \cdot 100\%$	BRD (1982) f_i (in 1000)	$\frac{f_i}{n} \cdot 100\%$
1	710	29,0	7'926	31,3
2	727	29,7	7'283	28,7
3	387	15,8	4'474	17,7
4	402	16,4	3'636	14,4
5 u. mehr	224	9,1	2'017	8,0
insgesamt	2'450	100,0	25'336	100,0
Quelle: Stat. Jb. der Schweiz 1985, S. 49, Stat. Jb. f. d. BRD 1985, S. 66				

● **Kontrollfrage 2 :** Angenommen, die höchste Personenzahl pro Haushalt habe 20 betragen (Vater, Mutter und 18 Kinder). Wieviele Werte nimmt die statistische Variable x_i dann an?

Beispiele 6 und 7:

Tabellen 3-6 und 3-7 sind zwei Beispiele für eine nach einem *quantitativ-stetigen Merkmal* gegliederte Tabelle.

Tab. 3-6: Landwirtschaftliche Betriebe in der Schweiz, 1980, nach der Kulturfläche in ha

Kulturfläche in ha	f_i
0,00-1	24'434
1,01-5	25'571
5,01-10	20'158
10,01-20	34'638
20,01-50	16'783
über 50	1'030
insgesamt	122'614
Quelle: Stat. Jb. der Schweiz 1985, S. 138	

Tab. 3-7: Landwirtschaftliche Betriebe in der BRD, 1980, nach der landwirtschaftlich genutzten Fläche in ha

Landwirtsch. genutzte Fläche von ... bis unter ... ha	f_i
1 bis unter 2	91'528
2 bis unter 5	137'292
5 bis unter 10	132'958
10 bis unter 15	91'827
15 bis unter 20	71'503
20 bis unter 30	95'344
30 bis unter 50	76'098
50 bis unter 100	30'943
100 und mehr	5'017
insgesamt	732'510
Quelle: Stat. Jb. f. d. BRD 1985, S. 1398	

• **Kontrollfrage 3 :** Wenn ein Schweizer Betrieb bei genauer Vermessung gerade 5,005 ha (=50'050 m^2) beträgt, in welcher Klasse von Tabelle 3-6 müßte er mitgezählt sein?

Hinweis:
Man beachte insbesondere bei einer nach einem stetigen Merkmal gegliederten Tabelle, daß stets völlige Klarheit darüber bestehen muß, wohin jeder möglicherweise auftretende Wert des Merkmals gehört. Es darf *keinerlei Zweideutigkeit* geben. Bei einer Klasseneinteilung wie in Tabelle 3-6, bei der die Klassengrenzen bei 1,005; 5,005 etc. liegen, ist die Zugehörigkeit dieser Grenzfälle nicht eindeutig. Vorzuziehen sind daher die Klassenbildungen: 1 bis unter 2, 2 bis unter 5 wie in Tabelle 3-7 oder „über 1 bis 2", „über 2 bis 5" etc. Über die *Zahl der Klassen*, in die eine Tabelle (resp. die Grundgesamtheit oder ein Teil davon) zu gliedern ist, läßt sich nur soviel sagen: bei *qualitativen* und *quantitativ-diskreten* Merkmalen ist die Zahl sehr oft aus der Natur der Sache gegeben (z.B. Raucher und Nichtraucher). Oft wird aber auch eine Klasse „Sonstige" eingeführt, um die Zahl der Klassen nicht unübersichtlich groß werden zu lassen. Bei *stetigen* Merkmalen kann man die Zahl der Klassen oft selbst bestimmen. Zu wenige Klassen bedeuten wenig Information resp. zuviel Informationsverlust, zuviele Klassen bedeuten Unübersichtlichkeit. Ein *Optimum* liegt meist zwischen *5 - 15 Klassen*, wobei der gesunde Menschenverstand den Ausschlag geben sollte und *keine starre Regel.*

Beispiel 8

Tabelle 3-8 gibt die absoluten Häufigkeiten einer *zweidimensionalen* statistischen Variablen an. Beide Merkmale sind quantitativ-stetiger Art.

Tab. 3-8: Geldvermögen und monatliches Haushaltsnettoeinkommen in der BRD, 1983, in 1000

Geldvermögen von ... bis unter ... DM	monatliches Haushaltsnettoeinkommen von ... bis unter ... DM						
	- 1000	1000 - 1200	1200 - 1400	1400 - 2000	2000 - 3000	3000 - 5000	5000 - 25000
ohne Geldvermögen	599	170	166	303	207	(99)	(26)
0-5000	1'167	535	607	1'397	1'178	589	(108)
5000-10000	(348)	(200)	285	902	1'142	779	(99)
10000-20000	(301)	176	271	1'015	1'530	1'190	181
20000-30000	(94)	(76)	(104)	434	841	765	147
30000-50000	/	/	/	(425)	780	852	239
50000 und mehr	/	/	(63)	(289)	653	951	479
insgesamt	2'652	1'258	1'575	4'767	6'332	5'181	1'298

Symbole: „/" bedeutet keine Angabe, da Zahlenwert nicht sicher genug. „( )" bedeutet eingeschränkter Aussagewert, da Zahlenwert Fehler aufweisen kann.

Quelle: Stat. Jb. f. d. BRD 1985, S. 468. Ergebnis der Einkommens- und Verbrauchsstichprobe 1983.

• **Kontrollfrage 4 :** Welche gemeinsame Merkmalsausprägung kommt am häufigsten vor?

Beispiele 9 und 10:

Nach der Wiedergabe von Tabellenbeispielen, die vornehmlich der Kommunikation statistischer Zähl- oder Berechnungsergebnisse an Dritte dienen, seien nun einige Tabellen, die reine Arbeitsinstrumente des Statistikers sind, vorgestellt. Um sich rasch einen ersten Überblick über eine große Zahl von Daten zu verschaffen, von denen wir noch nicht wissen, wie oder ob wir sie weiterverarbeiten wollen, kann man eine sog. *Stamm-und- Blatt-Tabelle* anfertigen, was beim Vorhandensein eines Bildschirms besonders leicht machbar ist. Angenommen, man habe z.B. die in Tabelle 3-9 gezeigten Dollarkursnotizen in Form einer sog. *Urliste* vorliegen (ungeordnete Daten und laufend kommen z.B. neue herein).

Tab. 3-9: Urliste: Bezahlte Devisenkurse an einem Vormittag

1,867	1,868	1,828	1,862
1,905	1,860	1,792	1,867
1,887	1,864	1,815	1,873
1,878	1,859	1,816	1,865
1,866	1,849	1,806	1,859
1,890	1,842	1,807	1,856
1,872	1,794	1,831	1,883
1,872	1,806	1,840	
1,862	1,813	1,853	

Man schafft jetzt Ordnung und verschafft sich einen Überblick, indem man den Rechner diese Daten wie in Tabelle 3-10 anordnen läßt. Das laufende Eintreffen neuer Daten verursacht nicht die geringsten Probleme. Als Stamm behandelt man z.B. die Zahlen bis zur 2.Stelle hinter dem Komma, als Blatt die 3.Stelle hinter dem Komma.

Tab. 3-10: Stamm-und-Blatt-Tabelle

Stamm	Blatt
1,79	42
1,80	667
1,81	356
1,82	8
1,83	1
1,84	920
1,85	9396
1,86	762804275
1,87	8223
1,88	73
1,89	0
1,90	5

Man sieht jetzt sofort, wo die „Schwerpunkte“ des Währungskurses lagen (seine Struktur) und man erkennt daneben den kleinsten und größten Wert. Die Stamm-und-Blatt-Tabelle ermöglicht einen *optischen* Allgemeineindruck einer Datenmenge und leitet bereits über zur zeichnerischen Darstellung.

Beispiel 11:

Ein wichtiges Arbeitsinstrument des Statistikers ist ferner die *Strichliste* oder besser noch die *Kästchenliste*. Strich- oder Kästchenlisten legt man im Moment der *Primärerhebung*, d.h. beim Beginn der statistischen Zählung an. Tabelle 3-11 gibt ein einfaches Beispiel, bei dem man sich allerdings schon über die Klassenbildung im klaren war und sich ein entsprechendes „Gerüst“ zurechtgelegt hatte. Die übliche Strichliste besteht aus Strichen in der Reihenfolge: I, II, III, IIII, 𝍸. Da man beim raschen Zählen bei diesem Vorgehen leicht Fehler macht, weil ein „III“ oder „IIIII“ unterläuft, kann man (nach *Tukey*) auch folgendermaßen vorgehen: zuerst werden vier Punkte, dann vier Verbindungsstriche und schließlich zwei Diagonalstriche gemacht, und zwar in der Reihenfolge:

1 2 3 4 5 6 7 8 9 10

Man erhält auf diese Weise entweder fertige Kästchen, die jeweils 10 Zähleinheiten entsprechen oder angefangene Kästchen. Ein weiterer Vorteil der Kästchenliste gegenüber der guten alten Strichliste besteht im erheblich geringeren Platzbedarf. Tabelle 3-11 zeigt beide Arten von Zähltabellen nebeneinander.

Tab. 3-11: Punktezahl der Statistikklausuren bei einer Vorprüfung

Punkte	Striche	Kästchen	f_i
0-14	//	. .	2
15-24	𝍸 ///	⊓	8
25-34	𝍸	[:	5
35-44	𝍸 //	⊓	7
45-54	𝍸 𝍸 ///	⊠ : .	13
55-64	𝍸 𝍸 𝍸 //	⊠ ⊓	17
65-74	𝍸 𝍸 ///	⊠ : .	13
75-84	𝍸	[:	5
85-94	𝍸 //	⁚ ⁚	7
95-100	//	. .	2

3.6 Die zeichnerische Darstellung

Graphische Darstellungen können statistische Tabellen *begleiten* oder für sich *alleine* gegeben werden. In der Regel geht eine Graphik *aus einer statistischen Tabelle hervor.* Man kann diese aber weglassen, wenn man vom Adressaten nicht erwartet, daß er weitere eigene Berechnungen vornehmen will. Die Graphik ist die kürzere, *einprägsamere Form der Wiedergabe*, aber sie geht in der Regel auf *Kosten* von Detail-Informationen. Man lege trotzdem besonderen Wert darauf, den unvermeidlichen *Informationsverlust auf ein Minimum* zu beschränken! Nacheinander werden verschiedene, besonders wichtige graphische Darstellungsformen vorgestellt.

A. Das einfache Kurven- oder Liniendiagramm

Beim einfachen Kurven- oder Liniendiagramm wird an den beiden Achsen ein arithmetischer Maßstab abgetragen. „Normales" Millimeterpapier kann verwendet werden und dient zur Festlegung der Achsen-Maßstäbe.

Im Beispiel der Fig.3-1 wird Tabelle 3-3 graphisch veranschaulicht. Mehrere Kurvendiagramme sind in dasselbe Schaubild eingetragen, um den Vergleich zu erleichtern.

Wenn eine statistische Größe, z.B. eine Bevölkerung oder ein Index *im Zeitablauf* durch ein Kurvendiagramm dargestellt werden soll, ist auf der Abszisse die Zeit abzutragen. Aber Achtung! Es muß Sinn machen, *jedem Punkt der Abszisse einen Wert der statistischen Größe zuzuordnen.* Wenn es z.B. Erdbeerpreise nur von April bis Juli gibt, darf man deren Verlauf nicht als durchgezogene Kurve auch über den Monaten August bis März darstellen. Im übrigen täusche man auch bei Kurvendiagrammen keine falsche Genauigkeit vor: falls der Wert des Merkmals nur jährlich festgestellt wurde, teile man die Zeitachse nur in Jahre ein, nicht in Monate oder Wochen.

Zur optischen Unterstützung des Auges ist es empfehlenswert, bei Kurvendiagrammen einige wenige horizontale Hauptlinien ganz fein in das Schaubild einzuzeichnen (zu viele Linien sind verwirrend, ebenso ist es nicht empfehlenswert, das zur Zeichnung verwendete Millimeterpapier durchscheinen zu lassen). Durch die Wahl des Einteilungsmaßstabes auf den Achsen kann man übrigens eine gegebene Veränderung als sehr groß oder sehr klein erscheinen lassen. *Kurvendiagramme sind zu Täuschungszwecken leicht zu mißbrauchen.* Erforderlich ist es daher, die sogenannte *Null-Linie* oder den *Ursprung* des Koordinatenkreuzes bzw. des Maßstabes in die Graphik einzuzeichnen. Beim Kurvendiagramm darf man, falls dies sehr deutlich gemacht wird, den Ordinatenmaßstab unterbrechen. Doch ist dabei Vorsicht am Platze, sonst macht man aus einer leicht gekräuselten Bewegung auf hohem Niveau eine Bewegung mit scheinbar dramatischem Wellenschlag und könnte leicht irreführen (siehe Aufgabe 3-1).

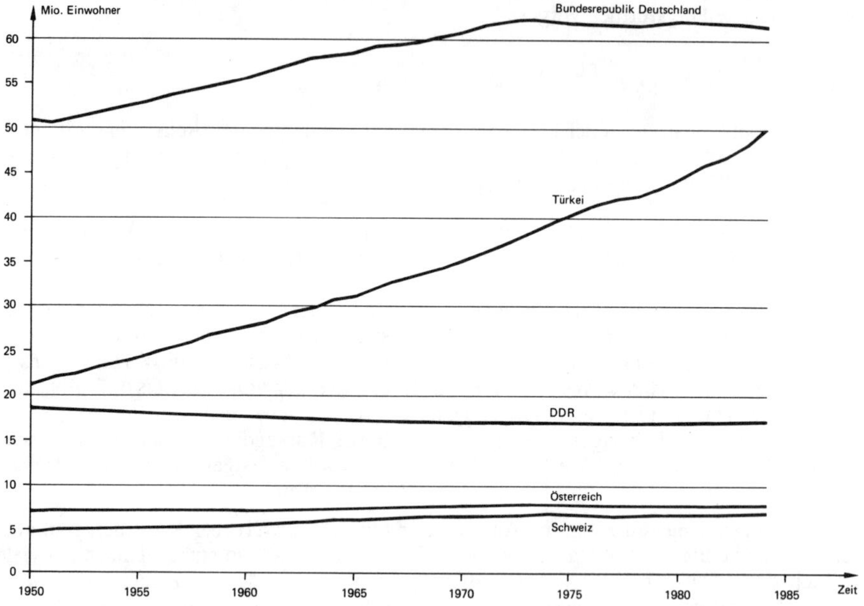

Fig. 3-1: Bevölkerung in Österreich, Deutschland (BRD und DDR), der Schweiz und der Türkei. (Quelle: verschiedene Jahrgänge der jeweiligen Statistischen Jahr- oder Handbücher, für die Türkei: United Nations Demographic Yearbook - Siehe Literaturverzeichnis, B. Amtliche Statistik)

B. Das Stabdiagramm

Ein Stabdiagramm kommt teilweise in Frage als Alternative zum Kurvendiagramm. Es eignet sich außerdem speziell zur optischen Darstellung von Häufigkeiten, die zu *qualitativen* oder zu *quantitativ-diskreten Merkmalen* gehören. Ferner wird es auch für die Veranschaulichung von *diskreten Zufallsvariablen* verwendet. Fig. 3-2 zeigt das Beispiel eines Stabdiagramms, wie es z.B. zur Darstellung der Personenzahl pro Haushalt in Frage kommt (siehe Tabelle 3-5). Allerdings muß „5 und mehr" bekannt sein, d.h. welche Personenzahlen für x = 5 und x = 6 tatsächlich auftraten, um das Stabdiagramm zeichnen zu können.

Hinweis:
Während beim Kurvendiagramm die Ordinate eine „Unterbrechung" besitzen darf, geht dies keinesfalls beim Stabdiagramm. Die Stäbe müßten sonst ja auch unterbrochen werden, was zu Täuschungen führen würde. Die Stäbe müssen vielmehr stets in ihrer *vollen*, auf der Null-Linie beginnenden *Länge* gezeichnet werden. Im übrigen muß die Strichbreite aller Stäbe die gleiche sein. Die Stäbe berühren sich nicht und haben in der Regel gleiche Abstände voneinander.

Man kann verschiedene Stabdiagramme miteinander „verschachteln", um optisch verschiedene Verteilungen zu vergleichen. Man setzt die „Vergleichsstäbe" dann nebeneinander (evtl. farblich unterschieden. In einem solchen Fall berühren sich u.U. die Stäbe, die zur gleichen Merkmalsausprägung gehören). Die Stäbe dürfen auch breiter sein als ein einfacher Strich. Sie erlauben dann unterschiedliche Schraffuren.

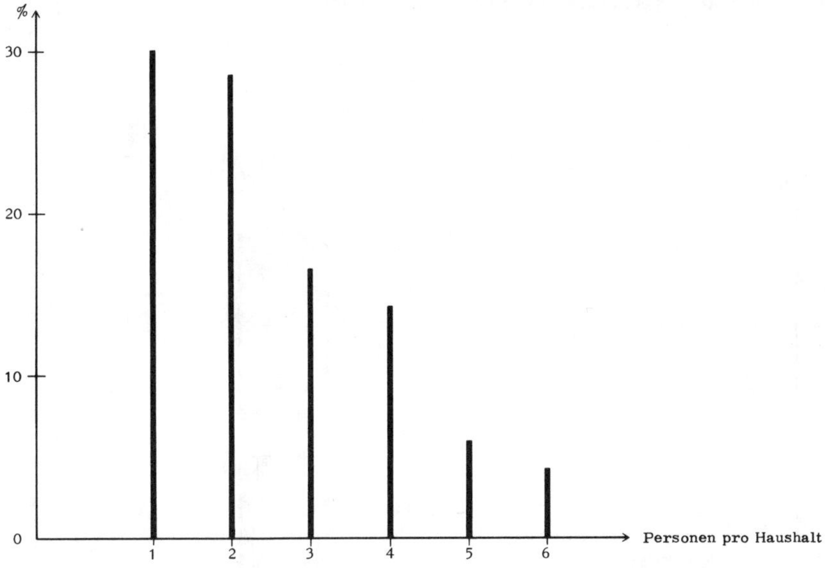

Fig. 3-2: Anzahl Personen pro Haushalt

• **Kontrollfrage 5 :** Ändert sich Fig. 3-2 bei Verwendung absoluter Häufigkeiten?

C. Das Säulendiagramm (Balkendiagramm)

Manchmal besteht das Säulen- oder Balkendiagramm aus einer einzigen Säule oder einem einzelnen waagerechten Balken. Man kann die Säule (den Balken) untergliedern. In der Regel verwendet man Säulendiagramme mit mehreren untergliederten und nebeneinander gestellten Säulen. Sie kommen in Frage als Alternative zum Stabdiagramm. Hauptsächlich dient es aber dazu, Grundgesamtheit *zusätzlich nach einem zweiten Merkmal* gliedern möchte (zweidimensionale Merkmale!).

Die Säulen (Balken), die *immer* die gleiche Grundbreite haben müssen (und sich *nicht berühren*), entsprechen in ihrer Höhe (Länge) den absoluten Häufigkeiten. Sie bestehen aus vertikal übereinandergeschichteten (horizontal nebeneinander gelegten) Rechtecken mit zur *Häufigkeit proportionaler Höhe (Länge)*. Der wesentliche Unterschied des Säulen- oder Balkendiagramms zum Stabdiagramm liegt darin, daß es aus breiteren *Flächen*, die eine weitere Unterteilung zulassen, besteht. Als Beispiel eines Säulendiagramms gibt Fig. 3-3 die Zahl und die Gliederung der Ausländer in der Schweiz für vier äquidistante (gleichentfernte) Zeitpunkte wieder:

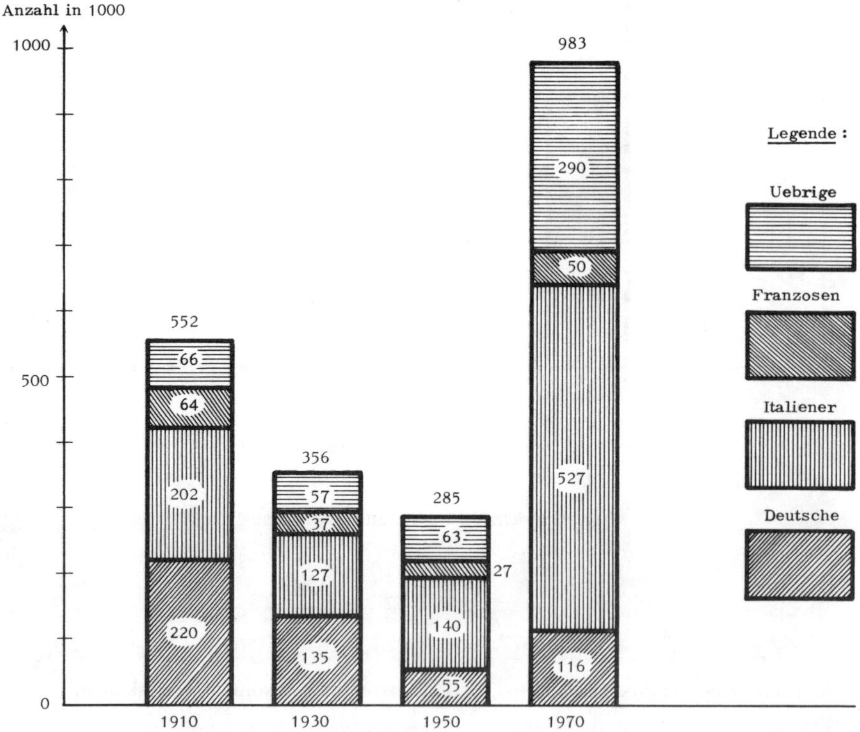

Fig. 3-3: Ausländische Wohnbevölkerung der Schweiz (Quelle: Stat.Jb. d. Schweiz)

D. Das Kreisdiagramm

Wenn es darum geht, eine Merkmalssumme oder eine Summe von Merkmalsträgern in ihrer *Gliederung* darzustellen, kann man ein Kreisdiagramm verwenden und einen Kreis in Sektoren zerlegen, wobei *Proportionalität zwischen Winkelgraden und relativen Häufigkeiten* herzustellen ist. Ein Anteil von 10% entspricht einem Winkel von 36^0 (Winkelsumme: 360^0). Ein Kreisdiagramm eignet sich z.B. zur Darstellung der Erwerbstätigen nach Wirtschaftsbereichen (vgl. Tab. 3-4).

Oft will man die Gliederung von zwei (oder mehr) Merkmalssummen oder Populationen miteinander vergleichen, beispielsweise, um den seit 1900 eingetretenen Wandel zu zeigen. Dazu sind in Fig. 3-4 *zwei* Kreisdiagramme nebeneinander gestellt. Freilich muß jetzt auch das Verhältnis der beiden Gesamtgrößen (Zahl der Erwerbstätigen) zueinander berücksichtigt werden. Ihre Zahl betrug 1975 3'116'500, während sie 1900 bei 1'555'200 lag. Die Flächeninhalte der beiden Kreise müssen daher *im gleichen Verhältnis zueinander* stehen. Natürlich kann der Betrachter die Flächenproportionen verschiedener Kreise nur zu einem ungefähren Eindruck von „größer" oder „kleiner" verarbeiten, doch liegt die Betonung ja nicht auf dem Vergleich der Summen, sondern auf dem Vergleich der Gliederungen. Geht es *nur* um einen Vergleich von Gesamtgrößen, sollte man diesen keinesfalls durch Kreisdiagramme mit mehreren Kreisen optisch vermitteln wollen (siehe auch Unterabschnitt E).

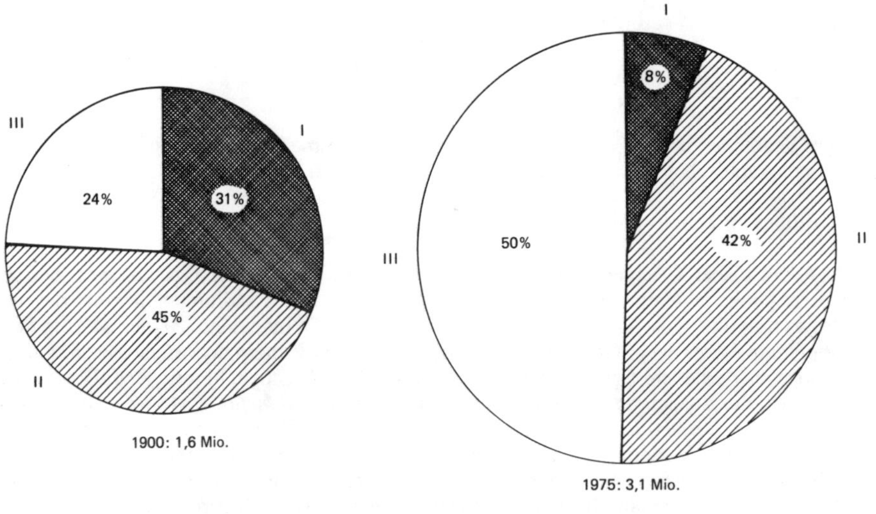

Fig. 3-4: Erwerbstätige in der Schweiz nach Wirtschaftssektoren 1900 und 1975 (Quelle für die Zahlen: Statist. Jb. der Schweiz)

Hinweis:
Der Radius eines der Kreise, z.B. derjenige für 1900, ist beliebig wählbar, jedoch mit dem vorhandenen Raum abzustimmen. Hier wurde für die Zeichnung des Originals für 1900 ein Radius von 2,5 cm gewählt. Die Kreisflächen $F_i = \pi \cdot r_i^2$ müssen sich wie die Zahlen der Erwerbstätigen zueinander verhalten. Somit ist:

$$\frac{F_{1975}}{F_{1900}} = \frac{\pi \cdot r_{1975}^2}{\pi \cdot r_{1900}^2} = \frac{3'116'500}{1'555'200} \quad .$$

Bezeichnet man mit r_0 den Radius des Referenzkreises, der zur Merkmalsträgersumme n_0 gehört und mit r_i den Radius des Kreises, der zur Merkmalsträgersumme n_i gehört, dann gilt allgemein:

$$\boxed{r_i = r_0 \cdot \sqrt{\frac{n_i}{n_0}}} \qquad (3\text{-}4)$$

Wenn z.B. für $r_0 = 2{,}5$ cm gewählt wurde, folgt:

$$r_1 = 2{,}5 \cdot \sqrt{\frac{3'116'500}{1'555'200}} = 3{,}5\text{cm} \quad .$$

Zum Schluß sei hervorgehoben, daß man Kreisdiagramme besonders auch in Verbindung mit geographischen Karten benutzt (siehe Unterabschnitt J).

E. Bilder-, Flächen- und Körperdiagramme

Aus dem bisher Gesagten geht bereits ein immer zu beachtendes *Grundprinzip* bei der Übertragung zahlenmäßiger Übersichten in graphische Darstellungen hervor, das der *Proportionalität* von Stab- oder Säulenhöhen, Flächen, Winkeln etc. *zu den darzustellenden Häufigkeiten* resp. Gesamtheiten. Man kann dieses Prinzip aber nicht zur *alleinigen Richtschnur* erheben! Seine Beachtung ist notwendig, aber nicht hinreichend. Hinzukommen muß die Beachtung der *beschränkten optischen Aufnahmefähigkeit des menschlichen Auges*. Jede Darstellung sollte daher wenn möglich die Proportionalität in der Graphik nur durch eine Variation in *einer* Dimension herstellen. Figuren, bei denen Breite *und* Höhe variiert werden, um Proportionalität herzustellen, sollten vermieden werden. Das Auge wird leicht getäuscht, denn es kann Flächen- resp. Körperrelationen schlecht in Größenrelationen umsetzen. Daß beispielsweise ein bestimmtes Quadrat oder ein Kreis den doppelten Flächeninhalt hat wie ein daneben gezeichnetes Quadrat (oder ein zweiter Kreis) kann man nicht mit dem Auge erkennen, sondern nur berechnen.

• **Kontrollfrage 6 :** Liegt in dieser Aussage nicht ein Widerspruch zum Vorgehen bei Kreisdiagrammen in Unterabschnitt D?

Zu *vermeiden* ist also z.B. eine Darstellung wie Figur 3-5, durch die der Devisenbestand einer Zentralbank durch Geldsäcke veranschaulicht werden, soll, selbst wenn wie hier die Flächenproportionen genau stimmen und die richtigen Zahlen auf die Figuren aufgeschrieben sind. Ganz schlimm wäre es natürlich gewesen, den Geldsack von 1972 etwa sechsmal so hoch wie den von 1968 und zugleich auch noch dicker zu zeichnen!

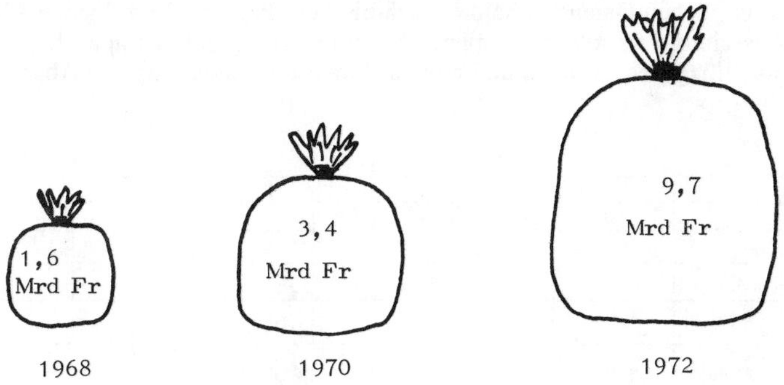

Fig. 3-5: Der Devisenbestand der Schweizerischen Nationalbank, Jahresdurchschnitte 1968, 1970 und 1972 (Quelle der Zahlen: Monatsberichte der Schweiz. Nationalbank)

Richtig wäre hier ein Säulen- oder Stabdiagramm gewesen, aus dem das Auge sofort entnehmen kann, daß der Devisenbestand 1972 auf mehr als das 6-fache von 1968 angestiegen ist.

Glaubt man beim Publikum, für das die Darstellung bestimmt ist, nicht auf die bildhafte Darstellung verzichten zu können, so kann man Geldsäcke, Autos, kleine Männchen etc oben über die Stäbe oder Säulen oder in dieselben hinein einzeichnen, beispielsweise in der Art von Fig. 3-6. Die Figuren machen jetzt selber keine statistische Aussage mehr, sie dienen nur der Veranschaulichung einer Merkmalsausprägung (Illustrationsfunktion von Bildern).

Fig. 3-6: Die Bevölkerungszusammensetzung von Namibia (Südwestafrika). (Quelle: Weltwoche-Magazin Nr.13, 2.April 1975)

F. Kurvendiagramme auf halblogarithmischem Papier

Man kann einer statistischen Analyse die gemessenen Daten oder deren Logarithmen zugrunde legen. Logarithmen bringen oft Einsichten in Strukturen oder Eigenschaften an den Tag, die aus den ursprünglichen Daten nicht gewonnen werden konnten. Zwar liefert heute jeder Taschenrechner Logarithmen, doch rascher und bequemer als das Ablesen und das Übertragen der Ablesung auf normales Millimeterpapier ist die direkte Eintragung der ursprünglichen Daten auf halblogarithmischem Papier. Die folgende Abbildung zeigt einen Ausschnitt von solchem Papier. Das in Fig. 3-7 gezeigte Papier hat eine logarithmische Einteilung der Ordinate und eine arithmetische Einteilung der Abszisse (Millimetereinteilung).

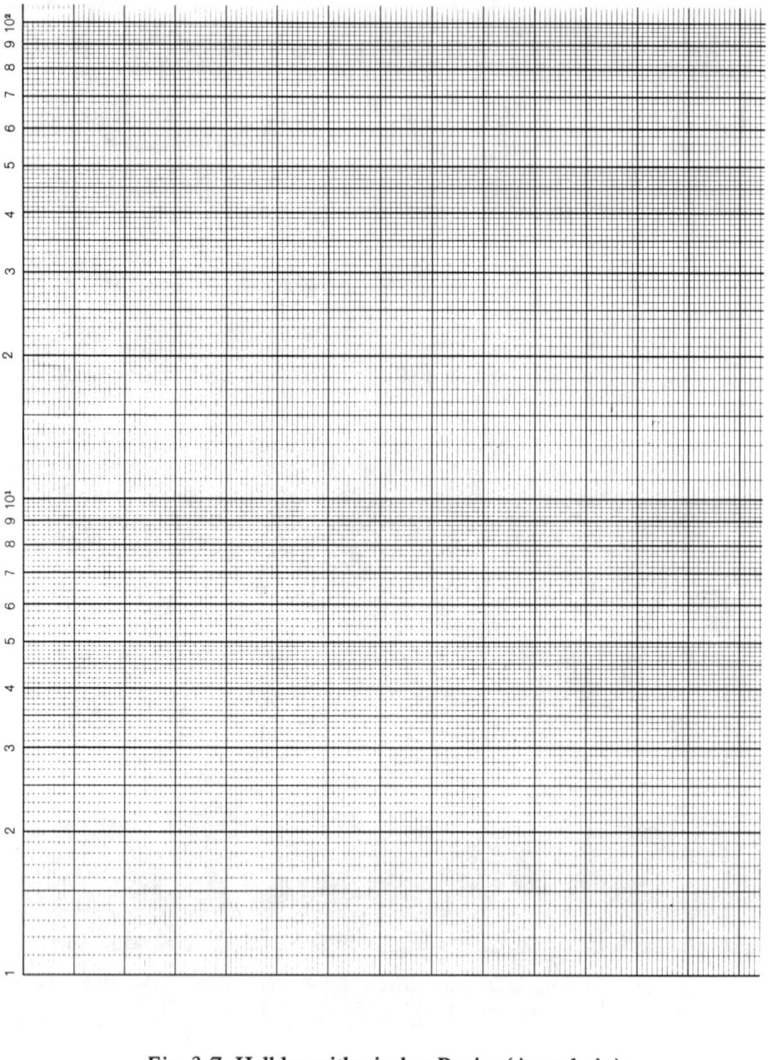

Fig. 3-7: Halblogarithmisches Papier (Ausschnitt)

Die Konstruktion von halblogarithmischem Papier

Diese Konstruktion ist in Fig. 3-8 skizziert. Der linke Millimeterpapierstreifen besitzt die üblicherweise vorzufindende lineare (arithmetische) Einteilung. Die dort eingetragenen Zahlen sollen jetzt Logarithmen bedeuten. Die alte Millimetereinteilung läßt man dann bis auf den Grobraster (Hauptlinien) verschwinden und ersetzt sie durch die rechts daneben als Grob- und Feinraster eingetragene logarithmische Einteilung. Wo ein ganzzahliger Numerus liegt (bei 1, 2, 3 ...) wird jeweils eine Zwischenlinie gezogen. Diese Linien haben „logarithmische" Abstände. Die Hauptlinien bei 1, 10 und 100 bilden den Grobraster, der von der ursprünglichen linearen Einteilung übernommen wird. Wo genügend Platz ist, werden zwischen die in Fig. 3-8 eingezeichneten Haupt- und Zwischenlinien weitere Feinlinien gezogen, um so auch zu Dezimalnumeri, also z.B. 1,1; 1,2; 1,3 etc. eine Linie zur Verfügung zu stellen.

• **Kontrollfrage 7 :** Warum ist der Ursprung der log. Skala eine 1 und nicht eine 0?

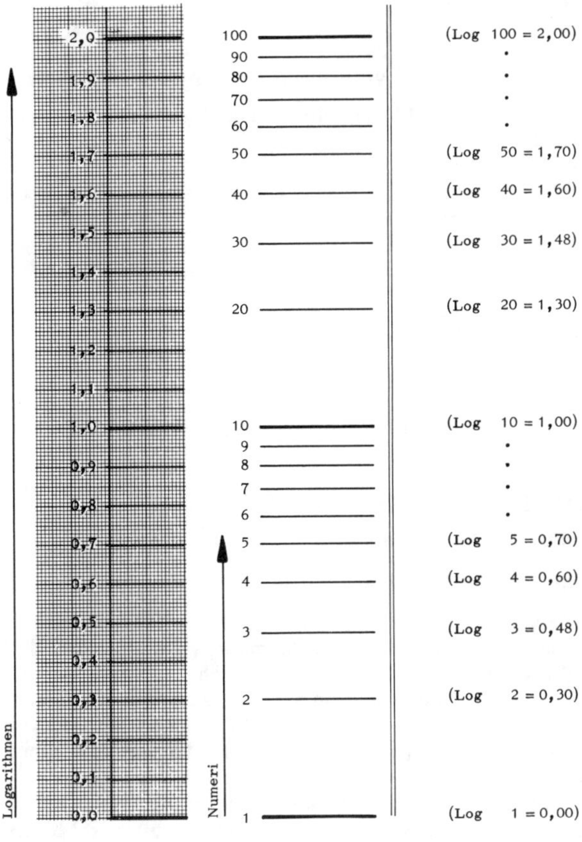

Fig. 3-8: Konstruktion von halblogarithmischem Papier

Zum Maßstab bei logarithmischem Papier ist anzumerken: Man ist nicht beschränkt auf den am Rand kommerziellen Papiers angegebenen Maßstab. Wir müssen jedoch stets die Relation 1 : 10 für den Grobraster und die daraus resultierenden Relationen für den Feinraster einhalten. Kommerzielles Papier enthält 2 oder 3 oder 4 Hauptlinien, markiert mit 1, 10^1, 10^2 und 10^3. Dem Skalenwert 1 können wir *jede beliebige andere positive Zahl zuordnen.* Dem Skalenwert 10^1 entspricht aber *in jedem Fall das 10-fache.* Für den Skalenwert 10^2 sind wir dementsprechend auf das 10-fache des Skalenwertes 10^1 resp. das 100-fache des Skalenwertes 1 festgelegt. Die Grundlinie mit einem beliebig wählbaren positiven Skalenwert tritt bei halblogarithmischem Papier an die Stelle der sonst vorliegenden Null-Linie. Figur 3-9 zeigt beispielhaft einige der für eine gegebene logarithmische Skala möglichen *Skalentransformationen.*

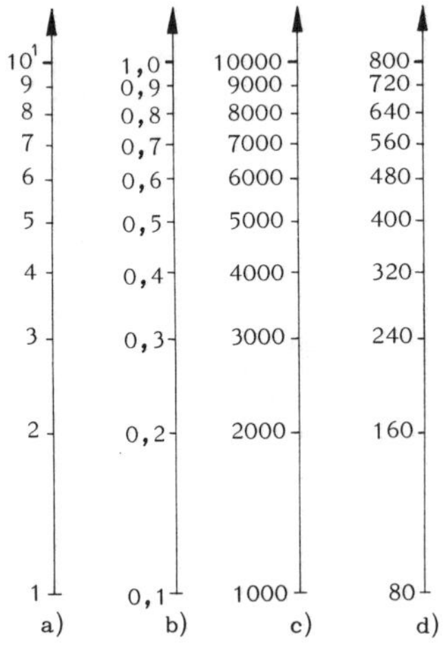

Maßstäbe:
a) Vorgefundener Maßstab auf kommerziellem Papier
b) Multiplikation der Skala mit 0,1
c) Multiplikation der Skala mit 1000
d) Multiplikation der Skala mit dem Faktor 80

Fig. 3-9: Einige logarithmische Skalen

Die Anwendung von halblogarithmischem Papier

In zwei Fällen benutzt man halblogarithmische Kurvendiagramme:

a.) Darstellung unterschiedlicher Größenordnungen

Wollte man z.B. die Weltbevölkerung seit der Zeit, als sie 10 Millionen betrug (ca. 6000 v.Chr.), bis heute durch ein einfaches Kurvendiagramm (also im arithmetischen Maßstab auf normalem Millimeterpapier) darstellen, würde sich die Kurve für die ersten 7500 Jahre kaum von der Abszisse lösen und dann für die letzten rund 400 Jahre fast senkrecht nach oben zeigen. Die Vervierzigfachung von 10 Millionen auf 400 Millionen würde auf rund 10% des vorhandenen Formats zusammengedrängt dargestellt, während für die Verzehnfachung von 400 Millionen auf 4 Milliarden rund 90% des Formats benötigt würden. Auf halblogarithmischem Papier hingegen läßt sich, wenn das Papier z.B. 4 Hauptlinien in der Vertikalen aufweist, die Entwicklung von 10 Millionen bis 10 Milliarden einzeichnen, ohne daß die Kurve zu Beginn optisch mit der Abszisse zusammenfällt (siehe Fig. 3-10. Sie ist entnommen: J.N. Biraben, Essai sur l'evolution du nombres des hommes, in: Population, Jg.34, 1979, S.22).

Man kann auf halblogarithmischem Papier gezeichnete Kurvendiagramme allerdings nur einem vorgebildeten Publikum vorlegen, weil solche Diagramme optisch „tiefstapeln", d.h. viel weniger eindrucksvoll sind als ein einfaches Kurvendiagramm. Das halblogarithmische Kurvendiagramm *entdramatisiert* sozusagen. Bei ihm verwandelt sich eine oft wie ein Blitz nach oben oder unten zuckende Kurve des einfachen Diagramms in eine ruhig verlaufende Linie. Nicht umsonst haben sich daher z.B. die Verfasser von „The Limits to Growth" (A Report for the Club of Rome's Project on predicament of Mankind, London 1972) fast ausschließlich des einfachen Kurvendiagramms bedient, obwohl sie es meist mit Vervielfachungsphänomenen der erwähnten Art zu tun hatten. Dieses Buch richtete sich an ein breites Publikum und wollte dramatisieren. Wer halblogarithmisch dargestellte Kurvendiagramme zu lesen versteht, kann aber alles Wesentliche erkennen. So zeigt Fig. 3-10 z.B. deutlich die stark zunehmende Wachstumsrate der Bevölkerung in neuerer Zeit.

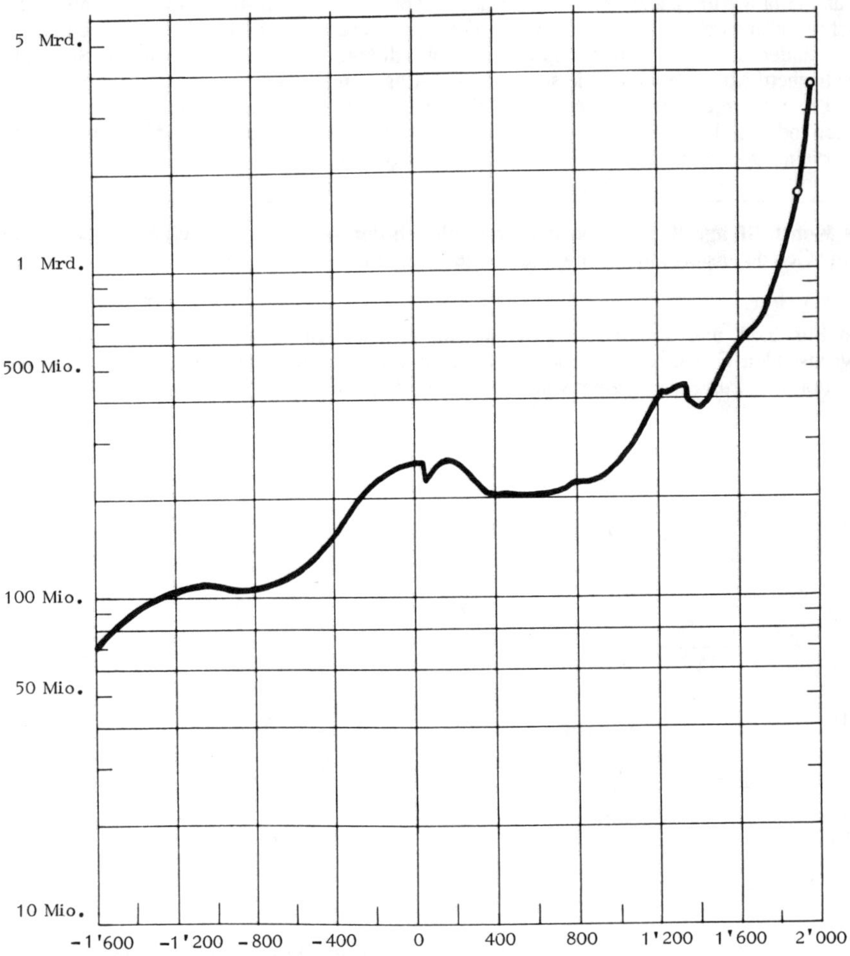

Fig. 3-10: Geschätzte Entwicklung der Weltbevölkerung seit 1600 v.Chr.

b.) Darstellung und Vergleich von Wachstumsraten

Im Bereich des Wirtschaftlichen und Sozialen haben Wachstumsraten und Veränderungen von Wachstumsraten eine oft viel größere Bedeutung als die absoluten Zahlen oder deren „Niveau". Hinsichtlich eines Niveaus, z.B. des öffentlichen oder internationalen Verschuldungsniveaus, stellen sich oft erstaunlich rasch Anpassungsprozesse ein, die ein Übel als „eingegrenzt" und etwas Angenehmes als gesichert erscheinen lassen. Veränderungen hingegen lassen Hoffnungen oder Unbehagen sprießen, weil niemand weiß, wohin eine Veränderung führt. Eine *Zunahme* z.B. der Arbeitslosigkeit schafft größeres Unbehagen als ein hohes Niveau an Arbeitslosigkeit, weil jetzt alle Arbeitnehmer sich potentiell betroffen fühlen und nicht nur der Kreis der Arbeitslosen selber (und der sich für ihr Schicksal verantwortlich Fühlenden).

Das halblogarithmische Kurvendiagramm läßt Veränderungsraten (Wachstums- oder Schrumpfungsraten) aus dem *Anstieg* der Kurve erkennen. Eine mit *konstanten Raten* sich ändernde Größe ergibt eine *Gerade* bei halblogarithmischer Darstellung. Bei arithmetischem Maßstab wäre eine solche Kurve hingegen aufwärts - oder abwärts - gebogen und man könnte unmöglich ein Urteil darüber abgeben, ob eine Veränderungs*rate* stabil blieb oder sich änderte. Ferner wird der Anstieg der halblogarithmisch dargestellten Kurve *um so steiler, desto höher die Veränderungsrate ist.*

● **Kontrollfrage 8 :** Was bedeutet hinsichtlich der Wachstumsrate einer Größe ein als eine Gerade ansteigendes einfaches Kurvendiagramm?

In Fig. 3-11 und 3-12 ist veranschaulicht, welcher Kurvenverlauf bei einer um 10% wachsenden Größe resultiert, je nachdem, ob normales Millimeterpapier oder halblogarithmisches Papier verwendet wurde.

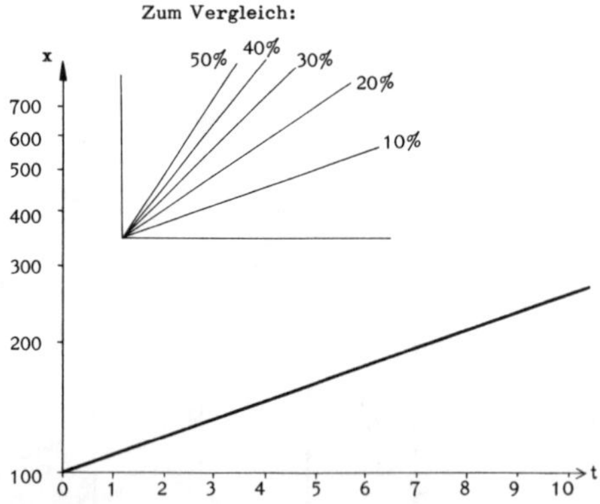

Fig. 3-11: Eine um 10% wachsende Größe auf halblogaritmischem Papier

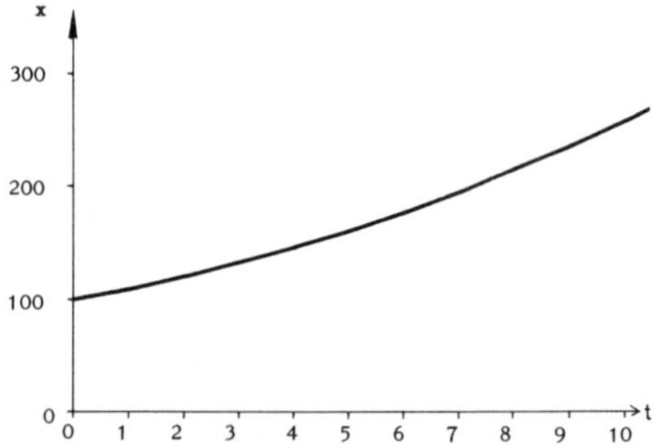

Fig. 3-12: Eine um 10% wachsende Größe auf normalem Millimeterpapier

● **Kontrollfrage 9 :** Wie ist der Kurvenverlauf bei Vervielfachung einer Größe um den Faktor K bei halblogarithmischer Darstellung?

Exkurs:

Eine Größe, z.B. ein Kapitalbestand, wächst bei *jährlich einmaligem Zuschlag* der Zinsen gemäß der Zinseszinsformel

$$x_t = x_0 \cdot (1 + i)^t \quad (3\text{-}5)$$

x_0 und x_t sind hierbei die Bestände zu den Zeitpunkten 0 und t. i ist der Zinsfuß (die Wachstumsrate). Ein Kapital von 100 wächst demnach in 10 Jahren (t = 10) bei 5% Verzinsung (i = 0,05) auf 162,89. Bei unmittelbarem Hinzufügen des Zuwachses (der Zinsen) zum Bestand lautet die Wachstumsformel:

$$x_t = x_0 \cdot e^{rt} \quad (3\text{-}6)$$

Hierbei ist e = 2,71828... und r die Wachstumsrate. In beiden Fällen sagt man, eine Größe wachse exponentiell. Für r = 0,05 und t = 10 wächst ein Kapital von 100 auf 164,87. Der Zusammenhang zwischen beiden Wachstumsraten ist in Tab. 3-12 angegeben. Aus $x_t = x_0 \cdot (1 + i)^t = x_0 \cdot e^{rt}$ folgt $1 + i = e^r$ und somit $i = e^r - 1$.

Tab. 3-12: Die Korrespondenz von i und r in Prozent

(100 · i) %	(100 · r) %
1	0,995
2	1,98
3	2,96
4	3,92
5	4,88
8	7,70
10	9,53

● **Kontrollfrage 10 :** Wie lautet die Zinseszinsformel bei halbjährlichem Zuschlag?

G. Histogramm und Häufigkeitspolygon

1a.) Histogramm bei quantitativ-stetigen Merkmalen

Ein Histogramm ist die graphische Darstellung einer nach einem quantitativ-stetigen Merkmal gegliederten Tabelle.

Es besteht aus nebeneinandergestellten, sich *berührenden* Säulen (= Rechtecken), deren Flächenrelationen nach dem *Prinzip der Proportionalität* den (absoluten oder relativen) Häufigkeitsrelationen entsprechen müssen und deren Breiten *wenn möglich gleich sein* sollten (gleiche Klassenbreiten sind aus verschiedenen Gründen erwünscht, aber nicht unabdingbar).

Nicht jede zu einem quantitativen Merkmal gehörende Häufigkeitsverteilung läßt sich ohne weiteres aus einer Tabelle in ein Histogramm übertragen. So geben z.B. die Tabellen 3-6 und 3-7 Häufigkeitsverteilungen mit einer *offenen* Klasse wieder. Offene sog. *Flügelklassen* müssen „geschlossen" werden, bevor sie darstellbar sind. Dabei muß man sich entweder auf Zusatzinformationen oder auf Plausibilitätsüberlegungen stützen. Schließlich achtet man beim Schließen von Flügelklassen darauf, daß Klassen entstehen, die möglichst die Breite der übrigen Klassen haben (oder doch ein „rundes" Vielfaches dieser Klassen).

Auch nach eventueller Schließung der oberen Flügelklasse würde sich aber die Häufigkeitsverteilung der Tabellen 3-6 und 3-7 nicht sehr gut für eine graphische Darstellung eignen, weil die Klassen *sehr verschiedene* Klassenbreiten haben.

Typischerweise kommt das Histogramm als zeichnerische Darstellung einer in gleiche Klassenbreiten gegliederten Häufigkeitsverteilung in Frage.

Für die Histogrammdarstellung wollen wir von 70 Datenwerten ausgehen (siehe Tabelle 3-13). Man kann sich vorstellen, es handle sich um 70 Preisangaben resp. um die Meldungen von 70 Berichterstattern für ein bestimmtes Produkt (z.B. Herrenhemden) und für einen bestimmten Zeitpunkt (z.B. Mai 1986).

Tab. 3-13: Geordnete Ausgangsdaten

100,3	101,2	101,5	101,7	101,7	101,8	101,8	101,9	101,9	102,0
102,0	102,1	102,1	102,4	102,4	102,5	102,5	102,6	102,6	102,7
102,8	102,8	102,9	102,9	102,9	102,9	103,0	103,0	103,0	103,0
103,2	103,2	103,2	103,2	103,2	103,3	103,3	103,3	103,4	103,4
103,5	103,6	103,6	103,7	103,7	103,8	103,8	103,9	104,0	104,0
104,1	104,2	104,2	104,4	104,5	104,5	104,6	104,8	104,8	104,9
105,2	105,3	105,4	105,4	105,5	105,8	106,2	106,8	106,9	107,4

Die graphische Darstellung der 70 Einzeldaten ist nur auf dem Weg über eine Klassenbildung möglich, wobei wir darauf achten, daß die Klassenbreite möglichst immer dieselbe ist und die Zahl der Klassen sowie die Klassengrenzen dem Ursprungsmaterial einigermaßen gerecht werden. Die Klassenuntergrenze wollen wir generell mit x_{i-1}, die Klassenobergrenze mit x_i bezeichnen. Eine hinsichtlich Zahl der Klassen sowie Klassenbreite und Klassengrenzen dem Ausgangsmaterial offenbar ganz gut entsprechende Einteilung liefert Tab. 3-14. Auch andere Einteilungen wären aber möglich gewesen, zwingend ist es nicht, die Daten wie in Tab. 3-14 zu tabellieren.

Tab. 3-14: Klassenbildung für die Ausgangsdaten

lfd. Nr. der Klasse i	Klassierte Daten (x_{i-1} bis unter x_i)	abs. Häufigkeit f_i	relat. Häufigkeit $(f_i/n) \cdot 100$ (Prozent)
1	100,0 - unter 101,5	2	3
2	101,5 - unter 103,0	24	34
3	103,0 - unter 104,5	28	40
4	104,5 - unter 106,0	12	17
5	106,0 - unter 107,5	4	6
		70	100

Die zeichnerische Darstellung der Tabelle 3-14 erfolgt in Fig. 3-13.

Die bildliche Darstellung der absoluten und relativen Häufigkeiten unterscheidet sich in keiner Weise, da es ja nur auf die Flächenrelationen ankommt. Die Skala der relativen Häufigkeiten ist rechts, die der absoluten Häufigkeiten links in Fig. 3-13 eingezeichnet.

Es gibt nun allerdings häufig Situationen, in denen es nicht möglich ist, für alle Klassen eine gleiche Klassenbreite einzuhalten. Oft wird dem Statistiker nicht das Ausgangsmaterial geliefert, sondern eine von anderer Seite vorgenommene Klassierung der Daten. Es kann sein, daß ihm z.B. mitgeteilt wird, 16 Beobachtungen hätten zwischen 104,5 und 107,5 gelegen. *Falsch* ist es jetzt, das Histogramm wie in Fig. 3-14 zu zeichnen.

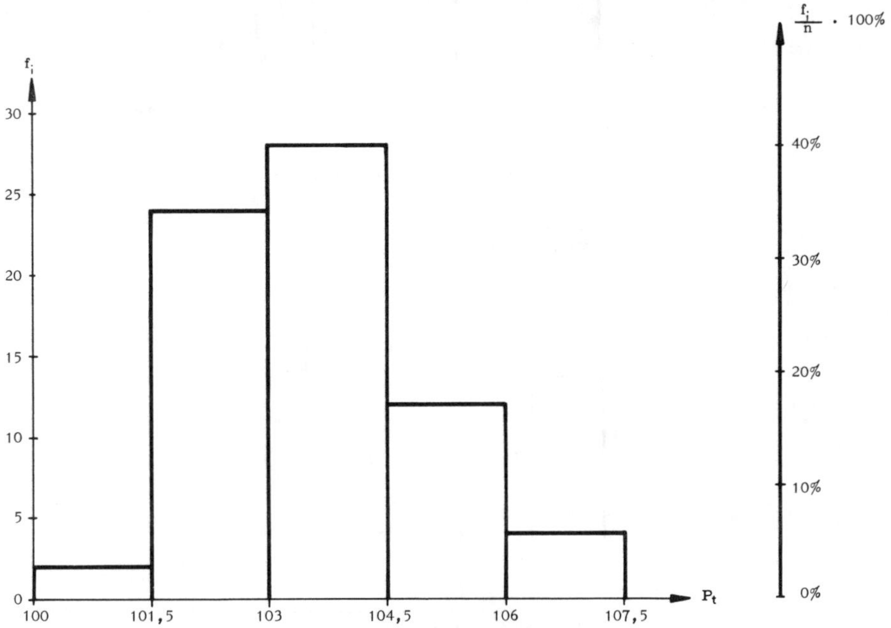

Fig. 3-13: Histogramm

Ein *richtig* gezeichnetes Histogramm hat für die Klasse 104,5 - 107,5 eine um den Faktor 2 dividierte Häufigkeit anzugeben, da diese Klasse die *doppelte* Breite einer normalen Klasse umfaßt (siehe Fig. 3-15). Nur jetzt stimmen die *Flächen*proportionen mit den Häufigkeiten überein, während in Fig. 3-14 der ungerechtfertigte Eindruck einer zu starken Bedeutung der Klasse 104,5 - 107,5 erzeugt wurde. Die Ordinaten (Höhen) der gegebenenfalls korrigierten Flächenstücke bezeichnet man als *Häufigkeitsdichten* oder kurz: *Dichten*. Diese betragen für Fig. 3-15 für die ersten drei Klassen 2, 24 und 28, jedoch nur 8 für die doppelt so breite vierte Klasse (104,5 bis unter 107,5).

• **Kontrollfrage 11 :** Woher kennen wir schon den Begriff der „Dichte"? Wie muß, falls eine Klasse das k-fache der Standard-Klassenbreite hat, f_i modifiziert werden, um ein korrektes Histogramm zu erhalten?

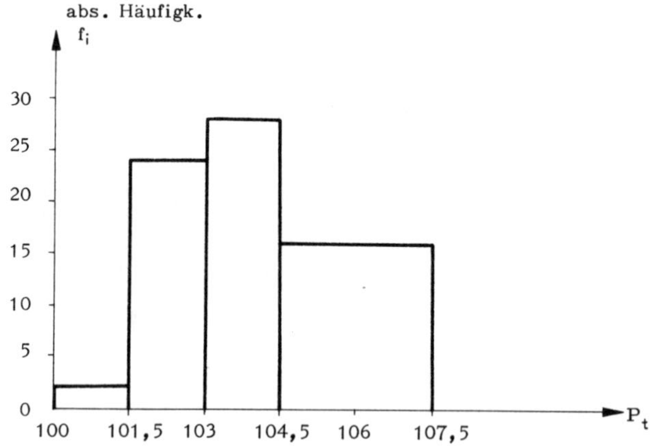

Fig. 3-14: Falsch gezeichnetes Histogramm

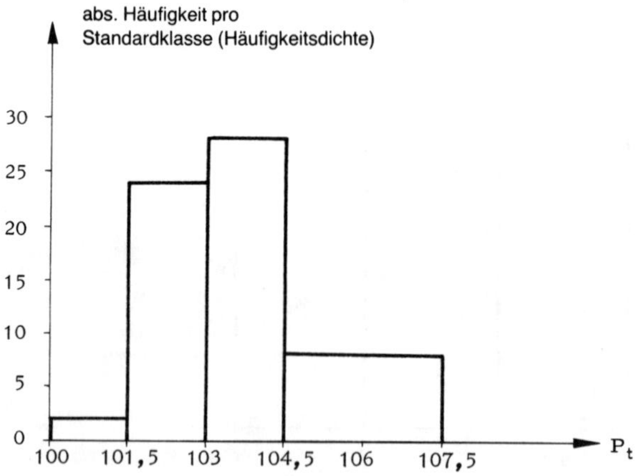

Fig. 3-15: Richtig gezeichnetes Histogramm

1b.) Histogramm bei quantitativ-diskretem Merkmal

Man kann sich des Histogramms auch zur Darstellung der Verteilung diskreter Merkmale (einer diskreten statistischen Variablen) bedienen. Wenn beispielsweise die vorliegenden Daten einen sehr breiten Wertebereich umfassen, z.B. die Zahl der Beschäftigten in den Unternehmen einer Volkswirtschaft (von 1 bis viele Zehntausend), kann man das diskrete Merkmal „fast" wie ein stetiges Merkmal behandeln. Liegen klassierte Daten vor, z.B. 1 bis 99 Beschäftigte, 100 bis 199 Beschäftigte etc. dann werden die Rechtecke des Histogramms über den Intervallen (0,5 - 99,5), (99,5 - 199,5) etc. errichtet.

2.) Häufigkeitspolygon

Für die Konstruktion des aus dem Histogramm hervorgehenden Häufigkeitspolygons benötigen wir Klassenmitten m_i, wobei generell $m_i = \frac{1}{2}(x_{i-1} + x_i)$ ist.

Verbinden wir die jeweils zu den Klassen*mitten* gehörenden Punkte auf den *Oberkanten* der Säulen, wie dies in Fig. 3-16 gezeigt ist, so erhalten wir ein Häufigkeitspolygon (fett ausgezogene Linie). Die Säulen des Histogramms sind nur zur Veranschaulichung der Konstruktion eingezeichnet und werden i.d.R. weggelassen. Das Häufigkeitspolygon vermittelt ebenso wie ein Histogramm einen optischen Eindruck der Häufigkeitsverteilung einer quantitativen statistischen Variablen.

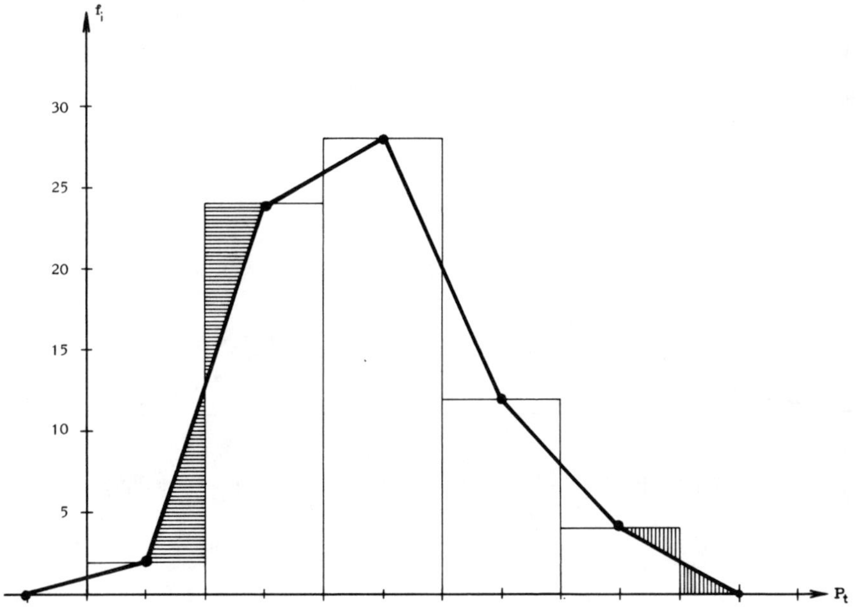

Fig. 3-16: Häufigkeitspolygon

Hinweis:
Bei der Konstruktion des Häufigkeitspolygons ist speziell folgendes zu beachten: durch den Kurvenzug soll eine *gleichgroße* Fläche wie durch die Säulen des Histogramms umschlossen werden. Daher ist der Kurvenzug von den Säulenoberkanten der *Flügelklassen* liegenden Punkten bis zu einem im Abstand der halben Klassenbreite auf den der Flügelklasse auf der x-Achse liegenden Punkt zu verlängern, so wie dies aus Fig. 3-16 hervorgeht (Verbindung zu den Punkten 99,25 und 108,25). Man erkennt, daß bei diesem Vorgehen *jedes* durch den Kurvenzug abgeschnittene Dreieck durch ein gleichgroßes hinzugefügtes Dreieck kompensiert wird. (In Fig. 3-16 sind beispielhaft zwei Dreieckkompensationen veranschaulicht.)

Das Häufigkeitspolygon wird auch als Häufigkeitsdichtekurve bezeichnet. Diese geht mit zunehmender Klassenzahl und abnehmender Klassenbreite mehr und mehr in einen *gerundeten Kurvenzug* über. Es gibt verschiedene Typen solcher gerundeter Kurvenzüge, z.B. den Kurvenzug der Normalverteilung, die wir später *als Modell* heranziehen werden, um gewisse empirsch vorgefundene Häufigkeitsverteilungen zu *charakterisieren.* Der Modelltyp der Normalverteilung ist in Fig. 3-17 dargestellt.

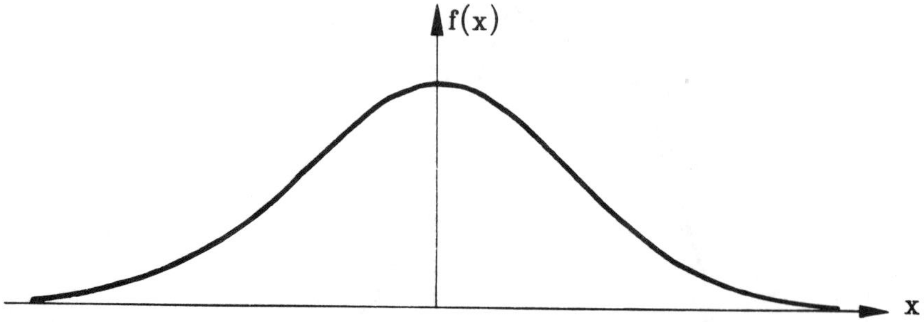

Fig. 3-17: Die Modellhäufigkeitsverteilung namens Normalverteilung (ein symmetrischer Modelltyp)

Ein weiterer großer Teil der in der Realität vorzufindenden Häufigkeitsverteilungen kann ferner durch die in Fig. 3-18 gezeigten vier weiteren Modelltypen repräsentiert werden.

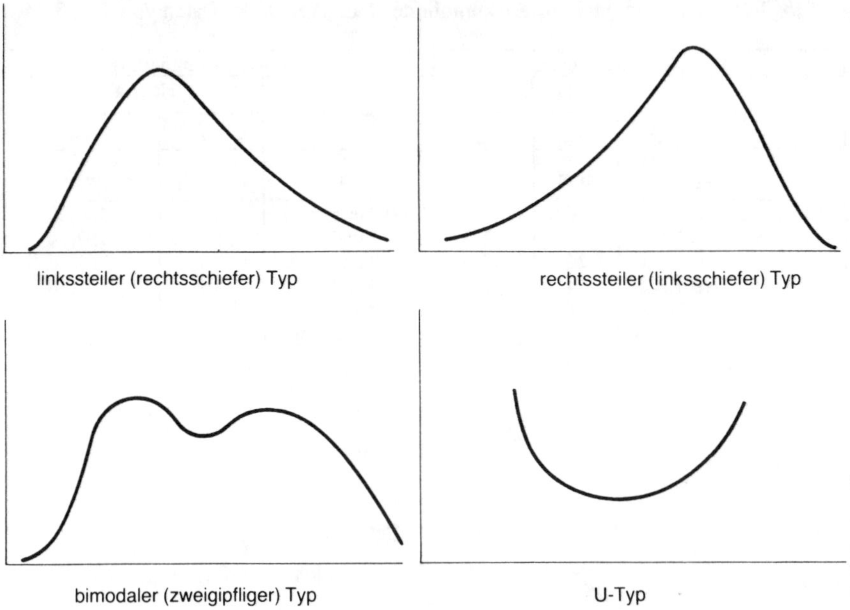

Fig. 3-18: Einige Modelltypen für Häufigkeitsverteilungen

H. Summenkurven (Ogiven)

Man kann neben den absoluten oder relativen Häufigkeiten auch kumulierte (absolute oder relative) Häufigkeiten verwenden, um die Ausprägungen eines quantitativen Merkmals graphisch zu veranschaulichen. Ein solche Darstellung heißt eine Summenkurve oder Ogive. Sie ist eine Alternative zum Häufigkeitspolygon. Die Ogive gibt in unserem Beispiel die optische Antwort auf die Fragestellung: Wieviele (Prozente) der Datenwerte sind „*kleiner als*..." oder „Wieviele (Prozente) sind *gleich ... oder größer*".

Für die Zeichnung muß man zuerst eine Aufwärtssummierung (Aufwärtskumulation) resp. eine Abwärtskumulation der ursprünglichen Häufigkeiten vornehmen, wie dies in Tabelle 3-15 geschehen ist.

Die graphischen Darstellungen zu Tabelle 3-15 als Ogiven zeigen Fig. 3-19 und 3-20. (Zur Veranschaulichung der Konstruktion sind die Häufigkeiten pro Klasse als gestrichelte Rechtecke eingezeichnet.)

Tab. 3-15: **Aufwärts- und abwärtskumulierte Häufigkeiten der Daten von Tab. 3-14**

	a) Aufwärtskumulierung			b) Abwärtskumulierung		
	Datenwerte	Häufigkeit		Datenwerte	Häufigkeit	
		abs.	rel.		abs.	rel.
i	$< x_i$	$cumf_i$	$F_i \cdot 100$	$\geq x_i$	$decumf_i$	$\frac{decumf_i}{n} \cdot 100$
0	weniger als 100,0	0	0,00	100,0 und mehr	70	100,00
1	weniger als 101,5	2	2,86	101,5 und mehr	68	97,14
2	weniger als 103,0	26	37,14	103,0 und mehr	44	62,86
3	weniger als 104,5	54	77,14	104,5 und mehr	16	22,86
4	weniger als 106,0	66	94,29	106,0 und mehr	4	5,71
5	weniger als 107,5	70	100,00	107,5 und mehr	0	0,00

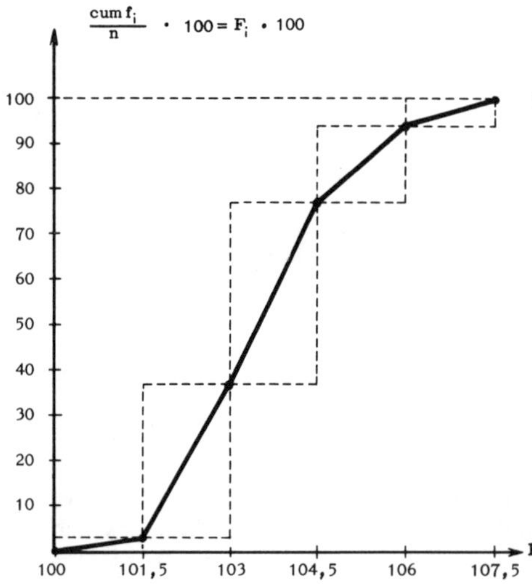

Fig. 3-19: Aufwärtskumulierte Häufigkeiten

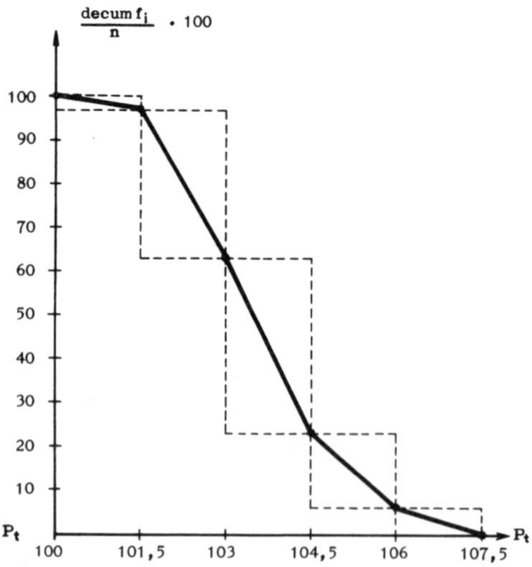

Fig. 3-20: Abwärtskumulierte Häufigkeiten

Hinweis:

Bei der Konstruktion der Summenkurven stetiger Merkmale dürfen *nicht* Klassenmitten verbunden werden! Vielmehr werden jetzt die Klassenunter- resp. -obergrenzen miteinander verbunden, wie dies aus Fig. 3-19 und 3-20 hervorgeht.

- **Kontrollfrage 12 :** Wenn, wie dies in Fig. 3-19 resp. 3-20 gezeigt ist, die Klassenunter- resp. -obergrenzen *grad*linig miteinander verbunden werden, was wird dann implizit über die Verteilung der Merkmalsausprägungen *innerhalb* jeder Klasse unterstellt?

Eine Ogive geht bei abnehmender Klassenbreite und entsprechender Zunahme der Zahl der Klassen in einen gerundeten Kurvenzug über. Die Ogive der Fig. 3-19 heißt auch empirische *Verteilungsfunktion.* Verteilungsfunktionen („theoretische") spielen auch bei Zufallsvariablen eine große Rolle.

I. Bevölkerungspyramiden

Bevölkerungspyramiden sind eine spezielle Darstellungsweise zur Veranschaulichung einer nach Geschlecht und Lebensalter gegliederten Bevölkerung. Sie bestehen aus zwei um 90^0 gedrehten und gegeneinandergestellten Histogrammen (eines für Männer, eines für Frauen). Abgetragen auf der jetzt senkrecht stehenden Abszisse ist das Lebensalter (ein quantitativ-stetiges Merkmal). Auf den jetzt horizontalen Ordinaten sind die Maßstäbe für die Häufigkeiten abgetragen. Die Fig. 3-21 zeigt die Weltbevölkerungspyramide für das Jahr 1980. Die nach links orientierte Skala zeigt die relativen Häufigkeiten für die männlichen, die nach rechts gerichtete Skala diejenigen für die weiblichen Altersjahrgänge (entnommen: United Nations, World Population Trends, 1983 Monitoring Report, Band I, New York 1985, S. 31).

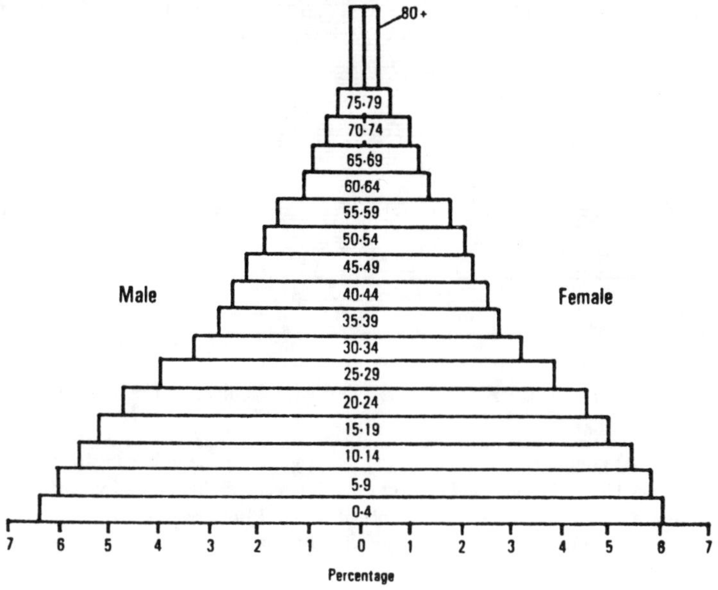

Fig. 3-21: Altersaufbau der Weltbevölkerung 1980 (4,5 Mrd.)

Bevölkerungspyramiden sind in vielen Ländern heute im ursprünglichen Sinn keine Pyramiden mehr. Doch vermitteln sie durch ihre Gestalt einen Allgemeineindruck vom Zustand *und* der zu erwartenden *Entwicklung* einer Gesamtbevölkerung in ihrer Altersstruktur. Einschnürungen oder Unregelmäßigkeiten vor allem im oberen Teil einer Pyramide sind statistische Erkennungsmerkmale für die letzten rd. 100 Jahre der Geschichte einer Bevölkerung. Der Pyramidensockel gibt darüber hinaus vor allem Auskunft über die statistisch zu erwartende Zukunft einer Bevölkerung. In Fig. 3-23 ist die *österreichsiche Bevölkerungs*„pyramide" wiedergegeben samt einem Kurzkommentar bezüglich der Ursachen für die Einschnürungen oder Unregelmäßigkeiten im mittleren und oberen Teil. Der untere Teil zeigt etwa ab Mitte der 60er Jahre eine der Pyramidenform entgegengesetzte Sockelverengung. Der „Wendepunkt" an dieser Stelle wird oft als Pillenknick bezeichnet. (Die Darstellung ist entnommen dem Statistischen Handbuch für die Republik Österreich, 1986, S. 37.)

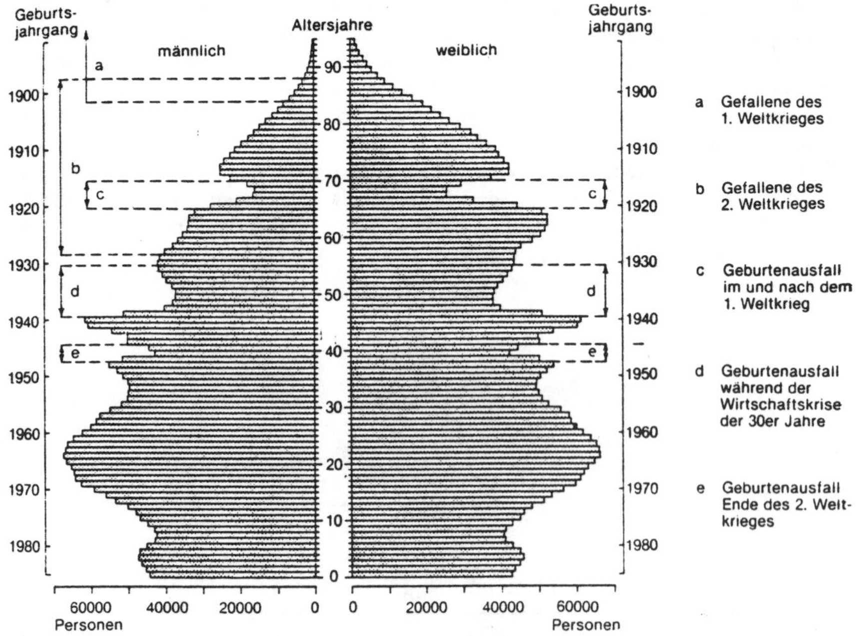

Fig. 3-22: Alterspyramide 1985 der österreichischen Bevölkerung

Die der Fig. 3-22 gegenübergestellte, in Fig. 3-23 gezeigte Bevölkerungspyramide für die Bundesrepublik Deutschland 1983 besitzt eine der österreichischen „Pyramide" ähnliche, urnenförmige Gestalt mit ebenfalls vergleichbaren Einschnürungen. Zusätzlich ist als Umrißlinie eingezeichnet die gemäß einer Modellrechnung des Statistischen Bundesamtes für das Jahr 2033 zu erwartende pilzförmige Bevölkerungspyramide der deutschen Bevölkerung. (Die Bevölkerungspyramide der Schweiz, wie übrigens auch diejenige Frankreichs ist im Kapitel XXII als Fig. 22-2 und 22-3 abgebildet.) Die Darstellung ist veröffentlicht in: Statistisches Bundesamt (Hrsg), Bevölkerung gestern, heute und morgen, Mainz 1985, S.186

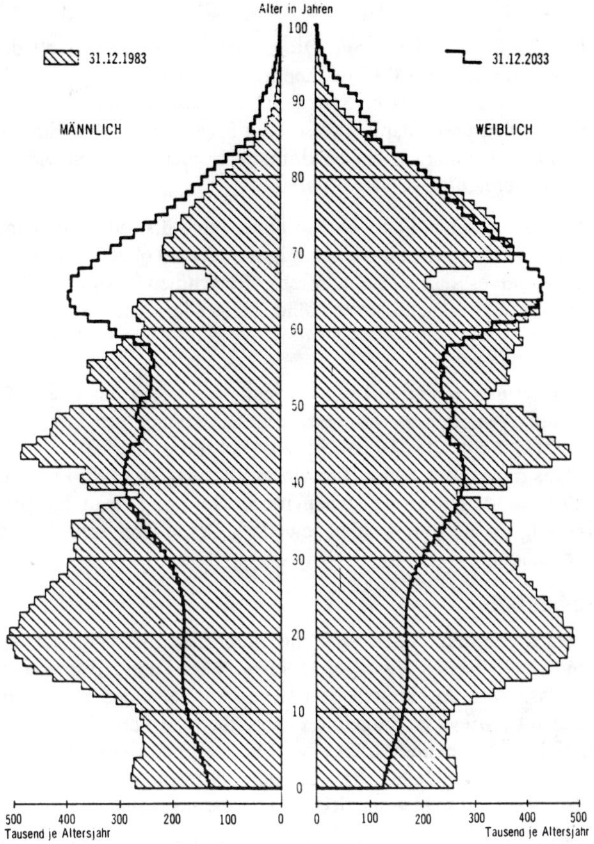

Fig. 3-23: Altersaufbau der deutschen Bevölkerung am 31.12.1983 (schraffiert) und (modellgerechnet) am 31.12.2033 (Umrißlinie)

J. Kartographische Darstellungen (Kartogramme)

Sobald es darum geht, eine geographische Gliederung darzustellen, bietet sich die Verwendung sog. *stummer Umrißlandkarten* an (stumm, weil ohne oder fast ohne Benennung von Städten, Flüssen, Bergen u.s.w.). Sie abstrahieren oft von Details bei den Umrissen, ohne die Flächentreue zu verletzen. Die jeweils interessierenden geographischen Gebiete, also Länder, Regionen, Kantone, Weltteile etc. bleiben optisch identifizierbar.

Die Flächen von stummen Karten können in prinzipiell dreierlei Weise zur Darstellung statistischer Information dienen. Die Flächen können unterschiedlich *schraffiert*, pointilliert oder eingefärbt werden oder es können in (evtl. neben) die Flächen *Figuren* (Piktogramme) eingetragen werden oder es können *Diagramme* (Kreise, Balken etc.) in die Gebiete integriert werden. Jetzt „sprechen“ diese Karten (freilich eine statistische Sprache).

a.) Figurenkartogramme

Man kann absolute Zahlen von Personen, Dingen oder Phänomenen oft durch Figurenkartogramme darstellen, z.B. 10'000 Einwohner durch einen Punkt und 250'000 Einwohner dementsprechend durch 25 Punkte. Statt Punkten kann man auch stilisierte Figürchen (Piktogramme) verwenden und beispielsweise eine Figur pro 10'000 Einwohner, d.h. 25 Figuren für 250'000 Einwohner, in ein bestimmtes Gebiet eintragen. *Abzuraten* ist von der Verwendung *unterschiedlich großer* Figuren.

Wichtig ist es, daß die Figürchen übersichtlich neben- und übereinander stehen, damit der Betrachter den Vergleich der verschiedenen Figurenblöcke ohne weiteres optisch nachvollziehen kann. Wenn es darum geht, Vieh-, Maschinen-, Automobil- oder andere Bestände darzustellen, kann man stilisierte Kühe, Zahnräder, Autos etc. verwenden.

b.) Schraffurenkartogramme

Schraffuren (Pointillierungen, Farben) eignen sich vor allem dazu, Gliederungs- oder Verhältniszahlen zum Ausdruck zu bringen, z.B. Einwohner pro km^2, Nutzfläche pro Gesamtfläche, Fahrzeugdichte etc. Zu beachten ist bei dieser Darstellung, daß die Abstufung des Helligkeitsgrades der Schraffur (Pointillierung, Farbe) in Beziehung zum Intensitätsgrad oder zur Anteilsgröße stehen muß. So bringt man beispielsweise eine geringere Bevölkerungsdichte durch einen jeweils helleren Ton zum Ausdruck als eine höhere Bevölkerungsdichte.

c.) Diagrammkartogramme

Durch Diagrammkartogramme lassen sich die unterschiedlichsten, auf geographische Einheiten bezogenen statistischen Aussagen machen. Man kann z.B. die zu einem Gebiet gehörende Merkmalssumme im einfachsten Fall mittels verschiedener *Stabhöhe* darstellen. Man legt dabei fest, wieviele Einheiten einer Stabhöhe von z.B. 1 cm entsprechen. Ein Stab von der sich so ergebenden Länge wird in geeigneter Form in (oder neben) das entsprechende Gebiet eingezeichnet. Balken- oder Kreisdiagramme eignen sich dazu, neben absoluten Größen auch gebietsspezifische Gliederungszahlen darzustellen.

Hinweis:
Stumme Landkarten als Grundlage für selber erstellte Kartogramme erhält man in der Regel vom Statistischen Amt eines jeweiligen Landes. Anders als z.B. halblogarithmisches Papier sind sie nicht kommerziell erhältlich.

Beispiele:
1.) Das erste Beispiel (Fig. 3-24) zeigt ein einfaches Figurenkartogramm. Dargestellt sind durch die Zahl von Punkten *absolute Größen*, nämlich die Zahl der Abgeordneten in die erste Kammer des Schweizer Parlaments nach Kantonen. Es gibt insgesamt 200 Abgeordnete, die im Verhältnis zur wahlberechtigten Bevölkerung auf die Kantone aufgeteilt sind (Quelle der Angaben: Stat.Jb. der Schweiz 1986, S.501. In Aufgabe 16-4 sind die in der Fig. 3-24 verwendeten Kennbuchstaben für die Kantone identifiziert.).

2.) Das zweite Beispiel (Fig. 3-25a) zeigt ein Schraffurenkartogramm. Dargestellt sind *Gliederungszahlen*: Prozente der Waldfläche an der Nutzungsfläche der Land- und Forstwirtschaftsbetriebe der BRD 1983 (Quelle: Wirtschaft und Statistik, Heft 1, 1986, S.33). Die Prozentanteile sind bezogen auf die administrative Gebietseinheit „Landkreis" und zeigen den Waldanteil der land- und forstwirtschaftlich genutzten Flächen in den rund 240 Landkreisen der Bundesrepublik (rd. 6,9 Mio. ha Wald bei rd. 470'000 Betrieben).

3.) Das dritte Beispiel (Fig. 3-25b) zeigt Kreisdiagramme, die in die Umrisse der zur Europäischen Gemeinschaft (EG) gehörenden Länder (ohne Griechenland) eingetragen sind. Gezeigt ist der Anteil der mit Kernkraft erzeugten Elektrizität an der Gesamtelektrizitätserzeugung jeden Staates (Griechenland besitzt keine Kernkraftwerke. Quelle der Zahlen: Statist. Amt der Europäischen Gemeinschaft, Energie-Statistisches Jahrbuch 1985, Luxemburg 1987, S. 196 ff.). Die im Kartogramm nicht enthaltenen, weil nicht zur EG gehörenden Länder Schweiz und die DDR hatten 1985 Anteile an Kernenergie-Elektrizität von knapp 40 % resp. 13 %, und dies bei einer Gesamtelektrizitätserzeugung von 53,5 GWh (Schweiz), resp. 113 GWh (DDR). Österreich erzeugte keinen Strom aus Kernenergie, konnte freilich 71 % seiner Elektrizitätserzeugung (von 44,5 GWh) aus Wasserkraft gewinnen. (Die Zahlen entstammen den jeweiligen Stat. Jahrbüchern.)

4.) Das vierte Beispiel (Fig. 3-26) zeigt ein Diagramm-Kartogramm, bei dem die dargestellten Diagramme sich auf Grenzabschnitte (Österreichs) beziehen. Das in Fig. 3-26 gezeigte Beispiel ordnet Balkendiagramme den verschiedenen Grenzabschnitten zu. Die Balkenbreiten entsprechen den Tonnen der über die Grenze auf der Straße nach Österreich transportierten Güter. (Veröffentlicht in: Stat. Handbuch für die Republik Österreich, 1987, S. 399)

5.) Das fünfte und letzte Beispiel (Fig. 3-27) zeigt ein Diagramm - Kartogramm, wie man es *nicht* zeichnen sollte (Entnommen dem Statistischen Jahrbuch für die DDR, 1985, Farbtafel nach S. 224). Hier geht alles wie Kraut und Rüben durcheinander: Erstens wird ohne Grund mit verschiedenen Maßstäben gearbeitet, es sollte ein Balken der gleichen Länge nicht einmal 1000 Kilogramm (bei Schlachtvieh und Milch) und das andere Mal ca. 55 Kilogramm repräsentieren (bei 1000 Eiern - ein Ei wiegt durchschnittlich 55 Gramm). Zweitens sollte die Vergleichsrichtung einheitlich beibehalten werden, die Balken sollten entweder alle übereinander liegen oder nebeneinander stehen.

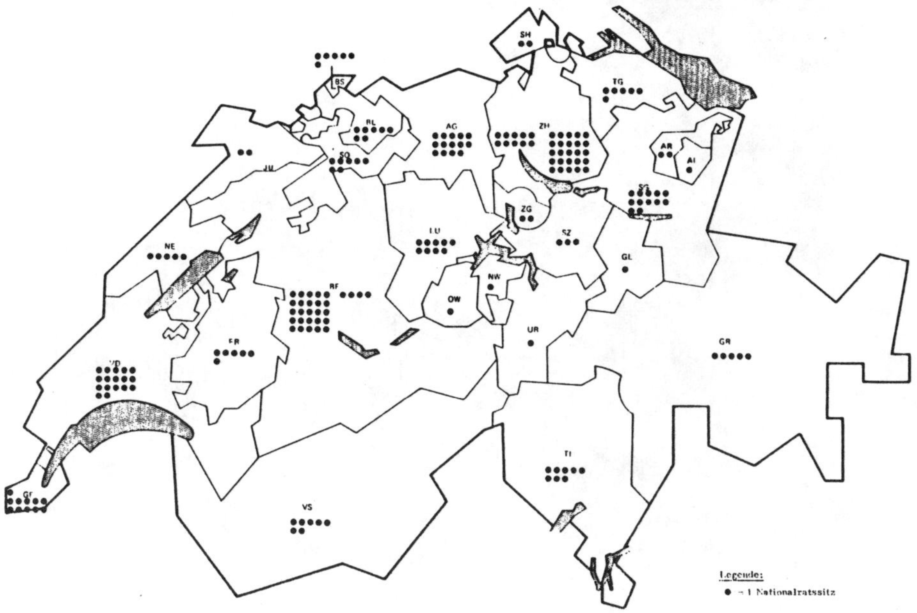

Fig. 3-24: Nationalratssitze nach Kantonen

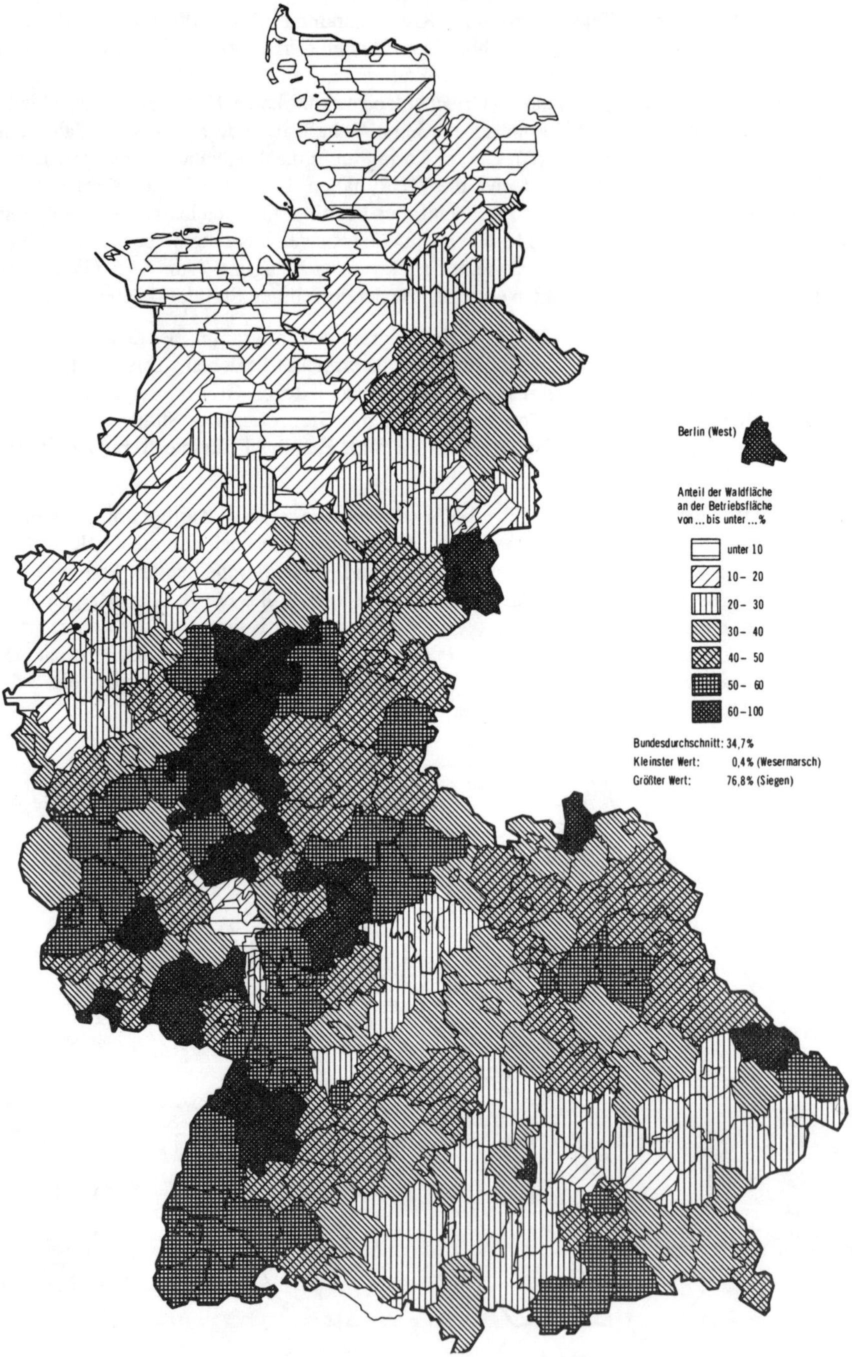

Fig. 3-25a: Bundesrepublik Deutschland, Anteil der Waldfläche an der Betriebsfläche der land- und forstwirtschaftlichen Betriebe nach Kreisen (Landkreisen), 1983

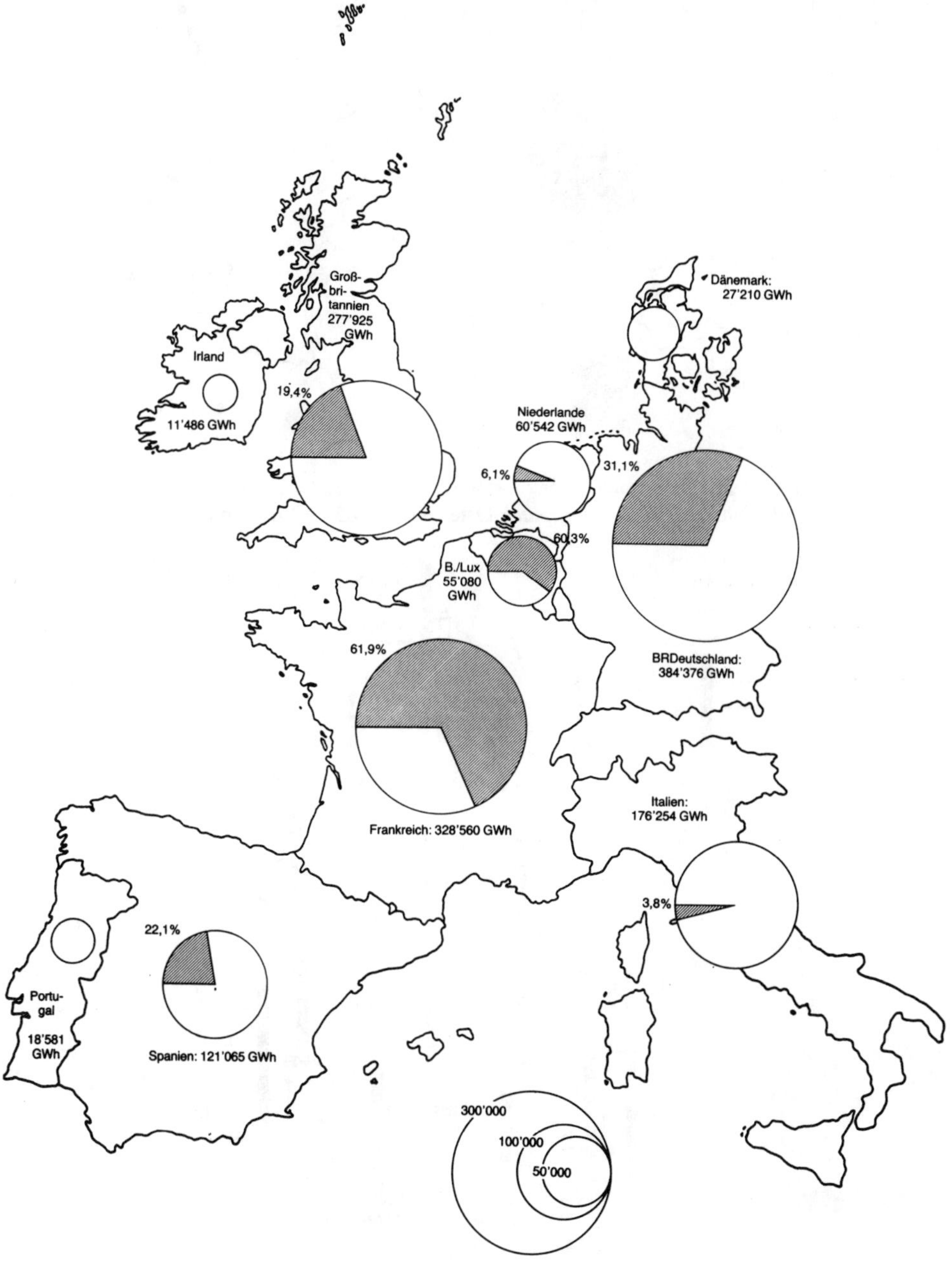

Fig. 3-25b: Länder der Europäischen Gemeinschaft (EG, ohne Griechenland), Anteil aus Kernkraft erzeugter Elektrizität an der Elektrizitätserzeugung insgesamt, 1985

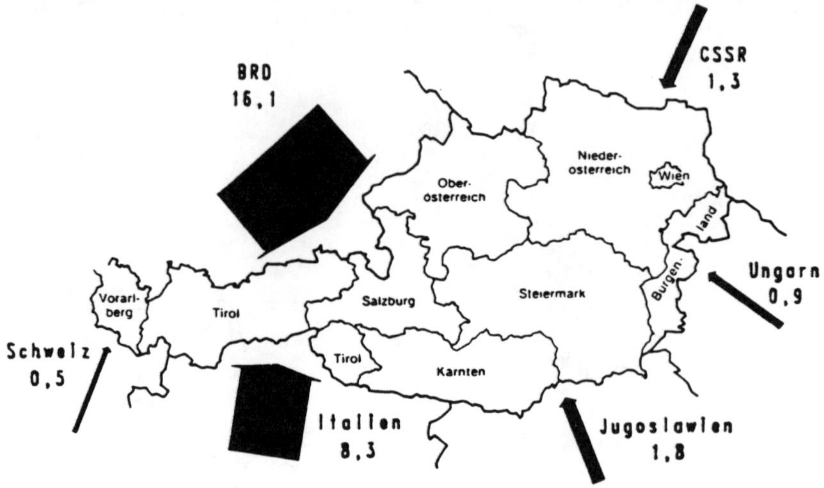

Fig. 3-26: Österreich, Grenzüberschreitender Straßengüterverkehr (Einfuhr einschl. Transit) *nach* Österreich, 1985, in Mio. Tonnen

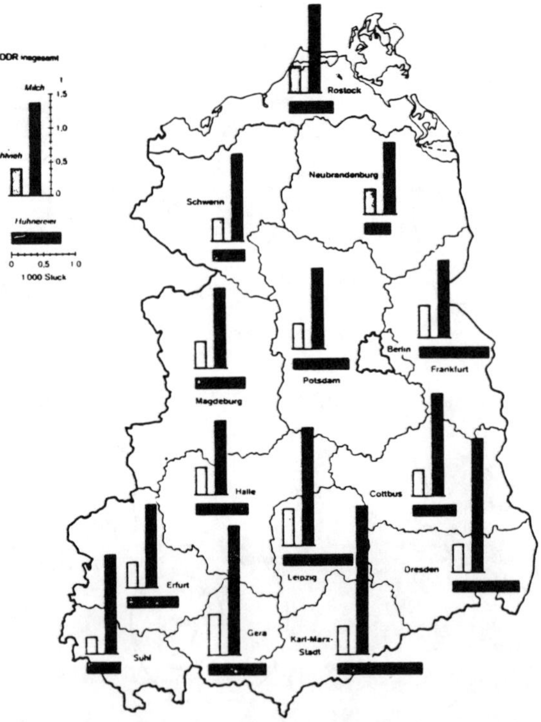

Fig. 3-27: DDR, Staatliches Aufkommen tierischer Erzeugnisse je Hektar landwirtschaftlicher Nutzfläche 1985, nach Bezirken

K. Synopsis

Die Modeschau graphischer Darstellungsarten soll hier abgeschlossen werden. Nur die wichtigsten Grundtypen wurden vorgestellt. Diese lassen sich abwandeln und durch die Verwendung von Farbe noch interessanter gestalten. Man hüte sich aber vor allzu freier Gestaltung! Die dargelegten formalen Prinzipien dürfen niemals verletzt werden. In späteren Kapiteln werden, insbesondere zu zweidimensionalen Merkmalen, im jeweiligen Sachzusammenhang weitere Darstellungsarten gezeigt werden.

Tab. 3-16: Synopsis graphischer Darstellungen

Was soll typischerweise *optisch hervorgehoben* werden?	Welche *Darstellungsart* kommt typischerweise in Frage?	*Bemerkungen* in Stichworten
Eine *Entwicklung* in der *Zeit*	Einfaches Kurvendiagramm	Es muß sinnvoll sein, zu jedem Punkt der Zeitachse einen Wert der Größe zuzuordnen
Wachstumsraten im Zeitvergleich. *Vervielfachungsphänomene*	Kurvendiagramm auf halblog. Papier	dito
Häufigkeiten von Ausprägungen eines *qualitativen* oder *diskret-quantitativen Merkmals*	Stabdiagramm, evtl. Säulen- oder Balkendiagramm	Proportionalität von Stabhöhe und Häufigkeit beachten
Vergleich oder *Entwicklung* eines Merkmals - und die *Gliederung* eines qualitativen oder quantitativen- diskreten Merkmals	Säulen- oder Balkendiagramm mit mehreren Säulen (Balken), gruppiertes Stab- oder Säulendiagramm (siehe Aufg. 3-8)	Proportionalität der Säulenhöhen (Balkenlängen) und der Teilflächen beachten
Eine *Gliederung* (relative Häufigkeiten) eines beliebigen Merkmals	Kreisdiagramm mit 1 Kreis, gegliedertes Balkendiagramm	Proportionalität von relativer Häufigkeit und Winkel beachten
Vergleich von zwei oder mehreren *Gliederungen*	Kreisdiagramm mit zwei oder mehreren Kreisen	zusätzlich: Proportionalität der Kreisflächen beachten
die absoluten oder relativen *Häufigkeiten eines quantitativen Merkmals*, wobei Klassen gebildet wurden	Histogramm	Klassen schließen. Möglichst gleiche Klassenbreiten nehmen. Falls unmöglich: rel. Häufigkeiten pro Standardklasse nehmen
	Häufigkeitspolygon	Klassenmitten verbinden
kumulierte Häufigkeiten eines quantitativen Merkmals	Ogiven, Summenkurve	Klassenober- bzw. Klassenuntergrenzen verbinden
Geographische Zuordnung eines Merkmals oder einer Gliederungs- oder Verhältniszahl	Kartogramm (Schraffuren-, Figuren-, Diagramm-)	Auf Tonintensität achten. Piktogramme möglich

3.7 Aufgaben mit Lösung

***Aufgabe 3-1:**

Kurvendiagramme, aber auch andere Darstellungsformen lassen sich leicht zur Irreführung mißbrauchen. Doch man kann auch in ehrlicher Absicht denselben Tatbestand in unterschiedlicher Beleuchtung darstellen wollen oder müssen. Welche Unterschiede des optischen Eindrucks man durch oft nur kleine Abwandlungen der Darstellungsformen oder -modalitäten erreichen kann, soll das vorliegende Beispiel zeigen.

Gegeben ist in Tabelle 3-17 der Wechselkurs DM/sFr.

Tab. 3-17: Devisenkurse des Schweizerfranken in DM, Kassamittelkurse an der Frankfurter Börse, telegraphische Auszahlung

Jahr	DM/100 sFr	Jahr	DM/100sFr
1965	92,31	80	108,48
66	92,42	81	115,25
67	92,11	82	119,72
68	92,51	83	121,61
69	91,00	84	121,18
70	84,60	85	120,02
71	84,58		
72	83,54		
73	84,00		
74	87,01		
75	95,25		
76	100,75		
77	96,84		
78	112,92		
79	110,23		
(Quelle: Stat. Beihefte zu den Monatsberichten der Deutschen Bundesbank, Reihe 5, Die Währungen der Welt, Febr. 1986, Nr.1, S.9)			

a.) Wählen Sie ein Breitformat und für die Ordinate: 1 cm = 10 DM. Für die Abszisse: 1 cm = 1 Jahr. Der Ordinatenmaßstab beginnt bei 0.

b.) Wählen Sie ein Hochformat für die Ordinate: 1 cm = 2 DM, für die Abszisse: 1 cm = 2 Jahre. Den Ordinatenmaßstab *unterbrechen* Sie etwa bei 80 und legen die Abszisse ca. 1 cm tiefer.

Lösung:

Fig. 3-28-a und 3-28-b zeigen ein völlig unterschiedliches Bild desselben Tatbestands. Bei Fig. 3-28-a entsteht der Eindruck eines langsamen Trends der Aufwertung des Schweizerfrankens gegenüber der DM. Bei Fig. 3-28-b fallen vor allem die Auf- und Abbewegungen ins Auge. Die längerfristige Entwicklung scheint obendrein durch eine dramatische Aufwertung des Franken resp. Abwertung der DM geprägt zu sein. Was "richtig" ist, läßt sich erst aus dem Zusammenhang heraus beurteilen, in den die gezeigte Entwicklung gestellt ist. Erst dann läßt sich sagen, ob im einen Fall unzulässig verharmlost, im anderen aber fälschlicherweise dramatisiert wird.

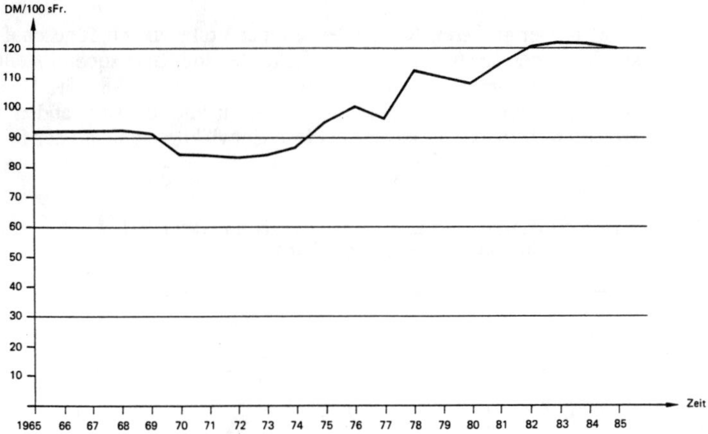

Fig. 3-28-a: Devisenkurs des Schweizerfranken in DM

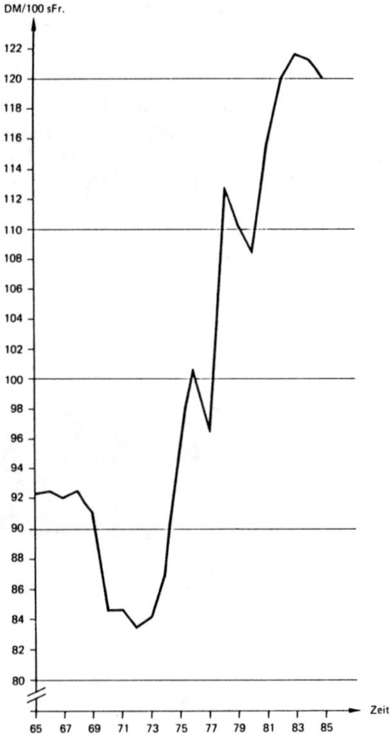

Fig. 3-28-b: Devisenkurs des Schweizerfranken in DM

Aufgabe 3-2

Die Inanspruchnahme eines immer größeren Anteils der in einer Volkswirtschaft geschaffenen Güter und Dienste durch den Staat, d.h. die Erhöhung der sog. Staatsquote, stellt wohl eines der hervorstechendsten Merkmale der Zeitepoche von 1960 bis 1980 dar. Dies gilt sowohl für die Bundesrepublik Deutschland als auch für die meisten anderen entwickelten Volkswirtschaften. Veranschaulichen Sie diese Entwicklung anhand der folgenden Zahlen.

Tab. 3-18: Bruttosozialprodukt und Staatsausgaben in der BRD in laufenden Preisen, Mrd. DM

Jahr	BSP	Staatsausgaben
1960	303,0	99,7
1980	1485,7	724,6
(Quelle: Sachverständigenrat zur Begutachtung der gesamtwirtschaftlichen Entwicklung, Jahresgutachten 1984/85, S.292f)		

Lösung:

In Frage käme sowohl ein gegliedertes Balkendiagramm als auch ein Kreisdiagramm. Letzteres wird hier gewählt. Die Staatsquote wird aufgrund der vorgegebenen Zahlen als Quotient aus Staatsausgaben und BSP gebildet. Sie wuchs von 32,9% in 1960 auf 48,8% in 1980. Die Winkelgrade stiegen demnach von 118^0 auf 176^0. Wählt man für DIN A 4-Format für 1960 $r_0 = 2$ cm, folgt gemäß (3-4):

$$r_1 = 2 \cdot \sqrt{\frac{1485{,}7}{303}} = 4{,}4 \text{ cm} .$$

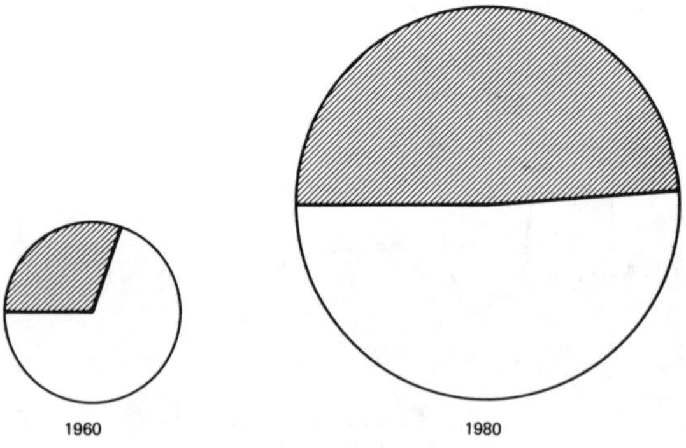

Fig. 3-29: Staatsanteil am BSP 1960 und 1980

***Aufgabe 3-3:**

Beweisen Sie, daß auf halblogarithmischem Papier die graphische Darstellung einer konstant bleibenden Wachstumsrate eine Gerade ist.

Lösung:

Aus $x_t = x_0 (1 + i)^t$ wird durch Übergang in die Logarithmen

$$\log x_t = \log x_0 + t \cdot \log (1+i),$$

$$\frac{\log x_t - \log x_0}{t} = \log (1 + i)$$

$$\frac{\Delta \log x}{\Delta t} = \frac{\log x_t - \log x_0}{t} .$$

Man sieht jetzt, daß der Anstieg der auf halblogarithmischem Papier gezeichneten Kurve, ausgedrückt durch den Differenzquotienten eine Konstante ist, die nur von i abhängt. Je größer i, desto größer wird log (1 + i) und damit der Anstieg.

Wächst beispielsweise eine Größe um i = 0,1, d.h. um 10% pro Jahr von 100 auf 110, und weiter auf 121 und 133,1 etc., so ergibt das auf halblogarithmischem Papier eingezeichnet eine Gerade mit dem Anstieg log (1 + 0,1) = log 1,1 = 0,0414.

Denn:

log 110	=	2,0414
log 100	=	2,0000
Differenz:		0,0414 .

Ebenso:

log 121	=	2,0828
log 110	=	2,0414
Differenz:		0,0414 .

Die Differenz ist also stets dieselbe, der Anstieg der Kurve von Jahr zu Jahr gleich.

Aufgabe 3-4

Die folgende Tabelle gibt die Zahlen der Verschuldung von Bund und Ländern (Quelle: Deutsche Bundesbank) sowie der Arbeitslosigkeit (Quelle: Bundesanstalt für Arbeit) in der Bundesrepublik an. Versuchen Sie, in einer graphischen Darstellung die Veränderungsraten optisch hervortreten zu lassen und einen Vergleich der Raten zu ermöglichen. In welchem Jahr hatten die Schulden, in welchem Jahr die Arbeitslosenzahl ihre größte Steigerungsrate?

Tab. 3-19: Öffentl. Verschuldung von Bund und Ländern *) sowie Arbeitslose **) in der Bundesrepublik Deutschland seit 1965

Ende des Jahres	Schuldenstand in Mrd. DM	Arbeitslose in 1000	Ende des Jahres	Schuldenstand in Mrd. DM	Arbeitslose in 1000
1965	50	147	1975	176	1'074
66	56	161	76	210	1'060
67	68	459	77	240	1'030
68	74	323	78	280	993
69	71	179	79	319	876
70	75	149	80	370	889
71	82	185	81	438	1'272
72	92	246	82	500	1'833
73	101	273	83	553	2'258
74	119	582	84	598	2'270

*) ohne Bahn und Post
**) Jahresdurchschnitt

Lösung:
Nur ein auf halblog. Papier gezeichnetes Kurvendiagramm erlaubt es, die Veränderungsraten (in konkreto leider fast immer: Wachstumsraten) der beiden im Zeitablauf dargestellten Merkmalsgrößen im Vergleich darzustellen.Fig. 3-30 zeigt die Kurven. Im Jahr 1975 hatten die Schulden ihre höchste Steigerungsrate, 1967 die Arbeitslosen.

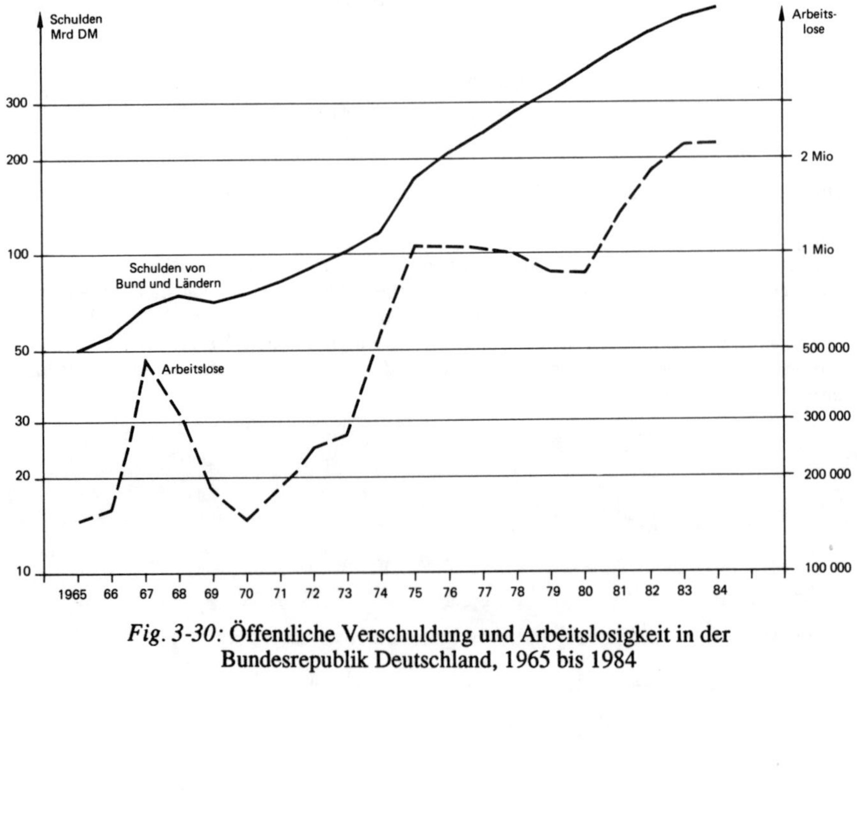

Fig. 3-30: Öffentliche Verschuldung und Arbeitslosigkeit in der Bundesrepublik Deutschland, 1965 bis 1984

Aufgabe 3-5:
Die Auszählung von 25 Steuerpflichtigen nach ihrem Einkommen ergab die folgende Strichliste:

Tab. 3-20:

Klasse	Einkommen in 1000 WE (x_{i-1} bis unter x_i)	Strichliste
1	0 bis unter 5	𝍸 //
2	5 bis unter 10	𝍸 𝍸 //
3	10 bis unter 20	////
4	20 bis unter 30	//

Stellen Sie die Häufigkeitsverteilung dar als

a.) Histogramm mit relativen und absoluten Häufigkeiten,

b.) Häufigkeitspolygon,

c.) als Ogiven für aufwärts- und abwärtskumulierte Häufigkeiten.

Lösung:

x_{i-1} – u. x_i	f_i	abs. Dichte	$\frac{f_i}{n}$	rel. Dichte	$cumf_i$	$F_i \cdot 100\ \%$	$\frac{decumf_i}{25} \cdot 100\ \%$
0 - u. 5	7	7	$\frac{7}{25}$ = 28%	28%	7	28%	100%
5 - u. 10	12	12	$\frac{12}{25}$ = 48%	48%	19	76%	72%
10 - u. 20	4	2	$\frac{4}{25}$ = 16%	8%	23	92%	24%
20 - u. 30	2	1	$\frac{2}{25}$ = 8%	4%	25	100%	8%
	-	25	100%	-			

Man beachte, daß die Häufigkeiten für die zeichnerische Darstellung in Dichten unzurechnen sind.

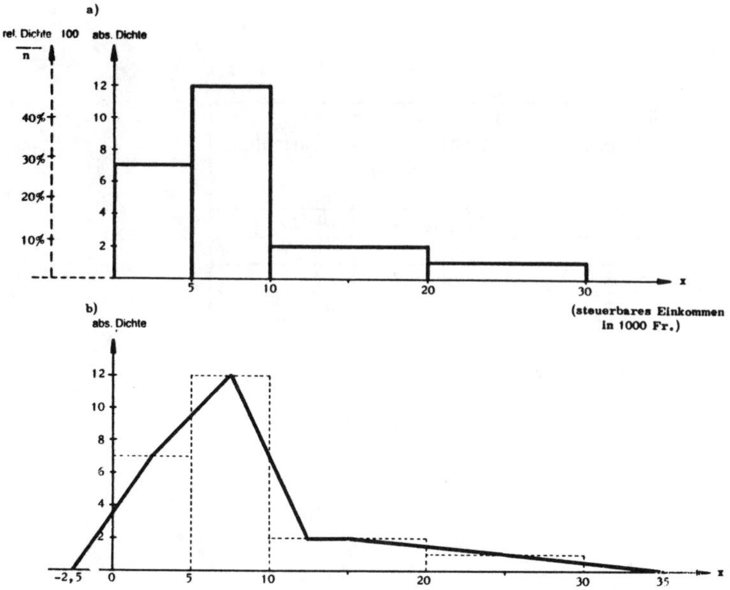

Fig. 3-31-a: Histogramm und Häufigkeitspolygon

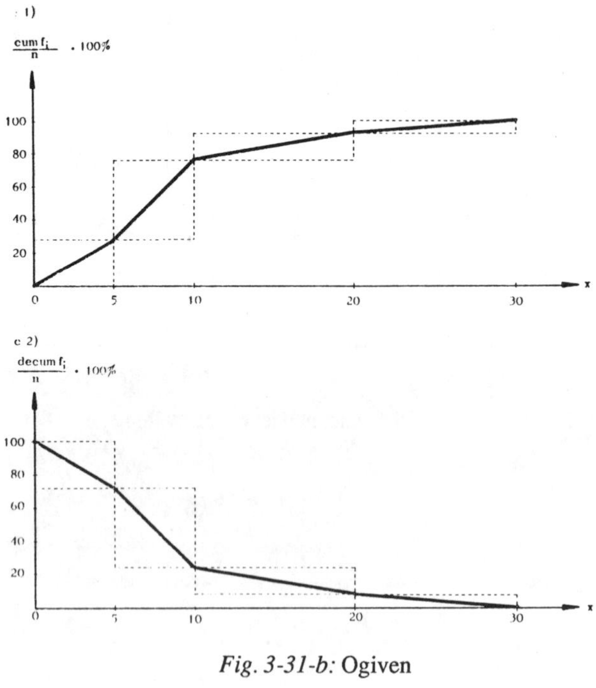

Fig. 3-31-b: Ogiven

Aufgabe 3-6:
In einem sehr bekannten Lehrbuch zur Verteilungstheorie findet sich die unten angegebene Tabelle sowie die im folgenden gezeigte Darstellung, die den Inhalt der folgenden Tabelle optisch veranschaulichen sollte

Tab. 3-21

Einkommensgruppen (Brutto-Jahreseinkommen in DM)	Zahl der Steuerpflichtigen	Summe der Einkommen (Mill. DM)
y	n	$\bar{y} \cdot n$
unter 1'500	1'566'229	1'529,5
1'500 - 3'000	4'890'616	11'442,7
3'000 - 5'000	4'683'832	17'883,5
5'000 - 8'000	1'128'925	7'142,0
8'000 - 12'000	335'180	3'355,6
12'000 - 16'000	92'463	1'391,1
16'000 - 25'000	78'288	1'688,3
25'000 - 50'000	38'017	1'477,4
50'000 - 100'000	11'152	866,4
über 100'000	4'480	1'265,8
	$\sum n = 12'829'182$	$\sum \bar{y}n = 48'042,3$

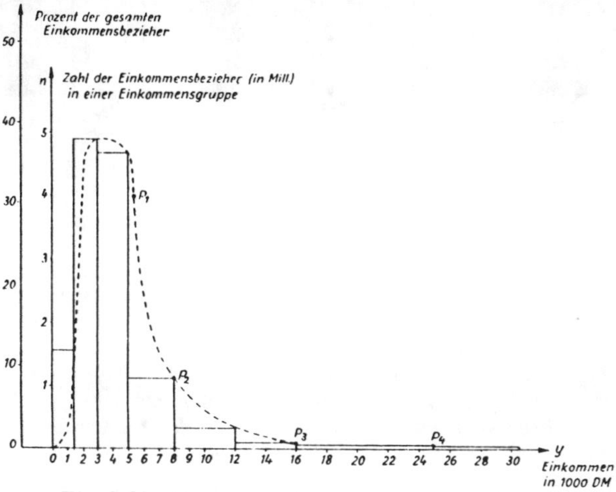

Fig. 3-32: Die personelle Einkommensverteilung

Suchen Sie die beiden Hauptfehler der Darstellung. Um welche Art einer Graphik handelt es sich?

Lösung.
Die Darstellung ist ein Histogramm mit unterschiedlichen Klassenbreiten und zwei offenen Flügelklassen. Die untere Flügelklasse wurde zwar geschlossen, die obere aber offengelassen, was keinen Sinn macht. Der entscheidende Fehler der Darstellung besteht darin, daß sie mit f_i (in der Tabelle mit n bezeichnet) statt mit $\frac{f_i}{k}$ gezeichnet wurde, also die Proportionalität von Flächen und Anzahl der Einkommensbezieher pro Klasse nicht stimmt. Die gezeichneten Flächen sind ab der 3.Klasse verhältnismäßig zu groß

gezeicnnet. Es hätten *Dichten* gezeichnet werden müssen. Wäre man von der Standardklassenbreite von 1500 ausgegangen, hätte man z.B. für die 3. Klasse $\frac{f_i}{1{,}33}$ bilden müssen, also die Dichte 3'512'883 an der Ordinate abtragen müssen.

Ein weiterer Fundamentalfehler der Zeichnung besteht darin, daß der gepunktete Kurvenzug (die "Modellverteilung" zum Häufigkeitspolygon) nicht durch die Klassenmitte auf der Oberkante der Säulen verläuft. Dem Betrachter wird in doppelter Hinsicht ein falscher optischer Eindruck der vorliegenden Häufigkeitsverteilung vermittelt.

Aufgabe 3-7:
Beurteilen Sie die folgenden Darstellungen zum Erfolgsausweis einer Großbank.

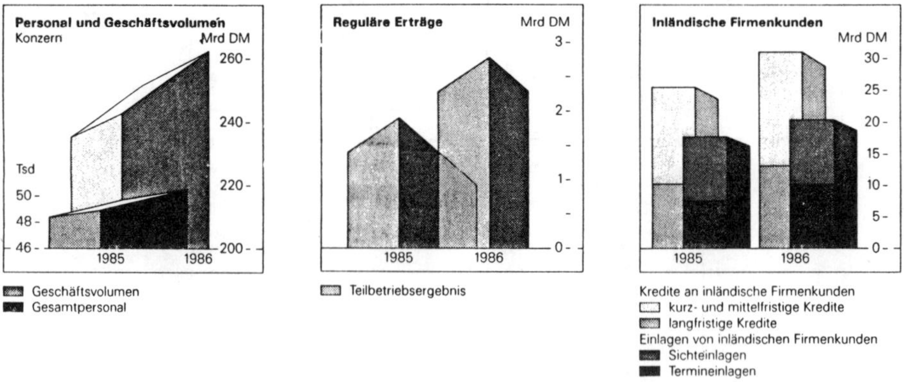

Fig. 3-33: Perspektivische Körperdiagramme

Lösung:
Die Darstellungen sind nicht empfehlenswert. In perspektivischen Zeichnungen sind Flächen fürs Auge nicht abschätzbar, obendrein ist nicht eindeutig, ob die Flächen oder die Kanten maßgebend sind, und schließlich, welche der Kanten an der Maßstabachse abgelesen werden muß.

***Aufgabe 3-8:**
Gruppierte Stabdiagramme, auch mit Stäben "nach unten", d.h. in negativer Richtung sind eine legitime und in vielen Fällen angebrachte Darstellungsform. So z.B., wenn verschiedene Größen im Zeitablauf darzustellen sind oder wenn Strukturvergleiche vorgenommen werden sollen. An Stelle einer Darstellungsweise, wie sie in Aufgabe 3-7 gezeigt wurde, ist eine keinerlei Mißverständnisse aufkommen lassende Veranschaulichung zu wählen.

Stellen Sie die Zahlen der Spalten 2 bis 4 von Tabelle 3-23 durch ein gruppiertes Stabdiagramm dar und integrieren Sie ein Kurvendiagramm zur Darstellung der letzten Spalte in dieses gruppierte Stabdiagramm. Die letzte Spalte (Leistungsbilanzsaldo) ist die Summe der drei Teilbilanzen in Spalte 2 bis 4.

Tab. 3-21: **Salden der Leistungsbilanz der BRD und ihre Komponenten, Mrd. DM (gerundete Zahlen)**

Jahr	Handels-bilanz-saldo	Dienstleist.-bilanz-saldo	Übertragungs-bilanz-saldo	Leistungs-bilanz insgesamt
1969:	+ 15,1	+ 1,1	- 8,7	+ 7,5
1970:	+ 14,0	- 1,1	- 9,7	+ 3,2
1971:	+ 16,2	- 1,8	- 11,6	+ 2,8
1972:	+ 19,6	- 3,1	- 13,8	+ 2,7
1973:	+ 32,9	- 5,0	- 15,5	+ 12,4
1974:	+ 49,6	- 7,0	- 16,0	+ 26,6
1975:	+ 36,1	- 8,3	- 17,9	+ 9,9
1976:	+ 34,4	- 6,6	- 17,9	+ 9,9
1977:	+ 38,5	- 10,8	- 18,2	+ 9,5
1978:	+ 43,3	- 7,4	-17,8	+ 18,1
1979:	+ 22,6	- 12,5	- 21,2	- 11,1
1980:	+ 8,9	- 13,0	- 24,5	- 28,6
1981:	+ 28,8	- 15,1	- 26,8	- 13,1
1982:	+ 53,4	- 16,5	- 28,3	+ 8,7
1983:	+ 47,7	- 10,6	- 26,7	+10,3
Quelle: Sachverständigenrat, Jahresgutachten 1984/85, S.322				

Lösung:

Fig. 3-34 gibt die im Jahresgutachten 1984/85 des Sachverständigenrats auf S.106 vorzufindende Darstellung.

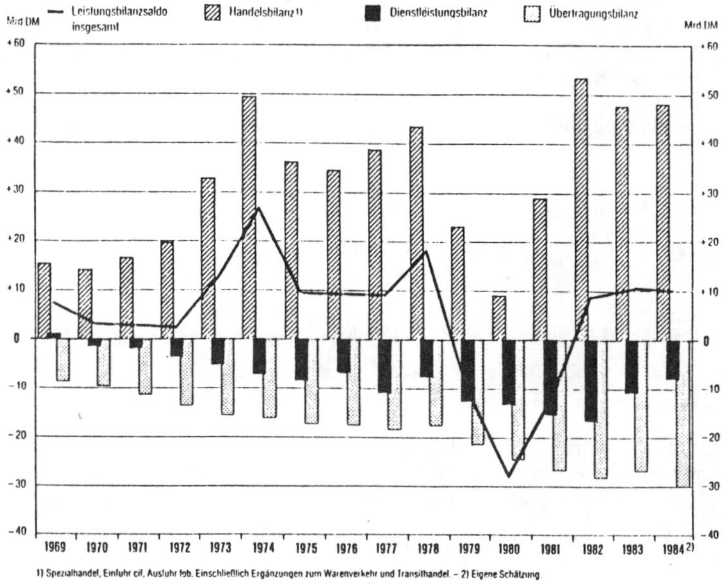

Fig. 3-34: Leistungsbilanzsaldo der BRD und ihre Komponenten 1969 - 1984

Die Darstellung der Fig. 3-34 läßt das Wesentliche hervortreten: den Saldo der Leistungsbilanz, die die (strukturell bedingten) Negativsalden der Dienstleistungs- und Übertragungsbilanz ausgleichen muß, damit der Saldo der Leistungsbilanz positiv bleibt. Nur aus einem positiven Saldo können nämlich Reserven angelegt und Kapitalexporte vorgenommen werden.

3.8 Antworten auf die Kontrollfragen

1. Gliederungszahlen
2. 20 Werte: $x_i = 1, 2, 3, ..., 19, 20$.
3. Aus der hier vorliegenden Klasseneinteilung kann das nicht entnommen werden, denn 5005 bildet genau die Klassengrenze.
4. Die Klasse mit einem Einkommen von 2000 bis unter 3000 DM bei einem Geldvermögen von 10'000 bis unter 20'000 DM.
5. Nein. Alles sieht optisch gleich aus, wenn man den Maßstab der absoluten Häufigkeiten mit dem der relativen Häufigkeiten zur Deckung bringt.
6. Nein. Die Hauptinformation liegt im Gliederungsvergleich. Die Proportionalität von Kreisfläche zur Merkmalssumme muß notwendigerweise erfolgen, um korrekt zu bleiben.
7. Der Logarithmus von 0 liegt bei $-\infty$!
8. Eine abnehmende Wachstumsrate. In absoluten Größen gemessen ist die Zuordnung stets gleich.
9. Wenn eine Größe X_t sich um ein K-faches vervielfältigt, so resultiert $K \cdot X_t$. Geht man in die Logarithmen, so wird aus $K \cdot X_t$ $\log K + \log X_t$. Man sieht: egal, wie groß X_t ist, ein K-faches von X_t ergibt sich immer durch Addition von log K zu $\log X_t$, somit bedeutet eine Vervielfachung um K stets eine arithmetisch gleiche Zunahme des Kurvenniveaus.
10. Erfolgt ein halbjähriger Zuschlag von $100\,(\frac{i}{2})\%$, so wird Formel 3-5 zu
$$x_t = x_0\,\left(1 + \frac{i}{2}\right)^{2t},$$
wobei x_t den Bestand nach t Jahren ergibt. Allgemein, bei k-maligem Zuschlag pro Jahr von $100\,(\frac{i}{k})\%$ ergibt sich nach t Jahren:
$$x_t = x_0\,\left(1+\frac{i}{k}\right)^{kt}.$$
Für $k \to \infty$, d.h. für den Fall, wo man den Zuwachs jeweils „augenblicklich" dem Bestand zuschlägt, folgt, da $\lim\limits_{k \to \infty} (1 + \frac{r}{k})^k = e^r$ ist (mit e = 2,71828...): $x_t = x_0\, e^{rt}$.
11. Von den Beziehungszahlen her (Exkurs in Kapitel II, Abschnitt 2.1). Dichte entsteht durch die Inbeziehungsetzung zu einer einheitlichen Bezugsgröße. Bei der Häufigkeitsdichte ist dies die Breite der Standardklasse. Ist die Häufigkeit für eine um das k-fache breitere Klasse gegeben, ist als Dichte $\frac{f_i}{k}$ zu nehmen.
12. Man unterstellt, innerhalb jeder Klasse seien die Merkmalsausprägungen gleichmäßig über die Klassenbreite verteilt.

Kapitel IV: Mittelwerte

4.1 Vorbemerkung

Unter der Überschrift „Wieviel verdienen die Apotheker?" stand in der Neuen Zürcher Zeitung vom 18. Mai 1978:

„Nach den Ärzteeinkommen sind nun auch die Einkünfte der selbständigerwerbenden Apotheker - ihre Zahl beträgt in der Schweiz gegen 1200 - in einer Studie durchleuchtet worden. ... Die wichtigste Zahl des 25seitigen Gutachtens ist zweifellos das Durchschnittseinkommen von 130'350 Franken für das Jahr 1975 bei einem durchschnittlichen Umsatz von 950'000 Franken pro Apotheke... Daß solche Einkommenszahlen von öffentlichem Interesse sind, wird heute übrigens von den Betroffenen selbst kaum mehr bestritten. Rund ein Drittel der Einnahmen eines Apothekers stammen aus Krankenkassenleistungen und damit aus vom Staat subventionierten Quellen, und rund 60 Prozent der in Apotheken abgegebenen Medikamente werden von den Krankenkassen bezahlt... Wie wenig eine Durchschnittszahl aber den tatsächlichen Verhältnissen gerecht wird, läßt sich aus den Grafiken herauslesen, die einerseits zeigen, daß die Hälfte aller selbständigen Apotheker in der Schweiz weniger als 100'000 - 105'000 Franken verdient, während eine geringe Zahl von Spitzenverdienern auf Jahreseinkünfte von 400'000 Franken und mehr kommt. Das häufigste Einkommen liegt mit rund 100'000 Franken denn auch um fast 30'000 unter dem Durchschnittseinkommen, das von drei Fünfteln aller Apotheker nicht erreicht wird. Allerdings macht der Schweizerische Apothekerverein darauf aufmerksam, daß die extrem hohen Werte auf die Standortgunst einiger großer Apotheken mit vielen Angestellten, aber auch auf die Tatsache zurückgeführt werden können, daß es in einigen Kantonen (beispielsweise Bern) einem Apotheker erlaubt ist, mehrere Apotheken zu besitzen - was standespolitisch als unerwünscht gilt und in anderen Kantonen (Zürich, Basel) grundsätzlich untersagt ist. Noch mehr als bei den Ärzteeinkommen gilt für das Beispiel der Apotheker, daß bloße Durchschnittszahlen ein ungenügendes Bild der Wirklichkeit malen - analog der Weisheit, wonach einer, der den einen Fuß auf einer Herdplatte und den anderen im Tiefkühlfach habe, eine angenehme Durchschnittstemperatur verspüren müsse ..."

Der zitierte Zeitungsartikel zeigt uns, wie das *reale Phänomen* „Einkommenslage der Schweizer Apotheker" statistisch vermessen wurde. Ausgangspunkt war eine sachlich, zeitlich und räumlich genau abgegrenzte Gesamtheit („Population") von *Merkmalsträgern:* die Schweizer Apotheker des Jahres 1975. Bei jedem dieser Merkmalsträger wurde der *Wert* (die „Ausprägung") des *quantitativ-stetigen Merkmals* Einkommen festgestellt („erhoben"). Es resultierten rd. 1200 Beobachtungen einer *statistischen Variablen.* Für die dann folgenden statistischen Berechnungsschritte stellten diese Merkmalswerte resp. stellte diese statistische Variable das Rohmaterial dar. Die Herkunft der einzelnen

Datenwerte spielte für die Berechnung keine Rolle mehr. Gewissermaßen „abgenabelt“ oder „losgelöst“ von ihren Merkmalsträgern wurden aus ihnen verschiedene Mittelwertkennzahlen gebildet: ein sog. *Modus* (von rd. 100’000 Franken) ein *Median* (von 100’000 - 105’000 Franken) und ein *arithmetisches Mittel („Durchschnitt“)* von 130’350 Franken.

Die „Rückübersetzung“ der statistischen Berechnungsresultate in das Realphänomen erfolgte im vorliegenden Beispiel durch die Angabe aller drei Kennzahlen sowie durch zusätzliche Informationen wie der, daß die Einkommen bis über 400’000 Franken reichten und daß drei Fünftel der Einkommen unter 130’350 Franken lagen. Die statistische Charakterisierung des Realphänomens begnügte sich also nicht mit der Angabe nur eines Mittelwertes, denn eine solche Beschränkung wäre dem Realphänomen nicht gerecht geworden. Das mag in anderen Fällen anders sein. Doch wäre in wieder anderen Fällen keiner der genannten Mittelwerte richtig gewesen, sondern nur das *geometrische* oder *harmonische Mittel* in Frage gekommen.

4.2 Die lagetypischen Mittelwerte Modus und Median

A. Der Modus

Der Modus (x_{Mo}) *ist der mit der größten Häufigkeit auftretende Wert einer statistischen Variablen.* Er wird auch „dichtester Wert“ genannt (Wert mit der größten Dichte).

Definition des Modus:

$$x_{Mo} = x_i \quad \text{mit } f_i = \max \tag{4-1}$$

Der Modus ist stets dem Stabdiagramm oder dem Histogramm entnehmbar.

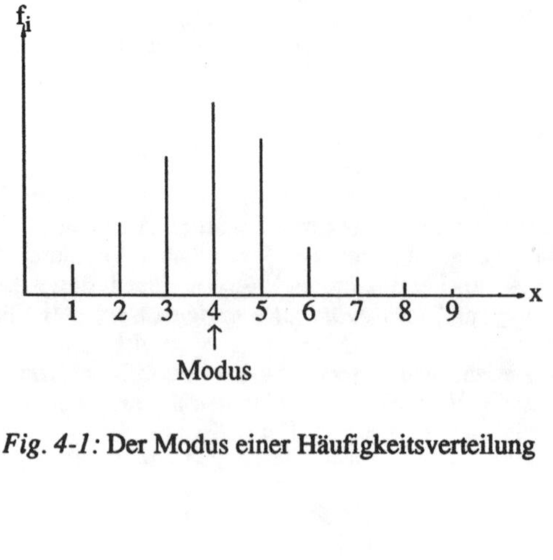

Fig. 4-1: Der Modus einer Häufigkeitsverteilung

Beispiele:
Wenn x in Figur 4-1 die Zimmerzahl neuerbauter Wohnungen bedeutet, dann ist x=4 der Modus. Gemäß Volkszählung von 1980 war bei den Privathaushaltungen der Schweiz ein 2-Personen-Haushalt der Modushaushalt ($x_{Mo} = 2$). In der Bundesrepublik Deutschland lag der Modus der Personenzahl der Privathaushalte 1982 bei nurmehr einer Person, nachdem noch 1970 ebenfalls ein 2-Personen-Haushalt „modal" gewesen war. Unter den Haushalten mit Kindern ist in der Schweiz (1980) die Zweikinderfamilie modal, in der Bundesrepublik Deutschland ist es (1982) die Familie mit einem Kind.

Einen Modus kann man nur beim Vorliegen einer Häufigkeitsverteilung bilden. Hingegen ist es nicht erforderlich, daß diese nur *eine* Merkmalsausprägung mit maximalen f_i hat, d.h. eingipflig oder unimodal ist. Es gibt auch sogenannte *zweigipflige* Verteilungen (mit 2 lokalen Maxima), die dementsprechend zwei Modi besitzen. Man nennt sie *bimodale* Verteilungen.

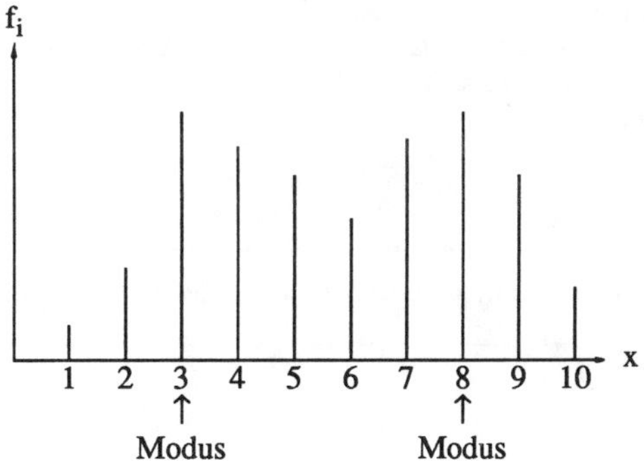

Fig. 4-2: Eine bimodale Häufigkeitsverteilung

Hinweis:
Die Zweigipfligkeit der Verteilung einer Datenmasse zeigt oft an, daß zwei Datenpopulationen vermischt vorliegen, z.B. Männer und Frauen oder in verschiedenen Produktionsverfahren hergestellte Stücke.

Eigenschaften und Anwendungsbereiche des Modus:

Das Ermitteln eines Modus ist einfach, weil man nur eine Häufigkeitsverteilung herstellen muß, aus der man den Modus ablesen kann. Der Modus ist eine Angabe, die den Vorzug der *Anschaulichkeit* besitzt. Der Modus ist eine verständliche, nie „lächerlich" wirkende Zahl, denn nur ein tatsächlich auftretender Merkmalswert kann Modus sein. Der Anwendungsbereich des Modus liegt dort, wo nach dem *typischen* Wert einer Häufigkeitsverteilung gefragt wird, gewissermaßen danach, was „Mode" ist. Der Modus entspricht auch am ehesten dem, was sich mit der Vorstellung von „Normalität" oder „Üblichkeit" verbinden läßt. Der Modus kommt in Frage als eigenständiger Mittelwert zur Charakterisierung einer Verteilung sowie als ergänzende Kennzahl zu anderen, anschließend zu zeigenden Mittelwerten. Bei klassierten Daten nennt man die Klasse mit der größten Häufigkeit die Modusklasse.

• **Kontrollfrage 1 :** Wo liegt der Modus der 70 Preise von Kap. III, Abschnitt 3.6.G ?

<u>**Hinweise:**</u>
Bei der (alleinigen) Verwendung des Modus ist aus folgenden Gründen Vorsicht am Platze:
1.) Der Modus enthält relativ wenig Informationen. Er besagt nur: der Moduswert kommt häufiger vor als die anderen Werte. Wenn diese „anderen" Werte aber fast ebenso häufig vorkommen wie der Modus, kann ein Wert mehr oder weniger aus Zufall zum Modus geworden sein. Nur wenn ein Wert eindeutig *dominiert,* sollte man auf den Modus zurückgreifen.
2.) Wenn die anderen Werte „sehr weit" vom Modus entfernt liegen, kann die Angabe des Modus u.U. wenig relevante Information liefern.
3.) Wenn eine Häufigkeitsverteilung so extrem links- oder rechtssteil ist, daß der linke oder rechte *Extremwert* die größte Häufigkeit besitzt, ist der Modus kein gutes Maß für eine zentrale Tendenz.

• **Kontrollfrage 2 :** Was war in Kap. III als linkssteile Verteilung bezeichnet worden ?

B. Der Median

Der Median oder Zentralwert ist jener Wert einer statistischen Variablen, welcher die der Größe nach geordneten Werte in genau zwei Hälften teilt. Es liegen rechts und links des Medians ungefähr oder genau je 50% der der Größe nach geordneten Werte.

Für die Ermittlung des Medians (x_{Me}) sind die Zähl- oder Meßergebnisse immer zuerst in eine geordnete Reihe zu bringen. Wenn 7 Daten vorliegen:

$$x_1 \leq x_2 \leq x_3 \leq \underset{\substack{\uparrow \\ \text{Median}}}{x_4} \leq x_5 \leq x_6 \leq x_7 \;,$$

ist x_4 der Median oder Zentralwert.

Für die Bestimmung des Medians ist zu unterscheiden, ob die Zahl der vorliegenden Daten, die wir allgemein mit n bezeichnen, gerade oder ungerade ist.

<u>*Bestimmung des Medians:*</u>

$$\begin{array}{|lll|} \hline \textit{n ungerade:} & x_{Me} = & x_{(n+1)/2} \\ \textit{n gerade:} & x_{Me} = & \dfrac{x_{n/2} + x_{(n+2)/2}}{2} \\ \hline \end{array} \qquad (4\text{-}2)$$

Bei ungerader Anzahl an Beobachtungen ist der Median jener Wert der statistischen Variablen, für den der laufende Index $i = \frac{n+1}{2}$ ist. Bei gerader Zahl an Beobachtungen wird in der Regel aus den zwei Werten „in der Mitte" ein Durchschnitt gebildet. Prinzipiell kommt als Median jedoch jeder Wert in Frage, der im Intervall von $x_{n/2}$ bis $x_{(n+2)/2}$ liegt. Bei klassierten Daten bezeichnet man als Medianklasse jene Klasse, in die der Median fällt.

• **Kontrollfrage 3 :** Wo liegt der Median der 70 Preise von Kap. III, Abschnitt 3.6.G ?

Der Median läßt sich aus der Ogive direkt ablesen: es ist der auf der Abszisse liegende Wert, zu dem die kumulierte relative Häufigkeit 0,5 gehört.

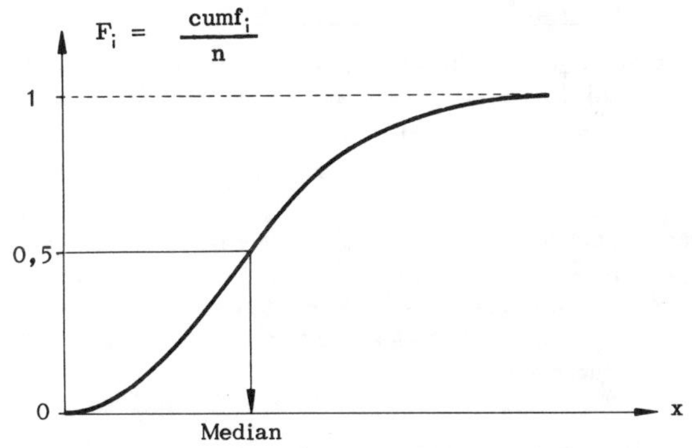

Fig. 4-3: Die Bestimmung des Medians aus der Ogive

Wie der Modus hat der Median den Vorzug leichter Ermittlung, er erfordert kein eigentliches Rechnen. Bei den heute gegebenen EDV-Möglichkeiten läßt sich der Median ohne langwieriges „von-Hand-Ordnen" angeben.

Eigenschaften und Anwendungsbereiche des Medians:

Der Median hat zwei interessante Eigenschaften, die zugleich zeigen, für welche Zwecke ein Median als Mittelwert in Frage kommen kann.

1.) Der Median kann nie bei einem Extremwert einer Verteilung liegen und wird auch nicht durch die Größe von Extremwerten in seiner Lage beeinflußt. Die besonders großen oder besonders kleinen Merkmalsausprägungen einer statistischen Variablen sind manchmal durch oft *historische* Sonderumstände bedingt, die für eine entscheidungsorientierte „zentrale Tendenz" ohne Bedeutung sind. Die arbeitstägliche Produktion eines Betriebes kann durch einen Streik, der Börsenkurs einer Aktie oder der Devisenkurs einer Währung kann durch eine Sondernachricht einige „aus der Reihe tanzende" Werte angenommen haben. Oft ist es wünschenswert, wenn ein Mittelwert nicht von derartigen einmaligen *„Ausreißern"* beeinflusst ist, denn sie verzerren die normalerweise vorliegende zentrale Tendenz. In anderen Fällen sind die Extremwerte uninteressant. So bedient man sich teilweise für die Ermittlung des Konsumentenpreisindexes des Medianpreises. Er bleibt unbeeinflußt von den Extrempreisen für Wegwerf- oder Luxusqualitäten, die ja nichts über den allein interessierenden „mittleren Bereich" der Preise aussagen.

2.) Durch den Median bestimmt man jenen Wert, von dem aus die *Summe der Entfernungen* (absolut genommen) zu den anderen Werten der Häufigkeitsverteilung ein *Minimum* ergibt:

$$\boxed{\sum_{i=1}^{n} | x_i - x_{Me} | = \min} \tag{4-3}$$

Will eine Firma beispielsweise ein Zentrallager errichten, von dem aus verschiedene entlang einer Straße liegende Filialen beliefert werden sollen, so gibt der Median jenen Standort an, von dem aus die Summe der Distanzen zu den Filialen den kleinsten Wert annimmt. Liegen die Filialen z.B. bei Kilometer 110, 130, 160, 220 und 250, so ist die kleinste absolute Abstandssumme erreicht, wenn das Auslieferungslager bei km 160, also dem Median, errichtet wird.

• **Kontrollfrage 4 :** Wie groß ist die Abstandssumme, wenn das Zentrallager bei 160 errichtet wird ? Wie groß wäre sie, wenn man das Zentrallager bei km 174 errichten würde ?

3.) Der Median entspricht besser als andere Mittelwerte der Vorstellung von „Mitte" oder von „mittel-" im Sinne von mittelgut, mittelschnell, mittelhoch, mittelteuer oder Ähnlichem. Wo durch die statistische Vermessung eines Realphänomens vor allem das „Zentrum" der auftretenden Merkmalswerte charakterisiert werden soll, ist der Median die am besten geeignete Kennzahl.

4.3 Rechnerische Mittelwerte (Durchschnitte)

A. Das arithmetische Mittel

Im Gegensatz zu Modus und Median ist das arithmetische Mittel ein die Größe jedes einzelnen Wertes berücksichtigendes Maß. *Das arithmetische Mittel (AM) einer quantitativen statistischen Variablen ist die Summe der mit den relativen Häufigkeiten gewichteten (gewogenen) Werte dieser Variablen.* Wir wollen es stets durch einen Querstrich über dem Symbol für die Variable bezeichnen.

Definition:

$$\boxed{\bar{x} = \frac{1}{n}\sum_{i=1}^{k} x_i f_i} \tag{4-4}$$

x_1 bis x_k sind die k verschiedenen Werte der statistischen Variablen, die mit den absoluten Häufigkeiten f_1 bis f_k auftreten. Wie bereits in Kapitel III eingeführt, gilt:

$$\boxed{\sum_{i=1}^{k} f_i = n} \tag{4-5}$$

Die Definitionsformel (4-4) ist die Grund- oder Hauptformel, zu der es einige im folgenden zu zeigende Abwandlungen oder Varianten gibt. Die Art des vorliegenden Datenmaterials ist ausschlaggebend für die Wahl unter diesen Varianten.

Beispiel:

Das arithmetische Mittel der 70 Preisangaben von Kap. III, Abschnitt 3-6, ermittelt man wie folgt (man gruppiert in diesem Fall die 70 Einzelwerte zu 40 Gruppen):

Tab. 4-1: Preisangaben

x_i	f_i	$x_i \cdot f_i$	x_i	f_i	$x_i \cdot f_i$	x_i	f_i	$x_i \cdot f_i$	x_i	f_i	$x_i \cdot f_i$
			Übertrag		1731,8	Übertrag		4412,3	Übertrag		6079,3
100,3	1	100,3	102,6	2	205,2	103,7	2	207,4	104,9	1	104,9
101,2	1	101,2	102,7	1	102,7	103,8	2	207,6	105,2	1	105,2
101,5	1	101,5	102,8	2	205,6	103,9	1	103,9	105,3	1	105,3
101,7	2	203,4	102,9	4	411,6	104,0	2	208,0	105,4	2	210,8
101,8	2	203,6	103,0	4	412,0	104,1	1	104,1	105,5	1	105,5
101,9	2	203,8	103,2	5	516,0	104,2	2	208,4	105,8	1	105,8
102,0	2	204,0	103,3	3	309,9	104,4	1	104,4	106,2	1	106,2
102,1	2	204,2	103,4	2	206,8	104,5	2	209,0	106,8	1	106,8
102,4	2	204,8	103,5	1	103,5	104,6	1	104,6	106,9	1	106,9
102,5	2	205,0	103,6	2	207,2	104,8	2	209,6	107,4	1	107,4
Summe		1731,8	Summe		4412,3	Summe		6079,3	Summe		7244,1

$$\bar{x} = \frac{7244{,}1}{70} = 103{,}49 \approx \underline{103{,}5}\,.$$

Durch eine leichte Umformung der Definitionsformel (4-4) erhält man eine Formel, die die Gewichtung der einzelnen Merkmalswerte mit den *relativen* Häufigkeiten transparent macht, und die beim Vorliegen von relativen Häufigkeiten Verwendung findet.

$$\bar{x} = \sum_{i=1}^{k} x_i \left(\frac{f_i}{n}\right) \tag{4-6}$$

$\frac{f_i}{n}$ sind die relativen Häufigkeiten, resp. $\left(\frac{f_i}{n}\right) \cdot 100$ die in Prozent ausgedrückten Gewichte der einzelnen Werte. Stets gilt wegen (4-5):

$$\sum_{i=1}^{k} \left(\frac{f_i}{n}\right) = 1 \tag{4-7}$$

Das AM ist ein *Analogon* zum *physikalisch* verstandenen *Massenmittelpunkt* oder Schwerpunkt. Man stelle sich die in Fig. 4-4 veranschaulichten Massen (kg) auf einem Schwebebalken an den mit 18, 19, 20, 21 und 22 bezeichneten Stellen einer Skala vor.

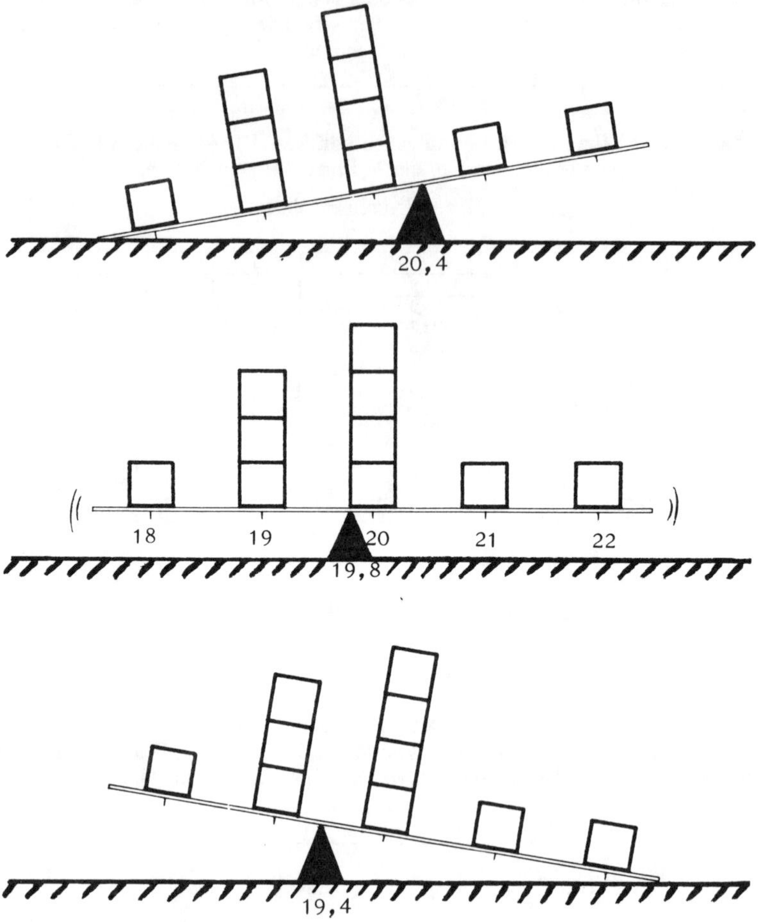

Fig. 4-4: Physikalische Interpretation des AM

Der Massenmittelpunkt liegt bei 19,8 der Skala. Ein Balken, der dort unterstützt würde, bliebe genau im Gleichgewicht. Andernfalls „kippt" der Balken nach links oder rechts.

Spezialfall:

Falls *jeder* der gemessenen oder beobachteten Werte gerade *einmal* auftritt oder falls man n vorliegende Werte nicht in k Gruppen zusammenfassen konnte oder wollte, wird k = n. Die absoluten Häufigkeiten f_i sind jetzt alle gleich 1, und $\frac{f_i}{n}$ wird zu $\frac{1}{n}$. Die Formel (4-4) vereinfacht sich zu:

$$\bar{x} = \frac{1}{n}\sum_{i=1}^{n} x_i \tag{4-8}$$

Das AM bei Klassenbildung (bei klassierten Daten):

Sehr oft werden dem Statistiker nicht die einzelnen Werte einer statistischen Variablen geliefert, sondern die Klassen, in die sie fallen. Es liegt ihm dann als Ausgangsmaterial eine Statistik in der Art der Tabelle 3-14 vor. Sie ist hier als Tabelle 4-2 reproduziert.

Tab. 4-2: Preisangaben bei Klassenbildung

Laufindex	Preisklasse	Klassenmitte m_i	f_i	$m_i \cdot f_i$
1	100,0 bis unter 101,5	100,75	2	201,5
2	101,5 bis unter 103,0	102,25	24	2454,0
3	103,0 bis unter 104,5	103,75	28	2905,0
4	104,5 bis unter 106,0	105,25	12	1263,0
5	106,0 bis unter 107,5	106,75	4	427,0
	Total		70	7250,5

Man berechnet jetzt das AM, indem man von den Klassenmitten m_i ausgeht und definiert das AM nach der Formel

$$\bar{x} = \frac{1}{n}\sum_{i=1}^{k} m_i f_i \qquad (4\text{-}9)$$

In unserem Beispiel ergibt sich für das AM: $\frac{7250{,}5}{70} = 103{,}58$. Man erhält also ein gegenüber dem exakten Wert von 103,49 etwas zu hohes Resultat. Die Klassenbildung bedeutet in der Tat einen kleinen Informationsverlust, der sich aber i.d.R. in sehr engen Grenzen hält, so daß man unbedenklich mit (4-9) arbeiten kann (und muß, wenn man die Einzeldaten nicht kennt!).

• **Kontrollfrage 5 :** Welche Annahme über die Verteilung der Einzelwerte innerhalb der einzelnen Klasse liegt implizit (4-9) zugrunde?

Der Fehler, den man durch die Verwendung von Formel (4-9) begeht, wird im übrigen immer kleiner, je symmetrischer eine Verteilung ist und er verschwindet, wenn die in der Kontrollfrage 5 angesprochene Unterstellung zutrifft.

Hinweis:
Man beachte, daß ein AM (wie auch der Modus oder Median) stets dieselbe *Dimension* hat wie die ursprünglichen Daten, also eine Angabe in Prozent, DM, Franken, kg etc. ist.

Durchschnitt aus Durchschnitten:

Häufig muß der Statistiker ein arithmetisches Mittel aus Zahlen berechnen, die ihrerseits arithmetische Mittel darstellen. Man kann z.B. zuerst in den einzelnen Landesteilen das Durchschnittseinkommen der Apotheker ermitteln und dann aus diesen Teildurchschnitten das durchschnittliche Einkommen der Apotheker im ganzen Land ermitteln.

Fig. 4-5 zeigt beispielhaft zwei (Teil-)Häufigkeitsverteilungen, die aus 12 resp. 14 Beobachtungen bestehen und ein arithmetisches Mittel von 3 resp. 4,5 besitzen. Aggregiert man die beiden (Teil-)Verteilungen, so entsteht eine (Gesamt-) Häufigkeitsverteilung mit 26 Beobachtungen und einem AM von

$$3 \cdot \frac{12}{26} + 4{,}5 \cdot \frac{14}{26} = \underline{3{,}81.}$$

Hinweis:
Man beachte die Gewichtung mit den relativen Häufigkeiten 12/26 und 14/26.

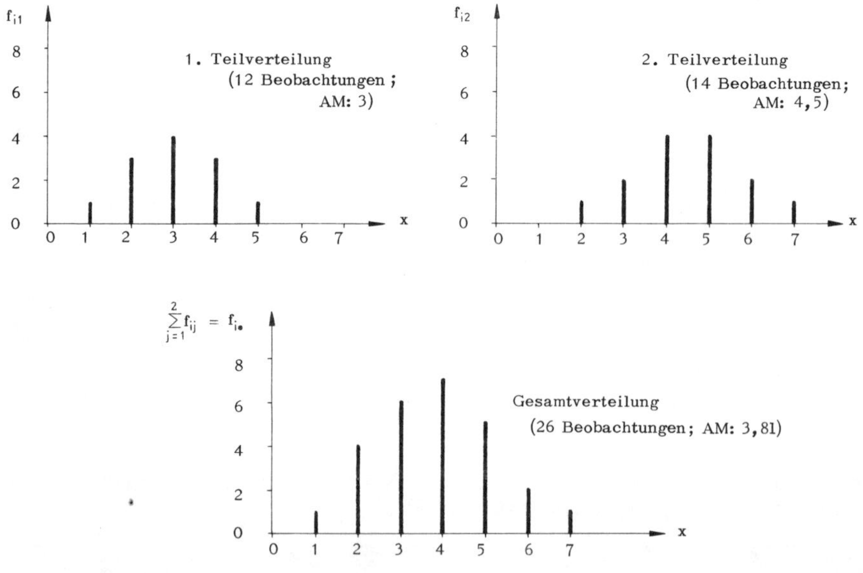

Fig. 4-5: Ein Beispiel für die Zusammensetzung einer Häufigkeitsverteilung aus zwei Teilverteilungen

Die Bildung eines arithmetischen Mittels aus Zahlen, die ihrerseits arithmetische Mittel darstellen, geht nach dem gleichen Prinzip vonstatten, wie es in der Grundformel (4-4) festgelegt ist. Es sind aber von jetzt an einige neue Bezeichnungen erforderlich. So bedeutet $\bar{x}_j$ das AM der j. Teilverteilung. Ferner benötigt man die Bezeichnungsweise $f_{i.}$

resp. $f_{.j}$. Der Punkt bedeutet, daß „über den durch den Punkt ersetzten Index“ summiert wird. Eine alternative Bezeichnungsweise ist in Tabelle 4-3 in Klammern beigefügt. Diese Tabelle zeigt im übrigen in allgemeiner Form die Situation, bei der eine (Gesamt-)-Häufigkeitsverteilung in m (Teil-)Häufigkeitsverteilungen zerlegt auftritt.

Tab. 4-3: Die Zerlegung einer Gesamtverteilung in mehrere Teilverteilungen

Wert der statistischen Variablen X	absolute Häufigkeit in der 1. Teilverteilung	...	absolute Häufigkeit in der j. Teilverteilung	...	absolute Häufigkeit in der m. Teilverteilung	absolute Häufigkeit in der Gesamtverteilung
x_1	f_{11}	...	f_{1j}	...	f_{1m}	$\sum_{j=1}^{m} f_{1j} = f_{1.}$ $(=f_1)$
x_2	f_{21}	...	f_{2j}	...	f_{2m}	$\sum_{j=1}^{m} f_{2j} = f_{2.}$ $(=f_2)$
$\vdots$	$\vdots$		$\vdots$		$\vdots$	$\vdots$
x_i	f_{i1}	...	f_{ij}	...	f_{im}	$\sum_{j=1}^{m} f_{ij} = f_{i.}$ $(=f_i)$
$\vdots$	$\vdots$		$\vdots$		$\vdots$	$\vdots$
x_k	f_{k1}	...	f_{kj}	...	f_{km}	$\sum_{j=1}^{m} f_{kj} = f_{k.}$ $(=f_k)$
Umfang der Teil–verteilungen	$\sum_{i=1}^{k} f_{i1} = f_{.1}$ $(=n_1)$	...	$\sum_{i=1}^{k} f_{ij} = f_{.j}$ $(=n_j)$	...	$\sum_{i=1}^{k} f_{im} = f_{.m}$ $(=n_m)$	$f_{..}$ $(=n)$

Bei der Bildung eines AM aus Teil-AM wird Formel (4-4) unter Verwendung der genannten Bezeichnungen somit zu:

$$\boxed{\bar{x} = \sum_{j=1}^{k} \bar{x}_j \left(\frac{n_j}{n}\right)} \tag{4-10}$$

n_j ist der Umfang der j. Teilverteilung. Somit ist das *Gesamt*-AM der gewogene Durchschnitt der Teil-AM. Gewichtet wird dabei mit den relativen Häufigkeiten $\left(\frac{n_j}{n}\right)$.

Beweis:
Der Umfang der Gesamthäufigkeitsverteilung läßt sich auf folgende Arten schreiben:

$$\sum_{j=1}^{m} \sum_{i=1}^{k} f_{ij} = \sum_{j=1}^{m} n_j = \sum_{j=1}^{m} f_{.j} = \sum_{i=1}^{k} f_{i.} = n \quad .$$

Definitionsgemäß (nach Formel (4-4)) ergibt sich als *arithmetisches Mittel jeder Teilverteilung:*

$$\bar{x}_j = \frac{1}{n_j} \sum_{i=1}^{k} x_i f_{ij} \quad ; \quad j = 1,2,\cdots,m$$

und als *AM der Gesamtverteilung:*

$$\bar{x} = \frac{1}{n}\sum_{i=1}^{k} x_i f_{i.} = \frac{1}{n}\sum_{j=1}^{m}\sum_{i=1}^{k} x_i f_{ij} \quad .$$

Dieser Ausdruck läßt sich auch so schreiben, wenn man mit $\frac{n_j}{n_j}$ erweitert:

$$\bar{x} = \frac{1}{n}\sum_{j=1}^{m}\left(\frac{1}{n_j}\sum_{i=1}^{k} x_i f_{ij}\right)n_j = \sum_{j=1}^{m} \bar{x}_j\left(\frac{n_j}{n}\right) \quad \text{q.e.d.}$$

Eigenschaften und Anwendungsbereiche des AM:

1.) Bei einer *symmetrischen unimodalen Häufigkeitsverteilung* fällt das AM mit dem Modus und Median zusammen (siehe Fig. 4-6). Dies zu wissen erspart Rechenarbeit, wenn der Modus oder Median bereits vorliegen.

Bei einer *linkssteilen* resp. *rechtssteilen* Häufigkeitsverteilung ist die Lage von Modus und AM wie in Fig. 4-6 gezeigt. In der Regel, wenn auch nicht immer, liegt der Median in diesen Fällen zwischen Modus und AM. Die Angabe eines AM neben dem Modus oder Median (oder umgekehrt) dient daher auch dazu, auf die Schiefe einer Verteilung aufmerksam zu machen.

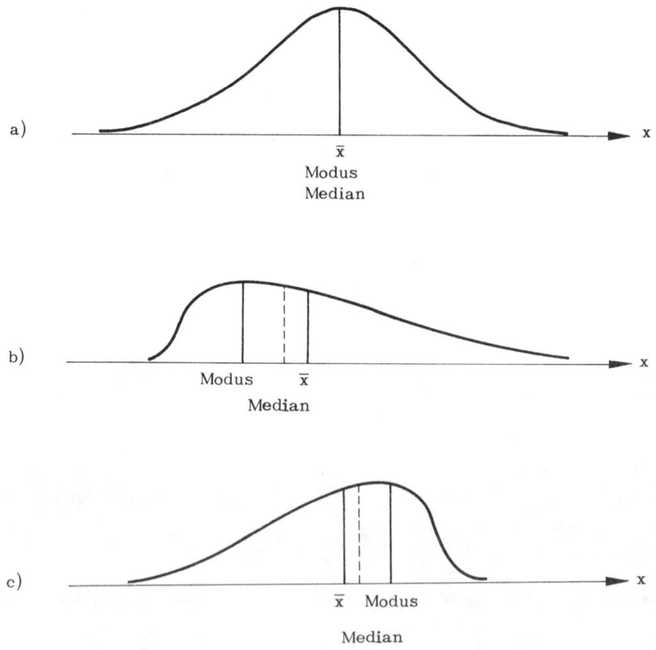

Fig. 4-6: Die Lage von Modus, Median und AM

2.) Die Summe der Abstände vom AM ist Null:

$$\sum_{i=1}^{k} (x_i - \bar{x}) f_i = \sum_{i=1}^{k} x_i f_i - \sum_{i=1}^{k} \bar{x} f_i = n\bar{x} - n\bar{x} = 0$$

Somit ist auch *das AM der Abstände vom AM Null:*

$$\frac{1}{n} \sum_{i=1}^{k} (x_i - \bar{x}) f_i = 0 \qquad (4\text{-}11)$$

3.) Das AM wird gelegentlich als etwas „Künstliches" empfunden und seine Angabe ist sicherlich bei Verteilungen vom U-Typ (siehe Fig. 3-18) unsinnig. Eine Durchschnittstemperatur zwischen einer Heizplatte und einem Kühlfach auszurechnen, ist schlichter Blödsinn. Das AM kann eine Angabe sein, die im Hinblick auf die Charakterisierung eines Realphänomens weder „typisch" noch „repräsentativ" noch anschaulich oder gar plausibel ist. Gleichwohl hat das AM wegen seiner Entsprechung zum physikalischen Massenmittelpunkt auch etwas intuitiv Einleuchtendes an sich. Natürlich aber sind es seine *mathematischen Eigenschaften*, die ihm eine herausragende Stellung sowohl in theoretischer wie in praktischer Hinsicht verschaffen. Sofern nicht besondere Gründe dagegen sprechen, gibt man, wenn man einen Durchschnitt angeben soll, ein arithmetisches Mittel an.

4.) Ein AM kann man nicht bei offenen, mangels zusätzlicher Information nicht schließbaren Klassen bilden.

Skalentransformation:

Skalentransformationen sind etwas Alltägliches. Beim Urlaub im Ausland rechnet man die Fremdwährungspreise in die eigene Währung um. Der Skala in Schweizer Franken entspricht eine „zusammengedrückte" („gestauchte") DM-Skala, weil 1 sFr. = 1,20 DM ist. Jeder Frankenpreis ist mit 1,20 zu multiplizieren (= durch 0,83 zu dividieren), um den DM-Preis zu erhalten. Umgekehrt ist gegenüber dem österreichischen Schilling die DM-Skala „gedehnt", denn 1 ö.Sch. = 0,14 DM: man muß die Schillingpreise etwa durch 7 dividieren, um DM-Preise zu erhalten.

Skalentransformationen sind für den Statistiker obendrein Platz und Arbeit sparend: anstatt beispielsweise mit den Zahlen der Tabelle 4-1 zu rechnen, um das AM festzustellen, subtrahiert man von jeder Zahl 100 und multipliziert mit 10. An Stelle von 100,3 tippt man 3 ein, an Stelle von 101,2 tippt man 12 usw. Statt rd. 280 Tastenanschlägen benötigt man nur noch rd. 165! Das nach der Skalentransformation erzielte arithmetische Mittel von 34,9 ist dann rasch „rückgängig" gemacht, indem man es durch 10 dividiert und wieder 100 addiert: man erhält so das von oben her bekannte AM von 103,49.

Um eine Skalentransformation generell zu zeigen, wollen wir von den zu Klassen zusammengefaßten Daten der Tabelle 4-2 ausgehen. Der erste Schritt einer (linearen) Skalentransformation besteht meist in einer Verschiebung des Ursprungs um eine Zahl A, der zweite Schritt in der Division durch eine Zahl c. Für die Daten von Tabelle 4-2 wählen wir A = 103,75, weil dies die Mitte der Klasse mit der größten Häufigkeit ist, und c = 1,5, weil dies die Standardklassenbreite ist. Figur 4-7 zeigt diese Skalentransformation samt dem zu den Daten von Tabelle 4-2 gehörenden Histogramm.

Durch die soeben beschriebene Skalentransformation steht unter dem „ursprünglichen" (und uns hier bekannten) Wert für das arithmetische Mittel (= 103,58) jetzt ein neuer Skalenwert (= -0,11). Natürlich hat sich der Massenmittelpunkt des Histogramms nicht durch das Neuanschreiben einer Zahlenskala verändert. Er liegt ganz einfach bei einem neuen Skalenwert. Multipliziert man diesen jetzt mit c = 1,5 und addiert A = 103,75, so erhält man den gesuchten Wert 103,58. Die mit den Zahlen der Tabelle 4-2 durchgeführte Transformation ist in Tabelle 4-4, Spalte 5 und 6 im einzelnen angegeben. (Spalte 7 ist eine Arbeitsspalte). Man erkennt sofort die starke Vereinfachung: für 100,75 steht -2, für 103,75 steht 0, für 105,25 steht 1 etc.

Tab. 4-4: Transformierte Preisangaben von Tabelle 4-2
und Arbeitstabelle zur Berechnung des AM

lfd. Nr.	Klassen	f_i	m_i	m_i - 103,75	$u_i = \frac{m_i - 103{,}75}{1{,}5}$	$u_i \cdot f_i$
1	100,0 bis unter 101,5	2	100,75	- 3	- 2	- 4
2	101,5 bis unter 103,0	24	102,25	- 1,5	- 1	-24
3	103,0 bis unter 104,5	28	103,75	0	0	0
4	104,5 bis unter 106,0	12	105,25	1,5	1	12
5	106,0 bis unter 107,5	4	106,75	3	2	8
	Total	70				-8

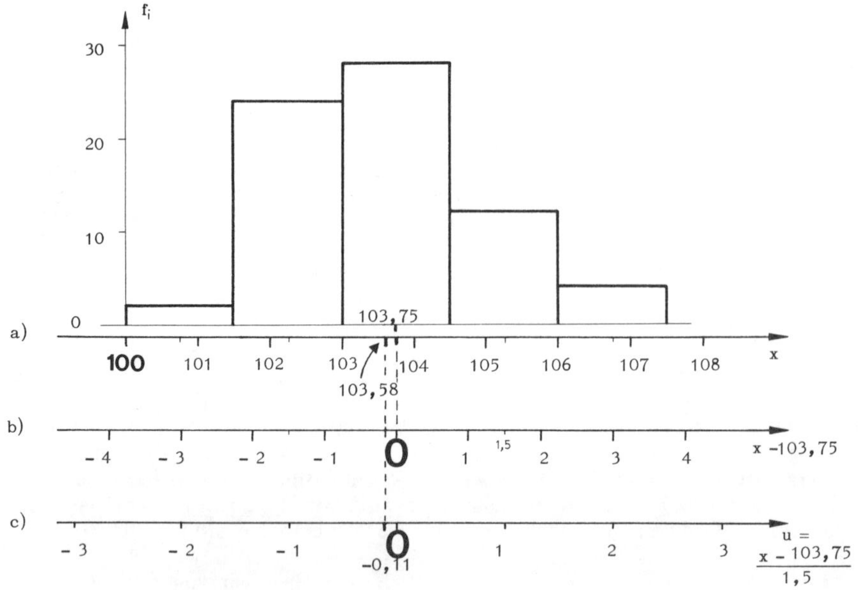

a) ursprüngliche Skala (1. Skala)
b) um 103,75 nach rechts verschobene Skala (2. Skala)
c) durch 1,5 dividierte Skala (3. Skala)

Fig. 4-7: Eine Skalentransformation

Rechenvorgang allgemein:

Wir benennen $\frac{m_i - A}{c} = u_i$. Die neue Variable U ist also entstanden durch die Transformation der ursprünglichen statistischen Variablen X. Das AM von U wird nach der Definitionsformel (4-4) resp. der Formel (4-9) berechnet:

$$\bar{u} = \frac{1}{n} \sum u_i f_i$$

Es ergibt sich $\bar{u} = \frac{-8}{70} = -0{,}11$. Dieses $\bar{u}$ transformiert man zurück mittels

$$\boxed{\bar{x} = A + c\,\bar{u}} \tag{4-12}$$

Es ergibt sich: 103,75 + 1,5 (-0,11) = 103,58.

Beweis für (4-12):
Gegeben ist die statistische Variable X mit den beobachteten Werten x_i, (m_i bei gruppiertem Material) und den Häufigkeiten f_i . Durch eine Verschiebung des Ursprungs um A und einen Wechsel des Maßstabes um c erhält man die transformierte Variable U mit den Werten u_i und den Häufigkeiten f_i .

$$u_i = \frac{x_i - A}{c} \quad .$$

Es ist:

$$\bar{u} = \frac{1}{n}\sum u_i f_i = \sum u_i\left(\frac{f_i}{n}\right) = \sum\left(\frac{x_i - A}{c}\right)\left(\frac{f_i}{n}\right) = \frac{1}{c}\left[\sum x_i\left(\frac{f_i}{n}\right) - A\sum\frac{f_i}{n}\right]$$

und unter Verwendung von (4-6) und (4-7)

$$= \frac{1}{c}\left[\bar{x} - A\right] = \frac{\bar{x} - A}{c} \quad .$$

Somit: $\bar{x} = A + c\,\bar{u}$.

Hinweis:
Eine Skalentransformation nimmt der Statistiker nicht nur zwecks Rechenzeitverkürzung vor. Viel wichtiger ist für ihn das Konzept der Skalentransformation im Hinblick auf die sog. *Standardisierung,* auf die weiter unten noch viele Male zurückzukommen sein wird.

Für die Skalentransformation zwecks Rechenzeitverkürzung bedarf es im übrigen einer gewissen Übung. Man muß rasch erkennen, ob sich angesichts vorliegender Daten eine Skalentransformation überhaupt lohnt und welche Werte von A und c im jeweiligen Fall am besten zu wählen sind.

• **Kontrollfrage 6 :** Oben wurde gesagt, durch die Klassenbildung ergebe sich i.d.R. ein gewisser Informationsverlust, der sich bei der Berechnung des AM mit (4-9) in einem kleinen Fehler niederschlage. Nur wenn die Hypothese tatsächlich zutrifft, daß alle Werte jeweils genau in der Klassenmitte liegen (oder völlig gleichmäßig über die Klassenbreite verteilt sind), resultiert kein Fehler (vgl. Kontrollfrage 5). Welches ist andererseits der maximale Fehler? (Unterstellen Sie gleiche Klassenbreite c für alle Klassen.)

B. Das geometrische Mittel

Wenn ein Durchschnitt berechnet werden soll, so heißt das keineswegs immer, daß ein AM zu bilden ist. Wenn im 10. Fünfjahresplan einer Zentralverwaltungswirtschaft eine durchschnittliche Wachstumsrate für die Schwerindustrie von 11% festgelegt wurde, ist dann der Plan durch die folgenden fünf aufeinanderfolgenden Wachstumsraten von 3%, 12%, 15%, 7% und 18% erfüllt worden? Offensichtlich nur, wenn der Durchschnitt gerade 11% ergibt. Dieser Durchschnitt ist jedoch nicht als AM sondern als geometrisches Mittel (GM) zu berechnen.

Das GM ist die n. Wurzel aus einem Produkt von n Faktoren, aus denen ein Durchschnitt berechnet werden soll. Das geometrische Mittel (GM) aus den n Zahlen $x_1, x_2, \cdots, x_n$ ist definiert als:

$$GM = \sqrt[n]{x_1 \cdot x_2 \cdot \cdots \cdot x_n} = \sqrt[n]{\prod_i x_i} \tag{4-13}$$

Der Logarithmus des GM ist das AM aus den Logarithmen jener Zahlen, für die ein GM berechnet werden soll (sog. Merk- oder Praxisformel):

Praxisformel:

$$\log GM = \frac{1}{n} \sum_{i=1}^{n} (\log x_i) \tag{4-14}$$

Beispiel:

Das Volkseinkommen der BRD stieg von 1969 bis 1981 von 462,94 Mrd. DM auf 1'187,78 Mrd. DM. Die jährlichen Zuwachsraten gegenüber dem Vorjahr betrugen im einzelnen:

1970:	14,6%	1976:	9,5%
1971:	10,9%	1977:	6,5%
1972:	9,7%	1978:	7,8%
1973:	11,9%	1979:	7,7%
1974:	7,1%	1980:	5,7%
1975:	3,9%	1981:	3,3%

Die Wachstumsraten sind zuerst in Faktoren umzurechnen. Einer Rate von z.B. 14,6% entspricht der Faktor 1,146. Somit:

$$GM = \sqrt[12]{1{,}146 \cdot 1{,}109 \cdot 1{,}097 \cdot 1{,}119 \cdot 1{,}071 \cdot 1{,}039 \cdot 1{,}095 \cdot 1{,}065 \cdot 1{,}078 \cdot 1{,}077 \cdot 1{,}057 \cdot 1{,}033} = \underline{1{,}0817}$$

Die durchschnittliche Wachstumsrate betrug demnach 8,17%.

• **Kontrollfrage 7 :** Wenn man aus Versehen statt des GM das AM aus den Wachstumsraten gebildet hätte, welchen Fehler hätte man gemacht ?

Hinweis:
Ein GM läßt sich nur berechnen, wenn alle Faktoren unter dem Wurzelzeichen ein positives Vorzeichen haben. Man beachte jedoch, daß beispielsweise eine Abnahme des BSP in einem bestimmten Jahr nicht zu einem negativen Faktor, sondern nur zu einem Faktor von weniger als 1 führt. Eine Abnahme des Volkseinkommens in einem bestimmten Jahr z.B. um 2,2% führt also zu einem Faktor von 0,978 für dieses Jahr.

• **Kontrollfrage 8 :** Wie groß muß eine negative Wachstumsrate sein, um die Verwendung des GM zu vereiteln ?

Eine durchschnittliche Wachstumsrate läßt sich auch dann, wenn nur der Anfangs- und Endbestand einer Größe bekannt ist (oder ihr Verhältnis zueinander) *direkt* mit Hilfe der Zinseszinsformel (3-5) bestimmen. Wenn eine Größe, (z.B. der Preis für Rohöl), sich innerhalb von 12 Jahren verachtfachte, kann man mit der Zinseszinsformel berechnen:

$8 = 1 \cdot (1+i)^{12}$. Somit ist $1 + i = \sqrt[12]{8} = 1{,}18921$, d.h. es ist $i = 0{,}189 = 18{,}9\%$.

Diese 18,9% stellen die *durchschnittliche* jährliche Wachstumsrate dar, mit der die Größe während 12 Jahren gewachsen ist (in Figur 4-8 gestrichelt gezeichnet). Die tatsächlichen jährlichen Wachstumsraten sind aus Fig. 4-8 ebenfalls zu entnehmen, sie lagen teils erheblich unter, teils erheblich über 18,9%.

• **Kontrollfrage 9 :** Das schweizerische Volkseinkommen stieg von 127,890 Mrd. Fr. in 1977 auf 174,050 Mrd. Fr. in 1982. Wie hoch war die durchschnittliche Wachstumsrate ?

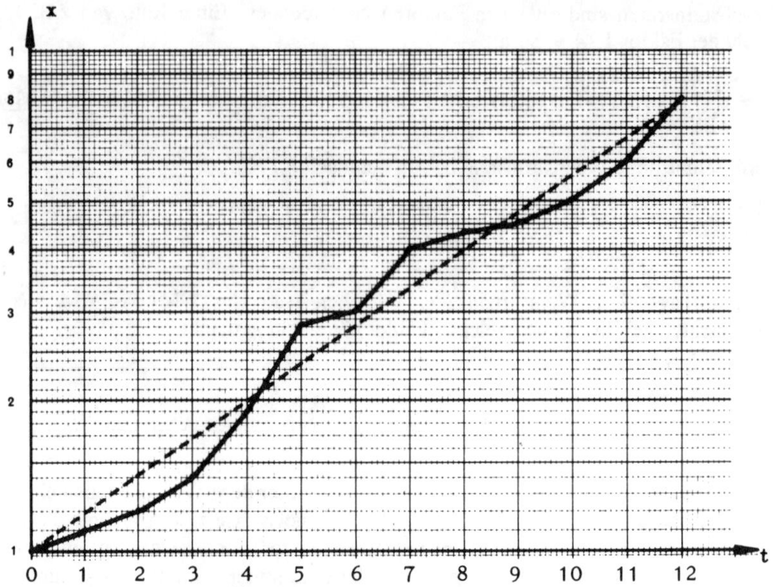

Fig. 4-8: Durchschnittliche Wachstumsrate (gestrichelt gezeichnet)

Anwendungsbereiche des GM:

Der bei weitem wichtigste Anwendungsfall für das GM ist die soeben gezeigte Durchschnittsbildung aus Wachstumsraten. Allgemein gesprochen ist ein Durchschnitt aber immer dann ein GM, wenn ein Mittelwert von Zahlen gebildet werden soll, die *multiplikativ* verknüpft sind. Der *Fisherindex* ist z.B. das GM aus dem Laspeyres- und Paascheindex.

C. Das Harmonische Mittel

Es gibt Durchschnitte, die weder ein arithmetisches Mittel noch ein geometrisches Mittel sind, sondern ein sog. harmonisches Mittel (HM). Wenn z.B. ein Autofahrer eine Strecke von 100 km mit einer Geschwindigkeit von 50 km/h und eine weitere Strecke von 100 km mit 100 km/h durchfahren hat, dann ist er die 200 km nicht mit 75 km/h, sondern mit 66,7 km/h im Durchschnitt gefahren. Er benötigte 2 Stunden für die ersten 100 km, 1 Stunde für die zweiten 100 km, somit war er drei Stunden unterwegs, um 200 km zurückzulegen, was 66,7 km/h ergibt.

Das HM ist der Kehrwert aus dem AM der Datenkehrwerte. Bei in k Gruppen zusammengefaßten Daten lautet die *Definition:*

$$\boxed{HM = \frac{n}{\sum(\frac{1}{x_i})\, f_i}} \qquad (4\text{-}15)$$

Für den Fall des Autofahrers ergibt sich:

$$\frac{200}{\frac{1}{50}\cdot 100+\frac{1}{100}\cdot 100}=\frac{200}{3}==\underline{66{,}7\text{ km/h}}$$

Es ist leichter, sich statt Formel (4-15) den Kehrwert für das HM zu merken, da dieser große Ähnlichkeit mit der Formel für das AM hat:

$$\boxed{\frac{1}{\mathrm{HM}}=\frac{1}{n}\Sigma\left(\frac{1}{x_i}\right)f_i} \qquad (4\text{-}15a)$$

Noch anschaulicher ist die folgende Formel, in der die relativen Häufigkeiten als Gewichte auftreten:

Merkformel:

$$\boxed{\frac{1}{\mathrm{HM}}=\Sigma\left(\frac{1}{x_i}\right)\left(\frac{f_i}{n}\right)} \qquad (4\text{-}15b)$$

Anwendungsbereich des HM:

Grundsätzlich muß für eine Durchschnittsberechnung das HM verwendet werden, wenn ein Durchschnitt aus *Gliederungs-* oder *Beziehungszahlen* gebildet werden soll und *wenn die Mengen oder Werte der im Zähler der Gliederungs- oder Beziehungszahl stehenden Größe zum Zweck der Gewichtung vorgegeben sind.* Die wichtigsten Anwendungsbereiche des HM betreffen Gliederungs- und Beziehungszahlen der folgenden Art: a) Prozentanteile von realen oder monetären Größen, z.B. Exportmarktanteil, Arbeitslosen- oder Erwerbsquoten, b) eine Ausbringung (eine „Leistung“ oder allgemein eine Größe X) bezogen auf eine Zeitdauer, c) eine Zeitdauer bezogen auf eine Ausbringung, d) Allgemein: eine Größe X bezogen auf eine Größe Y, wobei es sich bei X und Y um naturale oder geldmäßige Merkmale handeln kann. z.B. Bevölkerungsdichte (Einwohner pro km^2), Energieverbrauch im Verhältnis zur Wertschöpfung in verschiedenen Produktionsverfahren etc. Sind allerdings nicht die im *Zähler* der Beziehungszahlen, sondern die im *Nenner stehenden Größen im Hinblick auf die Gewichtung für die Durchschnittsbildung vorgegeben, so ist das AM zu verwenden.*

1. Beispiel:
Eine Reederei bedient mit einem Schiff die Verbindung von 2 Häfen, die 1'000 km voneinander entfernt liegen. Für die Hinfahrt beträgt die Schiffsgeschwindigkeit 40 km/h, für die Rückfahrt wegen ungünstiger Strömungsverhältnisse 20 km/h. Mit welcher Durchschnittsgeschwindigkeit fährt das Schiff zwischen den beiden Häfen ? Vorgegeben ist hier die Größe im Zähler, d.h. 1000 km oder ein Vielfaches. Gemäß (4-15b) gilt:

$$\frac{1}{\text{HM}} = \frac{1}{40} \cdot \frac{1000}{2000} + \frac{1}{20} \cdot \frac{1000}{2000} = \frac{75}{2000} \quad .$$

Somit: HM = <u>26,7 km/h.</u> Die Durchschnittsgeschwindigkeit beträgt 26,7 km/h.

Es wäre *falsch* gewesen, hier ein AM zu berechnen:

$$40 \cdot \frac{1000}{2000} + 20 \cdot \frac{1000}{2000} = \underline{30 \text{ km/h.}}$$

Wäre allerdings die im Nenner stehende Größe vorgegeben worden, wäre also die Durchschnittsgeschwindigkeit verlangt worden bei Angabe, daß das Schiff jeweils während 25 Stunden 40 km/h und während 50 Stunden 20 km/h fährt, so hätte man das AM berechnen müssen: AM : $40 \cdot \frac{25}{75} + 20 \cdot \frac{50}{75} = 26{,}7$ km/h.

Soll man andererseits einen Durchschnitt nicht aus den (geleisteten) Kilometern pro Stunde, sondern den benötigten Stunden pro Kilometer berechnen, so ist gerade umgekehrt bei Vorgabe der Zeitdauer das HM zu bilden und bei Vorgabe der geleisteten Kilometer das AM: Ein Schiff, das mit 40 km/h resp. 20 km/h fährt, benötigt 1,5 Minuten/km resp. 3 Minuten/km. Wenn vorgegeben ist: das Schiff fuhr 25 Stunden (= 1'500 Minuten) lang mit einer Leistung von 1,5 Minuten/km und 50 Stunden (= 3'000 Minuten) lang mit einer Leistung von 3 Minuten/km, dann beträgt der Durchschnitt:

$$\text{HM} = \frac{4500}{\frac{1}{1{,}5} \cdot 1500 + \frac{1}{3} \cdot 3000} = \underline{2{,}25 \text{ Min./km.}}$$

Wäre hingegen die im Nenner stehende Größe angegeben gewesen, dann hätte das AM den richtigen Durchschnitt ergeben. Also: Fuhr das Schiff 1'000 km mit einer Leistung von 1,5 Minuten/km und 1'000 km mit 3 Minuten/km, dann lautet der Durchschnitt:

$$\text{AM} = \frac{1{,}5 \cdot 1000 + 3 \cdot 1000}{2000} = \underline{2{,}25 \text{ Min./km.}}$$

(2,25 Minuten/km entspricht natürlich 26,7 km/h).

2. Beispiel:

In Europa wird der Benzinverbrauch von Autos in der Regel in der Form „Liter pro 100 km" gegeben (in den USA umgekehrt als „Meilen pro Gallone"). Ein Auto benötige während der Einfahrzeit 12 l/100 km, dann 11 l/100 km. Wenn das Auto 600 Liter Benzin in der Einfahrzeit und 4950 Liter während seiner Normallebenszeit verbrauchte, dann betrug der Durchschnittsverbrauch:

$$\frac{1}{HM} = \frac{1}{12}\cdot\frac{600}{5550} + \frac{1}{11}\cdot\frac{4950}{5550} = \frac{500}{5550}\ .$$

Somit: HM = 11,1 l/100 km.

Normalerweise werden allerdings gefahrene Strecken vorgegeben, so daß man den Durchschnittsverbrauch in Europa als AM ermitteln kann.

• **Kontrollfrage 10 :** Ein alter Oldsmobile fuhr 7 Meilen pro US-Gallone (1 Meile = 1,609 km, 1 US-Gallone = 3,785 l) während einer Strecke von 2000 Meilen. Auf den weiteren 6000 Meilen stieg wegen einer Vergaserneueinstellung die Leistung auf 10 Meilen pro Gallone. Welche Durchschnittsleistung hat der Oldsmobile gehabt ?

Hinweise:

1.) Man kann ein HM nur aus Werten (Beziehungszahlen) berechnen, die ungleich 0 sind.
2.) Durch eine Problemumformulierung, die natürlich mit einem kleinen Rechenaufwand verbunden ist, kann man zu jeder HM-Berechnung eine Kontrollrechnung unter Verwendung des AM durchführen.

• **Kontrollfrage 11 :** Im Land A gibt es 10 Arbeitslose auf 100 Erwerbspersonen. Die Arbeitslosenquote beträgt 10%. Im Land B gibt es 50 Arbeitslose auf 200 Erwerbspersonen (Quote: 25%). Berechnen Sie den Durchschnitt direkt, mit Hilfe des HM und mit Hilfe des AM.

D. Schlußbemerkung

Die nachfolgende Tabelle zeigt die soeben behandelten Durchschnitte im Überblick:

Durchschnitt	Definitionsformel	"Merkformel"	Hauptanwendungsbereich
AM	$\frac{1}{n}\sum x_i f_i$ oder $\frac{1}{n}\sum m_i f_i$ oder $\frac{1}{n}\sum x_i$	$\sum x_i(\frac{f_i}{n})$ oder $\sum m_i(\frac{f_i}{n})$ oder $\sum x_i(\frac{1}{n})$	Außer bei Spezialproblemen fast unbeschränkt
GM	$\sqrt[n]{\prod x_i}$	$\log GM = \frac{1}{n}\sum \log x_i$	Wachstumsraten
HM	$\frac{n}{\sum(\frac{1}{x_i})f_i}$	$\frac{1}{HM} = \sum(\frac{1}{x_i})(\frac{f_i}{n})$	Verhältniszahlen bei Vorgabe der Zählergröße

Da immer wieder Fehler bei der Wahl der Durchschnittsformel gemacht werden, ist es wichtig zu wissen, welches Vorzeichen ein solcher Fehler hat. Grundsätzlich gilt:

$$\boxed{HM \leq GM \leq AM} \qquad (4\text{-}16)$$

Falls alle Werte x_i einander gleich sind, gilt Gleichheit sämtlicher Mittelwerte (einschließlich der lagetypischen), ansonsten gelten die Ungleichheiten.

Man überzeugt sich leicht von der Richtigkeit, indem man einmal den Durchschnitt aus den Zahlen 3, 6 und 9 entsprechend den verschiedenen Formeln berechnet:

$$HM = \frac{3}{\frac{1}{3}+\frac{1}{6}+\frac{1}{9}} = 4{,}91$$

$$GM = \sqrt[3]{3 \cdot 6 \cdot 9} = 5{,}45$$

$$AM = \frac{3+6+9}{3} = 6{,}00$$

4.4 Aufgaben mit Lösung

Aufgabe 4 - 1:
Ein Unternehmen besitze entlang einer Straße sechs Werkstätten, A, B, C, D, E und F, die in folgender Entfernung vom Bahnhof liegen:

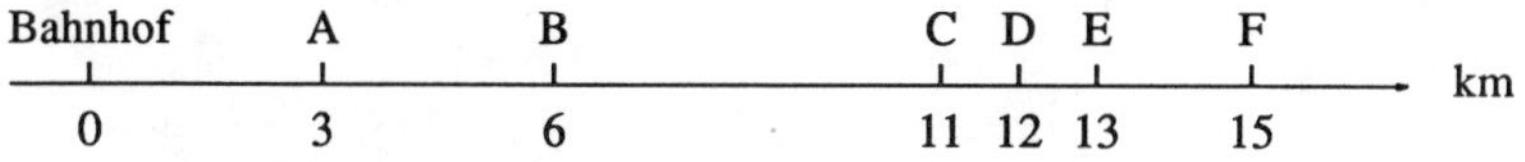

a. Wo liegen das arithmetische Mittel und der Median der Entfernung der 6 Werkstätten vom Bahnhof ?

b. Bisher hatte jede Werkstatt ihr eigenes Lager. Da dies unwirtschaftlich ist, soll ein Zentrallager errichtet werden.
Jede Werkstätte muß einmal einen Boten zu diesem Zentrallager schicken. Bei welchem der unter a) gefundenen Mittelwerte muß das Zentrallager liegen, damit die Summe aller Entfernungen zwischen den Werkstätten und dem Zentrallager minimal wird ?

Lösung:

a. $$\bar{x} = \frac{3+6+11+12+13+15}{6} = \frac{60}{6} = \underline{10\text{ km.}}$$

$$x_{Me} = \frac{11+12}{2} = \underline{11{,}5\text{ km.}}$$

b. $$\sum |x_i - \bar{x}| = 7+4+1+2+3+5 = \underline{20\text{ km.}}$$

$$\sum |x_i - x_{Me}| = 8{,}5+5{,}5+0{,}5+0{,}5+1{,}5+3{,}5 = \underline{20\text{ km.}}$$

Das Zentrallager muß beim Median liegen.
Anmerkung: Die Summe der Entfernungen für ein Zentrallager bei C oder D oder dazwischen wäre ebenfalls minimal (= 20 km).

Aufgabe 4 - 2:
Das Durchschnittsalter von Studenten, die in vier verschiedenen Hörsälen ihre Prüfung schreiben, betrage 22,3 (74 Studenten), 23,5 (69 Studenten), 25,1 (48 Studenten) und 26,2 Jahre (49 Studenten). Berechnen Sie das Durchschnittsalter sämtlicher 240 Studenten.

Lösung:

$$\bar{x} = \frac{74}{240}\cdot 22{,}3 + \frac{69}{240}\cdot 23{,}5 + \frac{48}{240}\cdot 25{,}1 + \frac{49}{240}\cdot 26{,}2 = \underline{24{,}0\text{ Jahre.}}$$

Aufgabe 4 - 3:
Die folgende Tabelle gibt für die BRD am 31.12.1983 die Anzahl der Wohnungen nach der Zahl der Räume an (Quelle: Stat. Jahrbuch 1985 für die BRD, S. 230). Wieviele Räume hat die typische Wohnung, wieviele Zimmer haben die Wohnungen im Durchschnitt, wo liegt der Median ?

Anzahl Räume pro Wohnung	Anzahl Wohnungen in100
1	604
2	2'180
3	6'162
4	7'892
5	4'783
6	2'620
7 u. mehr	2'158

(Zusatzinformation: Die Wohnungen mit „7 und mehr" Räumen hatten durchschnittlich 7,88 Zimmer).

Lösung:
Die typische, „modale" Wohnung hat 4 Zimmer. Der Median der Zimmerzahl liegt ebenfalls bei 4. Um das arithmetische Mittel berechnen zu können, muß zuerst die offene Flügelklasse geschlossen werden. Dazu muß man sich entweder Zusatzinformationen besorgen oder notfalls auf plausible Annahmen zurückgreifen. Mit Hilfe der Angabe, daß „7 und mehr" soviel wie 7,88 bedeutet, läßt sich das AM berechnen:

x_i	f_i	$x_i f_i$
1	604	604
2	2'180	4'360
3	6'162	12'486
4	7'892	31'568
5	4'783	23'915
6	2'620	15'720
7,88	2'158	17'005
	26'399	111'658

Somit ist $\bar{x} = \frac{111'658}{26'399} = 4{,}23$ Räume pro Wohnung.

Aufgabe 4 - 4:
Bei einer Untersuchung von 78 Daten war ein Durchschnitt von 2'813 bestimmt worden. Zu diesen 78 Daten kam nachträglich noch eine Angabe in Höhe von 2'100 hinzu.
Wie groß ist nun der Durchschnitt, wenn es sich bei der ursprünglichen Angabe um ein AM, GM oder HM gehandelt hätte ?

Lösung:
Es handelt sich hier jeweils um einen gewogenen Mittelwert mit den Gewichten

$g_1 = \frac{78}{79}$ und $g_2 = \frac{1}{79}$

$\text{AM} = g_1 \cdot 2813 + g_2 \cdot 2100 = \underline{2'804.}$

$\text{GM} = 2813^{g_1} \cdot 2100^{g_2} = \underline{2'803.}$

$$\text{HM} = \frac{1}{g_1 \cdot \frac{1}{2813} + g_2 \cdot \frac{1}{2100}} = \underline{2'801.}$$

Nebenbei wurde durch diese Rechnung die Relation HM ≤ GM ≤ AM bestätigt.

Aufgabe 4 - 5:
Die deutsche Güterausfuhr (Spezialhandel, fob) in Mrd. DM und als jährliche Wachstumsrate betrug

1976	256,6	Mrd DM	Zunahme:
1977	273,6	"	+ 6,6 %
1978	284,9	"	+ 4,1 %
1979	314,5	"	+ 10,4 %
1980	350,3	"	+ 11,4 %
1981	396,9	"	+ 13,3 %
1982	427,7	"	+ 7,8 %
1983	432,3	"	+ 1,2 %

Berechnen Sie die durchschnittliche Steigerungsrate für diese Periode.
(Quelle: Sachverständigenrat, Jahresgutachten 1984/85, S. 104.)

Lösung:

$$\sqrt[7]{1{,}066 \cdot 1{,}041 \cdot 1{,}104 \cdot 1{,}114 \cdot 1{,}133 \cdot 1{,}078 \cdot 1{,}012} = \underline{1{,}0776}, \text{ d.h. } \underline{7{,}76\%}.$$

Aufgabe 4 - 6:
In einer Profilwalzabteilung produzieren 4 Arbeiter an unterschiedlich modernen Maschinen.

Teilaufgabe A
Es liegen folgende Leistungsangaben vor:

Arbeiter A:	180 Stück/Stunde	Arbeiter C:	60 Stück/Stunde
Arbeiter B:	120 Stück/Stunde	Arbeiter D:	60 Stück/Stunde

Frage A.1: Die Arbeiter arbeiten *gleich viele Stunden.* Wieviele Stücke werden in der Abteilung im Durchschnitt von den vier Arbeitern pro Stunde produziert?

Frage A.2: Es sei ein Auftrag von 2000 Stück abzuwickeln. Wieviele Stücke pro Stunde werden im Durchschnitt von den vier Arbeitern bei der Erledigung des Auftrags produziert, wenn ihnen folgende Stückzahlen aufgetragen wurden?

Arbeiter A:	1000 Stück	Arbeiter C:	300 Stück
Arbeiter B:	500 Stück	Arbeiter D:	200 Stück

Teilaufgabe B
Es seien alternativ an der Stelle der Leistungsangaben von Stücke/Stunde folgende Leistungsangaben in Form von benötigter Zeit (sec) pro Stück (Stck) gegeben:

Arbeiter A:	20 sec/Stck	Arbeiter C:	60 sec/Stck
Arbeiter B:	30 sec/Stck	Arbeiter D:	60 sec/Stck

Frage B.1: Die Arbeiter arbeiten *gleich viele Stunden.* Wieviele Sekunden werden in der Abteilung im Durchschnitt pro Stück benötigt?

Frage B.2: Wenn wie bei Frage A.2 den vier Arbeitern die Stückzahlen aufgetragen werden, die sie für einen bestimmten Auftrag übernehmen müssen, wieviele sec/Stck wurden im Durchschnitt bei der Erledigung des Auftrags von den vier Arbeitern benötigt?

Lösung:

Zu Frage A.1: Da die Zeiten (im speziellen gleiche Zeiten) vorgegeben sind, können wir direkt das AM verwenden:

Die durchschnittliche Stückzahl pro Stunde (h) beträgt:

$$180 \cdot \frac{1}{4} + 120 \cdot \frac{1}{4} + 60 \cdot \frac{1}{2} = \frac{420}{4} = \underline{105 \text{ Stck/h.}}$$

Zu Frage A.2: Hier ist das HM zu verwenden:

$$\frac{1}{HM} = \frac{\frac{1}{180} \cdot 1000 + \frac{1}{120} \cdot 500 + \frac{1}{60} \cdot 300 + \frac{1}{60} \cdot 200}{2000} = \frac{18{,}056}{2000}$$

Somit: HM = $\underline{110{,}77 \text{ Stck/h.}}$

Zu Frage B.1: Es ist die Zählergröße vorgegeben (gleich lange Arbeitszeiten), somit ist das HM zu verwenden:

$$HM = \frac{4}{\frac{1}{20} + \frac{1}{30} + \frac{2}{60}} = \frac{240}{7} = \underline{34{,}3 \text{ sec/Stck.}}$$

Zu Frage B.2: Bei Vorgabe der Nennergröße (Stückzahlen) muß das AM verwendet werden:

$$20 \cdot \frac{1000}{2000} + 30 \cdot \frac{500}{2000} + 60 \cdot \frac{500}{2000} = \underline{32{,}5 \text{ sec/Stck.}}$$

Hinweis: Da die obigen Angaben in Form von Stck/h resp. sec/Stck äquivalent waren (180 Stück/Stunde entsprechen 20 sec/Stck usw), ist die Lösung zu Frage A.1 (105 Stck/h) äquivalent zur Lösung zu Frage B.1 (34,3 sec/Stck) und ebenso ist die Lösung zu Frage A.2 (110,77 Stck/h) äquivalent zur Lösung zu Frage B.2 (32,5 sec/Stck).

Aufgabe 4 - 7:
Im Statistischen Jahrbuch 1985 für die Bundesrepublik Deutschland wird auf S. 112 für die einzelnen Bundesländer die Zahl der Arbeitslosen und die Arbeitslosenquote für 1984 wie folgt ausgewiesen:

Land	Arbeitslose	Arbeitslosenquote
Schleswig-Holstein	109'285	10,7%
Hamburg	79'821	11,2%
Niedersachsen	334'295	11,9%
Bremen	38'917	13,8%
Nordrhein-Westfalen	717'283	10,7%
Hessen	167'593	7,4%
Rheinland-Pfalz	120'162	8,3%
Baden-Württemberg	217'168	5,6%
Bayern	347'979	7,8%
Saarland	51'434	12,7%
Berlin (West)	81'622	10,2%
Total	2'265'559	

Ermitteln Sie die durchschnittliche Arbeitslosenquote für die Bundesrepublik für 1984.

Lösung:
Es handelt sich um Gliederungszahlen, denn die Arbeitslosenquote ist definiert als Verhältnis der Anzahl Arbeitsloser (Arbeitssuchende, registriert beim Arbeitsamt) zur Anzahl der abhängigen Erwerbspersonen (Personen die eine abhängige Arbeit ausüben oder suchen). Da die Zahl Arbeitsloser, also die Zählergröße vorgegeben ist, muß ein harmonisches Mittel berechnet werden:

$$\frac{1}{HM} = \frac{1}{2'265'559}\left(\frac{1}{10{,}7}\cdot 109'285 + \frac{1}{11{,}2}\cdot 79'821 + \cdots + \frac{1}{10{,}2}\cdot 81'622\right) = \underline{0{,}1094.}$$

Somit ist $HM = \frac{1}{0{,}1094} = 9{,}1\%$. Dies ist für 1984 die durchschnittliche Arbeitslosenquote für die Bundesrepublik.

*** Aufgabe 4 - 8:**
Die drei im Text behandelten rechnerischen Mittelwerte AM, GM und HM entsprechen einem einheitlichen Bauprinzip. Versuchen Sie, dieses Bauprinzip zu entdecken, d.h. die Struktur der drei Formeln (4-4), (4-13) und (4-15), in allgemeiner Form anzugeben.

Lösung:
Gesucht ist jeweils der Mittelwert einer statistischen Variablen X, die die Werte x_1 bis x_k mit den Häufigkeiten f_i annimmt. In jedem Fall bildeten wir eine Funktion $y = \phi_j(x)$, berechneten sodann das arithmetische Mittel der $\phi_j(x_i)$, d.h. $\bar{y}$, und transformierten das $\bar{y}$ zurück mit $\phi_j^{-1}(\bar{y})$. Hierbei ist $\phi_j^{-1}(y)$ die inverse Funktion zu $\phi_j(x)$ (siehe Figur). $\phi_j^{-1}(\bar{y})$ erhielt dann je nachdem den Namen AM, GM oder HM. Die Figur zeigt ein Beispiel, wo x_i sechs Werte annimmt.

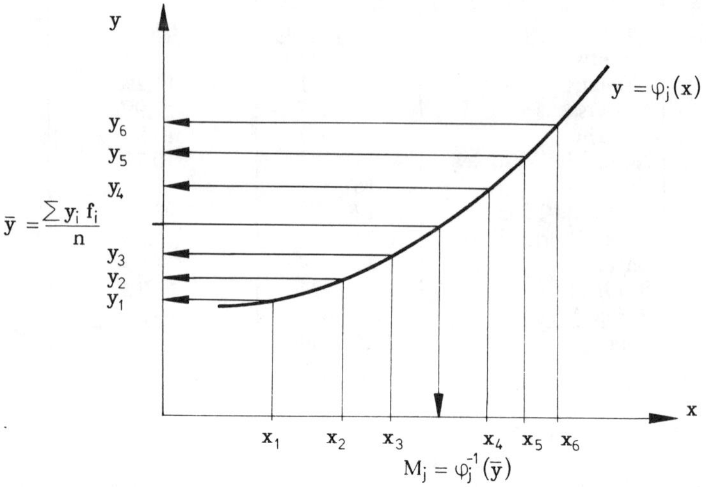

Nehmen wir die Funktion ϕ_1 (x) = log x, so erhalten wir als $\phi_1^{-1}(\bar{y})$ das geometrische Mittel und zu $\phi_2(x) = \frac{1}{x}$ gehört $\phi_2^{-1}(\bar{y})$, das *harmonische Mittel.* Das arithmetische Mittel ist ein Spezialfall dieses allgemeinen Konstruktionsprinzips mit $\phi_3(x) = x$. Bezeichnen wir den jeweiligen Mittelwert allgemein mit M_j , so lautet die allgemeine Berechnungsformel:

$$M_j = \phi_j^{-1}\left[\frac{1}{n}\sum_{i=1}^{k}\phi(x_i)f_i\right]$$

Die Tabelle gibt die infragekommenden Funktionen und Umkehrfunktionen explizit an:

j	$y = \phi_j(x)$	$x = \phi_j^{-1}$	$M_j = \phi_j^{-1}(\bar{y})$
1	log (x)	10^y	GM
2	$\frac{1}{x}$	$\frac{1}{y}$	HM
3	x	y	AM

Man sieht, daß dieses Konstruktionsprinzip Raum läßt für beliebig viele Mittelwerte, von denen aber nur einige, nämlich in erster Linie die obengenannten, von praktischer Bedeutung sind.

4.5 Antworten auf die Kontrollfragen

1. Bei 103,2. Der Modus ist hier aber keine gute Mittelwertkennzahl, da er nichts „Typisches“ zum Ausdruck bringt.
2. Linkssteile Verteilung: der Modus liegt näher beim linken als beim rechten Extremwert.
3. Bei 103,25.
4. 230 km. Würde das Zentrallager beim km 174 errichtet: 244 km. 174 ist das arithmetische Mittel.
5. Man unterstellt, daß alle Werte einer Klasse genau in der Klassenmitte m_i konzentriert sind oder daß die Werte jeder Klasse gleichmäßig über die Klasse verteilt sind. Vgl. Kontrollfrage 12 von Kap. III.
6. Wenn in allen Klassen die Werte jeweils an der Klassenunter- oder -obergrenze liegen, d.h. um c/2 von m_i entfernt sind, ergibt sich als maximaler Fehler für das AM c/2. Jedes m_i ist in einem solchen Fall als Transformation von c/2 aus x_i hervorgegangen: $m_i = x_i \pm c/2$ Somit gilt gemäß (4-12): $\bar{x} = \bar{m} \pm c/2$, wobei $\bar{m}$ das nach (4-9) berechnete AM ist.
7. Das AM beträgt 8,22 gegenüber 8,17 für das GM. Man hätte eine etwas zu hohe durchschnittliche Wachstumsrate angegeben. Wenn die Werte, aus denen ein Durchschnitt zu berechnen ist, sich nicht stark voneinander unterscheiden, ist das AM stets nur wenig größer als das GM.
8. Wenn $i \leq -1$ ist, d.h. eine Abnahme um 100% oder mehr vorliegt, wird der betreffende Wachstumsfaktor null oder negativ.
9. $\frac{1}{5}$ (Log 174'050 - Log 127'890) = 0,0268. $10^{0{,}0268} = 1{,}0636$. Die durchschnittliche Wachstumsrate betrug somit 6,36%.
10. Es ist mit dem HM zu rechnen, da die im Zähler stehende Größe (Meilen) vorgegeben ist:

$$\frac{8000}{\frac{1}{7}\cdot 2000 + \frac{1}{10}\cdot 6000} = 9{,}03 \text{ Meilen/Gallone.}$$

11. Direkte Berechnung: 10 + 50 = 60 Arbeitslose auf 100 + 200 = 300 Erwerbspersonen ergibt $\frac{60}{300} = \underline{20\%}$

Berechnung mit HM: $\frac{1}{HM} = \frac{1}{10}\cdot\frac{10}{60} + \frac{1}{25}\cdot\frac{50}{60} = \frac{1+2}{60} = \frac{3}{60}$. Somit HM $= \frac{60}{3} = \underline{20\%}$

Berechnung mit AM: $10\cdot\frac{100}{300} + 25\cdot\frac{200}{300} = \frac{6'000}{300} = \underline{20\%}$

Kapitel V: Kennzahlen der Streuung

5.1 Vorbemerkung

Zur statistischen Charakterisierung eines realen Phänomens kann neben der Angabe eines Mittelwertes die Angabe einer Streuungskennzahl ebenso wichtig, wenn nicht sogar noch wichtiger, sein. Unter Streuung kann man jedoch Verschiedenes verstehen. Wenn man Getreidekörner auf einer Tischplatte verstreut, resultiert eine (räumliche) „Streuung von Merkmals*trägern.*" Eine solche Art von Streuung ist gemeint, wenn z.B. von „breiter Streuung einer Aktie" oder wenn von weltweiter Streuung der Exporte einer Firma die Rede ist. Der Laie denkt zumeist an diese Art von Streuung, die in Fig. 5-1 veranschaulicht ist.

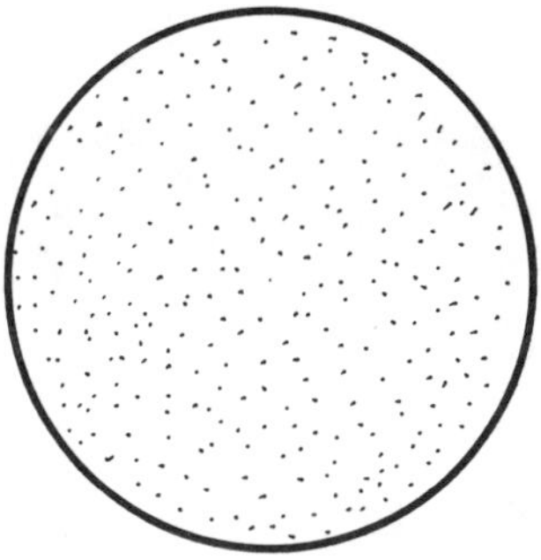

Fig. 5-1: Räumliche Streuung von Merkmalsträgern

Auch der Statistiker interessiert sich in speziellen Fällen für diese (geographisch oder sozial-) räumliche Merkmals*träger*streuung. Die statistische Hauptbedeutung von Streuung, die auch den Gegenstand des vorliegenden Kapitels bildet, bezieht sich jedoch auf die von den Merkmalsträgern losgelösten (und vielleicht sogar anonymisierten) Merkmals*werte.* Bei den Getreidekörnern interessiert dann z.B. die Streuung der Gewichte der einzelnen Körner, egal, ob oder wie diese auf der Tischplatte verstreut sind. Beim Aktienbesitz interessiert dann die Streuung hinsichtlich Zahl der Aktien in der Hand der Aktienbesitzer. Sind alle Körner gleich schwer oder haben alle Aktienbesitzer gleich viele Aktien, dann liegt *keine* Streuung im jetzt zu zeigenden Sinn vor.

Das folgende Beispiel illustriert die u.U hohe Bedeutung einer Streuung von Merkmals*werten*. Ein Unternehmen, das Impfstoffampullen zu 4 ccm liefert, stellt seine Abfüllmaschinen zwar auf 4 ccm ein, doch kommt es zwangsläufig bei den einzelnen Ampullen zu einer gewissen Streuung oder Schwankung der Inhalte um den eingestellten Mittelwert. Freilich darf bei den Impfstoffampullen eine bestimmte Toleranzgrenze nicht überschritten werden, größere Abweichungen würden mit Unwirksamkeit oder mit Gefahren verbunden sein.

Figur 5-2 zeigt beispielhaft vier Häufigkeitsverteilungen von Produktionsergebnissen, die allesamt zwar einen im Toleranzbereich liegenden Mittelwert aufweisen, bei denen teilweise aber die Streuung zu groß ist. Die Häufigkeitsverteilung A ist zufriedenstellend bezüglich der (kleinen) Streuung. Auch die Verteilung B kann auf Seiten der Abnehmer noch nicht zu Beanstandungen Anlaß geben, aber der Toleranzspielraum ist ausgeschöpft. Bei der Verteilung C ist die Toleranzuntergrenze unterschritten. Der Produzent hat bei C jedoch noch zwei Entscheidungsalternativen: er kann den Mittelwert höher einstellen oder er kann die Streuung verringern. Es ist eine Frage der Kostenabwägung, welche Entscheidung er trifft. Bei der Häufigkeitsverteilung D schließlich bleibt dem Produzenten nur noch der Weg einer Verringerung der (relativ großen) Streuung, denn beiderseits sind die Toleranzgrenzen überschritten.

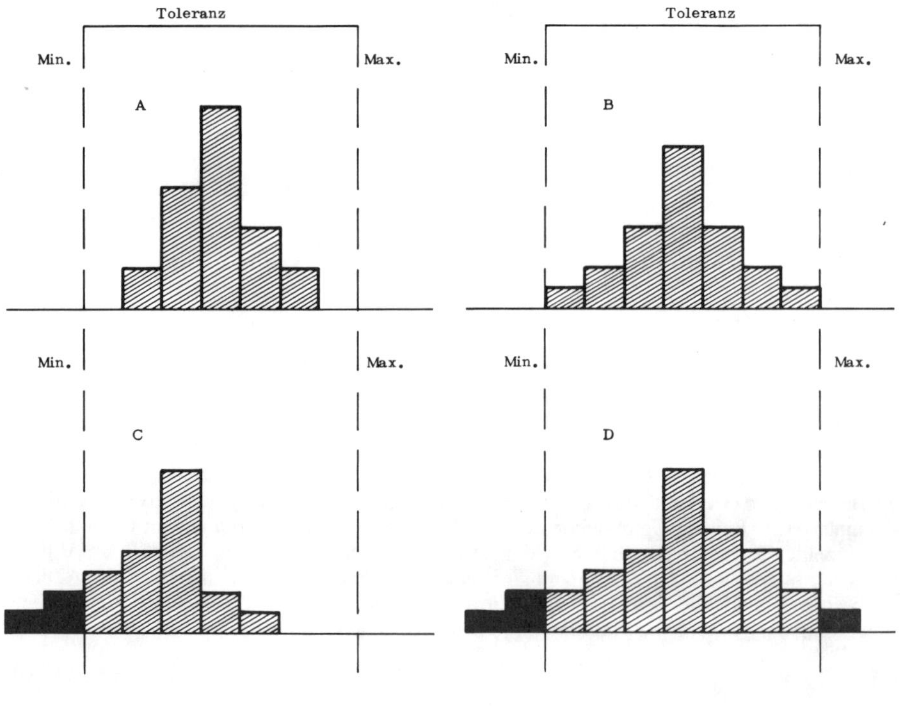

Fig. 5-2: Häufigkeitsverteilungen und Toleranzgrenzen.

Zweck einer Streuungskennzahl:

Allgemein und statistisch gesprochen dient eine Streuungskennzahl der vollständigeren Beschreibung einer Verteilung, als dies bei Angabe nur eines Mittelwertes möglich ist. Die Streuungskennzahl ist eine Ergänzung zur Mittelwertkennzahl. Durch sie wird gewissermaßen noch mitgeteilt, welche *Qualität der Mittelwert als Kennzahl der Verteilung* hat. Denn ob die Werte einer Verteilung z.B. um bis zu 0,05 ccm oder um bis zu 1 ccm vom Mittelwert abweichen, bedeutet eine ganz unterschiedliche Aussagekraft des Mittelwertes als Kennzahl. Die Streuungskennzahl *qualifiziert die Repräsentativität eines Mittelwertes von ausgezeichnet bis schlecht.*

5.2 Lagetypische Kennzahlen

A. Spannweite

Die einfachste Kennzeichnung einer Streuung erfolgt durch die Angabe der Spannweite (auch Streuungsintervall oder Variationsbreite genannt). *Die Spannweite gibt die Differenz zwischen den beiden Extremwerten einer statistischen Variablen an.* Die Spannweite ist definiert als:

$$SW = \text{Max}\,\{x_i\} - \text{Min}\,\{x_i\} \qquad (5\text{-}1)$$

Man kann eine Spannweite graphisch leicht durch eine Strecke veranschaulichen. Fig. 5-3 gibt eine Darstellung von 53 Spannweiten der New Yorker Silberpreise innerhalb jeweils einer Woche, u.z. vor der ersten Januarwoche 1968 bis zur ersten Januarwoche 1969, wieder.

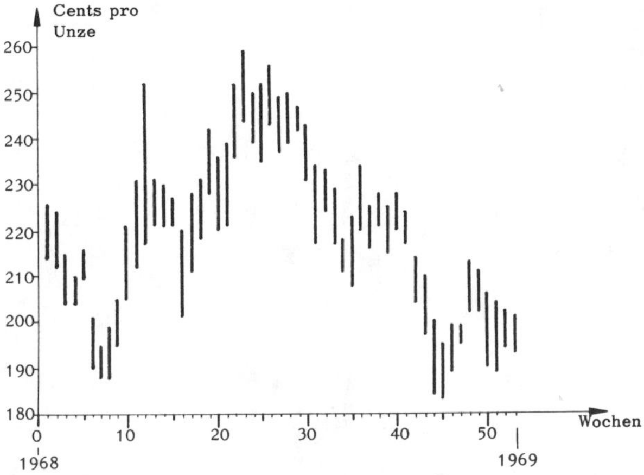

Fig. 5-3: Die wöchentlichen Silberpreisschwankungen am New Yorker Silbermarkt. (Quelle: Finanz und Wirtschaft, Nr. 70 vom 4. Sept. 1971)

Anwendungsbereiche:

1.) In allen Fällen, in denen gerade die Extremwerte von besonderem Interesse sind, wie z.B. bei Börsenkursen oder Warenpreisen, ist die Spannweite ein sinnvolles Streuungsmaß.

2.) Bei der Qualitätskontrolle von Produktionsprozessen werden oft ganze Serien von kleinen Stichproben gezogen. Man kann jetzt die verschiedenen Spannweiten als rasch vorliegenden *Ersatz* für die komplizierter zu ermittelnde Standardabweichung verwenden oder die aufeinander abfolgenden Spannweiten der jeweiligen Stichproben direkt zum Vergleich heranziehen, um eventuelle Veränderungen der Maschineneinstellung festzustellen.

3.) Speziell bei *Gliederungs-* und *Beziehungszahlen* (Quoten, Dichten u.s.w.), aber auch bei Indexzahlen für geographische Vergleiche, ist die Spannweite die i.d.R. am ehesten in Frage kommende Angabe für eine Streuung. Der Minimal- und der Maximalwert sind dabei wesentlicher als die aus ihnen berechnete Differenz. So kann man z.B. für die Bundesrepublik Deutschland angeben, die Arbeitslosenquoten in den einzelnen Bundesländern haben 1984 zwischen 5,6% (Baden-Württemberg) und 13,8% (Bremen) gelegen (siehe Aufgabe 4-7). Oder: Die Bevölkerungsdichten in den Ländern der Europäischen Gemeinschaft (EG) haben 1984 zwischen 50 Einw./ km^2 (Irland) und 353 Einw./km^2 (Niederlande) betragen.

In Fig. 5-4 sind drei Verteilungen mit gleicher Spannweite abgebildet. Es handle sich z.B. um die Exporterlöse oder Marktanteile einer Firma auf verschiedenen Exportmärkten.

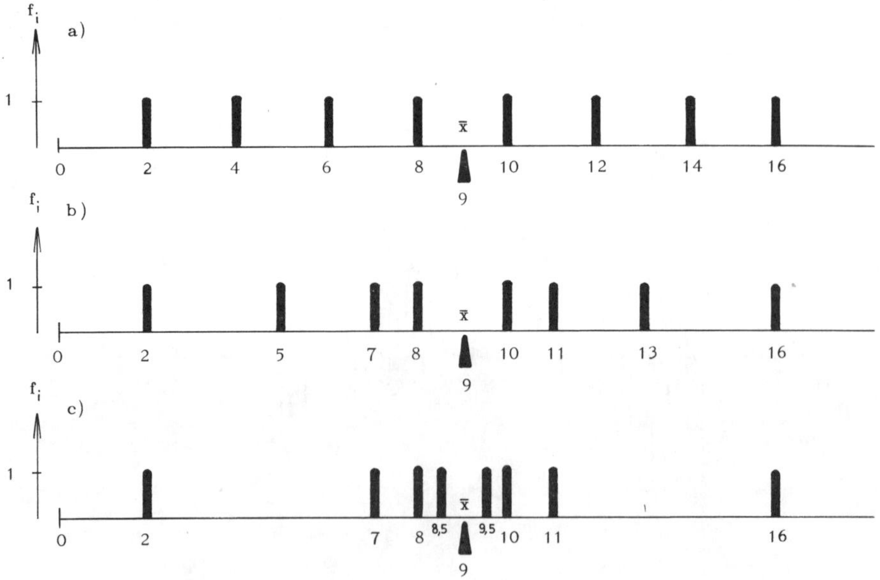

Fig. 5-4: Verschiedene Verteilungen mit gleicher Spannweite als Stabdiagramm

B. Quartile und andere Quantile

Eine Alternative zur Spannweite zwecks Charakterisierung der Streuung einer Verteilung besteht in der Berechnung von Quantilen. Man kann eine Verteilung in 1'000, 100, 10, 5, 4 oder überhaupt in beliebig viele gleichgroße Teile „zerlegen" (Millile, Perzentile, Dezile, Quintile, Quartile, allgemein: Quantile). Oft macht man eine Zerlegung in 4 gleiche Teile (in Quartile), weswegen beispielhaft deren Ermittlung gezeigt wird. Erforderlich ist jetzt die *Ordnung der Werte der Größe nach,* wie sie für die Feststellung des Medians nötig war.

Definition:

Jener Wert, links von welchem 25% (und rechts von welchem 75%) der Gesamtzahl der Werte liegen, heißt das 1. Quartil, jener, der die Verteilung in 75% linksliegende (und 25% rechtsliegende) Werte zerteilt, heißt das 3. Quartil.

Um die Quartile einer Häufigkeitsverteilung zu bestimmen, kann man von der Summenfunktion (Ogive) ausgehen. Von den Ordinatenwerten $F_i \cdot 100\% = 25\%$ und $F_i \cdot 100\% = 75\%$ her sucht man die zugehörigen Werte auf der x-Achse auf. Beispielhaft ist dies unter Verwendung der Ogive von Fig. 3-19 in Fig. 5-5 gezeigt.

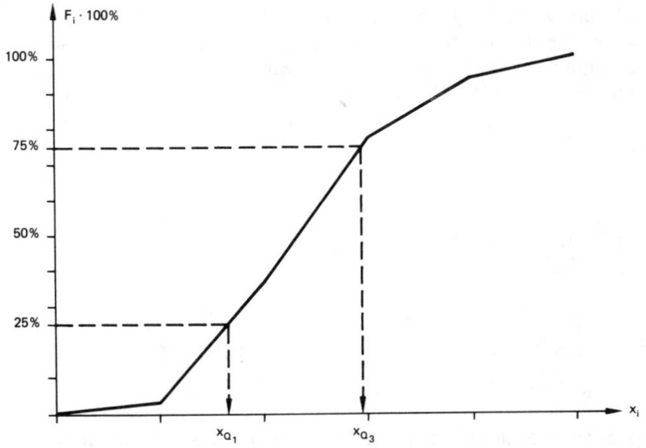

Fig. 5-5: Bestimmung des 1. und 3. Quartils

Für nicht durch 4 teilbare n und vor allem, wenn nur wenige Werte beobachtet wurden, gelingt die Zerlegung in vier gleiche Teile durch die Quartile nur näherungsweise. Hat man die (geordneten) Ursprungsdaten vorliegen, dann bestimmt man (genau oder annähernd) die Ordnungszahl der Quartilswerte x_{Q_1} und x_{Q_3} wie folgt:

$$Q_1 = \frac{n+1}{4}$$

$$Q_3 = \frac{3(n+1)}{4} \ .$$

Es fallen x_{Q_1} resp. x_{Q_3} mit einem tatsächlich beobachteten Merkmalswert zusammen, falls Q_1 resp. Q_3 ganze Zahlen sind. Andernfalls kann man zur Bestimmung der Quartile einen Durchschnitt aus den beiden Merkmalswerten mit den benachbarten (ganzzahligen) Ordnungsnummern bilden. (Achtung: Q_1 und Q_3 bezeichnen die Einordnungsstelle, aber *nicht den Wert* des Quartils!) Im Prinzip ist man jedoch frei, wenn sich für Q_1 und Q_3 keine ganzen Zahlen ergeben, in Anpassung an den Sachzusammenhang jeden Wert als Quartilswert zu wählen, der im Intervall zwischen den beiden Merkmalswerten mit den benachbarten (ganzzahligen) Ordnungsnummern liegt.

• **Kontrollfrage 1 :** Welchen anderen Namen hat das 2. Quartil resp. das 5. Dezil ?

Hat man das 1. und 3. Quartil festgestellt, kann man den sog. Interquartilsabstand (Quartilsspanne) bilden:

Interquartilsabstand:

$$IQ = x_{Q_3} - x_{Q_1} \tag{5-2}$$

Man kann auch den Interquartilsabstand zur Charakterisierung einer Streuung verwenden. Zwischen das 1 und 3. Quartil fallen die mittleren 50% der Werte einer Verteilung. Links und rechts werden je 25% einer Verteilung „abgeschnitten". Wie die Spannweite wird der Interquartilsabstand und werden auch die Quartile bei der industriellen Qualitätskontrolle verwendet. Quartile hängen nicht von der *Größe* der an den Rändern einer Verteilung liegenden Werte ab. Sog. Ausreißer beeinflussen nicht den Wert eines Quartils oder den Interquartilsabstand.

Beispiel:
Im Fall der 3 Verteilungen mit *gleicher* Spannweite (Fig. 5-4) ergibt sich beispielsweise für die Interquartilsabstände:

a) $Q_1=2{,}25$; $Q_3=6{,}75$ $\Rightarrow$ $x_{Q_1}=5$; $x_{Q_3}=13$ $\Rightarrow$ $IQ = \underline{8{,}0}$
b) $Q_1=2{,}25$; $Q_3=6{,}75$ $\Rightarrow$ $x_{Q_1}=6$; $x_{Q_3}=12$ $\Rightarrow$ $IQ = \underline{6{,}0}$
c) $Q_1=2{,}25$; $Q_3=6{,}75$ $\Rightarrow$ $x_{Q_1}=7{,}5$; $x_{Q_3}=10{,}5$ $\Rightarrow$ $IQ = \underline{3{,}0}$

Die abnehmenden Interquartilsabstände von 8 resp. 6 resp. 3 führen dem Marketingchef die verschieden starken Streuungen seiner Marktanteile vor Augen.

Anwendungsbereich:

Wo es bei einer Häufigkeitsverteilung nur auf einen mittleren Bereich ankommt, die an den äußeren Enden einer Verteilung liegenden Werte für eine Entscheidungsfindung aber gewissermaßen „nicht zählen", d.h. vernachlässigbar sind, ist die Angabe von Quantilen angebracht. Sind die mittleren 80% der Werte von Interesse, gibt man das 1. und 9. Dezil an, sind die mittleren 98% der Werte von Interesse, gibt man das 1. und 99. Percentil an. Sind die mittleren 95% der Werte von Interesse, gibt man das 2,5%-Quantil und das 97,5%-Quantil an.

Darstellungsweise:

Die Information, die in der Angabe lagetypischer Kennzahlen der Streuung steckt, läßt sich optisch durch sog. *Schachteldiagramme* weitergeben. Will man beispielsweise die *Quartile* (den Interquartilsabstand) und die *Spannweite* veranschaulichen, dann errichtet man *über* dem vom 1. bis 3. Quartil begrenzten Intervall, d.h. also über der Strecke, die den *Interquartilsabstand* angibt, ein *Rechteck*. Dieses läßt sich als Box oder *Schachtel* auffassen, in denen die „mittleren 50 %" der Daten liegen. Gleichzeitig kann man in Verlängerung des Rechtecks die Strecken bis zu den Datenextremwerten zeigen. Dadurch veranschaulicht man zusätzlich zum Interquartilsabstand auch noch die Spannweite. *Auf* jeder Schachtel markiert man schließlich noch den *Median* (das 2. Quartil). Man besitzt jetzt eine besonders für den *Vergleich* verschiedener Datensätze (oft im Zeitablauf) geeignete Darstellungsform (dazu stellt man die Schachteln senkrecht). Will man beispielsweise die drei Datensätze von Fig. 5-4 veranschaulichen, ergeben sich die Schachteldiagramme von Fig. 5-6.

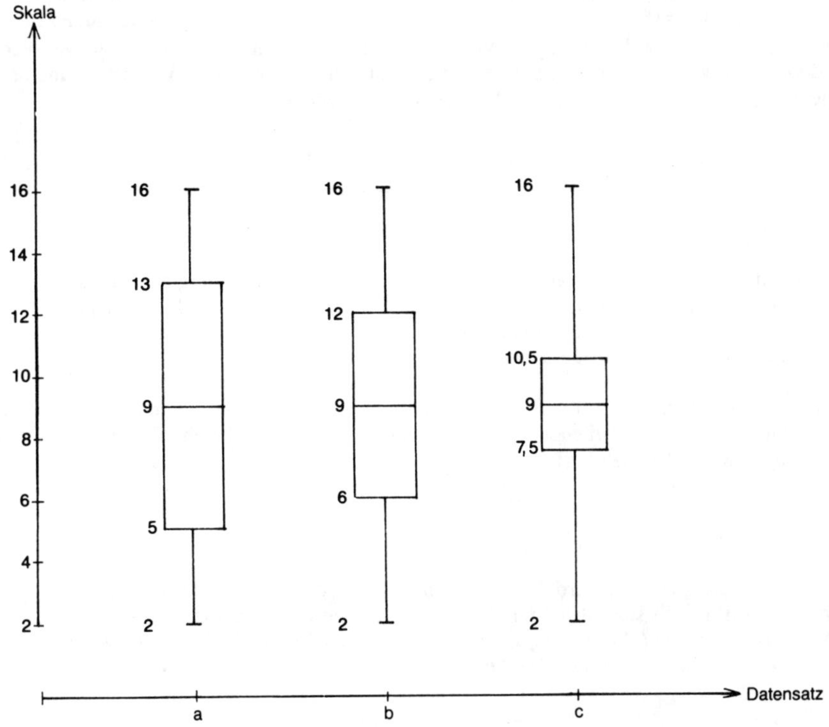

Fig. 5-6: Drei Schachteldiagramme zu den Daten von Fig. 5-4

5.3 Standardabweichung und Varianz

Die bisher besprochenen Charakterisierungsmöglichkeiten einer Streuung reichen zwar für gewisse Problemstellungen aus und sind dort sehr verbreitet. Für viele Problemstellungen ist jedoch ein Maß erforderlich, das *alle* Werte berücksichtigt.

Die Grundidee für ein solches Maß erhält man durch den Rückgriff auf ein Prinzip, das sich für die Ermittlung von Durchschnitten bestens bewährt hat: Das Prinzip der Summe aus gewogenen Einzelwerten. In Aufgabe 4-8 war gezeigt worden, daß dieses Prinzip der Bildung des AM, des GM und auch des HM zugrunde lag. Es liegt nahe, es wieder so zu versuchen, und zwar indem man eine mit den relativen Häufigkeiten gewichtete Summe der Abstände von einem in der „Mitte der Häufigkeitsverteilung" liegenden Wert, z.B. dem AM, bildet:

$$\sum_{i=1}^{k} (x_i - \bar{x})(\frac{f_i}{n}) .$$

Leider versagt dieser Versuch, denn gemäß einer oben gezeigten Eigenschaft des AM ist stets $\sum (x_i - \bar{x}) f_i = 0$. Die Summen der positiven und negativen Abweichungen halten sich stets die Waage! Die negativen Vorzeichen verderben die Sache. Man vermeidet jedoch negative Vorzeichen, wenn man die absoluten Abstände $| x_i - \bar{x} |$ nimmt und dann die *mittlere (= durchschnittliche) absolute Abweichung* bildet:

$$d = \sum_{i=1}^{k} | x_i - \bar{x} | (\frac{f_i}{n}) \qquad (5\text{-}3)$$

Dieses d hängt in seiner Größe von jedem Einzelwert der Verteilung ab; unterschiedliche Verteilungen führen also i.d.R. zu unterschiedlichen Werten von d. Es ist gleich Null, falls alle Beobachtungen mit dem AM zusammenfallen und es wird immer größer, je weiter die Werte um das AM streuen.

Gegen diese Kennzahl für die Streuung wäre nichts einzuwenden, wenn nicht mathematische Gründe dagegen sprächen. Es ist schlechter mit ihm zu arbeiten als mit dem jetzt zu zeigenden Maß, der Standardabweichung.

A. Definition

Bei der Bildung der Standardabweichung bleibt man dem Prinzip der gewogenen Summe treu, nimmt jedoch statt absoluter Abweichungen die Quadrate der Abweichungen (vom AM). *Die Standardabweichung ist das gewogene arithmetische Mittel der Abstandsquadrate, aus dem man die Wurzel zieht.*

Definition:

$$s = \sqrt{\frac{1}{n} \sum_{i=1}^{k} (x_i - \bar{x})^2 f_i} \qquad (5\text{-}4)$$

Diese Formel ist zu verwenden bei in k Gruppen und mit den absoluten Häufigkeiten f_i auftretenden Daten (i = 1,2, ..., k).

Außer dieser Hauptformel benötigt man einer Reihe von Abwandlungen (Formelvarianten). Für *ungruppierte Daten,* (sei es, weil alle Beobachtungen des Merkmals tatsächlich voneinander verschieden sind, sei es, weil man sich nicht die Mühe gemacht hat, die jeweils gleichgroßen Werte in Gruppen zusammenzufassen) wird die Formel (5-4) zu

$$s = \sqrt{\frac{1}{n} \sum_{i=1}^{n} (x_i - \bar{x})^2} \qquad (5\text{-}4a)$$

Der Index „i" läuft dann von 1 bis n, statt von 1 bis k.

Wenn mit relativen Häufigkeiten $\frac{f_i}{n}$ gerechnet wird, verwendet man:

$$s = \sqrt{\sum_{i=1}^{k} (x_i - \bar{x})^2 \left(\frac{f_i}{n}\right)} \qquad (5\text{-}4b)$$

Formel (5-4b) erlaubt übrigens eine gute Einsicht in die Natur der Standardabweichung: man sieht, daß sie in keiner Weise von der *absoluten* Größe von n, sondern nur von den *relativen Häufigkeiten* abhängt. Ein großes n hat nicht notwendigerweise eine große Standardabweichung zur Folge.

Bei „klassierten Daten", d.h. bei Klassenbildung, tritt die Klassenmitte m_i an die Stelle des x_i. Jetzt ist die folgende Formel zu verwenden:

$$s = \sqrt{\frac{1}{n} \sum_{i=1}^{k} (m_i - \bar{x})^2 f_i} \qquad (5\text{-}5)$$

Im Vorgriff sei noch auf eine oft anzutreffende, leicht abweichende Definition der Standardabweichung hingewiesen, die beim *Ziehen kleiner Zufallsstichproben* praktische Bedeutung erlangt. Sie soll mit $\hat{s}$ (s-Dach) bezeichnet werden:

$$\hat{s} = \sqrt{\frac{1}{n-1} \sum (x_i - \bar{x})^2 f_i} \qquad (5\text{-}6)$$

Der Zusammenhang von s und $\hat{s}$ ist also der folgende:

$$\hat{s} = \sqrt{\frac{n}{n-1}} \cdot s \qquad (5\text{-}7)$$

Die Wahl zwischen s und $\hat{s}$ erfolgt i.d.R. unter dem Gesichtspunkt, ob vorliegende Daten eine Grundgesamtheit oder eine große Stichprobe darstellen (dann nimmt man s) oder ob sie als kleine Stichprobe aufzufassen sind (dann nimmt man $\hat{s}$).

Der Unterschied zwischen s und $\hat{s}$ verschwindet rasch. Schon bei n=100 ist $\sqrt{\frac{n}{n-1}} = \sqrt{\frac{100}{99}} = 1{,}005$, d.h. $\hat{s} = 1{,}005 \cdot s$. $\hat{s}$ ist in diesem Fall nur um ein halbes Prozent größer als s.

An Stelle der Standardabweichung verwendet man häufig auch deren Quadrat, die *empirische Varianz* oder kurz die Varianz, die für gewisse theoretische Fragestellungen von größerem Interesse ist:

$$\text{Varianz:} \quad s^2 \text{ resp. } \hat{s}^2 \tag{5-8}$$

Alternativformel:

Bei theoretischen Weiterverarbeitungen der Standardabweichung (oder der Varianz) bedient man sich oft auch der aus der Formel (5-4) abgeleiteten *Alternativformel,* die mutatis mutandis auch anstelle der Formeln (5-4a) bis (5-5) verwendet werden kann:

$$s = \sqrt{\frac{1}{n} \sum x_i^2 f_i - \bar{x}^2} \tag{5-9}$$

Auch elektronische Rechner sind oft nach Formel (5-9) vorprogrammiert. Man beachte: $\bar{x}^2 = \left(\frac{\sum x_i f_i}{n}\right)^2$. Dies ergibt etwas anderes als $\frac{\sum x_i^2 f_i}{n}$!

Herleitung von (5-9):

Durch Ausmultiplizieren des Binoms $(x_i-\bar{x})^2$ der Definitionsformel (5-4) folgt:

$$s = \sqrt{\frac{1}{n} \sum (x_i-\bar{x})^2 f_i} = \sqrt{\frac{1}{n} \sum (x_i^2 - 2x_i\bar{x} + \bar{x}^2) f_i} = \sqrt{\frac{1}{n} \left(\sum x_i^2 f_i - 2\bar{x} \sum x_i f_i + \bar{x}^2 \sum f_i\right)} .$$

Da wegen (4-4) $\frac{1}{n} \sum x_i f_i = \bar{x}$ und wegen (4-7) $\frac{1}{n} \sum f_i = 1$ ist, folgt:

$$s = \sqrt{\frac{1}{n} \sum x_i^2 f_i - 2\bar{x}^2 + \bar{x}^2} .$$

$$\text{Somit:} \quad s = \sqrt{\frac{1}{n} \sum x_i^2 f_i - \bar{x}^2}.$$

Beispiel:
Es soll mit Hilfe von (5-9) die Standardabweichung einer Häufigkeitsverteilung berechnet werden, die in Spalte 1 und 2 von Tabelle 5-1 angegeben ist. Die x_i geben die Zahl gearbeiteter Stunden von 10 Facharbeitern an, die für die Montage einer Maschine erforderlich waren.

Tab. 5-1: Häufigkeitsverteilung und Arbeitstabelle zur Berechnung der Standardabweichung nach (5-9)

x_i	f_i	$x_i f_i$	x_i^2	$x_i^2 f_i$
11	1	11	121	121
15	2	30	225	450
16	2	32	256	512
17	3	51	289	867
18	1	18	324	324
20	1	20	400	400
Total	10	162		2674

Das AM beträgt

$\frac{162}{10} = 16{,}2$ Std. Somit ist $s = \sqrt{\frac{2674}{10} - 16{,}2^2} = \sqrt{267{,}4 - 262{,}44} = \sqrt{4{,}96} = \underline{2{,}23 \text{ Std.}}$

In Worten: im Durchschnitt arbeiteten die 10 Facharbeiter 16,2 Stunden lang; die Standardabweichung der 10 Arbeitszeiten betrug 2,23 Stunden.

• **Kontrollfrage 2 :** Wie sehen die zu (5-4a), (5-5) und (5-6) gehörenden Alternativformeln aus ? Nehmen Sie einen Bleistift zur Hand !

B. Interpretation

Die Standardabweichung ist eine Zahl, die die *Dimension der statistischen Variablen* hat, also kg, DM, Fr., Schillinge, Beschäftigte, Stunden etc. Anders als die Spannweite oder der Interquartilsabstand ist die Standardabweichung oder die Varianz kein „anschauliches" Maß. Sie ist eine rechnerische Größe. Sofort einleuchtend ist eigentlich nur der *Grenzfall:* Wenn alle Merkmalsausprägungen den gleichen Wert haben, eine statistische Variable also nur einen einzigen Wert annimmt (der n-mal auftritt), dann ist die Standardabweichung ebenso wie die Spannweite oder der Interquartilsabstand gleich 0. (Wo keine Abstände auftreten, können auch deren Quadrate und kann deren Summe nichts anderes als 0 sein!).

Um zu verstehen und zu veranschaulichen, wie s mit den Abstandsquadraten zusammenhängt, sei nochmals auf die Zahlen der ersten Verteilung von Fig. 5-4 zurückgegriffen. Fig. 5-7 zeigt oben nochmals die erste der drei Verteilungen von Fig. 5-4. Darunter ist das *Konzept Abstandsquadrate* veranschaulicht: Das AM aus den je zweimal auftretenden Zahlen 1, 9, 25 und 49 beträgt 21. Es entspricht der Varianz für die Zahlen 2, 4, 6, 8, 10, 12, 14 und 16:

$$\frac{1}{8}\,(2\cdot 1+2\cdot 9+2\cdot 25+2\cdot 49) = 21 =$$

$$\frac{1}{8}\left[(8-9)^2+(10-9)^2+(6-9)^2+(12-9)^2+(4-9)^2+(14-9)^2+(2-9)^2+(16-9)^2\right].$$

Die Standardabweichung beträgt somit $\sqrt{21} = 4{,}58$.

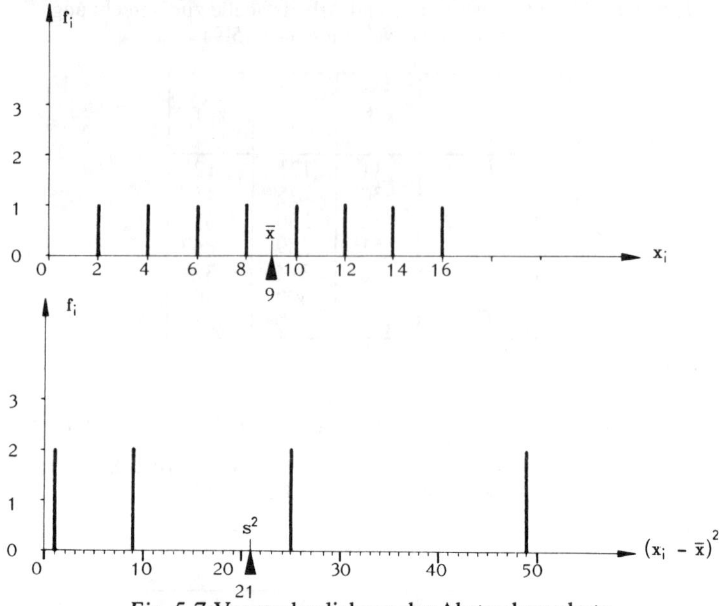

Fig. 5-7: Veranschaulichung der Abstandsquadrate

• **Kontrollfrage 3 :** Zeichnen Sie auch für die zweite und dritte Verteilung von Fig. 5-4 die Abstandsquadrate. Berechnen Sie die s^2. Was erkennt man ?

Die Standardabweichung besitzt also die Eigenschaft, daß sie mit kleinerer Streuung der Merkmalswerte kleiner und mit größerer Streuung größer wird (es gibt keine obere Grenze!). Bei vielen praktischen Problemen geht es um einen Vergleich der Streuung verschiedener Verteilungen, somit um einen Vergleich verschiedener Standardabweichungen. Daneben wird der Wert einer Standardabweichung auch benutzt, um *Bereiche um das AM abzustecken,* in die bestimmte Anteile einer Häufigkeitsverteilung fallen: Im Fall der soeben veranschaulichten Verteilung z.B. betrug $s = \sqrt{21} = 4{,}58$. Man kann damit folgende Angabe machen: Im Bereich von $\bar{x} \pm s$, d.h. im Bereich zwischen 4,42 und 13,58 liegen 50% der Werte der in Fig. 5-4a) gezeigten Häufigkeitsverteilung. Ähnlich wie der (gröber berechnete) Interquartilsabstand wird s also benutzt, um Intervalle abzustecken (um das AM!), zu dem ein bestimmter Prozentsatz der Datenwerte gehört.

• **Kontrollfrage 4 :** Wieviel Prozent der Werte liegen im Bereich $\bar{x} \pm 2\,s$?

Je nach der Art der vorliegenden Verteilung sind die Prozentsätze der im Bereich $\bar{x} \pm s$, $\bar{x} \pm 2\,s$ etc. liegenden Werte natürlich unterschiedlich. Die zweite und dritte Verteilung von Fig. 5-4 haben mit einem $s = 4{,}18$ resp. $s = 3{,}68$ je 75% der Werte im Bereich $\bar{x} \pm s$ liegen.

Liegt eine Häufigkeitsverteilung von der Art der *Normalverteilung* vor (siehe Fig. 3-17), dann gilt (im Vorgriff hier mitgeteilt):

In den Bereich: $\bar{x} \pm s$ fallen 68% der Werte .
In den Bereich: $\bar{x} \pm 2\,s$ fallen 95% der Werte.

Für jeden Modelltyp einer Häufigkeitsverteilung werden ganz bestimmte Prozentsätze der auftretenden Datenwerte durch die mit Hilfe von $\bar{x}$ und s zu bildenden Bereiche „eingegabelt".

Bemerkung:
Oft kennt man natürlich nicht den Modelltyp einer statistischen Häufigkeitsverteilung. Auch dann jedoch ist s eine wertvolle Angabe, denn jetzt kann man folgende „Abschätzung" vornehmen (siehe Skizze):

Man legt eine beliebige Zahl M fest, mit der man das Intervall $(\bar{x} - M\,,\ \bar{x} + M)$ um $\bar{x}$ bildet. Für jene der n Werte x_i, die links oder rechts außerhalb des gezeigten Intervalls liegen, lassen wir den Index i von 1 bis k laufen (die im Intervall liegenden x_i haben die Indizes $k + 1, \dots, n$). Es gilt jetzt allgemein:

$$k = \sum_{i=1}^{k} 1 \le \sum_{i=1}^{k} \left(\frac{x_i - \bar{x}}{M}\right)^2 = \frac{n}{M^2}\,\frac{\sum_{i=1}^{k} (x_i - \bar{x})^2}{n} \le \frac{n}{M^2}\,\frac{\sum_{i=1}^{n} (x_i - \bar{x})^2}{n} = \frac{ns^2}{M^2}\,. \quad \text{Somit: } \frac{k}{n} \le \frac{s^2}{M^2}$$

Für z.B. $M = 2\,s$ folgt, daß immer weniger als 25% der Werte einer statistischen Variablen außerhalb des Bereichs $\bar{x} \pm 2\,s$ liegen. Außerhalb des Bereichs $\bar{x} \pm 3\,s$ liegen immer weniger als 1/9 d.h. 11% aller Werte.

C. Die Zerlegung der Varianz (Standardabweichung)

In Kapitel IV wurde bereits dargelegt, wie u.U. eine Häufigkeitsverteilung aus der Aggregation verschiedener (Teil-) Häufigkeitsverteilungen zustandegekommen ist (siehe Tabelle 4-3 und Figur 4-5). Wie das AM läßt sich auch die Standardabweichung resp. Varianz „stufenweise" berechnen.

Die Gesamtvarianz berechnet sich aus Teilvarianzen nach der Formel:

$$\boxed{s^2 = \sum_{j=1}^{m} s_j^2 \left(\frac{n_j}{n}\right) + \sum_{j=1}^{m} (\bar{x}_j - \bar{x})^2 \left(\frac{n_j}{n}\right)} \qquad (5\text{-}10)$$

wobei s_j die Standardabweichungen, $\bar{x}_j$ die AM und n_j die Umfänge der Teilverteilungen bezeichnen. Die *Gesamtvarianz ist somit das AM der Teilvarianzen, vergrößert um die Varianz der Teil-AM*. Gewichtet wird stets mit $(\frac{n_i}{n})$.

Zahlenbeispiel zu Formel (5-10):
Bei Fig. 4-5 bestanden die beiden (Teil-)Verteilungen aus $n_1 = 12$ resp. $n_2 = 14$ Beobachtungen. Ferner betrug $\bar{x}_1 = 3$ resp. $\bar{x}_2 = 4{,}5$. Insgesamt war daher n = 26 und $\bar{x} = 3{,}81$. Die Varianzen der beiden (Teil-)Verteilungen, berechnet nach Formel (5-9) betragen:

$$s_1^2 = \frac{1}{12}\,(1 \cdot 1+4 \cdot 3+9 \cdot 4+16 \cdot 3+25 \cdot 1) - 9 = \underline{1{,}17},$$

$$s_2^2 = \frac{1}{14}\,(4 \cdot 1+9 \cdot 2+16 \cdot 4+25 \cdot 4+36 \cdot 2+49 \cdot 1) - 4{,}5^2 = \underline{1{,}68}.$$

Unter Verwendung von (5-10) folgt für die Gesamtvarianz s^2:

$$s^2 = 1{,}17 \cdot \frac{12}{26} + 1{,}68 \cdot \frac{14}{26} + (3-3{,}81)^2 \cdot \frac{12}{26} + (4{,}5-3{,}81)^2 \cdot \frac{14}{26} = \underline{2{,}00}.$$

Dasselbe Ergebnis hätte man natürlich bei direkter Berechnung von s^2 aus der Gesamthäufigkeitsverteilung erhalten.

Beweis von Formel (5-10):
Es werden die im Kap. 4-3A beim Beweis von Formel (4-10) eingeführten Bezeichnungen erneut verwendet (siehe dort für f_{ij}, $f_{i\cdot}$, $f_{\cdot j}$, n_j und $\bar{x}_j$.

Wegen (5-4) gilt:

$$s_j^2 = \frac{1}{n_j} \sum_{i=1}^{k} (x_i - \bar{x}_j)^2 f_{ij}, \quad j=1,2,...,m.$$

Der Zähler wird durch Hinzufügen von $0 = \bar{x} - \bar{x}$ nicht im Wert verändert, d.h.

$$s_j^2 = \frac{1}{n_j} \sum_{i=1}^{k} (x_i - \bar{x} + \bar{x} - \bar{x}_j)^2 f_{ij} = \frac{1}{n_j} \sum_{i=1}^{k} \Big[(x_i - \bar{x}) - (\bar{x}_j - \bar{x})\Big]^2 f_{ij} =$$

$$\frac{1}{n_j} \sum_{i=1}^{k} (x_i - \bar{x})^2 f_{ij} + \frac{1}{n_j} \sum_{i=1}^{k} (\bar{x}_j - \bar{x})^2 f_{ij} - 2\,\frac{1}{n_j} \sum_{i=1}^{k} (x_i - \bar{x})(\bar{x}_j - \bar{x})\, f_{ij} =$$

$$\frac{1}{n_j} \sum_{i=1}^{k} (x_i - \bar{x})^2 f_{ij} + (\bar{x}_j - \bar{x})^2 - 2\,(\bar{x}_j - \bar{x})^2 = \frac{1}{n_j} \sum_{i=1}^{k} (x_i - \bar{x})^2 f_{ij} - (\bar{x}_j - \bar{x})^2,$$

denn: $\frac{1}{n_j} \sum_{i=1}^{k} (\bar{x}_j - \bar{x})^2 f_{ij} = (\bar{x}_j - \bar{x})^2 \frac{1}{n_j} \sum_{i=1}^{k} f_{ij} = (\bar{x}_j - \bar{x})^2$

(es wird über i, nicht über j summiert!)

$$\text{und: } -2\,\frac{1}{n_j}\sum_{i=1}^{k}(x_i-\bar{x})(\bar{x}_j-\bar{x})\,f_{ij} = -2\,(\bar{x}_j-\bar{x})\,\frac{1}{n_j}\sum_{i=1}^{k}(x_i-\bar{x})f_{ij} =$$

$$-2\,(\bar{x}_j-\bar{x})\left[\frac{1}{n_j}\sum_{i=1}^{k}x_i f_{ij} - \bar{x}\,\frac{1}{n_j}\sum_{i=1}^{k}f_{ij}\right] = -2(\bar{x}_j-\bar{x})\left[\bar{x}_j-\bar{x}\right].$$

$$\text{Somit ist: } \quad \frac{1}{n_j}\sum_{i=1}^{k}(x_i-\bar{x})^2 f_{ij} = s_j^2 + (\bar{x}_j-\bar{x})^2\,.$$

Da definitionsgemäß

$$s^2 = \frac{1}{n}\sum_{i=1}^{k}(x_i-\bar{x})^2 f_i, \text{ d.h. } s^2 = \frac{1}{n}\sum_{j=1}^{m}\sum_{i=1}^{k}(x_i-\bar{x})^2 f_{ij} = \frac{1}{n}\sum_{j=1}^{m}\Big(\frac{1}{n_j}\sum_{i=1}^{k}(x_i-\bar{x})^2 f_{ij}\Big)n_j,$$

folgt unter Verwendung des soeben gefundenen Ergebnisses:

$$s^2 = \frac{1}{n}\sum_{j=1}^{m}\left[s_j^2+(\bar{x}_j-\bar{x})^2\right]n_j = \sum_{j=1}^{m}\left[s_j^2+(\bar{x}_j-\bar{x})^2\right]\Big(\frac{n_j}{n}\Big)\,,$$

$$\text{d.h.} \quad s^2 = \sum_{j=1}^{m}s_j^2\Big(\frac{n_j}{n}\Big) + \sum_{j=1}^{m}(\bar{x}_j-\bar{x})^2\Big(\frac{n_j}{n}\Big) \quad \text{q.e.d.}$$

• **Kontrollfrage 5 :** Kommt es für die Berechnung von s^2 aus mehreren Teilvarianzen darauf an, in welcher Weise die Gesamthäufigkeitsverteilung zerlegt wurde ?

Praktische Anwendung von Formel (5-10):

Ein Unternehmen, das Glühbirnchen für Kontrollapparate herstellt, steht vor dem Problem, seinen Abnehmern eine zuverlässigere Brenndauer als bisher garantieren zu müssen. Die durchschnittliche Brenndauer von 10'000 Stunden wird von diesen zwar als durchaus angemessen angesehen, doch zwingt die bei einigen Birnchen nur wenig über 3'000 Stunden liegende Brenndauer die Abnehmer, *alle* Birnchen schon nach ca. 3'000 Stunden auswechseln zu müssen.

Zunächst wurde vom Glühbirnchenproduzenten angenommen, die große Streuung sei auf unsorgfältiges Einsetzen der Glühfäden, Schwankungen des Vakuums, ungenaue Montage der Glaskugeln auf den Sockel etc. zurückzuführen, doch wurden diesbezüglich keine Fehlerquellen entdeckt. Da erinnerte man sich, daß wöchentlich einmal in einem Spezialverfahren die Legierung für die Brennfäden hergestellt wurde und überprüfte die Brenndauer der Birnchen einmal getrennt nach dem Datum der Brennfädenlegierungen, die jeweils für rund 20'000 Birnchen reichten. Man betrachtete also die aus Legierungen verschiedener Zeitpunkte hergestellten Birnchen als Teilverteilungen und stellte folgendes fest:

Legierung Nr. (Woche)	1	2	3	4	5	6	7
Durchschnittliche Brenndauer in Std.	12'000	11'500	4'200	10'800	9'500	13'600	6'500
Streuung (Wurzel aus Teilvarianz) in Std.	550	600	420	350	500	480	580

Es wurde jetzt klar, daß die große (Gesamt-)Streuung der Brenndauern fast ausschließlich durch die großen *Unterschiede der Teil- AM* und nur in ganz geringem Maße durch die Teilvarianzen bedingt war. Man untersuchte jetzt, warum bei einigen Legierungen die *durchschnittliche* Brenndauer so niedrig war und fand den Fehler in mangelnder Sauerstoffzufuhr während einiger Schmelzprozesse. Es gelang also, in Anwendung von Formel (5-10), d.h. durch die Zerlegung der Gesamtstreuung, die Ursachen einer als zu hoch anzusehenden Streuung zu entdecken und den Fehler zu beheben. Die hohe Gesamtvarianz war fast ausschließlich durch die hohe Streuung *zwischen* den Teilmittelwerten um den Gesamtmittelwert (Streuung „inter") und nur ganz unwesentlich durch die Streuung innerhalb der einzelnen Legierungen (Streuung „intra") zustandegekommen.

Die Analyse der Varianz oder Streuung hat also, wie wir an diesem, aus didaktischen Gründen einfach gehaltenen Beispiel bereits erkennen können, u.U. größte praktische Bedeutung. Später wird auf sie zurückzukommen sein.

D. Skalentransformation

Wir wollen jetzt untersuchen, in welcher Beziehung bei einer im vorangegangenen Kapitel eingeführten Skalentransformation die Standardabweichungen einer ursprünglichen statistischen Variablen X und einer durch die Skalentransformation erzeugten „neuen" Variablen U stehen. Diesen Zusammenhang muß man kennen, damit man ihn sich später für verschiedene Zwecke (Stichwort: Standardisierung) zunutze machen kann.

Wir gehen wieder wie in Kapitel IV aus von der Beziehung:

$$U = \frac{X - A}{c} \quad ,$$

wobei A und c an sich beliebige Zahlen darstellen, denen man aber zur Lösung eines bestimmten Problems genau vorherbedachte Werte gibt.

Die Standardabweichung von U wollen wir mit s_u bezeichnen, um sie von der Standardabweichung von X, die wir von nun an mit s_x bezeichnen wollen, zu unterscheiden. Natürlich wird die Standardabweichung von U auch nach einer der Formeln (5-4) bis (5-5) resp. nach der Alternativformel (5-9) berechnet. Das Symbol spielt keine Rolle! Am Beispiel der Preisdaten (Tabellen 3-14 resp. 4-2) soll die Berechnung von s_u gezeigt werden. Wie in Kapitel IV soll die Transformation mit den Werten A = 103,75 und c = 1,5 erfolgen.

Es soll also sein: $$u_i = \frac{x_i - 103{,}75}{1{,}5}$$

Fig. 5-8 veranschaulicht die Skalentransformation für das Beispiel der Preisangaben.

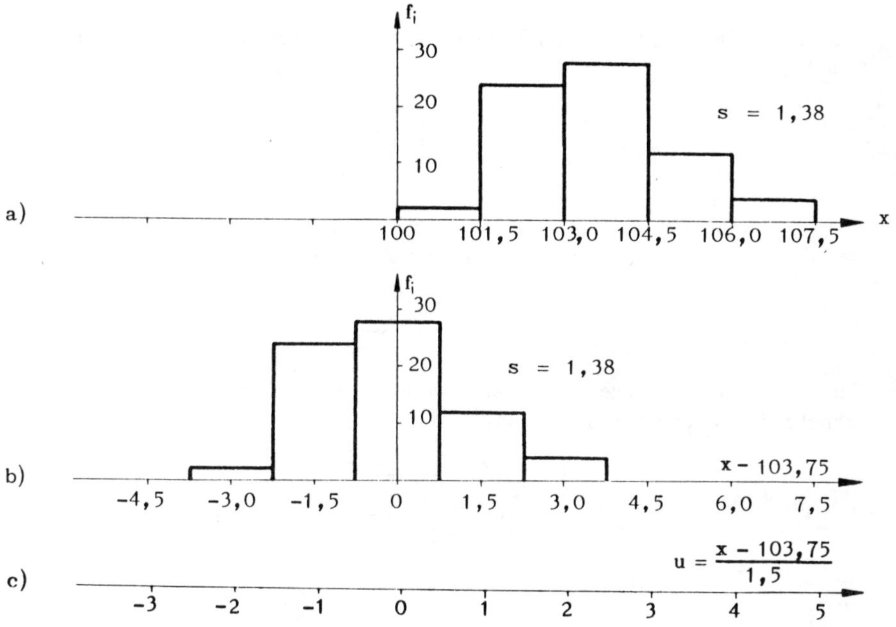

Fig. 5-8: Skalentransformation und Standardabweichung

Tabelle 5-2 wiederholt in den 3 ersten Spalten nochmals die Häufigkeitsverteilung der Preisangaben und gibt in den Spalten 4 bis 8 die für die Berechnung von s_u notwendigen Zwischenschritte an. s_u berechnen wir nach der Alternativformel (5-9).

$$s_u = \sqrt{\frac{1}{n} \cdot \sum u_i^2 f_i - (\overline{u})^2} \quad .$$

Tab. 5-2: Arbeitstabelle zur Berechnung der Standardabweichung von U nach der Formel (5-9)

Klassen	f_i	m_i	$m_i - 103{,}75$	u_i	$u_i f_i$	u_i^2	$u_i^2 f_i$
100,0 bis unter 101,5	2	100,75	-3,0	-2	- 4	4	8
101,5 bis unter 103,0	24	102,25	-1,5	-1	-24	1	24
103,0 bis unter 104,5	28	103,75	0	0	0	0	0
104,5 bis unter 106,0	12	105,25	1,5	1	12	1	12
106,0 bis unter 107,5	4	106,75	3,0	2	8	4	16
	70				-8		60

Es ergibt sich also:

$$s_u = \sqrt{\frac{60}{70} - (\frac{-8}{70})^2} = 0{,}92 \ .$$

Wie gleich gezeigt wird, lautet der Zusammenhang zwischen den Standardabweichungen s_x und s_u

$$\boxed{s_u = \frac{s_x}{c}} \qquad (5\text{-}11)$$

resp.

$$\boxed{s_x = c \cdot s_u} \qquad (5\text{-}12)$$

Für das soeben gerechnete Beispiel ergibt sich $s_x = 1{,}5 \cdot 0{,}92 = 1{,}38$. Explizit hingeschrieben lautet Formel (5-12) übrigens:

$$\boxed{s_x = c\sqrt{\frac{\sum u_i^2 f_i}{n} - (\bar{u})^2}} \qquad (5\text{-}13)$$

In den Formeln (5-11) resp. (5-12) erscheint das für die Transformation von X nach U verwendete A überhaupt nicht. Das kommt daher, daß *die Standardabweichung einer Verteilung überhaupt nicht von der absoluten Größe der Zahlen, sondern nur von deren Abständen untereinander abhängt. Die Standardabweichung ist einer linearen Verschiebung gegenüber invariant.*

Fig. 5-8 veranschaulichte, daß die Verteilung b), die durch eine einfache Verschiebung aus der Verteilung a) hervorging, eine genau gleiche Streuung und somit gleiche Standardabweichung haben muß. Eine gestauchte oder gedehnte Skaleneinteilung ergibt jedoch eine veränderte Standardabweichung s_u.

Beweis von Formel (5-13) und damit von (5-11) und (5-12):

Es ist zu zeigen, daß

$$s_x = \sqrt{\frac{1}{n}\sum (x_i - \bar{x})^2 f_i} = c\sqrt{\frac{1}{n}\sum u_i^2 f_i - \bar{u}^2} = c \cdot s_u \quad \text{ist.}$$

Da $u_i = \frac{x_i - A}{c}$; $\bar{u} = \frac{\bar{x} - A}{c}$; $s_u = \sqrt{\frac{1}{n}\sum u_i^2 f_i - \bar{u}^2} = \sqrt{\frac{1}{n}\sum (u_i - \bar{u})^2 f_i}$ ist, folgt: $c \cdot s_u = c\sqrt{\frac{1}{n}\Sigma\left[\frac{x_i - A}{c} - \frac{\bar{x} - A}{c}\right]^2 f_i} = c\sqrt{\frac{1}{n}\Sigma\frac{1}{c^2}(x_i - A - \bar{x} + A)^2 f_i}$

$$= c\sqrt{(\frac{1}{c^2})\frac{1}{n}\Sigma\,(x_i - A - \bar{x} + A)^2 f_i}$$

$$= c\sqrt{\frac{1}{c^2}} \cdot \sqrt{\frac{1}{n}\Sigma\,(x_i - \bar{x})^2 f_i} = \sqrt{\frac{1}{n}\Sigma\,(x_i - \bar{x})^2 f_i} = s_x \quad \text{q.e.d.}$$

5.4 Der Variationskoeffizient

Das arithmetische Mittel und die Standardabweichung (oder die Varianz) gehören wie siamesische Zwillinge zusammen. Aus ihnen kann man eine neue Kennzahl, den sog. Variationskoeffizienten (VK) herstellen. *Der VK ist das Verhältnis von Standardabweichung zum AM.*

Definition:

$$\boxed{VK = \frac{s}{\bar{x}} \cdot 100\%} \qquad (5\text{-}14)$$

Der Variationskoeffizient gibt an, wieviele Prozent des Durchschnitts die Standardabweichung beträgt. Er ist ein Maß für die *relative Streuung*. Der VK bringt eine vorhandene Information in eine für viele Fragestellungen besser geeignete Form. Er wird vor allem benötigt, wenn man verschiedene Verteilungen auf „verschiedenen Niveaus" vergleichen will.

• **Kontrollfrage 6 :** Welche Teilverteilung des Beispiels der Kontrollapparat-Birnchen hat den größten, welche den kleinsten VK ?

5.5 Aufgaben mit Lösung

Aufgabe 5 - 1:
Aus einer Kanone werden 10 Schüsse abgegeben. In der Reihenfolge des Abschusses ergaben sich folgende Einschlagentfernungen (ein Ziel zwischen 12'000 und 12'250 m Entfernung sollte durch 4 Schüsse getroffen werden und dementsprechend war die Kanone eingestellt). Die Schüsse schlugen in dieser Reihenfolge ein:

12110, 12'380, 12'400, 11'950, 11'800, 11'100, 12'150, 12'050, 12'240, 12'300.

a. Wie groß ist die Spannweite ?
b. Wo liegt das 1. Quartil, das 3. Quartil ?
c. Wo liegt der Median ?

Lösung
a. SW = 12'400 - 11'100 = 1'300 m.
b. Für die Quartils- und Medianbestimmung muß man die Daten der Größe nach ordnen:

x_1	x_2	x_3	x_4	x_5	x_6	x_7	x_8	x_9	x_{10}
11'100	11'800	11'950	12'050	12'110	12'150	12'240	12'300	12'380	12'400

$Q_1 = \frac{10+1}{4} = \underline{2{,}75}$; $Q_3 = \frac{3\,(10+1)}{4} = \underline{8{,}25}$; $11'800 < x_{Q1} < 11'950$; $12'300 < x_{Q3} < 12'380$

Oft nimmt man $x_{Q1} = 11'875$ m; $x_{Q3} = 12'340$ m. Da n nicht durch 4 teilbar ist, werden links resp. rechts nur 20% der Werte durch die Quartile „abgeschnitten". Es liegt eine Näherungslösung vor. Falls Quartile verlangt sind, ist so vorzugehen. Eigentlich wären hier Dezile vorzuziehen.
c. n ist gerade.

$$\text{Somit: } x_{Me} = \frac{x_5+x_6}{2}\,, \text{ d.h. } x_{Me} = \frac{12'110+12'150}{2} = 12'130 \text{ m}.$$

Aufgabe 5 - 2:
Man berechne s und $\hat{s}$ für die Preise der Tabelle 4-2 ohne Skalentransformation.

Lösung:
Man verwendet Formel (5-9) resp. (5-7) oder (5-6) und erhält: $s = 1{,}378$ und $\hat{s} = 1{,}388$. Man erkennt, daß schon bei $n = 70$ der Unterschied zwischen s und $\hat{s}$ praktisch vernachlässigbar klein ist.

***Aufgabe 5 - 3:**
Die folgende Statistik gibt die Arbeitslosenquoten der EG-Staaten 1984 an. Wodurch können Sie die *Verteilung* der Arbeitslosenquoten charakterisieren und wie beurteilen Sie die verschiedenen Kennzahlen ? Man beachte, daß nicht danach gefragt ist, aus Teilquoten durch Aggregation eine Gesamtquote herzustellen, sondern danach, den „Verteilungszustand" der Teilquoten im Hinblick auf ihre „Zentriertheit" und ihre Streuung zu beschreiben.

Arbeitslose und Arbeitslosenquoten in den EG-Staaten 1984

Land	registrierte Arbeitslose (in 1'000)	Arbeitslosenquote *) in %
Belgien	595	14,4
Dänemark	272	10,0
Deutschland (BRD)	2'266	8,4
Frankreich	2'310	10,2
Griechenland	71	1,9
Großbritannien	3'160	11,9
Irland	214	16,5
Italien	2'954	12,9
Luxemburg	3	1,7
Niederlande	822	14,4

*) Anteil registrierter Arbeitsloser an den Erwerbspersonen ohne Soldaten
Quelle: Stat. Jb. 1985 für die Bundesrepublik Deutschland, S. 658.

Lösung:
Die Statistik der Arbeitslosenquoten in den EG-Staaten besteht aus zehn *Gliederungszahlen* (Arbeitslose : Erwerbspersonen). Gleichzeitig tritt das *qualitative Merkmal* „Gebietszugehörigkeit" der Arbeitslosenquoten auf.

Die *Ausprägungen* dieses qualitativen Merkmals verweisen darauf, wer hier gewissermaßen *als Merkmalsträger* für die Werte der Gliederungszahl in Betracht kommt. Es sind dies die Staaten, denen die Werte „ihrer" Arbeitslosenquote wie Merkmalswerte zugeordnet werden können.

Als *Mittelwert-Kennzahl* für die Arbeitslosenquoten kommt im vorliegenden Fall natürlich nicht der *Modus* in Frage (es wäre 14,4%!). Brauchbar wäre hingegen der *Median*, er liegt bei 11,05% („die Hälfte der Länder hat unter, die Hälfte hat über 11% Arbeitslose"). Ebenfalls nicht in Frage kommt ein ungewogenes resp. ein mit der Anzahl der Beobachtungen oder Träger (Staaten) gewogenes Mittel. Das durch die kleinen Länder nach unten gezogene ungewogene AM betrüge 10,23%, ein ungewogenes HM sogar nur 5,58%! Von der Sachlogik her richtig ist *nur ein gewogenes Mittel* und das heißt, *wenn Gliederungszahlen und die Zählergröße* (Arbeitslose) vorliegen, nur ein mit der Zahl der Arbeitlosen gewogenes *harmonisches Mittel.*

Will man das HM vermeiden, kann man mit den vorliegenden Angaben die *Nennergröße* „Erwerbspersonen" errechnen und dann ein *gewogenes AM* bilden. Beide Ergebnisse sind, wie in Kapitel IV, Abschnitt 4.3.C gezeigt, identisch und sie stimmen überein mit der Gesamtquote, die sich aus der Inbeziehungsetzung aller Arbeitslosen der EG (= 12'667'000) zur Summe der Erwerbspersonen aller EG-Länder (116'847'000) errechnet. Die für die Berechnung erforderlichen Zahlen sind in der folgenden Tabelle angegeben. Das Resultat lautet 10,84% oder gerundet 10,8%.

Um die *Streuung* der Arbeitslosenquoten zu beschreiben, bedient man sich am besten der *Spannweite.* Diese reicht von 1,7% (Luxemburg) bis 16,5% (Irland). Die Angabe von *Quartilen* entspräche dem vorliegenden kleinen, nicht durch vier teilbaren Datenmaterial weniger gut. Eher in Frage kommen die *Dezile* (es gibt 9 Dezile, die das geordnete Datenmaterial in 10 gleiche Teile zerlegen). Zum Datenmaterial passend sind z.B. folgende Dezilwerte: einerseits das 2. Dezil: „Zwei der 10 Staaten (= 20%) haben weniger als 2% Arbeitslose“ (2% = passend gewählter Wert des 2. Dezils) und andererseits das 7. Dezil: „Drei der 10 Staaten (= 30%) haben über 14% Arbeitslose“ (14% = passend gewählter Wert des 7. Dezils). Ebenfalls richtig wäre die Streuungsangabe: „Fünf der 10 Staaten (= 50%) haben ein im mittleren Bereich zwischen 8% und 13% liegende Arbeitslosigkeit“ (hier wurden 8% resp. 13% als passend für das 2. resp. 7. Dezil gewählt).

Land	Arbeitslosenquote:	Erwerbspersonen: (in 1'000)	relatives Gewicht:
B	14,4	4'132	0,03536
DK	10,0	2'720	0,02328
D	8,4	26'976	0,23087
F	10,2	22'647	0,19382
GR	1,9	3'737	0,03198
GB	11,9	26'555	0,22726
IR	16,5	1'297	0,01110
I	12,9	22'899	0,19597
L	1,7	176	0,00151
NL	14,4	5'708	0,04885
		116'847	1,00000

Nicht gut begründbar wäre im vorliegenden Sachzusammenhang die Verwendung einer *Standardabweichung* (rechnerisch ergäbe sich, gewichtet mit den Erwerbspersonen, ein s = 2,58%). In anderen Sachzusammenhängen, beispielsweise, wenn die *Nennergröße einer Beziehungszahl als Verursacher der Zählergröße* in Betracht kommt (z.B. Wertschöpfung pro Beschäftigter), könnte aber eine Standardabweichung durchaus in Frage kommen, um beispielsweise die Streuung der Beziehungszahlen über die verschiedenen Branchen zu charakterisieren.

Die Wahl der richtigen Kennzahl ist, dies sollte die vorliegende Aufgabe zeigen, von Fall zu Fall sorgfältig zu prüfen! Bei Beziehungszahlen steht oft „der Trivialität der Zahlenlogik eine komplizierte Sachlogik gegenüber“, betonten *Menges* und *Skala* zu Recht (Siehe im Literaturverzeichnis, Allgemeine Literatur, Grundriß der Statistik, Teil 2, S.324).

Aufgabe 5 - 4:

Gegeben sind x_i und y_i, die Zahl der Beschäftigten je Einzelhandlung in Land A und Land B.

a. In welchem Land ergibt sich eine grössere Standardabweichung ? Geben Sie die Antwort, ohne die Standardabweichungen zu berechnen.

A		B	
x_i	f_i	y_i	f_i
1	4	2	20
2	5	3	40
3	6	4	60
4	10	5	160
5	6	6	60
6	5	7	40
7	4	8	20

b. Berechnen Sie die beiden Standardabweichungen.
c. Berechnen Sie die gemeinsame Standardabweichung.

Lösung:
a. In Land *A* ergibt sich eine *grössere Standardabweichung*, denn die Abstände vom AM haben in der Verteilung A entweder die gleiche oder eine grössere relative Häufigkeit als bei der Verteilung B.

b. $s_A = \underline{1{,}761}$ Beschäftigte ; $s_B = \underline{1{,}414}$ Beschäftigte.

c. $\bar{x}_A = \underline{4;}$ $\bar{x}_B = \underline{5;}$ $n_A = \underline{40;}$ $n_B = \underline{400.}$

$$\bar{x} = \frac{40}{440} \cdot \bar{x}_A + \frac{400}{440} \cdot \bar{x}_B = \underline{4{,}909} \text{ Beschäftigte.}$$

$$s^2 = \frac{40}{440}\, s_A^2 + \frac{400}{440}\, s_B^2 + \frac{40}{440}\, (\bar{x}_A - \bar{x})^2 + \frac{400}{440}\, (\bar{x}_B - \bar{x})^2 =$$

$$\frac{1{,}761^2}{11} + \frac{10 \cdot 1{,}414^2}{11} + \frac{1}{11} \cdot 0{,}909^2 + \frac{10 \cdot 0{,}091^2}{11} = \underline{2{,}182.} \qquad s = \underline{1{,}477} \text{ Beschäftigte.}$$

Aufgabe 5 - 5:
Gegeben sei die folgende Häufigkeitsverteilung von Umsätzen in GE (Geldeinheiten):

Klassen (GE)	f_i
3 - unter 5	2
5 - unter 7	5
7 - unter 9	9
9 - unter 11	15
11 - unter 13	16
13 - unter 15	10
15 - unter 17	7
17 - unter 19	4
19 - unter 21	2

a. Berechnen Sie $\bar{x}$ und s.
b. Fassen Sie je zwei resp. drei Klassen zusammen und berechnen Sie erneut $\bar{x}$ und s.

Lösung:

a. $\bar{x} = 11{,}66$ GE $s = 3{,}64$ GE

b. Da 9 Klassen vorliegen gibt es zwei Möglichkeiten der Klassenbildung mit doppelter Klassenbreite wie bisher:

A		B		C	
Klassen	f_i	Klassen	f_i	Klassen	f_i
3 - unter 7	7	1 - unter 5	2	3 - unter 9	16
7 - unter 11	24	5 - unter 9	14	9 - unter 15	41
11 - unter 15	26	9 - unter 13	31	15 - unter 21	13
15 - unter 19	11	13 - unter 17	17		
19 - unter 23	2	17 - unter 21	6		

$\bar{x}_A = 11{,}69$ GE ; $s_A = 3{,}81$ GE ; $\bar{x}_B = 11{,}63$ GE ; $s_B = 3{,}74$ GE ; $\bar{x}_c = 11{,}74$ GE ;

$s_c = 3{,}85$ GE .

Man sieht, daß die Klassenbildung und vor allem der Informationsverlust bei Klassenzusammenlegung die Ergebnisse beeinflussen.

*** Aufgabe 5 - 6:**

Die Löhne der Arbeiter eines Betriebes betragen:

Lohnklassen (GE)	Anzahl Mitarbeiter
18'000 unter 21'000	8
21'000 unter 24'000	10
24'000 unter 27'000	16
27'000 unter 30'000	14
30'000 unter 33'000	10
33'000 unter 36'000	5
36'000 und mehr	2
	65

a. Berechnen Sie das arithmetische Mittel $\bar{x}$

b. Berechnen Sie die Standardabweichung s .

c. Wenn alle Mitarbeiter eine Lohnerhöhung von 10% erhalten, wie hoch ist die neue Standardabweichung ?

d. Falls alle Mitarbeiter 1'000 GE mehr erhalten, wie ändert sich jetzt die Standardabweichung ?

e. Zeigen Sie allgemein, wie sich $\bar{x}$ und s bei einer Erhöhung um k GE verändert.

f. Zeigen Sie die Veränderung von $\bar{x}$ und s bei einer Erhöhung um k %.

Lösung:

Bevor eine Berechnung von $\bar{x}$ und s vorgenommen werden kann, muß die offene Flügelklasse geschlossen werden. Wir wählen als Klassenobergrenze 39'000, da keine Informationen gegenteiliger Art vorliegen.

a) $\bar{x} =$ 26'930 GE

b) s = 4'680 GE

c) $s_{neu} = 1{,}1 \cdot s_{alt} = \underline{5'148 \ \text{GE}}$

d) s bleibt <u>unverändert.</u>

e) $$\bar{x}_A = \frac{\sum x_i f_i}{n} \; ; \quad \bar{x}_N = \frac{\sum (x_i + k) f_i}{n} = \frac{\sum x_i f_i}{n} + k \frac{\sum f_i}{n} = \underline{\bar{x}_A + k} .$$

$$s_A = \sqrt{\frac{\sum (x_i - \bar{x}_A)^2 f_i}{n}} .$$

$$s_N = \sqrt{\frac{\sum [(x_i + k) - \bar{x}_N]^2 f_i}{n}} = \sqrt{\frac{\sum [(x_i + k) - (\bar{x}_A + k)]^2 f_i}{n}} .$$

$$s_N = \sqrt{\frac{\sum (x_i - \bar{x}_A)^2 f_i}{n}} = \underline{s_A} .$$

f) $$x_{iN} = x_i + \frac{K}{100} x_i = (1 + \frac{K}{100}) x_i \; ; \quad (k = \frac{K}{100}) .$$

$$\bar{x}_N = \frac{1}{n} \sum [(1 + k) x_i] f_i = (1 + k) \frac{1}{n} \sum x_i f_i = \underline{(1 + k) \bar{x}_A}$$

$$s_N = \sqrt{\frac{1}{n} \sum [(1 + k) x_i - (1 + k) \bar{x}_A]^2 f_i} = (1 + k) \sqrt{\frac{1}{n} \sum (x_i - \bar{x}_A)^2 f_i} .$$

$\underline{s_N = (1 + k) s_A}$

5.6 Antworten auf die Kontrollfragen

1. Median.

2. $\sqrt{\sum_{i=1}^{n} \frac{x_i^2}{n} - \bar{x}^2}$; $\sqrt{\sum_{i=1}^{k} \frac{m_i^2 f_i}{n} - \bar{x}^2}$; $\sqrt{\sum \frac{x_i^2 f_i}{n-1} - \frac{n}{n-1} \bar{x}^2}$.

3.

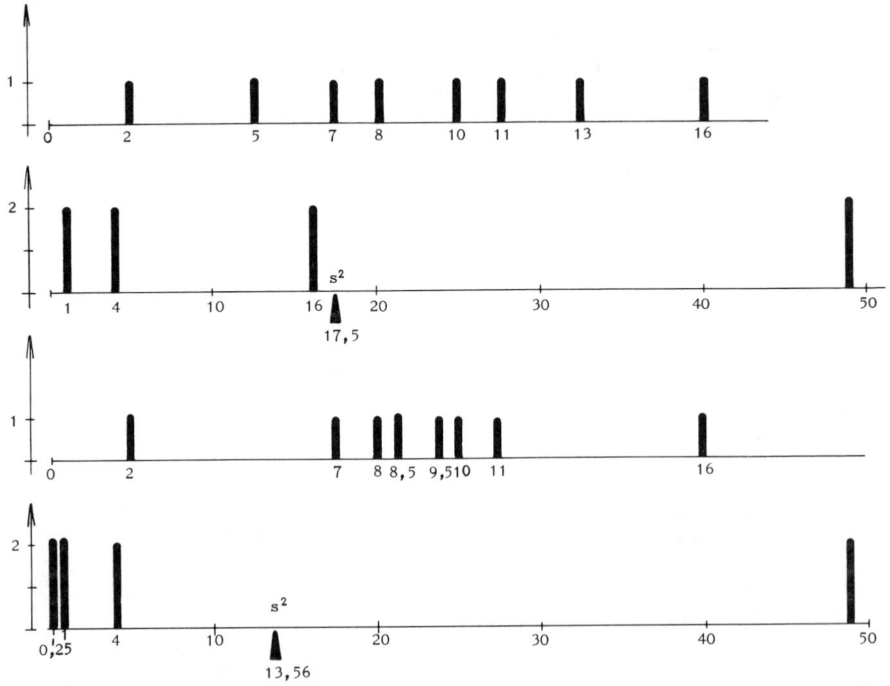

Es ist für Fig. 5-4b: $s^2 = 17{,}5$ und $s = 4{,}18$; für Fig. 5-4c: $s^2 = 13{,}56$ und $s = 3{,}68$. Man sieht, wie mit engerer Streuung der x_i die Streuung der Abstandsquadrate und damit deren AM (die Varianz s^2) sich zum Ursprung hin verschiebt.

4. 100% .

5. Wie immer man eine Häufigkeitsverteilung zerlegt, es bleibt ohne Einfluß auf die aus den Teilvarianzen berechnete Gesamtvarianz.

6. $\frac{350}{10'800} \cdot 100\% = 3{,}2\% =$ Min. $\frac{420}{4'200} \cdot 100\% = 10{,}0\% =$ Max.

Kapitel VI: Die Messung von Konzentration

6.1: *Vorbemerkung* - **6.2:** *Die Konzentrationsrate* - **6.3:** *Konzentration und Streuung* - **6.4:** *Die Lorenzkurve* **6.5:** *Der Gini-Index (Gini-Koeffizient)* - **6.6:** *Der Herfindahl-Koeffizient* - **6.7:** *Aufgaben mit Lösung* - **6.8:** *Antworten auf die Kontrollfragen*

6.1 Vorbemerkung

Im vorliegenden Kapitel wird die Untersuchung von statistischen Variablen resp. von Häufigkeitsverteilungen fortgesetzt. Außer für die zentrale Tendenz (Mittelwert) und Streuung interessiert man sich bei einer Reihe von ihnen auch für die Eigenschaft der *Konzentration.* Sie bedeutet so viel wie Verdichtung, Schwerpunktbildung oder Ballung. Man spricht z.B. von Bevölkerungskonzentration, wenn auf einem kleinen Flächenanteil eines bestimmten Gebietes ein großer Teil der Bevölkerung „zusammengeballt" ist („Ballungsgebiet"). Das Wort Konzentration geht zurück auf das lateinische „concentrare" („auf einen Punkt zusammendrängen"). Es ist in verschiedene Wissensgebiete übernommen worden. In der Chemie beispielsweise interessiert die Konzentration einer Lösung. Konzentration tritt auch als ökonomisches Phänomen auf. Sie liegt z.B. vor, wenn zu einem bestimmten Zeitpunkt ein *relativ kleiner Anteil* der Bevölkerung (nehmen wir an: 3%) einen *relativ hohen Anteil* an einem ökonomischen Aggregat (einer sog. Merkmalssumme) wie Einkommen, Vermögen oder Aktien besitzt (z.B. 30%). Man sagt dann, es liege *relative* Konzentration oder *Disparität* vor.

Von Konzentration spricht man auch, wenn eine Merkmalssumme oder ein Großteil davon auf sehr *wenige* (z.B. fünf oder zehn) Merkmalsträger verteilt ist. Die Rede ist dann von *absoluter* Konzentration.

In beiden Beispielen haben wir es mit Konzentration im Sinne eines *Zustandes (statische Konzentration)* zu tun. Daneben ist Konzentration gegeben, wenn von Periode zu Periode ein zunehmend kleinerer Bevölkerungsanteil über einen zunehmend größeren Teil an einer Merkmalssumme verfügt. In diesem Fall liegt ein Konzentrations*prozeß* vor *(dynamische Konzentration).*

Konzentration gibt es sowohl im volkswirtschaftlichen als auch im betriebswirtschaftlichen Zusammenhang. Zum Bereich der Volkswirtschaftslehre gehört die Konzentration welt- oder gesamtwirtschaftlicher Aggregate, wie z.B. die Konzentration von Volkseinkommen, Volksvermögen oder Exporten, aber auch die Konzentration in einzelnen Branchen oder auf weltweiten oder nationalen Einzelmärkten, z.B. der Metallbranche oder dem Markt für elektronische Geräte. Ebenfalls hierher gehört auch die Konzentration ökonomischer Größen bei z.B. einzelnen Berufsgruppen oder sozialen Schichten, z.B. das Einkommen der Ärzte oder Apotheker.

Betriebs- oder einzelwirtschaftliche Konzentration tritt z.B. auf in der Materialwirtschaft, der Lagerhaltung oder der Kostenrechnung: Typischerweise entfallen auf relativ wenige Produkte ein relativ großer Teil des Mengenverbrauchs, des Lagerbedarfs oder der Kosten resp. des Gewinns.

Je nach dem Untersuchungsgegenstand unterscheidet man Konzentration von Verfügungsmacht, Betriebs-, Unternehmens-, Einkommens-, Vermögenskonzentration, ferner räumliche Konzentration oder internationale Konzentration - um nur einige der wichtigsten Arten zu nennen.

Historisch gesehen entstand das Interesse an (ökonomischer) Konzentration im 19. Jahrhundert, als mit der Industrialisierung immer größere und kapitalintensivere Unternehmen entstanden und zahlreiche Handwerksbetriebe verschwanden. Anfangs sah man in der Konzentration vor allem die Wirkung der Konkurrenz, später hauptsächlich die Ursache für deren Versagen. Man erkannte, daß die Bewahrung einer freiheitlichen Wirtschaftsordnung die Verhinderung von allzu großer Konzentration erforderlich machte.

Begriffe:

1. *Relative Konzentration* bedeutet Zuordnung eines großen resp. größer werdenden *Anteils* an einer Merkmalssumme zu einem kleinen (kleiner werdenden) *Anteil* der Merkmalsträger (mit der Implikation der Ungleichheit der Merkmalsträger untereinander).
2. *Absolute Konzentration* bedeutet: Eine Merkmalssumme ist auf eine *kleine resp. kleiner werdende Zahl* von Merkmalsträgern verteilt, *ohne* daß notwendigerweise Ungleichheit unter ihnen besteht. In etwas unschärferer Form spricht man von absoluter Konzentration auch dann, wenn ein *großer Anteil des Merkmalstotals* auf eine kleine resp. kleiner werdende Zahl von Merkmalsträgern entfällt.

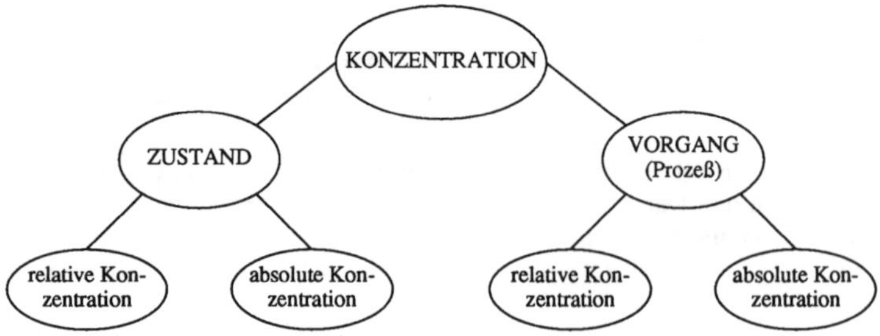

• **Kontrollfrage 1 :** Wenn man sagt: „das Einkommen der Ärzte ist sehr konzentriert", meint man damit, daß der Anteil der Ärzteeinkommen am Volkseinkommen relativ hoch ist?

Statistisch ist das Phänomen einer Konzentration nur faßbar, wenn ein metrisch skaliertes *Merkmal* mit nichtnegativem Wertebereich vorliegt, wie beispielsweise bei Umsätzen oder Einkommen. Im einzelnen kann es sich um *Wertgrößen* (z.B. Einkommen, Vermögen) oder um *Realgrößen* handeln (Tonnagen, Beschäftigte etc.). Besteht die Aufgabe des Statistikers in der Charakterisierung eines Konzentrationszustandes, dann ist eine *einzelne* Häufigkeitsverteilung zu beschreiben, soll hingegen ein Konzentrations*prozeß* dargestellt werden, dann sind *zwei* oder *mehr* Häufigkeitsverteilungen, die verschiedenen Zeitpunkten zugeordnet sind, miteinander zu vergleichen (*Komparativ-statische Betrachtung*).

6.2 Die Konzentrationsrate

Ein weit verbreitetes Konzentrationsmaß ist die Konzentrationsrate, die auch *Konzentrationsverhältnis, Konzentrationskoeffizient, Konzentrationsgrad* oder englisch *„concentration ratio"* genannt wird. Verwendung findet dieses Maß meist zur Charakterisierung von absoluter Konzentration, z.B. wenn gesagt wird: die drei größten Chemieunternehmen haben einen Umsatzanteil von 70% am Gesamtumsatz des Chemiemarktes.

Begriff:

Die Konzentrationsrate ist das Verhältnis der Teilsumme der j größten Merkmalswerte zum Merkmalstotal, d.h. der Summe aller Merkmalswerte.

Für die Bildung der Konzentrationsrate benötigen wir also ein Merkmalstotal und Merkmals*teil*summen. Jedem einzelnen Merkmalsträger i (es gibt insgesamt N) ist bekanntlich ein Merkmalswert x_i (Wert einer statistischen Variablen) zugeordnet. Darum folgt als

Definition des Merkmalstotals:

$$SX_N = \sum_{i=1}^{N} x_i = N\bar{x} \tag{6-1}$$

resp.

$$SX_N = \sum_{i=1}^{k} x_i f_i = N\bar{x} \tag{6-2}$$

Formel (6-1) bezieht sich auf den Fall, bei dem alle Merkmalswerte einzeln vorliegen. Formel (6-2) setzt eine Gruppierung zu k untereinander verschiedenen Werten voraus (vgl. Formeln (4-4) und (4-8) mit analoger Unterscheidung für die Bildung des arithmetischen Mittels).

Merkmalsteilsummen:

Neben dem Merkmalstotal benötigt man für die Konzentrationsrate eine Anordnung der einzelnen Merkmalswerte in *absteigender* Größe (*„der Größte zuerst!") und Teilsummen* SX_j der hier gezeigten Art:

$$x_1 \geq x_2 \geq x_3 \geq \ldots \geq x_j \geq \ldots \geq x_N .$$

$$\downarrow$$

$$SX_1$$

$$\downarrow$$

$$x_1 + x_2 = SX_2$$

$$\downarrow$$

$$\sum_{i=1}^{j} x_i = SX_j$$

Mit den Teilsummen und dem Merkmalstotal bildet man die Konzentrationsrate für beliebig vorgegebene j.

Definition der Konzentrationsrate (CR_j):

$$CR_j = \frac{SX_j}{SX_N} \cdot 100\%\,, \quad j = 1, 2, 3, \cdots \tag{6-3}$$

Anwendung:

Häufig nimmt man j = 2, 3, 5 oder 10, d.h. man gibt den Anteil der zwei, drei, fünf oder zehn größten Merkmalsträger an, doch kann im Prinzip j alle Zahlen von 1 bis N durchlaufen. Am häufigsten bezieht sich die Konzentrationsrate auf Firmen und ihren Umsatzanteil am Branchentotal. Ebensogut können aber auch Anteile am Vermögen, an Produktionsstückzahlen oder Tonnagen, wie z.B. einem Frachtaufkommen, gebildet werden.

• **Kontrollfrage 2 :** Angenommen, der Branchenumsatz der Chemieindustrie betrage 20 Mrd. DM. Die beiden größten Chemiefirmen haben Umsätze von 9,5 und 6,5 Mrd. DM. Welche Aussage (unter Verwendung von CR_j) können Sie machen?

Zur Illustration des Gesagten und zu weiterführenden Zwecken sei angenommen, auf dem deutschen Stahlmarkt habe es insgesamt 10 Unternehmen mit den in Tab. 6-1 in Spalte 3 und 4 angegebenen Umsätzen resp. Marktanteilen gegeben. Bei systematischer Berechnung aller möglichen Konzentrationsraten für die jeweils j größten Unternehmen benötigt man die in der vorletzten Spalte angegebenen Teilsummen und erhält die in der letzten Spalte angegebenen Resultate.

Tab. 6 - 1 : Stahlmarkt und Konzentrationsraten

Unternehmen	Merkmalsträger	Umsatz in Mrd.DM	Marktanteil %	j	SX_j	CR_j
A	1	30	20	1	30	20%
B	2	30	20	2	60	40%
C	3	30	20	3	90	60%
D	4	30	20	4	120	80%
E	5	6	4	5	126	84%
F	6	6	4	6	132	88%
G	7	4,5	3	7		
H	8	4,5	3	8		
I	9	4,5	3	9		
K	10	4,5	3	10		

• **Kontrollfrage 3 :** Man gebe für die Tabelle 6-1 SX_j und CR_j für $j \geq 7$ an. Wie groß ist SX_N ?

Zur Veranschaulichung sind in Fig. 6-1 die berechneten CR_j eingetragen und durch einen Kurvenzug, der im Ursprung beginnt, miteinander verbunden.

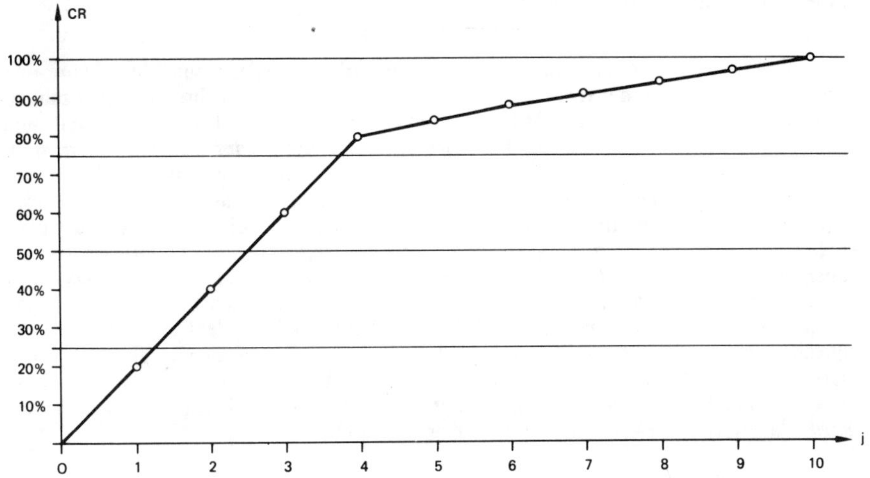

Fig. 6 - 1: Darstellung von Konzentrationsraten als Konzentrationskurve

<u>*Bemerkungen:*</u>

1) Die Konzentrationsrate ist ein rasch angebbares und leicht verständliches Konzentrationsmaß.

2) Unbefriedigend ist, daß man j mehr oder weniger willkürlich „greift" und CR_j daher nicht objektiv feststeht. Obendrein bleibt ein Großteil der Information, die in der zu messenden Verteilung steckt, unausgeschöpft.

3) Man kann diese Mängel beheben, indem man *alle* Konzentrationsraten berechnet und aus ihnen wie in Fig. 6-1 gezeigt eine Konzentrations*kurve* bildet.

4) Die Konzentrationskurve erbringt zwar Anschaulichkeit, man handelt sich aber den Nachteil ein, daß man keine einfache Kennzahl mehr besitzt, sondern jetzt „optisch" messen muß: je rascher (d.h. für je kleinere Werte von j) die Konzentrationskurve die durch 100% gehende Horizontale erreicht, desto größer ist die absolute Konzentration.

5) Die Konzentrationskurve kann auch zur „optischen" Messung der Disparität, d.h. der relativen Konzentration, benutzt werden: je konvexer gegen links oben sie ist, d.h. je steiler sie zu Beginn ansteigt, und je rascher sie gegen die genannte Horizontale konvergiert, desto höher ist die relative Konzentration. Im Extremfall, wenn nur ein Merkmalsträger das Merkmalstotal auf sich vereinigt (N=1), erreicht die Konzentrationskurve schon bei j=1 die 100%-Linie: es liegt höchste absolute und relative Konzentration vor (siehe Aufg. 6-9).

6) In der Konzentrationskurve ist bereits der Idee nach das weiter unten zu zeigende Konzentrationsmaß der Lorenzkurve angelegt. Wir benötigen sie außerdem im nächsten Abschnitt, um den Unterschied zur Streuungskennzahl einer Verteilung herauszuarbeiten.

6.3 Konzentration und Streuung

Konzentration ist *nicht* dasselbe wie *Zentrierung*, d.h. Tendenz zur Mitte. Um eine Kennzahl zur Messung der relativen Konzentration nicht mit einer Streuungskennzahl zu verwechseln, muß man daher Zentrierung (gemessen durch eine Streuungskennzahl) und Konzentration genau auseinanderhalten: Bei der Zentrierung oder Streuung interessiert, *wie eng um einen mittleren Wert die einzelnen Merkmalswerte liegen,* bei der Konzentration interessiert dagegen, *wo die Hauptmasse der Merkmalssumme liegt resp. „wie ungleich untereinander" die Merkmalswerte sind.* Anders als bei der Zentrierung *kommt es bei der Konzentration nicht primär auf die Unterschiede der Merkmalswerte gegenüber einem Mittelwert an, sondern wie sich das Merkmalstotal auf die einzelnen Merkmalsträger aufteilt.* Die statistische Konzentrationsbeschreibung und Konzentrationsmessung kann daher in der Regel nicht oder jedenfalls nicht so weitgehend wie die Beschreibung durch Mittelwert- oder Streuungskennzahlen von den ursprünglichen Merkmalsträgern losgelöst erfolgen. Die *Verbindung* zwischen Merkmalswerten und ihren Merkmalsträgern bleibt wesentlich bei der Interpretation der gefundenen statistischen Kennzeichnung einer Konzentration.

Zur Klärung des Unterschiedes von Streuung (Zentrierung) und Konzentration sei von vier Einkommensverteilungen von jeweils 10 Landwirten in den Dörfern A, B, C und D gemäß Tabelle 6-2 ausgegangen. Am Fuß der Tabelle 6-2 sind die zugehörigen $\overline{x}$ und s (Standardabweichung) angegeben.

Tab. 6 - 2: Die Einkommen von je 10 Landwirten in den Dörfern A, B, C und D

i	Einkommensverteilung in Dorf			
	A	B	C	D
1	36'900	8'000	4'000	108'000
2	36'900	10'000	5'000	110'000
3	36'900	11'000	5'500	111'000
4	36'900	14'000	7'000	114'000
5	36'900	23'000	11'500	123'000
6	36'900	28'000	14'000	128'000
7	36'900	30'000	15'000	130'000
8	36'900	35'000	17'500	135'000
9	36'900	98'000	49'000	198'000
10	36'900	112'000	56'000	212'000
$\overline{x}$	36'900	36'900	18'450	136'900
s	0	35'286	17'643	35'286

Mit diesen Daten sind in Fig. 6-2 die Stabdiagramme der vier Verteilungen gezeichnet. Die Verteilung von Dorf A nennt man „degeneriert", weil alle Werte zusammenfallen (alle Einkommen sind gleich groß).

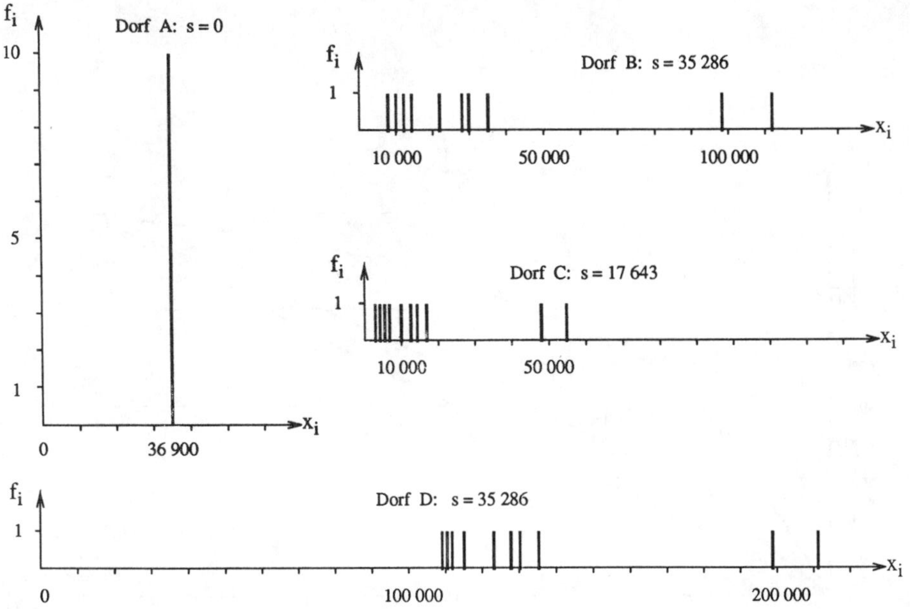

Fig. 6 - 2: Die vier Einkommensverteilungen von Dorf A, B, C, D

Um die relative Konzentration der vier Einkommensverteilungen darzustellen, wollen wir uns der Konzentrationskurven bedienen. Die benötigten Konzentrationsraten sind in Tabelle 6-3 angegeben.

• **Kontrollfrage 4 :** Wie groß ist das Merkmalstotal in den verschiedenen Dörfern?

Tab. 6 - 3: Die Konzentrationsraten der Einkommensverteilungen in Dorf A, B, C und D

j	Dorf A	Dorf B und C	Dorf D
1	10%	30%	15%
2	20%	57%	30%
3	30%	66%	40%
4	40%	75%	49%
5	50%	82%	59%
6	60%	88%	68%
7	70%	92%	76%
8	80%	95%	84%
9	90%	98%	92%
10	100%	100%	100%

Mit den Daten von Tabelle 6-3 sind die Konzentrationskurven in Fig. 6-3 gezeichnet (unter den Werten von j sind die Anteile der Merkmalsträger an ihrer Gesamtzahl in Prozent angegeben).

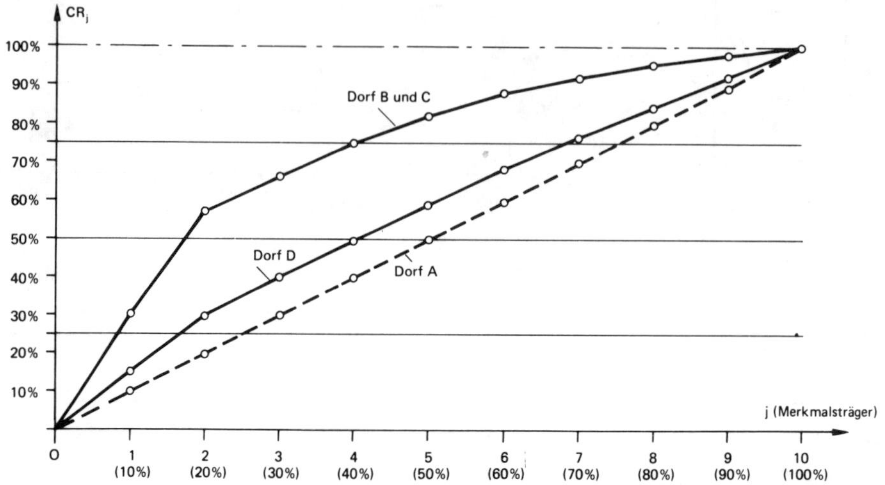

Fig. 6 - 3: Konzentrationskurven der Einkommen in den vier Dörfern A, B, C und D

Bemerkungen:

1) Die „egalitäre" Verteilung der Einkommen (Dorf A) bedeutet *Abwesenheit von relativer Konzentration* und wird ausgedrückt durch eine Streuungskennzahl s=0. Dieser Fall darf nicht als „Zusammenballung aller Werte auf einen Punkt" (höchste Konzentration), wie dies Fig 6-2 für Dorf A optisch suggeriert, (miß-)verstanden werden. Es liegt vielmehr der Fall minimalster relativer Konzentration vor! Das Merkmalstotal ist gerade *nicht* auf (einen) Merkmalsträger zusammengeballt, sondern im Gegenteil völlig *gleichmäßig verteilt auf alle Merkmalsträger* (zum Einkommen von 36'900 gehören 10 Merkmalsträger). Die Konzentrationskurve ist eine Gerade.

2) Der Vergleich der Verteilungen in B, C und D zeigt, daß keine eindeutige Beziehung zwischen Konzentration und Streuungskennzahl besteht. Im Vergleich von B zu C bleibt die *Konzentration* bei verringerter Streuung *gleich*. Im Vergleich von B zu D hingegen nimmt die *Konzentration bei unveränderter Streuungskennzahl ab.*

3) Der Vergleich von B und D (Niveauverschiebung um 100'000 GE bei allen Einkommen, unveränderte Streuung) zeigt, daß das „Niveau" der Merkmalswerte, das sich z.B. durch das arithmetische Mittel ausdrücken läßt, eine Rolle spielt. Besteht vielleicht ein bestimmter und unveränderlicher Zusammenhang zum Variationskoeffizienten? Dieser betrug bei B und C 96%, im Fall D 26%, blieb also konstant bei unveränderter Konzentration und nahm ab bei abnehmender Konzentration.

● **Kontrollfrage 5 :** Wie ist der Variationskoeffizient definiert?

Leider gibt es aber auch beim Variationskoeffizienten (VK) Situationen, in denen er nicht auf Veränderungen der Konzentration reagiert. In Figur 6-4 werden zwei Einkommensverteilungen vorgestellt, in denen beidemal der VK denselben Wert annimmt.

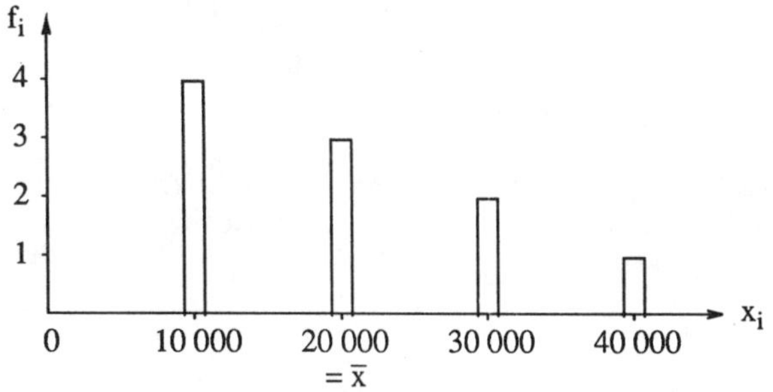

a) Eine linkssteile Verteilung

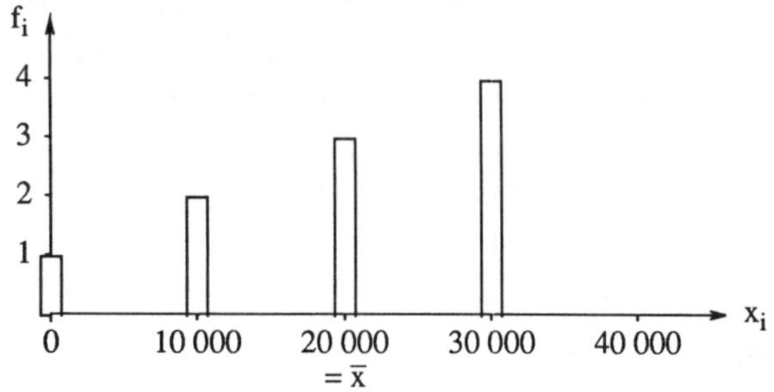

b) Eine rechtssteile Verteilung

Fig. 6 - 4: Zwei unterschiedliche Einkommensverteilungen

Bei beiden doch ganz offensichtlich sehr unterschiedlichen Verteilungen beträgt $\bar{x}$ = 20'000 GE, s = 10'000 GE und daher ist jedesmal VK = 50%.

Betrachten wir hingegen die Konzentrationsraten, dann kommen die Unterschiede der beiden Verteilungen zum Ausdruck.

Tab. 6 - 4: Die Konzentrationsraten der Verteilungen von Fig. 6 - 4

a) CR_j	b) CR_j
20	15
35	30
50	45
60	60
70	70
80	80
85	90
90	95
95	100
100	100

Man sieht, im Fall (a) liegt CR_j zunächst *über* jener von Fall (b), im mittleren Bereich fallen sie zusammen und danach liegt CR_j für (a) *unter* jener von (b).

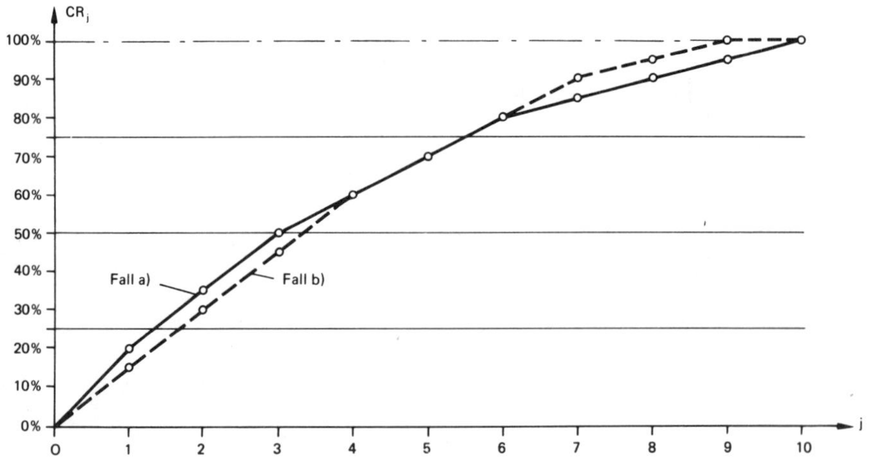

Fig. 6 - 5: Konzentrationskurven zu den Verteilungen von Fig. 6-4

• **Kontrollfrage 6 :** Welchen Wert hat der VK, wenn ein ökonomisches Aggregat egalitär auf alle Merkmalsträger verteilt ist?

Durch den soeben gezeigten Mangel an „Anzeigekraft" wird die Tauglichkeit des VK relativiert. Hinzu kommt als weiterer Nachteil des VK, daß ihm Anschaulichkeit fehlt. Er variiert von Null bis ∞.

6.4 Die Lorenzkurve

Die am häufigsten anzutreffende Kennzeichnung einer *relativen* Konzentration erfolgt durch die sog. Lorenzkurve. Anders als bei der Berechnung der CR_j benötigen wir jetzt eine Ordnung der Daten nach *zunehmender* Größe („Der Kleinste zuerst").

$$x_1 \leq x_2 \leq x_3 \leq \cdots \leq x_i \leq \cdots \leq x_N .$$

• **Kontrollfrage 7 :** Bei der Ermittlung welcher anderen Kennzahlen hatten wir ebenfalls eine Datenanordnung nach zunehmender Größe vornehmen müssen?

In der Regel bestehen die Ausgangsdaten, deren Konzentration man mit der Lorenzkurve messen will, aus gruppierten, in k Klassen zusammengefaßten Werten. Die x_i bezeichnen Klassen*ober*grenzen. Die Häufigkeiten, mit denen Werte in der Klasse x_{i-1} bis x_i auftreten, bezeichnen wir wie stets mit f_i .

Das Merkmalstotal ist jetzt nach Formel (6-2) zu berechnen, wobei statt mit x_i mit m_i , den Klassenmitten, zu rechnen ist. Wir benötigen wiederum Teilsummen, jedoch wie folgt ermittelt:

Merkmalsteilsummen pro Klasse

Klasse	Klassenmitte	absolute Häufigkeit	Merkmalsteil-summe pro Klasse
x_0 bis unter x_1	m_1	f_1	m_1f_1
x_1 bis unter x_2	m_2	f_2	m_2f_2
x_2 bis unter x_3	m_3	f_3	m_3f_3
.	.	.	.
.	.	.	.
.	.	.	.
x_{i-1} bis unter x_i	m_i	f_i	m_if_i
.	.	.	.
.	.	.	.
.	.	.	.
x_{k-1} bis unter x_k	m_k	f_k	m_kf_k

Mit diesen Merkmalsteilsummen und dem Merkmalstotal SX_N werden gebildet:

Teilsummenanteil einer Klasse:

$$q_i = \frac{m_i\, f_i}{SX_N} \tag{6-4}$$

• **Kontrollfrage 8 :** Worin unterscheiden sich die hier eingeführten Merkmalsteilsummen von den im Zähler von (6-3) stehenden Teilsummen SX_j ?

Ferner werden die aufwärtskumulierten Teilsummenanteile pro Klasse benötigt.

Aufwärtskumulierte Teilsummenanteile:

$$Q_i = \frac{\sum_{j=1}^{i} m_j f_j}{SX_N} = \sum_{j=1}^{i} q_j \qquad (6\text{-}5)$$

Anhand des Beispiels einer Einkommensverteilung kann jetzt die Konstruktion der Lorenzkurve gezeigt werden.

Beispiel:

Tab. 6 - 5: Eine fiktive Einkommensverteilung

Einkommensklasse	Einkommen in GE	Einkommensbezieher		Einkommen pro Klasse	
i	x_{i-1} bis x_i	f_i (inMio)	$\frac{f_i}{N}$	absolut[1)] (Mrd GE)	relativ q_i
1	unter 5'000	1,8	0,3	6	0,1
2	5'000 bis unter 8'000	1,8	0,3	12	0,2
3	8'000 bis unter 12'000	1,2	0,2	12	0,2
4	12'000 bis unter 36'000	1,2	0,2	30	0,5
Total	---	6,0	1,0	$SX_N = 60$	1,0

1) In dieser Spalte steht üblicherweise $m_i f_i$, wenn man nicht, wie hier unterstellt, aufgrund der Ausgangsdaten das genaue Klasseneinkommen kennt.

Die in Spalten 4 und 6 von Tabelle 6-5 angegebenen Ausgangsdaten werden jetzt aufwärtskumuliert. Die Aufwärtskumulation der relativen Häufigkeiten führt zu dem bekannten F_i . Die Kumulation der q_i erfolgt gemäß Formel (6-5). Das Ergebnis der beiden Aufwärtskumulationen ist zahlenmäßig in Tabelle 6-6 ausgewiesen.

Tab. 6 - 6: Kumulierte Einkommen und Einkommensbezieher

Einkommensobergrenze x_i	Proportion der Einkommensbezieher aufwärtskumuliert F_i	Proportion der Einkommen aufwärtskumuliert Q_i
5'000	0,3	0,1
8'000	0,6	0,3
12'000	0,8	0,5
36'000	1,0	1,0

Die Wertepaare F_i und Q_i werden jetzt in ein *quadratisches* Schaubild eingetragen, F_i auf der Abszisse, Q_i auf der Ordinate. Die entstehenden Punkte werden miteinander und mit dem Ursprung verbunden. Ferner wird die Hauptdiagonale eingetragen (siehe Fig. 6-6).

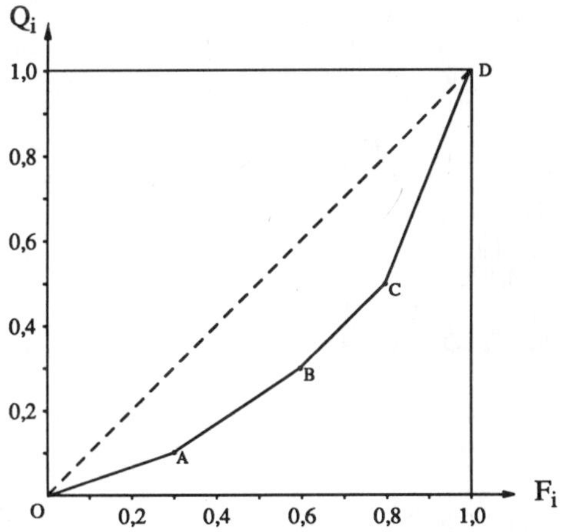

Fig. 6 - 6: Lorenzkurve zu den Daten von Tab. 6-5

Der Kurvenzug OABCD heißt „Lorenzkurve". Sie ist benannt nach dem amerikanischen Statistiker *M.O. Lorenz*. Die Lorenzkurve vermittelt *optisch* die gesuchte Information über den Grad einer relativen Konzentration. Man liest eine Lorenzkurve üblicherweise von links unten (beim Ursprung) beginnend ab. Für jeden Punkt der Kurve läßt sich so ablesen, daß z.B. die $F_i \cdot 100\%$ der untersten Einkommensbezieher einen Anteil am Gesamteinkommen von $Q_i \cdot 100\%$ haben. Für die Punkte A, B, C, D gelten die abgelesenen Werte genau, für Punkte auf der interpolierenden Verbindungsgeraden natürlich nur angenähert. Je mehr Klassen jedoch bei den Ausgangsdaten vorliegen, desto mehr geht die aus geraden Stücken zusammengesetzte Lorenz„kurve" in einen gerundeten Kurvenzug über und desto exakter sind die abgelesenen interpolierten Werte. Man kann übrigens einer Lorenzkurve auch Konzentrationsraten entnehmen, also den Prozentsatz am Gesamteinkommen, den die jeweils $\frac{j}{N} \cdot 100\%$ höchsten Einkommensbezieher erhalten. Man liest dann vom Punkt (1,0; 1,0), d.h. von rechts oben nach links unten gehend, ab.

• **Kontrollfrage 9 :** Welchen Anteil am Gesamteinkommen haben die 1,2 Millionen (=20%) höchsten Einkommensbezieher?

Anwendung:

Die Lorenzkurve ermöglicht es zunächst einmal optisch, den „Abstand" einer gegebenen Verteilung von der *egalitären* (d.h. *nicht konzentrierten*) Verteilung, wie sie durch die eingezeichnete Hauptdiagonale repräsentiert wird, zu erfassen. Anders als bei der Konzentrationsrate wird jetzt immer nur auf die *relativen* Anteile der Merkmalsträger abgestellt. Fig. 6-7 a) bis d) zeigt verschiedene Konzentrationszustände.

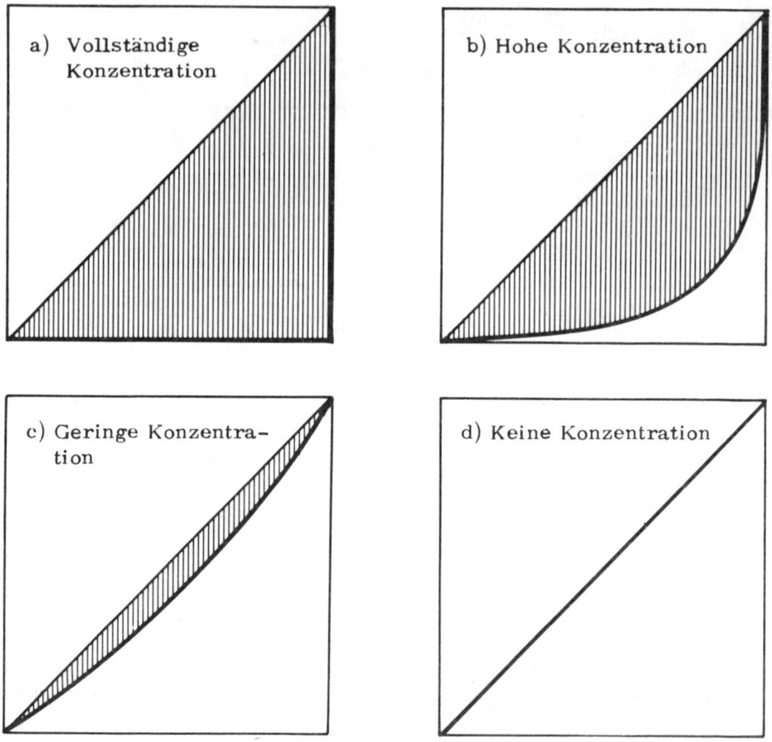

Fig. 6 - 7: Verschiedene Konzentrationszustände

Je geringer die in Fig. 6-7 schraffierte Fläche zwischen der Diagonale und der Lorenzkurve ist, desto kleiner ist der Grad an Konzentration. Fällt die Lorenzkurve mit der Hauptdiagonale zusammen (Fall d von Fig. 6-7), dann verschwindet die Fläche.

• **Kontrollfrage 10 :** Überlegen Sie einmal: was spräche dafür, F_i an der Ordinate, Q_i an der Abszisse abzutragen?

Um Konzentrations*zustände* in geographischer Hinsicht zu *vergleichen* oder um einen zeitlich ablaufenden Konzentrations*prozess* zu veranschaulichen, trägt man zwei Lorenzkurven in dasselbe Schaubild ein. Hat man z.B. verschiedene Zustände einer Einkommensverteilung zu den Zeitpunkten t_1 und t_2 *in dasselbe Schaubild* eingetragen, dann kann man eine Aussage über die Veränderung der Konzentration machen, sofern die Lorenzkurven sich nicht schneiden. Liegt die Lorenzkurve für den Zeitpunkt t_2 näher an der Diagonale, dann hat die Konzentration abgenommen, andernfalls hat sie zugenommen (siehe Fig. 6-8).

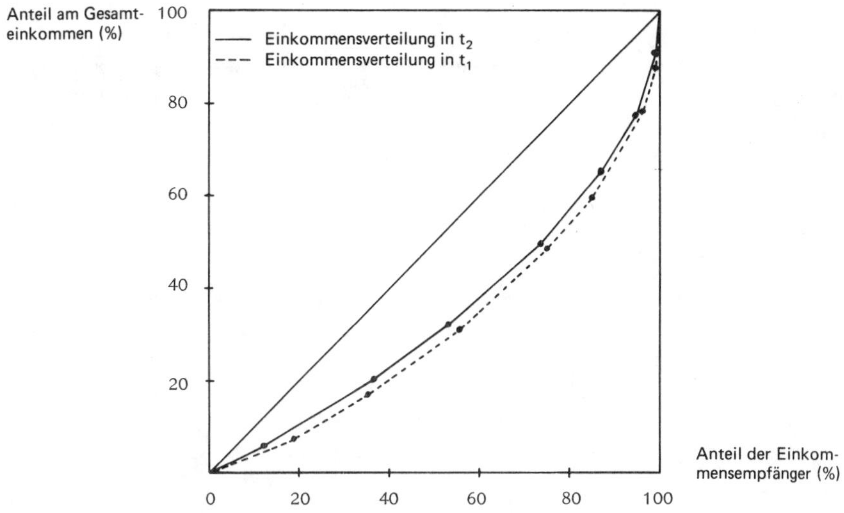

Beispiel:

Im folgenden wird die Konzentration des Energieverbrauchs in der Welt gezeigt. Beim Weltenergieverbrauch liegt ein Fall hoher Konzentration vor. So haben z.B. die 41,5% der Weltbevölkerung mit dem geringsten Prokopfverbrauch an Energie nur einen Anteil von 10,4% am Gesamtverbrauch. Auf die 6% größten Energieverbraucher (die Nord-amerikaner) entfallen 32,2%.

Tab. 6 - 7: Weltenergieverbrauch im Jahre 1975[1)]

	Anzahl Einwohner in Mio	"Verbrauch" in Mio Tonnen Kohle-äquivalenten	"Verbrauch" pro Einwohner in kg Kohleäquivalenten	Einwohner kumuliert in %	"Verbrauch" kumuliert in %
Afrika[2)]	401	157,58	393	10,2	2,0
Asien[3)]	1'236	673,68	545	41,5	10,4
Südamerika	178	144,59	813	46,0	12,2
Mittlerer Osten	120	126,58	1'055	49,0	13,8
Mittelamerika	141	166,26	1'174	52,6	15,9
Sozialist. Länder	1'248	2'589,64	2'075	84,2	48,2
Europa[4)]	365	1'467,52	4'023	93,5	66,6
Ozeanien	21	100,74	4'782	94,0	67,8
Nordamerika	237	2'575,61	10'888	100,0	100,0
Welt	3'947	8'002,20	2'028		

1) Eigentlich sollte man -physikalisch korrekt- von Nutzung der Energieumwandlung sprechen. Der Terminus Energieverbrauch ist jedoch noch weit verbreitet und wird daher auch hier verwendet.
2) Südafrika "verbraucht" über die Hälfte der Energie in Afrika mit 2953 kg/Einwohner. Würde man die Einteilung nach Ländern machen, würde eine noch beträchtlich höhere Konzentration zutage treten.
3) Ohne sozialistische Länder: China, Nordkorea, Mongolei, Vietnam, UdSSR.
4) Ohne sozialistische Länder: Albanien, Bulgarien, Tschechei, DDR, Ungarn, Polen, Rumänien, UdSSR.

Quelle: United Nations, Statistical Yearbook 1976, 28th Issue,New York 1977, S. 372 ff.

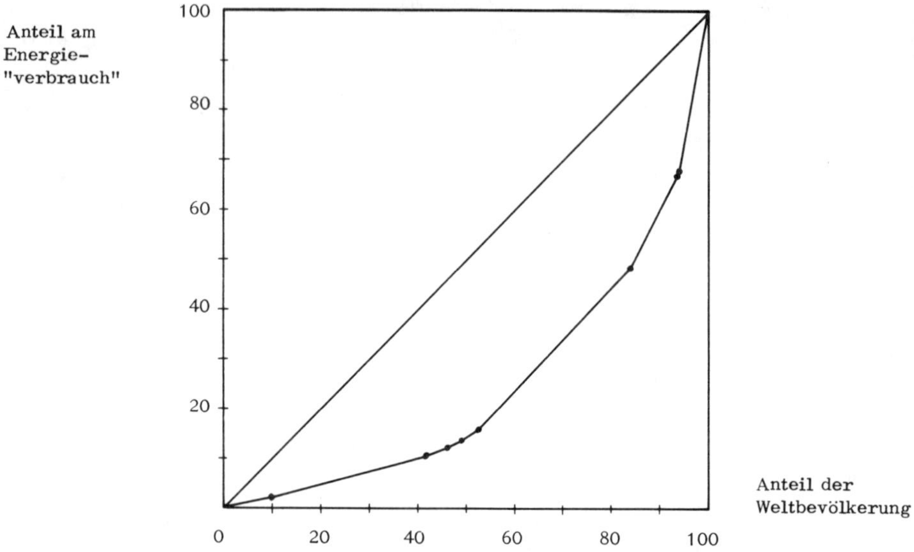

Fig. 6 - 9: Die Konzentration des Weltenergieverbrauchs

6.5 Der Gini-Index (Gini-Koeffizient)

Die optische „Messung" der (relativen) Konzentration durch die Lorenzkurve ist vom Augenurteil abhängig. Von dem italienischen Statistiker *Gini* ist daher eine Formel aufgestellt worden, die das Verhältnis der Fläche zwischen Hauptdiagonale und Lorenzkurve (in Fig. 6-7 schraffiert) zur Fläche des Dreiecks unter der Hauptdiagonale angibt. Man erhält so eine Zahlenangabe über die gegenüber der egalitären Verteilung durch eine gegebene Verteilung entstandene Fläche im Verhältnis zur Fläche des genannten Dreiecks. Neben der Bezeichnung Gini-Index findet man oft auch die Bezeichnung Gini-Koeffizient.

<u>*Definition des Gini-Indexes (GI):*</u>

$$GI = \left[\sum_{i=1}^{k} (F_{i-1} + F_i)\, q_i \right] - 1 \qquad (6\text{-}6)$$

Um die Berechnung durchzuführen, legt man sich eine Arbeitstabelle an, in die die F_i aus Tabelle 6-6 und die q_i aus Tab. 6-5 übernommen werden. F_0 hat definitionsgemäß den Wert 0.

Tab. 6-8: Arbeitstabelle zur Berechnung des GI

i	F_i	q_i	$F_i\,q_i$	$F_{i-1}\,q_i$
1	0,3	0,1	0,03	0,00
2	0,6	0,2	0,12	0,06
3	0,8	0,2	0,16	0,12
4	1,0	0,5	0,50	0,40
			0,81	0,58

Somit ist GI = 0,58 + 0,81 − 1 = 0,39. Der Gini-Index beträgt 0,39 oder 39%.

Herleitung der Formel des Gini-Indexes:

Man muß sich erinnern, daß die Fläche eines Trapezes gegeben wird durch das Produkt aus Mittellinie und Höhe.

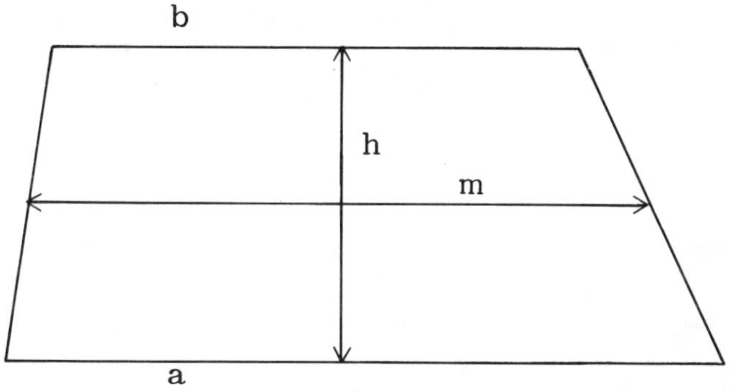

In Fig. 6-10 ist eines der Trapeze, aus denen sich die Fläche oberhalb der Lorenzkurve zusammensetzt, durch Schraffierung hervorgehoben. Die Fläche des gezeigten Trapezes beträgt $\frac{1}{2}(F_2 + F_3) \cdot q_3$. Die Gesamtfläche oberhalb der Lorenzkurve beträgt somit $\frac{1}{2}\sum_{i=1}^{4}(F_{i-1} + F_i) \cdot q_i$ und die Fläche zwischen Diagonale und Lorenzkurve dementsprechend $\frac{1}{2}\sum_{i=1}^{4}(F_{i-1} + F_i) \cdot q_i - \frac{1}{2}$, denn die Fläche des Dreiecks beträgt $\frac{1}{2}$.
Setzen wir diesen Ausdruck in Beziehung zur Fläche des unteren Dreiecks (mit einer Fläche von ebenfalls $\frac{1}{2}$), so erhält man die GI-Formel.

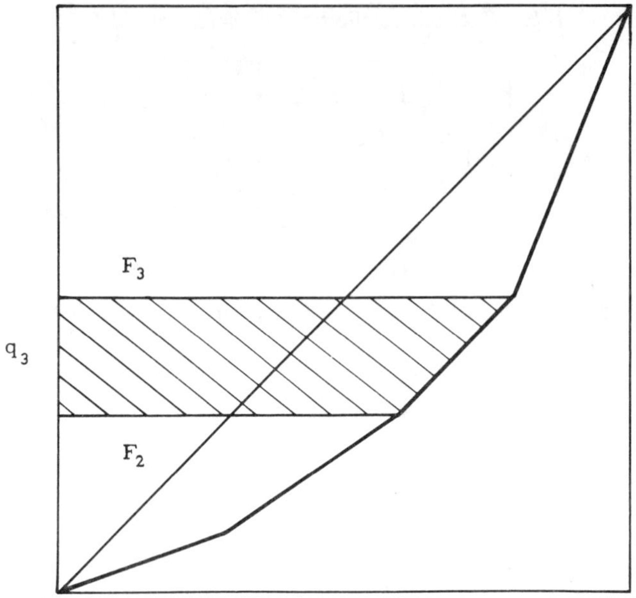

Fig. 6 - 10: Die Geometrie der GI - Formel

Aussage des Gini-Indexes:

Der Gini-Index gibt ein Flächenverhältnis an und drückt so durch eine einzige Kennzahl einen Konzentrationszustand aus. Vor allem für Vergleiche ist dies sehr erwünscht.

Variationsbereich des Gini-Indexes:

$$0 \leq GI < 1 \tag{6-7}$$

• **Kontrollfrage 11 :** Warum kann der Gini-Index nicht den Wert 1 annehmen? Welches ist sein maximaler Wert?

Grenzen der Aussagekraft:

Der GI hat wie alle Kennzahlen seine Grenzen. Eine erste zeigt sich in folgendem. Nehmen wir an, eine Einkommensverteilung habe sich in der in Fig. 6-11 gezeigten Weise verändert.

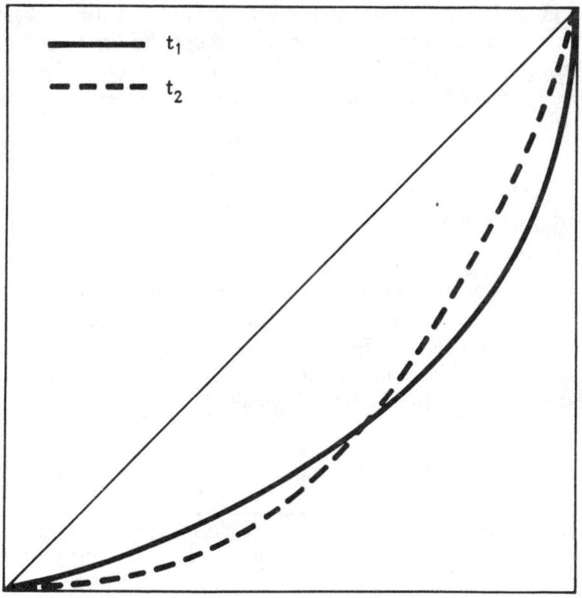

Fig. 6 - 11: Einkommensverteilung im Zeitpunkt t_1 (durchzogene Linie) und t_2 (gestrichelte Linie)

Der Gini-Index zeigt jetzt u.U. überhaupt keine Veränderung an. Tatsächlich hat jedoch eine Veränderung stattgefunden: im unteren Einkommensbereich hat eine Tendenz zu mehr Ungleichheit stattgefunden, im oberen Einkommensbereich zu mehr Gleichheit. Beides kompensiert sich rechnerisch, nicht aber unbedingt auch in der ökonomischen oder politischen Realität. Wenn z.B. die unteren Einkommensbezieher sich in ihren Positionen verschlechtert haben, dürfte dies dadurch, daß die „Reichen" untereinander nicht mehr so unterschiedlich reich sind, politisch kaum als eine Kompensation empfunden werden. Der Gini-Index „behandelt" gleiche Einkommensunterschiede auf verschiedenen Einkommensniveaus als gleich, obwohl gleiche Einkommensunterschiede auf verschiedenen Einkommensniveaus nicht von gleicher Bedeutung sind. Man sollte daher immer auch die zum Gini-Index gehörenden Lorenzkurven anschauen. Der Gini-Index ist eine die Lorenzkurve *begleitende Kennzahl.*

Eine zweite Grenze zeigt sich in folgendem: werden neben Merkmalsträgern, denen positive Werte (Einkommen) zugeordnet sind, auch Merkmalsträger ohne Einkommen (z.B. Familienangehörige, Abhängige - sie tragen Merkmalswerte von Null und werden auch „Nullträger" genannt) berücksichtigt, dann verschiebt sich die Lorenzkurve nach rechts und der Gini-Index steigt an. In vielen Fällen wäre es sachlich zwar richtig, auch Merkmalswerte von Null mitzuberücksichtigen, aber es ist manchmal unmöglich, den in Frage kommenden Kreis von Merkmalsträgern abzugrenzen oder zu erfassen. In anderen Fällen ist es sachlich nicht eindeutig, ob Merkmalsträger mit Nullwerten berücksichtigt werden müssen. Sowohl bei der Erstellung von Lorenzkurven und der Ermittlung der sie begleitenden Gini-Indizes als auch bei der Interpretation und speziell beim Vergleich vorliegender Lorenzkurven und ihrer Gini-Indizes darf die *Nullträgerproblematik* nicht aus dem Auge verloren werden.

6.6 Der Herfindahl-Koeffizient

Wir wollen jetzt an das in Abschnitt 6.2 eingeführte Beispiel des Stahlmarkts (siehe Tabelle 6-1) anknüpfen und einen Prozeß absoluter Konzentration messen. Gemäß Tabelle 6-1 gab es 10 Unternehmen. Jetzt sollen drei der kleinsten Firmen fusionieren, so daß die Gesamtzahl auf 8 Unternehmen zurückgeht. Die Situation hinsichtlich der sich ergebenden Marktanteile ist in Tabelle 6-9 festgehalten.

Tab. 6-9: Beispiel eines (absoluten) Konzentrationsvorganges

i = Unternehmen vor der Fusion	Marktanteil q_i	i = Unternehmen nach der Fusion	Marktanteil q_i
1	0,20	1	0,20
2	0,20	2	0,20
3	0,20	3	0,20
4	0,20	4	0,20
5	0,04	5	0,09
6	0,04	6	0,04
7	0,03	7	0,04
8	0,03	8	0,03
9	0,03		
10	0,03		
	1,00		1,00

Die zur Charakterisierung einer absoluten Konzentration (als Zustand) gebräuchliche Konzentrationsrate offenbart jetzt ihre Hauptschwäche, nämlich von einem „gegriffenen" j („die j größten Merkmalsträger") abzuhängen und nicht alle Informationen auszuschöpfen. Wählt man j = 1, 2, 3 oder 4, ändert sich die Konzentrationsrate CR_j durch die Fusion überhaupt nicht; sie zeigt keinen Konzentrationsvorgang an! Erst für gewählte j = 5, 6, 7 oder 8 nimmt CR_j jeweils zu. Nur mit Hilfe der aus der Verbindung aller CR_j entstandenen Konzentrationskurve wird der Konzentrationsvorgang angezeigt: die Konzentrationskurve erreicht die durch $CR_j = 100\%$ verlaufende Horizontale nach der Fusion schon für j = 8 statt für j = 10 vor der Fusion (siehe Fig. 6-12).

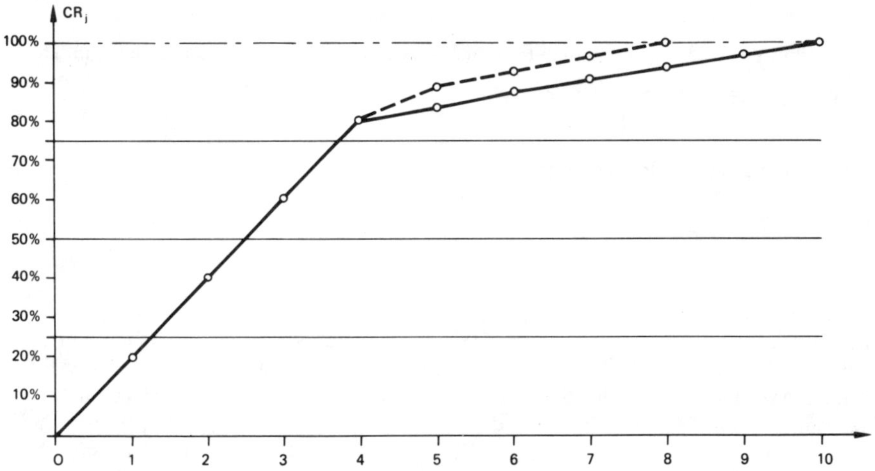

Fig. 6 - 12: Verschiebung der Konzentrationskurve nach oben durch die Fusion.

Die rein optische Darstellung eines Konzentrationszustands oder -prozesses hat wegen des dabei eine Rolle spielenden Augenurteils seine Nachteile. Daher war bei der Messung der relativen Konzentration die Einführung des Gini-Indexes wünschenswert gewesen. Um auch absolute Konzentrationszustände und -vorgänge durch eine Kennzahl zu charakterisieren, wird daher der *Herfindahl-Koeffizient* (auch *Herfindahl-Index* oder *Hirschman-Index* genannt) verwendet.

Definition der Herfindahl-Koeffizienten (HK):

$$HK = \sum_{i=1}^{N} q_i^2 \qquad (6\text{-}8)$$

Für unser Stahlmarktbeispiel *vor* der Fusion beträgt HK = 0,1668. *Nach* der Fusion beträgt HK = 0,1722. Der Herfindahl-Koeffizient zeigt also die Zunahme der absoluten Konzentration durch einen größeren Wert an.

Variationsbereich des Herfindahl-Koeffizienten:

Im Extremfall eines Monopolisten, d.h. eines einzigen Merkmalsträgers mit einem Marktanteil von $q_i = 1$, beträgt im Maximum der HK = 1. Der Minimalwert des HK hängt von der Zahl der Merkmalsträger *und* der Egalität der Merkmalswerte ab. Bei egalitärer

Verteilung entfällt auf jeden der N Merkmalsträger ein $q_i = \frac{1}{N}$. Dann ist

$$HK = N \cdot \left[\frac{1}{N}\right]^2 = \frac{1}{N}.$$

• **Kontrollfrage 12 :** q_i ist gemäß Formel (6-4) definiert. Weshalb beträgt bei egalitärer Verteilung $q_i = \frac{1}{N}$ für alle i ?

Der Variationsbereich des HK lautet also:

$$\boxed{\frac{1}{N} \leq HK \leq 1} \qquad (6\text{-}9)$$

Man beachte, daß die Untergrenze des HK bei egalitärer Verteilung zusätzlich von der Zahl der Merkmalsträger abhängt. Wären durch Fusion aus den 10 Stahlfirmen vier Firmen mit Marktanteilen von je 25% entstanden, wäre der Herfindahl-Koeffizient auf 1/4 = 0,25 angestiegen. Wären andererseits durch Zerschlagung der vier größten Firmen und Zusammenlegung der kleineren Firmen 10 Firmen mit je einem Marktanteil von 10% entstanden, wäre der Herfindahl-Koeffizient auf 1/10 = 0,1 zurückgegangen. Durch Vergleiche der Herfindahl-Koeffizienten (komparativ-statische Analyse) läßt sich der absolute Konzentrationsvorgang wie folgt kennzeichnen: Eine Zunahme des HK bedeutet Zunahme, eine Abnahme des HK bedeutet Abnahme der absoluten Konzentration.

In Tabelle 6-10 sind die in Tabelle 6-9 schon angegebenen Fälle C und D und die im Text erwähnten Konzentrationszustände sowie die dazugehörenden Herfindahl-Koeffizienten zusammenfassend dargestellt.

Tab 6-10: Verschiedene Konzentrationszustände und zugehörige Herfindahl-Koeffizienten

Fall A		Fall B		Fall C		Fall D		Fall E	
i	q_i	i	q_i	i	q_i	i	q_i	i	q_i
1	1	1	0,25	1	0,20	1	0,20	1	0,1
		2	0,25	2	0,20	2	0,20	2	0,1
		3	0,25	3	0,20	3	0,20	3	0,1
		4	0,25	4	0,20	4	0,20	4	0,1
				5	0,09	5	0,04	5	0,1
				6	0,04	6	0,04	6	0,1
				7	0,04	7	0,03	7	0,1
				8	0,03	8	0,03	8	0,1
						9	0,03	9	0,1
						10	0,03	10	0,1
HK =1,000		HK = 0,2500		HK = 0,1722		HK = 0,1668		HK = 0,1000	

Vergleich mit Lorenzkurve und Gini-Index:

Absolute und relative Konzentration lassen sich nicht immer streng auseinanderhalten; oft interessieren beide Maße gleichzeitig. Der Herfindahl-Koeffizient indiziert beides, wie man beim Vergleich der Fälle D und E der Tabelle 6-10 erkennt, denn sie unterscheiden sich nicht nur hinsichtlich der absoluten Konzentration (in ihrer unschärferen Definition), sondern auch in ihrer relativen Konzentration. Könnte auch die Lorenzkurve (samt Gini-Index) für die Charakterisierung der verschiedenen Fälle von Tabelle 6-10 in Frage kommen? Hier ist größte Vorsicht am Platze! Wie in Aufgabe 6-5 gezeigt wird, ist die relative Konzentration in Fall C kleiner als in Fall D, wenn man die Lorenzkurve und den Gini-Index zur Kennzeichnung verwendete. Für die Fälle B und E würde man sogar einen GI = 0 erhalten, weil ja in der Tat jede Disparität fehlt. Weil es bei der Lorenzkurve und dem Gini-Index ausschließlich auf diese ankommt, kann es zu solchen, der Messung durch den Herfindahl-Koeffizient völlig entgegengesetzten Ergebnissen kommen. Natürlich würde auch die Lorenzkurve und der Gini-Index eine Zunahme der Konzentration von D nach C und nach B anzeigen, wenn man die wegfallenden Merkmalsträger (als Nullwert-Merkmalsträger) weiterhin berücksichtigte. Ob dies aber sachlich gerechtfertigt wäre, dürfte oft schwer zu entscheiden sein.

Warnung als Schlußbemerkung:

Man muß sich bewußt bleiben, daß der Konzentrationsbegriff vielschichtig und komplex ist, und daß sich obendrein Phänomene unterschiedlichster Art unter ihn subsumieren lassen. Man darf auch nicht dem Irrtum verfallen, Konzentrationsphänomene könnten sich immer statistisch erfassen lassen, oder - noch schlimmer - zu glauben, Konzentrationsphänomene existierten nur, wenn sie durch eine statistische Kennzahl erfaßbar sind. Gewisse und vielleicht gerade die wichtigsten Machtkonzentrationsphänomene lassen sich nur qualitativ beschreibend darstellen. Dennoch aber sind die im vorliegenden Kapitel behandelten Fälle und das vorgestellte Instrumentarium für die Praxis von großer Bedeutung. Die Konzentrationsrate, die Lorenzkurve, der Gini-Index und der Herfindahl-Koeffizient haben nicht ohne Grund bis heute eine zentrale Stellung als Konzentrationsmaße behauptet.

6.7 Aufgaben mit Lösung

Aufgabe 6-1:
Bei der Konzentrationsmessung wird der Begriff des Merkmalsträgers verwendet. Ist dieser Begriff immer eindeutig?

Lösung:
Keineswegs! Maßgebend ist der Untersuchungszweck. Die Unterscheidung von z.B. Betriebs- und Unternehmenskonzentration zeigt, daß verschiedene Aspekte der Konzentration untersucht werden können. Im ersten Fall wird man als Merkmalsträger die Produktionsstätte wählen, die unter einheitlicher *technischer* Leitung ein bestimmtes Gut herstellt. Im andern Fall wird man bei der Bestimmung des Merkmalsträgers die einheitliche *wirtschaftliche* Leitung in den Vordergrund stellen.
Oft ergeben sich auch praktische Schwierigkeiten bei der eindeutigen Begriffsabgrenzung des Merkmalsträgers. Diese entstehen insbesondere dadurch, daß wir es auf dem Markt in aller Regel mit Mehrproduktunternehmen zu tun haben. Aus dem Gesagten wird deutlich, daß bei der Konzentrationsmessung oft ein beträchtlicher Ermessensspielraum gegeben ist.

Aufgabe 6-2:
Soll man z.B. bei der Feststellung der Einkommenskonzentration nur auf die effektiven „Verdiener“ von Einkommen oder auf alle „Verbraucher“ von Einkommen (also auch auf sog. Nichterwerbspersonen) abstellen?

Lösung:
Ob bei der Einkommenskonzentration nur Erwerbspersonen oder auch Nichterwerbspersonen einbezogen werden müssen, hängt von der Fragestellung ab. Wird die Einkommens„erzielung“ untersucht, so wäre das erstere richtig. Will man hingegen die Konzentration der Einkommens„verwendung“ feststellen, so müssen auch die Nichterwerbspersonen einbezogen werden.

Aufgabe 6-3:
Wodurch kann sich die Zahl der Merkmalsträger verändern? Geben Sie Beispiele an, bei denen die Zahl zunimmt und bei denen sie abnimmt.

Lösung:
Bei der *Einkommenskonzentration* z.B. erfolgt eine Zunahme der Merkmalsträger durch Eintritt Jugendlicher ins Erwerbsleben und eine Abnahme durch Austritt aus dem Erwerbsleben (wenn man auf die Einkommenserzieler abstellt). Bei der *Unternehmenskonzentration* erfolgt eine Zunahme durch Markteintritt, Neugründung, Aufspaltung von Unternehmen etc. und eine Abnahme durch Zusammenschluß, Konkurs etc.

Aufgabe 6-4:
In der Regel „trägt“ ein Merkmalsträger sehr viele Merkmale, man denke an den Merkmalsträger Unternehmen. Welche Merkmale könnte man heranziehen, um z.B. die Unternehmenskonzentration zu messen? Geben Sie wenigstens sechs verschiedene an. Kann die statistische Messung durch die Wahl des Merkmals beeinflußt werden?

Lösung:
Mögliche Merkmale zur Messung der Unternehmenskonzentration:

- Produktionsmenge real,
- Produktionskapazität,
- Umsatz,
- Zahl der Beschäftigten,
- Anlagevermögen,
- Eigenkapital,
- Gewinn,
- Bilanzsumme.

Je nach dem ausgewählten Merkmal wird man eine andere Unternehmenskonzentration erhalten.

Aufgabe 6-5:
Man kennzeichne die Konzentration am Stahlmarkt vor und nach der Fusion gemäß Tabellen 6-9 und 6-1 durch Lorenzkurve und Gini-Index. Die Zahlen sind auch in Tabelle 6-10, Fälle C und D angegeben.

Lösung:

Arbeitstabelle für die Lorenzkurve

vor Fusion					nach Fusion				
x_i	f_i	F_i	q_i	Q_i	x_i	f_i	F_i	q_i	Q_i
4,5	4	0,4	0,12	0,12	4,5	1	0,125	0,03	0,03
6,0	2	0,6	0,08	0,20	6,0	2	0,375	0,08	0,11
30,0	4	1,0	0,80	1,00	13,5	1	0,500	0,09	0,20
					30,0	4	1,000	0,80	1,00

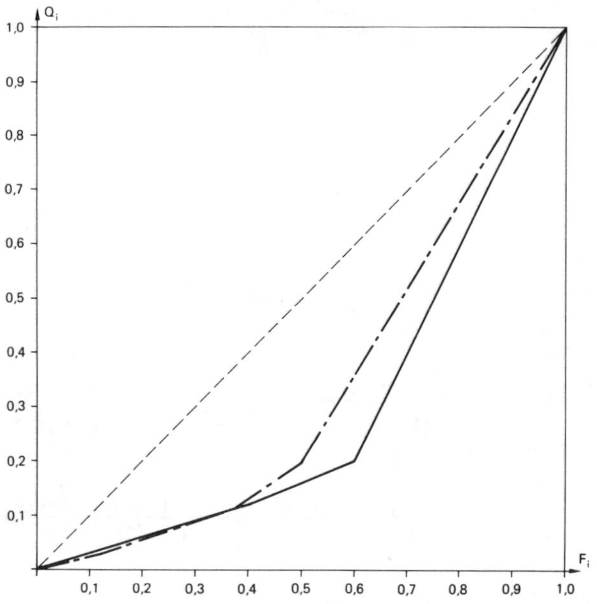

Arbeitstabelle für den Gini-Index

vor Fusion				nach Fusion			
F_i	q_i	$F_i\,q_i$	$F_{i-1}\cdot q_i$	F_i	q_i	$F_i\,q_i$	$F_{i-1}\cdot q_i$
0,4	0,12	0,048	0,000	0,125	0,03	0,004	0,000
0,6	0,08	0,048	0,032	0,375	0,08	0,030	0,010
1,0	0,80	0,800	0,480	0,500	0,09	0,045	0,034
				1,000	0,80	0,800	0,400
		0,896	0,512			0,879	0,444

GI vor Fusion: 0,896 + 0,512 - 1 = 0,408 ≈ <u>41%</u> (Fall D von Tab. 6-10)

GI nach Fusion: 0,879 + 0,444 - 1 = 0,323 ≈ <u>32%</u> (Fall C von Tab. 6-10).

Die relative Konzentration hat, gemessen durch die Lorenzkurve und den Gini-Index, abgenommen. Dieses Ergebnis ist zeichnerisch und rechnerisch völlig korrekt, man muß aber berücksichtigen, daß ausschließlich die Veränderung der Disparität gemessen wurde. Das Verschwinden der zwei Firmen hat diese, trotz zunehmender absoluter Konzentration, abnehmen lassen.

*** Aufgabe 6-6:**

Häufig ist in der Konzentrationsdebatte die Rede von vertikaler und horizontaler Konzentration. Was versteht man darunter?

Lösung:

Werden nur Unternehmen der *gleichen* Produktionsstufe bezüglich der Konzentration untersucht, so verwendet man den Begriff der horizontalen Konzentration. Unter vertikaler Konzentration wird hingegen der Zusammenschluß von nach- und vorgelagerten Produktionsstufen verstanden.

Aufgabe 6-7:

Man zeichne die Lorenzkurve und berechne den Gini-Index, wenn in Tabelle 6-5 zu den dort aufgeführten Merkmalsträgern noch 1,8 Mio. zu berücksichtigen wären, die ein Einkommen von Null beziehen. Die zweite Klasse wäre dann definiert: mehr als Null bis unter 5000 GE. Man vergleiche die Ergebnisse mit denen der ursprünglichen Daten.

Lösung:

Arbeitstabelle

f_i (in Mio)	$\frac{f_i}{N}$	F_i	q_i	Q_i	$F_i\,q_i$	$F_{i-1}\cdot q_i$
1,8	0,23	0,23	0,0	0,0	0,000	0,000
1,8	0,23	0,46	0,1	0,1	0,046	0,023
1,8	0,23	0,69	0,2	0,3	0,138	0,092
1,2	0,15	0,84	0,2	0,5	0,169	0,138
1,2	0,15	1,00	0,5	1,0	0,500	0,423
7,8	1,00		1,0		0,853	0,676

Der Gini-Index beträgt jetzt 0,853 + 0,676 - 1 = 0,529 ≈ <u>53%</u> .

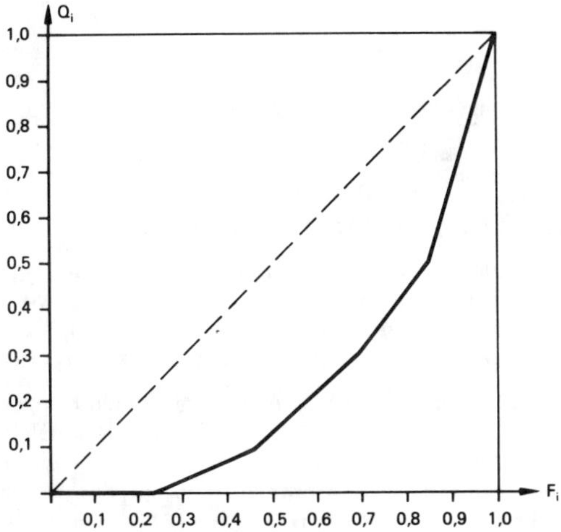

Lorenzkurve

Der Vergleich zeigt, daß durch die Berücksichtigung der Nullwert-Merkmalsträger die Lorenzkurve und der Gini-Index eine erheblich stärkere relative Konzentration (Disparität) anzeigen! Der GI beträgt 53% statt 39%.

Aufgabe 6-8:

1. Berechnen Sie den HK für folgende zwei Märkte:

Marktanteile	
Markt I	Markt II
0,5	0,70
0,5	0,05
	0,05
	0,05
	0,05
	0,05
	0,05
1,0	1,0

2. Man zeige durch einige elementare Umformungen unter Verwendung von (5-9) und (5-14), daß $HK = \frac{(VK)^2 + 1}{N}$.

3. Wie verändert sich der HK, wenn zu einer gegebenen Anzahl von Merkmalsträgern weitere hinzukommen, denen jedoch Merkmalswerte von Null zugeordnet sind?
4. Läßt sich von einem bestimmten Wert des Herfindahl-Koeffizienten unzweideutig auf eine bestimmte Marktstruktur, bzw. auf die Wettbewerbsverhältnisse auf einem Markt schließen? (Vergleichen Sie die beiden soeben berechneten HK).
5. Ist der Herfindahl-Koeffizient ein Maß der absoluten oder der relativen Konzentration?

Lösung:

1. $HK_I = \underline{0{,}5}$. $HK_{II} = \underline{0{,}505}$.
2. $\sum q_i^2 = \dfrac{\sum x_i^2}{(\sum x_i)^2} = \dfrac{n\,(s^2+\bar{x}^2)}{(\sum x_i)^2} = \dfrac{n\,(s^2+\bar{x}^2)}{n^2\bar{x}^2} = \dfrac{(s^2/\bar{x}^2)+1}{n} = \dfrac{(VK)^2+1}{n}$.
3. Durch Hinzufügen von $q_i = 0$ verändert sich der HK nicht. Der Herfindahl-Koeffizient hat also mangelnde Anzeigekraft in dieser Hinsicht.
4. Der HK ist nicht eindeutig einer bestimmten Marktstruktur zugeordnet. Im soeben berechneten Beispiel sind die HK praktisch gleich groß, obwohl die Marktstrukturen sehr verschieden sind. Im Markt I haben wir zwei Oligopolisten, im Markt II einen Quasimonopolisten samt sechs kleinen Konkurrenten.
5. Der HK wird in der Regel für die Messung der absoluten Konzentration verwendet. In der Tat spielt beim HK die absolute Anzahl der Merkmalsträger eine wichtige Rolle: wird diese kleiner, so steigt in der Regel der HK, weil die relativen Anteile am Merkmalstotal der übrigen Merkmalsträger größer werden. Bei konstanter Anzahl Merkmalsträger ist aber der HK auch ein Maß der relativen Konzentration. Er erreicht sein Minimum (= 1/N) bei der Gleichverteilung.

Aufgabe 6-9:
Man zeichne die Konzentrationskurven für alle fünf der in Tabelle 6-10 ausgewiesenen Konzentrationszustände. Wodurch sind egalitäre, aber zu verschieden großen N gehörende Zustände gekennzeichnet?

Lösung:

Arbeitstabelle

Fall A		Fall B		Fall C		Fall D		Fall E	
j	CR_j	j	CR_j	j	CR_j	j	CR_j	j	CR_j
1	100	1	25	1	20	1	20	1	10
		2	50	2	40	2	40	2	20
		3	75	3	60	3	60	3	30
		4	100	4	80	4	80	4	40
				5	89	5	84	5	50
				6	93	6	88	6	60
				7	97	7	91	7	70
				8	100	8	94	8	80
						9	97	9	90
						10	100	10	100

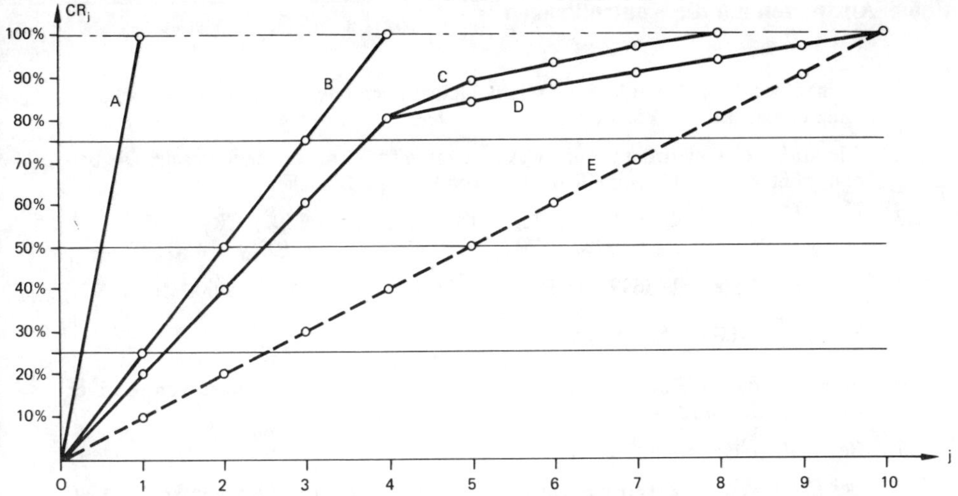

Die Konzentrationskurven von A nach E geben jeweils abnehmende Konzentrationszustände an. Egalitäre Zustände sind durch gerade Konzentrationskurven gekennzeichnet (mit abnehmendem Anstieg für wachsende N).

*** Aufgabe 6-10:**

Die Entropie ist ein in der Physik gebrauchtes Maß für den Grad an Ungeordnetheit oder Unstrukturiertheit von Materie. Materie in der Form z.B. von Kristallen (relativ hohe Strukturiertheit) hat eine niedrigere Entropie als Materie in Form von im Raum gleichmäßig verteiltem Gas (relativ wenig Strukturiertheit). Man kann dieses Maß auch zur Beschreibung eines Konzentrationszustands nutzen. Der egalitären Verteilung als Zustand geringster Konzentration („größtes Chaos") entspricht ein hoher Entropiewert, höchster Konzentration (= höchster Strukturiertheit) entspricht minimale Entropie. Diese definiert man jetzt als: $E = -\sum q_i \cdot \ln q_i$ (q_i sind die Umsatz-Marktanteile der Unternehmen, so daß gilt: $0 < q_i \leq 1$). Um das Entropie-Maß gleichgerichtet zu machen mit den anderen Konzentrationsmaßen, benutzt man 1/E.

Man berechne 1/E für das in Tabelle 6-9 angegebene Beispiel. Die Entropie mißt absolute *und* relative Konzentration.

Lösung:

vor Fusion : $E = 1{,}966 \rightarrow 1/E = \underline{0{,}51}$,

nach Fusion: $E = 1{,}867 \rightarrow 1/E = \underline{0{,}54}$.

Das Konzentrationsmaß 1/E zeigt also wie der Herfindahl-Koeffizient eine *Erhöhung der Konzentration* durch die Fusion an.

6.8 Antworten auf die Kontrollfragen

1. Nein. Der Satz bedeutet, daß ein relativ kleiner Anteil der Ärzte einen relativ hohen Anteil am Gesamteinkommen der Ärzte hat.
2. Die größte Chemiefirma hat einen Anteil von 47,5% am Branchenumsatz. Die beiden größten Firmen haben einen Anteil von 80% am Branchenumsatz.
3. $SX_7 = 136{,}5$; $SX_8 = 141$; $SX_9 = 145{,}5$; $SX_{10} = 150$; $CR_7 = 91\%$; $CR_8 = 94\%$; $CR_9 = 97\%$; $CR_{10} = 100\%$. $SX_N = SX_{10} = 150$.
4. Für A und B: jeweils 369'000 GE, für C: 184'500 GE, für D: 1'369'000 GE.
5. $VK = \frac{s}{\bar{x}} \cdot 100\%$. Siehe Kap. V, Abschnitt 5-4.
6. In einem solchen Fall ist s = 0, somit auch der VK = 0. Das Fehlen von relativer Konzentration wird also durch den VK eindeutig signalisiert.
7. Bei Median, Quartilen, Dezilen.
8. Bei (6-3) waren die Teilsummen kumuliert, hier jedoch werden nur Teilsummen pro Einkommensklasse gebildet.
9. $CR_j = \frac{30}{60} \cdot 100\% = 50\%$. Diese entspricht der Differenz $Q_4 - Q_3$.
10. Man wäre in diesem Fall konsistent mit der bisher geübten Darstellungsweise. Bisher nämlich wurden die Werte des Merkmals (der stat. Variablen) stets auf der Abszisse und die relativen Häufigkeiten auf der Ordinate abgetragen.
11. Die Lorenzkurve kann nie völlig mit der unteren und rechten Begrenzung des gezeichneten Quadrats zusammenfallen. Stets bleibt die schraffierte Fläche, die in Beziehung zum unter der Diagonalen liegenden Dreieck mit der Fläche 1 / 2 gesetzt wird, etwas hinter der Fläche von 1 / 2 zurück. Falls das Merkmalstotal auf einen einzigen Merkmalsträger entfällt (alle anderen Merkmalsträger „besitzen Null"), beträgt die schraffierte Fläche $\frac{1}{2} - \frac{1}{2N} = \frac{N-1}{2N}$.

    Der Gini-Index beträgt dann: $\frac{N-1}{2N} : \frac{1}{2} = \frac{N-1}{N} = 1 - \frac{1}{N}$.

    Maximaler Wert: $\frac{N-1}{N}$

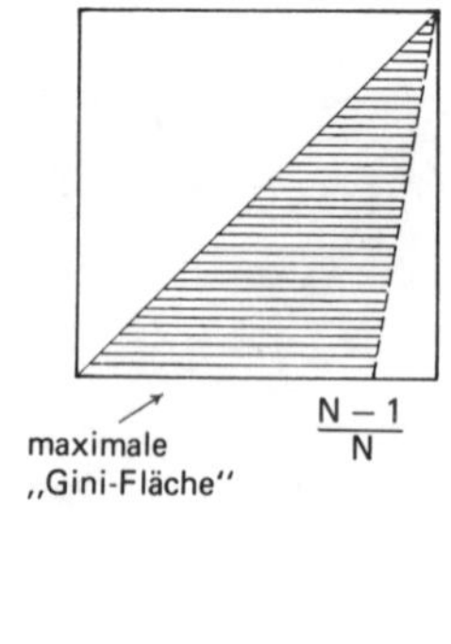

12. Jeder der N Merkmalsträger bildet jetzt gewissermaßen seine eigene Klasse mit $m_i = x_i$ und $f_i = 1$. Da bei Gleichheit aller Merkmalswerte $\overline{x} = x_i$, folgt für $SX_N = N\,x_i$ (siehe Formel (6-1)). Somit beträgt der Anteil des Merkmalsträgers $i: q_i = \frac{x_i}{N\,x_i} = \frac{1}{N}$

Kapitel VII: Zweidimensionale Daten - Regression

7.1 Vorbemerkung

Unser *bisheriges* Interesse galt *eindimensionalen* statistischen Variablen, d.h. wir analysierten, beschrieben und charakterisierten die Größe, die Entwicklung oder die Verteilung eines *einzelnen* statistischen Merkmals. Nunmehr wollen wir *Beziehungen zwischen mehreren Variablen* nachgehen, d.h. wir wollen *Zusammenhänge* statistisch- quantitativ messen. Hierbei wollen wir zunächst mit dem Einfachsten beginnen und nur den Zusammenhang zwischen *zwei* Merkmalen beschreiben, u.z. vorerst noch ohne die Heranziehung wahrscheinlichkeitstheoretischer Überlegungen. Später können wir auf den jetzt zu legenden Fundamenten aufbauen und der Frage nachgehen, inwieweit der gemessene Zusammenhang „statistisch signifikant" ist, d.h. inwieweit aus unserer Beschreibung weitergehende Schlüsse über eine generelle Gesetzmäßigkeit zwischen zwei Variablen gezogen werden können, u.z. auch dann, wenn wir statt einer zu beschreibenden Gesamtheit „nur" eine Stichprobe vorliegen haben. Ebenfalls kann später die Fragestellung auf den Zusammenhang zwischen mehr als zwei Variablen ausgedehnt werden.

Um in die Fragestellung der Regressionsanalyse einzuführen, sei ein Beispiel an den Anfang gestellt, bei dem es um das für den Stand der Landwirtschaft eines Landes wichtige Merkmal „Weizenertrag in kg pro Hektar (kg/ha)" geht. Zugleich soll anhand dieses Beispiels der Unterschied zur bisherigen eindimensionalen Beschreibung verdeutlicht werden: ihr hätte es entsprochen, den Weizenertrag in kg/ha als Landesdurchschnitt festzustellen. Man hätte sich dazu von allen Anbaugebieten die für das jeweilige Gebiet ermittelten Durchschnittserträge (Teildurchschnitte) und die Weizenanbauflächen (zwecks Gewichtung) mitteilen lassen und daraus den Gesamtdurchschnitt gebildet. Zu dieser Frage bisheriger Art tritt nun die weitergehende neue Frage, wie der Weizenertrag in kg/ha von der *Höhe* des Anbaugebiets über dem Meeresspiegel abhängt.

Die Beantwortung dieser Frage ist möglich, wenn man die Teildurchschnitte nach dem Merkmal Höhe über dem Meeresspiegel der Weizenanbaugebiete ordnet. Man erhält jetzt Teildurchschnitte der Hektarerträge (1. Merkmal), geordnet nach dem 2. Merkmal „Höhe über dem Meer in Metern". Jetzt können wir nicht nur den Landesdurchschnitt zur Charakterisierung des 1. Merkmals berechnen, sondern ebenfalls den Zusammenhang charakterisieren, wie der Weizenertrag mit zunehmender Höhe infolge rauheren Klimas (Wind, Frost) abnimmt. Wir können also den Zusammenhang zwischen zwei Merkmalen zugleich mit der Charakterisierung jedes einzelnen von ihnen angeben. In Fig. 7-1 ist die Ausgangslage festgehalten, wobei wir der Einfachheit halber annehmen wollen, es habe nur auf drei verschiedenen Höhenlagen Weizenanbaugebiete gegeben.

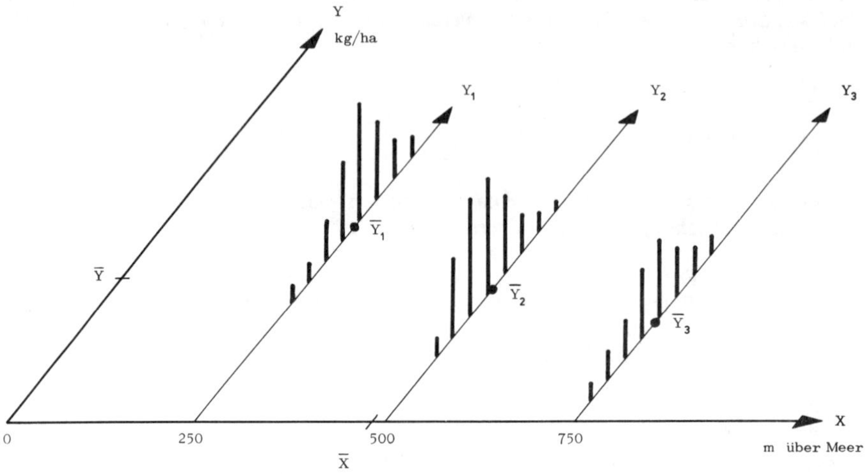

Fig. 7 - 1: Weizenerträge und Höhenlage

Von nun an wollen wir uns an folgende Symbole halten. Mit X (großem X) bezeichnen wir die *unabhängige* Variable (den sog. *Regressor*), d.h. jenes Merkmal, das entsprechend unserer Vermutung oder aus der Sachlogik heraus als das *beeinflussende* Merkmal (oder als der Repräsentant eines solchen Merkmals) in Frage kommt. Das (tatsächlich oder vermutlich) *beeinflußte* oder reagierende Merkmal wird mit Y bezeichnet und heißt die *abhängige* Variable (der *Regressand*). In unserem Fall wird somit die Meterzahl über dem Meer mit X, der Ertrag an Weizen in kg pro ha mit Y bezeichnet.

7.2 Streuungsdiagramm und Freihandgerade

Anhand eines dem Bereich der Wirtschaft entnommenen Beispiels (bei frei gewählten Zahlen) sollen jetzt die statistischen und methodischen Fragen behandelt werden, die sich bei der Feststellung und Messung von Zusammenhängen ergeben. Wir wollen ermitteln, wie stark durch Werbeausgaben der Zigarettenumsatz beeinflußt wird oder, salopper ausgedrückt, wie stark der Zigarettenumsatz von Reklame abhängt.

Ausgangsdaten seien die Angaben der sieben Zigaretten-Firmen, die eine hinsichtlich Preis und Geschmack gleiche Zigarette mit unterschiedlichem Werbeaufwand auf den deutschen Markt gebracht haben. X seien ihre Reklamebudgets in 1000 DM und Y ihre Umsätze. Tab. 7-1 liefere die Ausgangsdaten.

Tab. 7-1: Reklameausgaben und Umsätze der 7 Zigarettenfirmen auf einem Markt

Firma Nr. i	X_i : Reklamausgaben (in 1000 DM)	Y_i : Umsatz (in Mio. DM)
1	100	38
2	200	45
3	300	52
4	400	62
5	500	72
6	600	70
7	700	81

Um sich einen ersten Eindruck über einen bestehenden Zusammenhang zu verschaffen, fertigt man ein *Streuungsdiagramm* an, bestehend aus den Wertepaaren (X_i ,Y_i), die die sog. *Punktwolke* bilden (Fig. 7-2).

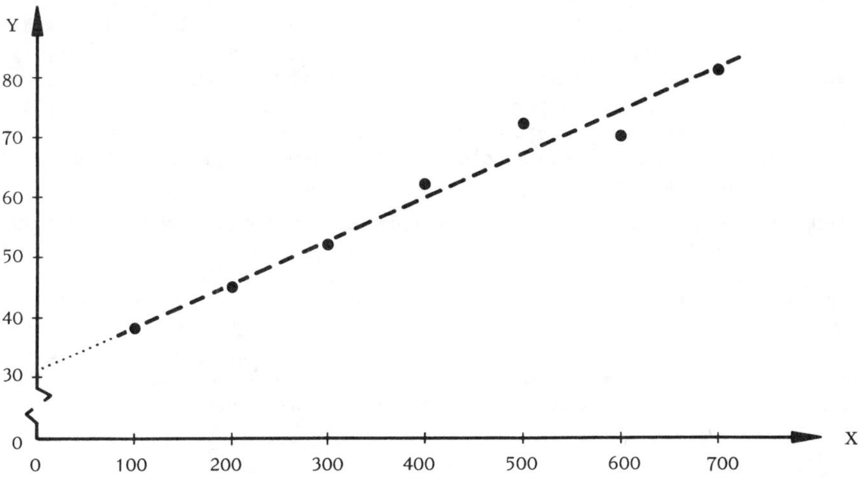

Fig. 7 - 2: Streuungsdiagramm mit Punktwolke und Freihandgerade

Hat man wie hier Daten vorliegen, durch die sich gewissermaßen in der Richtung der allgemeinen Tendenz eine Längs*achse* legen lässt, dann bezeichnet man den Zusammenhang zwischen X und Y als *linear*. Man spricht von *linearer Regression* und steht nur noch vor der Aufgabe, die Gerade $Y = a_0 + bX$ zu bestimmen, die als „optimal angepaßte" Längsachse den Zusammenhang von X und Y beschreibt. In Fig. 7-2 wurde „freihändig", d.h. nach bestem subjektivem Augenmaß, eine sog. „Freihandgerade" mit Lineal gestrichelt eingezeichnet. Ist dies geschehen, dann können die Parameter a_0 (der Ordinatenabschnitt oder die „Höhenlage") und b (der Anstieg der Geraden) dem Diagramm entnommen werden. (siehe gelöste Aufgabe 1). Im vorliegenden Fall beträgt gemäß Fig. 7-2 $a_0 = 31$ und $b = 0{,}0725$.

Interpretation:

Die Freihandgerade stellt eine in eine Kurzform gebrachte Information über Lage und allgemeine Tendenz der Beobachtungen dar. Sie gibt eine Art Zusammenfassung der in den n Datenpaaren liegenden Informationen. Bezeichnen wir, zur Unterscheidung von den Beobachtungen Y die *auf der Geraden liegenden* Werte mit Y^*, so lautet die Kurzinformation über den Zusammenhang von Reklamebudgets und Umsatzzahlen der betrachteten Zigarettenfirmen:

$$\underline{Y^* = 31 + 0{,}0725\ X}$$

Man kann der Geraden entnehmen: Ein um 1'000 DM höheres Werbebudget hatte im Mittel einen um 72'500 DM höheren Umsatz zur Folge.

- **Kontrollfrage 1 :** Welchen Parameter der Geraden benötigte man für die soeben gemachte Aussage ?

Man kann den durch eine Regressionsgerade beschriebenen Zusammenhang auch zu *Interpolationen* verwenden. Bei einem Reklamebudget von z.B. 250'000 DM würde man mit einem Umsatz von rd. 49 Mio. DM rechnen. Die Werte Y^* stellen in einem später noch zu präzisierenden Sinn Schätzungen für zu „erwartende" Werte dar. Auch zu jedem beobachteten Wert Y_i gehört ein Wert Y_i^*. Zu 200'000 DM Werbeausgaben würde man 45,5 Mio. DM Umsatz „schätzen". „Schätzen" besagt, daß der Umsatz nicht mit Sicherheit 45,5 Millionen betragen würde, sondern nur, daß der Tendenz nach ein Wert „in der Nähe" auftreten würde, d.h., daß er sowohl etwas größer, als auch etwas kleiner als Y_i^* ausfallen könnte.

Neben der Interpolation gibt es die *Extrapolation.* Kann man die gefundene Gerade auch dahingehend interpretieren, daß durch eine Steigerung des Reklamebudgets auf 800'000 DM der Umsatz auf 31 + 0,0725 · 800 = 89 Mio. DM steigen würde? Wir wollen die Extrapolation vorläufig zurückstellen, denn dazu benötigen wir wahrscheinlichkeitstheoretische Absicherungen. Dies wird später geschehen. Vorerst wollen wir uns rechnerischen Problemen zuwenden, denn mit einer subjektiv gefundenen Freihandgeraden können wir in der Regel nicht auskommen. Das beste subjektive Augenmaß bleibt immer subjektiv, weswegen wir nach objektiven Kriterien Ausschau halten müssen.

7.3 Kriterien für die Anpassung einer Geraden

Man möchte eine optimale Anpassung der Geraden und meint damit, daß „übers Ganze gesehen" die Punkte einer Punktwolke und die Gerade „möglichst nahe" beieinander sein sollten. Wie jedoch kann man „möglichst nahe" mathematisch in den Griff bekommen?

Versuchen wir es folgendermaßen: Wir nehmen die vertikalen Abstände zwischen den beobachteten Werten Y_i und einem zu jedem Y_i in senkrechter Richtung korrespondierenden Punkt auf der Geraden, den wir statt Y_i^* von jetzt an $\hat{Y}_i$ nennen wollen und minimieren die Summe dieser Abstände. Wir wollen diese Abstände oder Entfernungen, die in Fig. 7-3 für 3 Wertepaare (X_i, Y_i) eingezeichnet sind, mit e_i bezeichnen.

Es ist also definiert:

$$\boxed{e_i = Y_i - \hat{Y}_i} \qquad (7\text{-}1)$$

wobei $\hat{Y}_i$ der in vertikaler Richtung zu Y_i gehörende Punkt auf der Geraden ist:

$$\boxed{\hat{Y}_i = a_0 + bX_i} \tag{7-2}$$

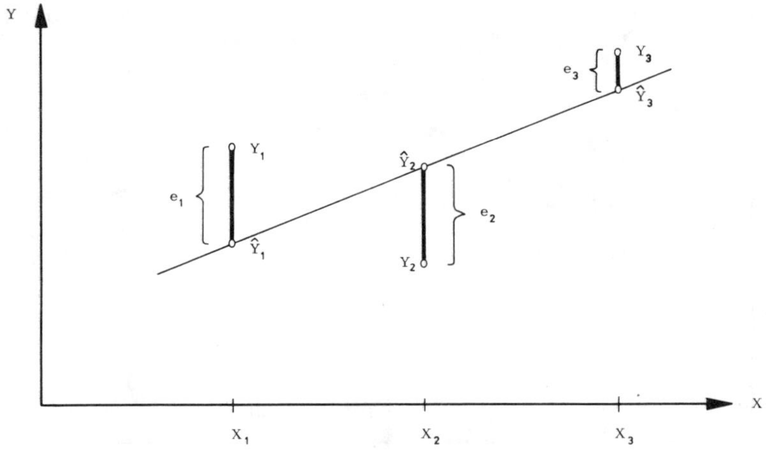

Fig. 7 - 3: Die vertikalen Abstände zwischen Beobachtungen und einer Geraden

Unserer bisherigen Idee nach ist also $\sum_{i=1}^{n} e_i = \sum_{i=1}^{n} (Y_i - \hat{Y}_i)$ zu minimieren. Kann aber dieses Verfahren uns die gesuchte Gerade $Y = a_0 + bX$ liefern? Leider nein! Daß es nicht geht, erkennt man folgendermaßen: Nehmen wir neben der oben als Freihandgerade gefundenen Geraden ${}_1\hat{Y} = 31 + 0{,}0725X$ eine andere Gerade ${}_2\hat{Y} = 20 + 0{,}1X$ und schließlich eine dritte, völlig unsinnige Gerade ${}_3\hat{Y} = 80 - 0{,}05X$, dann erkennt man aus Tab. 7-2, daß jedesmal $\sum_{i=1}^{n} e_i = 0$ ist.

Tab. 7 - 2: Die Abstände e_i bei 3 verschiedenen Geraden

X_i	Y_i	${}_1\hat{Y}_i$	${}_1e_i = Y_i - {}_1\hat{Y}_i$	${}_2\hat{Y}_i$	${}_2e_i = Y_i - {}_2\hat{Y}_i$	${}_3\hat{Y}_i$	${}_3e_i = {}_3\hat{Y}_i$
100	38	38,25	- 0,25	30	+ 8	75	- 37
200	45	45,50	- 0,50	40	+ 5	70	- 25
300	52	52,75	- 0,75	50	+ 2	65	- 13
400	62	60,00	+ 2,00	60	+ 2	60	+ 2
500	72	67,25	+ 4,75	70	+ 2	55	+ 17
600	70	74,50	- 4,50	80	-10	50	+ 20
700	81	81,75	- 0,75	90	- 9	45	+ 36
$\sum$			0		0		0

Figur 7-4 veranschaulicht die drei in Betracht gezogenen Geraden.

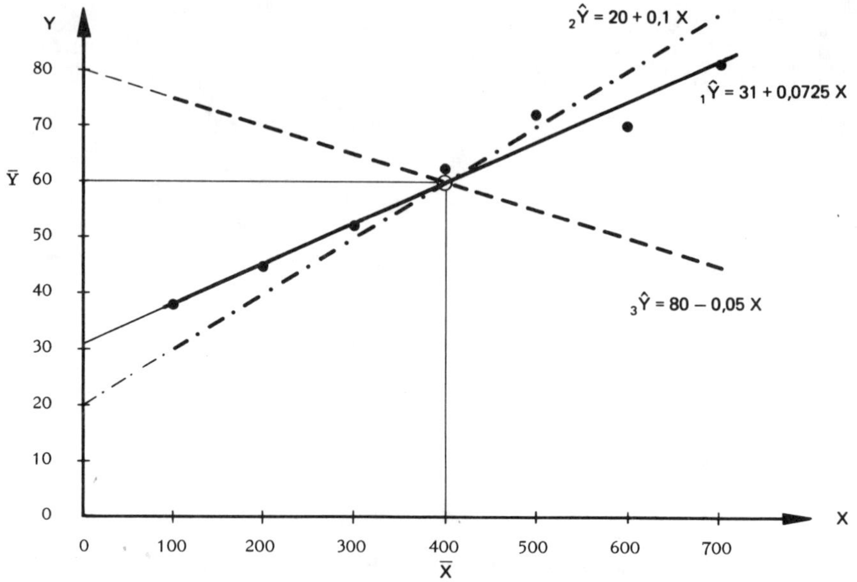

Fig. 7 - 4: „Regressionsgerade" zur Auswahl

Fig. 7-4 läßt erkennen, daß alle drei Geraden durch den Punkt ($\overline{X}$, $\overline{Y}$) laufen. Dies ist in physikalischer Interpretation der Massenmittelpunkt einer in der Ebene gemäß (X_i , Y_i) verteilten Masse. Insofern tragen sie alle einem höchst plausiblen Gesichtspunkt Rechnung. Warum aber versagt das Kriterium $\sum_{i=1}^{n} e_i = \text{Min}$, d.h. warum gibt es offenbar unendlich viele Geraden, die es erfüllen? Der Grund sind die sich stets gegenseitig aufhebenden Abstandsummen mit positivem und negativem Vorzeichen, sobald eine Gerade durch ($\overline{X}$, $\overline{Y}$) gelegt wird, egal welchen Anstieg sie hat.

Beweis:

Wenn eine Gerade $\hat{Y} = a + bX$ durch ($\overline{X},\overline{Y}$) läuft, gilt $\overline{Y} = a + b\overline{X}$.

Somit $a = \overline{Y} - b\overline{X}$ und $\hat{Y} = \overline{Y} - b\overline{X} + bX$.

Daher: $\sum_{i=1}^{n} e_i = \sum_{i=1}^{n} (Y_i - \hat{Y}_i) = \sum_{i=1}^{n} (Y_i - [\,\overline{Y} - b\overline{X} + bX_i]) =$

$$\sum_{i=1}^{n} Y_i - n\overline{Y} + bn\overline{X} - b\sum_{i=1}^{n} X_i = n\overline{Y} - n\overline{Y} + bn\overline{X} - bn\overline{X} = 0.$$

Fazit:

Da wegen der sich gegenseitig aufhebenden Vorzeichen das Kriterium $\sum_{i=1}^{n} e_i = \text{Min!}$ kein eindeutiges Ergebnis liefert, muß ein anderes Kriterium gefunden werden.

Als ein das Vorzeichenproblem überwindendes Kriterium könnte man naheliegenderweise an

$$\sum_{i=1}^{n} |e_i| = \sum_{i=1}^{n} |Y_i - \hat{Y}_i| = \text{Min!}$$

denken. Es läßt sich aber zeigen, daß auch dieses Kriterium nicht immer ein befriedigendes oder einleuchtendes Ergebnis liefert (siehe gelöste Aufgabe 7-2). Die so gefundene Gerade läuft im allgemeinen nicht durch den Punkt $(\overline{X},\overline{Y})$ und sie bereitet für die auf ihr aufbauende Theorie gewisse Probleme.

Die Suche nach einem geeigneten Kriterium muß also weitergehen. Da es keinesfalls naturgegeben ist, die Abstände in vertikaler Richtung zur Geraden zu minimieren, läge es nahe, von den beobachteten Punkten und ihrer *Orthogonal*projektion auf die Gerade auszugehen (siehe Fig. 7-5).

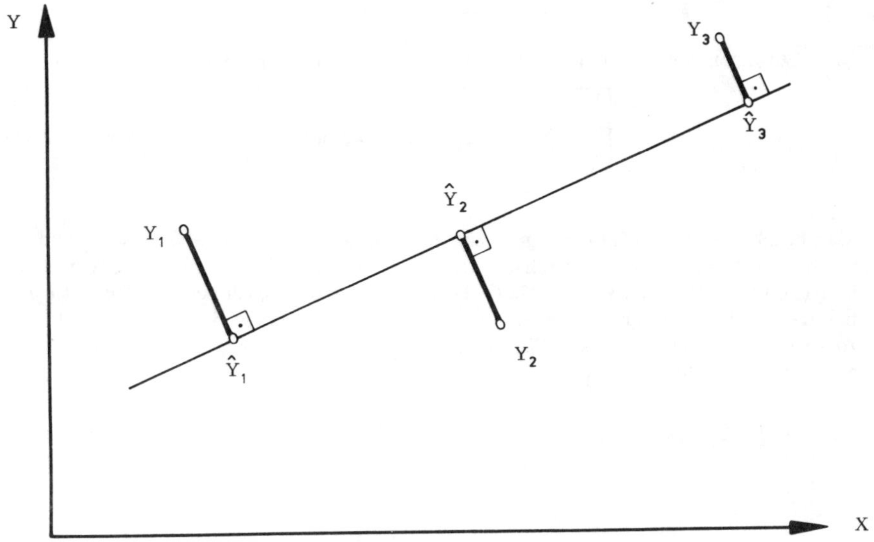

Fig. 7 - 5: Orthogonale Projektion

In der Tat kann man von der Idee der *Orthogonal*projektion ausgehen. Die Regressionsgerade ist bei der Orthogonalprojektion mit Hilfe des pythagoreischen Lehrsatzes völlig eindeutig zu bestimmen, allerdings ist der Rechenaufwand erheblich. Hinzu kommen andere Probleme, weswegen man i.d.R. auch auf diesem Wege nicht weitergeschritten ist. Die Lösung hat man vielmehr darin gefunden, daß man zwar von den Vertikalabständen ausging, jedoch das Vorzeichenproblem durch Quadrierung der Abstände e_i überwand.

• **Kontrollfrage 2 :** In welchem Zusammenhang wurde bereits früher auf das Quadrierungsprinzip zurückgegriffen?

7.4 Die Methode der kleinsten Quadrate

Das Kriterium für die Bestimmung einer Geraden, die optimal an die im allgemeinen Fall n Beobachtungen angepaßt ist, d.h. die diesen n Beobachtungen „möglichst nahe" ist, lautet also nunmehr:

$$\sum_{i=1}^{n} e_i^2 = \sum_{i=1}^{n} (Y_i - \hat{Y}_i)^2 = \text{Min!} \qquad (7\text{-}3)$$

Nach Einsetzen von $\hat{Y}_i = a_0 + bX_i$ in (7-3) ist also der folgende Ausdruck zu minimieren:

$$\sum_{i=1}^{n} (Y_i - a_0 - bX_i)^2 = \text{Min!} \qquad (7\text{-}4)$$

Man beachte, daß das Minimum in Bezug auf a_0 und b zu suchen ist! X_i und Y_i sind für das hier zu lösende Problem beobachtete, fest vorliegende Werte, also keine Variablen! Es ist somit a_0 und b zu suchen, die (7-4) erfüllen. Mathematisch gesprochen: es ist partiell nach a_0 und b zu differenzieren und, dies ist die notwendige Bedingung, gleich Null zu setzen (daß die notwendige Bedingung angesichts des vorliegenden Funktionstyps auch hinreichend ist, wird in der gelösten Aufgabe 7-3 gezeigt):

1.) $$\frac{\partial}{\partial a_0} \sum_{i=1}^{n} (Y_i - a_0 - bX_i)^2 = -2\sum_{i=1}^{n} (Y_i - a_0 - bX_i) = 0$$

Daraus folgt:

$$\sum_{i=1}^{n} Y_i - na_0 - b\sum_{i=1}^{n} X_i = 0 \qquad (7\text{-}5)$$

Formel (7-5), leicht umgestellt, hat den Namen *1. Normalgleichung:*

$$\sum_{i=1}^{n} Y_i = na_0 + b\sum_{i=1}^{n} X_i \qquad (7\text{-}5')$$

2.) $$\frac{\partial}{\partial b} \sum_{i=1}^{n} (Y_i - a_0 - bX_i)^2 = -2\sum_{i=1}^{n} X_i (Y_i - a_0 - bX_i) = 0$$

führt zu:

$$\sum_{i=1}^{n} X_iY_i - a_0 \sum_{i=1}^{n} X_i - b \sum_{i=1}^{n} X_i^2 = 0 \tag{7-6}$$

und zur <u>*2. Normalgleichung:*</u>

$$\boxed{\sum_{i=1}^{n} X_iY_i = a_0 \sum_{i=1}^{n} X_i + b \sum_{i=1}^{n} X_i^2} \tag{7-6'}$$

Es lassen sich jetzt die Parameter a_0 und b als Funktion von n, X_i und Y_i angeben:

Aus (7-5′) folgt durch Division mit n und wegen $\frac{1}{n}\sum_{i=1}^{n} Y_i = \overline{Y}$: $\overline{Y} = a_0 + b\overline{X}$

d. h. $$\boxed{a_0 = \overline{Y} - b\overline{X}} \tag{7-5''}$$

Setzt man (7-5″) in (7-6′) ein, so folgt:

$$\sum_{i=1}^{n} X_iY_i = (\overline{Y} - b\overline{X}) \sum_{i=1}^{n} X_i + b\sum_{i=1}^{n} X_i^2$$

somit: $$\sum_{i=1}^{n} X_iY_i = \overline{Y} \sum_{i=1}^{n} X_i + b\,(\sum_{i=1}^{n} X_i^2 - \overline{X} \sum_{i=1}^{n} X_i)$$

Da definitionsgemäß $\sum_{i=1}^{n} X_i = n\overline{X}$ ist, folgt schließlich:

$$\boxed{b = \frac{\sum_{i=1}^{n} X_iY_i - n\overline{X}\overline{Y}}{\sum_{i=1}^{n} X_i^2 - n\overline{X}^2}} \tag{7-6''}$$

• **Kontrollfrage 3 :** Es ist $\sum_{i=1}^{n} X_i = n\overline{X}$. Ist also $\sum_{i=1}^{n} X_i^2 = (n\overline{X})^2$?

Wir haben nun die mathematischen Formeln für die Berechnung von a_0 und b vorliegen und benötigen nur noch eine Arbeitstabelle, um a_0 und b für unser Beispiel auszurechnen.

Tab. 7 - 3: Arbeitstabelle zur Berechnung von a_0 und nach Formel (7-5″) und (7-6″)

X_i	Y_i	$X_i\,Y_i$	X_i^2
100	38	3'800	10'000
200	45	9'000	40'000
300	52	15'600	90'000
400	62	24'800	160'000
500	72	36'000	250'000
600	70	42'000	360'000
700	81	56'700	490'000
2'800	420	187'900	1'400'000

Da n = 7 ist, folgt: $\bar{X} = \frac{2800}{7} = \underline{\underline{400}}$, und $\bar{Y} = \frac{420}{7} = \underline{\underline{60}}$

Ferner ist unter Verwendung von (7-6″)

$$b = \frac{187'900 - 7 \cdot 400 \cdot 60}{1'400'000 - 7 \cdot 400^2} = \frac{19'900}{280'000} = 0{,}07107 \approx \underline{\underline{0{,}071}}$$

Nachdem b berechnet ist, läßt sich unter Verwendung von (7-5″) schließlich auch a_0 angeben:

$$a_0 = 60 - 0{,}071 \cdot 400 = 31{,}5714 \approx \underline{\underline{31{,}6}}$$

Die den 7 beobachteten Wertepaaren des Reklame/Umsatzbeispiels am besten angepaßte Gerade, die sog. *Regressionsgerade* oder, wie wir später auch sagen werden, die „geschätzte“ Gerade, lautet somit:

$$\underline{\underline{\hat{Y} = 31{,}6 + 0{,}071X}}$$

($\hat{Y}$ in Mio. DM, X in 1'000 DM)

Das ist ein *erstes Hauptergebnis* bei der Suche zur Charakterisierung des Zusammenhangs zwischen Reklameeinsatz und Umsatzergebnissen. In Fig. 7-6 ist die gefundene Gerade in das Streuungsdiagramm eingezeichnet.

Die soeben verwendete Methode bezeichnet man auf englisch als OLS - Methode (Ordinary Least Squares = gewöhnliche kleinste Quadrate). Wie zu sehen ist, unterscheidet sich die Lage und der Anstieg der mit ihr ermittelten Regressionsgerade nur leicht von der oben in die Punktwolke gelegten Freihandgeraden. Aber ihre Lage ist nun objektiv gegeben und nicht mehr von subjektiven Einflüssen bestimmt. Die *Interpretation* ist natürlich, bis auf die konkreten Werte, dieselbe wie dort.

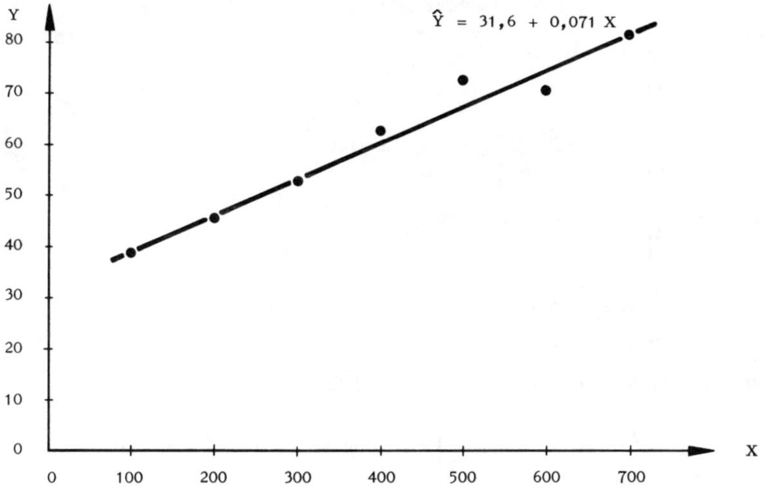

Fig. 7 - 6: Der Zusammenhang von Reklame und Umsatz dargestellt durch eine Regressionsgerade

---

• **Kontrollfrage 4 :** Um die Rechnung einfach zu halten, wurde stets angenommen, daß jedes Wertepaar nur gerade einmal auftritt. Wenn gewisse Wertepaare mehr als einmal auftreten, oder allgemein, wenn das Wertepaar (X_i, Y_i) f_i-mal auftritt, wie müssen dann Formel (7-5″) und (7-6″) abgewandelt werden ?

In Tab. 7-4 sind neben den beobachteten Werten X_i und Y_i die auf der Regressionsgerade liegenden, errechneten Werte $\hat{Y}_i$ angegeben. Wir werden sie im weiteren Verlauf noch des öfteren benötigen.

Tab. 7 - 4: Beobachtete und errechnete Werte für den Umsatz (Y)

Y_i	38	45	52	62	72	70	81
$\hat{Y}_i$	38,68	45,79	52,89	60,00	67,11	74,21	81,32
X_i	100	200	300	400	500	600	700

Zum Schluß sei noch eine wichtige Abwandlung der Formel (7-6″) vorgeführt. Diese Alternativformel wird vor allem für theoretische Zwecke gebraucht.

<u>*Alternativformel:*</u>

$$b = \frac{\sum_{i=1}^{n} (X_i - \overline{X})\ (Y_i - \overline{Y})}{\sum_{i=1}^{n} (X_i - \overline{X})^2} \tag{7-6'''}$$

Der Übergang von (7-6‴) zu (7-6″) erfolgt durch einfaches Ausmultiplizieren:

1) <u>*Zähler:*</u>

$$\sum_{i=1}^{n} (X_i - \overline{X})(Y_i - \overline{Y}) =$$

$$\sum_{i=1}^{n} X_i Y_i - \overline{X} \sum_{i=1}^{n} Y_i - \overline{Y} \sum_{i=1}^{n} X_i + n\overline{X}\,\overline{Y} =$$

$$\sum_{i=1}^{n} X_i Y_i - \overline{X}\, n\overline{Y} - \overline{Y}\, n\overline{X} + n\overline{X}\,\overline{Y} =$$

$$\sum_{i=1}^{n} X_i Y_i - n\overline{X}\overline{Y}$$

2) <u>*Nenner:*</u> Es wurde bereits in Kap. V gezeigt, daß

$\sum_{i=1}^{n} (X_i - \overline{X})^2 = \sum_{i=1}^{n} X_i^2 - n\overline{X}^2$ ist. (Siehe Herleitung der Formel (5-9) in Kapitel V)

7.5 Lineare und Nichtlineare Regression

Der soeben errechnete Zusammenhang zwischen Reklame und Umsatz war ein Beispiel für eine *lineare* Regression, und zwar für eine *positive* lineare Regression. Die allgemeine Tendenz der Punktwolke wies (im Diagramm) nach rechts oben und ließ sich durch eine Gerade mit positivem Anstieg approximieren. Nun gibt es natürlich auch den symmetrischen Fall, bei dem die allgemeine Tendenz der Punktwolke nach rechts unten weist, also fallend ist (siehe Fig. 7-7). Man spricht dann von *negativer* linearer Regression. Das Vorzeichen von b ist in einem solchen Fall negativ.

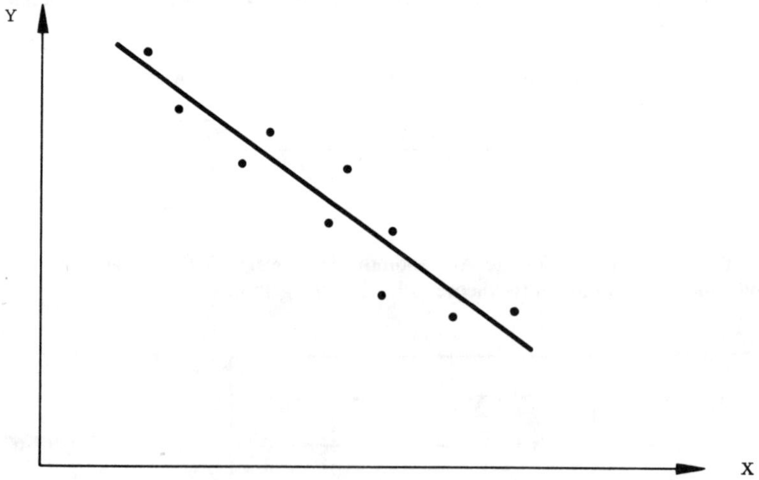

Fig. 7 - 7: Negative lineare Regression

Die Wirklichkeit tut uns natürlich nicht den Gefallen, immer nur Datenreihen zu produzieren, die in einem so einfachen Zusammenhang stehen. Zunächst, oder richtiger sogar, in allererster Linie gibt es den Fall, in dem zwei Datenreihen in *keinem inneren Zusammenhang* stehen. Der Umsatz an Zigaretten in einem Land hängt vermutlich nicht vom Preis für importiertes Schweinefleisch und sicher nicht vom Wetter am Nordpol ab. Es gibt unendlich viele Datenreihen, die aus der Natur der Sache heraus in keiner Beziehung stehen können und für die man normalerweise auch keine Regressionsanalyse unternimmt. In der Regel beginnt man eine Regressionsanalyse, wenn der Sachverstand dies anrät. Aber es gibt keine Verbotsschilder vor der Regressionsanalyse, u.U. kann man rein von der Intuition gelenkt auf bisher nicht vermutete Zusammenhänge stoßen (explorative Datenanalyse). Andererseits brauchen Daten nicht in allen Fällen, in denen die Sachlogik dies nahelegt, einen (wie auch immer gearteten) Zusammenhang anzuzeigen. Es wäre z.B. durchaus sinnvoll, einen Kausalzusammenhang zwischen den persönlichen Einkommen einer Volkswirtschaft (X) und dem Zigarettenumsatz (Y) zu vermuten. Gleichwohl ist es möglich, daß eine empirische Evidenz diese Vermutung nicht stützt, daß die Datenreihen also wie in Fig. 7-8 gezeigt aussehen. Man spricht dann von einem *fehlenden* Zusammenhang.

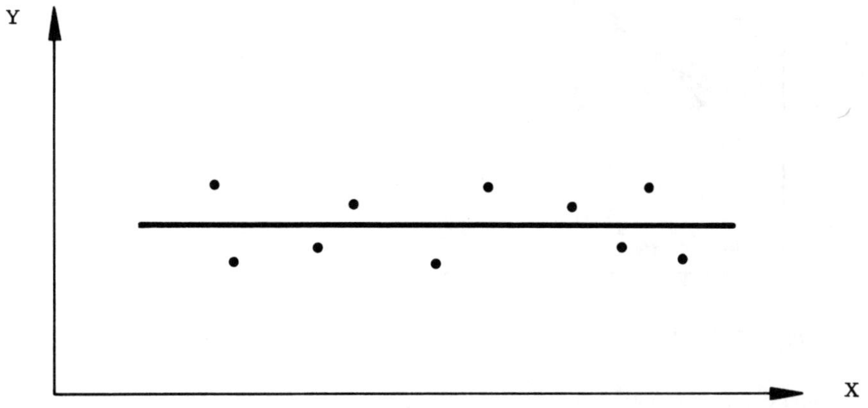

Fig. 7 - 8: Kein Zusammenhang zwischen X und Y

Im *Extremfall* völliger Zusammenhanglosigkeit verläuft eine angepaßte Gerade *parallel* zur X-Achse. Die Y-Werte streuen „zufällig“ um die eingezeichnete Horizontale.

Kehren wir zurück zu einer Situation, in der der aus der Sachlogik heraus vermutete Zusammenhang durch die empirischen Daten „bestätigt“ wird. Muß der Zusammenhang linear sein? Keineswegs! A priori liegt es sogar viel näher, einen nicht-linearen Zusammenhang zu vermuten als einen linearen, denn letzterer ist ja nur *ein* Spezialfall unter unendlich vielen möglichen Fällen. Bleiben wir bei unserem Beispiel: ein immer höherer Reklameeinsatz würde sicherlich nicht ad infinitum zu einer linearen Zunahme der Umsätze führen. Irgendwann wird eine Sättigung der Konsumenten mit Reklame erreicht. Es würde sich etwas Analoges bemerkbar machen, wie wir es vom sog. Ertragsgesetz her kennen. Durch die ersten Einheiten eines Produktionsfaktors (z.B. Dünger) bei konstant gehaltenen sonstigen Produktionsfaktoren (Saatgut, Bodenfläche etc.) wird der Ernteertrag überproportional zunehmen, dann gibt es einen „proportionalen“ (linearen) Bereich und schließlich nimmt der Grenzertrag zusätzlichen Düngers ab, er wird irgendwann sogar „umkippen“. (Vor lauter Dünger wächst nichts mehr!)

Wenn also die nicht-lineare Regression der in praxi häufigere Fall ist, dann ist es natürlich vor allem wichtig, die jetzt anzuwendende Rechentechnik zu kennen. Erfreulicherweise kann die bisherige Methode unverändert übernommen werden!

1) Linearisierung durch abschnittweise Approximationen

Zum ersten gibt es eine große Zahl nichtlinearer Regressionen, die sich stückweise durch eine Gerade annähern lassen. (Vgl. Fig. 7-9).

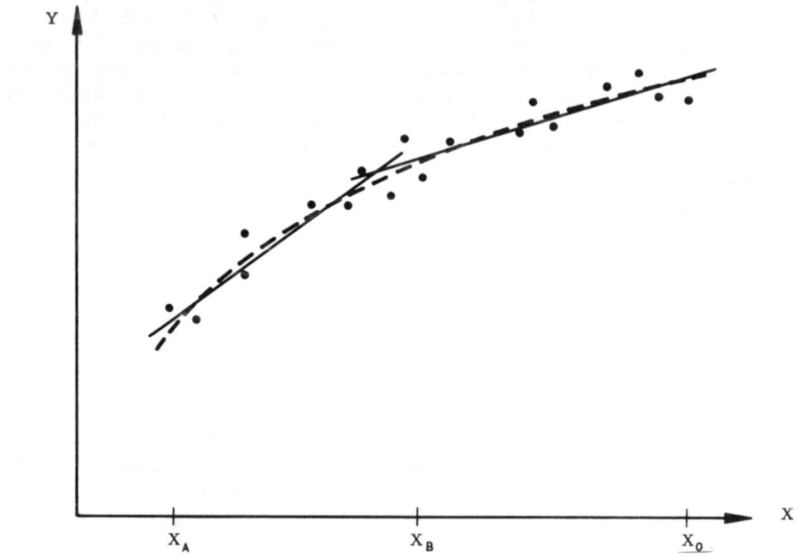

Fig. 7 - 9: Nichtlineare Regression mit abschnittweisen linearen Approximationen

Stammt das vorliegende Datenmaterial z.B. nur aus dem Intervall (X_A,X_B) oder nur aus dem Intervall (X_B,X_C) so genügt es, für die Beschreibung des Zusammenhangs für *diesen* Bereich, eine *Gerade* anzupassen. Sehr oft befindet man sich allerdings in der Situation, daß nur Daten aus dem Intervall (X_A,X_B) vorliegen. Man kann also gar nicht sagen, wie es weitergehen wird oder würde, falls Daten aus dem Interval (X_B,X_C) hinzukommen. Oft ist der Beobachtungszeitraum zu kurz, um Rückschlüsse auf den längerfristigen Zusammenhangtyp ziehen zu können. Im Licht der vorliegenden Evidenz bleibt einem m.a.W. gar nichts anderes übrig, als eine lineare Regression anzunehmen. Man sieht aber, dies sei an dieser Stelle eingeflochten, wie vorsichtig man bei Prognosen sein muss, wenn der soeben beschriebene Fall vorliegt! Eine kurzfristige Prognose mag noch angehen, eine langfristige kann völlig „daneben liegen".

2) Linearisierung durch Transformation

Falls aus der Sachlogik heraus oder weil es die vorliegende Punktwolke erkennen läßt, nur ein nichtlinearer Zusammenhang infrage kommen kann, gibt es eine große Zahl an Funktionstypen zur Auswahl. In Fig. 7-10a) und b) sind beispielhaft für zwei verschiedene Punktwolkentypen zwei zur Beschreibung des (nichtlinearen) Zusammenhangs infrage kommende Funktionstypen angegeben. In Fig. 7-10a) liegt eine sog. geometrische Funktion, in Fig. 7-10b) eine Exponentialfunktion vor.

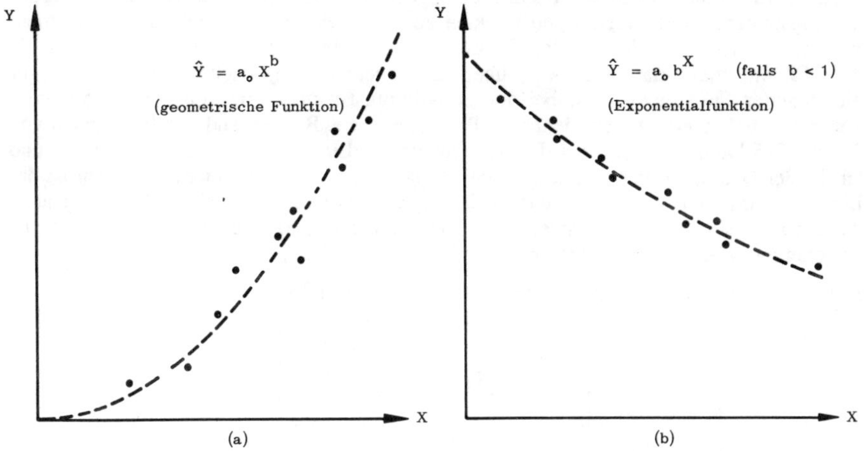

Fig 7 - 10: Zwei Arten nichtlinearer Regression

Schon allein durch die beiden Funktionstypen $Y = a_0 X^b$ und $Y = a_0 b^X$ kann man eine große Zahl nichtlinearer Zusammenhänge erfassen, denn Lage und Krümmungsverlauf hängen ganz von der jeweiligen Größe der Parameter ab. Man kommt mit relativ wenigen Funktionstypen aus, um die allermeisten der in der Realität vorzufindenden Fälle nichtlinearer Regression zu erfassen. In der Übersichtstabelle 7-5 ist auf der linken Seite eine kleine Zusammenstellung angegeben.

Tab. 7 - 5: Einige für nichtlineare Regression in Frage kommende Transformationen

Funktionstyp	linearisierte Form*)
$Y = a_0 X^b$ (geometrische Funktion)	$\log Y = \log a_0 + b \log X$
$Y = a_0 b^X$ oder $Y = a_0 e^{bX}$ (Exponentialfunktion)	$\log Y = \log a_0 + (\log b) \cdot X$ $\ln Y = \ln a_0 + bX$
$Y = e^{a_0 - \frac{b}{X}}$	$\ln Y = a_0 - bU, \; U = \frac{1}{X}$
$Y = \frac{1}{a_0 + bX}$ Hyperbel	$V = a_0 + bX \; ; \; V = \frac{1}{Y}$
$Y = a_0 + b (\ln X)$ (Logarithmusfunktion)	$Y = a_0 + bU \, , \, U = \ln X$
$Y = \frac{1}{a_0 b^X}$ (logistische Funktion)	$\log \frac{1}{Y} = \log a_0 + (\log b) X$

*) log = dekadischer Logarithmus , Basis 10 ; ln = natürlicher Logarithmus, Basis e

Im Fall nichtlinearer Regression können heute EDV - Berechnungsverfahren angewendet werden, die eine „direkte“ Minimierung der Abstandsquadrate (zwischen Beobachtungspunkten und zugehörigen Punkten auf der nichtlinearen Funktion) vornehmen. Will man einer Berechnung der Parameter der nichtlinearen Funktion „von Hand“ durchführen, muß man den Weg über die Linearisierung wählen. Im Fall einiger nichtlinearer Funktionen, z.B. bei der Logarithmusfunktion, die keine Transformation von Y beinhaltet, erhält man identische Parameterwerte. Bei den anderen Funktionen von Tabelle 7-5 kann es jedoch bei der Berechnung via Linearisierung, je nach der Art und Größe der Daten, zu ungenauen Ergebnissen kommen. Seiner Einfachheit wegen ist der Linearisierungsweg zur Parameterberechnung aber immer noch sehr beliebt und auch weitherum gebräuchlich, weswegen er kurz anhand ganz einfacher Zahlen für die Exponentialfunktion vorgeführt werden soll (siehe Fig. 7-11).

Durch Übergang in die Logarithmen entsteht aus $Y = a_0\, b^X$

$$\begin{array}{ccccc} \log Y = & \log a_0 & + & (\log b) & X \\ \hline V = & a' & + & b' & \cdot\, U \end{array} \qquad (7\text{-}8)$$

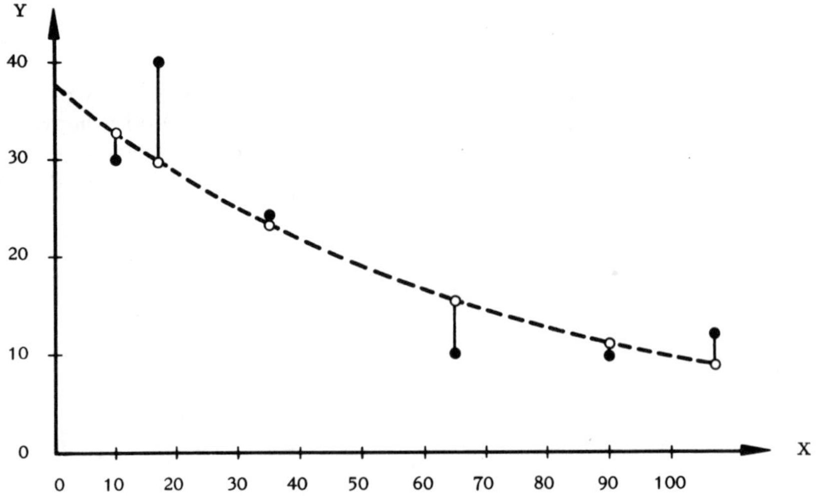

Fig. 7-11: Beobachtete Werte mit angepaßter Exponentialfunktion
$\hat{Y} = 37{,}49 \cdot 0{,}9865^X$

Wenn die Bezeichnungen wie in (7-8) gezeigt eingeführt werden (wobei an sich die Umbenennung von X in U überflüssig ist, sie erfolgt aus Symmetriegründen), liegt jetzt wieder die Situation eines linearen Zusammenhanges zwischen U und V vor. Wir können daher die Berechnung mit den Formeln (7-9) und (7-10) durchführen.

Durch einfaches Auswechseln der Symbole wird (7-5″) zu:

$$a' = \overline{V} - b'\,\overline{U} \qquad (7\text{-}9)$$

und (7-6″) zu:

$$b' = \frac{\sum_{i=1}^{n} U_i V_i - n\bar{U}\bar{V}}{\sum_{i=1}^{n} U_i^2 - n\bar{U}^2} \qquad (7\text{-}10)$$

Angenommen, 5 Beobachtungen von X und Y haben die in den zwei ersten Spalten von Tab.7-6 angegebenen Werte ergeben. Tab. 7-6 wurde zu einer Arbeitstabelle erweitert, um die für (7-9) und (7-10) erforderlichen Größen zu erhalten.

Tab. 7 - 6: Nichtlineare Regression

X_i	Y_i	U_i	V_i	$U_i V_i$	U_i^2
10	30	10	1,47712	14,77120	100
17	40	17	1,60206	27,23502	289
35	24	35	1,38021	48,30753	1225
65	10	65	1,00000	65,00000	4225
90	9,8	90	0,99123	89,21070	8100
107	12	107	1,07918	115,47226	11449
324	-	324	7,52980	359,99637	25388

Es ist $\bar{U} = \frac{324}{6} = \underline{54}$ und $\bar{V} = \frac{7,52980}{6} = \underline{1,25497}$

Ferner ist $b' = \frac{359,99637 - 6 \cdot 54 \cdot 1,25497}{25388 - 6 \cdot 2916} = \underline{-0,005906}$

und $a' = 1,25497 + 0,005906 \cdot 54 = \underline{1,57391}$

Es lässt sich jetzt für die transformierten Beobachtungswerte die (lineare) Regressionsgerade

$$\hat{V} = 1,57391 - 0,005906 \cdot U$$

angeben. Für die nichtlinearen Regressionsfunktion $Y = a_0\, b^X$ benötigen wir

$$a_0 = 10^{1,57391} = \underline{37,48953}$$

$$\text{und} \quad b = 10^{-0,005906} = \underline{0,986493}$$

Die gesuchte nichtlineare Regressionsfunktion lautet somit

$$\hat{Y} = 37,48953 \cdot 0,986493^X \qquad (7\text{-}11)$$

Tab. 7 -7: Die angepaßten Werte $\hat{Y}_i$

X_i	Y_i	$\hat{Y}_i$
10	30	32,7
17	40	29,8
35	24	23,3
65	10	15,5
90	9,8	11,0
107	12	8,8

Diese Funktion und die berechneten Werte $\hat{Y}_i$ auf der zu dieser Funktion gehörenden Kurve sind in Fig. 7-11 eingetragen. Man erkennt, daß die Anpassung nicht schlecht ist, der zugrundegelegte Funktionstyp also durchaus brauchbar zu sein scheint, den hier vorliegenden Zusammenhang zu beschreiben.

Zur Wahl des Funktionstyps:

Es stellt sich die Frage, welchen Funktionstyp man in einem konkreten Fall auswählen sollte, oder richtiger, von welchen Überlegungen man sich bei der Auswahl leiten lassen sollte. Man muß hier zwei Fälle unterscheiden.

1. Im ersten Fall haben wir aus der Natur der Sachlage heraus Grund zur Annahme, der Zusammenhang könne sich nur in einer sich in einem bestimmten Funktionstyp ausdrückenden Art und Weise manifestieren. Die Sachlogik, d.h. theoretische Überlegungen, evtl. auch frühere Beobachtungen und Erfahrungen führen uns in diesem Fall zu einem bestimmten Funktionstyp hin. So drängt sich z.B., wenn wir einen Wachstumsprozeß im Zeitablauf empirisch feststellen wollen (wobei die Zeit die Rolle der unabhängigen Variablen übernimmt) und wir Grund zur Annahme einer einigermaßen stabilen Wachstumsrate haben, ein exponentieller Funktionstyp auf. Wir wissen, daß sich ein solcher Wachstumsprozeß (Bevölkerungs-, Kapitalwachstum etc.) auf halblog. Papier, d.h. durch Linearisierung (= Übergang in die Logarithmen) als eine Gerade darstellen läßt.

2. Haben wir überhaupt keine theoretischen oder sachlogischen Gründe, die für einen bestimmten Funktionstyp sprechen, dann lassen wir uns von der Gestalt der Punktwolke und dem Wissen über den Kurvenverlauf der verschiedenen Funktionstypen leiten. Ein Beispiel war die oben vorgenommene Anpassung von 6 Beobachtungen an die Funktion $\hat{Y} = a_0\, b^X$. Zu beachten ist hierbei lediglich, dass zu verschiedenen Größenordnungen der Parameter oft ganz unterschiedliche Kurvenverläufe des gleichen Funktionstyps gehören. Fig.7-12 veranschaulicht dies für den Typ der Exponentialfunktion.

• **Kontrollfrage 5 :** Wenn wir statt mit $Y = a_0\, b^X$ mit $Y = a_0\, e^{bX}$ arbeiten, wie lauten dann für die beiden in Fig. 7-12 gezeigten Kurven die Bedingungen bezüglich b ? Welche konkrete Bedeutung hat jetzt b, wenn X für „die Zeit" steht?

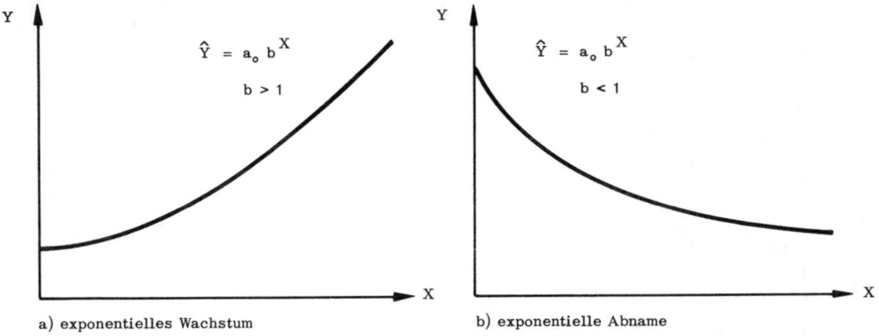

Fig. 7 - 12: Exponentialfunktion und Kurvenverlauf

7.6 Die vereinfachte Form

Die in Abschnitt 7- 4 vorgestellte Methode zur Bestimmung der Geradenparameter läßt sich vereinfachen und es lassen sich die Resultate mit weniger Rechenaufwand erzielen. Es wird hierbei nichts an der Substanz der Methode geändert, es wird also nach wie vor die *Summe der Abstandsquadrate* minimiert. Der einzige Unterschied besteht darin, daß man eine *Skalentransformation* vornimmt.

• **Kontrollfrage 6 :** Welche Transformationsschritte hatten wir vorgenommen, als wir $\bar{X} = A + c\bar{u}$ berechneten ?

Die Transformation besteht darin, daß wir den Ursprung der Abszisse in den Punkt $\bar{X}$ legen, bei unserem Reklame/Umsatzbeispiel also in $\bar{X} = 400$ (siehe Fig. 7-13).

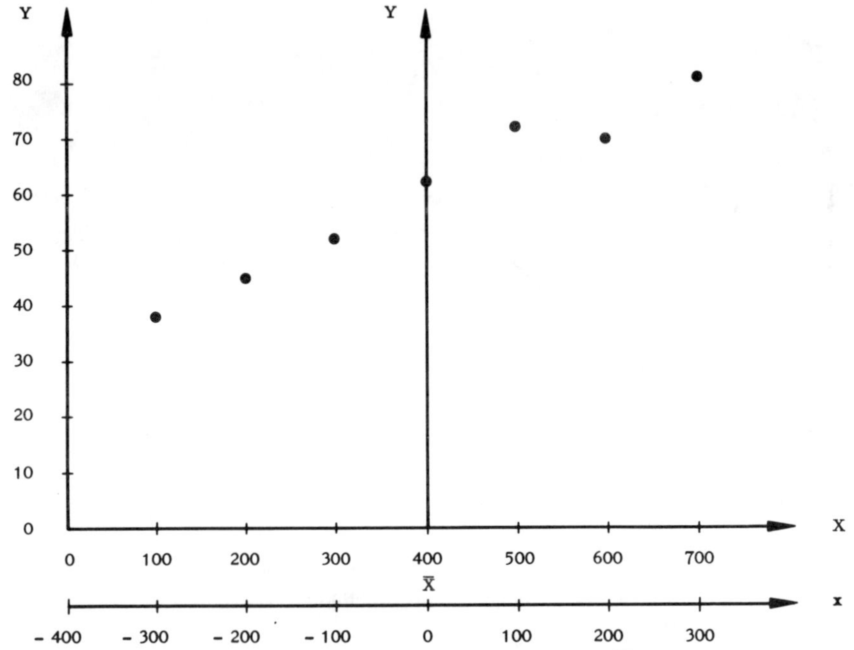

Fig. 7-13: Ursprungsverschiebung nach $\overline{X}$

Es wird jetzt definiert:

$$x_i = (X_i - \overline{X}) \qquad (7\text{-}12)$$

Um deutlich zu machen, daß wir jetzt mit den (um $\overline{X}$) transformierten Beobachtungswerten der unabhängigen Variablen X arbeiten, wird der Kleinbuchstabe x verwendet, die (ursprünglich) beobachteten Werte bezeichnen wir wie bisher mit dem Großbuchstaben X.

• **Kontrollfrage 7 :** Welchen Wert hat $\sum_{i=1}^{n} x_i$?

Es ist wegen dieses in der Kontrollfrage (7) zu suchenden Ergebnisses, daß man auf die vereinfachte Form übergeht. Um Verwechslungen auszuschließen, ist es noch erforderlich, den Parameter der Geraden, der ihre Höhenlage angibt (Ordinatenabschnitt) jetzt mit a zu bezeichnen. Gesucht werden somit jetzt die Parameter der Geraden.

$$\hat{Y} = a + bx \qquad (7\text{-}13)$$

• **Kontrollfrage 8 :** Ändert sich bei einer Skalentransformation wie der hier vorgenommenen der Anstieg der Regressionsgeraden, also der Wert von b ?

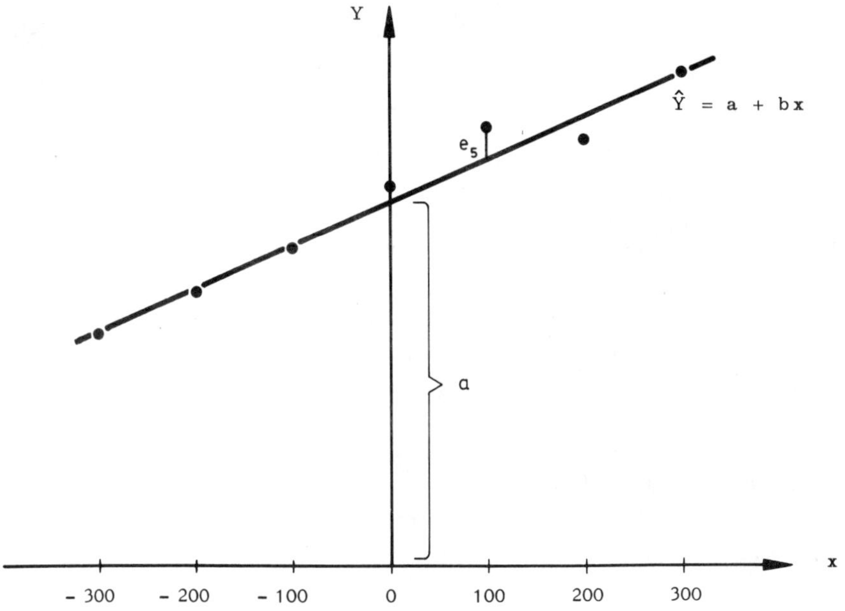

Fig. 7 - 14: Die Regressionsgerade bei der vereinfachten Form

Ausgangspunkt für die Herleitung der Formeln für a und b sind jetzt wieder, wie in Fig. 7-3 gezeigt und durch (7-1) definiert, die Abstände $e_i = Y_i - \hat{Y}_i$. Da $\hat{Y}$ jetzt aber durch (7-13) definiert ist, ist dementsprechend (7-14) zu minimieren.

$$\sum_{i=1}^{n} e_i^2 = \sum_{i=1}^{n} (Y_i - \hat{Y}_i)^2 = \sum_{i=1}^{n} (Y_i - a - bx_i)^2 = \text{Min!} \qquad (7\text{-}14)$$

Es tritt also (7-14) an die Stelle von (7-4). Die weiteren Schritte erfolgen in völliger Analogie zu Abschnitt 7-3 und können rasch angegeben werden. Die notwendige Bedingung für das Minimum bezüglich a lautet:

$$\frac{\partial}{\partial a} \sum_{i=1}^{n} (Y_i - a - bx_i)^2 = -2 \cdot \sum_{i=1}^{n} (Y_i - a - bx_i) = 0 \qquad (7\text{-}15)$$

$$\sum_{i=1}^{n} Y_i - na - b\sum_{i=1}^{n} x_i = 0$$

Daraus ergibt sich unmittelbar die

1. Normalgleichung bei vereinfachter Form

$$\boxed{\sum_{i=1}^{n} Y_i = na} \tag{7-16'}$$

Somit:
$$\boxed{a = \overline{Y}} \tag{7-16''}$$

Ferner (notwendige Bedingung für das Minimum bezüglich b) :

$$\frac{\partial}{\partial b}\sum_{i=1}^{n} (Y_i - a - bx_i)^2 = -2 \cdot \sum_{i=1}^{n} x_i\,(Y_i - a - bx_i) = 0 \tag{7-17}$$

$$\sum_{i=1}^{n} x_i Y_i - a\sum_{i=1}^{n} x_i - b\sum_{i=1}^{n} x_i^2 = 0$$

Daraus folgt, weil $\sum_{i=1}^{n} x_i = 0$ ist, die

2. Normalgleichung bei vereinfachter Form

$$\boxed{\sum_{i=1}^{n} x_i Y_i = b\sum_{i=1}^{n} x_i^2} \tag{7-17'}$$

Somit:
$$\boxed{b = \frac{\sum_{i=1}^{n} x_i Y_i}{\sum_{i=1}^{n} x_i^2}} \tag{7-17''}$$

Man sieht sofort, daß sich die Ausdrücke (7-16′) und (7-16″) resp. (7-17′) und (7-17″) gegenüber (7-5′) und (7-5″) resp. (7-6′) und (7-6″) erheblich vereinfacht haben. Das gilt auch für die Rechnung mit den konkreten Zahlen, die zur Illustration noch kurz für das Reklame/Umsatzbeispiel angegeben sei (Tab. 7-8).

Tab. 7 -8: Arbeitstabelle für die vereinfachte Form

X_i	Y_i	x_i	x_iY_i	x_i^2
100	38	-300	-11'400	90'000
200	45	-200	-9'000	40'000
300	52	-100	-5'200	10'000
400	62	0	0	0
500	72	100	7'200	10'000
600	70	200	14'000	40'000
700	81	300	24'300	90'000
Σ	420	0	19'900	280'000

Die Ergebnisse lauten:

$$a = \frac{420}{7} = \underline{60} \qquad \text{und } b = \frac{19'900}{280'000} = \underline{0{,}07107}$$

Für die Regressionsgerade in der vereinfachten Form gilt somit:

$$\underline{\hat{Y} = 60 + 0{,}071\ x}$$

$$(\hat{Y} \text{ in Mio. DM, } x_i \text{ in 1000 DM})$$

Wie zu erwarten, hat b denselben Wert wie bei der in den ursprünglichen Zahlen ausgedrückten Regressionsgeraden. Der Übergang von Formel (7-17″) zu Formel (7-6″) wird in Aufgabe 7- 4 gezeigt. In Aufgabe 7-5 wird ferner der Zusammenhang zwischen a_0 und a dargelegt.

Für die von uns angestrebte Beschreibung des Zusammenhangs zwischen Y (Umsatz) und X (Reklamebudget) kann man sowohl die vereinfachte wie die ursprüngliche Form benutzen. Beide sind äquivalent. Es ist i.d.R. nicht erforderlich, die vereinfachte Form wieder in die ursprüngliche Form zurückzutransformieren, obwohl dies natürlich nur einen einzigen einfachen Rechenschritt erfordern würde.

• **Kontrollfrage 9 :** Man transformiere die Regressionsgerade der vereinfachten Form in die Gerade der ursprünglichen Form.

7.7 Aufgaben mit Lösung

Aufgabe 7 - 1:
Man gebe die Parameter der Geraden an, die durch die Punkte mit den Koordinaten $(X_i , Y_i) = (1 , 6)$ und $(7 , 9)$ geht.

Lösung:
Eine Gerade läßt sich stets in die Form $Y = a + bX$ bringen. Hierbei ist $b = \frac{Y_2 - Y_1}{X_2 - X_1}$, wobei (X_1 , Y_1) und (X_2 , Y_2) zwei Punkte sind, die auf der Geraden liegen. Somit:

$$b = \frac{9-6}{7-1} = \frac{3}{6} = 0{,}5.$$

Ferner: $a = Y - bX$. Y und X sind die Koordinaten eines beliebigen Punktes auf der Geraden, z.B. also (1 , 6). Somit: $a = 6 - 0{,}5 \cdot 1 = 5{,}5$.

Aufgabe 7 - 2:
Angenommen, man habe die 3 Beobachtungspaare (1, 3) , (3, 10) und (5, 4) vorliegen. Zu welcher Geraden führt das Kriterium der Minimierung der absoluten Abstandssumme:

$$\sum_{i=1}^{n} | Y_i - \hat{Y} | = \text{Min. ?}$$

Lösung:
Das Min. wird durch die Gerade erreicht, die durch den ersten und letzten Punkt geht, also die Parameter $b = \frac{1}{4}$ und $a_0 = 2{,}75$ hat.

Aufgabe 7 - 3:
Man zeige, daß für die Herleitung des Minimums bei der Fkt. $f(a_0, b) = \sum (Y_i - a_0 - bX_i)^2$ die Erfüllung der notwendigen Bedingung zugleich hinreichend ist.

Lösung:
Die Bedingung ist hinreichend, weil: $\frac{\partial^2 f(a_0, b)}{\partial a_0^2} = 2n > 0$

und: $\frac{\partial^2 f(a_0, b)}{\partial b^2} = 2 \sum X_i^2 > 0$ und weil: $\frac{\partial^2 f(a_0, b)}{\partial a_0 \partial b} = 2 \sum X_i$,

derart, daß $\frac{\partial^2 f(a_0, b)}{\partial a_0^2} \cdot \frac{\partial^2 f(a_0, b)}{\partial b^2} - \left(\frac{\partial^2 f(a_0, b)}{\partial a_0 \partial b} \right)^2 > 0$ ist.

Der linke Ausdruck beträgt $2n \cdot 2 \sum X_i^2 - (2 \sum X_i)^2 =$

$$= 4n^2 \cdot \left[\frac{\sum X_i^2}{n} - \left(\frac{\sum X_i}{n} \right)^2 \right] = 4n^2 \cdot s_x^2,$$ was immer positiv ist.

Aufgabe 7 - 4:

Überführe Formel (7-17″) in (7-6″) d.h. zeige, daß $b = \frac{\sum_{i=1}^{n} x_i Y_i}{\sum_{i=1}^{n} x_i^2} = \frac{\sum_{i=1}^{n} X_i Y_i - n\overline{X}\overline{Y}}{\sum_{i=1}^{n} X_i^2 - n\overline{X}^2}$

Lösung:

Es ist $x_i = X_i - \overline{X}$ gemäß Def. (7-13). Also ist: $b = \frac{\sum_{i=1}^{n} x_i Y_i}{\sum_{i=1}^{n} x_i^2} = \frac{\sum_{i=1}^{n} (X_i - \overline{X})Y_i}{\sum_{i=1}^{n} (X_i - \overline{X})^2}$.

Da $\sum_{i=1}^{n} (X_i - \overline{X}) = 0$, folgt auch $\sum_{i=1}^{n} (X_i - \overline{X})\overline{Y} = 0$, und somit ist

$$b = \frac{\sum_{i=1}^{n} (X_i - \overline{X})Y_i - \sum_{i=1}^{n} (X_i - \overline{X})\overline{Y}}{\sum_{i=1}^{n} (X_i - \overline{X})^2} = \frac{\sum_{i=1}^{n} (X_i - \overline{X})(Y_i - \overline{Y})}{\sum_{i=1}^{n} (X_i - \overline{X})^2} =$$

$$= \frac{\sum_{i=1}^{n} X_i Y_i - \overline{X}\sum_{i=1}^{n} Y_i - \overline{Y}\sum_{i=1}^{n} X_i + n\overline{X}\overline{Y}}{\sum_{i=1}^{n} X_i^2 - 2\overline{X}\sum_{i=1}^{n} X_i + n\overline{X}^2} = \frac{\sum_{i=1}^{n} X_i Y_i - n\overline{X}\overline{Y} - n\overline{X}\overline{Y} + n\overline{X}\overline{Y}}{\sum_{i=1}^{n} X_i^2 - 2\overline{X}n\overline{X} + n\overline{X}^2} = \frac{\sum_{i=1}^{n} X_i Y_i - n\overline{X}\overline{Y}}{\sum_{i=1}^{n} X_i^2 - n\overline{X}^2}.$$ q. e. d.

Aufgabe 7 - 5:
In welchem Zusammenhang stehen a und a_0?
Lösung:
$a_0 = \overline{Y} - b\overline{X}$; $a = \overline{Y}$. Somit $a_0 = a - b\overline{X}$.

Aufgabe 7 - 6:
Man zeichne den Kurvenverlauf der geometrischen Funktion $Y = a_0 X^b$ für $a_0 > 0$ und $b < 0,\ 0 < b < 1$ und $b > 1$.

Lösung:

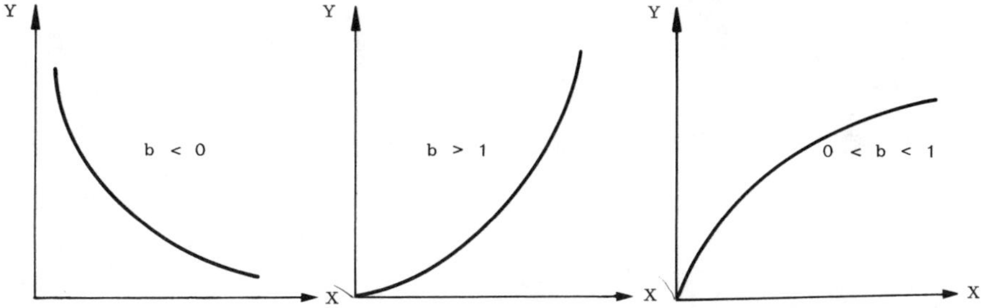

Aufgabe 7 - 7:

Von einem bestimmten Autotyp wurden bei verschiedenen Autohändlern folgende Gebrauchtwagenpreise für innerhalb der letzten sechs Monate vorgeführte Wagen beobachtet:

X_i = gefahrene km (in 1000)	Y_i = Preis in DM
10	10'000
18	8'500
26	5'600
37	4'400
45	3'600
60	1'800
75	1'200

Um den Zusammenhang zwischen X und Y zu beschreiben, verwendet man den Ansatz $Y_i = a_0 \, b^{X_i}$.

a. Zeichnen Sie ein Streuungsdiagramm auf halblogarithmisches Papier. Legen Sie eine Freihandregressionsgerade durch die Punktwolke.

b. Zeigen Sie im Detail, wie Sie von Ihrer eingezeichneten Geraden ausgehend auf grobe Schätzungen für a_0 und b kommen.

c. Berechnen Sie a_0 und b nach der Methode der kleinsten Quadrate.

Als Hilfe: $\sum_{i=1}^{n} \log Y_i = 25{,}21$; $\sum_{i=1}^{n} (\log Y_i)^2 = 91{,}49$; $\sum_{i=1}^{n} X_i (\log Y_i) = 929{,}3$; $\sum_{i=1}^{n} X_i = 271$; $\sum_{i=1}^{n} X_i^2 = 13'720$.

Lösung:

a)

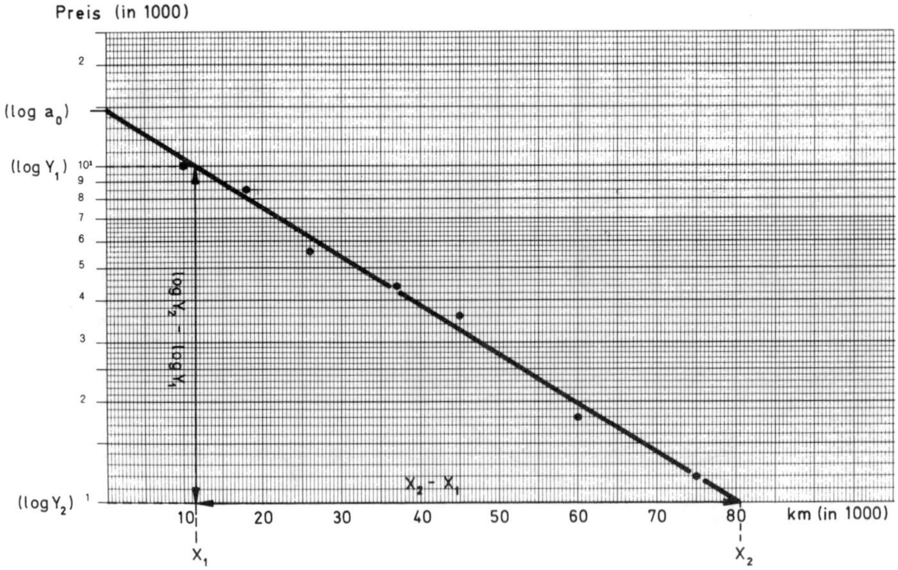

b) $\log b = \dfrac{\log Y_2 - \log Y_1}{X_2 - X_1} = \dfrac{3-4}{80{,}5 - 11{,}5} = -0{,}01449$ (Werte aus halblogarithmischem Diagramm abgelesen)

$\underline{b = 10^{-0{,}01449} = 0{,}9672}$ und $\underline{a_0 = 14700}$

c) $$\log b = \frac{n\sum\limits_{i=1}^{n} X_i \log Y_i - \sum\limits_{i=1}^{n} X_i \sum\limits_{i=1}^{n} \log Y_i}{n\sum\limits_{i=1}^{n} X_i^2 - (\sum\limits_{i=1}^{n} X_i)^2} = \frac{7 \cdot 929{,}3 - 271 \cdot 25{,}21}{7 \cdot 13720 - 271^2} =$$

$$\frac{6505{,}1 - 6831{,}91}{96040 - 73441} = \frac{-326{,}81}{22599} = -0{,}01446$$

$\underline{b = 10^{-0{,}01446} = 0{,}9673}$

$\log a_0 = \overline{\log Y} - (\log b) \cdot \overline{X} = 3{,}601 - (-0{,}01446)\, 38{,}71 = 3{,}601 + 0{,}5597 = 4{,}1607$

$\underline{a_0 = 10^{4{,}1607} = 14477}$

Gegenüber der ohne zu mogeln gezeichneten Freihandgerade und den dann abgelesenen Werten ergibt die exakte Berechnung kaum Unterschiede. Grund: die Punkte schmiegen sich sehr gut an die auf halblog. Papier gezeichnete Gerade an, es war nicht sehr schwer, diese optisch richtig zu legen.

7.8 Antworten auf die Kontrollfragen

1. $b = 0{,}0725$

2. Bei der Ermittlung einer rechnerischen Kennzahl für die Streuung (Standardabweichung).

3. Nein! $\sum_{i=1}^{n} X_i^2 \neq (n\overline{X})^2$, denn: $\sum_{i=1}^{n} X_i^2 = X_1^2 + X_2^2 + \cdots + X_n^2$.

   Hingegen: $(n\overline{X})^2 = (\sum_{i=1}^{n} X_i)^2 = = (X_1 + X_2 + \cdots + X_n) \cdot (X_1 + X_2 + \cdots + X_n) =$

   $X_1^2 + X_2^2 + \cdots + X_n^2 + 2X_1X_2 + 2X_1X_3 + \cdots + 2X_{n-1}X_n \cdot$

4. Die Formel (7-5″) ändert sich überhaupt nicht. $\overline{Y}$ und $\overline{X}$ werden dann statt nach Formel (4-8) nach der Formel (4-4) berechnet. Formel (7-6″) wird zu

   $$b = \frac{\sum_{i=1}^{k} X_i\, Y_i\, f_i - n\,\overline{X}\,\overline{Y}}{\sum_{i=1}^{k} X_i^2\, f_i - n\,\overline{X}^2}$$

   , wobei k die Anzahl der Gruppen voneinander verschiedener Wertepaare bezeichnet.

5. $b > 0$ für a) ; $b < 0$ für b). b hat die Bedeutung der Wachstumsrate bei unmittelbar erfolgendem "Zuschlag". Eine Wachstumsrate ist allgemein definiert als $\dot{Y} / Y$. Mit $\dot{Y}$ bezeichnet man die 1. Ableitung von Y nach der Zeit (hier durch X ausgedrückt). Ausgehend von $Y = ae^{bX}$ folgt $\dot{Y} = \frac{dY}{dX} = abe^{bX}$ und somit: $\frac{\dot{Y}}{Y} = \frac{abe^{bX}}{ae^{bX}} = b$ (siehe Formel (3 -6) in Kapitel III. Dort war $b = r$ gesetzt).

6. Die ursprünglichen Werte wurden zuerst um A verschoben und sodann mit dem Faktor $\frac{1}{c}$ multipliziert.

7. $\sum_{i=1}^{n} x_i = \sum_{i=1}^{n} (X_i - \overline{X}) = \sum_{i=1}^{n} X_i - \sum_{i=1}^{n} \overline{X} = n\overline{X} - n\overline{X} = 0 \cdot$

8. Nein.

9. $\hat{Y} = 60 + 0{,}071 \cdot (X - 400)$

   $= 60 - 0{,}071 \cdot 400 + 0{,}071\, X$

   $= 31{,}6 + 0{,}071\, X$.

Kapitel VIII: Zweidimensionale Daten - Korrelation

8.1: *Vorbemerkung* - **8.2:** *Der Korrelationskoeffizient* r - **8.3:** *Die Kovarianz* - **8.4:** *Der Determinationskoeffizient* r^2 - **8.5:** *Regression und Sachlogik* - **8.6:** *Rangkorrelationskoeffizient* - **8.7:** *Aufgaben mit Lösung* - **8.8:** *Antworten auf die Kontrollfragen*

8.1 Vorbemerkung

Für die Beschreibung eines Zusammenhangs zwischen zwei Variablen genügt die mit Hilfe der Methode der kleinsten Quadrate gefundene Regressionsgerade oder Regressionskurve oft nicht. Man benötigt in vielen Fällen eine zusätzliche Kennzahl zu den beiden im vorangegangenen Kapitel ermittelten Regressionsparametern b und a_0 resp. a. Diese beschreiben nämlich einen gegebenen Zusammenhang nur unvollständig. Sie informieren zwar über Höhenlage und allgemeine Tendenz einer Punktwolke, nicht aber, ob diese sich eng oder schlecht an eine Längsachse anschmiegt. Dieser Unterschied ist jedoch sehr bedeutsam, denn er qualifiziert den durch die Regressionsgerade zum Ausdruck gebrachten Zusammenhang von „sehr gut", über „mittelmäßig" bis hin zu „schlecht". Bleiben wir bei unserem Reklame/Umsatzbeispiel und unterstellen einmal, es wären anstatt der uns schon bekannten (ersten) Datenreihe eine zweite und dritte Datenreihe mit den in Tabelle 8-1 wiedergegebenen Zahlen beobachtet worden. (Im linken Block von Tabelle 8-1 sind die Zahlen der Tab. 7-1 nochmals wiedergegeben).

Tab. 8-1: Reklameausgaben und Umsatz - Drei Datenreihen

1. Datenreihe		2. Datenreihe		3. Datenreihe	
$X_i^{(1)}$	$Y_i^{(1)}$	$X_i^{(2)}$	$Y_i^{(2)}$	$X_i^{(3)}$	$Y_i^{(3)}$
100	38	100	42	100	50
200	45	200	40	200	29
300	52	300	46	300	46
400	62	400	70	400	97
500	72	500	74	500	38
600	70	600	67	600	65
700	81	700	81	700	95

Wie man durch eine kleine Nebenrechnung selber leicht nachprüfen kann, resultieren für die zweite und für die dritte Datenreihe die gleichen Parameterwerte wie für die erste, in Abschnitt 7-4 analysierte Reihe, nämlich $a_0 = 31{,}6$ und $b = 0{,}07107$.

● **Kontrollfrage 1 :** Haben Sie die Nebenrechnung durchgeführt?

In Fig. 8-1 a) bis c) sind die den drei Datenreihen entsprechenden Streuungsdiagramme ebenso wie die alle drei Datenreihen optimal beschreibende Regressionsgerade $\hat{Y} = 31{,}6 + 0{,}071X$ dargestellt. Die erste Datenreihe „schmiegt sich" ausgezeichnet an die Regressionsgerade an, die zweite Datenreihe noch hinreichend gut, während die dritte Datenreihe durch die Regressionsgerade relativ schlecht charakterisiert wird. Diesen unterschiedlichen Grad der Streuung um die Regressionsgerade muß man durch eine Kennziffer zum Ausdruck bringen.

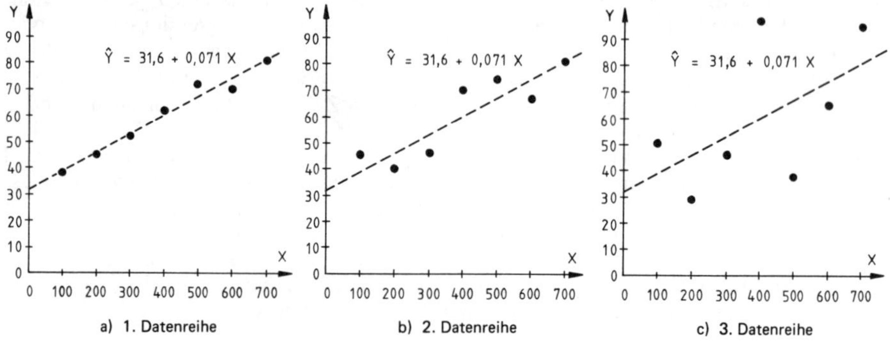

Fig. 8-1: Drei verschiedene Streuungsdiagramme mit gleicher Regressionsgerade

8.2 Der Korrelationskoeffizient r

Der auf die Statistiker *Auguste Bravais* (1811-1863) und *Karl Pearson* (1857-1936) zurückgehende Korrelationskoeffizient r liefert uns die gesuchte Information über den „Grad der Anschmiegung" der Beobachtungen an die Regressionsgerade oder, wie man sagt, über die „Strammheit des Zusammenhangs" zwischen den Beobachtungen der Variablen X und Y.

Definition des Korrelationskoeffizienten:

$$r = \frac{\sum_i (X_i - \overline{X})(Y_i - \overline{Y})}{\sqrt{\sum_i (X_i - \overline{X})^2 \sum_i (Y_i - \overline{Y})^2}} \qquad (8\text{-}1)$$

Hinweis:
Wir beschränken uns im vorliegenden Kapitel auf den Fall der linearen Regression. Eigentlich müßten wir daher stets vom linearen Korrelationskoeffizienten sprechen. Ferner wird nur jener einfache Fall analysiert, wo *jedes* Beobachtungspaar genau *einmal* auftritt, d.h. zu jedem X_i nur *ein* Y_i wie im Reklame/Umsatzbeispiel beobachtet wird.

Der Aussagegehalt von r, d.h. von Formel (8-1) wird verständlich, sobald man weiß, daß r nur in einem beschränkten Bereich variieren kann:

Variationsbereich von r:

$$-1 \leq r \leq 1 \qquad (8\text{-}2)$$

Die „Nähe zu ± 1“ besagt, es liege ein strammer Zusammenhang vor, während die „Nähe zu 0“ auf einen schlecht belegten Zusammenhang schließen läßt. Die *Extremfälle* werden jetzt erläutert und es wird gezeigt, daß dann entweder r = ± 1 oder r = 0 ist.

Extremfälle:

1.) Die Extremfälle erster Art, bei welchen r = 1 oder r = -1 ist, können zusammen abgehandelt werden. Diese Extremfälle stellen eine positive oder negative *funktionale* (lineare) Abhängigkeit der Y-Werte von X dar (siehe Fig. 8-2). Die Punkte „kleben“ jetzt an der Regressionsgeraden wie Insekten an einer Leimrute („Leimrutenfall“).

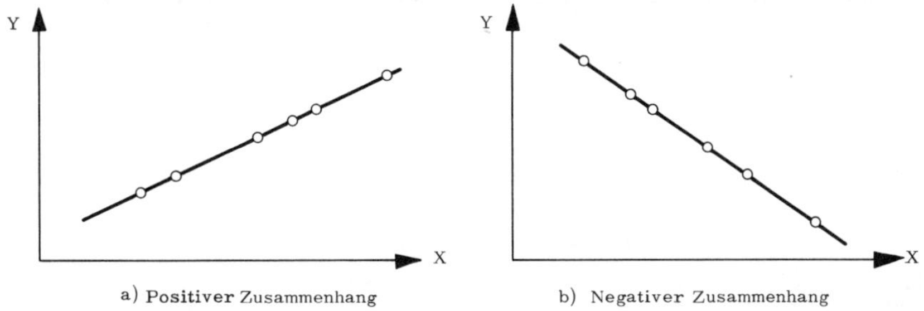

Fig. 8-2: Funktionaler Zusammenhang von X und Y

Einen funktionalen Zusammenhang findet der Statistiker praktisch nie vor. Falls er einmal auf ihn treffen sollte, müßte er sogar skeptisch werden und sich fragen, ob er sich nicht an den falschen Arbeitsplatz gesetzt habe. Man bezeichnet derartige Fälle auch als *Buchhalterregression.* Würde man beispielsweise für die Bilanzen aller Kapitalgesellschaften die linke Bilanzsumme (X) mit der rechten Bilanzsumme (Y) in Beziehung setzen, so käme ein hervorragender, solide „Buchhalterarbeit“ bestätigender, aber statistisch völlig unergiebiger Zusammenhang zum Vorschein. Gleichwohl ist als Referenzgröße der „Buchhalterfall“ für den Statistiker von Interesse.

Im Fall linearer Abhängigkeit ist $Y_i = a_0 + b X_i$ oder $Y_i = a_0 - bX_i$.

Wie stets gilt $\overline{Y} = a_0 + b\overline{X}$ resp. $\overline{Y} = a_0 - b\overline{X}$.

• **Kontrollfrage 2 :** Warum ist $\overline{Y} = a_0 + b\overline{X}$? Geben Sie ein Beispiel aus Kap. IV, als eine analoge Beziehung verwendet wurde.

Setzt man jetzt für Y_i und $\overline{Y}$ in (8-1) die entsprechenden Ausdrücke ein, so folgt:

$$r = \frac{\Sigma(X_i - \overline{X})(a_0 + bX_i - a_0 - b\overline{X})}{\sqrt{\Sigma (X_i - \overline{X})^2 \Sigma(a_0 + bX_i - a_0 - b\overline{X})^2}}$$

$$r = \frac{b \cdot \Sigma(X_i - \overline{X})^2}{\sqrt{b^2[\Sigma(X_i - \overline{X})^2]^2}} = \pm 1,$$

je nachdem, ob $b > 0$ oder $b < 0$ war.

2.) Ein Extremfall zweiter Art liegt vor, wenn der Korrelationskoeffizient Null wird (vgl. Fig. 7-8). Die Y-Werte streuen jetzt „rein zufällig" oder in ganz bestimmter Regelmäßigkeit um eine Horizontale. Es sind bei diesem Extremfall allerdings die verschiedensten Streuungsmuster vorstellbar, von denen vier in Fig. 8-3 gezeigt sind.

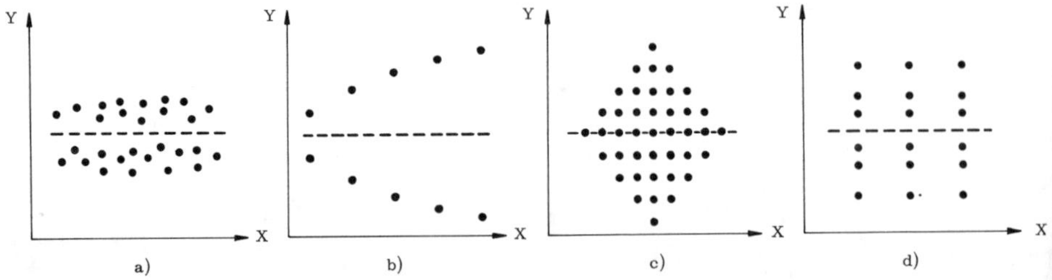

Fig. 8-3: Vier Streuungsdiagramme, für die $r = 0$ ist

Fall a) von Fig. 8-3 könnte man den „aufgestöberten-Bienenschwarm- Fall" nennen. Gemeinsam ist diesem Fall mit den anderen „konstruierten" Fällen b) bis d), daß sich eine Horizontale in die Punktwolke (bei optimaler Anpassung) legen läßt, somit nicht die geringste Tendenz der Punktwolke nach oben oder unten vorhanden ist.

• **Kontrollfrage 3 :** Ist es, genau genommen, richtig, in den Fällen b) bis c) der Fig. 8-3 davon zu sprechen, es liege „kein Zusammenhang" zwischen X und Y vor?

Man überzeugt sich leicht, daß gemäß (8-1) in den in Fig. 8-3 b) bis d) gezeigten Fällen r = 0 wird. Man braucht lediglich den Zähler von (8-1) in Betracht zu ziehen: Aus der Symmetrie der Werte folgt, daß jedem Ausdruck $(X_i - \overline{X}) \cdot (Y_i - \overline{Y})$ mit positivem Vorzeichen ein gleich großer Ausdruck $(X_i - \overline{X}) \cdot (Y_i - \overline{Y})$ mit negativem Vorzeichen gegenübersteht. Die Summe $\sum(X_i - \overline{X})(Y_i - \overline{Y})$ wird deshalb Null, der Zähler verschwindet und damit wird r = 0.

Die Realität statistischer Zusammenhänge liegt stets zwischen den Extremen, d.h. der Statistiker hat es fast immer mit einem r zu tun, das zwischen 0 und ±1 liegt. Um das r für die drei Datenreihen der Tabelle 8-1 zu berechnen, bringen wir die Definitionsformel (8-1) in die etwas andere Form (8-1′), bei der die von der Regressionsanalyse her bereits vorliegenden Größen $\overline{X}$, $\overline{Y}$, $\sum X_i Y_i$ und $\sum X_i^2$ verwendet werden können. In Aufgabe 8-1 ist gezeigt, wie sich (8-1′) durch einige ganz elementare Umformungen aus (8-1) herleiten läßt.

Alternativformel für r:

$$r = \frac{\sum X_i Y_i - n\overline{X}\overline{Y}}{\sqrt{(\sum X_i^2 - n\overline{X}^2)(\sum Y_i^2 - n\overline{Y}^2)}} \qquad (8\text{-}1')$$

In Tabelle 8-2 sind für unsere drei Datenreihen die für die Formel (8-1′) benötigten Zwischenresultate angegeben und in der letzten Zeile auch die daraus berechneten Werte von r.

Tab. 8-2: Die Korrelationskoeffizienten für die drei Datenreihen der Tab. 8-1

	1. Datenreihe	2. Datenreihe	3. Datenreihe
n	7	7	7
$\overline{X}$	400	400	400
$\overline{Y}$	60	60	60
$\sum X_i^2$	1'400'000	1'400'000	1'400'000
$\sum X_i Y_i$	187'900	187'900	187'900
$\sum Y_i^2$	26'662	26'906	29'560
r	0,98356	0,91051	0,56955

Interpretation:

Der Korrelationskoeffizient variiert mit der Strammheit des Zusammenhangs zwischen X und Y. Bei einem Wert von r = 0,98 für die erste Datenreihe wird der Informationsgehalt der Regressionsgeraden, ausgedrückt durch die beiden Parameterwerte $a_0 = 31{,}6$ und b = 0,071 als *ausgezeichnet* qualifiziert. Optisch bedeutet ein r = 0,98, daß sich die Punktewolke eng an die Regressionsgerade anschmiegt (siehe Fig. 8-1a). Der Wert von r = 0,91, der zur zweiten Datenreihe gehört, bedeutet, daß der Zusammenhang zwischen X und Y immer noch *gut* durch die Regressionsgerade repräsentiert wird (siehe Fig. 8-1b).

Der Wert von r = 0,57 bei der dritten Datenreihe ist jedoch relativ schlecht. Eine allgemeine Tendenz ist der Punktwolke, wie sie in Fig. 8-1c) abgebildet ist, nicht mehr ohne weiteres zu entnehmen. Der Informationsgehalt der Regressionsparameter hinsichtlich der allgemeinen Tendenz wird durch ein r = 0,57 als *schlecht* qualifiziert. Ganz offenbar spielen für die Größe von Y noch andere Faktoren als die Größe X eine wichtige Rolle. Ein Statistiker, der bei seiner Analyse auf einen derart niedrigen Korrelationskoeffizienten stößt, muß immer versuchen, diese anderen Faktoren ausfindig zu machen (Übergang von der Einfach- zur Mehrfachregression - siehe Kap. XXI).

Präsentation der Ergebnisse:

Man legt die Regressionsparameter und den Korrelationskoeffizient i.d.R. gemeinsam vor. Für die erste Datenreihe des Reklame/Umsatzbeispiels schreibt man beispielsweise:

$$\hat{Y} = 31{,}6 + 0{,}071\,X\,;\quad r = 0{,}98$$

($\hat{Y}$ in Mio. DM, X in 1'000 DM)

Bemerkung:

Hat man von der Berechnung der Regressionsparameter gewisse Zwischenergebnisse für die vereinfachte Variable $x_i = (X_i - \bar{X})$ vorliegen, so kann man diese jetzt verwenden, wenn man von der abgewandelten Definitionsformel (8-1″) ausgeht:

$$r = \frac{\sum x_i y_i}{\sqrt{\sum x_i^2 \sum y_i^2}} \qquad (8\text{-}1'')$$

Hierbei ist analog zu (7-13) definiert:

$$y_i = (Y_i - \bar{Y}) \qquad (8\text{-}3)$$

• **Kontrollfrage 4 :** Ändert r seinen Wert durch Übergang in die vereinfachte Form? Hat eine lineare Transformation der Ausgangsdaten Einfluß auf den Wert von r?

8.3 Die Kovarianz

Eine mit dem Regressionskoeffizienten b und dem Korrelationskoeffizienten r eng zusammenhängende Kennzahl ist die Kovarianz. Man bezeichnet sie mit den Symbolen Cov(X,Y) oder s_{xy}. Die Kovarianz hängt von den für X und Y gewählten Maßeinheiten ab, während der Korrelationskoeffizient davon unberührt bleibt. Die Kennzahl Kovarianz muß hier eingeführt werden, um zu einem besseren Verständnis des Korrelationskoeffizienten zu gelangen. (Nach dem kleinen Exkurs zur Kovarianz werden wir uns erneut dem Korrelationskoeffizienten zuwenden und werden dann seine volle Bedeutung erkennen).

Für die Veranschaulichung der Kovarianz wollen wir von einer in Fig. 8-4 gezeigten Situation ausgehen. Fig. 8-4 stellt ein zweidimensionales Stabdiagramm dar. Die Beobachtungspaare (X_i, Y_j) treten jeweils mit den (absoluten) Häufigkeiten f_{ij} auf.

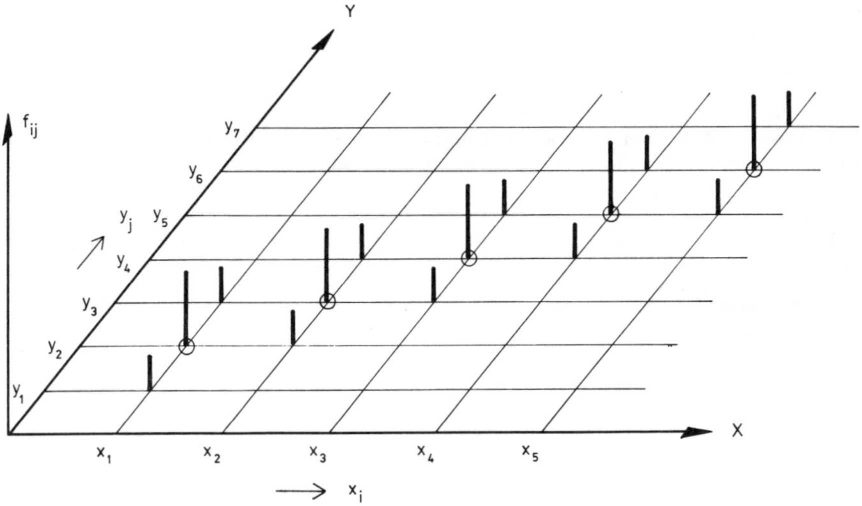

Fig. 8-4: Zweidimensionales Stabdiagramm

Mit wachsender Größe von X streuen die zu einem bestimmten X_i gehörenden Werte von Y (repräsentiert durch die fünf Stabdiagramme mit je drei Werten von Y) auf zunehmendem Niveau von Y. Die Kovarianz ist eine Kennzahl für die „gemeinsame Streuung" von X und Y und ist wie folgt definiert:

$$\mathrm{Cov}(X,Y) = \frac{1}{n} \sum_{i=1}^{k} \sum_{j=1}^{m} (X_i - \overline{X})(Y_j - \overline{Y}) f_{ij} \tag{8-4}$$

Dabei gilt natürlich wieder, wie in Kap. IV bereits eingeführt, daß $\sum_{i=1}^{k} \sum_{j=1}^{m} f_{ij} = n$ ist. Wir benötigen jetzt also eine Doppelsumme wie in Kap. IV bei der Berechnung des Gesamtdurchschnitts eines Merkmals aus Teildurchschnitten und in Kap. V bei der Berechnung der Gesamtvarianz eines Merkmals aus Teilvarianzen.

Interpretation:

Ganz allgemein gesprochen informiert die Kovarianz darüber, ob sich tendenziell mit der Änderung des Merkmals X auch das Merkmal Y ändert, ob also „im Durchschnitt" zu größeren Werten von X größere Werte von gehören oder ob im Durchschnitt zu immer größeren Werten von X immer kleinere Werte von Y gehören. Die Kovarianz gibt an, ob tendentiell die Teilmittelwerte von Y (in Fig. 8-4 als kleine Kreise eingezeichnet) mit wachsendem X zu- oder abnehmen. Ob die tendenzielle Zu- oder Abnahme entlang einer linearen oder nichtlinearen Kurve erfolgt, ist dabei unerheblich. Bei zunehmender Tendenz (vgl. Fig. 8-4) ist die Kovarianz positiv, bei abnehmender Tendenz (vgl. Fig. 7-1) ist sie negativ. In den in Fig. 8-3 gezeigten Fällen ist sie hingegen Null. An der Kennzahl s_{xy} interessiert für die statistische Praxis vor allem, ob sie den Wert *Null* hat oder *von Null verschieden* ist. Dies ist in vielen Fällen eine Kurzinformation von großer Wichtigkeit.

Vereinfachung:

Wenn eine Datenreihe vorliegt, bei der wie im Reklame/Umsatzbeispiel jedes beobachtete Wertpaar nur *genau einmal* auftritt und jedem X-Wert nur genau ein Y-Wert zugeordnet ist, vereinfacht sich die Formel für die Kovarianz ganz erheblich:

1) $f_{ij} = 1$ für alle i und j,

2) Da zu jedem X_i nur gerade ein Y_j gehört, kann man auf den Index j verzichten, d.h. j = i setzen.

Formel (8-4) wird dann zu

$$\mathrm{Cov}(X,Y) = \frac{1}{n} \sum_{i=1}^{n} (X_i - \overline{X})(Y_i - \overline{Y}) \qquad (8\text{-}5)$$

• **Kontrollfrage 5 :** Berechnen Sie die Kovarianz zu den drei Datenreihen der Tab. 8-1.

Es lassen sich jetzt *drei Feststellungen* treffen:

A.) Schaut man sich den *Aufbau* von Formel (8-5) an, so erkennt man, daß dieser *analog* ist zum Aufbau der Formel für die *Varianz* eines statistischen Merkmals. Die Varianz einer statistischen Variablen X war in Kap. V mit s^2 bezeichnet worden. Wir wollen sie zur Verdeutlichung jetzt mit s_x^2 bezeichnen. Entsprechend dazu wird jetzt s_y^2 eingeführt.

Stellt man untereinander:

$$s_x^2 = \frac{1}{n} \sum_{i=1}^{n} (X_i - \overline{X})^2$$

$$s_y^2 = \frac{1}{n} \sum_{i=1}^{n} (Y_i - \overline{Y})^2$$

$$s_{xy} = \frac{1}{n} \sum_{i=1}^{n} (X_i - \overline{X})(Y_i - \overline{Y}),$$

dann erkennt man die ***einheitliche Formelstruktur*** bei allen drei Kennzahlen. Der Charakter der Kovarianz als eine Streuungskennzahl kommt klar zum Vorschein.

B.) Die *enge Beziehung zwischen Kovarianz und Korrelationskoeffizient* wird ebenfalls deutlich. Die Kovarianz entspricht, bis auf den Faktor 1/n, dem Zähler des Korrelationskoeffizienten. Multipliziert man den Zähler und Nenner der Definitionsformel für den Korrelationskoeffizienten (8-1) mit 1/n, so folgt:

$$r = \frac{\frac{1}{n}\sum(X_i-\overline{X})(Y_i-\overline{Y})}{\sqrt{\frac{1}{n}\sum(X_i-\overline{X})^2\;\frac{1}{n}\sum(Y_i-\overline{Y})^2}} = \frac{s_{xy}}{s_x s_y} \qquad (8\text{-}1''')$$

Der Korrelationskoeffizient läßt sich also als das Verhältnis der Kovarianz zum Produkt der Standardabweichungen der Variablen X und Y darstellen.

C.) Trotz der engen Beziehung zwischen Kovarianz und Korrelationskoeffizient enthalten beide Kennzahlen unterschiedliche Aussagen: Die Kovarianz, die im Fall unserer drei Datenreihen unverändert bleibt (vgl. Kontrollfrage 5), zeigt das „Miteinander-Variieren" von Y und X, der Korrelationskoeffizient zeigt die Strammheit des Zusammenhangs zwischen X und Y. Die Unterschiede von r bei den drei Datenreihen resultiert ausschließlich aus den Unterschieden von s_y^2, der Streuung von Y, die von Datenreihe zu Datenreihe zunimmt. Diese Streuung oder Variation von Y wird im nächsten Abschnitt genauer unter die Lupe genommen.

Bemerkung:
Um Irrtümern vorzubeugen, sei darauf hingewiesen, daß der soeben genannte Zusammenhang zwischen Kovarianz, Varianzen und Korrelationskoeffizient natürlich nicht nur im „vereinfachten" Fall gilt, wo jedem X-Wert nur genau ein Y-Wert zugeordnet ist. Will man für die in Fig. 8-4 veranschaulichte Situation den Korrelationskoeffizienten berechnen, muß von der *verallgemeinerten Definition des Korrelationskoeffizienten* (8-1'''') ausgegangen werden.

$$r = \frac{\sum_i\sum_j (X_i-\overline{X})(Y_j-\overline{Y})f_{ij}}{\sqrt{\sum_i (X_i-\overline{X})^2 f_{i.}\;\sum_j (Y_j-\overline{Y})^2 f_{.j}}} = \frac{s_{xy}}{s_x s_y} \qquad (8\text{-}1'''')$$

Hierbei sind $f_{i.}$ und $f_{.j}$ die in Kap. IV eingeführten Bezeichnungen für die Randhäufigkeiten von X resp. Y.

8.4 Der Determinationskoeffizient r^2

Das Quadrat des Korrelationskoeffizienten r trägt den Namen *Determinationskoeffizient* oder *Bestimmtheitsmaß*. r^2 gibt an, welcher Anteil der Streuung von Y durch die Regressionsgerade „bestimmt“ oder „erklärt“ werden kann.

• **Kontrollfrage 6 :** Wie bezeichnet man s_x oder s_y und die Quadrate von s_x oder s_y ?

Richtet man sein Augenmerk auf die Y-Werte, so lassen sich *drei verschiedene Varianzen* unterscheiden.

1.) Die (altbekannte) Varianz $s_y{}^2$, die die Streuung der beobachteten Werte Y_i um ihr arithmetisches Mittel $\overline{Y}$ mißt und die wir zur Unterscheidung jetzt die *totale Varianz* von Y nennen wollen. Im Zähler der totalen Varianz steht die Summe der Abstandsquadrate (Abstände vom arithmetischen Mittel).

$$s_y^2 = \frac{1}{n} \sum_{i=1}^{n} (Y_i - \overline{Y})^2$$

2.) Die Varianz der $\hat{Y}$-Werte. Durch die Regressionsgerade wurden $\hat{Y}_i$-Werte ermittelt („bestimmt“), die ebenfalls als arithmetisches Mittel $\overline{Y}$ haben.

• **Kontrollfrage 7 :** Man zeige, daß die $\hat{Y}_i$ dasselbe arithmetische Mittel wie die Y_i haben.

Es läßt sich also der Ausdruck

$${}_e s_y^2 = \frac{1}{n} \sum_{i=1}^{n} (\hat{Y}_i - \overline{Y})^2 \qquad (8\text{-}6)$$

bilden und als Varianz erkennen, da $1/n\sum\hat{Y}_i = \overline{Y}$ ist und somit die Definition der Varianz erfüllt ist. Im Zähler steht die Summe der Quadrate der Abstände der durch die Regressionsgerade bestimmten $\hat{Y}_i$ von $\overline{Y}$. Daher ist (8-6) eine Kennzahl für die Streuung der $\hat{Y}_i$, d.h. der durch die Regressionsgerade bestimmten oder erklärten Werte. Man bezeichnet (8-6) auch als *erklärte Varianz* von Y und schreibt ${}_e s_y^2$.

3.) Die Restvarianz oder *Residualvarianz*. Durch die $\hat{Y}_i$-Werte wird jede Strecke $\overline{Y_i\,\overline{Y}}$ in zwei Teile zerlegt. Die folgende kleine Skizze zeigt, wie das gemeint ist. Die Strecke $\overline{Y_i\hat{Y}_i}$ bezeichnen wir mit e_i.

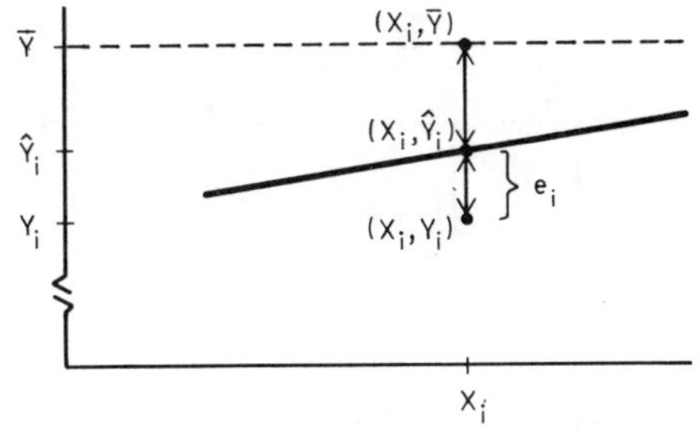

• **Kontrollfrage 8 :** In welchem Zusammenhang hatten wir uns für e_i interessiert?

Wir hatten im übrigen in Kap. VII festgestellt, daß $\sum e_i = 0$ ist, wenn eine Gerade (wie auch die Regressionsgerade) durch $(\overline{X}, \overline{Y})$ läuft. Somit ist auch das arithmetische Mittel $\overline{e} = 1/n \sum e_i = 0$. Man kann also zur Charakterisierung der Streuung der e_i um ihren Mittelwert von 0 die folgende Größe bilden, die definitionsgemäß auch wieder eine Varianz ist:

$$_u s_y^2 = \frac{1}{n}\sum_{i=1}^{n}(e_i - \overline{e})^2 = \frac{1}{n}\sum_{i=1}^{n}(e_i - 0)^2 = \frac{1}{n}\sum_{i=1}^{n} e_i^2 \qquad (8\text{-}7)$$

Wir wollen (8-7) als *Residualvarianz* (oder auch als die durch die Regressionsgerade *unerklärte* Varianz) bezeichnen und daher an das Symbol für die Varianz ein kleines u schreiben.

Da $e_i = (Y_i - \hat{Y}_i)$ ist, kann man (8-7) auch wie folgt schreiben und wieder eine Abstandsquadratsumme im Zähler erkennen: Die Abstände der beobachteten Y_i von den durch die Regressionsgerade bestimmten $\hat{Y}_i$.

$$\boxed{_u s_y^2 = \frac{1}{n}\sum_{i=1}^{n}(Y_i - \hat{Y}_i)^2} \qquad (8\text{-}7')$$

In Fig. 8-5 ist die soeben beschriebene Streckenzerlegung mit den Zahlen der ersten Datenreihe des Reklame/Umsatzbeispiels veranschaulicht. Die jeweils sieben Abstände $(Y_i - \overline{Y})$ und $(\hat{Y}_i - \overline{Y})$ sind dort links des oberen und mittleren Diagramms angegeben. Von den sieben Abständen e_i sind links des unteren Diagramms die zu $X_5 = 500$ und $X_6 = 600$ gehörenden Abstände $e_5 = (Y_5 - \hat{Y}_5) = 4{,}893 \approx 4{,}9$ resp. $e_6 = (Y_6 - \hat{Y}_6) = -4{,}214 \approx -4{,}2$ eingetragen. Die übrigen Werte von e_i kann man aus der Tabelle 8-3 rasch selber ermitteln, z.B. $e_1 = (38 - 38{,}679) \approx -0{,}7$. Um die zugehörigen Werte von s_y^2, $_u s_y^2$ und $_e s_y^2$ zahlenmäßig angeben zu können, benötigt man die in Tabelle 8-3 angegebenen Größen. Um Ungenauigkeiten bei den Endergebnissen zu vermeiden, wurden die Rechnungen allerdings ohne Rundungen bei den Zwischenergebnissen ausgeführt.

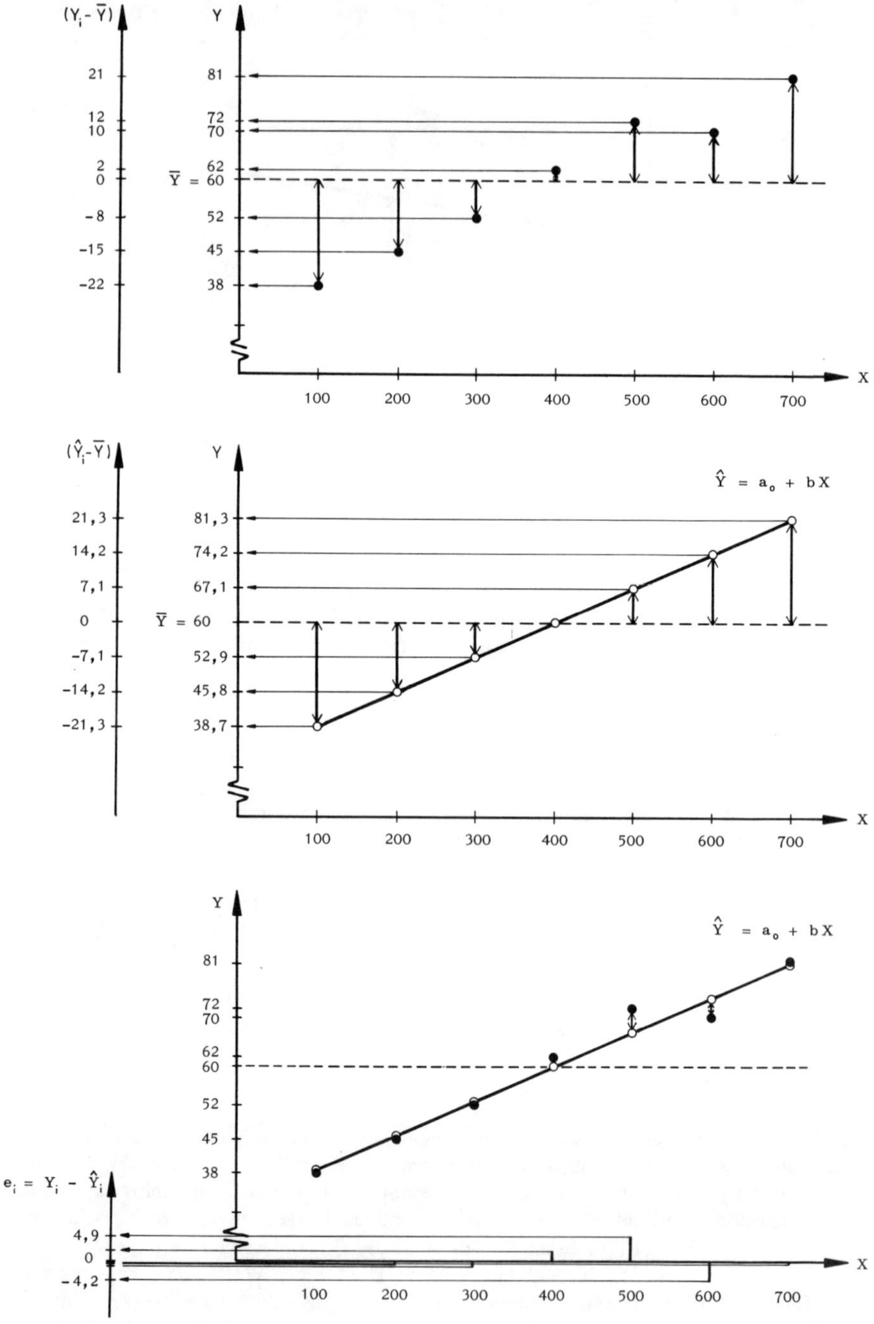

Fig. 8-5: Streckenzerlegung von $\overline{Y_i \overline{Y}}$

Tab. 8-3: Arbeitstabelle zur Varianzzerlegung (Zahlen der 1. Datenreihe)

X_i	Y_i	$\hat{Y}_i$	$(Y_i - \bar{Y})^2$	$(\hat{Y}_i - \bar{Y})^2$	$(Y_i - \hat{Y}_i)^2$
100	38	38,679	484	454,60	0,46
200	45	45,786	225	202,05	0,62
300	52	52,893	64	50,51	0,80
400	62	60,000	4	0,00	4,00
500	72	67,107	144	50,51	23,94
600	70	74,214	100	202,05	17,76
700	81	81,321	441	454,60	0,10
			1462	1414,32	47,68

Für die erste Datenreihe ergibt sich also folgende zahlenmäßige Varianzzerlegung:

$$s_y^2 = \frac{1462}{7} = \underline{208,86}$$

$$_e s_y^2 = \frac{1414,32}{7} = \underline{202,05}$$

$$_u s_y^2 = \frac{47,68}{7} = \underline{6,81}$$

Man erkennt: Die Größe der Totalvarianz der Y-Werte ist gleich der Summe aus der erklärten (durch die Regressionsgerade erklärten!) Varianz und der (nicht durch die Regressionsgerade erklärbaren) (Residual-)Varianz.

$$\boxed{s_y^2 = {_e s_y^2} + {_u s_y^2}} \qquad (8\text{-}8)$$

Dieser Zusammenhang gilt generell, wie in Aufgabe 8-4 zu zeigen ist.

• **Kontrollfrage 9 :** Muß (8-8) denn überhaupt noch bewiesen werden, wo doch $(Y_i - \bar{Y}) = (Y_i - \hat{Y}) + (\hat{Y}_i - \bar{Y})$ ist?

Schaut man sich zum Vergleich die drei Datenreihen des Reklame/Umsatzbeispiels an (siehe Fig. 8-1), dann erkennt man, daß überall $_e s_y^2$ den gleichen Wert behält, während die totale Varianz s_y^2 von Mal zu Mal größer wird. So beträgt $s_y^2 = 243,71$ bei der 2. Datenreihe und $s_y^2 = 622,86$ bei der 3. Datenreihe. Diese Zunahme ist ausschließlich auf die Zunahme der $_u s_y^2$ zurückzuführen. Es ist $_u s_y^2 = 41,65$ (2. Datenreihe) und $_u s_y^2 = 420,84$ (3. Datenreihe).

Man kann jetzt den unterschiedlichen Charakter der drei Datenreihen dadurch zum Ausdruck bringen, daß man das Verhältnis $\frac{_e s_y^2}{s_y^2}$ bildet. Dieses Verhältnis beträgt bei der 1. Datenreihe 0,97 oder 97%, bei der 2. Datenreihe 0,83 oder 83% und bei der 3. Datenreihe 0,32 oder 32%.

Zu der für den Nichteingeweihten größten Überraschung gibt der Determinationskoeffizient dieses Verhältnis an:

$$r^2 = \frac{{}_e s_y^2}{s_y^2} \tag{8-9}$$

Eliminiert man n im Zähler und Nenner, kann man sich auch merken:

$$r^2 = \frac{\text{durch die Regression erklärte Abstandsquadratsumme}}{\text{totale Abstandsquadratsumme}} \tag{8-9'}$$

<u>Beweis von (8-9):</u>

Wegen (8-1) ist

$$r^2 = \frac{\left[\Sigma(X_i-\overline{X})(Y_i-\overline{Y})\right]^2}{\Sigma(X_i-\overline{X})^2 \; \Sigma(Y_i-\overline{Y})^2}$$

Erweitert man im Zähler und Nenner mit $\sum\limits_{i=1}^{n} (X_i-\overline{X})^2$ und berücksichtigt, daß gemäß (7-6‴)

$$b = \frac{\sum\limits_{i=1}^{n} (X_i-\overline{X})(Y_i-\overline{Y})}{\sum\limits_{i=1}^{n} (X_i-\overline{X})^2}$$

ist, so folgt:

$$r^2 = \frac{b^2\sum\limits_{i=1}^{n} (X_i-\overline{X})^2}{\sum\limits_{i=1}^{n} (Y_i-\overline{Y})^2} = \frac{\sum\limits_{i=1}^{n} (bX_i-b\overline{X})^2}{\sum\limits_{i=1}^{n} (Y_i-\overline{Y})^2} .$$

Da gemäß (7-2) und (7-5″) $\hat{Y}=a_0+bX_i$ und $\overline{Y}=a_0+b\overline{X}$ ist, folgt $\hat{Y}_i-\overline{Y}=a_0+bX_i-a_0-b\hat{X}=bx_i-b\hat{X}$.

Somit:

$$r^2 = \frac{\sum\limits_{i=1}^{n} (bX_i-b\overline{X})^2}{\sum\limits_{i=1}^{n} (Y_i-\overline{Y})^2} = \frac{\sum\limits_{i=1}^{n} (\hat{Y}_i-\overline{Y})^2}{\sum\limits_{i=1}^{n} Y_i-\overline{Y})^2} = \frac{1/n\sum\limits_{i=1}^{n} (\hat{Y}_i-\overline{Y})^2}{1/n\sum\limits_{i=1}^{n} (Y_i-\overline{Y})^2} = \frac{{}_e s_y^2}{s_y^2}$$

Interpretation:

Der Determinationskoeffizient r^2 gibt an, wieviel Prozent der Streuung der beobachteten Y-Werte durch die Regressionsgerade erklärt werden. Bei einem funktionalen (linearen) Zusammenhang (Buchhalterregression) gibt es keine Residuen, es ist ${}_us_y^2 = 0$ und damit ist ${}_es_y^2 = s_y^2$. Somit ist $r^2 = 1$ oder 100%. Im Extremfall zweiter Art hingegen (siehe Fig. 8-3) trägt die (horizontale) Regressionsgerade kein Jota zur Erklärung der Gesamtstreuung der Beobachtungen bei: ${}_us_y^2 = s_y^2$ und damit ist ${}_es_y^2 = 0$. Folglich ist $r^2 = 0$ oder 0%. Zwischen diesen Extremen liegt die statistische Wirklichkeit, in der der Determinationskoeffizient Werte zwischen 0% und 100% annimmt.

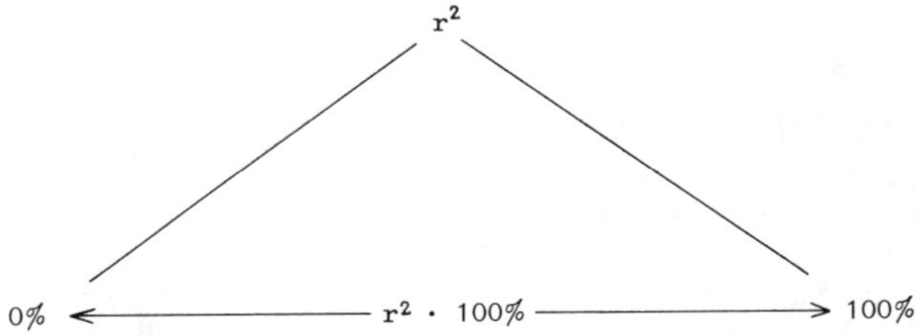

Prozentsatz der beobachteten Streuung von Y, der durch die Regressionsgerade erklärt wird

---

• **Kontrollfrage 10 :** Können Sie r^2 als Funktion der Residualvarianz ausdrücken?

Die Berechnung der Residualvarianz:

Für die Berechnung der Residualvarianz ${}_us_y^2$ kann man, ausgehend von der in der Kontrollfrage 10 ermittelten Formel

$$r^2 = 1 - \frac{{}_us_y^2}{s_y^2} \tag{8-10}$$

die folgende Formel ableiten:

$${}_us_y^2 = \frac{1}{n}\left[\sum_i Y_i^2 - n\overline{Y}^2 - b\sum_i X_iY_i + nb\overline{X}\overline{Y}\right] \tag{8-11}$$

• **Kontrollfrage 11 :** Man leite (8-11) aus (8-10) unter Verwendung von (8-1′) und (7-6″) her.

Hinweis:
Wir werden später, nach Einführung der Wahrscheinlichkeitstheorie, sog. erwartungstreue Kennzahlen verwenden. Es wird dann die Größe

$$ {}_u\hat{s}_y^2 = \frac{n}{n-2}\, {}_us_y^2 = \frac{1}{n-2} \sum_{i=1}^{n} e_i^2 \qquad (8\text{-}12)$$

resp. die Wurzel ${}_u\hat{s}_y$ verwendet. Dieses ${}_u\hat{s}_y$ hat den Namen *Standardfehler der Schätzung*.

Der Determinationskoeffizient im Reklame/Umsatzbeispiel:

Zum Korrelationskoeffizienten von r = 0,98 für die 1. Datenreihe gehört ein r^2 = 0,97. Die in Abschnitt 8-2 bereits erfolgte Qualifikation, der Zusammenhang von X und Y werde durch die Regressionsgerade Y = 31,6 + 0,071 X *ausgezeichnet* beschrieben, wird nun durch die Prozentangabe von 97% zum Ausdruck gebracht. Für die 2. Datenreihe war r = 0,91 und r^2 = 0,83. 83% der Totalvarianz wurden somit durch die Regressionsgerade erklärt. Das ist, wie in Abschnitt 8-2 gesagt, immer noch als „gut" zu bezeichnen. Der zur 3. Datenreihe gehörende Korrelationskoeffizient von r = 0,57, d.h. ein Determinationskoeffizient von 32% bedeutet jedoch, daß der Zusammenhang von X und Y nur *schlecht* durch die Regressionsgerade beschrieben wird. Wenn weniger als ein Drittel der Streuung der Y-Werte durch die Regressionsgerade eine Erklärung findet, ist diese eine schlechte Repräsentantin der Punktwolke.

8.5 Regression und Sachlogik

Die Regressions- und Korrelationsanalyse kann aus zwei völlig verschiedenen Überlegungen heraus unternommen werden. Im einen Fall besteht ein sachlich oder theoretisch begründeter Zusammmenhang zwischen zwei Variablen. Er soll empirisch gemessen werden. Im anderen Fall gehen wir aus von *im Prinzip beliebigen Datenreihen* und versuchen, durch eine statistische Analyse auf einen uns bisher verborgen gebliebenen inneren Zusammenhang gestoßen zu werden. Wir wollen „auf Ideen kommen". Wir wenden in diesem zweiten Fall dasselbe methodische Instrumentarium an, wie es für die Quantifizierung eines theoretisch gegebenen Zusammenhangs entwickelt worden ist, müssen uns aber natürlich immer darüber im klaren sein, daß *eine Sachlogik nicht aus dem Vorhandensein einer Zahlenlogik folgt!* Ein von Null verschiedener Wert des Regressionskoeffizienten b und ein in der Nähe von 1 gelegener Wert des Determinationskoeffizienten liefert u.U. eine ausgezeichnete Beschreibung einer Punktwolke, es ist damit aber noch überhaupt *nichts bewiesen* über einen *sachlichen* Zusammenhang von X und Y oder über die Kausalität von X für Y. Die Datenreihen für zwei Variablen können nämlich einfach deshalb parallel laufen, weil die eine Variable eine Transformation der anderen Variablen ist (Beispiel: Buchhalterregression), oder weil beide Datenreihen sich auf eine dritte zurückführen lassen:

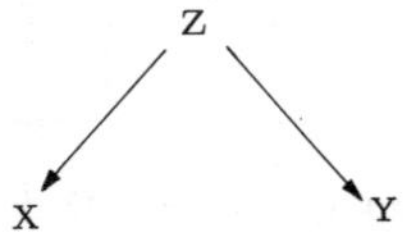

Ein bekanntes Beispiel für letzteres ist die parallel laufende Abnahme von Storchennestern und (menschlichen) Kindergeburten. Beides ist jedoch die Folge des Industrialisierungsprozesses resp. des Fortschritts der „Chemie". Der negative Wert des Parameters b und der hohe Wert von r^2 beweisen wohl kaum, daß bei weniger Störchen weniger Kinder geboren werden können, d.h. daß der Storch eben doch die Kinder bringt.

Der mögliche Mißbrauch und die mögliche Fehlinterpretation von Ergebnissen der Regressions- und Korrelationsrechnung rechtfertigt es sicherlich nicht, auf ihre Anwendung im Fall bisher (noch) nicht bekannter Sachzusammenhänge zu verzichten, oder diesen Verzicht zu empfehlen. Der Wert von Regressionsparametern und Korrelationskoeffizienten als beschreibenden Kennzahlen bleibt u.U. sogar dann erhalten, wenn trotz allen Bemühens eine den inneren, kausalen Zusammenhang erklärende Theorie (noch) nicht gefunden wurde. Dies ist vielfach in der Medizin der Fall, wo die Wirksamkeit von Therapien nur statistisch, aber noch nicht theoretisch „bewiesen" ist. Freilich muß man bei der Interpretation und der Deutung eines den Kennzahlen entnehmbaren, nur rein zahlenmäßig etablierten Zusammenhangs zwischen X und Y große Vorsicht walten lassen!

8.6 Rangkorrelationskoeffizient

Die bisher dargestellte Korrelations- (und Regressions-)analyse erfordert metrisch skalierte Merkmale (s. Kap. III Abschnitt 3-3). Wenn ordinalskalierte Merkmale vorliegen, wenn also nur die Rangfolge von Daten der Größe nach angegeben werden kann, versagt die bisher angewandte Methode für die Berechnung eines Abhängigkeitsmaßes. Trotzdem kann aber das Bedürfnis bestehen, einen Zusammenhang empirisch festzustellen. So interessiert es u.U. eine Schulbehörde festzustellen, ob Schüler mit guten Noten in Mathematik im Durchschnitt auch gute Noten in den Sprachfächern haben (Noten bringen Schulleistungen, d.h. ein *qualitatives* Merkmal, in eine Rangfolge!) oder es interessiert eine Gemeindeverwaltung, ob Verbesserungen der Verwaltungsorganisation sich in einer höheren Zufriedenheit der Gemeindebürger niederschlägt. Man kann jetzt z.B. einen Index für die beiden Merkmale „Verwaltungsorganisation" und „Zufriedenheit" aufstellen und so versuchen, den interessierenden Zusammenhang durch die Beobachtungen bestätigt (oder verworfen) zu sehen. Die absolute Höhe des Indexes ist hierbei weitgehend von den zugrundegelegten Vereinbarungen abhängig und interessiert als solche auch weiter nicht. Wichtig ist nur, ob zu den jeweils unterschiedlichen Zuständen der Verwaltungsorganisation (X) unterschiedliche Zustände der Zufriedenheit (Y) gehören. Als Ergebnis von n Beobachtungen liegen dann beispielsweise die in den beiden ersten Spalten von Tabelle 8-4 wiedergegebenen Zahlen vor. In Spalte 3 und 4 sind die dazugehörigen Rangzahlen $r(X_i)$ und $r(Y_i)$ angegeben.

Von dem englischen Psychologen Charles Edward *Spearman* (1863-1945) wurde für derartige Fälle die Formel eines Rangkorrelationskoeffizienten entwickelt, der in der Literatur meist mit dem griechischen Buchstaben ρ (rho) bezeichnet wird. Der Rangkorrelationskoeffizient ist also ein ordinales Abhängigkeitsmaß. Um für deskriptive Maßzahlen konsistent bei lateinischen Buchstaben zu bleiben, soll der Spearmansche Rangkorrelationskoeffizient hier mit r_s bezeichnet werden:

$$r_s = 1 - \frac{6}{n(n^2-1)} \sum_{i=1}^{n} D_i^2 \tag{8-13}$$

Hierbei ist n die Zahl der Beobachtungspaare und D_i die „Rangdifferenz".

$$D_i = r(X_i) - r(Y_i) \tag{8-14}$$

In Tabelle 8-4 wurde in den beiden letzten Spalten D_i und D_i^2 angegeben.

Tab. 8-4: Index der Verwaltungseffizienz (X) und der Bürgerzufriedenheit (Y)

X_i	Y_i	$r(X_i)$	$r(Y_i)$	D_i	D_i^2
100	95	1	1	0	0
120	110	2	3	-1	1
128	105	3	2	1	1
141	130	4	4	0	0
150	135	5	5	0	0
					2

Es resultiert gemäß (8-13) ein Wert des Spearmanschen Rangkorrelationskoeffizienten von

$$r_s = 1 - \frac{12}{120} = 0{,}9$$

Interpretation:

Formel (8-13) ist so konstruiert, daß bei völliger *Rangübereinstimmung*, d.h. wenn gilt:

$$r(X_1) < r(X_2) < r(X_3) < r(X_4) < r(X_5)$$

$$r(Y_1) < r(Y_2) < r(Y_3) < r(Y_4) < r(Y_5),$$

r_s den Wert +1 annimmt, und bei genau inverser Rangfolge, wie dieser:

$$r(X_1) < r(X_2) < r(X_3) < r(X_4) < r(X_5)$$

$$r(Y_1) > r(Y_2) > r(Y_3) > r(Y_4) > r(Y_5),$$

r_s den Wert -1 annimmt (siehe Aufgabe 8-5). Formel (8-13) ermöglicht also eine dem Korrelationskoeffizient r genau entsprechende Interpretation. Ein $r_s = 0{,}9$ bedeutet z.B. einen „guten" Zusammenhang.

Bemerkungen:

Man kann den Rangkorrelationskoeffizienten r_s auch als Ersatz für r betrachten. Berechnet man für die Datenreihen des Reklame/Umsatzbeispiels r_s, so ergibt sich für die erste Datenreihe: $r_s = 0{,}96$, für die 2. Datenreihe $r_s = 0{,}86$ und für die 3. Datenreihe $r_s = 0{,}46$. Die Größenordnungen „stimmen" also. Bei Ranggleichheit verschiedener X_i oder verschiedener Y_i nimmt man übrigens das AM aus den für ranggleiche Beobachtungen zur Verfügung stehenden Rangzahlen.

• **Kontrollfrage 12 :** Man berechne ein Beispiel, bei dem einige Ranggleichheiten auftreten, z.B. Noten bei Prüfungen.

8.7 Aufgaben mit Lösung

Aufgabe 8-1:

Man zeige den Übergang von der Definitionsformel (8-1) zur Alternativformel (8-1').

Lösung:

(8-1') folgt durch einfaches Ausmultiplizieren der Klammerausdrücke:

Zähler:

$$\sum(X_i - \overline{X})(Y_i - \overline{Y}) = \sum X_iY_i - \overline{X}\sum Y_i - \overline{Y}\sum X_i + n\overline{X}\overline{Y} = \sum X_iY_i - n\overline{X}\overline{Y} - n\overline{Y}\overline{X} + n\overline{X}\overline{Y} = \sum X_iY_i - n\overline{X}\overline{Y}$$

Nenner:
Es ist zweimal analog dem von Kap. IV her bekannten Übergang von der Definitionsformel der Varianz zur Alternativformel vorzugehen:

$$\sum(X_i - \overline{X})^2 = \sum X_i^2 - 2\overline{X}\sum X_i + n\overline{X}^2 = \sum X_i^2 - 2n\overline{X}^2 + n\overline{X}^2 = \sum X_i^2 - n\overline{X}^2.$$

Aufgabe 8-2:

Es liege eine Verteilung von 2 Merkmalen X und Y vergleichbar mit derjenigen von Fig. 8-4 vor. Das Merkmal X besitzt $\overline{X}$ als arithmetisches Mittel und s_x als Standardabweichung, das Merkmal Y besitzt $\overline{Y}$ und s_y. Man bildet als Transformation die Standardisierung: $V_i = \frac{X_i - \overline{X}}{s_x}$ und $W_i = \frac{Y_i - \overline{Y}}{s_y}$.
Welche Beziehung besteht zwischen dem Korrelationskoeffizienten zu V und W und ihrer Kovarianz?

Lösung:

$r = \frac{s_{vw}}{s_v \cdot s_w} = s_{vw} = \frac{1}{n}\sum V_iW_i$. Von Kap. V her wissen wir, daß sog. standardisierte Variable stets eine Standardabweichung von 1 haben: $s_v = s_w = 1$.

Aufgabe 8-3:

Das Jahreseinkommen von 6 Familien wird mit der Ausbildungsdauer des Familienvorstandes verglichen:

Familie	Einkommen in 1000 DM	Ausbildungs-dauer in Jahren
A	22	10
B	56	17
C	20	9
D	28	12
E	82	15
F	32	9

Berechnen Sie den Korrelationskoeffizienten.

Lösung:

X_i = Einkommen	Y_i = Ausbildungsdauer	x_i	y_i	x_i^2	y_i^2	$x_i\,y_i$
22	10	-18	-2	324	4	36
56	17	16	5	256	25	80
20	9	-20	-3	400	9	60
28	12	-12	0	144	0	0
82	15	42	3	1764	9	126
32	9	-8	-3	64	9	24
240	72			2952	56	326

$\overline{X} = 40,\ \overline{Y} = 12$

$$r = \frac{\sum x_i y_i}{\sqrt{\sum x_i^2 \sum y_i^2}} = \frac{326}{\sqrt{2952 \cdot 56}} = \frac{326}{\sqrt{156'312}} = \frac{326}{406{,}6} = \underline{0{,}802}$$

Aufgabe 8-4:

Man zeige, daß $1/n \sum(Y_i - \overline{Y})^2 = 1/n \sum(y_i - \hat{Y}_i)^2 + 1/n \sum(\hat{Y}_i - \overline{Y})^2$ ist, d.h. man beweise Formel (8-8).

Für den Beweis benötigt man:
(1) $\hat{Y}_i = a_0 + bX_i$ gemäß (7-2)
(2) $\sum(Y_i - \hat{Y}_i) = \sum e_i = 0$ (siehe Kap. VII, Abschnitt 3)
(3) $\sum(Y_i - a_0 - bX_i)\ X_i = \sum e_i X_i = 0$ wegen (7-6).

Lösung:

$$\sum(Y_i - \overline{Y})^2 = \sum(Y_i - \hat{Y}_i + \hat{Y}_i - \overline{Y})^2 = \sum(\hat{Y}_i - \overline{Y})^2 + 2\sum(Y_i - \hat{Y}_i)(\hat{Y}_i - \overline{Y}).$$

Es bleibt also zu zeigen, daß $\sum(Y_i - \hat{Y}_i)(\hat{Y}_i - \overline{Y}) = 0$:

$$\sum(Y_i - \hat{Y}_i)(\hat{Y}_i - \overline{Y}) = \sum e_i\,(a_o + bX_i - \overline{Y}) = a_0 \sum e_i + b \sum X_i e_i - \overline{Y} \sum e_i\,.$$

Alle drei Terme sind 0 wegen (2) und (3).

Aufgabe 8-5:

Man berechne den Rangkorrelationskoeffizienten r_s für den folgenden Fall. X stehe für Einwohner pro km^2, Y sei ein Index für Wohlbefinden.

X_i	50	183	250	1480	2500	3100
Y_i	218	201	196	183	114	105

Lösung:

$r(X_i)$	1	2	3	4	5	6
$r(Y_i)$	6	5	4	3	2	1
D_i	5	3	1	1	3	5
D_i^2	25	9	1	1	9	25

$\sum D_i^2 = 70$

$$r_s = 1 - \frac{6 \cdot 70}{6\,(36-1)} = 1 - 2 = -1$$

8.8 Antworten auf die Kontrollfragen

1. Da jedesmal n = 7 und sich die X-Werte in allen drei Datenreihen nicht unterscheiden, ist stets $\bar{X} = 400$ und $\sum X_i^2 = 1'400'000$. Ferner ist $\sum Y_i^{(1)} = \sum Y_i^{(2)} = \sum Y_i^{(3)} = 420$. Somit ist jedesmal $\bar{Y} = 60$. Man benötigt also nur noch

   a) $\sum X_i^{(2)} \cdot Y_i^{(2)} = 4'200 + 8'000 + 13'800 + 28'000 + 37'000 + 40'200 + 56'700 = 187'900$.
   b) $\sum X_i^{(3)} \cdot Y_i^{(3)} = 5'000 + 5'800 + 13'800 + 38'800 + 19'000 + 39'000 + 66'500 = 187'900$.

   Alle für (7-5″) und (7-6″) benötigten Terme sind somit bei den drei Datenreihen gleich und somit auch die Parameter a_0 und b.

2. Die Beziehung resultiert aus der Definition des arithmetischen Mittels! Wenn für alle i: $Y_i = a_0 + bX_i$, dann gilt $\sum Y_i = na_0 + b\sum X_i$ und $\bar{Y} = a_0 + b\bar{X}$. In Kap. IV. war gezeigt worden, daß aus $X_i = A + cu_i$ folgte: $\bar{X} = A + c\bar{u}$.

3. Nein, sicher nicht. In Fall b) liegt sogar ein nichtlinearer funktionaler Zusammenhang vor (Parabel). Man muß daher die Worte genau wägen: Der Extremfall, wo r = 0 ist, zeichnet sich dadurch aus, daß kein positiver oder negativer *linearer* Zusammenhang vorliegt.

4. r wird durch den Übergang in die vereinfachte Form in seinem Wert nicht verändert. In der Tat ändert sich der Wert von r niemals, wenn die ursprünglichen Daten einer linearen Transformation unterworfen werden. Im speziellen bleibt r unverändert, wenn X und Y standardisiert werden. r als ein Maß für die Konfiguration der beobachteten Punkte ändert sich nicht durch eine lineare Transformation.

5. Für die Kovarianz läßt sich, wie in Aufgabe (8-1) gezeigt, der Zähler von (8-5) in die Form $\sum X_i Y_i - n\bar{X}\bar{Y}$ bringen. Unter Verwendung der Resultate von Tab. 8-2 folgt für alle drei Datenreihen: $187'900 - 7 \cdot 400 \cdot 60 = 19'900$ und somit Cov (X,Y) = 2'842,86.

6. s_x und s_y heißen Standardabweichungen. s_x^2 und s_y^2 bezeichnet man als Varianzen.

7. Da $\hat{Y}_i = a_0 + bX_i$, folgt: $1/n \sum\hat{Y}_i = 1/n \sum a_0 + b \cdot 1/n\, X_i = a_0 + b\bar{X}$. Wegen (7-5″) ist die rechte Seite definitionsgemäß $\bar{Y}$, somit $1/n \sum\hat{Y}_i = \bar{Y}$.

8. Als wir ein Kriterium für die Anpassung einer Regressionsgeraden an die Punktwolke suchten (siehe Kap. VII, Abschnitt 7-3).

9. Auf jeden Fall! Aus $(a_i - b_i) = (a_i - c_i + c_i - b_i)$ folgt natürlich für ein beliebiges c_i nicht $(a_i - b_i)^2 = (a_i - c_i)^2 + (c_i - b_i)^2$ und erst recht nicht $\sum(a_i - b_i)^2 = \sum(a_i - c_i)^2 + \sum(c_i - b_i)^2$.

10. Ja. Da wegen (8-8) $s_y^2 = {}_e s_y^2 + {}_u s_y^2$ ist, folgt ${}_e s_y^2 = s_y^2 - {}_u s_y^2$. Durch Einsetzen in (8-9) ergibt sich:

$$r^2 = \frac{s_y^2 - {}_u s_y^2}{s_y^2} = 1 - \frac{{}_u s_y^2}{s_y^2}.$$

11. Aus (8-10) folgt ${}_u s_y^2 = (1 - r^{2)}\, s_y^2$. Wegen (8-1′) und (7-6″) gilt:

$$
\begin{aligned}
{}_u s_y^2 &= (1-r^{2)}\, s_y^2 = s_y^2 - r^2 s_y^2 \\
&= \frac{\sum Y_i^2 - n\overline{Y}^2}{n} - \frac{(\sum X_i Y_i - n\overline{X}\overline{Y})^2 (\sum Y_i^2 - n\overline{Y}^2)}{(\sum X_i^2 - n\overline{X}^2)(\sum Y_i^2 - n\overline{Y}^2)\cdot n} \\
&= \frac{\sum Y_i^2 - n\overline{Y}^2 - \left(\dfrac{\sum X_i Y_i - n\overline{X}\overline{Y}}{\sum X_i^2 - n\overline{X}^2}\right)(\sum X_i Y_i - n\overline{X}\overline{Y})}{n} \\
&= \frac{\sum Y_i^2 - n\overline{Y}^2 - b\sum X_i Y_i + nb\overline{X}\overline{Y}}{n}
\end{aligned}
$$

12. Bei einer Prüfung in zwei Fächern seien z.B. bei 12 Prüflingen folgende Punktzahlen aufgetreten (man konnte jeweils von 0 bis 100 Punkte erhalten):

Prüfling Nr. i	1	2	3	4	5	6	7	8	9	10	11	12
X_i: Punkte in Fach 1	48	75	100	90	70	79	68	20	68	99	35	20
Y_i: Punkte in Fach 2	55	70	95	95	50	83	62	28	65	95	44	15

Für die Anwendung von Formel (8-13) ist jetzt von folgender Rangordnung auszugehen:

Lfd. Nr.	3	10	4	6	2	5	7	9	1	11	8	12
$r(X_i)$	1	2	3	4	5	6	7,5	7,5	9	10	11,5	11,5
$r(Y_i)$	2	2	2	4	5	9	7	6	8	10	11	12
D_i	-1	0	1	0	0	-3	0,5	1,5	1	0	0,5	-0,5
D_i^2	1	0	1	0	0	9	0,25	2,25	1	0	0,25	0,25

$\sum D_i^2 = 15$; $n = 12$; $r_s = 1 - \dfrac{90}{1716} = 0{,}95$. Es besteht offenbar hohe Korrelation bei den Leistungen in den beiden Fächern.

Kapitel IX: Zeitreihenanalyse

9.1 Vorbemerkung

Der ganz überwiegende Teil amtlich oder nicht amtlich gesammelter statistischer Daten besteht aus statistischen Zeitreihen. *Eine Zeitreihe ist eine nach der Zeit geordnete Folge von Zähl-, Meß- oder Berechnungsergebnissen, die sich auf dasselbe wirtschaftliche oder soziale Phänomen beziehen.* Meistens, aber nicht immer, liegen *gleiche Zeitabstände* zwischen aufeinanderfolgenden Zahlenangaben. Die Abstände hängen ab von der Kadenz (der Periodizität) der Datenerhebung, von der Erscheinungshäufigkeit von Publikationsorganen oder von den unter Sach- oder Kostengesichtspunkten gewählten Berechnungsintervallen.

Volkszählungen z.B erfolgen in etwa zehnjährigen Abständen, Sterbetafeln werden auch nur alle zehn Jahre neu berechnet. Arbeitslose, Preise und viele andere wirtschaftliche oder soziale Phänomene werden monatlich oder vierteljährlich gezählt oder gemessen, anderes, wie z.B. die Aktienkurse, der Elektrizitätsverbrauch oder der Pegelstand des Rheins werden täglich, stündlich oder kontinuierlich gemessen und als Tages- oder Stundenintervall-Statistik festgehalten.

An Zeitreihen geht man mit unterschiedlichen Fragestellungen heran. Die beiden wichtigsten lauten:

- wie *interpretiere* ich vorliegende Daten; welche *Diagnose* einer aktuellen Lage erlauben diese Daten?
- welche *Prognose* kann ich aufgrund der vorhandenen Daten der Zeitreihe machen; welche Weiterentwicklung ist zu erwarten?

Die Beantwortung beider Fragen setzt die Feststellung von Regelmäßigkeiten, von Strukturen oder von Gesetzmäßigkeiten voraus. So ist es beispielsweise für die richtige Interpretation der jeweils neuesten Arbeitslosenzahl von entscheidender Bedeutung, die saisonal bedingte von der konjunkturell und strukturell bedingten Komponente unterscheiden zu können. Eine aus saisonalen Gründen zunehmende Zahl Arbeitsloser kann eine Verbesserung der konjunkturellen Arbeitslosigkeit überdecken und umgekehrt. Dementsprechend kann die Interpretation der neuesten Zahl der Arbeitslosen erst dann „richtig" sein, wenn man die hinter den Globalzahlen stehende Gesetzmäßigkeit kennt. Analog:

erst wenn man beim Rhein die strukturellen Gegebenheiten wie Fließgeschwindigkeit, Profile der Auen und Nebenarme, Zufuhr von Wasser aus Nebenflüssen u.s.w. kennt, erlaubt es der Pegelstand am Mittel- oder Oberrhein, eine Prognose z.B. hinsichtlich des Hochwassers am Niederrhein zu machen.

Im speziellen sind es im wirtschaftlichen oder sozialen Bereich der in den Daten stekkende *Trend* sowie zyklische oder *saisonale Regelmäßigkeiten*, die man feststellen möchte. Trend- und Saisonermittlung stehen daher im Vordergrund des vorliegenden Kapitels. Zuerst soll die Trendermittlung mittels zweier verschiedener Methoden gezeigt werden.

Bezeichnungsweise
Eine Zeitreihe soll mit $Y_1, Y_2, \ldots, Y_j, \ldots, Y_t$ oder kürzer, mit $\{Y_j\}$, $j = 1, 2, \ldots, t$ bezeichnet werden. Für den aktuellen (letzten) Zeitpunkt steht t. Dieser gibt zugleich die Periodenzahl der Zeitreihe an.

9.2 Berechnung von Trend und glatter Komponente

A. Regressionsmethode

Um den Trend einer Zeitreihe zu errechnen, kann man der in Kapitel VII gezeigten Methode der kleinsten Quadrate (OLS) bedienen. Voraussetzung ist allerdings, daß Anhaltspunkte dafür vorliegen, der Trend könne sich durch eine *mathematische Funktion* ausdrücken lassen. Im einfachsten Fall wäre dies eine *Gerade*. Die unabhängige Variable X steht jetzt für Zeiteinheiten - Jahre, Quartale, Monate, Tage, Stunden. Diese Zeiteinheiten beeinflussen natürlich nicht in einem unmittelbaren Sinn die abhängige Variable, vielmehr werden sie aufgefaßt als Repräsentanten für alle während ihrer Dauer wirksamen Einflußfaktoren. Y bezeichnet wie bisher das abhängige Merkmal. Die Zeitreihenanalyse sucht allgemeine Tendenzen, Gesetzmäßigkeiten, Regelmäßigkeiten oder zyklische Bewegungen bei der Variablen Y in Abhängigkeit von der Zeit festzustellen.

Für die Daten, die in der ersten und vierten Spalte von Tab. 9-1 angegeben sind, wollen wir beispielhaft eine Trendgerade berechnen. Y_j sind die pro Jahr in der Schweiz gezählten Übernachtungsfälle. Um die in Kapitel VII hergeleiteten Formeln anwenden zu können, wird im übrigen die folgende Zuordnung von X- resp. x-Werten zu den Zeitperioden vorgenommen.

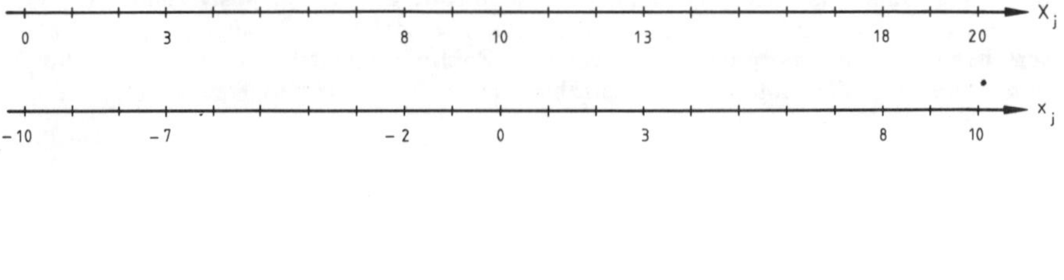

Tab. 9-1: Trendermittlung nach der Regressionsmethode. Hotelübernachtungen in der Schweiz 1957 - 1977, in 1000

Zeit	X_j	x_j	Y_j	x_jY_j	x_j^2	$\hat{Y}_j$
1957	0	-10	20'992	-209'920	100	23'088,38
1958	1	-9	21'007	-189'063	81	23'628,88
1959	2	-8	23'051	-184'408	64	24'169,38
1960	3	-7	24'195	-169'365	49	24'709,88
1961	4	-6	26'208	-157'248	36	25'250,38
1962	5	-5	27'219	-136'095	25	25'790,88
1963	6	-4	26'880	-107'520	16	26'331,38
1964	7	-3	28'312	- 84'936	9	26'871,88
1965	8	-2	27'643	- 55'286	4	27'412,38
1966	9	-1	28'404	- 28'404	1	27'951,88
1967	10	0	28'815	0	0	28'493,38
1968	11	1	29'122	29'122	1	29'033,88
1969	12	2	30'310	60'620	4	29'574,38
1970	13	3	32'353	97'059	9	30'114,88
1971	14	4	33'080	132'320	16	30'655,38
1972	15	5	33'695	168'475	25	31'195,88
1973	16	6	33'340	200'040	36	31'736,38
1974	17	7	31'686	221'802	49	32'276,88
1975	18	8	30'926	247'408	64	32'817,38
1976	19	9	29'646	266'814	81	33'357,88
1977	20	10	31'477	314'770	100	33'898,38
-	-	0	598'361	416'185	770	

Die Reihe der X-Werte beginnt also mit 0 für das Jahr 1957. Da die Datenreihe aus n = 21 Werten besteht, d.h. da eine *ungerade* Anzahl von Jahresdaten vorliegt, fällt $\overline{X}$ *auf* einen Wert der X-Achse (Zeitachse) und *nicht zwischen* zwei Werte. Um die Berechnung möglichst einfach zu halten, rechnet man mit x-Werten, wobei $x_j = X_j - \overline{X}$ ist. Zu $X_j = \overline{X}$ gehört also $x_j = 0$. Die Reihe der x_j-Werte beginnt in unserem Beispiel mit - 10 und endet mit 10. In den Spalten 3 bis 6 der Tabelle 9-1 sind sämtliche für die Anwendung der Formeln (7-16″) und (7-17) erforderlichen Zwischenresultate angegeben.

Es folgt:

$$a = \overline{Y} = \frac{598'361}{21} = \underline{28'493}$$

$$b = \frac{\Sigma x_j Y_j}{\Sigma x_j^2} = \frac{416'185}{770} = \underline{540{,}5}$$

$$a_0 = \overline{Y} - b\overline{X} = 28'493 - 540{,}5 \cdot 10 = \underline{23'088}$$

Die Trendgleichung in der ursprünglichen Form lautet demnach:

$$\hat{Y}_j = 23'088'000 + 540'500\, X_j$$

$$(X_j = 0 \text{ für } 1957)$$

Mit Hilfe dieser Gleichung lassen sich jetzt die Trendwerte für den Zeitraum von 1957 bis 1977 als Funktion der X-Werte ermitteln. Diese Werte sind in der letzten Spalte von Tabelle 9-1 zahlenmäßig angegeben und in Fig. 9-1 graphisch dargestellt.

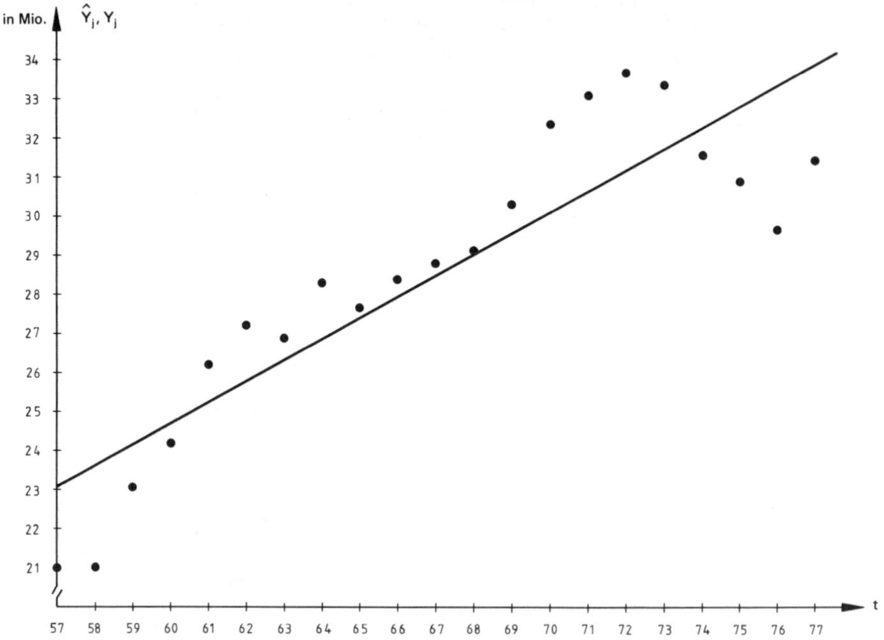

Fig. 9-1: Der Trend der Hotelübernachtungen, errechnet nach der Regressionsmethode

Der Vorteil der Trendermittlung nach der Regressionsmethode liegt darin, daß man eine mathematische Funktion bestimmt, die die Trendwerte als *Extrapolation* resp. als Prognose auch für eine größere Anzahl von Perioden über den beobachteten Zeitraum hinaus zu liefern vermag. Da es ohne weiteres möglich wäre, die gefundene Trendgleichung für die Jahreswerte in eine Trendgleichung für Monatswerte umzuformen, könnte man auch die Trendwerte Monat für Monat angeben.

• **Kontrollfrage 1 :** Geben Sie die Trendgleichung für die Monatszahlen an, indem Sie von der soeben gefundenen Gleichung für die Jahreszahlen ausgehen.

Der Vorbehalt, den man bei der Verwendung einer mit der Regressionsmethode gefundenen Trendgleichung allerdings anbringen muß, besteht in Folgendem. Wir besitzen im vorliegenden Fall weder eine sachlich begründete Theorie, noch läßt es sich dem vorliegenden Datenverlauf entnehmen, daß den Hotelübernachtungen ein linearer Trend zugrunde liegt. Ein linearer Trend bei den Hotelübernachtungen stellt also auf eine recht unsichere Annahme ab. Man bedenke zudem, daß für die Bestimmung der Lage des Trendwerts für z.B. 1977 beobachtete Werte herangezogen wurden, die bis zu 20 Jahre zurückliegen! Man muß daher sagen, daß die Unterstellung eines linearen Trends bei den Hotelübernachtungen höchst problematisch ist. Angemessener wäre wohl die Trendberechnung mit Hilfe einer nichtlinearen Trendfunktion oder mit einer anderen Methode.

Als nichtlineare Trendfunktionen kommen einige der in Kap. VII in Tabelle 7-5 gezeigten Funktionstypen in Betracht. Häufig anzutreffen ist die Exponentialfunktion

$$Y = a_0 e^{bX} \ ,$$

die sich in die linearisierte Form

$$\ln Y = \ln a_0 + bX$$

bringen läßt. Jetzt ergibt die Darstellung auf halblogarithmischen Papier eine Gerade - es liegt (für $b > 0$) der Fall eines Wachstums mit konstanter Wachstumsrate vor. (Siehe auch Kap. III, Abschnitt 3-6.F). Man spricht hier auch von einem halblogarithmischen Trend. Eine Prognose ist jetzt auf graphischem Weg leicht durchführbar.

Eine andere, für einen nichtlinearen Trend in Frage kommende Funktion ist die geometrische Funktion

$$Y = a_0 X^b$$

Logarithmiert hat sie die lineare Form

$$\log Y = \log a_0 + b \cdot \log X \ .$$

Der in einem solchen Fall vorliegende Trend wird geometrischer oder doppellogarithmischer Trend genannt. Bei Verwendung von doppellogarithmischem Papier (beide Achsen, also die Y- *und* die Zeitachse haben eine logarithmische Einteilung) erscheint ein solcher Trend als Gerade. Die Prognose ist graphisch wiederum einfach ausführbar.

Schließlich ist als nichtlineare Trendfunktion auch die Logarithmusfunktion

$$Y = a_0 + b \cdot \ln X$$

in Betracht zu ziehen, sofern man sich auf Trendfunktionen beschränkt, die mit der Methode der Einfachregression berechnet werden sollen. (Die in Kap. XXI gezeigte Mehrfachregression eröffnet darüber hinaus die Berechnung weiterer nichtlinearer Trends.) Allerdings sei daran erinnert, daß für die Berechnung der Parameter a_0 und b im Fall der geometrischen und der exponentiellen Funktion die einfache Linearisierung unter Umständen verzerrte Werte liefert, so daß auf andere (in programmierter Form vorliegende) Rechenverfahren zurückzugreifen ist. Darauf war in Kap. VII am Ende von Abschnitt 7-5 bereits hingewiesen worden.

Eine explizit zu bestimmende mathematische Funktion benötigt man speziell für Prognosen, die für eine größere Anzahl von Perioden gemacht werden (Langfristprognosen). In sehr vielen Fällen braucht man freilich nur Prognosen für eine oder einige wenige Perioden über die Gegenwartsperiode hinaus (Kurz- oder Mittelfristprognosen). Diese lassen sich mit sehr viel einfacheren Verfahren, d.h. ohne explizite Berechnung einer Trendfunktion, erstellen. Einige davon sind in Abschnitt 9-6 dargestellt.

• **Kontrollfrage 2 :** Geben Sie den Extrapolationswert der Hotelübernachtungen für 1978 mit Hilfe der gefundenen Regressionsgerade an!

B. Die Methode des gleitenden Durchschnitts

Als Alternative zur Regressionsmethode kann man einen Trend mit Hilfe des gleitenden Durchschnitts ermitteln.

Ein gleitender Durchschnitt (GD) ist eine Folge von arithmetischen Mitteln, die aus den beobachteten Werten von Y gebildet werden. Wir wollen einen GD daher mit dem „Gütezeichen" für AMs , dem Querbalken, versehen und mit $\overline{Y}_j^*$ bezeichnen. Ein GD wird *aus einer gleichbleibenden Anzahl zeitlich jeweils benachbarter Beobachtungswerte* berechnet und dem *„in der Mitte" der Werte liegenden Zeitpunkt j zugeordnet.*

Für die Rechentechnik zu unterscheiden ist, ob ein GD für einen Zeitabschnitt berechnet wird, der aus einer ungeraden Anzahl (m = 2k + 1) oder einer *geraden* Anzahl von Werten (m = 2k) besteht (k = 1, 2, 3, ...). Je nachdem spricht man auch von einem „GD der ungeraden Ordnung" oder einem „GD der geraden Ordnung". Zuerst wird der *einfachere* Fall des GD der ungeraden Ordnung behandelt.

Definition des GD für m = 2k + 1:

$$\overline{Y}_j^* = \frac{1}{m}(Y_{j-k} + \cdots + Y_j + \cdots + Y_{j+k}) = \frac{1}{m} \sum_{s=-k}^{k} Y_{j+s} \qquad (9\text{-}1)$$

Hinweis:

Bei der Schreibweise mit Summenzeichen ist die Einführung eines zusätzlichen Laufindexes s leider unvermeidbar. Ist m = 5, d.h. k = 2, dann konkretisiert sich (9-1) zu

$$\overline{Y}_j^* = \frac{1}{5} \sum_{s=-2}^{2} Y_{j+s} = \frac{1}{5}(Y_{j-2} + Y_{j-1} + Y_j + Y_{j+1} + Y_{j+2})$$

Anhand von einfach gewählten Zahlen soll die *Rechentechnik* für einen GD gezeigt werden, der zu einem Zeitabschnitt mit einer ungeraden Gliederzahl von m = 5 gehört. In Tabelle 9-2 sind die einzelnen Zwischenergebnisse und Endergebnisse eingetragen.

Tab. 9-2: Berechnung eines GD für m = 5

j	Y_j	$\sum_{s=-2}^{2} Y_{j+s}$	$\overline{Y}_j^*$
1	6	-	-
2	2	-	-
3	2	34	6,8
4	10	38	7,6
5	14	46	9,2
6	10	62	12,4
7	10	74	14,8
8	18	78	15,6
9	22	86	17,2
10	18	102	20,4
11	18	-	-
12	26	-	-

In Fig. 9-2 sind die beobachteten Y-Werte als kleine mit einer gestrichelten Linie verbundene Kreise eingetragen. Die berechneten Punkte, die den GD darstellen, sind mit einer durchgezogenen Linie verbunden.

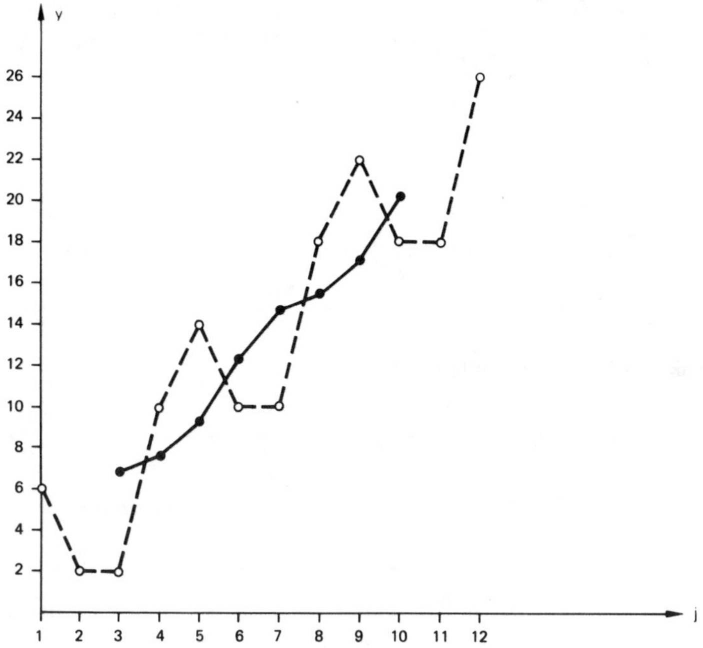

Fig. 9-2: Ein GD für m = 5

Ergebnis:
Die Methode des gleitenden Durchschnitts soll uns so etwas wie eine „Grundrichtung“, die in den Beobachtungswerten steckt, liefern. In der Tabelle erkennt man, wie aus den stark streuenden Beobachtungswerten in der soeben berechneten, durchgezogenen Linie ein beruhigter, geglätteter Kurvenverlauf wurde. Man sagt daher auch, die Methode des GD liefere uns die *glatte Komponente* einer Zeitreihe. Allerdings fehlen noch die sogenannten *Randwerte*, d.h. für die beiden ersten und die beiden letzten Zeitpunkte liefert die gezeigte Methode keine Trendwerte. Diesen Mangel kann man jedoch mit Hilfe spezieller Techniken zur Randberechnung beheben. Da heutzutage niemand mehr die Berechnung dieser Randwerte von Hand vornimmt, wird auf ihre Darlegung verzichtet.

Bemerkung:
Es soll uns an dieser Stelle, bei der es nur um Rechentechnisches geht, nicht stören, daß den Zahlen resp. der Fig. 9-2 mit „bloßem Auge“ eine Periodenlänge von vier Werten zu entnehmen ist, also eigentlich ein GD für m = 4 zu berechnen wäre. Dies wird weiter unten nachgeholt.

Ein wesentlicher Vorteil einer Trendermittlung nach der Methode des GD besteht darin, daß man keinerlei Vorwissen über den Funktionstyp eines Trends besitzen muß. Das ist tatsächlich oft nicht der Fall und noch häufiger hat ein Trend überhaupt keinen durch eine Funktion darstellbaren Verlauf.

Der Zeitabschnitt eines GD ist oft nicht frei wählbar, sondern hängt von den jeweils in den Beobachtungswerten sich ausdrückenden Periodenlängen ab. Man ist daher häufig gezwungen, einen GD für Zeitabschnitte bestehend aus einer *geraden Anzahl von Gliedern zu bilden*, d.h. einen GD der geraden Ordnung. Die Rechentechnik dieses etwas komplizierteren Falles wird daher jetzt gezeigt.

Definition des GD für m = 2k:

$$\overline{Y}_j^* = \frac{1}{2}\left[\frac{1}{m}(Y_{j-k} + \cdots + Y_{j+k-1}) + \frac{1}{m}(Y_{j-k+1} + \cdots + Y_{j+k})\right] \qquad (9\text{-}2)$$

In kompakter Schreibweise wird daraus

$$\overline{Y}_j^* = \frac{1}{2m}\left(\sum_{s=-k}^{k-1} Y_{j+s} + \sum_{s=-k+1}^{k} Y_{j+s}\right) \qquad (9\text{-}2')$$

Hinweise:
1.) Bei m = 4, d.h. k = 2 konkretisiert sich (9-2) resp. (9-2') zu:

$$\overline{Y}_j^* = \frac{1}{8}\,(Y_{j-2} + 2\,Y_{j-1} + 2\,Y_j + 2\,Y_{j+1} + Y_{j+2})$$

2.) Zu unterscheiden ist zwischen einem *Zeitabschnitt, für den* ein GD berechnet wird und der *Stützperiode, aus deren Werten* ein GD berechnet wird. Im vorliegenden Fall wird für einen Zeitabschnitt mit *vier* Werten eine Stützperiode von *fünf* Werten herangezogen. Für Zeitabschnitte mit gerader Anzahl von Werten ist die Stützperiode immer um *einen* Wert größer. Darin liegt die (kleine) Komplikation dieses Falles.

- **Kontrollfrage 3 :** Warum wird Y_{j-2} und Y_{j+2} nur jeweils einmal, werden hingegen alle anderen Y-Werte doppelt berücksichtigt? Anders gesagt, warum wird Y_{j-2} und Y_{j+2} mit $\frac{1}{8}$ gewichtet, und werden Y_{j-1} bis Y_{j+1} mit $\frac{1}{4}$ gewichtet?

Mit denselben Zahlen wie soeben (siehe Tabelle 9-2) soll nunmehr ein GD für m = 4 berechnet werden. Tabelle 9-3 zeigt die Ausgangsdaten sowie die Zwischen- und Endergebnisse.

Tab. 9-3: Berechnung eines GD für m = 4

j	Y_j	Teil-summe	Summe der Teilsummen	$\overline{Y}_j^*$
1	6		-	-
		-		
2	2		-	-
		20		
3	2		48	6
		28		
4	10		64	8
		36		
5	14		80	10
		44		
6	10		96	12
		52		
7	10		112	14
		60		
8	18		128	16
		68		
9	22		144	18
		76		
10	18		160	20
		84		
11	18		-	-
		-		
12	26		-	-

Zur Berechnung:
Aus den Ausgangsdaten Y_j wird zuerst die Teilsumme, beginnend mit den vier ersten Zahlen (zu den Zeitpunkten j = 1 bis j = 4) berechnet:

$$(6 + 2 + 2 + 10) = 20$$

Das Ergebnis wird in der Tabelle in der 3.Spalte eingetragen, allerdings dem „Zwischenraum" zwischen j = 2 und j = 3, d.h. dem Median der vier ersten Zeitpunkte zugeordnet. Dann wird die Teilsumme aus den Y-Werten, die zu den „um eins" weiterverschobenen Zeitpunkten zwei bis fünf gehören, berechnet:

$$(2 + 2 + 10 + 14) = 28$$

Sie wird dem Zwischenraum zwischen j = 3 und j = 4 zugeordnet (Median der Werte 2, 3, 4, 5). Dann wird die Summe der Teilsummen gebildet (Spalte 4 von Tabelle 9-3):

$$20 + 28 = 48$$

Dieses Ergebnis wird dem Zeitpunkt j = 3 (dem Median der Zeitpunkte 1, 2, 3, 4 und 5) zugeordnet, es steht also wieder „auf" der Linie. Man erhält so den GD für z.B.

$$j = 3:\ \overline{Y}_3^* = \frac{1}{2}\left[\frac{1}{4}(6+2+2+10) + \frac{1}{4}(2+2+10+14)\right] = 6$$

$$j = 4:\ \overline{Y}_4^* = \frac{1}{2}\left[\frac{1}{4}(2+2+10+14) + \frac{1}{4}(2+10+14+10)\right] = 8$$

Man sieht: ein GD für m = 4 ist das AM aus zwei Teil-AM, die jeweils aus vier aufeinanderfolgenden Werten von Y berechnet wurden. In die Berechnung dieses GD gehen somit fünf Beobachtungswerte ein, allerdings wird der erste und fünfte Wert nur mit dem halben Gewicht gegenüber den drei mittleren Werten berücksichtigt. Die fünf verwendeten Beobachtungswerte bilden die schon erwähnte *Stützperiode.*

Ergebnis:
Die Berechnungsergebnisse des gleitenden Durchschnitts von Spalte 5 der Tabelle 9-3 sind in Fig. 9-3 als gestrichelte Linie veranschaulicht. Wie man sieht, ist das Ergebnis eine Gerade. Das ist natürlich kein Zufall, sondern kommt daher, daß die Zahlenwerte der beobachteten Y-Werte mit Vorbedacht so gewählt worden waren, daß sie eine regelmäßige, quartalsweise Saisonschwankung (Zeitabschnitt von m = 4) um einen *linearen Trend* vom 1. Quartal 1980 bis zum 4. Quartal 1982 zum Ausdruck brachten. An der Zeitgeraden sind in Fig. 9-3 statt t = 1, 2, ... daher die entsprechenden Quartalsangaben abgetragen. Die Rückberechnung des Trends aus den beobachteten Daten mit einer Periodenlämge von vier durch einen GD *für* m = 4 mußte notwendigerweise diese Trendgerade wieder zum Vorschein bringen. Die *Glättung* infolge der sukzessiven Durchschnittsbildung eliminierte die saisonale Schwankung und ließ den Trend resp. die sog. *glatte Komponente* sichtbar werden. Dies gelingt immer dann am besten, *wenn der gleitende Durchschnitt für die dem Zyklus (der Saison) genau entsprechende Gliederzahl berechnet wird.* Bei Saisonschwankungen mit Quartalswerten sind das 4 Werte (Glieder), bei Saisonschwankungen mit Monatswerten sind es 12 Werte. Falls regelmäßige Konjunkturschwankungen von 9 Jahren Länge auftreten, wäre ein GD für m = 9 zu berechnen, um den Trend zu ermitteln.

Bemerkung:
In Fig. 9-3 wurden auch Trendwerte für die Ränder der Reihe (die beiden ersten Quartale 1980 und die beiden letzten Quartale 1982) eingetragen, obwohl sie aus Tabelle 9-3 nicht zu entnehmen sind. Der lineare Trend erlaubte natürlich diese „Extrapolation", andernfalls hätte man sie mit Hilfe vorhandener Randwertberechnungsverfahren finden können.

Verfehlt man die der Struktur eines Zyklus' entsprechende, „richtige" Zahl der Glieder, dann bringt die Methode des gleitenden Durchschnitts den Trend oder die glatte Komponente nicht ganz genau in ihrer tatsächlichen Form zum Vorschein. Die Berechnung eines GD für m = 5 für die Beobachtungen mit einer innewohnenden viergliedrigen Saison ergab einen leicht zyklischen Verlauf des Trends (siehe Fig. 9-2). Man sollte also stets die „richtige" Gliederzahl für die Periodenlänge eines GD verwenden. Bei im Jahres- oder Tagesverlauf sich wiederholenden Rhythmen stellt sich kein Problem, weil die Gliederzahl gewissermaßen „von Natur aus" vorgegeben ist. Bei konjunkturellen Zyklen ist es schon schwieriger. Allerdings ermöglicht die heute mit EDV durchführbare, wiederholte („iterative") Anwendung des GD-Verfahrens auch dann eine gute Annäherung an den „wahren" Trend, wenn man zunächst nicht mit der richtigen Anzahl der Glieder gerechnet hat.

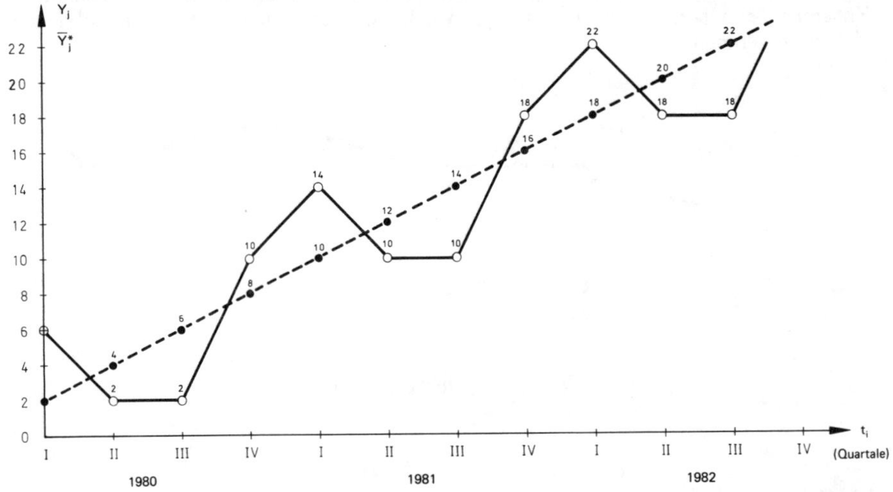

Fig. 9-3: Ein viergliedriger gleitender Durchschnitt bei Saisonschwankungen um eine Trendgerade

• **Kontrollfrage 4 :** Man führe eine erneute GD-Bildung für die Zahlen der letzten Spalte von Tabelle 9-2 durch. Man wähle m = 3. Was erkennt man?

C. Anwendung des gleitenden Durchschnitts

Nach der Darstellung der GD-Methode im vorausgegangenen Abschnitt soll jetzt für die Zahlen der Tabelle 9-1 (Hotelübernachtungsfälle in der Schweiz) der Trend resp. die glatte Komponente als GD ermittelt werden. Die Berechnung beginnt mit Überlegungen zur „richtigen" Zahl der Glieder.

Ökonomische Datenreihen widerspiegeln fast immer eine konjunkturelle Auf- und Abbewegung. Auch die Hotelaufenthalte sind eine ökonomische Datenreihe, die nicht unbeeinflußt bleibt von der Konjunkturlage einerseits in der Schweiz selber, andererseits in den wichtigsten Gästeländern für die Schweizer Hoteliers, also den Vereinigten Staaten, der Bundesrepublik Deutschland und Frankreich. Daher sollte man die Dauer des Konjunkturzyklus' kennen. Anders als bei den im Jahresrhythmus ablaufenden Saisonschwankungen gibt es allerdings keine völlig regelmäßig verlaufenden Konjunkturschwankungen. Man muß sich daher notgedrungen an eine durchschnittliche Zykluslänge halten, sofern eine solche erkennbar ist, oder sich an Ersatzkriterien orientieren, um die Zahl der Glieder des GD festzulegen.

Betrachten wir die Jahreszahlen der Hotelaufenthalte (vierte Spalte von Tab. 9-1 resp. zweite Spalte von Tab. 9-4), so erkennt man: Von 1957/58 bis etwa 1964 gab es einen raschen Aufschwung. Dann folgte eine Stagnationsphase bis 1967/68 („Konjunktureller" Abschwung überlagert von aufsteigendem Trend). Von 1968 an gab es wieder einen starken Anstieg der Übernachtungen bis 1971/72. Danach setzte ein Abschwung mit sogar absolut rückläufigen Zahlen bis 1976 ein. 1977 zeigte dann wieder eine erhebliche Zunahme der Übernachtungen. Ganz grob läßt sich den Jahreszahlen somit folgender Zyklus entnehmen:

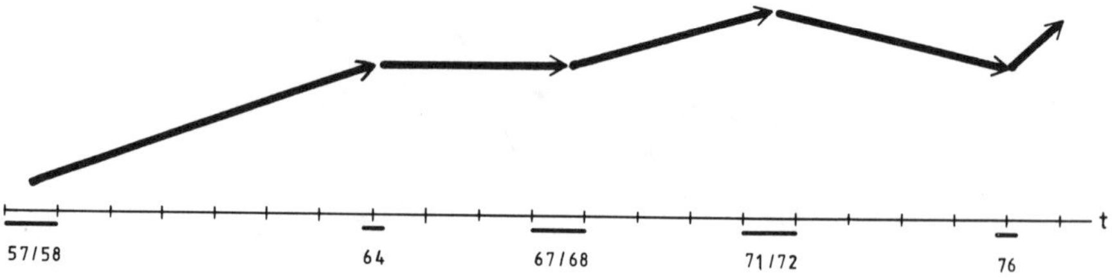

Fig. 9-4: Zyklusbestimmung

Die Zyklendauer betrug ungefähr 10 resp. 8 Jahre, im Durchschnitt also ca. 9 Jahre. Wir wollen daher einen 9-Jahre-GD berechnen. $\overline{Y}_j^*$ bezeichne die Werte des 9-Jahre-GD.

$$\overline{Y}_j^* = \frac{1}{9}\,(Y_{j-4} + Y_{j-3} + Y_{j-2} + Y_{j-1} + Y_j + Y_{j+1} + Y_{j+2} + Y_{j+3} + Y_{j+4})$$

Für den ersten zu berechnenden Zeitpunkt, 1961, ergibt sich:

$$\underline{\underline{25'056}} = \frac{1}{9}\,(20'992 + 21'007 + 23'051 + 24'195 + 26'208 + 27'219 + 26'880 + 28'312 + 27'643)$$

Die Ergebnisse sind in Tab. 9-4 wiedergegeben. Dort sind auch in Klammern die mit einer Randwert-Berechnungsmethode ermittelten vier ersten und vier letzten Werte zusätzlich eingetragen.

Tab. 9-4: Hotelübernachtungen in der Schweiz. Ausgangszahlen und Ergebnisse eines 9-gliedrigen GD (in Klammern separat berechnete Randwerte), in 1000

Jahr	Ausgangs-daten	9-Jahre GD	Jahr	Ausgangs-daten	9-Jahre GD
1957	20'992	(21'110)	1967	28'815	29'435
1958	21'007	(22'096)	1968	29'122	30'192
1959	23'051	(23'082)	1969	30'310	30'751
1960	24'195	(24'096)	1970	32'353	31'200
1961	26'208	25'056	1971	33'080	31'480
1962	27'219	25'880	1972	33'695	31'573
1963	26'880	26'747	1973	33'340	31'835
1964	28'312	27'422	1974	31'686	(31'671)
1965	27'643	28'101	1975	30'926	(31'509)
1966	28'404	28'784	1976	29'646	(31'346)
			1977	31'476	(31'183)

Die Zahlen von Tabelle 9-4 sind in Fig. 9-5 veranschaulicht. Mit Hilfe der zusätzlich berechneten Randwerte liegen für den gesamten Zeitraum der ursprünglichen Datenreihe gleitende Durchschnittswerte vor.

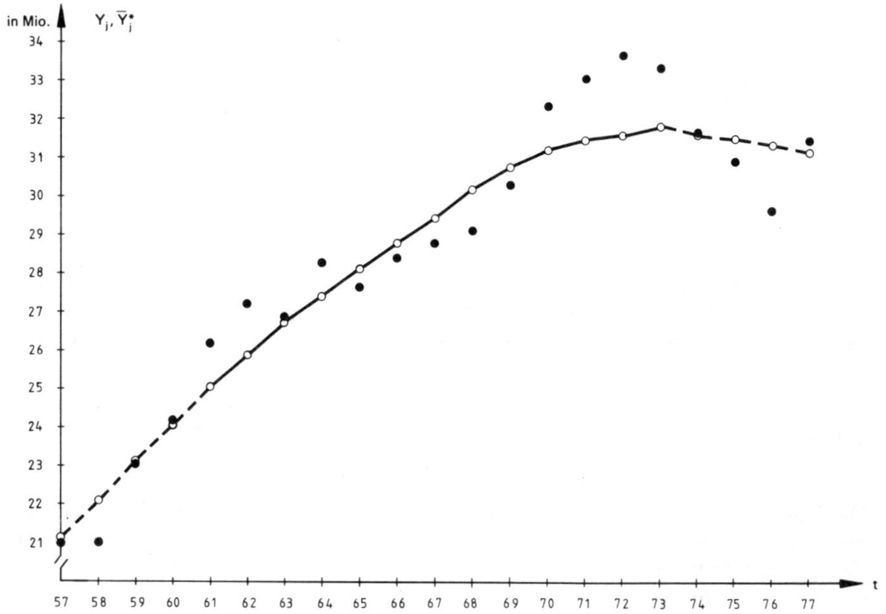

Fig. 9-5: Trendmäßige Entwicklung der Hotelübernachtungen 1957 - 1977

Vergleicht man die in Fig. 9-5 gezeichnete „Trend"-Kurve mit der Regressionsgeraden von Fig. 9-1, so sticht sofort die Haupteigenschaft einer GD-Kurve ins Auge: sie paßt sich dem Verlauf der beobachteten Daten besser an, ist flexibel, schlägt (langsam) eine neue Richtung ein, wenn infolge von Strukturbrüchen oder von langfristig wirksamen Veränderungen die beobachteten Daten einen fundamental veränderten Verlauf nehmen. Regressionsanalytisch gefundene Trends können nach Strukturverwerfungen, wie z.B. einem „ Ölschock", völlig wertlos werden, ein gleitender Durchschnitt „verdaut" hingegen jede noch so chaotische Entwicklung. Statt des gesamten Beobachtungszeitraums als „Stützperiode" für die Berechnung der Regressionsparameter (Stützperiode = Beobachtungszeitraum, auf den sich die Berechnung abstützt) wird nur ein Teilintervall von wie hier 9 Jahren oder weniger als Stützperiode verwendet und daraus jeweils der Wert des GD berechnet.

Allerdings besitzt ein nach der GD Methode berechneter Trend auch einen Nachteil:

Das Abschleifen infolge der Glättung

Die Bildung eines GD hat den Effekt, erratische Ausschläge der beobachteten Datenreihe zu glätten, aber auch Extrema „wegzubügeln" oder „abzuschleifen". Das Glattbügeln ist zwar einer der Gründe, warum man gleitende Durchschnitte berechnet. Ein allzu starkes Abschleifen kann aber u.U. auch unerwünscht sein, dann nämlich, wenn dadurch die *Wendepunkte* verschwinden. Das Problem läßt sich wie folgt veranschaulichen (Punkte = Beobachtungen, Sternchen für die Werte des GD). Ein GD zeigt u.U. einen in den Beobachtungen ganz deutlichen Abschwung erst mit erheblicher Verzögerung an (siehe Skizze: GDs sind als Sternchen gezeichnet).

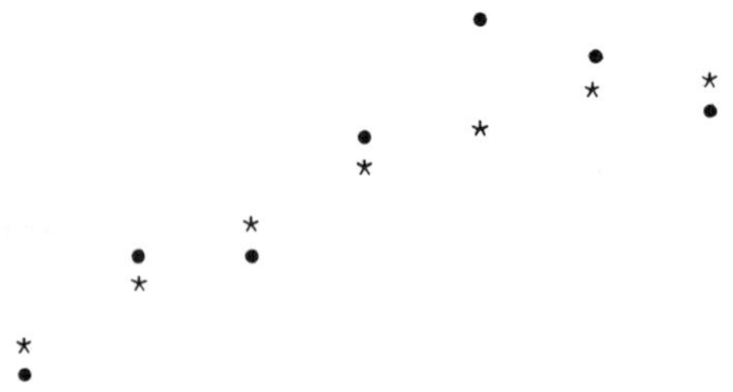

Es gibt verschiedene Verfahren, unerwünschtes Abschleifen zu vermeiden. Sie laufen darauf hinaus, statt gleicher Gewichte für alle Beobachtungen unterschiedliche Gewichte zu nehmen, um die Werte des GD zu berechnen.

9.3 Modelle der Zeitreihenzerlegung

Die bisherigen Ausführungen zeigten, wie man einen Trend oder eine glatte Komponente einer Zeitreihe berechnen kann. Für manche Zeitreihen kann es damit sein Bewenden haben. Viele Zeitreihen besitzen jedoch neben einem Trend weitere strukturelle Besonderheiten, die ebenfalls festgestellt werden müssen. Es handelt sich insbesondere um saisonale Schwankungen. Unsere nächste Aufgabe besteht daher darin, das sog. *Saisonmuster* (die Saisonfigur) einer Zeitreihe zu berechnen, um dann anschließend die beobachteten Daten „saisonkorrigiert" angeben zu können, d.h. die „Saisoneinflüsse" zwecks Ermöglichung richtiger Interpretationen „eliminieren" zu können. Zuvor benötigen wir jedoch einen Überblick über die für eine Zeitreihe konstitutiven Elemente.

Komponenten einer Zeitreihe:

T: *Die Fundamentalkomponente („Trend“)*
In ihr drückt sich eine oft säkulare, meist sehr langfristig („Jahrzehnte“) wirksame Entwicklungstendenz oder „Grundrichtung“ aus.

C: *Die zyklische (Konjunkturzyklus-) Komponente*
Diese, wie auch die folgende Komponenten überlagern den Trend. Die zyklische Komponente umfaßt mehrjährige Schwankungen von meist unregelmäßiger Amplitude oder Länge. In der Mehrzahl der Fälle beträgt die Periodenlänge drei bis zwölf Jahre.

S: *Die Saisonkomponente*
In ihr drücken sich die prinzipiell wiederkehrenden , vom Lauf der Gestirne (Jahreszeiten, Tag/Nacht-Rythmus oder von institutionellen Festlegungen (Feriendaten, Zahlungstermine) ausgehenden Regelmäßigkeiten innerhalb eines Jahres (oder Tages) aus. Je nach der zu untersuchenden Reihe besteht die Saisonalität aus zwei (Halbjahres-), vier (Quartals-), 12 (Monats-), 52 (Wochen-) oder 24 (Stunden-) Werten. In entspechender Anzahl gibt es sog. *Saisonkoeffizienten*, die den jeweiligen Saisoneinfluß zahlenmäßig ausdrücken.

I: *Die „irreguläre“, „zufällige“, Rest- oder Residual-Komponente.*
In ihr drücken sich die unvorhersehbaren, nicht regelmäßig wiederkehrenden und in den übrigen Komponenten nicht enthaltenen Einflüsse aus. Ein Streik, ein besonders schneereicher Frühling oder auch Kalenderunregelmäßigkeiten, soweit sie nicht gesondert eliminiert werden, manifestieren sich in der Residualkomponente.

G: *Die „glatte“ Komponente*
In vielen Fällen ist es begrifflich und statistisch schwierig, zwischen T und C zu unterscheiden. Man faßt daher oft beide Komponenten zur sog. glatten Komponente (mit **G** bezeichnet) zusammen.

Die beobachteten Zahlen einer Zeitreihe lassen sich ganz allgemein als aus diesen Komponenten zusammengesetzt auffassen. Die Verknüpfung der Komponenten kann jedoch *additiv* oder *multiplikativ* sein. Dementsprechend unterscheidet man zwei Grundmodelle:

Additives Modell:

$$Y = G + S + I \quad \text{oder:} \quad Y = T + C + S + I \tag{9-3}$$

(Anstelle von Y wird auch das Symbol O verwendet, von engl. „observed“ = beobachtet)

Multiplikatives Modell:

$$Y = G \cdot S \cdot I \quad \text{oder:} \quad Y = T \cdot C \cdot S \cdot I \tag{9-4}$$

Das multiplikative Modell (9-4) ist äquivalent zu einem additiven Modell in den Logarithmen. Man kann ein multiplikatives Modell in ein additives transformieren:

$$\log Y = \log G + \log S + \log I \tag{9-4'}$$

9.4 Bestimmung der Saisonkomponente

Die folgenden Berechnungen sollen für eine in Quartalsdaten sich ausdrückende Saisonalität vorgenommen werden. Es sind daher *vier* Saisonkoeffizienten oder Saisonzahlen festzustellen.

A. Additives Modell

Der Einfachheit halber wollen wir auf die oben bei der Darstellung der GD-Methode in Abschnitt 9-2 B und die dort in Tabelle 9-3 angegebenen Daten und Rechenergebnisse zurückgreifen. Wir wollen von irregulären Einflüssen absehen und unterstellen, ebenfalls der Transparenz zuliebe, die glatte Komponente G lasse sich durch eine *Gerade* darstellen. Das unter diesen Umständen gegebene einfache additive Modell

$$Y = G + S$$

ist bereits in Fig. 9-3 veranschaulicht, allerdings bei veränderter Blickrichtung: in Fig. 9-3 war nämlich die dargestellte Gerade aus den Beobachtungen berechnet worden. Jetzt hingegen wollen wir die Zeitreihe aus ihren Komponenten *aufbauen*, um den dann anschließend zu zeigenden Berechnungsweg zur Findung der Saisonkoeffizienten besser verstehen zu können.Die für den Zeitraum 1. Quartal 1980 bis 4. Quartal 1982 die Zeitreihe konstituierenden Elemente (Koeffizienten) sind in den Spalten 2 und 3 von Tabelle 9-5 angegeben.

Tab. 9-5: Die Koeffizienten eines einfachen additiven Modells

Zeit	j	G_j	S_j	Y_j
1. Qu. 1980	1	2	4	6
2. "	2	4	-2	2
3. "	3	6	-4	2
4. "	4	8	2	10
1. Qu. 1981	5	10	4	14
2. "	6	12	-2	10
3. "	7	14	-4	10
4. "	8	16	2	18
1. Qu. 1982	9	18	4	22
2. "	10	20	-2	18
3. "	11	22	-4	18
4. "	12	24	2	26

Von Interesse an Tab. 9-5 ist vor allem die Spalte der Saisonkoeffizienten S_j. Sie besitzen im Beispiel zwei Eigenschaften:

1) Von Jahr zu Jahr in gleicher absoluter Höhe wiederkehrende Quartalswerte:

$$S_1 = S_5 = S_9 = 4; \quad S_2 = S_6 = S_{10} = -2; \quad S_3 = S_7 = S_{11} = -4; \quad S_4 = S_8 = S_{12} = 2$$

2) Die Summe der vier Quartalswerte für jedes Jahr ist Null:

$$S_1 + S_2 + S_3 + S_4 = 0 \, ; \, S_5 + S_6 + S_7 + S_8 = 0 \, ; \, S_9 + S_{10} + S_{11} + S_{12} = 0$$

Die erste Eigenschaft ist in der Realität meist nicht ganz genau gegeben, Saisoneinflüsse verändern sich im Lauf der Zeit. Die zweite Eigenschaft hingegen muß logischerweise vorhanden sein und muß, falls sie nicht von den Ausgangsdaten her gegeben ist, durch eine Korrektur hergestellt werden.

Die Summe der Saisonkoeffizienten im additiven Modell muß Null betragen (siehe Fig. 9-6). Die beiden verschiedenartig schraffierten Flächen müssen gleich groß sein: Das saisonale „Hoch" in einigen Quartalen muß ausgeglichen sein durch ein saisonales Tief in anderen Quartalen. Man kann darin die Wirksamkeit des Prinzips der Bewahrung der Fläche (Flächentreue) sehen: Durch die Berücksichtigung der Quartalskoeffizienten kann sich der Quartalsdurchschnitt eines Jahres nicht verändern. Dieser Quartalsdurchschnitt ist durch die Horizontale durch G repräsentiert.

• **Kontrollfrage 5 :** Wo hatten wir schon einmal das Prinzip der Flächentreue als fundamentales Prinzip in der Statistik vorgefunden?

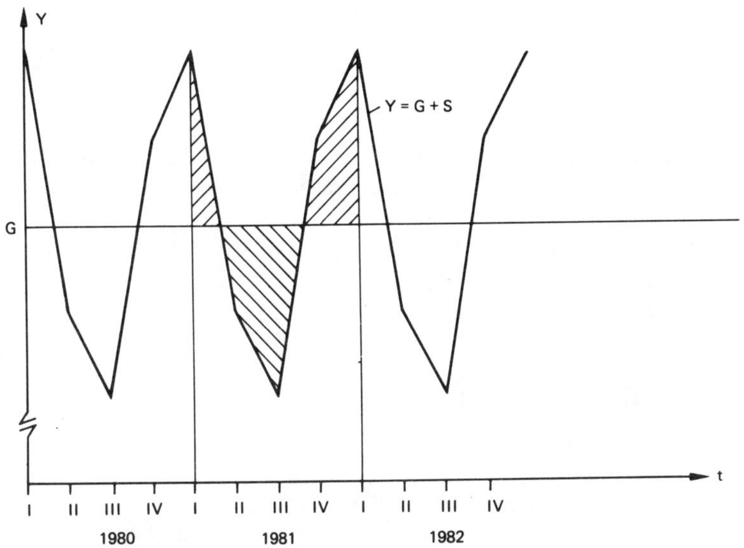

Fig. 9-6: Prinzip der Flächentreue bei Einführung von Saisonkoeffizienten

Die bisherigen Ausführungen dienten dazu, eine Zeitreihe zu konstruieren. Die Praxis besteht natürlich genau umgekehrt darin, aus beobachteten Y-Werten die Saisonkoeffizienten zu bestimmen. Da es zu keinen neuen Einsichten führt, diese Rechnung mit anderen als den bisherigen oder komplizierteren Daten durchzuführen, sollen aus den vorliegenden (konstruierten) Daten, den Y_j, jetzt die Saisonkoeffizienten berechnet werden.

Berechnung der Saisonkoeffizienten:

Folgende Schritte sind durchzuführen bei einem additiven Modell mit Quartalswerten, wie sie in Tabelle 9-6 in der 2. Spalte angegeben sind:

1) Für die ganze Reihe wird nach Formel (9-2) ein viergliedriger GD (m = 2k) gebildet. Wir erhalten die in Tabelle 9-3 letzte Spalte angegebenen Werte für $\overline{Y}_j^*$, die in Tabelle 9-6 in Spalte 3 wiederholt sind (in Klammern: zusätzlich berechnete resp. extrapolierte Randwerte)

2) Es werden die Differenzen $Y_j - \overline{Y}_j^*$ gebildet. Siehe Spalte 4 von Tabelle 9-6.

Tab. 9-6: Berechnung der Saisonkoeffizienten

Zeit	Y_j	$\overline{Y}_j^*$	$Y_j - \overline{Y}_j^*$
1. Qu. 1980	6	(2)	4
2. "	2	(4)	-2
3. "	2	6	-4
4. "	10	8	2
1. Qu. 1981	14	10	4
2. "	10	12	-2
3. "	10	14	-4
4. "	18	16	2
1. Qu. 1982	22	18	4
2. "	18	20	-2
3. "	18	(22)	-4
4. "	26	(24)	2

3) Quartal für Quartal werden die vier Quartalskoeffizienten gebildet. Im vorliegenden Beispiel liegen die Differenzen $Y_j - \overline{Y}_j^*$ für jeweils drei Perioden vor, daher ist

$$S_{q_1} = \frac{1}{3}(4+4+4) = 4; \; S_{q_2} = \frac{1}{3}(-2-2-2) = -2; \; S_{q_3} = \frac{1}{3}(-4-4-4) = -4;$$

$$S_{q_4} = \frac{1}{3}(2+2+2) = 2.$$

Zur Kontrolle: $S_{q_1} + S_{q_2} + S_{q_3} + S_{q_4} = 0$

Hinweis:
In der Praxis ist, wie erwähnt, oft ein vierter, der Korrektur dienender Rechenschritt erforderlich, der in den heutigen EDV Paketen aber programmiert ist. Wäre z.B. als Summe der vier Quartalskoeffizienten -0,4 herausgekommen, hätte man sie alle vier um 0,1 erhöht. Die Summe der korrigierten Komponenten hätte dann wiederum Null ergeben.

• **Kontrollfrage 6 :** Infolge Streiks habe im 2. Qu. 1981 der beobachtete Wert von Y statt 10 nur 6 betragen. In den beiden Folgequartalen ist der Produktionsausfall jedoch nachgeholt worden, so daß statt 10 und 18 die Werte 12 und 20 beobachtet wurden. Die irreguläre Komponente habe nacheinander also Werte von -4, 2 und 2 betragen. Berechnen Sie jetzt die Saisonkoeffizienten und korrigieren Sie sie, falls nötig. Was stellen Sie fest?

Saisonmuster (Saisonfigur):

Die Gesamtheit der (gegebenenfalls korrigierten) Saisonkoeffizienten bildet das Saisonmuster einer Zeitreihe. Fig. 9-7 zeigt es für unser Beispiel.

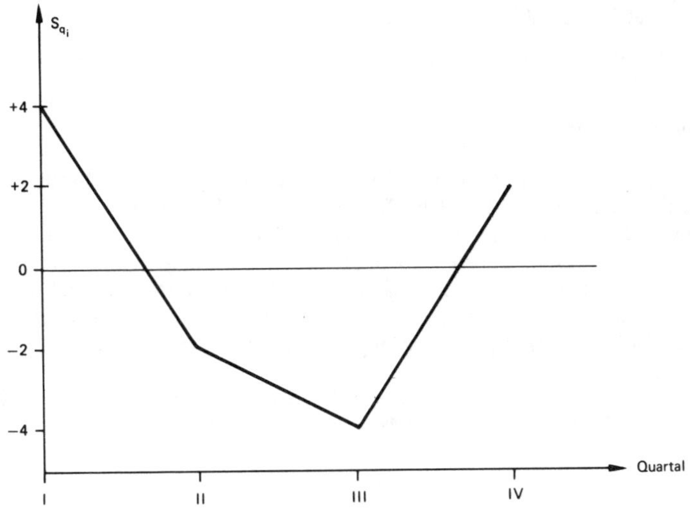

Fig. 9-7: Saisonfigur der Daten von Tabelle 9-6

Saisonbereinigung:

Der letzte Schritt der Saisonanalyse besteht in der Saisonbereinigung, d.h. in der rechnerischen Eliminierung des Saisoneinflusses. Es resultiert Y_j^* als saisonbereinigter Wert für den Zeitpunkt j:

$$Y_j^* = Y_j - S_{q_i} = G_j + S_{q_i} + I_j - S_{q_i} = G_j + I_j \qquad (9\text{-}5)$$

Man erhält also für den betreffenden Zeitpunkt (Quartal, Monat etc.) den Wert der glatten Komponente für den Zeitpunkt j zuzüglich der irregulären Einflüsse. In unserem einfachen, von I abstrahierenden Beispiel, führt uns die Saisonbereinigung zurück zur glatten Komponente, wir erhalten also die Reihe der G_j von Tabelle 9-5. In Fig. 9-3 war diese saisonbereinigte Reihe gestrichelt eingezeichnet.

Beispiel:

Die Ermittlung von Saisonkoeffizienten dient dazu, eine saisonbereinigte Zeitreihe zu berechnen. Das soll es ermöglichen, der neuesten beobachteten Zahl die richtige Interpretation geben zu können.

Angenommen es sei im 1. Quartal 1983 (j = 13) $Y_{13} = 30$ beobachtet worden. Da $S_{q_1} = 4$ ist, resultiert als saisonbereinigter Wert:

$$Y_{13}^* = Y_{13} - S_{q_1} = 30 - 4 = 26$$

Die Interpretation lautet also: Hätte es keinen spezifischen „Erstes-Quartal-Effekt" gegeben, wäre statt 30 die Zahl 26 beobachtet worden.

B. Multipliktives Modell

Erfahrungsgemäß vermag bei vielen Zeitreihen ein multiplikatives Modell die Realität besser als ein additives abzubilden. Die Saisonausschläge bleiben in ihrer absoluten Größe oft nicht unbeeinflußt vom Niveau, auf dem sich eine Zeitreihe befindet. Sie werden mit steigendem Niveau absolut größer, bleiben jedoch proportional zum Niveau. Die Saisonkoeffizienten sind dann Saison*faktoren* anstelle von Saisonsummanden. Prinzipiell ist das Verfahren der Saisonkoeffizientengewinnung, abgesehen von geringfügigen rechentechnischen Abwandlungen, dasselbe wie beim additiven Modell.

Wir wollen die Vorgehensweise und die Rechenschritte wieder unter vereinfachten Bedingungen zeigen und vom Vorhandensein irregulärer Einflüsse absehen. Das Modell lautet somit:

$$Y = G \cdot S$$

Die Saisonkoeffizienten sind im multiplikativen Modell der Bedingung unterworfen, daß *ihr Durchschnitt eins* beträgt. Um dies zu sehen, gehen wir wieder von einer im Zeitablauf konstant bleibenden glatten Komponente aus. Der Jahresdurchschnitt der vier beobachteten Quartalswerte von Y muß mit und ohne Saisonkoeffizienten gleich der über alle vier Quartale konstant gehaltenen glatten Komponente sein (Prinzip der Flächentreue wie in Fig. 9-6). D.h.

$$\overline{Y} = G \cdot \overline{S} = G$$

Es muß also $\overline{S} = 1$ sein. Die Saisonfaktoren für die einzelnen Quartale können wir im übrigen schreiben als:

$$S_{q_i} = 1 + s_{q_i} \qquad (9\text{-}6)$$

Die Bedingung, daß $\overline{S} = 1$ ist, wird erfüllt, wenn $\sum s_{q_i} = 0$ ist:

$$\overline{S} = \frac{1}{4} \sum_{i=1}^{4} S_{q_i} = \frac{1}{4} \sum_{i=1}^{4} (1 + s_{q_i}) = 1 \tag{9-7}$$

Erfüllt die im folgenden zu zeigende Berechnung der Saisonfaktoren die Bedingung (9-7) nicht genau, dann ist bei den s_{q_i} eine Korrektur vorzunehmen, so daß ihre Summe Null ergibt.

<u>Hinweis:</u>
Die Bedingung 9-7 gilt bei nicht konstant verlaufender glatter Komponente und starken Saisonschwankungen nur noch angenähert. Man sollte in einem solchen Fall vom logarithmisch transformierten Modell ausgehen und darauf achten, daß die Saisonfaktoren die Bedingung $\frac{1}{4} \sum_{i=1}^{4} \log S_{q_i} = 0$ erfüllen. Dies läuft darauf hinaus, daß deren geometrisches Mittel gleich eins ist: $\sqrt[4]{S_{q_1} \cdot S_{q_2} \cdot S_{q_3} \cdot S_{q_4}} = 1.$

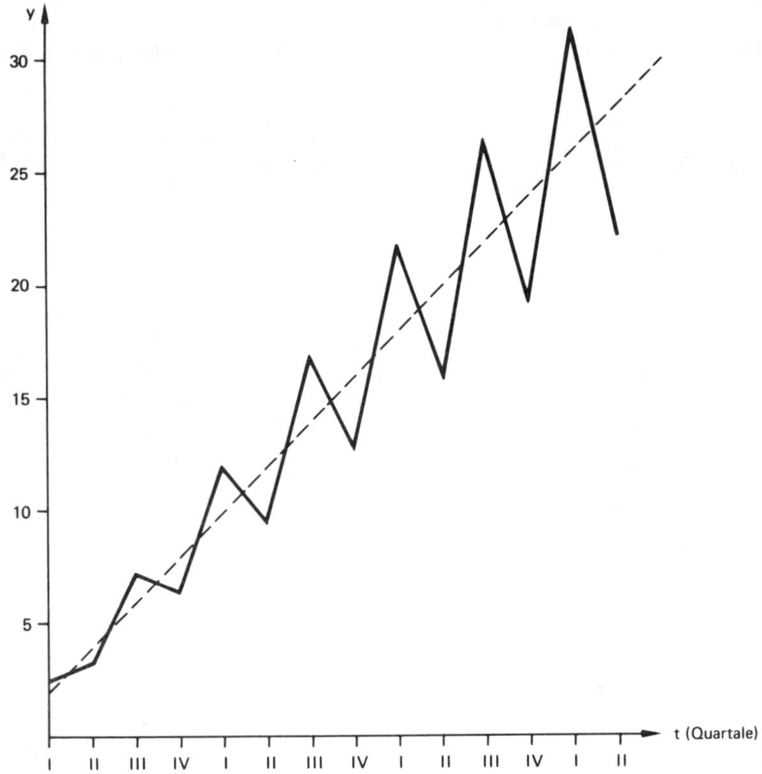

Fig. 9-8: Zeitreihe mit multiplikativ verknüpften Komponenten

Zur Illustration einer Zeitreihe mit multiplikativ verknüpften Komponenten wollen wir von der in Fig. 9-8 dargestellten Zeitreihe ausgehen. Man erkennt die mit zunehmendem Niveau zunehmende Amplitude des Saisonschwankung. Die Zahlen der beobachteten Daten sind in Tabelle 9-7 (2. Spalte) angegeben. In diese Tabelle sind auch die in den folgenden Schritten sich ergebenden Zwischenresultate eingetragen:

Berechnung der Saisonfaktoren:

1) Der gleitende Durchschnitt wird nach Formel (9-2) entsprechend dem in Abschnitt 9-2 B gezeigten Vorgehen berechnet. Die Ergebnisse sind als Teilsumme, Summe der Teilsummen und gleitender Durchschnitt $\overline{Y}_j^*$ in den Spalten 3 bis 5 von Tabelle 9-7 eingetragen.

2) Durch $Y_j / \overline{Y}_j^*$ wird für jeden Zeitpunkt das Verhältnis des beobachteten Wertes zum GD festgestellt (Spalte 6 von Tab. 9-7)

3) Für die vier Quartale werden die arithmetischen Mittel aus der vorhandenen Anzahl von Verhältniszahlen (zwei resp. drei) gebildet: $S_{q_1} = \frac{1}{2}$ (1,2 + 1,2) = 1,2; $S_{q_2} = \frac{1}{2}$ (0,8 + 0,8) = 0,8; $S_{q_3} = \frac{1}{3}$ (1,2 + 1,2 + 1,2) = 1,2; $S_{q_4} = \frac{1}{3}$ (0,8 + 0,8 + 0,8) = 0,8.

Der Durchschnitt aus den S_{q_i} ergibt hier eins, weswegen eine nachträgliche Korrektur nicht erforderlich ist.

4) *Saisonbereinigung:* Die beobachteten Quartalswerte Y_j werden durch Division mit den Saisonfaktoren saisonbereinigt. Es resultieren Y_j^* als saisonbereinigte Zahlenreihe:

$$Y_j^* = \frac{Y_j}{S_{q_i}}$$

Natürlich ist für jedes j der jeweils zugehörige Saisonfaktor zu wählen. So gehört z.B. zu j = 1, 5, 9 und 13 der Saisonfaktor für das 1. Quartal, also S_{q_1}. Die saisonbereinigte Zahlenreihe ist als letzte Spalte in Tabelle 9-7 eingetragen und in Fig. 9-7 gestrichelt eingezeichnet. Wegen der Abstraktion von einer irregulären Komponente resultieren in unserem Beispiel dieselben Werte für Y_j^* wie für die glatte Komponente $\overline{Y}_j^*$. Dies ist in der Praxis natürlich i.d.R. nicht der Fall, worauf im Zusammenhang des additiven Modells bereits hingewiesen wurde.

Tab. 9-7: Berechnung der Saisonfaktoren

Zeit	Y_j	Teil-summe	Summe der Teil-summen	$\bar{Y}_j^*$	$\frac{Y_j}{\bar{Y}_j^*}$	Y_j^*
1. Qu. 1980	2,4		-	-	-	-
		-				
2. "	3,2		-	-	-	-
		19,2				
3. "	7,2		48	6	1,2	6
		28,8				
4. "	6,4		64	8	0,8	8
		35,2				
1. Qu. 1981	12,0		80	10	1,2	10
		44,8				
2. "	9,6		96	12	0,8	12
		51,2				
3. "	16,8		112	14	1,2	14
		60,8				
4. "	12,8		128	16	0,8	16
		67,2				
1. Qu. 1982	21,6		144	18	1,2	18
		76,8				
2. "	16,0		160	20	0,8	20
		83,2				
3. "	26,4		176	22	1,2	22
		92,8				
4. "	19,2		192	24	0,8	24
		99,2				
1. Qu. 1983	31,2		-	-	-	-
		-				
2. "	22,4		-	-	-	-

9.5 Zeitreihen in der Praxis

Die Zerlegung von Zeitreihen in Komponenten ist eine auf den Nationalökonomen *Wilhelm Lexis* (1837 - 1914) zurückgehende Konzeption. In der im vorangegangenen dargestellten „klassischen" Form schien sie durch das Aufkommen von regressionsanalytischen und spektralanalytischen Ansätzen schon fast ausgedient zu haben. Mit der Entwicklung der elektronischen Datenverarbeitung konnten jedoch die in der klassischen Komponentenzerlegungsmethode steckenden Möglichkeiten voll ausgeschöpft werden, um Korrekturen aller Art vorzunehmen, um Kalenderunregelmäßigkeiten auszuschalten und um sog. „Ausreißer" zu eliminieren. Die *ökonomische Interpretierbarkeit* der mit der klassischen Methode gefundenen Komponenten entpuppte sich als ihr eigentlicher Vorteil gegenüber mathematisch eleganteren, an die Genauigkeit und Vergleichbarkeit der Daten und die Dauerhaftigkeit der Strukturen viel höhere Ansprüche stellende Verfahren. Der französische Statistiker *Gérard Calot* schreibt in diesem Zusammenhang, daß das (scheinbar) Bessere oft der Feind des Guten sei. Es sei vernünftiger, ein einfaches, an die Qualität der Daten keine besonderen Anforderungen stellendes Verfahren (wie die klassische Komponentenzerlegungsmethode) beizubehalten und so die Vergleichbarkeit über lange Zeiträume zu ermöglichen, als immer wieder auf neue, verfeinerte, an die Datenqualität hohe Anforderungen stellende Verfahren umzustellen und dadurch die Vergleichbarkeit zu verlieren. (Siehe im Literaturverzeichnis, Allgemeine Literatur, *Calot,* Cours de statistique déscriptive, S.354). Es darf nicht aus dem Auge verloren werden, daß es „weniger auf die Optimierung formaler Kriterien ankommt als darauf, Ergebnisse zu erzielen, die möglichst eng den ökonomischen Fragestellungen entsprechen". (Siehe im Literaturverzeichnis, Spezialliteratur zu Kap.IX, *Meyer,* Kritische Anmerkungen, S. 325).

Mittlerweile hat die Saisonbereinigung mit Hilfe der im „Bureau of the Census" des amerikanischen „Department of Commerce" entwickelten sog. X- 11-Census-Methode sich in der Praxis nahezu weltweit durchgesetzt. (Siehe im Literaturverzeichnis, Spezialliteratur zu Kap. IX, *Shiskin, Young, Musgrave).* Die Deutsche Bundesbank ist seit Januar 1970 von dem von ihr selber in der Mitte der fünfziger Jahre entwickelten Verfahren, das einen regressionsanalytischen Ansatz zur Bestimmung der Saisoneinflüsse hatte, abgegangen und zum besagten Census-Verfahren übergegangen. Zuvor hatte sie sich von dessen Überlegenheit in jahrelang parallel durchgeführten Vergleichsrechnungen überzeugt. (Eine kurze Beschreibung der Census-Methode findet man bei *Hüttner,* Prognoseverfahren ..., S.39 ff. Siehe Spezialliteratur zu Kap. IX).

9.6 Die Zeitreihe der Arbeitslosen

A. Die Entwicklung der deutschen Arbeitslosenzahl

Das Realphänomen „Lage am Arbeitsmarkt" besteht aus vielen Bestandteilen. Einer davon ist die Arbeitslosigkeit. Um sie statistisch zu messen, ist eine Adäquation vorzunehmen. Der statistische Begriff stützt sich auf die juristisch-institutionelle Definition des Arbeitslosen:

Ein Arbeitsloser ist statistisch gesehen eine bei den Arbeitsämtern als arbeitssuchend registrierte Person ohne dauerhaftes Arbeitsverhältnis. Die Zahl der Arbeitslosen entsteht aus der Auszählung der bei den Arbeitsämtern für jeden Arbeitslosen geführten Karteikarten.

Die Zeitreihe der Arbeitslosen wird hier als ein Beispiel vorgestellt, weil sie einen so herausgehobenen Rang unter den wirtschaftsstatistischen Reihen einnimmt. Als saisonbehaftete Reihe ist sie jedoch keineswegs besonderes typisch, weil ihre Saisonfigur extrem variabel ist. Die irreguläre Komponente und die Kalenderunregelmäßigkeiten sind bei ihr weniger ausgeprägt vorhanden als bei den meisten anderen Zeitreihen.

Die folgenden Darlegungen betreffen die Zeitreihe der in der Bundesrepublik Deutschland registrierten Arbeitslosen in ihrer ursprünglichen Form als beobachtete Zahlen und als saisonbereinigte Reihe. Die Saisonbereinigung erfolgte durch das oben erwähnte Census-Verfahren. Da es sich herausgestellt hatte, daß das additive Modell die Saisonschwankungen unterschätzte, wurde zur Saisonbereinigung das arithmetische Mittel aus einer additiv und multiplikativ gewonnenen Saisonfigur verwendet, was im Rahmen des Census-Verfahrens keine Probleme aufwirft.

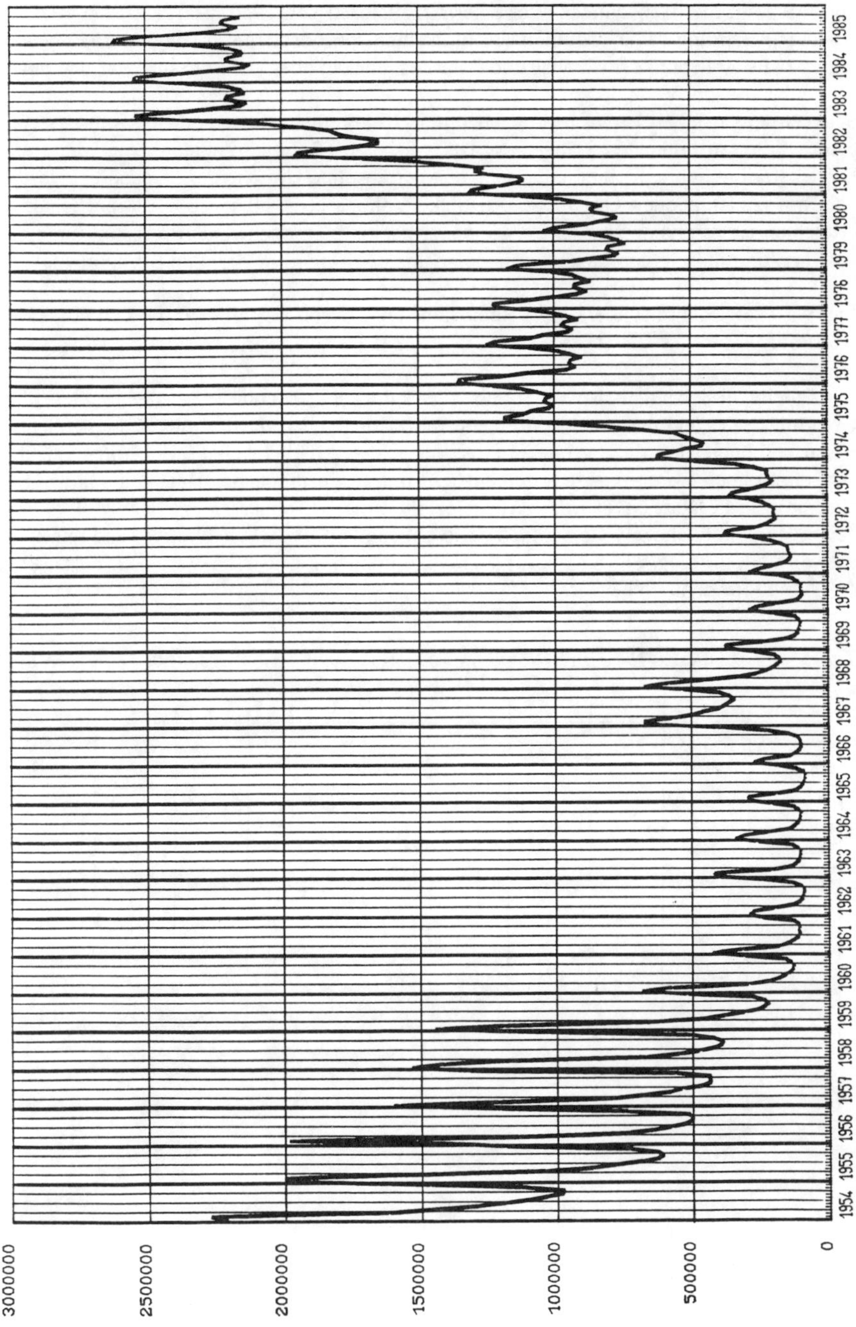

Fig. 9-9: Arbeitslose 1954 -1985 (Quelle: W. Karr (1985), S.435)

Fig. 9-9 zeigt die beobachteten Werte der Arbeitslosen von 1954 bis 1985. Man erkennt aus der „Ursprungsreihe“ deutlich die markanten Saisonspitzen zu Beginn eines jeden Jahres (Mit Höhepunkt im Januar und Februar), ebenso aber auch die im Lauf der Jahre zu beobachtende Veränderung des Saisonmusters im Sinne einer Rückläufigkeit der Saisonarbeitslosigkeit. Etwa beginnend mit 1970 erkennt man ferner eine immer sichtbarer sich ausbildende „kleine Spitze“ in den Sommermonaten zur Zeit der Betriebsferien. Schließlich erkennt man, daß der absolute Umfang der Saisonarbeitslosigkeit mit zunehmender Gesamtarbeitslosigkeit stieg, aber nicht volle Proportionalität erreichte. Es zeigt sich also jene erwähnte „Mischung“ zwischen additiver und multiplikativer Verknüpfung der Saisonkomponente und dem Trend (der glatten Komponente).

Fig. 9-10 zeigt die saisonbereinigte Reihe neben der Ursprungsreihe für die Zeit von 1965 bis 1986.

In Tabelle 9-8 sind beispielhaft für die Jahre 1970 und 1984 die Zahlen der Ursprungsreihe und der saisonbereinigten Reihe angegeben. In der jeweiligen 4. Spalte ist zu erkennen, daß die saisonalen Ausschläge der Arbeitslosigkeit 1984 oft mehr als doppelt so hoch waren wie 1970, einem Jahr mit ausgesprochener Hochkonjunktur, daß aber prozentual zum Niveau der Arbeitslosigkeit die Saisonausschläge sehr viel kleiner geworden sind (siehe jeweils Spalte 5). Die „Mischung“ zwischen additiver und multiplikativer Verknüpfung von Saison- und Trendkomponente tritt beim Vergleich dieser beiden Jahre sehr deutlich hervor.

Tab. 9-8: Arbeitslose 1970 und 1984. Ursprungsreihe und saisonbereinigte Zahlen, in 1000

Spalte: 1	2	3	4	5	1	2	3	4	5
Jahr / Monat	beobachtet	saison-bereinigt	Spalte 2 – Spalte 3 absolut	Spalte 4 / Spalte 2 Prozent	Jahr / Monat	beobachtet	saison-bereinigt	Spalte 2 – Spalte 3 absolut	Spalte 4 / Spalte 2 Prozent
Jan 1970	286	142	144	50,3	Jan 1984	2'539	2'227	312	12,3
Feb	264	139	125	47,3	Feb	2'537	2'234	303	11,9
März	198	150	48	24,2	März	2'393	2'250	143	6,0
April	121	139	- 18	14,9	April	2'253	2'267	- 14	0,6
Mai	103	144	- 41	39,8	Mai	2'133	2'267	- 134	6,3
Juni	95	147	- 52	54,7	Juni	2'113	2'276	- 163	7,7
Juli	99	150	- 51	51,5	Juli	2'202	2'289	- 87	4,0
Aug	99	151	- 52	52,5	Aug	2'202	2'291	- 89	4,0
Sept	97	150	- 53	54,5	Sept	2'143	2'288	- 145	6,8
Okt	111	149	- 38	34,2	Okt	2'145	2'276	- 131	6,1
Nov	129	147	- 18	14,0	Nov	2'189	2'266	- 77	3,5
Dez	175	139	36	20,5	Dez	2'325	2'260	65	2,8

Quelle: Bundesanstalt für Arbeit, Nürnberg, Eigene Berechnung

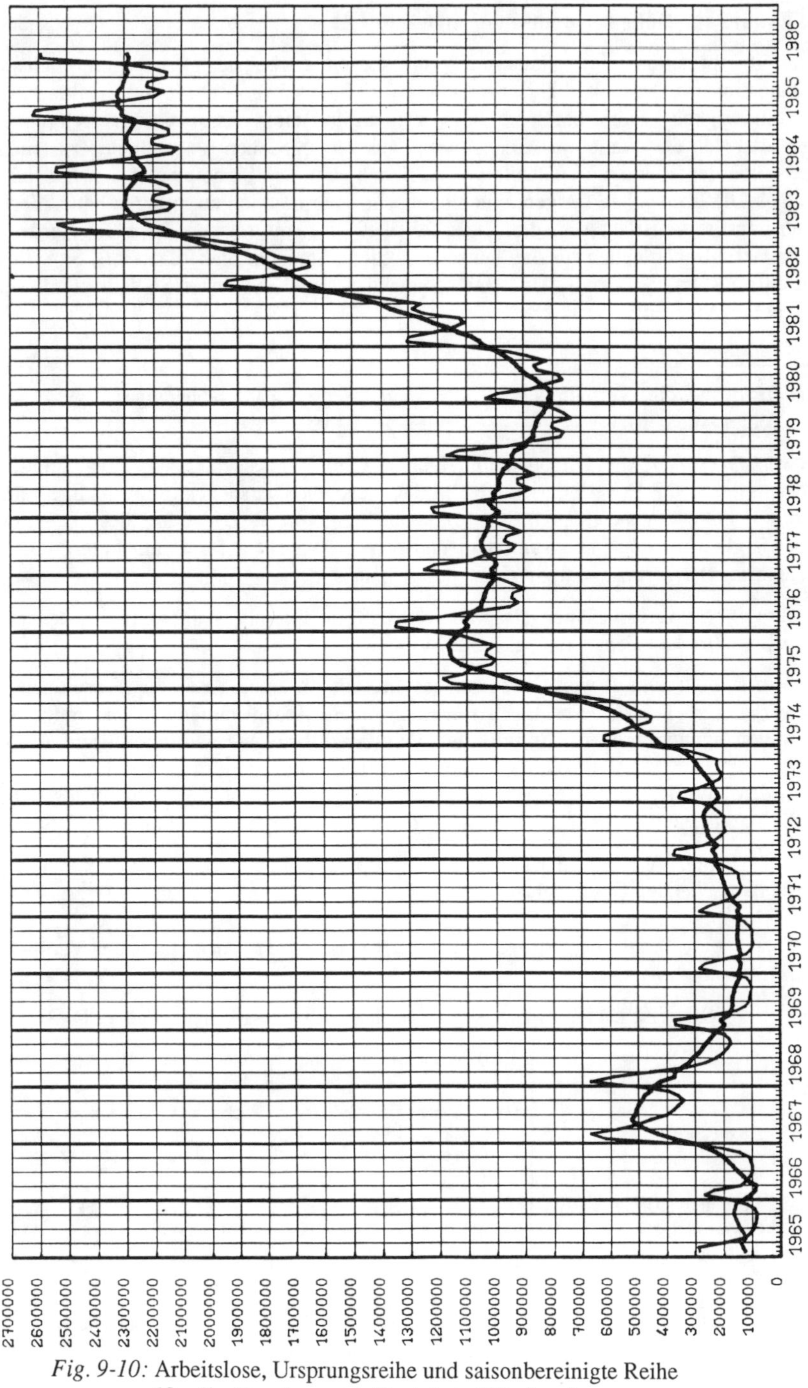

Fig. 9-10: Arbeitslose, Ursprungsreihe und saisonbereinigte Reihe
(Quelle: Bundesanstalt für Arbeit, Nürnberg)

B. Exkurs zur Höhe der deutschen Arbeitslosigkeit

Die Interpretation der statistisch gemessenen Arbeitslosigkeit muß sich der Adäquationsproblematik, d.h. des Abstands des statistischen Begriffs vom Realphänomen Arbeitslosigkeit bewußt bleiben. Und vor allem darf nicht aus dem Auge verloren werden, daß sich die „Lage am Arbeitsmarkt" aus verschiedenen Bestandteilen zusammensetzt, von denen einige in Tabelle 9-9 zu finden sind. Im Sinne eines Versuchs soll ein Beispiel dafür gegeben werden, wie eine solche Interpretation auszusehen hätte. Vorweg allerdings ist die Erläuterung einiger in Tabelle 9-9 neu auftretender Begriffe erforderlich. (Die Definitionen gelten für die deutsche amtliche Statistik. Siehe dazu z.B. Stat. Jb. für die BRD 1985, S.97 ff. - Auf Abweichungen für die Schweizer Statistik wird weiter unten hingewiesen.)

Definitionen:

Arbeitslosenquote: Verhältnis der Zahl Arbeitsloser zur Zahl „abhängiger Erwerbspersonen (ohne Soldaten)".

*Erwerbspersonen:*Alle Personen mit Wohnsitz im Bundesgebiet, die eine unmittelbar oder mittelbar auf Erwerb gerichtete Tätigkeit ausüben oder suchen (Selbständige, mithelfende Familienangehörige, Abhängige), unabhängig von der Bedeutung des Ertrages dieser Tätigkeit für den Lebensunterhalt und ohne Rücksicht auf die von ihren tatsächlich geleistete oder vertragsmäßig zu leistende Arbeitszeit.

Abhängige Erwerbspersonen (resp. Erwerbstätige): Beamte, Angestellte, Arbeiter und Lehrlinge (in Amtsdeutsch: „Auszubildende")

Erwerbstätige: Die Erwerbspersonen setzen sich zusammen aus Erwerbstätigen und Erwerbslosen. Die Erwerbstätigen stehen in einem Arbeitsverhältnis, sind mithelfende Familienangehörige oder üben selbständig ein Gewerbe oder einen freien Beruf aus resp. betreiben einen Landwirtschaftsbetrieb. Die Erwerbslosen sind notabene nicht identisch mit den Arbeitslosen, weil es nicht darauf ankommt, ob ein Erwerbsloser beim Arbeitsamt registriert ist. Es gibt Erwerbslose die nicht Arbeitslose sind und umgekehrt!

Erwerbsquote: Verhältnis der Zahl der Erwerbspersonen zur gesamten Wohnbevölkerung des entsprechenden Geschlechts.

Offene Stellen: Zahl der Anträge von Arbeitgebern an das Arbeitsamt um Vermittlung eines Arbeitnehmers.

Tab. 9-9: Einige Zahlen zum deutschen Arbeitsmarkt 1970 und 1984

	1970 (im Jahresdurchschnitt)		1984 (im Jahresdurchschnitt)	
	m	w	m	w
Arbeitslose	92'899	55'947	1'276'653	988'906
Arbeitslosenquote	*0,7%*	*0,7%*	*8,5%*	*10,2%*
Erwerbspersonen	17'328'000	9'683'000	17'546'000	11'269'000
Veränderung 1984 zu 1970			*+1,3%*	*+16,4%*
Erwerbstätige	16'741'000	9'602'000	16'436'000	10'171'000
Veränderung 1984 zu 1970			*-1,8%*	*+5,9%*
abhängige E'tätige	14'227'000	7'496'000	14'430'000	8'853'000
Erwerbsquote	*59,1%*	*30,2%*	*60,0%*	*35,3%*
offene Stellen	insges. 794'817		insges. 87'929	
Quellen: Stat. Jb. 1971 und 1985 für die BRD, Bundesamt für Arbeit				

Die starke Erhöhung der Arbeitslosenzahlen von 1970 bis 1984 vollzog sich vor dem Hintergrund einer um 1% leicht gestiegenen Zahl Erwerbstätiger (von ca. 26,3 Mio. auf 26,6 Mio.). Gleichzeitig stieg jedoch die Zahl der Erwerbspersonen um 6,7% (von 27,0 Mio. auf 28,8 Mio.). Dieser Anstieg ist nur zum kleineren Teil auf eine Zunahme der Bevölkerung zurückzuführen, vielmehr größtenteils auf die Erhöhung der Erwerbsquote von 44,0% auf 47,1%, und hierbei vor allem auf die starke Erhöhung der Erwerbsquote der Frauen (von 30,2% auf 35,3%). Dadurch stieg die Zahl weiblicher Erwerbspersonen um 1,6 Mio. im betrachteten Zeitraum. Trotz einer Zunahme der Zahl weiblicher Erwerbstätiger um rd. 0,6 Mio. ergab sich daher eine weibliche Arbeitslosigkeit von 1 Mio. Der Arbeitsmarkt war nicht in der Lage gewesen, diese große Zahl weiblicher Arbeitssuchende aufzunehmen, was nämlich nicht nur eine stärkere Expansion des Arbeitsplatzangebots insgesamt, sondern ebenfalls eine größere strukturelle Flexibilität vorausgesetzt hätte. 1970 machten die Frauen 36,4% aller Erwerbspersonen aus, 1984 waren es 39,1%.

C. Exkurs zur Arbeitslosenquote in der Schweiz

Im Jahr 1984 betrug die Arbeitslosenquote in der Schweiz ein Prozent, was im internationalen Vergleich außerordentlich wenig ist. Eine Interpretation bedarf auch hier zusätzlicher Arbeitsmarktdaten, von denen einige in Tabelle 9-10 zusammengestellt sind. Vorweg ist festzustellen, daß auch in der Schweiz die Zahl der Arbeitslosen seit 1970 sehr stark angestiegen ist. Zu beachten ist sodann, daß durch das Statut des ausländischen Saisonarbeiters mit neunmonatiger Aufenthaltsgenehmigung in der Schweiz die schweizerische Arbeitslosenquote nicht im gleichen Ausmaß wie andereswo durch saisonale Arbeitslosigkeit angehoben wird. So nimmt der Bestand ausländischer Saisonarbeiter von seinem üblichen Höchststand im August, der z.B. im Jahr 1984 bei 100'000 lag, auf rd. 1/10 per Ende Dezember eines jeden Jahres ab, ohne daß sich diese Abnahme als saisonale Arbeitslosigkeit niederschlägt, weil die betreffenden Arbeitnehmer sich während ihrer Nichtbeschäftigung im Ausland aufhalten. Auch die rund 100'000 Grenzgänger in die Schweiz stellen einen gewissen „Puffer" dar, weil die schweizerische Arbeitslosenstatistik nicht mit entlassenen Beschäftigten aus diesem Personenkreis „belastet" wird.

Tab. 9-10: Einige Zahlen zum schweizerischen Arbeitsmarkt 1970 und 1984

	1970	1984
Arbeitslose	104	32'061
Arbeitslosenquote	0,0%	1,0%
Erwerbspersonen	2'995'777	3'174'000
Veränderung 1984 zu 1970		+5,9%
Erwerbstätige	2'995'673	3'142'000
Veränderung 1984 zu 1970		+4,9%
Erwerbsquote	47,8%	48,3%
offene Stellen	4'777	6'269
Quelle: Die Volkswirtschaft, Wirtschaftsspiegel, Statistische Quellenwerke der Schweiz		

Von viel größerer Bedeutung für die niedrige schweizerische Arbeitslosenquote war jedoch, daß die *Erwerbsquote* in der Schweiz von 1970 bis 1984 nur unwesentlich um 0,5 Prozentpunkte angestiegen ist (BRD: Anstieg um 3,1 Prozentpunkte). Dies ist einerseits einem schon seit langem zu beobachtenden Sinken der männlichen Erwerbsquote, vor allem aber einem im Verhältnis zu anderen Ländern geringen Anstieg der weiblichen Erwerbsquote, die zwischen 1974 und 1976 sogar um 4% abnahm, zu verdanken. Ein Rückgang der Beschäftigung wird also zum Teil durch den Übertritt von Frauen in die „nichtaktive Bevölkerung" („Nichterwerbspersonen") abgefedert. Ganz wesentlich aber war schließlich der - wie immer begründete - Abbau ausländischer Arbeitskräfte in den Jahren der "Ölschocks" nach 1973, als in den meisten Industrieländern ein erster starker Schub an Arbeitslosigkeit einsetzte. Der 1973 in der Schweiz erreichte Höchststand ausländischer Erwerbstätiger von rd. 850'000 verringerte sich dadurch auf etwa 650'000 im Jahre 1977, also um rd. 25%.

Die institutionellen Rahmenbedingungen des schweizerischen Arbeitsmarktes und die Verhaltensweisen der Arbeitnehmer, im speziellen der Frauen, ergaben somit eine sehr elastische Anpassung des Arbeitsangebots an die Nachfrage nach Arbeitskräften. Obwohl die Beschäftigung in der Schweiz von 1973 bis 1984 relativ stark um fast 7 Prozent abnahm, kam es daher nicht zu einer nennenswerten Arbeitslosigkeit. Das galt auch, als zwischenzeitlich, d.h. von 1973 bis 1976 die Beschäftigung sogar um rd. 12 %, d.h. rund 350'000 Arbeitsplätze abgenommen hatte.

9.7 Einige einfache Prognoseverfahren

Prognosen werden vorgenommen unter ganz unterschiedlichen Voraussetzungen und Rahmenbedingungen, sie betreffen ganz verschiedenartige Entwicklungen oder Ereignisse und sie werden für ganz unterschiedliche Prognosehorizonte erstellt. Auch die Anforderungen, die an die Genauigkeit einer Prognose gestellt werden, sind sehr verschieden. Dementsprechend gibt es eine große Vielfalt von Prognoseverfahren.

Unter *einer Prognose wollen wir eine Aussage über voraussichtliche Entwicklungen oder Ereignisse verstehen,* die *sich auf vorausgegangene Entwicklungen oder Ereignisse stützt und die im Rahmen eines organisierten oder modellierten Vorgehens gemacht wird.* Ein bloßes Tippen ergibt noch keine Prognose, aber der Bereich zulässiger Verfahren und auch dessen, was inhaltlich gesehen als Prognose gelten kann, ist sehr weit.

Man unterscheidet bei den Prognoseverfahren in erster Linie in „*quantitative*" und „*qualitative*" Verfahren. Unter einem qualitativen Verfahren wird verstanden, daß wesentliche Elemente der Prognosemethode als subjektiv-erfahrungsbezogen oder als intuitiv bezeichnet werden können, während mit quantitativen Verfahren rechnerisch-objektivierte Verfahren gemeint sind. Ganz scharf ist die Unterscheidung freilich nicht, weil auch die qualitativen Verfahren rechnerisch objektivierbare Elemente enthalten und die quantitativen Verfahren auch subjektive Elemente. In jedem Fall beinhaltet die Unterscheidung aber nicht, daß die qualitativen Verfahren nur verbale Aussagen liefern. Prognosen werden meistens in Form quantitativer Aussagen vorgelegt.

<u>Hinweis:</u>
Zu den *qualitativen* Prognoseverfahren, mit denen wir uns im vorliegenden Kapitel nicht weiter beschäftigen wollen, gehören insbesondere die aus *Befragungen* hervorgehenden Prognosen: Befragungen von Vertretern (d.h. im Verkauf oder Außendienst stehenden Personen), Befragungen von Experten (insbesondere in Form der Delphi-Methode), Befragungen von Verbrauchern (insbesondere als Panel-Befragung eines gleichbleibenden Personenkreises).

Von den quantitativen Prognoseverfahren sollen einige einfache, für kurze Prognosehorizonte bestimmte und vor allem der Absatz- und Materialbedarfsplanung dienende Verfahren im folgenden dargestellt werden. Zu unterscheiden ist, ob die der Prognose zugrunde liegende Zeitreihe mit oder ohne Trend verlief und ob sie Saisonschwankungen aufweist oder nicht. Das ergibt vier Fälle: 1.) Zeitreihen *ohne* Trend und *ohne* Saisonalität, 2.) Zeitreihen *mit* Trend, aber *ohne* Saisonalität, 3.) Zeitreihen *ohne* Trend, aber *mit* Saisonalität und schließlich 4.) Zeitreihen *mit* Trend und *mit* Saisonalität.

Bezeichnungsweise:

Der Prognosewert für die Zeitperiode t + m soll allgemein mit $\tilde{Y}_{t+m}$ bezeichnet werden.

Zeitreihen ohne Trend und ohne Saisonalität

1a) Naive Prognose

Für den einfachsten Fall einer konstanten oder „stationären" Zeitreihe besteht nach dem Prinzip des „alles bleibt wie es ist" die sog. „naive" Prognose für die Zeitpunkte t + m, m = 1, 2, ..., darin, den letzten Beobachtungswert als Prognosewerte zu verwenden:

$$\tilde{Y}_{t+m}^{(1a)} = Y_t \qquad (9\text{-}8)$$

Eine Zeitreihe ohne Trend und Saisonalität weist immerhin noch den Einfluß der irregulären, zufälligen Komponente auf. Daher ist eine naive Prognose insofern nicht befriedigend, als ja meist nicht zu erwarten ist, daß diese Komponente einen unveränderten Zahlenwert beibehält. Oft ist es daher sinnvoll, durch Mittelwertbildung ihren Einfluß auszuschalten.

1b) Einfaches AM als Prognose

Die Prognose entspricht jetzt dem AM aus den Werten der Zeitreihe bis zum letzten Beobachtungswert. Um auszudrücken, daß dieses AM aus den Werten bis einschließlich Y_t besteht, soll es mit $\overline{Y}_t$ bezeichnet werden. Somit lautet die Prognose für eine Periode t+m beim vorliegenden Verfahren:

$$\tilde{Y}_{t+m}^{(1b)} = \overline{Y}_t = \frac{1}{t}\sum_{j=1}^{t} Y_j \qquad (9\text{-}9)$$

1c) AM der letzten Werte einer Zeitreihe

Eine Variante des vorherigen Prognoseverfahrens besteht darin, nur die jeweils letzten p Glieder der Zeitreihe zu berücksichtigen und daraus den Prognosewert zu bilden.

$$\tilde{Y}_{t+m}^{(1c)} = \frac{1}{p} \sum_{j=t-p+1}^{t} Y_j \qquad (9\text{-}9')$$

Diese Prognosevariante wird oft auch als Verfahren des Gleitenden Durchschnitts bezeichnet, doch ist diese Bezeichnungsweise nicht sehr glücklich gewählt, weil nach unserer Definition ein GD stets der Mitte einer Zeitreihe und nicht dem letzten Zeitpunkt zugeordnet wird.

1d) Exponentielles Glätten

Als einen Nachteil des vorausgegangenen Prognoseverfahrens kann man ansehen, daß für die Bildung der Prognose ein ungewogenes AM herangezogen wurde, d.h. daß jeder Wert der Zeitreihe mit dem gleichen Gewicht von $\frac{1}{t}$ oder $\frac{1}{p}$ in die Prognose eingeht. So wenig das naive Prognoseverfahren 1a) befriedigte, weil es nur den letzten Wert berücksichtigt, so wenig befriedigt beim Verfahren 1b) und 1c), daß der letzte Wert nur genau so viel Gewicht hat wie ein vielleicht 20 Jahre zurückliegender Wert. Das Verfahren des exponentiellen Glättens schlägt daher einen mittleren Weg ein. Dem letzten Wert wird das höchste Gewicht gegeben und den weiter zurückliegenden Werten ein exponentiell abnehmendes Gewicht.

Der Prognosewert für die auf den letzten Beobachtungswert folgende Periode lautet jetzt in der sog. *Grundformel*:

$$\tilde{Y}_{t+1}^{(1d)} = \alpha\, Y_t + (1-\alpha)\, \tilde{Y}_t^{(1d)} \; ; \; 0 < \alpha \leq 1 \qquad (9\text{-}10)$$

Der letzte Reihenwert erhält also ein Gewicht von $\alpha \cdot 100$ % und ein nach dem selben Prinzip wie für den Zeitpunkt t + 1 für den Gegenwartszeitpunkt fiktiv erstellter Prognosewert erhält das sich zu 100 % ergänzende Gewicht. Welchen Wert α, der sog. *Reaktionsparameter*, besitzen sollte, ist im Einzelfall jeweils festzustellen, sei es durch Erfahrungswissen oder durch Verwendung sog. Suchverfahren. Als Faustregel gilt ein Wert zwischen 0,1 und 0,3 als zweckmäßig.

Die Grundformel läßt sich umformen und dann resultiert eine leicht interpretierbare *Formel*:

$$\tilde{Y}_{t+1}^{(1d)} = \tilde{Y}_t^{(1d)} + \alpha\,(Y_t - \tilde{Y}_t^{(1d)}) \qquad (9\text{-}10')$$

Man sieht jetzt: *Die Prognose für t + 1 lernt aus dem (fiktiven) Prognosefehler* $(Y_t - \tilde{Y}_t^{(1d)})$ *für den Zeitpunkt t*, für den sich durch Konfrontation mit dem tatsächlichen

Zeitreihenwert Y_t feststellen läßt, inwieweit die (fiktive, dh. ex post erstellte) Prognose $\tilde{Y}_t^{(1d)}$ basierend auf den davorliegenden Zeitreihenwerten für t - 1, t - 2 usw., von ihm abweicht: Der Fehler der Vergangenheit wird bei der Prognose der Zukunft berücksichtigt.

Bemerkung:
Das exponentiell abnehmende Gewicht der Zeitreihenwerte läßt sich leicht durch wiederholtes Anwenden der Grundformel (9-10) und rechnerisches Einsetzen überprüfen. Formel (9-10) für die Perioden t + 1, t und t - 1 ergibt:

$$t+1: \quad \tilde{Y}_{t+1}^{(1d)} = \alpha\, Y_t + (1-\alpha)\, \tilde{Y}_t^{(1d)}$$

$$t: \quad \tilde{Y}_t^{(1d)} = \alpha\, Y_{t-1} + (1-\alpha)\, \tilde{Y}_{t-1}^{(1d)}$$

$$t-1: \quad \tilde{Y}_{t-1}^{(1d)} = \alpha\, Y_{t-2} + (1-\alpha)\, \tilde{Y}_{t-2}^{(1d)}$$

Setzt man jetzt $\tilde{Y}_t^{(1d)}$ in die Gleichung für $\tilde{Y}_{t+1}^{(1d)}$ ein, so folgt:

$$\tilde{Y}_{t+1}^{(1d)} = \alpha\, Y_t + (1-\alpha)\cdot[\alpha\, Y_{t-1} + (1-\alpha)\, \tilde{Y}_{t-1}^{(1d)}]$$

$$\text{d.h.} \quad \tilde{Y}_{t+1}^{(1d)} = \alpha\, Y_t + \alpha\cdot(1-\alpha)\, Y_{t-1} + (1-\alpha)^2\, \tilde{Y}_{t-1}^{(1d)}$$

Durch Einsetzen von $\tilde{Y}_{t-1}^{(1d)}$ in diese letzte Gleichung folgt schließlich:

$$\tilde{Y}_{t+1}^{(1d)} = \alpha\, Y_t + \alpha(1-\alpha)\, Y_{t-1} + \alpha(1-\alpha)^2\, Y_{t-2} + (1-\alpha)^3\, \tilde{Y}_{t-2}^{(1d)}$$

Das wiederholte Einsetzen kann man fortsetzen bis zum ersten vorhandenen Reihenwert. Die Gewichte der Reihenwerte betragen dann, wie man sieht, α, $\alpha\,(1-\alpha)$, $\alpha\,(1-\alpha)^2$ usw., werden also immer kleiner, weil ja α und $(1-\alpha)$ stets kleiner als eins sind.

Für die praktische Berechnung dient die Formel (9-11), die man aus der Grundformel ableiten kann:

$$\tilde{Y}_{t+1}^{(1d)} = \alpha \sum_{i=0}^{t-1} (1-\alpha)^i Y_{t-i} + (1-\alpha)^t\, \tilde{Y}_1^{(1d)} \qquad (9\text{-}11)$$

Für $\tilde{Y}_1^{(1d)}$, den sog. Startwert, kann man entweder den ersten Zeitreihenwert Y_1 oder ein AM aus den ersten paar Reihenwerten nehmen.

Beispiel:
Gegeben sei eine aus Platzgründen kurz gehaltene Zeitreihe für die Absatzzahlen eines nicht saisonbehafteten Artikels auf einem gesättigten, also trendfreien Markt (z.B. Zigaretten, nicht von der Jahreszeit abhängige Lebensmittel usw.). Tabelle 9-11 gibt für die 10 Zeitperioden t bis t - 9 die Zeitreihenwerte Y_{t-i} an (Spalte 3).

Die soeben vorgestellten Prognoseverfahren sollen anhand dieser Zahlen illustriert werden. Für das exponentielle Glätten sei ein Reaktionsparameter α = 0,2 und als Startwert (1. Prognosewert) der erste Reihenwert (für die Zeitperiode t - 9) genommen.

Es resultieren:

1a) Naive Prognose:

$$\tilde{Y}_{t+1}^{(1a)} = 16$$

1b) Einfaches AM:

$$\tilde{Y}_{t+1}^{(1b)} = \frac{1}{10} \cdot 140 = 14$$

1c) Letzte 4 Werte

$$\tilde{Y}_{t+1}^{(1c)} = \frac{1}{4} \cdot 57 = 14{,}25$$

1d) Exponentielles Glätten:

$$\tilde{Y}_{t+1}^{(1d)} = 14{,}15$$

Für die Berechnung von $\tilde{Y}_{t+1}^{(1d)}$ gemäß (9-11) benötigt man u.a. die der Tabelle 9-11 zu entnehmenden Zwischenergebnisse. Das Gewicht für den Reihenwert Y_{t-i} beträgt im allgemeinen $\alpha(1-\alpha)^i$. In Tabelle 9-11 ist dieses mit $g_{t-i}^{(exp)}$ bezeichnet. Als Startwert wird $Y_{t-9} = Y_1 = 14$ verwendet. Die Tabelle gibt für diesen als Gewicht $g_1^{(exp)} = 0{,}03$ an. Das ist aber nur ein Teilgewicht. Zu diesem gewissermaßen „regulären" Gewicht kommt noch das nur dem Startwert zugeordnete Gewicht von $(1-\alpha)^{10} = 0{,}11$ hinzu. Zur Summe aus Spalte 5 von Tab. 9-11 ist also noch $(1-\alpha)^{10} \cdot 14 = 1{,}50$ zu addieren.

Tab. 9-11: Zeitreihe und Rechenschritte des exponentiellen Glättens (Zum Vergleich: Gewichtung und Zwischenergebnisse beim AM)

Periode	i	Y_{t-i}	$g_{t-i}^{(exp)}$	$Y_{t-i} \cdot g_{t-i}^{(exp)}$	$g_{t-i}^{(AM)}$	$Y_{t-i} \cdot g_{t-i}^{(AM)}$
t	0	16,0	0,20	3,20	0,10	1,60
t - 1	1	12,0	0,16	1,92	0,10	1,20
t - 2	2	14,0	0,13	1,79	0,10	1,40
t - 3	3	15,0	0,10	1,54	0,10	1,50
t - 4	4	13,0	0,08	1,06	0,10	1,30
t - 5	5	14,5	0,07	0,95	0,10	1,45
t - 6	6	15,5	0,05	0,81	0,10	1,55
t - 7	7	15,0	0,04	0,63	0,10	1,50
t - 8	8	11,0	0,03	0,37	0,10	1,10
t - 9	9	14,0	0,03	0,38	0,10	1,40

Man erkennt deutlich die abnehmenden „regulären" Gewichte $g_{t-i}^{(exp)}$ mit älter werdender Zeitreihe. Zum Vergleich sind die Gewichte $g_{t-i}^{(AM)}$ angegeben, wie sie im Fall des „einfachen AM" (Methode 1b) Verwendung finden.

Da das vorliegende Beispiel mit t=10 Perioden bewußt kurz gehalten wurde, resultiert ein sehr hohes Gewicht von 0,03 + 0,11 = 0,14 für den ersten Zeitreihenwert $Y_{t-9} = 14$. Bei längeren Zeitreihen verschwindet dieses Gewicht aber sehr rasch. Schon bei t = 20 beträgt für $\alpha = 0{,}2$ das zusätzliche Gewicht für den Startwert nur noch $(1-0{,}2)^{20} = 0{,}01$. Man sollte also für exponentielles Glätten eigentlich längere Reihen als im Beispiel besitzen. Wenn man bei kurzen Reihen jedoch das AM aus z.B. allen Reihenwerten als Startwert verwendet, vermeidet man die etwas paradox erscheinende hohe Gewichtung ausgerechnet des ältesten Wertes der Zeitreihe.

• **Kontrollfrage 7 :** Überprüfen Sie, ob die Summe der in (9-11) verwendeten Gewichte gleich Eins ist.

Fall 2: Zeitreihen mit Trend, ohne Saisonalität

2a) Naive Prognose

Analog zum Fall 1a) wird im vorliegenden Fall bei der sog. naiven Prognose von einem Prinzip der „Veränderung wie gehabt“ ausgegangen. Die Prognose lautet für eine Periode t + m (m = 1, 2, ...):

$$\tilde{Y}_{t+m}^{(2a)} = Y_t + m \cdot (Y_t - Y_{t-1}) \qquad (9\text{-}12)$$

Da hier nur die Veränderung von t - 1 nach t berücksichtigt wird (die auch irregulären Einflüssen zuschreibbar ist), liefert dieses Verfahren u.U. recht unzuverlässige Prognosen.

2b) Lineares Exponentielles Glätten

Die Grundidee des exponentiellen Glättens, die abnehmende Gewichtung der Zeitreihenwerte in Richtung Vergangenheit, läßt sich auch beim Vorliegen eines Trends anwenden. Geht man von einem linearen Trend aus, dann lautet die Prognose für m Perioden über den letzten Beobachtungswert hinaus:

$$\tilde{Y}_{t+m}^{(2b)} = \tilde{a}_t + \tilde{b}_t \cdot m \quad (m = 1, 2, ...) \qquad (9\text{-}13)$$

Hierbei hat $\tilde{a}_t$ den Charakter eines für den Zeitpunkt t festgestellten Grundwertes (Periodengrundwert) und $\tilde{b}_t$, den eines zum Grundwert hinzukommenden Trendanstiegs (berechnet jeweils für den aktuellen Zeitpunkt t). Das exponentielle Glättungsverfahren kommt (zweimal) bei der Ermittlung dieser beiden Parameter zur Anwendung. Im Unterschied zur Feststellung der Trendparameter beim Regressionsverfahren, bei dem alle Zeitreihenwerte gleiches Gewicht haben, werden jetzt den Zeitreihenwerten in Richtung Vergangenheit abnehmende Gewichte gegeben.

Für den vorliegenden Fall des sog. „Doppelt exponentiellen Glättens“ (auch: Brown's Linear Exponential Smoothing genannt) gibt es EDV - Programme. Für denjenigen, der die Matrixalgebra beherrscht, ist in der Aufgabe 21–1* jedoch ein ganz einfacher Lösungsweg gezeigt.

Fall 3: Zeitreihen ohne Trend, mit Saisonalität

3a) Naive Prognose

Die einfachste Form einer Prognose entsteht aus der Überlegung, daß sich im gleichen Saisonabschnitt (Monat, Quartal, Halbjahr usw.) eines jeden Jahres ein gleichbleibender Saisoneinfluß wiederholt. Bilden Quartale die Saisonabschnitte, dann lautet die Prognose für den Zeitpunkt t + 1

$$\tilde{Y}_{t+1}^{(3a)} = Y_{t+1-4} = Y_{t-3} \tag{9-14}$$

Bei Monaten wäre dementsprechend der Zeitreihenwert $Y_{t+1-12} = Y_{t-11}$ als Prognosewert für t + 1 zu verwenden.

Auch bei diesem naiven Prognoseverfahren bleibt die Überlagerung durch den Einfluß der irregulären Komponente unberücksichtigt, wodurch die Prognosequalität u.U. erheblich beeinträchtigt sein kann. Der Vorteil des hier vorgestellten Verfahrens besteht in seiner extremen Einfachheit - es ist nicht einmal notwendig, die Saisonkoeffizienten für die einzelnen Saisonabschnitte explizit zu ermitteln.

3b) Prognose mit Hilfe von Saisonkoeffizienten

Das jetzt zu zeigende Prognoseverfahren setzt die vorherige Ermittlung von Saisonkoeffizienten voraus (Saisonsummanden im Fall eines additiven Modells, Saisonfaktoren im Fall eines multiplikativen Modells - siehe Abschnitte 9-4.A und 9-4.B). Beim Vorliegen eines additiven Modells, d.h. von Saisonsummanden z.B. für Quartale folgt als Prognose für das Folgequartal, wenn t einem Quartal q_i entspricht:

$$\tilde{Y}_{t+1}^{(3b)} = Y_t - S_{q_i} + S_{q_{i+1}} \tag{9-15}$$

Liegt also z.B. der letzte Beobachtungswert für das 4. Quartal 1986 vor, dann lautet die Prognose für das 1. Quartal 1987:

$$\tilde{Y}_{1.Qu.1987}^{(3b)} = Y_{4.Qu.86} - S_{4.Qu} + S_{1.Qu}$$

Fall 4: Zeitreihen mit Trend und mit Saisonalität

4a) Naive Prognose

Das naive oder einfachste Prognoseverfahren besteht jetzt aus einer Verbindung der oben gezeigten Prognoseverfahren 2a) und 3a). Als Prognose wird, wenn Quartale die Saisonabschnitte bilden, für den Zeitpunkt t + 1 der um ein Jahr zurückliegende Zeitreihenwerte verwendet und dazu als Trendextrapolation die Veränderung zwischen letztem und vorletztem Jahr addiert:

$$\tilde{Y}_{t+1}^{(4a)} = Y_{t-3} + (Y_{t-3} - Y_{t-7}) \qquad (9\text{-}16)$$

Sind die Periodenabschnitte Monate, müssen sinngemäß die Zeitreihenwerte $Y_{t+1-12} = Y_{t-11}$ und $Y_{t+1-2\cdot 12} = Y_{t-23}$ verwendet werden, um die Prognose für t + 1 zu erhalten.

4b) Exponentielles Glätten

Die Grundidee dieses Verfahrens ist dieselbe, sie sie schon unter 2b) dargestellt wurde, jedoch wird das Trendmodell (9-13) jetzt mit einem Saisonfaktor $\tilde{S}_{t,m}$ verknüpft, so daß die Prognose für m Perioden über den letzten Zeitwert t hinaus (m = 1, 2, ...) lautet:

$$\tilde{Y}_{t+m}^{(4b)} = (\tilde{a}_t + \tilde{b}_t)\, \tilde{S}_{t,m} \qquad (9\text{-}17)$$

Hierbei ist $\tilde{S}_{t,m}$ der für den Zeitpunkt t + m zu verwendende Saisonfaktor, der seinerseits durch exponentielles Glätten ermittelt und damit stets aktualisiert wird. Somit wird jetzt dreimal exponentielles Glätten nebeneinander vorgenommen, was dementsprechend die Bestimmung von drei Reaktionsparametern (neben den sog. Startwerten) erforderlich macht. Immer wird dabei nach dem Grundmodell des exponentiellen Glättens (9-10) vorgegangen, wonach zum aktuellen, mit $\alpha \cdot 100$ % gewichteten Wert der Prognosewert für den Gegenwartszeitpunkt mit $(1 - \alpha) \cdot 100$ % gewichtet addiert wird. (Das soeben skizzierte Verfahren trägt den Namen „Winters - Verfahren". (Es ist bei Hansmann und Hüttner beschrieben. Siehe Spezialliteratur zu Kap. IX.)

9.8 Aufgaben mit Lösung

Aufgabe 9-1:
Geben Sie explizit die Gewichte an, mit denen man bei einem sechsgliedrigen gleitenden Durchschnitt die in Frage kommenden Beobachtungen gewichtet.

Lösung:

$$\overline{Y}_j^* = \frac{1}{12} \cdot Y_{j-3} + \frac{1}{6} \cdot Y_{j-2} + \frac{1}{6} \cdot Y_{j-1} + \frac{1}{6} \cdot Y_j + \frac{1}{6} \cdot Y_{j+1} + \frac{1}{6} \cdot Y_{j+2} + \frac{1}{12} \cdot Y_{j+3}$$

Ein GD aus m = 2k Gliedern (gerader Anzahl) wird also aus aus m + 1 Werten berechnet, wobei der erste und letzte Wert das halbe Gewicht der „Innenwerte" besitzt.

***Aufgabe 9-2**
Sofern sich ein Trend durch eine Gerade darstellen läßt, gibt es neben der Regressionsmethode noch eine weitere, früher aus Gründen des geringen Rechenaufwands beliebte Methode, um die Trendgerade zu finden. Es ist dies die *Methode der halben Durchschnitte (Methode der Reihenhälften):* Die Technik dieser Methode besteht darin, die beobachteten Werte Y_i in zwei Hälften aufzuteilen. Die erste Hälfte umfaßt alle Y_i, die kleiner, die zweite Hälfte alle Y_i, die größer als der Median sind. Für beide Hälften werden sodann die arithmetischen Mittel $\overline{Y}_1$ und $\overline{Y}_2$ gebildet. Die Gerade, die durch $\overline{Y}_1$ und $\overline{Y}_2$ bestimmt ist, wird dann als Trendgerade betrachtet.

Man berechne den Trend für die folgenden Daten, die die durchschnittliche Arbeitszeit in der Industrie der BRD angeben (Stunden pro Woche)

1951	47,4	1962	44,7
1952	47,5	1963	44,3
1953	48,0	1964	43,6
1954	48,7	1965	44,1
1955	48,8	1966	43,7
1956	47,8	1967	42,0
1957	46,4	1968	43,0
1958	45,5	1969	43,8
1959	45,6	1970	43,8
1960	45,6	1971	43,0
1961	45,3		

Lösung:
Um die Rechnung zu vereinfachen, legt man für $t_1 = 1951$ fest: $X_1 = 0$. Allgemein: $X_j = t_j - 1951$. Sodann: Der Median Y_j liegt bei $t_{11} = 1961$ und beträgt 45.3 h/Woche. Für die beiden arithmetischen Mittel $\overline{Y}_1$ und $\overline{Y}_2$ folgt daraus:

$$\overline{Y}_1 = \frac{(47{,}4 + 47{,}5 \cdots + 45{,}6)}{10} = 47{,}1$$

$$\overline{Y}_2 = \frac{(44{,}7 + 44{,}3 \cdots + 43{,}0)}{10} = 43{,}6$$

Mit $\overline{X}_1 = 4{,}5$ und $\overline{X}_2 = 15{,}5$ folgt für die Trendgerade $\hat{Y}_j$ nach der Zwei-Punkte-Formel für Geraden:

$$\hat{Y}_j - \overline{Y}_1 = \frac{\overline{Y}_2 - \overline{Y}_1}{\overline{X}_2 - \overline{X}_1}(X_j - \overline{X}_1)$$

$$\hat{Y}_j = 48{,}5 - 0{,}318\,X_j$$

somit $a_0 = 48{,}5$ und $b = 0{,}318$.

***Aufgabe 9-3**

Wenn eine *gerade* Anzahl von Beobachtungen vorliegt, und eine Regressionsgerade für den Trend gefunden werden soll, muß die Zuordnung der X_j resp. x_j zu t auf folgende Weise erfolgen: $X_j = 2(t - 1951)$ resp. $x_j = 2(t - t_{Median})$. Man führe die Rechnung für die in Aufgabe 2 angegebenen Daten ohne den letzten Wert durch (die Reihe ende also bei 1970).

Lösung:

Die Rechnung erfolgt am besten über die vereinfachte Form. Das Zuordnungsschema sieht wie folgt aus:

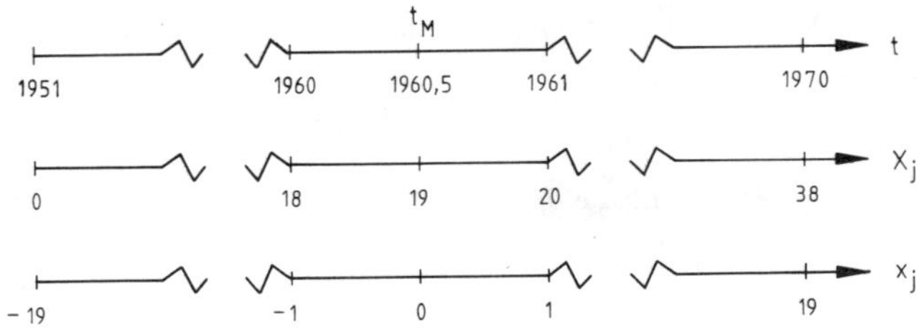

X_j und x_j sind jetzt Halbjahreseinheiten. Es folgt:

$$a' = \overline{Y} = 45{,}48\,,$$

$$b' = -\,0{,}1547\,.$$

Die Gleichung in der vereinfachten Form für Halbjahreseinheiten lautet also:

$$\hat{Y}_j = 45{,}48 - 0{,}1547\;x_j\;(x_j = 0 \text{ für } t = 1960{,}5)$$

In der ursprünglichen Form und für X_j in Jahreseinheiten gilt

$$\hat{Y}_j = 48{,}42 - 0{,}309\,X_j \quad (X_j = 0 \text{ für } t = 1951)$$

***Aufgabe 9-4**

Bei einem wenig ausgeprägten Trend lassen sich Saisonkoeffizienten auch durch die vereinfachte Methode: „Differenz (oder Verhältnis) zum *Jahresdurchschnitt* " ermitteln. Man ermittle für die folgenden Quartalsdaten der durchschnittlichen wöchentlichen Arbeitszeit (in Stunden) in der Industrie der BRD die Saisonkoeffizienten.

	1967	1968	1969	1970	1971
1. Quartal	41,5	42,0	43,1	43,3	42,4
2. Quartal	42,0	42,8	43,6	43,7	43,0
3. Quartal	42,2	43,6	44,1	43,9	43,3
4. Quartal	42,3	43,6	44,4	44,1	43,3
AM (Jahr)	42,0	43,0	43,8	43,8	43,0

Man lege ein *multiplikatives* Modell zugrunde (man verwende also die „*Verhältnis* zum Jahresdurchschnitt Methode") und gehe von konstanter Saisonfigur aus.

Lösung:

1) Aus den Quartalswerten Y_{ji} (j = laufender Index für die Jahre, i = laufender Index für die Quartale) wird der Durchschnitt $\overline{Y}_j$ für das Jahr j gebildet:

$$\overline{Y}_j = \frac{1}{4} \cdot \sum_{i=1}^{4} Y_{ji}.$$

In unserem Beispiel sind die $\overline{Y}_j$ in Zeile 5 der angegebenen Tabelle aufgeführt.

2) Aus den Y_{ji} und den $\overline{Y}_j$ werden jetzt die Verhältnisse Y'_{ji} gebildet:

$$Y'_{ji} = \frac{Y_{ji}}{\overline{Y}_j} .$$

Die Y'_{ji} sagen aus, wieviele Prozent im Quartal i des Jahres j der Quartalswert Y_{ji} relativ zum Jahresdurchschnitt $\overline{Y}_j$ betrug.

$$Y'_{67,1} = \frac{Y_{67,1}}{\overline{Y}_{67}} = \frac{41,5}{42,0} = 0,988.$$

Die Ergebnisse sind unten zusammengestellt.

3) Für jedes Quartal i wird das arithmetische Mittel der Y_{ji}' gebildet:

$$S_{q_i} = \frac{1}{n} \sum_j Y_{ji}' \quad (n = \text{Anzahl der Jahre}).$$

Für den Saisonfaktor des ersten Quartals gilt in unserem Beispiel:

$$S_{q_1} = \frac{1}{5} (0,988 + 0,977 + 0,984 + 0,989 + 0,986) = \underline{0,985}$$

Er besagt, daß im Schnitt die Arbeitszeit in der BRD-Industrie im ersten Quartal 98,5% des Jahresdurchschnitts betrug. Die drei anderen Saisonfaktoren sind aus der folgenden Tabelle zu ersehen.

	1967	1968	1969	1970	1971	S_{q_i}
1. Quartal	0,988	0,977	0,984	0,989	0,986	0,985
2. Quartal	1,000	0,995	0,995	0,998	1,000	0,998
3. Quartal	1,005	1,014	1,007	1,002	1,007	1,007
4. Quartal	1,007	1,014	1,014	1,007	1,007	1,010

4) Falls die Summe der vier Saisonfaktoren nicht 4,00 beträgt, müssen die einzelnen S_{q_i} korrigiert werden. In unserem Beispiel ist die Korrektur nicht nötig, da $\sum_{i=1}^{4} S_{q_i} = 4{,}00$.

Aufgabe 9-5:

Man berechne für die gleichen Ausgangsdaten, wie sie in Aufgabe 9-4 angegeben sind, die Saisonkoeffizienten nach der Methode „Verhältnis zum gleitenden Durchschnitt". Man lege also wieder ein multiplikatives Modell zugrunde und gehe wieder von einer konstanten Saisonfigur aus. Man vergleiche das Ergebnis mit dem der Aufgabe 9-4. (Hinweis: es kann ohne die Berechnung der Endwerte für die gleitenden Durchschnitte vorgegangen werden).

Lösung:
Man benötigt viergliedrige gleitende Durchschnitte. Die Zwischenergebnisse sind folgender Tabelle zu entnehmen:

Zeit		Y_{ji}	$\overline{Y}^*_{ji}$	$Y_{ji} : \overline{Y}^*_{ji}$	Zeit		Y_{ji}	$\overline{Y}^*_{ji}$	$Y_{ji} : \overline{Y}^*_{ji}$
1967	1.Q.	41,5	-	-	1970	1.Q.	43,3	43,9	0,986
	2.Q.	42,0	-	-		2.Q.	43,7	43,8	0,998
	3.Q.	42,2	42,1	1,002		3.Q.	43,9	43,6	1,007
	4.Q.	42,3	42,2	1,002		4.Q.	44,1	43,4	1,016
1968	1.Q.	42,0	42,5	0,998	1971	1.Q.	42,4	43,3	0,979
	2.Q.	42,8	42,8	1,000		2.Q.	43,0	43,1	0,998
	3.Q.	43,6	43,1	1,012		3.Q.	43,3	-	-
	4.Q.	43,6	43,4	1,005		4.Q.	43,3	-	-
1969	1.Q.	43,1	43,5	0,991					
	2.Q.	43,6	43,7	0,998					
	3.Q.	44,1	43,8	1,007					
	4.Q.	44,4	43,9	1,011					

Die Saisonfaktoren S_{q_i} lauten nunmehr: $S_{q_1} = 0{,}986$; $S_{q_2} = 0{,}999$; $S_{q_3} = 1{,}007$; $S_{q_4} = 1{,}009$. Da $\overline{S}_q = \frac{1}{4} \cdot 4{,}001 \approx 1$ ergibt, erübrigt sich auch diesmal eine Korrektur. Das Ergebnis ist nahezu identisch mit dem von Aufgabe 9-4.

9.9 Antworten auf die Kontrollfragen

1. Wenn die Zunahme der Übernachtungen pro Jahr 540'500 beträgt, so ist sie pro Monat $\frac{540'500}{12} = 45'040$. Ferner ist $\frac{23'088}{12} = 1924$. Die Gleichung für die monatlichen Übernachtungen Monat für Monat lautet also:

$$\hat{Y}_i = 1'924'000 + 45'040\ X_i$$

2. Zu 1978 gehört $X_{22} = 21$. Es ist somit $\hat{Y}_{1978} = 23'088'000 + 540'500 \cdot 21 = 34'438'500$.

3. Würde man nur vier, jeweils mit $\frac{1}{4}$ gewichtete Werte heranziehen, müßte der GD dem Medianwert der Zeitwerte zugeordnet werden, fiele bei Quartalsdaten also *zwischen* das 2. und 3. Quartal. Daher berechnet man bei m = 2k eigentlich zwei Teil-GD aus jeweils vier Werten, die gleichgewichtet sind und zwischen die Quartalsdaten fallen. Aus der Zusammenfassung der beiden Teil-GD resultiert jedoch ein GD, der wieder *auf* die Beobachtungsdaten fällt, aber der 1. und 5. Wert bekommen jeweils nur das halbe Gewicht des 2. bis 4. Wertes.

4.

t		$\bar{Y}_j^*$	GD aus $\bar{Y}_j^*$	wahrer Trend
3. Qu.	1980	6,8	-	-
4.	"	7,6	7,87	8
1. Qu.	1981	9,2	9,73	10
2.	"	12,4	12,13	12
3.	"	14,8	14,27	14
4.	"	15,6	15,87	16
1. Qu.	1982	17,2	17,73	18
2.	"	20,4	-	-

Man erkennt die schon fast beim wahren Trend liegenden Werte. Eine nochmalige (also 3.) GD-Bildung würde als Reihenwerte 9,91; 12,04; 14,09; 15,96 erbringen, also bereits bis auf eine Rundung die linearen Trendwerte.

5. In Kap.III bei der Konstruktion von Histogramm oder Häufigkeitspolygon. Siehe dort Abschnitte 3-6 G und H. Wegfallende Flächen müssen durch hinzukommende Flächen so kompensiert werden, daß die ursprüngliche Fläche bewahrt bleibt.

6. Als neu berechnete Werte ergeben sich:

		Y_j	Teil-summe	Summe der Teilsummen	$\overline{Y}_j^*$	$Y_j - \overline{Y}_j^*$
1. Qu.	1980	6		-	(2,00)	4,00
			-			
2.	"	2		-	(4,00)	-2,00
			20			
3.	"	2		48	6,00	-4,00
			28			
4.	"	10		60	7,50	2,50
			32			
1. Qu.	1981	14		74	9,25	4,75
			42			
2.	"	6		94	11,75	-5,75
			52			
3.	"	12		112	14,00	-2,00
			60			
4.	"	20		132	16,50	3,50
			72			
1. Qu.	1982	22		150	18,75	3,25
			78			
2.	"	18		162	20,25	-2,25
			84			
3.	"	18		-	(22,00)	-4,00
			-			
4.	"	26		-	(24,00)	2,00

Es folgen:

$$S_{q_1} = \frac{1}{3}(4 + 4{,}75 + 3{,}25) = \underline{4{,}00}$$

$$S_{q_2} = \frac{1}{3}(-2 - 5{,}75 - 2{,}25) = \underline{-3{,}33}$$

$$S_{q_3} = \frac{1}{3}(-4 - 2 - 4) = \underline{-3{,}33}$$

$$S_{q_4} = \frac{1}{3}(2{,}5 + 3{,}5 + 2) = \underline{2{,}67}$$

Da $\sum S_{q_i} = 0$ ist, ist eine Korrektur nicht erforderlich. Man sieht, daß das Auftreten von Ausreißern die Saisonkoeffizienten nicht unbeeinflußt läßt. Man eliminiert daher wenn möglich Ausreißer vor Beginn einer Berechnung von Saisonkoeffizienten. Allerdings wird im vorliegenden Beispiel der Einfluß eines Ausreißers resp. der irregulären Komponente auf die Saisonkoeffizienten stark übertrieben. Dies deswegen, weil die Größenordnung eines irregulären Einflusses normalerweise sehr viel kleiner ist als hier unterstellt wurde, zum anderen, weil die Saisonkoeffizienten i.d.R. aus mehr als nur drei Jahreszyklen berechnet werden. Hätten z.B. acht Jahreszyklen vorgelegen, von denen sieben „normal“ gewesen wären, hätten sich als Saisonkoeffizienten ergeben:

$$S_{q_1} = \frac{1}{8}(6 \cdot 4 + 4{,}75 + 3{,}25) = \underline{4{,}00}$$

$$S_{q_2} = \frac{1}{8}(6 \cdot (-2) - 5{,}75 - 2{,}25) = \underline{-2{,}50}$$

$$S_{q_3} = \frac{1}{8}(6 \cdot (-4) - 2 - 4) = \underline{-3{,}75}$$

$$S_{q_4} = \frac{1}{8}(6 \cdot 2 + 2{,}5 + 3{,}5) = \underline{2{,}25}$$

Man nähert sich dann wieder den „richtigen" Saisonkoeffizienten von 4, - 2, - 4 und 2.

7. Die Summe der Gewichte in (9-11) lautet $\alpha \cdot \sum_{i=0}^{t-1} (1-\alpha)^i + (1-\alpha)^t$.

Wenn gezeigt wird, daß $\sum_{i=0}^{t-1} (1-\alpha)^i = \frac{1-(1-\alpha)^t}{\alpha}$, dann sieht man, daß diese Summe eins ergibt, denn $\alpha \cdot \sum_{i=0}^{t-1} (1-\alpha)^i + (1-\alpha)^t = \alpha \cdot \frac{1-(1-\alpha)^t}{\alpha} + (1-\alpha)^t = 1.$

Setzt man $x = (1-\alpha)$, dann ist also noch zu zeigen, daß $\sum_{i=0}^{t-1} x^i = \frac{1-x^t}{1-x}$.

Dies aber sieht man so:

$$y = \sum_{i=0}^{t-1} x^i$$

$$xy = x\sum_{i=0}^{t-1} x^i = \sum_{i=0}^{t-1} x^{i+1} = \sum_{i=1}^{t} x^i$$

$$y - xy = \sum_{i=0}^{t-1} x^i - \sum_{i=1}^{t} x^i = x^0 - x^t = 1 - x^t$$

$$y = \frac{1-x^t}{1-x}$$

Kapitel X: Wahrscheinlichkeitsrechnung

10.1 Vorbemerkung

Ein nicht unerheblicher Teil statistischer Daten fällt an unter Einwirkung oder Mitwirkung oder als das Ergebnis des Zufalls. Das gilt insbesondere bei allen jenen Daten, die auf der Grundlage von Zufallsstichproben gewonnen werden. Um solche Daten richtig beurteilen und für Schlußfolgerungen oder Entscheidungen nutzen zu können, benötigen wir daher auch die Kenntnis von Zufallsgesetzen.

Statistische Methoden, die auf der Grundlage der Wahrscheinlichkeitsrechnung aufbauen, müssen also hinzukommen zu jenen statistischen Methoden der Erhebung, Aufbereitung, Verarbeitung und Analyse, bei denen der Zufall keine oder allenfalls eine untergeordnete Rolle spielt. Die statistische Arbeit besteht daher zum einen Teil aus der Anwendung „stochastischer", d.h. auf den Zufall bezogener, zum andern Teil aus der Anwendung nichtstochastischer Methoden. Die Stochastik hat in den vergangenen drei oder vier Jahrzehnten in der statistischen Praxis und in der Lehre (den Lehrbüchern) eine gewaltige Ausbreitung gefunden. Bisweilen führte dieser Vormarsch bis zu einer Vernachlässigung oder gar Unterschätzung des nichtstochastischen Teils der Statistik.

Zum rechnerischen Umgang mit Wahrscheinlichkeiten erhält man am leichtesten Zugang, wenn man von einem gedanklichen *Zufallsexperiment* ausgeht. Bei einem Zufallsexperiment legt man Vorschriften fest, wodurch das Eintreten von Ereignissen oder Ergebnissen in ganz bestimmter und nachvollziehbarer Weise vom Zufall abhängig gemacht wird. Beispiele sind das Würfeln, das Hochwerfen einer Münze oder das Ziehen von Kugeln beim Zahlenlotto.

Ein Zufallsexperiment braucht man nicht tatsächlich durchzuführen, um zu Einsichten in die Wahrscheinlichkeit eines Ereignisses zu gelangen. Man kann rein hypothetisch fragen: Welche Wahrscheinlichkeit hat das Auftreten einer „Sechs", wenn ich mit einem „fairen", d.h. völlig gleichmäßig gedrechselten Würfel würfeln würde? Doch kann man ein Zufallsexperiment auch real mehrmals oder viele Male wiederholen und erst dann aufgrund der Beobachtung die Frage nach der Wahrscheinlichkeit des Auftretens eines bestimmten Ereignisses empirisch-statistisch zu beantworten suchen. Rekurrieren wir nur in Gedanken auf ein Zufallsexperiment, idealisieren wir es also gewissermaßen, dann bestimmen wir die Wahrscheinlichkeit eines Ereignisses auf die sogenannte *„klassische"* Art. Stellen wir jedoch die Ergebnisse der wiederholten tatsächlichen Durchführung eines Zufallsexperiments fest, dann bestimmen wir die Wahrscheinlichkeit auf *„statistische"* Weise. Die klassische Wahrscheinlichkeitsbestimmung kann man auch als „A-priori"- oder „vorweg bedachte" Wahrscheinlichkeit auffassen, die das statistisch zu erwartende Ergebnis durch Nachdenken vorwegnimmt.

10.2 Wahrscheinlichkeitsbestimmung als reine Denkaufgabe: Der klassische Wahrscheinlichkeitsbegriff[1]

Wir müssen bei der klassischen, auf den französischen Mathematiker *Pierre Simone de Laplace* (1749–1827) zurückgehenden Bestimmung der Wahrscheinlichkeit voraussetzen, daß bei einem Zufallsexperiment alle Elementarereignisse eine vollkommen gleiche Chance des Auftretens haben. Es darf kein Grund zur Annahme vorliegen, irgendeines der Elementarereignisse könne leichter oder eher auftreten als irgendein anderes. Völliges Fehlen von Einseitigkeit ist Voraussetzung. Beim Ziehen z. B. aus einer Bevölkerung darf kein Individuum bevorzugt oder benachteiligt werden, beim Würfeln muß der Würfel als fair, d. h. als ideal gleichmäßig, vorausgesetzt werden. Man sagt, wenn diese Voraussetzungen vorliegen, daß alle Elementarereignisse *gleichmöglich* sind.

Die klassische, Laplacesche Definition der Wahrscheinlichkeit

Die Wahrscheinlichkeit eines Ereignisses A ist die Zahl aller zu A gehörenden Elementarereignisse (= Zahl der günstigen Fälle = n(A)) dividiert durch die Zahl aller gleichmöglichen Fälle (= n(S)). Man schreibt:

$$P\,(A) = \frac{\text{Zahl der günstigen Fälle}}{\text{Zahl aller gleichmöglichen Fälle}} = \frac{n\,(A)}{n\,(S)} \tag{10-1}$$

Ist man sich darüber im klaren, was als „gleichmögliche Fälle" anzusehen ist, dann ist die numerische, d. h. zahlenmäßige Angabe der Wahrscheinlichkeit mit Hilfe der Kombinatorik und ein wenig Mengenlehre meist eine relativ einfache Sache. Jeder weiß auch ohne Wahrscheinlichkeitstheorie, daß die Wahrscheinlichkeit, beim Würfeln mit einem fairen Würfel z. B. eine Eins zu erhalten, 1/6 beträgt, weil es einen günstigen Fall unter sechs gleichmöglichen Fällen gibt.

Schreibweise:
Das Symbol P oder p steht für Wahrscheinlichkeit (= probabilitas, probability, probabilité). In Klammern steht daneben das Symbol für das Ereignis, dessen Eintretenswahrscheinlichkeit gesucht ist. Es finden sich sowohl die Schreibarten P(A), Pr(A), P_A als auch Wkt(A) und W(A). Falls das Ereignis explizit angegeben werden soll, beschreibt man es in der Klammer neben P, also z. B. P (es tritt mindestens eine Sechs bei zwei Würfeln auf).

---

[1] Zur Vorbereitung lese man in der Beilage „Formeln, Rechenregeln und Tabellen zur Statistik" die Abschnitte II und III.

1. Beispiel:
Ein gedankliches Zufallsexperiment bestehe aus dem einmaligen Werfen von zwei „idealen" Würfeln. Durch Unterscheidung z. B. nach der Reihenfolge des Fallenlassens oder der Farbe kann man von einer ersten und einer zweiten Augenzahl sprechen. Der Ereignisraum S besteht hier, wie in Abschnitt III der Beilage gezeigt wurde, aus den 36 Elementarereignissen, die in Fig. 10-1 als Punkte eingetragen sind.

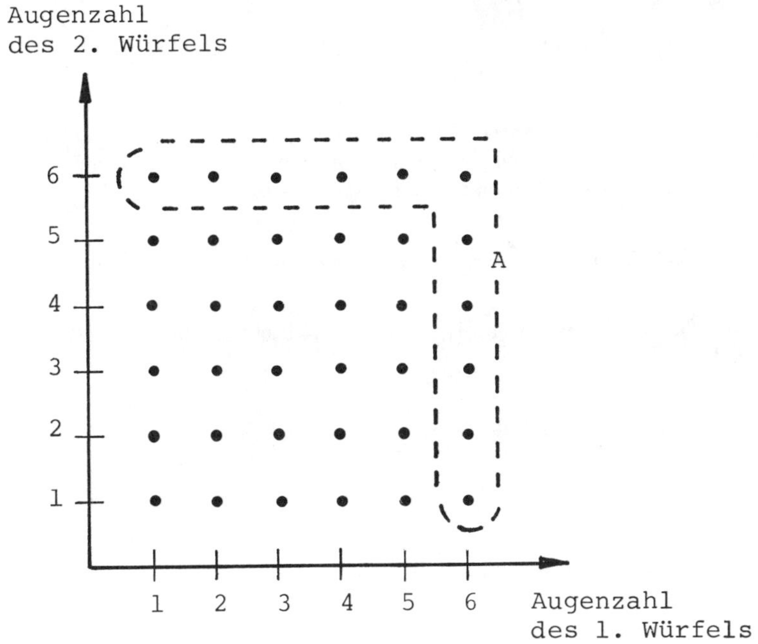

Fig. 10-1: Alle Elementarereignisse beim Würfeln mit zwei Würfeln.
Gestrichelt eingezeichnet: „Es tritt mindestens eine Sechs auf."

Hat man Interesse z. B. am Ereignis A: „Es tritt mindestens eine Sechs auf" (die dazugehörigen Elementarereignisse sind in Fig. 10-1 gestrichelt umrahmt), dann ist entsprechend Formel (10-1) P(A) = 11/36. Interessiert man sich für das Ereignis B: „Die beiden Augenzahlen sind gleich" (die sechs Punkte in der Diagonalen von links unten nach rechts oben in Fig. 10-1), so wird der Grad an Sicherheit für das Eintreten von B ausgedrückt durch: P(B) = 6/36 = 1/6 (16,67%). Man sagt übrigens auch: Die *Chance* für das Eintreten von B beträgt 1 zu 5 (denn die Wahrscheinlichkeit des Eintretens von $\overline{B}$ beträgt 5/6). In gleicher Weise folgt beispielsweise für C: „Die Summe der Augenzahlen ist gerade": P(C) = 18/36 = 0,5.

● **Kontrollfrage 1:** Wie groß ist $P(A \cup B)$, $P(A \cup C)$, $P(B \cup C)$, $P(A \cup B \cup C)$, $P(A \cap B)$, $P(A \cap C)$, $P(B \cap C)$, $P(A \cap B \cap C)$, $P(\overline{A})$, $P(\overline{B})$, $P(\overline{C})$?

2. Beispiel: Das deutsche Zahlenlotto „6 aus 49"

Am 9. Oktober 1955 fand in Hamburg die erste Ziehung des deutschen Zahlenlottos statt. Als erste Zahl wurde eine 13 gezogen! Vorhanden sind insgesamt 49 Kugeln, aus denen sechs (sieben unter Einschluß der Zusatzzahl) gezogen werden. Über 74 Milliarden Mark hat das Zahlenlotto in den ersten 30 Jahren seines bestehens an Spieler ausgezahlt und dabei 5'600 von ihnen zu Millionären gemacht!

Da es

$$\binom{49}{6} = \frac{49 \cdot 48 \cdot 47 \cdot 46 \cdot 45 \cdot 44}{1 \cdot 2 \cdot 3 \cdot 4 \cdot 5 \cdot 6} = 13'983'816$$

unterschiedliche, gleichmögliche Zahlenkombinationen aus sechs Zahlen gibt, beträgt die Wahrscheinlichkeit, daß eine ganz bestimmte, auf einem Wettzettel festgehaltene Zahlenkombination zufällig ausgelost wird:

$$P(\text{sechs Richtige}) = \frac{1}{13'983'816} = 0{,}000'000'071'5 = 0{,}715 \cdot 10^{-7}$$

Die Wahrscheinlichkeit, daß ein Tippschein fünf Richtige enthält, lautet dementsprechend:

$$P\ (\text{fünf Richtige}) = \frac{\binom{6}{5}\binom{43}{1}}{\binom{49}{6}} = \frac{258}{13'983'816} = 1{,}845 \cdot 10^{-5}$$

3. Beispiel: Das Schweizer Zahlenlotto

In der Schweiz wurde das Zahlenlotto am 10. Januar 1970 eingeführt. Es wurde zunächst, d. h. bis Ende März 1979, mit 40 Kugeln durchgeführt. Ab 7. April 1979 bis Ende Dezember 1985 wurden 42 Kugeln und ab Januar 1986 wurden 45 Kugeln verwendet. Gezogen wurden wie in Deutschland stets sechs resp., unter Einschluß der Zusatzzahl, sieben Kugeln.

Betrachten wir das „6-aus-42"-Lotto: Die Zahl gleichmöglicher Elementarereignisse (Zahlenkombinationen) beträgt nur etwa ein Drittel gegenüber dem Lotto „6 aus 49". Genau sind es:

$$\binom{42}{6} = \frac{42 \cdot 41 \cdot 40 \cdot 39 \cdot 38 \cdot 37}{1 \cdot 2 \cdot 3 \cdot 4 \cdot 5 \cdot 6} = 5'245'786$$

Die Wahrscheinlichkeit, daß die Lottomaschine eine bestimmte, von dem oder den glücklichen Gewinnern einer „Sechserwette" (oder auch von niemandem!) richtig vorhergesehene Zahlenkombination auswählt, beträgt gemäß Formel (10-1):

$$P(\text{sechs Richtige}) = \frac{1}{5'245'786} = 0{,}000'000'190'6 = 1{,}906 \cdot 10^{-7}$$

● **Kontrollfrage 2:** Wie hoch war, als beim Schweizer Zahlenlotto noch 6 aus 40 Zahlen gezogen wurden (bis 31. März 1979), P(sechs Treffer)? Wie hoch ist sie bei „6 aus 45"? Wie groß ist die Wahrscheinlichkeit, daß man mit sechs angekreuzten Zahlen fünf Richtige getippt hat (beim „6-aus-42"-Lotto)?

Man gebe für das Lotto „6 aus 42" die Anzahl aller möglichen Tipp-Resultate (von null bis zu sechs richtigen Zahlen) und deren Wahrscheinlichkeiten an.

Tip fürs Tippen:
Die Angabe von Wahrscheinlichkeiten für das Auftreten bestimmter Zahlenkombinationen besagt wenig über die jeweilige Höhe von Gewinnen! Diese hängt davon ab, wie viele Mitspieler es gibt, jedoch vor allem, wie viele von diesen gleichfalls die Gewinnzahlen ankreuzten. Hierbei kann es Überraschungen geben. Viele Leute wählen ihre angekreuzten Kombinationen nach einem für glückbringend gehaltenen „Strickmuster"! So gab es im deutschen Lotto am 23. Januar 1988 nicht weniger als 222 Tipps mit der gezogenen Zahlenkombination 24, 25, 26, 30, 31, 32. Jeder „Sechser" erhielt lumpige 84'000 DM, obwohl 18,6 Mio. DM im „Jackpot" lagen! Welche Enttäuschung bei jedem der 222 Spieler oder richtiger bei 213 Spielern, denn einer hatte 10 gleiche richtige Tipps abgegeben. Solche Enttäuschung ist bei Kenntnis der Wahrscheinlichkeitsgesetze vermeidbar. Jede der rd. 14 Mio. verschiedenen Zahlenkombinationen ist gleichwahrscheinlich. So ist z. B. die „auffällige" Kombination 1, 2, 3, 4, 5, 6 ebenso wahrscheinlich (oder „unwahrscheinlich") wie die „unscheinbare" Kombination 1, 20, 29, 34, 38, 39 (gezogen am 26. 1. 1985 – kein einziger „Sechser"). Bei jeder „auffälligen" Kombination haben viele Mitspieler die heimlichfalsche Hoffnung, diese sei, weil vermeintlich unwahrscheinlicher als andere, auch nur von wenigen anderen Mitspielern angekreuzt worden. Daher der gute Tip fürs Tippen: Keine „auffällige" Kombination ankreuzen! Am besten die eigenen Zahlen selber per Zufall aus dem Hut ziehen. Es ist dann wenig wahrscheinlich, daß sehr viele andere dieselben Zahlen angekreuzt haben und man einen eventuellen Gewinn mit sehr vielen anderen teilen muß.

Die klassische Wahrscheinlichkeitsbestimmung setzt die Gleichmöglichkeit der Elementarereignisse voraus. Es erfordert eine gewisse Aufmerksamkeit, die voraussetzungsgemäß gleichmöglichen Fälle richtig zu erkennen. Sind z. B. beim zweimaligen Würfeln die ${}^2C_6{}^w = 21$ Kombinationen mit Wiederholung oder die ${}^2V_6{}^w = 36$ Variationen mit Wiederholung gleichmöglich? Offensichtlich nur die letzteren, denn die Kombinationen mit Wiederholung geben nicht die Gesamtzahl der gleichmöglichen Elementarereignisse an. Bei den Kombinationen mit Wiederholung zählt z. B. die Anordnung (3, 4) ebenso wie die Anordnung (3, 3) nur *je einmal.* Die (geordneten) Anordnungen (3 4) und (4 3) haben jedoch beide die gleiche Möglichkeit aufzutreten wie (3 3); man muß also die (ungeordnete) Anordnung (3, 4) *doppelt* zählen. Das aber leistet die Zählformel der Variationen mit Wiederholung, die richtigerweise 36 gleichmögliche Fälle angibt.

Vier Regeln zur Feststellung der Gleichmöglichkeit im Modell

Regel A (Basisregel)

Wenn sich wegen der voraussetzungsgemäß zugrundeliegenden Mechanismen keines aller möglichen Elementarereignisse leichter oder häufiger verwirklichen kann als die andern, d. h., wenn *kein zureichender Grund* ersichtlich ist, der irgendwelche Elementarereignisse als bevorzugt beim Auftreten erscheinen läßt, können wir alle Elementarereignisse als gleichmöglich betrachten.

Regel B

Beim wiederholten „zufälligen Ziehen" aus einer Urne und anschließendem *Zurücklegen* oder, was auf dasselbe hinausläuft, beim wiederholten Würfeln mit einem Würfel sind die gleichmöglichen Fälle alle *Variationen mit Wiederholung.*

Regel C

Beim „zufälligen Ziehen" aus einer Urne und *Nichtzurücklegen* nach jedem Zug und bei *Relevanz der Reihenfolge* des Auftretens sind die gleichmöglichen Fälle alle *Variationen ohne Wiederholung.*

Regel D

Beim „zufälligen Ziehen" aus einer Urne und *Nichtzurücklegen* nach jedem Zug, jedoch *Irrelevanz der Reihenfolge* sind die gleichmöglichen Fälle alle *Kombinationen ohne Wiederholung.*

Im einfachsten Fall, dem nur einmaligen Ziehen, fallen die Regeln B bis D zusammen.

Hinweis:
In der Beilage „Formeln, Rechenregeln und Tabellen zur Statistik" werden in Abschnitt IV die für das Verständnis des Zufallsstichprobenziehens grundlegenden Modelle des Ziehens mit und ohne Zurücklegen ausführlich vorgestellt. Es empfiehlt sich aber, den genannten Abschnitt IV erst im Anschluß an Abschnitt 10.8 des vorliegenden Kapitels durchzuarbeiten.

10.3 Der statistische Wahrscheinlichkeitsbegriff und das Gesetz der großen Zahl

Die Bestimmung der Wahrscheinlichkeit eines Ereignisses kann durch Beobachten wiederholter Versuche (Ziehungen, Würfeln usw.), d. h. auf *empirische* oder statistische Weise, erfolgen. Man kann z. B. durch ein real durchgeführtes Würfelexperiment herauszufinden versuchen, wie oft bei einem bestimmten, nicht notwendigerweise idealen Würfel eine gerade Augenzahl erscheint. Die Wahrscheinlichkeit dieses Ereignisses offenbart sich dem Beobachter, so läuft die zugrundeliegende Überlegung, die auf den österreichischen Mathematiker *Richard von Mises* (1883–1953) zurückgeht, wenn man nur lange genug würfelt, d. h. eine genügend lange Folge von voneinander unabhängigen Versuchen vornimmt. Das „Gesetz der großen Zahl" läßt dann den „verborgenen Typus" zum Vorschein kommen. Strenggenommen muß natürlich das Zufallsexperiment unter unveränderten Bedingungen unendlich oft wiederholt werden. Beim effektiv durchgeführten Würfeln mit einem (dem Anschein nach fairen) Würfel haben sich z. B. die in Fig. 10-2 gezeigten Resultate eingestellt. Bei einem „idealen Würfel" müßte sich die relative Häufigkeit dem Grenzwert 0,5 annähern.

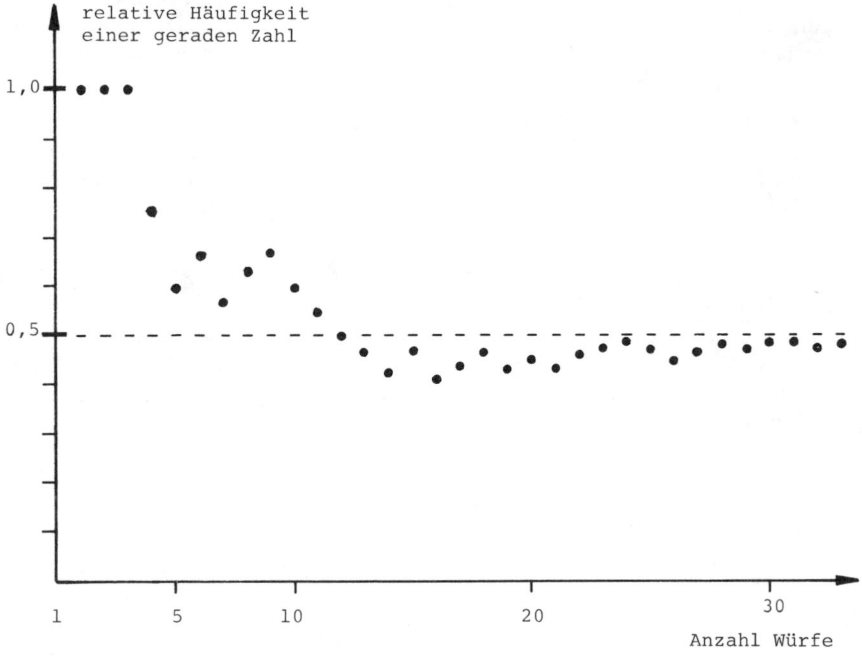

Fig. 10-2: Beispiel für die relative Häufigkeit einer geraden Augenzahl bei fortgesetztem Würfeln

---

● **Kontrollfrage 3:** Die ersten 10 in Fig. 10-2 eingetragenen relativen Häufigkeiten für das Auftreten von „gerade Zahl" (G) betragen 1/1, 2/2, 3/3, 3/4, 3/5, 4/6, 4/7, 5/8, 6/9, 6/10. Wie sah die dazugehörende Resultatfolge aus, aus der sich diese relativen Häufigkeiten ergaben (U = ungerade Zahl)?

Die Grenzwertdefiniton der Wahrscheinlichkeit

Man bezeichnet als die (empirisch-statistisch gewonnene) Wahrscheinlichkeit eines Ereignisses A den *Grenzwert der relativen Häufigkeiten* des Auftretens dieses Ereignisses bei einer über alle Grenzen wachsenden Zahl von Versuchen.

$$P(A) = \text{Grenzwert von: } \frac{\text{Zahl der A hervorbringenden Versuche}}{\text{Zahl der Versuche}} = \lim_{n \to \infty} \frac{f_{(A)}}{n} \qquad (10\text{-}2)$$

Hierbei bedeutet $f_{(A)}$ die absolute Häufigkeit des Auftretens von A („Erfolg") bei n Versuchen.

Der praktische Nutzen der empirisch-statistischen Methode zur numerischen Bestimmung einer Wahrscheinlichkeit besteht darin, Wahrscheinlichkeiten auch dann bestimmen oder zumindest schätzen zu können, wenn die Voraussetzungen der klassischen Methode *nicht* gegeben sind *(Nichtvorliegen der Gleichmöglichkeit* der Elementarereignisse, z. B. *ungleichmäßige* Würfel, *verschieden schwere* Tischtennisbällchen beim Lotto), jedoch lange Versuchsreihen unter konstant bleibenden Bedingungen vorhanden sind.

Unter Zuhilfenahme verschieden langer „Versuchsreihen" des deutschen und schweizerischen Zahlenlottos und anschließend mittels elektronisch simulierter Zufallsziehungen soll eine Anwendung der Grenzwertdefinition (10-2) vorgeführt und dadurch zugleich das *„Gesetz der großen Zahl"* illustriert werden.

Das Gesetz der großen Zahl (Theorem von Bernoulli)

Das Gesetz der großen Zahl (in einer auf unsere Anwendung zugeschnittenen Variante) besagt, daß die relative Häufigkeit des Auftretens jeder der k Lottozahlen im Lauf einer Versuchsreihe, die aus voneinander unabhängigen Wiederholungen eines Zufallsexperiments besteht, um so besser die Wahrscheinlichkeit des Auftretens jeder der k Zahlen hervortreten läßt, desto größer die Zahl der Wiederholungen, d. h. desto länger die Versuchsreihe ist. Man sagt auch, daß die relative Häufigkeit des Auftretens jeder der k Zahlen „stochastisch" gegen die Wahrscheinlichkeit ihres Auftretens konvergiert.

Die folgende Tabelle 10-1 gibt im Hauptfeld die von den Lottogesellschaften mitgeteilten *absoluten Häufigkeiten* f_i des Auftretens der einzelnen Zahlen (stets ohne Zusatzzahl) beim deutschen und schweizerischen Zahlenlotto an. An die Stelle des Symbols $f_{(A)}$ von Formel (10-2) tritt jetzt f_i, wobei i von 1 bis k läuft. Wir betrachten also simultan k Grenzwerte resp. Häufigkeiten. Die Zahl der Versuche (n) entspricht der Anzahl Ziehungen (= gezogener Zahlen, d. h. herausgefallener Kugeln) über die gesamte Dauer der Ausspielungen hinweg. Die relativen Häufigkeiten betragen also f_i/n. Die jeweils maximale beobachtete Häufigkeit f_i ist durch ein hochgestelltes Plus, die minimale Häufigkeit f_i durch ein Minus ausgewiesen. Die längste Versuchsreihe liefert das deutsche Zahlenlotto mit k = 49 Kugeln, weil es seit 1955 unverändert gespielt wird. Bis Ende 1984 gab es 1525 wöchentliche Ausspielungen von jeweils sechs Kugeln, es wurden also n = 9'150 Zahlen gezogen. Beim Schweizer Lotto wurden (1970–1978) mit k = 40 Kugeln bei 462 Ausspielungen insgesamt n = 2'772 Zahlen, sodann (1980–1985) mit 42 Kugeln bei 313 Lottospielen n = 1'878 Zahlen und (1986) mit k = 45 Kugeln n = 312 Zahlen gezogen.

Tabelle 10-1 enthält außer den beobachteten Häufigkeiten in den vier letzten Zeilen auch noch die folgenden Angaben: In der drittletzten Zeile steht für jede der vier verschiedenen Lottoarten die jeweils klassische Wahrscheinlichkeit $p(x_i) = 1/k$.

Tab. 10-1: Absolute Häufigkeiten der ausgelosten Zahlen (ohne Zusatzzahlen) beim deutschen und schweizerischen Zahlenlotto

Lottozahlen x_i, $i = 1, 2, \ldots, k$	Schweizer Lotto „6 aus 45" (n=312 Ziehungen) f_i	Schweizer Lotto „6 aus 42" (n=1878 Ziehungen) f_i	Schweizer Lotto „6 aus 40" (n=2772 Ziehungen) f_i	Deutsches Lotto „6 aus 49" (n=9150 Ziehungen) f_i
1	11	52	71	191
2	10	39	75	200
3	5	46	82	189
4	7	50	75	175
5	7	43	62	180
6	9	44	62	188
7	15^+	50	55	177
8	7	44	67	172
9	7	54	82	197
10	2	40	73	177
11	6	41	88^+	182
12	8	46	68	179
13	11	46	72	153^-
14	2	54	57	182
15	8	49	63	174
16	1^-	48	57	182
17	11	46	52^-	194
18	8	45	80	182
19	7	58	62	192
20	9	50	65	182
21	9	35	63	217^+
22	9	37	87	190
23	1^-	46	67	183
24	9	44	70	167
25	3	44	74	195
26	12	49	73	197
27	11	48	77	188
28	8	58	70	166
29	5	59	69	177
30	7	39	81	183
31	9	43	65	196
32	3	37	69	217
33	5	38	63	200
34	6	40	67	171
35	5	62^+	64	187
36	3	39	67	197
37	7	32	59	182
38	6	39	65	203
39	4	37	70	193
40	8	32	84	193
41	7	29^-	.	183
42	7	46	.	183
43	5	.	.	186
44	6	.	.	182
45	6	.	.	185
46	.	.	.	191
47	.	.	.	180
48	.	.	.	206
49	.	.	.	204
$\frac{n}{k} = \bar{f}$	6,9333	44,7143	69,3000	186,7347
$p(x_i) = 1/k$	1/45	1/42	1/40	1/49
$\frac{f_i^+}{\bar{f}} \cdot 100\%$	216,4%	138,7%	127,0%	116,2%
$\frac{f_i^-}{\bar{f}} \cdot 100\%$	14,4%	64,9%	75,0%	81,9%

Beim Ziehen aus k Zahlen müßte unter idealen Bedingungen jede Zahl der betreffenden Lottoart mit dieser Wahrscheinlichkeit auftreten. Zugleich müßten, beim realen Lotto, falls die Kugeln wirklich völlig gleichartig und die Ziehungsverfahren wirklich völlig „unparteiisch" waren, diese Wahrscheinlichkeiten von jeweils 1/k als Grenzwerte der relativen Häufigkeit bei jeder der jeweils k Zahlen auftreten.

In der viertletzten Zeile steht die jeweils durchschnittliche absolute Häufigkeit n/k = $\bar{f}$. Dieser Durchschnittswert ist identisch mit dem unter klassischen Bedingungen zu erwartenden, theoretischen Wert: Wenn bei k Zahlen die Wahrscheinlichkeit des Auftretens jeder einzelnen Zahl 1/k beträgt, dann ist bei n-maligem Ziehen ein n/k-maliges Auftreten jeder Zahl zu erwarten. Man kann $\bar{f}$ daher auch als theoretisch zu erwartende absolute Häufigkeit bezeichnen.

● **Kontrollfrage 4:** Wie berechnet man $\bar{f}$ aus den empirischen Häufigkeiten?

In der vorletzten und letzten Zeile steht, ausgedrückt als Prozentzahl, wieviel die maximale resp. minimale beobachtete Häufigkeit im Verhältnis zur durchschnittlichen resp. theoretisch zu erwartenden Häufigkeit ausmacht. Sofern das Zahlenlotto mit absolut gleichartigen Tennisbällchen und unter völlig unparteiischen Bedingungen durchgeführt wurde, sich also als Grenzwert die Wahrscheinlichkeit von 1/k für jede der k Zahlen ergeben müßte, müßte für jede der beobachteten k Häufigkeiten dieses Verhältnis gegen 100% konvergieren: Das ist der Fall, wenn es für die jeweils maximale und minimale Häufigkeit der Fall ist.

Wie man sieht, liegt bei der kürzesten Zahlenreihe (n = 312 beim „6-aus-45"-Lotto) das erwähnte Verhältnis zwischen 14,4 und 216,4 Prozent, bei der zweitkürzesten Zahlenreihe (n = 1848 bei „6 aus 42") liegt es zwischen 64,9 und 138,7 Prozent, bei der dritten Reihe (n = 2772) zwischen 75,0 und 127,0 Prozent und bei der längsten Reihe (n = 9150) zwischen 81,9 und 116,2 Prozent. Je länger die Versuchsreihe wird, desto weniger weichen offenbar die beobachteten Häufigkeiten von der klassisch bestimmten Wahrscheinlichkeit ab. Man erkennt also das Wirksamwerden des Gesetzes der großen Zahl unter den im vorangegangenen gemachten Modellannahmen (absolut gleiche Kugeln, vollkommene unparteiische Ziehungsprozesse): Das bei idealen Bedingungen als Grenzwert auftretende Verhältnis von 100 Prozent wird immer enger „eingegabelt".

Natürlich ist selbst eine dreißigjährige Lottozahlenreihe noch zu kurz, um den Grenzwert der Auftretenswahrscheinlichkeit einer jeden einzelnen Zahl hinreichend genau angeben zu können. Man erkennt hier den „Haken" bei der empirischen Wahrscheinlichkeitsbestimmung: Das Gesetz der großen Zahl erfordert sehr lange Versuchsreihen (bei natürlich gleichbleibenden Versuchsbedingungen!), um die Wahrscheinlichkeit, d.h. die hinter dem Zufall verborgene „Natur", hervortreten zu lassen.

Durch elektronisch simuliertes Zufallsziehen mit „6 aus 49" Zahlen wurden daher auf dem Zürcher Universitätsrechner einige erheblich längere Versuchsreihen produziert. Die Ergebnisse sind eindrucksvoll, wenn auch nicht überraschend. Sie sind in Tabelle 10-2 in komprimierter Form wiedergegeben. Die erste elektronisch simulierte Reihe (zweite Zahlenzeile von Tabelle 10-2) besteht aus 1'525 elektronischen Lottoausspielungen mit insgesamt 9'150 Ziehungen in Übereinstimmung mit der realen, mechanisch erzeugten deutschen Zahlenlottoreihe, die aus Vergleichsgründen in der ersten Zahlenzeile von Tabelle 10-2 nochmals wiedergegeben ist. Interessanterweise entsprach bei der ersten besten Simulation des Zahlenlottos die Größenordnung der Abweichungen von größter und kleinster Häufigkeit vom theoretisch zu erwartenden Wert fast genau derjenigen des real und mechanisch durchgeführten Lottospiels mit 9'150 Ziehungen!

Die dritte bis neunte Zahlenzeile enthalten die wichtigsten Ergebnisse der jeweils um einen Faktor 4 verlängerten Versuchsreihen mit der in Spalte 2 angegebenen Anzahl Ziehungen. In der vierten und fünften Zahlenspalte von Tabelle 10-2 sind die extremen absoluten Häufigkeiten angegeben (in Klammern steht daneben, um welche Zahl es sich jeweils handelte). Sehr gut erkennbar ist in der vorletzten und letzten Zahlenspalte, wie sich die (extremen) simulierten statistischen Häufigkeiten dem theoretischen Wert (dem Wert entsprechend der klassisch berechneten Wahrscheinlichkeit) annähern. Bei 149'913'600 simulierten Ziehungen liegt selbst bei jener Zahl, die extrem oft resp. extrem selten auftrat, die festgestellte relative Häufigkeit nur um 0,06 resp. 0,07 Prozent über resp. unter dem klassischen Wahrscheinlichkeitswert 1/49. Die relative Häufigkeit der nach 149'913'600 Ziehungen mit 3'061'249 mal am meisten aufgetretenen Zahl 11 lag bei 2,0420 Prozent, die der am wenigsten oft aufgetretenen Zahl 31 bei 2,0395 Prozent, d.h. nur rd. 0,001 Prozentpunkte über resp. unter jenem Wert 2,0408 Prozent (= 1/49), der „idealerweise" sich als Grenzwert einstellen müßte.

Tab. 10-2: Reales und simuliertes Lotto mit 49 Zahlen

	n = Anzahl der gezogenen Zahlen (= Ziehungen)	$\bar{f}$ = zu erwartende absolute Häufigkeit jeder Zahl	f_i^+ [i]	f_i^- [i]	$f_i^+/\bar{f} \cdot 100\%$	$f_i^-/\bar{f} \cdot 100\%$
reales Lotto	9'150	186,7	217 [21]	153 [13]	116,2	81,9
elektronisch	9'150	186,7	216 [12, 13]	165 [17]	115,7	88,4
simuliertes	36'600	746,9	799 [22]	691 [11]	107,0	92,5
Lotto	146'400	2'987,8	3'087 [21]	2'898 [41]	103,3	97,0
	585'600	11'951,0	12'167 [47]	11'761 [33]	101,8	98,4
	2'342'400	47'804,1	48'157 [46]	47'431 [32]	100,7	99,2
	9'369'600	191'216,3	191'719 [47]	190'775 [18]	100,3	99,8
	37'478'400	764'865,3	765'983 [37]	763'654 [34]	100,15	99,84
	149'913'600	3'059'461,2	3'061'249 [11]	3'057'429 [31]	100,06	99,93

Besonders anschaulich wird die Konvergenz von statistisch (real oder simuliert) festgestellten Häufigkeiten gegen die klassisch ermittelten Grenzwerte durch die im vierseitigen Anhang am Ende des Buches (im Anschluß an das Register) ausgedruckten Diagramme (Fig. 10-3a bis 10-31). Die vorgelegte Evidenz gibt keinen Hinweis darauf, beim realen oder beim simulierten Lotto lägen Einseitigkeiten oder nichtideale Verhältnisse vor. Es scheint durchaus mit rechten Dingen zuzugehen beim realen Lotto oder beim auf dem Zürcher Universitätsrechner durchgeführten Simulationsverfahren des Zahlenlottos. Das Gesetz der großen Zahl „bestätigt" die klassischen Wahrscheinlichkeiten von 1/49 für jede der 49 Zahlen durch relative

Häufigkeiten, die sich kaum noch von diesen unterscheiden. Das hier abgedruckte Diagramm für die Ziehungen des Schweizer Zahlenlottos im Jahr 1986 ist das erste der insgesamt 12 Diagramme auf dem erwähnten Faltblatt am Buchende.

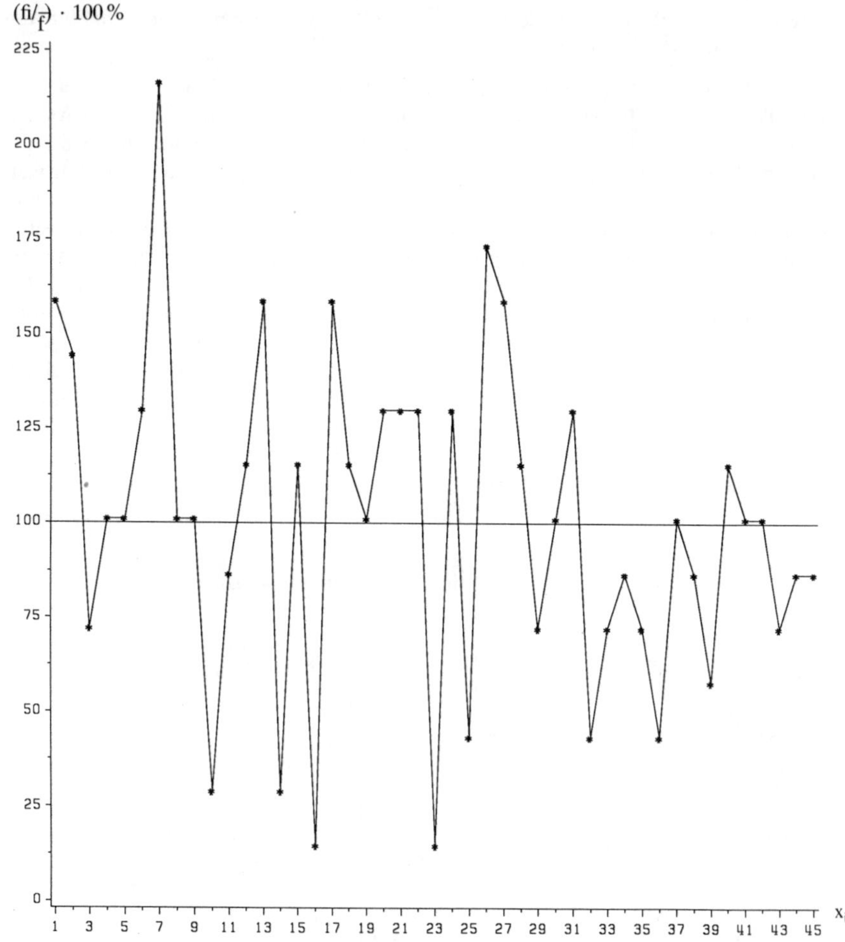

Fig. 10-3a: 312 reale Ziehungen aus 45 Zahlen (Schweizer Lotto 1986)
(Fortsetzung siehe am Ende des Buches)

10.4 Der Begriff der subjektiven Wahrscheinlichkeit

Die zahlenmäßige Bestimmung von Wahrscheinlichkeiten gemäß den bisher gezeigten Verfahren ist beschränkt auf Zufallssituationen, bei denen *Gleichmöglichkeit* vorausgesetzt werden kann oder bei denen unter konstanten Bedingungen *lange Versuchsreihen* durchgeführt oder simuliert werden können. Überall dort, wo diese Voraussetzungen nicht vorliegen, kann die Zuordnung von Wahrscheinlichkeiten zu

Ereignissen nur auf „subjektive" Art erfolgen. Man hat es dann mit dem hauptsächlich von *Leonard Jimmie Savage* (1917–1971) entwickelten Begriff der persönlichen oder subjektiven Wahrscheinlichkeit zu tun. So kann ein Unternehmer der Rentabilität einer Investition letztlich nur eine auf persönlicher Einschätzung aller Risiken und Chancen der Zukunft beruhende Wahrscheinlichkeit zuordnen. Viele Ereignisse wie politische und wirtschaftliche Entwicklungen lassen sich nicht mit auf „objektiver" Basis gewonnenen Wahrscheinlichkeiten versehen.

Natürlich könnte einer behaupten, daß durch eine subjektive Bestimmung von Wahrscheinlichkeiten der Willkür Tür und Tor geöffnet würde. Dem ist aber entgegenzuhalten: Zum einen hat subjektives „Für-wahr-Halten" oder subjektives Zuordnen einer Wahrscheinlichkeit nichts mit Willkür zu tun. Zum andern läßt sich eine subjektive Wahrscheinlichkeit durch die Bereitschaft einer Person, auf der Grundlage „ihrer" Wahrscheinlichkeit (= ihrer Gewichtung des günstigen Falles) eine Wette abzuschließen, durchaus rational konkretisieren. Wird dieser Person der Abschluß einer Wette bei Einsatz von e Geldeinheiten (Einzahlung) für die Teilnahme an der Wette und von a Geldeinheiten (Auszahlung) beim Eintreten des subjektiv mit der Wahrscheinlichkeit P(A) belegten Ereignisses A angeboten, dann schließt diese Person die Wette gerade dann noch ab, wenn e/a kleiner als P(A) ist. Denn sie bekommt im günstigen Fall netto (a − e) Geldeinheiten, im ungünstigen Fall verliert sie ihren Einsatz. Im „Durchschnitt" erhält sie:

$$(a - e) \cdot P(A) - e\,[1 - P(A)] = a \cdot P(A) - e$$

Nur wenn $a \cdot P(A) - e > 0$ ist, also ein Gewinn zu erwarten ist, geht sie die Wette ein. Und zwar geht sie sie so lange ein, wie ihr subjektiv festgelegtes $P(A) > e/a$ ist. Man nennt e/a den *Wettquotienten.* Beginnend mit $e = 0$ „entlockt" man die subjektive Wahrscheinlichkeit P(A) als den größten Wettquotienten, zu dem eine Person noch bereit ist, die Wette einzugehen. Setzt man an die Stelle von Einzahlung und Auszahlung den persönlich empfundenen Ärger oder den Nutzen, dann erhält man auch bei Abwesenheit eines formalen Wettangebots von Dritten die eigenen, im Alltag festgesetzten subjektiven Wahrscheinlichkeiten.

In der praktisch-wirtschaftlichen Anwendung verläßt man sich natürlich nicht auf die Wettbereitschaft einer einzelnen Person, sondern geht z. B. so vor, daß man vor der Investitionsentscheidung die persönlichen Aussagen aller verfügbaren Sachverständigen auf einen gemeinsamen Nenner bringt (d. h. sich auf eine bestimmte subjektive Wahrscheinlichkeit einigt) (einmalige oder mehrmalige Befragung einer sachlich kompetenten Gruppe – *Delphi-Methode*).

● **Kontrollfrage 5:** Jedermann trifft im täglichen Leben in dauernder Folge Entscheidungen auf der Basis persönlicher Wahrscheinlichkeiten. Welche subjektiven Wahrscheinlichkeitsüberlegungen stecken hinter folgenden alltäglichen Entscheidungen: ich nehme einen Regenschirm mit zur Arbeit, ich melde mich zu einer Prüfung an, ich wette 5:1, daß Fußballklub A gegen Fußballklub B am nächsten Sonntag gewinnt?

Die Möglichkeit, Wahrscheinlichkeiten auch durch subjektives Zuordnen zu bestimmen, bedeutet keineswegs, daß jetzt die beiden objektiven Methoden verzichtbar geworden sind. Wie auch anderswo kann durchaus eine Methodenvielfalt bei der

Bestimmung von Wahrscheinlichkeiten nebeneinander bestehen. Mit subjektiv festgelegten Wahrscheinlichkeiten lassen sich ebenso Kalkulationen und Berechnungen durchführen wie mit klassisch oder statistisch bestimmten Wahrscheinlichkeiten.

10.5 Die Axiome der Wahrscheinlichkeitsrechnung

Die erkenntnistheoretisch-philosophische Interpretation des *Begriffs* der Wahrscheinlichkeit, die *numerische Bestimmung* einer Wahrscheinlichkeit und das *Rechnen* mit Wahrscheinlichkeiten sind verschiedene Dinge. Welcher Begriff auch immer zugrunde gelegt wurde und wie auch immer vorgegangen wurde, um die „richtige" Zahl als Ausdruck der Wahrscheinlichkeit eines Ereignisses zu finden, alle Beteiligten sind sich über die Regeln einig, die beim Rechnen mit Wahrscheinlichkeiten Gültigkeit haben. Die jetzt zu zeigenden Axiome und ihre Folgerungen verdanken wir dem russischen Mathematiker *Kolmogoroff* (geb. 1903). Die Axiome liefern uns die Grundregeln, nach denen mit Wahrscheinlichkeiten gerechnet werden muß.

1. Axiom

Jedem Ereignis A eines Ereignis- oder Stichprobenraumes S wird eine reelle, im Intervall von 0 bis + 1 liegende Zahl P(A), die Wahrscheinlichkeit des Auftretens von A genannt, zugeordnet:

$$\boxed{0 \leq P(A) \leq 1} \tag{10-3}$$

2. Axiom

Der Gesamtheit aller möglichen Elementarereignisse eines Ereignis- oder Stichprobenraumes S, kurz „sicheres Ereignis" genannt (denn mit Sicherheit muß irgendeines der Elementarereignisse auftreten), wird die Wahrscheinlichkeit 1 zugeordnet:

$$\boxed{P(S) = 1} \tag{10-4}$$

3. Axiom

Für zwei sich gegenseitig ausschließende Ereignisse A und B (die Schnittmenge von A und B ist leer) gilt:

$$\boxed{P(A \cup B) = P(A) + P(B)} \tag{10-5}$$

In Worten: Die Wahrscheinlichkeit der Vereinigungsmenge zweier disjunkter Ereignisse ist gleich der Summe der Wahrscheinlichkeiten dieser beiden Ereignisse.

Graphische Zusammenfassung der Axiome:

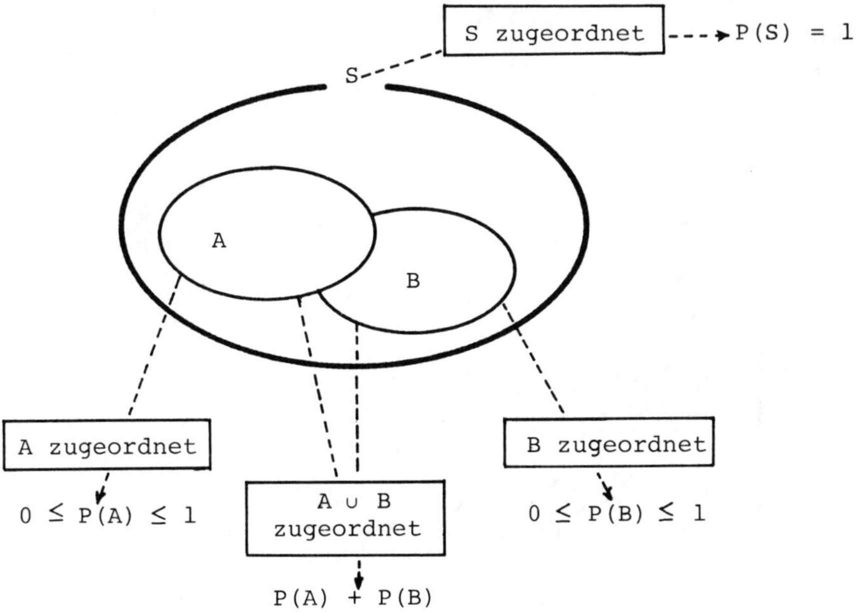

Fig. 10-4: Venn-Diagramm zur Illustration der Axiome

10.6 Addition von Wahrscheinlichkeiten (Rechenregeln I)

Die Rechenregeln, die in diesem und den folgenden Abschnitten gegeben werden, folgen aus den Axiomen. Um die Rechenregeln anschaulich zu machen, wollen wir sie anhand des Würfelbeispiels mit gleichmöglichen Elementarereignissen illustrieren.

Eine erste Rechenregel läßt sich sofort aus dem 3. Axiom für mehr als zwei gegenseitig sich ausschließende Ereignisse ableiten.

Regel 1:

Die Wahrscheinlichkeit der Vereinigungsmenge von *paarweise gegenseitig sich ausschließenden Ereignissen* $A_1, A_2, \ldots, A_k$ (es gilt: $A_i \cap A_j = \emptyset$ für alle $i \neq j$) ist gleich der Summe aller Einzelwahrscheinlichkeiten:

$$P(A_1 \cup A_2 \cup \ldots \cup A_k) = \sum_{i=1}^{k} P(A_i) \qquad (10\text{-}6)$$

Beispiel:

Es bedeute:

A_1: Die Summe der beiden Augenzahlen beträgt 4 und weniger.

A_2: Die Summe der Augenzahlen beträgt 5.

A_3: Die Summe der Augenzahlen beträgt 6.

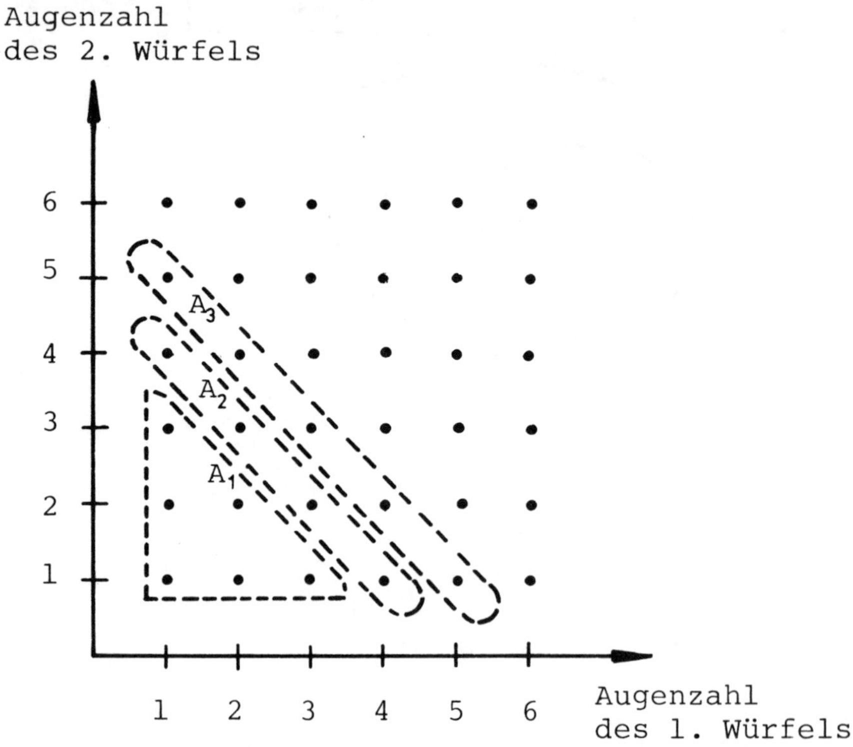

Fig. 10-5: Illustration des Beispiels zu Formel (10-6)

Es ist $P(A_1) = 6/36$, $P(A_2) = 4/36$ und $P(A_3) = 5/36$. Somit beträgt gemäß (10-6) die Wahrscheinlichkeit des Auftretens einer Augensumme, die sechs und kleiner ist:

$$P(A_1 \cup A_2 \cup A_3) = \frac{6+4+5}{36} = \frac{15}{36}$$

Regel 2:

Sobald die sich gegenseitig ausschließenden Ereignisse $A_1, A_2, \ldots, A_m$ den gesamten Stichprobenraum ausfüllen, gilt die Regel 2:

$$\boxed{P\,\underbrace{(A_1 \cup A_2 \cup \ldots \cup A_m)}_{=S} = 1} \qquad (10\text{-}7)$$

Beispiel:
Wenn wir zusätzlich zu A_1 bis A_3 noch z. B. A_4 einführen:

A_4: die Summe der Augen beträgt 7 und mehr,

haben wir vier gegenseitig sich ausschließende, sich nicht überlappende und den gesamten Stichprobenraum ausfüllende Ereignisse (siehe Fig. 10-5). Es gilt, daß $P(A_1 \cup A_2 \cup A_3 \cup A_4 = 1$ ist.

Regel 3:

Es seien mit E_i Elementarereignisse bezeichnet. Es gilt:

$$\boxed{P\left(\bigcup_{i=1}^{x} E_i\right) = \sum_{i=1}^{x} P(E_i)} \qquad (10\text{-}8)$$

Die Wahrscheinlichkeit einer *Vereinigungsmenge aus x Elementarereignissen* ist die Summe der Wahrscheinlichkeiten der x Elementarereignisse. Da Elementarereignisse sich stets gegenseitig ausschließen, liegt hier ein einfacher Spezialfall von (10-6) vor. Wenn die Elementarereignisse alle gleichmöglich sind und es n davon gibt, folgt natürlich:

$$P\left(\bigcup_{i=1}^{x} E_i\right) = \frac{x}{n}$$

Selbstverständlich beträgt die Wahrscheinlichkeit der Vereinigungsmenge *aller* Elementarereignisse genau 1.

Regel 4:

Für ein Ereignis A und das dazugehörende komplementäre Ereignis $\overline{A}$ gilt:

$$\boxed{P(\overline{A}) = 1 - P(A)} \qquad (10\text{-}9)$$

Beispiel:
Gesucht ist die Wahrscheinlichkeit, daß unter den beiden auftretenden Augenzahlen von zwei Würfeln sich *keine Sechs* befindet (= Ereignis $\overline{A}$). Wir kennen bereits die Wahrscheinlichkeit für das Auftreten von mindestens einer Sechs (= Ereignis A, siehe Fig. 10-1). Sie betrug 11/36. Somit ist $P(\overline{A}) = 1 - 11/36 = 25/36$.

Regel 5:

Die Wahrscheinlichkeit für das Auftreten einer leeren Menge (eines sog. unmöglichen Ereignisses) beträgt Null:

$$\boxed{P(\emptyset) = 0} \qquad (10\text{-}10)$$

Beispiel:
Die Schnittmenge zweier sich ausschließender Ereignisse A und B ist stets leer. Somit gilt stets, wenn A und B disjunkt sind, daß $P(A \cap B) = 0$.

Regel 6 (Allgemeiner Additionssatz bei zwei beliebigen Ereignissen):

Im allgemeinen kann man nicht davon ausgehen, daß zwei beliebige Ereignisse sich gegenseitig ausschließen. Vielmehr liegt im allgemeinen eine Situation „mit Überlappung" vor, wie sie Fig. 10-6 veranschaulicht.

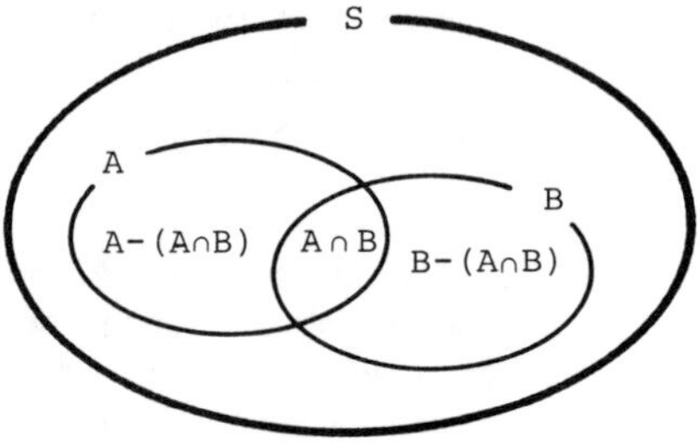

Fig. 10-6: Diagramm zur Veranschaulichung des Additionssatzes

Die Wahrscheinlichkeit dafür, daß beim Vorliegen von zwei beliebigen Ereignissen entweder das eine oder das andere oder beide zugleich auftreten, beträgt:

$$P(A \cup B) = P(A) + P(B) - P(A \cap B) \tag{10-11}$$

Formel (10-11) unterscheidet sich von Formel (10-5), dem 3. Axiom, durch den (mit negativem Vorzeichen versehenen) Ausdruck $P(A \cap B)$. Diese Subtraktion ist erforderlich, um eine *Doppelzählung* der Wahrscheinlichkeit der Schnittmenge zu vermeiden.

● **Kontrollfrage 6:** Man zerlege das Ereignis $A \cup B$ in drei disjunkte Ereignisse und leite dann (10-11) aus dem 3. Axiom her.

Der Additionssatz läßt sich erweitern auf drei und mehr beliebige Ereignisse. In den gelösten Aufgaben ist der Additionssatz für drei beliebige Ereignisse dargestellt.

Beispiel:
Die Wahrscheinlichkeit des Ereignisses „Es tritt mindestens eine Sechs auf (= A), und/oder die beiden Augen sind gleich (= B)" beträgt, da $P(A) = 11/36$ und $P(B) = 6/36$ und $P(A \cap B) = 1/36$ beträgt, $P(A \cup B) = (11 + 6 - 1)/36 = 16/36$.

10.7 Bedingte Wahrscheinlichkeit (Rechenregeln II)

Statt von „bedingter Wahrscheinlichkeit“ sollte man von der „Wahrscheinlichkeit bei Vorgabe einer Bedingung“ sprechen, um nicht den Eindruck entstehen zu lassen, es werde jetzt nochmals ein dem Wesen nach neuer Begriff eingeführt. Das ist nicht der Fall. Die „bedingten“ Wahrscheinlichkeiten, von denen jetzt die Rede sein wird, sind Wahrscheinlichkeiten, mit denen nach denselben Regeln wie bisher gerechnet wird und die je nach Situation auf klassische, statistische oder subjektive Weise zu bestimmen sind. Neu ist lediglich, daß man die Wahrscheinlichkeit für das Eintreffen eines Ereignisses unter einer Zusatzannahme im Sinne einer Voraussetzung oder „Bedingung“ sucht. Die Voraussetzung oder Bedingung hat dabei stets den Charakter einer *Einschränkung* der Fragestellung auf Ereignisse, die auftreten, während ein anderes Ereignis vorher, gleichzeitig oder hypothetisch aufgetreten ist.

Zur Verdeutlichung des Begriffs der bedingten Wahrscheinlichkeit und zur Klärung des Unterschieds zur bisher behandelten Wahrscheinlichkeit „schlechthin“ betrachte man wieder das Zufallsexperiment des Zahlenlottos: Beim Ziehen der ersten Zahl kann man fragen, mit welcher Wahrscheinlichkeit eine gerade Zahl erwischt wird. Man fragt jetzt nach einer Wahrscheinlichkeit schlechthin. Antwort: Bei 42 Zahlen ist die Wahrscheinlichkeit 0,5 oder 50%, bei 49 Zahlen 24/49 oder 48,98%. Fragt man aber: Mit welcher Wahrscheinlichkeit ist die gezogene Zahl eine gerade Zahl, wenn ich weiß oder unterstelle, daß die gezogene Zahl einstellig ist, dann ist dies eine Frage nach einer bedingten Wahrscheinlichkeit: Man hat vorgegeben, daß nur die Zahlen 1 bis 9 in Betracht gezogen werden sollen. Die Antwort lautet jetzt sowohl beim 42-Zahlen- wie beim 49-Zahlen-Lotto: $4/9 = 0{,}44\overline{4}$. Fragt man hingegen: Mit welcher Wahrscheinlichkeit wird eine einstellige, gerade Zahl gezogen, dann ist dies eine Frage nach einer Wahrscheinlichkeit „schlechthin“. Die Antwort lautet 4/42 resp. 4/49 je nachdem, ob es sich um ein 42- oder 49-Zahlen-Lotto handelt.

Der Charakter einer Bedingung:
Eine Bedingung stellt eine Einschränkung oder Reduzierung der Fragestellung auf eine Teilmenge des Stichprobenraumes dar. Durch die Bedingung wird eine an sich ein zufälliges Ereignis darstellende Teilmenge C zum sicheren Ereignis deklariert. Fehlt eine Bedingung, so ist der Stichprobenraum S natürlicherweise das sichere Ereignis. Die Bedingung benennt eine Teilmenge C, die jetzt die Rolle von S spielen soll. Fragt man jetzt nach der Wahrscheinlichkeit des Auftretens von A unter der Bedingung C, dann fragt man nur noch nach der Wahrscheinlichkeit von A, *insofern zugleich die Bedingung C vorliegt.* Man fragt also nach der Wahrscheinlichkeit der Schnittmenge $A \cap C$ im Rahmen eines durch C vorgegebenen reduzierten Stichprobenraums.

Die Herleitung der bedingten Wahrscheinlichkeit anhand des Würfelspiels

Im 1. Beispiel des Abschnitts 10.2 nannten wir A das Ereignis, unter den 36 Elementarereignissen, bestehend aus zwei Augenzahlen, mindestens eine Sechs zu erhalten, C das Ereignis, die Summe der beiden Augenzahlen ist eine gerade Zahl. $A \cap C$ war die Schnittmenge: sowohl A als auch C ist erfüllt. Die folgende Übersicht rekapituliert alle zu $A \cap C$, zu C, zu $A \cap \overline{C}$ und zu $\overline{C}$ gehörigen Elementarereignisse (siehe Tabelle 10-3).

Gesucht ist jetzt die Wahrscheinlichkeit, daß mindestens eine Sechs auftritt, wenn vorausgesetzt wird, daß die Augensumme beider Würfel hypothetisch oder tatsächlich gerade ist. Man schreibt dies symbolisch $P(A|C)$ und spricht: Wahrscheinlichkeit von A gegeben C. Eine bedingte Wahrscheinlichkeit $P(A|C)$ kann man angeben, wenn man $P(A \cap C)$ und $P(C)$ kennt. Die folgende Definitionsformel ist zugleich verwendbar als Regel zur Berechnung einer bedingten Wahrscheinlichkeit.

Definition (zugleich Regel 7)

$$P(A|C) = \frac{P(A \cap C)}{P\,(C)} \tag{10-12}$$

Tab. 10-3: Reduzierter und gesamter Stichprobenraum

$A \cap C$ (mind. eine 6 und Augensumme gerade)	C (Augensumme gerade) = reduzierter Stichprobenraum	$A \cap \overline{C}$ (mind. eine 6 und Augensumme ungerade)	$\overline{C}$ (Augensumme ungerade)
	(1 1)		(1 2)
	(1 3)		(1 4)
	(1 5)	(1 6)	(1 6)
	(2 2)		(2 1)
	(2 4)		(2 3)
(2 6)	(2 6)		(2 5)
	(3 1)		(3 2)
	(3 3)		(3 4)
	(3 5)	(3 6)	(3 6)
	(4 2)		(4 1)
	(4 4)		(4 3)
(4 6)	(4 6)		(4 5)
	(5 1)		(5 2)
	(5 3)		(5 4)
	(5 5)	(5 6)	(5 6)
(6 2)	(6 2)	(6 1)	(6 1)
(6 4)	(6 4)	(6 3)	(6 3)
(6 6)	(6 6)	(6 5)	(6 5)
$n(A \cap C) = 5$	$n(C) = 18$	$n(A \cap \overline{C}) = 6$	$n(\overline{C}) = 18$

Graphisch ist die Situation in der folgenden Figur festgehalten. Zum Zeichen, was jetzt das Ganze darstellt, ist C dick umrandet, S und der Teil von A, der nicht mehr interessiert, nur noch gestrichelt. C nennt man auch den (durch die Bedingung) *reduzierten* Stichprobenraum.

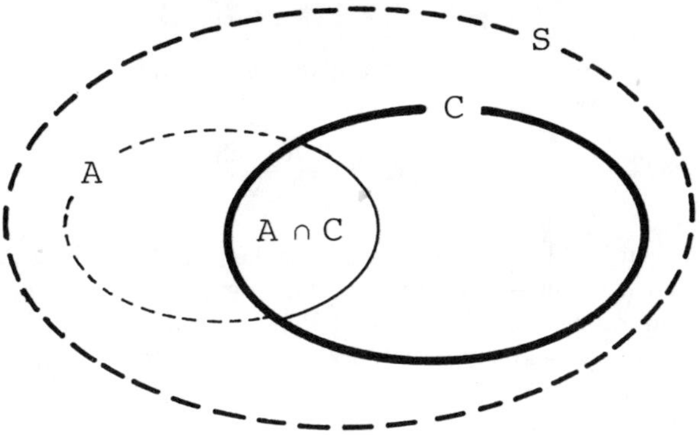

Fig. 10-7: Reduzierter und gesamter Stichprobenraum

Für unser Beispiel beträgt $P(A|C) = 5/18$, da $P(A \cap C) = 5/36$ und $P(C) = 18/36$ beträgt.

Das Erkennen einer Bedingung

Die größten Schwierigkeiten bereitet am Anfang das Erkennen der vielfach nicht offen, sondern nur versteckt angegebenen Bedingung und die Verwechslung von $P(A \mid C)$ und $P(A \cap C)$. Fragt man nach $P(A \cap C)$, dann bezieht man auch die zu $\overline{C}$ gehörigen Elementarereignisse in die Betrachtung mit ein. $P(A \cap C)$ beträgt im letzten Beispiel 5/36. Fragt man nach $P(A \mid C)$, dann schränkt man von vornherein ein: ausschließlich jene Elementarereignisse, die zu C gehören, werden berücksichtigt. Also ist $P(A \mid C) = 5/18$. Daß man nur 18 Elementarereignisse berücksichtigt, bedeutet nicht, man negiere das Auftreten der zu $\overline{C}$ gehörigen 18 anderen Elementarereignisse. Diese treten natürlich ebenfalls auf, nur *interessieren sie uns angesichts der vorgegebenen Bedingung im Moment nicht.*

Bei der bedingten Wahrscheinlichkeit *verengt man bewußt den Blick* auf den sog. reduzierten Stichprobenraum. Eine solche verengte Betrachtungsweise ist die alltäglichste Sache von der Welt. Wenn man weiß, daß sich unter den 100 Karpfen eines Fischteichs, der viele Fischarten beherbergt, 40% = 40 Weibchen befinden, kann jeder die folgende Frage beantworten: Was ist die Wahrscheinlichkeit, beim zufälligen Herausfischen eines *Karpfens* ein Weibchen zu erhalten? Sie ist natürlich 0,4 oder 40%. Dies ist eine bedingte Wahrscheinlichkeit. Die Bedingung ist versteckt angegeben, da man ja die Frage auf das Herausfischen eines *Karpfens* beschränkt hat, d. h. vorausgesetzt hat, man habe einen Karpfen in der Hand. Im Teich befinden sich noch viele andere Fischarten, doch waren sie soeben außer Betracht geblieben. Hätte man auch sie in die Betrachtung einbezogen, dann hätte die Frage gelautet: Was ist die Wahrscheinlichkeit, einen *weiblichen Karpfen* (d. h. *sowohl* Weibchen *als auch* Karpfen) beim Herausfischen eines Fisches zu erhalten. In diesem Satz liegt nirgendwo eine Bedingung versteckt. Die Betrachtung ist jetzt weit offen, die gefragte Wahrscheinlichkeit somit die Wahrscheinlichkeit schlechthin. Falls die Karpfen nur 10% der Teichbevölkerung ausmachen, 90% also andere Fische sind, dann beträgt die Wahrscheinlichkeit schlechthin, einen weiblichen Karpfen zu erwischen, natürlich nur 0,04 oder 4%, weil sich nur 4% weibliche Karpfen im Teich befinden.

Der Multiplikationssatz

Nachdem mit der Formel (10-12) die bedingte Wahrscheinlichkeit von A gegeben C definiert wurde, läßt sich auch der symmetrische Fall C gegeben A definieren:

$$P(C \mid A) = \frac{P(A \cap C)}{P(A)}$$

Steht man vor dem Problem, die Wahrscheinlichkeit des Ereignisses $A \cap C$ (es tritt sowohl A als auch C auf – also eine Schnittmenge) zu bestimmen, und hat man entweder die Information über P(A) und $P(C \mid A)$ oder über P(C) und $P(A \mid C)$ vorliegen, dann erhält man das gesuchte Ergebnis mit Hilfe des sog. *Multiplikationssatzes:*

Regel 8 (Multiplikationssatz):

$$P(A \cap C) = P(C) \cdot P(A \mid C) = P(A) \cdot P(C \mid A) \qquad (10\text{-}13)$$

Beispiel:
In unserem Würfelbeispiel betrug $P(A \mid C) = 5/18$ und $P(C) = 18/36$. Somit ist $P(A \cap C) = 5/18 \cdot 18/36 = 5/36$. Im Fischweiherbeispiel betrug $P(A \mid C) = 0{,}40$ und $P(C) = 0{,}10$, wenn wir mit A das Ereignis, einen weiblichen Fisch zu fischen, und mit C das Ereignis, einen Karpfen zu fischen, bezeichnen. Daher ergibt sich für die Wahrscheinlichkeit des Ereignisses $A \cap C$, einen weiblichen Karpfen zu fischen, $0{,}4 \cdot 0{,}1 = 0{,}04$.

Regel 9 (Verallgemeinerter Multiplikationssatz):

Man kann den Multiplikationssatz auf drei (und mehr) Ereignisse verallgemeinern. Für drei Ereignisse erhält man:

$$P(A \cap B \cap C) = P(A) \cdot P(B \mid A) \cdot P(C \mid A \cap B) \qquad (10\text{-}14)$$

● **Kontrollfrage 7:** Man leite (10-14) her.

Beispiel:
Die Wahrscheinlichkeit, daß beim „6-aus-42“-Zahlenlotto eine „Eins“ an erster Stelle gezogen wird, beträgt 1/42. Die Eins ist in einem solchen Falle nicht mehr in der Trommel. Die Wahrscheinlichkeit, daß an der zweiten Stelle z. B. die Zahl 42 auftritt, kann also nur noch 1/41 betragen. So geht es weiter: Die Wahrscheinlichkeit, daß beim dritten Zug z. B. die Zahl zehn auftritt, beträgt 1/40. Bezeichnen wir jetzt mit

A: beim ersten Zug wird 1 gezogen,
B: beim zweiten Zug wird 42 gezogen,
C: beim dritten Zug wird 10 gezogen,

dann berechnet sich für das 42er-Lotto:

$$P(A \cap B \cap C) = P(A) \cdot P(B \mid A) \cdot P(C \mid A \cap B) = 1/42 \cdot 1/41 \cdot 1/40$$

Die weitere Verallgemeinerung auf vier und mehr Ereignisse findet man in den Aufgaben mit Lösung.

10.8 Stochastische Unabhängigkeit (Rechenregeln III)

Ein Ereignis A heißt stochastisch unabhängig von einem anderen Ereignis B, wenn die Wahrscheinlichkeit für das Eintreten von A dieselbe ist wie die bedingte Wahrscheinlichkeit für das Eintreten von A gegeben B. Man sagt auch, A sei unabhängig von B, doch wird bei genauer Ausdrucksweise durch die Beifügung „stochastisch" präzisiert, daß es sich um eine die *Wahrscheinlichkeit betreffende* Unabhängigkeit handelt.

Definition:

Es liegt Unabhängigkeit von A und B vor, wenn

$$\boxed{P(A \mid B) = P(A)} \qquad (10\text{-}15)$$

Die Unabhängigkeit von Ereignissen ist eine in der Statistik außerordentlich wichtige Eigenschaft, weil sie die Anwendung *vereinfachter Rechenregeln* zuläßt.

Die Alternative von stochastischer Unabhängigkeit und stochastischer Abhängigkeit kann man sich bei klassischer Wahrscheinlichkeitsbestimmung anhand eines rechtekkigen Venn-Diagramms (Stichprobenraum), auf dessen Fläche die gleichmöglichen Elementarereignisse gleichmäßig verteilt sind, optisch leicht veranschaulichen. Wir können dann Flächen zueinander in Beziehung setzen: Fall I von Fig. 10-8 zeigt eine Situation bei *Unabhängigkeit,* Fall II eine Situation bei *Abhängigkeit* der Ereignisse A und B. Bezeichnen wir mit n(A), n(B), n(A ∩ B) usw. die Anzahl pro Fläche enthaltener gleichmöglicher Elementarereignisse, dann gilt für Fall I (Unabhängigkeit):

$$P(A \mid B) = n(A \cap B)/n(B) = n(A)/n(S) = P(A)$$

Für Fall II (Abhängigkeit von A und B) gilt das nicht, d. h., es ist

$$P(A \mid B) = n(A \cap B)/n(B) \neq n(A)/n(S) = P(A)$$

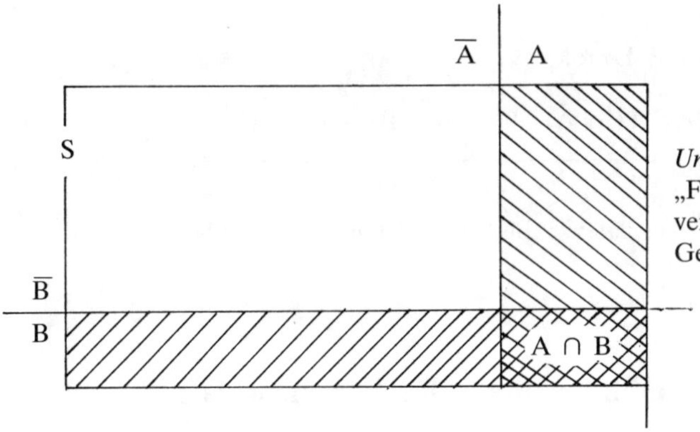

Unabhängigkeit:
„Fläche A ∩ B zu Fläche B verhält sich wie Fläche A zu Gesamtfläche (= Fläche S)."

Fall II: Abhängigkeit

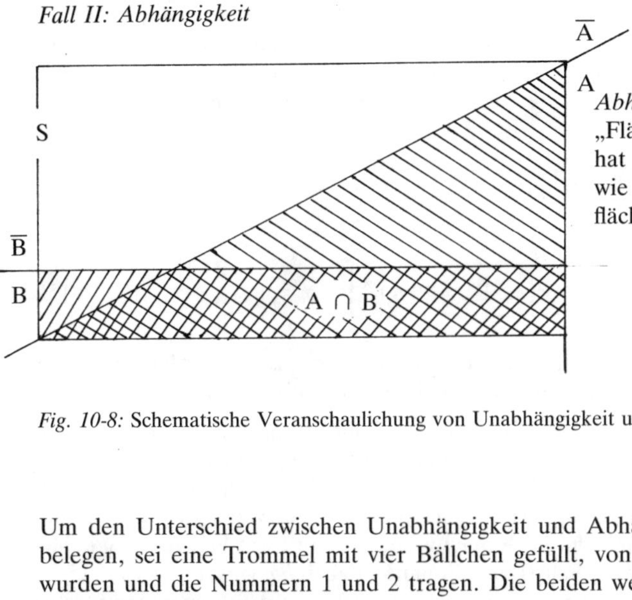

Abhängigkeit:
„Fläche A ∩ B zu Fläche B hat ein anderes Verhältnis wie Fläche A zu Gesamtfläche (Fläche S)."

Fig. 10-8: Schematische Veranschaulichung von Unabhängigkeit und Abhängigkeit

Um den Unterschied zwischen Unabhängigkeit und Abhängigkeit zahlenmäßig zu belegen, sei eine Trommel mit vier Bällchen gefüllt, von denen zwei grau gefärbt wurden und die Nummern 1 und 2 tragen. Die beiden weißen Bällchen tragen die Buchstaben a und b.

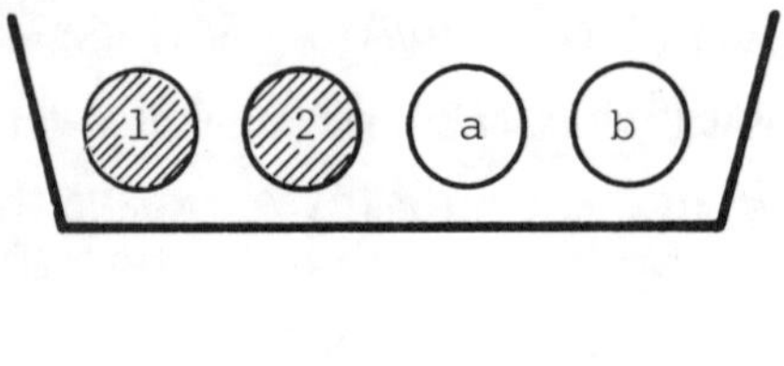

Es wird jetzt die Ziehungsweise „mit Zurücklegen" der Ziehungsweise „ohne Zurücklegen" gegenübergestellt. Dabei werden folgende Bezeichnungen verwendet:

A: Beim ersten Zug wird ein graues Bällchen gezogen.
B: Beim zweiten Zug wird ein weißes Bällchen gezogen.

Fig. 10-9 zeigt für die beiden Ziehungsmodalitäten alle jeweils gleichmöglichen Elementarereignisse. Es sind dort auch die Ereignisse A und B eingezeichnet.

Ziehen ohne Zurücklegen — Ziehen mit Zurücklegen

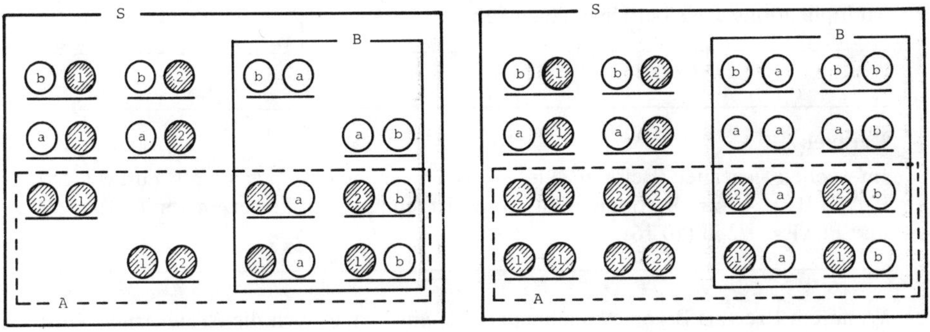

Fig. 10-9: Illustration zum Unterschied von Unabhängigkeit und Abhängigkeit beim Ziehen von zwei Bällchen

Es ist jetzt unmittelbar einleuchtend, daß beim Ziehen ohne Zurücklegen die Wahrscheinlichkeit des Auftretens eines weißchen Bällchens beim zweiten Zug (Ereignis B) nicht unbeeinflußt davon ist, ob beim ersten Zug ein graues Bällchen auftrat (Ereignis A). Es ist $P(B|A) = P(A \cap B)/P(A) = 4/6 = 2/3$, während $P(B) = 1/2$ ist. Beim Ziehen mit Zurücklegen hingegen ist $P(B|A) = P(A \cap B)/P(A) = 4/8 = 1/2 = P(B) = 8/16$. Im Fall der Unabhängigkeit sind also die Verhältnisse $n(B)/n(S)$ und $n(A \cap B)/n(A)$ proportional zueinander, oder kurz formuliert als

Faustregel:

Wenn B unabhängig ist von A, dann verhält sich B:S wie $(A \cap B)$:A.

● **Kontrollfrage 8:** Wenn beim 42-Zahlen-Lotto nach jedem Zug innerhalb derselben Ausspielung das gezogene Bällchen in den Behälter zurückgelegt würde, auf welchen Wert würde sich die Wahrscheinlichkeit, daß ein Tippzettel sechs richtige Zahlen enthält, bei einer Ausspielung belaufen?

Im Falle der Unabhängigkeit des Ereignisses B von A gelten die folgenden vereinfachten Rechenregeln:

Regel 10 (Multiplikationsregel bei Unabhängigkeit):

Falls B von A unabhängig ist, gilt:

$$P(A \cap B) = P(A) \cdot P(B) \tag{10-16}$$

Hinweis:

Formel (10-16) läßt sich sofort aus Formel (10-13) herleiten (dem Multiplikationssatz), da ja voraussetzungsgemäß $P(B) = P(B \mid A)$ ist. Regel 10 ist der Spezialfall des Multiplikationssatzes bei Unabhängigkeit.

Beispiel:

Im soeben gezeigten Beispiel (Fig. 10-9) ist bei einem Ziehen mit Zurücklegen $P(A \cap B) = 4/16 = 1/4$. Man erhält dieses Ergebnis durch Einsetzen von $P(B) = 1/2$ und $P(A) = 1/2$ in (10-16).

Wenn ein Ereignis B von A unabhängig ist, gilt immer auch die *Reziprozität:* A ist auch von B unabhängig, wenn B von A unabhängig ist.

Regel 11a:

$$\text{Aus } P(B|A) = P(B) \text{ folgt } P(A|B) = P(A). \tag{10-17}$$

Man kann sich diese Reziprozität am oben gezeigten Beispiel (siehe Fig. 10-8, Fall I) sehr gut veranschaulichen, indem man die jeweiligen Proportionalitäten der Ereignisse $A \cap B$, A, B und S feststellt (siehe Faustregel).

● **Kontrollfrage 9:** Man leite (10-17) allgemein her.

Hat man zwei voneinander unabhängige Ereignisse A und B vorliegen, dann lassen sich insgesamt acht äquivalente Beziehungen herstellen, die allesamt Beziehungen der Unabhängigkeit sind:

Regel 11b:

$$\begin{array}{l} \text{Aus } P(B \mid A) = P(B) \text{ folgt:} \\ P(A \mid B) = P(A),\ P(\overline{A} \mid \overline{B}) = P(\overline{A}), \\ P(B \mid \overline{A}) = P(B),\ P(\overline{B} \mid A) = P(\overline{B}), \\ P(A \mid \overline{B}) = P(A),\ P(\overline{A} \mid B) = P(\overline{A}) \\ \text{und } P(\overline{B} \mid \overline{A}) = P(\overline{B}) \end{array}$$

Mit Hilfe des in Fig. 10-9 illustrierten Falles des Ziehens mit Zurücklegen lassen sich alle soeben aufgeführten Unabhängigkeitsbeziehungen leicht nachvollziehen.

● **Kontrollfrage 10:** Man beweise $P(\overline{A}) = P(\overline{A} \mid B)$, wenn $P(B \mid \overline{A}) = P(B)$ ist.

Man kann sich also merken: *Eine Unabhängigkeitsrelation zwischen zwei Ereignissen zieht immer sieben weitere Unabhängigkeitsrelationen nach sich.* Natürlich stellt sich noch die Frage, woher man im Einzelfall wisse, daß Unabhängigkeit zweier Ereignisse vorliege. Das ist natürlich jeweils zu prüfen, doch kann man sich eine weitere Faustregel merken:

Faustregel und Warnung:
Wenn man es mit einem Würfelmodell, einem Münzwurfmodell oder mit dem Modell „Ziehen *mit Zurücklegen*" zu tun hat, dann liegt Unabhängigkeit der einzelnen Würfe resp. Ziehungen vor. Aber Achtung: Nicht alle Ereignisse, die wir uns bei diesen Modellen konstruieren können, sind natürlich unabhängig. Wie wir gesehen haben, ist z.B. das Ereignis, beim Würfeln mit zwei Würfeln tritt mindestens eine Sechs auf, nicht unabhängig von dem Ereignis, die Augensumme ist gerade. Es ist also stets Vorsicht am Platze, und falls man nicht sicher ist, muß man zur Prüfung (10-16) oder eine andere Relation anwenden.

● **Kontrollfrage 11:** Hat der Begriff Unabhängigkeit dieselbe oder eine verwandte Bedeutung wie Ausschließbarkeit von Ereignissen? Sind m.a.W. unabhängige Ereignisse zugleich gegenseitig sich ausschließende Ereignisse?

Verallgemeinerung des Multiplikationssatzes bei Unabhängigkeit
Die Definition der Unabhängigkeit kann auf mehr als zwei Ereignisse verallgemeinert werden.

Regel 12 (Verallgemeinerte Multiplikationsregel bei Unabhängigkeit):

Sind $A_1, A_2 \ldots A_n$ voneinander unabhängige Ereignisse, dann gilt:

$$P(A_1 \cap A_2 \cap \ldots \cap A_n) = P(A_1) \cdot P(A_2) \cdot \ldots \cdot P(A_n) \qquad (10\text{-}18)$$

Beispiel:
Beim „Ziehen mit Zurücklegen" liegt Unabhängigkeit der Ziehungen vor. Würde beim Lotto jedes gezogene Bällchen sofort wieder zurückgelegt, dann können wir mit Regel 12 die Wahrscheinlichkeit jedes beliebigen Ergebnisses errechnen. Gehen wir, wie im letzten Beispiel des vorhergehenden Abschnitts, vom Lotto „6 aus 42" aus und legen wie dort wieder fest:

A: beim ersten Zug wird 1 gezogen,
B: beim zweiten Zug wird 42 gezogen,
C: beim dritten Zug wird 10 gezogen,

dann resultiert:

$$P(A \cap B \cap C) = P(A) \cdot P(B) \cdot P(C) = 1/42 \cdot 1/42 \cdot 1/42 = (1/42)^3$$

Hinweis:
Es empfiehlt sich, numehr Abschnitt IV der Beilage „Formeln, Rechenregeln und Tabellen zur Statistik“ durchzuarbeiten.

10.9 Das Bayessche Theorem (Rechenregeln IV)

Man stelle sich das folgende, zweistufige Zufallsexperiment vor: Zuerst wird durch das Werfen einer „fairen“ Münze festgelegt, welche von zwei vorhandenen Lottomaschinen für ein Kugelziehen in Betrieb genommen werden soll. Sodann findet mit der ausgelosten Maschine eine Ziehung statt. Wir wollen annehmen, in den Maschinen lägen jeweils die beiden Kugelkategorien rot und weiß, und zwar 60% rote und 40% weiße in der einen Maschine und 30% rote und 70% weiße in der anderen Maschine. Beide Maschinen seien äußerlich völlig gleich und es sei unmöglich, ihren Inhalt von außen zu erkennen. Es soll jetzt aufgrund des Ziehungsergebnisses eine Antwort auf die Frage gegeben werden: Hat die Ziehung aus der Maschine mit 60% oder aus der Maschine mit 30% roten Kugeln stattgefunden.

Formal läßt sich das soeben beschriebene Zufallsexperiment folgendermaßen erfassen:

1. Es gibt zwei „Unterurnen“ C_1 und C_2, die man in eine „Großurne“ U hineingelegt hat und aus ihr zufällig zieht.
2. In der Unterurne C_1 liegen 60% rote Kugeln und 40% weiße Kugeln.
3. In der Unterurne C_2 liegen 30% rote und 70% weiße Kugeln.
4. Man bezeichnet mit R das Ereignis: eine rote Kugel wird gezogen.
5. Man bezeichnet mit C_i das Ereignis: die Unterurne C_i wird gezogen.
6. Die Wahrscheinlichkeit, beim Ziehen aus Unterurne C_1 eine rote Kugel zu ziehen, ist 0,6. Man bezeichnet diese Wahrscheinlichkeit mit $P(R \mid C_1)$. Desgleichen bezeichnet man mit $P(R \mid C_2)$ die Wahrscheinlichkeit, beim Ziehen aus C_2 eine rote Kugel zu erwischen. Sie beträgt 0,3.

● **Kontrollfrage 12:** Würde man unberücksichtigt lassen, daß die Kugeln separat in zwei Behältern liegen, und direkt aus dem Gesamtinhalt von U eine rote Kugel ziehen, wie groß wäre dann P(R)?

---

7. Man bezeichnet die Wahrscheinlichkeit, beim zufälligen Ziehen aus U die Unterurne C_1 zu erwischen, mit $P(C_1)$. Sie ist im gezeigten Falle 0,5. Desgleichen bezeichnet man mit $P(C_2)$ die Wahrscheinlichkeit, C_2 „zu erwischen". Auch diese Wahrscheinlichkeit ist 0,5.

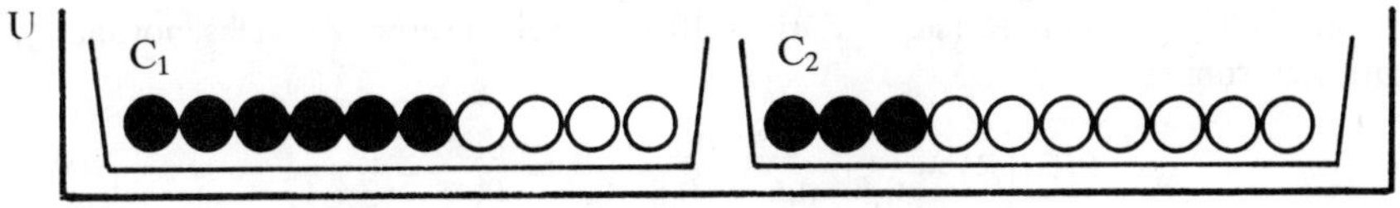

Insgesamt liegen uns somit folgende Wahrscheinlichkeiten vor:

$$P(C_1) = 0{,}5$$
$$P(C_2) = 0{,}5$$
$$P(R \mid C_1) = 0{,}6$$
$$P(R \mid C_2) = 0{,}3.$$

$P(C_1)$ und $P(C_2)$ werden A-priori-Wahrscheinlichkeiten genannt. $P(R \mid C_1)$ und $P(R \mid C_2)$ sind vorgegebene bedingte Wahrscheinlichkeiten.

Es ist nun verlangt, die (inversen) bedingten Wahrscheinlichkeiten $P(C_1 \mid R)$ resp. $P(C_2 \mid R)$ zu berechnen, d. h. die Wahrscheinlichkeiten anzugeben, daß eine gezogene Kugel aus C_1 resp. C_2 stammt. Die gesuchten Wahrscheinlichkeiten lassen sich mit Hilfe des *Bayes*schen Theorems, das gar nichts anderes ist als eine weitere Regel für das Rechnen mit bedingten Wahrscheinlichkeiten, angeben.

Regel 13 (Bayessches Theorem):

$$P(C_1 \mid R) = \frac{P(C_1)\, P(R \mid C_1)}{P(C_1)\, P(R \mid C_1) + P(C_2)\, P(R \mid C_2)} \qquad (10\text{-}19)$$

Regel 13 kann man sehr rasch herleiten (siehe dazu Fig. 10-10). Gemäß Multiplikationssatz (Regel 8) ist $P(C_1)\, P(R \mid C_1) = P(R \cap C_1)$ und $P(C_2)\, P(R \mid C_2) = P(R \cap C_2)$. Ferner gilt, wenn C_1 und C_2 den Stichprobenraum ausfüllende, sich gegenseitig ausschließende Ereignisse sind, daß immer

$$P(R \cap C_1) + P(R \cap C_2) = P(R)$$

ist.

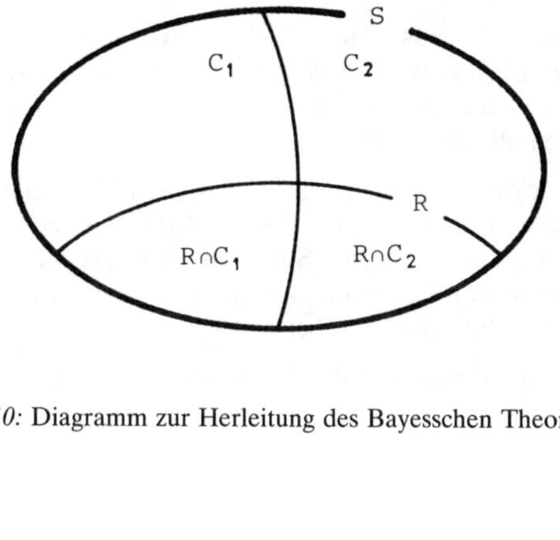

Fig. 10-10: Diagramm zur Herleitung des Bayesschen Theorems

Die rechte Seite von (10-19) lautet daher:

$$\frac{P(C_1)\,P(R|C_1)}{P(C_1)\,P(R|C_1) + P(C_2)\,P(R|C_2)} = \frac{P(R \cap C_1)}{P(R)}$$

Dies entspricht jedoch genau der Definition der bedingten Wahrscheinlichkeit des Ereignisses C_1 gegeben R (siehe Formel 10-12). Bei unserer Versuchsanordnung ergibt sich somit:

$$P(C_1|R) = \frac{0{,}5 \cdot 0{,}6}{0{,}5 \cdot 0{,}6 + 0{,}5 \cdot 0{,}3} = \frac{0{,}30}{0{,}45} = \frac{2}{3}$$

Man bezeichnet $P(C_1 \mid R)$ im übrigen auch als *A-posteriori*-Wahrscheinlichkeit.

Hat man also eine rote Kugel aufgrund des zweistufigen Experiments gezogen, dann stammt mit einer Chance von 2:1 diese Kugel aus der Unterurne C_1. Auch ohne Kenntnis von wahrscheinlichkeitstheoretischen Regeln hätte man im vorliegenden einfachen Beispiel diese Feststellung treffen können. Sie ist unmittelbar einleuch-

---

● **Kontrollfrage 13:** Wie groß ist $P(C_2 \mid R)$?

Die soeben beschriebene Versuchsanordnung läßt sich ohne weiteres auf n Unterurnen erweitern:

Regel 14 (Verallgemeinerung von Regel 13):

$$P(C_j \mid R) = \frac{P(C_j)\,P(R \mid C_j)}{\sum_{i=1}^{n} P(C_i)\,P(R \mid C_i)} \qquad (10\text{-}20)$$

Hinweise:

1. Eine entscheidende Voraussetzung für die Anwendung der Regeln 13 und 14 ist die *Kenntnis der A-priori-Wahrscheinlichkeiten $P(C_i)$*. Die *größte Fehlerquelle bei der Anwendung des Bayesschen Theorems* liegt darin, daß man fälschlicherweise annimmt, es seien alle $P(C_i)$ gleich.
2. Voraussetzung für die Anwendung des *Bayes*schen Theorems ist es natürlich, daß überhaupt eine Situation vorlag, bei der ein Zufallsprozeß zur Auswahl einer der Unterurnen führte. Die *Bayes*sche Situation erfordert nicht nur eine Zufallsauswahl der Kugeln aus den einzelnen Unterurnen, sie erfordert vor allem auch eine Zufallsauswahl der Unterurnen selber.
3. Praktischerweise geht man für die Berechnung von $P(C_i \mid R)$ nach folgendem Schema vor:

	$P(C_i)$	$P(R \mid C_i)$	$P(C_i) \cdot P(R \mid C_i) = r_i$ Spalte 2 x Spalte 3
C_1	x	x	r_1
C_2	x	x	r_2
.			
.			
C_n	x	x	r_n
			$\Sigma\, P(C_i) \cdot P(R \mid C_i) = s$

4. In die mit x bezeichneten Felder trägt man die vorgegebenen Wahrscheinlichkeiten ein, erhält dann durch Multiplikation r_l bis r_n, und durch Summierung über diese ergibt sich s. Der Quotient r_i/s liefert dann die gemäß (10-19) resp. (10-20) gesuchte Wahrscheinlichkeit $P(C_i \mid R)$.

Beispiel:

Es gibt zahlreiche Situationen speziell in der betriebswirtschaftlichen Praxis, jedoch generell überall dort, wo *Entscheidungen* bei Unsicherheit zu treffen sind, die dem soeben gezeigten Modell entsprechen. So wird beispielsweise in einer Firma für elektronische Geräte ein bestimmtes Schaltelement von verschiedenen Maschinen hergestellt. 50% der Produktion stammen aus einer neu angeschafften Maschine I, 40% resp. 10% aus den älteren Maschinen II und III. Die neu beschaffte Maschine produziert mit einer Wahrscheinlichkeit von nur 1% ein fehlerhaftes Stück, Maschine II mit 5% und Maschine III mit 10%. Bei einer Kontrolle stellt man fest, daß ein Schaltelement defekt ist. Mit welcher Wahrscheinlichkeit ist dieses Element von Maschine i produziert worden (die dementsprechend abgestellt und überprüft werden muß)?

Es sei mit M_i das Ereignis bezeichnet, daß ein Stück von der Maschine Nr. i hergestellt wurde, und mit D, daß ein Stück defekt ist. Wir verwenden das oben gezeichnete Schema und erhalten dann die gesuchten A-posteriori-Wahrscheinlichkeiten:

	$P(M_i)$	$P(D \mid M_i)$	$P(D \cap M_i)$
M_1	0,5	0,01	0,005
M_2	0,4	0,05	0,020
M_3	0,1	0,10	0,010
			0,035

Somit ist:

$$P(M_1 \mid D) = 0{,}005/0{,}035 = 0{,}14$$
$$P(M_2 \mid D) = 0{,}020/0{,}035 = 0{,}57$$
$$P(M_3 \mid D) = 0{,}010/0{,}035 = 0{,}29$$

Man muß in dieser Situation vermuten, der Fehler liege bei Maschine II. Bei nur oberflächlicher oder rein intuitiver Betrachtung hätte man sich wohl gesagt, Maschine III käme am ehesten als „Sündenbock" in Frage, da sie die höchste Fehlerrate habe. Die *Bayes*sche Regel hilft, derartige Irrtümer und die darauf gegebenenfalls basierenden Fehlentscheidungen (Maschine III abzuschalten und zu überprüfen) zu vermeiden.

10.10 Aufgaben mit Lösung

Aufgabe 10-1:

Man verallgemeinere den Additionssatz (Formel 10-11) auf drei beliebige Ereignisse. Man gebe also an: $P(A \cup B \cup C)$. (Als Hilfe ein *Venn*-Diagramm anfertigen!)

Lösung:

$P(A \cup B \cup C) = P(A) + P(B) + P(C) - P(A \cap B) - P(A \cap C) - P(B \cap C) + P(A \cap B \cap C)$

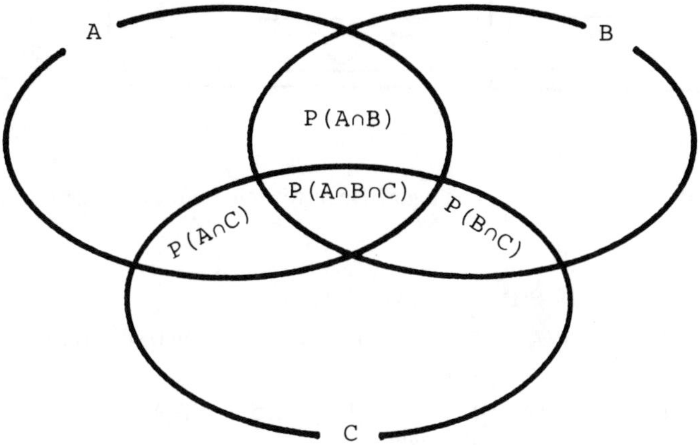

Aufgabe 10-2:

Man verallgemeinere den Multiplikationssatz (Formel 10-14) auf vier Ereignisse, d. h., man gebe $P(A \cap B \cap C \cap D)$ unter Verwendung von bedingten Wahrscheinlichkeiten an.

Lösung:

$$\begin{aligned} P(A \cap B \cap C \cap D) &= P([A \cap B \cap C] \cap D) \\ &= P(A \cap B \cap C) \cdot P(D \mid A \cap B \cap C) \\ &= P(A) \cdot P(B \mid A) \cdot P(C \mid A \cap B) \cdot P(D \mid A \cap B \cap C) \end{aligned}$$

Aufgabe 10-3:

Wir verfügen über zwei Trommeln mit unterschiedlichem Inhalt. Daraus ziehen wir *einmal* ein Bällchen. Dabei sind die zwei folgenden Ereignisse so definiert:

A: Es wird ein dunkelgefärbtes Bällchen gezogen.
B: Es wird ein Bällchen mit schwarzem Punkt gezogen.

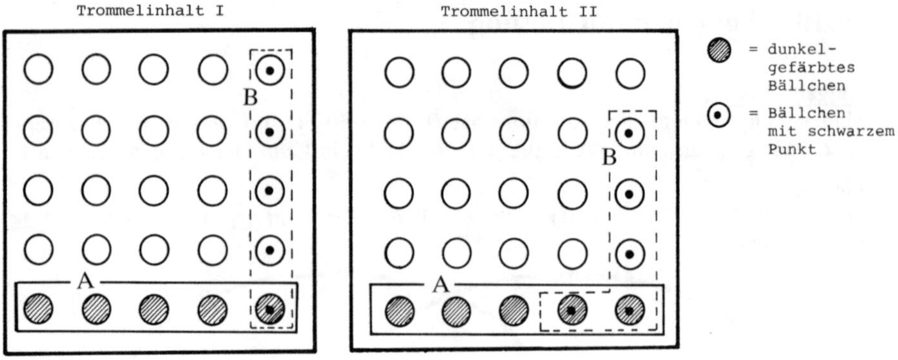

Sind A und B voneinander unabhängig? Beantworten Sie diese Frage für die beiden Trommeln.

Lösung:
P(A) = 1/5 (beidemal), P(B) = 1/5 (beidemal)

Bei *Trommelinhalt I:* $P(A \mid B) = P(A \cap B)/P(B) = (1/25)/(1/5) = 1/5 = P(A)$
$\Rightarrow$ *A und B sind voneinander unabhängig.*

Bei *Trommelinhalt II:* $P(A \mid B) = (2/25)/(1/5) = 2/5 \neq P(A) = 1/5$
$\Rightarrow$ *A und B sind voneinander abhängig.*

Aufgabe 10-4:
Für die Herstellung von synthetischem Benzin wird von zwei Firmen unabhängig voneinander an einer technisch realisierbaren Lösung geforscht. Die Wahrscheinlichkeit, daß Firma A die Lösung findet, ist 0,8, daß Firma B eine Lösung findet, ist 0,7. Mit welcher Wahrscheinlichkeit wird das Problem ungelöst bleiben? Geben Sie zuerst die Wahrscheinlichkeit an, daß das Problem wenigstens von einer Firma gelöst wird.

Lösung:
Die Wahrscheinlichkeit, daß wenigstens eine der beiden Firmen das Problem löst, beträgt $P(A) + P(B) - P(A \cap B)$. Da Unabhängigkeit vorliegt, gilt
$P(A \cap B) = P(A) \cdot P(B) = 0{,}56$.
Somit: P(Problem wird gelöst) = 0,8 + 0,7 − 0,56 = 0,94.
Somit: P(Problem wird nicht gelöst) = 1 − 0,94 = 0,06.

Aufgabe 10-5:
Ein Lottospieler (Lotto 6 aus 42) hört von einem Freund, daß sich dessen vier Glückszahlen unter den gezogenen Zahlen befinden. Voller Freude stellt er fest, daß er auf drei dieser vier Zahlen gesetzt hat (Ereignis A). Wie groß ist nun die Wahrscheinlichkeit, einen „Fünfer“ zu erreichen (Ereignis B)?

Lösung:

$$P(A) = \frac{\binom{4}{3}\binom{38}{3}}{\binom{42}{6}} \qquad P(A \cap B) = \frac{\binom{4}{3}\binom{2}{2}\binom{36}{1}}{\binom{42}{6}}$$

$$P(B \mid A) = \frac{P(A \cap B)}{P(A)} = \frac{\binom{4}{3}\binom{2}{2}\binom{36}{1}\binom{42}{6}}{\binom{4}{3}\binom{38}{3}\binom{42}{6}} = \frac{36}{\binom{38}{3}} = \frac{6}{37 \cdot 38} = 0{,}004'267$$

Im Gegensatz dazu betrug $P(B) = \frac{\binom{6}{5}\binom{36}{1}}{\binom{42}{6}} = \frac{6 \cdot 36}{\binom{42}{6}} = 0{,}000'041$

Aufgabe 10-6:

Es seien $C_1, \ldots, C_n$ sich gegenseitig ausschließende Ereignisse, welche den Ereignisraum S ganz ausfüllen:

$C_i \cap C_j = \emptyset$ für $1 \leq i \neq j \leq n$

$\bigcup_{i=1}^{n} C_i = S$

Ein beliebiges Ereignis R läßt sich nun als Vereinigung der sich gegenseitig ausschließenden Ereignisse $R \cap C_i$ $(i = 1, \ldots, n)$ darstellen:
Formel

$R = \bigcup_{i=1}^{n} (R \cap C_i).$

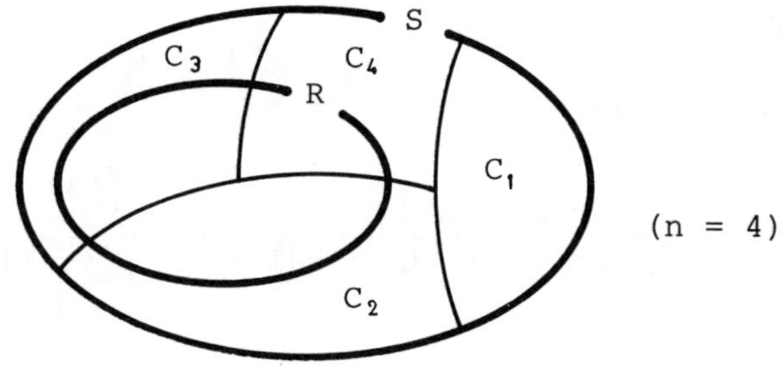

Beweisen Sie (anhand der Regeln 1 und 8), daß $P(R) = \Sigma P(C_i)\, P(R \mid C_i)$ gilt. (Dieser Satz heißt *Theorem der totalen Wahrscheinlichkeit.*)

Lösung:

Aus Regel 3 folgt: $P(R) = P\left(\bigcup_{i=1}^{n} (R \cap C_i)\right) = \sum_{i=1}^{n} P(R \cap C_i)$

Nach Regel 8 ist $P(R \cap C_i) = P(R \mid C_i)\, P(C_i)$
Somit: $P(R) = \Sigma P(R \mid C_i)\, P(C_i)$

Aufgabe 10-7:

Wegen einer herannahenden Grippeepidemie ließen sich 60% der Bevölkerung impfen. Die Wahrscheinlichkeit, trotz der Impfung zu erkranken, beträgt 10%. Die Wahrscheinlichkeit, ohne Impfung zu erkranken, beträgt 30%. Mit welcher Wahrscheinlichkeit ist ein Erkrankter vorher geimpft worden?

Lösung:

E: erkrankt; I: geimpft

$P(I) = 0{,}6 \quad P(E \mid I) = 0{,}1 \quad P(E \mid \bar{I}) = 0{,}3$

$P(E) = P(I) \cdot P(E \mid I) + P(\bar{I}) \cdot P(E \mid \bar{I}) = 0{,}6 \cdot 0{,}1 + 0{,}4 \cdot 0{,}3 = 0{,}18$

$$P(I \mid E) = \frac{P(E|I) \cdot P(I)}{P(E)} = \frac{0{,}06}{0{,}18} = \underline{0{,}33}$$

Aufgabe 10-8:

a) Herr Meier trifft in einer Hafenkneipe auf den ihm unbekannten Spieler K. Sie beschließen zu würfeln, und wer eine Eins würfelt, erhält vom andern Spieler eine Runde Bier spendiert. K. würfelt und erhält eine Eins. Herr Meier erinnert sich jetzt, daß der Wirt ihm einmal anvertraut hat, daß 60% seiner Gäste Gauner seien. Mit welcher Wahrscheinlichkeit war K. ein Gauner (= Falschspieler)? (Ein Gauner würfelt mit Sicherheit eine Eins.)

b) Durch diesen Vorfall skeptisch geworden, sagt sich Herr Meier: In Zukunft rechne ich bei jedem Spieler nur noch mit 1 zu 1, er sei ein ehrlicher Mensch. Er würfelt erneut um Bier, diesmal im vornehmen Grand Hotel Dolder mit Herrn von Gantenbein. Dieser würfelt eine Eins, worauf ihm Herr Meier prompt vorrechnet, mit 85,7% Wahrscheinlichkeit habe er mit einem Gauner gewürfelt. Empört zieht sich Herr von Gantenbein zurück. Hatte Herr von Gantenbein wirklich Grund zur Empörung?

Lösung:

a) C_1 = Der Spieler ist ein Gauner.
C_2 = Der Spieler ist kein Gauner.
R = Der Spieler würfelt eine Eins.

$P(C_1) = 0{,}6 = \frac{3}{5}, \quad P(C_2) = 0{,}4 = \frac{2}{5}$

$P(R \mid C_1) = 1, \qquad P(R \mid C_2) = \frac{1}{6}$

$$P(C_1 \mid R) = \frac{P(C_1)P(R \mid C_1)}{P(C_1)P(R \mid C_1) + P(C_2)P(R \mid C_2)} = \frac{\frac{3}{5} \cdot 1}{\frac{3}{5} \cdot 1 + \frac{2}{5} \cdot \frac{1}{6}} = \frac{\frac{3}{5}}{\frac{2}{3}} = \frac{9}{10} = 0{,}9$$

b) Herr von Gantenbein hatte Grund zur Empörung, denn die Gäste vom Grand Hotel Dolder bilden einen neuen „Ereignisraum“. Die Gaunerquote ist wohl sicherlich niedriger als die angenommenen 50%. Angenommen, sie liege bei 1%, dann versteckte sich hinter dem Spieler des Herrn Meier jetzt nur noch mit 6% Wahrscheinlichkeit ein Gauner.

10.11 Antworten auf die Kontrollfragen

1. $P(A \cup B) = 16/36$ $P(A \cap B) = 1/36$ $P(\overline{A}) = 25/36$
   $P(A \cup C) = 24/36$ $P(A \cap C) = 5/36$ $P(\overline{B}) = 30/36$
   $P(B \cup C) = 18/36$ $P(B \cap C) = 6/36$ $P(\overline{C}) = 18/36$
   $P(A \cup B \cup C) = 24/36$ $P(A \cap B \cap C) = 1/36$

2. Bei „6 aus 40": P(sechs Richtige) = 1/3'838'380 = $2{,}605 \cdot 10^{-7}$

   Bei „6 aus 45": P(sechs Richtige) = 1/8'145'060 = $1{,}228 \cdot 10^{-7}$

   Bei „6 aus 42": P(Tippzettel mit 5 Gewinnzahlen) =

$$= \frac{\binom{6}{5}\binom{36}{1}}{\binom{42}{6}} = \frac{216}{5'245'786} = 4{,}118 \cdot 10^{-5}$$

   Von den 216 unterschiedlichen Tipps mit fünf Gewinnzahlen sind übrigens $\binom{6}{5}\binom{35}{1} = 210$ „einfache" Fünfertipps, während in sechs Fällen obendrein noch die Zusatzzahl richtig ist.

Anzahl richtiger Zahlen	verschiedene mögliche Tipps	Auftretenswahrscheinlichkeit
6	1	0,000'000'191
5 mit Zusatzzahl	6	0,000'001'144
5 ohne Zusatzzahl	210	0,000'040'032
4	9'450	0,001'801'446
3	142'800	0,027'221'850
2	883'575	0,168'435'197
1	2'261'952	0,431'194'105
0	1'947'792	0,371'306'035
	5'245'786	1,000'000'000

3. G G G U U G U G G U

4. $\overline{f} = (\sum_{i=1}^{k} f_i)/k$

5. *Vergleich* der durch einen Blick aus dem Fenster festgestellten Wetterlage und Feststellung eines hohen *Ähnlichkeitsgrades* zu Wettersituationen in der Vergangenheit, die gemäß eigener Erfahrungen zu Regen geführt haben; Feststellung eines hohen Grades an Beherrschung des Prüfungsstoffes, was in früheren ähnlichen Situationen zum Bestehen einer Prüfung geführt hat; Vergleich der Spielstärke von Club A und Club B mit analogen Situationen und Feststellung einer hohen Ähnlichkeit mit einer Gewinnsituation.

   Die subjektive Festlegung einer Wahrscheinlichkeit ähnelt der subjektiven Feststellung von physikalischen Größen wie z. B. Entfernungen oder Höhen. Man verläßt sich auf eine beschränkte Anzahl heuristischer Prinzipien, die die komplexe Aufgabe der Entfernungs-, Höhen- oder Wahrscheinlichkeitsabschätzung auf einfachere Beurteilungsoperationen zurückführen. Im allgemeinen sind diese heuristischen Prinzipien sehr nützlich, aber manchmal führen sie auch systematisch in die Irre. – Viele der subjektiv zu beantwortenden Wahrscheinlichkeitsfragen gehören zu den folgenden Typen: Mit welcher Wahrscheinlichkeit gehört ein bestimmtes Objekt A zur Klasse B? Mit welcher Wahrscheinlichkeit resultiert ein Ereignis A aus einem Prozeß B oder erzeugt ein Prozeß B ein Ereignis A? Das oft zur Evaluierung der Wahrscheinlichkeit herangezogene heuristische Prinzip besteht in der Abschätzung der *Repräsentativität* von A für B oder in der Feststellung des Grades der *Ähnlichkeit* von A mit B. Wenn beispielsweise A in hohem Grade als repräsentativ für B angesehen wird, dann wird die Wahrscheinlichkeit, daß A zu B gehört oder von B erzeugt wird, als hoch eingestuft.

6. $$\begin{aligned} P(A \cup B) &= P[(A - (A \cap B)) \cup (A \cap B) \cup (B - (A \cap B))] = \\ &= P[(A - (A \cap B))] + P(A \cap B) + P[(B - (A \cap B))] = \\ &= P(A) - P(A \cap B) + P(A \cap B) + P(B) - P(A \cap B) = \\ &= P(A) + P(B) - P(A \cap B) \end{aligned}$$

7. Es sei $D = A \cap B$:

$$\begin{aligned} &P(A \cap B \cap C) = P(D \cap C) = P(C \mid D) \cdot P(D) = P(C \mid D) \cdot P(A \cap B) \\ &= \\ &= P(C \mid D) \cdot P(B \mid A) \cdot P(A) = \\ &= P(A) \cdot P(B \mid A) \cdot P(C \mid A \cap B) \end{aligned}$$

8. $$\frac{P_6}{{}^6V_{42}^{w}} = \frac{6!}{42^6} = 0{,}000'000'131'2$$

9. $$P(A \mid B) = \frac{P(A \cap B)}{P(B)} = \frac{P(A)}{P(B)} \cdot \frac{P(A \cap B)}{P(A)} = \frac{P(A)}{P(B)} \cdot P(B \mid A) = \frac{P(A)}{P(B)} \cdot P(B) = P(A)$$

10. $$P(\overline{A} \mid B) = \frac{P(\overline{A} \cap B)}{P(B)} = \frac{P(\overline{A} \cap B)}{P(\overline{A})} \cdot \frac{P(\overline{A})}{P(B)} = P(B \mid \overline{A}) \cdot \frac{P(\overline{A})}{P(B)} = P(B) \cdot \frac{P(\overline{A})}{P(B)} = P(\overline{A})$$

11. Nein. Für das Würfelspiel seien folgende Ereignisse definiert:
A: Die Augenzahl ist ≤ 4.
B: Die Augenzahl ist gerade.
A und B sind zwar unabhängig voneinander, schließen sich aber nicht aus.

12. Diese Frage läßt sich nur beantworten, wenn die beiden Trommelinhalte gleich groß sind oder in absoluten Zahlen vorliegen:
K_1 enthalte 10 und K_2 enthalte 10 Kugeln.

$P(R) = 9/20 = 0{,}45$

13. Bei Verwendung bereits vorliegender Resultate:

$$P(C_2 \mid R) = 1 - P(\overline{C}_2 \mid R) = 1 - P(C_1 \mid R) = 1 - \frac{2}{3} = \frac{1}{3}$$

Bei Anwendung von (10-19):

$$P(C_2 \mid R) = \frac{P(C_2)\, P(R \mid C_2)}{P(C_1)\, P(R \mid C_1) + P(C_2)\, P(R \mid C_2)} =$$

$$= \frac{0{,}5 \cdot 0{,}3}{0{,}5 \cdot 0{,}6 + 0{,}5 \cdot 0{,}3} = \frac{0{,}15}{0{,}45} = \frac{1}{3}$$

Kapitel XI: Zufallsvariablen

11.1 Zum Begriff der Zufallsvariablen

A. Vorbemerkung

Zufallsvariablen (ZV) sind mathematische Gebilde. Der Wirtschafts- und Sozialwissenschaftler wählt unter ihnen aus, um durch sie bestimmte reale Verteilungen darzustellen. Bei der Auswahl läßt er sich leiten von seinen (in der Regel unvollständigen) Vermessungsergebnissen in Form statistischer Variablen oder Häufigkeitsverteilungen und von seinem Wissen über das Zustandekommen dieser Vermessungsergebnisse, d. h. über die „Prozesse", die zu diesen führten. ZV benutzt er, um (bruchstückhafte) Informationen über die Wirklichkeit zu vervollständigen und um die aus der statistischen Vermessung und Aufbereitung gewonnenen Informationen in eine für Schlußfolgerungen und Entscheidungen geeignete Form zu bringen.

Zwischen Zufallsvariablen und empirisch gewonnenen statistischen Variablen besteht eine enge formale und sehr oft auch eine innere Beziehung. Dies kommt daher, daß eine statistische Variable in vielen Fällen aus sogenannten Verwirklichungen („Realisationen") eines Zufallsexperiments entsteht. Die statistische Variable ist dann die Manifestation einer Gesetzmäßigkeit, die durch die Zufallsvariable modellhaft beschrieben wird. Das im vorangegangenen Kapitel behandelte Zahlenlotto illustrierte dies: Die aufgetretenen Zahlen mit ihren Häufigkeiten bildeten eine statistische Variable, die durch wiederholtes Ausführen eines Zufallsexperiments entstanden war, das seinerseits zum Modell einer sogenannten Rechteck-Zufallsvariablen führt. Natürlich gibt es auch statistische Variable, die nicht als Ergebnis von Zufallsexperimenten aufgefaßt werden können, wie immer bei der Auszählung von nicht zufällig entstandenen Daten. In diesen Fällen besteht aber eine große formale Ähnlichkeit.

Die formale und innere Beziehung kommt in der Verwendung gleicher oder analoger Konzepte für die graphische Darstellung und für die Bildung von Kennzahlen sowie in der Verwendung ähnlicher und oft sogar identischer Bezeichnungen und Symbole zum Ausdruck. Dennoch bestehen einige wesentliche Verschiedenheiten. Um sie nicht zu vergessen, soll den Bezeichnungen das Adjektiv *„empirisch"* beigefügt werden, wenn sie sich auf die *statistische Variable,* und das Adjektiv *„theore-*

tisch", wenn sie sich auf die *Zufallsvariable* beziehen. Es gibt also eine empirische und eine theoretische Verteilung, empirische und theoretische Mittelwerte usw. Manchmal stehen auch zwei verschiedene Bezeichnungen zur Verfügung, z. B. arithmetisches Mittel und (als theoretische Entsprechung) „mathematische Erwartung". Bei den *Symbolen* soll Verwandtschaft und Unterschied durch die Verwendung *lateinischer* Symbole im Falle der statistischen Variablen und *griechischer* Symbole im Falle der Zufallsvariablen zum Ausdruck kommen. Die empirische Varianz beispielsweise wird mit s^2 oder $\hat{s}^2$ und die theoretische Varianz mit σ^2 (σ: Sigma, griechisch für s) bezeichnet werden.

Schreibweise:
Eine Zufallsvariable (ZV) wird mit einem Großbuchstaben bezeichnet, meist mit X oder Y, in Spezialfällen auch mit F, U, V, Q, Z, T usw. Die Werte einer ZV, auch Ausprägungen oder (potentielle) Realisationen genannt, werden durch Kleinbuchstaben ausgedrückt. Die spezifische Schreibweise lautet dann: „$X = x_i$" oder „$Y = y_j$" usw. Beim Würfeln mit einem normalen Würfel nimmt x_i die Werte $x_1 = 1$, $x_2 = 2$, $x_3 = 3$, $x_4 = 4$, $x_5 = 5$ und $x_6 = 6$ an.

B. Gewinnung von Zufallsvariablen und Beispiele für Zufallsvariablen

Eine exakte Definition von Zufallsvariablen ist mathematisch anspruchsvoll und wird für unsere Zwecke nicht benötigt. Es genügt zu wissen, daß eine ZV aus dem Zuordnen von Zahlenwerten (reellen Zahlen) zu den Elementarereignissen eines Zufallsexperimentes (dem Definitionsbereich) bei gleichzeitigem Zuordnen der zu den Elementarereignissen gehörenden Wahrscheinlichkeiten zu diesen Zahlenwerten entsteht. Die Wahrscheinlichkeiten wollen wir mit $P(X = x_i)$ oder kurz einfach mit $p(x_i)$ bezeichnen. Dabei gilt nach den Regeln der Wahrscheinlichkeitsrechnung, daß

$$\boxed{p(x_i) \geq 0} \qquad (11\text{-}1)$$

und daß ferner

$$\boxed{\sum_{i=1}^{n} p(x_i) = 1} \qquad (11\text{-}2)$$

ist. Hierbei ist n die Anzahl verschiedener Werte, die die ZV X annehmen kann.

1. Beispiel:
Ein Zufallsexperiment, das man sich vorstellen oder auch konkret ausprobieren kann, bestehe aus dem Werfen einer Münze. Der Stichprobenraum besteht hier aus den zwei Elementarereignissen E_1: Zahl und E_2: Rückseite (Wappen, Kopf). Diese bilden den sog. *Definitionsbereich* der „Münzwurf-ZV". Um diese Zufallsvariable zu erhalten, müssen wir den beiden Elementarereignissen je eine Zahl zuordnen. Wenn die Seite auftritt, wo die Münze ihren Wertaufdruck hat, liegt zwar bereits eine Zahl vor, z. B. 1, 2, 5, 10, 20. Man könnte diese Zahl verwenden und hätte dann den ersten Wert der Zufallsvariablen. Tritt die Rückseite auf, müssen wir aber jeweils

eine andere Zahl zuordnen. Dabei sind wir in der Wahl frei. Oft nimmt man folgende Zuordnung beim Münzwurfexperiment vor, das ja nicht an eine konkrete Münze gebunden ist:

$$\text{Vorderseite (Zahl)} \rightarrow 1$$
$$\text{Rückseite (Wappen, Kopf)} \rightarrow 0$$

Wenn eine Münze hinsichtlich Form und Gewicht völlig gleichmäßig gebaut ist, treten beide Elementarereignisse mit einer Wahrscheinlichkeit von 1/2 auf. Es ergibt sich die in Fig. 11-1 veranschaulichte Zufallsvariable:

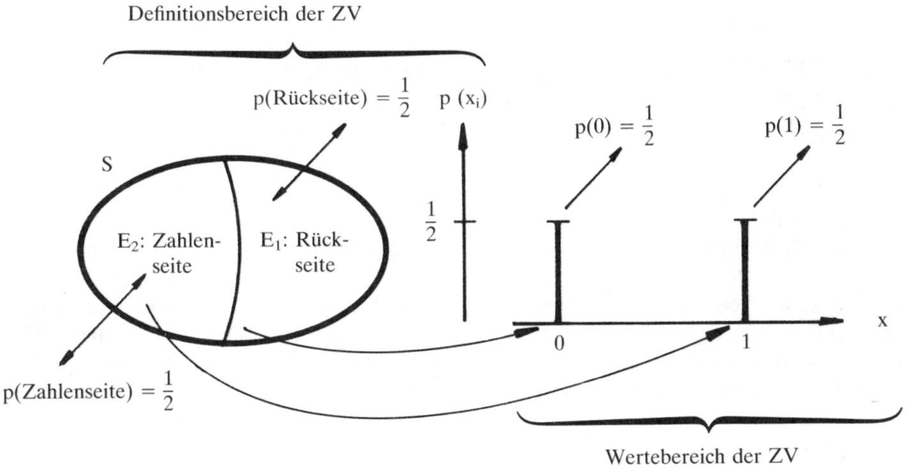

Fig. 11-1: Ein-Münzwurf-Zufallsvariable

Man kann die soeben geschilderten Zusammenhänge auch in Form einer Tabelle zum Ausdruck bringen.

Tab. 11-1: Die Ein-Münzwurf-Zufallsvariable

Elementarereignisse	Werte der ZV	Wahrscheinlichkeiten
E_1: Rückseite	$x_1 = 0$	$p(x_1) = p(0) = \frac{1}{2}$
E_2: Zahlenseite	$x_2 = 1$	$p(x_2) = p(1) = \frac{1}{2}$

Hinweis:
Die Ein-Münzwurf-ZV gehört zur Familie von Zufallsvariablen, bei denen es nur die beiden Möglichkeiten einer Alternative gibt. Man nennt solche ZV auch Null-Eins-ZV, dichotome ZV oder *Bernoulli-ZV*. Im Hinblick auf die praktische Anwendung kann man auch von einer *elementaren Mißerfolg-Erfolg-ZV* sprechen. Im allgemeinen ist die Wahrscheinlichkeit von Erfolg oder Mißerfolg nicht gleich groß (d. h.

jeweils 0,5) wie bei einer Idealmünze. Verlangt wird nur, daß sich die Wahrscheinlichkeit von Erfolg, die weiter unten der Kürze halber mit π bezeichnet wird, und die sogenannte Gegenwahrscheinlichkeit für Mißerfolg zu eins ergänzen, letztere also $1 - \pi$ beträgt.

---

2. Beispiel:
Mit einer Münze lassen sich verschiedenartige Zufallsexperimente durchführen. Z. B. kann man das dreimalige Werfen einer Münze als Zufallsexperiment im Auge haben und als ZV die Anzahl auftretender Vorderseiten (Zahlenseite) definieren. In diesem Fall nimmt die ZV die Werte 0, 1, 2 und 3 an.

● **Kontrollfrage 1:** Welche Wahrscheinlichkeiten sind den Werten dieser ZV zugeordnet?

---

3. Beispiel:
Eine ZV kann auch *unendlich viele* Werte annehmen. Interessiert z. B. die Fragestellung, *wie oft* ich eine (ideale) Münze hochwerfen muß, bis *zum ersten Mal* die Zahlenseite erscheint, dann kann diese ZV die Werte 1, 2, 3, 4, 5 usw. bis „unendlich" annehmen. Dies ist zwar schwer vorstellbar, aber eine Münze hat kein Gedächtnis! Man nennt diese ZV eine „geometrische ZV", weil die Wahrscheinlichkeiten eine sogenannte geometrische Folge bilden.

4. Beispiel:
Die Zuordnung von Zahlenwerten zu den Elementarereignissen, d. h. die Etablierung des Wertebereichs einer ZV ergibt sich entweder „in natürlicher Weise", oder sie wird nach einer einem konkreten Untersuchungsinteresse entsprechenden *Zuordnungsregel* vorgenommen. So sei jetzt einem Experiment mit zwei Würfeln folgende *Zuordnungsregel* zu den jetzt möglichen 36 Elementarereignissen beigegeben: Die ZV X nehme als Werte die *Summe der beiden Augenzahlen* an. Der Wertebereich von X umfaßt somit die Zahlen 2 bis 12. Die Zuordnungsregel führt jetzt für oft mehrere Elementarereignisse zum selben Wert der ZV. Dem einzelnen gleichmöglichen Elementarereignis ist eine Wahrscheinlichkeit von jeweils 1/36 zugeordnet.

Tabelle 11-2 und die zugehörige Figur 11-2 zeigen die „Summe-von-zwei-Augenzahlen"-Zufallsvariable.

5. Beispiel:
Ein Zufallsexperiment bestehe aus dem „Ziehen mit Zurücklegen" aus einer Urne, die mit schwarzen und weißen Bällchen in gleicher Zahl gefüllt ist. Nach jedem Zug wird ein Bällchen der gleichen Art nachgefüllt, so daß stets das Verhältnis 1:1 aufrechterhalten bleibt. Es sollen drei Bällchen (Kugeln) gezogen werden. Die Zuordnungsregel für die Bildung einer aus diesem Zufallsexperiment hervorgehenden ZV laute: Zahl der schwarzen Kugeln unter den drei gezogenen Kugeln. Tabelle 11-3 zeigt die so gebildete Zufallsvariable (sie gehört zur Familie der sog. *Binomialvariablen*). Man erkennt, daß das vorliegende Zufallsexperiment zu derselben ZV führt wie das dreimalige Werfen einer Münze (2. Beispiel).

Tab. 11-2: Die „Summe-von-zwei-Augenzahlen“-ZV

Elementarereignisse	Werte der ZV x_i	Wahrscheinlichkeiten $p(x_i)$
(1 1)	2	1/36
(1 2) (2 1)	3	2/36
(1 3) (3 1) (2 2)	4	3/36
(1 4) (4 1) (2 3) (3 2)	5	4/36
(1 5) (5 1) (2 4) (4 2) (3 3)	6	5/36
(1 6) (6 1) (2 5) (5 2) (3 4) (4 3)	7	6/36
(2 6) (6 2) (3 5) (5 3) (4 4)	8	5/36
(3 6) (6 3) (4 5) (5 4)	9	4/36
(4 6) (6 4) (5 5)	10	3/36
(5 6) (6 5)	11	2/36
(6 6)	12	1/36
		Σ : 1

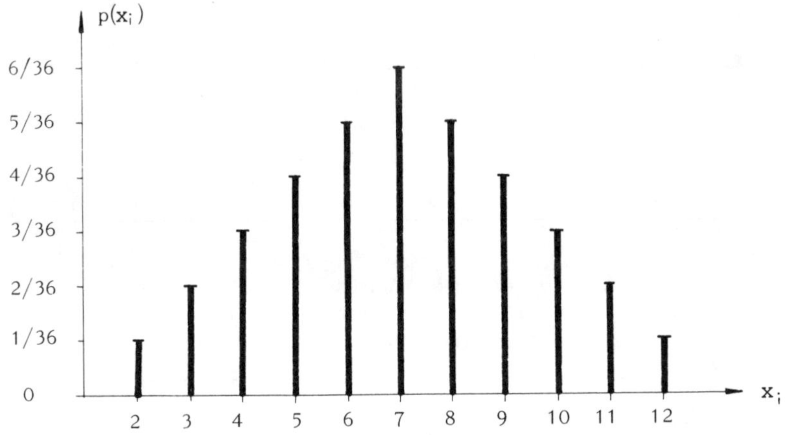

Fig. 11-2: Die „Summe-von-zwei-Augenzahlen“-Zufallsvariable

Tab. 11-3: Werte und Wahrscheinlichkeiten der ZV: „Zahl schwarzer Kugeln“ bei dreimaligem Ziehen mit Zurücklegen

E_i = Elementarereignisse	x_i = Werte der Zufallsvariablen ”Anzahl der schwarzen Bällchen“	$p(x_i)$
E_1 : ○ ○ ○	0	$\frac{1}{8}$
E_2 : ● ○ ○ E_3 : ○ ● ○ E_4 : ○ ○ ●	1	$\frac{3}{8}$
E_5 : ● ● ○ E_6 : ○ ● ● E_7 : ● ○ ●	2	$\frac{3}{8}$
E_8 : ● ● ●	3	$\frac{1}{8}$

Die graphische Darstellung als Stabdiagramm zeigt Fig. 11-3:

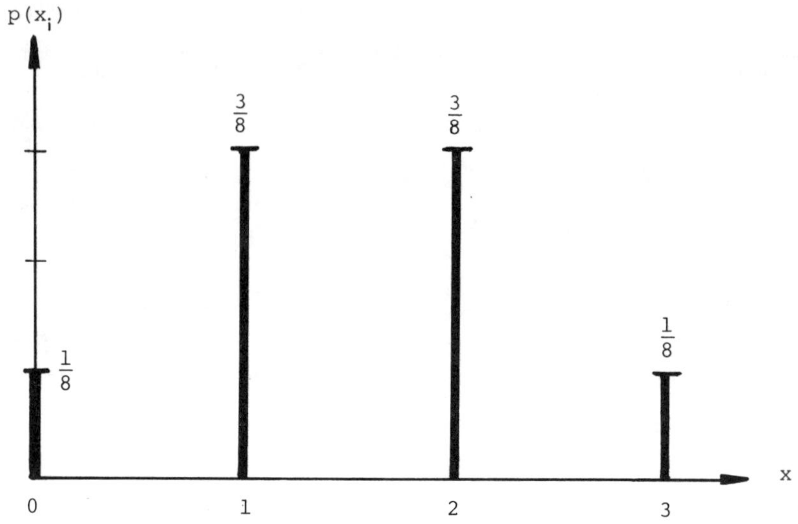

Fig. 11-3: „Zahl-schwarzer-Kugeln"-ZV

● **Kontrollfrage 2:** Welches ist der Wertebereich, und welches sind die zu den Werten des Wertebereichs gehörenden Wahrscheinlichkeiten bei einer ZV, die aus dem Zufallsexperiment „Würfeln mit einem sechsseitigen Würfel" hervorgeht? Welches sind die Wahrscheinlichkeiten der geometrischen ZV (Beispiel 3)?

C. Stetige Zufallsvariablen

Die soeben gezeigten fünf Beispiele waren Beispiele für *diskrete* ZV. Daneben gibt es *stetige* ZV. Die bei diskreten ZV bestimmten isolierten Werten zugeordneten Wahrscheinlichkeiten sind jetzt gewissermaßen über Intervalle „verschmiert" und diesen Intervallen zugeordnet. Die Wahl zwischen einer diskreten und einer stetigen ZV als Modell hängt von der abzubildenden realen Erscheinung und/oder von Zweckmäßigkeitsüberlegungen ab. Bei einer Bahnhofsuhr mit ruckweise vorwärtsspringendem Minutenzeiger kann dieser in einem zufällig ausgewählten Moment nur auf 60 diskreten Werten stehen. Bei einer Uhr mit kontinuierlich vorrückendem Minutenzeiger steht dieser hingegen in einem zufällig gewählten Moment irgendwo über einem von 60 Intervallen. Als naheliegendes Modell dient im ersten Fall eine diskrete ZV mit 60 Werten und einer Wahrscheinlichkeit von jeweils 1/60, im zweiten Fall eine stetige ZV, bei der den 60 Intervallen jeweils ebenfalls eine Wahrscheinlichkeit von 1/60 zugeordnet ist.

Eine stetige Zufallsvariable kann also in dem ihren Wertebereich darstellenden (Gesamt-)Intervall (und auch in jedem Teilintervall) der reellen Zahlen $\mathfrak{R}$ immer alle beliebigen (und damit immer unendlich viele Werte) annehmen.

In Fig. 11-4 ist die Wahrscheinlichkeit eingezeichnet, daß eine stetige Zufallsvariable X (das Modell z. B. zu Messungen für Fertigungszeiten oder Schadstoffemissionen pro Minute) einen Wert zwischen x_1 und x_2 annimmt. Wir bezeichnen diese Wahrscheinlichkeit mit $P(x_1 \leq X \leq x_2)$.

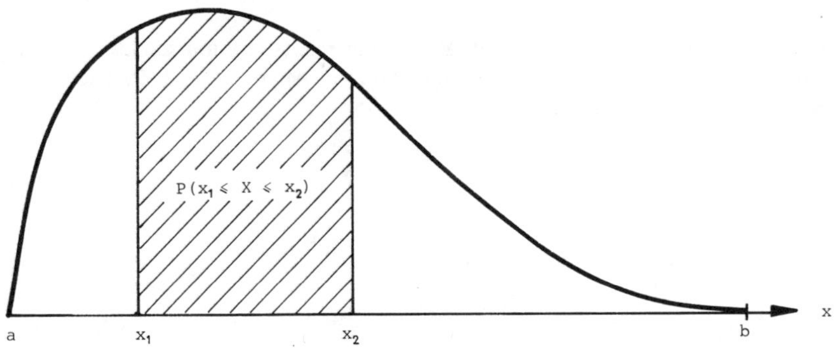

Fig. 11-4: Darstellung einer stetigen Zufallsvariablen und (schraffiert) der Wahrscheinlichkeit, daß sie Werte zwischen x_1 und x_2 annimmt

Umfaßt, wie im Fall der in Fig. 11-4 dargestellten stetigen ZV, der Wertebereich das Intervall [a, b], so ergibt die Summe der drei Flächen über den Intervallen $[a, x_1]$, $[x_1, x_2]$ und $[x_2, b]$ genau eins. Auch jede andere Einteilung des Wertebereich-Intervalls führt zu einer Flächensumme von eins, denn *nur dann liegt eine (stetige) ZV vor, wenn die Fläche über dem Intervall des Wertebereichs und unter dem Kurvenzug gerade eins ergibt.*

11.2 Wahrscheinlichkeits- und Verteilungsfunktion einer diskreten Zufallsvariablen

Eine diskrete ZV ist festgelegt, wenn ihr Wertebereich und die zu den Werten des Wertebereichs gehörenden Wahrscheinlichkeiten $p(x_i)$ angegeben sind. Diese $p(x_i)$ kann man *einzeln* angeben oder kompakter durch eine sogenannte *Wahrscheinlichkeitsfunktion*. In jedem Fall gelten die Bedingungen (11-1) und (11-2).

Die Wahrscheinlichkeitsfunktion der Ein-Münzwurf-ZV (siehe Tabelle 11-1 und Fig. 11-1) lautet $p(x_i) = 1/2$ für alle x_i (die Wahrscheinlichkeitsfunktion reduziert sich zu einer Konstanten). Im Fall des 5. Beispiels (siehe Tabelle 11-3 und Fig. 11-3) lautet die Wahrscheinlichkeitsfunktion:

$$p(x_i) = \binom{3}{x_i} \cdot \left(\frac{1}{2}\right)^3 \text{ für } 0 \leq x_i \leq 3,$$

wobei für x_i nur ganzzahlige Werte in Frage kommen. (Zur Herleitung dieser Wahrscheinlichkeitsfunktion siehe Abschnitt IV der Beilage: Formeln, Rechenregeln . . .)

● **Kontrollfrage 3:** Falls schwarze und weiße Bällchen im Verhältnis 2:1 in der Lottomaschine gelegen hätten, welche Werte hätte dann $p(x_i)$ für $x_i = 0, 1, 2$ und 3 (x_i bedeute die Anzahl schwarzer Bällchen beim dreimaligen Ziehen mit Zurücklegen)?

Gelegentlich muß die Angabe der Wahrscheinlichkeitsfunktion stückweise erfolgen, so im Falle des 2. Beispiels, der „Summe-von-zwei-Augenzahlen"-ZV (siehe Tabelle 11-2 und Fig. 11-2). Jetzt gilt:

1. Wertebereich: die ganzen Zahlen von 2 bis 12
2. Wahrscheinlichkeiten:

$$p(x_i) = \begin{cases} \dfrac{(x_i - 1)}{36} & \text{für } 2 \leq x_i \leq 7 \\ \dfrac{(13 - x_i)}{36} & \text{für } 8 \leq x_i \leq 12 \end{cases}$$

Kumulierte Wahrscheinlichkeiten und Verteilungsfunktion

Ebenso wie es bei einer statistischen Variablen kumulierte Häufigkeiten gibt (siehe Kap. III, Abschnitt 3.6.H), gibt es bei einer ZV *kumulierte Wahrscheinlichkeiten.* Die aufwärts kumulierten Wahrscheinlichkeiten werden durch die sogenannte *„Verteilungsfunktion"* angegeben.

Die Verteilungsfunktion F(x) ist definiert für $x = x_k$ als

$$\boxed{F(x_k) = P(X \leq x_k) = \sum_{x_i \leq x_k} p(x_i)} \qquad (11\text{-}3)$$

Beispiel: Die Ein-Würfel-ZV

Man nennt die zum Zufallsexperiment des Würfelns mit *einem* sechsseitigen Würfel gehörende ZV sowohl die Ein-Würfel-ZV als auch eine diskrete Rechteckverteilung, weil das Stabdiagramm sich in ein Rechteck einfügen läßt (die Wahrscheinlichkeiten sind alle gleich). Die Ein-Würfel-ZV ist natürlich nur ein Spezialfall aus der großen Familie der diskreten Rechteckverteilungen.

Tabelle 11-4 zeigt für den Fall der „Ein-Würfel"-ZV die Werte der Wahrscheinlichkeitsfunktion (eine Konstante mit dem Wert 1/6) und der Verteilungsfunktion.

Tab. 11-4: Die Wahrscheinlichkeits- und die Verteilungsfunktion der „Ein-Würfel"-ZV

x_i , x_k	$p(x_i)$	$P(X \leq x_k) = F(x_k)$		
1	1/6	$P(X \leq 1)$	$p(1)$	1/6
2	1/6	$P(X \leq 2)$	$p(1) + p(2)$	2/6
3	1/6	$P(X \leq 3)$	$p(1) + p(2) + p(3)$	3/6
4	1/6	$P(X \leq 4)$	$p(1) + p(2) + p(3) + p(4)$	4/6
5	1/6	$P(X \leq 5)$	$p(1) + p(2) + \ldots + p(5)$	5/6
6	1/6	$P(X \leq 6)$	$p(1) + p(2) + \ldots + p(6)$	6/6 = 1

Das Bild der Verteilungsfunktion ergibt bei einer diskreten ZV immer eine Treppenkurve, die im Fall der „Ein-Würfel"-ZV wie folgt aussieht (Fig. 11-5). (Daneben ist in Fig. 11-5 auch das Bild der Wahrscheinlichkeitsfunktion gezeigt.)

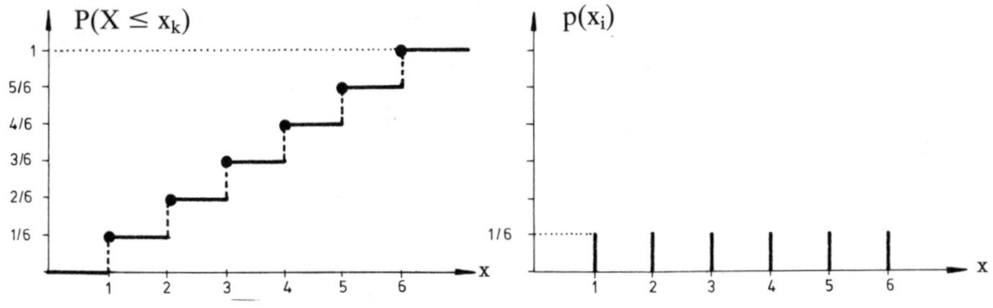

kumulative Wahrscheinlichkeiten   Wahrscheinlichkeitsverteilung

Fig. 11-5: Die beiden Möglichkeiten der graphischen Darstellungen der „Ein-Würfel"-ZV

Grundsätzlich gilt, daß die Verteilungsfunktion ebenso wie die kumulative Häufigkeitsverteilung *im Maximum immer den Wert 1* hat, denn die Summe aller Wahrscheinlichkeiten beträgt ebenso wie die Summe aller relativen Häufigkeiten stets 1.

● **Kontrollfrage 4:** Wie lautet die Wahrscheinlichkeitsfunktion der ZV „Auftreten einer Zahl beim Zahlenlotto mit 40 Zahlen"? Skizzieren Sie die Wahrscheinlichkeitsverteilung und die Verteilungsfunktion.

Ein Hauptnutzen der Verteilungsfunktion liegt darin, in einer Zahl eine kompakte Wahrscheinlichkeitsangabe zu liefern. Dadurch erhält man auch rasch die zu eins sich ergänzende „Gegenwahrscheinlichkeit".

Abwärtskumulierte Wahrscheinlichkeiten

Die Formel (11-4) zeigt den Zusammenhang von Verteilungsfunktion und abwärtskumulierten Wahrscheinlichkeiten.

$$\overbrace{\boxed{\underbrace{P(X \leq x_k)}_{\sum_{i=1}^{k} p(x_i)} = 1 - \underbrace{P(X \geq x_{k+1})}_{\sum_{i=k+1}^{n} p(x_i)}}}^{F(x_k)} \tag{11-4}$$

Aufwärtskumulierte Wahrscheinlichkeiten (links) — Abwärtskumulierte Wahrscheinlichkeiten (rechts)

Für die abwärtskumulierten Wahrscheinlichkeiten, die oft in Tabellen zu finden sind, gilt somit folgende Beziehung:

$$\boxed{P(X \geq x_k) = 1 - \underbrace{P(X \leq x_{k-1})}_{F(x_{k-1})}} \tag{11-5}$$

In Tabellenform gebracht wird (11-5) für die „Ein-Würfel"-ZV:

Tab. 11-5: Abwärtskumulierte Wahrscheinlichkeiten

x_k	$P(X \geq x_k)$
1	$P(X \geq 1) = p(1) + p(2) + p(3) + p(4) + p(5) + p(6) = 1$
2	$P(X \geq 2) = p(2) + p(3) + p(4) + p(5) + p(6) = 5/6$
3	$P(X \geq 3) = p(3) + p(4) + p(5) + p(6) = 4/6$
4	$P(X \geq 4) = p(4) + p(5) + p(6) = 3/6$
5	$P(X \geq 5) = p(5) + p(6) = 2/6$
6	$P(X \geq 6) = p(6) = 1/6$

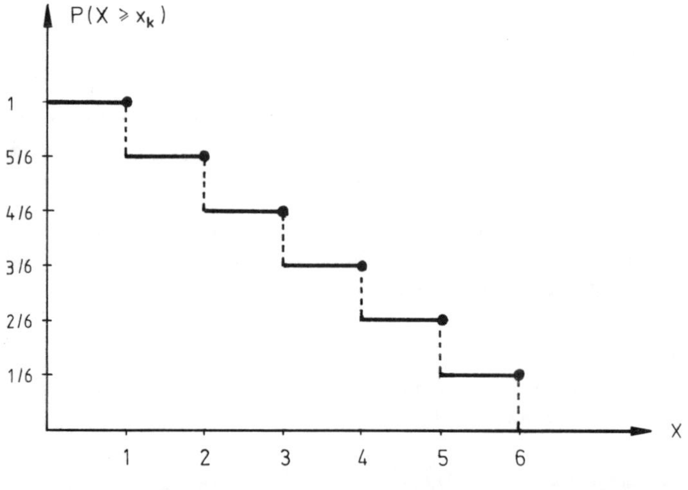

Fig. 11-6: Abwärtskumulierte Wahrscheinlichkeiten der „Ein-Würfel"-ZV

11.3 Dichte- und Verteilungsfunktion einer stetigen Zufallsvariablen

Bei einer stetigen ZV tritt an die Stelle der Wahrscheinlichkeitsfunktion eine sogenannte *Dichtefunktion,* die mit f(x) bezeichnet wird. Durch sie oder die mit ihr verbundene Verteilungsfunktion wird eine stetige ZV festgelegt. Es begegnet uns jetzt wieder das Konzept und der Begriff der Dichte, den wir von der *Häufigkeitsdichte* her schon kennen: Höhe (Ordinate), bezogen auf eine einheitliche Bezugsgröße. Durch f(x) wird jedem Wert des Wertebereichs einer stetigen ZV eine Ordinate zugeordnet.

Schreibweise:
Gelegentlich wird, um Verwechslungen auszuschließen, statt f(x) auch die Bezeichnung g(x) oder h(x) für Dichtefunktionen gewählt.

Man beachte dabei, daß f(x) als Strecke (Ordinate) *für sich alleine keine Wahrscheinlichkeitsangabe bedeutet!* Nur $f(x) \cdot dx$ entspricht einer Wahrscheinlichkeit, und zwar der Wahrscheinlichkeit, daß eine ZV X einen Wert im (beliebig kleinen) Intervall $[x, x + dx]$ annimmt (siehe Fig. 11-7).

$$P(x \leq X \leq x + dx) = f(x)dx \tag{11-6}$$

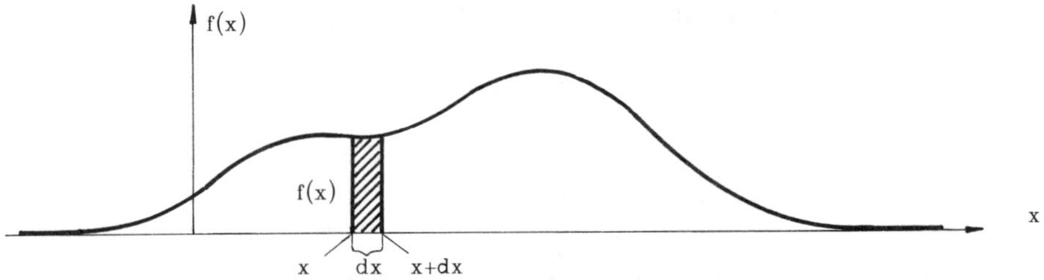

Fig. 11-7: Die Dichtefunktion einer stetigen ZV

Für die Dichtefunktion gilt:

$$f(x) \geq 0 \tag{11-7}$$

und als Summe von Flächen:

$$\int_{-\infty}^{\infty} f(x)\, dx = 1 \tag{11-8}$$

Das Integralzeichen tritt also an die Stelle des bei diskreten ZV auftretenden Summenzeichens. (Es ist ja mathematisch gesehen tatsächlich eine Summe aus unendlich vielen Summanden.) Als Grenzen des Integrals wurden in (11-8) die „Werte“ unendlich eingesetzt, um sofort den allgemeinen Fall abzudecken, bei dem der Wertebereich das Gesamtintervall der reellen Zahlen umfaßt. Im Fall der in Fig. 11-4 gezeigten ZV ergäbe natürlich

$$\int_a^b f(x)\,dx = 1.$$

Eine stetige ZV kann immer auch durch ihre Verteilungsfunktion (= Aufwärtskumulativfunktion) bestimmt werden:

Die *Verteilungsfunktion* ist definiert durch

$$\boxed{F(x) = P(X \leq x) = \int_{-\infty}^{x} f(\xi)\,d\xi} \tag{11-9}$$

Schreibweise:
Die Integrationsvariable ist hier mit ξ bezeichnet, da das bisher verwendete x anderweitig vergeben ist (als Grenze des Integrationsintervalls und als Argument von F( )). Oft wird allerdings nicht diese Genauigkeit eingehalten, sondern einfach die Schreibweise: $F(x) = \int_{-\infty}^{x} f(x)\,dx$ benutzt.

Das Bild einer Verteilungsfunktion hat im allgemeinen die in Fig. 11-8 gezeigte Gestalt, wobei im Einzelfall der Verlauf im Mittelfeld natürlich variiert. Immer gilt:

$$\boxed{\lim_{x \to -\infty} F(x) = 0} \tag{11-10'}$$

und

$$\boxed{\lim_{x \to \infty} F(x) = 1} \tag{11-10''}$$

F(x) konvergiert also stets gegen Null für immer kleinere Werte von x und gegen 1 (die Horizontale durch 1) für immer größere Werte von x.

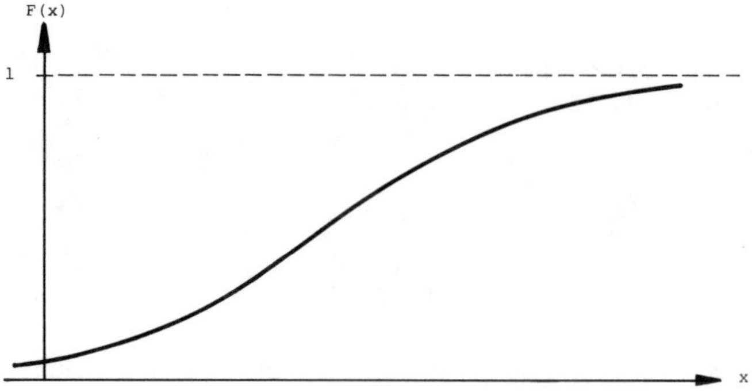

Fig. 11-8: Beispiel der Verteilungsfunktion einer stetigen ZV

Die Verteilungsfunktion F(x) gibt auch jetzt wieder an, mit welcher Wahrscheinlichkeit eine ZV X einen Wert, der kleiner oder gleich x ist, annimmt. Sie summiert somit die Wahrscheinlichkeiten (Flächen) aller links von x unter dem Kurvenzug der Dichtefunktion liegenden Teilintervalle. Sie ist ein bestimmtes Integral. Die Dichtefunktion und Verteilungsfunktion einer stetigen ZV hängen somit mathematisch in folgender Weise zusammen: *Die Dichtefunktion ist die erste Ableitung der* Verteilungsfunktion:

$$\boxed{\frac{d\,F(x)}{dx} = F'(x) = f(x)} \qquad (11\text{-}11)$$

Beispiel:
Eine einfache stetige Verteilung ist die *stetige Rechteckverteilung*. Sie ist durch die folgende Dichtefunktion f(x) definiert:

$$f(x) = \begin{cases} 0 & \text{für } x < a \\ \dfrac{1}{b-a} & \text{für } a \leq x \leq b \\ 0 & \text{für } x > b \end{cases} \qquad (11\text{-}12)$$

Fig. 11-9 zeigt das Bild dieser stetigen Rechteckverteilung.

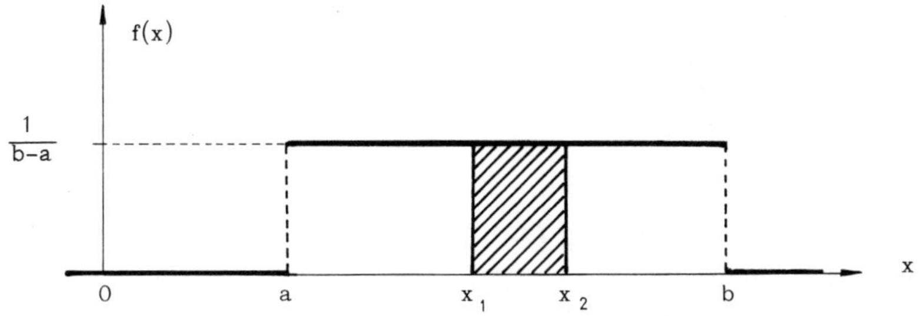

Fig. 11-9: Die Rechteckverteilung über dem Intervall [a, b]

Die Wahrscheinlichkeit, daß die Rechteckvariable einen Wert zwischen x_1 und x_2 mit $x_2 > x_1$ annimmt, beträgt:

$$P\,(x_1 < X < x_2) = \frac{1}{b-a}\,(x_2 - x_1)$$

Diese Wahrscheinlichkeit ist in Fig. 11-9 schraffiert eingezeichnet.

Die Verteilungsfunktion der stetigen Rechteckverteilung lautet:

$$\boxed{F(x) = \int_a^x \frac{1}{b-a}\,d\xi} \qquad (11\text{-}13)$$

Die Berechnung dieses bestimmten Integrals ergibt:

$$F(x) = \int_a^x \frac{1}{b-a}\, d\xi = \frac{\xi}{b-a}\Bigg|_a^x = \begin{cases} 0 & \text{für } x < a \\ \dfrac{x-a}{b-a} & \text{für } a \le x \le b \\ 1 & \text{für } x > b \end{cases} \qquad (11\text{-}14)$$

Fig. 11-10 zeigt den Zusammenhang von Dichte- und Verteilungsfunktion bei der Rechteckverteilung. f(x) gibt den Anstieg von F(x) im Punkt x an. Da f(x) in unserem Beispiel eine Konstante ist, nämlich 1/(b-a), wird hier F(x) durch eine *Gerade* mit dem Anstieg 1/(b-a) dargestellt.

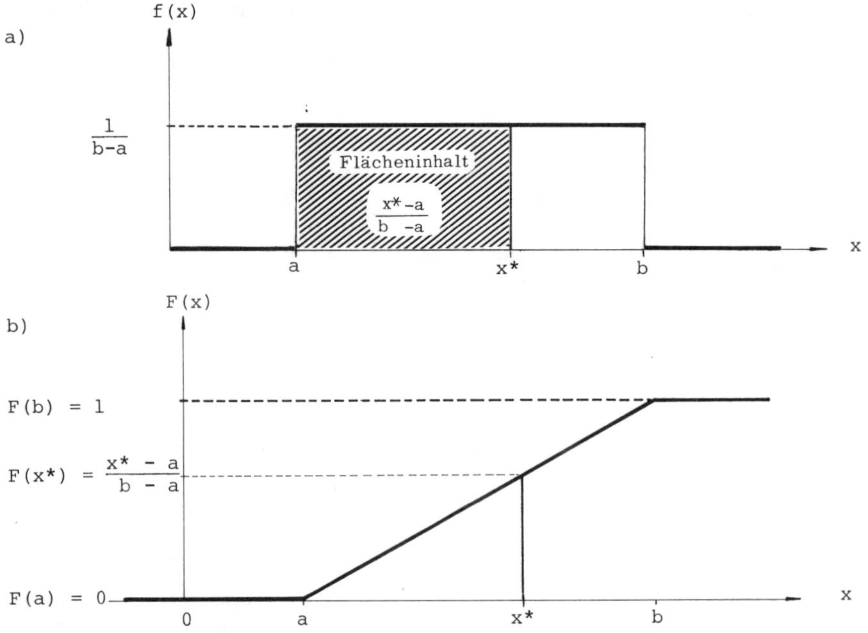

Fig. 11-10: Dichte- und Verteilungsfunktion der stetigen Rechteckverteilung über [a, b]

Hinweise zum praktischen Arbeiten:

1. Wenn man feststellen oder kontrollieren will, ob eine vorgefundene Funktion h(x) die Dichtefunktion einer ZV ist, muß man (11-7) und (11-8) anwenden: h(x) darf nirgendwo negativ sein und $\int_{-\infty}^{\infty} h(x)\, dx = 1$ muß erfüllt sein. Analoges gilt bezüglich einer Funktion, von der man feststellen will, ob sie die Wahrscheinlichkeitsfunktion einer diskreten ZV ist. In diesem Fall ist zu überprüfen, ob (11-1) und (11-2) zutreffen.

2. Da $P(-\infty < X < \infty) = 1$ ist, folgt genau wie bei einer diskreten ZV, daß

$$P(X > x) = 1 - P(X \le x) = 1 - F(x) \qquad (11\text{-}15)$$

3. Um $P(x_1 \leq X \leq x_2)$ anzugeben, benutzt man in der Regel die Verteilungsfunktion.

$$\boxed{P(x_1 \leq X \leq x_2) = P(X \leq x_2) - P(X \leq x_1) = F(x_2) - F(x_1)} \qquad (11\text{-}16)$$

4. Für eine stetige ZV ist die Wahrscheinlichkeit, daß X irgendeinen speziellen Wert, z. B. x*, annimmt, gleich Null:

$$P(X = x^*) = P(x^* \leq X \leq x^*) = \int_{x^*}^{x^*} f(x)\,dx = F(x^*) - F(x^*) = 0$$

5. Da die Wahrscheinlichkeit, daß eine stetige ZV einen bestimmten Wert annimmt, Null ist, ist es gleichgültig, ob wir uns offener oder geschlossener Intervalle bedienen.

$$P(a \leq X \leq x) = P(a < X < x)$$

6. In der statistischen Anwendung interessieren sehr oft die beiden Werte einer ZV X, welche von der Verteilung links oder rechts eine Fläche (Wahrscheinlichkeit) von α „abschneiden" ($0 \leq \alpha \leq 1$). Im ersten Fall „unterschreitet" eine ZV X einen bestimmten Wert, im zweiten „überschreitet" sie einen bestimmten Wert. Mit α bezeichnet man also entweder eine „Unterschreitungswahrscheinlichkeit" oder eine „Überschreitungswahrscheinlichkeit". Wir wollen die folgende *suggestive Schreibweise* einführen: Falls links von einem Wert x einer ZV X eine Wahrscheinlichkeit von α liegt, soll dieser Wert durch ${}_{\alpha}x$ bezeichnet werden, falls rechts von x eine Wahrscheinlichkeit von α liegt, soll er durch x_α bezeichnet werden. Da die Gesamtwahrscheinlichkeit stets eins beträgt, liegt natürlich rechts von ${}_{\alpha}x$ eine Wahrscheinlichkeit von $1-\alpha$. Somit gilt stets:

$$\boxed{{}_{\alpha}x \equiv x_{1-\alpha}} \qquad (11\text{-}17)$$

Man nennt ${}_{\alpha}x$ das (theoretische) α-Quantil (siehe Fig. 11-11).

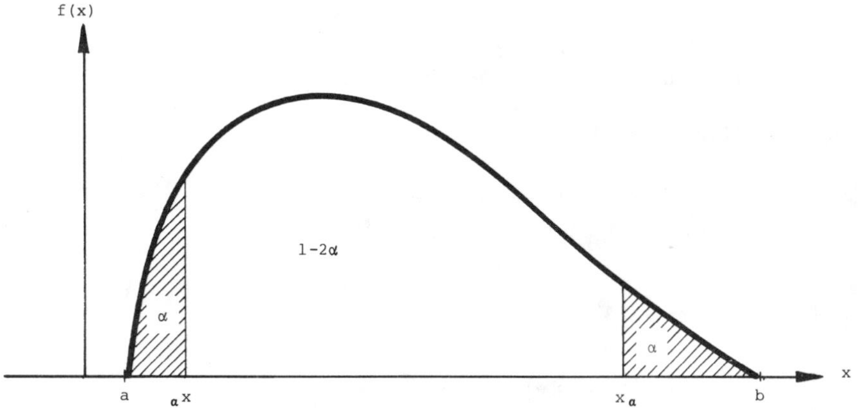

Fig. 11-11: Zwei Quantile einer stetigen ZV: ${}_{\alpha}x$ und x_α

● **Kontrollfrage 5:** Wie heißt das α-Quantil für $\alpha = 0{,}25$, $\alpha = 0{,}50$ und $\alpha = 0{,}75$ (vgl. Kap. V, Abschnitt 5.2.B)?

Aus dieser Übereinkunft folgt:

$$F({}_{\alpha}x) = \alpha \tag{11-18}$$

und

$$F(x_{\alpha}) = F({}_{1-\alpha}x) = 1 - \alpha \tag{11-19}$$

● **Kontrollfrage 6:** Man berechne und zeichne die Dichte- und Verteilungsfunktion der stetigen Rechteckverteilung über dem Intervall [0, 1].

11.4 Die Kennzahlen von (diskreten und stetigen) Zufallsvariablen

Genau wie eine Häufigkeitsverteilung charakterisiert man eine Zufallsverteilung durch Kennzahlen. Diese Kennzahlen sind in Analogie zu den in Kap. IV und V vorgestellten empirischen Kennzahlen aufgebaut.

A. Die mathematische Erwartung (der Erwartungswert)

Dem Konzept des arithmetischen Mittels entspricht bei Zufallsvariablen die mathematische Erwartung.

Definition für diskrete ZV:

$$E(X) = \sum_{i=1}^{n} x_i \, p(x_i) \tag{11-20}$$

Definition für stetige ZV:

$$E(X) = \int_{-\infty}^{\infty} x \, f(x) \, dx \tag{11-21}$$

Es ist üblich, für E(X) auch μ oder μ_x als Symbol für die mathematische Erwartung zu benützen (μ : griechischer Buchstabe für m).

Interpretation:

Der Erwartungswert läßt sich ebenso wie das AM als Analogon zum physikalischen Massenmittelpunkt begreifen. An die Stelle der relativen Häufigkeiten f_i/n tritt $p(x_i)$ im Fall der diskreten ZV und f(x)dx im Fall der stetigen ZV. Der Erwartungswert ist eine *Konstante* für eine gegebene Zufallsvariable und mit dieser unveränderlich verbunden.

Wenn eine Zufallsverteilung das Modell einer Häufigkeitsverteilung ist, kann man den Erwartungswert auch als das Modell zum arithmetischen Mittel auffassen. Beispielsweise kann man den Erwartungswert der Rechteckverteilung für die Zahlen 1 bis 40 als Modell für das $\overline{X}$ jener Häufigkeitsverteilung auffassen, die sich durch wiederholtes zufälliges Ziehen aus den Zahlen 1 bis 40, d. h. durch wiederholtes Realisieren der Rechteckverteilung, ergibt (siehe gelöste Aufgabe 11-3). Ein häufiger Irrtum besteht darin, den Erwartungswert einer Verteilung mit dem Wert einer ZV zu verwechseln, dem das maximale $p(x_i)$ oder das Maximum von f(x) zugeordnet ist. Beide Werte können zwar zusammenfallen, müssen es aber nicht. Der Erwartungswert gehört oft nicht einmal zur Menge der Werte des Wertebereichs. Er kann auch eine Zahl sein, die von der ZV gar nicht realisiert werden kann. Er ist, wie das AM einer statistischen Variablen eine konstruierte, d. h. eine synthetische Kennzahl.

Es ist im übrigen oft nützlich zu wissen, daß der Erwartungswert bei *symmetrischen Zufallsverteilungen,* analog zum AM der statistischen Variablen, immer mit jenem Wert zusammenfällt, der die Gesamtwahrscheinlichkeit gerade hälftig teilt, nämlich dem (theoretischen) Median. Erinnert man sich dieser Eigenschaft des Erwartungswertes, kann man sich oft einiges an Rechenarbeit ersparen.

Beispiele:

1. Bei der (diskreten) Ein-Münzwurf-ZV beträgt gemäß (11-20) der Erwartungswert $E(X) = 0 \cdot \frac{1}{2} + 1 \cdot \frac{1}{2} = \frac{1}{2}$.
2. Für stetige ZV ermittelt man in der Regel einen Erwartungswert durch Ausrechnen eines bestimmten Integrals. Für die oben angeführte Rechteckverteilung über dem Intervall [a, b] ergibt sich:

$$E(X) = \int_a^b x \frac{1}{b-a} dx = \frac{x^2}{2(b-a)}\bigg|_a^b = \frac{b^2 - a^2}{2(b-a)} = \frac{(b+a)(b-a)}{2(b-a)} = \underline{\frac{a+b}{2}}$$

Da die in diesen beiden Beispielen angeführten Rechteckverteilungen symmetrische Verteilungen sind, fallen die Erwartungswerte mit dem jeweiligen theoretischen Median zusammen, der die Verteilungen hälftig teilt, also mit $\frac{1}{2}$ resp. (a+b)/2. Auch ohne Rechnen hätte man daher die Erwartungswerte angeben können.

● **Kontrollfrage 7:** Wie groß ist der Erwartungswert für die ZV der Tabelle 11-2 („Summe-von-zwei-Augenzahlen"-ZV) und der Tabelle 11-3 („Zahl-schwarzer-Kugeln"-ZV)? Wie groß ist der Erwartungswert einer ZV, die den Wert 4 mit einer Wahrscheinlichkeit von $\frac{1}{2}$ und die Werte 6 und 9 je mit der Wahrscheinlichkeit von $\frac{1}{4}$ annimmt?

B. Die Varianz

Definition für diskrete ZV:

$$V(X) = \sum_{i=1}^{n} (x_i - \mu)^2 \cdot p(x_i) \qquad (11\text{-}22)$$

Definition für stetige ZV:

$$V(X) = \int_{-\infty}^{\infty} (x - \mu)^2 \cdot f(x)\,dx \qquad (11\text{-}23)$$

Dementsprechend ist die Standardabweichung definiert als

$$\sigma = +\sqrt{V(X)} \qquad (11\text{-}24)$$

Man benützt als das kürzere Symbol für die theoretische Varianz meist σ^2 oder, falls die Präzisierung nötig ist, daß es sich um die Varianz der ZV X handelt, σ_x^2.

Die theoretische Varianz resp. Standardabweichung ist ein *Maß für die Streuung der Werte einer ZV um ihren Erwartungswert.* Wegen des Vorzeichenproblems hat man wieder die Quadrate der Abstände genommen. Das Konzept ist wiederum genau dasselbe wie bei der empirischen Standardabweichung resp. Varianz, nur daß an die Stelle des $\bar{x}$ jetzt μ tritt und an die Stelle der relativen Häufigkeiten f_i/n jetzt $p(x_i)$ resp. $f(x)dx$.

Genau wie die empirische läßt sich die theoretische Standardabweichung resp. Varianz durch folgende Alternativformeln berechnen:

$$V(X) = \Sigma\, x_i^2\, p(x_i) - \mu^2 \qquad (11\text{-}25)$$

resp.

$$V(X) = \int_{-\infty}^{\infty} x^2 f(x)\,dx - \mu^2 \qquad (11\text{-}26)$$

● **Kontrollfrage 8:** Man leite (11-25) und (11-26) aus (11-22) und (11-23) her. Hinweis: Die Herleitung erfolgt ganz analog zur Herleitung von (5-9) aus (5-5).

Beispiele:

1. Die Varianz der Ein-Münzwurf-ZV beträgt gemäß (11-22):

$$V(X) = \left(0 - \frac{1}{2}\right)^2 \cdot \frac{1}{2} + \left(1 - \frac{1}{2}\right)^2 \cdot \frac{1}{2} = \underline{0{,}25}$$

Somit beträgt $\sigma = \underline{0{,}50}$.

2. Die Varianz der „Summe-der-zwei-Augenzahlen"-ZV beträgt gemäß (11-25):

$$V(X) = 4 \cdot \frac{1}{36} + 9 \cdot \frac{2}{36} + 16 \cdot \frac{3}{36} + 25 \cdot \frac{4}{36} + 36 \cdot \frac{5}{36} + 49 \cdot \frac{6}{36} + 64 \cdot \frac{5}{36} +$$
$$+ 81 \cdot \frac{4}{36} + 100 \cdot \frac{3}{36} + 121 \cdot \frac{2}{36} + 144 \cdot \frac{1}{36} - 49$$
$$= \underline{5{,}83}$$

Somit ist $\sigma = \underline{2{,}42}$.

3. Für die (stetige) Rechteckvariable über dem Intervall [a, b] ergibt sich für die Varianz nach Formel (11-26):

$$V(X) = \int_a^b \frac{x^2}{b-a}\,dx - \left(\frac{b+a}{2}\right)^2 = \frac{x^3}{3(b-a)}\Bigg|_a^b - \left(\frac{b+a}{2}\right)^2 =$$
$$= \frac{b^3 - a^3}{3(b-a)} - \frac{(b+a)^2}{4} = \underline{\frac{(b-a)^2}{12}}$$

● **Kontrollfrage 9:** Wie groß ist V(X) und σ für eine stetige Rechteckvariable über dem Intervall [0, 1]?

Auch die Varianz resp. Standardabweichung sind *Konstante,* die zu einer Zufallsverteilung gehören und zusammen mit dem Erwartungswert eine in der Regel ausreichende Kurzcharakterisierung einer Zufallsverteilung geben. Weder der Erwartungswert noch die Varianz haben stochastischen, d. h. zufälligen Charakter (ein häufiges Mißverständnis!).

Zum Schluß ist noch auf einen *Grenzfall* einer ZV hinzuweisen: Wenn eine ZV nur einen einzigen Wert, z. B. x = k, annehmen kann, spricht man von einer *degenerierten* ZV. In diesem Fall gilt:

$$p(k) = 1$$

Ferner:

$$\boxed{E(X) = k} \qquad (11\text{-}27)$$

und:

$$\boxed{V(X) = 0} \qquad (11\text{-}28)$$

11.5 Transformationen von Zufallsvariablen

A. Transformationen diskreter Zufallsvariablen

Das Konzept der Transformation einer ZV entspricht dem der Skalentransformation bei einer statistischen Variablen, wie wir es von Kap. IV, Abschnitt 4.3.A und von Kap. V, Abschnitt 5.3.D her kennen. Dort hatten wir aus der statistischen Variablen x die neue statistische Variable x – A resp. U = (x – A)/c gebildet. Im ersten Fall bedeutete das eine Verschiebung der Skala um A, im zweiten Fall zugleich noch eine Streckung oder Stauchung der Skala.

● **Kontrollfrage 10:** Man rekapituliere: In welchem Zusammenhang steht $\bar{u}$ zu $\bar{x}$ und s_u zu s_x?

Durch eine Transformation werden alle Werte einer vorliegenden ZV in bestimmter, durch die Transformationsfunktion φ(x) festgelegter Weise in „neue“ Werte überführt, wobei die Wahrscheinlichkeiten, die den ursprünglichen Werten zugeordnet waren, nunmehr den transformierten Werten zugeordnet werden. Wir wollen jetzt stets von der *alten* und *neuen* ZV sprechen. Gemeint ist dabei: Die *neue* ZV ist eine Transformation der *alten* ZV. Das Konzept der Transformation soll am Beispiel des besonders einfachen Falles einer sog. *linearen Transformation* vorgeführt werden.

Als eine lineare Transformation bezeichnet man die Funktion

$$\boxed{Y = \varphi(X) = a + b \cdot X} \quad , \qquad (11\text{-}29)$$

die mathematisch gesehen eine Gerade angibt. a und b sind dabei beliebige Konstanten, a kann 0 sein, b soll jedoch nicht den Wert 0 annehmen. (Wir wollen den Fall degenerierter ZV ausschließen.)

● **Kontrollfrage 11:** Welche Rolle spielt a und welche b in geometrischer Interpretation von a + b · X?

Man kann sich eine lineare Transformation wie folgt veranschaulichen. Als Beispiel sei die „Summe-der-zwei-Augenzahlen“-ZV X in die neue ZV Y = 2 + 0,5 · X transformiert. Die Wahrscheinlichkeiten $p(x_i)$ sind aus Tabelle 11-2 entnommen (vgl. Fig. 11-12).

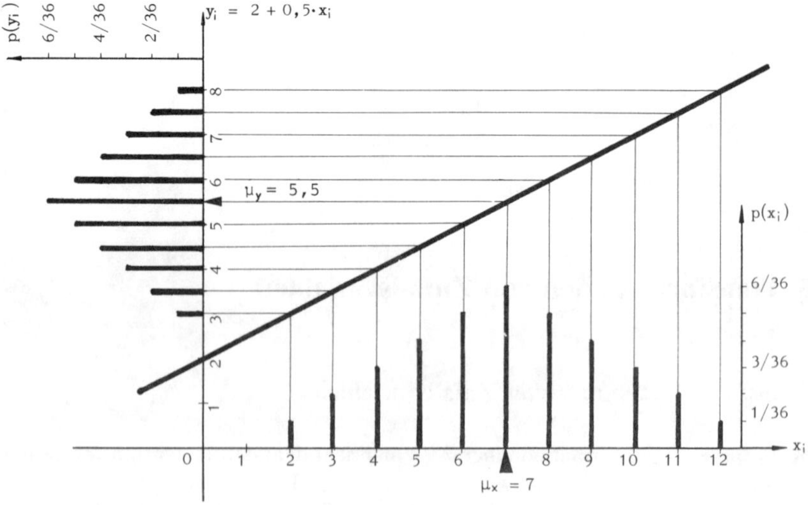

Fig. 11-12: Die Veranschaulichung der Transformation Y = 2 + 0,5 · X der „Summe-von-zwei-Augenzahlen“-ZV

Die Wahrscheinlichkeitsverteilung der ZV $Y = 2 + 0{,}5 \cdot X$ ist auf der Y-Achse als Stabdiagramm aufgetragen. Die Länge der Stäbe beträgt $p(y_i) = p(x_i)$ für jedes $y_i = \varphi(x_i)$. Der Wertebereich von Y umfaßt die elf Zahlen von 3 bis 8, wie in Fig. 11-12 gezeigt.

B. Transformationen stetiger Zufallsvariablen

Die Transformation einer stetigen ZV sei am Beispiel einer Rechteckverteilung über dem Intervall [4, 8], die mit $\varphi(X) = 1 + X/2$ transformiert wird, vorgestellt. Durch diese Transformation wird die Rechteckverteilung von X über dem Intervall [4, 8] mit $f(x) = \frac{1}{4}$ in die Rechteckverteilung von Y über dem Intervall [3, 5] transformiert (siehe Fig. 11-13). Eine Transformation bedeutet jetzt, daß man von X nach Y so überwechselt, daß die in Fig. 11-13 schraffierten Flächenstücke gleich groß bleiben („Flächentreue"). Diese Flächentreue gilt *für jedes Intervall.*

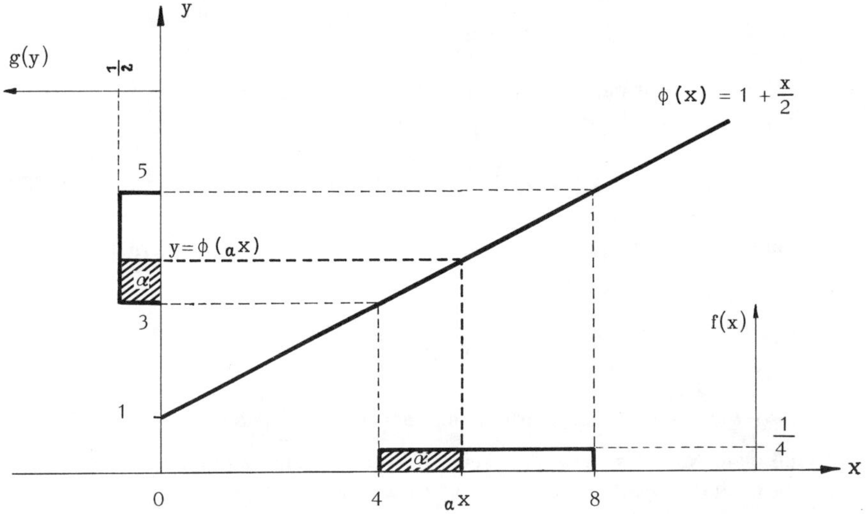

Fig. 11-13: Die Transformation $Y = 1 + X/2$ der Rechteckverteilung über [4, 8]

Infolge der Transformation einer stetigen ZV ist die Dichte- und Verteilungsfunktion der neuen ZV nicht mehr diejenige der alten ZV. Die Verzerrung infolge der Transformation resultiert in einer neuen Dichte- und Verteilungsfunktion, die aber immer in genau angebbarer Weise mit den alten Funktionen zusammenhängt.

Zur Verdeutlichung sei jetzt die Dichtefunktion von Y mit g(y) und ihre Verteilungsfunktion mit G(y) bezeichnet. Für die Herleitung von g(y) und G(y) geht man von der Grundtatsache aus, daß für monoton steigende Transformationen die Ereignisse „Die ZV X unterschreitet $_{\alpha}x$" und „Die ZV $Y = 1 + X/2$ unterschreitet $1 + {_{\alpha}x}/2$" gleichwertig und die korrespondierenden Wahrscheinlichkeiten deswegen gleich groß sind.

$$\boxed{\underbrace{P(Y \leq \varphi({}_{\alpha}x))}_{G({}_{\alpha}y)} = \underbrace{P(X \leq {}_{\alpha}x)}_{F({}_{\alpha}x)}} \tag{11-30}$$

Allgemein gilt also für monoton steigendes φ(x), d. h. also b > 0 im Falle einer linearen Transformation:

$$\boxed{G(\varphi(x)) = F(x)} \tag{11-31}$$

Durch Ableitung erhält man daraus (unter Verwendung der Regel für die Ableitung der Funktion einer Funktion) die Beziehung zwischen den Dichtefunktionen der „alten" und „neuen" ZV.

$$\underbrace{\frac{dG(y)}{dx}}_{\underbrace{\frac{dG(y)}{dy}}_{g(y)} \cdot \underbrace{\frac{dy}{dx}}_{\varphi'(x)}} = \underbrace{\frac{dF(x)}{dx}}_{f(x)}$$

Somit gilt generell für monoton steigende Transformationen:

$$\boxed{g(y) = \frac{f(x)}{\varphi'(x)}} \tag{11-32}$$

Da in unserem Beispiel $\varphi = 1 + x/2$ ist, folgt $\varphi'(x) = \frac{1}{2}$. Da ferner $f(x) = \frac{1}{4}$ ist, folgt in unserem Beispiel:

$$g(y) = \frac{1/4}{1/2} = \frac{1}{2}$$

Y ist also wiederum rechteckverteilt, mit der Dichte $\frac{1}{2}$ (siehe Fig. 11-13). Natürlich muß man, wenn f(x) und φ'(x) keine Konstanten sind, x durch $\varphi^{-1}(y)$ ersetzen, um tatsächlich die Dichte als Funktion von y auszudrücken.

C. Erwartungswert und Varianz transformierter Zufallsvariablen

Wenn eine diskrete oder stetige ZV X durch a + b · X in die ZV X transformiert wird, dann gilt für den *Erwartungswert:*

$$\boxed{E(Y) = a + b\,E(X)} \tag{11-33}$$

und für die *Varianz:*

$$\boxed{V(Y) = b^2 \cdot V(X)} \tag{11-34}$$

Die beiden Formeln sind in der Statistik von außerordentlich großer Bedeutung. Ihr Beweis (für diskrete ZV) ist in der Aufgabe 11-7 mit Lösung zu finden. Für die beiden in Fig. 11-12 und Fig. 11-13 veranschaulichten Transformationen sind die Zusammenhänge zwischen den Erwartungswerten und Varianzen sofort nachvollziehbar. Für die Erwartungswerte der diskreten ZV von Fig. 11-12 gilt beispielsweise, daß E(Y) = 5,5 ist, weil E(X) = 7 und $\varphi(x) = 2 + 0{,}5 \cdot x$ ist. Für die Erwartungswerte der Rechteckverteilungen von Fig. 11-13 gilt: E(X) = 6 und $E(Y) = 1 + \frac{1}{2} \cdot E(X) = 4$. Der „neue" Erwartungswert hängt also immer ab von beiden Koeffizienten der Transformationsfunktion.

Was die *Varianzen* anbetrifft, so sind sie als Maß der Streuung nur abhängig von den Entfernungen der Werte einer Verteilung von ihrem Erwartungswert. Die Varianz der ZV von Fig. 11-12 beträgt 5,83. Dies bliebe auch so, wenn man die x_i alle um 1000 nach rechts verschoben hätte, wenn die neue ZV also die Werte 1002 bis 1012 hätte. Man sagt daher, eine *Varianz ist unempfindlich gegen Nullpunktverschiebungen.* Sie hängt also nicht vom Koeffizienten a der Transformation ab. Hinsichtlich einer Änderung der Skaleneinteilung ist eine Varianz aber nicht unempfindlich. Wenn wir, wie hier, die Skaleneinteilung für die ZV Y halbieren, dann ist die Streuung gemessen als Varianz der ZV Y natürlich kleiner, und zwar ist sie um $(\frac{1}{2})^2 = \frac{1}{4}$ kleiner. Somit ist:

$$V(Y) = 0{,}25\ V(X), \quad \text{d.h. } V(Y) = 0{,}25 \cdot 5{,}83 = \underline{1{,}46}$$

● **Kontrollfrage 12:** Berechnen Sie E(Y) und V(Y) unter Verwendung der Formeln (11-20) und (11-25), und prüfen Sie die Richtigkeit der soeben gefundenen Ergebnisse. Wie groß ist V(Y) für die transformierte Rechteckverteilung von Fig. 11-13?

Anwendungen:

Zwei Anwendungen der Formeln (11-33) und (11-34) sind für den Statistiker besonders wichtig.

Anwendung 1:

n sei eine beliebige natürliche Zahl, z. B. der Umfang einer Stichprobe. Dann gilt für die Transformation $Y = \frac{1}{n} X$:

$$\boxed{E(Y) = \frac{1}{n} E(X)} \qquad (11\text{-}35)$$

und

$$\boxed{V(Y) = \left(\frac{1}{n}\right)^2 V(X)} \qquad (11\text{-}36)$$

resp.

$$\boxed{\sigma_y = \frac{\sigma_x}{n}} \qquad (11\text{-}37)$$

Anwendung 2 (Standardisierung):

Nimmt man die Transformation einer ZV X mit dem Erwartungswert μ_x und der Standardabweichung σ_x wie folgt vor: $Y = (X - \mu_x)/\sigma_x$, so gilt:

$$\boxed{E(Y) = 0} \tag{11-38}$$

und

$$\boxed{V(Y) = 1} \tag{11-39}$$

Man nennt diese wichtige Transformation auch die *„Standardisierung"* der ZV X. *Die ZV Y heißt die standardisierte ZV, die zu X gehört.*

Für die Herleitung von (11-35) bis (11-39) braucht man nur in Formel (11-33) und (11-34) die entsprechenden Werte für a und b einzusetzen. Bei der Transformation $y = \frac{1}{n}x$ ist $a = 0$ und $b = \frac{1}{n}$, bei der Transformation $y = \frac{x - \mu_x}{\sigma_x}$ ist $a = -\frac{\mu_x}{\sigma_x}$ und $b = \frac{1}{\sigma_x}$.

Schlußbemerkung:

Neben linearen Variablentransformationen gibt es auch nichtlineare Transformationen von Zufallsvariablen. Eine spezielle, besonders bedeutsame nichtlineare Transformation lautet:

$$Y = \varphi(X) = (X - \mu_x)^2$$

Geht man von der folgenden Verallgemeinerung des Erwartungswertes (11-20) resp. (11-21) aus:

$$E[\varphi(X)] = \begin{cases} \Sigma\, \varphi(x_i)\, p(x_i) \\ \int \varphi(x)\, f(x)\, dx \end{cases} \tag{11-40}$$

so erkennt man sofort, daß ganz allgemein gelten muß:

$$E(Y) = E[(X - \mu_x)^2] = \begin{cases} \Sigma\, (x_i - \mu_x)^2\, p(x_i) \\ \int (x - \mu_x)^2 f(x)\, dx \end{cases}$$

Der Ausdruck rechts neben der geschweiften Klammer ist definitionsgemäß die Varianz einer (diskreten oder stetigen) ZV X. Man erkennt jetzt, daß die Varianz von X dasselbe ist wie der Erwartungswert von $(X - \mu_x)^2$.

$$\boxed{V(X) = E[(X - \mu_x)^2]} \tag{11-41}$$

Man kann also das Konzept der Varianz zurückführen auf das Konzept des Erwartungswertes, wie wir das in Kap. V für die empirische Varianz gezeigt haben (Abschnitt 5.3). Eine theoretische und empirische Varianz ist letztlich nichts anderes als ein gewogener „Durchschnitt" von Abstandsquadraten, wobei die Abstände gemessen werden zum arithmetischen Mittel resp. zum Erwartungswert von X.

Schließlich läßt sich die Erwartungswertverallgemeinerung (11-40) auch dazu verwenden, (11-41) in folgender Weise zu schreiben:

$$\boxed{V(X) = E(X^2) - [E(X)]^2} \qquad (11\text{-}42)$$

(11-42) ist nichts anderes als eine verkürzte Schreibweise für die beiden Alternativformeln (11-25) und (11-26).

11.6 Aufgaben mit Lösung

Aufgabe 11-1:

Eine Maschine produziert einen bestimmten Prozentsatz fehlerhafter Stücke. Es sind daher drei Kontrollmechanismen in Reihe nacheinander geschaltet, um die fehlerhaften Stücke auszusondern. Der erste Kontrollmechanismus eliminiert 80% der fehlerhaften Stücke, der zweite und dritte jeweils noch 50% der dort eintreffenden fehlerhaften Stücke. Wie groß sind die Wahrscheinlichkeiten, daß ein fehlerhaftes Stück bei der 1., 2. oder 3. Kontrolle oder erst aufgrund einer Kundenreklamation eliminiert wird? Angenommen, die Fehlerelimination koste pro eliminiertes Stück 2 GE bei der 1. Kontrolle, 5 GE resp. 10 GE bei der 2. resp. 3. Kontrolle und 20 GE bei Kundenreklamation (Spesenersatz und Geschenk für Umtriebe beim Kunden). Welche Wahrscheinlichkeitsverteilung der Kosten für die Beseitigung eines defekten Stückes liegt vor? Zeichnen Sie ein Stabdiagramm. Welche Eliminationskosten verursacht ein fehlerhaftes Stück im Durchschnitt? (Berechnen Sie den Erwartungswert.) Man kann unterstellen, von den Kunden würden alle dorthin gelieferten fehlerhaften Stücke auch tatsächlich entdeckt und retourniert.

Lösung:

Sei K_i: Entdeckung und Elimination bei der i. Kontrolle. C: Entdeckung beim Kunden. Gegeben ist: $P(K_1) = 0{,}8$; $P(K_2 \mid \overline{K}_1) = 0{,}5$; $P(K_3 \mid \overline{K}_1 \cap \overline{K}_2) = 0{,}5$.

Somit: $P(K_2) = 0{,}5 \cdot 0{,}2 = \underline{0{,}1}$;

$P(K_3) = 0{,}5 \cdot 0{,}1 = \underline{0{,}05}$

und $P(C) = P(\overline{K}_1 \cap \overline{K}_2 \cap \overline{K}_3) = 1 - 0{,}8 - 0{,}1 - 0{,}05 = \underline{0{,}05}$

X sei die ZV: Eliminationskosten

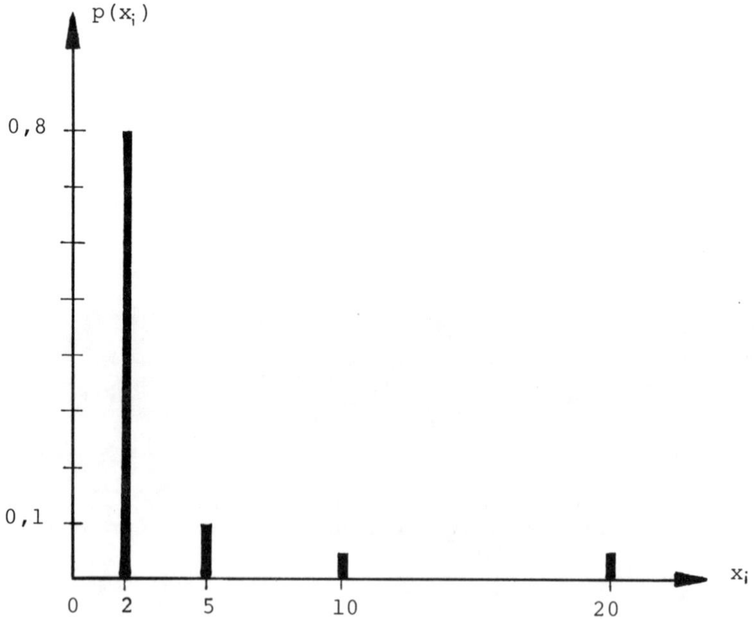

$E(X) = 2 \cdot 0{,}8 + 5 \cdot 0{,}1 + 10 \cdot 0{,}05 + 20 \cdot 0{,}05 = \underline{3{,}6}$

Aufgabe 11-2:
Beim Zufallsexperiment „Würfeln mit 2 Würfeln“ und den dabei auftretenden 36 Elementarereignissen {(1 1) (1 2) ... (6 6)} lege man die folgende Zuordnungsregel von Zahlen zu den Elementarereignissen fest: Falls der 2. Würfel eine größere Augenzahl als der 1. Würfel hat, ordne man +1 zu (der 2. Würfel hat einen „höheren Rang“ als der 1.), falls beide Würfel eine gleiche Augenzahl („gleichen Rang“) aufweisen, werde 0 zugeordnet, und falls der 2. Würfel eine kleinere Augenzahl als der 1. Würfel aufweist („kleinerer Rang“ des 2. Würfels als der des ersten), werde –1 zugeordnet. Bilden Sie die Zufallsvariable: „Rang des 2. Würfels“. Skizzieren Sie das Stabdiagramm, und berechnen Sie den Erwartungswert und die Varianz.

Lösung:
Die „Rang-des-2.-Würfels“-Zufallsvariable wird hier U genannt. Sie wird in der folgenden Tabelle definiert:

Elementarereignisse	u_i	$p(u_i)$
(2 1) (3 1) (3 2) (4 1) (4 2) (4 3) (5 1) (5 2) (5 3) (5 4) (6 1) (6 2) (6 3) (6 4) (6 5)	–1	15/36
(1 1) (2 2) (3 3) (4 4) (5 5) (6 6)	0	6/36
(1 2) (1 3) (1 4) (1 5) (1 6) (2 3) (2 4) (2 5) (2 6) (3 4) (3 5) (3 6) (4 5) (4 6) (5 6)	1	15/36

Graphisch ergibt sich das folgende Stabdiagramm:

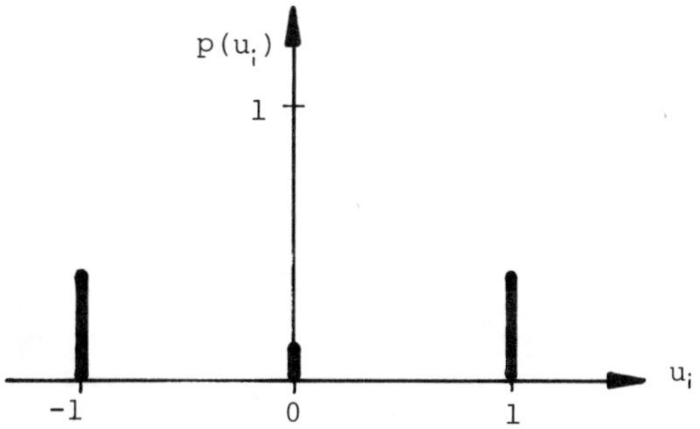

$$E(U) = (-1) \cdot \frac{15}{36} + 0 \cdot \frac{6}{36} + 1 \cdot \frac{15}{36} = \underline{0}$$

$$V(U) = (-1)^2 \cdot \frac{15}{36} + (0)^2 \cdot \frac{6}{36} + (1)^2 \cdot \frac{15}{36} - 0^2 = \frac{30}{36} = \underline{0,83}$$

Aufgabe 11-3:
Die (absoluten) Häufigkeiten der 40 ausgelosten Zahlen des Schweizer Zahlenlottos vom 10. 1. 1970 bis 30. 12. 1978 haben betragen:

Zahl	f_i	Zahl	f_i	Zahl	f_i	Zahl	f_i
1	71	11	88	21	63	31	65
2	75	12	68	22	87	32	69
3	82	13	72	23	67	33	63
4	75	14	57	24	70	34	67
5	62	15	63	25	74	35	64
6	62	16	57	26	73	36	67
7	55	17	52	27	77	37	59
8	67	18	80	28	70	38	65
9	82	19	62	29	69	39	70
10	73	20	65	30	81	40	84

$\Sigma f_i = 2'772 \qquad \sum_{i=1}^{40} x_i f_i = 56'666$

a) Berechnen Sie das AM der ausgelosten Zahlen.
b) Welches Modell einer Zufallsverteilung gehört zu der empirischen Häufigkeitsverteilung der 40 ausgelosten Zahlen (siehe obige Tabelle)?
c) Welches ist der Erwartungswert der Modellverteilung?

Lösung:

a) $\bar{x} = \frac{\Sigma x_i f_i}{n} = \frac{56'666}{2'772} = \underline{20{,}44}$

b) Es handelt sich hier um das Modell der diskreten Rechteckverteilung für die Zahlen 1 bis 40. Wertebereich: {1, 2, 3, 4, ..., 40}

$$P(X = x_i) = \frac{1}{40}, \; i = 1, 2, \ldots, 40$$

c) $E(X) = \sum_{i=1}^{40} x_i p(x_i)$. Da $\sum_{i=1}^{40} x_i = \frac{n(n+1)}{2}$, folgt:

$$E(X) = \frac{40 \cdot (40+1)}{2} \cdot \frac{1}{40} = \frac{41}{2} = \underline{20{,}5}$$

Aufgabe 11-4:
Der Chevalier de Méré war einer der passionierten Spieler des 17. Jh., jedoch kein Kenner der Wahrscheinlichkeitsrechnung. Er stand vor folgendem Problem: Es stehen die Spielmöglichkeiten A und B zur Verfügung. Man gewinnt 10 Franken im Falle

A: wenn man bei einem Wurf mit 4 Würfeln wenigstens eine Sechs würfelt;
B: wenn man bei 24 Würfen mit 2 Würfeln mindestens einmal zwei Sechsen würfelt.

Treten diese Ereignisse nicht ein, muß man 10 Franken einzahlen. Soll der Chevalier de Méré an Spiel A oder an Spiel B teilnehmen? Gehen Sie bei Ihrer Antwort von den Erwartungswerten aus!

Lösung:

$$P(\text{Gewinn bei A}) = 1 - \left(\frac{5}{6}\right)^4 = 0{,}518, \quad P(\text{Verlust bei A}) = 0{,}482$$

$$P(\text{Gewinn bei B}) = 1 - \left(\frac{35}{36}\right)^{24} = 0{,}491, \quad P(\text{Verlust bei B}) = 0{,}509$$

$$E\,(A) = 5{,}18\text{ Fr.} - 4{,}82\text{ Fr.} = \underline{0{,}36\text{ Fr.}}$$

$$E\,(B) = 4{,}91\text{ Fr.} - 5{,}09\text{ Fr.} = \underline{-\,0{,}18\text{ Fr.}}$$

Die Teilnahme an Spiel A lohnt sich. Bei Teilnahme an Spiel B verliert man auf die Dauer.

Aufgabe 11-5:
Gegeben sei folgende Funktion:

$$f(x) = \begin{cases} \frac{1}{2} + \frac{x}{4} & \text{für } -2 \leq x \leq 0 \\ \frac{1}{2} - \frac{x}{4} & \text{für } 0 \leq x \leq 2 \\ 0 & \text{sonst} \end{cases}$$

a) Prüfen Sie, ob es sich bei f(x) um eine Dichtefunktion handelt.
b) Man zeichne f(x).
c) Wie groß ist $P(X \geq 0{,}5)$? Zeichnen Sie diese Wahrscheinlichkeit als schraffierte Fläche in die zu b) gemachte Graphik ein.

Lösung:
a) Bedingung für eine Dichtefunktion:

$$\int_{-2}^{0} \left(\frac{1}{2} + \frac{x}{4}\right) dx + \int_{0}^{2} \left(\frac{1}{2} - \frac{x}{4}\right) dx = \left(\frac{x}{2} + \frac{x^2}{8}\right)\Bigg|_{-2}^{0} + \left(\frac{x}{2} - \frac{x^2}{8}\right)\Bigg|_{0}^{2} =$$

$$= 1 - \frac{4}{8} + 1 - \frac{4}{8} = \underline{1}$$

Somit ist gezeigt, daß f(x) eine Dichtefunktion ist.

b)

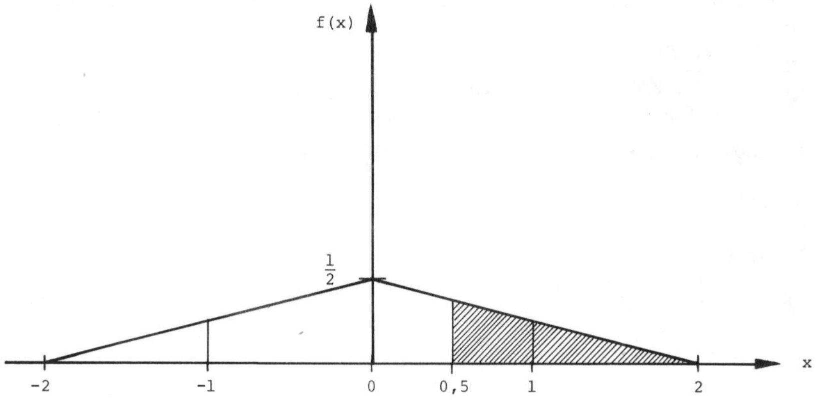

c) $P(X \geq 0{,}5) = \int_{0,5}^{2} f(x)\,dx = \int_{0,5}^{2} \left(\frac{1}{2} - \frac{x}{4}\right) dx = \left(\frac{x}{2} - \frac{x^2}{8}\right)\Bigg|_{0,5}^{2} =$

$$= \frac{2}{2} - \frac{4}{8} - \frac{1}{4} + \frac{1}{32} = \frac{32 - 16 - 8 + 1}{32} = \underline{\underline{\frac{9}{32}}}$$

Bei der hier vorliegenden einfachen Dichtefunktion hätte man die Wahrscheinlichkeit auch als Dreiecksfläche direkt berechnen können.

***Aufgabe 11-6:**

Der russische Mathematiker *P. L. Tschebyscheff* (1821–1894) hat eine berühmt gewordene Ungleichung aufgestellt (und bewiesen), die es ermöglicht, bei Kenntnis der Varianz einer Zufallsvariablen X *(von unbekannter Verteilung)* abschätzen zu können, mit welchen Wahrscheinlichkeiten sie um mehr als eine bestimmte Strecke vom Erwartungswert liegt. Die *Tschebyscheffsche Ungleichung* lautet:

$$P(|X - \mu_x| \geq k\sigma) \leq \frac{1}{k^2}$$

Geben Sie jetzt an, mit höchstens welcher Wahrscheinlichkeit eine beliebige (diskrete oder stetige) Zufallsvariable im Bereich außerhalb von $\mu \pm 1{,}5\sigma$, $\mu \pm 2\sigma$ und $\mu \pm 3\sigma$ realisiert wird (Werte annimmt).

Lösung:

$$P(|X - \mu| \geq 1{,}5\sigma) \leq \frac{1}{2{,}25} = 44\%$$

$$P(|X - \mu| \geq 2\sigma) \leq \frac{1}{4} = 25\%$$

$$P(|X - \mu| \geq 3\sigma) \leq \frac{1}{9} = 11\%$$

In Worten: Innerhalb des 1,5-Sigma-Intervalls um μ liegen ganz allgemein mindestens 56%, d. h. außerhalb liegen höchstens 44% der Wahrscheinlichkeit einer Zufallsverteilung. Innerhalb des 2σ-Intervalls liegen mindestens 75% und außerhalb liegen höchstens 25% der Wahrscheinlichkeit. Innerhalb eines 3σ-Intervalls liegen mindestens 89% und außerhalb liegen höchstens 11% der Wahrscheinlichkeit.

Aufgabe 11-7:

Eine diskrete ZV X werde durch a + bX in die ZV Y transformiert. Beweisen Sie die beiden folgenden Formeln: (11–33) und (11–34).

a) $E(Y) = a + bE(X)$

b) $V(Y) = b^2 \cdot V(X)$

Lösung:

Es ist $p(y_i) = p(x_i)$

a) $$E(Y) = \Sigma y_i p(y_i) = \Sigma(a + bx_i)p(y_i) = a \underbrace{\Sigma p(y_i)}_{1} + b \underbrace{\Sigma x_i p(y_i)}_{\mu_x} = \underline{a + b\mu_x}$$

b) $$\begin{aligned} V(Y) &= \Sigma y_i^2 p(y_i) - \mu_y^2 \\ &= \Sigma(a + bx_i)^2 p(y_i) - (a + b\mu_x)^2 \\ &= \Sigma(a^2 + 2abx_i + b^2x_i^2)p(y_i) - (a^2 + 2ab\mu_x + b^2[E(X)]^2) \\ &= a^2 \underbrace{\Sigma p(y_i)}_{1} + 2ab \underbrace{\Sigma x_i p(y_i)}_{\mu_x} + b^2 \underbrace{\Sigma x_i^2 p(y_i)}_{E(X^2)} - a^2 - 2ab\mu_x - b^2[E(X)]^2 \\ &= b^2(E(X^2) - [E(X)]^2) \\ &= \underline{b^2 \cdot V(X)} \end{aligned}$$

Aufgabe 11-8:
Eine Zufallsvariable X sei wie folgt definiert:

$$f(x) = \begin{cases} 1 - \frac{x}{2} & \text{für } 0 < x < 2 \\ 0 & \text{sonst} \end{cases}$$

Wie lauten die Dichte- und die Verteilungsfunktion der transformierten Zufallsvariablen $Y = X^2$?

Lösung:

$$\varphi(x) = x^2; \quad \varphi'(x) = 2x; \quad x = \sqrt{y}$$

$$g(y) = \frac{f(x)}{\varphi'(x)} = \frac{1 - \frac{x}{2}}{2x}$$

$$\Rightarrow g(y) = \begin{cases} \frac{1}{2\sqrt{y}} - \frac{1}{4} & \text{für } 0 < y < 4 \\ 0 & \text{sonst} \end{cases}$$

$$G(y) = \begin{cases} \sqrt{y} - \frac{y}{4} & \text{für } 0 < y < 4 \\ 1 & \text{für } y > 4 \\ 0 & \text{für } y \leq 0 \end{cases}$$

Aufgabe 11-9:

Es liege eine völlig beliebige stetige ZV vor. Man benutze als Transformationsfunktion $\varphi(X)$ die Verteilungsfunktion $F(X)$. Welcher Verteilung folgt dann die transformierte (neue) ZV?

Lösung:

Es ist Formel (11-32) anzuwenden. Da $\varphi(x) = F(x)$ ist, folgt $\varphi'(x) = f(x)$. Somit:

$$g(y) = \frac{f(x)}{f(x)} = 1 \text{ (siehe Figur).}$$

Man erkennt die Dichtefunktion einer stetigen Rechteckverteilung über dem Intervall [0, 1].

Folgerung: Jede beliebige stetige ZV läßt sich in eine stetige Rechteckverteilung transformieren, wenn man die Verteilungsfunktion als Transformationsfunktion nimmt.

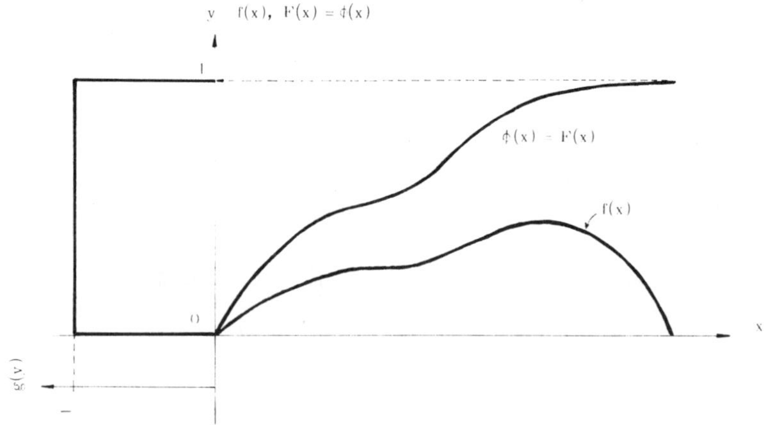

Die Transformation mittels $\varphi(x) = F(x)$

11.7 Antworten auf die Kontrollfragen

1. Man muß eine Liste aller Elementarereignisse anfertigen und dann abzählen, wie viele von ihnen im Verhältnis zur Gesamtzahl zu den Werten des Wertebereichs gehören. Wenn, wie im 1. Beispiel, dem Auftreten einer Zahl eine „Eins" zugeordnet ist, gibt es:

Elementarereignisse	Werte der ZV	Wahrscheinlichkeit
000	0	$\frac{1}{8}$
001 010 100	1	$\frac{3}{8}$
110 101 011	2	$\frac{3}{8}$
111	3	$\frac{1}{8}$

2. Wertebereich: die sechs ganzen Zahlen {1, 2, 3, 4, 5, 6}

   Dazugehörige Wahrscheinlichkeiten: $\frac{1}{6}, \frac{1}{6}, \frac{1}{6}, \frac{1}{6}, \frac{1}{6}, \frac{1}{6}$.

   Geometrische ZV: $p(1) = \frac{1}{2}$; $p(2) = \left(\frac{1}{2}\right)^2$; $p(3) = \left(\frac{1}{2}\right)^3$ usw.

   allgemein: $p(x) = \left(\frac{1}{2}\right)^x$.

3. $P(X = 0) = \frac{1}{3} \cdot \frac{1}{3} \cdot \frac{1}{3} = \frac{1}{27}$

   $P(X = 1) = 3\left(\frac{2}{3} \cdot \frac{1}{3} \cdot \frac{1}{3}\right) = \frac{6}{27}$

   $P(X = 2) = 3\left(\frac{2}{3} \cdot \frac{2}{3} \cdot \frac{1}{3}\right) = \frac{12}{27}$

   $P(X = 3) = \frac{2}{3} \cdot \frac{2}{3} \cdot \frac{2}{3} = \frac{8}{27}$

   Die Wahrscheinlichkeitsfunktion einer solchen Zufallsvariablen ist also:

   $$p(x_i) = \binom{3}{x_i} \left(\frac{2}{3}\right)^{x_i} \left(\frac{1}{3}\right)^{3-x_i}$$

4. $P(X = x_i) = \frac{1}{40}$, $i = 1, 2, 3, \ldots, 40$

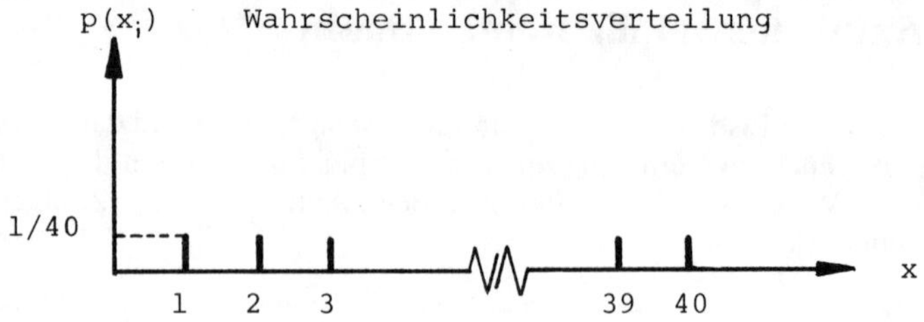

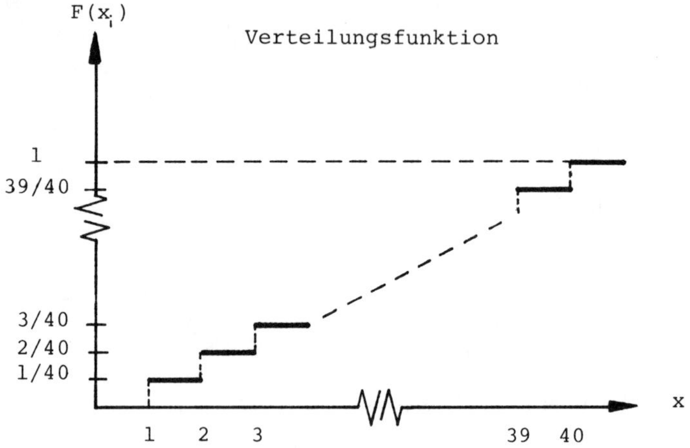

5. $\alpha = 0{,}25$: 1. Quartil
$\alpha = 0{,}50$: 2. Quartil (Median)
$\alpha = 0{,}75$: 3. Quartil

6.
$$f(x) = \begin{cases} 0 & \text{für } x < 0 \\ 1 & \text{für } 0 \leq x \leq 1 \\ 0 & \text{für } x > 1 \end{cases}$$

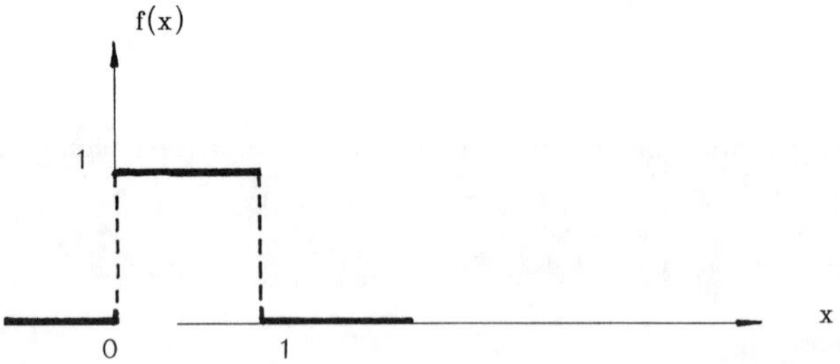

$$F(x) = \begin{cases} 0 & \text{für } x < 0 \\ x & \text{für } 0 \leq x \leq 1 \\ 1 & \text{für } x > 1 \end{cases}$$

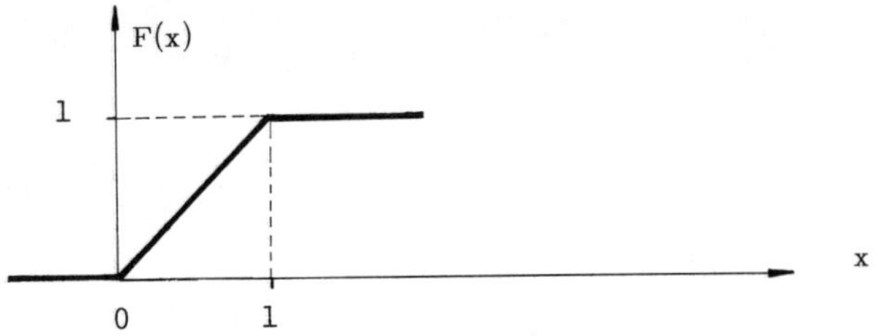

7. a) Der Erwartungswert für die ZV der Tabelle 11-2.
   E(X) = 7 (= Modus, da die Verteilung symmetrisch ist)

   b) Bei der ZV von Tab. 11-3:
   $$E(X) = 0 \cdot \frac{1}{8} + 1 \cdot \frac{3}{8} + 2 \cdot \frac{3}{8} + 3 \cdot \frac{1}{8} = \underline{1{,}5}$$

   c) $$E(X) = 4 \cdot \frac{1}{2} + 6 \cdot \frac{1}{4} + 9 \cdot \frac{1}{4} = \underline{\frac{23}{4}}$$

8. $$V(X) = \sum_{i=1}^{n} (x_i - \mu)^2 \cdot p(x_i)$$
$$= \sum_{i=1}^{n} (x_i^2 - 2x_i\mu + \mu^2) \cdot p(x_i)$$
$$= \Sigma x_i^2 p(x_i) - 2\mu \underbrace{\Sigma x_i p(x_i)}_{\mu} + \mu^2 \underbrace{\Sigma p(x_i)}_{1}$$
$$= \underline{\Sigma x_i^2 p(x_i) - \mu^2} \qquad \text{q. e. d.}$$

$$V(X) = \int_{-\infty}^{\infty} (x - \mu)^2 f(x)\, dx$$
$$= \int_{-\infty}^{\infty} (x^2 - 2x\mu + \mu^2) f(x)\, dx$$
$$= \int_{-\infty}^{\infty} x^2 f(x)\, dx - 2\mu \underbrace{\int_{-\infty}^{\infty} x f(x)\, dx}_{\mu} + \mu^2 \underbrace{\int_{-\infty}^{\infty} f(x)\, dx}_{1}$$
$$= \underline{\int_{-\infty}^{\infty} x^2 f(x)\, dx - \mu^2} \qquad \text{q. e. d.}$$

9. $V(X) = \dfrac{1}{12}$; $\sigma = \dfrac{1}{\sqrt{12}}$

10. $\bar{u} = \dfrac{\bar{x} - A}{c}$; $s_u = \dfrac{s_x}{c}$

11. a ist der Ordinatenabschnitt und b die Steigung der Transformationsfunktion.

12. $E(Y) = \Sigma y_i \, p(y_i)$

$$= 3 \cdot \frac{1}{36} + 3{,}5 \cdot \frac{2}{36} + 4 \cdot \frac{3}{36} + 4{,}5 \cdot \frac{4}{36} + 5 \cdot \frac{5}{36} + 5{,}5 \cdot \frac{6}{36} +$$

$$+ 6 \cdot \frac{5}{36} + 6{,}5 \cdot \frac{4}{36} + 7 \cdot \frac{3}{36} + 7{,}5 \cdot \frac{2}{36} + 8 \cdot \frac{1}{36}$$

$$= \frac{198}{36} = \underline{5{,}5}$$

$$V(Y) = \Sigma y_i^2 \, p(y_i) - \mu_y^2$$

$$= 3^2 \cdot \frac{1}{36} + 3{,}5^2 \cdot \frac{2}{36} + 4^2 \cdot \frac{3}{36} + 4{,}5^2 \cdot \frac{4}{36} + 5^2 \cdot \frac{5}{36} + 5{,}5^2 \cdot \frac{6}{36} +$$

$$+ 6^2 \cdot \frac{5}{36} + 6{,}5^2 \cdot \frac{4}{36} + 7^2 \cdot \frac{3}{36} + 7{,}5^2 \cdot \frac{2}{36} + 8^2 \cdot \frac{1}{36}$$

$$= \frac{1141{,}5}{36} - 5{,}5^2 = \underline{1{,}46}$$

Wir sehen also, daß die Resultate bei Verwendung der Formeln (11-20) und (11-25) mit denjenigen bei Verwendung der Formeln (11-33) und (11-34) übereinstimmen.

Bei der transformierten Rechteckverteilung von Fig. 11-13 ist a = 1 und $b = \frac{1}{2}$.

$$V(Y) = \frac{1}{4} V(X) \; ; \; V(X) = \frac{(8-4)^2}{12} = \frac{16}{12} = \underline{\frac{4}{3}}$$

$$V(Y) = \frac{1}{4} \cdot \frac{4}{3} = \underline{\frac{1}{3}}$$

Kapitel XII: Einige wichtige diskrete Zufallsverteilungen

12.1 Die Binomialverteilung

A. Wahrscheinlichkeitsfunktion und Stabdiagramm

Die Binomialverteilung (binomische Verteilung) ist eines der wichtigsten diskreten Zufallsmodelle. Sie wurde von *Jakob Bernoulli* entwickelt, nach dem auch das ursprünglich zugrunde liegende Zufallsexperiment des Werfens einer Münze benannt ist (siehe Kapitel XI. Die Ein-Münzwurf-ZV heißt daher auch Bernoullivariable). In Verallgemeinerung des Münzwurfexperiments kann man n-mal aus einer Lottotrommel oder Urne ziehen. Die Urne hat einen zweigeteilten (dichotomischen) Inhalt, d. h., sie enthält *zwei Kategorien* von Kugeln, z. B. rote und weiße (nichtrote). Jede gezogene Kugel wird vor dem nächsten Zug wieder in die Urne zurückgelegt. Die Kategorie roter Kugeln repräsentiere das interessierende Ereignis, z. B. Ja-Antworten, Befürworter einer Sache, einwandfreie Stücke einer Produktion oder kurz: „Erfolge". *Als Binomialvariable bezeichnet man die Anzahl möglicherweise auftretender („sich realisierender") Erfolge innerhalb einer Stichprobe vom Umfang n samt zugehörigen Wahrscheinlichkeiten, wie sie sich beim Ziehen mit jedesmaligem Zurücklegen ergeben.*

In Abschnitt IV.2 der Beilage „Formeln, Rechenregeln . . ." wurde die Wahrscheinlichkeitsfunktion einer Binomialvariablen in ausführlicher Weise hergeleitet. Vor dem Weiterlesen sehe man sich diesen Abschnitt genau an. Es muß jetzt lediglich noch die übliche Notation eingeführt werden: die Proportion der roten („Erfolgs-") Kugeln in der Trommel soll jetzt mit π (statt mit π_1), die Proportion der weißen („Mißerfolgs-") Kugeln mit $1-\pi$ (statt mit π_2) bezeichnet werden. Die Zahl der gezogenen Erfolgskugeln, d. h. die möglichen Realisationen der Binomialvariablen, wird mit x_i (statt mit n_1) bezeichnet. Formel (IV-1) der Beilage lautet jetzt:

$$P(X = x_i) = p(x_i) = \binom{n}{x_i} \pi^{x_i} (1-\pi)^{n-x_i} \qquad (12\text{-}1)$$

Bemerkung und Schreibweise:

Der Begriff „Binomialvariable" ist der Familienname für eine große Zahl von ZV, denn n kann eine beliebig große ganze Zahl sein und die Proportion der „Erfolgskugeln" in der Urne jeden beliebigen Wert zwischen 0 und 1 annehmen. Um eine

Binomialvariable zu identifizieren, muß man daher n und π, die beiden *Parameter* der Binomialvariablen, konkretisieren. Man schreibt allgemein $X = B(n; \pi)$.

● **Kontrollfrage 1:** In Kap. XI, Abschnitt 11.1.B (5. Beispiel) ist bereits eine Binomialvariable vorgestellt worden. Welches sind ihre Parameter?

Die Gestalt des Stabdiagramms, mit dem man üblicherweise eine Binomialvariable veranschaulicht, hängt vom Wert der Parameter n und π ab. Fig. 12-1 zeigt für $n = 6$ drei Binomialvariablen mit $\pi = 0{,}2$, $\pi = 0{,}5$ und $\pi = 0{,}8$. Je zwei Binomialvariablen mit Parametern π, die sich zu eins ergänzen (wie bei der linken und rechten Verteilung von Fig. 12-1), haben *spiegelbildliche* Stabdiagramme. Eine Binomialvariable mit $\pi = 0{,}5$ ist symmetrisch verteilt.

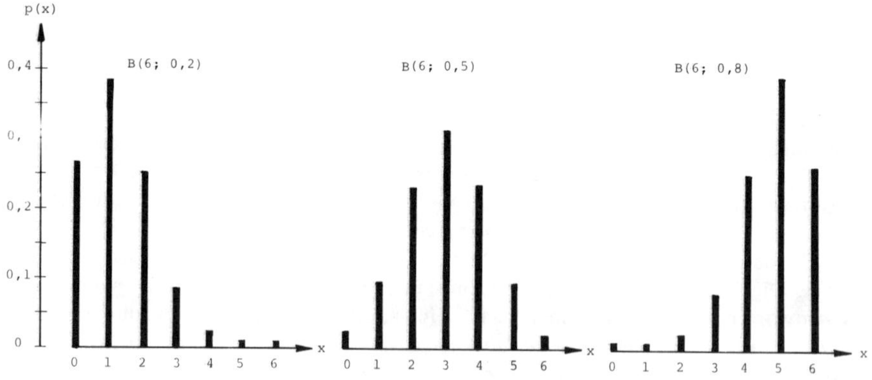

Fig. 12-1: Drei Binomialvariablen mit $n = 6$ und $\pi = 0{,}2$, $\pi = 0{,}5$ und $\pi = 0{,}8$

● **Kontrollfragen 2:**

1. Ergänzen Sie die fehlenden Glieder der folgenden Entwicklung eines Binoms, und schreiben Sie diese Entwicklung in kompakter Form unter Verwendung des Summenzeichens:

$$(a+b)^4 = \binom{4}{0} a^0 b^4 + \binom{4}{1} a^1 b^3 + \ldots = \sum_{x_i=0}^{4} \left(\right) \ldots$$

2. Wenn Sie für $a = \pi$ und für $b = 1 - \pi$ einsetzen, was erkennen Sie?

3. Prüfen Sie, ob $\sum_{x_i=0}^{n} p(x_i) = \binom{n}{x_i} \pi^{x_i} \cdot (1-\pi)^{n-x_i} = 1$ ist.

Wer keinen Zugang zu einer EDV-Anlage hat und auch keinen speziellen Statistik-Taschenrechner besitzt, ist auf statistische Tabellen („Tafeln") angewiesen. Es gibt sog. *Individualtafeln,* die die Wahrscheinlichkeiten für die einzelnen („individuellen") Werte angeben, die eine Binomialvariable annehmen kann. Es gibt aber auch sog. *Kumulativtafeln,* die die Wahrscheinlichkeiten für „x und mehr" Erfolge angeben. Diese Tafeln sind auf der Basis der Formel (12-2) errechnet.

$$P(X \geq x_k) = \sum_{i=k}^{n} \binom{n}{x_i} \pi^{x_i} (1-\pi)^{n-x_i} \qquad (12\text{-}2)$$

Formel 12-2 gibt sog. abwärtskumulierte („und mehr"-Wahrscheinlichkeiten) an. Sie sind in der Praxis gebräuchlicher und nützlicher als Tabellen für aufwärtskumulierte Wahrscheinlichkeiten (also die Werte der Verteilungsfunktion). Im Tabellenteil am Ende dieses Lehrbuchs resp. in der Beilage sind sowohl Individualtafeln als auch abwärtskumulierte Tafeln vorzufinden.

Bemerkung:
Man beachte, daß eine Binomialvariable mit dem Parameter n stets n + 1 Werte als Wertebereich besitzt: die Null kommt immer dazu! Es ist also $x_0 = 0$, $x_1 = 1$, etc. bis $x_n = n$. Es „läuft" somit der Summationsindex i wie auch x_i selber von 0 bis n.

● **Kontrollfragen 3:**

1. Wie lautet die Verteilungsfunktion F(x) der Binomialvariablen? Geben Sie $P(X \leq x_k)$ an.
2. Geben Sie Formel (12-2) unter Verwendung von $F(x_{k-1})$ an.

B. Individualtafeln

Tafeln zu drucken kostet Geld. Deswegen stellt man sie in möglichst kompakter Form her und vermeidet es, die gleichen Zahlenangaben mehrmals zu drucken. Das *Tafellesen* erfordert daher ein wenig *Übung.* Folgende Gesichtspunkte sind zu beachten:

1. Man hat Binomial-Individualtafeln nur für relativ kleine Stichprobenumfänge erstellt.
2. Man beschränkt sich ferner auf runde Werte von π, z. B. π = 0,05; 0,10; 0,15; ...; 0,50. Für Binomialvariablen mit einem π, das zwischen zwei tabellierten Größen liegt, muß man *interpolieren.* Binomialvariablen mit π < 0,5 haben *linkssteile* Wahrscheinlichkeitsverteilungen, die Binomialverteilung mit π = 0,50 ist symmetrisch verteilt. *Die Tabellen sind demgemäß nur für linkssteile und die symmetrische Binomialvariablen aufgestellt.*
3. Man konnte es sich ersparen, die Tabellen explizit für π = 0,55; 0,60 ... (= für rechtssteile Verteilungen) zu erstellen, da *Spiegelbildlichkeit* bei Binomialvariablen vorliegt:

Eine Binomialvariable mit dem Parameter $\pi = 0{,}6$ läßt sich durch Vertauschung der Begriffe Erfolg und Mißerfolg stets auf eine Binomialvariable mit dem Parameter $\pi = 0{,}4$ zurückführen. So ist z. B. die Wahrscheinlichkeit bei vier Ziehungen aus einer Urne mit 60% Erfolgskugeln genau eine Erfolgskugel zu ziehen gleich der Wahrscheinlichkeit, aus einer Urne mit 40% Mißerfolgskugeln drei Mißerfolgskugeln zu ziehen. Beide Male ist nach der Wahrscheinlichkeit *desselben Resultats mit anderen Worten* gefragt. Man findet also die Wahrscheinlichkeiten der Anzahl an Erfolgskugeln für $\pi \geq 0{,}55$, indem man dem tabellierten $\pi \leq 0{,}45$ die Bedeutung „Proportion an Mißerfolgskugeln" gibt und sich vergegenwärtigt, daß die Anzahl an Erfolgskugeln stets „n minus Anzahl an Mißerfolgskugeln" ist.

Eine Binomialvariable für $\pi > 0{,}5$ sei im folgenden mit Y resp. $Y \mid B(n; \pi)$ bezeichnet. X sei reserviert für Binomialvariablen mit $\pi \leq 0{,}5$. Man gibt, falls dies zur Verdeutlichung notwendig ist, hinter einem senkrechten Strich an, um welche Binomialvariable es sich bei X oder Y im speziellen handelt.

Umrechnungsformel bei $\pi \geq 0{,}55$:

$$P(Y = y_i \mid Y = B(n; \pi)) = P(X = x_j = n - y_i \mid X = B(n; 1 - \pi)) \tag{12-3}$$

Leichter als mit einer Formel kommt man mit einer Skizze zurecht. Man macht sich die Spiegelbildlichkeit von $B(n; \pi)$ und $B(n; 1 - \pi)$ zunutze, wenn ganz einfach die *Richtung der Skala umgedreht* wird (siehe Fig. 12-2).

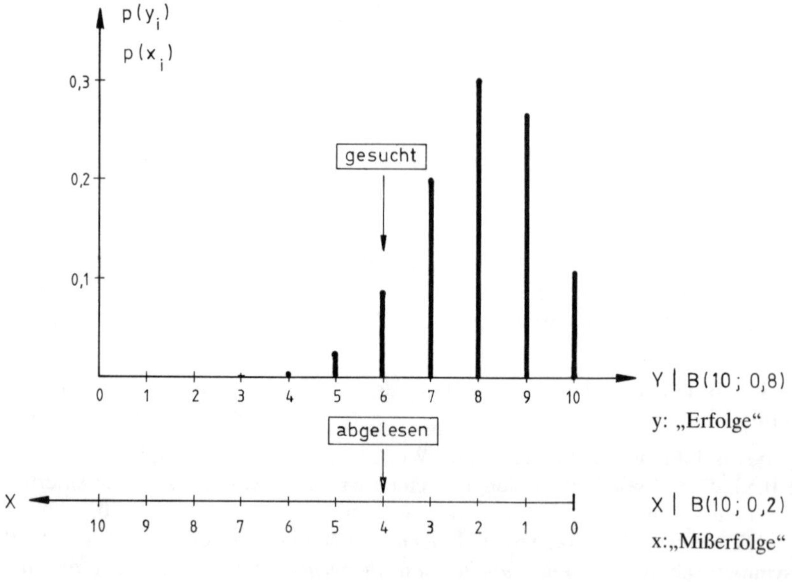

Fig. 12-2: Binomialverteilungen für komplementäre π

Beispiel:
Gesucht ist $P(Y = 6 \mid B(10; 0{,}8))$. Abgelesen wird: $P(X = 4 \mid B(10; 0{,}2))$. Resultat: Die gesuchte Wahrscheinlichkeit beträgt 0,0881.

● **Kontrollfragen 4:**

1. Wie groß ist die Wahrscheinlichkeit für X = 8, wenn X = B(17; 0,35) ist?
2. Wie groß ist P(Y = 15 | B(17; 0,9))?

C. Abwärtskumulativtafeln

1. Fall, wenn $\pi \leq 0{,}5$ ist:

Kumulativtafeln machen das bei der Verwendung der Individualtafeln oft mühsame Addieren überflüssig. Sie geben sofort die Wahrscheinlichkeit von x_k *und/oder mehr* Erfolgen an: $P(X \geq x_k)$. Für das Auffinden der Wahrscheinlichkeit von x_k *oder weniger* Erfolgen benötigt man allerdings die *Umrechnungsformel für Aufwärtskumulation* (siehe auch Formel (11-4)):

$$P(X \leq x_k \mid X = B(n;\pi)) = 1 - \underbrace{P(X \geq x_{k+1} \mid X = B(n;\pi))}_{\text{tabelliert}} \qquad (12\text{-}4)$$

Mit Hilfe einer Skizze veranschaulicht man sich wieder mühelos den Ablesevorgang:

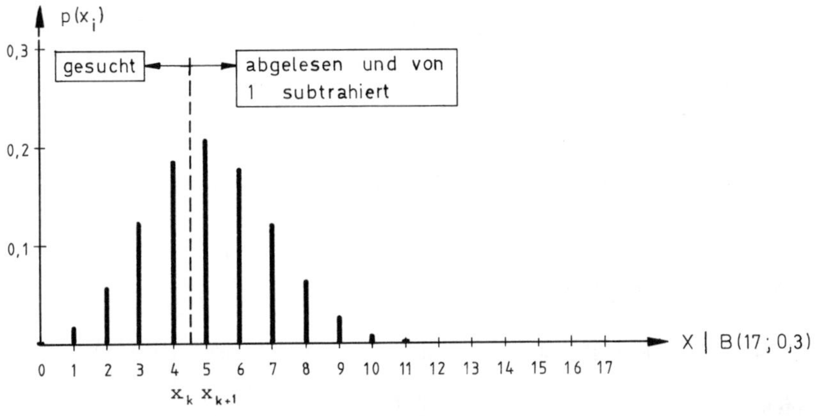

Fig. 12-3: Ableseskizze für Abwärtskumulativtafeln, $\pi < 0{,}5$

Beispiel:
Gesucht ist $P(X \leq 4 \mid B(17; 0{,}3))$. Abgelesen wird $P(X \geq 5)$ und das Ergebnis von 1 subtrahiert. Resultat: $P(X \leq 4) = 1 - 0{,}6113 = 0{,}3887$.

● **Kontrollfragen 5:**

1. Wie groß ist P(X ≥ 10 | B(25; 0,5))?
2. Wie groß ist P(X ≤ 10 | B(25; 0,5))?

2. Fall, wenn $\pi > 0{,}5$ ist:

Zu unterscheiden sind entsprechend der Fragestellung zwei Unterfälle.

a) Gesucht ist eine *aufwärts*kumulierte Wahrscheinlichkeit. Die Umrechnungsformel lautet jetzt:

$$P(Y \leq y_k \mid B(n;\pi)) = \underbrace{P(X \geq \underbrace{n - y_k}_{x_l} \mid B(n; 1-\pi))}_{\text{tabelliert}} \qquad (12\text{-}5)$$

Die Skizze der Fig. 12-4 veranschaulicht den jetzt erforderlichen Ablesevorgang.

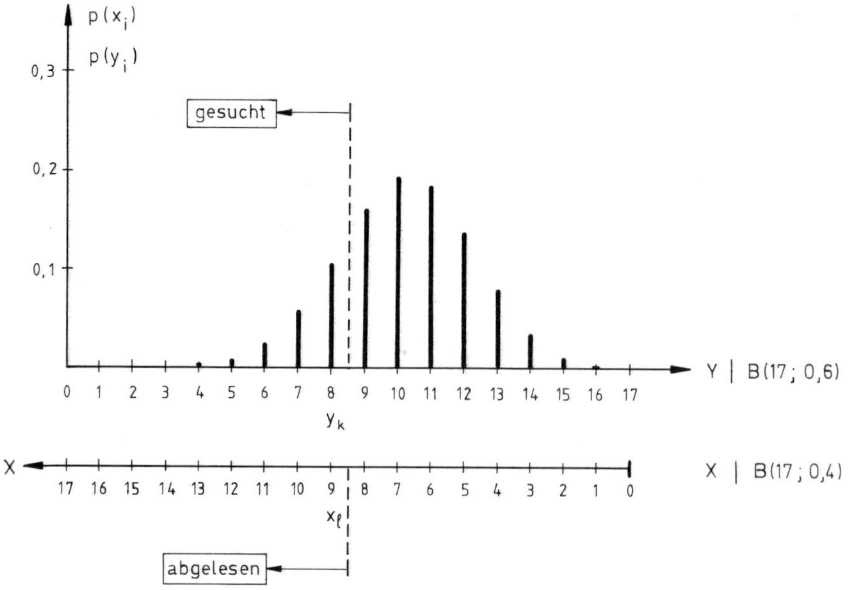

Fig. 12-4: Ableseskizze für aufwärtskumulierte Wahrscheinlichkeiten, $\pi > 0{,}5$

Beispiel:
Gesucht ist $P(Y \leq 8 \mid B(17; 0{,}6))$. Abgelesen wird $P(X \geq 9 \mid B(17; 0{,}4))$.
Resultat: Die gesuchte Wahrscheinlichkeit beträgt 0,1989.

b) Gesucht ist eine *abwärts*kumulierte Wahrscheinlichkeit. Die Umrechnungsformel lautet:

$$P(Y \geq y_k \mid B(n;\pi)) = 1 - \underbrace{P(X \geq \overbrace{x_l}^{n - y_k + 1} \mid B(n; 1-\pi))}_{\text{tabelliert}} \qquad (12\text{-}6)$$

Fig. 12-5 zeigt den nunmehr anzuwendenden Ablesevorgang.

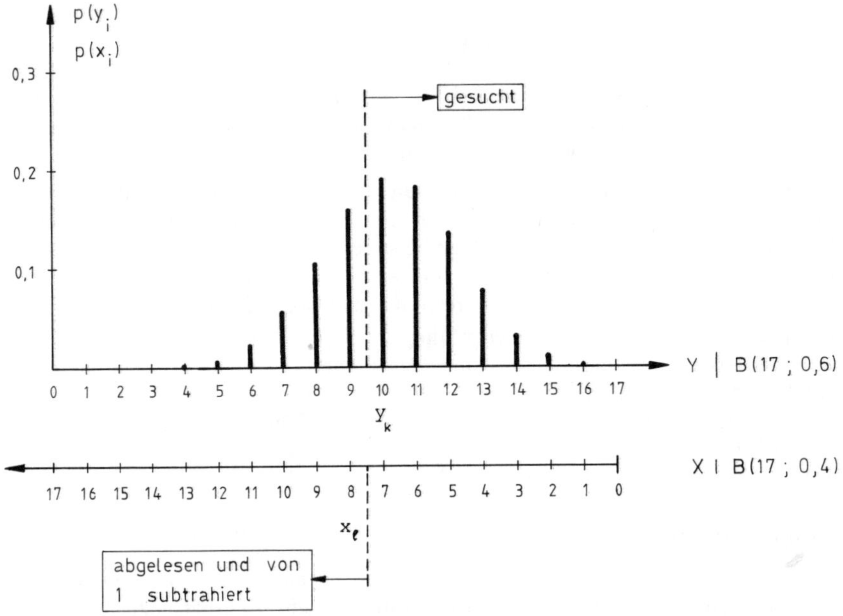

Fig. 12-5: Ableseskizze für abwärtskumulierte Wahrscheinlichkeiten, $\pi > 0{,}5$

Beispiel:
Gesucht ist $P(Y \geq 10 \mid B(17; 0{,}6))$. Abgelesen wird $P(X \geq 8 \mid B(17; 0{,}4))$ und von 1 subtrahiert. Resultat: Die gesuchte Wahrscheinlichkeit beträgt $1 - 0{,}3595 = 0{,}6405$.

● **Kontrollfragen 6:** Wie groß ist bei der B(40; 0,6) die Wahrscheinlichkeit, daß

1. 22 mal und weniger Erfolg eintritt?
2. 22 mal und mehr Erfolg eintritt?
3. genau 24 mal Erfolg eintritt?

D. Die Kennzahlen

1. Der Erwartungswert

Der Erwartungswert einer diskreten ZV berechnet sich allgemein nach Formel (11-20). Setzt man in diese Formel für p (x_i) die Wahrscheinlichkeitsfunktion der Binomialvariablen ein, wie sie durch (12-1) gegeben wird, so erhält man:

$$E(X) = \sum_{x_i=0}^{n} x_i \binom{n}{x_i} \pi^{x_i} (1-\pi)^{n-x_i} \qquad (12\text{-}7)$$

Daraus errechnet sich:

$$\boxed{E(X) = n\,\pi} \qquad (12\text{-}8)$$

Der Erwartungswert einer Binomialvariablen ist gleich dem Produkt gebildet aus ihren beiden Parametern. Für B(6; 0,2) erhält man also E(X)= 1,2, für B(6; 0,5) erhält man E(X) = 3 und für B(6; 0,8) erhält man E(X) = 4,8.

Der Erwartungswert einer Binomialvariablen gibt an, wie oft man im „theoretischen Durchschnitt“ Erfolge erhalten würde, wenn man immer und immer wieder jeweils n-mal aus einer Urne ziehen würde. Man beachte aber auch hier wieder das Adjektiv „theoretisch“. Der Erwartungswert ist immer ein Konstrukt wie die Zufallsverteilung selber auch. Den Erwartungswert einer Zufallsverteilung kann man angeben, ohne je ein Zufallsexperiment durchgeführt zu haben. Führt man aber ein Zufallsexperiment tatsächlich durch, dann führt das immer nur zu einem arithmetischen Mittel, und dieses stimmt höchstens zufällig einmal mit dem Erwartungswert überein. Auch bei 1000maligem Ziehen von jeweils n = 6 Kugeln aus einer Trommel mit π = 50% Erfolgskugeln als Inhalt erhält man vermutlich nicht genau $\overline{X} = E(X) =$ 3,00.

2. *Varianz und Standardabweichung*

Setzt man in Formel (11-22), durch die die Varianz einer diskreten ZV definiert ist, den Binomialwahrscheinlichkeitsausdruck von (12-1) ein, so erhält man:

$$\boxed{V(X) = \sum_{x_i=0}^{n} (x_i - \underbrace{n\pi}_{\mu})^2 \cdot \underbrace{\binom{n}{x_i} \pi^{x_i} (1-\pi)^{n-x_i}}_{p(x_i)}} \qquad (12\text{-}9)$$

Daraus errechnet sich:

$$\boxed{V(X) = n\,\pi\,(1 - \pi)} \qquad (12\text{-}10)$$

Für die Standardabweichung folgt daraus:

$$\boxed{\sigma = \sqrt{n\,\pi\,(1-\pi)}} \qquad (12\text{-}11)$$

Die Varianz sowohl der Binomialvariablen B(6; 0,2) wie auch der B(6; 0,8) beträgt somit: V(X) = 0,96, und die Varianz von B(6; 0,5) beträgt V(X) = 1,5.

12.2 Die Anteils- oder Proportionenverteilung

Die Auswertung einer Stichprobe erfolgt in der Regel nicht durch die Angabe einer absoluten Häufigkeit, sondern als Prozentangabe (relative Häufigkeit). Ein Marktforschungsinstitut gibt nicht an „in der Stichprobe befanden sich 225 Befürworter unter 5000 Befragten", sondern: „es befanden sich 4,5% Befürworter in der Stichprobe". Man benötigt daher als Modell eine analog zu den Auswertungsergebnissen konstruierte ZV, die sog. Anteils- oder Proportionenvariable. Wir wollen sie, um Verwechslungen zu vermeiden, mit A oder ausführlich mit A(n, π) bezeichnen. Die ZV A geht durch die lineare Transformation $\varphi(X) = \frac{1}{n} \cdot X$ aus der Binomialvariablen B(n; π) hervor (siehe Fig. 12-6) und nimmt daher im einzelnen die Werte $a_i = \frac{x_i}{n}$ an. Der Wertebereich von A reicht von 0 ($= \frac{0}{n}$) bis 1 ($= \frac{n}{n}$). Gemäß den allgemeinen Transformationsregeln ist $p(a_i) = p(x_i)$ für alle i. Die Wahrscheinlichkeiten $p(a_i)$ können dementsprechend den *Binomialtabellen* entnommen werden (individuell oder kumulativ). Es gilt:

$$\boxed{p(a_i) = p\left(\frac{x_i}{n}\right) = p(x_i)} \tag{12-12}$$

● **Kontrollfrage 7:** Wie groß ist die Wahrscheinlichkeit, daß bei einer Stichprobe von n = 30, die durch Ziehen mit Zurücklegen aus einer Trommel mit einem Inhalt von 40% „Erfolgskugeln" gewonnen wurde, 38% und mehr Erfolge zu verzeichnen sind?

Fig. 12-6 zeigt die Transformation von B(4; 0,4) nach A(4; 0,4).

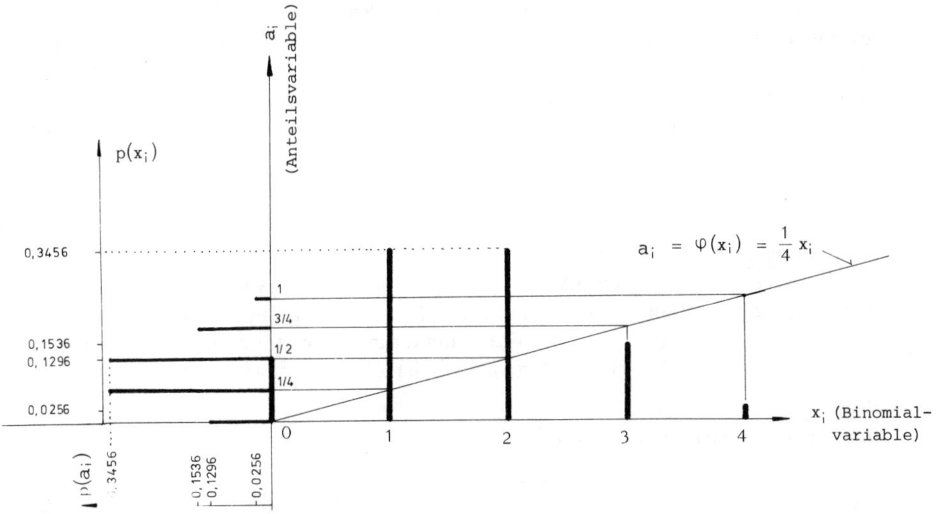

Fig. 12-6: Die Transformation von B(4; 0,4) in die zugehörige Proportionen- oder Anteilsvariable A(4; 0,4)

Die Kennzahlen von A(n; π) erhält man durch Anwendung von (11-35) bis (11-37). Da E(X) = nπ und V(X) = nπ (1 − π), folgt $E(A) = \frac{1}{n} \cdot n \cdot \pi$ und dementsprechend $V(A) = \frac{1}{n^2} \cdot n \cdot \pi\,(1 - \pi)$, d. h. also:

Erwartungswert:

$$E(A) = \pi \tag{12-13}$$

Varianz:

$$V(A) = \frac{\pi(1 - \pi)}{n} \tag{12-14}$$

Standardabweichung:

$$\sigma_A = \sqrt{\frac{\pi(1-\pi)}{n}} \tag{12-14'}$$

12.3 Die hypergeometrische Zufallsverteilung

Die hypergeometrische ZV gibt ebenso wie die Binomialvariable die möglicherweise auftretenden Anzahlen von Erfolgen samt zugehörigen Wahrscheinlichkeiten beim Ziehen einer Stichprobe im Umfang von n Elementen an. Gezogen wird dabei aus einer Grundgesamtheit bestehend aus *zwei* Kategorien von Elementen (Kugeln in zwei Farben, „Erfolgs-" oder „Mißerfolgselemente" usw.). Im Unterschied zur Binomialvariablen erfolgt aber *kein Zurücklegen.* Die Stichprobe wird jetzt entweder so gewonnen, wie dies bei einer einzelnen Ausspielung des Zahlenlottos geschieht: ein Element nach dem anderen wird gezogen und beiseite gelegt, oder es werden, was auf dasselbe hinausläuft, die n Elemente alle auf einmal herausgegriffen. Anders als beim Ziehen mit Zurücklegen, kann jetzt kein Element mehr als einmal in der Stichprobe auftreten.

Schreibweise:

Bei der hypergeometrischen ZV, die wir mit Y bezeichnen wollen, muß zusätzlich zum Stichprobenumfang n und zur Anzahl N_1 an Erfolgskugeln in der Urne vor Beginn der Ziehungen noch als dritter Parameter der Gesamtumfang N des Urneninhalts angegeben werden. Die hypergeometrische ZV hängt also von drei Parametern ab.

Die hypergeometrische ZV schreiben wir:

$$Y = H(N; n; N_1) \tag{12-15}$$

Anstelle von N_1 kann man auch π angeben, denn es besteht die Beziehung:

$$\pi = \frac{N_1}{N}$$

Äquivalent zur Schreibweise für eine hypergeometrische ZV durch (12-15) ist also die Angabe:

$$Y = H(N; n; \pi) \qquad (12\text{-}15')$$

In Abschnitt IV-3 der Beilage „Formeln, Rechenregeln . . .“ ist die Wahrscheinlichkeitsfunktion der hypergeometrischen ZV bereits hergeleitet worden. Unter Verwendung des Symbols Y für die hypergeometrische ZV schreiben wir jetzt:

$$P(Y = y_i) = p(y_i) = \frac{\binom{N_1}{y_i}\binom{N - N_1}{n - y_i}}{\binom{N}{n}} \qquad (12\text{-}16)$$

Hinweis:
Im Tabellenteil dieses Buches resp. der Beilage befindet sich ein kleiner Auszug aus einer hypergeometrischen Wahrscheinlichkeitstabelle mit Individual- und Kumulativwahrscheinlichkeiten.

● **Kontrollfrage 8:** Welche Symbole sind in (12-16) gegenüber Formel (IV-2) der Beilage „Formeln, Rechenregeln . . .“ ausgewechselt worden?

Als Beispiel einer hypergeometrischen ZV ist in Fig. 12-7 die H(6; 3; 3) resp. H(6; 3; 0,5) dargestellt: Aus einer Urne mit 6 Kugeln, von denen 3 (= 50%) Erfolgskugeln sind, sind 3 Kugeln gezogen worden. Es liegt eine symmetrische Verteilung vor, weil $N_1 = \frac{N}{2}$, d. h. $\pi = \frac{1}{2}$ ist.

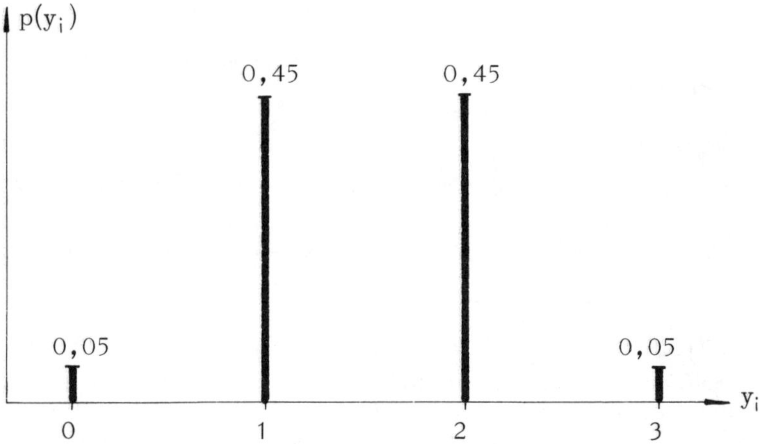

Fig. 12-7: Stabdiagramm der H(6; 3; 3)

Beim Wertebereich der hypergeometrischen ZV muß man aufpassen: es kann sein, daß am linken oder rechten „Schwanzende“ einige Realisationen unmöglich sind, weil der „Vorrat“ an Erfolgs- oder Mißerfolgskugeln „ausgeschöpft“ ist. Das passiert immer dann, wenn die Stichprobe n größer ist als die kleinere der beiden Teilkategorien. Wenn jedoch N_1 und $N-N_1$ (die Anzahl Erfolgs- und Mißerfolgskugeln) größer sind als n, umfaßt der Wertebereich die Werte von 0 bis n wie bei der Binomialvariablen.

● **Kontrollfrage 9:** Man skizziere mit Hilfe der Tabelle für die hypergeometrischen Wahrscheinlichkeiten das Stabdiagramm für eine hypergeometrische Verteilung, die dem Zufallsexperiment „Ziehen von 4 Kugeln aus einer Urne mit 6 Kugeln und einer Proportion von $\pi = \frac{1}{3}$ an Erfolgskugeln“ entspricht.

An sich ist das Modell der hypergeometrischen Verteilung praxisnäher als das Binomialmodell, denn in aller Regel zieht man Stichproben ohne Zurücklegen. Dennoch wird die Binomialvariable praktisch viel mehr benutzt. Der Grund liegt darin, daß sich die wegen ihrer *drei* Parameter sehr viel umfangreicheren Tabellen der hypergeometrischen ZV weitgehend erübrigen, da die hypergeometrischen Wahrscheinlichkeiten sehr rasch gegen die Binomialwahrscheinlichkeiten konvergieren. Man benötigt daher hypergeometrische Tabellen nur für die Fälle sehr kleiner Grundgesamtheiten N und einer im Verhältnis zu N relativ großen Stichprobe n. (Siehe dazu Abschnitt IV-4 der Beilage „Formeln, Rechenregeln . . .“). Eine *Faustregel* besagt, daß für Stichproben, die weniger als 5% der Grundgesamtheit betragen ($\frac{n}{N} < 0{,}05$), die Binomialwahrscheinlichkeiten eine hinreichend gute *Approximation* sind.

Die Kennzahlen:

1. Erwartungswert:

$$E(Y) = n \cdot \frac{N_1}{N} = n\pi \qquad (12\text{-}17)$$

Der Erwartungswert fällt also mit demjenigen der Binomialvariablen (bei gleichen Parametern) zusammen.

2. Varianz:

Sie entspricht, bis auf einen sog. Korrekturfaktor, der Varianz der Binomial-ZV:

$$V(Y) = \frac{N-n}{N-1} \cdot n \cdot \frac{N_1}{N}\left(1 - \frac{N_1}{N}\right) = \frac{N-n}{N-1} \cdot n\pi\,(1-\pi) \qquad (12\text{-}18)$$

Da $\left(\frac{N-n}{N-1}\right)$, der sog. *Korrekturfaktor* für endliche Grundgesamtheiten, auch *Ausschöpfungsfaktor* genannt, stets kleiner als eins ist, ist die *Varianz der hypergeometrischen Variablen stets kleiner als die Varianz der Binomialvariablen* (bei gleichen Parametern). Die hypergeometrische Verteilung ist also *zentrierter* als die Binomialverteilung (siehe Fig. 12-8).

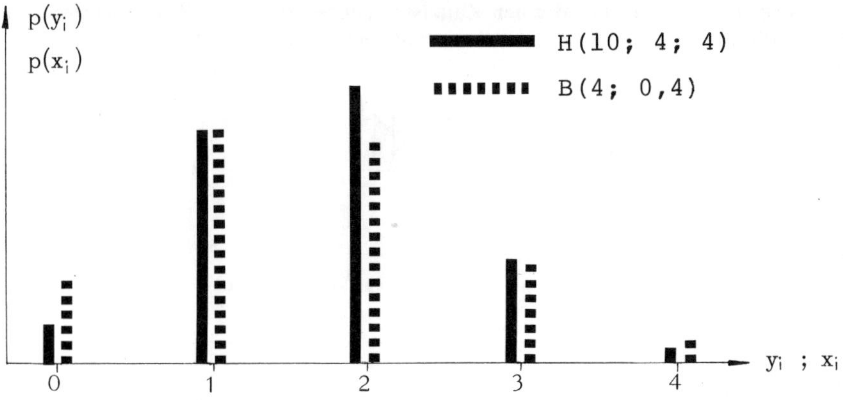

Fig. 12-8: Stabdiagramme der H(10; 4; 4) und B(4; 0,4)

12.4 Die Poissonverteilung

Die jetzt zu behandelnde Zufallsverteilung ist von dem französischen Mathematiker *Denis Poisson* (1781–1840) „entdeckt" und nach ihm benannt worden. Sie ist *das* Modell für die Häufigkeitsverteilung eines sog. *seltenen Ereignisses,* d. h. eines vom Zufall abhängigen Ereignisses, das innerhalb eines gegebenen Zeitintervalls (oder im Bereich eines bestimmten Raumes) nur wenige Male oder auch keinmal auftritt.

Das klassische Beispiel eines empirischen Phänomens, für das die Poissonverteilung das geeignete Modell darstellte, war die (kleine) Zahl der in preußischen Armeekorps durch Hufschlag pro Jahr getöteten Soldaten. Das Beispiel stammt von dem in St. Petersburg geborenen Ladislaus von Bortkiewicz (1868–1931) und führte zu dem Namen „Gesetz der kleinen Zahlen". Bortkiewicz konnte unter Verwendung der Poissonverteilung angeben, wie viele Todesfälle mit welchen Wahrscheinlichkeiten pro Armeekorps und Jahr zu erwarten waren.

Die Poissonverteilung hat außerordentlich viele moderne Anwendungen: Schiffsankünfte pro Tag oder Stunde in einem Hafen, Anzahl Ausschußstücke bei der Produktion von Massenartikeln, Ankünfte von Kunden an einem Post- oder Bankschalter in einem gegebenen Zeitintervall, Anzahl Geisterfahrer pro Tag auf einem Autobahnnetz, Anzahl Rosinen in einem Stück Rosinenkuchen.

Um den Zusammenhang der Poissonvariablen mit „ihrem" Zufallsexperiment zu zeigen, tragen wir beispielsweise die Schiffsankünfte in einem Hafen auf der Zeitachse ein, wobei die Zeiteinheit ein festzulegendes Zeitintervall ist (z. B. eine Stunde). Die Zahl der Schiffsankünfte pro Zeitintervall ergibt eine Häufigkeitsverteilung, sobald wir die Ergebnisse für eine gewisse Zahl von Zeitintervallen aufnotieren. Bei einer ganzen Reihe von Zeitintervallen kommt es zu keiner Schiffsankunft, einige Intervalle enthalten eine Ankunft, andere zwei oder mehr. In Fig. 12-9 sind die Schiffsankünfte auf der Zeitskala dargestellt. Man nennt eine in Fig. 12-9 veranschaulichte Situation auch einen *Poissonprozeß.* Die Poissonverteilung resultiert aus der Übertragung des (in der Zeit sich abspielenden, also dynamischen) Poissonprozesses in die statische Form einer Zufallsverteilung (die ohne Zeitdimension ist). Durch die Bildung von Zeitintervallen erhält man 0, 1, 2, ... Ereigniseintritte pro Zeitintervall.

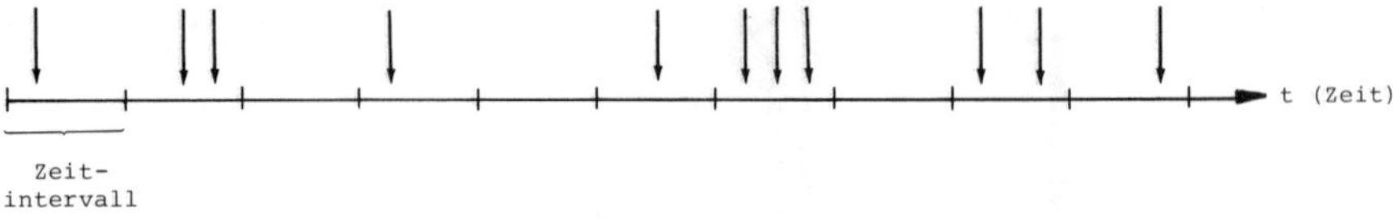

Fig. 12-9: Ein Poissonprozeß: Schiffsankünfte in einem Hafen

Schreibweise:
Um eine Zufallsvariable X als Poissonvariable zu kennzeichnen, wollen wir schreiben: $X = P(\lambda)$.

Die *Wahrscheinlichkeitsfunktion* der Poissonvariablen lautet:

$$p(x_i) = \frac{e^{-\lambda} \lambda^{x_i}}{x_i!}, \quad \lambda > 0 \tag{12-19}$$

Der Wertebereich umfaßt die ganzen Zahlen 0, 1, 2, ... Die Wahrscheinlichkeitsfunktion enthält die Zahl e = 2,71828 ... und den für die Anwendung empirisch zu bestimmenden Parameter λ (= Lambda). Die Poissonvariable hängt also nur von *einem* Parameter ab.

Fig. 12-10 zeigt die beiden typischen Gestalten der Poissonverteilung. Das linke Stabdiagramm zeigt eine Verteilung mit $\lambda < 1$ (dargestellt ist $\lambda = 0{,}4$), das rechte Stabdiagramm zeigt eine Verteilung mit $\lambda > 1$ (dargestellt ist $\lambda = 2$). Für $\lambda = 1$ ist $p(0) = p(1) = 0{,}37$, die weiteren Werte haben abnehmende Wahrscheinlichkeiten. Im Tabellenteil sind für einige Werte von λ (zwischen $\lambda = 0{,}001$ bis $\lambda = 10$) die aufwärtskumulierten Wahrscheinlichkeiten angegeben, mit denen sich die individuellen Wahrscheinlichkeiten errechnen lassen, wie sie für Fig. 12-10 gebraucht werden.

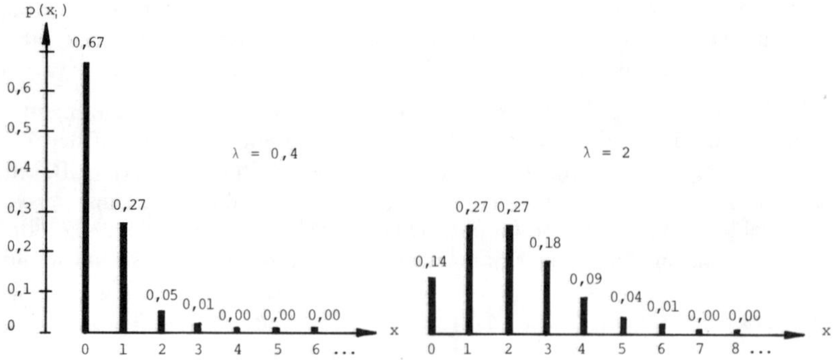

Fig. 12-10: Die Poissonverteilungen P(0,4) und P(2)

Kennzahlen:
Die Poissonverteilung hat die Eigentümlichkeit, daß Erwartungswert und Varianz untereinander gleich und obendrein gleich dem Parameter λ sind.

$$\boxed{E(X) = V(X) = \lambda} \qquad (12\text{-}20)$$

● **Kontrollfrage 10:** Wie groß ist p(λ) und p(λ − 1) bei ganzzahligem λ?

Anwendungen:
1.) Die Poissonverteilung ist technisch-mathematisch der Grenzfall der Binomialverteilung mit kleinem π. Wenn $n \to \infty$ und $\pi \to 0$ strebt, und zwar derart, daß $n \cdot \pi$ eine Konstante (= λ) ist, gehen die Wahrscheinlichkeiten von B(n; π) in diejenigen von P (λ) mit $\lambda = n\pi$ über. Man kann daher für kleine π und nicht zu kleine n mit den einfacher zu berechnenden und zu tabellierenden (weil nur von einem Parameter abhängigen) Poissonwahrscheinlichkeiten anstelle der Binomialwahrscheinlichkeiten arbeiten. Als *Faustregel* kann man sich merken, daß man diesen Ersatz ohne allzu große Einbuße an Genauigkeit vornehmen kann, sobald bei einer Binomialvariablen $n > 10$ und $\pi < 0{,}05$ ist.

Beispiel:
Eine Urne enthalte zwei rote „Erfolgskugeln" und 98 weiße „Mißerfolgskugeln". Das Ziehen einer roten Kugel ist also ein (relativ) seltenes Ereignis, die Eintretenswahrscheinlichkeit beträgt π = 0,02 (2%). Tabelle 12-1 gibt die exakten Binomialwahrscheinlichkeiten für das Auftreten von Erfolgen bei einer Stichprobe von n = 20 und daneben die Wahrscheinlichkeiten der „dazugehörigen" Poisson-ZV mit dem Parameterwert λ = 0,4 (= 0,02 · 20) an.

Tab. 12-1: Individuelle Binomial- und Poissonwahrscheinlichkeiten

x	P(X = x | B (20; 0,02))	P(X = x | P(0,4))
0	0,6676	0,6703
1	0,2725	0,2681
2	0,0528	0,0536
3	0,0065	0,0072
4	0,0006	0,0007
5	0,0000	0,0001
6	0,0000	0,0000

Am weitaus wahrscheinlichsten sind also Stichproben (bei n = 20), bei denen keine rote Kugel auftritt. Man erkennt im übrigen die außerordentlich gute Approximation, die durch die Poissonvariable für eine Binomialvariable erreicht wird, und dies schon für ein keineswegs sehr großes n und ein gar nicht sonderlich kleines π. In Fig. 12-10 wurde links die soeben behandelte Poisson-ZV abgebildet.

2.) Die Poissonvariable hat nicht nur technisch-tabellarische Ersatzfunktion für die Binomialvariable. Sie steht „aus eigenem Recht" als ein Modell bereit, wenn ein solches für eine Häufigkeitsverteilung benötigt wird, die als das Ergebnis eines Poissonprozesses angesehen werden kann. Dies ist anzunehmen, wenn pro Zeitintervall oder pro Raumsegment im Durchschnitt wenige Ereignisse eintreten (in der Größenordnung zwischen 0 und 20), wenn die Eintretenswahrscheinlichkeiten der seltenen Ereignisse im Zeitablauf stabil bleiben (sonst „rutscht" man von einem in einen anderen Poissonprozeß) und wenn sie sich nicht gegenseitig beeinflussen (Unabhängigkeit der Ereignisse muß gegeben sein. *Ein Poissonprozeß hat kein Gedächtnis!).*

Man geht bei der praktischen Anwendung so vor, daß man den Parameter λ der Poisson-ZV dem empirisch festgestellten $\bar{x}$ gleichsetzt. Gegebenenfalls kann man auch zusätzlich prüfen, ob die empirische Varianz $\hat{s}^2$ einigermaßen in der Größenordnung von $\bar{x}$ liegt.

Hat man z. B. festgestellt, daß in der Vergangenheit in einem bestimmten Monat durchschnittlich 2 Schiffe pro Stunde im Hamburger Hafen ankommen, dann kann man aus der P(2)-Poissonverteilung (siehe Fig. 12-10 rechts) die Wahrscheinlichkeiten ablesen, daß zu einer bestimmten Stunde dieses Monats 0, 1, 2, ... Ankünfte eintreten werden. Sechs und mehr Ankünfte zur selben Stunde haben z. B. nur eine Wahrscheinlichkeit von rd. 1,5%. Mit diesem Wissen ausgestattet kann die Hafenbehörde Planungen vornehmen in bezug auf gleichzeitig freie Ankerplätze, Lotsen auf Wartestation an der Unterelbe usw.

12.5 Aufgaben mit Lösung

Aufgabe 12-1:

Bei einer Krankenkasse sind 40% der Versicherten männlichen Geschlechts. Es wird unter den Mitgliedern eine Stichprobe vom Umfang 40 mit Zurücklegen gezogen. Lesen Sie aus der Wahrscheinlichkeitstabelle ab, mit welcher Wahrscheinlichkeit diese Stichprobe

a) genau 14 Männer,

b) zwischen 12 und 20 Männer aufweist.

c) Welchen Wert hat die Verteilungsfunktion F(x) bei der vorliegenden Zufallsvariablen für x = 12?

Lösung:

Es liegt die B(40; 0,4) vor.

a) $P(X = 14) = 0{,}7888 - 0{,}6826 = \underline{0{,}1062}$

b) $P(12 \leq X \leq 20) = 0{,}9291 - 0{,}0744 = \underline{0{,}8547}$

c) $F(12) = P(X \leq 12 \mid B(40; 0{,}4)) = 1 - P(X \geq 13)$
$= 1 - 0{,}8715$
$= \underline{0{,}1285}$

Aufgabe 12-2:

Mit welcher Wahrscheinlichkeit würde man beim sechsmaligen Ziehen *mit Zurücklegen* aus einer Lottotrommel, die die Zahlen 1 bis 42 enthält,

a) keine einzige gerade Zahl,

b) fünf und mehr gerade Zahlen erhalten?

Beim tatsächlich durchgeführten Lottoziehen wird innerhalb einer Ausspielung nicht zurückgelegt. Wie groß ist jetzt die Wahrscheinlichkeit:

c) keine einzige gerade Zahl,

d) fünf und mehr gerade Zahlen zu erhalten?

e) Ändern sich die unter a) bis d) gegebenen Wahrscheinlichkeiten, wenn bei a) resp. c) gefragt worden wäre nach der Wahrscheinlichkeit keiner einzigen Zahl von 1 bis und mit 21 und bei b) resp. d) nach der Wahrscheinlichkeit von mehr als fünf Zahlen zwischen 10 und 30 (die 10 und 30 eingeschlossen)?

Lösung:

a) $P(X = 0 \mid B(6; 0{,}5) = \underline{0{,}0156}$

b) $P(X \geq 5 \mid B(6; 0{,}5) = \underline{0{,}1094}$

c) $$P(Y = 0 \mid H(42; 6; 21)) = \frac{\binom{21}{0}\binom{21}{6}}{\binom{42}{6}} = \frac{54'264}{5'245'786} = \underline{0{,}0103}$$

d) $P(Y \geq 5 \mid H(42;6;21)) = \dfrac{\binom{21}{5}\binom{21}{1} + \binom{21}{6}\binom{21}{0}}{\binom{42}{6}} = \underline{0{,}0918}$

e) Nein

Aufgabe 12-3:

Ein Ausflugsreisen-Veranstalter weiß aus Erfahrung, daß durchschnittlich 15% der gebuchten Plätze nicht eingenommen werden (der Reisende erscheint nicht). Der ihm zur Verfügung stehende Omnibus hat 28 Plätze.

a) Falls er jeweils 28 Plätze verkauft, wie viele leere Plätze sind im Durchschnitt zu erwarten?

b) Wie groß ist die Wahrscheinlichkeit beim Verkauf von 30 Plätzen, daß für eine oder zwei Personen kein Platz im Omnibus vorhanden ist (daß mehr als 28 Leute erscheinen)?

c) Kann der Veranstalter einen höheren Gewinn erwarten, wenn er statt 28 regelmäßig 30 Plätze verkauft?

Seine (fixen) Kosten für die Miete des Omnibusses betragen Fr. 900. Jeder Teilnehmer zahlt bei Erscheinen Fr. 40. Der Veranstalter muß jedoch, falls mehr als 28 Teilnehmer kommen, ein zusätzliches Taxi zum Preis von Fr. 200 mieten.

Lösung:

a) X: Anzahl Reisende, die nicht erscheinen. $X = B(28; 0{,}15)$
$E(X) = n\pi = 28 \cdot 0{,}15 = \underline{4{,}2}$ leere Plätze

b) $P(X < 2) \mid B(30; 0{,}15) = 1 - P(X \geq 2)$
$= 1 - 0{,}952$
$= \underline{0{,}048}$

c) Ja

28 Plätze verkauft:	E (Einnahmen) $= n \cdot \pi \cdot 40 = 28 \cdot 0{,}85 \cdot 40$	= 952
	Ausgaben	= 900
	E(Gewinn)	= 52
30 Plätze verkauft:	E(Einnahmen) $= n \cdot \pi \cdot 40 = 30 \cdot 0{,}85 \cdot 40$	= 1020
	Ausgaben $= 900 + 0{,}048 \cdot 200$	= 909,60
	E(Gewinn)	= 110,40

Aufgabe 12-4:

Ein Unternehmer weiß aus Erfahrung, daß im Durchschnitt pro Tag 2 Promille seiner dreihundertköpfigen Belegschaft aus familiären Gründen abwesend ist.

a) Berechnen Sie die Individual- und Kumulativwahrscheinlichkeiten für die Anzahl abwesender Angestellten pro Tag.

b) Die ersten zwei Abwesenheiten an einem Tag verursachen Kosten von je Fr. 80, jeder weitere Ausfall kostet Fr. 135. Auf wieviel belaufen sich die durchschnittlich durch Absenzen verursachten Kosten pro Tag und pro Angestellten?

Lösung:

a) $X = B(300; 0{,}002)$: $P(X = x) = \binom{300}{x} \cdot 0{,}002^x \cdot 0{,}998^{300-x}$

x_i	$p(x_i)$	$P(X \leq x_i)$
0	0,5485	0,5485
1	0,3297	0,8782
2	0,0988	0,9770
3	0,0197	0,9967
4	0,0029	0,9996
5	0,0003	1,0000
6	0,0000	1,0000
.	.	.
.	.	.
.	.	.
300	0,0000	1,0000
	1,0000	

b) $E(Y) = \sum_{i=0}^{300} y_i \, p(y_i) = 80 \cdot 0{,}3297 + 160 \cdot 0{,}0988 + 295 \cdot 0{,}0197 + 430 \cdot 0{,}0029 +$

$+ \ 565 \cdot 0{,}0003 + \cdots = 49{,}412$

Pro Angestellten und Tag entfallen also im Durchschnitt

$\frac{49{,}412}{300} = 0{,}1647 \approx 0{,}16$ Fr. Kosten für Abwesenheit.

Aufgabe 12-5:

Lösen sie Aufgabe 4 unter Verwendung der Poissonverteilung. Welche Verteilung gibt mehr Rechenarbeit? Vergleichen Sie die Resultate!

Lösung:

$\lambda = n\pi = 0{,}6$: $P(X = x_i) = \frac{e^{-0{,}6} \cdot 0{,}6^{x_i}}{x_i!}$

	Poissonverteilung		Binomialverteilung	
x_i	$p(x_i)$	$P(X \leq x_i)$	$p(x_i)$	$P(X \leq x_i)$
0	0,5488	0,5488	0,5485	0,5485
1	0,3293	0,8781	0,3297	0,8782
2	0,0988	0,9769	0,0988	0,9770
3	0,0198	0,9966	0,0197	0,9967
4	0,0030	0,9996	0,0029	0,9996
5	0,0003	1,0000	0,0003	1,0000
6	0,0000	1,0000	0,0000	1,0000
.				
.				
.				
300	0,0000	1,0000	0,0000	1,0000

Die Poissonwahrscheinlichkeiten sind einfacher zu berechnen! Die Unterschiede zu den Binomialwahrscheinlichkeiten sind vernachlässigbar klein.

Aufgabe 12-6:

Für die Planung eines neu einzurichtenden Regionalkrankenhauses benötigt man Daten für die Kapazität der Notfallstation. Diese soll prinzipiell auch für Spitzenbelastungen genügend groß sein (als Toleranzgrenze legt man fest, daß höchstens in einem von 1000 Fällen einmal ein Patient umgeleitet werden darf). Die in den letzten Jahren vorgenommenen Zählungen für den Einzugsbereich des Regionalspitals ergaben einen Durchschnitt (arithmetisches Mittel) von 1,2 Notfällen pro Tag. Auf wie viele Notfälle pro Tag ist die Planung auszurichten, wenn obige Toleranzgrenze eingehalten werden soll?

Lösung:

Es liegt der Anwendungsbereich der Poissonverteilung vor. Für den Wert des Parameters λ übernimmt man prinzipiell den Wert von $\bar{x}$. Somit haben wir eine P(1,2) vorliegen. Für die Planung benötigen wir x^*, für das gilt: $F(x^*) \geq 0{,}9990$.

Es ergibt sich:

$F(5) = 0{,}9985$

$F(6) = 0{,}9997$

Somit ist die Kapazität auf 6 Notfälle zu planen.

Aufgabe 12-7:

Beweisen Sie, daß der Erwartungswert der Poissonvariablen gleich dem Parameter λ ist.

Lösung:

$$E(X) = \sum_{x_i=0}^{\infty} x_i p(x_i) = \sum_{x_i=0}^{\infty} x_i \cdot \frac{e^{-\lambda} \cdot \lambda^{x_i}}{x_i!} =$$

$$= \sum_{x_i-1=0}^{\infty} \frac{e^{-\lambda} \cdot \lambda^{x_i-1}}{(x_i - 1)!} \cdot \lambda.$$

Setzt man $x_i - 1 = y_i$, so folgt:

$$E(X) = \lambda \cdot \underbrace{\sum_{y_i=0}^{\infty} \frac{e^{-\lambda} \cdot \lambda^{y_i}}{y_i!}}_{1} = \lambda$$

(denn es liegt eine Summe über alle Wahrscheinlichkeiten einer Wahrscheinlichkeitsfunktion vor)

12.6 Antworten auf die Kontrollfragen

1. $n = 3$
   $\pi = 0{,}5$

2.1. $(a+b)^4 = \binom{4}{0} a^0 b^4 + \binom{4}{1} a^1 b^3 + \binom{4}{2} a^2 b^2 + \binom{4}{3} a^3 b^1 + \binom{4}{4} a^4 b^0$

$$= \sum_{x_i=0}^{4} \binom{4}{x_i} a^{x_i} \cdot b^{4-x_i}$$

2.2. $[\pi + (1-\pi)]^4 = \binom{4}{0} \pi^0 (1-\pi)^4 + \binom{4}{1} \pi^1 (1-\pi)^3 + \binom{4}{2} \pi^2 (1-\pi)^2 +$

$$\binom{4}{3} \pi^3 (1-\pi)^1 + \binom{4}{4} \pi^4 (1-\pi)^0 = \Sigma \binom{4}{x_i} \pi^{x_i} (1-\pi)^{4-x_i}.$$

Dieser Ausdruck enthält die einzelnen Wahrscheinlichkeiten der Binomialvariablen für $n = 4$: Weil die „Entwicklung" des speziellen Binoms mit $a = \pi$ und $b = 1 - \pi$ die Wahrscheinlichkeiten der aus dem Experiment des Ziehens mit Zurücklegen sich ergebenden Zufallsvariablen enthält, erklärt sich die Bezeichnung dieser ZV als Binomialvariable.

2.3. $\sum_{x_i=0}^{n} \binom{n}{x_i} \pi^{x_i} (1-\pi)^{n-x_i} = [\pi + (1-\pi)]^n = 1^n = \underline{1}$

3.1. $F(x_k) = P(X \leq x_k) = \sum_{i=0}^{k} \binom{n}{x_i} \pi^{x_i} (1-\pi)^{n-x_i}$

3.2. $P(X \geq x_k) = 1 - F(x_{k-1})$

4. $P(X = 8 \mid B(17; 0{,}35)) = \underline{0{,}1134}$
   $P(Y = 15 \mid B(17; 0{,}9)) = P(X = 2 \mid B(17; 0{,}1)) = \underline{0{,}2800}$

5.1. $\underline{0{,}8852}$

5.2. $1 - P(X \geq 11 \mid B(25; 0{,}5)) = 1 - 0{,}7878 = \underline{0{,}2122}$

6.1. $P(Y \leq 22 \mid B(40; 0{,}6)) = P(X \geq 18 \mid B(40; 0{,}4)) = \underline{0{,}3115}$

6.2. $P(Y \geq 22 \mid B(40; 0{,}6)) = 1 - P(X \geq 19 \mid B(40; 0{,}4)) = 1 - 0{,}2089 = \underline{0{,}7911}$

6.3. $P(Y = 24 \mid B(40; 0{,}6)) = P(X = 16 \mid B(40; 0{,}4)) =$
$= P(X \geq 16 \mid B(40; 0{,}4)) - P(X \geq 17 \mid B(40; 0{,}4)) =$
$= 0{,}5598 - 0{,}4319 = \underline{0{,}1279}$

7. $P(A \geq 0{,}38) = P(X \geq 11{,}4 \mid B(30; 0{,}4)) = P(X \geq 12 \mid B(30; 0{,}4)) = \underline{0{,}5689}$

8. n_1 wird durch y_i ersetzt.

9. $Y = H(6; 4; 2)$ resp. $H\left(6; 4; \frac{1}{3}\right)$

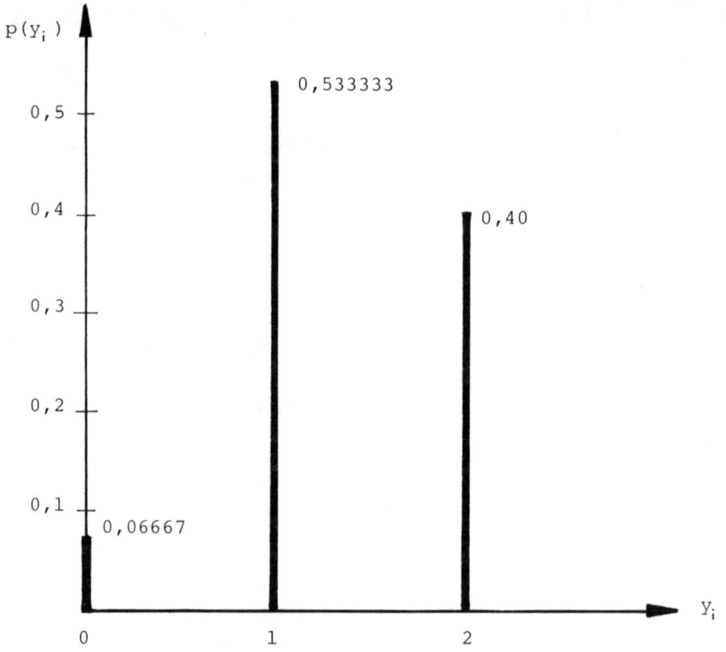

10. $p(\lambda) = P(X = \lambda) = \dfrac{e^{-\lambda} \cdot \lambda^{\lambda}}{\lambda!}$

$$p(\lambda - 1) = P(X = \lambda - 1) = \frac{e^{-\lambda} \cdot \lambda^{\lambda-1}}{(\lambda - 1)!} = \frac{e^{-\lambda} \cdot \lambda^{\lambda-1} \cdot \lambda}{(\lambda - 1)! \cdot \lambda}$$

$$= \frac{e^{-\lambda} \cdot \lambda^{\lambda}}{\lambda!}$$

$\Rightarrow P(X = \lambda) = P(X = \lambda - 1).$

Kapitel XIII: Einige wichtige stetige Zufallsverteilungen

13.1 Die Normalverteilung

A. Vorbemerkung

Die wichtigste stetige Zufallsverteilung ist ohne Frage die Normalverteilung. Sie erfreut sich größter Popularität – wohl nicht zuletzt dank ihrer einprägsamen Ähnlichkeit mit einem Haufen von herabgerieseltem Sand. Ihren etwas zu anspruchsvollen Namen erhielt die von dem Göttinger Mathematiker und Astronomen *Carl Friedrich Gauß* (1777–1827) und dem schon erwähnten *Pierre-Simone de Laplace* gefundene Zufallsverteilung, als man ihren Modellcharakter für zahlreiche Meßfehler- oder Merkmalsgrößenverteilungen beobachtete und daraus auf eine wesensmäßig begründete universelle Gültigkeit schloß. Statistische Gesetzmäßigkeiten wurden früher als Ausfluß und Bestätigung einer göttlichen Ordnung angesehen! Das war beim *Gauß*schen „Fehlergesetz" oder der Glockenkurve, wie die Normalverteilung auch genannt wurde, nicht anders als bei den von *Johann Peter Süßmilch* berechneten Sterbetafeln. Statistik war eine früher nicht fern von der Theologie angesiedelte Wissenschaft!

Allerdings hat auch eine entmystifizierte Normalverteilung ihre zentrale Bedeutung behalten, wenn auch in den Wirtschafts- und Sozialwissenschaften etwas weniger als in den Naturwissenschaften. *Normal* im Sinne der Umgangssprache ist es jedenfalls *nicht,* daß soziale oder wirtschaftliche Merkmalsausprägungen normalverteilt sind. Man kann verallgemeinernd nur sagen, daß immer dann, wenn eine Merkmalsgröße das Ergebnis einer sehr großen Zahl jeweils kleiner, zufallsabhängiger Einzeleinflüsse ist, die sich *additiv* zusammensetzen, die Voraussetzung für eine Normalverteilung vorliegt. Dies gilt eher für die Höhe von Bäumen, die Dauer von Schwangerschaften, die Reißfestigkeit von Seilen, aber weniger für die Höhe von Umsätzen, Einkommen, Vermögen usw. Im Bereich des Wirtschaftlichen und Sozialen liegen meist Voraussetzungen von komplizierterer Art vor, weswegen sich hier, wenn überhaupt, dann eher die *Lognormalverteilung* empirisch beobachten läßt. Trotzdem spielt die Normalverteilung auch im Wirtschafts- und Sozialbereich eine *sehr große Rolle,* weil gewisse Berechnungsgrößen normalverteilt sind („Zentraler Grenzwertsatz", siehe Kapitel XV, Abschnitt 15.4.A) und weil sie *Approximationsverteilung* für andere Verteilungen, wie z. B. die Binomialverteilung, ist (siehe Kapitel XV, Abschnitt 15.2).

Schreibweise:
Wenn X eine Normalvariable ist, schreibt man $X = N(\mu; \sigma^2)$. μ und σ resp. σ^2 sind die beiden Parameter der Normalvariablen.

B. Die Dichtefunktion

Die auf den ersten Blick furchterregend wirkende Dichtefunktion f(x) lautet:

$$f(x) = \frac{1}{\sigma\sqrt{2\pi}} \exp\left[-\frac{1}{2}\left(\frac{x-\mu}{\sigma}\right)^2\right], \quad -\infty < x < \infty \tag{13-1}$$

Hierbei bedeutet:

$\exp[x] = e^x$ (eine drucktechnisch günstige Schreibweise)
$\pi = 3{,}14159\ldots$ (= Verhältnis von Kreisumfang $2\pi r$ zu Durchmesser 2r)
$e = 2{,}71828\ldots$ (= Grenzwert von $(1 + 1/m)^m$ für $m \to \infty$)

In der Dichtefunktion (13-1) treten die Parameter μ und σ auf. Sie haben tatsächlich auch die Bedeutung von Erwartungswert und Standardabweichung. Diese Aussage wäre natürlich zu beweisen. Der Beweis beginnt damit, daß man in (11-21) und (11-23) die Dichtefunktion (13-1) einsetzt. Den Beweis findet man in Lehrbüchern der Statistik für Fortgeschrittene. Das Ergebnis lautet:

Erwartungswert:

$$E(X) = \int_{-\infty}^{\infty} \frac{x}{\sigma\sqrt{2\pi}} \exp\left[-\frac{1}{2}\left(\frac{x-\mu}{\sigma}\right)^2\right] dx = \underline{\mu} \tag{13-2}$$

Varianz:

$$V(X) = \int_{-\infty}^{\infty} (x-\mu)^2 \cdot \frac{1}{\sigma\sqrt{2\pi}} \exp\left[-\frac{1}{2}\left(\frac{x-\mu}{\sigma}\right)^2\right] dx = \underline{\sigma^2} \tag{13-3}$$

C. Die Parameter μ und σ^2

Die Parameter der Normalverteilung entscheiden über die Lage der Glockenkurve auf der Abszisse und über ihre Gestalt. Der Parameter μ in seiner Eigenschaft als Erwartungswert fällt, da die Normalverteilung eingipflig und symmetrisch ist, mit dem (theoretischen) Zentralwert (Median) und mit dem Modus zusammen. Daher zeigt uns μ an, wo auf der Zahlengerade der *Gipfel der Glockenkurve* und deren *Mitte* liegt. Siehe dazu Fig. 13-1.

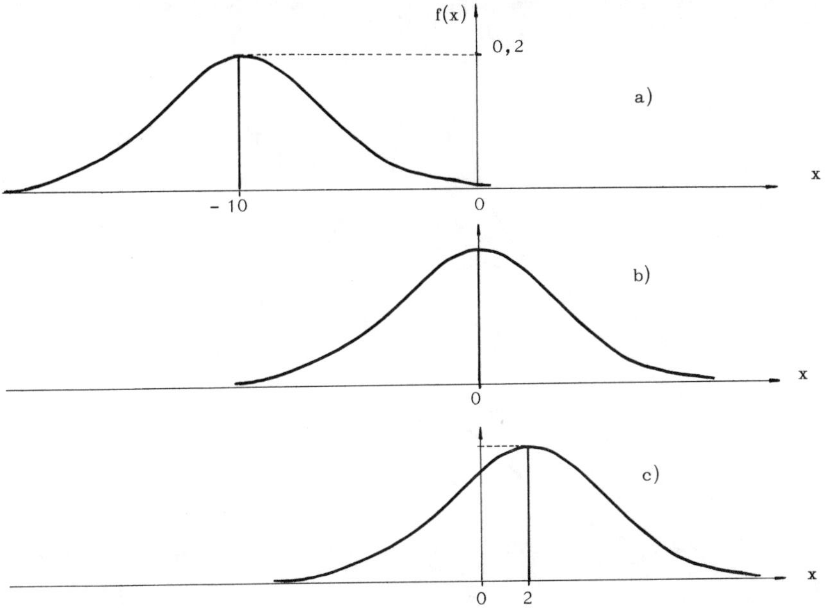

Fig. 13-1: Drei verschiedene Normalverteilungen mit gleichem σ, aber *unterschiedlichem* μ:
a) N(−10; 4) b) N(0; 4) c) N(2; 4)

Der Parameter σ resp. σ^2 hat die bekannte Bedeutung, ein Maß für die Streuung um den Mittelwert μ zu sein. In Abhängigkeit von der Größe von σ wird die Glockenkurve „höher" oder „breiter". Für ein gegebenes μ veranschaulicht Fig. 13-2 die Bedeutung verschieden großer Sigmas.

● **Kontrollfrage 1:** In Fig. 13-1 ist f(μ) = 0,2 für verschiedene μ und für σ = 2 eingezeichnet. Wie erhält man dieses f(μ) = 0,2?

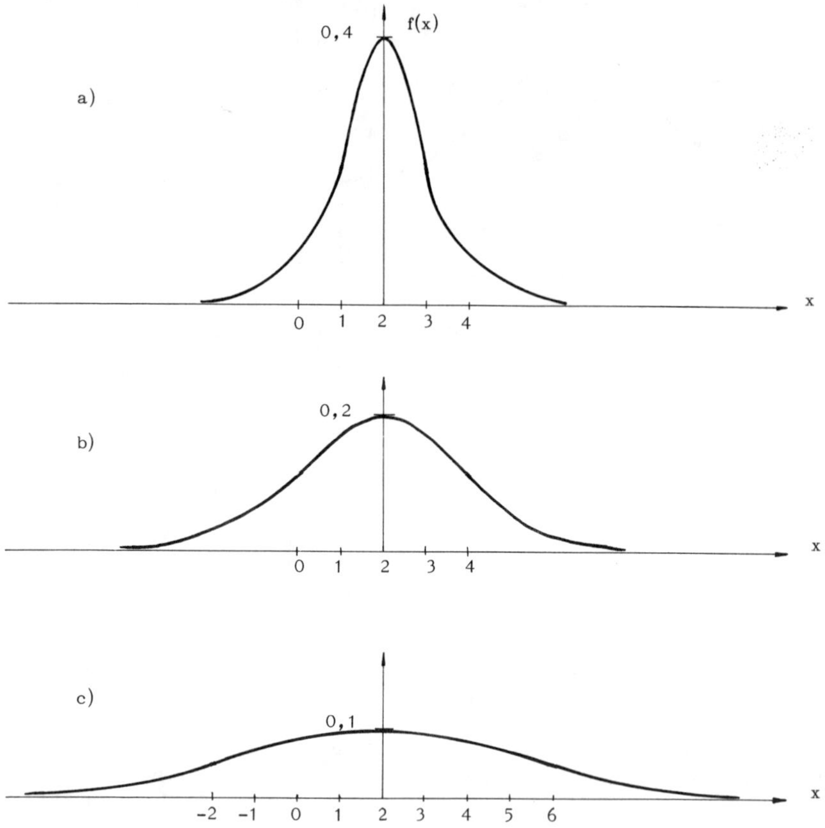

Fig. 13-2: Drei Normalverteilungen mit *gleichem* μ und *verschiedenem* σ^2
a) N(2; 1) b) N(2; 4) c) N(2; 16)

Die Hauptbedeutung von σ besteht in der Festlegung von *zentralen Schwankungsintervallen* um μ, in denen die Realisationen der Normalvariablen mit bestimmten Wahrscheinlichkeiten auftreten. Fig. 13-3 zeigt, daß über den mit σ, 2σ resp. 3σ gebildeten zentralen Schwankungsbereichen um μ jeweils 68,26%, 95,44% und 99,74% der Normalvariablen-Wahrscheinlichkeiten liegen. Man bezeichnet diese auch als *„zentrale Wahrscheinlichkeiten"*. Die links resp. rechts durch die σ-Schwellen abgeschnittenen Wahrscheinlichkeiten heißen *Unter-* resp. *Überschreitungswahrscheinlichkeiten.* Diese betragen 15,87%, 2,28% resp. 0,13%.

Eine weitere, später wichtig werdende Bedeutung von σ besteht darin, daß es für die *Standardisierung* gebraucht wird.

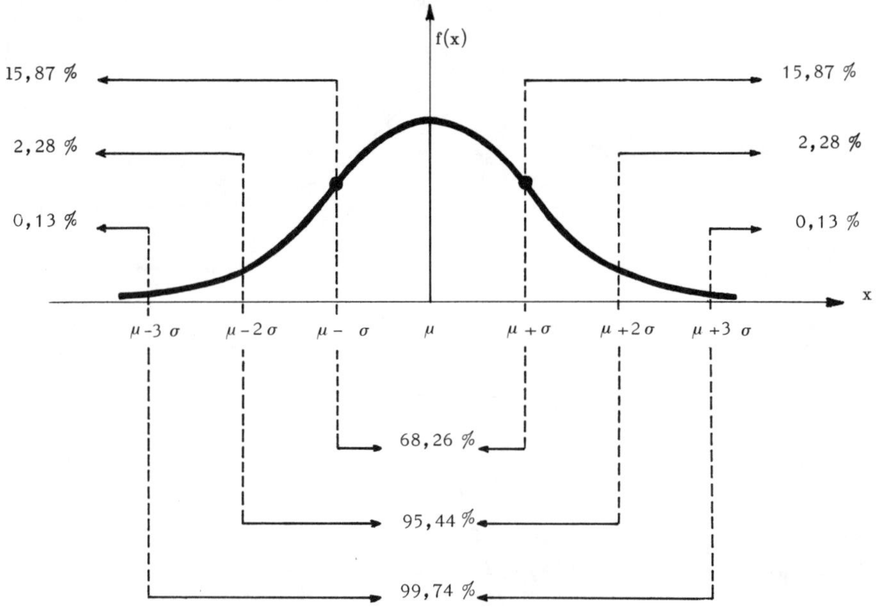

Fig. 13-3: Die innerhalb und außerhalb der zentralen Schwankungsintervalle $\mu \pm \sigma$, $\mu \pm 2\,\sigma$ und $\mu \pm 3\,\sigma$ liegenden Wahrscheinlichkeiten

---

Beispiel für normalverteilte Merkmalsausprägungen:
Für die Geburtsterminbestimmung bedienen sich die Mediziner u. a. der sog. Naegele-Regel. Danach beträgt der Termin der Geburt 282 ± x Tage nach dem ersten Tag der letzten Periode. Verwendet man die Normalverteilung mit $\mu = 282$ und $\sigma = 10{,}82$ Tage, dann erhält man zentrale Wahrscheinlichkeiten, die sehr gut die beobachteten Häufigkeiten approximieren. Beispielsweise fallen in den zentralen Schwankungsbereich von drei Wochen (± 10,5 Tage) 66,6% und in den Bereich ± 14 Tage (entsprechend $\pm 1{,}28\,\sigma$) 80% aller Geburten.

D. Die Verteilungsfunktion

Die Verteilungsfunktion der Normalvariablen lautet:

$$F(x) = \int_{-\infty}^{x} \frac{1}{\sigma\sqrt{2\pi}} \exp\left[-\frac{1}{2}\left(\frac{\xi-\mu}{\sigma}\right)^2\right] d\xi \qquad (13\text{-}4)$$

Fig. 13-4 zeigt den Zusammenhang der Dichtefunktion f(x) und der Verteilungsfunktion F(x) der Normalverteilung.

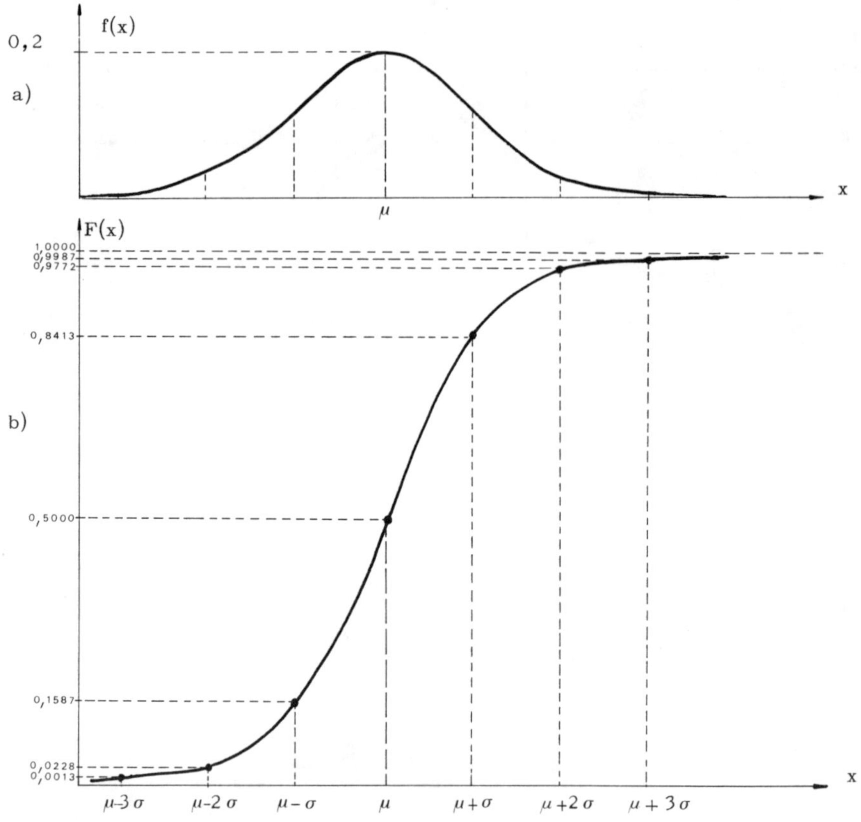

Fig. 13-4: Dichte- und Verteilungsfunktion der Normalvariablen

---

● **Kontrollfrage 2:** Man zeichne in Fig. 13-4, die eine N(μ; 4)-Verteilungsfunktion darstelle, die N(μ; 1)- und N(μ; 16)-Verteilungsfunktionen skizzenhaft ein.

E. Die Standardnormalvariable

Die Standardnormalvariable geht durch die spezielle Transformation (genannt Standardisierung)

$$\boxed{\varphi(x) = \frac{x - \mu}{\sigma}} \qquad (13\text{-}5)$$

aus jeder beliebigen Normalvariablen hervor. Sie wird im folgenden mit Z bezeichnet und hat die vereinfachte *Dichtefunktion,* die wir zur Vermeidung von Verwechslungen mit g(z) bezeichnen wollen:

$$g(z) = \frac{1}{\sqrt{2\pi}} \exp\left[-\frac{z^2}{2}\right], \quad -\infty < z < +\infty \tag{13-6}$$

Verteilungsfunktion:

$$G(z) = \int_{-\infty}^{z} \frac{1}{\sqrt{2\pi}} \exp\left[-\frac{\xi^2}{2}\right] d\xi \tag{13-7}$$

Zusammenhang der Quantile $_{\alpha}z$ und $_{\alpha}x$

$$G\,(_{\alpha}z) = G\left(\frac{_{\alpha}x - \mu_x}{\sigma_x}\right) = F(_{\alpha}x) = \alpha \tag{13-8}$$

● **Kontrollfrage 3:** Zeigen Sie, wie man unter Verwendung von (11-32) die Dichtefunktion (13-6) aus der Dichtefunktion (13-1) bei Verwendung von (13-5) erhält.

Standardisierte ZV haben immer einen Erwartungswert von Null und eine Varianz von 1. Daher gilt auch jetzt:

Erwartungswert:

$$E(Z) = \mu_z = 0 \tag{13-9}$$

Varianz:

$$V(Z) = \sigma_z^2 = 1 \tag{13-10}$$

Schreibweise für die Standardnormalvariable:

$$Z = N(0; 1) \tag{13-11}$$

● **Kontrollfrage 4:** Man überlege sich, warum man V(Z) auch als $E(Z^2)$ schreiben kann.

Die Standardisierung einer ZV hat den Sinn, *eine* (neue) Skala an die Stelle unendlich vieler (alter) Skalen zu setzen und es so zu ermöglichen, eine ganze Familie von

Zufallsvariablen (alle Normalvariablen) auf immer ein und dieselbe Standardvariable, d.h. die N(0; 1) zurückzuführen. Die Korrespondenz zwischen den zu einer beliebigen Normalverteilung und zur Standardnormalverteilung gehörenden Skalen zeigt Fig. 13-5. Eingezeichnet sind die Korrespondenzen zwischen den speziellen Werten der ZV X, nämlich μ, $\mu \pm \sigma$, $\mu \pm 2\sigma$, $\mu \pm 3\sigma$, und den speziellen Werten der ZV Z, nämlich 0, $\pm$ 1, $\pm$ 2, $\pm$ 3, sowie zwischen einem beliebigen Wert x* und $z^* = \dfrac{x^* - \mu_x}{\sigma_x}$.

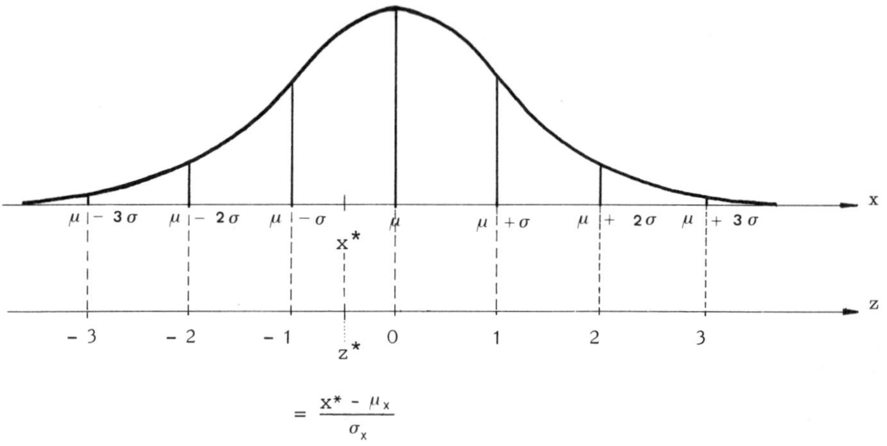

Fig. 13-5: Ersatz der ursprünglichen Skala einer Normalverteilung durch die Z-Skala

Anwendungen:

1. Die erste Anwendung der Transformation (13-5) besteht darin, ein vorgegebenes x* in $z^* = \dfrac{x^* - \mu_x}{\sigma_x}$ zu überführen und sodann die mit x* verknüpfte Frage nach einer Wahrscheinlichkeit durch Ablesen des zu z* gehörigen *Tabellenwertes* zu beantworten.
2. Die zweite Anwendung betrifft den umgekehrten Weg: Ausgehend von einer bestimmten Wahrscheinlichkeit resp. von einem bestimmten α-Quantil der Z-Variablen, also von ${}_{\alpha}z$ oder z_{α}, bestimmen wir das korrespondierende α-Quantil ${}_{\alpha}x$ resp. x_{α}. Dazu benötigen wir die Inversion der Transformation, nämlich

$$\boxed{X = \mu_x + \sigma_x \cdot Z} \qquad (13\text{-}12)$$

Bei dieser zweiten Anwendung steht das Ablesen eines Wertes der Z-Variablen aus der Wahrscheinlichkeitstabelle am Anfang.

F. Gebrauch der Wahrscheinlichkeitstabelle

Entsprechend den soeben angeführten zwei Verwendungsfällen der Standardnormalvariablen erfolgt der Gebrauch der Wahrscheinlichkeitstabelle der (Standard-)Normalverteilung schematisch dargestellt auf die beiden folgenden Weisen:

<u>*Ableseschema 1:*</u>

$$\left\{\begin{matrix}\text{vorgegebener}\\ \text{Wert,}\\ x^*\end{matrix}\right\} \rightarrow \frac{x^* - \mu_x}{\sigma_x} = z^* \rightarrow \left\{\begin{matrix}\text{Aufsuchen dieses}\\ z^*\\ \text{in der Tabelle}\end{matrix}\right\} \rightarrow \left\{\begin{matrix}\text{Ablesen einer}\\ \text{Wahrschein-}\\ \text{lichkeit}\end{matrix}\right\}$$

<u>*Ableseschema 2:*</u>

$$\left\{\begin{matrix}\text{vorgegebene}\\ \text{Wahrscheinlichkeit}\\ \alpha\end{matrix}\right\} \rightarrow \left\{\begin{matrix}\text{Aufsuchen dieser}\\ \text{Wahrscheinlichkeit}\\ \text{in der Tabelle}\end{matrix}\right\} \rightarrow \left\{\begin{matrix}\text{Ablesen des}\\ \text{zugehörigen}\\ {}_{\alpha}z\end{matrix}\right\} \rightarrow \mu_x + \sigma_x\, {}_{\alpha}z = {}_{\alpha}x$$

Man findet in verschiedenen Tabellenwerken und Lehrbüchern unterschiedlich aufgemachte „Normaltabellen“. Die im Tabellenteil am Ende dieses Lehrbuchs oder in der Beilage befindliche Tabelle gibt die folgenden Wahrscheinlichkeiten an:

$$\boxed{P(0 < Z < z^*) = G(z^*) - \underbrace{G(0)}_{=0{,}5}} \qquad (13\text{-}13)$$

<u>Hinweis:</u>
Die z*-Werte sind in der Vorspalte der Tabelle bis auf die erste Dezimalstelle und in der Kopfzeile bis auf die zweite Dezimalstelle zu finden. Die Wahrscheinlichkeitsangaben befinden sich im Mittelfeld der Tabelle. Ein Punkt vor einer Zahl ist zu lesen als Null-Komma (= 0,...).

Ableseschema 1:

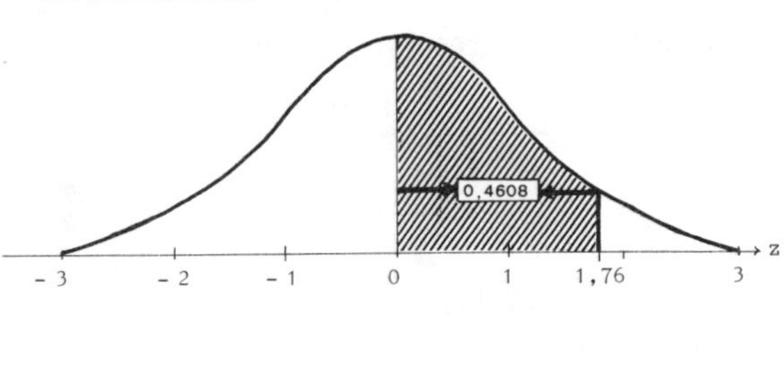

Kopfzeile: 2. Dezimalstelle von z*

Vorspalte: z* bis zur 1. Dezimalstelle

z*	.00	.01	.02	.03	.04	.05	.06	.07	.08	.09
0,0	.0000	.0040	.0080	.0120	.0160	.0199	[illegible]	.0279	.0319	.0359
0,1	.0398	.0438	.0478	.0517	.0557	.0596	[illegible]	.0675	.0714	.0753
0,2	.0793	.0832	.0871	.0910	.0948	.0987	[illegible]	.1064	.1103	.1141
0,3	.1179	.1217	.1255	.1293	.1331	.1368	[illegible]	.1443	.1480	.1517
0,4	.1554	.1591	.1628	.1664	.1700	.1736	[illegible]	.1808	.1844	.1879
0,5	.1915	.1950	.1985	.2019	.2054	.2088	[illegible]	.2157	.2190	.2224
0,6	.2257	.2291	.2324	.2357	.2389	.2422	[illegible]	.2486	.2517	.2549
0,7	.2580	.2611	.2642	.2673	.2703	.2734	[illegible]	.2794	.2823	.2852
0,8	.2881	.2910	.2939	.2967	.2995	.3023	[illegible]	.3078	.3106	.3133
0,9	.3159	.3186	.3212	.3238	.3264	.3289	[illegible]	.3340	.3365	.3389
1,0	.3413	.3438	.3461	.3485	.3508	.3531	[illegible]	.3577	.3599	.3621
1,1	.3643	.3665	.3686	.3708	.3729	.3749	[illegible]	.3790	.3810	.3830
1,2	.3849	.3869	.3888	.3907	.3925	.3944	[illegible]	.3980	.3997	.4015
1,3	.4032	.4049	.4066	.4082	.4099	.4115	[illegible]	.4147	.4162	.4177
1,4	.4192	.4207	.4222	.4236	.4251	.4265	[illegible]	.4292	.4306	.4319
1,5	.4332	.4345	.4357	.4370	.4382	.4394	[illegible]	.4418	.4429	.4441
1,6	.4452	.4463	.4474	.4484	.4495	.4505	[illegible]	.4525	.4535	.4545
1,7	[illegible]	[illegible]	[illegible]	[illegible]	[illegible]	[illegible]	.4608	.4616	.4625	.4633
1,8	.4641	.4649	.4656	.4664	.4671	.4678	.4686	.4693	.4699	.4706
1,9	.4713	.4719	.4726	.4732	.4738	.4744	.4750	.4756	.4761	.4767
2,0	.4772	.4778	.4783	.4788	.4793	.4798	.4803	.4808	.4812	.4817
2,1	.4821	.4826	.4830	.4834	.4838	.4842	.4846	.4850	.4854	.4857
2,2	.4861	.4864	.4868	.4871	.4875	.4878	.4881	.4884	.4887	.4890
2,3	.4893	.4896	.4898	.4901	.4904	.4906	.4909	.4911	.4913	.4916
2,4	.4918	.4920	.4922	.4925	.4927	.4929	.4931	.4932	.4934	.4936
2,5	.4938	.4940	.4941	.4943	.4945	.4946	.4948	.4949	.4951	.4952
2,6	.4953	.4955	.4956	.4957	.4959	.4960	.4961	.4962	.4963	.4964
2,7	.4965	.4966	.4967	.4968	.4969	.4970	.4971	.4972	.4973	.4974
2,8	.4974	.4975	.4976	.4977	.4977	.4978	.4979	.4979	.4980	.4981
2,9	.4981	.4982	.4982	.4983	.4984	.4984	.4985	.4985	.4986	.4986
3,0	.4987	.4987	.4987	.4988	.4988	.4989	.4989	.4989	.4990	.4990

Fig. 13-6: Standardnormalverteilung. Bildliche Darstellung des Ableseschemas 1:
Von einem *vorgegebenen* z^* zur dazugehörigen Wahrscheinlichkeit
(eingezeichnet: von $z^* = 1{,}76$ zu $P(0 < Z < 1{,}76) = 0{,}4608$)

Zu beachten ist bei dieser Ablesung, daß zu 0,4608 noch 0,5 zu addieren ist, falls nach G(1,76), d.h. nach der Wahrscheinlichkeit gefragt ist, daß Z einen Wert annimmt, der kleiner als 1,76 ist: P(Z<1,76) = 0,9608 (siehe Fig. 13-7).

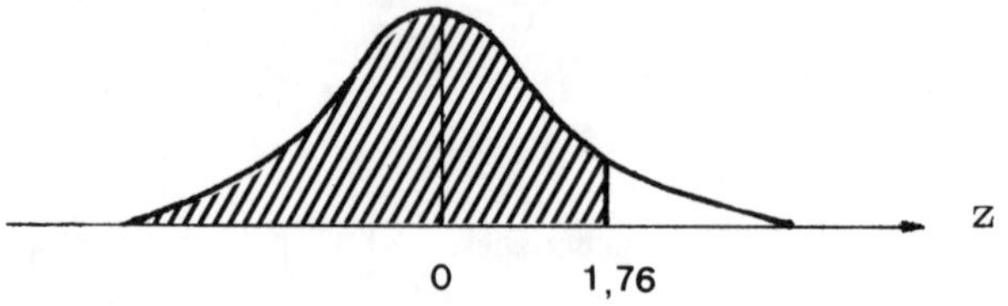

Fig. 13-7: G(1,76) = 0,5 + P(0<Z<1,76)

Wäre man z. B. von der N(2; 4) ausgegangen (siehe Fig. 13-2c), so gelangte man von x* = 5,52 zu z* = (5,52-2)/2 = 1,76. Somit: Die Wahrscheinlichkeit, daß für die Normalverteilung mit den Parametern $\mu = 2$ und $\sigma^2 = 4$ ein Wert von 5,52 und weniger auftritt, beträgt 0,9608 oder 96,08%: P(X<5,52 | X = N(2;4)) = P(Z<1,76).

● **Kontrollfrage 5:** Falls nach z. B. P(X>4,5) für X = N(2; 4) gefragt wäre, wie lautete jetzt der Transformations- und Ablesevorgang?

Hinweise:

1. Beim Gebrauch der Tabelle im Rahmen des Ableseschemas 1 ist für negative Werte von Z die Symmetrie der Normalverteilung zu benutzen. Es gilt nämlich stets:

$$P(Z < -z^*) = P(Z > z^*) \tag{13-14}$$

2. Für Fragen nach der Wahrscheinlichkeit über einem endlichen Intervall sind zwei Werte von X zu transformieren, und dementsprechend ist die Wahrscheinlichkeitstabelle zweimal zu konsultieren.

● **Kontrollfragen 6:**

a) Wie groß ist die Unterschreitungswahrscheinlichkeit P(Z < − 1,76)?
b) Wie groß ist die zentrale Wahrscheinlichkeit P(− 1,15 < Z < 1,15)?
c) Wie groß ist die Summe der Unter- und Überschreitungswahrscheinlichkeiten P(Z < − 1,15) + P(Z > 1,15)?

Ableseschema 2:

Ausgangspunkt ist jetzt eine Wahrscheinlichkeitsvorgabe, die im Mittelfeld der Wahrscheinlichkeitstabelle aufzusuchen ist. Zu beachten ist auch jetzt wieder der Aufbau der Tabelle, d. h. daß im Mittelfeld nur Wahrscheinlichkeiten für $0 < Z < 3{,}09$ angegeben sind. Sucht man also z. B. das $\alpha = 0{,}975$-Quantil, d. h. ${}_{0,975}z$, so ist in der Tabelle von $0{,}9750 - 0{,}5 = 0{,}4750$ auszugehen (siehe Fig. 13-8).

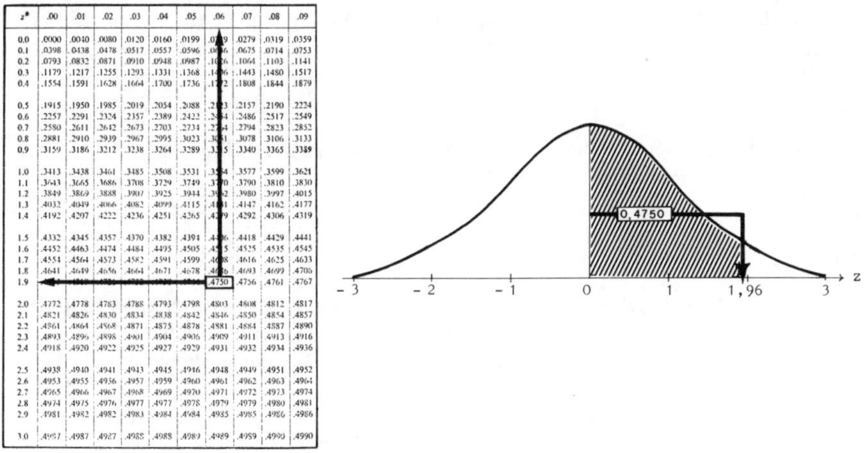

z*	.00	.01	.02	.03	.04	.05	.06	.07	.08	.09
0.0	.0000	.0040	.0080	.0120	.0160	.0199	[illegible]	.0279	.0319	.0359
0.1	.0398	.0438	.0478	.0517	.0557	.0596	[illegible]	.0675	.0714	.0753
0.2	.0793	.0832	.0871	.0910	.0948	.0987	[illegible]	.1064	.1103	.1141
0.3	.1179	.1217	.1255	.1293	.1331	.1368	[illegible]	.1443	.1480	.1517
0.4	.1554	.1591	.1628	.1664	.1700	.1736	[illegible]	.1808	.1844	.1879
0.5	.1915	.1950	.1985	.2019	.2054	.2088	[illegible]	.2157	.2190	.2224
0.6	.2257	.2291	.2324	.2357	.2389	.2422	[illegible]	.2486	.2517	.2549
0.7	.2580	.2611	.2642	.2673	.2703	.2734	[illegible]	.2794	.2823	.2852
0.8	.2881	.2910	.2939	.2967	.2995	.3023	[illegible]	.3078	.3106	.3133
0.9	.3159	.3186	.3212	.3238	.3264	.3289	[illegible]	.3340	.3365	.3389
1.0	.3413	.3438	.3461	.3485	.3508	.3531	[illegible]	.3577	.3599	.3621
1.1	.3643	.3665	.3686	.3708	.3729	.3749	[illegible]	.3790	.3810	.3830
1.2	.3849	.3869	.3888	.3907	.3925	.3944	[illegible]	.3980	.3997	.4015
1.3	.4032	.4049	.4066	.4082	.4099	.4115	[illegible]	.4147	.4162	.4177
1.4	.4192	.4207	.4222	.4236	.4251	.4265	[illegible]	.4292	.4306	.4319
1.5	.4332	.4345	.4357	.4370	.4382	.4394	[illegible]	.4418	.4429	.4441
1.6	.4452	.4463	.4474	.4484	.4495	.4505	[illegible]	.4525	.4535	.4545
1.7	.4554	.4564	.4573	.4582	.4591	.4599	[illegible]	.4616	.4625	.4633
1.8	.4641	.4649	.4656	.4664	.4671	.4678	[illegible]	.4693	.4699	.4706
1.9	[illegible]	[illegible]	[illegible]	[illegible]	[illegible]	[illegible]	.4750	.4756	.4761	.4767
2.0	.4772	.4778	.4783	.4788	.4793	.4798	.4803	.4808	.4812	.4817
2.1	.4821	.4826	.4830	.4834	.4838	.4842	.4846	.4850	.4854	.4857
2.2	.4861	.4864	.4868	.4871	.4875	.4878	.4881	.4884	.4887	.4890
2.3	.4893	.4896	.4898	.4901	.4904	.4906	.4909	.4911	.4913	.4916
2.4	.4918	.4920	.4922	.4925	.4927	.4929	.4931	.4932	.4934	.4936
2.5	.4938	.4940	.4941	.4943	.4945	.4946	.4948	.4949	.4951	.4952
2.6	.4953	.4955	.4956	.4957	.4959	.4960	.4961	.4962	.4963	.4964
2.7	.4965	.4966	.4967	.4968	.4969	.4970	.4971	.4972	.4973	.4974
2.8	.4974	.4975	.4976	.4977	.4977	.4978	.4979	.4979	.4980	.4981
2.9	.4981	.4982	.4982	.4983	.4984	.4984	.4985	.4985	.4986	.4986
3.0	.4987	.4987	.4987	.4988	.4988	.4989	.4989	.4989	.4990	.4990

Fig. 13-8: Standardnormalverteilung. Bildliche Darstellung des Ableseschemas 2: Von einer *vorgegebenen Wahrscheinlichkeit* zum „dazugehörigen" z. Eingezeichnet: von 0,4750 zu $P(0 < Z < 1{,}96)$, d. h. 1,96

Eine später immer wieder auftauchende Frage lautet: Welche Werte (wir werden sie mit ${}_{0,025}x$ und $x_{0,025}$ bezeichnen) „schneiden" am linken und rechten Ende einer Normalverteilung $N(\mu; \sigma^2)$ je 2,5% der Wahrscheinlichkeit ab? Es ist dies die Frage nach den Quantilen der Normalvariablen, die zu der Unter- resp. der Überschreitungswahrscheinlichkeit von 2,5% gehören. Man sucht jetzt im Mittelfeld der Tabelle jene Zahl, die 0,0250 zu 0,5000 ergänzt, d. h., man sucht 0,4750. Denn: $P(0 < Z < z_{0,025}) = 0{,}4750$.

In der Vorspalte gehört zu 0,4750 der Wert 1,9, in der Kopfzeile 0,06. Somit gehört zu 0,4750 der z-Wert 1,96. Dementsprechend liegt links von $-1{,}96$ ebenfalls 0,025 an Wahrscheinlichkeit (siehe Fig. 13-9).

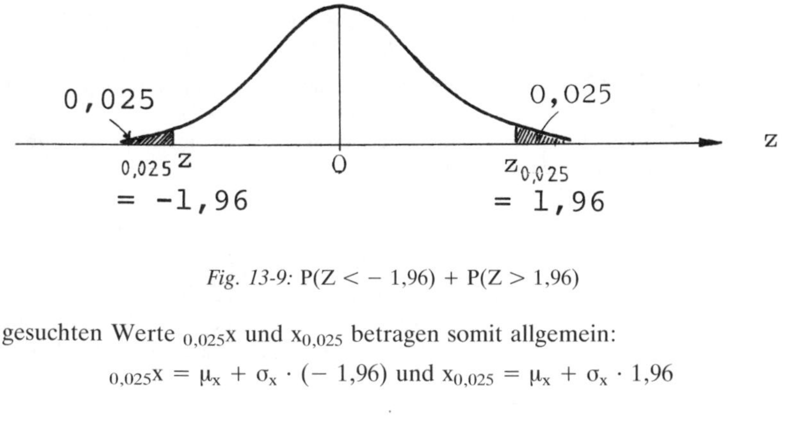

Fig. 13-9: $P(Z < -1{,}96) + P(Z > 1{,}96)$

Die gesuchten Werte ${}_{0,025}x$ und $x_{0,025}$ betragen somit allgemein:

$${}_{0,025}x = \mu_x + \sigma_x \cdot (-1{,}96) \text{ und } x_{0,025} = \mu_x + \sigma_x \cdot 1{,}96$$

Hinweis:
Durch *Verdoppelung* der in der Wahrscheinlichkeitstabelle der Standardnormalvariablen gefundenen Wahrscheinlichkeit erhält man stets eine *zentrale Wahrscheinlichkeit,* d. h. die im zentralen Schwankungsintervall liegende Wahrscheinlichkeit.

● **Kontrollfrage 7:** In welchem zentralen Schwankungsintervall der N(−10; 4) liegen 99% der Wahrscheinlichkeit?

Überblick:

Die folgende Tabelle gibt einen Überblick über einige häufig gebrauchte oder besonders hervorgehobene Quantile der Standardnormalvariablen und der in den dazugehörigen zentralen Schwankungsintervallen liegenden Wahrscheinlichkeiten.

Tab. 13-1: Einige Quantile der Standard-Normalvariablen und zentrale Wahrscheinlichkeiten

α	Quantile		Zentrale Wahrscheinlichkeit
	${}_{\alpha}z$	$z_{\alpha} = {}_{1-\alpha}z$	$P({}_{\alpha}z < Z < z_{\alpha})$
0,25	− 0,675 (1. Quartil)	0,675 (3. Quartil)	0,50
0,1587	**− 1,00**	**1,00**	0,6826
0,10	− 1,28 (1. Dezil)	1,28 (9. Dezil)	0,80
0,05	− 1,645 (5. Perzentil)	1,645 (95. Perzentil)	**0,90**
0,025	**− 1,96**	**1,96**	**0,95**
0,0228	**− 2,00**	**2,00**	0,9544
0,01	− 2,33 (1. Perzentil)	2,33 (99. Perzentil)	0,98
0,005	**− 2,58** (5. Millil)	**2,58** (995. Millil)	**0,99**
0,0013	**− 3,00**	**3,00**	0,9974
0,001	− 3,09 (1. Millil)	3,09 (999. Millil)	0,9990

G. Die Normalverteilung als Modell für eine empirische Verteilung

Die Normalverteilung kommt, wie schon gesagt, als Modell für direkt beobachtbare soziale und ökonomische Merkmalsverteilungen eher selten in Betracht. Daher soll ein Beispiel physikalisch/technischer Art, jedoch mit kaufmännischer Relevanz, verwendet werden, um zu zeigen, wie das Modell einer stetigen Verteilung (im folgenden die Normalverteilung) als Approximation an eine empirische Verteilung gehandhabt wird.

Das Ausgangsmaterial der empirischen Verteilung sollen angenommenerweise 100 Ein-Kilo-Goldbarren sein, die als Stichprobe aus der Produktion einer Goldscheideanstalt gewonnen werden. Bei diesen Goldbarren wurde der Feingoldgehalt auf ein Gramm genau gemessen. Es liegt dann eine Häufigkeitsverteilung wie bei einem diskreten Merkmal vor, das nur die Werte gewisser natürlicher Zahlen annehmen kann. In *praxisüblicher* Form sind die Ergebnisse in Tabelle 13-2 mit absoluten und (alternativ) mit aufwärtskumulierten Häufigkeiten festgehalten.

Tab. 13-2: Der Feingoldgehalt von 100 Ein-Kilo-Goldbarren

Gramm Feingold	Anzahl Barren	
	f_i	$cumf_i$
987	1	1
988	9	10
989	24	34
990	32	66
991	22	88
992	10	98
993	2	100

Um zu der in Tabelle 13-2 angegebenen diskreten Häufigkeitsverteilung die richtige stetige Modell-Häufigkeitsverteilung und für die sich dann in der Anwendung stellenden Fragen die richtigen Antworten zu finden, bedarf es folgender Überlegungen und folgender Schritte:

Als erstes muß man sich im klaren sein, daß die soeben „praxisüblich" genannten, *diskreten* Gewichtsangaben statistisch gesehen Klassenmitten-Angaben sind. Genau genommen liegen Angaben für Klassen von der Breite „ein Gramm" vor. Man hat beim Feststellen der Feingoldgewichte entsprechend der hier unterstellten Genauigkeit der Meßapparatur alle Gewichte, für die bei genauerem Messen Gewichte von bis zu 0,5 Gramm über oder unter dem angegebenen Gewicht festgestellt worden wären, der Klassenmitte zugeordnet. In Tabelle 13-3 ist die in Tabelle 13-2 angegebene Verteilung daher in die für das weitere Vorgehen geeignete Form gebracht und in Fig. 13-10 als Histogramm und Häufigkeitspolygon dargestellt worden. An der Ordinate sind in Fig. 13-10 – schon im Hinblick auf die zu konstruierende theoretische Häufigkeitsverteilung – die relativen Häufigkeiten angegeben. Da wir von einem Umfang von 100 Barren ausgegangen sind, fallen zahlenmäßig absolute Häufigkeiten natürlich mit den hinter dem Komma stehenden Dezimalstellen der relativen Häufigkeiten zusammen.

Tab. 13-3: Der Feingoldgehalt von 100 Ein-Kilo-Barren

Gewicht (in g)	Klassenmitte m_i	absolute Häufigkeit f_i	kumulierte Häufigkeiten $cumf_i$
986,5 – unter 987,5	987	1	1
987,5 – unter 988,5	988	9	10
988,5 – unter 989,5	989	24	34
989,5 – unter 990,5	990	32	66
990,5 – unter 991,5	991	22	88
991,5 – unter 992,5	992	10	98
992,5 – unter 993,5	993	2	100
		100	

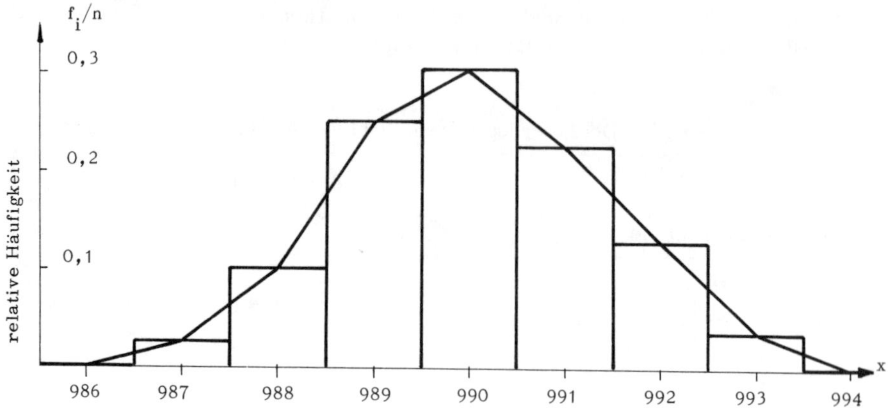

Fig. 13-10: Histogramm und Häufigkeitspolygon zu Tab. 13-3

Um die zu der gezeigten Häufigkeitsverteilung passende Modell-Normalverteilung zu ermitteln, müssen jetzt das arithmetische Mittel und die empirische Standardabweichung der Zahlen von Tabelle 13-2 resp. Tabelle 13-3 ausgerechnet und als konkretisierte Parameterwerte für μ und σ verwendet werden. Durch Einsetzen der Werte in die Formeln (4-9) und (5-6) resultieren $\bar{x} = 990$ und $\hat{s} = 1{,}23$. (Hätte man Formel (5-5) anstelle von (5-6) verwendet, hätte man $s = 1{,}22$ festgestellt, also einen unwesentlich anderen Wert.) Wir wollen $\mu = 990$ und $\sigma = 1{,}23$ verwenden. Die Modellnormalverteilung ist also die $N(990; 1{,}23^2)$.

Nun können wir dem empirischen Histogramm von Fig. 13-10 sein passendes Modellhistogramm (seine normalverteilte Modellhäufigkeitsverteilung) gegenüberstellen. Dazu bedarf es einiger Rechenschritte unter Verwendung der sog. *Stetigkeitskorrektur.*

Stetigkeitskorrektur:

Eine Stetigkeitskorrektur wird benötigt, wenn mit einer stetigen Verteilung als Modell oder Approximation für eine diskrete Häufigkeit oder Verteilung gearbeitet wird. Unter der Stetigkeitskorrektur versteht man die halbe Klassenbreite oder den halben Abstand zwischen benachbarten diskreten Werten, um die eine sich auf eine Klassenmitte oder einen diskreten Wert beziehende Frage zu modifizieren ist (durch Addition oder Subtraktion, je nach Art der Frage), bevor bei Verwendung einer stetigen ZV ein Ablesevorgang gemäß Ableseschema 1 (siehe oben, Abschnitt 13.1.F) vorgenommen werden darf. Hat die Klasse, zu der eine Klassenmitte m_i gehört, die Breite c, beträgt die Stetigkeitskorrektur c/2. Beträgt die Klassenbreite wie im vorliegenden Beispiel überall „eins", dann beträgt die Stetigkeitskorrektur 0,5.

Um z. B. die Modellhäufigkeit (Wahrscheinlichkeit) für Goldbarren mit einem Feingoldgehalt von 990 Gramm zu ermitteln, müssen wir zu 990 einmal 0,5 subtrahieren und einmal 0,5 addieren. Wir erhalten dann genau jene Klassenunter- und -obergrenzen, wie sie in Tabelle 13-3 für die – statistisch aufbereitete – empirische

Häufigkeitsverteilung vorliegen. Um den Ablesevorgang nach Schema 1 vorzunehmen, standardisieren wir die Werte 990 ± 0,5:

$$z_1 = \frac{989{,}5 - 990}{1{,}23} = -\,0{,}41$$

$$z_2 = \frac{990{,}5 - 990}{1{,}23} = 0{,}41$$

Es liegt für das Ablesen jetzt ein „symmetrischer Fall" vom Typ der Teilfrage b) in Kontrollfrage 6 vor. Die Antwort lautet:

$$P(-\,0{,}41 < Z < 0{,}41) = 2 \cdot 0{,}1591 = 0{,}3182 \approx \underline{0{,}318}$$

Theoretisch im Sinne von „dem Modell der Normalverteilung entsprechend" träten in der Klasse mit der Klassenmitte 990 Gramm Feingoldgehalt also 31,8% aller Goldbarren, bei 100 Goldbarren somit (gerundet) 32 Goldbarren auf.

Für die rechts an die modale Klasse anschließende Klasse ist folgender Ablesevorgang erforderlich:

$$\begin{aligned} & P(990{,}5 < X < 991{,}5) \\ = \; & P\left(\frac{990{,}5 - 990}{1{,}23} < Z < \frac{991{,}5 - 990}{1{,}23}\right) \\ = \; & P(0{,}41 < Z < 1{,}22) \\ = \; & G(1{,}22) - G(0{,}41) \\ = \; & 0{,}888 - 0{,}6591 = 0{,}2297 \approx \underline{0{,}230} \end{aligned}$$

Die theoretische Besetzung der Klasse mit der Klassenmitte 991 Gramm und aus Symmetriegründen auch der Klasse mit m_i = 989 Gramm beträgt somit 23% der Goldbarren, bei hundert Barren also 23 Barren.

Um die theoretische Besetzung der ersten Klasse (986,5 − 987,5) zu ermitteln, verwenden wir die Unterschreitungswahrscheinlichkeit der Normalverteilung für den Wert 987,5. Er beträgt $P(X < 987{,}5) = P(Z < -\,2{,}03) = 0{,}0212 \approx 0{,}021 = 2{,}1\%$. Aus Symmetriegründen entfallen auf die oberste Klasse (m_i = 993) theoretisch ebenso viele Barren. Tabelle 13-4 zeigt jetzt die gesuchte normalverteilte Modellhäufigkeitsverteilung.

Tab. 13-4: Normalverteilte, „theoretische" Häufigkeiten

Klassen	m_i	Häufigkeiten pro Klasse	Häufigkeiten aufwärtskumuliert
986,5 – unter 987,5	987	2,1	2,1
987,5 – unter 988,5	988	9,0	11,1
988,5 – unter 989,5	989	23,0	34,1
989,5 – unter 990,5	990	31,8	65,9
990,5 – unter 991,5	991	23,0	88,9
991,5 – unter 992,5	992	9,0	97,9
992,5 – unter 993,5	993	2,1	100,0
		100,0	

Ein Vergleich mit der in Tabelle 13-3 angegebenen empirischen Häufigkeitsverteilung zeigt, daß diese sehr gut durch das Modell „ersetzt“ wird, das Modell also offenbar eine gute Approximation der Wirklichkeit darstellt.

Das ermittelte Modell erlaubt jetzt die Beantwortung praktischer Fragen. Zum Beispiel: „Wie viele Goldbarren haben ein Gewicht von 989 und weniger Feingold?“ oder „Wie viele Goldbarren haben ein Gewicht von 989 und mehr Feingold?“ Für den Produzenten und Verkäufer der Goldbarren haben diese Fragen eine große Bedeutung, denn er muß seinen Abnehmern Garantien geben und gegebenenfalls Konventionalstrafen zahlen resp. Barren zurücknehmen und neu einschmelzen, was erhebliche Kosten verursacht. Da er nicht für jeden verkauften Goldbarren seiner Produktion eine aufwendige Nachmessung des Feingoldes vornehmen kann, muß er sich auf das soeben gezeigte Modell der Normalverteilung stützen, um die Antworten zu erhalten.

Fragt man nach der Wahrscheinlichkeit, daß der Feingoldgehalt 989 Gramm und weniger beträgt, dann ist $c/2 = 0{,}5$ zur Klassenmitte zu *addieren,* und es ist $P(X \leq 989{,}5) = F(989{,}5)$ gesucht. Es haben 34 Goldbarren (34,1 Prozent von 100 Barren) ein Feingoldgewicht von 989 Gramm und weniger. (Siehe Tabelle 13-4 und Fig. 13-11.)

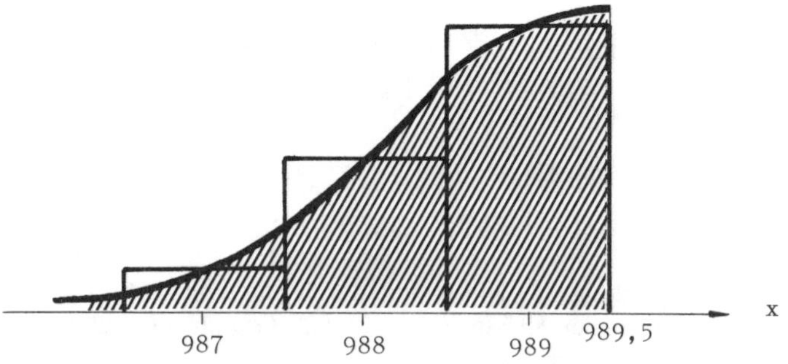

Fig. 13-11: Die Wahrscheinlichkeit des Auftretens von 989 und weniger Feingoldgehalt (schraffiert gezeichnet)

Die Stetigkeitskorrektur ist von der Klassenmitte zu *subtrahieren,* wenn nach der Wahrscheinlichkeit des Auftretens von 989 Gramm und mehr Feingoldgehalt gefragt ist. Gesucht ist dann $1 - F(988{,}5)$. Es haben 89 Goldbarren (100 – 11,1 Prozent von 100 Barren) ein Gewicht von 989 und mehr Feingoldgehalt. (Siehe Tabelle 13-4 und Fig. 13-12.)

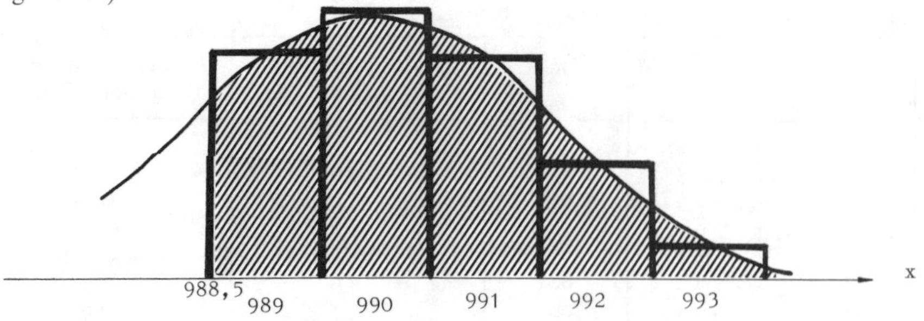

Fig. 13-12: Die Wahrscheinlichkeit des Auftretens von 989 und mehr Feingoldgehalt (schraffiert gezeichnet)

● **Kontrollfrage 8:** Wenn man das empirische Histogramm mit der Klassenbreite von 0,5 Gramm rekonstruieren will, wie groß ist dann die Stetigkeitskorrektur?

13.2 Die Chiquadratverteilung

Diese Zufallsverteilung mit ihrem seltsamen Namen spielt in der Schließenden Statistik, speziell im Zusammenhang mit Streuungen (Varianzen), eine große Rolle. Um konsequent an unserer bisherigen Bezeichnungsweise festzuhalten, wollen wir für die Chiquadratvariable anstelle des üblichen griechischen Symbols χ^2 das Symbol Q verwenden und die Werte, die Q annehmen kann, mit q bezeichnen. Durch die präzisierende Schreibweise $Q\langle\nu\rangle$ wird in einer spitzen Klammer der Parameter der Chiquadratverteilung ν (griechisches n, gesprochen nü), der den Namen Freiheitsgrad trägt, angegeben. Man kann diese Angabe weglassen, wenn sie sich aus dem Zusammenhang ergibt.

Die Zufallsvariable $Q\langle\nu\rangle$ erhält man, wenn man die Summe der Quadrate von ν untereinander unabhängigen Standardnormalvariablen Z_i bildet:

$$Q\langle\nu\rangle = Z_1^2 + Z_2^2 + \ldots + Z_\nu^2 = \sum_{i=1}^{\nu} Z_i^2 \qquad Z_i = N(0;1) \quad \text{für } i = 1, 2, \ldots, \nu \tag{13-15}$$

Freiheitsgrad:

Der Ausdruck „Freiheitsgrad“ (FG) bezeichnet die Anzahl von „frei variierbaren“, weil unabhängigen Normalvariablen. Diese sind bezüglich ihrer Realisationswerte keinen Nebenbedingungen unterworfen. Auch die letzte der ν Realisierungen ist frei im Sinne von *„durch keine Nebenbedingung eingeschränkt“*.

Exkurs:
Um sich eine ZV als „Summe der Quadrate von anderen ZV“ vorstellen zu können, bilde man eine ZV $W\langle 2\rangle$ aus der Summe der Quadrate von zwei „Ein-Würfel-ZV“. Es gelte also die Transformation (Zuordnungsregel):

$$W\langle 2\rangle = X_1^2 + X_2^2 \tag{13-16}$$

Hier sind X_1 und X_2 zwei „Ein-Würfel-ZV“. Die folgende Tabelle zeigt einige Elementarereignisse des jetzt vorliegenden Stichprobenraumes, einige Werte des Wertebereichs von $W\langle 2\rangle$ sowie deren Wahrscheinlichkeiten.

Elementarereignissse	Werte von W⟨2⟩	p(w_i)
(1 1)	2	1/36
(1 2) (2 1)	5	2/36
(2 2)	8	1/36
(3 1) (1 3)	10	2/36
.	.	.
.	.	.
.	.	.
(6 6)	72	1/36
Total 36		Summe 1

Die ZV W⟨2⟩ ist also eine neue diskrete ZV. Treten an die Stelle von zwei diskreten „Ein-Würfel-ZV" zwei Standardnormalvariable Z_i, so erhalten wir Q⟨2⟩. Da die Z_i stetige ZV sind, ist auch Q eine stetige ZV. Ferner: Da die Summe von Quadraten stets eine positive Zahl ergibt, besteht der Wertebereich von Q aus dem Intervall $[0,\infty)$.

In Fig. 13-13 sind die Dichtefunktionen einiger Chiquadratverteilungen dargestellt. Je höher die Zahl der FG, desto mehr rückt der Modus (das Maximum) der Verteilung nach rechts. Dieses Maximum liegt für $\nu \geq 2$ stets bei $\nu - 2$. Die Chiquadratverteilung ist asymmetrisch, genauer: Sie ist rechtsschief resp. linkssteil.

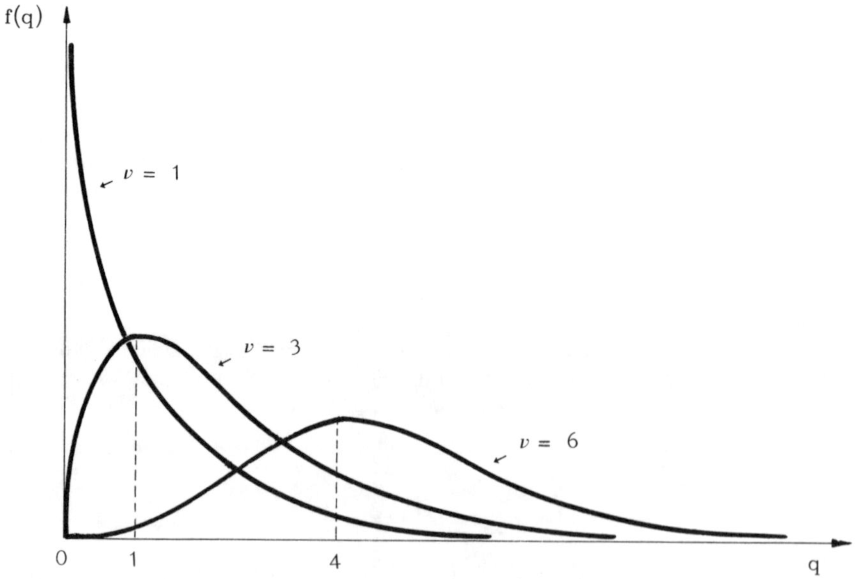

Fig. 13-13: Drei Chiquadratverteilungen: Q⟨1⟩, Q⟨3⟩ und Q⟨6⟩

Kennzahlen der Q⟨ν⟩:

Erwartungswert:

$$E(Q\langle\nu\rangle) = \nu \qquad (13\text{-}17)$$

Der Erwartungswert der Chiquadratvariablen ist gleich ihrem Freiheitsgrad.

Modus:

$$q_{\text{Modus}} = \nu - 2, \quad \text{falls } \nu \geq 2 \qquad (13\text{-}18)$$

Den maximalen Ordinatenwert hat eine Chiquadratvariable bei $\nu - 2$.

Varianz:

$$V(Q\,\langle\nu\rangle) = 2\,\nu \qquad (13\text{-}19)$$

Die Varianz der Chiquadratvariablen ist gleich dem verdoppelten Freiheitsgrad.

Für die gängigsten Werte von ν und einige häufig verlangte Wahrscheinlichkeiten α sind die Quantile der Chiquadratvariablen tabelliert.

Die Chiquadrattabelle:
Tabelle 13-5 ist ein Auszug aus der im Tabellenteil des Buches und der Beilage anzutreffenden Chiquadrattabelle. Sie gibt für die Chiquadratvariable mit 10 FG für einige Unterschreitungswahrscheinlichkeiten α die Chiquadratquantile $_{\alpha}q$ an.

Tab. 13-5: Einige Quantile der Chiquadratvariablen mit 10 FG ($\nu = 10$), die mit der Wahrscheinlichkeit von α *unter*schritten werden. $\alpha = P(Q\,\langle 10\rangle \leq {}_{\alpha}q)$

α	0,005	0,01	0,025	..	0,975	0,990	0,995	1
$_{\alpha}q$	2,16	2,56	3,25	..	20,5	23,2	25,2	∞

Fig. 13-14 veranschaulicht die Q⟨10⟩ und zeigt ein α-Quantil, wie es der Tabelle entnehmbar ist.

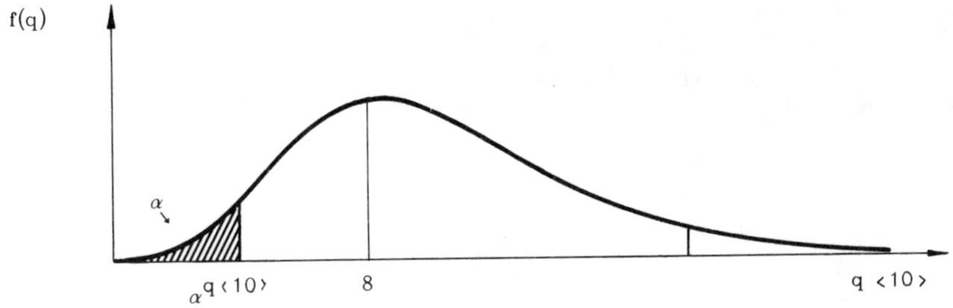

Fig. 13-14: Die schraffierte Fläche zeigt die links von $_{\alpha}q$ liegende Wahrscheinlichkeit

● **Kontrollfragen 9:**

a) Welches sind die Werte von $q_\alpha\langle 10\rangle$ für die Überschreitungswahrscheinlichkeiten $\alpha = 0{,}005; 0{,}01; 0{,}025; 0{,}05; 0{,}10$ und $0{,}50$?

b) Wie groß ist $P(Q\langle 30\rangle > 47{,}0)$?

c) Könnte man nicht Platz und Geld sparen, wenn man die Chiquadratvariable nach dem gleichen Prinzip wie die Normalvariable tabellieren würde, d. h. nur die ${}_\alpha q$ der Tabelle 13-5 für $\alpha = 0{,}005$ bis $\alpha = 0{,}50$ angegeben würde? Gilt m. a. W. ${}_\alpha q = -q_\alpha$?

Hinweis:

Mit zunehmendem ν nähert sich eine in bestimmter Weise transformierte Chiquadratverteilung einer (symmetrischen) Normalverteilung an. Für $\nu > 30$ kann man den folgenden Ausdruck als Standardnormalvariable betrachten:

$$\boxed{\sqrt{2Q\langle\nu\rangle} - \sqrt{2\nu - 1} \underset{\text{approx}}{=} N(0;1)} \tag{13-20}$$

Für die Suche nach der (Unter- oder Überschreitungs-)Wahrscheinlichkeit für einen vorgegebenen Wert q^* kann man (13-20) durch Einsetzen von q^* für Q unmittelbar verwenden. Sucht man umgekehrt bei Vorgabe eines α das zugehörige Quantil von Q, also ein ${}_\alpha q$ oder q_α, ist (13-20) umzuformen in (13-21):

$$\boxed{Q\langle\nu\rangle \underset{\text{approx}}{=} \frac{(Z + \sqrt{2\nu - 1})^2}{2}} \tag{13-21}$$

Benötigt man also z. B. $q_{0,05}\langle 120\rangle$, so geht man von $z_{0,05} = 1{,}645$ aus und findet:

$$q_{0,05} \underset{\text{approx}}{=} \frac{(1{,}645 + \sqrt{239})^2}{2} = 146{,}28$$

● **Kontrollfragen 10:**

Überprüfen Sie, welche Wahrscheinlichkeit bei der $Q\langle 150\rangle$ a) links vom Modus und b) links vom Erwartungswert liegen. Bestimmen Sie c) den Median von $Q\langle 150\rangle$.

13.3 Die T-Verteilung

Statistiker haben manchmal seltsame Gründe, anonym zu bleiben. Der bei der Guinness-Brauerei in Dublin angestellte englische Statistiker *William S. Gosset* (1876–1937) entdeckte eine neue Zufallsvariable, stellte sie der Öffentlichkeit aber unter dem Pseudonym „Student" vor. Die Brauerei fürchtete um ihren guten Ruf, wenn ihre Angestellten als Wissenschaftler bekannt würden! In der Folge gab man der „*Student*-Verteilung" nach dem verwendeten Symbol auch den Namen „T-Verteilung". Sie spielt eine große Rolle bei *Stichproben von kleinem Umfang*.

Die T-Variable entsteht als Quotient aus der Standardnormalvariablen Z und einer von Z unabhängigen, transformierten Chiquadratvariablen.

$$T\langle \nu \rangle = \frac{Z}{\sqrt{\dfrac{Q\langle \nu \rangle}{\nu}}} \qquad (13\text{-}22)$$

Exkurs:
Um sich auch unter dem Quotienten von zwei Zufallsvariablen etwas vorstellen zu können, nehmen wir an, eine ZV sei gebildet als Quotient aus den beiden „Ein-Würfel-ZV" X_1 und X_2. Es sei also definiert $V = X_1/X_2$. Den Wertebereich und die Wahrscheinlichkeiten der Werte von V hat man rasch berechnet. So nimmt V als kleinsten Wert 1/6 an (wenn der erste Würfel 1 und der zweite 6 zeigt, d. h. wenn das Elementarereignis (1 6) vorliegt). Da es von 36 Elementarereignissen nur eines gibt, das zum Wert 1/6 führt, ist die Wahrscheinlichkeit $P(V=1/6) = 1/36$. Den Wert von 1/2 nimmt V bei Vorliegen der drei Elementarereignisse (1 2), (2 4) und (3 6) an, also mit der Wahrscheinlichkeit von 3/36. Alle Werte und die zugehörigen Wahrscheinlichkeiten berechnen sich also in diesem Beispiel auf ganz einfache Weise. Es ist nichts Geheimnisvolles an einer ZV, die als ein Quotient zweier anderer ZV gebildet ist!

Die T-Variable hängt, ebenso wie die Chiquadratvariable, von nur einem Parameter, nämlich ν, ab. Dieser Parameter wird durch die Wahl der Chiquadratvariablen bestimmt, die im Nenner auftritt. Die T-Variable ist *symmetrisch* um den Wert 0 verteilt, d. h., ihr *Modus*, *Median* und *Erwartungswert* fallen zusammen.

Erwartungswert, Modus, Median:

$$E(T\langle\nu\rangle) = t_{Mo} = t_{Me} = 0 \qquad (13\text{-}23)$$

Varianz (falls $\nu \geq 3$):

$$V(T\langle\nu\rangle) = \frac{\nu}{\nu - 2} \qquad (13\text{-}24)$$

Der Wertebereich der T-Verteilung reicht wie jener der Normalverteilung von $-\infty$ bis $+\infty$. Auf die Angabe der komplizierten Dichtefunktion kann verzichtet werden, da für die gebräuchlichsten Werte der T-Variablen Tabellen existieren. Fig. 13-15 zeigt die Gestalt der T-Verteilung für einige verschiedene Parameterwerte.

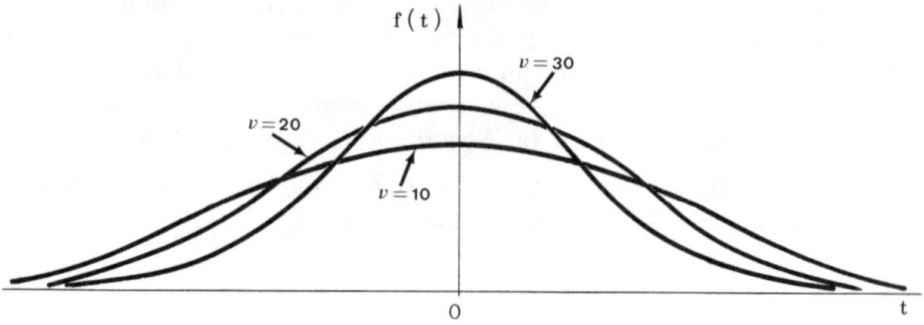

Fig. 13-15: Drei T-Verteilungen: $T\langle 10\rangle$, $T\langle 20\rangle$ und $T\langle 30\rangle$

Die T-Tabelle:

Die T-Tabelle im Tabellenteil des Buches und in der Beilage gibt für verschiedene T-Variablen eine Reihe von Quantilen (für aufwärtskumulierte) Wahrscheinlichkeiten an, d. h., sie gibt einige Werte der Verteilungsfunktion F(t) für $F(t) \geq 0{,}6$ an. In der „Eingangsspalte" der T-Tabelle steht der Parameter ν. Für eine bestimmte T-Variable steht also nur eine einzige Zeile zur Verfügung. Man hat sich daher auf einige wenige gängige Quantile beschränkt. Im Innenfeld der Tabelle sind diese Quantile angegeben. Da es sich bei der T-Verteilung immer um eine symmetrische Verteilung um den Nullpunkt handelt, hat man sich beschränkt auf die Angabe von ${}_{\alpha}t$ für einige Werte von $\alpha \geq 0{,}6$. Die symmetrischen T-Werte findet man unter Verwendung folgender Quantilbeziehung:

$$\boxed{{}_{\alpha}t = -\, t_{\alpha}} \qquad (13\text{-}25)$$

Zusätzlich muß man sich erinnern, daß stets ${}_{\alpha}t \equiv t_{1-\alpha}$ ist (siehe Formel (11-17)). Sucht man also z. B. für die $T\langle 10\rangle$ den Wert $t_{0,05}$, ist unter $\alpha = 0{,}95$ nachzusehen. Dort ist angegeben: ${}_{0,95}t = 1{,}812$. Sucht man ${}_{0,025}t$, so folgt unter Verwendung von (13-25) und (11-17):

$${}_{0,025}t = -\, t_{0,025} = -\, {}_{0,975}t = -\, 2{,}228$$

Tabelle 13-6 und Fig. 13-16 können helfen, die Brücke von gefragten zu tabellierten Wahrscheinlichkeiten für die Ablesung der Quantile zu schlagen.

Tab. 13-6: Auszug aus der T-Tabelle

$_{\alpha}t \equiv t_{1-\alpha}$

ν \ $1-\alpha$ / α	0,05 0,95	0,025 0,975	0,01 0,99	0,005 0,995
10	1,812	2,228	2,764	3,169
20	1,725	2,086	2,528	2,845
30	1,697	2,042	2,457	2,750
60	1,671	2,000	2,390	2,660
Zum Vergleich: Quantile der Standardnormalvariablen: $z_{1-\alpha}$	1,645	1,960	2,326	2,576

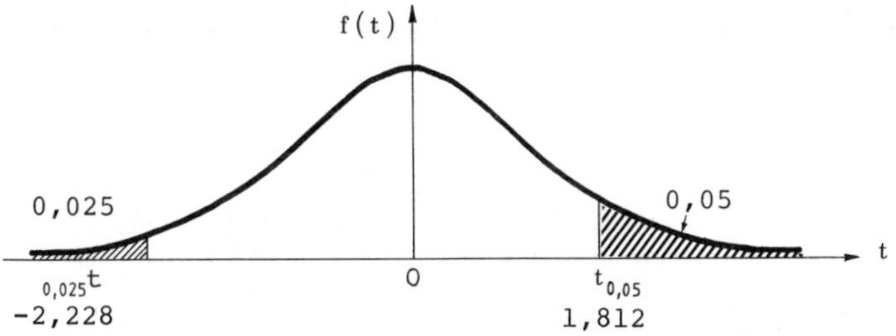

Fig. 13-16: Zwei Quantile der T⟨10⟩

Mit wachsendem ν nähert sich die T-Verteilung der Standardnormalverteilung. Dementsprechend fallen für $\nu \to \infty$ die zu gleichen Wahrscheinlichkeiten gehörenden Quantile zusammen. Die letzte Zeile von Tabelle 13-4 gibt die als Grenzwerte anzusehenden Quantile der Standardnormalvariablen an. Eine *Faustregel* besagt, daß für $\nu > 30$ die in der Normalverteilungstabelle zu findenden Wahrscheinlichkeiten an Stelle der T-Wahrscheinlichkeiten verwendet werden können.

● **Kontrollfragen 11:**

a) Geben Sie für $\nu = 20$ FG das Quantil $_{0,005}t\langle 20\rangle$ an.

b) Wie groß ist $P(T\langle 22\rangle > 0{,}686)$?

c) Wie groß ist $P(T\langle 29\rangle < 0)$?

13.4 Die F-Verteilung

Die von dem englischen Statistiker *R. A. Fisher* (1890–1962) in den zwanziger Jahren entdeckte und später nach ihm benannte F-Verteilung spielt wie die Q- und die T-Verteilung im Rahmen der Schließenden Statistik eine große Rolle. Im speziellen wird die F-Variable dazu benutzt, die Gleichheit zweier Varianzen zu testen; man hat sie daher auch die Varianzverhältnis-ZV genannt. Die von den beiden Parametern ν_1 und ν_2 abhängige F-Variable ist gebildet als Quotient aus zwei transformierten Chiquadratvariablen:

$$F\langle \nu_1;\nu_2 \rangle = \frac{\dfrac{Q\langle \nu_1 \rangle}{\nu_1}}{\dfrac{Q\langle \nu_2 \rangle}{\nu_2}} \qquad (13\text{-}26)$$

Die F-Verteilung ist eine für kleinere Werte von ν_1 und ν_2 linkssteile, für größere Werte von ν_1 und ν_2 gegen die Normalverteilung konvergierende Zufallsverteilung mit einem Wertebereich $[0,\infty)$. Die sehr komplizierten Dichte- und Verteilungsfunktionen interessieren den Statistiker in der Regel ebensowenig wie der Erwartungswert und die Varianz. Das Bild einer F-Verteilung mit $\nu_1 = 20$ und $\nu_2 = 15$ ist in Fig. 13-17 gezeigt.

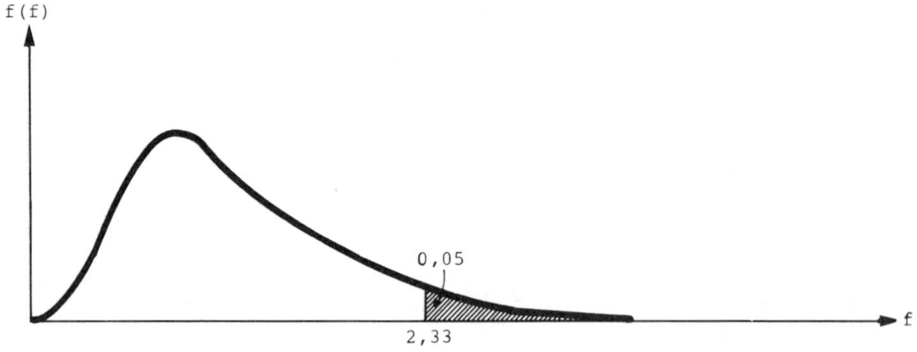

Fig. 13-17: $F\langle 20; 15\rangle$-Verteilung (eingezeichnet ist $f_{0,05} = 2{,}33$)

Wichtig ist es vor allem, das Ablesen einer F-Tabelle zu beherrschen. Die diesem Lehrbuch beigegebene Tabelle gibt für verschiedene Kombinationen von Parameterwerten (Freiheitsgraden) die Quantile für die Überschreitungswahrscheinlichkeit $\alpha = 0{,}05$ an. Dieses $\alpha = 0{,}05$ bezieht sich also auf die am rechten Ende der $F\langle \nu_1; \nu_2\rangle$-Verteilung liegenden Wahrscheinlichkeiten. Angegeben im Mittelfeld der Tabelle sind somit die f_α, für die gilt:

$$P(F\langle \nu_1; \nu_2\rangle \geq f_{0,05}) = 0{,}05$$

In Fig. 13-17 ist für die $F\langle 20; 15\rangle$ dieser Wert $f_{0,05} = 2{,}33$ eingezeichnet.

● **Kontrollfrage 12:** Wie groß ist der Wert der F-Verteilung $F\langle 60; 30\rangle$, der mit einer Wahrscheinlichkeit von 5% überschritten wird?

Mit den aus ökonomischen Gründen nur für das „rechte Schwanzende" angegebenen Quantilen kann man sich die am „linken Schwanzende" liegenden Quantile leicht selber bilden. Aus (13-26) folgt nämlich:

$$F\langle\nu_1;\ \nu_2\rangle = \frac{1}{F\langle\nu_2;\ \nu_1\rangle} \tag{13-27}$$

Des weiteren folgt, weil

$$P(\underbrace{F\langle\nu_1;\nu_2\rangle}_{=\frac{1}{F\langle\nu_2;\nu_1\rangle}} < {}_{\alpha}f\langle\nu_1;\nu_2\rangle) = \alpha$$

ist und weil

$$P\left(F\langle\nu_2;\nu_1\rangle > \underbrace{\frac{1}{{}_{\alpha}f\langle\nu_1;\nu_2\rangle}}_{=f_{\alpha}\langle\nu_2;\nu_1\rangle}\right) = \alpha$$

ist, daß für die Quantile stets folgende Beziehung gilt:

$${}_{\alpha}f\langle\nu_1;\ \nu_2\rangle = \frac{1}{f_{\alpha}\ \langle\nu_2;\ \nu_1\rangle} \tag{13-28}$$

● **Kontrollfrage 13:** Wie groß ist für F⟨60; 30⟩ das 0,05-Quantil ${}_{0,05}f$, d. h., links von welchem Wert dieser F-Verteilung liegen 5% der Wahrscheinlichkeit?

13.5 Die Lognormalverteilung

Im Bereich des Wirtschaftlichen und Sozialen sind relativ wenige Merkmale symmetrisch verteilt. Sehr viel häufiger treten linkssteile (rechtsschiefe) Häufigkeitsverteilungen auf: Es gibt einen großen Anteil der Merkmalsträger um einen kleinen oder mittleren Wert herum und dazu immer weniger Merkmalsträger mit immer größeren Merkmalsausprägungen. Typisch für eine solche Verteilung sind Einkommens- und Vermögensverteilungen oder die Verteilung von Unternehmen nach der Umsatzgröße. Dieser Realität entsprechend benötigt man linkssteile (rechtsschiefe) Zufallsverteilungen, zu denen die im folgenden vorzustellende Lognormalverteilung gehört.

Eine Zufallsvariable heißt Lognormalvariable, wenn die Logarithmen ihrer Werte normalverteilt sind. Bezeichnet man mit Y die Lognormalvariable, $Y = LN(a; b^2)$, dann ist Y aus der Transformation $\varphi(X) = e^X$ aus der Normalvariablen X hervorgegangen. Es gilt: $\ln Y = X = N(a;\ b^2)$. Die Parameter a und b^2 sind auch für Y die maßgebenden Parameter, aber sie haben für Y nicht wie für X die Bedeutung von Erwartungswert und Varianz. Die Formeln (13-29) bis (13-36) geben die jetzt vorliegenden Zusammenhänge an.

$$Y = e^X, \quad X = N\,(a;\, b^2), \quad Y = LN(a;\, b^2) \tag{13-29}$$

Da Y auch als Transformation von Z auffaßbar ist, gilt ferner für die Transformation von Z nach Y:

$$Y = e^X = e^{a\,+\,bZ}, \quad Z = N(0;1) \tag{13-30}$$

Wertebereich von Y:

$$0 < y < \infty$$

Dichtefunktion von Y:

$$f(y) = \frac{1}{b\,y\sqrt{2\pi}}\,\exp\left[-\frac{1}{2\,b^2}(\ln y - a)^2\right] \tag{13-31}$$

● **Kontrollfrage 14:** Man zeige, wie (13-31) unter Verwendung der allgemeinen Formel (11-32) herleitbar ist.

Kennzahlen:
Die Lognormalvariable Y hängt wie X von den beiden Parametern a und b ab.

Erwartungswert:

$$E(Y) = e^{a+(b^2/2)} \tag{13-32}$$

Modus, Median:

$$\begin{aligned} Y_{Mo} &= e^{a-b^2} \\ Y_{Me} &= e^a \end{aligned} \tag{13-33}$$

Varianz:

$$V(Y) = e^{2(a\,+\,b^2)}\,(1 - e^{-b^2}) \tag{13-34}$$

Fig. 13-18 zeigt die Gestalt der Lognormalvariablen und die Lage ihrer drei Mittelwerte zueinander.

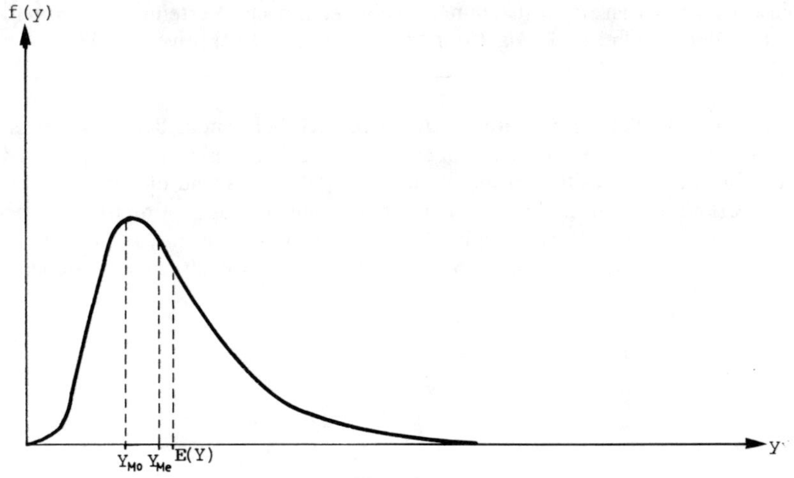

Fig. 13-18: Die Lognormalverteilung

Um für eine empirische Häufigkeitsverteilung, deren Wertebereich bei 0 beginnt, die dazugehörige Lognormalverteilung zu finden, sind die Parameter a und b zu bestimmen. Aus (13-32) und (13-34) läßt sich herleiten:

$$\boxed{\begin{aligned} a &= \ln\left(\frac{\bar{y}^2}{\sqrt{\bar{y}^2 + s_y^2}}\right) \\ b^2 &= \ln\left(1 + \frac{s_y^2}{\bar{y}^2}\right) \end{aligned}} \qquad (13\text{-}35)$$

Man muß also für eine vorliegende Häufigkeitsverteilung einer statistischen Variablen Y deren AM und deren empirische Varianz ermitteln und erhält so a und b^2 der Lognormalvariablen Y. Dann kann (13-30) verwendet werden (zusammen mit der Normaltabelle), um die Quantile von Y zu bestimmen:

$$\boxed{{}_{\alpha}y = e^{a + b_{\alpha}z}} \qquad (13\text{-}36)$$

● **Kontrollfrage 15:** Angenommen, eine empirische Verteilung habe ein $\bar{y} = 894$ und ein $s_y^2 = 248'323$, welchen Wert hat dann a und b, und welcher Wert der Lognormalvariablen wird mit 5% Wahrscheinlichkeit unterschritten?

Hinweis:
Eine sehr gute Darstellung der verallgemeinerten Lognormalvariablen für jene Fälle, in denen eine empirische Verteilung einen kleinsten Wert von > 0 besitzt, sowie ein

graphisches Verfahren zur Feststellung, ob eine empirische Verteilung lognormalverteilt ist, findet man bei *G. Calot,* Cours de Statistique Descriptive, S. 158 ff.

Die Lognormalverteilung hat ihren Geltungsbereich bei Daten, deren Größe durch das Zusammenwirken einer sehr großen Zahl von Einzelfaktoren mit jeweils verschwindend kleinem positiven Einfluß entsteht. Allerdings sind die Einflüsse *multiplikativ* verknüpft (nicht additiv wie bei der Normalverteilung). Empirisch zu beobachten ist die Lognormalverteilung bei Merkmalen wie Umsätzen von Industrie- und Handelsunternehmen, Einkommen oder Flächen landwirtschaftlicher Betriebe.

13.6 Aufgaben mit Lösung

Aufgabe 13-1:

Für die $N(0{,}5;\ 0{,}1^2)$ ist gesucht

a) das 1. und 9. Dezil,

b) das 25. und 975. Millil,

c) das 3., 5. und 6. Dezil,

d) das zentrale Schwankungsintervall, in dem 99% Wahrscheinlichkeit liegen,

e) die Unterschreitungswahrscheinlichkeit für den Wert 0,4,

f) die Überschreitungswahrscheinlichkeit für den Wert 0,7.

Lösung:

a) 1. Dezil der Z-Variablen: ${}_{0,1}z = \underline{-\ 1{,}28}$
Somit: 1. Dezil der $N(0{,}5;\ 0{,}1^2)$: ${}_{0,1}x = 0{,}5 - 0{,}1 \cdot 1{,}28 = \underline{0{,}372}$
9. Dezil der $N(0{,}5;\ 0{,}1^2)$: $x_{0,1} = 0{,}5 + 0{,}1 \cdot 1{,}28 = \underline{0{,}628}$

b) 25. Millil: ${}_{0,025}x = 0{,}5 - 0{,}1 \cdot 1{,}96 = \underline{0{,}304}$
975. Millil: ${}_{0,975}x = x_{0,025} = 0{,}5 + 0{,}1 \cdot 1{,}96 = \underline{0{,}696}$

c) 3. Dezil: ${}_{0,3}x = 0{,}5 - 0{,}1 \cdot 0{,}525 = \underline{0{,}4475}$
5. Dezil: ${}_{0,5}x = \underline{0{,}5}$
6. Dezil: ${}_{0,6}x = 0{,}5 + 0{,}1 \cdot 0{,}253 = \underline{0{,}5253}$

d) ${}_{0,005}x = 0{,}5 - 0{,}1 \cdot 2{,}58 = \underline{0{,}242}$
$x_{0,005} = 0{,}5 + 0{,}1 \cdot 2{,}58 = \underline{0{,}758}$
Somit: zentrales Schwankungsintervall für 99%: [0,242; 0,758]

e) $P(X<0{,}4) = P\left(Z<\frac{0{,}4\ -\ 0{,}5}{0{,}1}\right) = P(Z<-1) = \underline{0{,}1587}$

f) $P(X>0{,}7) = P\left(Z>\frac{0{,}7\ -\ 0{,}5}{0{,}1}\right) = P(Z>2) = \underline{0{,}0228}$

Aufgabe 13-2:

Das Gewicht der Hühnereier eines Bauernhofes ist ungefähr normalverteilt mit N (55; 49).

a) Der Bauer will die schwereren Eier teurer verkaufen. Er teilt die Eier in zwei Klassen, wobei die obere 60% der Eier enthalten soll. Wo liegt die Grenze beider Klassen?

b) Bestimmen Sie die Grenzen der Klassen, wenn er die Eier in drei Klassen einteilt und jede Klasse gleichviele Eier enthält.

Lösung:

a) $x_{0,6} = \mu + \sigma\, z_{0,6} = \underline{53{,}25}$ $\quad (z_{0,6} = -\ 0{,}25)$

b) $x_{1/3} = \mu + \sigma\, z_{1/3} = \underline{58{,}01}$ $\quad (z_{1/3} = 0{,}43)$

${}_{1/3}x = \mu + \sigma\ {}_{1/3}z = \underline{51{,}99}$

*** Aufgabe 13-3:**

In den Tabellensammlungen werden meistens nur z-Werte bis 3 angeführt. Für größere Werte lassen sich die Wahrscheinlichkeiten durch folgende Approximation berechnen:

$$P(Z>z) \approx \frac{1}{\sqrt{2\pi}} e^{-\frac{z^2}{2}} \left(\frac{1}{z} - \frac{1}{z^3} + \frac{3}{z^5}\right)$$

Ein Medikament enthält eine in großen Dosen lebensgefährliche Droge. Der Gehalt (mg) pro Pille sei normalverteilt N(5; 2). Mit welcher Wahrscheinlichkeit enthält eine Pille mehr als 20 mg der Droge?

Lösung:

$$P(X>20) = P\left(Z > \frac{20-5}{\sqrt{2}}\right) = P(Z > 16{,}46) = 3 \cdot 10^{-61}$$

Aufgabe 13-4:

Man zeige, daß für $\nu \geq 2$ das Maximum (der Modus) der Dichtefunktion der Chiquadratvariablen bei $\nu - 2$ liegt. Die Dichtefunktion lautet für $q > 0$:

$$f(q) = k \cdot q^{\frac{\nu-2}{2}} \exp\left[-\frac{q}{2}\right]; \quad k = \frac{1}{2^{\nu/2}\left(\frac{\nu-2}{2}\right)!}$$

Lösung:

1. Ableitung von f(q) gleich Null setzen und die Produktregel anwenden:

$$f'(q) = k\left(\frac{\nu-2}{2} q^{\frac{\nu-2}{2}-1} \exp\left[-\frac{q}{2}\right] + q^{\frac{\nu-2}{2}} \cdot \left(-\frac{1}{2}\right) \exp\left[-\frac{q}{2}\right]\right)$$

$$= k \cdot \exp\left[-\frac{q}{2}\right]\left(\frac{1}{2}(\nu-2) \cdot q^{\frac{\nu-2}{2}} \cdot q^{-1} - \frac{1}{2} q^{\frac{\nu-2}{2}}\right) = 0$$

Der Ausdruck in den runden Klammern verschwindet für $q = \nu - 2$.

Aufgabe 13-5:

Wird durch die Chiquadratverteilung die in Kapitel IV, Fig. 4-6 angegebene Regel bezüglich der Lage von Modus, Median und Mittelwert (Erwartungswert) bestätigt?

Lösung:

Ja. Die Chiquadratverteilung ist linkssteil. Daher: Der Modus (= Maximum) muß links vom Erwartungswert liegen. Dies ist der Fall. Das Maximum liegt für $\nu \geq 2$ stets bei $q = \nu - 2$. Der Erwartungswert beträgt $q = \nu$. Der Median liegt in der Regel zwischen Modus und Erwartungswert. Dies ist hier ebenfalls so, wie ein Blick in die Chiquadrattabelle zeigt: Für $Q\langle 10\rangle$ liegt der Median bei 9,34, also zwischen dem Modus von 8 und dem Erwartungswert von 10. Ein Blick in die Chiquadrattabelle zeigt, daß dies für jeden beliebigen FG gilt.

Aufgabe 13-6:
Wie groß ist die Wahrscheinlichkeit, daß die Zufallsvariable X einen Wert im Intervall $1 \leq X \leq 3$ annimmt, wenn:

a) X T-verteilt mit 1 Freiheitsgrad ist? (ohne Interpolation)

b) X chiquadratverteilt mit 4 Freiheitsgraden ist? (mit linearer Interpolation)

c) Wie groß ist die Wahrscheinlichkeit, daß eine chiquadratverteilte Zufallsvariable mit 27 Freiheitsgraden größer als 40,1 ist?

Lösung:

a) $P(1 \leq T\langle 1\rangle \leq 3{,}078) = 0{,}90 - 0{,}75 = \underline{0{,}15}$

b) $P(1 \leq Q\langle 4\rangle \leq 3) = P(Q \leq 3) - P(Q \leq 1) =$
$$= 0{,}25 + 0{,}25\,\frac{1{,}08}{1{,}44} - \left(0{,}05 + 0{,}05\,\frac{0{,}29}{0{,}35}\right) =$$
$$= 0{,}438 - 0{,}091 = \underline{0{,}347}$$

c) $P(Q\langle 27\rangle \geq 40{,}1) = \underline{0{,}05}$

Aufgabe 13-7:
Formel (13-20) zeigt, wie die Chiquadratverteilung durch eine Normalverteilung approximierbar ist. Eine andere, für sehr große ν fast ebenso exakte Approximation erhält man durch Anwendung der Normalverteilung mit übereinstimmenden Parametern.

$$Q\langle\nu\rangle \underset{\text{approx}}{=} N(\nu;\, 2\nu)$$

Berechnen Sie $P(Q\langle 473\rangle < 413)$ zuerst nach dieser Formel und sodann zur Kontrolle nach (13-20).

Lösung:

1) $P(Q\langle 473\rangle < 413) = P\left(Z < \dfrac{413 - 473}{\sqrt{2 \cdot 473}}\right) = P(Z < -1{,}95) = \underline{0{,}0256}$

2) $P(Q\langle 473\rangle < 413) = P(Z < \sqrt{826} - \sqrt{945}) = P(Z < -2) = \underline{0{,}0228}$

Aufgabe 13-8:
Führen Sie die Beweise zu den Formeln (13-27) und (13-28) durch.

Lösung:

1) (13-27) folgt direkt aus der Definition der F-Verteilung. $F\langle\nu_1;\nu_2\rangle \cdot F\langle\nu_2;\nu_1\rangle = 1$

2) Für $0 < \alpha < 1$ gilt stets: $\alpha = P(F\langle\nu_1;\nu_2\rangle \leq {}_{\alpha}f\langle\nu_1;\nu_2\rangle) =$
$$= P\left(\frac{1}{F\langle\nu_2;\nu_1\rangle} \leq {}_{\alpha}f\langle\nu_1;\nu_2\rangle\right) =$$
$$= P\left(F\langle\nu_2;\nu_1\rangle \geq \frac{1}{{}_{\alpha}f\langle\nu_1;\nu_2\rangle}\right) = \alpha$$

Somit ist $\dfrac{1}{{}_{\alpha}f\langle\nu_1;\nu_2\rangle} = f_{\alpha}\langle\nu_2;\nu_1\rangle$ und ${}_{\alpha}f\langle\nu_1;\nu_2\rangle = \dfrac{1}{f_{\alpha}\langle\nu_2;\nu_1\rangle}$

13.7 Antworten auf die Kontrollfragen

1. $f(x) = \dfrac{1}{\sigma\sqrt{2\pi}} \exp\left[-\dfrac{1}{2}\left(\dfrac{x-\mu}{2}\right)^2\right]$

$$= \frac{1}{\sigma\sqrt{2\pi}}\, e^0 = \frac{1}{\sigma\sqrt{2\pi}} = \frac{1}{2\sqrt{2\pi}} \approx \underline{0{,}2}$$

2.

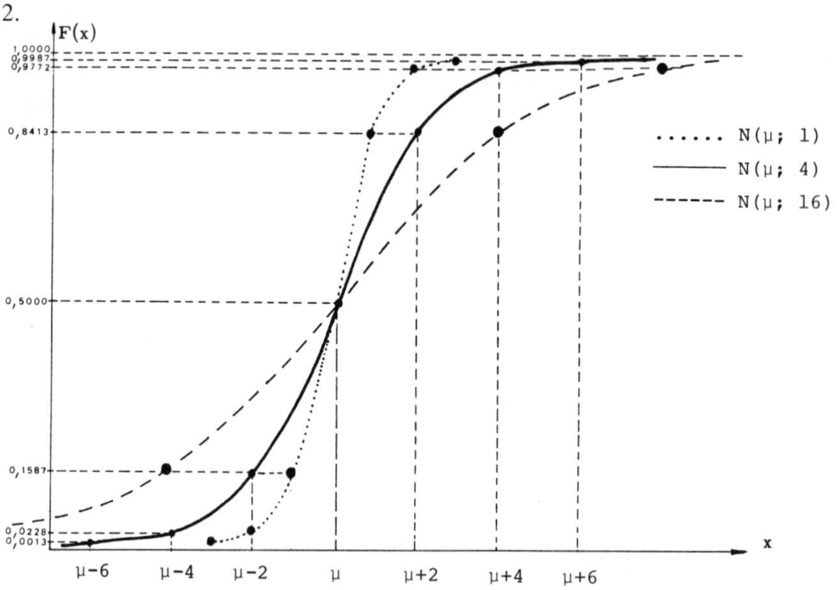

3. $g(z) = \dfrac{f(x)}{\varphi'(x)} = \dfrac{1}{1/\sigma} \cdot \dfrac{1}{\sigma\sqrt{2\pi}} \exp\left[-\dfrac{1}{2}\left(\dfrac{x-\mu}{\sigma}\right)^2\right]$

$$= \frac{1}{\sqrt{2\pi}} \exp\left[-\frac{1}{2}\left(\frac{\sigma z + \mu - \mu}{\sigma}\right)^2\right]$$

$$= \frac{1}{\sqrt{2\pi}} \exp\left[-\frac{1}{2} z^2\right].$$

4. Da $E(Z) = 0$, ist auch $[E(Z)]^2 = 0$ und somit $V(Z) = E(Z^2) - [E(Z)]^2 = E(Z^2)$. (Anwendung von Formel (11-42)).

5. $P(X < 4{,}5) = P\left(Z > \dfrac{4{,}5-2}{\sqrt{4}}\right) = P(Z > 1{,}25) = 0{,}5 - 0{,}3944 = \underline{0{,}1056}$

6. a) $0{,}5 - 0{,}4608 = \underline{0{,}0392}$

   b) $2 \cdot 0{,}3749 = \underline{0{,}7498}$

   c) $1 - P(-1{,}15 < Z < 1{,}15) = 1 - 0{,}7498 = \underline{0{,}2502}$

7. Im Intervall [− 15,15; − 4,85], denn für $\alpha = 0{,}01$ gilt
   $\mu \pm \sigma \cdot z_{\alpha/2} = -10 \pm 2 \cdot 2{,}575$.

8. Die Korrektur beträgt $\frac{c}{2} = \underline{0{,}25 \text{ Gramm}}$.

9. a)

α	0,005	0,01	0,025	0,05	0,1	0,5
$q_\alpha \langle 10 \rangle$	25,2	23,2	20,5	18,3	16,0	9,34

   b) $P(Q\langle 30 \rangle > 47{,}0) = \underline{0{,}025}$

   c) Nein! Die Chiquadratverteilung ist (vor allem bei kleinem Freiheitsgrad) stark asymmetrisch. Außerdem ist der Wertebereich auf die positiven reellen Zahlen beschränkt, so daß ${}_\alpha q = -q_\alpha$ ohnehin falsch wäre.

10. a) Die Approximationsformel (13-20) ist anzuwenden, denn es ist eine Wahrscheinlichkeit gesucht:
    $P(Q\langle \nu \rangle < q_{Mo}) = P(Z < \sqrt{2 q_{Mo}} - \sqrt{2\nu - 1})$.
    Da gemäß (13-18) für den Modus gilt:
    $q_{Mo} = \nu - 2$: $\quad P(Z < \sqrt{2 \cdot 148} - \sqrt{299}) \approx P(Z < -0{,}09) \approx \underline{0{,}46}.$
    Fast die Hälfte der Wahrscheinlichkeit liegt links vom Modus dieser Chiquadratvariablen.

    b) Für den Erwartungswert der $Q\langle 150 \rangle$ gilt gemäß (13-17): $E(Q) = 150$:
    $P(Z < \sqrt{2 \cdot 150} - \sqrt{299}) \approx P(Z < 0{,}03) \approx \underline{0{,}51}.$

    c) Da für q_{Me} definitionsgemäß gelten muß:
    $0{,}5 = P(Z < \sqrt{2 q_{Me}} - \sqrt{2\nu - 1})$, muß $2 q_{Me} = 2\nu - 1$ gelten. Somit ist der Median laut der verwendeten Approximation gleich $\underline{149{,}5}$.

11. a) ${}_{0{,}005}t\langle 20 \rangle = -{}_{0{,}995}t\langle 20 \rangle = -\underline{2{,}845}$

    b) $1 - 0{,}75 = \underline{0{,}25}$

    c) $\underline{0{,}5}$ (aus Symmetriegründen)

12. $\underline{1{,}74}$. Denn $P(F\langle 60; 30 \rangle > 174) = 0{,}05$

13. $${}_{0{,}05}f\langle 60; 30 \rangle = \frac{1}{f_{0{,}05}\langle 30; 60 \rangle} = \frac{1}{1{,}65} = \underline{0{,}61}$$

14. $X = N(a; b^2)$

$$f(x) = \frac{1}{b\sqrt{2\pi}} \exp\left[-\frac{1}{2}\left(\frac{x-a}{b}\right)^2\right], \quad -\infty < x < \infty$$

$$y = \varphi(x) = e^x; \quad \varphi'(x) = e^x = y; \quad x = \varphi^{-1}(y) = \ln y$$

$$g(y) = \frac{1}{be^x\sqrt{2\pi}} \exp\left[-\frac{1}{2}\left(\frac{x-a}{b}\right)^2\right]$$

$$= \frac{1}{b \cdot y \cdot \sqrt{2\pi}} \exp\left[-\frac{1}{2}\left(\frac{\ln y - a}{b}\right)^2\right]$$

15. $a = \ln 780{,}88 = \underline{6{,}66}$

$b^2 = \ln 1{,}3107 = \underline{0{,}2706}$

$b = \underline{0{,}52}$

$_{0,05}x = e^{a + b_{0,05}z} = e^{a - 1{,}645\, b} = e^{5{,}8046} = \underline{331{,}82}$

Kapitel XIV: Zweidimensionale Zufallsverteilungen

14.1 Vorbemerkung

Zweidimensionale Zufallsverteilungen benötigt der Statistiker erstens als Modelle zu zweidimensionalen Häufigkeitsverteilungen (vgl. z. B. Tabelle 4-3) und zweitens als ersten Schritt der Verallgemeinerung von der ein- zur n-dimensionalen Zufallsverteilung. Zufallsstichproben (vom Umfang n) liefern unter wahrscheinlichkeitstheoretischem Aspekt Realisationen einer n-dimensionalen ZV.

● **Kontrollfragen 1:**

a) Hatten wir es in Kapitel X, Abschnitt 10.2 (1. Beispiel) und in Kapitel XI, Abschnitt 11.1.B (4. Beispiel) mit einer zweidimensionalen ZV zu tun gehabt? Was ist deren „natürlicher“ Wertebereich, und was sind die zu diesen Werten zugehörenden Wahrscheinlichkeiten?

b) Durch welchen „Trick“ kann man die Zweidimensionalität im genannten Fall zum Verschwinden bringen, so daß nur noch eine eindimensionale ZV vorliegt?

14.2 Multinomialverteilung

A. Wahrscheinlichkeits- und Verteilungsfunktion

Die allgemeinen Begriffe und Konzepte bei zweidimensionalen diskreten ZV sollen am Beispiel der Multinomialverteilung vorgestellt werden. Diese ist eine Verallgemeinerung der Binomialverteilung. Das zugrundeliegende Zufallsexperiment besteht jetzt aus Ziehen mit Zurücklegen aus einer Trommel, in der sich *mehr als zwei* Kategorien Kugeln befinden. Die Dimension der Multinomialvariablen richtet sich nach der Anzahl verschiedener Kategorien. Sobald aus einer Trommel mit *drei* Kategorien Kugeln gezogen werden, ist die Multinomialvariable *zwei*dimensional.

(Bei *zwei* Kategorien ist sie *ein*dimensional und heißt Binomialvariable.) Man bezeichnet eine zweidimensionale Multinomialvariable mit $M(n; \pi_1; \pi_2)$.

Für die folgenden Herleitungen soll von einer Lottotrommel mit 40% grauen ($\pi_1 = 0{,}4$), 50% schwarzen ($\pi_2 = 0{,}5$) und 10% weißen ($\pi_3 = 0{,}1$) Kugeln ausgegangen werden. Die Angabe von π_3 ist natürlich überflüssig, denn sie ergibt sich stets als die Differenz der Summe der beiden ersten Angaben zu 1: $\pi_3 = 1 - [\pi_1 + \pi_2]$. Auf den absoluten Umfang des Trommelinhalts kommt es uns nicht an, da *mit Zurücklegen* nach jedem Zug gezogen wird. Beispielsweise werden n = 4 Kugeln gezogen. Man bezeichnet die jetzt vorliegende ZV mit M (4; 0,4; 0,5).

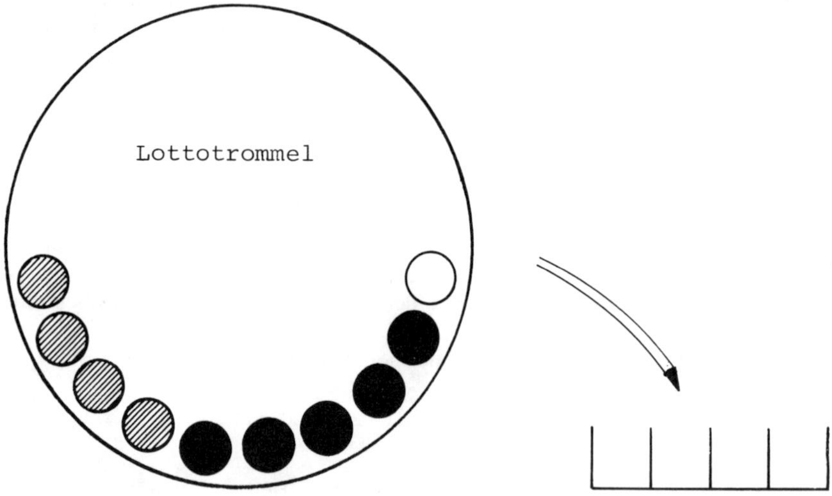

Fig. 14-1: Ziehen mit Zurücklegen von 4 Kugeln bei $\pi_1 = 0{,}4$ und $\pi_2 = 0{,}5$

Beispiel:
Eine Grundgesamtheit zerfällt sehr oft in Befürworter, Ablehnende und Unentschiedene („weiß nicht") oder in Ja, Nein und Sonstige, also in drei Kategorien, die in der Analogie als schwarze, weiße und graue Kugeln auftreten.

Wir wollen jetzt mit X die erste Zufallsvariable: „Anzahl grauer Kugeln" bezeichnen. Mit Y sei die andere Zufallsvariable: „Anzahl schwarzer Kugeln" bezeichnet. Die Anzahl weißer Kugeln ergibt sich als Rest. Die Wahrscheinlichkeitsfunktion gibt uns an, mit welcher Wahrscheinlichkeit sich unter den n = 4 Kugeln x_i graue und zugleich y_j schwarze (und als Rest $n - x_i - y_j$ weiße) Kugeln befinden.

Wertebereich:

Die zweidimensionale Multinomialvariable (X, Y) = M (4; 0,4; 0,5) kann im „Dreieck" mit den Eckpunkten (0,0), (0,4) und (4,0) die in Fig. 14-2 gezeigten Werte annehmen.

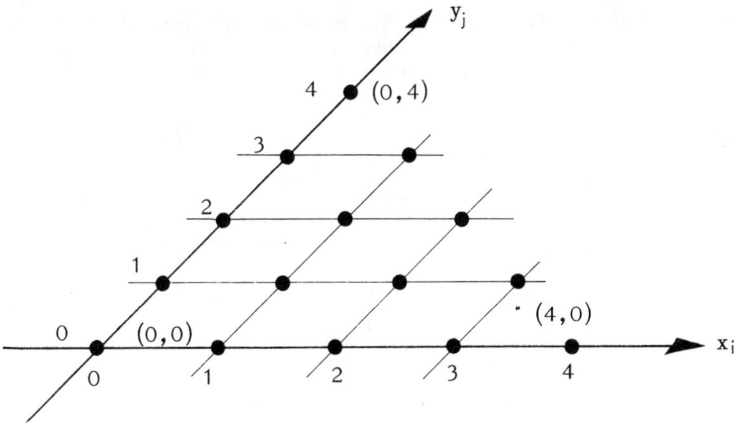

Fig. 14-2: Wertebereich der M (4; 0,4; 0,5)

● **Kontrollfragen 2:**

a) Kommt es für den Wertebereich auf die Größe von π_1 und π_2 an?

b) Falls z. B. $x_i = 0$ und zugleich $y_j = 0$ ist, wie viele weiße Kugeln befinden sich dann in der Stichprobe bei $n = 4$?

c) Wenn eine M(25; 0,2; 0,3) vorliegt und $x_i = 6$ sowie $y_j = 8$ realisiert wurde, wie viele weiße Kugeln befinden sich dann in der Stichprobe?

Wahrscheinlichkeitsfunktion:

Die Wahrscheinlichkeiten $P([X = x_i] \cap [Y = y_j])$, meist kürzer $P(X = x_i, Y = y_j)$ oder $p(x_i, y_j)$ geschrieben, lassen sich bei der zweidimensionalen Multinomialvariablen durch folgende Formel angeben:

$$p(x_i, y_j) = \frac{n!}{x_i!\; y_j!\; (n - x_i - y_j)!} (\pi_1)^{x_i} (\pi_2)^{y_j} (1 - \pi_1 - \pi_2)^{n - x_i - y_j} \qquad (14\text{-}1)$$

Der Faktor $\frac{n!}{x_i!\; y_j!\; (n - x_i - y_j)!}$ heißt *Multinomialkoeffizient* (Permutationen mit Wiederholung, siehe Beilage: Formeln, Rechenregeln . . ., Abschnitt II). Er verallgemeinert den Faktor $\binom{n}{x_i} = \frac{n!}{x_i!\; (n - x_i)!}$ der Binomialvariablen.

Tabelle 14-1 gibt die Werte der Wahrscheinlichkeitsfunktion für die M(4; 0,4; 0,5) an. Sie stehen in den Innenfeldern. Man nennt die $p(x_i, y_j)$ auch die *gemeinsamen Wahrscheinlichkeiten.* In der letzten Spalte resp. der untersten Zeile stehen die sog. *Randverteilungen*, die wir von zweidimensionalen Häufigkeitsverteilungen her kennen (siehe Kapitel IV, Tabelle 4-3).

Tab. 14-1: M(4; 0,4; 0,5). Gemeinsame Wahrscheinlichkeiten $p(x_i, y_j)$ im Mittelfeld und Randwahrscheinlichkeiten $p(x_i, \cdot)$ und $p(\cdot, y_j)$

x_i \ y_j	0	1	2	3	4	Randverteilung von X $p(x_i, \cdot)$
0	$0{,}1^4 = 0{,}0001$	$\frac{4!}{1!\,3!} \cdot 0{,}5 \cdot 0{,}1^3 = 0{,}002$	$\frac{4!}{2!\,2!} \cdot 0{,}5^2 \cdot 0{,}1^2 = 0{,}015$	$\frac{4!}{3!\,1!} \cdot 0{,}5^3 \cdot 0{,}1 =$ 0,05	$0{,}5^4 =$ 0,0625	0,1296
1	$\frac{4!}{1!\,3!} \cdot 0{,}4 \cdot 0{,}1^3 =$ 0,0016	$\frac{4!}{1!\,1!\,2!} \cdot 0{,}4 \cdot 0{,}5 \cdot 0{,}1^2 = 0{,}024$	$\frac{4!}{1!\,2!\,1!} \cdot 0{,}4 \cdot 0{,}5^2 \cdot 0{,}1 = 0{,}12$	$\frac{4!}{1!\,3!} \cdot 0{,}4 \cdot 0{,}5^3 = 0{,}2$	–	0,3456
2	$\frac{4!}{2!\,2!} \cdot 0{,}4^2 \cdot 0{,}1^2 =$ 0,0096	$\frac{4!}{2!\,1!\,1!} \cdot 0{,}4^2 \cdot 0{,}5 \cdot 0{,}1 = 0{,}096$	$\frac{4!}{2!\,2!} \cdot 0{,}4^2 \cdot 0{,}5^2 = 0{,}24$	–	–	0,3456
3	$\frac{4!}{3!\,1!} \cdot 0{,}4^3 \cdot 0{,}1 =$ 0,0256	$\frac{4!}{3!\,1!} \cdot 0{,}4^3 \cdot 0{,}5 = 0{,}128$	–	–	–	0,1536
4	$0{,}4^4 = 0{,}0256$	–	–	–	–	0,0256
Randverteilung von Y $p(\cdot, y_j)$	0,0625	0,2500	0,3750	0,2500	0,0625	1

In Fig. 14-3 ist die Tabelle 14-1 als zweidimensionales Stabdiagramm veranschaulicht.

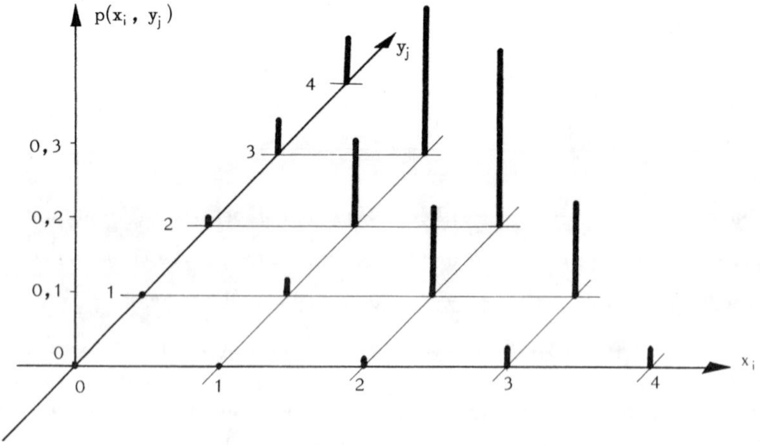

Fig. 14-3: Stabdiagramm der M(4; 0,4; 0,5)

Verteilungsfunktion:

Man kann auch eine zweidimensionale ZV durch ihre *Verteilungsfunktion* bestimmen, die die *kumulierten Wahrscheinlichkeiten* angibt. Die Verteilungsfunktion lautet allgemein:

$$\boxed{\begin{aligned} F(x_k, y_m) &= P(X \leq x_k, Y \leq y_m) \\ &= \sum_{i=1}^{k} \sum_{j=1}^{m} p(x_i, y_j) \end{aligned}} \tag{14-2}$$

Sie gibt uns an, mit welcher Wahrscheinlichkeit X kleiner oder gleich x_k *und zugleich* Y kleiner oder gleich y_m ist.

Für $x_i = 1$ und $y_j = 1$ hat die Verteilungsfunktion in unserem Beispiel den Wert $F(1, 1) = 0{,}0001 + 0{,}002 + 0{,}0016 + 0{,}024 = \underline{0{,}0277}$. Die Verteilungsfunktion hat stets als Maximalwert 1, im vorliegenden Fall ist er erreicht bei F(4, 4).

● **Kontrollfrage 3:** Welchen Wert hat F(4, 1)?

B. Randverteilungen

Am Rand der Tabelle 14-1, d. h. in der letzten Spalte und in der untersten Zeile, stehen die sog. *Randwahrscheinlichkeiten,* bezeichnet mit $p(x_i, \cdot)$ und $p(\cdot, y_j)$. Diese Schreibweise entspricht jener in Kapitel IV für die Randhäufigkeiten $f_{i\cdot}$ und $f_{\cdot j}$ eingeführten Bezeichnungsweise. Der Punkt bedeutet, daß über die Werte mit dem entsprechenden Index summiert wurde. Also:

$$\boxed{\begin{aligned} p(x_i, \cdot) &= \sum_j p(x_i, y_j) \\ p(\cdot, y_j) &= \sum_i p(x_i, y_j) \end{aligned}} \tag{14-3}$$

Durch die Bildung der Randverteilung für X eliminiert man also die Querklassifizierung nach Y und umgekehrt, durch die Bildung der Randverteilung für Y verschwindet die Querklassifizierung nach X.

Hinweis:
Oft vermeidet man die etwas umständliche Bezeichnung $p(x_i, \cdot)$ und $p(\cdot, y_j)$ und schreibt kürzer $p(x_i)$ und $p(y_j)$. Tatsächlich drückt beides ja dasselbe aus, die Bezeichnungsweise von (14-3) soll einfach in Erinnerung rufen, daß der Ausgangspunkt eine gemeinsame Wahrscheinlichkeit war.

Multinomialbeispiel:
Figur 14-3a veranschaulicht für unsere Multinomialverteilung die Bildung der beiden Randverteilungen: durch „Aufhäufeln“ (Zuordnen) der zu Punkten in der Ebene

gehörenden gemeinsamen Wahrscheinlichkeiten zu den zugehörigen Koordinatenpunkten auf den Achsen. Die beiden Randverteilungen sind in Fig. 14-3a als unterschiedlich gestrichelt gezeichnete Stabdiagramme eingezeichnet.

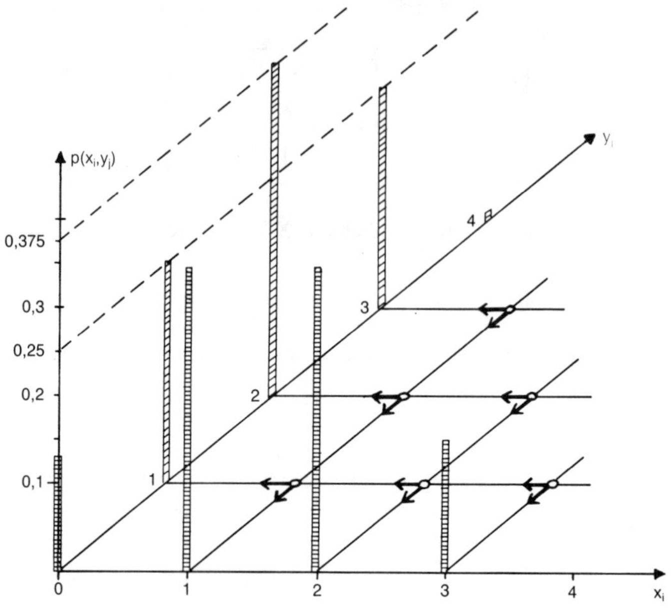

Fig. 14-3a: Die Randverteilungen zur Multinomialvariablen von Tabelle 14-1 resp. Fig. 14-3

Die Randverteilungen von Multinomialvariablen sind immer Binomialverteilungen. Unser Beispiel: Die Randverteilung für X ist bei der M(4; 0,4; 0,5) eine *Binomialverteilung* B(4; 0,4). Dies ist die Verteilung der grauen Kugeln. Beschränkt man sein Interesse nur auf die grauen Kugeln und bezeichnet die schwarzen und die weißen Kugeln zusammen als „die nichtgrauen Kugeln", so ist genau die Situation einer Binomialverteilung gegeben.

Die Randverteilung für Y ist die Binomialverteilung B(4; 0,5). Dies ist die Verteilung der schwarzen Kugeln. Die nichtschwarzen Kugeln sind grau oder weiß.

● **Kontrollfrage 4:** Man überprüfe die Behauptung, die beiden Randverteilungen seien eine B(4; 0,4) und B(4; 0,5) durch Vergleich mit den in der Binomialtabelle angegebenen Wahrscheinlichkeiten.

C. Bedingte Verteilungen

Die „bedingte Zufallsverteilung" ist ein nur bei zwei- (oder mehr-)dimensionalen Zufallsverteilungen auftretender Begriff. Zum Verständnis ihrer Konstruktion muß man sich Formel (10-12), durch die eine bedingte Wahrscheinlichkeit definiert wird, in Erinnerung rufen.

Der reduzierte, durch die Angabe der Bedingung festgelegte Stichprobenraum entspricht jetzt einem als Bedingung vorgegebenen *Wert* einer der beiden Zufallsvariablen. Diese Bedingung schreiben wir wieder hinter einem senkrechten Strich. Eine bedingte ZV Y, die zu einem bestimmten Wert x* der ZV X gehört, bezeichnet man mit Y | X = x*. Das weist Y als eine bedingte ZV aus. Für die Wahrscheinlichkeiten schreibt man allgemein

$$p(y_j \mid X = x_i) = \frac{p(x_i,\ y_j)}{p(x_i,\ \cdot)} \qquad p(x_i \mid Y = y_j) = \frac{p(x_i,\ y_j)}{p(\cdot,\ y_j)} \tag{14-4}$$

Multinomialbeispiel:

Eine bedingte Zufallsverteilung ist eine zwar neu gebildete, jedoch „ganz normale" Zufallsverteilung, nichts „Amputiertes" oder irgendwie „Übriggelassenes". Fig. 14-3b veranschaulicht, wie für z. B. X = 2 (als Bedingung) die (bedingte) Verteilung Y | X = 2 aussieht. Diese Verteilung ist durch ein schraffiertes Stabdiagramm in die Fig. 14-3 eingezeichnet worden. Die drei Wahrscheinlichkeiten der Y | X = 2 gehen aus den drei gemeinsamen Wahrscheinlichkeiten p(2,0), p(2,1) und p(2,2) durch Multiplikation mit genau jenem Faktor hervor, der sicherstellt, daß die Summe der bedingten Wahrscheinlichkeiten eins ergibt. Dieser Faktor ist der Kehrwert der auf der Abszisse liegenden Randwahrscheinlichkeit p(2, ·) = 0,3456, d. h. er lautet 2,89. Dies muß so sein, weil die Summe der drei durch die Bedingung X = 2 „gebundenen" gemeinsamen Wahrscheinlichkeiten 0,0096, 0,096 und 0,24 gerade 0,3456 ist. Nur so ergibt die Summe der drei *bedingten* Wahrscheinlichkeiten p(0 | X = 2), p(1 | X = 2) und p(2 | X = 2) gerade eins.

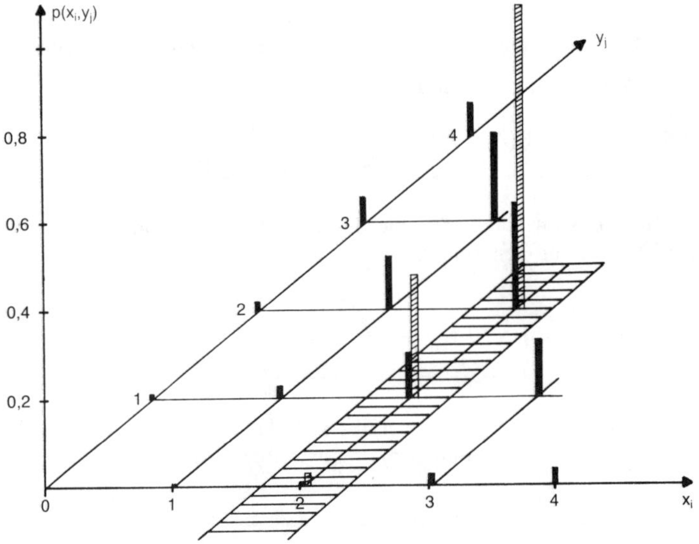

Fig. 14-3b: Die bedingte Verteilung Y | X = 2 (schraffiertes Stabdiagramm)

● **Kontrollfrage 5:** Wie lautet allgemein der Faktor, den man benötigt, um aus gemeinsamen Wahrscheinlichkeiten bedingte Wahrscheinlichkeiten herzustellen?

Im vorliegenden Beispiel der M(4; 0,4; 0,5) umfaßt der Wertebereich von X und Y jeweils die 5 Werte 0 bis 4. Somit gibt es hier insgesamt 10 bedingte Zufallsverteilungen (davon sind zwei sog. degenerierte, nur einen Wert mit Sicherheit annehmende ZV).

Geben wir z. B. als Bedingung: X = 1, d. h. *eine* der gezogenen Kugeln ist grau. Es können jetzt 0, 1, 2 oder 3 Kugeln schwarz (und dementsprechend 3, 2, 1 oder 0 Kugeln weiß) sein. Zur Bestimmung der Wahrscheinlichkeiten $p(y_j \mid X = 1)$, die zu $Y \mid X = 1$ gehören, ist Formel (14-4) anzuwenden.

Herleitung:

$$p(y_j \mid X = 1) = \frac{p(1,\ y_j)}{p(1,\ \cdot)}$$

$$= \frac{\dfrac{4!}{1! \cdot y_j! \cdot (3 - y_j)!} \cdot 0{,}4 \cdot 0{,}5^{y_j} \cdot 0{,}1^{3-y_j}}{\dfrac{4!}{1! \cdot 3!} \cdot 0{,}4 \cdot (1 - 0{,}4)^3}$$

$$= \frac{3!}{y_j! \cdot (3 - y_j)!} \cdot \underbrace{\left(\frac{0{,}5}{1 - 0{,}4}\right)^{y_j}}_{\pi'} \cdot \underbrace{\left(1 - \frac{0{,}5}{1 - 0{,}4}\right)^{3-y_j}}_{1 - \pi'}$$

In dieser Form erkennt man die Wahrscheinlichkeitsfunktion einer Binomialvariablen mit den Parametern n = 3 und $\pi' = \frac{0{,}5}{1 - 0{,}4} = 0{,}83$.

Somit ist $(Y \mid X = 1) = B(3; 0{,}83)$.

Die soeben für die Multinomialvariable durchgeführte Berechnung einer bedingten Wahrscheinlichkeit kann generell ausgeführt werden.

$$(Y \mid X = x_i) = B\left(n - x_i;\ \frac{\pi_2}{1 - \pi_1}\right) \qquad (14\text{-}5)$$

Durch Vertauschung von X und Y ergibt sich in symmetrischer Weise, daß die bedingten X-Verteilungen ebenfalls Binomialvariable sind:

$$(X \mid Y = y_j) = B\left(n - y_j\ ;\ \frac{\pi_1}{1 - \pi_2}\right) \qquad (14\text{-}6)$$

Alle bedingten Zufallsverteilungen, die zu einer Multinomialvariablen gehören, sind also Binomialverteilungen.

Tab. 14-2: Die zu M(4; 0,4; 0,5) gehörenden 4 nichtdegenerierten bedingten Y-Verteilungen

Y | X = 0: eine B (4 ; 0,83)		Y | X = 1: eine B (3 ; 0,83)	
y_i	$p(y_i \mid X = 0)$	y_i	$p(y_i \mid X = 1)$
0 1 2 3 4	0,0008 0,0154 0,1157 0,3858 0,4823	0 1 2 3	0,0046 0,0694 0,3472 0,5787
Total	1	Total	1
Y | X = 2: eine B (2 ; 0,83)		Y | X = 3: eine B (1 ; 0,83)	
y_i	$p(y_i \mid X = 2)$	y_i	$p(y_i \mid X = 3)$
0 1 2	0,0278 0,2778 0,6944	0 1	0,1667 0,8333
Total	1	Total	1

Ganz analog lassen sich 4 nichtdegenerierte bedingte X-Verteilungen berechnen.

● **Kontrollfrage 6:** Geben Sie die bedingte X-Verteilung X | Y = 1 an, d.h. Wertebereiche und Wahrscheinlichkeiten $p(x_i \mid Y = 1)$ für die M(4; 0,4; 0,5).

D. Kennzahlen: Erwartungswerte, Varianzen, Kovarianz und Korrelationskoeffizient

1. Erwartungswerte

Der Erwartungswert einer Verteilung soll in bestimmter Weise deren Mitte charakterisieren. Diese Mitte liegt jetzt irgendwo in der Ebene und wird durch ein Zahlen*paar,* d.h. eine x- und y-Koordinate, festgelegt. Sie lauten:

$$\mu_x = E(X) = \sum_{i=1}^{k} x_i \, p(x_i, \cdot) = \sum_i \sum_j x_i \, p(x_i, y_j) \tag{14-7}$$

und

$$\mu_y = E(Y) = \sum_{j=1}^{m} y_j \, p(\cdot, y_j) = \sum_i \sum_j y_j \, p(x_i, y_j) \tag{14-8}$$

Der Erwartungswert einer zweidimensionalen Verteilung wird somit angegeben durch das Paar der Erwartungswerte der beiden Randverteilungen E(X) und E(Y).

Multinomialvariable allgemein:

Bei einer zweidimensionalen Multinomialvariablen $M(n; \pi_1; \pi_2)$ gilt generell:

$$E(X) = n\pi_1 \tag{14-9}$$

$$E(Y) = n\pi_2 \tag{14-10}$$

Diese Ergebnisse braucht man im einzelnen nicht mehr durch Einsetzen der Wahrscheinlichkeitsfunktion (14-1) herzuleiten. Anhand unseres Beispiels hatten wir erkannt, daß X und Y je eine Binomialvariable $B(n; \pi_1)$ resp. $B(n; \pi_2)$ sind. Somit folgen (14-9) und (14-10) aus (12-8).

Multinomialbeispiel:
Für den Fall der M(4; 0,4; 0,5) folgt natürlich:

$$E(X) = \underline{1{,}6}$$

$$E(Y) = \underline{2{,}0}$$

Bedingte Erwartungswerte allgemein:

Auch die bei zweidimensionalen Verteilungen auftretenden bedingten Verteilungen haben jeweils einen Erwartungswert, der als bedingter Erwartungswert bezeichnet wird:

$$E(Y \mid X = x_i) = \sum_{j=1}^{m} y_j \, p(y_j \mid X = x_i) \tag{14-11}$$

(verkürzt auch $\mu_{y|x_i}$ geschrieben)

$$E(X \mid Y = y_j) = \sum_{i=1}^{k} x_i \, p(x_i \mid Y = y_j) \tag{14-12}$$

(verkürzt: $\mu_{x|y_j}$)

Multinomialvariable allgemein:

Da bei der Multinomialvariablen auch alle bedingten Verteilungen Binomialvariable sind, gilt generell für $M(n; \pi_1; \pi_2)$:

$$E(X \mid Y = y_j) = (n - y_j) \cdot \frac{\pi_1}{1 - \pi_2} \tag{14-13}$$

$$E(Y \mid X = x_i) = (n - x_i) \cdot \frac{\pi_2}{1 - \pi_1} \tag{14-14}$$

Multinomialbeispiel:
Für den Fall der M(4; 0,4; 0,5) folgt:

$E(X\|Y = 0) = \underline{3{,}2}$	$E(Y\|X = 0) = \underline{3{,}33}$
$E(X\|Y = 1) = \underline{2{,}4}$	$E(Y\|X = 1) = \underline{2{,}5}$
$E(X\|Y = 2) = \underline{1{,}6}$	$E(Y\|X = 2) = \underline{1{,}67}$
$E(X\|Y = 3) = \underline{0{,}8}$	$E(Y\|X = 3) = \underline{0{,}83}$
$E(X\|Y = 4) = \underline{0}$	$E(Y\|X = 4) = \underline{0}$

2. Varianzen

Denken wir uns eine Haut über das Stabdiagramm von Fig. 14-3 gezogen, dann ergibt sich eine Gebirgslandschaft. Bei dieser kann man fragen, wie die Massen in west-östlicher Richtung (entlang der x-Achse) und in nord-südlicher Richtung (y-Achse) um ihren Mittelpunkt (Erwartungswert) streuen. Wir denken uns zu diesem Zweck die Massen rechtwinklig auf die Achsen aufgehäufelt. Die Streuung entlang der x-Achse messen wir dann durch die Varianz der Randverteilung von X, d.h. durch:

$$V(X) = \sum_{i=1}^{k} (x_i - \mu_x)^2 \, p(x_i, \cdot) \tag{14-15}$$

(verkürzt σ_x^2 geschrieben).

Entsprechend messen wir die Streuung entlang der y-Achse durch die Streuung der Randverteilung Y:

$$V(Y) = \sum_{j=1}^{m} (y_j - \mu_y)^2 \, p(\cdot, y_j) \tag{14-16}$$

(verkürzt σ_y^2 geschrieben).

Multinomialvariable allgemein:

Für die M(n; π_1; π_2) folgt natürlich wieder wegen der Binomialeigenschaft der Randverteilungen, daß

$$V(X) = n\,\pi_1\,(1 - \pi_1) \tag{14-17}$$

und
$$V(Y) = n\,\pi_2\,(1 - \pi_2) \tag{14-18}$$

Multinomialbeispiel:
Im Spezialfall der M(4; 0,4; 0,5) folgt dann:

$$V(X) = \underline{0{,}96}$$

$$V(Y) = \underline{1}$$

Bedingte Varianzen allgemein:

Auch die bedingten Zufallsverteilungen haben natürlich ihre Varianzen, die sog. bedingten Varianzen. Sie lauten allgemein:

$$V(Y \mid X = x_i) = \sum_{j=1}^{m} (y_j - \mu_{y|x_i})^2\, p(y_j \mid X = x_i) \tag{14-19}$$

$$V(X \mid Y = y_j) = \sum_{i=1}^{k} (x_i - \mu_{x|y_j})^2\, p(x_i \mid Y = y_j) \tag{14-20}$$

● **Kontrollfrage 7:** Wie lassen sich die bedingten Varianzen der M(n; π_1; π_2) unter Verwendung des Inhalts von Formeln (14-5) und (14-6) berechnen?

---

3. Kovarianz

Neben den Varianzen der Randverteilungen ist ein weiteres Maß nötig, das wir aber von Kapitel VIII her schon kennen (Abschnitt 8.3). Durch die Angabe der „Randvarianzen" allein bekommt man die Streuung einer zweidimensionalen Verteilung noch nicht ganz in den Griff. Die Massen eines Gebirges können z. B. in südwest-nordöstlicher oder in nordwest-südöstlicher Richtung streuen. Man benötigt daher ein Maß, das die Tendenz angibt, mit der die Werte der ZV Y sich verändern, wenn die Werte der ZV X sich ändern und umgekehrt. Anders gesagt benötigt man ein Maß, das angibt, ob im Durchschnitt große Werte von Y zu großen Werten von X und kleine Werte von Y zu kleinen Werten von X gehören oder ob große Werte von Y im Durchschnitt zu kleinen Werten von X und kleine Werte von Y zu großen Werten von X gehören. Ein solches Maß ist die (theoretische) Kovarianz. Man kann diese Kovarianz auch *als ein Maß für das gemeinsame „Sich-Ändern" der bedingten Verteilungen und der Werte der Randverteilung bezeichnen.*

Kovarianz allgemein:

$$\mathrm{Cov}(X, Y) = \sum_{i=1}^{k} \sum_{j=1}^{m} (x_i - \mu_x)(y_j - \mu_y)\, p(x_i, y_j) \tag{14-21}$$

Man schreibt verkürzt auch σ_{xy}.

Für die praktische Berechnung der Kovarianz gibt es eine *Alternativformel.*

$$\boxed{\operatorname{Cov}(X, Y) = \sum_{i=1}^{k} \sum_{j=1}^{m} x_i y_j p(x_i, y_j) - \mu_x \mu_y} \tag{14-22}$$

● **Kontrollfrage 8:** Man leite Formel (14-22) aus (14-21) her.

Multinomialvariable allgemein:

Durch Einsetzen der Wahrscheinlichkeitsfunktion (14-1) in (14-21) oder (14-22) folgt für die $M(n; \pi_1; \pi_2)$ allgemein:

$$\boxed{\operatorname{Cov}(X, Y) = -n\pi_1\pi_2} \tag{14-23}$$

Multinomialbeispiel:
Somit ist Cov (X, Y) für die M(4; 0,4; 0,5):

$$\operatorname{Cov}(X, Y) = -4 \cdot 0{,}4 \cdot 0{,}5 = \underline{-0{,}8}$$

Hinweis:
Für die Interpretation der Kovarianz von zwei Zufallsvariablen kann man zurückgreifen auf die Ausführungen in Kap. VIII, Abschnitt 8.3. Zu beachten ist auch jetzt wieder, daß es oft weniger auf die konkrete Größe der Kovarianz als auf ihr *Vorzeichen* ankommt und ob sie *null* oder verschieden von null ist.

---

4. Korrelationskoeffizient

Mit Hilfe der Kovarianz bildet man eine Kennzahl, den (theoretischen) *Korrelationskoeffizienten,* der wie folgt definiert ist:

$$\boxed{\varrho_{xy} = \frac{\sigma_{xy}}{\sigma_x \, \sigma_y}} \tag{14-24}$$

Der Korrelationskoeffizient hat dasselbe Vorzeichen wie die Kovarianz, da σ_x und σ_y stets positiv sind. Er ist null, wenn die Kovarianz Null ist, im übrigen liegt ϱ_{xy} ebenso wie r, der empirische Korrelationskoeffizient, stets zwischen + 1 und − 1:

$$\boxed{-1 \leq \varrho_{xy} \leq 1} \tag{14-25}$$

Die Interpretation von ϱ entspricht mutatis mutandis der für den empirischen Korrelationskoeffizienten r in Kap. VIII, Abschnitt 8.2 gegebenen. Falls bei einer zweidimensionalen Verteilung die Wertepaare genau auf einer Geraden liegen, ist $\varrho_{xy} = \pm 1$. In diesem Fall gehört zu jedem x_i *nur genau ein* y_j, die bedingten Verteilungen sind sämtlich degeneriert, d. h., sie bestehen nur aus einem Wert, der „mit Sicherheit" eintritt. Dieser Wert fällt natürlich mit dem bedingten Erwartungswert zusammen. In diesem Fall ist die zweidimensionale ZV zu einer eindimensionalen ZV degeneriert.

Die Kurven, auf denen die bedingten Erwartungswerte liegen, heißen im übrigen die (theoretischen) *Regressionskurven.* Ist die Regressionskurve, auf der die bedingten Erwartungswerte liegen, eine Parallele zu einer Achse, so ist $\varrho_{xy} = 0$. Man spricht dann vom *Fehlen der (linearen) Korrelation* zwischen den beiden ZV X und Y.

Multinomialvariable allgemein:

Im Falle der $M(n; \pi_1; \pi_2)$ liegen die bedingten Erwartungswerte auf einer Geraden mit negativem Anstieg. In Fig. 14-4 sind die Erwartungswerte der bedingten Verteilungen $Y \mid X = x_i$ eingetragen und durch die Regressionsgerade verbunden. Der Korrelationskoeffizient beträgt allgemein bei der $M(n; \pi_1; \pi_2)$:

$$\varrho_{xy} = -\sqrt{\frac{\pi_1 \pi_2}{(1-\pi_1)(1-\pi_2)}} \tag{14-26}$$

Multinomialbeispiel:
Bei der $M(4; 0{,}4; 0{,}5)$ beträgt $\varrho_{xy} = \underline{-0{,}816}$

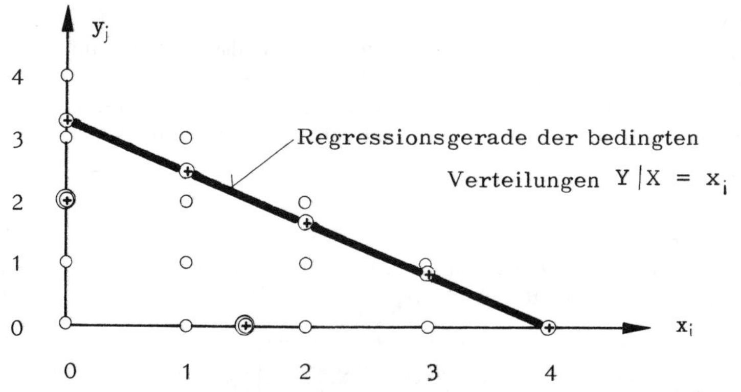

Fig. 14-4

14.3 Zweidimensionale stetige Rechteckverteilung

A. Dichtefunktion und Verteilungsfunktion

Eine zweidimensionale stetige Zufallsverteilung soll am einfachen Beispiel einer Rechteckverteilung vorgeführt werden. Wegen ihrer einfachen geometrischen Gestalt kann man bei ihr zur Kontrolle die durch Integration gewonnenen Ergebnisse stets auf geometrische Art nachvollziehen.

Als Beispiel diene die zweidimensionale stetige Rechteckverteilung über der Fläche mit den Eckpunkten (1,1), (1,2), (5,1) und (5,2), die in Fig. 14-5 dargestellt ist. Die *gemeinsame Dichtefunktion* f(x,y) gibt die *Höhe* am Punkt mit den Koordinaten x und y an. Im Fall der Rechteckverteilung ist diese Höhe konstant. Eingezeichnet ist in Fig. 14-5 f(x,y) für den Punkt x = 4 und y = 1,5, d. h. f(4, 1,5). Außerhalb der Fläche, die den Wertebereich der gezeigten Rechteckverteilung angibt, ist f(x,y) = 0.

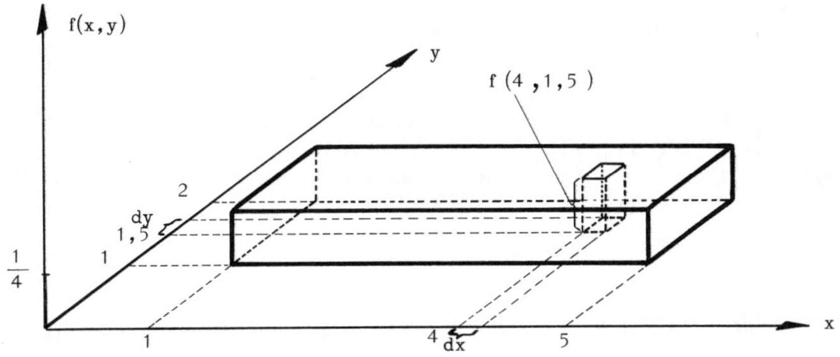

Fig. 14-5: Zweidimensionale Rechteckverteilung

Da die Grundfläche bei der vorliegenden Rechteckverteilung 4 beträgt, muß f(x,y) = 0,25 sein. Nur so kommt ein Körpervolumen von eins zustande. *Wahrscheinlichkeiten entsprechen jetzt Körpervolumen.* Eingezeichnet in Fig. 14-5 ist die Wahrscheinlichkeit über der Fläche mit den Seiten dx und dy beim Punkt mit den Koordinaten 4 und 1,5.

Jede Zufallsverteilung hat eine Verteilungsfunktion. Die *Verteilungsfunktion* einer zweidimensionalen ZV ist allgemein definiert als:

$$F(x,y) = P([X \leq x] \cap [Y \leq y]) \qquad (14\text{-}27)$$

Die gemeinsame Dichtefunktion f(x,y) erhält man aus F(x,y) durch partielles Ableiten nach x und nach y. Umgekehrt kann man die Verteilungsfunktion als bestimmtes Doppelintegral aus der Dichtefunktion berechnen.

Dichtefunktion:

$$f(x,y) = \frac{\partial^2 F(x,y)}{\partial x \partial y} \qquad (14\text{-}28)$$

Verteilungsfunktion:

$$F(x,y) = \int_{-\infty}^{x} \int_{-\infty}^{y} f(\xi,\eta)\, d\xi\, d\eta \qquad (14\text{-}29)$$

Die Dichte- und Verteilungsfunktionen der in Fig. 14-5 gezeigten Rechteckverteilung lauten:

$$f(x,y) = \begin{cases} \dfrac{1}{(5-1)\ (2-1)} = 0{,}25 & 1 \le x \le 5 \text{ und } 1 \le y \le 2 \\ 0 & \text{sonst} \end{cases} \qquad (14\text{-}28')$$

$$F(x,y) = \begin{cases} 0 & x < 1 \text{ und/oder } y < 1 \\ 0{,}25\ (x-1)\ (y-1) & 1 \le x \le 5 \text{ und } 1 \le y \le 2 \\ 1 & x > 5 \text{ und } y > 2 \\ 0{,}25\ (x-1) & 1 \le x \le 5 \text{ und } y > 2 \\ y-1 & 1 \le y \le 2 \text{ und } x > 5 \end{cases} \qquad (14\text{-}29')$$

● **Kontrollfrage 9:** Man leite $F(x,y) = 0{,}25\ (x-1)\ (y-1)$ aus $f(x,y) = 0{,}25$ her.

Fig. 14-6 zeigt die Verteilungsfunktion zur Rechteckverteilung von Fig. 14-5.

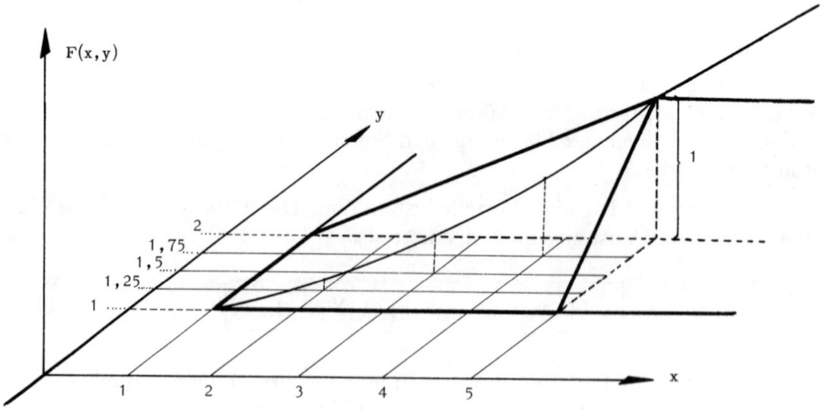

Fig. 14-6: Die Verteilungsfunktion der Rechteckverteilung von Fig. 14-5

B. Randverteilungen

Eine zweidimensionale ZV hat zwei Randverteilungen. Die erste Randverteilung (die Verteilung von X) erhält man durch Integration über y, d. h. indem man die auf der Ebene liegenden Wahrscheinlichkeiten auf die x-Achse projiziert („aufhäufelt", wie in Fig. 14-3a gezeigt).

Randdichtefunktion:

$$g(x) = \int_{y=-\infty}^{\infty} f(x,y)\,dy \qquad (14\text{-}30)$$

Das Körpervolumen wird durch die Integration zu einer Fläche. Fig. 14-7 veranschaulicht den Integrationsvorgang für ein Teilvolumen der zweidimensionalen Verteilung, die zu einer Teilfläche der eindimensionalen Verteilung wird.

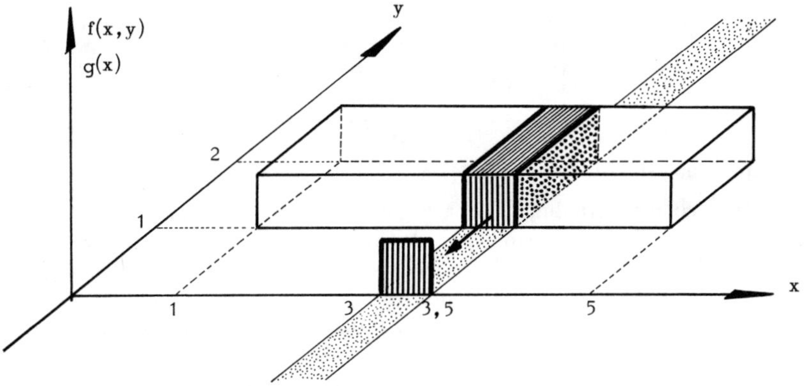

Fig. 14-7: Die Entstehung der Randverteilung für X

Im Fall unserer zweidimensionalen Rechteckverteilung folgt:

$$g(x) = \int_{1}^{2} 0{,}25\,dy = 0{,}25\,y\,|_1^2 = \underline{0{,}25}$$

Die Randverteilung der ZV X ist also eine (eindimensionale) Rechteckverteilung über dem Intervall [1,5].

Die zweite Randverteilung (die Verteilung der ZV Y) entsteht in analoger Weise durch Integration über x.

$$h(y) = \int_{x=-\infty}^{\infty} f(x,y)\,dx \qquad (14\text{-}31)$$

Für unsere Rechteckverteilung folgt:

$$h(y) = \int_{x=1}^{5} 0{,}25\,dx = \underline{1}$$

h(y) ist ebenfalls eine Konstante, d. h., die Randverteilung Y ist wiederum eine Rechteckverteilung, und zwar im speziellen diejenige über dem Intervall [1,2].

C. Bedingte Verteilungen

Auch bei zweidimensionalen stetigen ZV lassen sich (unendlich viele) bedingte Verteilungen definieren. Da die ZV X im Intervall [1, 5] unendlich viele Werte annehmen kann, gibt es dementsprechend unendlich viele Möglichkeiten, einen x-Wert x* vorzugeben.

Die Dichtefunktion von $Y \mid X = x^*$ lautet:

$$\boxed{h(y \mid X = x^*) = \frac{f(x^*, y)}{g(x^*)}} \qquad (14\text{-}32)$$

Oft schreibt man kürzer auch $h(y \mid x^*)$.

Bei unserer Rechteckverteilung, die sich als die zweidimensionale Verteilung von zwei *unabhängigen ZV* herausstellen wird, sind alle bedingten Verteilungen untereinander gleich, weil $g(x^*) = 0{,}25$ für jedes x* ist. Es ist somit $h(y \mid x^*) = 1$. Die bedingten Y-Verteilungen sind also im vorliegenden Beispiel sämtlich ebenfalls Rechteckverteilungen über dem Intervall [1, 2] und somit identisch mit der Randverteilung von Y.

Für die Dichtefunktionen der bedingten X-Verteilungen gilt:

$$\boxed{\underbrace{g(x \mid Y = y^*)}_{g(x \mid y^*)} = \frac{f(x, y^*)}{h(y^*)}} \qquad (14\text{-}33)$$

Da $h(y^*)$ in unserem Beispiel konstant 1 ist, beträgt $g(x \mid y^*)$ konstant 0,25. Alle bedingten X-Verteilungen sind daher in unserem Beispiel Rechteckverteilungen über dem Intervall [1, 5]. Sie sind alle identisch mit der Randverteilung von X.

D. Kennzahlen

<u>*1. Erwartungswerte:*</u>

Die allgemeine Definition lautet:

$$\boxed{E(X) = \int\limits_{x=-\infty}^{\infty} x\left(\int\limits_{y=-\infty}^{\infty} f(x,y)\,dy\right)dx = \int\limits_{x=-\infty}^{\infty} x\,g(x)\,dx} \quad (14\text{-}34)$$

$$\boxed{E(Y) = \int\limits_{y=-\infty}^{\infty} y\left(\int\limits_{x=-\infty}^{\infty} f(x,y)\,dx\right)dy = \int\limits_{y=-\infty}^{\infty} y\,h(y)\,dy} \quad (14\text{-}35)$$

Für unsere Rechteckverteilung folgt:

$$E(X) = \int\limits_{1}^{5} x \cdot 0{,}25\,dx = \frac{0{,}25\,x^2}{2}\Bigg|_1^5 = \underline{3}$$

$$E(Y) = \int\limits_{1}^{2} y \cdot 1 \cdot dy = \frac{y^2}{2}\Bigg|_1^2 = \underline{1{,}5}$$

Für die *bedingten Erwartungswerte* gilt allgemein:

$$\boxed{E(X \mid Y = y^*) = \int\limits_{x=-\infty}^{\infty} x\,g(x \mid y^*)\,dx} \quad (14\text{-}36)$$

$$\boxed{E(Y \mid X = x^*) = \int\limits_{y=-\infty}^{\infty} y\,h(y \mid x^*)\,dy} \quad (14\text{-}37)$$

wobei $g(x \mid y^*)$ und $h(y \mid x^*)$ unter Verwendung von (14-33) und (14-32) zu berechnen sind.

Da die bedingten Verteilungen im Fall unserer Rechteckverteilung mit den Randverteilungen identisch sind, sind die bedingten Erwartungswerte dementsprechend identisch mit den Randerwartungswerten, betragen also 3 resp. 1,5.

2. Varianzen, Kovarianz, Korrelationskoeffizient:

Die Randvarianzen sind allgemein definiert als:

$$\boxed{\sigma_x^2 = V(X) = \int\limits_{-\infty}^{\infty} (x - \mu_x)^2\,g(x)\,dx} \quad (14\text{-}38)$$

Alternativformel:

$$\boxed{\sigma_x^2 = V(X) = \int\limits_{-\infty}^{\infty} x^2\,g(x)\,dx - \mu_x^2} \quad (14\text{-}39)$$

● **Kontrollfrage 10:** Man führe den Übergang von der Definitionsformel (14-38) nach (14-39) unter Verwendung von (11-42) selber durch und berechne V(X) für das vorliegende Beispiel.

Durch Vertauschung von x und y sowie von g(x) und h(y) ergeben sich die Formeln für die Varianz von Y. Für die bedingten Verteilungen ergeben sich die Varianzen durch Ersetzen von g(x) durch $g(x \mid y^*)$ resp. von h(y) durch $h(y \mid x^*)$.

● **Kontrollfrage 11:** Man berechne V(Y) und gebe die allgemeine Formel an für $V(X \mid Y = y^*)$ und $V(Y \mid X = x^*)$.

Die *Kovarianz* wird berechnet nach *(Definitions-* und *Alternativformel):*

$$\begin{aligned} \sigma_{xy} = \mathrm{Cov}(X, Y) &= \int_{-\infty}^{\infty}\int_{-\infty}^{\infty} (x - \mu_x)(y - \mu_y)\, f(x, y)\, dx\, dy \\ &= \int_{-\infty}^{\infty}\int_{-\infty}^{\infty} xy\, f(x, y)\, dx dy - \mu_x \mu_y \end{aligned} \qquad (14\text{-}40)$$

Unter Verwendung der Kovarianz definiert man wieder den linearen *Korrelationskoeffizienten* durch (14-24).

● **Kontrollfrage 12:** Durch Ausrechnen des Integrals in (14-40) überzeuge man sich, daß tatsächlich Cov(X, Y) = 0 für das Beispiel unserer Rechteckverteilung ist.

14.4 Zweidimensionale Normalverteilung

Für die Schließende Statistik spielt die n-dimensionale Normalverteilung eine wichtige Rolle. Allerdings braucht sich der Statistiker nicht in die Details zu vertiefen. Um die Vorstellung zu unterstützen, ist in Fig. 14-8 eine (angeschnittene) zweidimensionale Normal-ZV perspektivisch dargestellt.

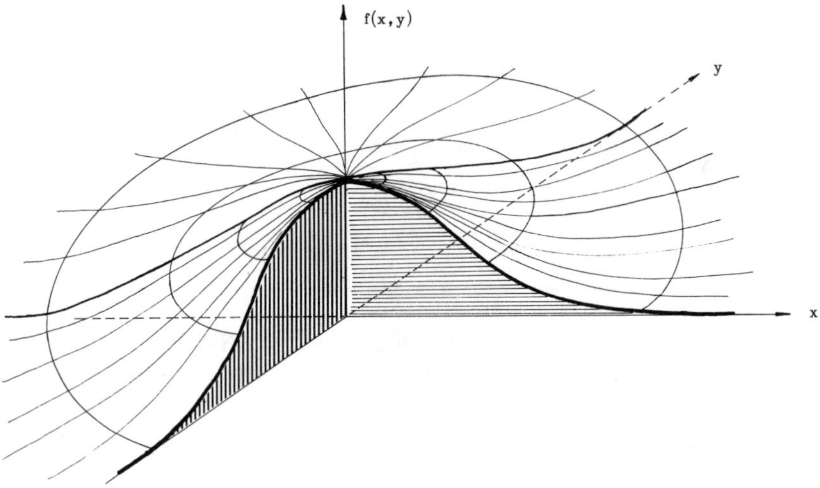

Fig. 14-8: Die zweidimensionale Normalverteilung (angeschnitten)

Die Dichtefunktion der zweidimensionalen Normalverteilung lautet:

$$f(x, y) = \frac{1}{\sigma_x \cdot \sigma_y \sqrt{1-\varrho^2}\, 2\pi} \exp\left[-\frac{1}{2(1-\varrho^2)} \left\{ \left(\frac{x-\mu_x}{\sigma_x} \right)^2 - 2\varrho \left(\frac{x-\mu_x}{\sigma_x} \right) \cdot \left(\frac{y-\mu_y}{\sigma_y} \right) + \left(\frac{y-\mu_y}{\sigma_y} \right)^2 \right\} \right] \qquad (14\text{-}41)$$

Wertebereich: $-\infty < x < \infty; \quad -\infty < y < \infty$

Hierbei steht ϱ für den *Korrelationskoeffizienten,* der in (14-24) definiert wurde.

Die (Rand-)Erwartungswerte und (Rand-)Varianzen gehen aus der Dichtefunktion (14-41) hervor. Die Randverteilungen und sämtliche bedingten Verteilungen sind übrigens ebenfalls wieder Normalverteilungen. Die *bedingten Erwartungswerte* liegen stets auf einer (theoretischen) Regressions*geraden.*

14.5 Abhängige und unabhängige Zufallsvariablen

Die Unabhängigkeit von Zufallsvariablen läßt sich auf das Konzept der stochastischen Unabhängigkeit von Ereignissen, wie es in Kap. X behandelt wurde, zurückführen. Während ein Ereignis B vom Ereignis A als stochastisch unabhängig anzusehen ist, wenn die Wahrscheinlichkeit für das Auftreten von B unbeeinflußt davon ist, ob ein Ereignis A als eingetreten vorausgesetzt wird oder nicht, d. h. wenn $P(B \mid A) = P(B)$ ist, gilt für die Unabhängigkeit z. B. von diskreten ZV, daß sie gegeben ist, wenn überall $p(y \mid X = x^*) = p(y)$ ist.

Bedingungen für Unabhängigkeit:

Zwei Zufallsvariable sind voneinander unabhängig, wenn für jedes Paar (x_i, y_j) resp. (x,y) gilt:

diskrete ZV:	$p(y_j \mid X = x_i) = \dfrac{p(x_i, y_j)}{p(x_i, \cdot)} = p(\cdot, y_j)$, für alle i und j	
	resp.	(14-42)
stetige ZV:	$h(y \mid X = x^*) = \dfrac{f(x^*, y)}{g(x^*)} = h(y)$, für jedes x^* und y	

Bedingung (14-42) lautet in Worten: Wenn alle bedingten Y-Verteilungen bei einer zweidimensionalen ZV identisch untereinander und identisch mit der Randverteilung von Y sind, dann liegt Unabhängigkeit vor.

Die Bedingung (14-42) für Unabhängigkeit kann in die folgende alternative Form gebracht werden (Folgerung aus (14-42)):

diskrete ZV:	$p(x_i, y_j) = p(x_i, \cdot)\, p(\cdot, y_j)$, für alle i, j	
	resp.	(14-43)
stetige ZV:	$f(x,y) = g(x)\, h(y)$, für alle x, y	

Bei Unabhängigkeit zweier diskreter ZV ist *jede* gemeinsame Wahrscheinlichkeit $p(x_i, y_j)$ das Produkt aus den beiden Randwahrscheinlichkeiten, die in der gleichen Zeile resp. Spalte stehen. Sobald diese Bedingung für irgendein Wertepaar nicht erfüllt ist, liegt Abhängigkeit der beiden ZV vor. Schließlich kann die Bedingung für Unabhängigkeit mit Hilfe der Verteilungsfunktion auch einheitlich für stetige und diskrete ZV angegeben werden:

$$F(x,y) = G(x)\, H(y) \tag{14-44}$$

Hinweis:
Die soeben gegebenen Bedingungen liefern einerseits Kriterien dafür, ob Unabhängigkeit zwischen zwei ZV vorliegt. Formel (14-43) ist andererseits aber auch dazu geeignet, $p(x_i, y_j)$ resp. $f(x,y)$ zu berechnen, falls man die Randverteilungen von zwei ZV kennt und die Information vorliegt, sie seien voneinander unabhängig.

Beispiele:
Die in Abschnitt 14.2 und 14.3 behandelten Zufallsvariablen sind je ein Beispiel für Abhängigkeit (Multinomialvariable) und Unabhängigkeit (Rechteckvariable) zweier ZV.

Bemerkung:
Sehr oft braucht man für die Feststellung der Unabhängigkeit gar nicht erst die etwas mühsame Bedingung (14-42) oder (14-43) im einzelnen anzuwenden. Bei der Multinomialvariablen erkennt man schon aus der Form des Wertebereichs, daß (14-42) resp. (14-43) nicht erfüllt sein können. Wenn in Abhängigkeit der Werte der Randverteilung X die bedingten Y-Verteilungen jeweils verschiedene Wertebereiche haben, können natürlich von vornherein die Bedingungen (14-42) resp. (14-43) nicht erfüllt sein. Eine notwendige, wenn auch nicht hinreichende Bedingung für Unabhängigkeit besteht also darin, daß der Wertebereich zweier ZV sich in ein Rechteck einfügen läßt, dessen Seiten parallel zu den Achsen verlaufen.

Bei der zweidimensionalen Rechteckverteilung lag vom Wertebereich her die notwendige Bedingung für Unabhängigkeit vor. Ferner stellten wir die Übereinstimmung von $h(y \mid x^*)$ mit $h(y)$ für jedes beliebige x^* resp. $g(x \mid y^*)$ mit $g(x)$ für jedes beliebige y^* fest. Ferner galt $f(x,y) = 0{,}25$, $g(x) = 0{,}25$, $h(y) = 1$ und somit $f(x,y) = g(x) \cdot h(y)$ für alle (x,y). Auf zweierlei Weise hatten wir also die Unabhängigkeit festgestellt.

Wichtiges Resultat:

Falls zwei Zufallsvariable voneinander *unabhängig* sind, ist ihre *Kovarianz* und ihr *Korrelationskoeffizient* gleich *null:*

$$X, Y \text{ unabhängig} \Rightarrow \text{Cov}(X,Y) = \varrho_{xy} = 0 \qquad (14\text{-}45)$$

● **Kontrollfrage 13:** Man beweise (14-45) durch Verwendung von (14-43) und Einsetzen in (14-21) für diskrete ZV.

Der Umkehrschluß zu (14-45) ist im allgemeinen nicht zulässig. Aus einer Kovarianz von Null kann nicht immer auf Unabhängigkeit der beiden ZV geschlossen werden. Für den wichtigen Fall der zweidimensionalen Normalverteilung gilt jedoch auch der Umkehrschluß:

$$X, Y \begin{array}{l}\textit{unabhängig} \text{ und} \\ \textit{normalverteilt}\end{array} \Leftrightarrow \text{Cov}(X,Y) = \varrho_{xy} = 0 \qquad (14\text{-}46)$$

Hat man also die Information vorliegen, zwei ZV seien normalverteilt, reduziert sich der Aufwand für die Feststellung, ob sie unabhängig sind, auf die Berechnung ihrer Kovarianz.

Beispiel:
Das vorliegende Beispiel ist eine Erweiterung der in Kapitel XIII, Abschnitt 13.1.G behandelten empirischen (eindimensionalen) Normalverteilung. Durch eine *Querklassifizierung* nach dem Urangehalt hatte man für die 100 Ein-Kilo-Goldbarren folgende Daten erhalten.

Tab. 14-3: Feingold- und Urangehalt von 100 Ein-Kilo-Goldbarren

y Urangehalt in mg / x Goldgehalt in g	5–10	10–15	15–20	20–25	25–30	30–35	35–40	
986,5 – 987,5	–	–	–	1	–	–	–	1
987,5 – 988,5	–	1	2	3	2	1	–	9
988,5 – 989,5	–	1	6	8	7	2	–	24
989,5 – 990,5	1	3	7	10	7	3	1	32
990,5 – 991,5	1	2	4	7	6	2	–	22
991,5 – 992,5	–	1	3	3	2	1	–	10
992,5 – 993,5	–	–	1	1	–	–	–	2
	2	8	23	33	24	9	1	100

Die zweidimensionale Häufigkeitsverteilung wird durch Fig. 14-9 dargestellt.

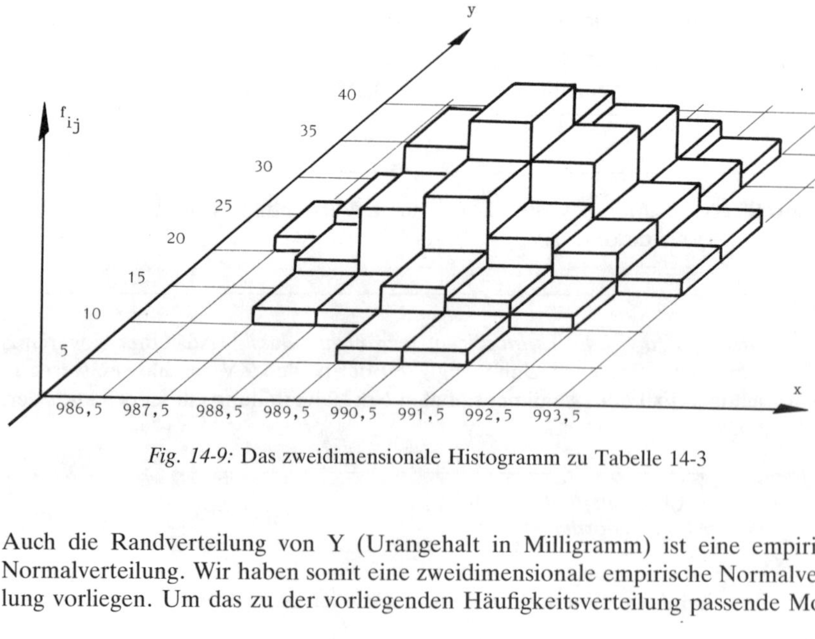

Fig. 14-9: Das zweidimensionale Histogramm zu Tabelle 14-3

Auch die Randverteilung von Y (Urangehalt in Milligramm) ist eine empirische Normalverteilung. Wir haben somit eine zweidimensionale empirische Normalverteilung vorliegen. Um das zu der vorliegenden Häufigkeitsverteilung passende Modell einer zweidimensionalen Normalverteilung zu finden, benötigen wir fünf *Parameterwerte.* Zwei davon hatten wir bereits im eindimensionalen Fall berechnet, wo es nur um die Verteilung des Feingoldgehalts ging: $\bar{x} = 990$ g und $\hat{s}_x^2 = 1{,}23^2$. Desgleichen berechnen wir nun $\bar{y}$ und $\hat{s}_y^2$ aufgrund der Daten von Tabelle 14-3. Es ergibt sich: $\bar{y} = 22{,}5$ mg Ferner ist $\hat{s}_y = 5{,}96$ mg. Schließlich muß noch die *Kovarianz* nach Formel (8-5) resp. nach folgender Alternativformel berechnet werden:

$$s_{xy} = \sum_{i=1}^{k} \sum_{j=1}^{m} x_i y_j \frac{f_{ij}}{n} - \bar{x}\bar{y}$$

Es ergibt sich: $s_{xy} = 0$, und daher setzen wir auch σ_{xy} und somit $\varrho = 0$. Wir haben es daher mit einem Fall einer zweidimensionalen Normalverteilung *mit voneinander unabhängigen Zufallsvariablen zu tun.* Die Dichtefunktion der Modellverteilung zur empirischen Verteilung hat jetzt folgendes Aussehen:

$$f(x, y) = \frac{1}{1{,}23 \cdot 5{,}96 \cdot 2\pi} \exp\left[-\frac{1}{2}\left\{\left(\frac{x-990}{1{,}23}\right)^2 + \left(\frac{y-22{,}5}{5{,}96}\right)^2\right\}\right]$$

Sie hat sich stark vereinfacht, weil die Kovarianz und das heißt der Korrelationskoeffizient $\varrho = 0$ ist.
Obendrein läßt sich f(x,y) als Produkt der beiden Randdichten schreiben:

$$f(x, y) = \frac{1}{1{,}23\sqrt{2\pi}} \exp\left[-\frac{1}{2}\left(\frac{x-990}{1{,}23}\right)^2\right] \cdot \frac{1}{5{,}96\sqrt{2\pi}} \exp\left[-\frac{1}{2}\left(\frac{y-22{,}5}{5{,}96}\right)^2\right]$$

Wir sind nun in der Lage, F(x,y) zu berechnen. Damit können wir die Frage z. B. nach der Wahrscheinlichkeit beantworten, daß ein Goldbarren weniger als 991,5 g Feingold und zugleich weniger als 25 mg Uran enthält:

$$F(991{,}5,\ 25) = G\underbrace{(991{,}5)}_{x^*} \cdot H\underbrace{(25)}_{y^*} = P\left(Z < \underbrace{\frac{991{,}5-990}{1{,}23}}_{z_1^*}\right) \cdot P\left(Z < \underbrace{\frac{25-22{,}5}{5{,}96}}_{z_2^*}\right)$$

$$= P(Z_1 < 1{,}23) \cdot P(Z_2 < 0{,}42) = 0{,}8907 \cdot 0{,}6628$$

$$= \underline{0{,}5904}$$

14.6 Einige wichtige Ergebnisse für zwei- und n-dimensionale Zufallsvariablen

Beim Übergang von zwei- zu n-dimensionalen Zufallsvariablen treten keine grundsätzlich neuen Konzepte auf. Um sich eine n-dimensionale ZV vorstellen zu können, denke man an n Würfel. Beim Würfeln mit zwei Würfeln erhält man (im zweidimensionalen Raum) eine zweidimensionale diskrete Rechteckverteilung mit einem Wertebereich von 36 Werten, denen jeweils ein $p(x_i, y_j) = \frac{1}{36}$ zugeordnet ist. Beim Würfeln mit n Würfeln hat man 6^n Elementarereignisse (Variationen mit Wiederholung) und einem Wertebereich von 6^n sog. n-Tupeln, d. h. von 6^n Punkten im n-dimensionalen Raum. Jedem Punkt ist die Wahrscheinlichkeit $p(x_1, x_2, \ldots, x_n) = \frac{1}{6^n}$ zugeordnet. Würfelt man einmal mit n Würfeln, so realisiert man einen unter den 6^n möglichen Punkten.

Es gibt nun eine Reihe von Resultaten der Wahrscheinlichkeitsrechnung für n-dimensionale Zufallsvariable, die im Rahmen der Schließenden Statistik von großer Bedeutung sind und die im folgenden angegeben sind. Wer sich für ihre Herleitung interessiert, findet diese in Lehrbüchern der Wahrscheinlichkeitstheorie.

Wahrscheinlichkeits- und Dichtefunktion:

Diese interessieren im n-dimensionalen Fall vor allem bei *unabhängigen* ZV. Es gilt bei Unabhängigkeit der ZV $X_1, X_2, \ldots X_n$ untereinander:

diskrete ZV:	$p(x_1, x_2, \ldots, x_n) = p(x_1) \cdot p(x_2) \cdot \ldots \cdot p(x_n)$	
	resp.	(14-47)
stetige ZV:	$f(x_1, x_2, \ldots, x_n) = f(x_1) \cdot f(x_2) \cdot \ldots \cdot f(x_n)$	

Somit ist die gemeinsame Dichtefunktion von n unabhängigen stetigen ZV das Produkt aus den n Dichtefunktionen jeder einzelnen dieser n ZV. Analoges gilt für diskrete ZV.

Für die n-dimensionale Würfel-ZV galt $p(x_1, x_2, \ldots, x_n) = \left(\frac{1}{6}\right)^n = \frac{1}{6^n}$, denn die eindimensionale Würfel-ZV hatte $p(x) = \frac{1}{6}$. (Man beachte, daß der Index von x jetzt auf die ZV hindeutet, zu der ein Wert gehört, und nicht einen bestimmten Wert einer ZV bezeichnet.)

Erwartungswerte

Liegen n Zufallsvariable vor (eine n-dimensionale ZV), so kann man als neue eindimensionale ZV daraus eine Summe oder allgemeiner, eine Linearkombination bilden. Wenn man die n Zufallsvariablen $X_1, X_2, \ldots, X_n$ vorliegen hat, so gilt, gleichgültig, ob sie unabhängig sind oder nicht, ob diskret oder stetig, immer:

$$E(a_1X_1 + a_2X_2 + \ldots + a_nX_n) = a_1E(X_1) + a_2E(X_2) + \ldots + a_nE(X_n) \quad (14\text{-}48)$$

$a_1, a_2, \ldots, a_n$ sind Konstanten. In Worten heißt das: *Der Erwartungswert einer Linearkombination* von n Zufallsvariablen ist gleich der *Linearkombination der Erwartungswerte* dieser n Zufallsvariablen.

Ein Spezialfall $X_1 + X_2$ war in Kapitel XI bereits behandelt worden (Abschnitt 11.1.B, 4. Beispiel: „Summe von 2 Augenzahlen"). Es war dort $a_1 = a_2 = 1$. Auch für die multiplikative Verknüpfung von Zufallsvariablen gibt es einige wichtige Resultate. Vor allem benötigt man E(X · Y). Es ist definiert:

$$\underline{E(XY)} = \begin{cases} \sum_{i=1}^{k} \sum_{j=1}^{m} x_i y_j p(x_i y_j) \\ \int_{-\infty}^{\infty} \int_{-\infty}^{\infty} xy f(x,y)\, dx\, dy \end{cases} \qquad (14\text{-}49)$$

Im Spezialfall der Unabhängigkeit von X und Y folgt wegen (14-43):

$$\underline{E(XY)} = \begin{Bmatrix} \sum_{i=1}^{k} x_i p(x_i, \cdot) \sum_{j=1}^{m} y_j p(\cdot, y_j) \\ \int_{-\infty}^{\infty} x g(x)\, dx \int_{-\infty}^{\infty} y h(y)\, dy \end{Bmatrix} = \underline{E(X)E(Y)} \qquad (14\text{-}50)$$

Unter Verwendung der in (14-49) eingeführten Schreibweise läßt sich die Kovarianz, d. h. lassen sich (14-22) und (14-40) nunmehr einheitlich wie folgt angeben:

$$\text{Cov}(X, Y) = E(X \cdot Y) - E(X) \cdot E(Y) \qquad (14\text{-}51)$$

Sofern Unabhängigkeit vorliegt, gilt E(X · Y) = E(X) · E(Y), und somit wird die Kovarianz bei unabhängiger ZV immer Null. (Siehe (14-45) und die Antwort auf Kontrollfrage 11.)

Gelegentlich benötigt man den Erwartungswert des Produkts aus n ZV. Beim Vorliegen von n *unabhängigen* ZV $X_1, X_2, \ldots, X_n$ gilt:

$$E(X_1 \cdot X_2 \cdot \ldots \cdot X_n) = E(X_1)\, E(X_2) \ldots E(X_n) \qquad (14\text{-}52)$$

Varianzen

Beim Vorliegen von n *unabhängigen* ZV $X_1, X_2, \ldots, X_n$ gilt für die *Varianz der Linearkombination* von Zufallsvariablen:

$$V(a_1X_1 + a_2X_2 + \ldots + a_nX_n) = a_1^2\, V(X_1) + a_2^2\, V(X_2) + \ldots\, a^2\, V(X_n) \qquad (14\text{-}53)$$

Die *Varianz einer Linearkombination von n unabhängigen Zufallsvariablen* ist gleich der *Linearkombination der Varianzen* dieser n Zufallsvariablen, gebildet mit den Quadraten der ursprünglichen Koeffizienten.

Liegt die Voraussetzung der Unabhängigkeit nicht vor, so erweitert sich (14-53) durch die dann zu berücksichtigende Kovarianz $Cov(X_i, X_j)$.

Für den *zweidimensionalen* Fall, d. h. für zwei ZV X und Y, gilt allgemein:

$$V(a\,X + b\,Y) = a^2 V(X) + b^2 V(Y) + 2ab\,Cov(X, Y) \tag{14-54}$$

Bei Unabhängigkeit von X und Y verschwindet Cov (X,Y,), und es liegt dann ein Spezialfall von (14-53) vor.

Normalverteilung

In der Schließenden Statistik ist es oft von Bedeutung zu wissen, welchem Verteilungsgesetz eine ZV folgt, die als Summe oder Differenz von Normalverteilungen gebildet wurde.

Falls $X_1 = N(\mu_1; \sigma_1^2)$ und $X_2 = N(\mu_2; \sigma_2^2)$ und falls X_1 und X_2 unabhängig voneinander sind, gilt:

$$X_1 + X_2 = N(\mu_1 + \mu_2; \sigma_1^2 + \sigma_2^2) \tag{14-55}$$

Die Summe von zwei unabhängigen Normalvariablen, d. h. $X_1 + X_2$, ist also wiederum eine Normalvariable. Der Erwartungswert und die Varianz der Summe ist die Summe der Erwartungswerte resp. die Summe der Varianzen, wie dies aus der Anwendung der allgemeinen Regeln (14-48) und (14-53) folgt: $E(X_1 + X_2) = \mu_1 + \mu_2$ und $V(X_1 + X_2) = \sigma_1^2 + \sigma_2^2$.

Als Verallgemeinerung bei n unabhängigen Normalvariablen gilt, daß die Summe $X_1 + X_2 + \ldots + X_n$ ebenfalls normalverteilt ist mit

$$E\left(\sum_i X_i\right) = \sum_i \mu_i$$
$$V\left(\sum_i X_i\right) = \sum_i \sigma_i^2,$$

wobei μ_i und σ_i der Erwartungswert und die Varianz von X_i ist.

Die Differenz zweier voneinander unabhängiger Normalvariablen, d. h. $X_1 - X_2$ ist ebenfalls eine Normalvariable.

Falls $X_1 = N(\mu_1; \sigma_1^2)$ und $X_2 = N(\mu_2; \sigma_2^2)$ und falls X_1 und X_2 voneinander unabhängig sind, gilt:

$$X_1 - X_2 = N(\mu_1 - \mu_2; \sigma_1^2 + \sigma_2^2) \tag{14-56}$$

● **Kontrollfrage 14:** Aus (14-55) und (14-56) ist zu entnehmen, daß $V(X_1 + X_2) = V(X_1 - X_2)$. Stimmt das?

14.7 Aufgaben mit Lösung

Aufgabe 14-1:
Bei Geschwindigkeitskontrollen werden zwei Radarmessungen vorgenommen. Die beiden Meßfehler X und Y seien beide standardnormalverteilt ($\sigma_x = \sigma_y = 1$ km/h; $\mu_x = \mu_y = 0$ km/h). Ein Test ergab, daß die Kovarianz von X und Y gleich Null angenommen werden darf.

a) Geben Sie die Dichtefunktion der gemeinsamen Verteilung (X, Y) an.

b) Mit welcher Wahrscheinlichkeit geben *beide* Radargeräte für einen korrekt mit 60 km/h fahrenden Automobilisten je eine Geschwindigkeit von über 62 km/h an?

Lösung:

a) Da Cov (X, Y) = 0, sind X und Y unabhängig, und die gemeinsame Dichte berechnet sich als Produkt der Einzeldichten:

$$f(x,y) = g(x) \cdot h(y) = \frac{1}{\sqrt{2\pi}} e^{-\frac{1}{2}x^2} \cdot \frac{1}{\sqrt{2\pi}} e^{-\frac{1}{2}y^2} .$$

(Dieser logische Schluß ist nur bei Normalverteilungen zulässig!) Somit ist

$$\underline{f(x,y) = \frac{1}{2\pi} e^{-\frac{1}{2}(x^2+y^2)}} .$$

b) $P(X \geq 2, Y \geq 2) = P(X \leq -2, Y \leq -2) = F(-2,-2) = G(-2) \cdot H(-2)$
$= (0{,}5 - 0{,}4772)^2 = 0{,}0228^2 = \underline{0{,}00052.}$

Aufgabe 14-2:
In einer Produktion von Spezialglühbirnen treten zwei sich gegenseitig ausschließende Defekte auf. Bei 1/30 der Birnen ist ein innerer Wackelkontakt festzustellen, und 1/60 der Glühbirnen hat ein mangelhaftes Vakuum.

Um eine große Sendung zu testen, wird eine Stichprobe vom Umfang 50 gezogen.

a) Mit welcher Wahrscheinlichkeit enthält die Stichprobe genau drei Birnen mit Wackelkontakten und zwei mit Vakuummängeln?

b) Die Sendung wird abgelehnt, falls in der Stichprobe mehr als drei Wackelkontakte *oder* mehr als zwei Vakuummängel auftreten. Mit welcher Wahrscheinlichkeit wird die Sendung akzeptiert?

Lösung:

a) $p(3,2) = \frac{50!}{3!\,2!\,45!} \cdot \left(\frac{1}{30}\right)^3 \cdot \left(\frac{1}{60}\right)^2 \cdot \left(\frac{57}{60}\right)^{45} = \underline{0{,}0217}$

b) Durch Addition der Einzelwahrscheinlichkeiten ergibt sich:

$$\begin{aligned}
p(0,0) &= 0{,}0769\\
p(1,1) &= 0{,}1160\\
p(1,0) &= 0{,}1350\\
p(0,1) &= 0{,}0675\\
p(2,0) &= 0{,}1160\\
p(2,1) &= 0{,}0977\\
p(2,2) &= 0{,}0403\\
p(0,2) &= 0{,}0290\\
p(1,2) &= 0{,}0489\\
p(3,0) &= 0{,}0651\\
p(3,2) &= 0{,}0217\\
p(3,1) &= \underline{0{,}0537}\\
F(3,2) &= \underline{0{,}8678}
\end{aligned}$$

Die Wahrscheinlichkeit der Annahme der Sendung beträgt also rd. 87%.

Aufgabe 14-3:
Die Zufallsvariable X besitze die Dichtefunktion

$$g(x) = \begin{cases} 3x^2 & 0 \le x \le 1 \\ 0 & \text{sonst} \end{cases}$$

Die Zufallsvariable Y besitze die Dichtefunktion

$$h(y) = \begin{cases} 1/2\ y & 0 \le y \le 2 \\ 0 & \text{sonst} \end{cases}$$

X und Y seien voneinander unabhängig. Es werde nun die zwei-dimensionale Zufallsvariable (X,Y) gebildet.

a) Geben Sie die gemeinsame Dichtefunktion von (X, Y) an.

b) Wie groß ist der Erwartungswert von X?

c) Wie groß ist der Erwartungswert von Y?

d) Wie groß ist E(XY)?

e) Wie groß ist die Kovarianz Cov(X,Y)?

Lösung:

a) $f(x,y) = g(x)\,h(y) = \begin{cases} \frac{3}{2}\, x^2 y & \text{für } 0 \le x \le 1 \text{ und } 0 \le y \le 2 \\ 0 & \text{sonst} \end{cases}$

b) $E(X) \quad = \int\limits_0^1 3\ x^3\,dx = \underline{\frac{3}{4}}$

c) $E(Y) \quad = \int\limits_0^2 \frac{1}{2}\ y^2\,dy = \underline{\frac{4}{3}}$

d) $E(XY) = E(X)E(Y) = \underline{1}$

e) $Cov(X,Y) = \underline{0}$ (Unabhängigkeit!)

Aufgabe 14-4:

Gegeben sei die Funktion $f(x,y) = \begin{cases} x + y & \text{für } 0 \le x \le 1 \text{ und } 0 \le y \le 1 \\ 0 & \text{sonst} \end{cases}$

a) Zeigen Sie, daß f(x,y) die Dichtefunktion einer zweidimensionalen Zufallsvariablen (X,Y) ist.

b) Berechnen Sie die Randdichten von X und von Y.

c) Sind X und Y voneinander unabhängig? Begründen Sie Ihre Antwort.

d) Wie groß ist die Wahrscheinlichkeit, daß sowohl X als auch Y größer als 0,5 sind?

e) Welchen Wert hat E(X) und E(Y)?

Lösung:

a) $$\int_0^1 \int_0^1 f(x,y)\,dx\,dy = \int_0^1 \int_0^1 (x+y)\,dx\,dy = \int_0^1 \left(xy \Big|_0^1 + \frac{y^2}{2} \Big|_0^1 \right) dx =$$

$$= \int_0^1 \left(x + \frac{1}{2} \right) dx = \left(\frac{x^2}{2} + \frac{x}{2} \right) \Big|_0^1 = \underline{1}$$

b) $$g(x) = \int_0^1 f(x,y)\,dy = \left(xy + \frac{y^2}{2} \right) \Big|_0^1 = \underline{x + \frac{1}{2}}; \quad h(y) = \underline{y + \frac{1}{2}} \quad \text{(Symmetrie!)}$$

c) Nein! $g(x) \cdot h(y) = \left(x + \frac{1}{2}\right)\left(y + \frac{1}{2}\right) \neq x + y = f(x,y)$

d) $$\int_{0,5}^1 \int_{0,5}^1 (x+y)\,dx\,dy = \int_{0,5}^1 \left(xy + \frac{y^2}{2} \right) \Big|_{0,5}^1 dx = \int_{0,5}^1 \left(\frac{x}{2} + \frac{3}{8} \right) dx =$$

$$= \left(\frac{x^2}{4} + \frac{3x}{8} \right) \Big|_{0,5}^1 = \underline{\frac{3}{8}}$$

e) $$E(X) = \int_0^1 x \left(x + \frac{1}{2} \right) dx = \left(\frac{x^3}{3} + \frac{x^2}{4} \right) \Big|_0^1 = \underline{\underline{\frac{7}{12}}}$$

$$E(Y) = \underline{\underline{\frac{7}{12}}} \quad \text{(Symmetrie!)}$$

Aufgabe 14-5:

Eine Sendung von Massenartikeln enthält 50% Ausschuß. Es soll eine Stichprobe von 4 Stück gezogen werden. Dabei werden die beiden Zufallsvariablen definiert:

X: Anzahl defekter Stücke in den ersten beiden Zügen.
Y: Gesamtzahl defekter Stücke in den 4 Zügen.

a) Erstellen Sie eine Tabelle, aus denen alle Wahrscheinlichkeiten hervorgehen.

b) Wie groß ist die Wahrscheinlichkeit, daß in der 4er Stichprobe 3 defekte Stücke vorkommen, wenn bei den ersten 2 Zügen schon 1 defektes Stück auftrat?

c) Sind die Zufallsvariablen X und Y voneinander abhängig oder unabhängig?

Lösung:

a)

x_i \ y_j	0	1	2	3	4	$P(X = x_i)$
0	$\frac{1}{16}$	$\frac{2}{16}$	$\frac{1}{16}$	0	0	$\frac{4}{16}$
1	0	$\frac{2}{16}$	$\frac{4}{16}$	$\frac{2}{16}$	0	$\frac{8}{16}$
2	0	0	$\frac{1}{16}$	$\frac{2}{16}$	$\frac{1}{16}$	$\frac{4}{16}$
$P(Y = y_j)$	$\frac{1}{16}$	$\frac{4}{16}$	$\frac{6}{16}$	$\frac{4}{16}$	$\frac{1}{16}$	1

b) $$P(Y=3 \mid X=1) = \frac{P(Y=3, X=1)}{P(X=1)} = \frac{\frac{2}{16}}{\frac{8}{16}} = \frac{1}{4} = \underline{0{,}25}$$

c) Bei Unabhängigkeit müßten die in den Innenfeldern stehenden Wahrscheinlichkeiten alle das Produkt aus den entsprechenden Randwahrscheinlichkeiten sein. Dies ist hier nicht der Fall. Also liegt Abhängigkeit vor.

14.8 Antworten auf die Kontrollfragen

1. a) Ja! Es lag eine zweidimensionale Würfel-ZV vor. Der natürliche Wertebereich ist in Fig. 10-1 dargestellt. Die zugehörenden Wahrscheinlichkeiten betragen überall 1/36.
   b) Der „Trick" besteht in der Zuordnungsregel: „Summe der beiden Augenzahlen". Durch Addition von zwei (oder mehr) ZV wird eine eindimensionale ZV gebildet.
2. a) Nein. Es kommt nur auf den Parameter n an.
   b) 4 weiße Kugeln
   c) 11 weiße Kugeln
3. $F(4,1) = \sum_{i=0}^{4} \sum_{j=0}^{1} p(x_i, y_j) = F(1,1) + 0{,}0096 + 0{,}096 + 0{,}0256 + 0{,}128 + 0{,}0256 = \underline{0{,}3125}$ (unter Verwendung des schon im Text ausgerechneten Wertes für $F(1,1) = 0{,}0277$)
4. Die beiden Randverteilungen in Tabelle 14-1 sind identisch mit den Wahrscheinlichkeiten der entsprechenden Binomialverteilungen.
5. Allgemein: $1/p(x_i)$, falls $X = x_i$ die Bedingung lautet, und $1/p(y_j)$, falls $Y = y_j$ als Bedingung gegeben ist.
6. $(X \mid Y = 1) = B(3; 0{,}8)$

Wertebereich	0	1	2	3
Wahrscheinlichkeiten	0,008	0,096	0,384	0,512

7. Da $(X \mid Y = y_j) = B\left(n - y_j; \frac{\pi_1}{1 - \pi_2}\right)$, folgt $V(X \mid Y = y_j) =$

$$= (n - y_j)\,\frac{\pi_1 \cdot (1 - \pi_1 - \pi_2)}{(1 - \pi_2)^2},$$

denn die Varianz einer $B(n; \pi)$ ist immer $n\pi\,(1 - \pi)$.

Analog: $V(Y \mid X = x_i) = (n - x_i)\,\frac{\pi_2 \cdot (1 - \pi_1 - \pi_2)}{(1 - \pi_1)^2}$

8. $\Sigma\Sigma\,(x_i - \mu_x)(y_j - \mu_y)\,p(x_i, y_j) =$

$$= \Sigma\Sigma\, x_i y_j\, p(x_i, y_j) \underbrace{- \Sigma\Sigma\, x_i \mu_y\, p(x_i, y_j)}_{-\mu_y \underbrace{\Sigma\Sigma\, x_i\, p(x_i, y_j)}_{\underbrace{\Sigma x_i\, p(x_i, \cdot)}_{\mu_x}}} \underbrace{- \Sigma\Sigma\, y_j \mu_x\, p(x_i, y_j)}_{-\mu_x \underbrace{\Sigma\Sigma\, y_j\, p(x_i, y_j)}_{\underbrace{\Sigma y_j\, p(\cdot, y_j)}_{\mu_y}}} \underbrace{+ \Sigma\Sigma\, \mu_x \mu_y\, p(x_i, y_j)}_{\mu_x \mu_y \underbrace{\Sigma\Sigma\, p(x_i, y_j)}_{=1}}$$

$$= \Sigma\Sigma\, x_i y_j\, p(x_i, y_j) \underbrace{- \mu_x \mu_y - \mu_x \mu_y + \mu_x \mu_y}_{-\mu_x \mu_y}$$

9. $F(x,y) = \int_{-\infty}^{y} \int_{-\infty}^{x} f(\xi,\eta)\, d\xi\, d\eta =$

$$= 0{,}25 \int_{1}^{y} \int_{1}^{x} d\xi\, d\eta =$$

$$= 0{,}25 \int_{1}^{y} (x-1)\, d\eta =$$

$$= 0{,}25\,(x-1)\,(y-1)$$

10. $V(X) = E[(X-\mu_x)^2] = E[X^2 - 2X\mu_x + \mu_x^2] = E(X^2) - 2\mu_x E(X) + E(\mu_x^2)$

$$= E(X^2) - 2\mu_x^2 + \mu_x^2 = E(X^2) - \mu_x^2 = \int_{-\infty}^{\infty} x^2 g(x)\, dx - \mu_x^2$$

Für das Beispiel:

$$V(X) = \int_{1}^{5} x^2 \cdot 0{,}25\, dx - 9 = 0{,}25 \cdot \left. \frac{x^3}{3} \right|_1^5 - 9 = \underline{\frac{4}{3}}$$

11. $V(Y) = \int_{1}^{2} (y-\mu_y)^2 \cdot 1 \cdot dy = \int_{1}^{2} y^2 \cdot 1 \cdot dy - \left(\frac{3}{2}\right)^2 = \left. \frac{y^3}{3} \right|_1^2 - \frac{9}{4} = \underline{\frac{1}{12}}$

$V(X \mid y^*) = \int (x - \mu_{x|y^*})^2 g(x \mid y^*)\, dx$

$V(Y \mid x^*) = \int (y - \mu_{y|x^*})^2 h(y \mid x^*)\, dy$

12. $\mathrm{Cov}(X,Y) = \int_{-\infty}^{\infty} \int_{-\infty}^{\infty} xy\, f(x,y)\, dx dy - \mu_x \mu_y = 0{,}25 \int_{1}^{2} \int_{1}^{5} xy\, dx dy - 3 \cdot 1{,}5$

$$= 0{,}25 \int_{1}^{2} x \left(\left. \frac{y^2}{2} \right|_1^5 \right) dx - 4{,}5 = 3 \left(\left. \frac{x^2}{2} \right|_1^2 \right) - 4{,}5 = 3 \cdot 1{,}5 - 4{,}5 = \underline{0}$$

13. $\mathrm{Cov}(X,Y) = \Sigma\Sigma\,(x_i - \mu_x)\,(y_j - \mu_y)\, p(x_i, y_j) =$

$$= \Sigma\ \underbrace{[\Sigma\,(x_i - \mu_x)\, p(x_i, \cdot)]}_{=0}\,(y_j - \mu_y)\, p(\cdot, y_j) = \underline{0}$$

14. Ja. $V(X_1 - X_2) = V(X_1 + (-1)X_2) = 1^2\, V(X_1) + (-1)^2\, V(X_2) = 1^2 V(X_1) +$
$+ 1^2 V(X_2) = V(X_1 + X_2)$

Kapitel XV: Konvergenzen, Approximationen, Modelle

15.1: *Vorbemerkung* – **15.2:** *Approximation der Binomialverteilung durch die Normalverteilung* – **15.3:** *Weitere Approximationen (Überblick)* – **15.4:** *Modelle für die Verteilung von Stichprobenkennzahlen* – **A.** *Die Verteilung von $\overline{X}$ (der zentrale Grenzwertsatz)* – **B.** *Die Verteilung der Stichprobenvarianz* – **C.** *Die Verteilung von $\overline{X}$ bei unbekanntem σ_x* – **D.** *Übersicht* – **15.5:** *Aufgaben mit Lösung* – **15.6:** *Antworten auf die Kontrollfragen*

15.1 Vorbemerkung

Im vorliegenden Kapitel wird die Brücke geschlagen zwischen der Zufallsverteilung als mathematischem Konstrukt und der Zufallsverteilung als einem angewandten Hilfsmittel der Schließenden Statistik.

Exkurs zu einigen Statistikbegriffen:

Schließende (Inferentielle, Induktive) Statistik

Die Aufgabe der Schließenden Statistik besteht darin, aus dem Ergebnis einer repräsentativ gewonnenen Auswahl (i. d. R. einer Zufallsstichprobe) Rückschlüsse auf eine ansonsten im Verborgenen bleibende Wirklichkeit zu ziehen. Um solche Rückschlüsse ziehen zu können, bedarf es zuvor der Konstruktion geeigneter Schlußverfahren und insbesondere der Herstellung von zweckdienlichen Zufallsverteilungen, die jetzt teilweise neue Namen wie Prüf- oder Testverteilung oder Verteilung der Schätzfunktion oder Stichprobenverteilung erhalten. Zur Schließenden Statistik gehören alle dem Zweck des Rückschlusses dienenden statistischen Verfahren.

Beschreibende (Deskriptive) Statistik

Der Schließenden Statistik wird üblicherweise die Beschreibende Statistik gegenübergestellt. Zu ihr werden jene Methoden der Statistik gerechnet, die dem Erheben, Zählen, Aufbereiten und Darstellen statistischer Grundgesamtheiten oder einer Auswahl aus derselben dienen. Die Beschreibende Statistik bildet durch die Bereitstellung von Grundlageninformationen und durch die Berechnung von Summen oder von Kennzahlen einerseits das Fundament, auf dem die Schließende Statistik aufbaut, andererseits dient sie auch unmittelbar durch die von ihr vorgelegten Ergebnisse der Analyse, der Urteilsbildung und der Orientierung. *Sie erschöpft sich nicht im archivarisch-historisierenden Anhäufen von Zahlen.*

Explorative Statistik

Dem in den letzten Jahren im englischen Sprachbereich aufgekommenen Begriff der „Exploratory Data Analysis“ (EDA) würden am ehesten die deutschen Bezeichnungen „Entdeckende“ oder „Aufdeckende“ Statistik entsprechen (wörtlich: „Erforschende Datenanalyse“). Eingebürgert hat sich jedoch der Begriff Explorative Statistik oder Explorative Datenanalyse. *Sie umfaßt im wesentlichen die Methoden der Beschreibenden Statistik,* die um einige etwas modifizierte oder verfeinerte Verfahren erweitert wurden. Dadurch soll es noch besser und schneller möglich sein, aus statistischen Ergebnissen oder Kennzahlen *Typisches, Wichtiges oder besonders Auffallendes herauszulesen. Der Begriff der Explorativen Statistik betont im Grunde den Analysezweck auch der Beschreibenden Statistik.*

Analytische, Beurteilende, Konfirmatorische Statistik

Diese oft als Synonyma zur Schließenden Statistik verwendeten Begriffe sind eigentlich eher schmückende Ausdrucksweisen für das, was mit Statistik schlechthin beabsichtigt ist. Sie passen sowohl zur Beschreibenden wie zur Schließenden Statistik und dienen daher kaum einem Abgrenzungszweck.

Da im Zentrum der meisten Rückschlußverfahren zweckdienlich konstruierte Zufallsverteilungen stehen, ist der Frage der Herstellung solcher Verteilungen das vorliegende Kapitel gewidmet. Bei der Wahl einer Zufallsverteilung für Zwecke des Rückschlusses orientiert man sich an dem Verfahren, mit welchem eine Zufallsstichprobe gewonnen wurde, und an der Natur der vorliegenden Daten. Sind die Daten z. B. das Ergebnis eines Auswahlverfahrens, welches dem Analogverfahren des Ziehens mit Zurücklegen entspricht, und wurde aus einer in zwei Kategorien zerlegbaren Grundgesamtheit gezogen (*dichotomes Merkmal* – Erfolg/Mißerfolg-Situation), dann bedient man sich des Modells der Binomialverteilung (oder der entsprechenden Anteilsverteilung). Bei der Behandlung der einzelnen Zufallsverteilungen war in der Regel auf das hypothetisch oder bildlich zugehörige Zufallsexperiment hingewiesen worden. Das dient jetzt als grundlegender Anhaltspunkt bei der Wahl der Modell-Zufallsverteilung.

● **Kontrollfrage 1:** Warum muß ein einer Zufallsverteilung zugehöriges Zufallsexperiment als „hypothetisch“ bezeichnet werden, oder warum kann man auch sagen, ein bestimmtes Zufallsexperiment sei ein „Bild“, das zu einer bestimmten Zufallsverteilung gehöre?

Die Grundentscheidung für eine bestimmte Verteilung bedeutet nicht immer, daß der Statistiker auch praktisch mit dieser Verteilung arbeitet. Es kann mühsam und u. U. sogar unmöglich sein, die Wahrscheinlichkeiten einer Verteilung für große oder ausgefallene Parameterwerte zu berechnen oder in Tabellen vorzufinden. Ein zweiter Gesichtspunkt ist bei der Wahl der zu verwendenden Zufallsverteilung daher oft auch noch maßgebend. Er ist technisch-pragmatischer Art und besteht in der *Konvergenzeigenschaft,* die viele der bisher behandelten Zufallsverteilungen besitzen. Der Statistiker wählt oft eine „Grenzverteilung“, um auf diese Weise mit einer „bequemeren“ Verteilung zu arbeiten. In den beiden folgenden Abschnitten wird zunächst die Approximation der Binomialverteilung durch die Normalverteilung genauer untersucht und daran anschließend ein gedrängter Überblick über andere Konvergenzen und sonstige zulässige Approximationen gegeben.

15.2 Approximation der Binomialverteilung durch die Normalverteilung

Mit der Binomialverteilung arbeitet man, wenn die in Kapitel XII, Abschnitt 12.1 dargelegte Situation vorliegt *und Binomialtafeln zur Verfügung stehen.* Selten findet man aber Binomialtafeln für $n > 40$, denn diese sind sehr umfangreich. Oft haben wir es jedoch in der Praxis mit Stichproben zu tun, die Hunderte oder Tausende von Individuen umfassen. Da für $n \to \infty$ die Binomialverteilung gegen die Normalverteilung konvergiert, können wir dann die Normalverteilung, die *auf einer Seite tabelliert ist,* benutzen.

Um den Übergang von der Binomialverteilung zur Normalverteilung zu veranschaulichen, wollen wir von einer symmetrischen Binomialverteilung ausgehen ($\pi = 0{,}5$). Wir wollen ferner anstatt des bisher verwendeten Stabdiagramms jetzt ein Histogramm zur Darstellung benutzen. Die Wahrscheinlichkeit des Auftretens von 0, 1, 2, ..., n Erfolgen, die an sich zu den *Punkten* 0, 1, 2, ..., n gehört, wird jetzt gewissermaßen über ein Intervall jeweils der Breite 1 „verschmiert".

Hinweis:
Bei der Darstellung einer diskreten ZV durch ein Histogramm muß man sich natürlich bewußt bleiben, daß die durch die Säulenflächen zum Ausdruck gebrachten Wahrscheinlichkeiten ausschließlich den Klassenmitten zugeordnet sind.

Fig. 15-1 zeigt für $n = 40$ die Gestalt des Histogramms der B(40; 0,5) und die „dazugehörige" Normalverteilung N(20; 10).

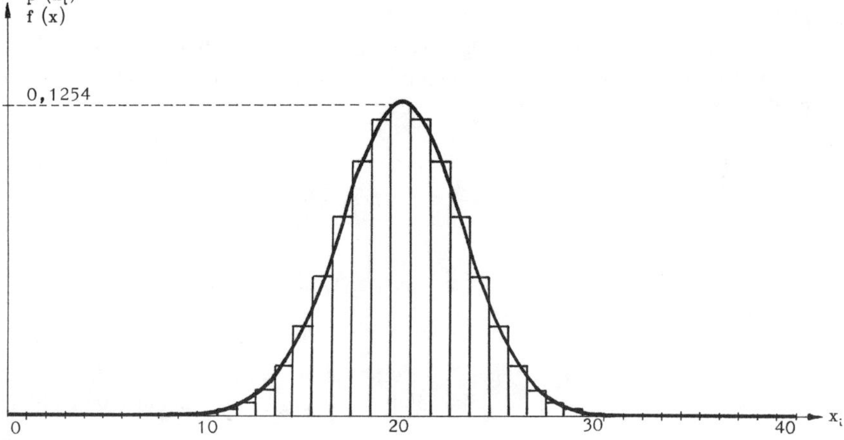

Fig. 15-1: Binomialverteilung B(40; 0,5) und „zugehörige" Normalverteilung N(20; 10)

Die Anpassung der „glatten" Normalverteilung an ein treppenförmiges Histogramm ist um so besser, je größer die Zahl der Klassen wird, d. h. je größer n wird. Es liegt hier die gleiche Art der „Anpassung" vor, wie wir sie von Kapitel XIII, Abschnitt 13.1.G her kennen. Während dort eine empirische Verteilung durch die theoretische Normalverteilung ersetzt („angepaßt") wurde, liegen jetzt beide Male theoretische Verteilungen vor. Auch hinsichtlich der Stetigkeitskorrektur gehen wir wie in Kapitel XIII vor. Bezüglich der Parameter der als Approximation heranzuziehenden Normalverteilung gilt, daß zur Binomialvariablen mit den Parametern n und π die Normalverteilung mit den Parametern $\mu = n\pi$ und $\sigma^2 = n\pi\,(1-\pi)$, d. h. daß zu ihr $N(n\pi;\, n\pi\,(1-\pi))$ gehört.

$$\boxed{\text{Für } n \to \infty\text{: } B(n;\pi) \to N(n\pi;\, n\pi\,(1-\pi))} \qquad (15\text{-}1)$$

Um praktisch mit der Normalverteilung zu arbeiten, geht man über zur Standardnormalvariablen Z. Um zu ihr zu gelangen, standardisieren wir zuerst die Binomialvariable und bilden:

$$\boxed{\frac{X - n\pi}{\sqrt{n\,\pi\,(1-\pi)}} = Z, \quad Z = N(0;1)} \qquad (15\text{-}2)$$

Berücksichtigt man die *Stetigkeitskorrektur*, die wegen der Klassenbreite von 1 den Wert 0,5 hat, so arbeitet man je nach der Fragestellung mit:

$$\boxed{\frac{x^* \pm 0{,}5 - n\pi}{\sqrt{n\,\pi\,(1-\pi)}} = z^*} \qquad (15\text{-}3)$$

x^* ist hierbei ein Wert der Binomialvariablen $B(n;\pi)$.

Beispiel:
Gesucht sei die Wahrscheinlichkeit $P(17 \leq X \leq 21 \mid X = B(40;\,0{,}5))$. Erwartungswert und Varianz der $B(40;\,0{,}5)$ betragen 20 resp. 10, dementsprechend ist die $N(20;\,10)$-Verteilung zu verwenden. Man bildet also

$$\frac{17 - 0{,}5 - 20}{\sqrt{10}} = z_1 \text{ und } \frac{21 + 0{,}5 - 20}{\sqrt{10}} = z_2 \text{ und sucht}$$

$P(16{,}5 < X < 21{,}5 \mid X = N(20;\,10))$ resp. nach Standardisierung:

$P(-1{,}11 < Z < 0{,}47 \mid Z = N(0;1)) = 0{,}3665 + 0{,}1808 = \underline{0{,}5473}$

(der Normaltabelle durch zweimaliges Ablesen entnommen).
Zum Vergleich: Die Ablesung der Binomialtabelle ergibt eine Wahrscheinlichkeit von $\underline{0{,}5480}$.

In Fig. 15-2 ist die soeben abgelesene Binomialwahrscheinlichkeit, die zu den Werten x = 17, 18, 19, 20 und 21 der $B(40;\,0{,}5)$ gehört, schraffiert eingezeichnet.

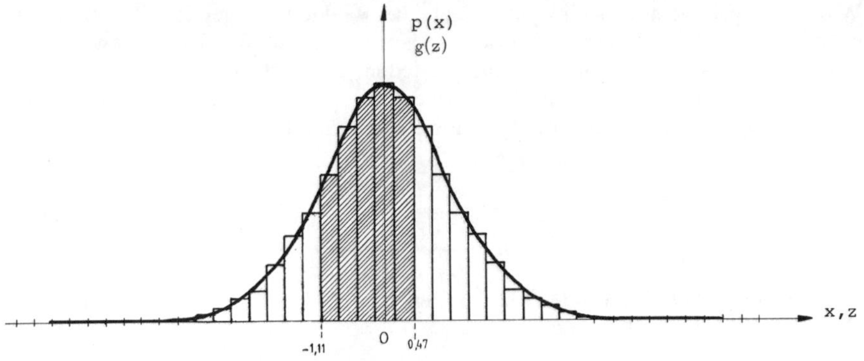

Fig. 15-2: Wahrscheinlichkeiten der Standardnormalverteilung und der Binomialverteilung

---

● **Kontrollfrage 2:** Wie verändert sich durch die Standardisierung der Binomialvariablen B(40; 05) die Breite der Säulen, die in Fig. 15-2 dargestellt sind? Geben Sie die Wahrscheinlichkeit an für x = 24, d.h. P(X = 24 | B(40; 0,5)).

Approximationsschwelle:

Mathematisch läßt sich die Konvergenz der Binomialverteilung gegen die Normalverteilung für $n \to \infty$ und für ein beliebiges π $(0 < \pi < 1)$ beweisen. Das ist die Grundlage unseres Vorgehens. Weil aber n in der Praxis niemals unendlich groß ist, muß zusätzlich angegeben werden, ab welcher Größe von n bei einem als praktisch ausreichend anzusehenden Genauigkeitsgrad man die Normalverteilung als Ersatz der Binomialverteilung nehmen darf. Diese „praktische" Größe von n hängt für einen gegebenen Genauigkeitsgrad vom Wert, den π besitzt, ab. Hat π einen Wert „nahe bei" 0 oder „nahe bei" 1, so erfordert die (symmetrische) Normalanpassung an diese links- oder rechtssteilen Binomialverteilungen ein sehr viel größeres n als im Fall der symmetrischen Binomialverteilung mit $\pi = 0{,}5$. Fig. 15-3 veranschaulicht, daß für $n = 40$ und $\pi = 0{,}1$ die Anpassung schon optisch als mangelhaft erkennbar ist (speziell am linken „Ende" der Verteilung).

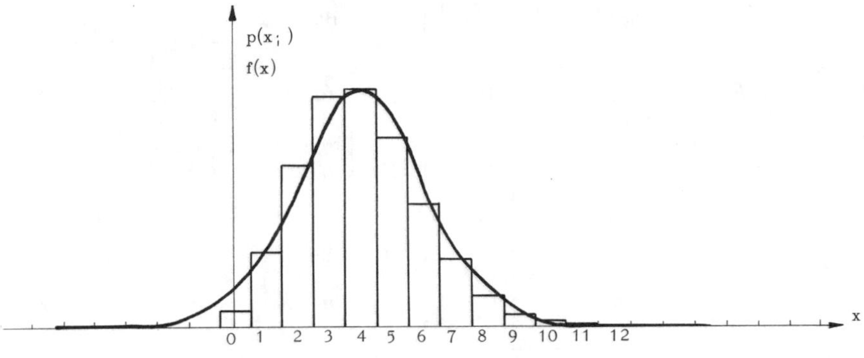

Fig. 15-3: Die N(4; 3,6) und die B(40; 0,1). Noch keine gute Approximation

Wird bei gegebenem π, auch wenn es nahe bei 0 oder 1 gelegen ist, n größer, dann nähert sich der zentrale um den Mittelwert herum liegende Bereich (der zwar immer schief bleibenden) Binomialverteilung in jedem Falle einer Gaußschen Glockenkurve an. Um nicht kasuistisch für verschiedene π-Werte die Schwellenwerte von n angeben zu müssen, hat man die folgende Regel aufgestellt.

$$\boxed{n > \frac{9}{\pi(1 - \pi)}} \qquad (15\text{-}4)$$

Setzt man in (15-4) für $\pi = 0{,}5$ ein, so folgt $n > 36$. Für ein $\pi = 0{,}1$ oder 0,9 steigt die Schwelle auf $n = 100$ an.

Hinweis:

Formel (15-4) garantiert nur für $0{,}28 \leq \pi \leq 0{,}72$, daß der maximale Fehler unterhalb von 0,01, d.h. unterhalb von einem Prozentpunkt bleibt. Will man unterhalb von einem maximalen Fehler von 0,01 bleiben, muß z.B. bei $\pi = 0{,}1$ resp. 0,9 $n \geq 600$ gemacht werden. (Differenzierte Approximationsschwellen unter Berücksichtigung vorgegebener Genauigkeitslimiten findet man bei W. *Wetzel,* M.-D. *Jöhnk,* P. *Naeve,* Statistische Tabellen. Siehe Literaturverzeichnis, C. Spezialliteratur zu einzelnen Kapiteln.)

Die folgende Tabelle 15-1 zeigt als Beispiel die Approximation der B(37; 0,5) durch die zugehörige N(18,5; 9,25). Aus Gründen der Symmetrie der Verteilung sind nur Angaben für $x_i = 0$ bis $x_i = 18$ gemacht. Für $x_i = 19$ bis $x_i = 37$ ist alles spiegelbildlich. Die maximale Abweichung bei den Einzelwahrscheinlichkeiten beträgt hier nur rd. 0,0004 (bei $x = 15$ und $x = 22$), also weniger als 0,04 Prozentpunkte. Eine derartig kleine Abweichung ist für fast alle praktischen Fälle vernachlässigbar. Viele Autoren geben daher für Werte von π in der Nähe von 0,5 weniger strenge Approximationsschwellen als Formel (15-4) an.

Tab. 15-1: Approximation der B(37; 0,5) durch die zugehörige N(18,5; 9,25).

x_i	Wahrscheinlichkeiten von x_i		Abweichungen
	B(37; 0,5)	N(18,5; 9,25)	
0	0,000000	0,000000	0,000000
1	0,000000	0,000000	0,000000
2	0,000000	0,000000	0,000000
3	0,000000	0,000000	0,000000
4	0,000000	0,000002	0,000001
5	0,000003	0,000008	0,000004
6	0,000017	0,000030	0,000013
7	0,000075	0,000109	0,000034
8	0,000281	0,000355	0,000074
9	0,000905	0,001038	0,000133

x_i	Wahrscheinlichkeiten von x_i		Abweichungen
	B(37; 0,5)	N(18,5; 9,25)	
10	0,002534	0,002722	0,000188
11	0,006221	0,006415	0,000194
12	0,013479	0,013581	0,000102
13	0,025920	0,025829	0,000091
14	0,044435	0,044134	0,000301
15	0,068134	0,067747	0,000386
16	0,093684	0,093429	0,000255
17	0,115727	0,115755	0,000029
18	0,128585	0,128846	0,000260

Approximation durch die Poissonverteilung:

Die Approximationsschwelle (15-4) bedingt, daß für kleine oder nahe bei 1 gelegene π eine Normalapproximation oft wegen eines ungenügend großen n nicht statthaft ist. Andererseits liegen aber, wie erwähnt, selten Binomialtafeln für $n > 40$ vor. Diese Lücke kann man für viele Fälle durch den Übergang zur Poissonverteilung schließen. In Kapitel XII, Abschnitt 12.4 wurde bereits als Approximationsschwelle $n > 10$ bei $\pi < 0{,}05$ genannt. Man setzt jetzt den Parameter der Poissonverteilung $\lambda = n\pi$ und sucht oder berechnet als Approximation für die Binomialwahrscheinlichkeit $P(X = x_i \mid X = B(n; \pi))$ die Poissonwahrscheinlichkeit $P(X = x_i \mid X = P(n\pi))$.

15.3 Weitere Approximationen (Überblick)

Nach der Darstellung des Übergangs von der Binomial- zur Normalverteilung (man kann diesen Übergang als eines der Kernstücke der mathematischen Statistik ansehen – man spricht auch vom *„kleinen zentralen Grenzwertsatz"*) können die folgenden Ausführungen relativ knapp gehalten werden, da es sich jedesmal um prinzipiell Gleiches handelt.

Anteils-(Proportionen-)verteilungen

In Kapitel XII wurde die sogenannte Anteils-ZV A eingeführt und gezeigt, daß es sich hierbei um eine durch die Konstante $\frac{1}{n}$ transformierte Binomialvariable handelt. Während der Wertebereich der Binomialvariablen X die Werte 0, 1, 2, …, n, d. h. die ganzen Zahlen von 0 bis n umfaßt, besteht der Wertebereich der ZV $A = \frac{1}{n} X$ aus $0, \frac{1}{n}, \frac{2}{n}, \ldots, 1$. Die Wahrscheinlichkeiten $P\left(A = a_i \left(= \frac{x_i}{n}\right) \mid A(n; \pi)\right)$ sind identisch mit den Wahrscheinlichkeiten $P(X = x_i \mid B(n; \pi))$.

Für die Anteilsverteilung ist ebenso wie für die Binomialverteilung die Normalverteilung als Ersatz heranzuziehen, sobald für n die Approximationsschwelle (15-4) überschritten ist. Da der Erwartungswert und die Varianz der Anteilsverteilung π resp. $\frac{\pi(1 - \pi)}{n}$ beträgt, gilt *für genügend großes n:*

$$A(n, \pi) \underset{\text{approx}}{=} N\left(\pi; \frac{\pi(1 - \pi)}{n}\right) \qquad (15\text{-}5)$$

Um Zugang zur Normaltabelle zu erhalten, standardisiert man und berücksichtigt die *Stetigkeitskorrektur,* die jetzt $\frac{1}{2n}$ beträgt:

$$\frac{a^* \pm \frac{1}{2n} - \pi}{\sqrt{\frac{\pi(1-\pi)}{n}}} = z^* \qquad (15\text{-}6)$$

● **Kontrollfrage 3:** Welche Klassenbreite haben die Säulen des Histogramms bei der Anteilsvariablen? Man orientiere sich am Vorgehen bei der Normalapproximation in Abschnitt 15.2.

Beispiel:

Mit welcher Wahrscheinlichkeit treten in einer Zufallsstichprobe vom Umfang n = 45, die durch „Ziehen mit Zurücklegen" aus der Grundgesamtheit der Eisenbahnkunden gezogen wurde, 40% Raucher auf, wenn die Hälfte der Eisenbahnbenutzer raucht?

Die exakte Wahrscheinlichkeit $P(A = 0{,}4 \mid A(45;\ 0{,}5))$ ist dieselbe wie die von $P(X = 18 \mid B(45;\ 0{,}5))$ und beträgt 0,0488.

Beim Übergang zur Standardnormalvariablen sucht man:

$$P\left(\frac{0{,}4 - \frac{1}{90} - 0{,}5}{\sqrt{\frac{0{,}5 \cdot 0{,}5}{45}}} < Z < \frac{0{,}4 + \frac{1}{90} - 0{,}5}{\sqrt{\frac{0{,}5 \cdot 0{,}5}{45}}}\right) = P(-1{,}49 < Z < -1{,}19) = \underline{0{,}0489}$$

Hypergeometrische Verteilung:

Die Konvergenz der Hypergeometrischen ZV Y gegen die Binomiale ZV X ist bereits in der Beilage (Formeln, Rechenregeln ...), Abschnitt IV gezeigt worden. Dort wurde (in Tabelle IV-4) gezeigt, daß schon für n = 4 bei N = 100 (d.h. n/N = 0,04) der Ersatz der Binomialverteilung für die Hypergeometrische Verteilung akzeptabel ist. Dieser Ersatz ist jedoch wenig hilfreich, wenn die Binomialwahrscheinlichkeiten selber nicht mehr tabelliert vorliegen. Man geht in einem solchen Fall dann direkt zur Normalverteilung über. Für hinreichend großes n (n sollte der Approximationsschwelle (15-4) genügen) und sofern $\frac{n}{N} > 0{,}1$ ist, gilt:

$$\boxed{H(N;\ n;\ N_1) \underset{\text{approx}}{=} N\left(n\pi;\ \frac{N-n}{N-1}\, n\pi\,(1-\pi)\right),\ \pi = \frac{N_1}{N}} \qquad (15\text{-}7)$$

Unter Berücksichtigung der Stetigkeitskorrektur von $\frac{1}{2}$ bildet man für den Zugang zur Normaltabelle:

$$\boxed{\frac{y^* \pm \frac{1}{2} - n\pi}{\sqrt{\frac{N-n}{N-1} n\pi\,(1-\pi)}} = z^*} \qquad (15\text{-}8)$$

Falls N, d. h. der Umfang der Grundgesamtheit, aus der die Stichprobe durch Ziehen ohne Zurücklegen gewonnen wurde, sehr groß ist im Verhältnis zu n, kann man den sog. Korrekturfaktor für endliche Grundgesamtheiten $\frac{N - n}{N - 1}$ ohne weiteres weglassen.

● **Kontrollfrage 4:** Könnte man auch aus der hypergeometrischen ZV eine Anteils- oder Proportionen-ZV hervorgehen lassen? Wie lautete die Transformationsfunktion, und was wären der Erwartungswert und die Varianz der so transformierten H(N; n; π)? (Man benenne sie A′.)

<u>*Poissonverteilung:*</u>

Die Poissonverteilung, die selber die Grenzverteilung einer Binomialverteilung ist, hat ihrerseits für $\lambda \to \infty$ als Grenzverteilung die Normalverteilung. Für die meisten praktischen Fälle liegt die Approximationsschwelle bei $\lambda > 20$. Für große λ gilt also:

$$\boxed{P(\lambda) \underset{\text{approx}}{=} N(\lambda; \lambda)} \qquad (15\text{-}10)$$

Für die Ermittlung der Quantile geht man wie üblich in die standardisierte Form über:

$$\boxed{\frac{x^* \pm \frac{1}{2} - \lambda}{\sqrt{\lambda}} = z^*}$$

x^* ist hierbei ein bestimmter Wert des Wertebereichs der Poissonvariablen.

● **Kontrollfrage 5:** Man berechne für P(20) durch Normalapproximation die Wahrscheinlichkeit, daß die Poissonvariable Werte von 15 und mehr annimmt, d. h. man suche $P(X \geq 15 \mid X = P(20))$ durch eine Normalwahrscheinlichkeit zu approximieren. (Die exakte Poissonwahrscheinlichkeit beträgt 0,8951.)

<u>**Überblick:**</u>
Die Einzeldarstellung verschiedener Approximationen kann jetzt abgeschlossen werden. In der folgenden Tabelle 15-2 wird ein Überblick über die wichtigsten Approximationen gegeben. In die Tabelle aufgenommen wurden auch die Normalapproximationen für die Chiquadrat- und die Studentverteilung, die in Kapitel XIII in den Abschnitten 13.2 und 13.3 bereits behandelt wurden.

Tab. 15-2: Konvergierende Zufallsverteilungen

Verteilung	Parameter	Erwartungswert	Varianz	konvergiert gegen
Hypergeometrische $H(N; n; N_1)$	n, N_1, N $\frac{N_1}{N} = \pi$	$n\pi$	$\frac{N-n}{N-1} n\pi(1-\pi)$	Binomialvert. $B(n; \pi)$ Normalvert. $N(\mu; \sigma^2)$
Binomial- $B(n; \pi)$	n, π	$n\pi$	$n\pi(1-\pi)$	Poissonvert. $P(\lambda)$ Normalvert. $N(\mu; \sigma^2)$
Anteils- (Proportionen)- $A(n; \pi)$	n, π	π	$\frac{\pi(1-\pi)}{n}$	Normalvert. $N(\pi; \sigma^2)$
Poisson- $P(\lambda)$	λ	λ	λ	Normalvert. $N(\mu; \sigma^2)$
Chiquadrat- $Q\langle\nu\rangle$	ν	ν	2ν	$\sqrt{2Q\langle\nu\rangle} - \sqrt{2\nu - 1}$ konvergiert gegen Standard-Normalvert. $N(0; 1)$
Student- $T\langle\nu\rangle$	ν	0	$\frac{\nu}{\nu-2}$	Standard-Normalvert. $N(0; 1)$

Tab. 15-2: Fortsetzung

Approximation ab	Bemerkungen	Transformation	behandelt in Abschnitt
$\frac{n}{N} < 0{,}05$		$H(N; n; N_1) = B\left(n; \frac{N_1}{N}\right)$	12.3
$n \geq \frac{9}{\pi(1-\pi)}$ $\frac{n}{N} < 0{,}1$	Man setzt $\mu = n\pi$ und $\sigma^2 = \frac{N-n}{N-1} n\pi(1-\pi)$ Stetigkeitskorrektur vornehmen	$\frac{y \pm \frac{1}{2} - n\pi}{\sqrt{\frac{N-n}{N-1} n\pi(1-\pi)}} = Z$	12.3 13.1 15.3
$n > 10$ $\pi < 0{,}05$	Man setzt $\lambda = n\pi$	$B(n; \pi) = P(n\pi)$	12.1 12.4
$n \geq \frac{9}{\pi(1-\pi)}$	Man setzt $\mu = n\pi$ und $\sigma^2 = n\pi(1-\pi)$ Stetigkeitskorrektur vornehmen	$\frac{X \pm \frac{1}{2} - n\pi}{\sqrt{n\pi(1-\pi)}} = Z$	12.1 13.1 15.2
$n \geq \frac{9}{\pi(1-\pi)}$	Man setzt $\mu = \pi$ und $\sigma^2 = \frac{\pi(1-\pi)}{n}$ Stetigkeitskorrektur vornehmen	$\frac{A \pm \frac{1}{2n} - \pi}{\sqrt{\frac{\pi(1-\pi)}{n}}} = Z$	12.2 13.1 15.2
$\lambda > 20$	Man setzt: $\mu = \lambda$ $\sigma^2 = \lambda$	$\frac{X \pm \frac{1}{2} - \lambda}{\sqrt{\lambda}} = Z$	12.4 13.1 15.3
$\nu > 30$	Für sehr großes ν gilt auch $Q\langle\nu\rangle \underset{\text{approx}}{=} N(\nu; 2\nu)$	$\sqrt{2Q\langle\nu\rangle} - \sqrt{2\nu - 1} = Z$ resp. $\frac{Q\langle\nu\rangle - \nu}{\sqrt{2\nu}} = Z$	13.1 13.2
$\nu > 30$		$T\langle\nu\rangle = Z$	13.1 13.3

15.4 Modelle für die Verteilung von Stichprobenkennzahlen

Es geht auch in diesem Abschnitt darum, für empirisch ermittelte Größen das zugehörige Zufallsverteilungsmodell zu bestimmen. Erneut wird die Normalverteilung sich als überragend wichtiges Modell erweisen, allerdings haben daneben auch die Chiquadrat-, T- und F-Verteilung ihre Bedeutung.

Ausgangspunkt für die empirisch ermittelten Größen – es wird sich um arithmetische Mittel und empirische Varianzen handeln – wird wiederum eine Zufallsstichprobe sein.

Im *Unterschied* zu den vorangegangenen Abschnitten ziehen wir jetzt aber nicht aus einer Grundgesamtheit, die ein dichotomes Merkmal besitzt, d. h. die in zwei Merkmalskategorien zerfällt, so daß man bei jedem gezogenen Merkmalsträger nur Erfolg oder Mißerfolg oder kürzer: 0 oder 1 feststellen muß. Jetzt resultieren Zahlen, die die *Merkmalsausprägungen eines quantitativen Merkmals* sind. Man hat also, wenn man n Einheiten zieht, bis zu n verschiedene Werte aufzunotieren. Zur Vereinfachung bilden wir üblicherweise Klassen und berechnen dann entsprechend den in Kapitel IV und V angegebenen Formeln die sog. Maß- oder Kennzahlen $\bar{x}$, s^2 oder $\hat{s}^2$.

Die Frage lautet jetzt: „Mit welcher Wahrscheinlichkeit tritt in einer Zufallsstichprobe gerade der vorgefundene und berechnete Wert von $\bar{x}$ oder $\hat{s}^2$ auf?“ Es ist logisch gesehen eine völlig gleichwertige Frage zu: „Mit welcher Wahrscheinlichkeit tritt die vorgefundene Zahl an Erfolgen in der Stichprobe auf?“ Diese zuletzt genannte Frage ist mit Hilfe des Modells der Binomialverteilung beantwortet worden. Sie gab uns die Wahrscheinlichkeiten an *für jedes nur denkbare Stichprobenergebnis,* nämlich für alle Werte (von 0 bis n), die die Zahl an Erfolgen haben kann. Genau dasselbe streben wir auch jetzt bezüglich den Maßzahlen $\bar{x}$, s^2 oder $\hat{s}^2$ an.

A. Die Verteilung von $\overline{X}$ (der zentrale Grenzwertsatz)

Man muß sich zunächst einmal mit der – für den Anfänger erfahrungsgemäß schwierigen – Vorstellung vertraut machen, daß das arithmetische Mittel im Rahmen der Schließenden Statistik nicht mehr eine *unveränderliche* Kennzahl, sondern selber als eine statistische Variable resp. Zufallsvariable auffaßbar ist (resp. als deren Realisation). Die Schwierigkeit, sich das vorzustellen, liegt in der Zweistufigkeit, die man jetzt im Auge behalten muß. Bisher haben wir immer nur eine erste Stufe beachtet: Man hatte n Merkmalsausprägungen eines quantitativen Merkmals vorliegen – dieses nannten wir eine statistische Variable, welche verschiedene Werte mit bestimmten Häufigkeiten annahm – und berechnete daraus $\bar{x}$. Jetzt aber betrachten wir diese n Merkmalsausprägungen als aufgrund einer Stichprobe gewonnen. *Eine* Stichprobe liefert aber in der Regel nicht dasselbe wie eine *andere* Stichprobe, auch wenn beide vom gleichen Umfang sind und aus derselben Grundgesamtheit stammen.

Wenn man Zeit und Lust hat, kann man unendlich oft Stichproben ziehen, und zwar immer wieder Stichproben vom gleichen Umfang n. Jedesmal erhalten wir ein anderes Ergebnis. Man sieht jetzt: Es gibt eine zweite Stufe, auf der das arithmetische Mittel selber eine statistische Variable ist, die verschiedene Werte mit verschiedenen Häufigkeiten annimmt. Es gibt nun eine ganz und gar unerwartete, verblüffende, weil allgemeine Gesetzmäßigkeit für diese Häufigkeitsverteilung der $\bar{x}$. Sie wird durch den *zentralen Grenzwertsatz* zum Ausdruck gebracht:

Wenn man eine Zufallsstichprobe von genügend großem Umfang n aus einer Grundgesamtheit zieht, in der ein Merkmal X mit dem Erwartungswert μ_x und der Varianz σ_x^2 verteilt ist, dann folgt $\overline{X} = \frac{1}{n} \sum_{i=1}^{n} X_i$ approximativ der Normalverteilung mit den Parametern μ_x und $\frac{\sigma_x^2}{n}$, ohne daß etwas über die Verteilung von X vorausgesetzt werden muß:

$$\boxed{\overline{X} \underset{\text{approx}}{=} N\left(\mu_x; \frac{\sigma_x^2}{n}\right)} \qquad (15\text{-}12)$$

Je größer n, d. h. je größer der Umfang der Stichprobe ist, desto besser ist die Approximation.

Der zentrale Grenzwertsatz macht, dies ist zu beachten, eine Aussage über die *Modellzufallsverteilung,* die zur Häufigkeitsverteilung der statistischen Variablen „arithmetisches Mittel" gehört. Die Aussage (15-12) über $\overline{X}$ ist in Fig. 15-4 veranschaulicht:

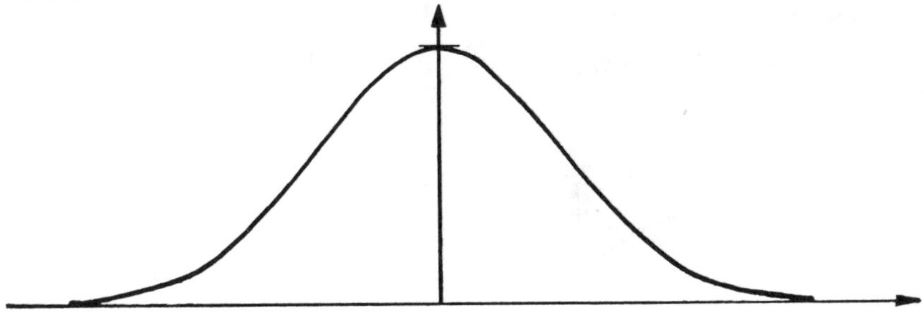

Fig. 15-4: Die Verteilung von $\overline{X}$ für genügend großes n: approximativ eine Normalverteilung

Um die Aussage des zentralen Grenzwertsatzes genau zu verstehen, kann man sich folgendes zugrundeliegendes Zufallsexperiment vorstellen: Es liegen in einer Lottotrommel Bällchen, denen die Werte einer ZV aufgedruckt sind. Diese Werte treten auf in Proportion zu den Wahrscheinlichkeiten dieser ZV. Die ZV hat $E(X) = \mu_x$ und $V(X) = \sigma_x^2$. *Es wird n-mal gezogen, d. h. die ZV X wird n-mal realisiert oder, was gleichbedeutend ist, n identische ZV X werden je einmal realisiert.* Man bildet die Linearkombination $\frac{1}{n}X_1 + \frac{1}{n}X_2 + \ldots + \frac{1}{n}X_n = \overline{X}$. Gemäß (14-48) und (14-53) beträgt

$$\boxed{\begin{aligned} E(\overline{X}) &= \sum_{i=1}^{n} \frac{1}{n} \mu_x = \mu_x \\ V(\overline{X}) &= \sum_{i=1}^{n} \frac{1}{n^2} \sigma_x^2 = \frac{\sigma_x^2}{n} \end{aligned}} \qquad (15\text{-}13)$$

Der zentrale Grenzwertsatz fügt zu diesem bereits früher sichergestellten Ergebnis hinzu, daß $\overline{X}$ approximativ normalverteilt ist. Das folgende Schema und die dazugehörige Figur 15-5 illustrieren das Zufallsexperiment, das dem zentralen Grenzwertsatz zugrundeliegt.

n identische Zufallsvariable: mit μ_x und σ_x^2	X_1	X_2	...	X_i	...	X_n
Ziehung Nr. 1, 2, ..., i, ..., n einer Stichprobe	1	2	...	i	...	n
führt zu den n Realisationen (Werten)	x_1	x_2	...	x_i	...	x_n
Diese werden verarbeitet zu:	$\frac{1}{n}\Sigma x_i = \bar{x}$					
Dieses $\bar{x}$ ist *ein* Wert von $\frac{1}{n}\Sigma X_i = \overline{X}$. Bei anderen Stichproben wird von $\overline{X}$ ein anderer Wert realisiert.						

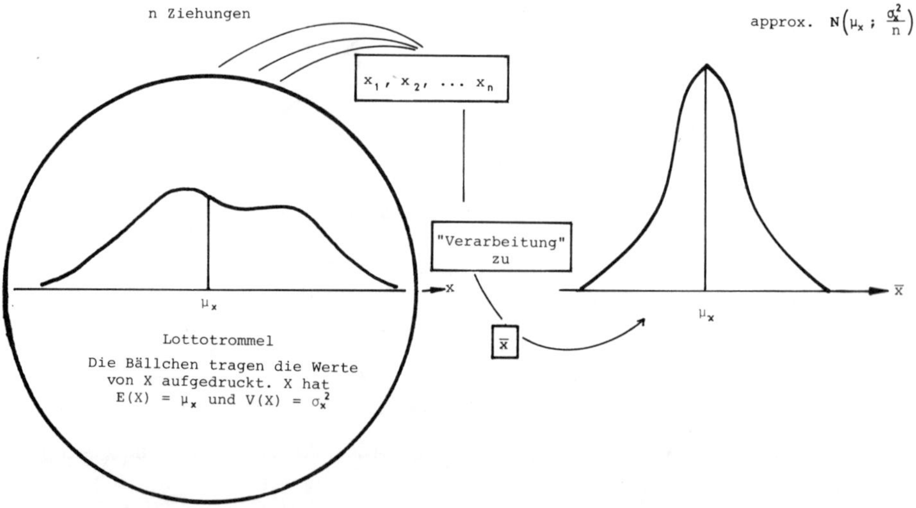

Fig. 15-5: Veranschaulichung des zentralen Grenzwertsatzes

Falls die Grundgesamtheit, aus der gezogen wird, normalverteilt ist:

In diesem Fall benötigt man den zentralen Grenzwertsatz eigentlich nicht, oder anders gesagt, dieser Fall ist ein Spezialfall des zentralen Grenzwertsatzes. Es ist jetzt $\overline{X}$ nicht approximativ, sondern *genau normalverteilt:*

$$\overline{X} = N\left(\mu_x; \frac{\sigma_x^2}{n}\right)$$

Die Stichprobe kann jetzt auch von kleinem Umfang sein. Die Grundgesamtheit, aus der gezogen wird, ist $N(\mu_x; \sigma_x^2)$-verteilt.

Zur Herleitung dieses Satzes benötigen wir die in Kapitel XIV, Abschnitt 14.6 angegebenen Ergebnisse.

● **Kontrollfrage 6:** Welche Ergebnisse von Kapitel XIV, Abschnitt 14.6 werden im einzelnen benötigt?

Fazit:

Der zentrale Grenzwertsatz liefert uns die Verteilung von $\overline{X}$, die genau oder approximativ die $N\left(\mu_x; \frac{\sigma_x^2}{n}\right)$ ist. Er ermöglicht die Berechnung von Wahrscheinlichkeiten, mit denen ein arithmetisches Mittel einer Stichprobe auftritt, die aus einer Grundgesamtheit stammt, in der das Merkmal X den Erwartungswert μ_x und die Varianz σ_x^2 besitzt.

Kontrolle für Skeptiker:

Die bisherigen Darlegungen entsprangen rein *theoretischen Überlegungen.* Man kann sich aber auch auf ganz handfeste Weise überzeugen, daß das gefundene Ergebnis richtig ist, indem man tatsächlich eine sehr große Zahl von Stichproben im Umfang von jeweils n zieht und die resultierende empirische Häufigkeitsverteilung anschaut (sie ist approximativ (empirisch) normal!). Dazu kann man von einer ganz einfachen Verteilung der Grundgesamtheit ausgehen, z. B. von einer aus sechs Goldfischen bestehenden Grundgesamtheit, wobei diese sechs Goldfische jeweils Gewichte von 3, 4, 5, 6, 7 oder 8 Gramm haben (den 6 Bällchen der Trommel sei je eine dieser Zahlen aufgedruckt). Das Merkmal ist in der Grundgesamtheit *also diskret rechteckverteilt.* Zu den Werten gehört jeweils eine Wahrscheinlichkeit von $\frac{1}{6}$. Der Parameter μ_x, d. h. der Erwartungswert der Grundgesamtheit beträgt 5,5, und die Varianz σ_x^2 beträgt 2,917.

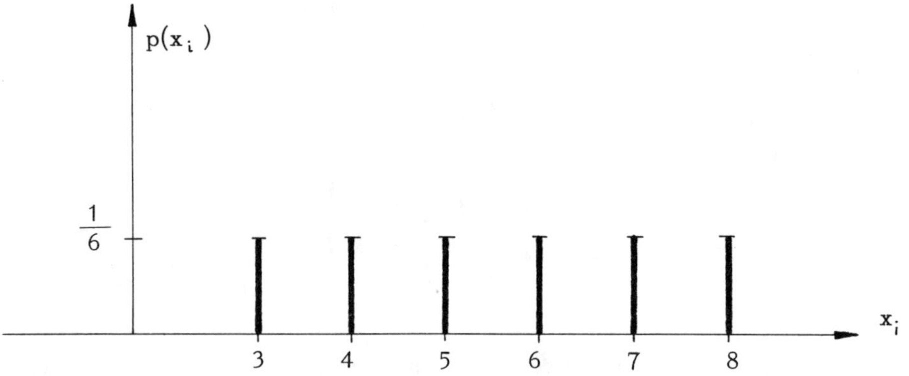

Fig. 15-6: Verteilung der Goldfischgewichte der Grundgesamtheit

Wir betrachten und ziehen jetzt (winzige) Zufallsstichproben vom Umfang n = 2 (gezogen mit Zurücklegen). Wir erhalten bei jedem Ziehen eine Realisation der in

Fig. 15-6 dargestellten Rechteckvariablen. In Tabelle 15-3 sind *alle möglichen Stichprobenergebnisse* und alle daraus resultierenden $\bar{x}_i$ nebst den dazugehörenden Wahrscheinlichkeiten festgehalten.

Tab. 15-3: Alle insgesamt möglichen Stichprobenergebnisse und zugehörige $\bar{x}_i$ sowie $p(\bar{x}_i)$

Alle Stichproben unter Berücksichtigung der Reihenfolge	$\bar{x}_i$	$P(\overline{X} = \bar{x}_i)$
(3 3)	3	1/36
(3 4) (4 3)	3,5	2/36
(3 5) (5 3) (4 4)	4	3/36
(3 6) (6 3) (4 5) (5 4)	4,5	4/36
(3 7) (7 3) (4 6) (6 4) (5 5)	5	5/36
(3 8) (8 3) (4 7) (7 4) (5 6) (6 5)	5,5	6/36
(4 8) (8 4) (5 7) (7 5) (6 6)	6	5/36
(5 8) (8 5) (6 7) (7 6)	6,5	4/36
(6 8) (8 6) (7 7)	7	3/36
(7 8) (8 7)	7,5	2/36
(8 8)	8	1/36
Insgesamt: ${}^2V_6^w = 36$ Stichproben		1

Die Darstellung der betrachteten ZV $\overline{X}$ ergibt das folgende Histogramm (siehe Fig. 15-7).

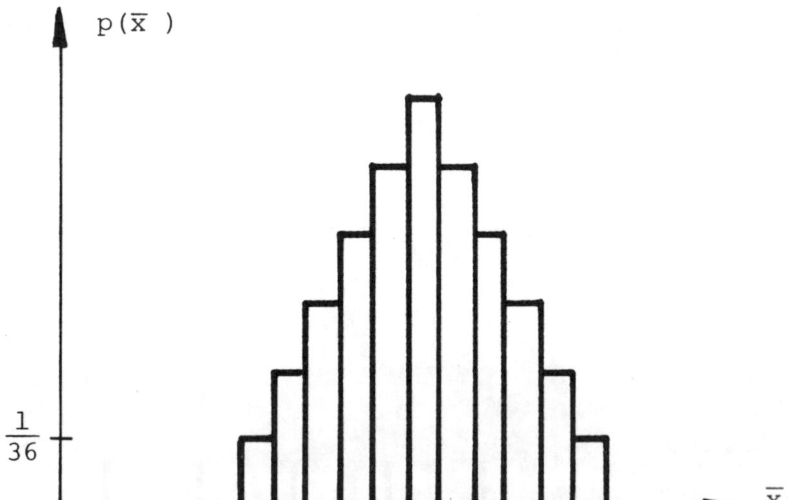

Fig. 15-7: Die Verteilung des Stichprobenmittelwertes $\overline{X} = \frac{1}{2}\ (X_1 + X_2)$ zur Rechteckverteilung von Fig. 15-6

Man sieht jetzt folgendes: Obwohl wir von einer Verteilung der Grundgesamtheit ausgingen, die eine *Rechteckverteilung* ist, spielt schon bei winzigen Stichproben vom

Umfang n = 2 ein *Ausgleichsmechanismus.* Die Werte von $\overline{X}$ sind *nicht mehr rechteckig* verteilt, sondern zur Mitte hin häufiger. Zwar zeigt Fig. 15-7 beileibe noch keine Normalverteilung, doch liegt durchaus eine *erste Annäherung an die Form der Normalverteilung* vor. Für den Erwartungswert von $\overline{X}$ gilt, wie dies aus Fig. 15-7 auch ablesbar ist:

$$\mu_{\bar{x}} = E(\overline{X}) = \sum_{i=1}^{11} \bar{x}_i\, p(\bar{x}_i) = \frac{1}{2}\, E(X_1) + \frac{1}{2}\, E(X_2) = \underline{5{,}5\,(= \mu_x)}$$

Die Varianz von $\overline{X}$ können wir nach der Formel (11-22) berechnen, oder wir können uns der Formel (14-53) bedienen:

$$\sigma_{\bar{x}}^2 = V(\overline{X}) = \frac{1}{4}\, V(X_1) + \frac{1}{4}\, V(X_2) = 1{,}458 = \underline{\frac{\sigma_x^2}{2}}$$

Um uns vom weiteren Übergang der Verteilung von $\overline{X}$ zur Normalverteilung zu überzeugen, müßten wir die Stichproben vergrößern. Je größer die Stichproben sind, d. h. je schmaler die einzelne Säulenbreite wird, desto mehr nähert sich das treppenförmige Histogramm von $\overline{X}$ der theoretischen Normalverteilung an. Der Parameter $\mu_{\bar{x}}$ bleibt dabei unverändert, und $\sigma_{\bar{x}}^2$ wird immer kleiner.

<u>*Anwendung*</u>

Die Nutzanwendung des zentralen Grenzwertsatzes besteht in folgendem: Wir können für Zufallsstichproben (sie müssen, falls die Grundgesamtheit nicht normalverteilt ist, *wenigstens den Umfang n = 30 haben*), wenn μ_x und σ_x^2 die Parameter der Grundgesamtheit sind, auf dem Weg über die Standardisierung:

$$\boxed{\frac{\overline{X} - \mu_x}{\frac{\sigma_x}{\sqrt{n}}} = \frac{\overline{X} - \mu_{\bar{x}}}{\sigma_{\bar{x}}} = Z} \qquad (15\text{-}14)$$

mit Hilfe der Normaltafel alle $\overline{X}$ betreffenden Wahrscheinlichkeiten angeben (daß es a überschreitet, b unterschreitet, zwischen a und b liegt usw.).

<u>Beispiel:</u>
Eine Grundgesamtheit sei normalverteilt mit $\mu_x = 991{,}3$ g und $\sigma_x^2 = 1{,}20^2$. Wie groß ist die Wahrscheinlichkeit, daß eine Stichprobe im Umfang n = 25 einen Mittelwert $\bar{x}$ von weniger als 990 g hat? Antwort:

$$P(\overline{X} < 990) = P\left(\frac{\overline{X} - 991{,}3}{\frac{1{,}20}{5}} < \frac{990 - 991{,}3}{\frac{1{,}20}{5}}\right) = P(Z < -5{,}4) \approx 0$$

● **Kontrollfrage 7:** Wie groß ist $P(\overline{X} > 992{,}3)$?

B. Die Verteilung der Stichprobenvarianz

In der Schließenden Statistik benötigt man nicht nur ein Verteilungsmodell für das AM einer Stichprobe, sondern ebenfalls für die Varianz. Aus den Daten der Stichprobe bildet man, falls das μ_x *der Grundgesamtheit bekannt* ist, die empirische Varianz.

$$\hat{\hat{s}}^2 = \frac{\sum_{i=1}^{n} (x_i - \mu_x)^2}{n} \tag{15-15}$$

Ist μ_x *unbekannt,* geht man zu

$$\hat{s}^2 = \frac{\sum_{i=1}^{n} (x_i - \bar{x})^2}{n-1} \tag{15-16}$$

über. Das $\bar{x}$ entnimmt man derselben Stichprobe, aus der man $\hat{s}^2$ bildet.

● **Kontrollfrage 8:** Welcher Formel von Kapitel V entspricht (15-16)? Findet man in Kapitel V auch eine Formel entsprechend (15-15)?

Man kann Verteilungsmodelle zur Stichprobenvarianz nur unter etwas restriktiveren Voraussetzungen bereitstellen als im Fall des Stichprobenmittels. Diese Voraussetzungen lauten:

1. Es müssen die Ziehungen, die die x_i liefern, voneinander unabhängig sein. (Mit Zurücklegen!)
2. Die ZV X, von der die Stichprobe Realisationen liefert, muß *normalverteilt* sein: $X = N(\mu_x; \sigma_x^2)$.

a) Falls das μ_x der Grundgesamtheit bekannt ist:

Wir bilden jetzt in Entsprechung zu (15-15) die Größe

$$\hat{\hat{S}}^2 = \frac{\sum_{i=1}^{n} (X_i - \mu_x)^2}{n}$$

$\hat{\hat{s}}^2$ ist eine Realisation der ZV $\hat{\hat{S}}^2$. Transformiert man $\hat{\hat{S}}^2$ mit $\frac{n}{\sigma_x^2}$, so erhält man:

$$\frac{n\hat{\hat{S}}^2}{\sigma_x^2} = \frac{n}{\sigma_x^2} \frac{\sum_{i=1}^{n} (X_i - \mu_x)^2}{n} = \sum_{i=1}^{n} \left(\frac{X_i - \mu_x}{\sigma_x}\right)^2 = \\ = \underbrace{\left(\frac{X_1 - \mu_x}{\sigma_x}\right)^2}_{Z_1^2} + \underbrace{\left(\frac{X_2 - \mu_x}{\sigma_x}\right)^2}_{Z_2^2} \dots + \underbrace{\left(\frac{X_n - \mu_x}{\sigma_x}\right)^2}_{Z_n^2} \tag{15-17}$$

Der Ausdruck (15-17) ist die Summe der Quadrate von n unabhängigen Standardnormalvariablen, und das heißt, es liegt definitionsgemäß eine Chiquadratvariable mit ν = n FG vor (vgl. Kapitel XIII, Abschnitt 13.2):

$$\boxed{\frac{n\hat{\hat{S}}^2}{\sigma_x^2} = Q\langle n\rangle} \qquad (15\text{-}18)$$

Praktisch interessiert uns allerdings nicht die Verteilung von $\frac{n\,\hat{\hat{S}}^2}{\sigma_x^2}$, sondern diejenige von $\hat{\hat{S}}^2$. Wir können jedoch (15-18) mit $\frac{\sigma_x^2}{n}$ multiplizieren:

$$\boxed{\left(\frac{\sigma_x^2}{n}\right)\left(\frac{n}{\sigma_x^2}\hat{\hat{S}}^2\right) = \hat{\hat{S}}^2 = \frac{\sigma_x^2}{n}\,Q\langle n\rangle} \qquad (15\text{-}19)$$

Das heißt: $\hat{\hat{S}}^2$ folgt einer um den Faktor $\frac{\sigma_x^2}{n}$ modifizierten Chiquadratverteilung mit n FG. Für beliebiges σ_x^2 und jeden Stichprobenumfang n läßt sich nunmehr angeben, mit welcher Wahrscheinlichkeit $\hat{\hat{S}}^2$ Werte in einem beliebigen Intervall [a, b] annimmt.

● **Kontrollfrage 9:** Es sei n = 10 und $\sigma^2 = 5$. Mit welcher Wahrscheinlichkeit fällt $\hat{\hat{S}}^2$ in das Intervall [3,37; 6,25]? Gesucht ist also $P(3{,}37 \leq \hat{\hat{S}}^2 \leq 6{,}25)$. (Hinweis: Man suche zuerst $P(6{,}74 \leq \frac{10}{5}\hat{\hat{S}}^2 \leq 12{,}5)$.)

---

b) Falls das μ_x der Grundgesamtheit unbekannt ist:

Sehr oft kennt man μ_x, den Erwartungswert der GG, nicht. Jetzt bilden wir:

$$\boxed{\frac{(n-1)}{\sigma^2}\hat{S}^2 = \frac{(n-1)}{\sigma^2}\,\frac{\Sigma(X_i-\overline{X})^2}{n-1} = \sum_{i=1}^{n}\left(\frac{X_i-\overline{X}}{\sigma}\right)^2} \qquad (15\text{-}20)$$

Dieser Ausdruck ist nahezu identisch mit (15-17), es tritt lediglich $\overline{X}$ an die Stelle von μ_x. Dieser Unterschied hat zur Folge, daß (15-20) eine Chiquadratvariable mit ν = (n − 1) FG ist (Verlust eines Freiheitsgrades als Folge verringerter Information).

$$\boxed{\frac{n-1}{\sigma_x^2}\hat{S}^2 = Q\langle n-1\rangle} \qquad (15\text{-}21)$$

Wenn wir die Verteilung von $\frac{(n-1)\hat{S}^2}{\sigma_x^2}$ kennen, können wir durch die Transformation mit dem Faktor $\frac{\sigma_x^2}{n-1}$ die Verteilung von $\hat{S}^2$, die uns in der Praxis interessiert, herstellen:

$$\hat{S}^2 = \frac{\sigma_x^2}{n-1} Q \langle n-1 \rangle \tag{15-22}$$

Das heißt: $\hat{S}^2$ ist eine um den Faktor $\frac{\sigma_x^2}{n-1}$ modifizierte Chiquadratvariable mit n − 1 FG.

● **Kontrollfrage 10:** Es sei n = 10 und $\sigma^2 = 5$. Mit welcher Wahrscheinlichkeit fällt $\hat{S}^2$ in das Intervall [1,5 , 10,56]?

Zur Veranschaulichung ist in Fig. 15-8 die Verteilung einer ZV $\hat{S}^2$ graphisch dargestellt. Es sei angenommen, $\hat{S}^2$ gehe durch Stichproben im Umfang von n = 11 aus einer normalverteilten Grundgesamtheit mit $\sigma_x^2 = 1{,}5$ hervor. Die Verteilung von $\hat{S}^2$ ist eine „zusammengedrückte" Chiquadratverteilung. (Der Faktor 0,15 ist kleiner als eins! Wäre er größer als eins, wäre die Verteilung von $\hat{S}^2$ eine „gestreckte" Chiquadratverteilung.)

In Fig. 15-8 sind die beiden Quantile ${}_{0,025}\hat{s}^2 = 0{,}49$ und $\hat{s}^2_{0,025} = 3{,}08$ eingezeichnet.

Da $\hat{S}^2 = 0{,}15\, Q \langle 10 \rangle$ ist, berechnen sich diese wie folgt:

$$\begin{aligned} {}_{0,025}\hat{s}^2 &= 0{,}15\; {}_{0,025}q\langle 10 \rangle = 0{,}15 \cdot 3{,}25 = \underline{0{,}49} \\ \hat{s}^2_{0,025} &= 0{,}15\; q_{0,025}\langle 10 \rangle = 0{,}15 \cdot 20{,}5 = \underline{3{,}08} \end{aligned}$$

In Fig. 15-8 ist übrigens auch der Erwartungswert von $\hat{S}^2 = 0{,}15\, Q\langle 10 \rangle$ eingetragen. Wegen (13-17) zusammen mit (11-33) beträgt $E(\hat{S}^2) = 1{,}5$. Der Modus der Verteilung von $\hat{S}^2$ liegt bei $0{,}15 \cdot 8 = 1{,}2$. (Siehe Formel (13-18) für den Modus einer Chiquadratvariablen.)

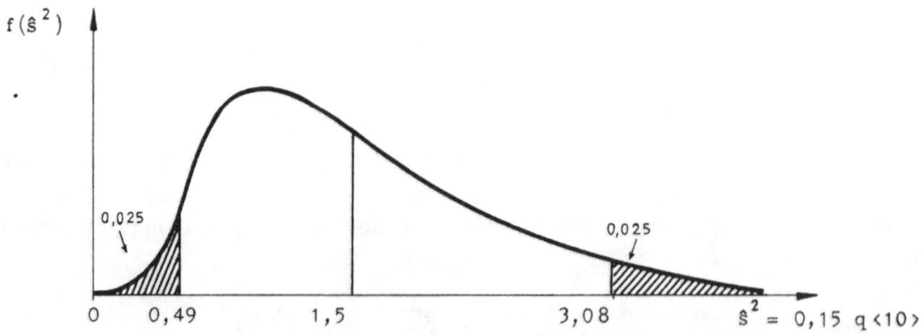

Fig. 15-8: Eine um den Faktor 0,15 modifizierte Chiquadratverteilung mit 10 FG. (Die Verteilung von $\hat{S}^2$ für $\sigma_x^2 = 1{,}5$ und n = 11)

● **Kontrollfrage 11:** Welches ist bei n = 11 und $\sigma_x^2 = 1{,}5$ $P(0{,}49 \leq \hat{S}^2 \leq 3{,}08)$? Welches ist bei n = 22 und $\sigma^2 = 4$ der Erwartungswert $E(\hat{S}^2)$?

C. Die Verteilung von $\overline{X}$ bei unbekanntem σ_x

Es gibt in der Schließenden Statistik nicht selten eine Situation, in der man eine Stichprobe einer *normalverteilten Grundgesamtheit* entnimmt, von der man *nur das* μ_x, *nicht aber* σ_x^2 *kennt.* Die Ausgangslage lautet also: $X_i = N(\mu_x; ?)$. Gleichzeitig ist man in der unerfreulichen Lage, *nur eine kleine Stichprobe* ($n \leq 30$) zu besitzen. (Gewisse Hilfskonstruktionen, die für große n möglich sind, fallen daher außer Betracht). Wir können jetzt für die Verteilung von $\overline{X}$ nicht auf das Resultat des zentralen Grenzwertsatzes oder auf die Resultate von Abschnitt 14.6 zurückgreifen, weil wir dazu σ_x^2 kennen müßten.

Trotz all dieser Widrigkeiten kann man eine sogar ganz *genaue* Angabe über die Verteilung von $\overline{X}$ machen! Man muß aus der Stichprobe zusätzlich zu $\bar{x}$ allerdings auch noch $\hat{s} = \sqrt{\frac{\Sigma (x_i - \bar{x})^2}{n-1}}$ berechnen und verwenden: Wenn aus einer normalverteilten GG eine Zufallsstichprobe im Umfang n gezogen wird, dann folgt die Größe $\frac{\overline{X} - \mu}{\frac{\hat{S}}{\sqrt{n}}}$ einer T-Verteilung:

$$\boxed{\frac{\overline{X} - \mu}{\frac{\hat{S}}{\sqrt{n}}} = T\langle n-1 \rangle} \qquad (15\text{-}23)$$

Dies ist so, weil erstens $\frac{\overline{X} - \mu}{\frac{\sigma}{\sqrt{n}}} = Z$ (Standardnormalvariable) ist und weil zweitens

$\frac{(n-1)\hat{S}^2}{\sigma^2} = Q\langle n-1 \rangle$, d.h. $\frac{\hat{S}^2}{\sigma^2} = \frac{Q\langle n-1 \rangle}{n-1}$ und somit $\frac{\hat{S}}{\sigma} = \sqrt{\frac{Q\langle n-1 \rangle}{n-1}}$ ist.

Damit sind die für die T-Verteilung erforderlichen Voraussetzungen vorhanden (siehe Kapitel XIII, Abschnitt 13.3). Das folgende Schema zeigt, warum die fehlende Information über σ_x^2 überwunden werden kann und warum das Resultat eine $T\langle n-1 \rangle$-Verteilung ist.

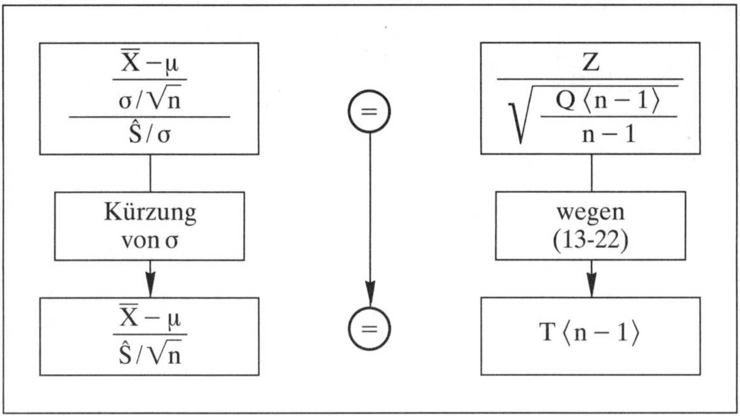

(15-24)

• **Kontrollfrage 12:** Mit welcher Wahrscheinlichkeit fällt eine Realisation von $\frac{\overline{X}-\mu}{\hat{S}/\sqrt{n}}$ in das Intervall $[-2{,}228; 2{,}228]$, wenn $n = 11$ ist?

Gesucht ist also: $P\left(-2{,}228 \leq \frac{\overline{X}-\mu}{\hat{S}/\sqrt{n}} \leq 2{,}228\right)$.

D. Übersicht

Tabelle 15-4 enthält einen Überblick über die im vorliegenden Abschnitt behandelten Zufallsverteilungen als Modelle für einige wichtige Stichprobenkennzahlen. Man nennt diese Zufallsverteilungen auch Stichproben-, Test-, Prüfverteilungen oder auch Schätzfunktionen. Aufgenommen sind auch die in früheren Abschnitten oder Kapiteln behandelten Modelle zu (absoluten und relativen) Erfolgs- resp. Ereigniseintritten, um fürs Nachschlagen eine möglichst komplette Übersicht zur Verfügung zu stellen. Aus dem gleichen Grund sind im unteren Teil der Tabelle für einige empirische Größen, die erst weiter unten behandelt werden, die zugehörigen Zufallsmodelle angegeben. Für Approximationen wird auf Tabelle 15-2 verwiesen.

Tab. 15-4: Stichproben – resp. Beobachtungsergebnisse und zugehörige Zufallsverteilungsmodelle

Stichprobenkennzahl resp. Beobachtung	Zufallsverteilung	Bemerkungen in Stichworten
x_i (Anzahl Erfolge)	$B(n; \pi)$	Grundgesamtheit (GG) besitzt dichotomes Merkmal (dich. M.); Ziehen mit Zurücklegen (Z *mit* Z.)
	$H(N; n; N_1)$	GG dich. M.; Z *ohne* Z.
$a_i = \frac{x_i}{n}$ (Anteil der Erfolge)	$A(n; \pi)$	GG dich. M., Z *mit* Z.
x_i (Anzahl Ereigniseintritte)	$P(\lambda)$	Ablauf eines Poissonprozesses, „seltenes Ereignis“
$\bar{x}$ (AM)	approx. $N\left(\mu_x; \frac{\sigma_x^2}{n}\right)$	Grundgesamtheit (GG) beliebig verteilt (diskret oder stetig) mit μ_x und σ_x^2, $n \geq 30$
	$N\left(\mu_x; \frac{\sigma_x^2}{n}\right)$	GG normalverteilt mit μ_x und σ_x^2
$\frac{\bar{x} - \mu_x}{\frac{\hat{s}}{\sqrt{n}}}$ („standardisiertes“ AM)	$T\langle n-1 \rangle$	GG normalverteilt mit μ_x, σ_x unbekannt, „kleine Stichprobe“
$\hat{s}^2$ (Stichprobenvarianz)	$\frac{\sigma_x^2}{n-1} Q\langle n-1 \rangle$	GG normalverteilt mit σ_x^2, μ_x *unbekannt*
$\hat{\hat{s}}^2$ (Stichprobenvarianz)	$\frac{\sigma_x^2}{n} Q\langle n \rangle$	GG normalverteilt mit σ_x^2, μ_x *bekannt*

Tab. 15-4 (Fortsetzung)

Stichprobenkennzahl resp. Beobachtung	Zufallsverteilung	Bemerkungen in Stichworten
$d = \bar{x}_1 - \bar{x}_2$ (Differenz zweier AM)	$N\left(\mu_1 - \mu_2; \frac{\sigma_1^2}{n_1} + \frac{\sigma_2^2}{n_2}\right)$ (exakt oder approx.)	Zwei GG. Allgemeiner Fall mit μ_1 und μ_2 resp. σ_1^2 und σ_2^2, unabhängige Stichproben
	$N\left(0; \sigma_g^2 \left[\frac{1}{n_1} + \frac{1}{n_2}\right]\right)$ (exakt oder approx.)	Zwei GG. Spezialfall mit $\mu_1 = \mu_2$ $\sigma_1^2 = \sigma_2^2 = \sigma_g^2$, unabhängige Stichproben
$\frac{\hat{s}_1^2 / \sigma_1^2}{\hat{s}_2^2 / \sigma_2^2}$ (Quotient zweier Stichprobenvarianzen)	$F\langle n_1 - 1; n_2 - 1\rangle$	Zwei GG. Allgemeiner Fall: normalverteilt mit σ_1^2 und σ_2^2 unabhängige Stichproben
$\frac{\hat{s}_1^2}{\hat{s}_2^2}$ (Quotient zweier Stichprobenvarianzen)	$F\langle n_1 - 1; n_2 - 1\rangle$	Zwei GG. Spezialfall: normalverteilt mit $\sigma_1^2 = \sigma_2^2$, unabhängige Stichproben
$a_1 - a_2$ (Differenz zweier Erfolgsanteile)	approx. $N\left(\pi_1 - \pi_2; \frac{\pi_1(1-\pi_1)}{n_1} + \frac{\pi_2(1-\pi_2)}{n_2}\right)$	Zwei GG mit dich. M., mit π_1 und π_2, unabhängige Stichproben, Ziehen *mit* Zurücklegen $n_1 > \frac{9}{\pi_1(1-\pi_1)}$ und $n_2 > \frac{9}{\pi_2(1-\pi_2)}$

15.5 Aufgaben mit Lösung

Aufgabe 15-1:

Die Wahrscheinlichkeit einer Vierlingsgeburt wird mit 0,000'001'250 ($=\pi$) geschätzt. Mit welcher Wahrscheinlichkeit kommen bei 70'000 Geburten pro Jahr in der Schweiz keine Vierlinge zur Welt? Benützen Sie

a) die Binomialverteilung

b) die Poissonverteilung

c) die Normalverteilung

Lösung:

a) $P(X = 0 \mid B(n; \pi)) = (1-\pi)^n = 0{,}999'998'75^{70000} = \underline{0{,}916218822}$

b) $P(X = 0 \mid X = P(n\pi)) = \dfrac{e^{-n\pi} \cdot (n\pi)^0}{0!} = e^{-n\pi} = e^{-0{,}0875} = \underline{0{,}916218872}$

c) $P(-0{,}5 \leq X \leq 0{,}5 \mid N(n\pi; n\pi(1-\pi))) =$
$= P(-1{,}99 \leq Z \leq 1{,}39) = 0{,}4767 + 0{,}4177 = \underline{0{,}8944}$

Aufgabe 15-2:

Unter den Zürcher Universitätsstudenten wird eine Stichprobe im Umfang von 45 gezogen. Angenommen, es gebe in der Grundgesamtheit 40% der Studenten, die in der Mensa ihr Essen einnehmen.

1. Prüfen Sie, ob die vorliegende B(45; 0,40)-Verteilung an eine Normalverteilung approximiert werden darf.
2. Geben Sie die Parameter der Normalapproximation an.
3. Berechnen Sie anhand der unter 2. gesuchten Normalapproximation, mit welcher Wahrscheinlichkeit die Stichprobe
   a) genau 18 Studenten enthält, die sich als Mensakunden bezeichnen,
   b) 18 und mehr Studenten enthält.

Lösung:

1. Für die Approximation muß $n \geq \dfrac{9}{\pi(1-\pi)}$ sein, d. h. $n \geq 38$. Die Approximation ist also zulässig.
2. Die Parameter der Normalapproximation sind die folgenden:

   $\mu = n \cdot \pi = 45 \cdot 0{,}4 = \underline{18}$

   $\sigma^2 = n\pi\,(1-\pi) = 45 \cdot 0{,}4 \cdot 0{,}6 = \underline{10{,}8}$

3. a) $P\left(\underbrace{\dfrac{17{,}5-18}{\sqrt{10{,}8}}}_{-0{,}15} \leq Z \leq \underbrace{\dfrac{18{,}5-18}{\sqrt{10{,}8}}}_{0{,}15}\right) = \underline{0{,}1192}$ (exakt: 0,1207)

   b) $P\left(Z \geq \dfrac{17{,}5-18}{\sqrt{10{,}8}}\right) = P(Z \geq -0{,}15) = \underline{0{,}5596}$ (exakt: 0,5564)

Aufgabe 15-3:
Durch eine Zufallsstichprobe (n = 85) soll das Durchschnittseinkommen einer gewissen Berufskategorie geschätzt werden. Mit welcher Wahrscheinlichkeit wird das effektive mittlere Einkommen um mindestens 150 Franken überschätzt, wenn die Standardabweichung der Grundgesamtheit 514 Franken beträgt?

Lösung:

$$P(\overline{X} \geq \mu + 150) = P\left(\overline{X} \geq \mu + 150 \mid N\left(\mu; \frac{514^2}{85}\right)\right) = P\left(Z \geq \frac{\mu + 150 - \mu}{\frac{514}{\sqrt{85}}}\right)$$

$$= P(Z \geq 2{,}69) = \underline{0{,}0036}$$

(Dieses Resultat ist unabhängig von μ, nicht aber von σ!)

Aufgabe 15-4:
Eine Urne (Lottotrommel) enthalte Bällchen mit Wertaufschriften −1, 0 und 1, und zwar in den Proportionen von je 40% für −1 und für 1 und von 20% für 0.

Zeichnen Sie Stabdiagramme für

a) die Verteilung der Bällchen in der Urne (= in der Grundgesamtheit)

b) den Durchschnitt der Werte von zwei aus der Urne gezogenen Bällchen (Stichprobe von n = 2)

c) den Durchschnitt der Werte von drei gezogenen Bällchen (Stichprobe von n = 3)

d) den Durchschnitt der Werte von vier gezogenen Bällchen (Stichprobe von n = 4)

e) Bleibt die bisher für ungerade n zu beobachtende „Delle" für $\bar{x} = 0$ auch für n = 7 bestehen?

(Es wird stets mit Zurücklegen gezogen).

Lösung:
Die Berechnung der Wahrscheinlichkeiten erfolgt analog zu Tabelle 15-3.

a) *Grundgesamtheit*
$\mu_x = 0$; $\sigma_x^2 = 0{,}8$

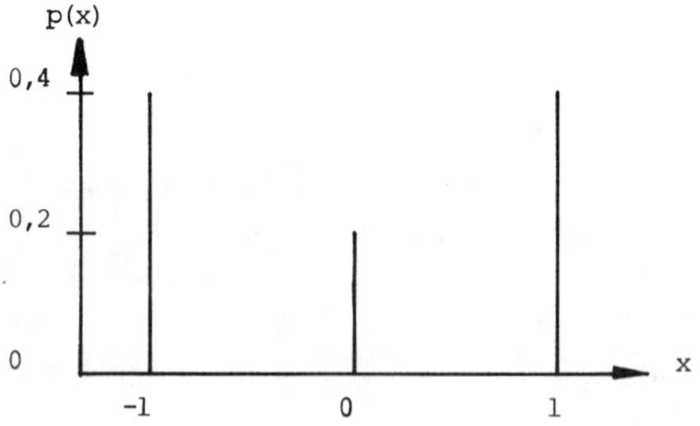

b) *n = 2*
$\mu_{\bar{x}} = 0; \sigma^2_{\bar{x}} = 0{,}4$

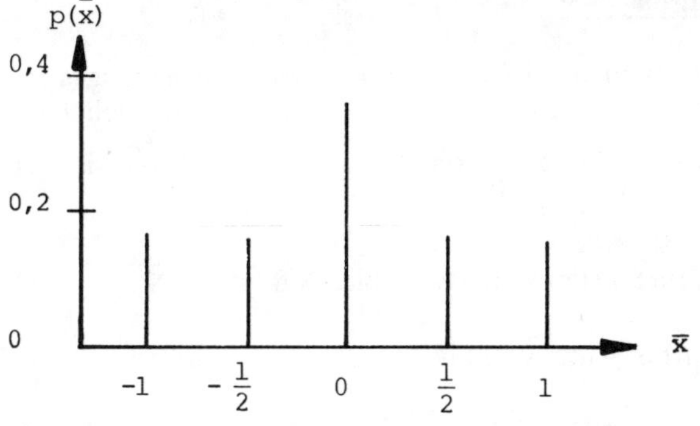

c) *n = 3*
$\mu_{\bar{x}} = 0; \sigma^2_{\bar{x}} = 0{,}26$

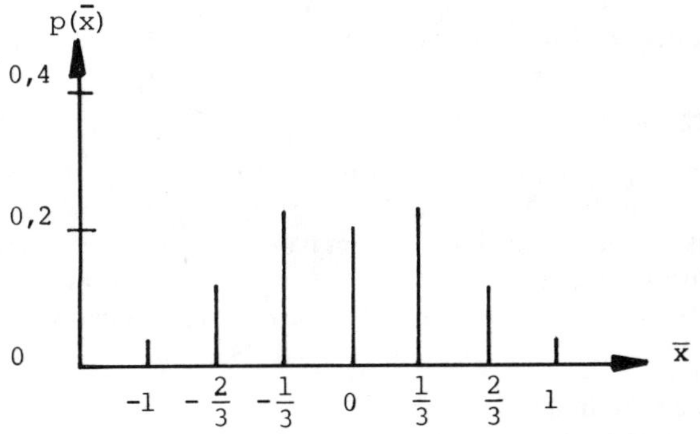

d) *n = 4*
$\mu_{\bar{x}} = 0; \sigma^2_{\bar{x}} = 0{,}2$

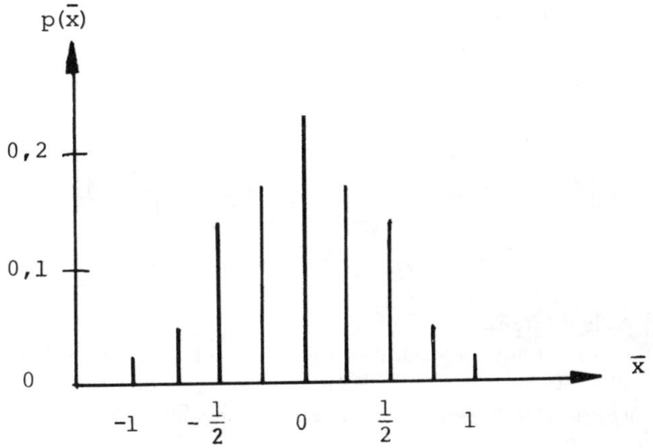

e) Bei n = 7 ist die Delle verschwunden: Es ist $P(\overline{X} = 0) = 0{,}1598$, und links und rechts davon ist $P(\overline{X} = \pm \frac{1}{7}) = 0{,}1543$

*** Aufgabe 15-5:**

Ersetzt man in der *Tschebyscheffschen* Ungleichung (vgl. Aufgabe 11-6) $k\sigma$ durch ein beliebig kleines $\varepsilon > 0$, so folgt für jede beliebige Zufallsvariable X aus $P(|X-\mu| \geq k\sigma) \leq \frac{1}{k^2}$, daß $P(|X-\mu_x| \geq \varepsilon) \leq \frac{\sigma_x^2}{\varepsilon^2}$, wie klein auch immer ε gewählt wird. Im Fall der Zufallsvariablen $\overline{X}$ folgt: $P(|\overline{X}-\mu_x| \geq \varepsilon) \leq \frac{\frac{\sigma_x^2}{n}}{\varepsilon^2} = \frac{\sigma_x^2}{n\varepsilon}$. Im Spezialfall der Anteilsvariablen A ist $\mu_A = \pi$ und $\sigma_A^2 = \frac{\pi(1-\pi)}{n}$, und es folgt: $P(|A-\pi| \geq \varepsilon) \leq \frac{\pi(1-\pi)}{n\varepsilon^2}$. Daraus ist das von *Bernoulli* entdeckte *schwache Gesetz der großen Zahl* ableitbar: Da für $0 \leq \pi \leq 1$ stets $\pi(1-\pi) \leq \frac{1}{4}$ gilt, folgt für $n \to \infty$, daß $P(|A-\pi| \geq \varepsilon) \leq \frac{\pi(1-\pi)}{n\varepsilon^2} \leq \frac{1}{4n\varepsilon^2} \to 0$. Das heißt, daß bei wachsendem Stichprobenumfang n die relative Häufigkeit, mit der ein dichotomes Merkmal auftritt, gegen die Wahrscheinlichkeit seines Auftretens strebt. Für $\overline{X}$ bedeutet es, daß mit wachsendem n der Wert des aus einer Stichprobe errechneten Mittelwertes gegen den Erwartungswert μ_x tendiert. Auch dieses Phänomen wird als „schwaches Gesetz der großen Zahl" bezeichnet.

Beispiel:
Bei einer Meinungsumfrage soll die Proportion der Befürworter einer Initiative geschätzt werden.

a) Wie groß ist die Wahrscheinlichkeit, daß der Schätzfehler größer ist als 5%, wenn 763 Personen befragt wurden?

b) Wie groß muß der Stichprobenumfang sein, wenn die Wahrscheinlichkeit eines Schätzfehlers von über 5% kleiner als 0,1 sein soll?

Lösung:

a) $P(|A(763;\pi) - \pi| \geq 0{,}05) \leq \frac{1}{4 \cdot 763 \cdot 0{,}05^2} = \underline{0{,}13}$

b) $\frac{1}{4n\varepsilon^2} = \frac{1}{4 \cdot n \cdot 0{,}05^2} \leq 0{,}1; \quad n \geq \frac{1}{4 \cdot 0{,}05^2 \cdot 0{,}1} = \underline{1'000}$

*** Aufgabe 15-6:**

Wenn man aus zwei normalverteilten Grundgesamtheiten $N(\mu_1; \sigma_1^2)$ und $N(\mu_2; \sigma_2^2)$ je eine Stichprobe vom Umfang n_1 resp. n_2 zieht, so gilt für die *Differenz der beiden Stichprobenmittelwerte* (vorausgesetzt, die Stichproben sind voneinander unabhängig) gemäß (14-48), (14-53) und (14-56), daß

$$\boxed{D = (\overline{X}_1 - \overline{X}_2) = N\left(\mu_1 - \mu_2; \frac{\sigma_1^2}{n_1} + \frac{\sigma_2^2}{n_2}\right)}$$

Man bezeichnet: $\frac{\sigma_1^2}{n_1} + \frac{\sigma_2^2}{n_2} = \sigma_D^2$.

Um aus der Tafel Wahrscheinlichkeiten für die Differenz zweier Stichprobenmittel ablesen zu können, geht man über zu:

$$\boxed{\frac{D - (\mu_1 - \mu_2)}{\sigma_D} = Z}$$

Im Spezialfall, wo beide Stichproben (vom Umfang n_1 resp. n_2) aus derselben Grundgesamtheit stammen, wo also $\mu_1 = \mu_2$ und $\sigma_1^2 = \sigma_2^2 = \sigma_g^2$ ist, vereinfacht sich alles zu:

$$\boxed{D = (\overline{X}_1 - \overline{X}_2) = N\left(0;\ \sigma_g^2\left(\frac{1}{n_1} + \frac{1}{n_2}\right)\right)}$$

Jetzt benötigt man fürs Tafelablesen

$$\boxed{\frac{D - 0}{\sigma_g\sqrt{\frac{1}{n_1} + \frac{1}{n_2}}} = Z}$$

Hinweis:
Sofern man nicht aus einer normalverteilten Grundgesamtheit zieht, kann man, sofern $n_1 \geq 30$ und $n_2 \geq 30$ sind, das Wirksamsein des *zentralen Grenzwertsatzes unterstellen* und ebenfalls wie oben gezeigt vorgehen.

Beispiel:
Für den Bau eines Raketenmotors wird eine Speziallegierung für bestimmte Rotorteile verwendet. Die Verformung in mm eines Teilstückes einer gegebenen Länge bei Betriebstemperatur sei normalverteilt N(20; 0,64). In den Rotor werden zwei Subsysteme, bestehend aus jeweils 18 aneinandergebauten Teilstücken eingebaut, die aus derselben Produktion stammen. Entscheidend für das Funktionieren ist, daß die Durchschnittsausdehnung der beiden Subsysteme sich nicht um mehr als 0,05 mm unterscheidet. Wie groß ist die Wahrscheinlichkeit dafür?

Lösung:
Man kann die jeweils 18 benötigten Teile als Zufallsstichprobe aus einer gemeinsamen Grundgesamtheit auffassen. Es liegt also vor:

$$\boxed{D = N\left(0;\ \underbrace{\left(\frac{0{,}64}{18} + \frac{0{,}64}{18}\right)}_{\sigma_D^2 = 0{,}267^2}\right)}$$

Somit: $P(-0{,}05 < D < 0{,}05)$

$$= P\left(\frac{-0{,}05}{0{,}267} < Z < \frac{0{,}05}{0{,}267}\right) = \underline{0{,}15}$$ (Bei den gewählten Zahlen funktioniert also der Motor in 85% der Fälle nicht!)

*** Aufgabe 15-7:**

Es liegen zwei normalverteilte Grundgesamtheiten vor, von denen wir annehmen wollen, sie hätten die gleiche Varianz: $N(\mu_1; \sigma_1^2)$; $N(\mu_2; \sigma_2^2)$; $\sigma_1^2 = \sigma_2^2 = \sigma_g^2$. Durch Ziehen von je einer Stichprobe aus jeder der beiden Grundgesamtheiten erhält man $\bar{x}_1$ und $\bar{x}_2$ sowie $\hat{s}_1$ und $\hat{s}_2$. Man zeige, daß die Differenz $\frac{(\overline{X}_1 - \overline{X}_2) - (\mu_1 - \mu_2)}{\hat{S}_D}$ mit $\hat{S}_D = \hat{S}_g \sqrt{\frac{1}{n_1} + \frac{1}{n_2}}$ T-verteilt ist. Es ist dabei: $\hat{S}_g^2 = \frac{(n_1 - 1)\hat{S}_1^2 + (n_2 - 1)\hat{S}_2^2}{n_1 + n_2 - 2}$

Hinweis:

Aus der Definition folgt unmittelbar, daß die Summe zweier unabhängiger Chiquadratvariablen mit ν_1 und ν_2 FG gleich ist einer Chiquadratvariablen mit $\nu_1 + \nu_2$ FG: $Q\langle\nu_1\rangle + Q\langle\nu_2\rangle = Q\langle\nu_1 + \nu_2\rangle$.

Lösung:

$$\overline{X}_1 = N\left(\mu_1; \frac{\sigma_1^2}{n_1}\right) \qquad \overline{X}_2 = N\left(\mu_2; \frac{\sigma_2^2}{n_2}\right)$$

somit:

$$\underbrace{\overline{X}_1 - \overline{X}_2}_{D} = N\left(\underbrace{\mu_1 - \mu_2}_{\mu_D};\ \underbrace{\sigma_g^2\left[\frac{1}{n_1} + \frac{1}{n_2}\right]}_{\sigma_D^2}\right)$$

$$Z = \frac{(\overline{X}_1 - \overline{X}_2) - (\mu_1 - \mu_2)}{\sigma_g \sqrt{\frac{1}{n_1} + \frac{1}{n_2}}} = \frac{D - \mu_D}{\sigma_D}$$

ferner:

$$\frac{(n_1 - 1)\hat{S}_1^2}{\sigma_g^2} = Q\langle n_1 - 1\rangle \quad \text{resp.} \quad \frac{(n_2 - 1)\hat{S}_2^2}{\sigma_g^2} = Q\langle n_2 - 1\rangle$$

somit:

$$\frac{(n_1 - 1)\hat{S}_1^2 + (n_2 - 1)\hat{S}_2^2}{\sigma_g^2} = Q\langle n_1 + n_2 - 2\rangle$$

$$\frac{Q\langle n_1 + n_2 - 2\rangle}{n_1 + n_2 - 2} = \frac{1}{\sigma_g^2}\ \underbrace{\frac{(n_1 - 1)\hat{S}_1^2 + (n_2 - 1)\hat{S}_2^2}{n_1 + n_2 - 2}}_{\hat{S}_g^2} \qquad = \text{gemischte Varianz}$$

$$\frac{Z}{\sqrt{\dfrac{Q\langle n_1+n_2-2\rangle}{n_1+n_2-2}}} = \frac{\dfrac{(\overline{X}_1-\overline{X}_2)-(\mu_1-\mu_2)}{\sigma_g\sqrt{\dfrac{1}{n_1}+\dfrac{1}{n_2}}}}{\dfrac{1}{\sigma_g}\sqrt{\dfrac{(n_1-1)\,\hat{S}_1^2+(n_2-1)\,\hat{S}_2^2}{n_1+n_2-2}}}$$

$$= \frac{(\overline{X}_1-\overline{X}_2)-(\mu_1-\mu_2)}{\underbrace{\underbrace{\sqrt{\dfrac{(n_1-1)\,\hat{S}_1^2+(n_2-1)\,\hat{S}_2^2}{n_1+n_2-2}}}_{\hat{S}_g}\sqrt{\dfrac{1}{n_1}+\dfrac{1}{n_2}}}_{\hat{S}_D}}$$

$$= \frac{D-\mu_D}{\hat{S}_D} = \underline{T\langle n_1+n_2-2\rangle}$$

15.6 Antworten auf die Kontrollfragen

1. Jedes real durchgeführte Zufallsexperiment hat immer kleine Unvollkommenheiten, während eine Zufallsverteilung ein Zufallsexperiment ideeller Natur voraussetzt.

2. Die Breite der Säulen verkleinert sich um den Faktor $\frac{1}{\sigma} = \frac{1}{\sqrt{10}} = \frac{1}{3{,}16}$

$$P(X = 24 \mid B(40; 0{,}5)) = P\left(\frac{23{,}5 - 20}{\sqrt{10}} \leq Z \leq \frac{24{,}5 - 20}{\sqrt{10}}\right)$$

$$= P(1{,}11 \leq Z \leq 1{,}42)$$

$$= 0{,}4222 - 0{,}3665 = \underline{0{,}0557}$$

3. Klassenbreite der Anteilsvariablen:

unstandardisiert: $\frac{1}{n}$ standardisiert: $\frac{1}{n\sigma_A} = \frac{1}{\sqrt{n\pi(1-\pi)}}$

4. Ja! Sie lautet $A' = \frac{1}{n} Y$ mit $Y = H(N; n; \pi)$

$$E(A') = E\left(\frac{1}{n}Y\right) = \frac{1}{n} E(Y) = \frac{n\pi}{n} = \underline{\pi}$$

$$V(A') = V\left(\frac{1}{n} Y\right) = \left(\frac{1}{n}\right)^2 V(Y) = \left(\frac{1}{n}\right)^2 \cdot \frac{N-n}{N-1} \cdot n\pi(1-\pi) = \underline{\frac{N-n}{N-1} \cdot \frac{\pi(1-\pi)}{n}}$$

5. $P(X \geq 15 \mid X = P(20)) = P(X \geq 14{,}5 \mid X = N(20; 20)) =$

$P\left(Z \geq \frac{14{,}5 - 20}{\sqrt{20}} = -1{,}23\right) = \underline{0{,}8907}$

6. (14-48): $E(\Sigma a_i X_i) = \Sigma a_i E(X_i)$

(14-53): $V(\Sigma a_i X_i) = \Sigma a_i^2 V(X_i)$

(14-55): Die Summe von unabhängigen Normalverteilungen ist wiederum normalverteilt!

7. $P(\overline{X} > 992{,}3) = P\left(Z > \frac{992{,}3 - 991{,}3}{\frac{1{,}20}{5}}\right) = P(Z > 4{,}1\overline{6}) \approx \underline{0}$

8. Formel (5-6). Nein, denn in Kapitel V ist nur von empirischen Verteilungen die Rede.

9. $P(6{,}74 \leq \frac{10}{5}\,\hat{S}^2 \leq 12{,}5) = P(6{,}74 \leq \frac{n}{\sigma^2}\,\hat{S}^2 \leq 12{,}5) =$

$P(6{,}74 \leq Q\,\langle 10\rangle \leq 12{,}5) = 0{,}5$

Somit ist $P(3{,}37 \leq \hat{S}^2 \leq 6{,}25) = \underline{0{,}5}$

10. $\hat{S}^2 = \frac{\sigma^2}{n-1}\,Q\langle n-1\rangle$

$P(1{,}5 \leq \hat{S}^2 \leq 10{,}56) = P(1{,}5 \leq \frac{\sigma^2}{n-1}\,Q\langle n-1\rangle \leq 10{,}56) =$

$P\left(\frac{1{,}5\cdot(n-1)}{\sigma^2} \leq Q\langle n-1\rangle \leq \frac{10{,}56\cdot(n-1)}{\sigma^2}\right) = P(2{,}7 \leq Q\langle 9\rangle \leq 19{,}0) =$

$= 0{,}975 - 0{,}025 = \underline{0{,}95}$

11. $P(0{,}49 \leq \hat{S}^2 \leq 3{,}08) = P(0{,}49 \leq \frac{\sigma^2}{n-1}\,Q\langle n-1\rangle \leq 3{,}08) =$

$P\left(\frac{10\cdot 0{,}49}{1{,}5} \leq Q\langle 10\rangle \leq \frac{10\cdot 3{,}08}{1{,}5}\right) = P(3{,}27 \leq Q\langle 10\rangle \leq 20{,}5) =$

$= 0{,}975 - 0{,}025 = \underline{0{,}95}$

$E(\hat{S}^2) = E\left(\frac{\sigma^2}{n-1}\,Q\langle 10\rangle\right) = \frac{\sigma^2}{n-1}\,E(Q\langle 10\rangle) = \sigma^2 = \underline{4}$

(Wie es wegen der Erwartungstreue zu erwarten war. Der Stichprobenumfang n tritt somit nicht in Erscheinung.)

12. $\underline{0{,}95}$

Kapitel XVI: Stichproben und Datengewinnung in der Praxis

16.1 Vorbemerkung

Um die für die statistische Beschreibung und Analyse notwendigen Daten zu erhalten, gibt es die *Vollerhebung* oder die *Teilerhebung*. Die erstere kann man wegen der damit verbundenen Kosten und auch aus anderen Gründen nur in relativ wenigen Fällen vornehmen (einer davon ist die Volkszählung. Siehe dazu Kapitel XXII, Abschnitt 22.2.A). In den meisten Fällen muß man sich auf Teilerhebungen oder Stichproben beschränken. Aus ihnen zieht man dann Rückschlüsse auf die Grundgesamtheit oder auf das interessierende Phänomen in seiner Allgemeinheit. Solche Rückschlüsse sind in der Regel um so zuverlässiger, je repräsentativer eine Stichprobe für das Ganze ist. Erwünscht sind daher Stichproben, die einen repräsentativen Querschnitt der Grundgesamtheit darstellen. Nicht immer ist dieses Ziel erreichbar. Dann sollte die Stichprobe aber wenigstens für den sachkundigen Statistiker *kalkulierbar repräsentativ* sein, d. h. das Allgemeine eines zu vermessenden Phänomens in der Verkleinerung erkennen lassen und zutreffende Rückschlüsse erlauben.

Unter einer *Stichprobe* wollen wir jetzt ganz allgemein einen *sachadäquat ausgewählten Ausschnitt oder eine Teilmenge verstehen, die möglichst wirklichkeitsgetreue qualitative oder quantitative statistische Aussagen über eine Grundgesamtheit oder ein Phänomen in seiner Allgemeinheit zulassen.* Das Wort Stichprobe geht übrigens auf alte Formen der Warenprüfung zurück, als man in Stoffballen oder in lockeres Material „hineinstach", um Proben zu entnehmen. Der versierte Kaufmann wußte, wo er hinfassen oder „hineinstechen" mußte, um aussagefähige Proben zu erhalten; er stach nicht blindlings zu! Die Stichprobe hat daher nicht immer die Bedeutung einer Zufallsauswahl.

Auf den Zufall gestützt sind die im folgenden behandelten „einfache Zufallsstichprobe", die geschichtete (Zufalls-)Stichprobe, die systematische Stichprobe und die Klumpenstichprobe. Die weiter unten ebenfalls behandelte Quotenauswahl sowie die Auswahl typischer, wichtiger oder greifbarer Merkmalsträger sind nichtzufällige Stichproben.

Um einen authentischen Eindruck davon zu vermitteln, was statistische Arbeit „an der Front" bedeutet, d. h. beim Sammeln der Daten, kommen im vorliegenden Kapitel einige „Praktiker" selber zu Wort. Ihre Ausführungen sollen zeigen, welche oft scheinbar banalen Dinge vor oder bei der statistischen Datengewinnung zu bedenken sind. Das „Zurechtschneidern" des statistischen Konstrukts zur *adäquaten* Vermessung eines realen Phänomens (das Adäquationsproblem!) erfordert, wie wir sehen werden, die Berücksichtigung vieler kleiner und dennoch wichtiger Details.

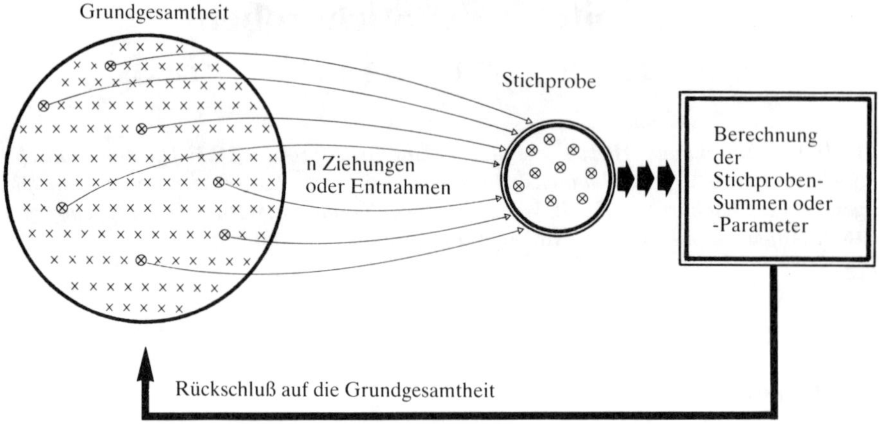

Fig. 16-1: Grundgesamtheit und Stichprobe

Rückblende:
Vom Zahlenlotto her kennen wir *ein konkretes Verfahren* zur Gewinnung von einfachen Zufallsstichproben. Ohne Frage kann eine *Lottomaschine,* die sorgfältig konstruiert ist, Zufallsstichproben ohne Fehl und Tadel erzeugen, doch steht die Leistungsfähigkeit dieser Technik in umgekehrtem Verhältnis zu ihrer Fernsehtauglichkeit. In der Praxis muß man daher fast immer mit anderen Verfahren, die der jeweiligen Problemsituation besser angepaßt und die vor allem billiger sind, arbeiten.

Vier Hauptgründe für Stichproben:

Dafür, daß innerhalb der modernen Statistik die Stichprobe einen so wichtigen Platz einnimmt, gibt es vier Hauptgründe.

1. Stichproben sind *billiger* als Vollerhebungen, weil *weniger* Merkmalsträger zu zählen, zu messen, zu befragen und zu bearbeiten sind.
2. Oft gibt es zur Stichprobe *keine Alternative,* weil die Informationsbeschaffung mit der *Zerstörung, Behinderung* oder *Beschädigung* des Merkmalsträgers verbunden ist. Will ein Produzent von Feuerwerkskörpern wissen, ob seine Erzeugnisse auch explodieren, kann er sie nicht alle probeweise zünden. Er kann nur eine Stichprobe aus seiner Produktion hochgehen lassen.
3. Stichproben liefern Ergebnisse *schneller* als Vollerhebungen. Sie dienen daher auch der Aktualisierung von Ergebnissen, die nur von Zeit zu Zeit durch Vollerhebungen ermittelt werden können.
4. Stichproben können schließlich – scheinbar paradoxerweise – *genauer* sein als Vollerhebungen und zu deren Kontrolle herangezogen werden. Natürlich gilt diese Aussage nur bei einer sorgfältig geplanten und durchgeführten Stichprobe. In einem solchen Fall aber können relativ wenige, jedoch qualifizierte Interviewer eine relativ kleine Zahl an Personen sehr genau befragen. Bei Vollerhebungen muß man meist auf sehr viele (bei Volkszählungen auf ein ganzes Heer) notwendigerweise weniger qualifizierte Mitarbeiter zurückgreifen. Dabei können sich

schwer erkennbare und auch schwer korrigierbare Fehler einschleichen. Auch die Widerstände gegen das „Sich-erfassen-lassen“ steigern und kumulieren sich bei Vollerhebungen sehr viel stärker als bei Stichproben.

Grenzen der Stichprobe:

Stichproben sind trotz ihrer Vorzüge anstelle der Vollerhebung nicht immer und überall möglich. Gelegentlich müssen *Basisdaten* erfaßt werden, wobei *kein einziger Merkmalsträger außer acht* gelassen werden darf. Das gilt speziell in all jenen Fällen, bei denen mit den Basisdaten direkte finanzielle oder sonstige rechtliche Konsequenzen verknüpft sind. Stichproben können Vollerhebungen auch dann nicht ersetzen, wenn diese überhaupt erst die *Auswahlgrundlagen* für Stichproben und/oder den *Hochrechnungsrahmen* liefern müssen. Schließlich eignen sich Stichproben nicht dazu, Daten in tiefer regionaler Gliederung zu liefern (regionalstatistische „Antinomie” [„Unverträglichkeit”] von Stichproben). Denselben Mangel haben Stichproben bei Strukturdaten mit schwach besetzten Merkmalskombinationen. Der Stichprobenfehler wird dann zu groß für brauchbare Ergebnisse.

Einige Anwendungsbereiche:

Stichproben werden heute in allen nur denkbaren Lebensbereichen vorgenommen. Auch wenn man sich auf das Gebiet des Wirtschaftlichen und Sozialen beschränkt, läßt sich eine lange Liste von Anwendungsbereichen für Stichproben aufstellen. Ohne Vollständigkeit anzustreben, werden im folgenden einige Anwendungsbereiche aus den Gebieten Wirtschaft und Soziales angedeutet, um eine gewisse Vorstellung von der Verbreitung zu vermitteln, die Stichproben heute in der Praxis gefunden haben.

Bevölkerungsstand und -bewegung:
Stichproben zur Aktualisierung der Daten über Bestand und Struktur der Bevölkerung (Mikrozensus), als Vorbereitungs- und Kontrollinstrument einer Volkszählung, zur vertieften Analyse der Lebens- und Erwerbsverhältnisse, von Wohnungsausstattungen, von beruflicher Fortbildung, von wöchentlichen Arbeitszeiten usw.

Landwirtschaft:
Viehzählung, Prognose der Ernteergebnisse, Feststellung der Buchhaltungsergebnisse und der bäuerlichen Einkommen, Bodennutzungsstichprobe usw.

Marktforschung:
Stichproben zur Feststellung der Absatzchancen von neuen Produkten und der Konsumentenkritik an bestehenden Produkten usw.

Rechnungswesen und Produktion:
Stichproben zur „Berichterstattung im produzierenden Gewerbe“ zwecks aktueller Daten über Umsätze, Beschäftigte und Auftragseingänge, zur Feststellung von Lager- und Anlagebeständen (Inventur), von Ausschußquoten, von Materialaufwendungen und -zusammensetzungen, von Füllgewichten, von Produktspezifikationen aller Art (Qualitätskontrollen) usw.

Volkswirtschaft allgemein:
Stichproben zur Feststellung von Betriebsstrukturen, von Arbeitslosen (in den USA), von Konjunkturerwartungen, von Investitionsplanungen der Unternehmen,

von Wirtschaftsrechnungen privater Haushalte (Einkommen, Verbrauchsangaben [Verbraucherstichprobe] usw.).

Wahlen und Politik:
Stichproben zur Feststellung der potentiellen Wahlresultate (vor der Wahl), eines Wahlergebnisses (unmittelbar nach der Wahl), des Wahlverhaltens und der Struktur der Wähler (nach der Wahl), zur Feststellung der Volksmeinung zu aktuellen politischen Fragen.

16.2 Die einfache Zufallsstichprobe

Eine einfache Zufallsstichprobe erhält man, wenn man n Ziehungen mit oder ohne Zurücklegen aus einer Grundgesamtheit von N Elementen so vornimmt, wie dies in Abschnitt IV der Beilage „Formeln, Rechenregeln und Tabellen zur Statistik" beschrieben ist. Da man in der Praxis aber nicht überall Urnen zur Hand oder zu elektronischen Zufallszahlengeneratoren Zugang hat, benützt man bei beiden Ziehungsarten sog. *Zufallszahlentabellen* („Urnen auf Vorrat"). Aus ihnen ist ein Auszug im Tabellenteil abgedruckt. Wird jedem Element der Grundgesamtheit eine der Zahlen 1 bis N zugeordnet und wird ein Element als ausgewählt betrachtet, sobald seine Zahl in der Zufallszahlentabelle bei systematischem Ablesen aufgefunden wird, dann *hat jedes Element der Grundgesamtheit die gleiche Chance, in die Stichprobe aufgenommen zu werden. Eine solche Stichprobe heißt einfache (gleichgewichtete) Zufallsstichprobe.*

Zufallszahlentabelle

Zufallszahlentabellen werden durch ein Verfahren erzeugt, bei dem die Zahlen 0 bis 9 in gleichen Proportionen, d. h. jeweils mit 10%, auftreten und bei dem die Ketten jeweils gleicher aufeinanderfolgender Zahlen in ihren *Längen* und in ihrer *Mischung* den von der Wahrscheinlichkeitstheorie vorgegebenen Strukturen entsprechen. Die Zahlenreihe (Beginn der 1. Zeile von Tabelle 6 des statistischen Tabellenanhangs): 1 8 6 1 1 1 9 2 4 1 6 6 0 8 3 enthält beispielsweise zehn Ketten der Länge 1, eine Kette der Länge 2 und eine Kette der Länge 3. Bei „idealem" zufälligem Ziehen treten Ketten der Länge 1 zehnmal häufiger auf als Ketten der Länge 2 und diese wiederum zehnmal häufiger als Ketten der Länge 3 usw.

Gebrauch der Zufallszahlentabelle an einem Beispiel:

Um eine Zufallsstichprobe mit Hilfe der Zufallszahlentabelle zu erhalten, bedarf es zuerst der *Zuordnung einer fortlaufenden Zahl* zu jedem Element der Grundgesamtheit. Wir wollen zur anschaulichen Demonstration eine Stichprobe von 6 aus den 26 Kantonen der Schweiz ziehen. Tabelle 16-1 enthält die Namen der 26 Kantone (resp. Halbkantone) in der üblichen, ungefähr dem historischen Beitritt zur Eidgenossenschaft entsprechenden und auch in der amtlichen Statistik stets anzutreffenden Reihenfolge.

Tab. 16-1: Bevölkerungsstand der Schweizer Kantone 1980 (Volkszählung)

Lfd. Nr.	Name	Wohnbevölkerung in 1000	Lfd. Nr.	Name	Wohnbevölkerung in 1000
01	Zürich	1 122,8	14	Schaffhausen	69,4
02	Bern	912,0	15	Appenzell ARh	47,6
03	Luzern	296,2	16	Appenzell IRh	12,8
04	Uri	33,9	17	St. Gallen	392,0
05	Schwyz	97,4	18	Graubünden	164,6
06	Obwalden	25,9	19	Aargau	453,4
07	Nidwalden	28,6	20	Thurgau	183,8
08	Glarus	36,7	21	Tessin	265,9
09	Zug	75,9	22	Waadt	528,7
10	Freiburg	185,2	23	Wallis	218,7
11	Solothurn	218,1	24	Neuenburg	158,4
12	Basel-Stadt	203,9	25	Genf	349,0
13	Basel-Land	219,8	26	Jura	65,0
				Schweiz, total	6'366,0

Quelle: Stat. Jahrbuch der Schweiz 1986, S. 14.

Da die in einer Zufallszahlentabelle angegebenen Zahlen in einer der Zufälligkeit entsprechenden Weise neben- bzw. untereinander angeordnet sind, ist es völlig gleichgültig, an welcher Stelle einer solchen Tabelle man mit dem Ablesen beginnt und wie man abliest. Man kann von unten nach oben oder auf dem Kopf stehend von rechts nach links ablesen! Die Blockbildung in Zufallszahlentabellen dient nur der Übersichtlichkeit und hat keinerlei Bedeutung für das Ablesen. Wir wollen, da wir aus den zweistelligen Zahlen 01 bis 26 auswählen müssen, in Tabelle 6 des Tabellenanhangs nur die jeweils in den zwei ersten Kolonnen stehenden Ziffern benutzen und von oben nach unten ablesen. Die jetzt für unsere Stichprobe von 6 aus 26 zu verwendenden Zahlen der Tabelle 6 sind in Tabelle 16-2 wiedergegeben. Die die Stichprobe bestimmenden Zahlen sind durch einen Punkt markiert. Nach Erreichen der Zahl 22 hat man eine einfache Zufallsstichprobe von 6 Elementen erhalten.

Tab. 16-2: Zufallszahlen (Auszug aus Tabelle 6 der Beilage)

18 •	59	49
58	99	78
61	27	66
18	13 •	44
00	80	59
32	10 •	25 •
65	54	22 •
20 •	60	⋮

Die Stichprobe umfaßt somit die Kantone Graubünden, Thurgau, Basel-Land, Freiburg, Genf und Waadt. Die soeben gezogene Stichprobe war nach dem Prinzip Ziehen *ohne* Zurücklegen (wie in der Praxis üblich) ausgewählt und enthält kein

Element doppelt. Man überspringt eine ein zweites Mal (oder noch öfter) auftretende Zahl wie beispielsweise die 18 in Tabelle 16-2. (Hätte man mit der Zufallszahlentabelle eine Stichprobe nach dem Prinzip Ziehen *mit* Zurücklegen erhalten wollen, wäre Graubünden zweimal vertreten und das Waadtland würde nicht dazugehören.)

Die Stichprobe bestimmt die Merkmalsträger, die dann im Hinblick auf eine vorliegende Fragestellung „bearbeitet" werden. Will man beispielsweise aufgrund der gezogenen Stichprobe die durchschnittliche Bevölkerungszahl aller Kantone ermitteln, so addiert man zunächst die Merkmalswerte der gezogenen Merkmalsträger:

Graubünden	164,6
Thurgau	183,8
Basel-Land	219,8
Freiburg	185,2
Genf	349,0
Waadt	528,7
	1'631,1

Nach Division durch sechs erhält man als arithmetisches Mittel 271'850 Einwohner pro Kanton. Das tatsächliche Mittel der Grundgesamtheit (der Erwartungswert) beträgt, wie man im vorliegenden Beispiel leicht feststellen kann, 244'846 Einwohner pro Kanton resp. Halbkanton.

Bemerkung:
Soeben ist aus einer Grundgesamtheit gezogen worden, die bezüglich des interessierenden Merkmals eine *sehr große Spannweite* (Streuungsintervall) aufweist: von 12'800 Einwohnern des Kantons Appenzell Innerrhoden bis 1,1 Mio. Einwohnern des Kantons Zürich. Andere Stichproben als die soeben gezogene hätten u. U. ein AM ergeben, das sehr viel weiter entfernt vom tatsächlichen Mittel (Erwartungswert) von 244'846 Einwohnern gelegen hätte. Die Schätzung des Erwartungswertes weist also einen relativ großen Unsicherheitsbereich auf, der jedoch wahrscheinlichkeitstheoretisch genau angebbar ist. In Abschnitt 16.6 wird ein Verfahren vorgestellt, das zu präziseren Schätzungen führt. Das soeben gegebene Beispiel diente didaktischen Zwecken, es enthielt daher nicht die Empfehlung, bei 26 Merkmalsträgern (und derartig weit gestreuten Merkmalswerten) den Erwartungswert in der gezeigten Weise zu schätzen!

Nachteile von einfachen Zufallsstichproben:

Einfache Zufallsstichproben sind in der Praxis relativ selten anzutreffen. Dafür gibt es folgende Gründe:

a) Es ist umständlich und u. U. sogar unmöglich, alle Elemente einer Grundgesamtheit aufzulisten und mit einer Nummer zu versehen.

b) Eine einfache Zufallsstichprobe ist, vor allem *wenn sie klein ist, nicht faktisch repräsentativ* für eine Grundgesamtheit, weil zufallsbedingt u. U. wichtige Merkmalsträger oder ganze Gruppen nicht vertreten sind.

c) Das „In-Kontakt-Treten" mit den zufällig ausgewählten Merkmalsträgern ist, speziell wenn eine Befragung durch Interviewer vorgesehen ist, *teuer und zeitraubend.* Der Natur des Zufallsverfahrens entsprechend sind die ausgewählten Merkmalsträger weit „im Raum verstreut". Die Interviewer müssen „durch Schmutz und Kälte" geschickt werden.

d) Das Kosten-Nutzen-Verhältnis ist ungünstiger als bei anderen Stichprobenarten oder anders gesagt, man erhält durch andere Verfahren bei gleichem Aufwand u. U. höhere Genauigkeit bei den Ergebnissen (kleinere Stichprobenfehler).

Wegen dieser Schwierigkeiten bei einfachen Zufallsstichproben werden entweder andere zufallsgestützte Stichprobenverfahren oder aber nichtzufällige Auswahlverfahren bevorzugt.

Exkurs zu Antwortausfällen (-verweigerungen):
Antwortausfälle oder *bewußte Antwortverweigerungen* beeinträchtigen den Wert einer statistischen Datenerhebung u. U. ganz erheblich. Sie stellen vor allem bei Stichproben ein Problem dar, weil diese in der Regel *nicht mit einer Auskunftspflicht verknüpft* sind (eine teilweise Ausnahme ist beim Mikrozensus zu finden. Siehe dazu Kapitel XXII, Abschnitt 22.2.B). Bei zufallsgestützten Stichproben und im speziellen bei der einfachen Zufallsstichprobe kommt hinzu, daß durch Antwortausfälle der *Grundcharakter der Stichprobe verlorengeht.* Das beruht darauf, daß die Antwortausfälle nicht ihrerseits zufällig streuen, sondern i. d. R. in bestimmter Weise vom Gegenstand der Befragung abhängen. Wer an einem Thema nicht interessiert oder für einen Fragenkomplex nicht sensibilisiert ist oder wer eine Frage als zu aufdringlich empfindet, antwortet nicht oder macht falsche Angaben als eine versteckte Form der Antwortverweigerung.

Als – freilich oft nur beschränkt wirksame – Hilfsmittel zur „Schadensbegrenzung" bei Antwortausfällen stehen folgende Auswege zur Verfügung:

1. Man stellt von vornherein eine *Ersatz-Stichprobe* gleichen Umfangs bereit und ordnet jedem Element der primären Stichprobe ein Element der Ersatz-Stichprobe zu. Der Mangel dieses Verfahrens besteht darin, daß es nicht nur teuer ist, sondern daß auch bei der Ersatz-Stichprobe Ausfälle entstehen. Ebensowenig können die vom Gegenstand der Befragung abhängigen Antwortverweigerungen auf diese Weise überwunden werden.

2. Man versucht *rechnerisch* die Antwortausfälle zu *bereinigen.* Dies kann dadurch geschehen, daß man den ausgefallenen Einheiten *dieselbe Struktur* unterstellt wie denen, die geantwortet haben, oder daß man sich auf *anderweitige Informationen* stützt und die ausgefallenen Antworten gewissermaßen ersatzweise einsetzt. Die Problematik dieser Bereinigung liegt auf der Hand, sobald die Antwortausfälle systematisch vom Befragungsgegenstand abhängen.

3. Man versucht durch *Anmahnungen* bei allen, die keine Antwort gegeben haben, oder durch Ziehen einer *erneuten Stichprobe* aus dem Kreis der Nichtantworter und durch *intensiviertes Bemühen* um diese Problemfälle doch noch die fehlenden Antworten zu erhalten. Durch Vergleiche der auf diese Weise „abgetrotzten" Antworten mit denen der „ersten Runde" kann man auch versuchen, sich ein Bild über die immer noch fehlenden Informationen zu machen, und den noch ausstehenden Rest gegebenenfalls extrapolieren. Ganz abgesehen vom Aufwand dieses

Verfahrens ist es aber auch jetzt unmöglich, die bewußt verweigerte oder kaschierte Antwort zuverlässig zu ersetzen oder zu schätzen.

16.3 Die systematische Stichprobe

Beim systematischen Stichprobenziehen, das große praktische Bedeutung hat, legt man einen bestimmten *Zählabstand* zwischen den zu ziehenden Merkmalsträgern fest. Will man beispielsweise eine Stichprobe erhalten, die 10% einer fortlaufenden Produktion oder einer in einem Verzeichnis festgehaltenen Grundgesamtheit umfaßt („jeder 10. Merkmalsträger"), dann legt man einen Zählabstand von a = 10 fest. Die Zahl zwischen 1 und 10, mit der man beginnt, bestimmt man durch das Los oder mit Hilfe der Zufallszahlentabelle. Man erhält so den *Zufallsstart* durch die zufällig gezogene Zahl z. Danach wählt man die Merkmalsträger mit den Laufnummern i = z + 10, z + 20, z + 30 usw. aus. Allgemein wählt man die Laufnummern z, z + a, z + 2a, z + 3a, ... aus.

Beispiel:
Um eine systematische Stichprobe von rd. 25% aus den 26 Kantonen zu erhalten, zieht man jeden vierten der in der Tabelle 16-1 enthaltenen Kantone. Den Anfang macht man bei einer der Ordnungsnummern 1 bis 4. Man nimmt die Zahl, die man entsprechend einem vorher festgelegten Ableseverfahren in der Zufallszahlentabelle auffindet. Z.B. können wir festlegen, daß wir, mit der letzten Ziffer rechts unten beginnend, von unten nach oben ablesen. Man findet so die auf die 9 folgende 3 als erste Zahl. Die Auswahl umfaßt jetzt den 3., 7., 11., 15., 19. und 23. Kanton, also Luzern, Nidwalden, Solothurn, Appenzell ARh, Aargau, Wallis. (Die Durchschnittsbevölkerung dieser 6 Kantone beträgt 210'400 Einwohner.)

● **Kontrollfrage 1:** Man bestimme den Beginn der systematischen Stichprobe aus den Kantonen, indem man eine unter den 4 Zahlen 01 bis 04, von oben links beginnend, bei senkrechter Ablesung der Zufallszahlentabelle entnimmt. Zuerst nehme man die ersten beiden Kolonnen des 1. Blocks, reicht dies nicht aus, so folgen die 1. und 2. Kolonne des 2. Blocks usw.

Systematische Stichproben kann man bei richtiger Handhabung als gleichwertigen Ersatz für einfache Zufallsstichproben ansehen, und die aus ihnen berechneten Ergebnisse so interpretieren, als ob sie aus einer mit der Zufallszahlentabelle gewonnenen Stichprobe stammten. Man muß sich bei systematischen Stichproben aber immer der Gefahr bewußt bleiben, daß die gewählte „Systematik" mit einer im verwendeten Verzeichnis oder in dem zu kontrollierenden Prozeß versteckten zyklischen Regelmäßigkeit zusammenfällt. Bei einer Abfüllmaschine z.B., bei der eine automatische Selbstadjustierung nach jeweils 100 Abfüllungen eingebaut ist, erhält man kein Zufallsergebnis, wenn man die 1., 101., 201. usw. Füllmenge herausgreift und mißt.

Eine andere, freilich nicht nur bei systematischen Stichproben lauernde Gefahr besteht darin, daß man gewisse Gruppen von Merkmalsträgern überhaupt nicht oder mehr als einmal „antrifft“. Das folgende Beispiel soll das verdeutlichen. Es soll zugleich auf das generelle Problem hinweisen, daß man sich vor jedem Stichprobenziehen vergewissern muß, aus welchen Elementen die Grundgesamtheit besteht, über die man Rückschlüsse erzielen will, und daß man die Stichprobe tatsächlich auch dieser entnimmt (das Beispiel stammt aus: *Hans Kellerer,* Statistik im modernen Wirtschafts- und Sozialleben, 1960 (Rowohlt) Hamburg, S. 156): „Es soll im Interviewerverfahren eine Untersuchung über die soziale Lage der Münchener Familien, die volksschulpflichtige Kinder haben, durchgeführt werden. Da es ein Adressenverzeichnis dieser Familien nicht gibt, hilft man sich so: In jeder Volksschule wird von jedem 10. Kind die Adresse der Eltern erfragt und zu diesen ein Interviewer geschickt. Daß diese Auswahl falsch ist, ergibt sich so: Familien mit z. B. 3 volksschulpflichtigen Kindern haben gegenüber Familien mit nur 1 volksschulpflichtigen Kind eine dreifache Chance, in die Auswahl zu kommen. Man kann diese ‚Verzerrung‘ nachträglich durch eine entsprechende Gewichtung der Ergebnisse beseitigen, indem Familien mit 1 Kind das Gewicht 1, Familien mit 2 Kindern das Gewicht 1/2, Familien mit 3 Kindern das Gewicht 1/3 usw. bekommen.“

16.4 Die Klumpenstichprobe

Bei der Klumpenstichprobe entnimmt man der Grundgesamtheit die Merkmalsträger nicht wie bei dem bisher gezeigten Auswahlverfahren einzeln oder als „zufällig zusammengewürfelten Haufen“ von Individuen, vielmehr entnimmt man bestimmte, durch irgendein inneres oder äußeres Band miteinander verbundene Teile, sog. Klumpen von Merkmalsträgern. Dieses Vorgehen schlägt man vor allem dann ein, wenn man die einzelnen Merkmalsträger der Grundgesamtheit zunächst einmal gar nicht individuell numerieren oder in eine systematische Ordnung bringen kann.

Voraussetzung ist natürlich, daß die Grundgesamtheit in sog. „Klumpen“ oder Teile zerfällt, die sich identifizieren lassen. *Ferner sollte jeder Klumpen möglichst eine Zusammensetzung besitzen, die derjenigen der Grundgesamtheit in etwa entspricht.* Der einzelne Klumpen sollte wie in einem Mikrokosmos die Grundgesamtheit widerspiegeln (er sollte „repräsentativ“ sein). Anders als die weiter unten zu behandelnde geschichtete Stichprobe sollte ein Klumpen daher *nicht aus relativ homogenen* Merkmalsträgern bestehen, vielmehr sollte ein Klumpen möglichst die *ganze Vielfalt* an Merkmalsausprägungen enthalten, wie sie auch in der Grundgesamtheit vorkommen und möglichst auch in den dort auftretenden Proportionen.

Bei der Klumpenstichprobe werden die Klumpen zufällig (z. B. mit Hilfe von Zufallszahlen) ausgewählt, und anschließend werden *alle* Merkmalsträger innerhalb eines Klumpens statistisch erfaßt (befragt, gemessen, gezählt usw.). Eine mögliche Variante besteht darin, innerhalb eines Klumpens die Merkmalsträger ihrerseits einer Zufallsauswahl zu unterwerfen. In diesem Fall zieht man eine „zweistufige“ Stichprobe (siehe dazu die Schlußbemerkung bei Abschnitt 16.6).

Der große *Vorteil* einer Klumpenstichprobe besteht darin, daß sie *billiger* ist und meist auch *raschere* Ergebnisse liefert als eine einfache Zufallsstichprobe. Die Interviewer oder Zähler gelangen ohne große Wegekosten und Wegezeiten von Merkmalsträger zu Merkmalsträger. Wählt man beispielsweise bei Handelsunternehmen mit vielen Filialen zufällig einige davon aus, um Inventur für das Gesamtunternehmen zu machen, dann sind diese Filialen hinsichtlich der Lager als Klumpen zu betrachten. Generell kann man Betriebe oder Unternehmen in vieler Hinsicht als Klumpen ansehen und „auszählen".

Häufig benutzt man bei Klumpenstichproben *geographische* oder administrative Einheiten als Klumpen. Man wählt beispielsweise Gemeinden, Wahlbezirke, natürliche oder künstlich gebildete Flächeneinheiten wie etwa Planquadrate aus. Solche Klumpenstichproben bezeichnet man auch als *Flächenstichproben.* Dieses Stichprobenverfahren hat seine besondere Bedeutung für Entwicklungsländer.

Klumpenstichproben führen meistens (aber nicht immer!) zu einer Zunahme des Stichprobenfehlers gegenüber einfachen Zufallsstichproben oder systematischen Stichproben (bei gleichem Umfang an erfaßten Merkmalsträgern). Es tritt ein sog. *Klumpungseffekt* auf, der sich aber durch spezielle Verfahren abschätzen läßt.

Beispiel:

Unter dem Namen „Hochrechnung" ist ein bestimmtes Klumpenstichprobenverfahren zur raschen Ermittlung von Wahlresultaten nach Schließung der Wahllokale inzwischen weitherum bekannt geworden. In der Bundesrepublik führt die Fernsehanstalt ZDF und das Institut für angewandte Sozialwissenschaft (infas) im Auftrag der Fernsehgruppe ARD solche Hochrechnungen durch. Schnelligkeit und Präzision der Schätzungen der Parteienanteile sind eindrucksvoll. Bei der Bundestagswahl 1980 hatten beide Fernsehanstalten bereits 30 resp. 35 Minuten nach Schließung der Wahllokale das endgültige Wahlergebnis geschätzt und sich bei den Parteienanteilen im Durchschnitt nur um 0,5 Prozent gegenüber der Endauszählung geirrt.

In großen Zügen skizziert wird folgendermaßen vorgegangen: Zuerst wird eine *repräsentative Auswahl* von Stimmbezirken (d. h. von Lokalen, in denen eine Wahlurne aufgestellt ist) getroffen. Diese Stimmbezirke stellen die Klumpen dar. Bei der Auswahl der Stimmbezirke geht man im Prinzip nach dem Zufallsverfahren vor. Die ausgewählten Klumpen (Stimmbezirke) werden dann nach Schließung der Wahllokale ausgezählt (das Ergebnis aus einzelnen Urnen liegt ja relativ rasch vor). Nach der Vornahme gewisser Kontrollen (Plausibilitätstests etc.) werden in der Datenzentrale die Parteianteile dieser Klumpen berechnet und unter Vornahme gewisser Verfeinerungen als Schätzung für das erst viele Stunden später vorliegende amtliche Endergebnis bekanntgegeben.

In seiner Informationsbroschüre „Hochrechnungen" (Bonn – Bad Godesberg, Mai 1980) schreibt infas zum Hochrechnungsverfahren bei Wahlen:

„Die technischen und organisatorischen Vorbereitungen für die Hochrechnungen am Wahlabend beginnen bei infas bereits viele Wochen vorher. Grundlage für die ersten Hochrechnungen ist eine Stimmbezirksstichprobe. Aus allen Stimmbezirken eines Wahlgebietes wird eine repräsentative Auswahl von Stimmbezirken nach dem Zufallsprinzip getroffen. Die endgültigen Stimmbezirke müßten also möglichst getreu die Gesamtheit aller Stimmbezirke abbilden.

„Dieses Abbild wird mit der Größe der Auswahl genauer. Der Zusammenhang ist allerdings nicht ‚linear', sondern ‚kurvilinear', d. h.: Eine Stichprobenvergrößerung um einen bestimmten Prozentsatz bringt keine Genauigkeitserhöhung in demselben Verhältnis mit sich. Auch aus einem anderen Grunde lohnt sich eine allzu starke Ausweitung einer Repräsentativauswahl nicht, weil nämlich die damit einhergehende Senkung der Fehlerrate zunehmend durch technisch und organisatorisch verursachte Fehler ausgeglichen wird, die mit der Verarbeitung großer Stichproben notwendig verbunden sind. So ist auch die Stichprobe für die Wahlhochrechnung in ihrer Größenordnung begrenzt. Um trotzdem hohe Genauigkeit zu erzielen, zieht man mehrere Probestichproben und wählt dann schließlich diejenige aus, die der Struktur der Wahlbevölkerung am besten entspricht. D. h., die optimale Auswahl muß der Zusammensetzung der Wahlberechtigten im Wahlgebiet nach Wohnortgröße, der Verteilung auf Stadt und Land sowie auf die verschiedenen Regionen entsprechen. Wichtigste Bedingung für dieses ‚verkleinerte Modell‘ des Wahlgebietes ist, daß es die Ergebnisse früherer Wahlen innerhalb einer vorgeschriebenen Fehlerquote exakt widerspiegelt.

„An den Wahlabenden überzieht infas die Stimmbezirke der Repräsentativauswahl – sowie auch die Wahlkreise, auf die sich die Hochrechnungen in den späteren Stunden stützen – mit einem Korrespondentennetz. D. h., infas-Mitarbeiter lauern neben dem auszählenden Personal in den Wahllokalen und geben die frischen Ergebnisse unverzüglich über eine Reihe von Sondertelefonleitungen der Deutschen Bundespost an die Zentrale in Bad Godesberg durch. Die Erfahrung hat gezeigt: Nur durch Einsatz eigener Mitarbeiter kann die nötige Schnelligkeit bei der Ergebnisübermittlung erreicht werden. Die Durchsagen werden direkt über Datenterminals dem Computer eingegeben und auf Plausibilität geprüft. . . .

„Sind noch nicht alle Stimmbezirke aus der Stimmbezirksstichprobe ausgezählt und zur Auswertung durchgemeldet, so wird dennoch mit den bereits vorhandenen ausgezählten Stimmbezirken hochgerechnet. Sie werden als Stichprobe behandelt, obwohl es sich in der Regel um eine Auswahl mit erheblicher Verzerrung handelt. Diese verzerrte ‚Auswahl der Auswahl‘ kommt folgendermaßen zustande: Nicht in allen Stimmbezirken wird gleichschnell ausgezählt. Der Grund: Die Stimmbezirke sind verschieden groß – auf dem Lande häufig kleiner als in der Stadt. Städtische Stimmbezirke verfügen jedoch häufig nicht über entsprechend mehr Zählpersonal. Resultat: Es dauert dort länger.

„Die benutzten Schätz- und Stichprobenverfahren berücksichtigen diese Tatsache. Besonders durch die Benutzung der Ergebnisse vorangegangener Wahlen zur Hochrechnung der Parteianteile wird dieser systematische Fehler weitgehend beseitigt. ...

„Die Genauigkeit der Hochrechnungen hängt von der Zahl der eingegangenen Stimmbezirksergebnisse ab. Je weniger Teilergebnisse vorhanden sind, um so größer ist der mögliche Fehlerspielraum. Dieser Schätzfehler wird jedoch zugleich mit der Hochrechnung vom Computer berechnet. In der Regel werden die Hochrechnungen dann veröffentlicht, wenn der Schätzfehler bei weniger als einem Prozent liegt. . . .

„Anzumerken ist hier übrigens, daß die beiden konkurrierenden Systeme (ZDF und infas) ihre Ergebnisse auf der Basis verschieden großer Stichproben erzielt haben. Bei der Bundestagswahl 1976 enthielt die Stimmbezirksstichprobe des ARD-Wahlberichterstattungssystems z. B. 257 Stimmbezirke, die des ZDF 496. . . .“

Exkurs zur Hochrechnung:
Der Begriff der Hochrechnung ist nicht auf das soeben dargestellte Verfahren zur raschen Wahlresultatfeststellung beschränkt. Hochrechnung bedeutet ganz allgemein, daß *Stichprobenergebnisse auf das Niveau der zugehörigen Grundgesamtheit gebracht werden.* Ist beispielsweise die Bevölkerungszahl in den $n = 6$ durch eine einfache Zufallsstichprobe ausgewählten Kantonen mit 1'631'100 Einwohnern ermittelt worden (siehe Abschnitt 16.2), dann beträgt die „hochgerechnete" Bevölkerung x_H der ganzen Schweiz mit $N = 26$ Merkmalsträgern (Kantonen)

$$x_H = \frac{N}{n} \sum_{i=1}^{n} x_i = \frac{26}{6} \cdot 1'631'100 = \underline{7'068'000}$$

Eine einfache Stichprobensumme wird bei einer Hochrechnung also mit dem sog. *Hochrechnungsfaktor* N/n multipliziert, um ein hochgerechnetes Grundgesamtheitsresultat zu erhalten. Dieses ist, wie wir bei Tabelle 16-1 nachschauen können, nicht identisch mit dem tatsächlichen Wert von 6'366'000 Einwohnern. Doch das liegt an der vom Zufall diktierten Auswahl der zugrundeliegenden Stichprobe. Wäre die in Abschnitt 16.3 beschriebene systematische Stichprobe zur Grundlage der Hochrechnung gemacht worden, hätte sich eine andere hochgerechnete Bevölkerungszahl ergeben, nämlich

$$x_H = \frac{26}{6} \cdot 1'262'600 = \underline{5'471'300}.$$

Die Variation von Hochrechnungsresultaten entspricht der Variation von Stichprobenparameterwerten. So betrug z. B. das AM der Bevölkerung in den sechs ausgewählten Kantonen im ersten Fall 271'850 und im zweiten Fall 210'400 Einwohner.

Hochrechnungen sind *eine äußerst wichtige Form der Auswertung und Verarbeitung von Stichprobenergebnissen,* d. h. der dort gewonnenen Merkmalssummen oder -teilsummen. In gewissen Fällen genügt die Kenntnis der Stichprobenparameter (Kennzahlen wie Anteils- oder Mittelwerte), um sie für die Schätzung der entsprechenden Grundgesamtheitsparameter oder für das Testen von Hypothesen zu benutzen. Doch oft ist diese Information nicht ausreichend. So könnte z. B. auch ein Land mit doppelt so vielen Einwohnern und doppelt so vielen Kantonen wie die Schweiz die gleiche durchschnittliche Bevölkerungszahl pro Kanton aufweisen. Dennoch lägen ganz andere Größenordnungen vor, sobald auf statistische Informationen gestützte Maßnahmen vorgenommen werden müßten. Politische Instanzen oder Unternehmen benötigen Gesamtzahlen oder Merkmalstotale für ihre Planungen und Entscheidungen.

Um Hochrechnungen durchzuführen, benötigt man einen sog. *Hochrechnungsrahmen,* der im einfachsten Fall die Anzahl der Merkmalsträger N in der Grundgesamtheit (neben dem Stichprobenumfang n) enthält. Ohne einen solchen Hochrechnungsrahmen, *den nur Vollerhebungen zu liefern vermögen,* ließen sich Stichprobenergebnisse nicht zum Rückschluß auf Grundgesamtheitstotale verwenden.

16.5 Das Quotenverfahren

In einer Reihe von Sachbereichen, so insbesondere in der Produktions- und Preisstatistik, ist eine *sachkundige Auswahl* der Teilgesamtheit unverzichtbar, weil nur so Gewähr dafür besteht, daß das Datenmaterial alle Erscheinungen mit dem Gewicht enthält, wie dies der Wirklichkeit entspricht. Die sachkundige Auswahl des Quotenverfahrens beruht auf A-priori-Informationen, die der Statistiker besitzt und die er zur Kontrolle der Auswahl verwendet. Durch das Quotenverfahren soll besser, als dies durch eine Zufallsstichprobe möglich wäre, *eine die Grundgesamtheit repräsentierende Teilmenge* gewonnen werden. Das Verfahren zur Gewinnung der Teilmenge ist beim Quotenverfahren allerdings völlig anders als bei den bisher gezeigten Stichprobenverfahren. Im Hinblick auf eine durch Interviewer durchzuführende Befragung schreibt *Elisabeth Noelle-Neumann* (siehe Spezialliteratur zu Kapitel XVI, S. 132):

„Anstatt... in verschieden zufallsgelenkten Schritten die Zielperson für die Stichprobe auszuwählen, beginnt man mit der Aufstellung der statistischen Proportionen der Grundgesamtheit. An Hand von Daten der amtlichen Statistik oder von bereits durchgeführten Repräsentativerhebungen kommt man beispielsweise zu der Feststellung, daß 54 Prozent der Grundgesamtheit... Frauen sind und 46 Prozent Männer; daß 28 Prozent unter 30, 24 Prozent zwischen 30 und 44 Jahren, 28 Prozent zwischen 45 und 59 Jahren, 20 Prozent 60 Jahre oder älter sind.

„Weiterhin ist bekannt, wieviel Prozent in Landgemeinden (weniger als 2000 Einwohner) wohnen, wieviel in Kleinstädten (2000 bis unter 100'000 Einwohner) und wieviel in Großstädten wohnen, wie sie sich auf die verschiedenen Bundesländer und innerhalb der Bundesländer auf die Regierungsbezirke verteilen. Man kennt den Anteil der Berufstätigen und Nichtberufstätigen und weiß auch, wieviel den verschiedenen Berufsgruppen (Arbeiter, Landarbeiter, Angestellte, Beamte, Landwirte, selbständige Geschäftsleute, freie Berufe) angehören.

„Da der modellgerechte Miniaturquerschnitt die gleichen Proportionen besitzen soll, arbeitet man für jeden Interviewer, der an der Umfrage beteiligt ist, eine ‚Quote' aus: wieviel Männer und Frauen er befragen soll, wieviel Angehörige der verschiedenen Altersgruppen, wieviel Berufstätige, wieviel Personen aus den verschiedenen Berufsgruppen und wieviel nichtberufstätige Angehörige in den verschiedenen Berufskreisen. Werden diese ausgearbeiteten Quoten zusammengesetzt, so ergibt sich in allen statistischen Proportionen das Bild der Grundgesamtheit. Die richtige Verteilung auf Ortsgrößen, Länder oder Regierungsbezirke stellt sich in der Regel aus der Zahl der Aufträge an die Interviewer in den verschiedenen Gebieten und in den verschiedenen Ortsgrößen her. Die Repräsentanz auch in den übrigen, nicht durch Quoten gesteuerten Merkmalen wird erreicht, indem die Interviewer bei ihrem Bemühen, die aufgegebenen Quoten zu erfüllen, praktisch zu einer Zufallsauswahl von Befragten veranlaßt werden. ..."

Die Ermittlung einer repräsentativen Teilmenge durch Quotenauswahl ist in der Praxis nicht selten anzutreffen. So erfolgt beispielsweise die Auswahl der Haushalte, die für die Zwecke des Konsumentenpreisindexes Haushaltsbücher führen, fast überall nach einem Quotenverfahren (siehe Kapitel I, Abschnitt 1.2). Auch die Unternehmensbefragung durch das schweizerische Konjunkturforschungsinstitut (KOF), die in Abschnitt 16.8 kurz dargestellt wird, basiert auf dem Quotenverfahren. Die Gründe für die Bevorzugung des Quotenverfahrens sind praktischer Natur.

Wollte man z.B. durch eine Zufallsstichprobe die Haushalte auswählen, die Haushaltsbücher führen sollen, so würde man nur bei einem winzigen Bruchteil der so Angefragten auf die Bereitschaft stoßen, während eines Jahres oder länger sich der Mühe des Aufschreibens aller Ausgaben zu unterziehen. Zwang würde wenig nützen, da man dadurch von vornherein fehlerhafte Ergebnisse, hervorgerufen durch Widerwillen oder durch Nachlässigkeit, vorprogrammieren würde. Man erhält also *nur einen kleinen Prozentsatz der aufgrund des Zufallsverfahrens Angefragten, der mitmachen würde.* Die „Auswahl unter der Auswahl" wäre jedoch mit Sicherheit nicht mehr repräsentativ für die Grundgesamtheit, sondern *verzerrt.* Durch *Korrekturmaßnahmen* müßte man diese Verzerrung wieder beseitigen, indem man die in der *„Auswahl-Auswahl"* überrepräsentierten Gruppen reduzieren und evtl. gar nicht repräsentierte Gruppen auf andere Weise, notfalls durch fortlaufend erweitertes Stichprobenziehen, hineinbringen würde. Es ist evident, daß ein solches Verfahren kostspielig wäre und ebenso, daß man es dann gar nicht mehr mit einem reinen Zufallsverfahren zu tun hätte. Man kann daher gleich von vornherein mit dem Quotenverfahren beginnen. Dieses Quotenverfahren schließt nicht aus, daß auf der letzten Stufe, wenn also die durch die Quoten festgelegten Gruppenumfänge feststehen, durch ein Zufallsverfahren die schließlich ausgewählten Merkmalsträger bestimmt werden. Auch die Substitution der Merkmalsträger ist nicht systemfremd und daher zulässig.

Das Quotenverfahren ist oft angegriffen worden. Richtig gehandhabt kann das Quotenverfahren aber nicht nur als guter Ersatz für eine Zufallsstichprobe angesehen werden, sondern *im praktischen Ergebnis dieser sogar überlegen sein.* Die im folgenden auszugsweise zitierten Darlegungen von *Elisabeth Noelle-Neumann* (a.a.O., S. 134 ff.) sollen zur vergleichsweisen Beurteilung des Quoten- und Zufallsverfahrens beitragen und auf Vor- und Nachteile beider Verfahren hinweisen:

„Auch bei der Anwendung der Quotenauswahl muß eine Regel befolgt werden, die wir schon von der zufallsgelenkten Auswahl kennen: es reicht nicht, wenn die Auswahl gewissenhaft nach Quoten erfolgt, sie muß außerdem unter Bedingungen erfolgen, die jedem Angehörigen der ‚Grundgesamtheit' praktisch empirisch die gleichen Chancen sichern, für die Befragung ausgewählt zu werden. Diese Bedingungen herzustellen, ist nicht einfach. . . .

„Zugunsten der ‚echten' Random-Stichprobe (Zufallsstichprobe) spricht stark die hier vollständig entwickelte Theorie. ... Theoretisch kann man Fehlerspannen nur auf Ergebnisse von Repräsentativ-Erhebungen anwenden, die auf Random-Stichproben basieren. . . .

„Gegen den Anspruch, bei einer Random-Auswahl die Fehlerspanne, mit der die Ergebnisse behaftet sind, zuverlässig berechnen zu können, wird (aber) geltend gemacht, die Personen einer Random-Stichprobe könnten niemals vollständig befragt werden; die mathematisch genaue Berechenbarkeit der Fehlerspanne sei eine Fiktion, wenn die ‚Zielpersonen' nur zu 80 Prozent oder 85 Prozent interviewt werden könnten und über die restlichen 15 oder 20 Prozent nichts zu sagen sei.

„Um diesem Einwand zu begegnen, hat man alle nur erdenkliche Mühe aufgewendet, um eine vollzählige Befragung der Zielpersonen zu erreichen. Tatsächlich jedoch bereitet schon eine 80prozentige ‚Erfüllungsquote' große Schwierigkeit und verlangt einen außerordentlichen Grad an Geschicklichkeit und Ausdauer der Interviewer, die oft drei- oder viermal bei einer durch Zufallsmechanismus ausgewählten Adresse vorsprechen müssen, um die Zielperson befragen zu können. . . .

„Um Wahrscheinlichkeitsaussagen empirischer Art über den nicht befragten Personenkreis machen zu können, wurde beobachtet, wie die beim ersten, beim zweiten, beim dritten, vierten und fünften Besuch des Interviewers erreichten Zielpersonen die Fragen einer Erhebung beantworteten. Die Korrekturtendenzen, die die Ergebnisse nach dem ersten bis dritten Besuch durch die Befragung beim vierten und fünften Besuch erfuhren, wurden gleichsam verlängert für den Fall, daß nach weiteren Besuchen alle Zielpersonen erreicht worden wären. Dabei wird also angenommen, daß schwer erreichbare Personen und Personen, die man gar nicht befragen kann (z. B. Personen, die das Interview verweigern), ähnlich sind – eine Annahme, für die eigentlich wenig spricht.

„In jedem Fall handelt es sich bei diesen Versuchen um empirische Lösungen, wie sie auch für das Quotenverfahren zur Verfügung stehen.

„Die Anstrengungen, immer feinere Zufallsmodelle für die Auswahl der Zielperson auszudenken und die Interviewer zu einer immer größeren Zahl von Reisen und Besuchen, ohne Rücksicht auf Kosten und Zeit, anzuhalten, um eine Steigerung der ‚Ausschöpfung der Stichprobe' auf 90 Prozent zu erzwingen, wecken zwei Vorwürfe.

„Der eine: Mit verbissenem Dogmatismus versucht man eine Berechenbarkeit von Kommastellen zu erzwingen und ignoriert dabei alle anderen Fehlerquellen, die unvermeidlich sind, wenn es nicht um schwarze und weiße Kugeln, sondern um Menschen geht – um Menschen, die fragen, und Menschen, die befragt werden oder auch die Befragung verweigern und im strengen Sinn nicht den mathematischen Gesetzen zu unterwerfen sind. . . .

„Der andere Vorwurf: Aus Perfektionismus wird ohne Rücksicht auf Zeit und Kosten ein Glied in der Kette einer empirischen Erhebung immer stärker und stärker geschmiedet. Was nützt dies aber, wenn die Kette in ihren übrigen Gliedern reißt, wenn Fragebogen, Aufbereitung, Analyse... nicht annähernd so stark zu schmieden sind?

„...Da sind zunächst die erheblichen Anforderungen an die Interviewer-Moral. Auf die bloße Anweisung der Zentrale hin, ganz bestimmte, namentlich bezeichnete Personen und niemand sonst seien zu befragen, müssen die Interviewer unverdrossen Zeit und Kraft, Geduld, Geschick und Zähigkeit aufwenden, um diesen Auftrag zu erfüllen. Dabei ist die ‚Zielperson' oft genug ein junger Mann, der ständig mit dem Moped unterwegs oder mit Freunden im Kino ist, während zu Hause die vernünftigen Eltern gern bereit wären, die Fragen des Interviewers zu beantworten; oder laut Vorschrift muß der schwerhörige Großvater befragt werden. Konkret in der Praxis erlebt, wirkt der statistische Zufallsmechanismus oft so widersinnig, daß der Interviewer, ...der Versuchung nicht immer wiederstehen kann, das Los zu korrigieren."

Den Schwierigkeiten bei Zufallsstichproben stehen also entscheidende Vorteile des Quotenverfahrens gegenüber. Das Quotenverfahren muß allerdings sorgfältig vorbereitet werden, und insbesondere müssen zuverlässige statistische Unterlagen zur Berechnung der Quoten vorhanden sein. Um mit dem Quotenverfahren praktisch arbeiten zu können, bedarf es großer Erfahrung.

16.6 Die geschichtete Stichprobe

Zufallsstichproben besitzen den Vorteil, daß sich *exakte Angaben über den Unsicherheitsbereich* der Ergebnisse machen lassen. Gottlob ist man mit den bisher gezeigten Verfahren zufallsgelenkter Stichproben noch nicht am Ende seines Lateins. Durch das Verfahren der geschichteten Zufallsstichprobe kann man eine Auswahl nach dem Zufallsprinzip gewinnen, die entweder den *Kostennachteil* der einfachen Zufallsstichprobe verringert oder bei gleichen Kosten präzisere *Stichprobenergebnisse* (kleinere Unsicherheitsbereiche) erbringt.

Bei der geschichteten Stichprobe zieht man aus geeignet gewählten Teilgesamtheiten, aus denen sich eine Grundgesamtheit zusammensetzt, jeweils eine einfache Zufallsstichprobe. Die Merkmalsträger der Grundgesamtheit haben jetzt u. U. unterschiedliche, jedoch genau angebbare Chancen, in die gewonnene Auswahl aufgenommen zu werden. Die Unterschiedlichkeit der Chancen wird bei der rechnerischen Ermittlung der Endresultate berücksichtigt. Sinnvoll und möglich ist das Ziehen von geschichteten Stichproben immer dann, wenn eine Grundgesamtheit in Schichten oder Klassen zerfällt oder zerlegbar ist, die jede für sich möglichst *homogen* ist. Gemeint ist mit homogen dabei *eine relativ kleine Streuung der Merkmalswerte innerhalb einer Schicht.* Aus jeder Schicht wird eine einfache Zufallsstichprobe gezogen, und die für die einzelnen Schichten gewonnenen Informationen werden anschließend zu einer Information über die Grundgesamtheit wieder zusammengesetzt.

Beispiel:
Es soll aus den 26 Schweizer Kantonen (siehe Tabelle 16-1) eine geschichtete Stichprobe gezogen werden. Ein Blick auf Tabelle 16-1 zeigt, daß sich drei relativ homogene Gruppen von Kantonen unterscheiden lassen: 10 kleine Kantone mit weniger als 100’000 Einwohnern, 14 Kantone mittlerer Größe mit Einwohnerzahlen zwischen 160’000 und 530’000 und schließlich die beiden „großen“ Kantone Bern und Zürich mit jeweils rund 1 Mio. Einwohnern. Tabelle 16-3 enthält eine nach den Schichten „Größe der Wohnbevölkerung“ gegliederte Liste der Schweizer Kantone.

Tab. 16-3: Die Wohnbevölkerung der Schweizer Kantone 1980, in Tausend

Schicht I			Schicht II			Schicht III		
Lfd. Nr.	Kanton	Wohn-bev.	Lfd. Nr.	Kanton	Wohn-bev.	Lfd. Nr.	Kanton	Wohn-bev.
101	Uri	33,9	201	Luzern	296,2	301•	Zürich	1'122,8
102•	Schwyz	97,4	202•	Freiburg	185,2	302	Bern	912,0
103	Obwalden	25,9	203	Solothurn	218,1			
104	Nidwalden	28,6	204	Basel-Stadt	203,9			
105	Glarus	36,7	205	Basel-Land	219,8			
106	Zug	75,9	206	St. Gallen	392,0			
107	Schaffhausen	69,4	207	Graubünden	164,6			
108•	Appenzell ARh	47,6	208	Aargau	453,4			
109	Appenzell IRh	12,8	209	Thurgau	183,8			
110	Jura	65,0	210•	Tessin	265,9			
			211	Waadt	528,7			
			212	Wallis	218,7			
			213	Neuenburg	158,4			
			214•	Genf	349,0			

Beim geschichteten Stichprobenziehen muß der Gesamtstichprobenumfang (= n) auf die einzelnen Schichten aufgeteilt werden. Bei m Schichten sind m Teilstichprobenumfänge n_j ($j = 1, 2, \ldots, m$) zu bestimmen. Dabei gibt es zwei Hauptmethoden, nämlich die *proportionale Aufteilung* und *die optimale Aufteilung* des Gesamtstichprobenumfangs.

Bei der praktisch am häufigsten anzutreffenden *proportionalen* Aufteilung macht man jedes n_j möglichst proportional zu N_j, dem Umfang der j-Schicht. Aus großen Schichten zieht man also eine große (Teil-)Stichprobe, aus kleinen Schichten eine kleine (Teil-)Stichprobe.

Bestimmung der Teilstichprobenumfänge:

$$\frac{n_j}{N_j} \underset{\text{approx}}{=} \frac{n}{N} \; ; \; j = 1, 2, \ldots, m \tag{16-1}$$

Bezüglich der N_j und n_j gilt:

$$\sum_{j=1}^{m} N_j = N \quad \text{und} \quad \sum_{j=1}^{m} n_j = n \tag{16-2}$$

N ist der Umfang der Grundgesamtheit.

Beim zweiten Verfahren zur Bestimmung der n_j, bei der *optimalen* Aufteilung von n, orientiert man sich an den Streuungen σ_j^2 innerhalb der einzelnen Schichten und wählt die n_j so, daß bei gegebenem n der Stichprobenfehler $\sigma_{\bar{x}}^2$ ein Minimum wird.

Das Verfahren der optimalen Aufteilung soll hier nicht weiterverfolgt werden, da dies den Rahmen einer Einführung überschreiten würde.

● **Kontrollfrage 2:** Im vorliegenden, leicht überschaubaren Beispiel lassen sich die σ_j^2 berechnen. Welche Größe hat z. B. σ_{III}^2?

Es soll nun der Fall einer (ungefähr) proportionalen Aufteilung für das Beispiel der Schweizer Kantone weiterverfolgt werden. Wir wollen vergleichs- und einfachheitshalber wie in Abschnitt 16.2 von einer Gesamtstichprobe vom Umfang $n = 6$ ausgehen. Eine genaue Proportionalität läßt sich jetzt zwar nicht erreichen, doch kommt die Aufteilung $n_1 = 2$; $n_2 = 3$ und $n_3 = 1$ der Proportion $n/N = 6/26 = 0{,}23$ am nächsten. Mit Hilfe der Zufallstabelle (Tabelle 6 des Tabellenteils) sind dementsprechend die in Tabelle 16-3 mit einem Punkt bezeichneten Kantone ausgewählt worden.

● **Kontrollfrage 3:** Welches Ableseschema ist für die getroffene Auswahl verwendet worden? Versuchen Sie, es zu rekonstruieren.

Gesucht wird nunmehr eine Schätzung für den Durchschnitt (= Erwartungswert) der Grundgesamtheit, der in üblicher Notation mit μ bezeichnet wird. Bei der Zerlegung einer GG in j Teile berechnet sich μ aus den Teilerwartungswerten μ_j gemäß Formel (4-10), wobei $\mu = \bar{x}$ und $\mu_j = \bar{x}_j$ gesetzt wird:

$$\boxed{\mu = \sum_{j=1}^{m} \mu_j \left(\frac{N_j}{N}\right)} \qquad (16\text{-}3)$$

● **Kontrollfrage 4:** Wie groß ist μ_I bis μ_{III} für die Schichten der Tabelle 16-3?

Die μ_j von (16-3) müssen in einem realen Fall natürlich geschätzt werden, denn man kennt sie ja nicht. Dazu verwendet man die zu den Teilstichproben gehörenden $\overline{X}_j$ und erhält den Gesamtdurchschnitt:

$$\boxed{\overline{X} = \sum_{j=1}^{m} \overline{X}_j \left(\frac{N_j}{N}\right)} \qquad (16\text{-}4)$$

Hinweis:
Man beachte, daß mit N_j/N gewichtet wird und die $\overline{X}_j$ ebenso wie $\overline{X}$ Zufallsvariable sind.

In unserem Beispiel werden μ_1, μ_2 und μ_3 „ersetzt“ (geschätzt) durch die aufgrund der drei Teilstichproben sich ergebenden Realisationen der $\overline{X}_j$ (alles in Tausend):

$$\bar{x}_1 = \frac{1}{2} \cdot (97{,}4 + 47{,}6) = \underline{72{,}5}$$

$$\bar{x}_2 = \frac{1}{3} \cdot (185{,}2 + 265{,}9 + 349{,}0) = \underline{266{,}7}$$

$$\bar{x}_3 = \underline{1'122{,}8}$$

Daraus errechnet sich gemäß (16-4) (als Schätzung) für den Durchschnitt der Grundgesamtheit:

$$\bar{x} = 72{,}5 \cdot \frac{10}{26} + 266{,}7 \cdot \frac{14}{26} + 1'122{,}8 \cdot \frac{2}{26} = \underline{257{,}9}$$

Aufgrund der geschichteten Stichprobe haben wir somit einen Durchschnitt von 257'900 Einwohnern pro Kanton gefunden.

Vergleich mit der einfachen Zufallsstichprobe:

Der entscheidende Vorzug eines durch eine geschichtete Stichprobe gefundenen Ergebnisses besteht darin, daß es einen *kleineren Unsicherheitsbereich* besitzt als das Ergebnis einer einfachen Zufallsstichprobe. Die durch geschichtete Stichproben errechneten Werte für den Gesamtdurchschnitt streuen sehr viel weniger um den Erwartungswert (hier: 244'846) als die aus einfachen Zufallsstichproben hervorgehenden Werte. Aus einer einfachen Zufallsstichprobe hätte man, wenn man z. B. zufällig gerade die 6 kleinsten Kantone erwischt hätte, auch einmal einen Durchschnitt von 30'900 erhalten. Bei einer geschichteten Stichprobe wäre dies unmöglich. Oder: Hätte man z. B. mittels einer einfachen Stichprobe *genau dieselben 6, in Tabelle 16-3 mit einem Punkt bezeichneten Kantone* gezogen wie bei der geschichteten Stichprobe, so würde die Schätzung $\bar{x} = 344'650$ lauten.

● **Kontrollfrage 5:** Wie wurde die Zahl 344'650 gefunden? Woraus resultiert der Unterschied zu 257'900?

Der Fehlerbereich der Stichprobenergebnisse bei geschichteten Stichproben ist also u. U. sehr viel kleiner als bei einfachen Stichproben. Im folgenden Kapitel XVII wird gezeigt, auf welche Weise man die Grenzen der Fehlerbereiche bei Zufallsstichproben ermittelt.

Schlußbemerkung:

Die bisher gezeigten Methoden der Stichprobengewinnung bestanden aus *einstufigen Verfahren*. Davon zu unterscheiden sind *zwei-* oder *mehrstufige* Verfahren. Bei diesen wird die Grundgesamtheit zunächst in *Makro-Einheiten* (Teilmengen) einer sog. *ersten Stufe* zerlegt, aus denen je nachdem eine einfache, geschichtete oder systematische Stichprobe gezogen wird. Jede Einheit der ersten Stufe stellt eine Teil-GG dar, aus der *auf einer zweiten Stufe erneut eine Stichprobe* (wiederum einfach, geschichtet oder systematisch) gezogen wird. Gegebenenfalls kann man auch dreistufige Stichproben ziehen. Die Gründe für zwei- oder mehrstufiges Stichprobenziehen entsprechen denen, die als Gründe für Klumpenstichproben angegeben wurden: Kosten- und Zeitersparnisse. In der Tat entspricht eine Klumpenstichprobe, bei der jeweils aus den Teilmengen, die die einzelnen Klumpen bilden, eine Zufallsstichprobe gezogen wird, einem zweistufigen Stichprobenverfahren.

16.7 Weitere Auswahlverfahren

Das in Abschnitt 16.5 dargestellte Quotenverfahren gehörte zu den nichtzufälligen Verfahren der *„beurteilten“, „bewußten“* oder *„gezielten“ Auswahl,* das zu einer repräsentativen Auswahl an Erhebungseinheiten führte. Daneben gibt es weitere Verfahren, die zu einer nichtzufälligen Auswahl führen. Dazu gehört insbesondere die Auswahl nach dem *Konzentrationsprinzip.* Gemeint ist damit, daß man sich auf die *Auswahl typischer, wichtiger oder symptomatischer Fälle beschränkt* oder „konzentriert“. Will man sich beispielsweise ein Bild machen über die Umsatzentwicklung einer Branche, bei der der Branchenumsatz zu 95% auf vielleicht 10 oder 20 mittlere und große Firmen entfällt, während der Rest von 5% sich auf viele hundert Klein- oder Kleinstbetriebe verteilt, dann kann es sinnvoll sein, sich auf eine Auswahl der mittleren oder größeren Firmen zu beschränken. Man legt dann z. B. eine Umsatzschwelle fest und schneidet alle unter diese Schwelle fallenden Betriebe ab *(Abschneideprinzip).* Besteht das statistisch zu vermessende Phänomen in der Feststellung der Umsatzentwicklung einer ganzen Branche im *Zeitablauf* (und nicht etwa in der Ermittlung von Strukturdaten oder der genauen Niveaufeststellung), dann kann ein Konzentrations- oder ein Abschneideverfahren zu absolut brauchbaren Ergebnissen führen, denn die Größenordnung der Gesamtentwicklung kann von der Umsatzentwicklung bei den Klein- oder Kleinstbetrieben nicht nachhaltig beeinflußt werden. Auch eine fehlende Fehlerangabe spielt in einem solchen Zusammenhang meist keine Rolle und beeinträchtigt nicht die Brauchbarkeit der Ergebnisse.

Auch bei der Auswahl der konkret preisbeobachteten Warenarten (der sog. Preisrepräsentanten) und der laufend die Preise meldenden Geschäfte für die Konstruktion und Berechnung von Verbraucherpreisindizes oder bei der Auswahl der Aktien für die „Warenkörbe“ von Börsenindizes oder von Tendenzindikatoren wie dem Dow-Jones-Index (für seine Berechnung werden nur 30 Aktien berücksichtigt!) geht man nach einem nicht zufallsgesteuerten Auswahlprinzip, nämlich dem Prinzip der Auswahl typischer oder symptomatischer Merkmalsträger oder Erhebungseinheiten, vor. Hinter einem solchen Vorgehen stehen mehr oder weniger explizit gewonnene Vorstellungen über den Modus oder Median empirischer Verteilungen oder über Korrelationen zwischen verschiedenen Datenreihen resp. das Wissen über sachlich begründete Zusammenhänge statistischer oder außerstatistischer Art. Diese A-priori-Informationen werden dazu benutzt, aus Stichproben, die im strengen Sinn keinen repräsentativen Querschnitt der Grundgesamtheit darstellen, dennoch die richtigen Rückschlüsse zu ziehen. Man kann hier von Stichproben sprechen, die einen „kalkulierbar repräsentativen“ Charakter besitzen. Zu ihnen gehören *nicht die unwichtigsten Fälle,* in denen die Statistiker Rückschlüsse aus Teilmengen ziehen und Kennzahlen berechnen.

Wichtiger Hinweis:

Die Zulässigkeit nichtzufälliger, ja sogar im strengen Sinn nichtrepräsentativer Auswahlverfahren darf nicht dazu verführen, alles für zulässig zu halten, was einem in den Kram paßt. Die sog. „Auswahl aufs Geratewohl“ ist ein ungeeignetes Auswahlverfahren. Es ist unzulässig, weil die sachliche Begründbarkeit oder die Kalkulierbarkeit fehlt, d. h. weil es auf *Willkür* beruht. Wer, wie gewisse Fernsehreporter, sich Passanten auf der Straße zum Interview aussucht, erzielt durch die hinsichtlich Raum, Zeit, soziale Schicht usw. willkürlich eingefangenen Antworten *keine brauchbaren statistischen Resultate.*

16.8 Der Fragebogen

Die Befragung, d.h. die Kommunikation über die Sprache, ist die hauptsächliche Methode zur Gewinnung von Daten im Wirtschafts- und Sozialbereich. Zwar gibt es auch hier die in den Naturwissenschaften dominierende Methode des „stummen" Messens oder unpersönlichen Registrierens, wie z.B. bei Verkehrszählungen oder der Qualitätskontrolle. Doch unzweifelhaft im Vordergrund steht die *mündliche* oder *schriftliche* Befragung. In beiden Fällen ist ein Fragebogen das zentrale Arbeitsinstrument. Ein Fragebogen enthält normalerweise drei Fragenkomplexe: 1. *Identifikationsfragen,* 2. den Befragungsgegenstand betreffende *Informationsfragen* und schließlich 3. *Kontrollfragen*. Hierbei dienen die Identifikationsfragen der Feststellung der einzelnen Erhebungseinheit, also der Person, des Haushalts, der Firma usw., vor allem, um spätere Nachfragen zu ermöglichen. Die Kontrollfragen sollen eine Überprüfung der Richtigkeit oder Plausibilität der Antworten ermöglichen. Die Antworten auf diese beiden Fragearten werden in der Regel nicht in die zur Veröffentlichung bestimmte Aufbereitung übernommen.

Entscheidend für die Qualität der durch eine Befragung gewonnenen Daten ist die Gestaltung des Fragebogens.

„Fragen zu stellen und Antworten zu erlangen sind komplizierte psychologische Vorgänge. Abgesehen von Lügen und Antwortverweigerung spielt die Vergeßlichkeit eine Rolle, ferner die Verzerrung, die dadurch entsteht, daß der Fragesteller dem Befragten gewissermaßen die Antwort in den Mund legt, das Mißverstehen der Frage und vieles mehr" (*O. Morgenstern,* siehe Literaturverzeichnis, C. Spezialliteratur zu Kapitel XVI, S. 27). Das Schneidern eines Fragebogens ist der schwierigste Teil einer statistischen Erhebung. Von seiner Qualität hängt die Qualität der Ergebnisse ab. Fragebogen werden heutzutage meist von Fachpsychologen in Zusammenarbeit mit dem Fachstatistiker entworfen und vor ihrer praktischen Verwendung mehrmals getestet. Einfachheit und Eindeutigkeit der Fragen sind notwendige, aber noch lange nicht hinreichende Bedingungen für richtige Antworten. Auf viele Details ist zu achten, wie z.B. auf das Fehlen jeglicher Suggestion, auf die Reihenfolge der Fragen und vieles mehr.

Der vorliegende Abschnitt kann nicht im Detail in die Regeln der Fragebogentechnik einführen, sondern nur die Aufmerksamkeit auf diesen von der akademischen Lehre meist viel zu wenig ernstgenommenen Teil der Statistik lenken. Auf eine Hauptregel soll jedoch hingewiesen werden: *Der Fragebogen und die die Fragen erläuternden Anmerkungen sollten stets zusammen mit den Ergebnissen veröffentlicht oder offengelegt werden.* Als Beispiel für einen Fragebogen wird ein von der Konjunkturforschungsstelle an der ETH Zürich in der Schweiz verwendeter Fragebogen vorgestellt. Mit ähnlichen Fragebogen arbeitet das Münchner IFO-Institut, das ein Schrittmacher derartiger Konjunkturtest-Umfragen war. Der Kreis der dabei einbezogenen Unternehmen stellt im übrigen eine nichtzufallsgesteuerte Auswahl nach dem Konzentrationsprinzip dar, wie es in Abschnitt 16.7 beschrieben wurde.

Konjunkturtest
Monatsumfrage

Konjunkturforschungsstelle an der ETH
ETH-Zentrum, 8092 Zürich
Telefon 01/256 42 39

Bitte beachten:
- Nur für die auf dem Fragebogen angegebene Produktegruppe antworten
- Zutreffendes Feld ankreuzen. Bei Unklarheiten bitten wir Sie, die ‹Erläuterungen› des Konjunkturtests beizuziehen.
- Nur mengenmässige Veränderungen berücksichtigen (rein preisbedingte Veränderungen sind auszuschalten)
- Vor dem **10. des Monats** zurücksenden

Rückblick und Beurteilung

1 Bestellungseingang insgesamt

a) **Er war** – unter Ausschluss von saisonalen Schwankungen* – **im Vergleich zum Vormonat**
☐ höher ☐ gleich ☐ niedriger

b) **Er war im Vergleich zum Vorjahresmonat**
☐ höher ☐ gleich ☐ niedriger

2 Bestellungseingang aus dem Ausland ☐ nicht üblich

Er war – unter Ausschluss von saisonalen Schwankungen* – **im Vergleich zum Vormonat**
☐ höher ☐ gleich ☐ niedriger

3 Auftragsbestand ☐ nicht üblich

a) **Er war** – unter Ausschluss von saisonalen Schwankungen* – **im Vergleich zum Vormonat**
☐ höher ☐ gleich ☐ niedriger

b) **Wir beurteilen den Auftragsbestand als**
☐ eher zu gross ☐ ausreichend ☐ zu klein

4 Produktion

a) **Sie war** – unter Ausschluss von saisonalen Schwankungen* – **im Vergleich zum Vormonat**
☐ höher ☐ gleich ☐ niedriger

b) **Sie war im Vergleich zum Vorjahresmonat**
☐ höher ☐ gleich ☐ niedriger

5 Lager an Produkten in Arbeit ☐ nicht üblich

a) **Sie waren** – unter Ausschluss von saisonalen Schwankungen* – **im Vergleich zum Vormonat**
☐ höher ☐ gleich ☐ niedriger

b) **Wir beurteilen die Lager an Produkten in Arbeit als**
☐ zu gross ☐ ausreichend ☐ zu klein

6 Lager an Fertigprodukten ☐ nicht üblich

a) **Sie waren** – unter Ausschluss von saisonalen Schwankungen* – **im Vergleich zum Vormonat**
☐ höher ☐ gleich ☐ niedriger

b) **Wir beurteilen die Lager an Fertigprodukten als**
☐ zu gross ☐ ausreichend ☐ zu klein

Erwartungen

7 In den kommenden 3 Monaten wird gegenüber den vergangenen 3 Monaten...

a) **der Bestellungseingang** – unter Ausschluss von saisonalen Schwankungen*
☐ zunehmen ☐ gleichbleiben ☐ abnehmen

b) **die Produktion** – unter Auschluss von saisonalen Schwankungen*
☐ zunehmen ☐ gleichbleiben ☐ abnehmen

c) **der Rohstoff- und Halbfabrikateeinkauf** – unter Ausschluss von saisonalen Schwankungen*
☐ zunehmen ☐ gleichbleiben ☐ abnehmen

8 Die für die kommenden 3 Monate erwartete Geschäftsentwicklung wird sich in den nachfolgenden Monaten...
☐ eher verbessern ☐ fortsetzen ☐ eher verschlechtern

* Jahreszeitlich bedingte Nachfrageschwankungen und/oder Veränderungen infolge der üblichen Betriebsferien und Festtage, regelmässig wiederkehrender Reparaturen u.ä.

Fig. 16-2: Konjunkturtestfragebogen der Konjunkturforschungsstelle an der ETH Zürich

Erläuterungen:

Der abgedruckte Fragebogen (siehe Fig. 16-2) ist mit den folgenden Anmerkungen zur Beantwortung versehen:

Allgemeine Hinweise

Der Konjunkturtest eilt den öffentlichen und teilweise auch den innerbetrieblichen Statistiken voraus und spiegelt daher nur die *Tendenzen* wider. Die Antworten können und sollen deshalb nur auf den *allgemeinen Lagekenntnissen leitender Personen* basieren, eine Konsultation der Bücher ist nicht notwendig.

Die folgenden Hinweise zu den einzelnen Fragen sind nur unverbindliche Ratschläge, da die Verhältnisse von Produkt zu Produkt und Betrieb zu Betrieb sehr unterschiedlich sind. Wir bitten Sie jedoch, an der einmal gewählten Beantwortungsmethode festzuhalten.

Rückblick und Beurteilung

1. und 2. Bestellungseingang

Beim Bestellungseingang handelt es sich um Kundenaufträge; interne Aufträge sollen nicht berücksichtigt werden. Grundsätzlich ist von der bestellten Menge auszugehen (vor allem bei standardisierten Produkten). Wo dies nicht möglich ist, kann der Wert der Bestellungen als Grundlage dienen (rein preisbedingte Änderungen sind dabei auszuschließen).

Wenn Sie regelmäßig ins Ausland liefern, so beantworten Sie bitte auch Frage 2. Es sind dabei auch Bestellungen zu berücksichtigen, die nicht direkt, sondern über schweizerische Exporteure, ins Ausland gelangen. Bei keinen oder nur sporadischen Exporten kreuzen Sie bitte ⟨nicht üblich⟩ an.

3. Auftragsbestand

Gemeint ist die Menge oder der Wert (preisbereinigt) der noch nicht in Arbeit genommenen Kundenaufträge.

Der Auftragsbestand ist zu niedrig, wenn er die normale Kapazitätsauslastung nicht ermöglicht oder in Zukunft gefährdet. Er gilt als eher zu groß, wenn die Ausführung nicht in der gewünschten (normalen) Frist ausgeführt werden kann.

4. Produktion

Darunter ist die Menge oder der Wert (preisbereinigt) der erzeugten Zwischen- und Fertigprodukte, allenfalls die Summe der aufgewendeten Arbeits- oder Maschinenstunden, zu verstehen.

5. Lager an Produkten in Arbeit

Dazu zählen alle aus der eigenen Fertigung gelagerten Zwischenprodukte, ob sie nun auftragsgebunden hergestellt wurden oder nicht.

Sie sind zu hoch, wenn sie nicht als Reserve für eine schon geplante Produktionsausdehnung gelten können, und zu klein, wenn trotz sonst genügender Kapazität sich die Produktion wegen dieser Lager nicht der Nachfrage anzupassen vermag.

6. Lager an Fertigprodukten

Es sind nur jene Bestände gemeint, die nicht auftrags- oder bestellungsgebunden sind. Kundenlager oder Endprodukte, die aus terminlichen oder technischen Gründen noch bei Ihnen gelagert sind, zählen nicht dazu.

Die Lager sind zu hoch, wenn das gegenwärtige Bestandsniveau Ausdruck einer Absatzstockung ist, und zu klein, wenn die Bestellungen nicht in der gewünschten Zeit ab Lager ausgeführt werden können.

Erwartungen

7. Bestellungseingang, Produktion, Rohstoff- und Halbfabrikate
Bezüglich dem Bestellungseingang und der Produktion siehe Erläuterungen zur Frage 1 und zur Frage 4 des Monatstests. Wenn eine Vielzahl von Rohstoffen und Halbfabrikaten für die Produktion eingekauft werden muß, sollen nur die wichtigsten bei der Beantwortung der Fragen berücksichtigt werden.

8. Geschäftsentwicklung
Es soll die zukünftige Entwicklung ab dem 4. Monat (vom Berichtsmonat aus betrachtet) im Verhältnis zur erwarteten Entwicklung in der Zeit vom 1. bis 3. Monat gesehen werden.

Der erste Eindruck hinsichtlich der gestellten Fragen ist sicherlich ein gewisses Erstaunen über die relativ geringe Zahl an Fragen und die geringe Präzision, die vom Beantworter verlangt wird. Entscheidend für die Qualität eines Fragebogens ist jedoch immer nur, *ob er dem jeweiligen Untersuchungsziel möglichst gut entspricht.* Aus diesem Grunde sollte man niemals eine statistische Erhebung mit dem wilden Zusammenstellen von Fragen zu einem sog. Fragebogen, sondern mit der Aufzeichnung der Untersuchungsziele und der zu berücksichtigenden Rahmenbedingungen beginnen. Das Untersuchungsziel der Konjunkturforschungsstelle der ETH Zürich besteht darin, möglichst *rasch* Informationen zur Konjunkturdiagnose und -prognose zu erhalten, und dies unter *Rücksichtnahme* auf die Zurückhaltung der Unternehmer hinsichtlich der Preisgabe von quantitativen Geschäftsdetails. Der Verzicht auf derartige Fragen ist also wohl begründet und widerspricht nicht dem Untersuchungsziel. Im Gegenteil würde viel Zeit verlorengehen, müßte der mit der Beantwortung Beauftragte zuerst alle möglichen betriebsinternen Statistiken zusammentragen. Die gefragten *Tendenzangaben* hingegen kann ein Mitglied der Geschäftsleitung in der Regel ohne viel Zeitaufwand sofort beantworten.

Zum Schluß sei nochmals *Elisabeth Noelle-Neumann* zitiert (a. a. O., S. 94): „Die Kunst der Fragebogentechnik lernt man nur in der Praxis ... Die besondere Schwierigkeit der Fragebogen-Konstruktion liegt in dem *Kompromiß*, der gefunden werden muß zwischen den Anforderungen der Befragten, der Interviewer, der Techniker der Datenverarbeitung, der Stichprobenstatistiker, der Analytiker einschließlich der Spezialisten für mathematische Analysen, der Berichterstatter – und den Untersuchungszielen. Alle Arbeitsphasen der Methode müssen beherrscht werden, bevor man einen solchen Kompromiß, einen sachgemäßen Fragebogen, formulieren kann."

16.9 Aufgaben mit Lösung

Aufgabe 16-1:

a) Welcher theoretischen Zufallsverteilung sollten die einstelligen Zufallszahlen (die Zahlen 0 bis 9) der Tabelle 6 des Tabellenteils am Ende des Buches oder der Beilage folgen?

b) Überprüfen Sie die empirische Verteilung der ersten 250 Zufallszahlen (die Zahlen der ersten 5 Zeilen).

Lösung:

a) Diskrete Rechteckverteilung mit Wertebereich 0, 1, ..., 8, 9 (mit den Wahrscheinlichkeiten von je 10%).

b) Die ersten 250 Zufallsziffern verteilen sich wie folgt:

x_i	f_i	$\frac{f_i}{n} \cdot 100$ (%)
0	29	11,6
1	24	9,6
2	20	8,0
3	24	9,6
4	23	9,2
5	25	10,0
6	28	11,2
7	21	8,4
8	24	9,6
9	32	12,8
	250	100,0

In Kapitel XIX wird gezeigt, wie man mit dem Chiquadratanpassungstest prüft, ob die beobachteten Abweichungen der $\frac{f_i}{n} \cdot 100$ von 10% als zulässig betrachtet werden dürfen.

Aufgabe 16-2:

In Aufgabe 15-4d) wurde verlangt, die Wahrscheinlichkeiten aller Stichprobenergebnisse ($\bar{x}_i$) anzugeben, die bei einem Stichprobenumfang von n = 4 beim Ziehen aus einer Verteilung resultieren, die die Werte –1 und +1 mit den Wahrscheinlichkeiten von je 0,4 und den Wert 0 mit der Wahrscheinlichkeit 0,2 annimmt. Ziehen Sie jetzt mit Hilfe der Zufallszahlentabelle (Tabelle 6 des Tabellenteils) 125 Stichproben vom Umfang jeweils n = 4 aus der genannten Verteilung. Mit welchen empirischen Häufigkeiten treten die Werte $\bar{x} = -1, -\frac{3}{4}, -\frac{1}{2}, \ldots, 1$ auf? Was wird durch das Ergebnis erkennbar?

Lösung:

Es werden z. B. die ersten 500 einstelligen Zufallszahlen zeilenweise wie folgt transformiert: 0, 1, 2, 3 „bedeuten" –1, 4 und 5 „bedeuten" 0 und 6, 7, 8, 9 „bedeuten" +1. Die sich ergebende Folge von 500 Zahlen, bestehend aus –1, 0, +1, wird in 125 Vierergruppen zerlegt, und aus jeder dieser 125 Vierergruppen (Stichproben) wird der Mittelwert $\bar{x}$ berechnet. Daraus ergibt sich folgende Verteilung:

$\bar{x}_i$	f_i	$\frac{f_i}{n} \cdot 100$ (%)
–4/4	3	2,4
–3/4	7	5,6
–2/4	15	12,0
–1/4	22	17,6
0	25	20,0
1/4	26	20,8
2/4	19	15,2
3/4	5	4,0
4/4	3	2,4
	125	100,0

Man erkennt, obwohl n = 4 einen sehr kleinen Stichprobenumfang ausmacht, eine sich abzeichnende Ähnlichkeit mit der Normalverteilung.

Aufgabe 16-3:
Um den Vergleich zwischen einfacher und geschichteter Zufallsstichprobe weiter zu konkretisieren, berechne man:

a) die Spannweite von $\overline{X}$ bei einer einfachen Stichprobe (ohne Zurücklegen) von n = 6 aus den Schweizer Kantonen (Tabelle 16-1),

b) die Wahrscheinlichkeiten für das Auftreten des kleinsten und größten Wertes beim Ziehen ohne Zurücklegen (einfache Stichprobe),

c) die Wahrscheinlichkeit dafür, daß man bei einer einfachen Stichprobe sechs aus der Gruppe der 10 kleinsten Kantone (Tabelle 16-3) erwischt,

d) die Wahrscheinlichkeit, daß man bei einer einfachen Stichprobe sechs aus den 13 größten Kantonen erwischt (man unterstelle Ziehen mit Zurücklegen),

e) die Spannweite von $\overline{X}$ bei einer geschichteten Stichprobe unter den Bedingungen, wie sie in Abschnitt 16.6 angegeben sind ($n = 6$, $n_1 = 2$, $n_2 = 3$ und $n_3 = 1$, Ziehen jeweils ohne Zurücklegen).

Lösung:

a) kleinstes $\bar{x} = \dfrac{12{,}8 + 25{,}9 + 28{,}6 + 33{,}9 + 36{,}7 + 47{,}6}{6} = \underline{30{,}9}$

größtes $\bar{x} = \dfrac{1122{,}8 + 912{,}0 + 528{,}7 + 453{,}4 + 392{,}0 + 349{,}0}{6} = \underline{626{,}3}$

Spannweite: 626,3 – 30,9 = $\underline{595{,}4}$

b) $$\frac{\binom{6}{6}\binom{20}{0}}{\binom{26}{6}} = \frac{1}{\binom{26}{6}} = \underline{0{,}000'004'343}$$

c) $$\frac{\binom{10}{6}\binom{16}{0}}{\binom{26}{6}} = 0{,}000'912 \text{ (ohne Zurücklegen)}; \quad \left(\frac{10}{26}\right)^6 = \underline{0{,}003'237} \text{ (mit Zurücklegen).}$$

d) $\left.\begin{array}{l} \pi = \frac{13}{26} = \frac{1}{2} \\ n = 6 \\ x = 6 \end{array}\right\} \Rightarrow P(X = 6) = \underline{0{,}0156}$

e) $\text{kleinstes } \bar{x} = \frac{12{,}8 + 25{,}9}{2} \cdot \frac{10}{26} + \frac{158{,}4 + 164{,}6 + 183{,}8}{3} \cdot \frac{14}{26} +$

$+ \; 912{,}0 \cdot \frac{2}{26} = \underline{168{,}6}$

$\text{größtes } \bar{x} = \frac{97{,}4 + 75{,}9}{2} \cdot \frac{10}{26} + \frac{528{,}7 + 453{,}4 + 392{,}0}{3} \cdot \frac{14}{26} +$

$+ \; 1122{,}8 \cdot \frac{2}{26} = \underline{366{,}3}$

Spannweite: 366,3 – 168,6 = $\underline{197{,}7}$

Aufgabe 16-4:
Ziehen Sie eine einfache Zufallsstichprobe vom Umfang n = 7 aus den alphabetisch geordneten Schweizer Kantonen, indem Sie die Zufallszahlentabelle am Ende des Buches resp. in der Beilage zeilenweise von links nach rechts ablesen und dabei stets nur die beiden ersten Ziffern der fünfstelligen Zahlen berücksichtigen. Rechnen Sie die Schweizer Bevölkerung aufgrund dieser Stichprobe hoch.

Lfd. Nr.	Name	Wohnbevölkerung in 1000	Lfd. Nr.	Name	Wohnbevölkerung in 1000
01	Aargau (AG)	453,4	16	St. Gallen (SG)	392,0
02	Appenzell ARh (AR)	47,6	17	Schaffhausen (SH)	69,4
03	Appenzell IRh (AI)	12,8	18	Schwyz (SZ)	97,4
04	Basel-Land (BL)	219,8	19	Solothurn (SO)	218,1
05	Basel-Stadt (BS)	203,9	20	Tessin (TI)	265,9
06	Bern (BE)	912,0	21	Thurgau (TG)	183,8
07	Freiburg (FR)	185,2	22	Uri (UR)	33,9
08	Genf (GE)	349,0	23	Waadt (VD)	528,7
09	Glarus (GL)	36,7	24	Wallis (VS)	218,7
10	Graubünden (GR)	164,6	25	Zug (ZG)	75,9
11	Jura (JU)	65,0	26	Zürich (ZH)	1'122,8
12	Luzern (LU)	296,2			
13	Neuenburg (NE)	158,4			
14	Nidwalden (NW)	28,6			
15	Obwalden (OW)	25,9			

Lösung:
Gezogene Laufnummern der Kantone:
18 (SZ) – 19 (SO) – 24 (VS) – 15 (OW) – 08 (GE) – 07 (FR) – 11 (JU).

Die Stichprobenteilsumme dieser sieben Kantone beträgt 1'159'300 Einwohner. Der Hochrechnungsfaktor ist 26/7, somit beträgt die hochgerechnete Einwohnerzahl 4'305'970. Diese Zahl ist weit von der tatsächlichen Einwohnerzahl von 6'365'960 entfernt. Das Ergebnis illustriert den großen Stichprobenfehler von einfachen Zufallsstichproben und bekräftigt die Notwendigkeit, eine Hochrechnung auf der Basis einer anderen, zufälligen oder nicht zufällig gewonnenen Teilmenge vorzunehmen.

16.10 Antworten auf die Kontrollfragen

1. Nach dem beschriebenen Vorgehen findet man als erstes (im 4. Block) die Zahl 02. Die systematische Stichprobe umfaßt somit die Kantone BE (2), OW (6), FR (10), SH (14), GR (18), VD (22) und JU (26).
2. σ^2_{III} = 11'109,2
3. Es wurden unter den ersten drei Ziffern der einzelnen Blöcke die vorkommenden Laufnummern gesucht, und zwar gleichzeitig für alle drei Schichten. Man kommt aber unten rechts an, ohne eine der beiden Laufnummern 301 und 302 gefunden zu haben. Dann wurden, von unten rechts aufwärts lesend, unter den letzten drei Ziffern jeden Blocks die beiden fehlenden Laufnummern gesucht. Man findet 301 im 3. Block, 16. Zeile (37<u>301</u>).
4. μ_{I} = 49'320
   μ_{II} = 274'120
   μ_{III} = 1'017'400
5. 344'650 ist ein „ungewogenes" AM (Zürich z. B. erhält daher das „Gewicht" $\frac{1}{6}$).

   Die wesentlich niedrigere Schätzung von 257'900 aufgrund der geschichteten Stichprobe ist ein gewogenes AM. (Jetzt erhält z. B. Zürich das schichtspezifische Gewicht von $\frac{2}{26}$.)

Kapitel XVII: Parameter- und Intervallschätzungen

17.1: *Vorbemerkung* – **17.2:** *Punktschätzungen* – **A.** *Schätzfunktionen (Schätzer)* – **B.** *Eigenschaften von Schätzern* – **C.** *Maximum-Likelihood-Methode* – **17.3:** *Vertrauensintervalle (VI)* – **A.** *Einführung: VI für μ (σ bekannt)* – **B.** *Vertrauensintervall für μ (σ unbekannt)* – **C.** *Vertrauensintervall für μ_1–μ_2* – **D.** *Vertrauensintervall für σ^2* – **E.** *Vertrauensintervall für π* – **F.** *Übersicht über die Vertrauensintervalle* – **G.** *Bestimmung des Stichprobenumfangs* – **17.4:** *Aufgaben mit Lösung* – **17.5:** *Antworten auf die Kontrollfragen*

17.1 Vorbemerkung

Durch (Zufalls-)Stichproben erhält man Informationen, die u. a. Aufschluß zu geben vermögen über die Verteilung einer Grundgesamtheit (GG) und im speziellen über deren *Parameter* (μ, σ, π usw.). Man erhält diesen Aufschluß durch das Verfahren des sog. *Inferenz- oder Rückschlusses* von den durch die Stichprobe gelieferten Daten. Der Rückschluß ist die *Umkehr* des Verfahrens des sog. *Inklusionsschlusses,* bei dem man von einer *bekannten* Verteilung oder *bekannten* Parametern der GG ausgeht und von da her Aussagen macht über das, was an Ereignissen eintreten kann. Beim Inklusionsschluß kennt man z. B. das π einer dichotomen (zweigeteilten) GG und kann daher angeben, mit welcher Wahrscheinlichkeit ein bestimmter Anteil $\frac{x}{n}$ in einer Stichprobe auftritt. Beim *Rückschluß* kennt man „nur" den Anteil $\frac{x}{n}$ in der Stichprobe und will, von dieser empirischen Evidenz ausgehend, das Dunkel der Ungewißheit über den Parameter der Grundgesamtheit erhellen. Als Lichtquelle stehen dabei die wahrscheinlichkeitstheoretischen Gesetze zur Verfügung, die in den Kapiteln X bis XV dargestellt wurden. Den Inklusionsschluß nennt man auch den direkten Schluß, den Rückschluß bezeichnet man dann als indirekten Schluß.

Inklusions- und Rückschluß

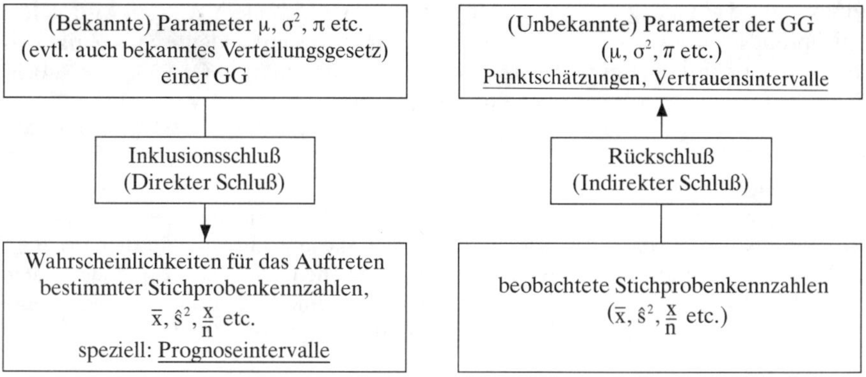

Rückschlüsse sind in den vorangegangenen Kapiteln schon verschiedentlich vorgenommen worden, beispielsweise als wir in Kapitel XIII, Abschnitt 13.1.G μ_x durch $\bar{x}$ und σ_x^2 durch $\hat{s}^2$ „ersetzt" haben. Eine „Ersetzung" im statistischen Sinne heißt von jetzt an eine (Punkt-)Schätzung. Diese Punktschätzung ist, darüber müssen wir uns jetzt ganz klar werden, die *Realisation* einer bestimmten Schätzfunktion, die man auch Schätzer nennt. Man erhält eine konkrete Punktschätzung für einen GG-Parameter durch Einsetzen der vorgefundenen Stichprobendaten in den Schätzer. Das klingt viel komplizierter, als es ist, denn alle jetzt zu verwendenden Schätzer sind alte Bekannte unter anderem Namen: $\overline{X}$, $\hat{S}^2$, A usw.

Wir nennen *Schätzer* solche *Zufallsvariablen,* die als Modelle für die *Verteilung von Stichprobenergebnissen resp. Stichprobenkennzahlen* dienen. *Ein Schätzer ist also eine Zufallsvariable und umgekehrt: gewisse ZV heißen Schätzer.* Eine *Schätzung* hingegen ist *ein bestimmter Wert,* den eine Schätzer genannte ZV annimmt. Durch ein „Dach" über einem Symbol wird *teilweise* (leider aber nicht konsequenterweise) auf einen Schätzer oder dessen Realisation hingewiesen.

17.2 Punktschätzungen

Wir beginnen diesen Abschnitt mit der Angabe von Resultaten. Herleitungen und Begründungen folgen nach.

A. Schätzfunktionen (Schätzer)

Als einen Schätzer bezeichnet man allgemein die Funktion $\hat{\Theta}$ (Θ ist der griechische Großbuchstabe Theta).

$$\hat{\Theta} = \varphi\,(X_1, X_2, \ldots, X_n) \tag{17-1}$$

$\hat{\Theta}$ wird verwendet, um eine Punktschätzung $\hat{\theta}$ für den Parameter θ (kleines griechisches Theta) zu erhalten.

$\hat{\Theta}$ ist eine Funktion (Transformation) der ZV $X_1, X_2, \ldots, X_n$, ist also selber eine *Zufallsvariable*. $\hat{\Theta}$ ist im allgemeinen eine Funktion von *n* ZV. Das hängt damit zusammen, daß im allgemeinen eine Stichprobe vom Umfang n gezogen wird. Diese Stichprobe erbringt jeweils eine Realisation von insgesamt n identischen Zufallsvariablen (und führt so zu einer Realisation $\hat{\theta}$ der Schätzfunktion $\hat{\Theta}$. Siehe dazu nochmals die Herleitung des zentralen Grenzwertsatzes in Kapitel XV).

Bemerkung:
Würde man sagen, eine Stichprobe erbringe n Realisationen einer bestimmten Zufallsvariablen, ist das zwar genauso richtig der Sache nach, hat aber den Nachteil, daß es nicht auf das vorliegende Arsenal wahrscheinlichkeitstheoretischer Sätze zugeschnitten ist. Die scheinbare Umständlichkeit, eine Stichprobe als jeweils eine Realisation von n identischen ZV aufzufassen, ist also notwendig und wohlbegründet.

Tab. 17-1: GG – Parameter und Schätzer

GG – Parameter	Schätzer, (Schätzung)
Allgemein: θ [= Parameter einer Zufallsverteilung]	$\hat{\Theta} = \varphi(X_1, X_2, \ldots, X_n), (\hat{\theta})$
$\mu_x [= E(X) = E(\overline{X})]$ (meist schreibt man nur μ)	$\overline{X} = \frac{1}{n} \Sigma X_i, (\hat{\mu}_x)$
$\sigma_x^2 [= V(X)]$	$\hat{S}^2 = \frac{\Sigma (X_i - \overline{X})^2}{n-1}, (\hat{\sigma}_x^2)$ [= empirische Varianz bei unbekanntem μ_x]
$\mu_D (= \mu_1 - \mu_2)$ [= Erwartungswert der Differenz D]	$D = \overline{X}_1 - \overline{X}_2, (\hat{\mu}_D)$
π [Parameter der Binomial- oder Anteilsvariablen]	$A = \frac{X}{n}, (\hat{\pi})$ [= Erfolgsanteile in der Stichprobe]
$\sigma_A^2 \left[= \frac{\pi(1-\pi)}{n} \right]$	$\frac{\frac{X}{n}(1 - \frac{X}{n})}{n-1}$
λ [= E(X) und V(X) der Poissonverteilung]	$\overline{X}, (\hat{\lambda})$
σ_D^2 [$= \frac{\sigma_1^2}{n_1} + \frac{\sigma_2^2}{n_2}$ = Varianz der Verteilung von $D = \overline{X}_1 - \overline{X}_2$]	$\hat{S}_D^2 = \frac{\hat{S}_1^2}{n_1} + \frac{\hat{S}_2^2}{n_2}, (\hat{\sigma}_D^2)$
falls bekannt ist, daß $\sigma_1^2 = \sigma_2^2 = \sigma_g^2$ ist: $\sigma_D^2 = \sigma_g^2 \left(\frac{1}{n_1} + \frac{1}{n_2} \right)$ (σ_g^2 heißt gemeinsame Varianz)	$\hat{S}_D^2 = \hat{S}_g^2 \left(\frac{1}{n_1} + \frac{1}{n_2} \right)$; $\hat{S}_g^2 = \frac{(n_1 - 1)\hat{S}_1^2 + (n_2 - 1)\hat{S}_2^2}{n_1 + n_2 - 2}$ ($\hat{S}_g^2$ heißt gemischte Varianz oder „pooled variance“)

Beispiel:

Ein Produzent von 2 Futtermittelsorten für die Kälbermast möchte wissen, um wieviel die Mastgewichte von einjährigen Kälbern sich im Durchschnitt voneinander unterscheiden, wenn im einen Fall ausschließlich mit Sorte 1 und im anderen Fall nur mit Sorte 2 gemästet wurde.

Eine Stichprobe vom Umfang $n_1 = 50$ unter den mit Sorte 1 gemästeten Kälbern ergibt ein $\bar{x}_1 = 300$ kg und eine Stichprobe von $n_2 = 35$ bei den mit Sorte 2 gemästeten Kälbern ergibt ein $\bar{x}_2 = 310$ kg. Man zieht daraus den Schluß: Die Kälber-GG, die mit Sorte 1 gemästet wird, hat ein $\mu_1 = 300$ kg, die Kälber-GG, die mit Sorte 2 gefüttert wird, ein $\mu_2 = 310$ kg; somit ist zu erwarten, daß sich zwei Kälber (je eines aus jeder der beiden GG) „im Durchschnitt" um 10 kg im Gewicht unterscheiden: $\mu_D = 10$ kg.

B. Eigenschaften von Schätzern

Die in Tabelle 17-1 angegebenen Schätzer wurden aufgrund wahrscheinlichkeitstheoretischer Überlegungen ausgewählt. Man hat bestimmte Eigenschaften (Kriterien) als erwünscht bezeichnet und dann solche Schätzer genommen, die alle oder doch die meisten dieser Eigenschaften besitzen.

Exkurs in eine Analogie:
Die Auswahl der Schätzer aufgrund vorher aufgestellter Kriterien kann man durch die folgende *Analogie* begreifen: Ein Schütze oder Kanonier habe die Aufgabe, durch einen Schuß ein bestimmtes Ziel zu treffen. Um diese Aufgabe möglichst gut zu erfüllen, wird er zuvor nach genau festgelegten Regeln ausgebildet, und sein Gewehr oder seine Kanone wird nach einem bestimmten Produktionsverfahren hergestellt. Bevor die „Schußhervorbringungseinheit" (Kanonier und Kanone) eingesetzt wird, sind daher Produktions- und Ausbildungsmethoden zu entwickeln, die sicherstellen, daß beim Einsatz folgendes erreicht wird: Das Zentrum der Einschläge sollte bei mehreren Schüssen mit dem Ziel übereinstimmen (Kriterium A). Ferner sollten die Einschläge, je länger geschossen wird, desto genauer das Ziel erreichen (Kriterium B). Und schließlich sollte die (unvermeidbare) Streuung der Einschläge um das Ziel herum möglichst klein sein (Kriterium C). Bildlich dargestellt sollte die links (und *nicht* die rechts) in Figur 17-1 gezeigte Situation zutreffen.

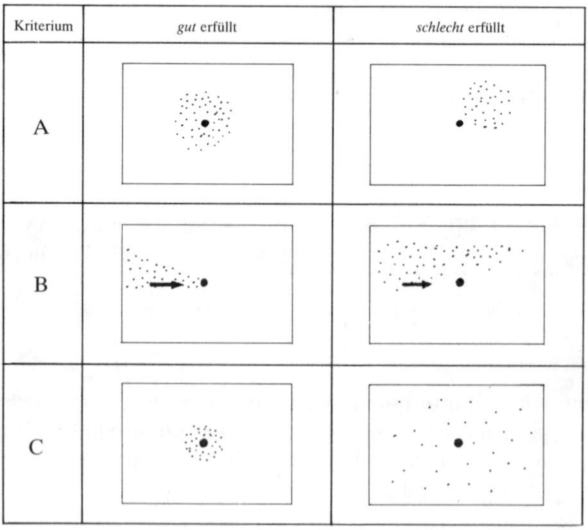

Fig. 17-1: Evaluationsschema für die Leistungsqualität einer Schießkomposition

Der Schußhervorbringungseinheit entspricht die Schätzfunktion (der Schätzer) des Statistikers, den Zielen entsprechen die zu schätzenden Parameter, dem Einschlag eines Schusses entspricht der durch eine Stichprobe konkretisierte Wert des Schätzers (= die Schätzung), und den Ausbildungs- und Produktionsverfahren entsprechen die Methoden zur Findung von Schätzern.

Bei den Schätzern sind, in statistischer Terminologie, die drei wichtigsten Kriterien a) die *Erwartungstreue,* b) die *Konsistenz* und c) die *Kleinheit der Streuung* (kleinste Varianz, *Effizienz* genannt).

a) Erwartungstreue:

Man spricht auch von Unverzerrtheit oder vom Fehlen eines „bias" (= englisch für Verzerrung). Gemeint ist damit, daß $\hat{\Theta}$ eine Verteilung mit dem Erwartungswert θ besitzen muß.

Erwartungstreue von $\hat{\Theta}$ liegt vor, falls:

$$\boxed{E\,(\hat{\Theta}) = \theta} \tag{17-2}$$

Fig. 17-2 stellt die Verteilung eines erwartungstreuen Schätzers $\hat{\Theta}$ derjenigen eines nicht erwartungstreuen Schätzers Θ^* (beides Schätzer für θ) gegenüber.

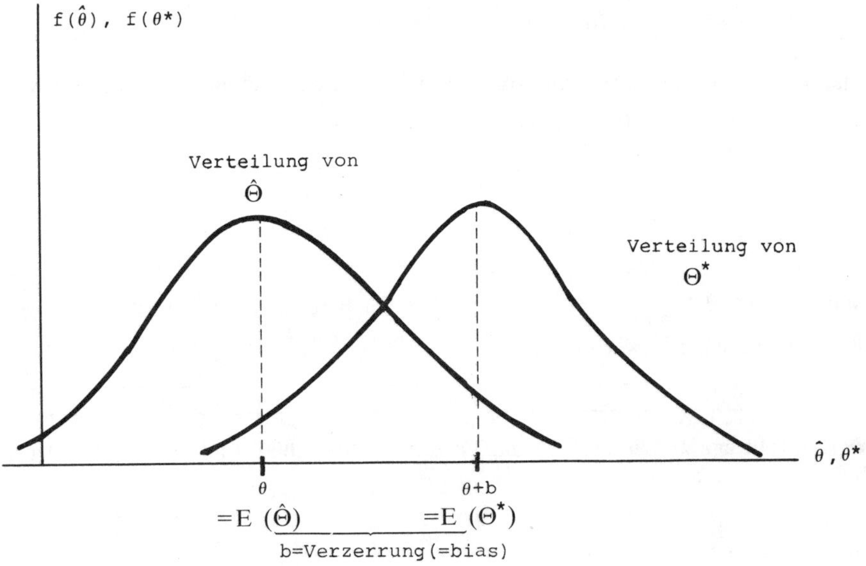

Fig. 17-2: Links eine erwartungstreue, rechts eine Schätzfunktion mit „bias"

Die Erwartungstreue der Schätzer $\overline{X}$, $\hat{S}^2$ und A ist früher gezeigt worden, als die entsprechenden Zufallsverteilungen in Kap. XII (für A) und in Kap. XV (für $\overline{X}$ und $\hat{S}^2$) behandelt wurden. Dort nämlich wurde jeweils der Erwartungswert dieser ZV angegeben. Es war $E(A) = \pi$, $E(\overline{X}) = \mu_x$ und $E(\hat{S}^2) = E\left(\frac{\sigma^2}{n-1}\,Q\langle n-1\rangle\right) = \sigma^2$.

● **Kontrollfrage 1:** Man zeige die Anwendung von (11-33) für die Herleitung der Erwartungstreue von $\hat{S}^2$.

Hinweis:

Die *Intuition* kann eine wichtige Hilfe beim Auffinden von Schätzern sein, *genügt aber nicht immer!* Intuitiv würde man $S^2 = \frac{\Sigma(X_i - \overline{X})^2}{n}$ als Schätzer für σ_x^2 verwenden. Aber S^2 ist nicht erwartungstreu! Daher ist in Tabelle 17-1 $\hat{S}^2$ als Schätzer für σ_x^2 angegeben.

Die *fehlende Erwartungstreue* von S^2 kann man wie folgt feststellen:

$$E(S^2) = E\left(\frac{\Sigma(X_i - \overline{X})^2}{n}\right) = E\left[\frac{\Sigma(X_i^2 - 2X_i\overline{X} + \overline{X}^2)}{n}\right] =$$

$$= E\left[\frac{\Sigma X_i^2}{n} \underbrace{-2\overline{X}\frac{\Sigma X_i}{n}}_{-2\overline{X}^2} + \underbrace{\frac{n\overline{X}^2}{n}}_{+\overline{X}^2}\right] = \frac{1}{n}E(\Sigma X_i^2) - E(\overline{X}^2) = \frac{1}{n}\Sigma E(X_i^2) - E(\overline{X}^2)$$

Da $E(X_i^2) - \mu_x^2 = \sigma_x^2$ und $E(\overline{X}^2) - \mu_x^2 = \frac{\sigma_x^2}{n}$, gilt:

$$E(S^2) = \frac{1}{n} \cdot n(\sigma_x^2 + \mu_x^2) - \left(\frac{\sigma_x^2}{n} + \mu_x^2\right) = \sigma_x^2 - \frac{\sigma_x^2}{n} = \frac{n-1}{n}\sigma_x^2$$

Man sieht, S^2 ist kein erwartungstreuer Schätzer für σ_x^2. Multipliziert man jedoch S^2 mit $\frac{n}{n-1}$, so ist dieser Mangel behoben, denn:

$$E\left(\frac{n}{n-1}S^2\right) = \frac{n}{n-1}E(S^2) = \frac{n}{n-1} \cdot \frac{n-1}{n}\sigma_x^2 = \sigma_x^2$$

Man erkennt, daß $\frac{n}{n-1}S^2 = \hat{S}^2$ ist, von dem wir bereits auf anderem Wege festgestellt haben, daß es erwartungstreu ist.

● **Kontrollfrage 2:** Wie groß ist die Verzerrung (der „bias") im Fall des Schätzers S^2?

b) Konsistenz

Eine Schätzfunktion sollte konsistent sein. Damit ist gemeint, daß die Zufallsverteilung, die als Schätzfunktion für den Parameter θ konstruiert wurde, mit zunehmendem Stichprobenumfang n immer enger um θ streuen sollte. Mathematisch gesprochen liegt Konsistenz von $\hat{\Theta}$ vor, falls für jedes beliebige $\varepsilon > 0$ folgender sog. *Wahrscheinlichkeitsgrenzwert* gilt:

$$\boxed{\lim_{n \to \infty} P(|\hat{\Theta} - \theta| < \varepsilon) = 1} \qquad (17\text{-}3)$$

Fig. 17-3 illustriert Konsistenz für einen erwartungstreuen und einen nicht erwartungstreuen Schätzer.

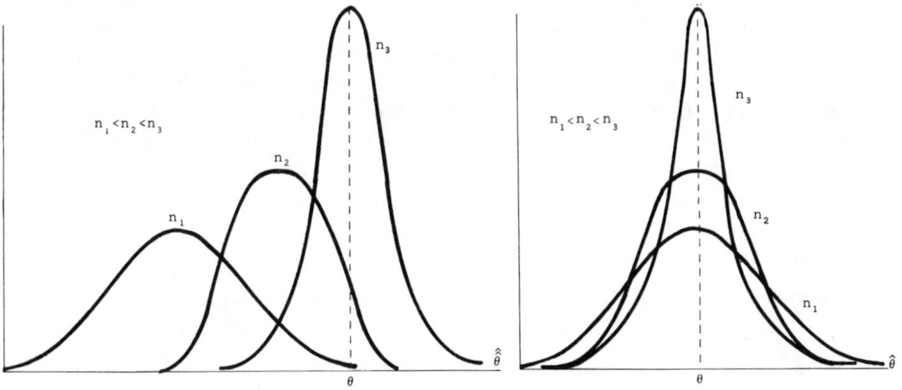

Fig. 17-3: Konsistenz bei einer erwartungstreuen (rechts) und einer nicht erwartungstreuen Schätzfunktion (links)

c) Kleinste Varianz (Effizienz)

Ein Schätzer sollte für *jede* Größe von n, d. h. bei *jedem* Stichprobenumfang, die *kleinstmögliche Streuung* haben. Die Schätzungen („Einschläge") sollten möglichst eng um den Parameter (das „Ziel") streuen. Eine Schätzfunktion $\hat{\Theta}$ heißt effizient (von kleinster Varianz, „am wirksamsten"), falls sie erwartungstreu ist und falls gilt:

$$V(\hat{\Theta}) \leq V(\Theta^*) \tag{17-4}$$

Θ^* steht hierbei für jede andere mögliche, erwartungstreue Schätzfunktion. Fig. 17-4 veranschaulicht die Effizienzeigenschaft.

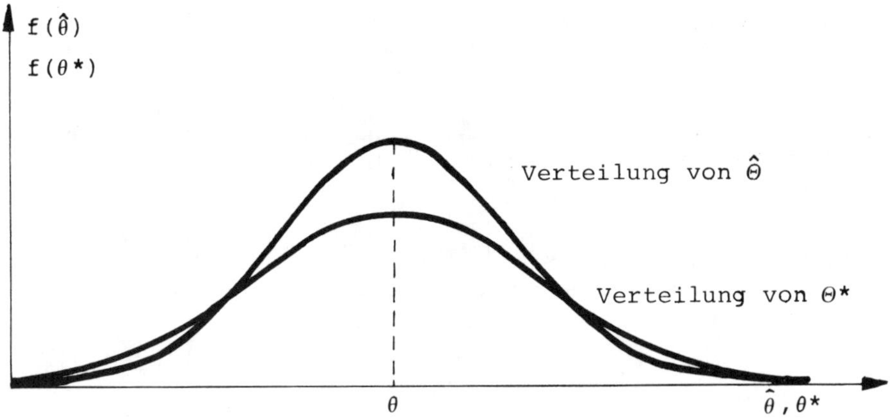

Fig. 17-4: Veranschaulichung von Effizienz

Bemerkung:
Asymptotische „Normalität" und *Suffizienz* sind zwei weitere Kriterien, denen Schätzer genügen sollten. Das erstgenannte Kriterium beinhaltet, daß für immer größer werdende Stichprobenumfänge die Zufallsverteilung des Schätzers sich der Normalverteilung immer mehr annähert. (Für A, den Schätzer für π, und für $\overline{X}$, den Schätzer für μ_x, ist, nebenbei bemerkt, in Kapitel XV die asymptotische Normalität gezeigt worden.) Mit *Suffizienz* ist gemeint, daß die gesamte, in einer Stichprobe enthaltene Information durch die Schätzfunktion verwertet wird.

● **Kontrollfrage 3:** Gilt auch für den Schätzer $\hat{S}^2$ asymptotische Normalität?

C. Maximum-Likelihood-Methode

Einen Schätzer kann man durch „Probieren" finden. Das ist aber evtl. sehr umständlich. Man verwendet daher *zwei Hauptmethoden* („Kanonierausbildungs- und Kanonenproduktionsmethoden"), die brauchbare Schätzer liefern. Es sind dies einmal die in Kapitel VII gezeigte *Methode der kleinsten Quadrate* (die dort gefundenen Parameter a_0 und b werden sich in Kapitel XX als optimale Schätzer entpuppen) und die jetzt zu zeigende *Maximum-Likelihood-Methode* (ML-Methode), zu deutsch „Methode der maximalen Mutmaßlichkeit".

Man geht bei dieser auf eine *ganz einfache Plausibilitätsüberlegung* zurückführbaren Methode von der sog. *Likelihoodfunktion* aus, die üblicherweise mit $L(\theta)$ bezeichnet wird. Man bringt durch diese Schreibweise zum Ausdruck, daß hier eine Funktion von θ, dem zu schätzenden Parameter, vorliegt, und ferner, daß diese Funktion nach einem der *Likelihoodidee* entsprechenden Prinzip gebildet ist: *Die Likelihoodfunktion ist das Produkt aus n identischen Dichte- oder Wahrscheinlichkeitsfunktionen,* und als solche gibt sie *die gemeinsame Dichte resp. Wahrscheinlichkeit von n identischen und unabhängigen ZV* an. Das als „Argument" der Funktion L ausgewiesene θ soll lediglich hervorheben, daß wir jetzt θ als eine Variable betrachten. *Faktisch ist die Likelihoodfunktion eine Dichte- resp. Wahrscheinlichkeitsfunktion, die man einfach aus einer neuen Blickrichtung anschaut!* Dies insofern, als jetzt das *als variabel betrachtet* wird, was man *bisher als konstant ansah* (die Parameter), und umgekehrt das als gegeben angesehen wird, was bisher als variabel angesehen wurde (die Werte der ZV X). Gesucht wird das Maximum von $L(\theta)$.

Die Technik der ML-Methode:

Falls wir den Schätzer beispielsweise für das μ einer normalverteilten GG, deren σ uns bekannt ist, suchen, gehen wir von folgender Likelihoodfunktion aus:

$$L(\mu) = \prod_{i=1}^{n} f(x_i) = \frac{1}{(2\pi)^{n/2}\sigma^n} \exp\left[-\frac{1}{2}\Sigma\left(\frac{x_i-\mu}{\sigma}\right)^2\right] \qquad (17\text{-}5)$$

Man erkennt rechts das Produkt gebildet aus den n Dichtefunktionen einer jeweils (eindimensionalen) Normalvariablen (siehe Formel (13-1)).

Kontrollfrage 4: Warum wird so getan, als ob L nur eine Funktion von μ ist? Ist es nicht auch eine Funktion von $x_1, x_2, \ldots, x_n$ und von σ?

Üblicherweise sucht man statt des Maximums von $L(\theta)$ das Maximum von $\ln L(\theta)$, dem natürlichen Logarithmus von $L(\theta)$ (weil dies rascher geht und das Maximum von beiden Funktionen an der gleichen Stelle liegt):

$$\ln L(\mu) = \underbrace{\ln\left(\frac{1}{(2\pi)^{n/2}\sigma^n}\right)}_{\text{Konstante}} - \frac{1}{2}\frac{\Sigma(x_i - \mu)^2}{\sigma^2} \tag{17-6}$$

Die zur Findung des Maximums von L bezüglich μ notwendige (und wie sich leicht zeigen läßt, in diesem Fall auch hinreichende) Bedingung lautet also:

$$\frac{d\ \ln\ L(\mu)}{d\mu} = \frac{\sum_{i=1}^{n}(x_i - \mu)}{\sigma^2} = 0 \tag{17-7}$$

● **Kontrollfrage 5:** Man zeige die einzelnen Schritte, die von (17-6) zu (17-7) führen, und begründe sie.

Lösung von (17-7):

$$\sum_{i=1}^{n} x_i - n\hat{\mu} = 0$$

$$\hat{\mu} = \frac{\sum_{i=1}^{n} x_i}{n}$$

$$\boxed{\hat{\mu} = \bar{x}} \tag{17-8}$$

Bei $\mu = \bar{x}$ hat $L(\mu)$ ihr Maximum. Der Schätzer von μ ist also $\overline{X}$, wie dies als Ergebnis in Tabelle 17-1 bereits angegeben wurde.

● **Kontrollfrage 6:** Man überprüfe für den in Tabelle 17-1 angegebenen Schätzer $\overline{X}$ für den Parameter λ der Poissonverteilung, ob er ein ML-Schätzer ist.

Die Philosophie der ML-Methode:

Der ganz einfache Grundgedanke der ML-Methode – er stammt von dem englischen Statistiker *R. A. Fisher* – läßt sich so beschreiben: Wenn wir einem theoretischen Parameter, z. B. μ, jenen Wert geben, den der aus der ML-Methode hervorgegangene Schätzer für eine konkret vorliegende Stichprobe annimmt, dann haben wir die

Verteilung mit genau jenem Parameterwert herausgefunden, für die das vorgefundene Stichprobenergebnis das „plausibelste" ist. Es ist plausibler, „vernünftiger" oder eben naheliegender, der GG-Verteilung *diesen* Parameterwert zuzuschreiben als irgendeinen anderen. Die höchste Vermutung („Mutmaßlichkeit") spricht für diesen Parameterwert.

Fig. 17-5 veranschaulicht die soeben beschriebene Plausibilitätsüberlegung. Nehmen wir an, eine Stichprobe (im Umfang n = 5) habe

$$\begin{aligned} x_1 &= 47{,}3 \\ x_2 &= 51{,}5 \\ x_3 &= 50{,}1 \\ x_4 &= 49{,}2 \\ x_5 &= 51{,}9 \end{aligned}$$

ergeben. Daraus folgt $\bar{x} = 50$. In Fig. 17-5 sind die fünf Stichprobenwerte abgetragen und ebenso in der Mitte eine Normalverteilung mit dem Erwartungswert $\mu = \bar{x} = 50$. Die Ordinaten der Dichtefunktion dieser Normalverteilung bei den fünf Beobachtungen von X sind ebenfalls eingetragen. Das Produkt aus den fünf Dichten $f(x_i)$ ist jetzt maximal. Jede hinsichtlich ihres Erwartungswertes davon verschiedene, d. h. auf der Abszisse verschobene Normalverteilung erbrächte ein kleineres Produkt der fünf Dichten.

Betrachtet man die zwei beispielhaft (aus unendlich vielen) ausgewählten Normalverteilungen mit $\mu = 46$ oder $\mu = 55$, dann muß das Produkt der fünf Dichten bei diesen sehr viel kleiner sein, weil die beobachteten Werte in den „Schwänzen" dieser Verteilungen liegen! Dasselbe gilt für alle Verteilungen mit $\mu \neq 50$. *Aus allen Verteilungen mit $\mu \neq 50$ würde seltener eine Stichprobe mit Werten resultieren, die zu $\bar{x} = 50$ führen, als aus der Verteilung mit $\mu = 50$.*

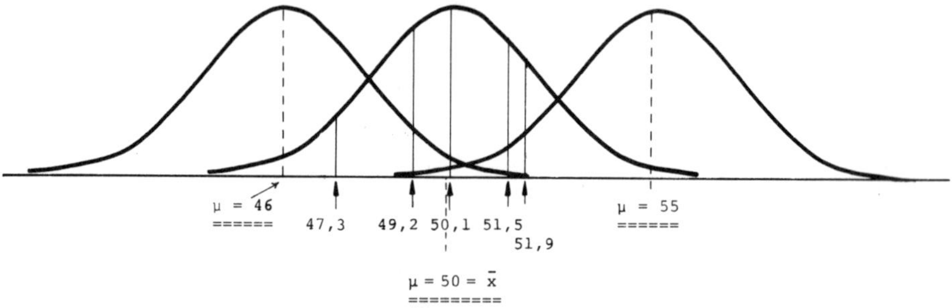

Fig. 17-5: Veranschaulichung der Idee der ML-Methode

Die ML-Methode wird in den Lehrbüchern meist für die Herleitung des Schätzers A für π gezeigt. In der gelösten Aufgabe 17-3 ist dieser Fall ausführlich dargestellt. Die in Tabelle 17-1 angegebenen Schätzer sind erwartungstreue, auf der Grundlage der ML-Methode gefundene Schätzer. (ML-Schätzer sind zwar nicht immer erwartungstreu, doch können sie leicht erwartungstreu gemacht werden.)

Bemerkung:
R. A. Fisher hat bewußt den Begriff Likelihood (deutsch: Mutmaßlichkeit) verwendet und nicht von „Maximaler Wahrscheinlichkeits-Methode“ gesprochen. Der Begriff Wahrscheinlichkeit ist reserviert als ein Maß für die Unsicherheit des Eintretens von Ereignissen, die zu einem ganz bestimmten Stichprobenraum gehören, und damit auch als ein Maß für die Unsicherheit, mit der eine ZV die Werte des Wertebereichs annimmt. Die Parameterwerte, die durch die ML-Methode gefunden werden sollen, wie z. B. ein bestimmtes μ, sind jedoch keine Realisationen von Zufallsvariablen, sondern *nichtstochastische*, wenn auch unbekannte *Werte*. Ein durch die ML-Methode gefundener Parameterwert ist daher *plausibler*, aber nicht wahrscheinlicher als ein davon abweichender Wert!

17.3 Vertrauensintervalle (VI)

A. Einführung: VI für μ (σ bekannt)

Punktschätzungen (als Realisationen eines erwartungstreuen Schätzers) *„treffen“ nur im Durchschnitt den wahren Wert des zu schätzenden Parameters. Die einzelne Schätzung ist zufallsbedingt fast immer zu groß oder zu klein. Man sollte daher auch den Irrtumsspielraum kennen, d. h. man sollte wissen, wie sehr man sich auf den Durchschnitt verlassen darf.*

Es gibt die altbekannte Möglichkeit, durch eine Streuungskennzahl die „Qualität“ (Aussagekraft) eines Durchschnitts zum Ausdruck zu bringen (siehe Kapitel V, speziell Abschnitt 5.1). Mit Hilfe der ergänzenden Angabe der *Standardabweichung des Schätzers* als Kennzahl für dessen Streuung kann man sich ein Bild davon machen, ob eine Punktschätzung tendenziell sehr weit weg oder relativ nahe beim wahren Parameter liegt. Sucht man z. B. μ_x zu schätzen, so wäre zusätzlich zu $\bar{x}$, dem AM der Stichprobendaten, die Streuung des Schätzers $\sigma_{\bar{x}} = \frac{\sigma_x}{\sqrt{n}}$ anzugeben:

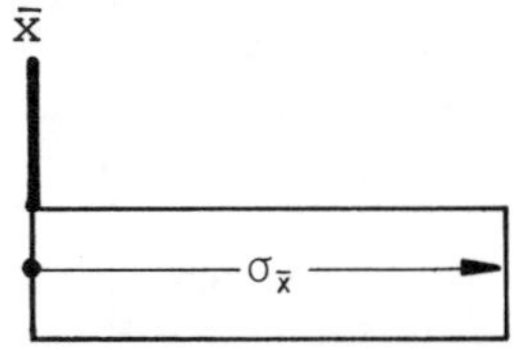

Gebräuchlicher und der praktischen Anwendung besser angepaßt ist nun allerdings eine etwas andere Art und Weise der Qualifizierung einer Punktschätzung. Man gibt ein sog. *Vertrauens- oder Konfidenzintervall* an. Wie wir sehen werden, wird dabei die Streuung des Schätzers als ein Bestandteil Verwendung finden. *Durch das VI wird ein die Punktschätzung einschließender Bereich abgegrenzt, in dem mit „sehr großer Sicherheit“ der wahre Parameter liegt.* Man nennt den Grad der Sicherheit das „Vertrauensniveau“ (Konfidenzniveau) und bezeichnet es allgemein mit $(1-\alpha)$. Will man z. B. zu 95% sicher sein, d. h. sich in 95% der Fälle darauf verlassen können, daß der um die Punktschätzung gelegte Bereich den „wahren" Parameter der GG enthält, dann spricht man von einem 95%-Vertrauensintervall oder von einem Konfidenzintervall „zum Niveau 95%". Für z. B. μ_x reicht das VI von $\bar{x} - e$ bis $\bar{x} + e$. Es liegt symmetrisch um $\bar{x}$ und hat nach oben und unten die Breite e.

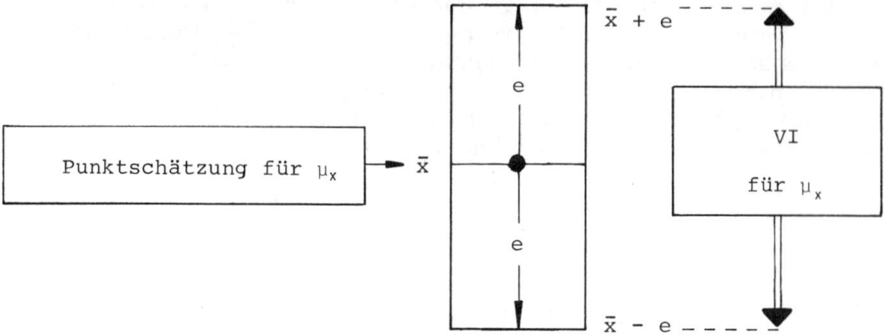

Bevor das Zustandekommen eines VI für μ_x erklärt wird und darüber hinaus für einige der wichtigsten Parameter die entsprechenden Vertrauensintervalle konstruiert werden, muß die Vornahme eines Inklusionsschlusses vorgeführt und der Begriff des *Prognoseintervalls* erläutert werden.

Prognoseintervall:

Zuerst rufen wir uns den bei den statistischen Variablen eingeführten Begriff des *Interquartilsabstands* ins Gedächtnis zurück: In diesen fallen die zentralen 50 Prozent aller Werte einer statistischen Variablen (siehe Formel (5-2)). Verallgemeinert und übertragen auf eine Zufallsvariable X (und im speziellen auf einen Schätzer), kann man ein *Interquantilsintervall* für X aus den Quantilen $_{\alpha}x$ und x_{α} bilden: Dorthinein fallen die zentralen $(1-2\alpha) \cdot 100\%$ der Realisationen einer ZV und ebenso eines Schätzers (zur Bezeichnungsweise der Quantile siehe Formeln (11–18) und (11–19)). Wählt man z. B. ein $\alpha = 0{,}025$ (2,5 Prozent oder 25 Promille), d. h. wählt man das 25. und das 975. Millil, dann erhält man ein 95-Prozent-Intervall (ein 95-Interperzentil- oder 950-Intermillilintervall). Dieses Intervall schneidet aus dem Wertebereich eines Schätzers jenen Ausschnitt heraus, von dem ich *vor dem Ziehen* einer Stichprobe weiß: Die Werte der mit den Stichprobendaten gebildeten Schätzung werden mit 95% Wahrscheinlichkeit in ihm liegen. Das ist eine *Prognose,* d. h. ein Vorher-Wissen, gegründet auf eine aus den Zufallsgesetzen abgeleitete Implikation („direkter Schluß"). Man nennt diesen Wertebereichsausschnitt daher nach der Wahl von $\alpha/2$ für die Festlegung der Quantile ein $(1-\alpha)$-Prognoseintervall. Man sagt, dieses „trage" $(1-\alpha) \cdot 100\%$ der Wahrscheinlichkeit, je $\frac{\alpha}{2} \cdot 100\%$ „trügen" das linke resp. rechte „Schwanzende" der Verteilung.

Prognoseintervall für $\bar{x}$:

Man habe eine normalverteilte GG mit einer bekannten Varianz σ_x^2 vorliegen. Der Schätzer $\overline{X}$ ist jetzt genau $N(\mu_x; \frac{\sigma_x^2}{n})$-verteilt (siehe Fig. 17-6). Für ein gegebenes μ_x,

σ_x^2 und n fällt bei $\alpha = 0{,}05$ mit 95% Wahrscheinlichkeit eine Realisation von $\overline{X}$ daher in den in Fig. 17-6 angegebenen Bereich, der von ${}_{0,025}\bar{x} = \mu_x - 1{,}96 \cdot \sigma_{\bar{x}}$ bis $\bar{x}_{0,025} = \mu_x + 1{,}96\ \sigma_{\bar{x}}$ reicht.

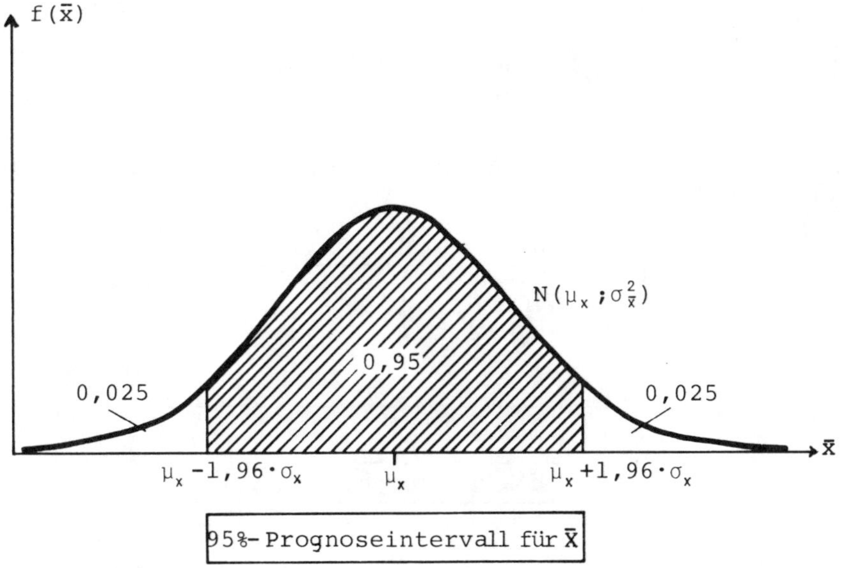

Fig. 17-6: Die Verteilung des Schätzers $\overline{X}$ und das 95%-Prognoseintervall für $\overline{X}$

Das Prognoseintervall für $\bar{x}$ ergibt sich aus der Anwendung der in Kapitel XIII, Abschnitt 13.1 hergeleiteten Ergebnisse: Es gilt für die ZV Z, wenn man von $\alpha = 0{,}05$, d. h. von den Quantilen –1,96 und 1,96, ausgeht:

$$\boxed{P(-1{,}96 \leq Z \leq 1{,}96) = 0{,}95} \qquad (17\text{-}9)$$

(vgl. Fig. 13-9).

Somit gilt, da $\dfrac{\overline{X} - \mu_x}{\sigma_{\bar{x}}} = Z$ ist:

$$\boxed{P\left(-1{,}96 \leq \frac{\overline{X} - \mu_x}{\sigma_{\bar{x}}} \leq 1{,}96\right) = 0{,}95} \qquad (17\text{-}10)$$

Und somit gilt nach zwei kleinen Umformungen innerhalb der Klammer, die nichts an der Wahrscheinlichkeitsaussage ändern:

$$\boxed{P(\mu_x - 1{,}96\sigma_{\bar{x}} \leq \overline{X} \leq \mu_x + 1{,}96\ \sigma_{\bar{x}}) = 0{,}95} \qquad (17\text{-}11)$$

● **Kontrollfrage 7:** Welche Umformungen haben von (17-10) zu (17-11) geführt? Falls Sie von (17-11) zurücktransformieren nach (17-10), was haben Sie dann getan?

Man bezeichnet den bei (17-12) in der Klammer stehenden Ausdruck als das *95%-Prognoseintervall für $\bar{x}$:*

$$\left[\mu_x - \underbrace{1{,}96 \cdot \sigma_{\bar{x}}}_{e} \leq \bar{x} \leq \mu_x + \underbrace{1{,}96 \cdot \sigma_{\bar{x}}}_{e}\right] \tag{17-12}$$

Als *Balkenschema* oder Schachteldiagramm (siehe Kapitel V) veranschaulichtes Prognoseintervall:

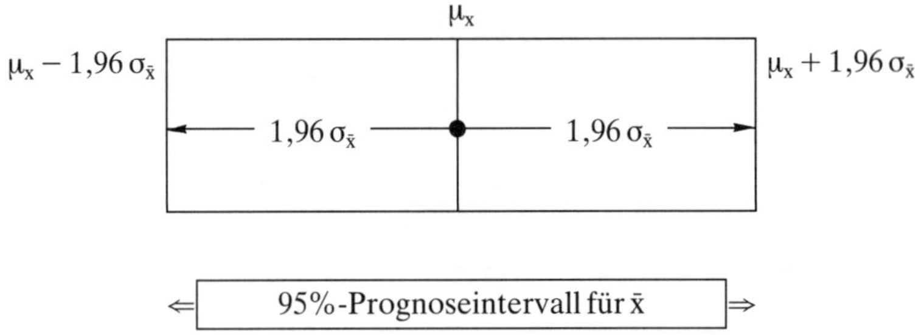

Hinweis: Man beachte stets, daß $\sigma_{\bar{x}} = \frac{\sigma_x}{\sqrt{n}}$ ist.

Vom Prognose- zum Vertrauensintervall:

Die Feststellung eines Prognoseintervalls entspricht der *Fragestellung des Inklusionsschlusses.* Falls man zahlenmäßig das μ_x und σ_x einer GG kennt, kann man für jede beliebige Stichprobengröße n und jedes beliebige α das zahlenmäßig-konkretisierte Intervall angeben, in welchem sich in $(1-\alpha) \cdot 100\%$ der Fälle das arithmetische Mittel einer Stichprobe, die aus dieser GG gezogen wurde, befindet.

Die Fragestellung des Inklusionsschlusses liegt unmittelbar („direkt") auf der Hand. Für das in der Praxis sich stellende *Problem des Rückschlusses* dient es der *Vorbereitung.* Beim Rückschlußproblem hat man das AM einer Stichprobe, also ein $\bar{x}$, vorliegen, weiß aber nicht, aus welcher GG dieses stammt. Für den Allwissenden stellte sich kein Problem, er könnte sofort sagen, welchen Wert das μ_x der GG hat, aus der das vorliegende $\bar{x}$ stammt. Für den Nichtallwissenden aber, also auch den Statistiker, bleibt nichts anderes übrig, als anzugeben, welche unter den unendlich vielen μ für ihn angesichts des vorliegenden $\bar{x}$ mit z.B. 95% Sicherheit in Frage kommen. Er gibt ein Vertrauensintervall an, das jene Menge von μ umfaßt, die für ihn, den Nichtallwissenden, wahrscheinlichkeitstheoretisch in Frage kommen. Die Grenzen des VI bildet jenes kleinste resp. größte μ, das gerade noch zu diesem $\bar{x}$ hätte führen können, *wenn man von 95%-Prognosebereichen für diese μ ausgeht.* Dies ist der „indirekte" Weg, den der nichtallwissende Statistiker gehen muß.

Vertrauensintervall für μ_x (σ_x bekannt):

Das 95%-VI für das μ einer normalverteilten GG mit bekanntem σ_x erhält man, wenn man, von (17-10) ausgehend, innerhalb der Klammer einige kleine Umformungen ähnlich jenen vornimmt, die von (17-10) zu (17-11) geführt haben. *Man gabelt jedoch* μ_x *statt* $\overline{X}$ *ein* und erhält die Wahrscheinlichkeitsaussage:

$$P\left(\overline{X} - 1{,}96 \cdot \sigma_{\bar{x}} \leq \mu_x \leq \overline{X} + 1{,}96 \cdot \sigma_{\bar{x}}\right) = 0{,}95 \qquad (17\text{-}13)$$

● **Kontrollfrage 8:** Zeigen Sie die drei kleinen Operationen und die daran anschließende Neuordnung der Ungleichung, die von (17-10) zu (17-13) führen.

Der Ausdruck (17-13) unterscheidet sich von (17-11) nur dadurch, daß das Zufallsereignis (in der Klammer) anders formuliert wurde. Statt wie bei (17-11) anzugeben, in welchem Intervall die Realisationen von $\overline{X}$ zu erwarten sind, gibt (17-13) an, daß mit 95%iger Wahrscheinlichkeit bei einer Realisation von $\overline{X}$ das „zu $\overline{X}$ gehörige" μ_x links von $\overline{X} + 1{,}96 \cdot \sigma_{\bar{x}}$ und rechts von $\overline{X} - 1{,}96 \cdot \sigma_{\bar{x}}$ liegt. Mit 95%iger Wahrscheinlichkeit führt also eine Realisation von $\overline{X}$ zur Eingabelung „seines" μ_x (mit 5% Wahrscheinlichkeit fällt μ_x aus der Eingabelung heraus). *Dieser Eingabelung entspricht das 95%-VI, das angibt, in welchem Bereich die* μ *liegen, die zu einem vorliegenden* $\bar{x}$ *mit 95% Sicherheit hätten führen können.* Es ist in der Klammer von (17-12) bereits in seiner Breite (= 2 e) angegeben. Es lautet, sobald man ein bestimmtes $\bar{x}$ vorliegen hat:

95%-Vertrauensintervall für μ_x:

$$\left[\bar{x} - \underbrace{1{,}96 \cdot \sigma_{\bar{x}}}_{e} \leq \mu_x \leq \bar{x} + \underbrace{1{,}96 \cdot \sigma_{\bar{x}}}_{e}\right] \qquad (17\text{-}14)$$

VI als Balkenschema oder Schachteldiagramm:

Man kann wie beim Prognoseintervall ein VI als Schachtel oder Balken veranschaulichen. Wäre beispielsweise bei einem $\sigma_x = 12$ und bei einer Stichprobe vom Umfang $n = 36$ ein $\bar{x} = 50$ ermittelt worden, so betrüge die maximale Entfernung des μ_x von $\bar{x}$ bei $\alpha = 5\%$: $e = 1{,}96 \cdot \frac{12}{\sqrt{36}} = 3{,}92$; und das 95%-VI lautete:

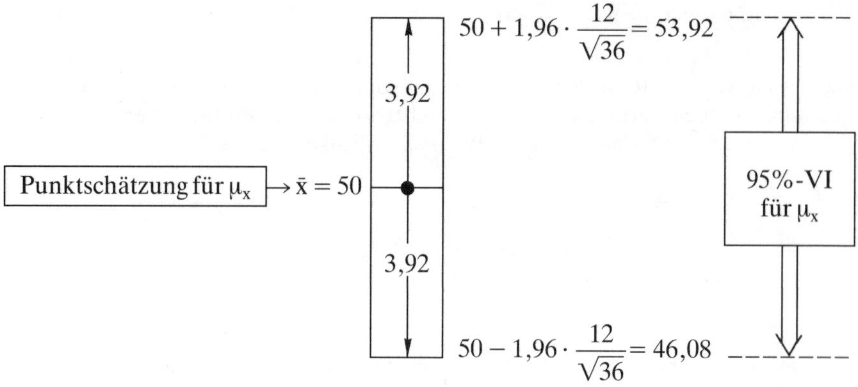

Die „Philosophie" des VI-Rückschlusses in Veranschaulichung:

Die VI-Grundidee ist aus Fig. 17-7 zu erkennen.

a) *Fig. 17-7 oben:* Die Verteilung zeigt das zu einem Parameter $\mu = \mu_{\bar{x}}$ gehörende 95%-Prognoseintervall (zwischen schraffierten Flächen).

b) *Fig. 17-7 Mitte:* Verschiedene Stichproben aus der oben abgebildeten Verteilung führen zu unterschiedlichen $\bar{x}$, d. h. Schätzungen von μ und „darumgelegten" VI. In 95% der Fälle „erwischt" (überdeckt) das aufgetretene $\bar{x}$ sein „zu ihm gehörendes μ", d. h. jenes μ, das in der GG vorlag, aus dem die $\bar{x}$ stammen (oben als $\mu_{\bar{x}}$ eingezeichnet).

c) *Fig. 17-7 unten:* Jedes VI schneidet aus der Menge aller μ jene heraus, die *in extremis* noch als „eigenes" μ zu $\bar{x}_j$ in Frage kommen können.

In Fig. 17-7 sind für einige Realisationen von $\overline{X}$, die alle zu der oben gezeichneten Verteilung „gehören", sechs 95%-VI eingezeichnet. Alle bis auf eines dieser VI überdecken ihr μ. Im Durchschnitt gibt es 5% „ausgeflippte" VI, d. h. 5 unter 100 oder eben 5% aller 95%-VI, die das „eigene" μ nicht überdecken.

● **Kontrollfrage 9:** Wenn bei $\overline{X}$ resp. μ von „sein", „zugehörig", „eigen" usw. die Rede ist, was ist damit gemeint?

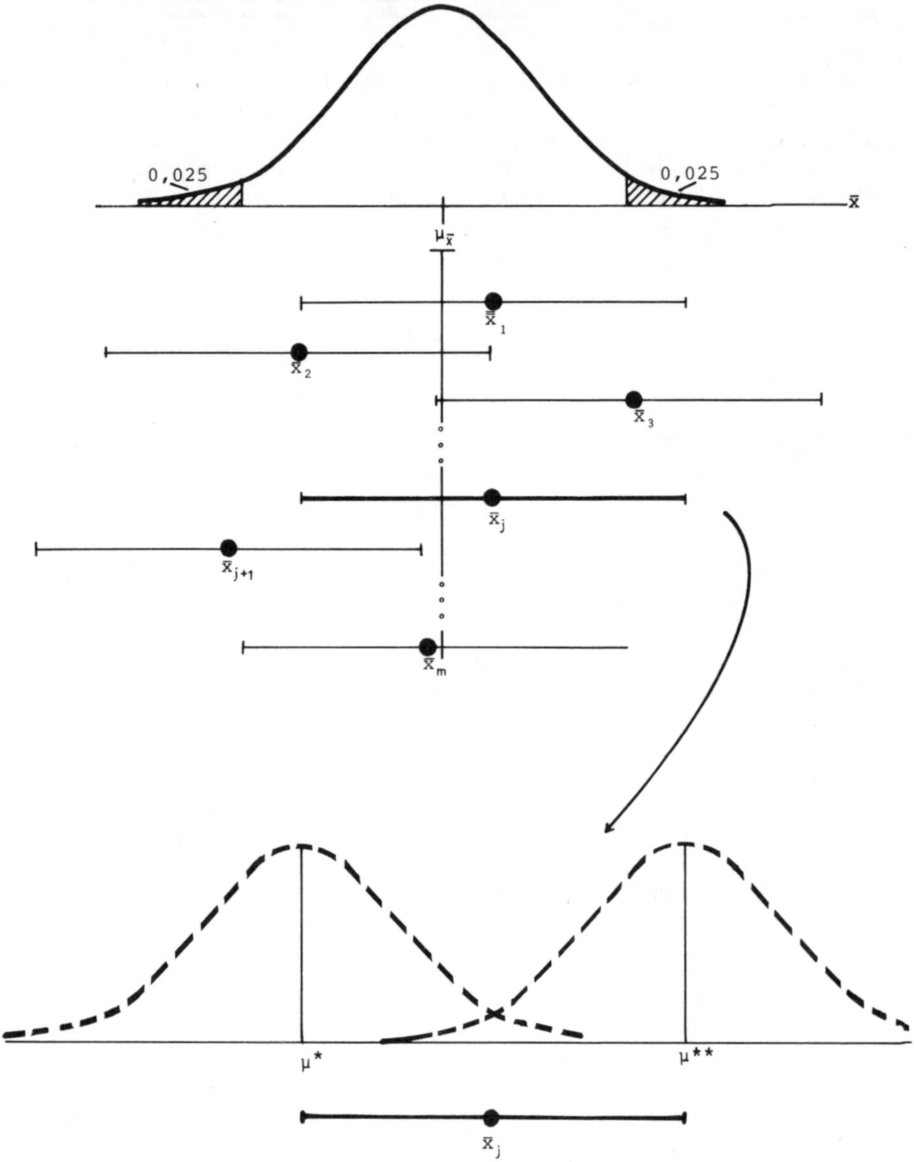

Fig. 17-7: Die zwei „Eigenschaften" eines VI

<u>*Fazit:*</u>

Der *Rückschluß* des (nicht allwissenden, aber mit dem Begriff des Prognoseintervalls vertrauten) Statistikers lautet: Hier gebe ich eine Menge $\{\mu\}$ an, die mit sehr großer Sicherheit jenes μ umfaßt, das zu dem vorliegenden $\bar{x}$ „gehört". Meine Punktschätzung lautet: $\mu = \bar{x}$, aber da ich dabei praktisch nie genau treffe, gebe ich zusätzlich die erwähnte, zum VI gehörende Menge $\{\mu\}$ an. Meist wird „sehr große Sicherheit" als 95%-Sicherheit interpretiert, gelegentlich wird auch eine 99%-Sicherheit verlangt. Allgemein gesprochen nimmt man eine $(1-\alpha) \cdot 100\%$-Sicherheit an (d.h. ein Vertrauensniveau von $(1-\alpha)$).

Beispiel:
Der durchschnittliche Stundenlohn einer Zufallsstichprobe von 441 Bauarbeitern habe (1974) Fr. 12.51 betragen. Von einer früheren Totalerhebung her weiß man, daß die Standardabweichung für die Verteilung aller Stundenlöhne bei den Bauarbeitern σ = 3,84 Fr. betragen hat. Man kann also mit diesen Angaben das folgende 95%-VI für den Durchschnittslohn *aller* Bauarbeiter (μ der GG) konstruieren:

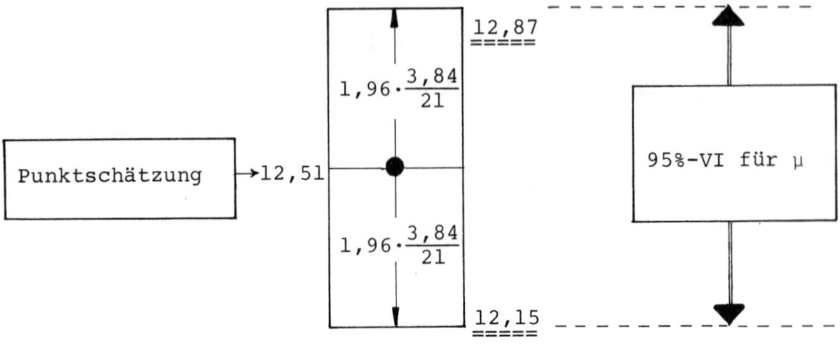

Der durchschnittliche Stundenlohn aller Bauarbeiter betrug also 1974 mit 95% Sicherheit zwischen Fr. 12.15 und Fr. 12.87.

Überblick:
In den folgenden Abschnitten werden eine Reihe weiterer Vertrauensintervalle konstruiert. Der folgende Entscheidungsbaum gibt einen Überblick über die im vorliegenden Kapitel behandelten Vertrauensintervalle und zeigt die Abschnitte an, in denen die Konstruktion dargestellt wird.

Überblick über die Vertrauensintervalle dieses Kapitels

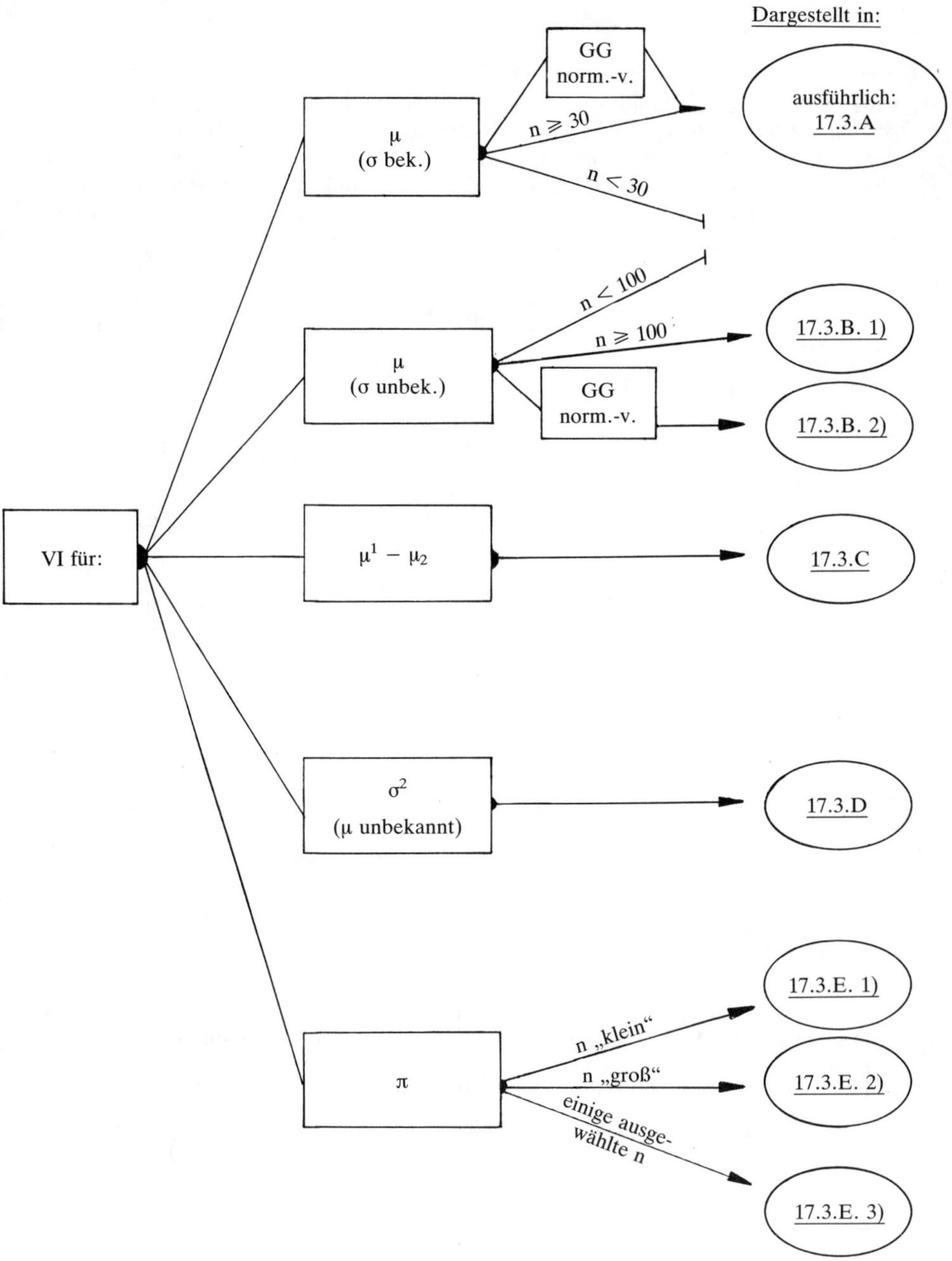

B. Vertrauensintervall für μ (σ unbekannt)

1. Fall: GG nicht normalverteilt, $n \geq 100$:

Falls σ_x^2 unbekannt ist, muß es für die Konstruktion des VI für μ durch $\hat{s}^2$ (punkt-) geschätzt werden (siehe Tabelle 17-1). Allerdings ist nun zu berücksichtigen, daß die Punktschätzung $\hat{s}^2$ für σ_x^2 zwar stets erwartungstreu, jedoch mit einem eigenen Unsicherheitsbereich behaftet ist. Um die Ungenauigkeit in Grenzen zu halten, sollte die Schätzung auf einem Stichprobenumfang von wenigstens n = 100 beruhen. Das jetzt resultierende $(1-\alpha) \cdot 100\%$-*Vertrauensintervall* lautet:

$$\left[\bar{x} - z_{\alpha/2} \cdot \frac{\hat{s}}{\sqrt{n}} \leq \mu \leq \bar{x} + z_{\alpha/2} \frac{\hat{s}}{\sqrt{n}}\right] \tag{17-15}$$

Als Balkenschema veranschaulicht:

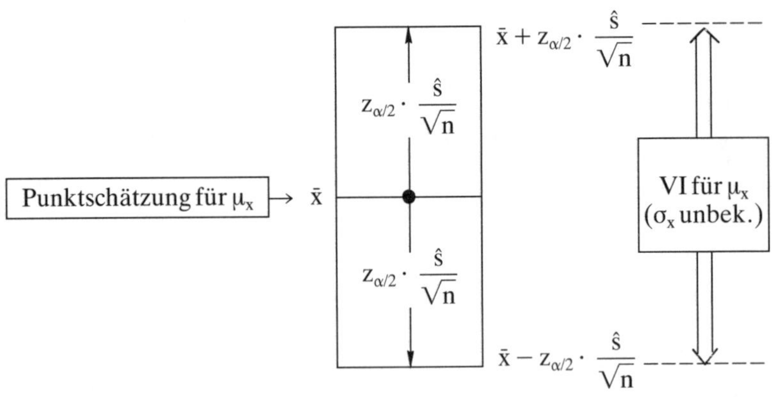

Man beachte, daß dieses VI nur eine *Näherungsgröße* ist, deren Fehler nicht genau angebbar ist.

2. Fall: GG normalverteilt:

Wenn man über die GG voraussetzen kann, daß sie normalverteilt ist, kann man auch ohne Information bezüglich σ_x ein exaktes VI angeben. Das kommt daher, daß bei der in Kapitel XV, in Abschnitt 15.5.C gezeigten Quotientenbildung sich σ_x im Zähler und Nenner wegkürzt, so daß die resultierende Größe $\frac{\overline{X} - \mu}{\hat{S}/\sqrt{n}} = T\langle n-1\rangle$ ist. Damit läßt sich folgende Wahrscheinlichkeitsaussage machen:

$$1 - \alpha = P\left(-t_{\alpha/2} \leq \frac{\overline{X} - \mu_x}{\hat{S}/\sqrt{n}} \leq t_{\alpha/2}\right) \tag{17-16}$$

($t_{\alpha/2}$ ist ein Quantil der $T\langle n-1\rangle$)

Damit läßt sich analog zu dem in 17.3.A gezeigten Vorgehen ein VI konstruieren.

(1−α) · 100%-Vertrauensintervall für μ:

$$\left[\bar{x} - t_{\alpha/2} \cdot \frac{\hat{s}}{\sqrt{n}} \leq \mu \leq \bar{x} + t_{\alpha/2} \frac{\hat{s}}{\sqrt{n}}\right] \tag{17-17}$$

Als Balkenschema veranschaulicht:

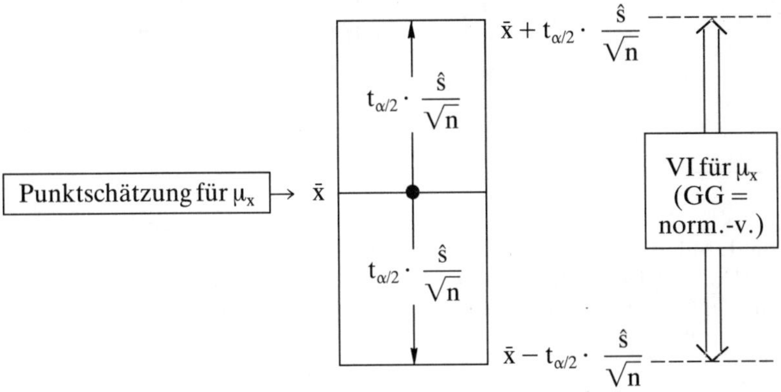

Hinweise:

1) Erinnert man sich der VI-Konstruktion bei Zugrundelegung der Normalverteilung, so kann man sich die Vertrauensintervalle, wie sie sich bei Verwendung der T-Verteilung ergeben, sehr leicht *merken*. Es ist lediglich $z_{\alpha/2}$ durch $t_{\alpha/2}$ und σ durch $\hat{s}$ zu ersetzen.

2) VI, die die T-Verteilung verwenden, sind stets *breiter* als die entsprechenden, mit $z_{\alpha/2}$ konstruierten VI, da für jeden Freiheitsgrad und jedes Alpha $t_{\alpha/2} > z_{\alpha/2}$ ist. Es kommt darin der *Verlust an Information* zum Ausdruck: *Er führt zu einer ungenaueren Schätzung. Man wird also immer, wenn σ bekannt ist, das VI mit Hilfe der Normalverteilung konstruieren,* d. h. alle vorliegende Information benützen.

Beispiel:

Angenommen, der Goldbarrenproduzent von Kapitel XIII, Abschnitt 13.1.G wisse, die Feingoldgewichte seiner Produktion seien normalverteilt. Die Varianz dieser Normalverteilung kenne er nicht. Mittels der von ihm aufgrund seiner Stichprobe von $n = 100$ gemessenen $\bar{x} = 990$ g und $\hat{s} = 1{,}226$ g kann er jetzt außer der Punktschätzung auch ein VI für das μ seiner Produktion angeben. Die Quantile der $T\langle 99 \rangle$ für $\alpha = 0{,}05$ betragen $-t_{0,025} = -1{,}984$ und $t_{0,025} = 1{,}984$ (einer T-Tabelle entnommen). Somit beträgt das 95%-VI:

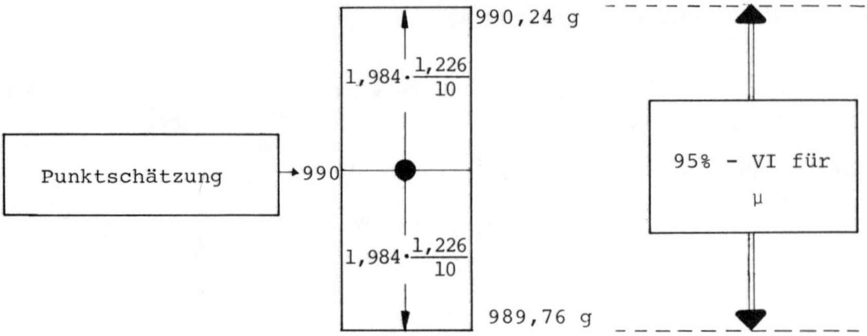

Wegen des großen Stichprobenumfangs von n = 100 hätte man das VI in diesem Fall auch direkt mit der Z-Verteilung und den Quantilen $\pm z_\alpha = \pm 1{,}96$ konstruieren können. Dieses VI hätte fast dieselbe Breite. Für eine Stichprobe von n < 30 wäre man aber auf die T-Verteilung angewiesen gewesen, ohne sie hätte man kein VI konstruieren können.

C. Vertrauensintervall für $\mu_1 - \mu_2$

Die Differenz von zwei normalverteilten Zufallsvariablen ist ebenso wie ihre Summe wiederum eine normalverteilte ZV (s. Kap. XIV, Abschnitt 14.6). Überträgt man dieses Resultat auf die Differenz zweier AM, die jedes für sich entweder genau oder gemäß zentralem Grenzwertsatz approximativ normalverteilt sind, dann ist auch die Differenz $D = \overline{X}_1 - \overline{X}_2$ genau oder approximativ normalverteilt:

$$D = N\Big(\underbrace{\mu_1 - \mu_2}_{\mu_D}\,;\,\underbrace{\frac{\sigma_1^2}{n_1} + \frac{\sigma_2^2}{n_2}}_{\sigma_D^2}\Big) \tag{17-18}$$

(Die beiden Stichproben, aus denen $\bar{x}_1$ und $\bar{x}_2$ hervorgehen, müssen voneinander unabhängig sein.) Der Beweis von (17-18) wurde bereits in der gelösten Aufgabe 15-6 erbracht. μ_1 und σ_1^2 sind die Parameter derjenigen GG, aus der bei einer Stichprobe vom Umfang n_1 die ZV $\overline{X}_1$ hervorgeht. Entsprechendes gilt für μ_2, σ_2^2, n_2 und $\overline{X}_2$. Die Differenz d der Beobachtungen $\bar{x}_1$ und $\bar{x}_2$ ($d = \bar{x}_1 - \bar{x}_2$) vermag somit Aufschluß zu geben über die Differenz $\mu_D = \mu_1 - \mu_2$. Man benutzt, wie in Tabelle 17-1 angegeben, d als Punktschätzung für μ_D. Für die Konstruktion eines $(1-\alpha) \cdot 100\%$-VI für μ_D geht man aus von der Wahrscheinlichkeitsaussage:

$$1 - \alpha = P\left(-z_{\alpha/2} \leq \frac{D - \mu_D}{\sqrt{\dfrac{\sigma_1^2}{n_1} + \dfrac{\sigma_2^2}{n_2}}} \leq z_{\alpha/2}\right) \tag{17-19}$$

Um die Anschauung zu unterstützen, zeigt Fig. 17-8 die Verteilung von D.

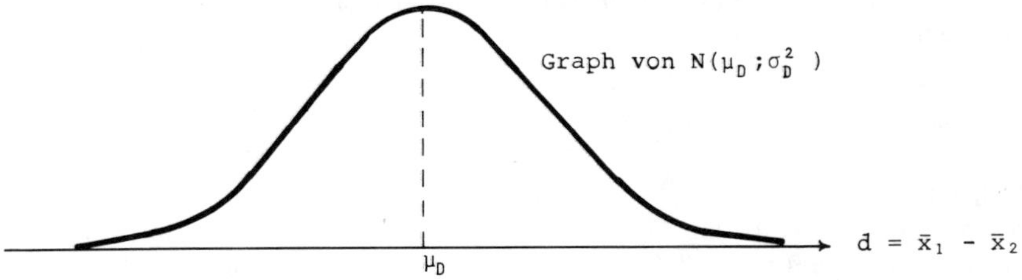

Fig. 17-8: Die Verteilung einer Differenz zweier AM

Das VI lautet somit allgemein:

$$\Big[\underbrace{\bar{x}_1-\bar{x}_2}_{d}-z_{\alpha/2}\cdot\sigma_D \leq \underbrace{\mu_1-\mu_2}_{\mu_D} \leq \underbrace{\bar{x}_1-\bar{x}_2}_{d}+z_{\alpha/2}\cdot\sigma_D\Big] \qquad (17\text{-}20)$$

Als Balkendiagramm veranschaulichtes VI:

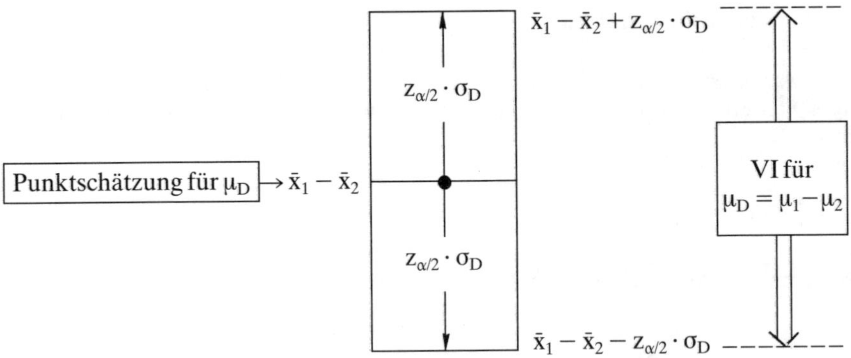

Bemerkungen:

1) Von besonderem Interesse bei einem VI für μ_D ist es, ob der Wert 0 dabei überdeckt wird. In einem solchen Fall hätten beide $\bar{x}$ aus GG mit *gleich großem Erwartungswert* stammen können.

2) Der soeben genannte Fall ist speziell dann von Interesse, wenn man wissen will, ob zwei vorliegende $\bar{x}$ *aus derselben GG* stammten. (Natürlich ist ein solcher Rückschluß logischerweise nur dann möglich, wenn $\sigma_1^2 = \sigma_2^2$ als bekannt vorausgesetzt werden kann.)

3) Oft ist in der Praxis σ_1 und σ_2 unbekannt. Bei genügend großen Stichprobenumfängen kann man sie durch die Punktschätzungen $\hat{s}_1$ und $\hat{s}_2$ ersetzen. Für Spezialfälle gibt es aber auch für kleine n die Möglichkeit, mit Hilfe der T-Verteilung ein VI für μ_D anzugeben.

● **Kontrollfrage 10:** In der gelösten Aufgabe 15-7 ist ein Spezialfall angegeben, für den ein VI für μ_D auch bei kleinem n_1 und n_2 konstruiert werden kann. Wie lautet es allgemein?

Beispiel:
In Abschnitt 17.2 wurde zur Illustration eine Punktschätzung für μ_D aus $\bar{x}_1 = 300$ kg und $\bar{x}_2 = 310$ kg ein $\mu_D = 10$ kg errechnet. Die Stichproben umfaßten $n_1 = 50$ resp. $n_2 = 35$ Beobachtungen. Angenommen, die Werte für σ_1 und σ_2 könnten als bekannt und als $\sigma_1 = \sigma_2 = 15$ kg vorausgesetzt werden. Das 95%-VI beträgt demnach $10 \pm 1{,}96 \cdot \sqrt{\frac{225}{50} + \frac{225}{35}} = 10 \pm 6{,}48$, liegt also zwischen rd. 3,5 kg und 16,5 kg.

Somit ist $\mu_1 = \mu_2$ (Gleichheit der Kälbergewichte trotz unterschiedlicher Fütterung) auszuschließen.

D. Vertrauensintervall für σ^2

Der erwartungstreue Schätzer für σ^2 ist $\hat{S}^2$ (siehe Tabelle 17-1). Die Zufallsverteilung dieses $\hat{S}^2$ wurde in Kapitel XV hergeleitet. Sie lautet (Formel (15-22) wird wiederholt):

$$\hat{S}^2 = \frac{\sigma^2}{n-1} Q\langle n-1 \rangle \qquad (17\text{-}21)$$

Damit sind wir in der Lage, die folgende Wahrscheinlichkeitsaussage zu machen:

$$P\left(\frac{\sigma^2}{n-1} \cdot {}_{\alpha/2}q \leq \hat{S}^2 \leq \frac{\sigma^2}{n-1} \cdot q_{\alpha/2}\right) = 1 - \alpha \qquad (17\text{-}22)$$

● **Kontrollfrage 11:** Man gebe das 95%-Prognoseintervall an für
a) die $Q\langle 10 \rangle$,
b) das aus einer Stichprobe mit $n = 11$ aus einer normalverteilten GG mit $\sigma^2 = 1{,}5$ hervorgehende $\hat{s}^2$.

Das in der Klammer angegebene Ereignis läßt sich durch einige kleine Umformungen in die Form bringen, bei der σ^2 eingegabelt wird. Es resultiert:

$$P\left(\frac{(n-1)\hat{S}^2}{q_{\alpha/2}} \leq \sigma^2 \leq \frac{(n-1)\hat{S}^2}{{}_{\alpha/2}q}\right) = 1 - \alpha \qquad (17\text{-}23)$$

● **Kontrollfrage 12:** Man zeige die nötigen Schritte, um von (17-22) zu (17-23) zu gelangen.

Das $(1-\alpha) \cdot 100\%$-VI beträgt somit

$$\left[\frac{(n-1)\hat{s}^2}{q_{\alpha/2}} \leq \sigma^2 \leq \frac{(n-1)\hat{s}^2}{{}_{\alpha/2}q}\right] \tag{17-24}$$

Als Balkendiagramm dargestellt:

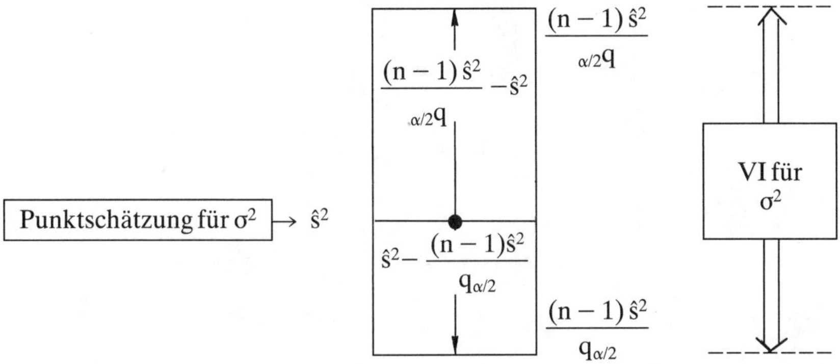

Man erkennt, daß das VI für σ^2 *asymmetrisch* um die Punktschätzung für σ^2 liegt. Dies liegt an der Asymmetrie der Chiquadratverteilung. Anders als beim VI für μ ist ferner die Breite des VI abhängig vom realisierten Wert von $\hat{S}^2$.

Fig. 17-9 veranschaulicht zu vier angenommenen Stichprobenergebnissen die jeweiligen 95%-VI. Drei davon überdecken „ihr“ $\sigma^2 = 1{,}5$ (sie repräsentieren 95% aller VI), eines repräsentiert die 5 von 100 „ausgeflippten“ VI, die ihren Parameter nicht überdecken.

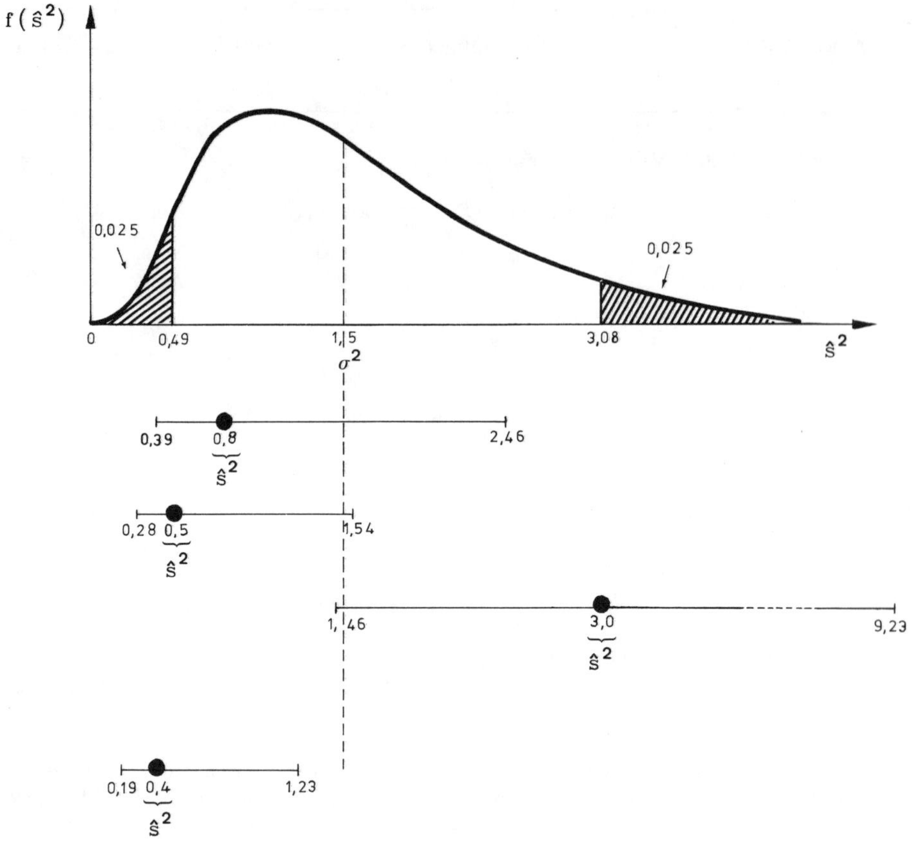

Fig. 17-9: Einige 95%-VI, die beim Stichprobenziehen aus einer normalverteilten GG mit $\sigma^2 = 1{,}5$ bei $n = 11$ auftreten können

---

Beispiel:

In Kapitel XIII, Abschnitt 13.1.G war aufgrund einer Stichprobe von $n = 100$ die Standardabweichung der Feingoldgewichte als $\hat{s} = 1{,}23$ geschätzt worden ($1{,}23^2 = \frac{100}{99} \cdot 1{,}22^2$). Für die Konstruktion des 95%-VI für die Varianz σ^2 benötigt man eine $Q\langle 99\rangle$ und man erhält:

$$\left[\frac{99 \cdot 1{,}23^2}{128{,}4} \le \sigma^2 \le \frac{99 \cdot 1{,}23^2}{73{,}3}\right]$$

$$\text{D.h. } [1{,}17 \le \sigma^2 \le 2{,}04]\ ,$$

$$\text{oder } [\underline{1{,}08 \le \sigma \le 1{,}43}]\ .$$

Der wahre Wert von σ liegt somit zwischen 1,08 g und 1,43 g.

E. Vertrauensintervall für π

1. Fall: n „klein":

Für die Konstruktion eines VI für den Parameter π einer dichotomen GG ist von der *Anteils-* resp. *Binomialvariablen* auszugehen. Das Verfahren ist jedoch umständlich, weshalb es nur kurz seines prinzipiellen Aspektes wegen skizziert wird.

Angenommen, man habe bei einer Stichprobe im Umfang n = 20 eine Proportion von 25% „Erfolgen" (also 5 „Erfolge" unter 20 gezogenen Merkmalsträgern) vorgefunden. Die Punktschätzung für π lautet $\pi = \frac{5}{20}$. Für das 95%-VI sind zwei Parameterwerte π^* und π^{**} so zu bestimmen, daß die A(20; π^*) den Wert $\frac{5}{20}$ mit höchstens 2,5% Wahrscheinlichkeit annimmt oder überschreitet und die A(20; π^{**}) den Wert $\frac{5}{20}$ mit höchstens 2,5% Wahrscheinlichkeit annimmt oder unterschreitet:

$$P\left(\frac{X}{20} \geq \frac{5}{20} \mid A(20;\ \pi^*)\right) = 0{,}025$$

und

$$P\left(\frac{X}{20} \leq \frac{5}{20} \mid A(20;\ \pi^{**})\right) = 0{,}025$$

Durch Ablesen der Binomialtabelle und gleichzeitiger Interpolation findet man ein $\pi^* \approx 0{,}08$ und $\pi^{**} \approx 0{,}49$. Dies sind die beiden für das Ergebnis $\frac{5}{20}$ in Frage kommenden „Extremparameter".

Allgemein kann das 95%-VI für π demnach wie folgt angegeben werden:

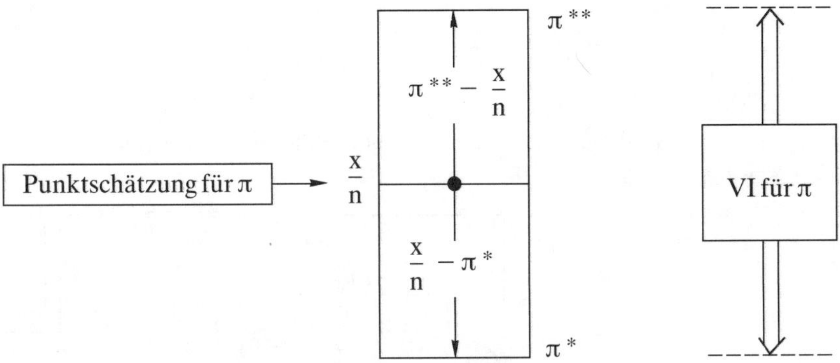

Hierbei ist π^* resp. π^{**} so zu bestimmen, daß

$$P\left(\frac{X}{n} \geq \frac{x}{n} \mid A(n;\ \pi^*)\right) \approx 0{,}025$$

$$\text{und} \quad P\left(\frac{X}{n} \leq \frac{x}{n} \mid A(n;\ \pi^{**})\right) \approx 0{,}025 \text{ ergibt.}$$

2. Fall: n „groß":

Bei $n \geq \frac{9}{\pi(1-\pi)}$ kann die Anteilsverteilung A(n; π) gemäß den in Kapitel XV,

Abschnitt 15.2 gemachten Ausführungen durch die Normalverteilung approximiert werden (siehe Formel (15-4)). Da man π nicht kennt, ersetzt man es durch die Schätzung für π, nämlich $a = \frac{x}{n}$, den Anteil an Erfolgen in der Stichprobe, um festzustellen, ob die Bedingung (15-4) erfüllt ist. Für die Konstruktion des VI für π geht man also von $A(n; \pi) \underset{\text{approx}}{=} N(\pi; \sigma_A^2)$ aus, wobei $\sigma_A^2 = \frac{\pi(1-\pi)}{n}$ ist (siehe Formel (15-5)). Man kann daher die folgende Wahrscheinlichkeitsaussage machen (man läßt hier üblicherweise die Stetigkeitskorrektur unberücksichtigt):

$$\boxed{P\left(-z_{\alpha/2} \leq \frac{A-\pi}{\sigma_A} \leq z_{\alpha/2}\right) = 1-\alpha} \qquad (17\text{-}25)$$

Dieser Ausdruck entspricht (17-10). Durch einige kleine Umformungen innerhalb der Klammer, die genau jenen entsprechen, die in der Antwort zur obigen Kontrollfrage 7 dargestellt sind, erhält man

$$\boxed{P\left(A - z_{\alpha/2} \cdot \sigma_A \leq \pi \leq A + z_{\alpha/2} \cdot \sigma_A\right) = 1-\alpha} \qquad (17\text{-}26)$$

Von (17-26) ausgehend, erhält man jetzt das VI auf die altbekannte Weise. Es ist allerdings $\sigma_A = \sqrt{\frac{\pi(1-\pi)}{n}}$ durch $\sqrt{\frac{a(1-a)}{n}}$ zu ersetzen, da wir π ja nicht kennen. (Statt a kann man natürlich auch x/n schreiben.)

$$\left[a - z_{\alpha/2} \cdot \sqrt{\frac{a(1-a)}{n}} \leq \pi \leq a + z_{\alpha/2} \cdot \sqrt{\frac{a(1-a)}{n}}\right] \qquad (17\text{-}27)$$

Als Schachteldiagramm dargestelltes Vertrauensintervall für π:

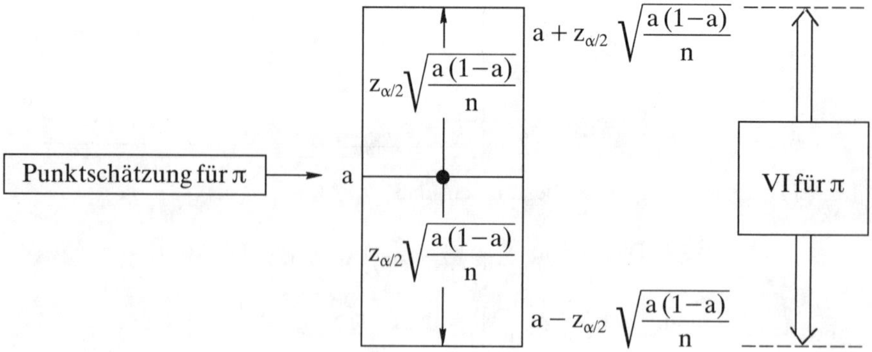

Beispiel:
Beim Schweizer Zahlenlotto wurde vom 10. 1. 1970 bis 20. 12. 1978 insgesamt 2772-mal je eine Kugel gezogen. Wir wollen jetzt von unserem Wissen Abstand nehmen, daß 40 Bällchen mit je einer der Zahlen 1 bis 40 in der Trommel lagen, vielmehr so tun, als ob sehr, sehr viele Bällchen mit den Zahlen 1 bis 40 in der Trommel lagen, und zwar nicht unbedingt alle Zahlen gleich häufig. Wir können den Trommelinhalt als eine dichotome GG betrachten, die in die zwei Teile einer beliebig herausgegriffenen einzelnen Zahl, z. B. 37, und den Rest aller übrigen Zahlen zerfällt. Die 37 ist 59mal gezogen worden (die übrigen 39 Zahlen also 2713mal). Man (punkt-)schätzt π für das Auftreten von 37 mit $\frac{59}{2772} = 0{,}0213$ (= 2,13%). Da bei 0,0213 die Approximationsschwelle von n überschritten wird, können wir für die Konstruktion des VI mit der Normalapproximation arbeiten. (Für 0,0213 liegt die Approximationsschwelle bei immerhin n = 9/(0,0213 · 0,9787) = 432.) Für die Konstruktion des VI benötigt man eine Schätzung für σ_A. Diese beträgt

$$\sqrt{\frac{0{,}0213\,(1-0{,}0213)}{2772}} = 0{,}0028. \quad \text{Das 95\%-VI beträgt somit:}$$

$$[0{,}0213 - 1{,}96 \cdot 0{,}0028 \leq \pi \leq 0{,}0213 + 1{,}96 \cdot 0{,}0028]$$

$$[\underline{0{,}0158} \leq \pi \leq \underline{0{,}0268}]$$

Wüßte man also nicht, daß 40 Kugeln in der Trommel liegen und die „37" gerade einmal darunter ist, würde man rückschließen auf einen Anteil von zwischen 1,58% und 2,68% für die „37". Der tatsächliche Anteil beträgt 2,5% $(=\frac{1}{40})$. Dieser Wert wird, wie man sieht, vom 95%-VI überdeckt.

● **Kontrollfrage 13:** Man konstruiere ein 99%-VI zur Schätzung für π aufgrund der 52 „Auftritte" von „17". Was müßte man für ein 95%-VI konstatieren?

---

3. Fall: Graphische Bestimmung des VI für π:

Den höchst umständlichen Ablesevorgang mittels der Binomialtabelle in all jenen Fällen, bei denen die Stichprobe „klein" ist (n „klein" kann für π nahe bei 0 oder 1 einige hundert bedeuten!), kann man durch den Gebrauch der sog. *Clopper-Pearson-Diagramme* vermeiden. Allerdings stehen diese in der Tabellenbeilage abgedruckten Diagramme nur für 95%- und 99%-Vertrauensniveaus und nur für einige wenige Stichprobenumfänge (n = 10, 15, 20, 30 usw.) zur Verfügung. Fig. 17-10 illustriert den Ablesevorgang unter Verwendung der sog. „Eierkurven" des Clopper-Pearson-Diagramms.

Hinweis:
Man bedient sich der Clopper-Pearson-Diagramme auch dann, wenn die Normalapproximation zulässig ist.

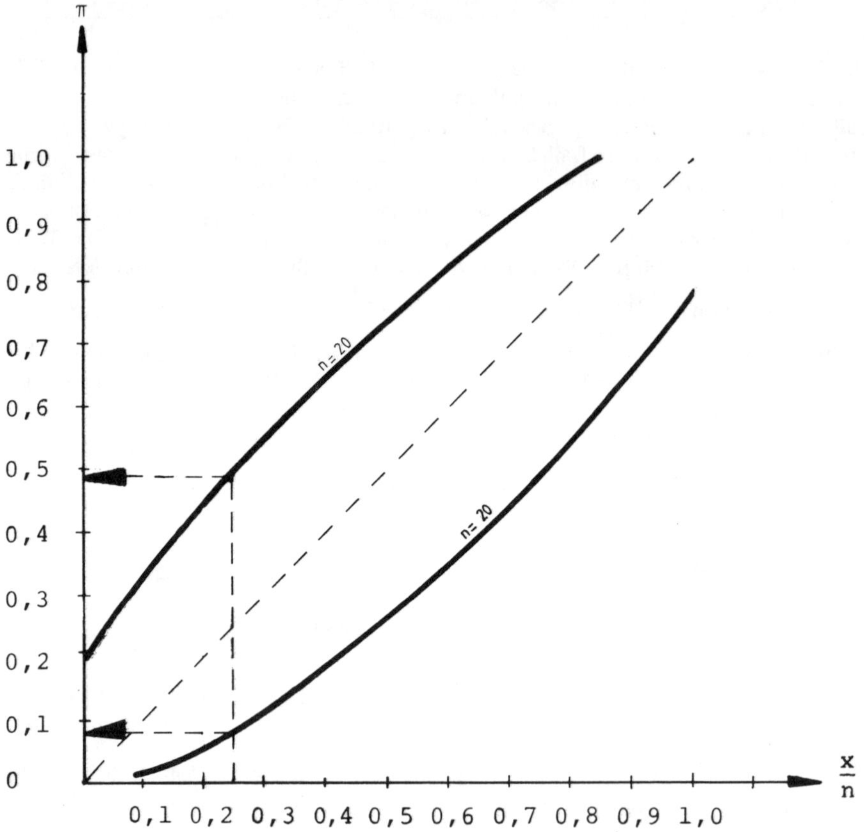

Fig. 17-10: Clopper-Pearson-Diagramm für $\alpha = 0{,}05$ und $n = 20$

Eingezeichnet ist für $n = 20$ das 95%-VI für π bei einem beobachteten Erfolgsanteil von 25% (5 „Erfolge" bei 20 Ziehungen). Das sich ergebende VI hat die Untergrenze $\pi^* \approx 0{,}08$ und die Obergrenze $\pi^{**} \approx 0{,}49$. (Siehe zum Vergleich das oben mit Hilfe der Binomialtafel gefundene, gleichlautende Ergebnis.)

● **Kontrollfrage 14:** Wie groß ist das 99%-VI für π, wenn in einer Stichprobe vom Umfang $n = 100$ ein $a = 0{,}4$ festgestellt wurde?

Hinweis:

Die *Clopper-Pearson-Diagramme* können auch zur Konstruktion von Prognoseintervallen herangezogen werden. Es wird dann die *umgekehrte Ableserichtung* eingeschlagen. Wenn man beispielsweise das 95%-Prognoseintervall für $a = \frac{x}{20}$ der A(20; 0,4) sucht, geht man von $\pi = 0{,}4$ auf der Ordinate aus in horizontaler Richtung bis zu den beiden ($n = 20$)-Kurven und projiziert die beiden Schnittpunkte auf die Abszisse. Man liest dann als die beiden Grenzen ab:

$$\frac{x^*}{20} \approx 0{,}17 \text{ und } \frac{x^{**}}{20} \approx 0{,}64$$

Das 95%-Prognoseintervall für a lautet also: $[0{,}17 \leq a \leq 0{,}64]$. Wegen der Ganzzahligkeit von x muß $x^* = 4$ und $x^{**} = 12$ sein. Dieser Ablesevorgang ist beim Testen von Hypothesen von Bedeutung. Dort trägt das Prognoseintervall den Namen Annahmebereich.

● **Kontrollfrage 15:** Man kontrolliere, ob die Binomialtafel bestätigt, daß

$$P\left(\frac{4}{20} \leq \frac{X}{20} \leq \frac{12}{20}\right) \approx 0{,}95 \text{ ist.}$$

F. Übersicht über Vertrauensintervalle

In der folgenden Übersichtstabelle sind die in den Abschnitten 17.3.A bis 17.3.E behandelten VI angegeben.

Parameter	VI	Bemerkungen
μ	$\bar{x} - z_{\alpha/2} \cdot \sigma_{\bar{x}} \leq \mu \leq \bar{x} + z_{\alpha/2} \cdot \sigma_{\bar{x}}$	GG norm.-v. oder $n > 30$ $\sigma_{\bar{x}} = \frac{\sigma_x}{\sqrt{n}}$; σ_x bekannt
	$\bar{x} - z_{\alpha/2} \cdot \frac{\hat{s}}{\sqrt{n}} \leq \mu \leq \bar{x} + z_{\alpha/2} \cdot \frac{\hat{s}}{\sqrt{n}}$	σ_x unbek.; $n \geq 100$
	$\bar{x} - t_{\alpha/2} \cdot \frac{\hat{s}}{\sqrt{n}} \leq \mu \leq \bar{x} + t_{\alpha/2} \cdot \frac{\hat{s}}{\sqrt{n}}$	GG norm.-v.; σ_x unbek.
$\mu_1 - \mu_2$	$d - z_{\alpha/2} \cdot \sigma_D \leq \mu_1 - \mu_2 \leq d + z_{\alpha/2} \cdot \sigma_D$	$\sigma_D^2 = \frac{\sigma_1^2}{n_1} + \frac{\sigma_2^2}{n_2}$; σ_1, σ_2 bek.
σ^2	$\frac{(n-1)\hat{s}^2}{q_{\alpha/2}} \leq \sigma^2 \leq \frac{(n-1)\hat{s}^2}{{}_{\alpha/2}q}$	GG norm.-v.
π	$\pi^* \leq \pi \leq \pi^{**}$	Bestimmung von π^* und π^{**} siehe Text
	$a - z_{\alpha/2} \cdot \sqrt{\frac{a(1-a)}{n}} \leq \pi \leq a + z_{\alpha/2} \sqrt{\frac{a(1-a)}{n}}$	$n \geq \frac{9}{a(1-a)}$; $a = \frac{x}{n}$
	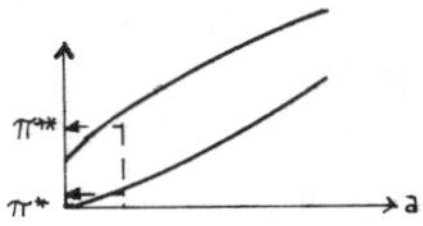	beschränkt auf $\alpha = 0{,}05$ und 0,01 und einige Werte von n

G. Bestimmung des Stichprobenumfangs

Bisher war der Stichprobenumfang n als eine vorgegebene Größe betrachtet worden. Die Breite des VI, d. h. die Entfernung e der Intervallgrenzen von der Punktschätzung, hing von n ab. In der Praxis besteht aber oft der Wunsch oder die Notwendigkeit, eine maximale Entfernung e einzuhalten. Für ein gegebenes α muß dann n angepaßt werden. Um n zu bestimmen, ist vom jeweiligen VI auszugehen. Beispielhaft sei dies für μ und π gezeigt.

Stichprobenumfang bei vorgegebener VI-Breite für μ:

Gemäß (17-14) hat bei bekanntem σ_x das 95%-VI die Breite $2e = 2 \cdot 1{,}96 \cdot \frac{\sigma_x}{\sqrt{n}}$ oder allgemein: $e = z_{\alpha/2} \cdot \frac{\sigma_x}{\sqrt{n}}$. Daraus folgt:

$$n \geq \left(\frac{z_{\alpha/2} \cdot \sigma_x}{e}\right)^2 \qquad (17\text{-}28)$$

n ist die kleinste ganze Zahl, die der Ungleichung (17-28) genügt.

Hinweis:
Falls σ_x unbekannt ist, muß es durch $\hat{s}$ geschätzt werden. In einem solchen Fall geht man schrittweise vor. Zuerst zieht man eine Vorstichprobe (= Teilstichprobe) von einem Umfang $n_{prov.}$, berechnet daraus $\hat{s}$ und setzt dieses dann in (17-28) ein. Man sieht dann, wie groß das definitive n ungefähr sein muß und nimmt $(n-n_{prov.})$ weitere Ziehungen vor. Gegebenenfalls tastet man sich durch mehrere Schritte an das für ein vorgegebenes e notwendige n heran.

Stichprobenumfang bei vorgegebener VI-Breite für π:

Mit Hilfe der *Clopper-Pearson-Diagramme* läßt sich oft mit hinreichender Genauigkeit der für eine gewünschte Breite des VI nötige Stichprobenumfang bestimmen. Allerdings muß man auch jetzt eine Vorstichprobe ziehen, um eine provisorische Punktschätzung für π zu erhalten. (Oft hat man aber eine ungefähre Vorstellung von der Größenordnung des zu schätzenden π.) Man geht dann von diesem Wert in vertikaler Richtung bis zu einer „Eierkurve", die im vorgegebenen Maximalabstand e von der Diagonalen entfernt ist, und liest das zu dieser Kurve gehörende n ab.

● **Kontrollfrage 16:** Wenn ein Auftraggeber die Schätzung einer GG-Proportion mit ± 5% Genauigkeit verlangt und die zu schätzende Proportion eine Größenordnung von ca. 25% besitzt, wie groß ist dann n zu machen ($\alpha = 0{,}05$)?

Anstelle der graphischen Methode kann man sich einer „exakten" Methode zur Bestimmung von n bedienen, indem man von der Formel (17-27) ausgeht. Das Vorgehen ist dann dasselbe, wie oben bei μ gezeigt. Man erhält:

$$n \geq \left(\frac{z_{\alpha/2}}{e}\right)^2 \cdot a \cdot (1-a) \qquad (17\text{-}29)$$

Zur Festlegung von $a = \frac{x}{n}$ kann man entweder eine Vorstichprobe ziehen, oder man geht vom ungünstigsten Fall, d. h. davon aus, daß $a(1-a)$ maximal den Wert 0,25 annehmen kann (wenn $a = \frac{1}{2}$ ist). Oft besitzt man auch eine ungefähre Vorstellung der zu schätzenden Proportion und setzt dann diesen Wert in (17-29) ein.

Beispiel:
Der Wähleranteil einer Partei, der in der Größenordnung von 10% liegt, soll durch eine Stichprobe bis auf eine maximale Ungenauigkeit von ± 1% geschätzt werden (bei $\alpha = 0{,}05$). Es wird also ein 95%-VI für π gesucht. Es folgt:

$$n \geq \left(\frac{1{,}96}{0{,}01}\right)^2 \cdot 0{,}1 \cdot 0{,}9$$

$$n \geq 3'457{,}4$$

Es muß also eine Stichprobe im Umfang von $n = 3'458$ gezogen werden.

17.4 Aufgaben mit Lösung

*** Aufgabe 17-1:**
Eine Stichprobe von 21 Containern ergibt ein $\bar{x} = 130$ Pfund und ein $s = 15$ Pfund. Die Annahme der Normalverteilung für die Gewichte der Grundgesamtheit sei zulässig. Man gebe ein 90%-Vertrauensintervall für μ und σ an.

Lösung:

Man beachte: $\hat{s}^2 = \frac{n}{n-1} s^2$ und daher $\frac{\hat{s}}{\sqrt{n}} = \frac{s}{\sqrt{n-1}}$

a) Vertrauensintervall für μ:

$$\left[\bar{x} - t_{\alpha/2} \langle n-1 \rangle \frac{\hat{s}}{\sqrt{n}} \leq \mu \leq \bar{x} + t_{\alpha/2} \langle n-1 \rangle \frac{\hat{s}}{\sqrt{n}} \right]$$

$$\left[130 - 1{,}725 \frac{15}{\sqrt{20}} \leq \mu \leq 130 + 1{,}725 \frac{15}{\sqrt{20}} \right]$$

$$[130 - 5{,}79 \leq \mu \leq 130 + 5{,}79]$$

$$[124{,}21 \leq \mu \leq 135{,}79]$$

b) Vertrauensintervall für σ^2:

$$\left[\frac{21 \cdot 15^2}{31{,}4} \leq \sigma^2 \leq \frac{21 \cdot 15^2}{10{,}9} \right]$$

$$[150{,}48 \leq \sigma^2 \leq 433{,}49]$$

$$[12{,}27 \leq \sigma \leq 20{,}82]$$

Aufgabe 17-2:
Ein Gerät zur Herstellung von 200-Ohm-Widerständen wird laufend mittels Stichproben auf Fabrikationsgenauigkeit überprüft. Nebst anderen Kriterien gilt folgendes: Das Gerät muß neu eingestellt werden, wenn die Standardabweichung der Widerstände 1 Ohm übersteigt. In einer Stichprobe wurden folgende Werte gemessen:

199,0 198,7 199,8 201,1 199,6 200,4 200,0 199,9 201,2

Schätzen Sie die Varianz der Gesamtproduktion, und berechnen Sie das 90%-VI.

Lösung:

Punktschätzung: $\hat{s}^2 = 0{,}7125$

90%-VI: $\left[\sqrt{\frac{8\,\hat{s}^2}{15{,}5}} \leq \sigma \leq \sqrt{\frac{8\,\hat{s}^2}{2{,}73}} \right]$, $[0{,}606 \leq \sigma \leq 1{,}445]$

Aufgabe 17-3:

In Tabelle 17-1 wird $A = \frac{X}{n}$ als Schätzer für π angegeben. Überprüfen Sie die ML-Eigenschaft für diese Schätzfunktion.

Lösung:

$$L(\pi) = P\left(\frac{X}{n}\right) = \binom{n}{x} \pi^x (1-\pi)^{n-x}$$

$$\ln L(\pi) = \ln \binom{n}{x} + x \ln \pi + (n-x) \ln (1-\pi)$$

$$\frac{d}{d\pi} \ln L(\pi) = 0 + \frac{x}{\pi} - \frac{n-x}{1-\pi} =$$

$$= \frac{x(1-\pi) - \pi(n-x)}{\pi(1-\pi)} = \frac{x-\pi \cdot n}{\pi(1-\pi)}$$

Daraus folgt nach Nullsetzen wie erwartet $x - \hat{\pi}n = 0$, d.h. $\hat{\pi} = \frac{x}{n}$. Es handelt sich somit bei $A = \frac{X}{n}$ um einen ML-Schätzer!

Aufgabe 17-4:

Die „naturgegebene" Durchfallquote bei einer Prüfung werde mit π bezeichnet. Wir möchten für π ein Vertrauensintervall schätzen mit Hilfe der Durchfallquote a einer zufällig gezogenen Stichprobe. Das Vertrauensintervall sei dabei fixiert mit $1-\alpha = 0{,}95$.

a) Welche Verteilung wird für die Berechnung des Vertrauensintervalls herangezogen, falls für den Stichprobenumfang n gilt:

$$n \geq \frac{9}{a(1-a)} \; ?$$

b) Wie groß wird die (mit e bezeichnete) halbe Breite des Vertrauensintervalls in Abhängigkeit von n und a?

c) Für welches a wird bei gegebenem n das Vertrauensintervall am größten?

d) Erstellen Sie eine Tabelle, aus der für n = 200 und für a = 0,1; 0,2; 0,3; 0,4; 0,5 die halbe Intervallbreite e hervorgeht.

e) Stellen Sie eine Graphik her, aus der e für $0 \leq a \leq 1$ und n = 200 ablesbar ist.

Lösung:

a) Die Normalverteilung

b) $e = z_{\alpha/2} \sqrt{\frac{a(1-a)}{n}}$ mit $z_{\alpha/2} = 1{,}96$

c) für $a = \frac{1}{2}$, denn $a(1-a)$ ist für diesen Wert maximal.

d)

a =	0,1	0,2	0,3	0,4	0,5
e =	0,042	0,055	0,064	0,068	0,069

e)

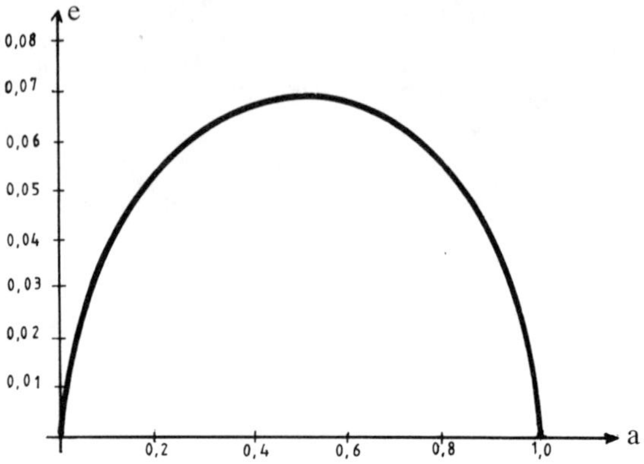

* **Aufgabe 17-5:**

Eine neue Produktionsmethode zur Herstellung eines Produkts wurde entwickelt. Der Unternehmer möchte zur Feststellung des Zeitaufwandes bei Einsatz der neuen Methode gegenüber der bisherigen Methode die Arbeitszeitdifferenz für die Herstellung einer Einheit des Produktes schätzen. Er mißt zu diesem Zweck die durchschnittliche Arbeitszeit, die von zwei Gruppen benötigt wird. Gruppe 1 arbeitet nach der herkömmlichen Methode, Gruppe 2 arbeitet nach der neuen Methode. Gruppe 1 bestand aus 8 Leuten und Gruppe 2 aus 14.

Der durchschnittliche Zeitaufwand bei Gruppe 1 betrug 40 Min. und die Standardabweichung $\hat{s}_1 = 5$ Min. Gruppe 2 brauchte durchschnittlich 35 Min. bei einer Standardabweichung $\hat{s}_2$ von 6 Min.

Nehmen Sie an, die Grundgesamtheit (Zeitaufwände zur Produktion einer Einheit) sei normalverteilt und $\sigma_1^2 = \sigma_2^2$. Geben Sie ein 95%-Vertrauensintervall für die Differenz der Zeitaufwände an $(\mu_1 - \mu_2)$.

Lösung:

Die T-Verteilung wird angewandt.

$$\frac{(\overline{X}_1 - \overline{X}_2) - (\mu_1 - \mu_2)}{\hat{S}_D} = T\langle n_1+n_2-2\rangle$$

Vertrauensintervall für $\mu_1 - \mu_2$:

$$[(\bar{x}_1 - \bar{x}_2) - t_{\alpha/2}\langle n_1+n_2-2\rangle\, \hat{s}_D \leq \mu_1 - \mu_2 \leq (\bar{x}_1 - \bar{x}_2) + \\ + t_{\alpha/2}\langle n_1+n_2-2\rangle\, \hat{s}_D]$$

wobei:

$$t_{\alpha/2}\langle n_1+n_2-2\rangle = t_{0,025}\,\langle 20\rangle = \underline{2,086}$$

$$\hat{s}_D^2 = \hat{s}_g^2 \left(\frac{1}{n_1} + \frac{1}{n_2}\right) = \hat{s}_g^2 \left(\frac{1}{8} + \frac{1}{14}\right) = \hat{s}_g^2 \cdot 0{,}2 = 32{,}15 \cdot 0{,}2 = 6{,}43 \Rightarrow \hat{s}_D = \underline{2{,}54}$$

$$\hat{s}_g^2 = \frac{(n_1 - 1)\,\hat{s}_1^2 + (n_2 - 1)\,\hat{s}_2^2}{n_1 + n_2 - 2} = \frac{7 \cdot 25 + 13 \cdot 36}{20} = \underline{32{,}15}$$

Somit:

$[5 - 2{,}086 \cdot 2{,}54 \leq \mu_1 - \mu_2 \leq 5 + 2{,}086 \cdot 2{,}54]$

$[-0{,}29 \text{ Min.} \leq \mu_1 - \mu_2 \leq 10{,}29 \text{ Min.}]$

17.5 Antworten auf die Kontrollfragen

1. $E(\hat{S}^2) = E\left(\frac{\sigma^2}{n-1}\, Q\langle n-1\rangle\right) = \frac{\sigma^2}{n-1}\, E(Q\langle n-1\rangle) = \frac{\sigma^2}{n-1}(n-1) = \underline{\sigma^2}$

2. $-\frac{\sigma_x^2}{n} = \text{bias}$

3. Ja: $\hat{S}^2 = \frac{\sigma^2}{n-1}\, Q\langle n-1\rangle \underset{\text{approx}}{=} \frac{\sigma^2}{n-1}\, N(n-1; 2n-2) = N(\sigma^2; \frac{2\sigma^4}{n-1})$ für $n \to \infty$ (siehe Aufgabe 13-7).

4. Ja, eigentlich müßte man $L(\mu; \sigma; x_1, x_2, \ldots, x_n)$ schreiben. Aber das ist erstens umständlich und lenkt zweitens die Aufmerksamkeit von der Hauptsache ab, daß es um μ geht. Ferner: Sobald σ als bekannt vorausgesetzt wird, ist es keine Variable mehr, sondern eine Konstante. Und schließlich suchen wir ein Maximierungsproblem unter der Annahme zu lösen, eine Stichprobe habe für die x_i ($i = 1, 2, \ldots, n$) bereits bestimmte Werte geliefert, so daß im Moment, wo wir das Maximum von L suchen, auch die x_i feste Größen sind.

5. $\frac{d \ln L(\mu)}{d\mu} = \frac{d}{d\mu}(\text{const.}) + \frac{d}{d\mu}\left(-\frac{1}{2}\, \frac{\Sigma(x_i - \mu)^2}{\sigma^2}\right) = 0 - \frac{1}{2\sigma^2} \cdot \frac{d}{d\mu}\, \Sigma(x_i - \mu)^2 =$
$= -\frac{1}{2\sigma^2}\, \Sigma \frac{d}{d\mu}\, (x_i - \mu)^2 = -\frac{1}{2\sigma^2}\, \Sigma\, 2(x_i - \mu) \cdot (-1) = \frac{1}{\sigma^2}\, \Sigma\, (x_i - \mu)$

6. Die Dichtefunktion der Poissonverteilung lautet $p(x_i) = \frac{e^{-\lambda}\lambda^{x_i}}{x_i!}$ (siehe (12-19)).

   Somit ist $L(\lambda) = \prod_{i=1}^{n} \frac{e^{-\lambda}\lambda^{x_i}}{x_i!}$ und $\ln L(\lambda) = \ln \prod_{i=1}^{n} \frac{e^{-\lambda}\lambda^{x_i}}{x_i!} =$

   $\sum_{i=1}^{n} -\lambda + \sum_{i=1}^{n} \ln(\lambda^{x_i}) - \sum_{i=1}^{n} \ln(x_i!) = -n\lambda + \sum_{i=1}^{n} x_i \cdot \ln\lambda - \sum_{i=1}^{n} \ln(x_i!)$

   Somit lautet die gleich Null gesetzte 1. Ableitung nach λ:

   $$\frac{d \ln L(\lambda)}{d\lambda} = -n + \left(\sum_{i=1}^{n} x_i\right) \cdot \frac{1}{\hat{\lambda}} = 0$$

   $$n = \sum_{i=1}^{n} x_i \cdot \frac{1}{\hat{\lambda}}$$

   $$\hat{\lambda} = \frac{\Sigma x_i}{n} = \bar{x}$$

7. Man hat zuerst alle Terme der Ungleichung mit σ_x multipliziert und jeweils μ_x addiert. Die Rücktransformation ist eine Standardisierung.

8. $0{,}95 = P(-1{,}96 \le \frac{\overline{X} - \mu_x}{\sigma_{\bar{x}}} \le 1{,}96) =$
$= P(-1{,}96 \cdot \sigma_{\bar{x}} \le \overline{X} - \mu_x \le 1{,}96 \cdot \sigma_{\bar{x}}) =$
$= P(-\overline{X} - 1{,}96\, \sigma_{\bar{x}} \le -\mu_x \le -\overline{X} + 1{,}96\, \sigma_{\bar{x}}) =$
$= P(\overline{X} - 1{,}96\, \sigma_{\bar{x}} \le \mu_x \le \overline{X} + 1{,}96\, \sigma_{\bar{x}})$

9. Das zu $\overline{X}$ gehörige μ ist jenes, das in der GG vorliegt, aus der $\bar{x}$ in Tat und Wahrheit stammt. Davon zu unterscheiden sind alle jene μ, die zu anderen GG gehören (aus denen das $\bar{x}$ nicht stammt). In der Rückschluß-Situation kennt nur der Allwissende das zu $\bar{x}$ gehörige μ.

10. Falls $\sigma_1^2 = \sigma_2^2$ ist und obendrein für beide GG eine Normalverteilung vorausgesetzt werden kann, ist $\frac{D - \mu_D}{\hat{S}_D} = T\langle n_1+n_2-2\rangle$. Daraus folgt:

$[\bar{x}_1 - \bar{x}_2 - t_{\alpha/2} \cdot \hat{s}_D \leq \mu_D \leq \bar{x}_1 - \bar{x}_2 + t_{\alpha/2} \cdot \hat{s}_D]$

11. a) Es ist ${}_{0,025}q = 3{,}25$ und $q_{0,025} = 20{,}5$; somit ist $P(3{,}25 \leq Q\langle 10\rangle \leq 20{,}5) = 0{,}95$, und $[3{,}25 \leq q\langle 10\rangle \leq 20{,}5]$ ist das gesuchte Prognoseintervall.

    b) $P\left(\frac{1{,}5}{10} \cdot 3{,}25 \leq \hat{S}^2 \leq \frac{1{,}5}{10} \cdot 20{,}5\right) = 0{,}95$. Das gesuchte Prognoseintervall lautet also: $[0{,}49 \leq \hat{s}^2 \leq 3{,}08]$.

12. $$\frac{\sigma^2}{n-1}\,{}_{\alpha/2}q \leq \hat{S}^2 \leq \frac{\sigma^2}{n-1}\,q_{\alpha/2} \quad \Big| \cdot \frac{1}{\sigma^2}$$

$$\Rightarrow \frac{{}_{\alpha/2}q}{n-1} \leq \frac{\hat{S}^2}{\sigma^2} \leq \frac{q_{\alpha/2}}{n-1} \quad \Big| \cdot \frac{1}{\hat{S}^2}$$

$$\Rightarrow \frac{{}_{\alpha/2}q}{(n-1)\,\hat{S}^2} \leq \frac{1}{\sigma^2} \leq \frac{q_{\alpha/2}}{(n-1)\hat{S}^2} \quad | \text{ Kehrwert}$$

$$\Rightarrow \frac{(n-1)\,\hat{S}^2}{{}_{\alpha/2}q} \geq \sigma^2 \geq \frac{(n-1)\,\hat{S}^2}{q_{\alpha/2}} \quad | \text{Neuordnen}$$

$$\frac{(n-1)\,\hat{S}^2}{q_{\alpha/2}} \leq \sigma^2 \leq \frac{(n-1)\,\hat{S}^2}{{}_{\alpha/2}q}$$

13. <u>99%-VI:</u>

$$\frac{52}{2772} = 0{,}01876\,; \quad \sigma_A = \sqrt{\frac{0{,}01876\,(1-0{,}01876)}{2772}} = 0{,}00258$$

$[0{,}01876 - 2{,}575 \cdot 0{,}00258 \leq \pi \leq 0{,}01876 + 2{,}575 \cdot 0{,}00258]$

$[\underline{0{,}0121} \leq \pi \leq \underline{0{,}0254}]$

Das 99%-VI überdeckt noch gerade eben den erwarteten Wert für $\pi\left(\frac{1}{40} = 0{,}025\right)$.

<u>95%-VI:</u> $\underline{0{,}0137} \leq \pi \leq \underline{0{,}0238}$

Das 95%-VI überdeckt nicht mehr den bei idealen Experimentbedingungen zu erwartenden Wert 0,025. War also etwas faul beim Schweizer Zahlenlotto? Nichts Derartiges ist bewiesen. Es ist zwar selten, daß ein Anteil von nur 0,01876 auftritt, aber es ist wahrscheinlichkeitstheoretisch zulässig! Bei einem Vertrauensniveau von 95% gibt es 5% „böse" VI, d. h. bei 40 Vertrauensintervallen darf es (und sollte es!) 2 VI geben, die den „wahren" Wert von π nicht überdecken. Tatsächlich gibt es unter den 40 Zahlen nur bei einer Zahl einen so niedrigen Anteil.

14. Es ist $\pi^* \approx 0{,}27$ und $\pi^{**} = 0{,}53$. Somit: $[\underline{0{,}27} \leq \pi \leq \underline{0{,}53}]$.

15. Ja. In der Binomialtafel findet man $P(X \geq 4 \mid B(20;\ 0{,}4)) = 0{,}9840$ und $P(X \geq 13 \mid B(20;\ 0{,}4)) = 0{,}0210$.
Es beträgt also $P(4 \leq X \leq 12) = 0{,}963$, also ungefähr 95%.

16. Bei 0,25 ist die (n = 250)-Kurve ca. 6% in vertikaler Richtung von der Diagonalen entfernt, die (n = 1000)-Kurve ca. 3%. Das n muß eine Größenordnung von 400–500 besitzen, um einen Maximalabstand von höchstens 5% zu garantieren.

Kapitel XVIII: Hypothesentests (Parametertests)

18.1: *Vorbemerkung* – **18.2:** *Konzepte und Begriffe – Illustration an einem Test bezüglich* μ *(*σ_x *bekannt)* – **A.** *Beispiel einer Testsituation* – **B.** *Hypothesen* – **C.** *Entscheidungsregeln* – **D.** *Falsche Entscheidungen* – **E.** *Die Qualität eines Tests (OC-Kurve)* – **F.** *Bestimmung des Stichprobenumfangs* – **G.** *Der Zusammenhang von Schätzen und Testen* – **18.3:** *Tests bezüglich* μ – **A.** *Zusammenfassung von Abschnitt 18.2* – **B.** *Einstichprobentests (*σ_x *unbekannt)* – **C.** *Zweistichprobentests bezüglich der Differenz* $\mu_1 - \mu_2$ – **18.4:** *Tests bezüglich* σ^2 – **A.** *Einstichprobentest* – **B.** *Zweistichprobentest bezüglich des Quotienten zweier Varianzen* – **18.5:** *Tests bezüglich* π – **A.** *Einstichprobentest* – **B.** *Zweistichprobentest bezüglich der Differenz zweier* π – **18.6:** *Varianzanalyse (Vergleich mehrerer* μ*)* – **18.7:** *Überblick über die behandelten Tests* – **18.8:** *Aufgaben mit Lösung* – **18.9:** *Antworten auf die Kontrollfragen*

18.1 Vorbemerkung

Wie beim Schätzen geht es beim Testen darum, aufgrund von Stichprobendaten Licht in eine im Dunkeln liegende Wirklichkeit zu bringen. Die Wirklichkeit ist eine statistische Grundgesamtheit, über deren Merkmalseigenschaften Behauptungen (Hypothesen) vorliegen oder aufgestellt werden. Diejenigen, die aufgrund der Stichprobenevidenz und angesichts zuvor festgelegter wahrscheinlichkeitstheoretischer Kriterien („Entscheidungsregeln") als nicht haltbar bezeichnet werden müssen, werden ausgesondert (als Hypothesen falsifiziert). Was dem statistischen Prüfverfahren (dem „Test") standhält, wird als „annehmbare" Hypothese über die in der Wirklichkeit anzutreffenden Merkmalseigenschaften der Grundgesamtheit bezeichnet. Beim Überprüfen von Parameterhypothesen durch Parametertests interessieren konkrete Werte von μ, π, σ^2 usw.

Generell besteht das Hypothesentesten aus fünf Elementen: dem Formulieren von (empirisch überprüfbaren) *Hypothesen,* dem Konstruieren einer *Entscheidungsregel,* dem Ziehen einer *Stichprobe,* dem Berechnen einer *Stichprobenkennzahl,* dem *Anwenden einer Entscheidungsregel* und dem *Ableiten einer Entscheidung.*

Überblick über die Elemente des Hypothesentestens:

Formulieren der Hypothese(n)	*Ziehen einer Stichprobe*
↓	↓
Konstruieren der Entscheidungsregel	*Berechnen einer Stichprobenkennzahl*
↘	↙

Anwenden der Entscheidungsregel auf den Wert der Stichprobenkennzahl

↓

Ableiten der Entscheidung (Handeln)

Das Schema zeigt den Zusammenhang zwischen den einzelnen Elementen des Hypothesentestens und läßt zugleich auch eine wichtige Gemeinsamkeit mit dem Schätzen erkennen. Gemeinsam ist beiden, daß sie eine Stichprobe erfordern und daß aus dieser eine Kennzahl (z. B. $\bar{x}$) berechnet wird. Beim Schätzen dient diese Kennzahl als Punktschätzung, um die man ein Vertrauensintervall legt. Beim Hypothesentesten wird die Stichprobenkennzahl mit einer vorher aufgestellten Entscheidungsregel konfrontiert, die aufgrund der zuvor formulierten Hypothese(n) gebildet wurde.

Ein Exkurs zur Einführung:
Das statistische Hypothesentesten hat große Ähnlichkeit mit einer in der Strafgerichtsbarkeit auftretenden Entscheidungssituation. Vor Gericht wird über die Schuld oder Unschuld eines Angeklagten entschieden. Schuld oder Unschuld sind die beiden möglichen *alternativen Zustände,* in denen sich ein Angeklagter befinden kann. Der *wahre Zustand* soll von den Richtern herausgefunden werden. Dazu müssen sie sich auf Beweise, Indizien oder andere Evidenz stützen.

Im Rechtsstaat baut das Gerichtsverfahren auf der *Hypothese* auf, der Angeklagte befinde sich im Zustand der Unschuld. Diese Hypothese muß *falsifiziert* werden, bevor jemand schuldig gesprochen wird („schuldig" entspricht der *alternativen Hypothese*). Nur wenn erdrückende Evidenz vorliegt, gilt die Hypothese „Unschuld" als falsifiziert, und es muß schuldig gesprochen werden. Die Schwelle für einen Schuldspruch wird im Rechtsstaat sehr hoch angesetzt. Man nimmt es in Kauf, daß bei einem in Wahrheit schuldigen Angeklagten die Schwelle mangels als stichhaltig angesehener Beweise nicht überschritten wird und der Richter auf Freispruch entscheiden muß („in dubio pro reo"). Umgekehrt ist es trotz Hochsetzung der Schwelle nicht vollständig zu vermeiden, daß ein in Wahrheit unschuldiger Angeklagter durch das zufällige Zusammentreffen ihn belastender Umstände verurteilt wird. Man könnte so etwas nur vermeiden, wenn man die Schwelle noch höher setzen würde, doch könnte man dann nur noch wenige Angeklagte verurteilen. Wollte man umgekehrt alle in Wirklichkeit Schuldigen bestrafen, so müßte man die Schwelle senken und dafür den Preis bezahlen, daß mit höherer *Irrtumswahrscheinlichkeit* eine Schuldigsprechung von Unschuldigen auftritt. Es bleibt also letztlich nichts anderes übrig, als die „Kosten" der einen gegen die „Kosten" der anderen Fehlentscheidung abzuwägen und auf diese Weise einen optimalen Schwellenwert festzulegen.

Man kann die juristische Entscheidungssituation durch folgendes Schema verdeutlichen.

	Zustand des Angeklagten:	
Richterspruch (Entscheidung):	unschuldig	schuldig
Freispruch	*richtige Entscheidung*	Justizirrtum zugunsten des Angeklagten
Schuldspruch	Justizirrtum zuungunsten des Angeklagten (sollte sehr selten auftreten!)	*richtige Entscheidung*

In der statistischen Entscheidungssituation geht es wie in der Justiz darum, einen Zustand (unter zwei oder mehr möglichen) unter Irrtumsvorbehalt als „wahr“ zu bezeichnen. Es ist eine Schwelle festzulegen, die die Entscheidung für die eine oder für die andere Alternative voneinander trennt. An die Stelle der Kraft der Beweise tritt beim statistischen Parametertesten eine Stichprobenkennzahl (Prüfgröße). Je nachdem, ob ihr Wert die Schwelle über- oder unterschreitet, fällt die Entscheidung für die eine oder für die andere Alternative aus.

Der Aufbau des vorliegenden Kapitels (dem sich ein weiteres Kapitel anschließt, das ebenfalls dem Testen gewidmet ist) ist im Schema der Fig. 18-1 gezeigt.

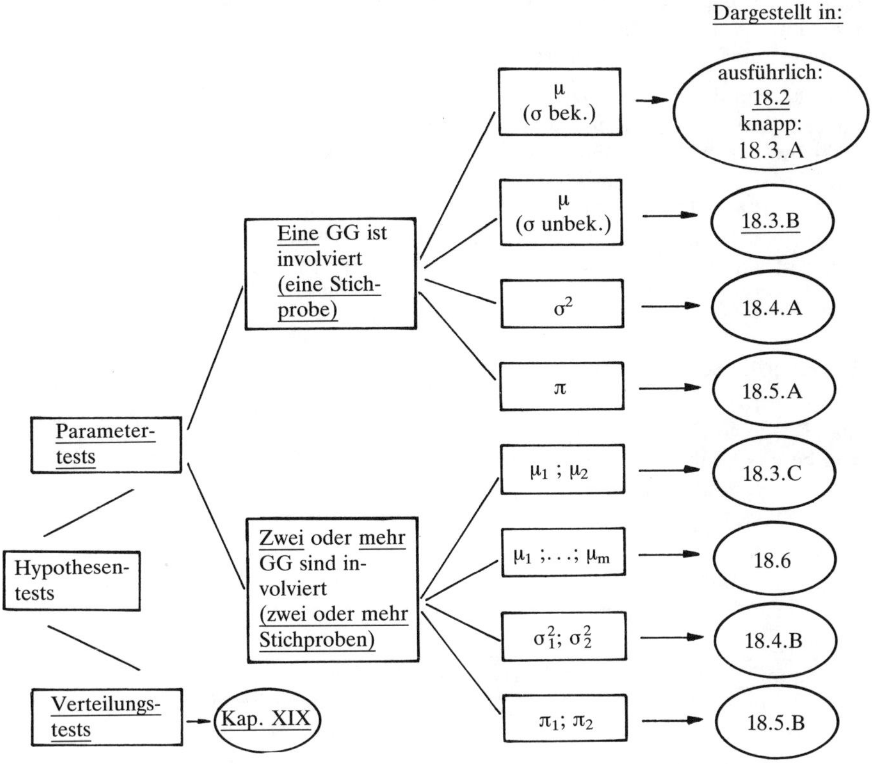

Fig. 18-1: Entscheidungsbaum als Wegweiser zu den Hypothesentests

18.2 Konzepte und Begriffe – Illustration an einem Test bezüglich μ (σ_x bekannt)

A. Beispiel einer Testsituation

Eine Reifenfirma möchte einen langlebigen Fahrradreifen auf den Markt bringen. Ihre Forschungsabteilung hatte daher den Auftrag erhalten, ein neues Produkt zu entwickeln. Die bisher produzierten Reifen hatten eine durchschnittliche Haltbarkeit (Kilometerleistung) von 8000 Kilometern bei einer Standardabweichung von 1800 km. Der neuentwickelte Reifen erbringt nach den Angaben der Forschungsabteilung eine durchschnittliche Leistung von 10'000 km (die Standardabweichung kann mit gleichbleibend 1800 km unterstellt werden).

Die Firma möchte den Reifen nur auf den Markt bringen, wenn sie ganz sicher ist, sie habe einen gegenüber bisher eindeutig besseren Reifen anzubieten. Zur Sicherstellung des Verkaufserfolges will sie eine Lebensdauergarantie von 6 Monaten abgeben, die bei einer Reifenleistung von 10'000 km praktisch nie zu einer Garantieleistung führen würde. Bevor die Produktion auf den neuen Reifen umgestellt und eine teure Werbekampagne begonnen wird, muß jedoch firmenintern getestet werden, ob das neue Produkt hält, was die Forschungsabteilung verspricht. Die Alternative lautet, den bisherigen Reifen weiterzuproduzieren und die Forschungsabteilung weitere Entwicklungsarbeit leisten zu lassen.

Für den von der Firma vorzunehmenden Test wird selbstkritisch die Nullhypothese aufgestellt, der neuentwickelte Reifen habe unverändert nur eine Leistung von $\mu_0 = 8000$ km. Erst wenn mit sehr großer Wahrscheinlichkeit diese Nullhypothese verworfen werden kann, wird das Produkt auf den Markt gebracht und behauptet, es sei für 10'000 km gut. Die Alternativhypothese des Tests lautet der Behauptung der Forschungsabteilung entsprechend auf eine Leistung von $\mu_A = 10'000$ km. Man führt den Test mit n = 36 zufällig aus einer Probeproduktion ausgewählten Reifen durch.

B. Hypothesen

Das Testen von Hypothesen ist eine Form der Suche nach der Wahrheit, bei der man von bereits konkretisierten Fragestellungen ausgeht. *Hypothesen werden aufgestellt, um sie aufgrund des Testens zu verwerfen.* Statt „verwerfen" sagt man auch „ablehnen" oder „falsifizieren", statt „nicht verwerfen können" sagt man auch *„annehmen"*.

Hinweis:
„Annahme" einer statistischen Hypothese darf nie interpretiert werden als ein *Beweis* für die Richtigkeit dieser Hypothese. Annahme bedeutet immer nur: Die vorliegende statistische Evidenz reicht nicht aus, um die Hypothese zu verwerfen.

Beim Testen stehen sich zwei Behauptungen gegenüber, die *Nullhypothese* (H_0) und die Gegenannahme oder *Alternativhypothese* (H_A). Der Test führt zur Entscheidung der Annahme oder der Ablehnung der Nullhypothese. Grundsätzlich resultieren daher vier Fälle:

Tab. 18-1: Ergebnisse des Hypothesentestens

wahrer Zustand: / *Entscheidung für:*	wiedergegeben durch H_0	wiedergegeben durch H_A
H_0 (= *Annahme* von H_0)	richtige Entscheidung	falsche Entscheidung (man macht einen Typ-II-(β-)Fehler)
H_A (= *Ablehnung* von H_0)	falsche Entscheidung (man macht einen Typ-I-(α-)Fehler)	richtige Entscheidung

Was macht man zur Nullhypothese?

Welche Behauptung man in die Form der Nullhypothese, welche in die Form der Alternativhypothese kleidet, hängt von den jeweiligen Umständen und im speziellen von den Kosten oder von den Konsequenzen ab, die mit falschen Entscheidungen gegebenenfalls verbunden sind. In der gerichtlichen Entscheidungssituation verlangt die Rechtsordnung des Rechtsstaates, die Unschuld zur Nullhypothese zu erheben. Will man eine wissenschaftliche Theorie aufstellen, z. B. die Abhängigkeit des Umsatzes vom Reklamebudget etablieren (vgl. Kapitel VII und XX), dann muß man zuerst sicherstellen, daß ein bestimmtes Stichprobenergebnis nicht das Ergebnis nur des Zufalls ist. Man testet daher die Nullhpyothese: Der Umsatz wird durch das Reklamebudget *nicht beeinflußt.* (Dieser Test wird in Kapitel XX durchgeführt.)

Der oben erwähnte Reifenhersteller testet selbstkritisch die Nullhypothese, die Lebensdauer des neu entwickelten Produktes sei nicht gestiegen. Es kommt ihn billiger zu stehen, die Forschungsabteilung noch weiter forschen zu lassen und eventuell einen entgangenen Gewinn hinzunehmen, als einen Glaubwürdigkeitsverlust, die Kosten eines zum Mißerfolg verurteilten Werbefeldzuges, für Garantieleistungen usw., einzugehen. *Im allgemeinen testet man jene Behauptung als Nullhypothese, auf die sich ein „besonderes Interesse" richtet oder deren irrtümliche Ablehnung die schlimmeren Konsequenzen oder die höheren Kosten nach sich zöge.* Oft hat man auch nur eine Behauptung (eine bestimmte Frage) vorliegen, die dann natürlicherweise die Rolle der Nullhypothese übernimmt.

Arten von Hypothesen:

Man unterscheidet *einfache* und *zusammengesetzte Hypothesen.* Eine einfache Hypothese (Punkthypothese) besteht aus der Behauptung eines bestimmten Wertes, also z. B. $\mu_0 = 8'000$ km. Im Gegensatz dazu umfaßt eine zusammengesetzte Hypothese ein Werteintervall, also z. B. $\mu \geq 10'000$ oder $\mu < 8'000$ oder auch $\mu \neq 8'000$ km.

Je nach der Lage des von der Alternativhypothese behaupteten Parameterwertes zur Lage des Nullhypothesen-Parameterwertes unterscheidet man *rechts-, links-* oder *zweiseitige Alternativhypothesen.* Eine Alternativhypothese, die bei einem $\mu_0 = 8'000$ ein $\mu_A = 10'000$ oder ein $\mu_A > 8'000$ beinhaltet, ist eine rechtsseitige Alternativhypothese und wird einem *rechtsseitigen Test* unterzogen. Dementsprechend wird bei einer linksseitigen Alternativhypothese ein *linksseitiger,* bei einer zweiseitigen Alternativhypothese ein *zweiseitiger Test* durchgeführt. Im vorliegenden Beispiel steht eine einfache Nullhypothese einer einfachen, rechtsseitigen Alternativhypothese gegenüber, folglich wird ein rechtsseitiger Test durchgeführt.

C. Entscheidungsregeln

Beim Testen möchte man Hypothesen so zur Ablehnung resp. Annahme bringen, daß das *Risiko (die Wahrscheinlichkeit) einer falschen Entscheidung möglichst klein ist.* In erster Linie kommt es darauf an, das Risiko einer irrtümlichen Ablehnung von H_0 möglichst klein zu halten. Man bezeichnet diese Wahrscheinlichkeit auch als das Risiko des Fehlers 1. Art (Typ-I-Fehlers oder α-Fehlers) oder als das „Produzentenrisiko".

Risiko des Typ-I-Fehlers:

$$\boxed{\alpha = P(\text{Ablehnung von } H_0 \mid H_0 \text{ trifft zu})} \qquad (18\text{-}1)$$

Man liest den Satz hinter dem senkrechten Strich: „wobei H_0 in Tat und Wahrheit zutrifft". α wird als das *Signifikanzniveau* oder als die Irrtumswahrscheinlichkeit eines Tests bezeichnet, es hat praktisch oft den Wert 0,05 oder 0,01, doch ist es im Einzelfall abhängig von den Konsequenzen (Kosten), die eine irrtümliche Ablehnung der H_0 nach sich zieht. Im folgenden wird α als eine dem Statistiker vorgegebene Größe betrachtet.

● **Kontrollfrage 1:** Überlegen Sie sich Beispiele, wo ein $\alpha = 0{,}05$ oder $\alpha = 0{,}01$ als viel zu groß anzusehen ist.

Prüfgröße:

Für die Aufstellung der Entscheidungsregel benötigt man neben dem Wert von α die Zufallsverteilung der sog. *Prüf- oder Testgröße,* die entweder die Zufallsverteilung der aus der Stichprobe gewonnenen Kennzahl (z. B. der Anteil oder die Zahl fehlerhafter Stücke) oder eine Transformation der aus der Stichprobe gewonnenen Kennzahl (z. B. eine Transformation von $\overline{X}$ nach Z) ist. Im Fall eines Tests bezüglich μ bei bekanntem σ_x ist dann die *Prüfgröße* die Standardnormalvariable:

$$\boxed{\frac{\overline{X} - \mu}{\sigma_x / \sqrt{n}} = Z} \qquad (18\text{-}2)$$

Diese Prüfgröße resultiert aus der in Kapitel XV hergeleiteten Tatsache, daß $\overline{X}$ bei einer Stichprobe vom Umfang n und einer GG mit μ_0 und σ_x^2 als Erwartungswert und Varianz genau oder approximativ $N\left(\mu_0; \frac{\sigma_x^2}{n}\right)$-verteilt ist.

<u>*Kritischer Wert:*</u>

Die Prüfgröße eines Tests benötigt man, um mit ihrer Hilfe die Schwelle, d. h. den *kritischen Wert* (die kritischen Werte) für die Entscheidungsregel zu finden. Angenommen, der Reifenhersteller betrachte ein $\alpha = 0{,}05$ als ausreichendes Signifikanzniveau, dann resultiert für einen *rechtsseitigen Test* ein kritischer Prüfgrößenwert $z^* = z_{0,05} = 1{,}645$, denn $P(Z > 1{,}645) = 0{,}05$. Mit Hilfe dieses kritischen Wertes (allgemein durch einen * ausgezeichnet) kann man schließlich den *Annahme-* und *Ablehnungsbereich* der Nullhypothese festlegen. Ist das geschehen, dann hat man eine *Entscheidungsregel* aufgestellt.

<u>*Rechtsseitiger Test:*</u>

Im Falle eines *rechtsseitigen* Tests bezüglich μ bei einem Signifikanzniveau α wird die Entscheidungsregel aus der „konkretisierten" Formel (18-1) abgeleitet:

$$\boxed{\alpha = P\left(\overline{X} \geq \mu_0 + z_\alpha \cdot \frac{\sigma_x}{\sqrt{n}} \mid \overline{X} = N\left(\mu_0; \frac{\sigma_x^2}{n}\right)\right)} \qquad (18\text{-}3)$$

Daraus folgt der *Annahmebereich* (für die Nullhypothese) links vom kritischen Wert $\bar{x}_\alpha$. Die Annahme der H_0 erfolgt, falls $\bar{x}$ in den Annahmebereich fällt:

$$\boxed{\bar{x} < \underbrace{\mu_0 + z_\alpha \cdot \frac{\sigma_x}{\sqrt{n}}}_{\bar{x}_\alpha}} \qquad (18\text{-}4)$$

Der *Ablehnungs- oder Verwerfungsbereich* der Nullhypothese liegt rechts vom kritischen Wert $\bar{x}_\alpha$. Die Verwerfung der H_0 erfolgt, falls $\bar{x}$ in den Ablehnungsbereich fällt:

$$\boxed{\bar{x} \geq \mu_0 + z_\alpha \cdot \frac{\sigma_x}{\sqrt{n}}} \qquad (18\text{-}4')$$

Der kritische Wert sowie der Annahme- und Ablehnungsbereich der Nullhypothese bezüglich μ sind in Fig. 18-2 veranschaulicht.

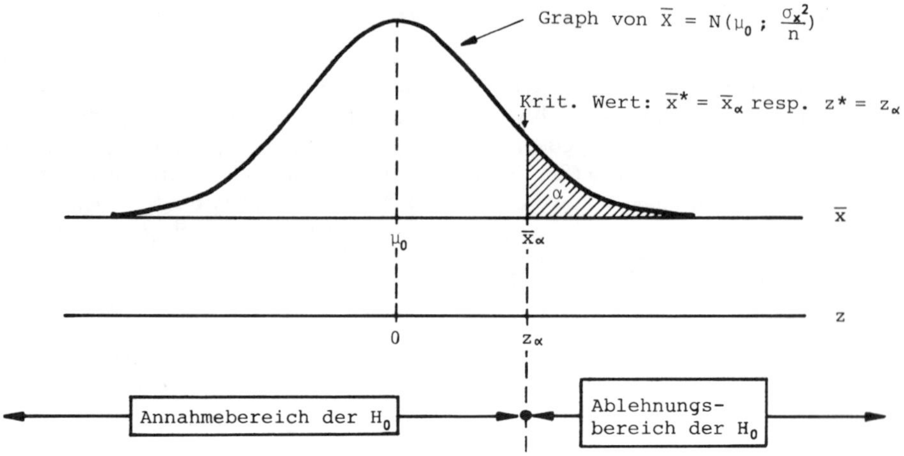

Fig. 18-2: Annahme- und Ablehnungsbereich der H_0 bei rechtsseitigem Test bezüglich μ

Fig. 18-2 zeigt die Verteilung von $\overline{X}$, *wenn die Nullhypothese* zutrifft. Es ist wichtig, den *nur hypothetischen Charakter* der gezeigten Verteilung nicht aus dem Auge zu verlieren! Vielleicht ist die Nullhypothese falsch, der wahre Zustand wird dann durch die Alternativhypothese zutreffend beschrieben. In einem solchen Falle gibt es die gezeigte Verteilung von $\overline{X}$ nur in der Vorstellung, ein konkreter Wert $\bar{x}$ ist dann natürlich keine Realisation der gezeigten ZV $\overline{X} = N(\mu_0; \sigma_{\bar{x}}^2)$. (Mehr dazu in Abschnitt D.) Ist jedoch der wahre Zustand so, wie ihn die H_0 behauptet, dann ist ein aus der Stichprobe berechnetes $\bar{x}$ die Realisation der gezeigten ZV $\overline{X}$.

Hinweis:
Man kann die Entscheidungsregel entweder für die Stichprobenkennzahl, hier für $\overline{X}$, oder für die standardisierte Prüfgröße $Z = \dfrac{\overline{X} - \mu_0}{\sigma_x / \sqrt{n}}$ angeben. Beides ist äquivalent (siehe die beiden Skalen von Fig. 18-2). Die Angabe des kritischen Wertes $\bar{x}^*$, d.h. die Definition von Annahme- und Ablehnungsbereich durch einen Wert der Stichprobenkennzahl $\overline{X}$, ist anschaulicher und wird im folgenden bevorzugt.

Beispiel:
Für unser Bsp. resultiert als *kritischer Wert:* $\bar{x}^* = 8'000 + 1{,}645 \cdot \dfrac{1'800}{\sqrt{36}} = \underline{8'493{,}5}$ km

und somit der *Annahmebereich der H_0:* $\bar{x} < \underline{8'493{,}5}$ km

und der *Ablehnungsbereich der H_0:* $\bar{x} \geq \underline{8'493{,}5}$ km

Entscheidung:
Ergibt sich nach der Durchführung der Testfahrten mit den 36 Reifen, daß sie im Durchschnitt 9784,3 km gehalten haben, wird die Nullhypothese verworfen (und die Entscheidung für die Produktionsaufnahme getroffen). Man sagt in einem solchen Fall, der neuentwickelte Reifen *unterscheide sich* bezüglich der Lebensdauer (Kilometerleistung) *signifikant* vom bisherigen Reifen.

● **Kontrollfrage 2:** Welchen Wert hat die Prüfgröße Z, wenn $\bar{x} = 9784{,}3$ km beträgt?

Hinweis:
Es wird immer wieder die Frage aufgeworfen, ob man eine Entscheidungsregel erst aufstelle, nachdem das Stichprobenergebnis vorliege. Selbst Lehrbücher suggerieren diese Vorgehensweise! Dazu ist zu sagen: In *logischer Reihenfolge kommt zuerst die Aufstellung der Entscheidungsregel.* Erst danach wird die Stichprobenkennzahl ermittelt und mit dem kritischen Wert $\bar{x}^*$ resp. z^* verglichen, d. h. wird festgestellt, ob $\bar{x}$ resp. z in den Annahme- oder Ablehnungsbereich fallen.

Man kann sich anhand des folgenden *Schemas* den *logischen Ablauf* beim Hypothesentesten vor Augen führen.

Feststellen der Grundgesamtheit (ggf. ihres Verteilungstyps)	*Bsp.:* Produktion von Fahrradreifen (beliebige Zufallsverteilung) mit $\sigma_x = 1'800$
↓	
Formulieren der Null- und Alternativhypothesen über einen Parameter	*Bsp.:* $\mu_0 = 8'000 \quad \mu_A = 10'000$
↓	
Festlegen des Signifikanzniveaus α (ggf. eines β-Risikos, siehe Abschnitt D) und des Stichprobenumfangs n	*Bsp.:* $\alpha = 0{,}05$, $n = 36$
↓	
Konstruieren der Entscheidungsregel, d. h. Bestimmen der kritischen Werte unter Verwendung der Prüfgröße und Festlegung des Annahmebereichs der H_0	*Bsp.:* $z^* = z_{0,05} = 1{,}645$ ⇒ Annahmebereich: $\bar{x} < 8'000 + 1{,}645 \cdot \frac{1'800}{\sqrt{36}} = 8'493{,}5$
↓	
Ziehen der Stichprobe vom Umfang n und Berechnen der Stichprobenkennzahl	*Bsp.:* $\bar{x} = 9'784{,}3$ km
↓	
Anwenden der Entscheidungsregel: Vergleich von empirischer Evidenz mit dem kritischen Wert und Folgern	*Bsp.:* $9'784{,}3 > 8'493{,}5$ ⇒ Ablehnen der H_0
↓	
Ableiten des praktischen Handelns	*Bsp.:* Aufnahme der neuen Produktion

Linksseitiger Test:

Bei einer linksseitigen Alternativhypothese ist ein linksseitiger Test durchzuführen. *In Abwandlung* des bisherigen *Beispiels* sei für den Reifenhersteller der Ersatz eines bisher verwendeten Rohmaterials nötig geworden. Eine infolgedessen eintretende Verkürzung der Lebensdauer ist nicht auszuschließen. Das bisherige Produkt hatte eine Lebensdauer von 8'000 km. Um sich zu vergewissern, daß er den Abnehmern auch nach der Umstellung auf den neuen Rohstoff diese Lebensdauer von 8'000 km zusichern kann, testet der Reifenhersteller die Alternativhypothese H_A: $\mu_A < 8'000$ gegen die Nullhypothese $\mu_0 = 8'000$. (Es sei wiederum angenommen, daß $\sigma_x = 1'800$ km, $n = 36$ und $\alpha = 0{,}05$ ist.)

Entscheidungsregel:

Annahme der H_0, wenn:

$$\bar{x} > \underbrace{\mu_0 - z_\alpha \cdot \frac{\sigma_x}{\sqrt{n}}}_{_\alpha\bar{x}} \tag{18-5}$$

Ablehnung der H_0, wenn:

$$\bar{x} \leq \underbrace{\mu_0 - z_\alpha \cdot \frac{\sigma_x}{\sqrt{n}}}_{_\alpha\bar{x}} \tag{18-5'}$$

Siehe Fig. 18-3 zur Veranschaulichung.

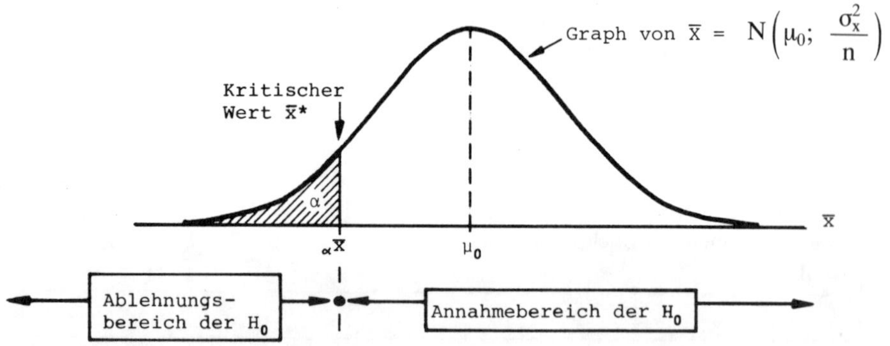

Fig. 18-3: Annahme- und Ablehnungsbereich bei linksseitigem Test

---

Beispiel:
Im vorliegenden Beispiel ergibt sich als kritischer Wert bei einem Signifikanzniveau von $\alpha = 0{,}05$:

$$x^* = {}_{0,05}\bar{x} = 8'000 - 1{,}645 \cdot \frac{1'800}{\sqrt{36}} = \underline{7'506{,}5}\,\text{km}.$$

Angenommen, die Testfahrer hätten mit den 36 mit Ersatzrohstoff gefertigten Reifen eine Durchschnittsleistung von 7'895,1 km erbracht, dann würde man die Nullhypothese einer gleichbleibenden Qualität annehmen. Die kleine Abweichung von 8'000 km würde man als zufallsbedingt interpretieren und sagen, der mit Ersatzrohstoff gefertigte Reifentyp unterscheide sich bezüglich Kilometerleistung *nicht signifikant* vom bisherigen. Ein Reifenhersteller, der von Punktschätzung gehört hat, würde natürlich aufhorchen und der Sache weiter nachgehen. Vorläufig aber könnte er sich beruhigen, denn das Vertrauensintervall um 7'895,1 würde den Wert 8'000 überdecken und als „wahren" Wert zulassen.

Zweiseitiger Test:

Bei einer zweiseitigen Alternativhypothese ist ein zweiseitiger Test durchzuführen. Zweiseitige Tests entsprechen einer Situation, in der man keine Information oder keine substantielle Vermutung über die Lage der alternativ zutreffenden Parameterwerte hat. In *weiterer Abwandlung unseres Beispiels* von Abschnitt 18.2.A sei angenommen, ein Warentestinstitut teste verschiedene Reifenfabrikate. Die Durchschnittsqualität entspreche 8'000 km. Von verschiedenen Firmen stammende Reifentypen werden jetzt geprüft, ob sie diesem Standard entsprechen (es sei unterstellt: σ_x = 1'800 km und n = 36). Wird der Test bei einem Signifikanzniveau von z. B. $\alpha = 0{,}05$ durchgeführt, dann läßt sich zeigen, daß der optimale Annahmebereich gegeben ist, wenn jeweils $\frac{\alpha}{2} \cdot 100\%$ der Wahrscheinlichkeit: P(H_0 ablehnen | H_0 trifft zu) am linken und rechten „Schwanzende" der Verteilung von $\overline{X}$ „abgeschnitten" werden. Die kritischen Werte resultieren jetzt aus (18-6), die das Risiko des Typ-I-Fehlers angibt:

$$1 - \alpha = P\left(\mu_0 - z_{\alpha/2} \cdot \frac{\sigma_x}{\sqrt{n}} < \overline{X} < \mu_0 + z_{\alpha/2} \cdot \frac{\sigma_x}{\sqrt{n}} \mid \overline{X} = N\left(\mu_0; \frac{\sigma_x^2}{n}\right)\right) \tag{18-6}$$

Daraus folgen allgemein die *kritischen Werte* für die Verteilung von $\overline{X}$:

$$\bar{x}^* = \mu_0 - z_{\alpha/2} \cdot \frac{\sigma_x}{\sqrt{n}}$$

$$\bar{x}^{**} = \mu_0 + z_{\alpha/2} \cdot \frac{\sigma_x}{\sqrt{n}}$$

Annahme der H_0, wenn:

$$\underbrace{\mu_0 - z_{\alpha/2} \cdot \frac{\sigma_x}{\sqrt{n}}}_{_{\alpha/2}\bar{x}} < \bar{x} < \underbrace{\mu_0 + z_{\alpha/2} \cdot \frac{\sigma_x}{\sqrt{n}}}_{\bar{x}_{\alpha/2}} \tag{18-7}$$

Ablehnung der H_0, wenn:

$$\begin{aligned} &\bar{x} \leq \mu_0 - z_{\alpha/2} \cdot \frac{\sigma_x}{\sqrt{n}} \\ &\text{oder} \\ &\bar{x} \geq \mu_0 + z_{\alpha/2} \cdot \frac{\sigma_x}{\sqrt{n}} \end{aligned} \tag{18-7'}$$

Siehe Fig. 18-4 zur Veranschaulichung.

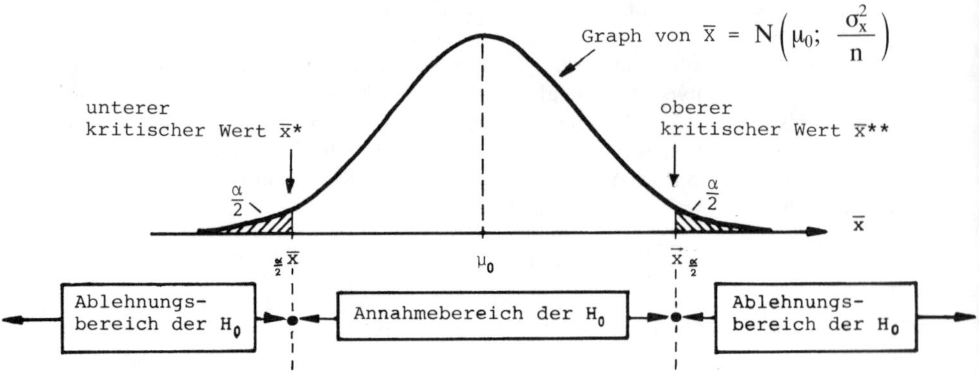

Fig. 18-4: Annahme- und Ablehnungsbereich bei zweiseitigem Test

---

Beispiel:
Für das vorliegende Beispiel (2. Abwandlung) folgen bei $\alpha = 0{,}05$:

Kritische Werte der Prüfgröße:

$$-z_{\alpha/2} = -1{,}96,$$

$$z_{\alpha/2} = 1{,}96.$$

Annahmebereich der H_0:

$$8'000 - 1{,}96 \cdot \frac{1'800}{6} \leq \bar{x} \leq 8'000 + 1{,}96 \cdot \frac{1'800}{6}$$

d.h. [$\underline{7'412}$ km $\leq \bar{x} \leq$ $\underline{8'588}$ km]

Entscheidung:

Wäre durch das Testinstitut z. B. ein $\bar{x} = 8'213{,}8$ km festgestellt worden, würde die *Nullhypothese* $\mu_0 = 8'000$ *angenommen* und der Reifentyp als zur Durchschnittsqualität gehörend bezeichnet („*nicht signifikant* vom Wert 8'000 verschieden").

D. Falsche Entscheidungen

Trifft $\mu = \mu_A$ zu, dann ist ein errechnetes $\bar{x}$ eine Realisation der ZV $\bar{X} = N\left(\mu_A ; \frac{\sigma_x^2}{n}\right)$.

In einem solchen Fall hat die rechte der in Fig. 18-5 dargestellten Verteilungen *realen* Charakter. Trifft $\mu = \mu_0$ zu, ist die linksstehende Verteilung von $\bar{X}$ „real", und zwar in dem Sinne, daß ein ermitteltes $\bar{x}$ eine Realisation von ihr ist. Natürlich wissen wir nicht, wenn wir ein $\bar{x}$ aus einer Stichprobe berechnet haben, von welcher der beiden Verteilungen von Fig. 18-5 dieses $\bar{x}$ eine Realisation ist (oder welche der Verteilungen „real" ist). Unsere Entscheidungsregel läuft jedoch darauf hinaus, wenn $\bar{x}$ in den Annahmebereich der H_0 fällt, der linken Verteilung (mit μ_0 als Erwartungswert) realen Charakter *zuzusprechen* (und zu schließen: μ_0 ist als wahr im Sinne von „nicht falsifiziert" anzusehen). Falls $\bar{x}$ aber in den Ablehnungsbereich fällt, sprechen wir der rechten Verteilung (mit μ_A als Erwartungswert) realen Charakter zu (und schließen: μ_A ist wahr).

Der β-Fehler:

Neben einem α-Fehler (Fehler 1. Art oder Fehler vom Typ I) kann man auch einen *β-Fehler* (Fehler 2. Art oder Fehler vom Typ II) begehen. Der Fehler 2. Art ist definiert als die Annahme der H_0, obwohl in Wahrheit μ_A zutrifft. Die Wahrscheinlichkeit (Risiko), ihn zu begehen, wird durch (18-8) in allgemeiner Form angegeben.

Risiko des Typ-II-Fehlers:

$$P(\text{Annahme von } H_0 \mid H_A \text{ trifft zu}) = \beta \tag{18-8}$$

Konkretisiert heißt das für einen rechtsseitigen Test bezüglich μ:

$$P\left(\bar{X} < \bar{x}^* \mid \bar{X} = N(\mu_A; \frac{\sigma_x^2}{n});\ \bar{x}^* = \mu_0 + z_\alpha \frac{\sigma_x}{\sqrt{n}}\right) = \beta \tag{18-9}$$

Um β zu berechnen, standardisiert man (18-9) und liest den resultierenden Wert aus der Normaltabelle ab.

$$P\left(\underbrace{\frac{\bar{X} - \mu_A}{\sigma_x/\sqrt{n}}}_{Z} < \frac{\bar{x}^* - \mu_A}{\sigma_x/\sqrt{n}}\right) = \beta \tag{18-10}$$

Die Illustration der Wahrscheinlichkeiten α und β bei einem *rechtsseitigen Test* liefert Fig. 18-5 (verschieden schraffierte Flächen).

Bemerkung:
Man bezeichnet herkömmlicherweise das Risiko eines Typ-I-Fehlers auch als *Produzentenrisiko* und das Risiko des Typ-II-Fehlers als *Konsumentenrisiko.* Diese Bezeichnungsweise entspricht der Situation eines seine Ware an Konsumenten verkaufenden Produzenten. Wird bei der Warenübergabe ein Test hinsichtlich der vertraglich zugesicherten (der H_0 entsprechenden) Qualität vorgenommen, so trägt der Produzent das Risiko α und der Abnehmer das Risiko β.

Beispielsweise sichert unsere Reifenfirma den Abnehmern eine bestimmte Reifenlebensdauer zu. Es entspricht jetzt der Interessenlage des Reifenproduzenten, für Stichprobenanalysen durch die Abnehmer eine möglichst hohe Schwelle für die Rücknahmeverpflichtung bei seinen Reifensendungen festzulegen. Freilich bleibt immer sein Restrisiko, daß er eine gute Ware zurücknehmen muß, weil die Analyse einen seltenen Wert erbrachte. Dies ist sein Produzentenrisiko. Die Abnehmer oder

Konsumenten tragen umgekehrt das Risiko, daß der Analysewert unterhalb der vertraglich festgelegten Schwelle bleibt, obwohl wegen eines schlechteren Bindemittels die Lebensdauern der Reifensendung viel zu tief waren. Das ist ihr Konsumentenrisiko, die Wahrscheinlichkeit β.

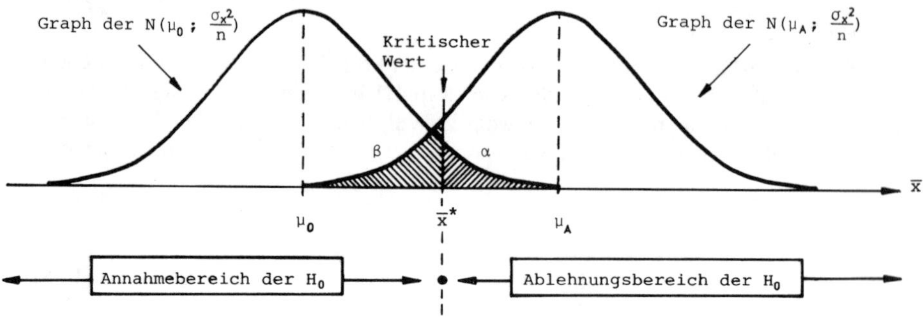

Fig. 18-5: Wahrscheinlichkeiten der Fehler von Typ I und Typ II bei rechtsseitigem Test

Die Entscheidungswahrscheinlichkeiten:

Wir können nun für die vier Innenfelder von Tabelle 18-1 angeben, mit welchen Wahrscheinlichkeiten jeweils richtige und falsche Entscheidungen getroffen werden (siehe Tabelle 18-2). Die Kurzschreibweise $P(H_i \mid H_j)$ bedeutet die Wahrscheinlichkeit, sich für H_i zu entscheiden, obwohl der von H_j behauptete Zustand zutrifft.

Tab. 18-2: Wahrscheinlichkeiten für falsche und richtige Entscheidungen bei einem Signifikanzniveau α

wahrer Zustand: / *Entscheidung für:*	wiedergegeben durch H_0	wiedergegeben durch H_A
H_0 (*Annahme* von H_0)	*richtige Entscheidung:* $P(H_0 \mid H_0) = \underline{1-\alpha}$	*Irrtum 2. Art:* $P(H_0 \mid H_A) = \underline{\beta}$
H_A (*Ablehnung* von H_0)	*Irrtum 1. Art:* $P(H_A \mid H_0) = \underline{\alpha}$	*richtige Entscheidung:* $P(H_A \mid H_A) = \underline{1-\beta}$

● **Kontrollfrage 3:** Kann man bei der Durchführung eines bestimmten Tests nur einen oder kann man auch zwei Fehler begehen? Kann man auch überhaupt keinen Fehler begehen? Wovon hängt es ab?

Wie Fig. 18-5 erkennen läßt, wird das Risiko des β-Fehlers von der Lage von μ_A und von der Lage des kritischen Wertes $\bar{x}^*$ bestimmt. Dieses $\bar{x}^*$ ist natürlich seinerseits abhängig von μ_0, σ_x, α und n.

Beispiel:
Im Falle unseres im Abschnitt 18.2.A beschriebenen Beispiels betrug $\bar{x}^* = \bar{x}_{0,05} =$ 8'493,5 km. Die Alternativhypothese beinhaltete μ_A = 10'000 km. Der β-Fehler dieses Tests (d. h. für μ_A = 10'000) beträgt somit gemäß Formel (18-10):

$$P\left(Z < \frac{8'493{,}5 - 10'000}{1'800/6}\right) = \beta$$

$$= P(Z < -5{,}02) \approx \underline{0}$$

Der β-Fehler ist hier also verschwindend klein. Man nennt einen Test mit sehr kleinem β-Fehler einen sehr *trennscharfen Test.*

E. Die Qualität eines Tests (OC-Kurve)

Die Qualität eines Tests bemißt sich nach der Größe der Fehlerwahrscheinlichkeiten. Je kleiner α und β sind resp. je kleiner β bei gegebenem α ist, desto besser ist die *Trennschärfe* oder *Güte* eines Tests. Ein sehr trennscharfer Test ist immer hochwillkommen, denn er erlaubt es, H_0 und H_A „gut auseinanderzuhalten", d. h. selten eine falsche Entscheidung zu treffen (die Verteilungen der Fig. 18-5 überlappen sich flächenmäßig dann fast nicht).

Je höher die Trennschärfe eines Tests, desto mehr bedeutet inhaltlich „Annahme der H_0" „Verifikation von H_0", auch wenn es natürlich immer zutreffend bleibt, daß die H_0 durch die vorliegende Evidenz nur „nicht falsifiziert" wurde, denn eine absolute Verifikation gibt es nicht. Statt von großer Trennschärfe oder Güte spricht man auch von großer Macht (englisch: power) eines Tests. Je kleiner β (bei gegebenem α), desto größer die Güte oder Macht eines Tests.

● **Kontrollfrage 4:** Geben sie für das in Abschnitt 18.2.A beschriebene Beispiel für α = 0,001 den kritischen Wert $\bar{x}_{0,001}$ und den β-Fehler an.

Operationscharakteristik:

Zu einem Test gehört als Maß seiner Qualität eine sog. *Operationscharakteristik* (OC), dargestellt als *eine Kurve, die die Werte von β in Abhängigkeit von den Werten angibt, die μ_A annehmen kann.* (Im Fall einer einfachen Alternativhypothese wird nur ein Punkt der Kurve realisiert.)

Der Verlauf der sog. *OC-Kurve,* die zu unserem Beispiel aus Abschnitt 18.2.A gehört, ist in Fig. 18-6 gezeigt. Für die Konstruktion der OC-Kurve wurden einige β-Werte nach Formel (18-10) berechnet. Sie sind für 8'000, 8'100, 8'200 usw. eingetragen.

● **Kontrollfragen 5:** 1) Berechnen Sie β für μ_A = 8'150, geben Sie, *ohne zu rechnen,* β für μ_A = 8'493,5 an, und berechnen Sie β für μ_A = 9'250. 2) Die in Fig. 18-6 gezeigte Kurve beginnt bei $\beta = 1 - \alpha$. Wie ist das zu interpretieren?

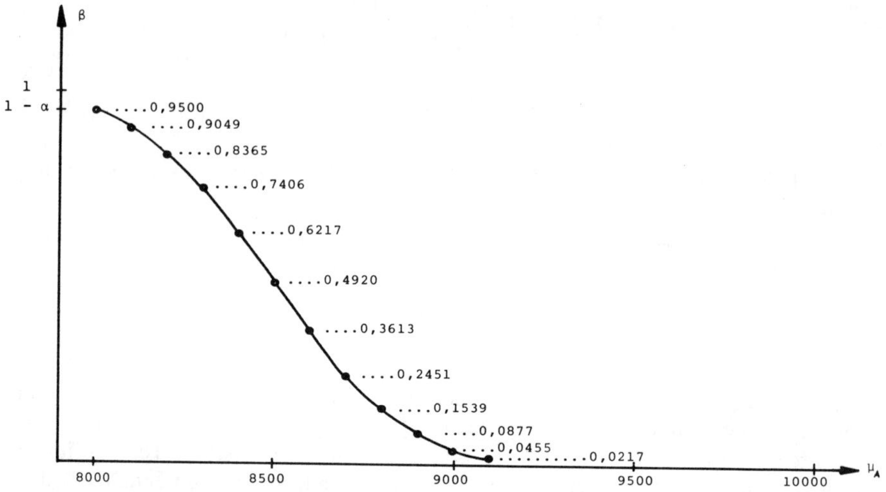

Fig. 18-6: OC-Kurve für einseitigenTest bei α = 0,05, n = 36, σ_x = 1'800, μ_0 = 8'000

Zum besseren Verständnis der OC-Kurve sind in Fig. 18-7 beispielhaft für einige Werte von μ_A die zugehörigen Verteilungen samt den dabei auftretenden Werten von β gezeigt. Unterstellt ist die Nullhypothese μ_0 = 8'000 km, α = 0,05, σ_x' = 1'800 km und n = 36.

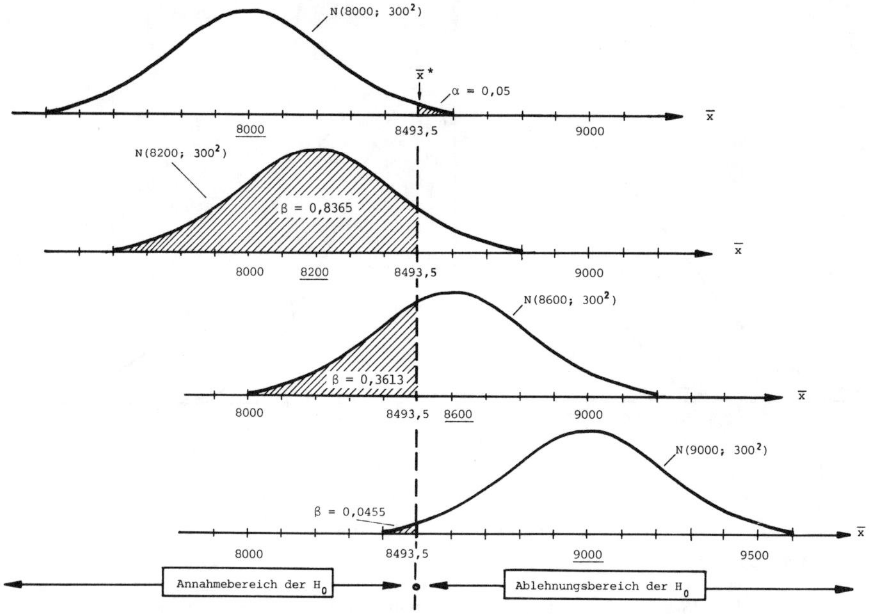

Fig. 18-7: β-Fehler bei einem rechtsseitigen Test mit $\alpha = 0{,}05$, $\mu_0 = 8000$, $\sigma_x = 1800$ und $n = 36$

Hinweis:
Bei einem *linksseitigen Test* bezüglich μ verläuft die OC-Kurve genau spiegelbildlich zu jener in Fig. 18-6, falls α, σ_x, n und μ_0 dieselben Werte wie beim rechtsseitigen Test besitzen.

Wegen der Spiegelbildlichkeit der OC-Kurven bei links- und rechtsseitigen Tests kann für gleiche α, σ_x und n dieselbe Kurve verwendet werden, wenn an der X-Achse statt μ_A der Absolutabstand $|\mu_0 - \mu_A|$ abgetragen wird. Für einen zweiseitigen Test zeigt Fig. 18-8 zwei OC-Kurven für unterschiedliche Stichprobenumfänge (beidemal beträgt das Signifikanzniveau $\alpha = 0{,}05$ und ist $\sigma_x = 1800$ angenommen). Beidemal lautet die Nullhypothese $\mu_0 = 8000$, die Alternativhypothese $\mu_A \neq 8000$. Die obere der beiden OC-Kurven gehört zu $n = 36$, die darunterliegende Kurve zu $n = 100$.

Bemerkung:
An sich benötigt man auch für zweiseitige Tests nur die eine Hälfte der gezeigten Kurven. In Tabellenwerken ist daher in der Regel nur der rechte Ast der OC-Kurve bei zweiseitigen Tests abgedruckt.

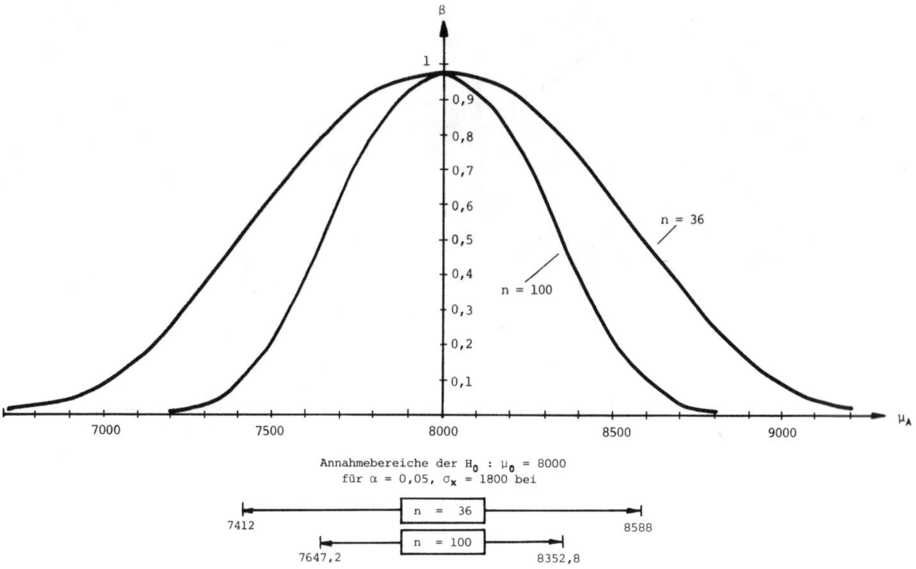

Fig. 18-8: OC-Kurven bei zweiseitigem Test für n = 36 und n = 100

Trennschärfe und Stichprobenumfang:

Man erkennt jetzt eine für die *Trennschärfe* eines Tests entscheidende Größe: den Stichprobenumfang. *Je größer n ist, desto geringer wird bei gegebenem α das Risiko eines β-Fehlers.* Für jeden Wert von $\mu_A \neq \mu_0$ liegt der Wert von β bei n = 100 unterhalb des Wertes von β bei n = 36. Natürlich kann man den durch eine größere Stichprobe ermöglichten Qualitätsgewinn des Tests auch zu einer *Senkung von α* bei gegebenem β verwenden. In jedem Fall aber vermindert eine Erhöhung des Stichprobenumfangs die Fehlerrisiken insgesamt; die Trennschärfe des Tests erhöht sich. *Liegt n jedoch fest, ist eine Verminderung von β nur auf Kosten einer Erhöhung von α möglich und umgekehrt.*

Fig. 18-9 zeigt den Zusammenhang von Stichprobenumfang und Trennschärfe eines Tests. Da $\sigma_{\bar{x}} = \frac{\sigma_x}{\sqrt{n}}$ ist, vermindert sich mit wachsendem n die Streuung von $\overline{X}$, d. h. die beiden Verteilungen „konzentrieren“ sich mehr und mehr um ihre Erwartungswerte (sie überlappen sich immer weniger). Paßt man den kritischen Wert $\bar{x}^*$ nicht dem vergrößerten Stichprobenumfang an, nimmt sowohl α als auch β ab. Bei unverändertem α „rutscht“ der kritische Wert $\bar{x}^*$ immer näher an μ_0 heran, und β nimmt aus zweierlei Gründen ab. Fig. 18-9 zeigt *maßstabgetreu* die Verteilungen für $\overline{X}$ bei n = 36 und n = 144.

● **Kontrollfragen 6:** 1) Welche Beziehung besteht zwischen den beiden $\sigma_{\bar{x}}$ bei n = 36 und n = 144? 2) Was läßt sich allgemein aussagen über den Zusammenhang von Stichprobenumfängen und Varianzen von $\overline{X}$?

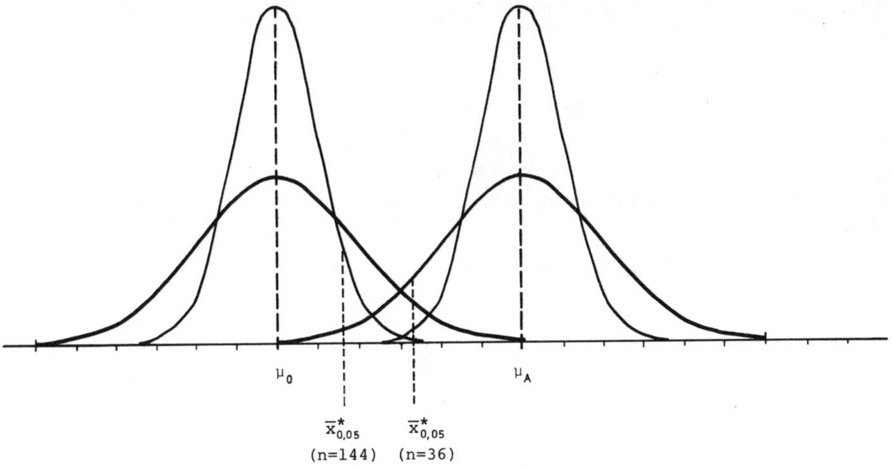

Fig. 18-9: Trennschärfe und Stichprobenumfang

<u>*Die OC-Kurven der Tabellenbeilage:*</u>

Es sind dort jeweils für $\alpha = 0{,}01$ und $\alpha = 0{,}05$ und jeweils für einseitige und zweiseitige Tests die OC-Kurven für eine Reihe verschiedener n angegeben (4 Diagramme). Eine Unterscheidung nach der absoluten Größe von μ_0 und μ_A (man findet in vielen Tabellenwerken statt μ_A auch die Bezeichnung μ_1) ist nicht erforderlich, da es, wie schon erwähnt, nur auf die Absolutabstände ankommt. Auch eine Unterscheidung nach der Größe von σ_x erübrigt sich, da es lediglich auf die Abstände *gemessen in σ_x-Einheiten* ankommt. Man kann sich also auf den Druck von Diagrammen beschränken, die β als Funktion von $\Delta = \frac{|\mu_0 - \mu_A|}{\sigma_x}$ angeben.

● **Kontrollfrage 7:** Warum kommt es für die Größe von β nur auf die σ_x-Einheiten der Absolutabstände $|\mu_0 - \mu_A|$ an?

F. Bestimmung des Stichprobenumfangs

Stichproben sind mit Kosten verbunden. Man hat daher ein Interesse daran, den Stichprobenumfang nicht größer als unbedingt nötig zu machen. Wenn man weiß, wie groß neben dem α-Fehlerrisiko das β-Fehlerrisiko höchstens sein darf, kann man den gerade nötigen Stichprobenumfang errechnen.

Oben wurde für die Entscheidung der Frage, ob $\mu_0 = 8'000$ km oder $\mu_A = 10'000$ km die Durchschnittsleistung des neuentwickelten Reifens ist, ein Test im Umfang $n = 36$ durchgeführt (siehe Beispiel von Abschnitt 18.2.A). Es ist sicherlich nicht ganz billig, 18 Testfahrer (mit 36 Reifen) über Tausende von Kilometern zu schikken, und auch ein Labortest würde Kosten in Abhängigkeit von n verursachen, wollte man diese Ersatzlösung wählen.

Für die Bestimmung des gerade erforderlichen Stichprobenumfangs geht man bei einem rechtsseitigen Test von den Formeln (18-3) und (18-9) aus. Aus ihnen erhält man zwei Gleichungen zur Bestimmung des kritischen Wertes $\bar{x}^*$:

$$\bar{x}^* = \mu_0 + z_\alpha \cdot \frac{\sigma_x}{\sqrt{n}} \quad (18\text{-}11) \qquad \text{und} \qquad \bar{x}^* = \mu_A - z_\beta \cdot \frac{\sigma_x}{\sqrt{n}} \quad (18\text{-}12)$$

Somit:

$$\mu_0 + z_\alpha \cdot \frac{\sigma_x}{\sqrt{n}} = \mu_A - z_\beta \cdot \frac{\sigma_x}{\sqrt{n}} \quad (18\text{-}13)$$

(Für einen linksseitigen Test wechseln die Vorzeichen von z_α und z_β, doch bleibt dies ohne Bedeutung.)

Allgemein folgt somit für einseitige Tests:

$$\boxed{n = \left(\frac{\sigma_x\ (z_\alpha + z_\beta)}{\mu_0 - \mu_A}\right)^2} \quad (18\text{-}14)$$

● **Kontrollfrage 8:** Man zeige den Übergang von (18-13) zu (18-14) für einen links- und für einen rechtsseitigen Test.

In der Regel ergibt die Gleichung (18-14) keine ganze Zahl für n. Man nimmt dann das zu dem berechneten Wert von (18-14) jeweils größere ganzzahlige n als Stichprobenumfang.

Beispiel:
Für das Beispiel von Abschnitt 18.2.A mit $\mu_0 = 8'000$, $\mu_A = 10'000$, $\sigma_x = 1'800$ und $\alpha = 0{,}05$ soll der für $\beta = 0{,}01$ notwendige Stichprobenumfang bestimmt werden. Zu $\beta = 0{,}01$ gehört das Z-Quantil $z_{0,01} = 2{,}33$. Somit:

$$n = \left(\frac{1800 \cdot (1{,}645 + 2{,}33)}{8000 - 10000}\right)^2 = \underline{12{,}8}.$$

Ein Testfahrerteam mit n = 13 zufällig ausgewählten Reifen wäre also ausreichend, um den in seiner Qualität genau spezifizierten Test durchzuführen. Allerdings muß jetzt vorausgesetzt werden können, daß die Reifenlebensdauern normalverteilt sind. Kann diese Voraussetzung nicht gemacht werden, wäre die Minimalgrenze n = 30 einzuhalten (Approximationsschwelle für die Normalverteilung von $\overline{X}$, siehe Kapitel XV, Abschnitt 15.5.A).

Bemerkungen:
Bei einer zusammengesetzten rechtsseitigen Alternativhypothese, z.B. $\mu_A \geq 9'000$, würde man das minimale $\mu_A = 9'000$ für Formel (18-14) verwenden.

G. Der Zusammenhang von Schätzen und Testen

Intervallschätzen und (zweiseitiges) Testen sind zwei Seiten derselben Medaille. Das Rückschlußproblem wird in beiden Fällen von zwei verschiedenen Standpunkten aus angegangen. Beim Festlegen eines Vertrauensintervalls für μ wählen wir aus allen in Frage kommenden Werten für μ ein Intervall aus, dessen Lage von dem aus der Stichprobe errechneten Wert von $\bar{x}$ abhängt und die Breite $2 \cdot z_{\alpha/2} \cdot \frac{\sigma_x}{\sqrt{n}}$ hat. Beim Hypothesentesten gehen wir von einem als Nullhypothese aufgestellten Wert von μ aus, bestimmen das dem Prognoseintervall entsprechende Annahmeintervall zu diesem μ, das ebenfalls die Breite $2 \cdot z_{\alpha/2} \cdot \frac{\sigma_x}{\sqrt{n}}$ hat, und sagen dann aufgrund des gefundenen $\bar{x}$ der Stichprobe, ob das behauptete μ der Nullhypothese angenommen werden kann. Fig. 18-10 zeigt das zwar unterschiedliche, aber doch eng verwandte Verfahren des Intervallschätzens und Hypothesentestens. Diese enge Verwandtschaft erlaubt es, mit Hilfe *desselben* Diagramms, z.B. des *Clopper-Pearson-Dia-*

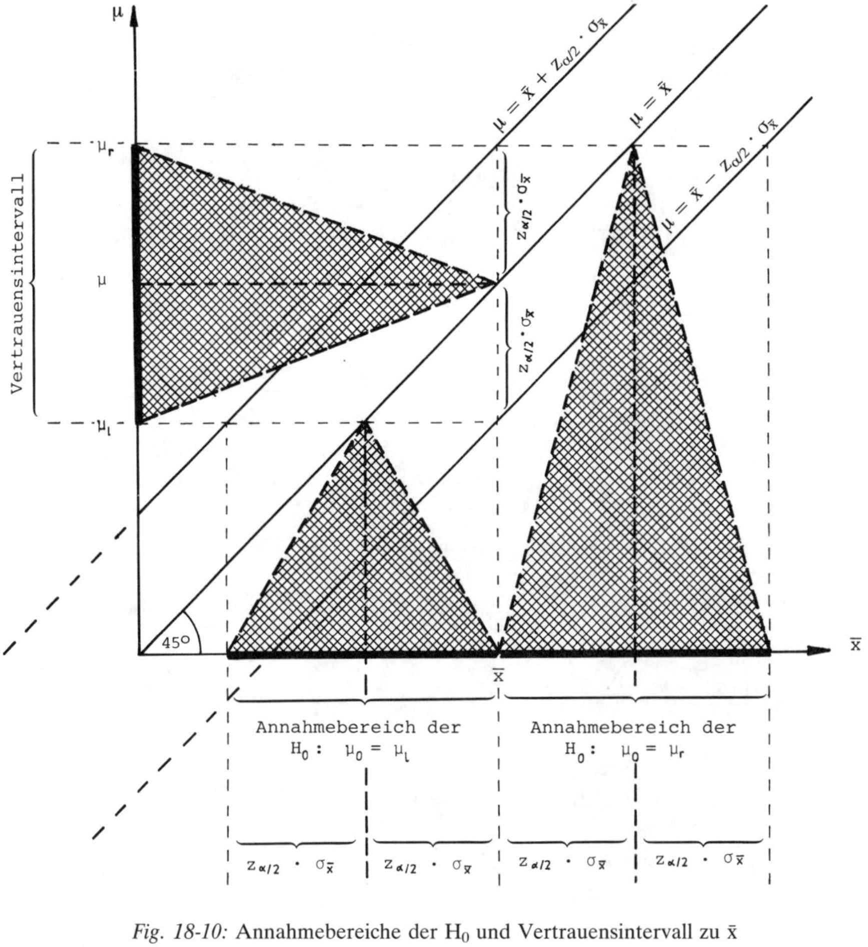

Fig. 18-10: Annahmebereiche der H_0 und Vertrauensintervall zu $\bar{x}$

gramms, graphisch sowohl das *Vertrauensintervall* wie das *Annahmeintervall* aufzusuchen. Das Annahmeintervall entspricht dem Prognoseintervall beim Intervallschätzen.

Das in Fig. 18-10 eingezeichnete Vertrauensintervall von μ_l bis μ_r zu einem bestimmten, aus einer Stichprobe ermittelten $\bar{x}$ gibt gleichzeitig den größten und kleinsten Wert von μ_0, nämlich μ_l und μ_r, an, die zu den beiden in Fig. 18-10 ebenfalls eingezeichneten Annahmebereichen führen, die das gefundene $\bar{x}$ als kritischen Wert besitzen. *Das zu $\bar{x}$ gebildete Vertrauensintervall gibt somit die Menge aller jener Parameterwerte μ_0 an, die als Nullhypothese aufgestellt, angesichts dieses $\bar{x}$ zur Annahme der Nullhypothese geführt hätten.*

18.3 Tests bezüglich μ

Im vorangegangenen Abschnitt 18.2 wurde ein Test bezüglich μ bei bekanntem σ_x in aller Ausführlichkeit dargestellt. Der vorliegende Abschnitt enthält nochmals eine kurze Zusammenfassung und stellt dann weitere Tests vor. In *Fortführung des Entscheidungsbaums der Fig. 18-1* gibt das folgende Schema einen Überblick über den Inhalt des vorliegenden Abschnitts.

Überblick über den Inhalt von 18-3:

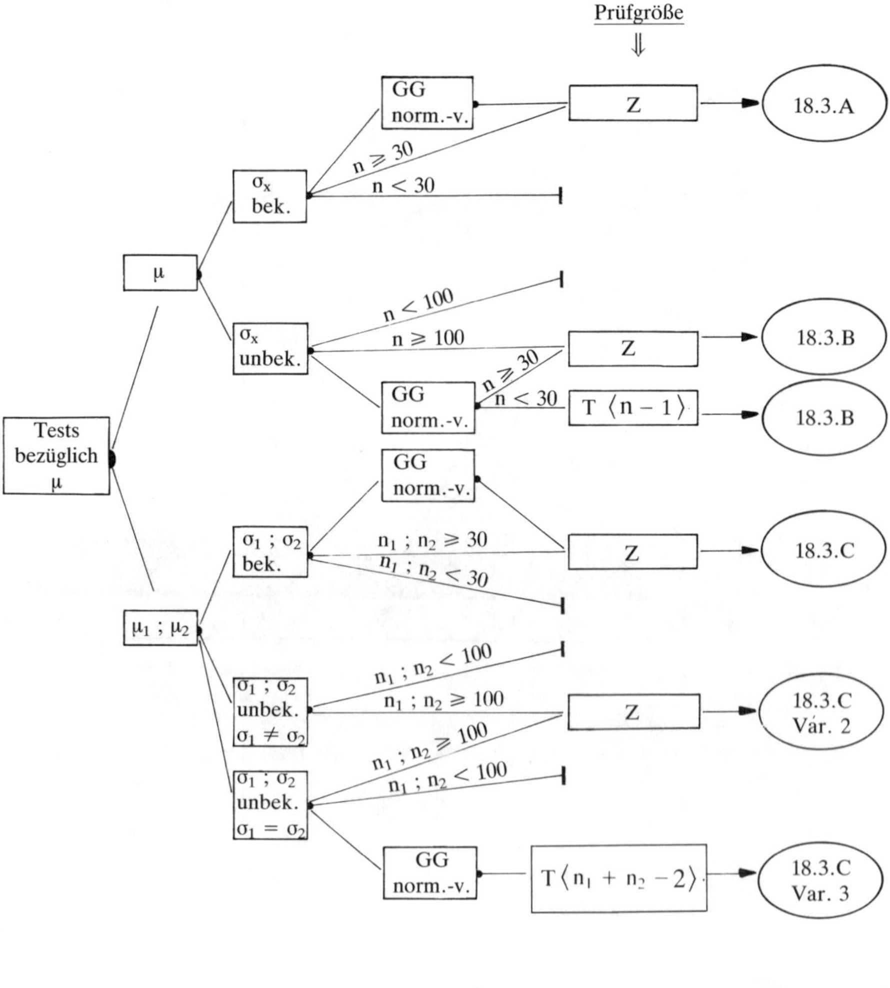

A. Zusammenfassung von Abschnitt 18.2

Das bisherige Testen bezog sich auf den Erwartungswert (μ) der Zufallsverteilung einer GG bei bekanntem σ_x. Die Nullhypothese behauptet den Wert μ_0. Die *verteilungstheoretische Grundlage* dieses Tests ist die genaue oder die approximative Normalverteilung von $\overline{X}$:

a) Falls eine Zufallsstichprobe aus einer GG gezogen wird, die $N(\mu; \sigma_x^2)$-verteilt ist, ist $\overline{X} = N\left(\mu; \frac{\sigma_x^2}{n}\right)$, d. h. exakt normalverteilt.

b) Ist die Verteilung der GG unbekannt, folgt $\overline{X}$ approximativ der Normalverteilung mit $\mu_{\bar{x}} = \mu_x$ und $\sigma_{\bar{x}} = \frac{\sigma_x}{\sqrt{n}}$. In diesem Fall muß der Stichprobenumfang $n \geq 30$ sein, um eine in der Regel ausreichende Genauigkeit der Ergebnisse sicherzustellen. (Siehe Kapitel XV, Abschnitt 15.5.A.)

Die Prüfgröße des Tests ist beide Male die Standardnormalvariable $Z = \frac{\overline{X} - \mu}{\sigma_x/\sqrt{n}}$. Je nachdem, ob eine rechts-, links- oder zweiseitige Alternativhypothese vorliegt, resultieren bei einem Signifikanzniveau α folgende *Entscheidungsregeln:*

Ein aus einer Stichprobe errechnetes $\bar{x}$ führt zur Annahme (= Nichtverwerfen) der H_0, wenn

bei *rechtsseitigem Test:*

$$\bar{x} < \mu_0 + z_\alpha \cdot \frac{\sigma_x}{\sqrt{n}}$$

bei *linksseitigem Test:*

$$\bar{x} > \mu_0 - z_\alpha \cdot \frac{\sigma_x}{\sqrt{n}}$$

bei *zweiseitigem Test:*

$$\mu_0 - z_{\alpha/2} \cdot \frac{\sigma_x}{\sqrt{n}} < \bar{x} < \mu_0 + z_{\alpha/2} \cdot \frac{\sigma_x}{\sqrt{n}}$$

B. Einstichprobentests (σ_x unbekannt)

Oft kann man nicht, wie bisher unterstellt, von einem bekannten σ_x ausgehen. Gleichzeitig hat man oft keine genügend große Stichprobe vorliegen, um den in Abschnitt 18.2.A beschriebenen Test durchführen zu können. Hat man trotz dieser widrigen Umstände jedoch das Glück, eine *normalverteilte GG* voraussetzen zu können, kann man gleichwohl einen Test bezüglich μ durchführen. Dies geschieht mit Hilfe der *T-Verteilung,* weswegen man jetzt auch von einem T-Test spricht. Dieser Test, der sich in seiner *Fragestellung* nicht von dem im vorangegangenen Abschnitt dargestellten Test bei bekanntem σ_x unterscheidet, benützt als

Prüfgröße:

$$\boxed{\frac{\overline{X}-\mu}{\hat{S}/\sqrt{n}} = T\langle n-1\rangle} \tag{18-15}$$

(Zur T-Verteilung siehe Kapitel XIII, Abschnitt 13.3 und Kapitel XV, Abschnitt 15.4.C.)

Im Fall der Nullhypothese: $\mu = \mu_0$ gehen wir bei einem Signifikanzniveau von α und beispielsweise einem *rechtsseitigen Test* von der grundlegenden Gleichung

$$\boxed{\alpha = P\left(\frac{\overline{X}-\mu_0}{\hat{S}/\sqrt{n}} \geq t_\alpha\right)} \tag{18-16}$$

aus und erhalten so für einen *rechtsseitigen* Test für das aus einer Stichprobe errechnete $\bar{x}$ (bei einem aus derselben Stichprobe errechneten $\hat{s}$) als

Annahmebereich:

$$\boxed{\bar{x} < \underbrace{\mu_0 + t_\alpha \cdot \frac{\hat{s}}{\sqrt{n}}}_{\bar{x}_\alpha}} \quad \text{resp.} \quad \boxed{\frac{\bar{x}-\mu_0}{\hat{s}/\sqrt{n}} < t_\alpha} \tag{18-17}$$

Ablehnungsbereich:

$$\boxed{\bar{x} \geq \mu_0 + t_\alpha \cdot \frac{\hat{s}}{\sqrt{n}}} \quad \text{resp.} \quad \boxed{\frac{\bar{x}-\mu_0}{\hat{s}/\sqrt{n}} \geq t_\alpha} \tag{18-17'}$$

(Siehe Figur 18-11 zur Veranschaulichung.)

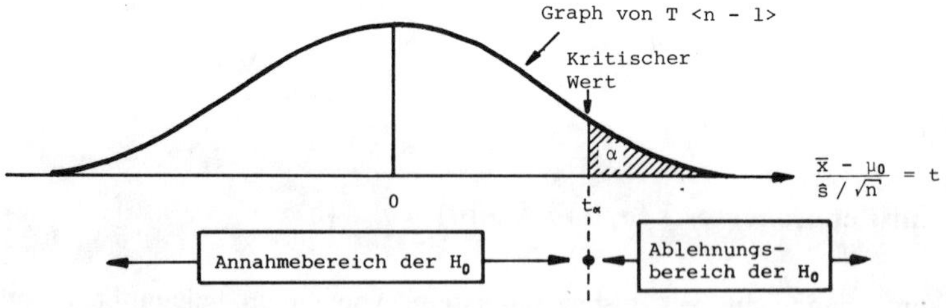

Fig. 18-11: Annahme- und Ablehnungsbereich der H_0 bei rechtsseitigem Test bezüglich μ und unbekanntem σ_x

Bei einem *linksseitigen* Test vertauscht man in (18-17) resp. (18-17') die Richtung des Ungleichheitszeichens sowie das Vorzeichen von t_α.

Zweiseitiger Test:

Es lautet jetzt der

Annahmebereich:

$$\mu_0 - t_{\alpha/2} \cdot \frac{\hat{s}}{\sqrt{n}} < \bar{x} < \mu_0 + t_{\alpha/2} \cdot \frac{\hat{s}}{\sqrt{n}} \tag{18-18}$$

Ablehnungsbereich

$$\bar{x} < \mu_0 - t_{\alpha/2} \cdot \frac{\hat{s}}{\sqrt{n}} \quad \text{oder} \quad \bar{x} > \mu_0 + t_{\alpha/2} \cdot \frac{\hat{s}}{\sqrt{n}} \tag{18-18'}$$

β-Fehler:

Für die Berechnung des β-Fehlerrisikos geht man aus von dem durch die Festlegung des Signifikanzniveaus α sich ergebenden kritischen Wert $\bar{x}^*$, für einen *rechtsseitigen Test* also von $\bar{x}_\alpha$. Dieses $\bar{x}_\alpha$ führt im Fall des Zutreffens der Alternativhypothese zum Prüfgrößenwert:

$$\frac{\bar{x}_\alpha - \mu_A}{\hat{s}/\sqrt{n}} = {}_\beta t \tag{18-19}$$

Beispiel:
In Abwandlung des Beispiels von Abschnitt 18.2.A soll bei unbekanntem σ_x^2 getestet werden, ob μ_0 = 8'000 km oder μ_A = 10'000 km die Durchschnittsleistung eines neuentwickelten Fahrradreifens ist. Es sei bekannt, daß die Lebensdauern der Reifen *normalverteilt* sind. Der Test soll auf einem Signifikanzniveau von $\alpha = 0{,}05$ durchgeführt werden. Die Firma möchte den Test von 7 Fahrern mit 14 neuentwickelten Reifen ausführen lassen.

Der Test erfordert eine T⟨13⟩ als Prüfgröße. Zu $\alpha = 0{,}05$ gehört der *kritische Prüfgrößenwert* $t_{0,05} = 1{,}771$. Somit lautet der *Annahmebereich der* H_0:

$$\bar{x} < \underbrace{8'000 + 1{,}771 \cdot \frac{\hat{s}}{\sqrt{14}}}_{\bar{x}_{0,05}}$$

Dieser Annahmebereich kann zahlenmäßig erst konkretisiert werden, nachdem $\hat{s} = \sqrt{\frac{\Sigma (x_i - \bar{x})^2}{n-1}}$ aus der Stichprobe ermittelt wurde.

Angenommen, das Ergebnis der Stichprobe sei gewesen: $\bar{x} = 9'495{,}2$ km und $\hat{s}_x = 1'854{,}3$ km. Der *kritische Wert* $\bar{x}^* = \bar{x}_\alpha$ lautet jetzt 8'877,7 km. Da $\bar{x} > \bar{x}_\alpha$ ist, wird die H_0 verworfen. Hierbei begeht man einen β-Fehler mit der Wahrscheinlichkeit:

$$P\left(T\langle 13\rangle < \underbrace{\frac{8'877{,}7 - 10'000}{1'854{,}3/\sqrt{14}}}_{_\beta t = -2{,}27}\right) \approx 0{,}02$$

● **Kontrollfrage 9:** Zeigen Sie den Ableseweg für $P(T < -2{,}27)$.

Bemerkungen:

1. Die T-Verteilung wird zwar oft als Testverteilung für kleine Stichproben bezeichnet, doch ist sie theoretisch immer anwendbar, wenn beim Vorliegen der Normalitätsvoraussetzung keine Information über σ_x vorliegt und man auf $\hat{s}$ zurückgreifen muß. Es ist daher streng genommen nicht ganz korrekt, von der T-Verteilung als der Verteilung bei kleinen Stichproben zu sprechen.
2. Das Interesse an der T-Verteilung rührt vor allem daher, daß wir auf sie zurückgreifen können, wenn die Grundgesamtheits-Varianz unbekannt ist und die Normalitätsvoraussetzung gemacht werden kann. Sie spielt die Rolle eines Auffangnetzes. Wenn jedoch σ bekannt ist, benutzt man die Normalverteilung. Sie liefert bessere Resultate, weil alle Informationen ausgeschöpft werden.
3. Sobald eine Stichprobe von $n \geq 30$ vorliegt, verwendet man die *Normalverteilung als Prüfgröße,* da die T-Verteilung ab $n = 30$ genügend gut durch die Normalverteilung approximiert wird (siehe Abschnitt 13.3).
4. Sofern das σ_x^2 der GG unbekannt ist (und somit auch $\sigma_{\bar{x}}^2$) und obendrein auch die *Verteilung der GG nicht als „normal"* vorausgesetzt werden kann, kann man σ_x^2 durch $\hat{s}^2 = \frac{\Sigma(x_i - \bar{x})^2}{n - 1}$ schätzen. Allerdings ist jetzt eine Mindeststichprobengröße von $n \geq 100$ erforderlich.

C. Zweistichprobentests bezüglich der Differenz $\mu_1 - \mu_2$

Eine durch einen Parametertest zu entscheidende *Frage* kann lauten: *Haben zwei Grundgesamtheiten ein gleichgroßes oder ein voneinander verschiedenes μ?* Anders gefragt: Ist $\mu_1 = \mu_2$, oder ist $\mu_1 \neq \mu_2$? Zur *Nullhypothese* macht man in aller Regel die Behauptung: $\mu_1 = \mu_2$, d. h. $\mu_1 - \mu_2 = 0$. Die *Alternativhypothese* behauptet z. B. $\mu_1 - \mu_2 \neq 0$.

Ohne daß wir die zahlenmäßigen Werte der Erwartungswerte festzulegen brauchen, befinden wir uns jetzt in der gleichen Testsituation wie im Fall einer einfachen (durch einen bestimmten Zahlenwert festgelegten) Nullhypothese, die gegen eine *zweiseitige zusammengesetzte Alternativhypothese* getestet wird:

$$H_0 : \mu_1 - \mu_2 = 0$$
$$H_A : \mu_1 - \mu_2 \neq 0.$$

Wir benötigen zur Durchführung des Tests *zwei* (unabhängig voneinander gezogene) *Stichproben* vom Umfang n_1 resp. n_2.

Der Test wird zuerst allgemein für den Fall vorgestellt, daß σ_1^2 *und* σ_2^2 *bekannt sind.* Drei Testvarianten werden anschließend dargestellt.

Test, wenn σ_1 und σ_2 bekannt ist, zwei normalverteilte GG vorliegen oder $n_1 \geq 30$ und $n_2 \geq 30$ ist:

Die *verteilungstheoretische Grundlage* dieses Tests ist die genaue oder approximative Normalverteilung von $D = \overline{X}_1 - \overline{X}_2$, weil (zumindest approximativ) gilt: $\overline{X}_1 = N\left(\mu_1; \frac{\sigma_1^2}{n_1}\right)$ und $\overline{X}_2 = N\left(\mu_2; \frac{\sigma_2^2}{n_2}\right)$. Gestützt auf die Überlegungen in der gelösten Aufgabe 15-6, wissen wir, daß gilt:

$$D = N\left(\mu_1 - \mu_2; \frac{\sigma_1^2}{n_1} + \frac{\sigma_2^2}{n_2}\right) \tag{18-20}$$

Daher resultiert jetzt wieder als

Prüfgröße:

$$\frac{\overline{X}_1 - \overline{X}_2 - (\mu_1 - \mu_2)}{\sqrt{\frac{\sigma_1^2}{n_1} + \frac{\sigma_2^2}{n_2}}} = Z \tag{18-21}$$

Im Fall des Zutreffens der Nullhypothese ist $\mu_1 - \mu_2 = 0$, so daß sich (18-21) vereinfacht zu:

$$\frac{\overline{X}_1 - \overline{X}_2}{\sqrt{\frac{\sigma_1^2}{n_1} + \frac{\sigma_2^2}{n_2}}} = Z \tag{18-22}$$

Daraus resultiert für einen zweiseitigen Test, der mit der Differenz $d = \bar{x}_1 - \bar{x}_2$, d. h. mit zwei aus unabhängigen Stichproben hervorgegangenen arithmetischen Mitteln, durchgeführt wird: Für die Nullhypothese beträgt der *Annahmebereich:*

$$\underbrace{-z_{\alpha/2} \cdot \sqrt{\frac{\sigma_1^2}{n_1} + \frac{\sigma_2^2}{n_2}}}_{_{\alpha/2}d} < \underbrace{\bar{x}_1 - \bar{x}_2}_{d} < \underbrace{z_{\alpha/2} \cdot \sqrt{\frac{\sigma_1^2}{n_1} + \frac{\sigma_2^2}{n_2}}}_{d_{\alpha/2}} \tag{18-23}$$

Die Verteilung von $D = (\overline{X}_1 - \overline{X}_2)$ sowie die kritischen Werte sind in Fig. 18-12 veranschaulicht.

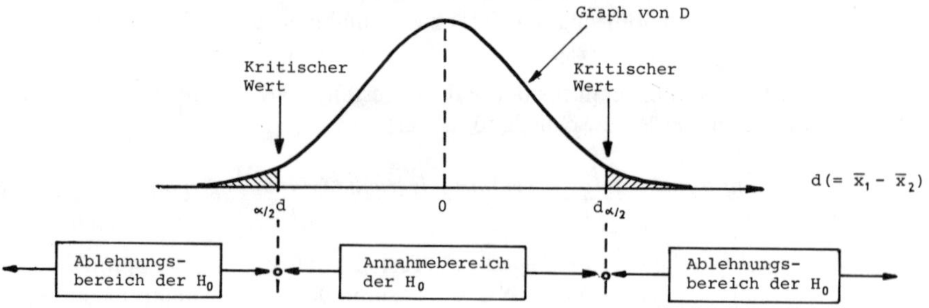

Fig. 18-12: Annahme- und Ablehnungsbereich der H_0: $\mu_1 - \mu_2 = 0$

Beispiel:

Angenommen, der Hersteller von Fahrradreifen habe einen Teil der Produktion seiner neuentwickelten Reifen ins Ausland verlagert und möchte wissen, ob hinsichtlich der zu erwartenden Kilometerleistungen die in- und ausländisch produzierten Reifen als gleichwertig einzustufen sind. Er kennt aus Erfahrung die Standardabweichung der Inlandsreifen: $\sigma_1 = 1'800$ km. Bei den Auslandsreifen betrage die Standardabweichung $\sigma_2 = 1'900$ km. Er schickt eine Equipe von 18 Testfahrern mit 36 Reifen aus der Inlandsproduktion und eine Equipe von 15 Fahrern mit 30 Auslandsreifen auf die Teststrecke. Für die Inlandsreifen erbringt die Stichprobe vom Umfang $n_1 = 36$ ein $\bar{x}_1 = 9'784,3$ km, für die Auslandsreifen erbringt die Stichprobe von $n_2 = 30$ ein $\bar{x}_2 = 10'215,8$ km. Somit beträgt $d = 9'784,3 - 10'215,8 = -431,5$ km. Der Test soll auf einem Signifikanzniveau $\alpha = 0,05$ durchgeführt werden. Die *Entscheidungsregel* lautet, da zu $\alpha = 0,05$ ein $\pm z_{\alpha/2} = \pm z_{0,025} = \pm 1,96$ gehört:

Annahme der H_0, falls:

$$-1,96 \cdot \sqrt{\frac{1'800^2}{36} + \frac{1'900^2}{30}} < d < 1,96 \cdot \sqrt{\frac{1'800^2}{36} + \frac{1'900^2}{30}}$$

d. h. falls:

$$[\underline{-898,9} < d < \underline{898,9}]$$

Da der gemessene Wert von $-431,5$ in den Annahmebereich der H_0 fällt, kann diese *nicht verworfen* werden. Bezüglich ihrer zu erwartenden Kilometerleistung können die Inlands- und Auslandsreifen als gleichwertig angesehen werden (kein Unterschied).

Varianten des Tests zur Differenz $\mu_1 - \mu_2$:

Variante 1: $\sigma_1 = \sigma_2 = \sigma_g$ (σ_g bekannt):

Falls beide GG dieselbe Varianz besitzen (σ_g^2 = „gemeinsame Varianz"), hat D (zumindest approximativ) eine Normalverteilung mit der Varianz

$$\sigma_D^2 = \sigma_g^2 \left(\frac{1}{n_1} + \frac{1}{n_2}\right) \cdot$$

(Siehe gelöste Aufgabe 15-6.)

Die *Prüfgröße* ist wiederum die Standardnormalverteilung. Der *Annahmebereich* der Nullhypothese lautet jetzt:

$$-z_{\alpha/2} \cdot \sigma_D < \underbrace{\bar{x}_1 - \bar{x}_2}_{d} < z_{\alpha/2} \cdot \sigma_D \qquad (18\text{-}24)$$

Den vorliegenden Test zur Differenz zweier μ führt man vor allem bei der *speziellen Fragestellung* durch, ob zwei vorliegende Stichprobenergebnisse *ein und derselben GG* entstammen können. Für die Nullhypothese ist dann natürlich $\mu_1 - \mu_2 = 0$, weil ja $\mu_1 \equiv \mu_2$ ist (und selbstverständlich auch $\sigma_1^2 \equiv \sigma_2^2$ ist). Eine Illustration dieser oft wichtigen Fragestellung findet man ebenfalls in der gelösten Aufgabe 15-6.

● **Kontrollfrage 10:** Man überlege sich, welche Verteilungsparameter im Fall der Alternativhypothese vorliegen.

Variante 2: σ_1 und σ_2 unbekannt (n_1, $n_2 \geq 100$):

Von Abschnitt 18.2.A her wissen wir, daß man einen Test bezüglich μ auch bei unbekanntem σ_x (und unbekannter Verteilung der GG) mit der Prüfgröße Z durchführen kann, wenn man σ_x^2 durch $\hat{s}^2$ schätzt und $n \geq 100$ ist. Dieses große n erlaubt eine einigermaßen genaue Schätzung von σ_x^2. Man kann daher auch den Test bezüglich der Differenz zweier μ mit der *Prüfgröße* Z und den beiden Schätzungen

$$\hat{s}_1^2 = \frac{\Sigma (x_{i1} - \bar{x}_1)^2}{n_1 - 1} \quad \text{und} \quad \hat{s}_2^2 = \frac{\Sigma (x_{i2} - \bar{x}_2)^2}{n_2 - 1}$$

durchführen. Die Varianz von D, σ_D^2, wird jetzt geschätzt durch $\hat{s}_D^2 = \frac{\hat{s}_1^2}{n_1} + \frac{\hat{s}_2^2}{n_2}$. (Siehe Tabelle 17-1.)

Für die Nullhypothese ergibt sich als *Annahmebereich der Nullhypothese:*

$$-z_{\alpha/2} \cdot \sqrt{\frac{\hat{s}_1^2}{n_1} + \frac{\hat{s}_2^2}{n_2}} < \underbrace{\bar{x}_1 - \bar{x}_2}_{d} < z_{\alpha/2} \cdot \sqrt{\frac{\hat{s}_1^2}{n_1} + \frac{\hat{s}_2^2}{n_2}} \qquad (18\text{-}25)$$

Hinweis:
Falls bekannt ist, daß $\sigma_1 = \sigma_2 = \sigma_g$, wird σ_D^2 mit Hilfe der gemischten Varianz (englisch: „pooled variance") geschätzt, die im Fall der nun folgenden 3. Variante erläutert wird.

Variante 3: $\sigma_1 = \sigma_2 = \sigma_g$ (σ_g unbekannt, beide GG normalverteilt):

Sofern von der Gleichheit (oder Identität) der Varianzen der beiden GG und *gleichzeitig auch von der Normalverteilung beider GG* ausgegangen werden kann, kann ein

Test bezüglich der Differenz zweier μ mit der *T-Verteilung als Prüfgröße* durchgeführt werden.

Man schätzt jetzt σ_g^2, die gemeinsame Varianz, durch den erwartungstreuen Schätzer $\hat{S}_g^2$:

$$\hat{S}_g^2 = \frac{(n_1 - 1)\hat{S}_1^2 + (n_2 - 1)\hat{S}_2^2}{n_1 + n_2 - 2} \tag{18-26}$$

$\hat{S}_1^2$ und $\hat{S}_2^2$ sind die zu den beiden Stichproben gehörenden Schätzer für σ_1^2 und σ_2^2. (Siehe Tabelle 17-1 und Aufgabe 15-7.) Man nennt $\hat{S}_g^2$ gemischte Varianz oder *„pooled variance“*. Mit ihrer Hilfe erhält man den *Schätzer für die Varianz σ_D^2:*

$$\hat{S}_D^2 = \frac{(n_1 - 1)\hat{S}_1^2 + (n_2 - 1)\hat{S}_2^2}{n_1 + n_2 - 2}\left(\frac{1}{n_1} + \frac{1}{n_2}\right) \tag{18-27}$$

Wie bereits in der gelösten Aufgabe 15-7 gezeigt wurde, ist der folgende als Prüfgröße zu verwendende Ausdruck eine T-Variable mit $n_1 + n_2 - 2$ Freiheitsgraden:

$$\frac{\overline{X}_1 - \overline{X}_2 - (\mu_1 - \mu_2)}{\hat{S}_D} = T\langle n_1+n_2-2\rangle \tag{18-28}$$

Im Fall der Nullhypothese vereinfacht sich die Prüfgröße zu:

$$\frac{\overline{X}_1 - \overline{X}_2}{\hat{S}_D} = T\langle n_1+n_2-2\rangle \tag{18-28'}$$

Daraus resultiert für die Differenz zweier Stichprobenergebnisse $\bar{x}_1 - \bar{x}_2$ der *Annahmebereich der Nullhypothese:*

$$-t_{\alpha/2} \cdot \hat{s}_D < \underbrace{\bar{x}_1 - \bar{x}_2}_{d} < t_{\alpha/2} \cdot \hat{s}_D \tag{18-29}$$

Zu beachten ist, daß hier ein exakter Test vorliegt und daß wegen Unterstellung zweier Normalverteilungen keinerlei Untergrenze für den Umfang von n_1 oder n_2 existiert.

Bemerkung:
Alle gezeigten Testvarianten waren für eine *zweiseitige* Alternativhypothese durchgeführt worden. Selbstverständlich kann ein Test zur Differenz zweier μ auch als einseitiger Test konzipiert sein. Die Modifikationen bei den kritischen Werten der Prüfgrößen erfolgen analog zu dem in Abschnitt 18.2 gezeigten Vorgehen.

18.4 Tests bezüglich σ^2

Analog zu den Fragestellungen bezüglich dem Parameter μ einer GG gibt es Fragestellungen zu den Varianzen einer (oder zweier) GG. Der erste (mit einem *Einstichprobentest* zu beantwortende) Fragetyp lautet: Hat eine Varianz den Wert σ_0^2 oder σ_A^2? Der zweite, mit einem *Zweistichprobentest* zu beantwortende Fragetyp lautet: Sind zwei Varianzen gleich oder voneinander verschieden? Die *Voraussetzungen* für die Durchführung der genannten Tests sind *strenger* als bei den meisten Tests bezüglich μ. Man kann nämlich nicht auf ein dem zentralen Grenzwertsatz vergleichbares Ergebnis zurückgreifen, sondern man ist im folgenden auf die Voraussetzung einer *normalverteilten* GG angewiesen. Eine Verletzung dieser Voraussetzung führt zu unrichtigen Testergebnissen. Der folgende Entscheidungsbaum gibt, wiederum in Anknüpfung an Fig. 18-1, einen Überblick über den Inhalt von Abschnitt 18.4.

Überblick über den Inhalt von Abschnitt 18.4

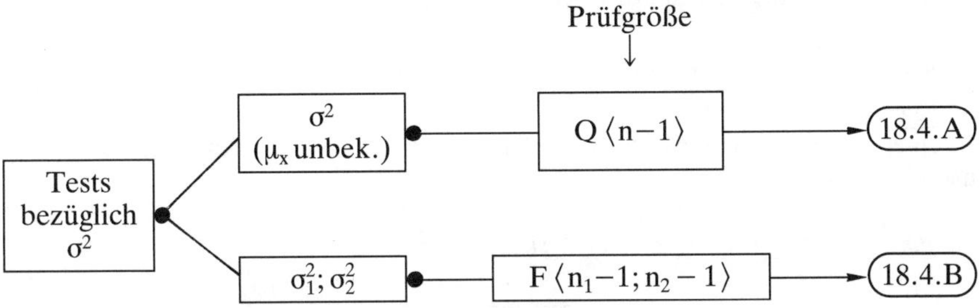

A. Einstichprobentest

Die dem ersten Fragetyp entsprechenden *Hypothesen* lauten im einfachsten Fall (einfache Hypothese gegen einfache Hypothese):

$$H_0: \sigma^2 = \sigma_0^2$$
$$H_A: \sigma^2 = \sigma_A^2$$

Es soll davon ausgegangen werden, *μ_x sei unbekannt.*

Die verteilungstheoretische Grundlage dieses Tests ist die transformierte Chiquadratverteilung des Schätzers für σ^2:

$$\hat{S}^2 = \frac{\Sigma(X_i - \overline{X})^2}{n - 1}$$

(Siehe Kapitel XV, Abschnitt 15.4.B.)

Die *Prüfgröße* lautet:

$$\boxed{\frac{(n-1)\hat{S}^2}{\sigma^2} = Q\langle n-1\rangle} \qquad (18\text{-}30)$$

Bei einem *zweiseitigen* Test und einem Signifikanzniveau von α liegt der Entscheidungsregel die folgende Wahrscheinlichkeitsaussage zugrunde:

$$\boxed{1 - \alpha = P\left({}_{\alpha/2}q < \frac{(n-1)\hat{S}^2}{\sigma_0^2} < q_{\alpha/2}\right)} \qquad (18\text{-}31)$$

Daraus resultiert als Annahmebereich für die Nullhypothese (Annahme der H_0, wenn für das aus der Stichprobe gewonnene $\hat{s}^2$ gilt):

$$\boxed{\underbrace{\frac{\sigma_0^2}{n-1} \cdot {}_{\alpha/2}q}_{{}_{\alpha/2}\hat{s}^2} < \hat{s}^2 < \underbrace{\frac{\sigma_0^2}{n-1} \cdot q_{\alpha/2}}_{\hat{s}^2_{\alpha/2}}} \qquad (18\text{-}32)$$

${}_{\alpha/2}\hat{s}$ und $\hat{s}_{\alpha/2}$ sind die beiden *kritischen Werte.*

Hinweis:
Für einen *einseitigen* Test werden die kritischen Werte resp. die Annahmebereiche in analoger Weise hergeleitet:

Annahmebereich bei rechtsseitigem Test:

$$\boxed{\hat{s}^2 < \underbrace{\frac{\sigma_0^2}{n-1} q_\alpha}_{\hat{s}^2_\alpha}} \qquad (18\text{-}33)$$

Annahmebereich bei linksseitigem Test:

$$\boxed{\hat{s}^2 > \underbrace{\frac{\sigma_0^2}{n-1} {}_{\alpha}q}_{{}_{\alpha}\hat{s}^2}} \qquad (18\text{-}33')$$

β-Fehler:

Für den Fall, daß die Alternativhypothese in Wirklichkeit zutrifft, hat $\hat{S}^2$ die Verteilung:

$$\boxed{\hat{S}^2 = \frac{\sigma_A^2}{n-1} Q\langle n-1\rangle} \tag{18-34}$$

Für die Berechnung des *β-Fehlers* ist von dieser Verteilung auszugehen. Für z. B. einen *rechtsseitigen Test* bezeichnet β die Wahrscheinlichkeit, daß eine Realisation der ZV $\hat{S}^2$, die gemäß (18-34) verteilt ist, links vom kritischen Wert $\hat{s}_\alpha^2$, wie er durch (18-33) definiert wurde, liegt:

$$P\left(\frac{\sigma_A^2}{n-1}\; Q\langle n-1\rangle < \frac{\sigma_0^2}{n-1}\cdot q_\alpha\right) = \beta$$

Das heißt:

$$\boxed{P\Big(\; Q\langle n-1\rangle < \underbrace{\frac{\sigma_0^2}{\sigma_A^2}\cdot q_\alpha}_{{}_\beta q}\Big) = \beta} \tag{18-35}$$

(Siehe Fig. 18-13 zur Veranschaulichung.)

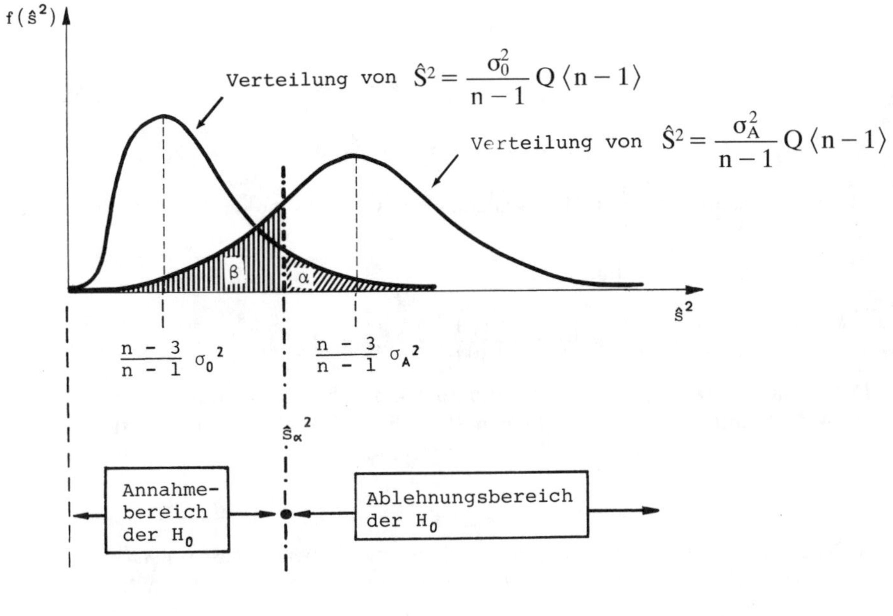

Fig. 18-13: Annahme- und Ablehnungsbereich für einen rechtsseitigenTest bezüglich σ^2

● **Kontrollfrage 11:** In Figur 18-13 sind die Maxima (Modi) der beiden gezeigten Dichtefunktionen eingezeichnet. Erläutern Sie die Lage dieser Maxima. Wo liegen die Erwartungswerte von $\hat{S}$ in den beiden Fällen des Zutreffens der Null- oder der Alternativhypothese?

Beispiel:

Angenommen, ein Hersteller von Fahrradreifen habe seine Produktion auf mehrere Produktionsstätten im In- und Ausland verteilen müssen. Er befürchtet, daß dadurch die Varianz der Lebensdauern der Reifen erheblich zugenommen habe, denn die Produktionsbedingungen sind an den verschiedenen Orten als sehr unterschiedlich anzusehen. Bisher betrug die Standardabweichung σ = 1'800 km. Die Lebensdauern sollen als normalverteilt angesehen werden können. Der Hersteller möchte aufgrund einer Stichprobe, die bei einem Umfang von n = 20 ein $\hat{s}$ = 1'947,2 km erbracht hat, wissen, ob dies noch bei einem Signifikanzniveau von α = 0,05 mit der Behauptung seiner Techniker übereinstimmen kann, die Varianz $\sigma_0^2 = 1'800^2$ habe sich nicht geändert. Welchen Wert hat β bei diesem Test, falls die tatsächliche Standardabweichung σ_A = 2'400 km beträgt?

Es wird ein rechtsseitiger Test durchgeführt:

$$H_0\colon \sigma_0^2 = 1'800^2 \text{ km}^2$$

$$H_A\colon \sigma_A^2 = 2'400^2 \text{ km}^2$$

Die Entscheidungsregel lautet bei n = 20 und bei α = 0,05, d. h. bei einem Wert der Prüfgröße $q_{0,05}\langle 19\rangle = 30{,}1$:

Annahme der H_0, falls:

$$\hat{s}^2 < \frac{1'800^2}{19} \cdot q_{0,05}\langle 19\rangle,$$

d. h. falls $\hat{s} < \underline{2'265{,}6 \text{ km}}$ ist.

Da in der Stichprobe $\hat{s}$ = 1'947,2 km gemessen wurde, kann die Nullhypothese nicht abgelehnt werden.

Um β zu erhalten, benötigt man:

$$_\beta q\langle 19\rangle = \left(\frac{1'800}{2'400}\right)^2 \cdot 30{,}1 = \underline{16{,}93}.$$

Der Chiquadrattabelle ist zu entnehmen, daß eine Chiquadratvariable mit 19 FG mit ca. 40% Wahrscheinlichkeit links von 16,93 liegt. Das β-Fehlerrisiko ist also sehr erheblich, der vorgenommene Test wenig trennscharf.

● **Kontrollfrage 12:** Wenn man den soeben beschriebenen Test mit n = 60 unter sonst gleichen Annahmen durchgeführt hätte, zu welchem Ergebnis hätte dann ein $\hat{s}$ = 1'947,2 geführt?

B. Zweistichprobentest bezüglich des Quotienten zweier Varianzen

Fragestellungen:

Eine in der Praxis oft auftretende Frage lautet: *Sind bei zwei Grundgesamtheiten die Varianzen gleich oder verschieden?* Man benötigt zwei unabhängige Stichproben, um diese Frage beantworten zu können. Eine Abwandlung der Fragestellung lautet: Können die beiden Stichproben aus derselben Grundgesamtheit stammen?

Hypothesen:

Die diesen Fragen entsprechenden *Hypothesen* lauten:

$$H_0 : \sigma_1^2 = \sigma_2^2$$

$$H_A : \sigma_1^2 \neq \sigma_2^2$$

(H_A kann natürlich auch einseitig sein: $\sigma_1^2 < \sigma_2^2$ oder $\sigma_1^2 > \sigma_2^2$).

Für den Test benötigt man die aus den beiden Stichproben vom Umfang n_1 und n_2 resultierenden Kennzahlen $\hat{s}_1^2$ und $\hat{s}_2^2$. Sie sind Realisationen der erwartungstreuen Schätzer $\hat{S}_1^2$ und $\hat{S}_2^2$. Der aus ihnen gebildete Quotient ist die Prüfgröße. Diese besitzt eine F-Verteilung.

Prüfgröße:

$$\frac{\dfrac{\hat{S}_1^2}{\sigma_1^2}}{\dfrac{\hat{S}_2^2}{\sigma_2^2}} = F\langle n_1 - 1; n_2 - 1\rangle \qquad (18\text{-}36)$$

Hinweis:

Gemäß (15-21) ist $\frac{(n_1 - 1)\hat{S}_1^2}{\sigma_1^2} = Q\langle n_1-1\rangle$ und $\frac{(n_2 - 1)\hat{S}_2^2}{\sigma_2^2} = Q\langle n_2-1\rangle$. Dividiert man den ersten Ausdruck durch $n_1 - 1$, so erhält man $\frac{\hat{S}_1^2}{\sigma_1^2} = \frac{Q\langle n_1-1\rangle}{n_1 - 1}$. Analog erhält man: $\frac{\hat{S}_2^2}{\sigma_2^2} = \frac{Q\langle n_2-1\rangle}{n_2 - 1}$. Der Quotient der beiden so gebildeten Größen ist gemäß (13-26) eine F-Verteilung mit $\nu_1 = n_1 - 1$ und $\nu_2 = n_2 - 1$ FG.

Sofern die Nullhypothese den tatsächlich gegebenen Zustand wiedergibt, d. h. sofern $\sigma_1^2 = \sigma_2^2$ ist, vereinfacht sich die Prüfgröße (18-36) zu

$$\frac{\hat{S}_1^2}{\hat{S}_2^2} = F\langle n_1 - 1; n_2 - 1\rangle \qquad (18\text{-}36')$$

Entscheidungsregel:

Aus (18-36') folgt die *Wahrscheinlichkeitsaussage:*

$$1-\alpha = P\left({}_{\alpha/2}f\langle n_1-1; n_2-1\rangle < \frac{\hat{S}_1^2}{\hat{S}_2^2} < f_{\alpha/2}\langle n_1-1; n_2-1\rangle\right) \tag{18-37}$$

Der in der Klammer stehende Ausdruck gibt bereits den *Annahmebereich* der H_0 an. *Praktisch* wird der Annahmebereich allerdings immer einseitig angegeben, da die F-Tabellen nur Quantile für das *rechte „Schwanzende"* der F-Verteilung enthalten. Mit (13-28) kann man sich immer selber das ${}_{\alpha}f$-Quantil (am linken „Schwanzende" liegende Quantil) herleiten. Diese Umrechnung erübrigt sich jedoch, wenn man in (18-36') *stets das größere der beiden $\hat{S}^2$ in den Zähler nimmt* (die Numerierung der Stichproben und GG ist ja irrelevant). Der Quotient ist dann immer größer als eins.

● **Kontrollfrage 13:** Wann wird der Quotient in (18-36) eins?

Der *Annahmebereich* der Nullhypothese für einen *zweiseitigen Test* auf dem Signifikanzniveau α lautet, wenn man die größere der beiden Stichprobenkennzahlen in den Zähler nimmt (hier angenommen, $\hat{s}_1^2$ sei größer als $\hat{s}_2^2$).

$$\frac{\hat{s}_1^2}{\hat{s}_2^2} < f_{\alpha/2}\langle n_1-1; n_2-1\rangle \tag{18-38}$$

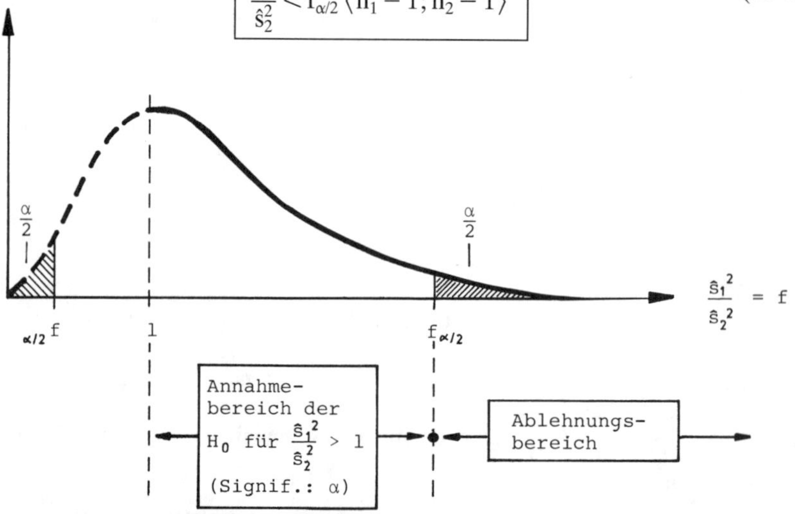

Fig. 18-14: Annahme- und Ablehnungsbereich eines *zweiseitigen F-Tests*

Hinweis:

Bei einem *rechtsseitigen* Test und einem Signifikanzniveau α, bei dem also H_A: $\sigma_1^2 > \sigma_2^2$ lautet, ergibt sich ein Annahmebereich, der mit dem kritischen Wert f_α konstruiert wird. Es folgt: Annahme der H_0, falls $\frac{\hat{s}_1^2}{\hat{s}_2^2} < f_\alpha\langle n_1-1;\ n_2-1\rangle$. In diesem Fall wird aber nicht das größere der beiden gemessenen $\hat{s}^2$ in den Zähler genommen.

Beispiel:
In Abwandlung der Fragestellung beim Beispiel des vorangegangenen Abschnitts soll der Fahrradproduzent die Frage testen, ob für die ausländische Produktion die Varianz $\sigma_1{}^2$ der Lebensdauer größer als die Varianz $\sigma_2{}^2$ bei der inländischen Produktion ist. Somit liegt die Situation eines *rechtsseitigen Tests* vor. Die Hypothesen lauten:

$$H_0: \sigma_1^2 = \sigma_2^2$$

$$H_A: \sigma_1^2 > \sigma_2^2$$

Angenommen, der Fabrikant habe jeweils 25 Reifen auf die Teststrecken geschickt und wolle den Test für $\alpha = 0{,}05$ durchführen lassen. Es sind $\hat{s}_1^2 = 2'034^2$ km^2 und $\hat{s}_2^2 = 1'915^2$ km^2 als Stichprobenergebnisse festgestellt worden. Die Prüfgröße hat jetzt eine $F\langle 24; 24\rangle$-Verteilung und besitzt als *kritischen Wert* 1,98. Da der Varianzenquotient

$$\frac{2'034^2}{1'915^2} = \underline{1{,}13} < \underline{1{,}98}$$

ist, kann die Nullhypothese der Gleichheit beider Varianzen aufgrund der vorliegenden Evidenz nicht verworfen werden.

18.5 Tests bezüglich π

Alle bisher für die Parameter μ und σ^2 gestellten Fragen lassen sich auch bezüglich π, dem Parameter einer zweigeteilten GG, stellen. Da keine grundsätzlich neuen Probleme auftauchen und auch die Prüfgrößen (Binomial- und Standardnormal-ZV sowie die *Clopper-Pearson*-Diagramme als graphische Prüfgröße) wohlbekannt sind, lassen sich die bezüglich π durchgeführten Tests in sehr knapper Form darstellen.

● **Kontrollfrage 14:** Man kann die Tests bezüglich π als Tests bezüglich μ auffassen, d. h. man kann einen in der Stichprobe festgestellen Anteil $\frac{x}{n}$ als arithmetisches Mittel auffassen. Es spielt $\frac{x}{n}$ bezüglich π dieselbe Rolle wie $\bar{x}$ bezüglich μ_x. Versuchen Sie, diese Behauptung zu begreifen.

Der folgende, an Fig. 18-1 anknüpfende Entscheidungsbaum gibt einen Inhaltsüberblick über Abschnitt 18.5.

Überblick über den Inhalt von Abschnitt 18.5

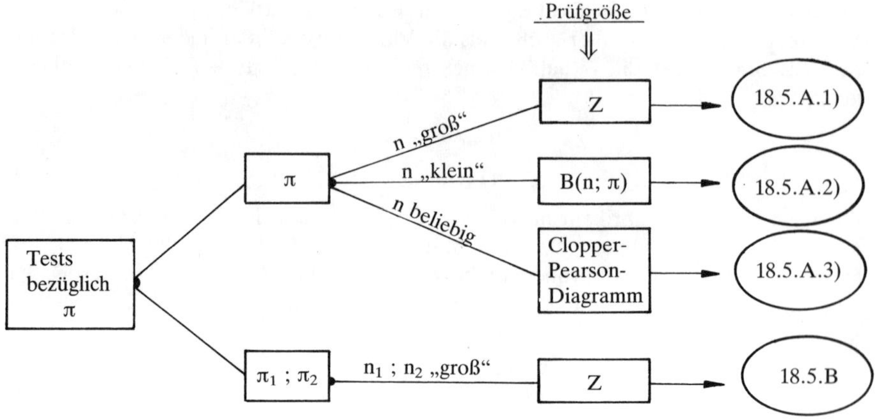

A. Einstichprobentest

Fragestellungen:

Hat die Proportion π einer GG den Wert π_0 oder π_A?

Hypothesen:

$$H_0\colon \pi = \pi_0$$
$$H_A\colon \pi \neq \pi_0$$

(andere Möglichkeiten der H_A: $\pi = \pi_A$, $\pi > \pi_0$ oder $\pi < \pi_0$)

1) Prüfgröße bei „großem" n:

Wegen der Konvergenz der Binomialvariablen gegen die Normalvariable kann, wenn die Approximationsschwelle $n = \dfrac{9}{\pi\,(1-\pi)}$ überschritten ist, die *Standardnormalvariable als Prüfgröße* verwendet werden (siehe Kapitel XV, Abschnitte 15.2 und 15.3). Im folgenden lassen wir die Stetigkeitskorrektur unberücksichtigt.

$$\boxed{\frac{\dfrac{X}{n} - \pi}{\sqrt{\dfrac{\pi\,(1-\pi)}{n}}} = Z} \qquad (18\text{-}39)$$

Entscheidungsregel:

Bei einem Signifikanzniveau von α und falls die Alternativhypothese lautet: H_A: $\pi_A \neq \pi_0$ (also ein *zweiseitiger* Test durchzuführen ist), wird die Nullhypothese angenommen, wenn ein aus der Stichprobe gewonnenes $\dfrac{x}{n}$ in den Annahmebereich der H_0 fällt.

Annahmebereich:

$$\pi_0 - z_{\alpha/2} \cdot \sqrt{\frac{\pi_0(1-\pi_0)}{n}} < \frac{x}{n} < \pi_0 + z_{\alpha/2} \sqrt{\frac{\pi_0(1-\pi_0)}{n}} \qquad (18\text{-}40)$$

Die kritischen Werte lauten also:

$$\frac{x^*}{n} = \pi_0 - z_{\alpha/2} \cdot \sqrt{\frac{\pi_0(1-\pi_0)}{n}}$$

$$\frac{x^{**}}{n} = \pi_0 + z_{\alpha/2} \cdot \sqrt{\frac{\pi_0(1-\pi_0)}{n}}$$

(Siehe Fig. 18-15 zur Veranschaulichung.)

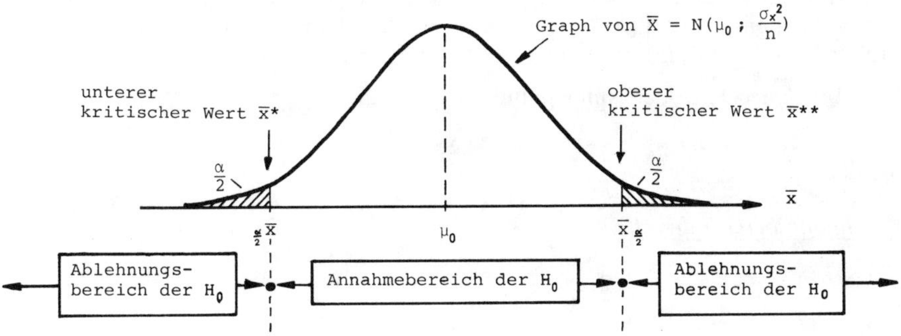

Fig. 18-15: Annahme- und Ablehnungsbereich für Anteilswerte bei zweiseitigem Test

---

● **Kontrollfrage 15:** Falls ein rechtsseitiger Test durchzuführen ist, wie lautet dann der Annahmebereich der H_0?

---

2) Prüfgröße bei „kleinem" n:

Falls n nicht die Approximationsbedingung (15-4) erfüllt, sind die kritischen Werte des Annahmebereichs der H_0: $\pi = \pi_0$ *Quantile der Binomialverteilung* $B(n; \pi_0)$ resp. der aus ihr hervorgegangenen Anteilsverteilung $A(n; \pi_0)$. Wird ein Signifikanzniveau α vorgegeben, so bestimmt man für einen *zweiseitigen Test* die kritischen Werte $\frac{x^*}{n}$ und $\frac{x^{**}}{n}$ mit Hilfe von (18-41).

$$P\left(A(n;\pi_0) \le \frac{x^*}{n}\right) \le \frac{\alpha}{2} \;;\quad P\left(A(n;\pi_0) \ge \frac{x^{**}}{n}\right) \le \frac{\alpha}{2} \qquad (18\text{-}41)$$

In der Regel wird es nicht möglich sein, in der Binomialtabelle ein x* und x** zu finden, das *genau* zur Gleichheit der beiden Ausdrücke von (18-41) führt. Man nimmt dann als kritische Werte jene Werte x* und x**, die zu den nächstkleineren Werten von $\frac{\alpha}{2}$ führen. Man senkt, ähnlich wie wir das vom Intervallschätzen bezüglich α getan haben, das Signifikanzniveau α gegebenenfalls ab. Allgemein lautet jetzt der

Annahmebereich:

$$\boxed{\frac{x^*}{n} < \frac{x}{n} < \frac{x^{**}}{n}} \tag{18-42}$$

Wird *beispielsweise* bei $\alpha = 0{,}05$ und $n = 15$ die H_0: $\pi = 0{,}4$ getestet, dann ist $x^* = 1$ der *linke* kritische Wert, denn es ist $P(X \leq 1 \mid X = B(15; 0{,}4)) = 0{,}0052 \leq 0{,}025$, wohingegen $P(X \leq 2) = 0{,}0271 > 0{,}025$ wäre. Der rechte kritische Wert lautet: $x^{**} = 11$, denn es ist $P(X \geq 11 \mid X = B(15; 0{,}4)) = 0{,}0093 \leq 0{,}025$, während $P(X \geq 10 \mid X = B(15; 0{,}4)) = 0{,}0338 > 0{,}025$ ergäbe.

Der *Annahmebereich* der Nullhypothese lautet daher:

$$\frac{1}{15} < \frac{x}{15} < \frac{11}{15}$$

Ablehnungsbereich der H_0:

$$\frac{x}{15} \leq \frac{1}{15} \ (\approx 7\%) \quad \text{und} \quad \frac{x}{15} \geq \frac{11}{15} \ (\approx 73\%)$$

Man hat in diesem Fall das gewollte Signifikanzniveau von 0,05 auf ein faktisches Niveau von 0,0052 + 0,0093 = <u>0,0145</u> abgesenkt.

● **Kontrollfrage 16:** Wie groß wäre das Signifikanzniveau, falls $x^* = 2$ und $x^{**} = 10$ als kritischer Wert genommen worden wären? Welches wäre jetzt der Annahmebereich der H_0?

---

3) Graphische Prüfgröße (= Clopper-Pearson-Diagramm):

Die vom Intervallschätzen her bekannten *Clopper-Pearson-Diagramme* lassen sich bei gegenüber dem Intervallschätzen umgekehrter Ableserichtung zur Bestimmung des Annahmebereichs einer Nullhypothese verwenden. Man geht jetzt von dem *an der Ordinate abgelesenen π_0* in horizontaler Richtung bis zu den beiden, dem jeweiligen Stichprobenumfang entsprechenden (Eier-)Kurven und erhält auf der *Abszisse* die zu π_0 gehörenden *Annahmebereiche* der H_0 (unter *Einschluß* der kritischen Werte). Der Ablesevorgang ist in Fig. 18-16 skizziert. Die *Clopper-Pearson-Diagramme* geben den Annahmebereich (Prognosebereich) für die Binomial-(Anteils-)Verteilung an. Siehe dazu Kapitel XVII, Abschnitt 17.3.E.3. Zur Grundidee siehe auch weiter oben Abschnitt 18.2.G.

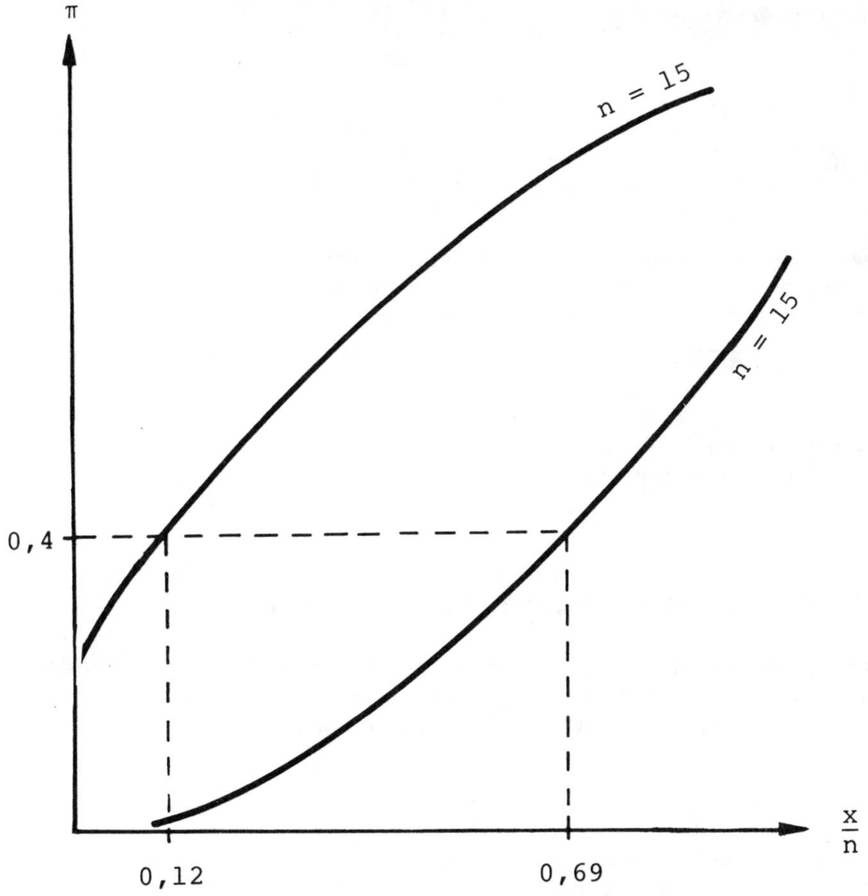

Fig. 18-16: Skizze zur Bestimmung des Annahmebereichs für $\pi = 0{,}4$ bei $n = 15$ für $\alpha = 0{,}05$

Beispiel:

Eine sich zur Wiederwahl stellende Partei hat bei der vorangegangenen Wahl 47% der Wählerstimmen und damit knapp die absolute Mehrheit der Abgeordneten erreicht. Sie will nun testen, bevor sie den Wahlkampf beginnt, ob sie auch jetzt wieder mit der absoluten Mehrheit rechnen kann. Die vorhandenen Mittel erlauben einen Stichprobenumfang von 2'400 zu befragenden Personen. Der Test soll auf einem Signifikanzniveau von 5% durchgeführt werden. Die Stichprobe liefert einen Anteil von 46,1%.

Man verwendet in diesem Fall für die Bestimmung des Annahmebereiches die Standardnormalvariable als Prüfgröße. Die H_0 lautet: $\pi_0 = 0{,}47$, die H_A lautet $\pi < 0{,}47$. Es ist somit ein *linksseitiger* Test durchzuführen. Der kritische Wert der Prüfgröße beträgt also ${}_{0,05}z = -1{,}645$.

Annahmebereich der H_0:

$$0{,}47 - 1{,}645 \cdot \sqrt{\frac{0{,}47 \cdot 0{,}53}{2'400}} < \frac{x}{2'400}$$

d. h.

$$0{,}453 < \frac{x}{2'400}$$

Der Stichprobenanteil von 46,1% liegt somit im Annahmebereich der H_0, denn er ist größer als 45,3%. Die Nullhypothese, daß der Stimmenanteil in der Gesamtbevölkerung noch immer 47% beträgt, kann nicht verworfen werden.

● **Kontrollfrage 17:** Warum hat man in diesem Beispiel die Standardnormalvariable als Prüfgröße genommen und nicht das Clopper-Pearson-Diagramm benützt?

B. Zweistichprobentest bezüglich der Differenz zweier π

Die praktisch wichtigste *Fragestellung* bei diesem Test lautet, ob zwei Stichprobenanteilswerte den Rückschluß zulassen, sie entstammten einer gleichen Grundgesamtheit („zwei GG haben gleiches π“). Die *Nullhypothese* lautet:

$$H_0\colon \pi_1 = \pi_2 \; (= \pi_g).$$

Die Alternativhypothese kann wie üblich rechts-, links- oder zweiseitig sein und dementsprechend auch der Test. Die Entscheidung wird aufgrund zweier, unabhängig voneinander genommener Stichproben vom Umfang n_1 resp. n_2 getroffen. Sofern beide Stichprobenumfänge genügend groß sind, können wir für die beiden Anteilswerte und auch für ihre Differenz die *Normalapproximation* verwenden.

Prüfgröße (im Fall des Zutreffens von H_0, d. h. wenn $\pi_1 - \pi_2 = 0$ ist):

$$\boxed{\frac{\frac{\overline{X}_1}{n_1} - \frac{\overline{X}_2}{n_2}}{\sqrt{\pi_g(1-\pi_g)\left(\frac{1}{n_1} + \frac{1}{n_2}\right)}} = Z} \qquad (18\text{-}43)$$

Da π_g durch die Nullhypothese nicht festgelegt ist, müssen wir es für die Angabe des kritischen Wertes resp. des Annahmebereichs schätzen (gegebenenfalls auch zur Entscheidung der Frage, ob die Approximationsschwelle $n_i = \frac{9}{\pi_g\,(1 - \pi_g)}$ überschritten ist).

Man schätzt π_g durch den gemeinsamen Anteil $\frac{x}{n}$, d. h. beim Vorliegen von 2 Stichprobenergebnissen durch $\frac{x_1 + x_2}{n_1 + n_2}$. Dies ist der für die Summe der beiden

Stichproben festgestellte Anteil. Formel (18-44) gibt den mit Hilfe von $\frac{x}{n}$ konstruierten Annahmebereich der H_0 im Fall eines zweiseitigen Tests an.

Annahmebereich der H_0:

$$-z_{\alpha/2}\sqrt{\frac{x}{n}\left(1-\frac{x}{n}\right)\left(\frac{1}{n_1}+\frac{1}{n_2}\right)} < \frac{x_1}{n_1}-\frac{x_2}{n_2} < z_{\alpha/2}\sqrt{\frac{x}{n}\left(1-\frac{x}{n}\right)\left(\frac{1}{n_1}+\frac{1}{n_2}\right)} \quad (18\text{-}44)$$

(Zur Veranschaulichung der vorliegenden Testsituation kann Fig. 18-12 dienen.)

Beispiel:
Eine Partei habe bei einer Umfrage vom Umfang $n_1 = 360$ im Zeitpunkt t_1 einen Wähleranteil von 43,1% gehabt. Bei einer im Zeitpunkt t_2 vorgenommenen Umfrage vom Umfang $n_2 = 510$ sei nur noch ein Anteil von 41,7% festgestellt worden. Ist dieser Unterschied von 1,4% signifikant (bei $\alpha = 0{,}10$), d. h. läßt er nicht mehr die Annahme zu, die Wählergunst der betreffenden Partei sei unverändert geblieben?

Man schätzt zuerst π_g durch $\frac{360 \cdot 0{,}431 + 510 \cdot 0{,}417}{360 + 510} = \underline{0{,}4228}$.

Man erhält so für $\sqrt{\frac{x}{n}\left(1-\frac{x}{n}\right)\left(\frac{1}{n_1}+\frac{1}{n_2}\right)}$ den Wert 0,034.

Der Annahmebereich umfaßt somit die Werte zwischen $-1{,}645 \cdot 0{,}034 = \underline{-0{,}0559}$ und $1{,}645 \cdot 0{,}034 = \underline{0{,}0559}$, d. h. zwischen ± 5,6%. Die festgestellte Differenz von 1,4% muß daher als nicht signifikant bezeichnet werden. Die Nullhypothese der Gleichheit der Wählergunst in den Zeitpunkten t_1 und t_2 kann nicht verworfen werden.

18.6 Varianzanalyse (Vergleich mehrerer μ)

Der schon mehrfach erwähnte *R. A. Fisher* entwickelte in den zwanziger Jahren die sog. Varianzanalyse, die zunächst im Rahmen agrarwirtschaftlicher Fragestellungen angewendet wurde („Welchen Einfluß hat die Düngersorte auf den Ertrag?"). Von der Vielzahl möglicher Tests im Rahmen der Varianzanalyse, die seither in vieler Hinsicht weiterentwickelt wurde, soll im folgenden nur das *Grundmodell* vorgestellt werden. Es handelt sich um den Test im Fall der einfachen („einfachklassifizierten") oder *Einfaktor*varianzanalyse.

Grundsätzlich geht es bei der Varianzanalyse (ANOVA = *An*alysis *o*f *Va*riance) darum, die *Erwartungswerte* von zwei oder mehr normalverteilten Grundgesamtheiten auf *Homogenität* zu testen, d. h. die Frage zu beantworten, ob mehrere μ gleichgroß sind. *Getestet wird also nicht etwa die Gleichheit von Varianzen.* Der Test bedient sich jedoch – daher sein Name – *empirisch gemessener Varianzen,* um die Frage bezüglich der μ zu beantworten. Der Vergleich bezieht sich im allgemeinen

Fall auf *m Grundgesamtheiten* (Gruppen), d.h. auf $\mu_1, \mu_2, \ldots, \mu_m$. Es sind *m Stichproben* für den Test erforderlich. Die *Nullhypothese* lautet:

$$H_0\colon \mu_1 = \mu_2 = \ldots = \mu_j = \ldots = \mu_m.$$

Für den Test geht man von einer Darstellung der Stichprobenergebnisse aus, wie sie in Tabelle 18-3 gezeigt wird. Diese Tabelle ist prinzipiell in der Art von Tabelle 4-3 aufgebaut (Kapitel IV). Allerdings stehen im Mittelfeld jetzt x_{ij}, die Werte, die für die statistische Variable bei der i. Beobachtung in der j. Stichprobe gemessen wurden. (Jede der Beobachtungen wird einzeln angegeben, es ist jetzt also $f_{ij} = 1$ für alle Paare ij.) Die Stichprobe Nr. j hat den Umfang n_j, insgesamt gibt es $\sum_{j=1}^{m} n_j = n$ Beobachtungen.

Tab. 18-3: Datenmatrix bei der einfachen Varianzanalyse

	Stichprobe (Gruppe) Nr.						
	1	2	...	j	...	m	
Beobachtung Nr. 1	x_{11}	x_{12}	...			x_{1m}	
2	x_{21}						
.	.						
.	.						
.	.						
i				x_{ij}			
.							
.							
.							
k	x_{k1}					x_{km}	
AM	$\bar{x}_1$			$\bar{x}_j$		$\bar{x}_m$	$\bar{x}$

In der Fußzeile von Tabelle 18-3 stehen die (Teil-)Arithmetischen Mittel der einzelnen Stichproben (Gruppen), ferner rechts unten auch noch das *Gesamt-AM*.

(Teil-)AM der Stichprobe (Gruppe) j:

$$\bar{x}_j = \frac{\sum_{i=1}^{k} x_{ij}}{n_j} \tag{18-45}$$

Gesamt-AM:

$$\bar{x} = \frac{\sum_{j=1}^{m} \bar{x}_j n_j}{n} \tag{18-46}$$

● **Kontrollfrage 18:** Welchen Formeln von Kapitel IV entsprechen Formel (18-45) und (18-46)?

Mit den vorliegenden Angaben lassen sich jetzt dreierlei Abstandsquadratsummen bilden.

Abstandsquadratsummen:

1) Die Summe der Abstandsquadrate *aller Beobachtungen* x_{ij} vom Gesamt-AM bezeichnet man mit SQT (*S*umme der *Q*uadrate im *T*otal, englisch: SS_t = sum of squares total):

$$\boxed{SQT = \sum_{i=1}^{k} \sum_{j=1}^{m} (x_{ij} - \bar{x})^2} \tag{18-47}$$

2) Die Summe der Abstandsquadrate der *Gruppen-AM* um das *Gesamt-AM* bezeichnet man mit SQZ (*S*umme der *Q*uadrate *Z*wischen den Gruppen, englisch: SS_b = sum of squares between groups, auch *„erklärte"* Quadratsumme genannt):

$$\boxed{SQZ = \sum_{j=1}^{m} n_j (\bar{x}_j - \bar{x})^2} \tag{18-48}$$

3) Die Summe der Abstandsquadrate, gebildet aus den *einzelnen Beobachtungen* und ihrem jeweiligen *Gruppen-(Teil-)AM*, bezeichnet man mit SQI (*S*umme der *Q*uadrate *I*nnerhalb der Gruppen, englisch: SS_w = sum of squares within groups, auch *Rest*quadratsumme oder *„unerklärte"* Quadratsumme genannt):

$$\boxed{SQI = \sum_{i=1}^{k} \sum_{j=1}^{m} (x_{ij} - \bar{x}_j)^2} \tag{18-49}$$

Grundbeziehung der Varianzanalyse:

Zwischen den drei soeben definierten Ausdrücken besteht folgende grundlegende Beziehung der Varianzanalyse:

$$\boxed{\underbrace{\Sigma\Sigma (x_{ij} - \bar{x})^2}_{\textbf{SQT}} = \underbrace{\Sigma n_j (\bar{x}_j - \bar{x})^2}_{\textbf{SQZ}} + \underbrace{\Sigma\Sigma (x_{ij} - \bar{x}_j)^2}_{\textbf{SQI}}} \tag{18-50}$$

● **Kontrollfrage 19:** Welche ähnlichen Arten von „Zerlegungen" sind uns früher bereits begegnet? Wo ist der Beweis für (18-50) indirekt bereits erbracht worden?

Der Varianzanalyse-Test:

Um den Test durchführen zu können, muß die *Voraussetzung* gegeben sein, daß die Beobachtungen aus m *normalverteilten GG* stammen, die alle eine *gleiche Varianz* σ^2 haben (auch mit σ_g^2 bezeichnet) und die die Erwartungswerte μ_j besitzen.

Hinweis:
Der vorliegende Test ist ein sog. *robuster* Test. Das bedeutet, daß auch dann, wenn die Normalitätsvoraussetzung verletzt ist, die Ergebnisse des Tests nicht wesentlich verfälscht sind.

Im Fall der H_0 sind alle μ_j gleich (j = 1, 2, . . ., m). Der Fall der Nullhypothese umfaßt auch den Spezialfall, daß alle Stichproben derselben GG entnommen wurden, daß also nur *eine* GG mit μ_g als Erwartungswert vorliegt ($\mu_g \equiv \mu_1 \equiv \mu_2 \equiv \ldots \equiv \mu_m$).

Für den Test werden die *Quadratsummen* (18-48) und (18-49) in *empirische Varianzen* überführt, indem sie jeweils durch eine Zahl dividiert werden, die aus den Quadratsummen *mittlere Abstandsquadrate* machen und die gleichzeitig *erwartungstreue Schätzer* für das σ^2 der GG sind. Man bildet als erste *mittlere* Quadratsumme („mean square between group"):

$$\boxed{MQZ = \frac{SQZ}{m-1} = \frac{\Sigma\, n_j (\bar{x}_j - \bar{x})^2}{m-1}} \qquad (18\text{-}51)$$

Man bildet als zweite mittlere Quadratsumme:

$$\boxed{MQI = \frac{SQI}{n-m} = \frac{\sum\limits_i \sum\limits_j (x_{ij} - \bar{x}_j)^2}{n-m}} \qquad (18\text{-}52)$$

Dies ist die „mittlere Quadratsumme der innerhalb" der Gruppen auftretenden Abweichungen.

MQI ist eine verallgemeinerte gemischte Varianz, d. h. eine Schätzfunktion für die gemeinsame Varianz σ^2 ($=\sigma_g^2$). Man sieht das wie folgt: Man bildet für jede der m Gruppen, d. h. man bildet für die j. Gruppe:

$$\hat{s}_j^2 = \frac{\sum\limits_i (x_{ij} - \bar{x}_j)^2}{n_j - 1}$$

Die gemischte Varianz $\hat{S}_g^2$ als Schätzfunktion für das bei allen in Gruppen voraussetzungsgemäß gleichgroße σ^2 beträgt:

(18-53)

$$\boxed{\hat{S}_g^2 = \frac{(n_1 - 1)\hat{S}_1^2 + (n_2 - 1)\hat{S}_2^2 + \ldots + (n_j - 1)\hat{S}_j^2 + \ldots + (n_m - 1)\hat{S}_m^2}{n_1 + n_2 + \ldots + n_j + \ldots + n_m - m}}$$

(18-53) entspricht dem Ausdruck (18-52), denn es ist $\sum\limits_{i=1}^{m} n_j = n$, und der Zähler von (18-53) läßt sich als $\Sigma\Sigma(x_{ij} - \bar{x}_j)^2$ schreiben. (Man schaue sich nochmals Aufgabe 15-7 und Formel (18-26) für den Spezialfall m = 2 an.)

Analog zum Fall, als zwei Stichprobenvarianzen $\hat{S}_1^2$ und $\hat{S}_2^2$ zur Bildung von $\hat{S}_g^2$ verwendet wurden und sich $\hat{S}_g^2/\sigma_g^2$ als $Q\langle n_1 + n_2 - 2\rangle/(n_1 + n_2 - 2)$ herausstellte, ist jetzt:

$$\boxed{\frac{MQI}{\sigma^2} = \frac{Q\langle n - m\rangle}{n - m}} \quad , \tag{18-54}$$

eine Chiquadratvariable mit (n − m) FG, dividiert durch (n − m).

Es läßt sich ferner zeigen, daß:

$$\boxed{\frac{MQZ}{\sigma^2} = \frac{Q\langle m - 1\rangle}{m - 1}} \tag{18-55}$$

daß also der andere erwartungstreue Schätzer für σ^2, dividiert durch σ^2, ebenfalls eine (durch (m − 1) dividierte) Chiquadratvariable ist, und zwar mit (m − 1) FG.

Somit ist der Quotient aus (18-55) und (18-54) definitionsgemäß eine $F\langle m-1; n-m\rangle$ (siehe Kapitel XIII, Abschnitt 13.4). Zugleich ist dies die *Prüfgröße* für den Test auf Gleichheit der μ_j:

$$\boxed{\frac{MQZ}{MQI} = \frac{\dfrac{Q\langle m-1\rangle}{m-1}}{\dfrac{Q\langle n-m\rangle}{n-m}} = F\langle m-1; n-m\rangle} \tag{18-56}$$

Der *Annahmebereich der H_0* lautet: Falls der aufgrund der Datenmatrix berechnete Wert des Quotienten aus MQZ und MQI kleiner ist als der kritische Wert der F-Verteilung, wird die H_0 angenommen:

Annahmebereich der H_0:

$$\boxed{\underbrace{\frac{MQZ}{MQI}}_{f\langle m-1; n-m\rangle} < f_\alpha\langle m-1; n-m\rangle} \tag{18-57}$$

Berechnung der Prüfgröße:

Man geht bei den Varianzanalyse-Tests für die Berechnung des Prüfgrößenwertes üblicherweise nach folgender Arbeitstabelle vor:

Tab. 18-4: Arbeitstabelle für den einfachen Varianzanalyse-Test

Streuungs-ursache	Summe der Ab-standsquadrate	FG	mittlere Quadratsumme	Wert der Prüfgröße
„erklärt“ durch Gruppenunter-schiede („zwischen“)	SQZ = $\sum_j n_j (\bar{x}_j - \bar{x})^2$	$m - 1$	MQZ = $\frac{\sum n_j (\bar{x}_j - \bar{x})^2}{m-1}$	$\frac{MQZ}{MQI} = f$
„unerklärt“, d.h. gruppen-interner Rest („innerhalb“)	SQI = $\sum_i \sum_j (x_{ij} - \bar{x}_j)^2$	$n - m$	MQI = $\frac{\sum\sum (x_{ij} - \bar{x}_j)^2}{n-m}$	
alles zusammen	SQT = $\sum_i \sum_j (x_{ij} - \bar{x})^2$	$n - 1$	$\frac{\sum\sum (x_{ij} - \bar{x})^2}{n-1}$	

In den beiden ersten Zeilen von Tabelle 18-4 stehen die für die Bildung der Prüfgröße relevanten Angaben. Die Fußzeile enthält zur Kontrolle die jeweiligen Totale.

Interpretation:
Die im Rahmen der Varianzanalyse zu testende Nullhypothese der Gleichheit mehrerer μ zielt darauf ab, den für die *Unterschiede bei den μ verantwortlichen Faktor zu identifizieren.* Sobald wir die Nullhypothese ablehnen können, sind wir berechtigt, auf nicht nur rein zufällig bedingte Unterschiede der Gruppen-μ zu schließen. Im Fall der Ablehnung haben wir durch die Gruppenbildung einen Faktor gefunden, der einen Teil der Gesamtvarianz „erklärt“. Die Gruppen-AM ($\bar{x}_j$) streuen in diesem Fall nicht rein zufällig um $\bar{x}$, vielmehr ist die Streuung der $\bar{x}_j$ um $\bar{x}$ durch einen *gruppenspezifisch wirksamen Faktor erklärbar.* Die Streuung innerhalb der einzelnen Gruppen betrachtet man dagegen immer als einen *zufällig auftretenden,* gewissermaßen *unerklärbaren Rest.* (Als einen Rest der Gesamtstreuung, die sich aus der Streuung „zwischen den Gruppen“ und der Streuung „innnerhalb der Gruppen“ additiv zusammensetzt.)

Ist kein gruppenspezifisch wirksamer Faktor vorhanden, dann ist der Schätzer MQZ (für σ^2), wie er im Zähler steht, bis auf Zufallsabweichungen genau so groß wie der Schätzer MQI (ebenfalls für σ^2), der im Nenner steht. Die Prüfgröße F hat dann einen nur im Rahmen des „normalen“ Zufalls bleibenden, von eins verschiedenen Wert. Steckt aber mehr als Zufall hinter der Streuung der $\bar{x}_j$ um $\bar{x}$, dann wird F stärker als nur zufallsbedingt vom Wert 1 abweichen. Durch ein vorgegebenes Signifikanzniveau α wird der Schwellenwert f_α festgelegt, der nur in seltenen Fällen (in $\alpha \cdot 100\%$ der Fälle) bei zufallsbedingter Streuung überschritten wird. In einem solchen Fall sagen wir, das für die Gruppenbildung ausschlaggebende Merkmal (z. B. unterschiedliche soziale Zugehörigkeit der Gruppenangehörigen oder unterschiedliche Düngersorten) erkläre die Unterschiede der μ.

Beispiel:
Eine Firma möchte wissen, ob sich für ein neuentwickeltes Produkt gezielte Marketingmaßnahmen aufdrängen, weil das Produkt bei verschiedenen Abnehmergruppen

auf eine grundsätzlich unterschiedliche Resonanz stößt. Dazu möchte die Firma zuerst wissen, ob das Produkt von drei verschiedenen Abnehmergruppen im gleichen Umfang gekauft wird. Gruppe 1 seien Beamte, Gruppe 2 Angestellte und Gruppe 3 Selbständige. Es werden aus jeder der drei Gruppen einige Personen zufällig ausgewählt und über ihre Ausgaben für das betreffende Produkt während des vergangenen Monats befragt. Die Antworten sind in der folgenden Tabelle 18-5 angegeben.

Tab. 18-5: Ausgaben in WE für ein Produkt P

	Gruppe 1	Gruppe 2	Gruppe 3	
	18 19 30 40 58 61 74 76	20 38 39 48 65 84	19 31 52 56 77 95	
AM	$\bar{x}_1 = 47$	$\bar{x}_2 = 49$	$\bar{x}_3 = 55$	$\bar{x} = 50$

Die für den Test benötigten Ausdrücke werden in die Arbeitstabelle 18-6 eingetragen:

Tab. 18-6: Varianztabelle

Streuungsursache	Summe der Abstandsquadrate	FG	mittlere Quadratsumme	Wert der Prüfgröße
Gruppenunterschiede	228	2	114	$\frac{114}{609{,}4} = 0{,}19$
Rest	10'360	17	609,4	
Total		19		

Der Annahmebereich der H_0 (alle drei Abnehmergruppen geben gleichviel für das Produkt aus) beträgt bei einem Signifikanzniveau von 0,05:

$$f < f_{0,05}\langle 2;\ 17\rangle,$$

d.h. $$f < 3{,}59.$$

Der berechnete Wert von 0,19 liegt somit im Annahmebereich der H_0. (H_0 kann nicht verworfen werden.) Es läßt sich also nicht behaupten, der Faktor „soziale Gruppe" habe einen signifikanten Einfluß auf die Ausgaben. Die unterschiedlichen, beobachteten gruppenspezifischen AM sind noch auf Zufall zurückführbar und können zur Erklärung der Gesamtstreuung nicht signifikant beitragen. Man kann annehmen, die Käufer der verschiedenen Gruppen bildeten eine GG mit gemeinsamem Erwartungswert μ_g.

18.7 Überblick über die behandelten Tests

Fragestellung/ Nullhypothese	**Prüfgröße**	**Annahmebereich/ Kritische Werte (Signifikanzniveau α)**	**Bemerkungen (Nv = normalverteilt)**
$\mu = \mu_0$ (σ_x bek.)	$Z = \dfrac{\overline{X} - \mu_0}{\sigma_{\bar{x}}}$	$\mu_0 - z_{\alpha/2}\,\sigma_{\bar{x}} < \bar{x} < \mu_0 + z_{\alpha/2}\,\sigma_{\bar{x}}$	GG = Nv oder $n \geq 30$ $\sigma_{\bar{x}} = \dfrac{\sigma_x}{\sqrt{n}}$ bei einseitigem Test: z_α oder $-z_\alpha$ falls σ_x unbek. und $n \geq 100$: $\sigma_{\bar{x}}$ durch $\hat{s}_{\bar{x}} = \hat{s}/\sqrt{n}$ schätzen
$\mu = \mu_0$ (σ_x unbek.)	$T\langle n-1\rangle = \dfrac{\overline{X} - \mu_0}{\hat{S}_{\bar{x}}}$	$\mu_0 - t_{\alpha/2}\,\hat{s}_{\bar{x}} < \bar{x} < \mu_0 + t_{\alpha/2}\,\hat{s}_{\bar{x}}$	GG = Nv bei einseitigem Test: t_α resp. $-t_\alpha$ (exakter Test auch für kleine n)
$\mu_1 = \mu_2\ (\mu_1 - \mu_2 = 0)$ ($\sigma_1; \sigma_2$ bek.)	$Z = \dfrac{D}{\sigma_D}$ $\left(= \dfrac{D - 0}{\sigma_D}\right)$	$-z_{\alpha/2} \cdot \sigma_D < d < z_{\alpha/2} \cdot \sigma_D$	GG = Nv oder: $n_1 \geq 30$ und $n_2 \geq 30$ $d = \bar{x}_1 - \bar{x}_2$ $\sigma_D = \sqrt{\dfrac{\sigma_1^2}{n_1} + \dfrac{\sigma_2^2}{n_2}}$
$\mu_1 = \mu_2$ ($\sigma_1 \neq \sigma_2$; unbek.)	$Z = \dfrac{D}{\hat{s}_D}$	$-z_{\alpha/2}\,\hat{s}_D < d < z_{\alpha/2}\,\hat{s}_D$	$d = \bar{x}_1 - \bar{x}_2$ $n_1 \geq 100; n_2 \geq 100$ $\hat{s}_D = \sqrt{\dfrac{\hat{s}_1^2}{n_1} + \dfrac{\hat{s}_2^2}{n_2}}$
$\mu_1 = \mu_2$ ($\sigma_1^2 = \sigma_2^2 = \sigma_g^2$; unbek.)	$T\langle n_1 + n_2 - 2\rangle = \dfrac{D}{\hat{S}_D}$	$-t_{\alpha/2}\,\hat{s}_D < d < t_{\alpha/2}\,\hat{s}_D$	GG = Nv $\hat{s}_D = \sqrt{\underbrace{\dfrac{(n_1 - 1)\,\hat{s}_1^2 + (n_2 - 1)\,\hat{s}_2^2}{n_1 + n_2 - 2}}_{\hat{s}_g^2}\left(\dfrac{1}{n_1} + \dfrac{1}{n_2}\right)}$
$\sigma^2 = \sigma_0^2$ (μ_x unbek.)	$Q\langle n-1\rangle = \dfrac{(n-1)\,\hat{S}^2}{\sigma_0^2}$	$\dfrac{\sigma_0^2}{n-1}\,{}_{\alpha/2}q < \hat{s}^2 < \dfrac{\sigma_0^2}{n-1}\,q_{\alpha/2}$	GG = Nv $\hat{s}^2 = \dfrac{\Sigma\,(x_i - \bar{x})^2}{n - 1}$

Fragestellung/ Nullhypothese	**Prüfgröße**	**Annahmebereich/ Kritische Werte (Signifikanzniveau α)**	**Bemerkungen (Nv = normalverteilt)**
$\sigma_1^2 = \sigma_2^2$	$F\langle n_1 - 1; n_2 - 1\rangle = \frac{\hat{S}_1^2}{\hat{S}_2^2}$	$f < f_\alpha$	GG = Nv falls zweiseitiger Test: größeres $\hat{s}^2$ in Zähler; $f_{\alpha/2}$ als krit. Wert
$\pi = \pi_0$	$\frac{X}{n} = A(n; \pi_0)$	$\frac{x^*}{n} < \frac{x}{n} < \frac{x^{**}}{n}$	$P\left(\frac{x}{n} \leq \frac{x^*}{n}\right) \leq \frac{\alpha}{2}$ $P\left(\frac{x}{n} \geq \frac{x^{**}}{n}\right) \leq \frac{\alpha}{2}$
	Graphisch: Clopper-Pearson- Diagramme	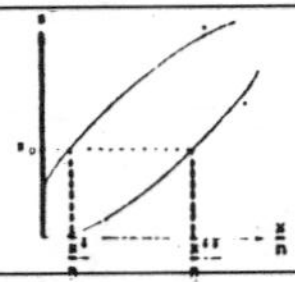	
	$Z = \frac{X/n - \pi_0}{\sigma_A}$	$\pi_0 - z_{\alpha/2} \cdot \sigma_A < \frac{x}{n} < \pi_0 + z_{\alpha/2} \cdot \sigma_A$	Bedingung: $n \geq \frac{9}{\pi_0(1 - \pi_0)}$ $\sigma_A = \sqrt{\frac{\pi_0(1 - \pi_0)}{n}}$
$\pi_1 = \pi_2$	$Z = \frac{\frac{X_1}{n_1} - \frac{X_2}{n_2}}{\sigma_{A1-A2}}$	$z_{\alpha/2}\,\sigma_{A1-A2} < \frac{x_1}{n_1} - \frac{x_2}{n_2} < z_{\alpha/2}\,\sigma_{A1-A2}$	Bedingungen: $n_1 \geq \frac{9}{\pi_1(1 - \pi_1)}$ $x = x_1 + x_2$ $n = n_1 + n_2$ $\quad n_2 \geq \frac{9}{\pi_2(1 - \pi_2)}$ $\sigma_{A1-A2} = \sqrt{\frac{x}{n}\left(1 - \frac{x}{n}\right)\left(\frac{1}{n_1} + \frac{1}{n_2}\right)}$
$\mu_1 = \mu_2 = \ldots = \mu_m$ $(\sigma_1 = \sigma_2 = \ldots \sigma_m = \sigma_g$, unbek.)	$F\langle m-1; n-m\rangle = \frac{MQZ}{MQI}$	$f < f_\alpha$	Alle GG = Nv

18.8 Aufgaben mit Lösung

Aufgabe 18-1:
Es soll getestet werden, ob die durchschnittliche Studiendauer in Jahren für ein gewisses Fach an zwei schweizerischen Hochschulen gleich ist. Die beiden erforderlichen Stichproben ergeben folgende Werte:

Hochschule A: $n_1 = 75$ $\bar{x}_1 = 5{,}73$
Hochschule B: $n_2 = 66$ $\bar{x}_2 = 5{,}98$

Zusätzlich ergaben die beiden Stichproben, daß eine gemeinsame Varianz von $\hat{s}_g^2 = 3{,}1684$ angenommen werden darf.

Führen Sie den Hypothesentest mit $\alpha = 0{,}1$ durch.

Lösung:
H_0: $\mu_1 = \mu_2$
H_A: $\mu_1 \neq \mu_2$

$$\text{Annahmebereich:} -z_{\alpha/2} \cdot \hat{s}_g \sqrt{\frac{1}{n_1} + \frac{1}{n_2}} \leq \bar{x}_1 - \bar{x}_2 \leq z_{\alpha/2} \cdot \hat{s}_g \sqrt{\frac{1}{n_1} + \frac{1}{n_2}}$$

für $\alpha = 0{,}1$: $-0{,}494 \leq \bar{x}_1 - \bar{x}_2 \leq 0{,}494$

Da die beobachtete Differenz von $-0{,}25$ im Annahmebereich liegt, darf die Nullhypothese nicht verworfen werden.

Aufgabe 18-2:
Ein neues Produktionsverfahren soll angeblich die durchschnittliche Reißfestigkeit eines Drahtes auf 1500 kg erhöhen. Bisher betrug diese nur 1400 kg. Man möchte testen, ob das neue Produktionsverfahren tatsächlich die behauptete Verbesserung bringt. Wie groß muß man eine Stichprobe wählen, damit der β-Fehler eines solchen Tests höchstens 10% beträgt. (Man unterstelle, daß das σ_x der Grundgesamtheit durch das neue Verfahren nicht tangiert wird und nach wie vor 200 kg beträgt. Unterstellen Sie ferner, daß ein einseitiger Test mit einem Signifikanzniveau von 5% gemacht wird.)

Geben Sie eine genaue Antwort unter Verwendung der entsprechenden Formel sowie eine angenäherte Antwort unter Verwendung des im Tabellenteil abgedruckten Diagramms.

Lösung:

$$n \geq \left(\frac{\sigma_x (z_\alpha + z_\beta)}{\mu_0 - \mu_A} \right)^2 = 34{,}27: \quad n \geq 35$$

Somit ist gleichzeitig die Faustregel $n \geq 30$ für die Normalapproximation erfüllt.

Aus der OC-Kurve läßt sich ein Wert für n zwischen 30 und 40 ablesen.

Aufgabe 18-3:
In einer Waschpulverfabrik wurde für die Abfüllung des Waschpulvers in Behälter eine neue Maschine installiert. Kurze Zeit nach der Umstellung wird behauptet, daß

die neue Maschine größere Mengen abfüllt als die alte.Um diese Behauptung zu testen, wird aus dem Produktionsausstoß der alten und der neuen Maschine je eine gleich große Stichprobe von 64 Behältern gleichen nominellen Inhalts gezogen und folgende Entscheidungsregel festgelegt: Falls die beobachtete Differenz zwischen den Durchschnittsgewichten mehr als 14 g beträgt, wird die Behauptung gestützt, sonst wird sie verworfen. Sie können davon ausgehen, daß die Varianz bei beiden Aggregaten gleich ist ($\sigma_1^2 = \sigma_2^2$) und 2048 beträgt.

a) Formulieren Sie die Null- und die Alternativhypothese.
b) Welchen α-Fehler impliziert die obige Entscheidungsregel?
c) Bei welcher Alternativhypothese beträgt der β-Fehler gerade 0,4013?

<u>Lösung:</u>

a) H_0: $\mu_1 = \mu_2$ oder $\mu_1 - \mu_2 = 0$ (μ_1 = Durchschnittsgewicht neu)
H_A: $\mu_1 > \mu_2$ oder $\mu_1 - \mu_2 > 0$ (μ_2 = Durchschnittsgewicht alt)

b) $\alpha = P(\bar{x}_1 - \bar{x}_2 > 14 \mid H_0)$

$$\alpha = P\left(Z > \frac{14}{\sqrt{\frac{2048 + 2048}{64}}}\right) = P\left(Z > \frac{14}{8}\right) = P(Z > 1{,}75) = \underline{0{,}0401}$$

c) ${}_{\beta}z = -0{,}25$

${}_{\beta}d = 14 = \mu_D - 0{,}25 \cdot 8$ $\quad(d = (\bar{x}_1 - \bar{x}_2);\ \ \mu_D = (\mu_1 - \mu_2))$

$\mu_D = 14 + 2 = 16$

$\underline{H_A : \mu_1 - \mu_2 = 16}$

<u>Aufgabe 18-4:</u>

Am Stammtisch einer Kneipe wird behauptet, daß die Körpergröße der Frauen weniger schwankt als diejenige der Männer. Nehmen Sie nun an, daß die Standardabweichung der Körpergröße der Männer zwischen 20 und 25 Jahren bekannt sei und 6 cm betrage. Um die „Stammtisch-Behauptung" zu überprüfen, wählen wir mit einem Zufallsverfahren 31 Frauen im gleichen Altersintervall und stellen ihre Körpergröße fest. Wir berechnen ein $\hat{s}$ von 4,4 cm. Wenn man annimmt, daß die Größe der Frauen und der Männer normalverteilt ist,

a) kann man aufgrund der Stichprobe obige Behauptung stützen ($\alpha = 0{,}025$)?
b) Wie groß ist der β-Fehler, wenn die richtige Standardabweichung der Größe der Frauen 4,97 cm beträgt?

<u>Lösung:</u>

a) H_0: $\sigma^2 = 36 \ (= \sigma_0^2)$
H_A: $\sigma^2 < 36$

Annahmebereich der H_0: $\quad \hat{s}^2 \geq {}_{\alpha}\hat{s}^2 = \dfrac{\sigma_0^2}{n-1}\, {}_{\alpha}q\langle n-1\rangle$

$$\hat{s}^2 \geq \frac{36}{30} \cdot 16{,}8 = 20{,}16$$

<u>Da $\hat{s}^2 = 19{,}36 < 20{,}16$, ist H_0 abzulehnen.</u>

b) $$\beta = P(\hat{S}^2 \geq 20{,}16 \mid H_A) = P\Big(Q\langle 30\rangle \geq \underbrace{\frac{36}{24{,}7} \cdot 16{,}8}_{24{,}5}\Big) = \underline{0{,}75}$$

Aufgabe 18-5:
Die Firma Durex behauptet, die Lebensdauer ihrer Leuchtröhren betrage 2'500 Stunden. Eine Zufallsstichprobe von 10 Röhren wird gezogen und deren Lebensdauer wie folgt festgestellt (in Stunden): 2'500, 2'490, 2'480, 2'500, 2'480, 2'480, 2'490, 2'500, 2'490, 2'520. Prüfen Sie die Behauptung der Firma, und nehmen Sie $\alpha = 0{,}05$, nehmen Sie ferner Normalverteilung der Grundgesamtheit an.

Lösung:
H_0: $\mu_0 = 2'500$
H_A: $\mu_A < \mu_0$

Annahmebereich der H_0:

$$\bar{x} \geq \mu_0 - t_\alpha \frac{\hat{s}}{\sqrt{n}}$$

$$\bar{x} \geq 2'500 - 1{,}833 \; \frac{12{,}52}{\sqrt{10}} = 2492{,}74$$

Da 2493 im Annahmebereich liegt, kann die *Nullhypothese nicht verworfen* werden.

Aufgabe 18-6:
Die Proportion defekter Stücke, die eine Maschine herstellt, ist 2%, wenn die Maschine gut eingestellt ist, und 5%, wenn sie schlecht eingestellt ist. Man hat eine Tagesproduktion vorliegen und zieht daraus eine Stichprobe von 500 Stücken, von denen 20 fehlerhaft sind. Aufgrund dieser Stichprobe möchte man feststellen, ob

H_0: $\pi_0 = 0{,}02$ (Nullhypothese)
oder H_A: $\pi_A = 0{,}05$ (Alternativhypothese)

zutrifft; man setzt das Signifikanzniveau auf 0,05 fest.

a) Welches ist das Intervall, in dem wir H_0 akzeptieren?
b) Ist die Maschine gut eingestellt gewesen?
c) Welches ist die Wahrscheinlichkeit des „Typ-II-Fehlers" (β)?

Lösung:
a) *Annahmebereich:*

$$\frac{x}{n} \leq \pi_0 + z_\alpha \sigma_A$$

$$\frac{x}{n} \leq 0{,}02 + 1{,}645 \sqrt{\frac{0{,}02 \cdot 0{,}98}{500}} = 0{,}0303$$

b) nein, da $\frac{x}{n} = 0{,}04$ außerhalb des Annahmebereichs liegt.

c) $$\beta = P\left(Z \leq \frac{0{,}0303 - 0{,}05}{\sqrt{\frac{0{,}05 \cdot 0{,}95}{500}}} \right)$$

$$= P\,(Z \leq -2{,}02)$$

$$= 0{,}0217$$

18.9 Antworten auf die Kontrollfragen

1. *Rechtsprechung:* Es ist inakzeptabel, daß 1% der Unschuldigen schuldig gesprochen wird!
   Medizin: H_0 enthält z. B. Spezifikation von schädlichen (Nebenwirkung auslösenden) Stoffen. Es ist nicht akzeptabel, sich in 1% der Fälle über die Giftigkeit zu irren, d. h. ein Medikament zuzulassen, das die zulässige durchschnittliche Giftmenge überschreitet.

   Technik: Kritische Elemente für Atomreaktor, Flugzeugbau usw.: Risiko muß winzig klein gemacht werden.

2. $$z = \frac{9'784{,}3 - 8'000}{\frac{1'800}{6}} = 5{,}95$$

   Da $5{,}95 > z_{0,05} = 1{,}645$, folgt auch bei dieser Methode die Ablehnung der H_0.

3. Bei einem Test kann man entweder *keinen* oder *einen* Fehler begehen. Zwei Fehler kann man nicht begehen. Ob man einen Fehler begeht und welcher Art er ist, hängt davon ab, ob $\bar{x}$ zufällig in den Annahmebereich der H_0 fällt, obwohl H_A den Wert von μ zutreffend angibt, oder ob es zufällig in den Ablehnungsbereich der H_0 fällt, obwohl μ_0 wahr ist. Andernfalls begeht man keinen Fehler.

4. $$\bar{x}_{0,001} = 8'000 + z_{0,001} \cdot \frac{1'800}{\sqrt{36}} = 8'000 + 3{,}08 \cdot \frac{1'800}{6}$$

   $$= \underline{8'924}$$

   $$\beta = P\left(Z < \frac{8'924 - 10'000}{\frac{1'800}{6}}\right)$$

   $$= P\,(Z < -3{,}5866) = \underline{0{,}0002} \; (= \text{weniger als } 0{,}001)$$

5. 1) $$\mu_A = 8'150: \quad \beta = P\left(Z < \frac{8'493{,}5 - 8'150}{\frac{1'800}{6}}\right) = P\,(Z < 1{,}145) = \underline{0{,}8739}$$

   $\mu_A = 8'493{,}5$: $\beta = 0{,}50$ (μ_A fällt mit dem kritischen Wert zusammen!)

   $$\mu_A = 9'250: \quad \beta = P\left(Z < \frac{8'493{,}5 - 9'250}{300}\right) = P\,(Z < -2{,}522) = \underline{0{,}0059}$$

   2) Als *Grenzwert.* Es ist sachlich natürlich sinnlos, $\mu_A = \mu_0$ zu setzen. Je näher aber μ_A an μ_0 heranrückt, desto mehr nähert sich β dem Wert $1 - \alpha$.

6. 1) $n = 36$: $\quad \sigma_{\bar{x}}^2 = \frac{\sigma_x^2}{36}; \quad \sigma_{\bar{x}} = \frac{\sigma_x}{6}$

$$n = 144: \quad \sigma_{\bar{x}}^2 = \frac{\sigma_x^2}{144}; \quad \sigma_{\bar{x}} = \frac{\sigma_x}{12}$$

Für die zu n = 36 gehörende Kurve ist die Standardabweichung von $\overline{X}$ gerade doppelt so groß.

2) Eine Verteilung mit *halb* so großer Standardabweichung gehört generell zu einem um das *Vierfache* erhöhten Stichprobenumfang. Eine Vergrößerung des Stichprobenumfangs um einen Faktor k reduziert die Varianz von $\overline{X}$ um den Faktor 1/k.

7. Wegen der Symmetrie der Normalverteilung und weil die Wahrscheinlichkeiten (Flächen unter den Dichtefunktionen) nur abhängig sind von den σ_x-Einheiten (bei gegebenem n).

8. $$\mu_0 \pm z_\alpha \cdot \frac{\sigma_x}{\sqrt{n}} = \mu_A \pm z_\beta \cdot \frac{\sigma_x}{\sqrt{n}}$$

$$\mu_0 - \mu_A + \frac{\sigma_x}{\sqrt{n}} (\pm z_\alpha \pm z_\beta) = 0$$

$$\frac{\sigma_x}{\sqrt{n}} = \frac{-(\mu_0 - \mu_A)}{\pm (z_\alpha + z_\beta)}$$

$$\sqrt{n} = \frac{\pm \sigma_x (z_\alpha + z_\beta)}{-(\mu_0 - \mu_A)}$$

$$n = \left(\frac{\sigma_x (z_\alpha + z_\beta)}{\mu_0 - \mu_A} \right)^2$$

9. $t_{0,025} = 2{,}160$ und $t_{0,010} = 2{,}650$.
Durch lineare Interpolation: $t_{0,022} \approx t_{0,02} \approx 2{,}27$.
Wegen der Symmetrie der T-Verteilung gilt: $P(T < -2{,}27) = P(T > 2{,}27)$.

10. Für die Alternativhypothese $\mu_2 = \mu_1 \pm c$ ist die Differenz D wiederum normalverteilt mit Parametern $\mu_D = \pm c$ und $\sigma_D^2 = \sigma_g^2 \left(\frac{1}{n_1} + \frac{1}{n_2} \right)$.

11. Der Modus einer $Q\langle v \rangle$ liegt bei $v - 2$, somit liegt der Modus von $\hat{S}^2 = \frac{\sigma^2}{n-1} Q\langle n-1 \rangle$ bei $\frac{\sigma^2}{n-1} \cdot (n-3)$.
Die Erwartungswerte liegen bei σ_0^2 resp. σ_A^2, da $\hat{S}^2$ erwartungstreu ist.

12. $q_{0,05}\langle 59 \rangle \approx 59 + \sqrt{2 \cdot 59} \cdot z_{0,05} = 76{,}869$.

Der Annahmebereich lautet demnach $\hat{s} < \sqrt{\frac{1'800^2}{59} \cdot 76{,}869} = 2'054{,}6$ km und enthält nach wie vor den Wert $\hat{s} = 1'947{,}2$ km: Die Hypothese wird nicht abgelehnt!

13. Falls $n_1 \to \infty$ und $n_2 \to \infty$, konvergieren $\hat{S}_1^2 \to \sigma_1^2$ und $\hat{S}_2^2 \to \sigma_2^2$. Somit konvergiert sowohl (18-36) wie auch (18-36') gegen eins. Man vergleiche mit der in der F-Tabelle für $\nu_1 = \infty$ und $\nu_2 = \infty$ angegebenen Zahl 1.

14. Eine Realisation der Binomialvariablen $B(n; \pi)$ läßt sich auffassen als Summe von je einer Realisation von n identischen sog. Bernoullivariablen $B = B(1; \pi)$, die den Erwartungswert $\mu_B = \pi$ haben (denn $\mu_B = 0 \cdot (1 - \pi) + 1 \cdot \pi = \pi$). Wenn aus einer GG, in der Erfolg E in der Proportion $\pi \cdot 100\%$ auftritt und Mißerfolg M in der Proportion $(1 - \pi) \cdot 100\%$, eine Stichprobe im Umfang n gezogen wird, die x-mal E und (n − x)-mal M erbringt, dann erhält man $\frac{x}{n}$ als Anteil in der Stichprobe, den wir bekanntlich zur Schätzung von π benützen.

    Es ist jedoch $\frac{x}{n} = \frac{1}{n}(0 + 1 + 0 + 0 + \ldots)$, wobei in der Klammer genau x-mal „1" und (n − x)-mal „0" steht. Es sind $b_1 = 0$ und $b_2 = 1$ die alternativen Realisationen der Bernoullivariablen B. Das AM $\bar{b} = \frac{\Sigma b_i}{n} = \frac{x}{n}$, gebildet aus den beobachteten Werten der n Bernoullivariablen, entspricht dem $\bar{x}$ als Ergebnis von n Beobachtungen einer beliebigen ZV X. Zur Schätzung von μ_x dieser ZV X benützen wir $\bar{x}$, zur Schätzung von $\pi = \mu_B$ benützen wir $\bar{b} = \frac{x}{n}$.

15. $\frac{x}{n} < \pi_0 + z_\alpha \sqrt{\frac{\pi(1-\pi)}{n}}$

16. $0{,}0271 + 0{,}0338 = \underline{0{,}0609}$

    Annahmebereich: $\frac{2}{15} < \frac{x}{15} < \frac{10}{15}$

17. Weil die Diagramme erstens nur eine Kurve für maximal n = 1'000 enthalten und zweitens nur für zweiseitige Tests ($\alpha = 0{,}05$ und $\alpha = 0{,}01$).

18. (18-45) entspricht (4-8), (18-46) entspricht (4-10).

19. In Kapitel V wurde eine Gesamtvarianz „zerlegt" (siehe Abschnitt 5.3.C, speziell Formel (5-10)). Der Beweis für (5-10) kann mutatis mutandis auch für (18-50) verwendet werden. Ferner wurde in Kapitel VIII eine Totalvarianz zerlegt (siehe Abschnitt 8.4).

Kapitel XIX: Verteilungstests (nichtparametrische Tests)

19.1 Vorbemerkung

Bei den in Kapitel XVIII dargestellten Testverfahren waren Hypothesen, die sich auf *Parameterwerte* bezogen, einer Entscheidung zuzuführen gewesen. Die bisher gezeigten Testverfahren bezeichnet man daher auch als *Parametertests*. Daneben gibt es die in gewissem Sinn umfassendere Frage nach dem *Typ der Zufallsverteilung*, der in einer Grundgesamtheit vorliegt. Jetzt ist zu entscheiden, ob eine aus n Beobachtungen bestehende Häufigkeitsverteilung, die man durch eine Zufallsstichprobe gewonnen hat, mit einer (Null-)*Hypothese* vereinbar ist, die man *über die Verteilung in der GG* aufgestellt hat. Für die Entscheidung, ob diese Nullhypothese zutrifft, benötigt man sog. *Verteilungstests*. Da es nicht um das Testen von Parametern geht, spricht man von *nichtparametrischen* Tests.

Das Verfahren des zuerst zu zeigenden Sichttests, der in die Grundidee der übrigen, im vorliegenden Kapitel zu zeigenden Tests einführt, ist überaus einfach. Es wird ein *Vergleich von empirischen (= beobachteten) Häufigkeiten mit den theoretischen, gemäß der Nullhypothese zu erwartenden Häufigkeiten* vorgenommen. Der Vergleich bezieht sich entweder auf die individuellen oder aber auf die kumulierten Häufigkeiten: Wenn „über das Ganze gesehen" die Abstände zwischen den empirischen und den theoretischen, d. h. den der behaupteten Zufallsverteilung entsprechenden Häufigkeiten groß (= „zu groß") ist, führen die Tests zur Ablehnung der Nullhypothese. Sind die Abstände „insgesamt gesehen" klein (= „genügend klein", „im Rahmen des Zufälligen bleibend"), wird die von der Nullhypothese behauptete Modell-Zufallsverteilung nicht verworfen („angenommen"). Der Unterschied zwischen einem Sichttest und den anschließend zu zeigenden „rechnerischen" Tests besteht darin, daß die Schwelle zwischen „zu groß" und „genügend klein" einmal vom statistisch geübten Auge, das andere Mal durch einen wahrscheinlichkeitstheoretisch begründeten, von einem zuvor festgelegten Signifikanzniveau abhängigen, kritischen Wert einer Prüfgröße bestimmt wird.

19.2 Sichttest mittels Wahrscheinlichkeitspapier

Bei dem im folgenden darzustellenden Sichttest führt man einen optischen Vergleich der *kumulierten* empirischen Häufigkeiten (= F_i) mit den entsprechenden kumulierten theoretischen Häufigkeiten (den Werten der Verteilungsfunktion $F(x_i)$) durch. Anhand des Goldbarrenbeispiels von Kapitel XIII, Abschnitt 13.1.G soll gezeigt werden, wie man praktisch einen Sichttest im Fall der *Normalverteilung* (als Nullhypothese) durchführt. Tabelle 19-1 zeigt nochmals die kumulierten empirischen Häufigkeiten der Goldbarren.

Tab. 19-1: Kumulierte relative Häufigkeiten des empirisch gemessenen Feingoldgehaltes von 100 Ein-Kilo-Barren (Tab. 13-1 teilweise reproduziert)

Gewicht in g	F_i	($F_i \cdot 100\%$)
unter 987,5	0,01	(= 1%)
unter 988,5	0,10	(= 10%)
unter 989,5	0,34	(= 34%)
unter 990,5	0,66	(= 66%)
unter 991,5	0,88	(= 88%)
unter 992,5	0,98	(= 98%)
unter 993,5	1,00	(= 100%)

Hätte man die Verteilungsfunktion der zugehörigen, d. h. von der Nullhypothese behaupteten Normalverteilung auf Millimeterpapier vorliegen, wie dies in Fig. 19-1 angenommenerweise der Fall ist, könnte man durch das Eintragen der Wertepaare (987,5 , 0,01), (988,5 , 0,10) usw. feststellen, ob diese sieben Punkte „nahe" bei der Verteilungsfunktion liegen, d. h. ob die empirischen Häufigkeiten nahe bei den theoretischen Häufigkeiten (= Punkten auf der Verteilungsfunktion) liegen.

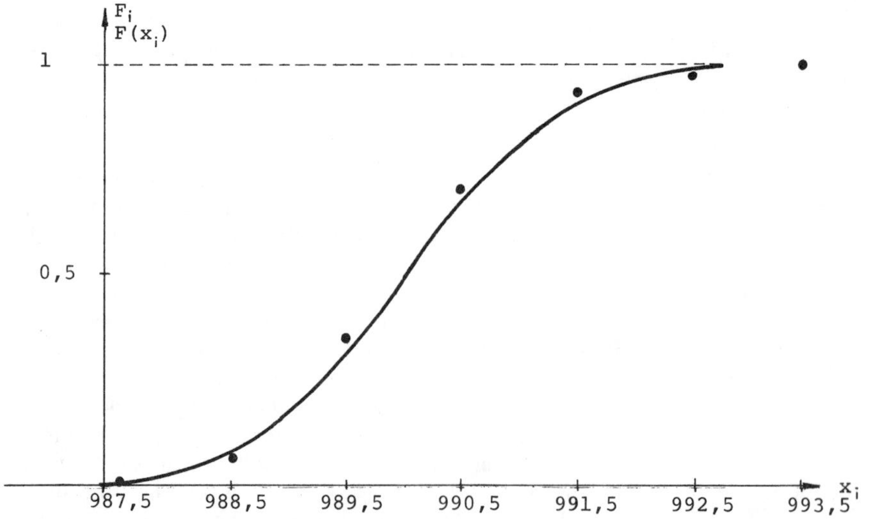

Fig. 19-1: Empirische und theoretische Häufigkeitsverteilung

● **Kontrollfrage 1:** Ergänzen Sie die Darstellung in Fig. 19-1, indem Sie dort wie in Fig. 3-21 die Punkte verbinden. Was würde man jetzt vergleichen?

Der Nachteil eines solchen Vorgehens läge darin, daß man i. d. R. zuerst die theoretische Verteilungsfunktion zeichnen müßte! (Mit $\bar{x} = 990$ als Schätzung für μ_x und $s^2 = 1{,}22^2$ resp. $\hat{s}^2 = 1{,}23^2$ als eine Punktschätzung für σ_x^2.) Dieser Weg wäre viel zu *umständlich.* Statt dessen verwendet man für einen Sichttest sog. *Wahrscheinlichkeitspapier,* das aus einer „geschwungenen" Verteilungsfunktion mit Hilfe einer

„neuen" Ordinatenskala eine Gerade macht und das es mittels einer *Freihandgeraden* erlaubt, die Nullhypothese anzunehmen oder abzulehnen.

Hinweis:
Es gibt im Handel Wahrscheinlichkeitspapier für die Normal- (= Gauß-) und die Lognormalverteilung. Herstellerfirmen sind z. B. *Schleicher* und *Schüll, Einbeck* oder *Aerni-Leuch,* Bern. Für andere Verteilungen muß man sich das Wahrscheinlichkeitspapier selber konstruieren.

Die Konstruktion von Wahrscheinlichkeitspapier

Fig. 19-2 illustriert die Konstruktion des zur Normalverteilung gehörenden Wahrscheinlichkeitspapiers.

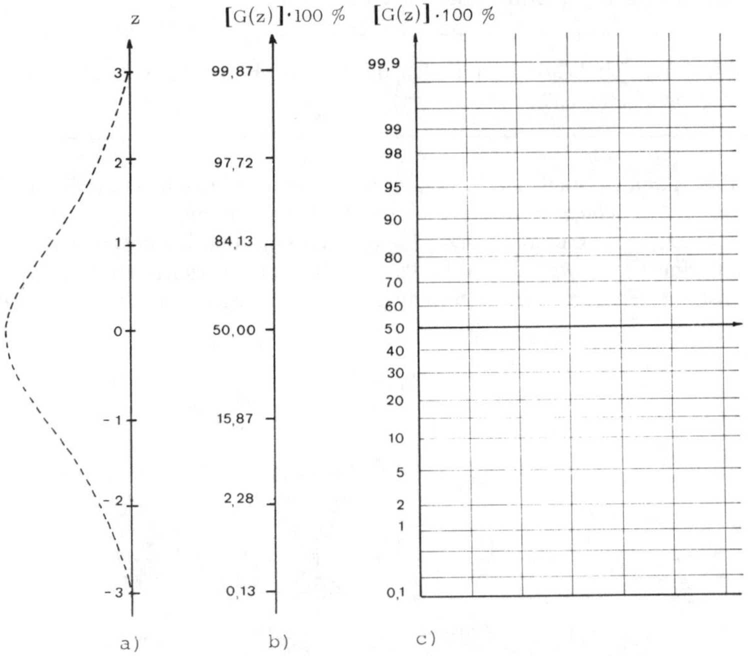

Fig. 19-2: Gaußsches Wahrscheinlichkeitspapier

Wahrscheinlichkeitspapier „entsteht" aus ursprünglich arithmetischem Millimeterpapier. In *horizontaler* Richtung bleibt dieses unverändert. In *vertikaler* Richtung wird die arithmetische Einteilung „transformiert". Dabei wird in folgenden, in Figur 19-2 veranschaulichten Schritten vorgegangen:

a) Man trägt auf einem ursprünglich auch in vertikaler Richtung linear eingeteilten Papier den *für praktische Zwecke relevanten Bereich* der Standardnormalvariablen Z ein, deren Dichtefunktion in Fig. 19-2 zur Erinnerung über der z-Achse gestrichelt eingezeichnet wurde (Maßstab a)).

b) Zu einem bestimmten Wert der ZV Z gehört immer ein bestimmter Wert der Verteilungsfunktion $G(z) = P(Z \leq z)$, d. h. eine (der Normaltabelle entnehmbare) Wahrscheinlichkeit. Eingetragen sind in Fig. 19-2 die zu den „runden" Werten $z = -3, -2, -1, 0, 1, 2, 3$ gehörenden Wahrscheinlichkeiten (Maßstab b)).

c) Für den praktischen Gebrauch nützlicher sind *runde Werte der kumulierten Wahrscheinlichkeiten,* also z. B. 1%, 5%, 10%, 20% usw. Durch diese Orte läßt man jetzt neue *horizontale Hauptlinien* laufen (Maßstab c)).
Fazit: Wahrscheinlichkeitspapier entsteht dadurch, daß man auf der Ordinate eine ursprüngliche lineare Einteilung durch eine Einteilung in runden (kumulierten) Wahrscheinlichkeitsprozenten „ersetzt“.

Durchführung des Sichttests

Man beginnt den Sichttest damit, daß man für die zu testende Häufigkeitsverteilung die Koordinatenpunkte (Klassenobergrenze, kumulierte relative Häufigkeiten in Prozent), also (x_i , $F_i \cdot 100$) in das Netz des Wahrscheinlichkeitspapiers einträgt. Für das Beispiel von Tabelle 19-1 sind es die Koordinatenpunkte (987,5 , 1), (988,5 , 10) usw. bis (992,5 , 98). Liegen k Klassen vor, kann man allerdings bei der Normalverteilung nur höchstens k−1 Punkte eintragen, da die 100%-Linie sich nicht auf dem Wahrscheinlichkeitspapier befindet (befinden kann).

● **Kontrollfrage 2:** Warum kann sich die 100%-Linie nicht auf dem Wahrscheinlichkeitspapier befinden?

Im vorliegenden Beispiel sind insgesamt 6 Punkte einzutragen (siehe Fig. 19-3). Die *bestechende Einfachheit* des Sichttests besteht darin, daß man nicht einmal die Gleichung der „zu einer Geraden verzerrten“ Verteilungsfunktion bestimmen muß, sondern nur eine *Freihandgerade* in die Punkteschar hineinzuzeichnen braucht, die sich möglichst gut der Lage der eingezeichneten Punkte anschmiegt (siehe Fig. 19-3).

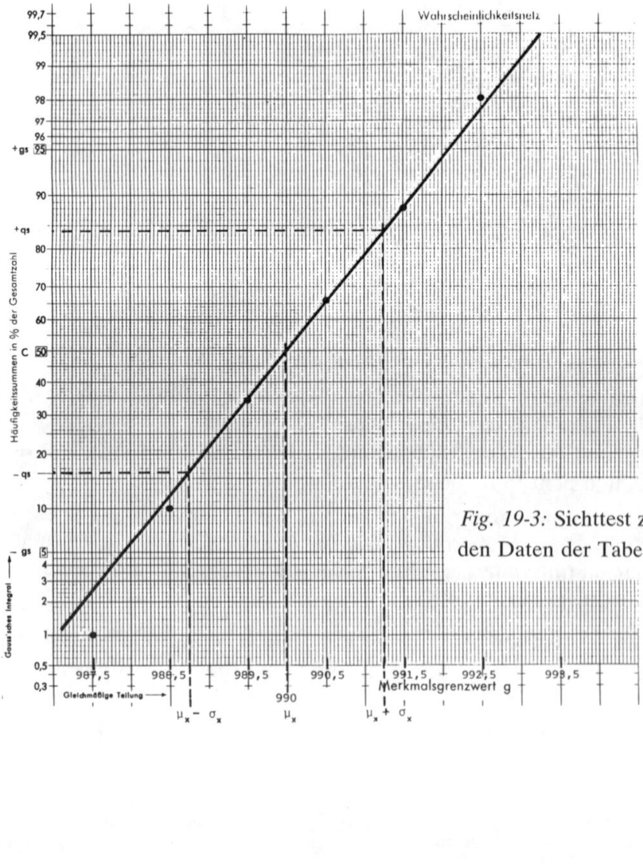

Fig. 19-3: Sichttest zu den Daten der Tabelle 19-1

<u>*Entscheidungsregel:*</u>

Die Nullhypothese der Normalverteilung wird angenommen, wenn die Koordinatenpunkte (x_i , $F_i \cdot 100$) auf oder „nahe bei" der eingezeichneten Freihandgeraden liegen.

Begründung:
Versteckt unter der Wahrscheinlichkeitseinteilung in vertikaler Richtung liegt, wie gezeigt, eine lineare Einteilung in Z-Einheiten (siehe Fig. 19-2). Übertragen wir für eine Normalvariable $X = N(\mu_x; \sigma_x^2)$ die Wertepaare (x, $F(x) \cdot 100$) auf das Wahrscheinlichkeitspapier, so haben wir simultan bezüglich der linearen Einteilung die Transformation $z = \frac{x - \mu_x}{\sigma_x} = -\frac{\mu_x}{\sigma_x} + \frac{x}{\sigma_x}$ eingetragen. Dies ist die Gleichung einer Geraden, die den Anstieg von $\frac{1}{\sigma_x}$ besitzt und die z als Funktion von x angibt. Ist X eine Normalvariable, dann liegen alle Punkte genau auf einer Geraden. Je besser eine empirische Verteilung der theoretischen Normalverteilung entspricht, desto näher liegen die $F_i \cdot 100\%$ bei den *auf der Geraden* liegenden $F(x_i) \cdot 100\%$.

● **Kontrollfrage 3:** Wäre X eine Standardnormalvariable, welchen Anstieg hätte dann die Gerade, auf der die Koordinatenpunkte (x , F(x)) liegen würden?

<u>*Ergebnis:*</u>

Der vorgestellte Sichttest führt für das Beispiel der Goldbarren zu einer Annahme der Nullhypothese (= Normalverteilung). Alle Punkte bis auf den ersten Punkt liegen sehr eng bei der Freihandgeraden (oft zeichnet man den ersten Punkt bei einem Sichttest nicht einmal ein).

Der Sichttest ermöglicht mehr als nur die Entscheidung, ob eine Normalverteilung vorliegt. Er ermöglicht uno actu auch *eine grobe Schätzung der beiden Parameter* μ_x und σ_x^2 dieser Normalverteilung! Dort, wo die Gerade die 50%-Linie (den Median) schneidet, liegt die Schätzung von μ_x. Dieses hat im vorliegenden Fall den geschätzten Wert 990 g. Ferner: Die Gerade liefert auch eine Schätzung für den Parameter σ_x, der gleich der Differenz der Abszissenwerte ist, die zu den Ordinatenwerten 84% und 50% (resp. zu den Ordinatenwerten 50% und 16%) gehören. Sie beträgt hier ca. 1,25, wie dies Fig. 19-3 entnehmbar ist.

Der gezeigte Sichttest hat verschiedene praktische Anwendungsbereiche. Er kann freilich nicht exakt angeben, bei welcher Abweichung von der Geraden man die Nullhypothese zu verwerfen hat. Mit Hilfe des Computers läßt sich der Sichttest heutzutage ganz einfach am Bildschirm durchführen.

19.3 Chiquadrat-Anpassungstest

Der jetzt zu beschreibende Test ist rechnerischer Art. Der erste Teil seines Namens rührt daher, daß man die Abstände zwischen den *individuellen* beobachteten und den *individuellen* theoretischen Häufigkeiten in eine Größe transformiert, die (approximativ) eine Chiquadratvariable ist. Sie ist die *Prüfgröße.* Der andere Namensbestandteil, nämlich „Anpassung" (englisch: fit), entspricht der Testfrage, ob eine empirische Häufigkeitsverteilung einer theoretischen Häufigkeitsverteilung ähnelt, d. h. sich ihr „anpaßt“.

Nullhypothese:

Die Nullhypothese besteht in der Behauptung einer bestimmten Zufallsverteilung. Dabei kann es sich um eine *diskrete* oder eine *stetige* Zufallsverteilung handeln.

Prüfgröße:

Die dem Test zugrundeliegende Prüfgröße lautet:

$$Q = \sum_{i=1}^{k} \frac{(f_i - np(x_i))^2}{np(x_i)} \qquad (19\text{-}1)$$

Zur Symbolik:

f_i bezeichnet, wie in Kapitel III eingeführt, die absoluten Häufigkeiten, mit denen die Werte einer statistischen Variablen auftreten. Gemäß Formel (3-1) ist $\Sigma f_i = n$. Dieses n ist die Gesamtzahl an vorliegenden Beobachtungen. $p(x_i)$ hat die in Kap. XI bei diskreten ZV eingeführte Bedeutung von $P(X = x_i)$. In Erweiterung soll die Schreibweise $p(x_i)$ von jetzt an aber auch bei stetigen ZV verwendet werden, und zwar mit der Bedeutung $p(x_i) = P(x_{i-1} < X \leq x_i) = F(x_i) - F(x_{i-1})$. *Das Produkt $n \cdot p(x_i)$ bezeichnet die zu erwartenden, d. h. theoretischen individuellen Häufigkeiten.* Sie ergeben sich hypothetisch, wenn man eine Beobachtungsmasse von n Daten vorliegen hat, die genau so verteilt sind, wie es die Nullhypothese behauptet.

Zum Merken:
Man kann (19-1) auch in die Fassung einer *Verbalformel* bringen, die sich leicht einprägt. Diese Verbalformel hat zugleich den Vorteil, daß sie eine Art Einheitsformel für den Chiquadrat-Anpassungstest, den Chiquadrat-Homogenitätstest und den Chiquadrat-Unabhängigkeitstest ist.

$$Q = \sum \left[\frac{(\text{empirische} - \text{theoretische Häufigkeit})^2}{\text{theoretische Häufigkeit}} \right] \qquad (19\text{-}1')$$

Praxisformel:

Formel (19-1) erfordert eine ganze Reihe von Rechenschritten. Durch einige Umformungen erhält man die folgende, in der Regel einen geringeren Rechenaufwand erfordernde *Praxisformel* als Prüfgröße:

$$Q = \left[\frac{1}{n} \cdot \sum \frac{f_i^2}{p(x_i)} \right] - n \qquad (19\text{-}1'')$$

● **Kontrollfrage 4:** Man leite (19-1″) aus (19-1) her, indem man den Zähler ausquadriere und dann verwende, daß $\Sigma f_i = n$ und $\Sigma p(x_i) = 1$ ist.

Kritischer Wert und Annahmebereich:

Der Chiquadrat-Anpassungstest erfordert wie jeder rechnerische Test die Festlegung eines Signifikanzniveaus α. Da die Prüfgröße eine Chiquadratvariable ist, ist der kritische Wert jetzt ein Quantil der Chiquadratvariablen: q_α. Wird dieser Wert überschritten, ist die Nullhypothese zu verwerfen. Der Annahmebereich der Nullhypothese lautet somit:

$$\boxed{q < q_\alpha} \qquad (19\text{-}2)$$

● **Kontrollfrage 5:** Erläutern Sie, in welchen Fällen große Werte der Prüfgröße auftreten.

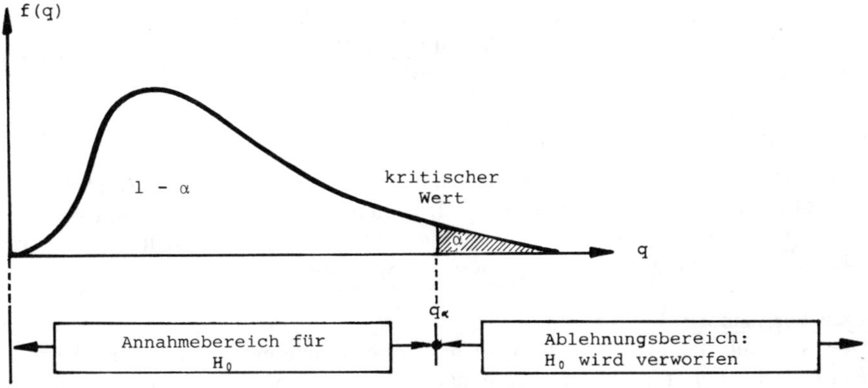

Fig. 19-4: Annahme- und Ablehnungsbereich des Chiquadrat-Anpassungstests

Zahl der Freiheitsgrade:

Zu bestimmen ist bei jedem Chiquadrat-Anpassungstest die Zahl der Freiheitsgrade der jeweiligen Prüfgröße. Diese Zahl hängt ab von der *Zahl der Klassen* der zu testenden Häufigkeitsverteilung und der zu schätzenden *Anzahl von Parametern* für die von der Nullhypothese behauptete Zufallsverteilung. *Bei k Klassen und r zu schätzenden Parametern* beträgt die Zahl der FG:

$$\boxed{\nu = k - r - 1} \qquad (19\text{-}3)$$

● **Kontrollfrage 6:** Welchen Wert kann r maximal annehmen im Fall der Anpassung an a) eine Normalverteilung, b) eine Binomialverteilung, c) eine Poissonverteilung?

Bemerkungen:

1. Die Prüfgröße (19-1) ist approximativ eine Chiquadratvariable. Strenggenommen gilt der gezeigte Anpassungstest nur für $n \to \infty$, doch kann man ihn schon bei relativ kleinen Werten von n durchführen. Als Faustregel gilt, daß *jede einzelne Klasse der theoretischen Verteilung* mit mindestens 5 „theoretischen Beobachtungen" besetzt sein muß:

$$np(x_i) \geq 5 \quad \text{für alle } i \tag{19-4}$$

Sofern diese Bedingung für einzelne Klassen nicht erfüllt ist, werden benachbarte Klassen zusammengelegt, bis die entstehende Klasse die Bedingung (19-4) erfüllt.

2. Die Prüfgröße (19-1) ist eine diskrete ZV, man sollte daher an und für sich immer eine *Stetigkeitskorrektur* anbringen. Üblicherweise nimmt man *nur bei* $\nu = 1$ statt (19-1) die Formel (19-1'''), die die sog. *Yates*-Korrektur enthält.

Prüfgröße bei $\nu = 1$:

$$Q = \Sigma \frac{(|f_i - np(x_i)| - 0{,}5)^2}{np(x_i)} \tag{19-1'''}$$

(Man beachte den Hinweis in Abschnitt 19.5 zur *Yates*-Korrektur.)

3. Es gibt Fälle, in denen man keine Parameter der Nullhypothesen-Zufallsverteilung zu schätzen braucht. Dann ist r = 0. Im unten gezeigten 1. Beispiel ist r = 0. Im 2. Beispiel sind 2 Parameter aus der vorliegenden Häufigkeitsverteilung zuerst zu schätzen, erst dann ist die Nullhypothese voll spezifiziert.

Zum Verständnis:

Den Nachweis dafür, daß (19-1) eine Chiquadratvariable mit $k - r - 1$ FG ist, hat *K. Pearson* geliefert, als er zeigte, wie man eine Multinomialvariable in eine Chiquadratvariable transformieren kann. Ausgangspunkt seiner Darlegungen ist die gemeinsame Dichte der k-dimensionalen $M(n; p(x_1), p(x_2) \dots p(x_k))$:

$$\frac{n!}{f_1!\, f_2! \dots f_k!} \quad p(x_1)^{f_1}\, p(x_2)^{f_2} \dots p(x_k)^{f_k}$$

(Zur Multinomialvariablen siehe Kap. XIV, Abschnitt 14.2.)

Die f_i sind jeweils Realisationen einer diskreten ZV. Diese f_i streuen um einen Erwartungswert, der durch $np(x_i)$ gegeben ist. Die folgende Figur 19-5 veranschaulicht dies für eine in 5 Klassen eingeteilte Variable.

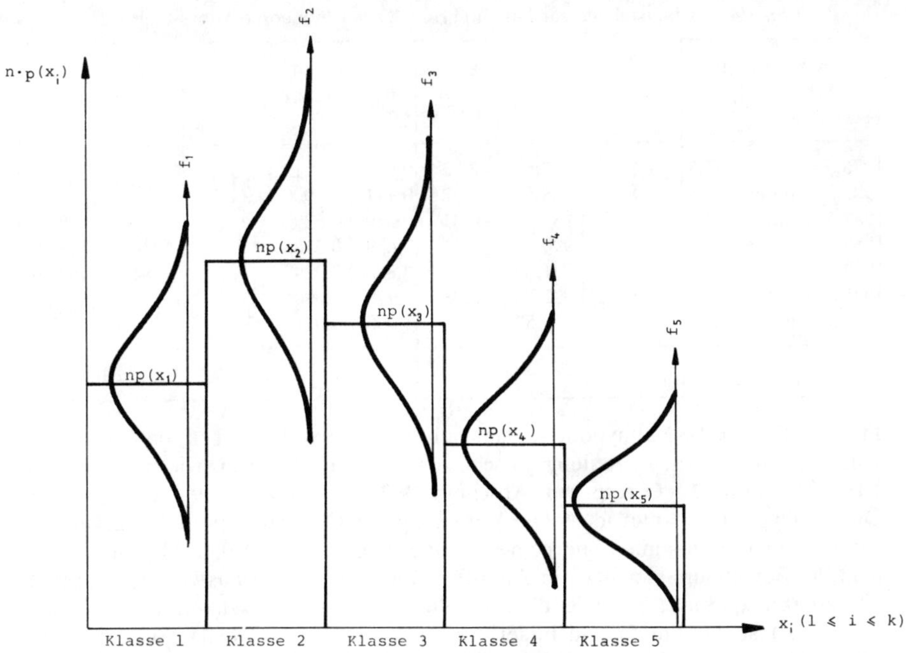

Fig. 19-5: Die Streuungen der f_i um $np(x_i)$

Wenn f_i die Realisation einer ZV ist, dann ist $(f_i - np(x_i))^2$, in Beziehung gesetzt zu $np(x_i)$, die Realisation einer Art von standardisierter, ins Quadrat erhobener ZV. (19-1) enthält k solcher Quadrate, von denen k–1 unabhängig sind, denn wenn k–1 der f_i festliegen, liegt auch das „letzte" f_i fest, da ja die Restriktion $\Sigma f_i = n$ gilt. Die Schätzung jedes Parameters fügt eine weitere Restriktion hinzu, so daß letztlich nur k–r–1 der in (19-1) auftretenden k Zufallsvariablen unabhängig sind.

Beispiel:
Das jetzt zu zeigende Beispiel soll zugleich dazu dienen, die im einzelnen durchzuführenden Rechenschritte zu zeigen, wenn sich die Nullhypothese auf eine *stetige Verteilung* bezieht. Als Ausgangsmaterial wollen wir nochmals die 100 Goldbarren-Beobachtungen von Kapitel XIII, Abschnitt 13.1.G verwenden, die auch schon für den Sichttest von Abschnitt 19.2 verwendet wurden. Die *Nullhypothese beinhalte also die Normalverteilung.* Tabelle 19-3 gibt in den Spalten 1 und 2 nochmals die Klassen und die beobachteten Häufigkeiten von Tabelle 13-3 an.

Tab. 19-2: Arbeitstabelle zur Durchführung eines Chiquadrat-Anpassungstests

Gewicht in g (Klassen)	f_i	x_i	$z_i = \frac{x_i - 990}{1,23}$	$G(z_i)$	$p(x_i) = G(z_i) - G(z_{i-1})$	f_i^2	$\frac{f_i^2}{p(x_i)}$
986,5 – unter 987,5	1 } 10	987,5	–2,03	0,0212	0,0212 } 0,1112	100	899,28
987,5 – unter 988,5	9	988,5	–1,22	0,1112	0,0900		
988,5 – unter 989,5	24	989,5	–0,41	0,3409	0,2297	576	2507,62
989,5 – unter 990,5	32	990,5	0,41	0,6591	0,3182	1024	3218,10
990,5 – unter 991,5	22	991,5	1,22	0,8888	0,2297	484	2107,10
991,5 – unter 992,5	10 } 12	992,5	2,03	0,9788	0,0900 } 0,1112	144	1294,96
992,5 – unter 993,5	2	993,5	∞	1,0000	0,0212		
							10027,06

Für den Test ist die Nullhypothese dahingehend zu vervollständigen, daß die beiden Parameter der Normalverteilung zu schätzen sind. Sie betragen, wie wir von Kap. XIII, Abschnitt 13.1.G resp. von Abschnitt 19.2 her wissen: $\bar{x} = 990$ und $\hat{s} = 1,23$. Die Nullhypothese lautet jetzt: Die Verteilung der Goldbarrenproduktion, aus der wir 100 Stück entnommen und gemessen haben, ist eine $N(990; 1,23^2)$. Jetzt kann man die Berechnung der $p(x_i)$ in Angriff nehmen. Man geht aus von den Klassenobergrenzen x_i (Spalte 3), bildet die z_i (Spalte 4), liest aus der Wahrscheinlichkeitstabelle $G(z_i)$ ab (Spalte 5) und bildet dann $p(x_i) = G(z_i) - G(z_{i-1})$ (Spalte 6). Der ersten Klasse ordnet man die Wahrscheinlichkeit über dem Intervall $(-\infty, z_1)$ zu, man benutzt also $G(z_1)$. Der letzten (hier: 7.) Klasse ordnet man die Wahrscheinlichkeit über dem Intervall (z_6, ∞) zu, benutzt also $1 - G(z_6)$.
Wie man jetzt sieht, *erfüllen die erste und letzte Klasse nicht die Bedingung (19-4),* da $100 \cdot p(x_1)$ und $100 \cdot p(x_7)$ jeweils weniger als 5 theoretische Häufigkeiten ergeben. Man legt daher die zwei ersten und die zwei letzten Klassen zusammen und führt den Test mit den in den Spalten 7 und 8 angegebenen Zahlen bei Verwendung der Praxisformel (19-1″) durch. Die Prüfgröße ist angesichts zweier geschätzter Parameter und der fünf für den Test relevanten Klassen eine Chiquadratvariable mit $5 - 2 - 1 = 2$ FG. Sie hat den Wert $(1/100) \cdot 10027,06 - 100 = \underline{0,2706}$.

Bei einem $\alpha = 0,05$ als Signifikanzniveau beträgt der kritische Wert $q\langle 2 \rangle = 5,99$, und der Annahmebereich lautet: $q < 5,99$. Da der *Wert der Prüfgröße 0,3721 beträgt, kann die Nullhypothese nicht verworfen werden.* Das Ergebnis des Sichttests von Abschnitt 19.2 wird erwartungsgemäß bestätigt.

Bemerkung:
Der Chiquadrat-Anpassungstest setzt einen gewissen Mindestumfang für die theoretisch pro Klasse auftretenden Häufigkeiten voraus. (Siehe die Bedingung (19-4).) Falls n ingesamt klein ist, kann es selbst nach der Zusammenlegung von Klassen unmöglich sein, einen Chiquadrat-Anpassungstest durchzuführen. Gegebenenfalls stehen dann andere Testmöglichkeiten zur Verfügung.

● **Kontrollfrage 7:** Man stelle sich vor, man habe 10 Beobachtungen auf 3 Klassen verteilt vorliegen und wolle die Gleichverteilung mit Hilfe des Chiquadrattests durchführen. Warum geht es nicht?

19.4 Chiquadrat-Homogenitätstest

Die durch den Chiquadrat-Homogenitätstest zu beantwortende Frage lautet, *ob zwei oder mehrere empirische, durch unabhängige Stichproben gewonnene Verteilungen aus der gleichen Grundgesamtheit* stammen. Die *Nullhypothese* beinhaltet, daß die empirischen Verteilungen der *gleichen* Grundgesamtheit entstammen. Die Testsituation ist mit jener des vorangegangenen Kapitels vergleichbar, als zu entscheiden war, ob zwei oder mehr (durch zwei oder mehr Stichproben gewonnene) arithmetische Mittel Grundgesamtheiten mit *gleichem* μ_x entstammen können.

Der Homogenitätstest gehört zur Gruppe der *Mehrstichprobentests*. Die Prüfgröße ist wie beim Chiquadrat-Anpassungstest (approximativ) eine Chiquadratvariable. Die Verteilung der Grundgesamtheit *wird durch die Nullhypothese nicht spezifiziert*, sie wird vielmehr aus den vorliegenden Daten rekonstruiert (= geschätzt). Dann wird wieder ein *Vergleich von beobachteten und theoretischen* (hier geschätzten) *Häufigkeiten* nach der „Verbalformel" (19-1') vorgenommen.

Die *Prüfgröße* lautet jetzt:

$$Q = \sum_{i=1}^{k} \sum_{j=1}^{m} \frac{(f_{ij} - np(x_{ij}))^2}{np(x_{ij})} \tag{19-5}$$

Als *Bedingung* gilt:

$$np(x_{ij}) \geq 5 \quad \text{für alle Paare } i, j \tag{19-6}$$

Der *Annahmebereich* der Nullhypothese lautet wieder:

$$q < q_\alpha \tag{19-7}$$

Zentrales Element des Homogenitätstests (wie auch des Unabhängigkeitstests von Abschnitt 19.5) ist die sog. *Kontingenztafel,* die eine mit Rändern versehene Datenmatrix darstellt. Beim Vorliegen von m Stichproben und einer Verteilung mit k Merkmalsausprägungen (k Klassen) liegt eine (k · m)-*Kontingenztafel* vor.

Beispiel:

Bei einer Befragung von Unternehmern über das von ihnen erwartete Konjunkturklima sollen angenommenerweise im Tessin, der Westschweiz und der Deutschschweiz die in Tabelle 19-3 wiedergegebenen Antworten eingegangen sein. Es soll jetzt die Frage getestet werden, ob die Konjunkturerwartungen in den drei Landesteilen „homogen" sind, d. h. ob die beobachteten Unterschiede (der Häufigkeiten zu den hier k = 5 Merkmalsausprägungen) einer gleichen „Stimmungslage" der Unternehmer entspringen oder ob die Konjunkturaussichten tatsächlich unterschiedlich beurteilt werden. Im ersten Fall würden die beobachteten Unterschiede der m = 3 Häufigkeitsverteilungen nur zufallsbedingt sein, im anderen Falle wären sie Ausdruck der Tatsache, daß in den drei Landesteilen bei den Unternehmern signifikante Beurteilungsunterschiede vorliegen, daß also nicht eine einheitliche Grundgesamtheit unterstellt werden kann.

Tab. 19-3: Konjunkturerwartungen der Unternehmer *(Kontingenztafel)*

	Beurteilungsskala für Konjunkturerwartung	m = 3 Stichproben: Tessin f_{i1}	Westschweiz f_{i2}	Deutschschweiz f_{i3}	Total $f_{i.}$
k = 5 Merkmalsausprägungen	1: viel besser	15	21	24	60
	2: etwas besser	27	48	165	240
	3: gleichbleibend	30	105	465	600
	4: etwas schlechter	30	36	114	180
	5: viel schlechter	18	30	72	120
	Total $f_{.j}$	120	240	840	1200 (= n)

Im Mittelfeld der Tabelle 19-3 sind die beobachteten Häufigkeiten f_{ij} angegeben (zur Symbolik siehe Kap. IV, Abschnitt 4.3, im speziellen Tabelle 4-3). Die dazugehörigen Randhäufigkeiten $f_{i.}$ resp. $f_{.j}$ stehen an den Rändern. Mit diesen Randhäufigkeiten, die durch Division mit n zu relativen Häufigkeiten werden, die wir zur Schätzung für die entsprechenden Wahrscheinlichkeiten benützen, konstruieren wir die von der Nullhypothese behauptete theoretische Verteilung der Konjunkturerwartungen in den drei Landesteilen.

Das Mittelfeld von Tabelle 19-4 enthält die Wahrscheinlichkeiten, wie sie der Nullhypothese entsprechen. Die rechte Randspalte und die unterste Zeile von Tabelle 19-4 enthalten die aufgrund der Randspalte resp. -zeile von Tabelle 19-3 geschätzten Randwahrscheinlichkeiten. (Siehe Kap. XIV, Abschnitt 14.2 zu den hier verwendeten Begriffen.) Die gemeinsame Wahrscheinlichkeit, daß z. B. ein Unternehmer aus dem Tessin stammt und die künftige Konjunktur „viel besser" erwartet, beträgt 0,005 (d. h. $p(x_{11}) = 0{,}005$).

Herleitung:
10% der Antworten kamen aus dem Tessin, 5% aller Antworten lauteten auf „viel besser". Somit: 5% von 10% ergibt „theoretisch" 0,5%.

● **Kontrollfrage 8:** Falls man die in den drei Spalten des Mittelfeldes von Tabelle 19-4 angegebenen $p(x_{ij})$ durch den jeweiligen Wert $p(x_{.j})$ der Fußzeile dividiert, was erhält man?

Tab. 19-4: Von der Nullhypothese unterstellte Wahrscheinlichkeiten der Konjunkturerwartungen

	Tessin	Westschweiz	Deutschschweiz	
Beurteilungsskala	$p(x_{i1})$	$p(x_{i2})$	$p(x_{i3})$	$p(x_{i.})$
1: viel besser	0,005	0,010	0,035	0,050
2: etwas besser	0,020	0,040	0,140	0,200
3: gleichbleibend	0,050	0,100	0,350	0,500
4: etwas schlechter	0,015	0,030	0,105	0,150
5: viel schlechter	0,010	0,020	0,070	0,100
$p(x_{.j})$	0,100	0,200	0,700	1,000

Mit den in den Tabellen 19-3 und 19-4 wiedergegebenen Angaben hat man alles beieinander, um den Wert der beim Homogenitätstest zu verwendenden Prüfgröße (19-5) errechnen zu können. Diese Prüfgröße ist wiederum eine approximative Chiquadratvariable mit folgender Anzahl FG:

Zahl der Freiheitsgrade: (bei k Merkmalsausprägungen und m beobachteten Verteilungen resp. Stichproben)

$$\boxed{\nu = (k-1)\,(m-1)} \qquad (19\text{-}8)$$

(Man beachte im Fall $\nu = 1$, daß sinngemäß zu Formel (19-1''') die *Yates*-Korrektur vorzunehmen ist. Allerdings berücksichtige man auch den einschränkenden Hinweis zur *Yates*-Korrektur in Abschnitt 19.5)

Hinweis zu (19-8):
Für die Berechnung der gemeinsamen Wahrscheinlichkeiten mußte man $k-1+m-1 = k+m-2$, d. h. hier 6 Randwahrscheinlichkeiten $p(x_{i.})$ resp. $p(x_{.j})$ durch die entsprechenden $\frac{f_{i.}}{n}$ resp. $\frac{f_{.j}}{n}$ schätzen. Ferner: Man hat allgemein $k \cdot m$ Klassen, d. h. hier 15 Klassen, vorliegen, doch ist die Besetzung der „letzten" Klasse nicht mehr frei wählbar. Somit resultierten allgemein $(k \cdot m - 1) - (k + m - 2) = (k-1)(m-1)$ Freiheitsgrade. Im vorliegenden Beispiel liegen 8 FG vor.

Für die praktische Anwendung wandelt man die Formel (19-5) ein wenig um, so daß weniger Rechenschritte notwendig sind. Da wir $p(x_{i.})$ durch $\frac{f_{i.}}{n}$ und $p(x_{.j})$ durch $\frac{f_{.j}}{n}$ schätzen und stets $p(x_{ij}) = p(x_{i.}) \cdot p(x_{.j})$ ist (siehe Kapitel XIV, Abschnitt 14.5), kann man schreiben:

$$np(x_{ij}) = n \cdot \frac{f_{i.}}{n} \cdot \frac{f_{.j}}{n} = \frac{f_{i.}\, f_{.j}}{n} \qquad (19\text{-}9)$$

● **Kontrollfrage 9:** Warum ist $p(x_{ij}) = p(x_{i.}) \cdot p(x_{.j})$?

Praxisformel:

Setzt man (19-9) in (19-5) ein, läßt sich die folgende *Praxisformel* ableiten:

$$Q = n\left(\sum_{i=1}^{k} \sum_{j=1}^{m} \frac{f_{ij}^2}{f_{i.}\, f_{.j}} - 1 \right) \tag{19-10}$$

Ohne den Zwischenschritt über Tabelle 19-4 machen zu müssen, kann man also direkt aus der Datentabelle 19-3 die für die Prüfgröße (19-10) nötigen Summanden hinter der Doppelsumme errechnen. In der Arbeitstabelle 19-5 sind diese Summanden

$$\frac{f_{ij}^2}{f_{i.}\; f_{.j}}$$

jeweils unterhalb der Diagonalen jeden Feldes angegeben. (Mit vielen Stellen hinter dem Komma rechnen, um den Rundungsfehler klein zu halten!)

Arbeitstabelle 19-5 für einen Homogenitätstest

i \ j	1	2	3	$f_{i.}$
1	15 / 0,0313	21 / 0,0306	24 / 0,0114	60
2	27 / 0,0253	48 / 0,0400	165 / 0,1350	240
3	30 / 0,0125	105 / 0,0766	465 / 0,4290	600
4	30 / 0,0417	36 / 0,0300	114 / 0,0860	180
5	18 / 0,0225	30 / 0,0313	72 / 0,514	120
$f_{.j}$	120	240	840	1200

Die Prüfgröße, die im vorliegenden Beispiel eine Chiquadratvariable mit 8 FG ist, hat den Wert $q\langle 8 \rangle = 1200 \cdot (0{,}0313 + 0{,}0306 + \ldots -1) = \underline{65{,}5}$. Der kritische Wert bei einem Signifikanzniveau von $\alpha = 0{,}05$ beträgt $q_{0,05} = 15{,}5$. *Die Nullhypothese muß also bei einem Signifikanzniveau von 5% verworfen werden.* Die Konjunkturaussichten werden in den drei Landesteilen eindeutig verschieden beurteilt. Zum gleichen Resultat käme man auch bei einem Signifikanzniveau von $\alpha = 0{,}01$, da $q_{0,01} = 20{,}1$ beträgt.

Schlußbemerkung:

Die Testsituation beim Homogenitätstest kann sich auf *diskrete* oder *stetige quantitative* oder *qualitative* Merkmale beziehen. Im vorangegangenen Beispiel hatten qualitative Merkmalsausprägungen vorgelegen. Wir hatten es also zu tun mit einer Verteilung bei einem *ordinalskalierten Merkmal*. (Die zugeordneten Zahlen 1 bis 5 zu den Konjunkturerwartungen haben aus der in der Nullhypothese implizierten Verteilung keine diskrete (quantitative) Verteilung gemacht!) Wir hatten also eine Situation vorliegen, in der die Berechnung von Mittelwerten oder Varianzen sinnlos gewesen wäre. Somit stünde kein parametrischer Test für den Vergleich beispielsweise von Mittelwerten zur Verfügung. Die Fragestellung des vorliegenden Abschnittes konnte nur mit Hilfe des Homogenitätstests entschieden werden.

19.5 Chiquadrat-Unabhängigkeitstest

Der jetzt zu zeigende Test ist besonders weit verbreitet. Er ist eng verwandt mit dem soeben gezeigten Homogenitätstest und läßt sich als ein Spezialfall dieses Tests auffassen. Im Unterschied zu dort haben wir es beim Unabhängigkeitstest allerdings nur mit *einer* Stichprobe zu tun, bei der sich jedoch die Frage auf *zwei (qualitative oder quantitative) Merkmale* bezieht.

Beim Unabhängigkeitstest wird die *Behauptung* getestet, *zwei Merkmale, X und Y, seien unabhängig voneinander. Man bezeichnet zwei Merkmale X und Y als unabhängig voneinander, wenn die Ausprägungen x_i des Merkmals X in der (gesamten) Grundgesamtheit in denselben Proportionen auftreten wie in den Teilen der GG, die von Y die Ausprägung y_j besitzen.*

● **Kontrollfrage 10:** Zeigen Sie den Zusammenhang zwischen der hier definierten Unabhängigkeit und dem Begriff der Unabhängigkeit, wie er in Kapitel X, Abschnitt 10.8 und in Kapitel XIV, Abschnitt 14.5 eingeführt wurde.

Beim Unabhängigkeitstest liegt wieder eine (k · m)-*Kontingenztafel* vor. In der Vorspalte dieser Kontingenztafel werden die Merkmalsausprägungen von X, in der Kopfzeile die Merkmalsausprägungen von Y angegeben.

Tab. 19-6: Kontingenztafel bei Unabhängigkeitstests

	Merkmal Y / Merkmal X	Ausprägungen (Werte) von Y				
		y_1	y_2 ...	y_j ...	y_m	
Ausprägungen (Werte) von X	x_1	f_{11}	f_{12} ...			$f_{1.}$
	x_2	.				.
	.	.				.
	.	.				.
	.	.				.
	x_i			f_{ij}		$f_{i.}$
	.	.				.
	.	.				.
	.	.				.
	x_k					$f_{k.}$
		$f_{.1}$		$f_{.j}$	$f_{.m}$	n

Als *Prüfgröße* wird wie beim Homogenitätstest vorteilhafterweise die Praxisformel (19-10) verwendet. Die *Bedingung* (19-6) ist wiederum einzuhalten, und die *Zahl der FG* ergibt sich aus (19-8). Der *Annahmebereich* wird durch (19-7) definiert. Liegt nur *ein* FG vor, ist sinngemäß die *Yates*-Korrektur wie bei Formel (19-1‴) anzubringen.

Hinweis zur Yates-Korrektur:
Beim Vorliegen einer (2 · 2)-Kontingenztafel hat die Prüfgröße (19-5) resp- (19-10) nur *einen* FG. Sie ist also eine $Q\langle 1\rangle$. In einem solchen Fall sollte sinngemäß die *Yates*-Korrektur-Formel (19-1‴) angewendet werden. Man beachte aber, daß trotz *Yates-Korrektur* die Werte der Prüfgröße immer noch recht ungenau sein können, d.h. daß tendenziell *zu kleine Werte* der $Q\langle 1\rangle$ resultieren und daß daher zu häufig eine an sich nicht gerechtfertigte Annahme der Nullhypothese resultiert. Es gibt daher eine Reihe verfeinerter Korrekturverfahren.

Beispiel:
Bei einem Test sollen angenommenerweise 120 Männer und Frauen Auskunft darüber gegeben haben, ob sie in den nächsten 6 Monaten eine größere Anschaffung (Wert über 1000 Fr.) beabsichtigen. Das Ergebnis ist in der Tabelle 19-7 (einer (2 × 3)-Kontingenztafel) festgehalten.

Tab. 19-7: Antworten auf die Frage nach größerer Anschaffung

Merkmal $Y_{(j)}$ / Merkmal $X_{(i)}$	ja	nein	weiß nicht	$f_{i\cdot}$
Männer	36	8	11	55
Frauen	34	12	19	65
$f_{\cdot j}$	70	20	30	n = 120

Die *Nullhypothese* lautet: Die Anschaffungsabsichten und das Geschlecht sind voneinander unabhängig. Für den Test wollen wir von einem Signifikanzniveau von $\alpha = 0{,}05$ ausgehen.

Im vorliegenden Fall von k = 2 und m = 3 Merkmalsausprägungen ist die Prüfgröße eine Chiquadratvariable mit (2 – 1) (3 – 1) = 2 Freiheitsgraden. Die für die Berechnung des Prüfgrößenwertes nötigen Angaben sind in der Arbeitstabelle 19-8 enthalten, die analog zu Arbeitstabelle 19-6 aufgebaut ist.

Arbeitstabelle 19-8: Beobachtete und theoretische absolute Häufigkeiten und die Summanden $\frac{f_{ij}^2}{f_{i.} f_{.j}}$ der Prüfgröße (19-10)

	Ja	Nein	Weiß nicht	$f_{i.}$
Männer	36 / 0,3366	8 / 0,0582	11 / 0,0733	55
Frauen	34 / 0,2541	12 / 0,1108	19 / 0,1851	65
$f_{.j}$	70	20	30	120

Die Prüfgröße (19-10) hat also im vorliegenden Beispiel den Wert $q\langle 2\rangle = 120 \cdot (0{,}3366 + 0{,}0582 + \ldots - 1) = \underline{2{,}17}$ realisiert. Da der kritische Wert $q_{0,05}\langle 2\rangle = 5{,}99$ beträgt, kann die Nullhypothese nicht verworfen werden: $2{,}17 < q_{0,05}\langle 2\rangle$.

Fazit:

Die vorgefundenen Unterschiede der Kaufabsichten bei Männern und Frauen sind noch auf Stichproben-Zufall rückführbar und können nicht als signifikant bezeichnet werden. Für die Grundgesamtheit kann nicht der Schluß gezogen werden, bei Männern und Frauen bestünden unterschiedliche Kaufabsichten während der nächsten 6 Monate.

Bemerkung:

Die Chiquadrattests dieses Kapitels bauen alle auf der Konvergenzeigenschaft der Prüfgrößen gegen die Chiquadratverteilung auf. Für den Fall eines kleinen Beobachtungsumfangs müssen die Testfragestellungen auf anderem Wege beantwortet werden, sofern Alternativen zur Verfügung stehen. Homogenitäts- und Unabhängigkeitstests kann man bei sehr kleinem n auch durch die Konstruktion *exakter Tests* durchführen, indem man die Wahrscheinlichkeit aller bei den gegebenen Randhäufigkeiten möglichen Kontingenztafeln ausrechnet und dann diejenigen Tafeln in den Ablehnungsbereich nimmt, die die kleinsten Wahrscheinlichkeiten des Auftretens haben. Da aber auch bei kleinem n sehr rasch sehr viele Wahrscheinlichkeiten zu berechnen sind, sind diese exakten Tests recht aufwendig und nur mit Hilfe des Computers durchführbar.

Hinweis:

Kontingenz ist auch ein *philosophischer Begriff.* Er bedeutet soviel wie Zuordnung von unterschiedlich wahrscheinlichen Ereignissen, Geschehensmöglichkeiten usw. zu unterschiedlich gegebenen Voraussetzungen oder Verhaltensweisen oder Annahmen.

19.6 Vorzeichentest

Der Vorzeichentest ist ein sehr einfacher, jedoch vielseitig verwendbarer, nichtparametrischer Test, der zum Beispiel für die Beantwortung der Frage, *ob beobachtete Daten mit dem behaupteten Median einer GG kompatibel sind,* benutzt werden kann. Die *Nullhypothese* behauptet, daß eine *stetige* Verteilung mit einem bestimmten *Median* x_{Me} vorliegt. (Die Nullhypothese kann genauso gut auch ein beliebiges α-Quantil x_α als Behauptung aufstellen.) In gewisser Weise ist der Vorzeichentest in dieser Form ein vereinfachter Anpassungstest: „Passen beobachtete Werte zu einer Verteilung, die durch ihren Median charakterisiert wird?“

Man bildet für den Test die *Differenzen* der beobachteten Werte $x_i - x_{Me}$ und erhält so positive oder negative Vorzeichen. (Wegen der angenommenen Stetigkeit tritt theoretisch keine 0 auf. Angesichts beschränkter Meßgenauigkeit kommt es aber zu beobachteten Werten, die dem hypothetischen Median entsprechen. Man eliminiert sie für den Test.) Stammen die beobachteten Daten aus einer theoretischen Verteilung mit dem durch die Nullhypothese spezifizierten Median, dann können die Anteile (Häufigkeiten) der positiven resp. negativen Vorzeichen nicht allzuweit von 0,5 (50%) entfernt sein. Die *kritischen Werte* liefert die *Binomialtabelle* (resp. bei genügend großem n die Normalapproximation), denn der Vorzeichentest läuft auf die *Dichotomisierung* einer GG hinaus. Wird der Median spezifiziert, dann liegt eine Binomialvariable mit $\pi = 0{,}5$ vor, wird ein beliebiges α-Quantil $_\alpha x$ spezifiziert, dann liegt eine $B(n; \alpha)$ vor. Hierbei bedeutet n die Anzahl für den Test verwendeter Vorzeichen, also nach Elimination der Beobachtungen, die zu einer 0 führten.

● **Kontrollfrage 11:** Welche Binomialverteilung nimmt man für den Vorzeichentest zum Median, wenn bei $n = 28$ Beobachtungen es zweimal zu einer Beobachtung kommt, die zahlenmäßig dem von der H_0 behaupteten Median x_{Me} entspricht?

Beispiel:
12 durch eine Zufallsstichprobe ermittelte Monatseinkommen einer bestimmten Berufsgruppe betragen angenommenerweise in Fr.: 2915; 4015; 3196; 8507; 5228; 3009; 3839; 3125; 4827; 6772; 4380; 4610. Ist es bei einem Signifikanzniveau von 0,05 möglich, daß diese Daten aus einer Einkommensverteilung mit dem Median 3800 Fr. stammen? Man erhält als Vorzeichen: – + – + + – + – + + + +, d.h. also 8 positive und 4 negative Vorzeichen. Für die hier vorliegende B(12; 0,5) umfaßt der *Annahmebereich* der Nullhypothese die Werte von 3 bis 9 positiven Vorzeichen. Denn $P(X \leq 2) = 0{,}0192$ und $P(X \geq 10) = 0{,}0192$. (Siehe Kap. XVIII, Abschnitt 18.5.A.2.) Dieser Annahmebereich entspricht einem faktischen Signifikanzniveau von 0,0384. Die Nullhypothese wird also nicht verworfen.

19.7 Überblick über die Testverfahren von Kapitel XIX

In den Kapiteln XVIII und XIX wurde eine Anzahl verschiedener Testverfahren gezeigt. Sie lassen sich in *parametrische* und *nichtparametrische* Testverfahren einteilen, wie in der Vorbemerkung dieses Kapitels bereits gesagt wurde. Die parametrischen Testverfahren haben in vielen Fällen den Nachteil, daß sie auf Annahmen über den Verteilungstyp einer GG aufbauen (verteilungsgebundene Parametertests). Bei einigen Tests kann dieser Nachteil durch große Stichproben zwar überwunden werden, doch große Stichproben sind wiederum sehr teuer und stellen daher als Erfordernis ebenfalls einen Nachteil dar. Besonders schwerwiegend sind fehlerhafte Annahmen teilweise bei den Tests, die sich der T- oder F-Verteilung bedienen. Hier kann eine Verletzung der Normalitätsvoraussetzung zu erheblich verfälschten Ergebnissen führen.

Um die für die Durchführung von parametrischen Tests erforderlichen Annahmen bezüglich des Verteilungstyps zu testen und um überhaupt auf A-priori-Annahmen bezüglich des Verteilungstyps der GG verzichten zu können, hat man nichtparametrische Tests entwickelt. Allerdings haben auch sie ihre Nachteile, einerseits hinsichtlich des Erfordernisses von minimalen Stichprobengrößen, und andererseits kennen wir in vielen Fällen nicht ihre Güte, d. h. ihr Betafehlerrisiko.

Vorgestellt wurden in den Kapitel XVIII und XIX Testverfahren, die zum klassischen, sog. konservativen Testen gehören. Mit diesen Testverfahren ist der Statistiker noch nicht am Ende seines Lateins. Eine besonders wichtige Verbesserung des Testens läßt sich durch die Einführung des *Bayes*schen Testansatzes erreichen. Dieser läuft darauf hinaus, den zu testenden Hypothesen aufgrund vorliegender A-priori-Informationen unterschiedliche Wahrscheinlichkeiten zuzuordnen und sie nicht, wie dies bisher implizit unterstellt wurde, als gleichwahrscheinlich zu betrachten. Anders gesagt: Bei einem Test bezüglich μ_x z. B. faßt man das μ_0 resp. das μ_A nicht mehr als fest vorgegebene Größen, sondern ihrerseits als ZV auf, wobei man bezüglich der Verteilung dieser ZV auf gewisse A-priori-Informationen zurückgreifen kann.

Tab. 19-9: Überblick über die in Kapitel XIX behandelten Tests

Fragestellung/ Nullhypothese	Prüfgröße	Annahmebereich/ Kritische Werte	Bemerkungen	
Normalverteilung verteilung? *(Sichttest mit Wahrscheinlichkeitspapier)*	–	Falls alle Punkte (x_i, F_i) nahe bei Freihandgerade liegen	*Freihandgerade* wird auf Gaußschem Wahrscheinlichkeitspapier zu den Punkten (x_i, F_i) gezeichnet.	
Besitzt GG eine bestimmte (diskrete oder stetige) Verteilung? *(Chiquadrat-Anpassungstest)*	$q = \sum_{i=1}^{k} \frac{(f_i - np(x_i))^2}{np(x_i)} = \left[\frac{1}{n} \sum \frac{f_i^2}{p(x_i)} \right] - n$	$q < q_\alpha$	Bei k Klassen und r zu schätzenden Parametern ist die Prüfgröße eine $Q\langle k - r - 1 \rangle$ *Bedingung:* $np(x_i) \geq 5$ für alle i	Yates-Korrektur bei 1 FG
Stammen m Stichproben aus der gleichen GG? *(Chiquadrat-Homogenitätstest)*	$q = \sum_{i=1}^{k} \sum_{j=1}^{m} \frac{(f_{ij} - np(x_{ij}))^2}{np(x_{ij})}$	$q < q_\alpha$	Bei $(k \cdot m)$-Kontingenztafel ist Prüfgröße eine $Q\langle (k-1)(m-1) \rangle$ *Bedingung:* $np(x_{ij}) \geq 5$ für alle ij	Yates-Korrektur bei 1 FG
Sind zwei Merkmale voneinander unabhängig? *(Chiquadrat-Unabhängigkeitstest)*	$= n \left(\sum_{i=1}^{k} \sum_{j=1}^{m} \frac{f_{ij}^2}{f_{i.}\, f_{.j}} - 1 \right)$	$q < q_\alpha$	Bei $(k \cdot m)$-Kontingenztafel ist Prüfgröße eine $Q\langle (k-1)(m-1) \rangle$ *Bedingung:* $np(x_{ij}) \geq 5$ für alle ij	Yates-Korrektur bei 1 FG
Besitzt GG einen bestimmten Median? (Vorzeichentest)	$X = B(n; 0{,}5)$ X = Anzahl positiver Vorzeichen	x^* und x^{**} mit $P(x^* \leq X \leq x^{**} \mid B(n; 0{,}5)) \approx 1 - \alpha$	Eine stetige Verteilung sollte zwecks Vermeidung zu vieler 0-Differenzen vorliegen.	

19.8 Aufgaben mit Lösung

Aufgabe 19-1:

Die Reißfestigkeit in kg einer in Form von Rollen verkauften Drahtsorte wurde bei 100 Rollen gemessen, die aus einer Lieferung von 100000 Rollen stammen. Es ergab sich folgende Verteilung der Meßwerte:

Klassen (kg)	f_i
$x \leq 4{,}95$	5
$4{,}95 < x \leq 5{,}00$	16
$5{,}00 < x \leq 5{,}05$	23
$5{,}05 < x \leq 5{,}10$	24
$5{,}10 < x \leq 5{,}15$	18
$5{,}15 < x$	14
	100

a) Prüfen Sie mit Hilfe von Wahrscheinlichkeitspapier, ob diese Werte als näherungsweise normalverteilt gelten können.

b) Schätzen Sie mit dem Wahrscheinlichkeitspapier μ und σ.

c) Schätzen Sie mit dem Wahrscheinlichkeitspapier die Wahrscheinlichkeit, daß ein Drahtstück dieser Sorte eine Reißfestigkeit zwischen 4,95 und 5,05 kg hat.

Lösung:

a) Siehe Graphik.
Ja, die Werte sind näherungsweise normalverteilt.

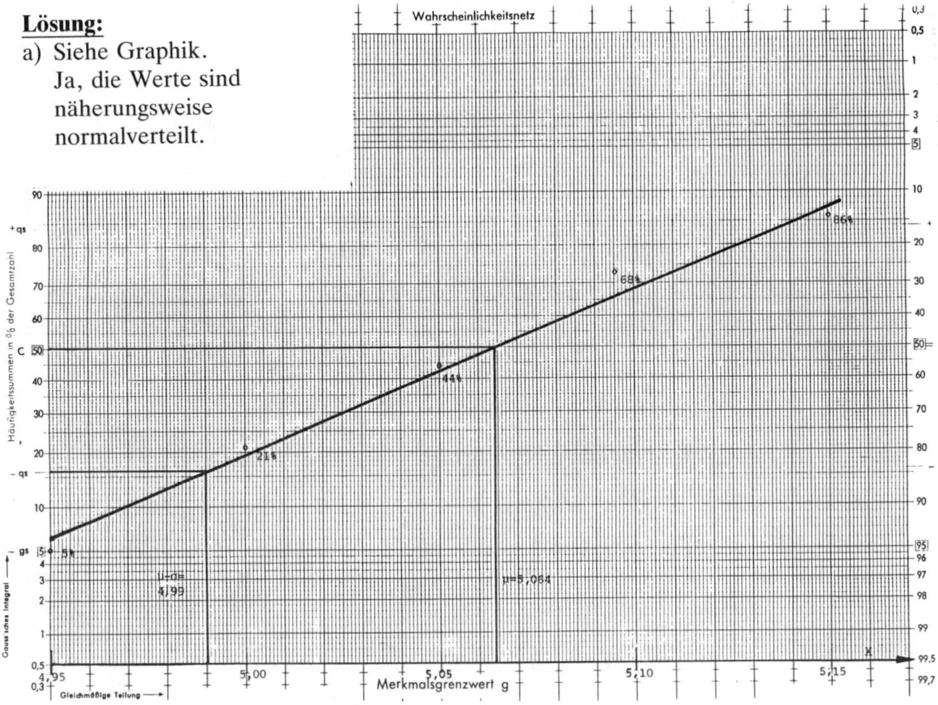

b) $\mu = 5{,}064$, $\sigma = 5{,}064 - 4{,}99 = \underline{0{,}074}$

c) $P(4{,}95 < X \leq 5{,}05) = 0{,}43 - 0{,}06 = \underline{0{,}37}$

Aufgabe 19-2:

200 Autoreifen eines bestimmten Typs wurden auf ihre Lebensdauer geprüft. Es ergab sich folgende Verteilung:

Gefahrene Kilometer (in 1000)	Anzahl Autoreifen f_i
$x < 10$	10
$10 \leq x < 15$	30
$15 \leq x < 20$	40
$20 \leq x < 25$	60
$25 \leq x < 30$	30
$30 \leq x < 35$	20
$35 \leq x$	10
Total	200

Folgende Kennzahlen seien aus den Daten ermittelt worden: $\bar{x} = 22'000$ km, $\hat{s} = 7500$ km.

Stützen die Daten die Behauptung, daß die Lebensdauer dieses Autoreifentyps normalverteilt sei? Führen Sie einen Chiquadrat-Anpassungstest durch! ($\alpha = 0{,}05$)

Lösung:

H_0: Die Lebensdauer dieses Autoreifentyps ist normalverteilt.
Anzahl Freiheitsgrade ν: $7 - 2 - 1 = 4$
$q_{0,05}\langle 4 \rangle = 9{,}49$
Annahmebereich der H_0: $q < 9{,}49$

Obere Klassengrenze	$z_i = \frac{x_i - 22'000}{7'500}$	$G(z_i)$	$p(x_i) = G(z_i) - G(z_{i-1})$	f_i^2	$\frac{f_i^2}{p(x_i)}$
10 000	–1,60	0,055	0,055	100	1'818,2
15 000	–0,93	0,176	0,121	900	7'438,0
20 000	–0,27	0,394	0,218	1'600	7'339,4
25 000	0,40	0,655	0,261	3'600	13'793,1
30 000	1,07	0,858	0,203	900	4'433,5
35 000	1,73	0,958	0,100	400	4'000,0
∞	∞	1,000	0,042	100	2'381,0
Σ			1,000		41'203,2

$$\frac{1}{200} \cdot 41'203{,}2 - 200 = 6{,}02$$

Da $q = 6{,}02 < q_{0,05}\langle 4 \rangle = 9{,}49$ ist, wird H_0 nicht verworfen. Man kann also annehmen, daß die Lebensdauer dieses Autoreifentyps normalverteilt ist.

Aufgabe 19-3:
Ausgehend von der Eidg. Betriebszählung 1975 (Vollerhebung) wurde die Variable „Anzahl Landwirtschaftsbetriebe pro Gemeinde" untersucht. Dabei sei ein Medianwert von 27 festgestellt worden. Zwei Jahre später wurden bei 18 Gemeinden die aktuellen Zahlen erfragt. Mitgeteilt wurden folgende Betriebszahlen: 8; 53; 28; 0; 13; 43; 19; 61; 34; 28; 30; 21; 29; 648; 48; 22; 45; 25.

Darf aufgrund dieser kleinen Stichprobe auf eine Verschiebung des Medianwertes geschlossen werden? (Man verwende $\alpha = 0{,}05$.)

Lösung:
Nullhypothese: Der Median hat sich nicht verschoben. Wir führen einen Vorzeichentest durch. Die 18 Beobachtungen ergeben für eine B(18; 0,5) 7 Minus- und 11 Plus-Zeichen:

Kritische Werte: $x^* = 4$, $x^{**} = 14$

$P(4 < X < 14 \mid X = B(18; 0{,}5)) = 0{,}9692$

Fazit: Die Nullhypothese kann nicht abgelehnt werden.

Aufgabe 19-4:
Ein Wirtschaftsforschungsinstitut befragt jeweils im Februar jeden Jahres eine Zahl von zufällig ausgewählten Haushalten über ihre Erwartungen in bezug auf das voraussichtlich erzielbare Einkommen. Die Antworten auf diese Frage sind für die Jahre 1976, 1977 und 1978 in der folgenden Tabelle zusammengefaßt:

Einkommensaussichten von privaten Haushalten 1976–1978

Aussichten Das Einkommen wird voraussichtlich ...	Anzahl Antworten 1976	 1977	 1978
stark abnehmen	15	0	30
etwas abnehmen	45	60	60
gleich bleiben	225	300	150
etwas zunehmen	150	150	225
stark zunehmen	75	90	135

Besteht ein signifikanter Unterschied in der Einschätzung der voraussichtlichen Einkommenssituation zwischen den betrachteten Jahren?

a) Was für einen Test führen Sie durch?

b) Formulieren Sie die Nullhypothese genau, und führen Sie den Test durch!

Lösung:
a) Homogenitätstest

b) H_0: Die Einkommenserwartungen haben sich nicht verändert.

	1976		1977		1978		
stark abnehmen	15	0,010	0	0,000	30	0,033	45
etwas abnehmen	45	0,024	60	0,036	60	0,036	165
gleich bleiben	225	0,147	300	0,222	150	0,056	675
etwas zunehmen	150	0,084	150	0,071	225	0,161	525
stark zunehmen	75	0,037	90	0,045	135	0,101	300
	510		600		600		1710

$$q = 1710 \cdot (1{,}064 - 1) = 109{,}440$$

Da der kritische Wert bei acht FG nur 15,5 beträgt, wird die Nullhypothese verworfen.

19.9 Antworten auf die Kontrollfragen

1.

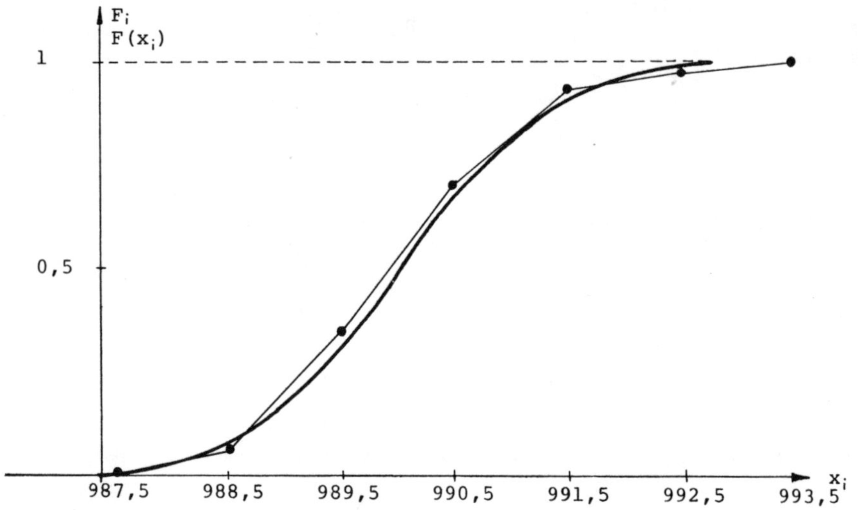

Man vergleicht eine Ogive mit der Verteilungsfunktion.

2. Weil sie im Unendlichen liegt.
3. Anstieg: 1
4. $$\Sigma \frac{(f_i - np(x_i))^2}{np(x_i)} = \Sigma \frac{f_i^2}{np(x_i)} - 2n\Sigma \frac{f_i p(x_i)}{np(x_i)} + \Sigma \frac{n^2[p(x_i)]^2}{np(x_i)} =$$

$$= \frac{1}{n}\Sigma \frac{f_i^2}{p(x_i)} \underbrace{- \frac{2n}{n}\Sigma f_i + n\Sigma p(x_i)}_{-2n+n=-n} = \frac{1}{n}\Sigma \frac{f_i^2}{p(x_i)} - n$$

5. Wenn für einzelne Klassen ein großer Unterschied zwischen empirischen und theoretischen Häufigkeiten auftritt und bei kleinen theoretischen Häufigkeiten (im Nenner stehend!).
6. a) $r = 2$ (μ und σ zu schätzen)
   b) $r = 1$ (π zu schätzen)
   c) $r = 1$ (λ zu schätzen)
7. $p(x_i) = \frac{1}{3}$, somit $np(x_i) = 3{,}33$. Man müßte alle drei Klassen zu einer Klasse zusammenlegen, um (19-4) zu genügen. Dann jedoch hätte man noch 0 FG.
8. Man erhält drei bedingte Zufallsverteilungen (siehe Kapitel XIV, Abschnitt 14.2).
9. Weil gemäß der Nullhypothese Unabhängigkeit der beiden ZV gegeben ist.

10. Es liegt stets derselbe Begriff vor!

$$\text{Falls } P(A|B) = P(A), \quad \text{ist } \frac{P(A \cap B)}{P(B)} = P(A).$$

$$\text{Ebenso: falls } p(x_i|y_j) = p(x_i), \quad \text{ist } \frac{p(x_i, y_j)}{p(y_j)} = p(x_i).$$

11. B(26; 0,5)

Kapitel XX: Stochastische Einfachregression

20.1 Vorbemerkung

Im vorliegenden Kapitel wird die in den Kapiteln VII und VIII begonnene Behandlung von Regression und Korrelation fortgesetzt. Es wird weiterhin das bereits bekannte Beispiel verwendet. Es geht um den Einfluß der Höhe der Reklamebudgets für Zigarettenmarken auf die Umsatzhöhe solcher Marken. Die in Tabelle 7-1 enthaltenen Zahlen sind in Tabelle 20-1 nochmals angegeben.

Tab. 20-1: Reklameausgaben und Umsätze von 7 Zigarettenfirmen

Firma Nr. i	X_i: Reklameausgaben (in 1000 DM)	Y_i: Umsatz (in Mio. DM)
1	100	38
2	200	45
3	300	52
4	400	62
5	500	72
6	600	70
7	700	81

Von den im Reklame/Umsatz-Beispiel auftretenden *zwei* Variablen gibt es je *sieben* Beobachtungen. Im allgemeinen sind es *n* Beobachtungen. Liegen, wie hier, *zwei* Variablen, d.h. *ein* Regressor und *ein* Regressand vor, spricht man von *Einfachregression* (einfacher Regression).

Zur Bezeichnungsweise:
Für die Bezeichnung sollen die in Kapitel VII und VIII eingeführten Symbole weiterhin verwendet werden:

X_i : i. Beobachtung des Regressors X
Y_i : i. Beobachtung des Regressanden Y
$x_i = X_i - \bar{X}$: Abweichung der i. Beobachtung von X vom arithmetischen Mittel.

Man beachte, daß die *Groß- und Kleinbuchstaben jetzt nicht mehr zur Unterscheidung zwischen einer ZV und ihren realisierten Werten verwendet werden.*

Anwendungsbereiche der Regressionsanalyse:

Zusammenhänge technischer und naturwissenschaftlicher, aber auch sozialer und wirtschaftlicher Art können mittels der Regressionsanalyse zahlenmäßig bestimmt werden. Wir beschränken uns bei der Einfachregression auf die Funktion *einer* Variablen, d. h. auf die Feststellung der Abhängigkeit des Regressanden von einem (dem wichtigsten) Regressor. Die Rahmenbedingungen setzen wir als gegeben und im großen und ganzen gleichbleibend voraus. Nur unter dieser Voraussetzung ist es uns möglich, einen Zusammenhang zwischen zwei Variablen zu etablieren.

Es ist evident, daß in den Naturwissenschaften die festgestellten Zusammenhänge meist einen universelleren, weil naturgesetzlichen Charakter haben als in den Sozial- und Wirtschaftswissenschaften. Bei diesen gelten sie wegen der einem ständigen Wandel unterworfenen wirtschaftlichen und sozialen Umwelt nur „auf Zusehen" hin. Aber gleichwohl gibt es auch hier viele Zusammenhänge, die zu bestimmen wichtig und sinnvoll ist.

Bevor die oben begonnene Regressionsanalyse nunmehr fortgesetzt wird, soll in Kürze festgehalten werden, was in Kapitel VII und VIII schon getan wurde und was an Neuem hinzukommen wird.

Bisherige Ergebnisse:

1) Es wurde die Methode der *kleinsten Quadrate* (KQ-Methode) vorgestellt und gezeigt, wie man mit ihr generell die Parameter a_0 und b einer linearen Funktion

$$\hat{Y} = a_0 + bX$$

bestimmen kann. Den Graph dieser Funktion nannten wir die *mit der KQ-Methode gefundene Regressionsgerade.*

● **Kontrollfrage 1:** Wie bezeichnet man allgemein in der Mathematik a_0 und b?

---

2) Für das *Reklame/Umsatz-Beispiel* wurde berechnet:

$$a_0 = 31{,}6$$
$$b = 0{,}071$$

Somit wurde die Regressionsgerade

$$\hat{Y} = 31{,}6 + 0{,}071 \cdot X$$

berechnet. Dieses Ergebnis war so zu interpretieren, daß für die betrachteten sieben Marken bei einem Reklamebudget von 0 DM ein Umsatz von 31,6 Mio. DM erzielt würde und daß jede zusätzliche DM für Reklame zu 71 DM zusätzlichem Umsatz führt.

3) Neben diesem Hauptergebnis wurde noch gezeigt, daß mit dem Korrelationskoeffizienten r resp. mit dem Determinationskoeffizienten r^2 zwei Kennzahlen berechnet werden können, die die Strammheit des Zusammenhanges zwischen X und Y resp. die „Qualität" der gefundenen Regressionsgeraden zum Ausdruck bringen.

<u>Das weitere Vorgehen:</u>

1) Über die *Beschreibung* einer vorliegenden Datenmenge („Punktwolke") hinaus stellen wir uns jetzt die anspruchsvollere Aufgabe, *einen „wahren", d. h. nicht nur für sieben Beobachtungen geltenden, sondern einen allgemein gültigen Zusammenhang zwischen X und Y numerisch zu bestimmen.* Wir führen dazu einen *Zufallsterm,* d. h. eine *Zufallsvariable,* ein und interpretieren eine vorliegende Datenmenge (Punktwolke) als eine *Stichprobe,* die uns *Rückschlüsse* erlauben soll auf den wahren Zusammenhang (die allgemeingültige Gesetzmäßigkeit) zwischen X und Y in der *Grundgesamtheit.* Dieser Zusammenhang wird durch die *wahre Regressionsgerade* ausgedrückt.

2) Wir *übertragen die Konzepte des Schätzens und Hypothesentestens,* wie wir sie von Kapitel XVII und XVIII her kennen, *auf die Parameter des Regressionsmodells.* Die bisher geleistete Arbeit der Bestimmung von a_0 und b werden wir als *Punktschätzung* für α_0 und β übernehmen. Zu dieser Punktschätzung sind Unsicherheitsbereiche (Vertrauensintervalle) anzugeben. Außerdem werden die gefundenen Werte von a_0 und b dazu benutzt, *Hypothesen* bezüglich α_0 und β einer Entscheidung zuzuführen.

20.2 Das stochastische Regressionsmodell

A. Die wahre Regressionsgerade

Ein allgemeingültiger linearer Zusammenhang zwischen dem Regressor X und dem Regressanden Y soll durch die sog. wahre Regressionsgerade Δ (auch als theoretische oder Grundgesamtheits-Regressionsgerade bezeichnet) mit der Gleichung

$$\boxed{{}_{\Delta}Y = \alpha_0 + \beta X} \qquad (20\text{-}1)$$

zum Ausdruck gebracht werden. α_0 und β sind *uns unbekannte Parameter* der GG (die nur der Allwissende kennt), die wir mit Hilfe der uns vorliegenden n Beobachtungspaare (X_i, Y_i) *schätzen* werden.

B. Die Modellannahmen

1. Die X_i als Beobachtungen des Regressors X sollen meßfehlerfrei beobachtet worden sein. Die X_i sind feste (nicht zufällige) Werte der Variablen X (X ist also *keine* Zufallsvariable).

2. Die Beobachtungen Y_i des Regressanden Y resultieren zum einen aus dem Einfluß, der von X ausgeht und der via (20-1) zu ${}_{\Delta}Y$ führen würde, und zum andern *aus Meßfehlern und aus Einflüssen unbenannter Faktoren. Die ${}_{\Delta}Y_i$ sind nicht selber beobachtbar.* Sie sind die *auf der wahren Regressionsgeraden liegenden, zu X_i gehörenden Werte des Regressanden.* Meßfehler und unbekannte, jedenfalls nicht explizit in das Modell (20-1) als Regressoren aufgenommene Einflußfaktoren („latente Variable") verursachen jedoch „Störungen", d. h. bedingen kleinere oder größere Abweichungen der Beobachtungen Y_i von den Werten ${}_{\Delta}Y_i$. Die im jeweiligen Beobachtungsfall resultierenden Abweichungen $Y_i - {}_{\Delta}Y_i$ interpretieren

wir als die Realisationen einer Zufallsvariablen, die wir *Störvariable* oder Zufallsterm nennen. Die Y_i entsprechen also den von einer Störkomponente überlagerten Werten von ${}_{\Delta}Y_i$. Somit: Die Y_i setzen sich *additiv zusammen* aus einer „systematischen" (= „deterministischen") Komponente (die wir zu schätzen suchen) und aus einer stochastischen (zufälligen) Komponente, die wir mit ε_i bezeichnen:

$$\boxed{Y_i = \underbrace{\alpha_0 + \beta X_i}_{\substack{\text{deter-}\\ \text{ministi-}\\ \text{sche}\\ \text{Kom-}\\ \text{ponen-}\\ \text{te}}} + \underbrace{\varepsilon_i}_{\substack{\text{stocha-}\\ \text{stische}\\ \text{Kom-}\\ \text{ponen-}\\ \text{te}}} \; ; \quad i = 1, 2, \ldots, n} \tag{20-2}$$

Hinweis:

(20-2) ist nicht die Gleichung einer Geraden, sondern gibt an, aus welchen 2 Komponenten sich jede Beobachtung von Y zusammensetzt.

---

3. Fig. 20-1 illustriert die Verteilung der ZV ε_i. Über den Verteilungstyp machen wir vorläufig keine speziellen Annahmen (er kann ein beliebiger stetiger oder diskreter Typ sein). Es sollen jedoch folgende *Annahmen* getroffen werden:

a) *Erwartungswert*

$$\boxed{E(\varepsilon_i) = 0 \; ; \; i = 1, 2, \ldots, n} \tag{20-3}$$

Diese Annahme besagt, daß in den Störvariablen kein systematischer Einfluß steckt. Die Abweichungen heben sich im Durchschnitt auf.

b) *Varianz:*

$$\boxed{V(\varepsilon_i) = \sigma_\varepsilon^2 \; ; \; i = 1, 2, \ldots, n} \tag{20-4}$$

Diese Annahme heißt *Homoskedastizitäts*annahme: Alle ε_i haben eine gleich große Streuung, gleichgültig wie groß das X_i ist, zu dem sie gehören.

c) *Kovarianz:*

$$\boxed{\mathrm{Cov}(\varepsilon_i, \varepsilon_j) = 0 \; ; \; \begin{cases} i = 1, 2, \ldots, n \\ j = 1, 2, \ldots, n \\ i \neq j \end{cases}} \tag{20-5}$$

Diese Annahme folgt, wenn die einzelnen „Ziehungen" (Beobachtungen) voneinander unabhängig sind. Man unterstellt, daß die ε_i *nichtkorreliert* sind *(keine Autokorrelation* vorliegt).

● **Kontrollfrage 2:** Wir werden uns im folgenden gelegentlich in die Lage des Allwissenden versetzen und für unser Reklame/Umsatzbeispiel die wahre Regressionsgerade ${}_{\Delta}Y = 30 + 0{,}085 \cdot X$ unterstellen. Wenn $X_2 = 200$ und $Y_2 = 45$ beobachtet werden, welchen Wert realisiert dann ε_2?

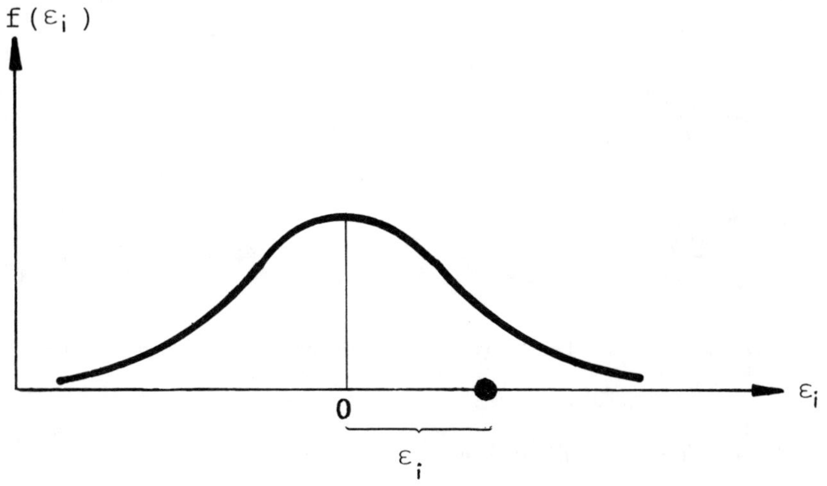

Fig. 20-1: Die Verteilung der einzelnen Zufallskomponenten ε_i. Eingezeichnet ist eine Realisation von ε_i

---

Bezeichnungsweise:
ε_i steht sowohl für eine (die i-te) ZV als auch für die Realisation einer (der i-ten) ZV.

Liegen sieben Beobachtungen vor, dann haben wir sieben (identische) ZV ε_i vorliegen, von der jede *je eine Realisation* aufweist. Die in Fig. 20-1 gezeigte Verteilung von ε_i tritt in Fig. 20-2 siebenmal auf. Fig. 20-2 illustriert im übrigen den durch (20-1) resp. (20-2) zum Ausdruck gebrachten Zusammenhang.

Bemerkung:
Für das Reklame/Umsatzbeispiel wird unterstellt, die Bedingungen (20-3) bis (20-5) seien erfüllt, andernfalls würden die im folgenden abgeleiteten Ergebnisse nicht gelten. Häufig erfüllen empirische Daten (20-5) allerdings nicht. Durch geeignete Tests kann man überprüfen, ob (20-5) unterstellt werden kann oder ob das Problem der Autokorrelation vorliegt.

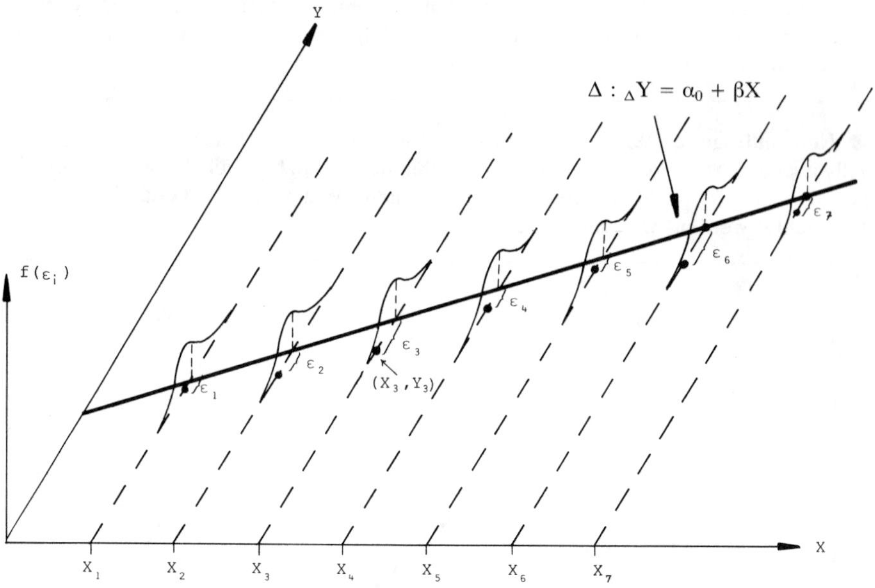

Fig. 20-2: Das stochastische Regressionsmodell und die „theoretische" Regressionsgerade Δ

C. Die berechnete und die wahre Regressionsgerade

In Fig. 20-2 sind 7 Beobachtungen von X und von Y eingetragen und die implizit dazugehörenden Realisationen der sieben ε_i. Ganz bewußt wurden Realisationen von ε_i unterstellt, die allemal einen negativen Wert ergeben. Das ist nicht sehr häufig so, aber es liegt im Rahmen des Zufalls. (Bei siebenmaligem Würfeln können ja auch zufälligerweise z. B. nur die Werte 1 bis 3 auftreten, d. h. Werte unterhalb des Erwartungswertes 3,5.) Man sieht so ganz deutlich, daß Δ keine aus beobachteten Daten berechnete Regressionsgerade ist.

Die berechnete Regressionsgerade werden wir von jetzt an stets mit D bezeichnen. Sie besitzt die Gleichung

$$\boxed{\hat{Y} = a_0 + bX} \qquad (20\text{-}6)$$

wobei a_0 und b durch (7-5″) und (7-6″) definiert sind. In Fig. 20-3 sind die den „wahren" Zusammenhang zum Ausdruck bringende GG-Regressionsgerade Δ und die aufgrund einer Stichprobe berechnete Regressionsgerade D einander gegenübergestellt. Als Stichprobendaten wurden die Werte von Tabelle 20-1 unterstellt. Hervorgehoben ist in Fig. 20-3 das Beobachtungspaar (X_6, Y_6), d. h. (600 , 70), und das „dazugehörende" ε_6 resp. e_6. Zahlenmäßig beträgt $e_6 = -4{,}21$ (siehe Tabelle 7-4).

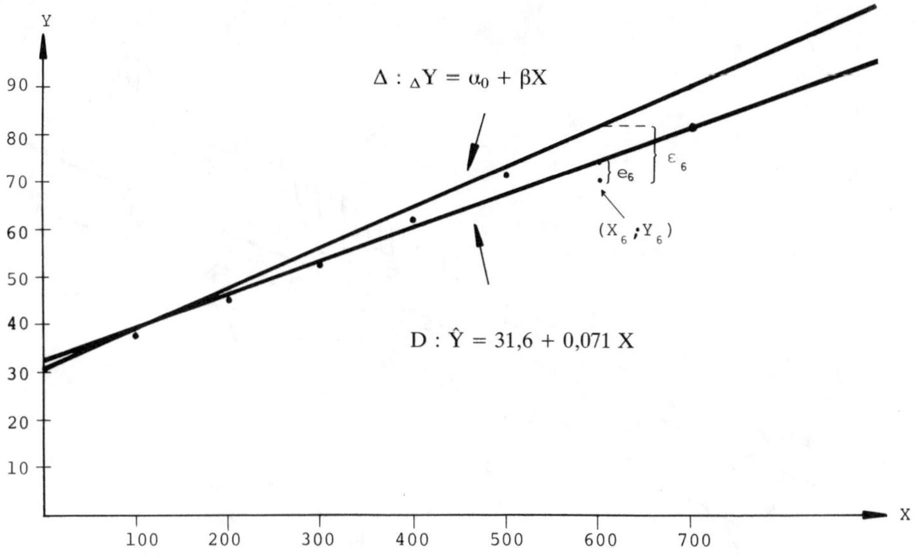

Fig. 20-3: Eine hypothetisch angenommene wahre Regressionsgerade Δ und eine berechnete Regressionsgerade D

Fig. 20-4 verallgemeinert die Darstellung von Fig. 20-3, indem zu Δ *eine ganze Schar von berechneten Regressionsgeraden* gezeichnet wurden. Je nachdem, von welcher Stichprobe (bestehend aus jeweils 7 Beobachtungspaaren) man ausgeht, erhält man eine andere berechnete Regressionsgerade. Und dies, obwohl die Stichproben jedesmal derselben Grundgesamtheit mit der gleichen wahren Regressionsgeraden Δ (angenommen: ${}_{\Delta}Y = 30 + 0{,}085\ X$) entnommen wurde. Es wurden in Fig. 20-4 auch noch die Grenzen skizziert, innerhalb deren in 95 von 100 Fällen diese berechneten Regressionsgeraden liegen müssen. Der unter bestimmten Annahmen exakt angebbare Verlauf dieser Grenzen wird in Abschnitt 20.6.B erklärt.

● **Kontrollfrage 3:** Könnte man nicht eigentlich den Unterschied zwischen der deskriptiven Regressionsanalyse und der stochastischen Regressionsanalyse auch darin erblicken, daß das eine Mal Σe_i^2 und das andere Mal $\Sigma \varepsilon_i^2$ minimiert wird?

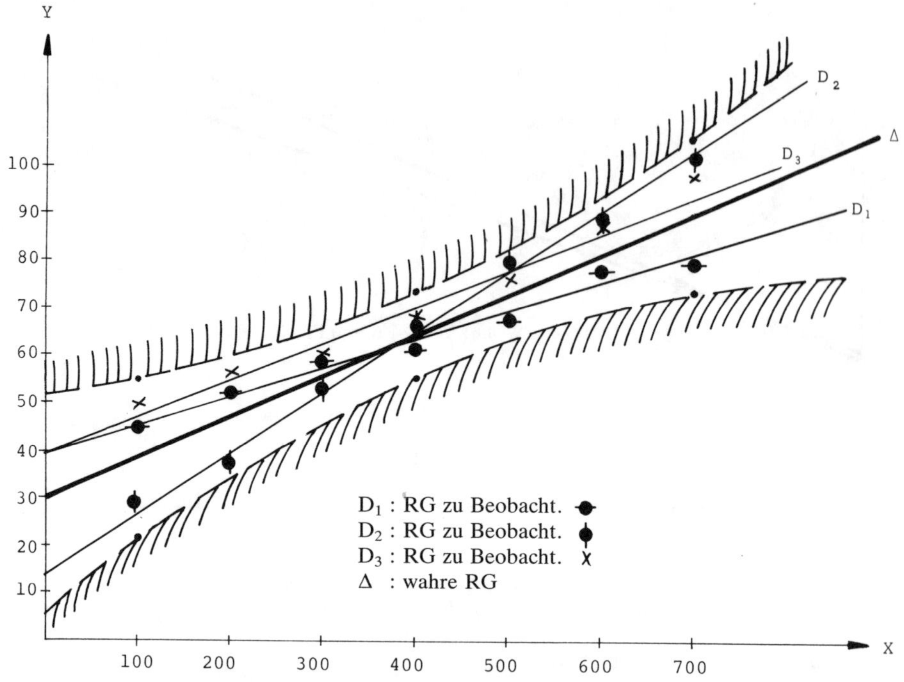

Fig. 20-4: Die GG-Regressionsgerade $_{\Delta}Y = 30 + 0{,}085\ X$ und verschiedene „berechnete" Regressionsgeraden

20.3 Schätzer und Punktschätzungen für die Parameter α_0 und β

A. Die Schätzer $\hat{\alpha}_0$ und $\hat{\beta}$

Die 1. *Hauptaufgabe der Regressionsanalyse* besteht in der Findung von Schätzern (Schätzfunktionen) und Punktschätzungen für α_0 und β, den Parametern der wahren Regressionsgeraden Δ. Um diese Aufgabe zu lösen, geht man, wie in Kapitel VII gezeigt, von den n Beobachtungspaaren $(X_i\ ,\ Y_i)$ aus und sucht nach der KQ-Methode allgemeine Formeln für die Parameter einer Stichproben-Regressionsgeraden, die die Summe der Abstandsquadrate $\Sigma e_i^2 = \Sigma(Y_i - \hat{Y}_i)^2$ minimiert (siehe Formel (7-3)). Diese Aufgabe ist in Kapitel VII gelöst worden. Die dort gefundenen Ausdrücke (7-5″) und (7-17″) wollen wir jetzt *allgemein* mit $\hat{\alpha}_0$ und mit $\hat{\beta}$ bezeichnen:

$$\boxed{\hat{\alpha}_0 = \overline{Y} - \hat{\beta}\overline{X}} \qquad (20\text{-}7)$$

$$\boxed{\hat{\beta} = \frac{\Sigma x_i \cdot Y_i}{\Sigma x_i^2}} \qquad (20\text{-}8)$$

● **Kontrollfrage 4:** Welche alternativen Formeln zu (20-8), d.h. zu (7-17''), kann man verwenden, um $\hat{\beta}$ anzugeben?

Die „neuen" Bezeichnungen $\hat{\alpha}_0$ und $\hat{\beta}$ sind deswegen gewählt worden, weil man den Schätzer für einen Parameter θ mit $\hat{\Theta}$ bezeichnet. (siehe Kapitel XVII, Abschnitt 17.2.)

Schätzer sind Zufallsvariable, sie liefern nach Einsetzen der Stichprobenergebnisse eine (Punkt-)Schätzung. So liefern die Stichprobendaten von Tabelle 20-1 nach Einsetzen in (20-7) resp. (20-8) die Schätzungen $a_0 = 31{,}6$ und $b = 0{,}071$. Damit erhalten wir die (berechnete) Regressionsgerade $\hat{Y} = 31{,}6 + 0{,}071\, X$. Man bezeichnet diese Gerade D als eine Schätzung für Δ.

B. Die Zufallscharakter von $\hat{\alpha}_0$ und $\hat{\beta}$

Es ist für den Anfänger oft nicht ganz leicht, $\hat{\alpha}_0$ und $\hat{\beta}$ als Zufallsvariable zu durchschauen, zumal wir, allgemeinem Brauch folgend, darauf verzichten, einen Großbuchstaben für die Schätzer $\hat{\alpha}_0$ und $\hat{\beta}$ zu verwenden.

Bezeichnungsweise:
$\hat{\alpha}_0$ und $\hat{\beta}$ sollen Zufallsvariable bezeichnen. Ihre Realisationen sollen mit a_0 und b bezeichnet werden.

Man muß, um den ZV-Charakter von $\hat{\alpha}_0$ und $\hat{\beta}$ zu durchschauen, folgende Schritte nachvollziehen:

a) Für das stochastische Regressionsmodell sind n Zufallsvariablen ε_i, $i = 1, 2, \ldots, n$ eingeführt worden.

b) Über die Beziehung (20-2) sind auch die Y_i Zufallsvariablen (Anwendung von (11-29) mit $\varphi(\varepsilon_i) = c + d\varepsilon_i$, wobei $c = \alpha_0 + \beta\, X$ und $d = 1$ ist). Da über den konkreten Verteilungstyp der ε_i keine speziellen Annahmen getroffen wurden, bleibt vorläufig noch offen, welchen Verteilungstyp die Y_i haben. Für den *Erwartungswert* von Y_i gilt jedoch wegen (20-3):

$$\boxed{E(Y_i) = \alpha_0 + \beta X_i \; ; \; i = 1, 2, \ldots, n} \tag{20-9}$$

Man sieht: $E(Y_i) = {}_{\Delta}Y_i$. *Die Erwartungswerte der beobachteten Werte des Regressanden liegen auf der wahren Regressionsgeraden.*

Beweis von (20-9):

$$\begin{aligned} E(Y_i) &= E(\alpha_0 + \beta X_i + \varepsilon_i) \\ &= E(\alpha_0 + \beta X_i) + E(\varepsilon_i) \\ &= \alpha_0 + \beta X_i + 0 \end{aligned}$$

Wegen (20-3) ist $E(\varepsilon_i) = 0$, und da $\alpha_0 + \beta X_i$ eine nichtzufällige Größe ist (als eine Konstante angesehen werden kann), ist $E(\alpha_0 + \beta X_i) = \alpha_0 + \beta X_i$ (siehe 11-33).

Für die *Varianz* von Y_i gilt wegen (20-4) und gemäß (11-34):

$$\boxed{V(Y_i) = V(\varepsilon_i) = \sigma_\varepsilon^2} \tag{20-10}$$

c) Durch leichte Umformungen lassen sich (20-7) und (20-8) in die folgende Form überführen:

$$\hat{\alpha}_0 = \Sigma(\frac{1}{n} - \overline{X}\, w_i)\, Y_i \tag{20-11}$$

$$\hat{\beta} = \Sigma\, w_i\, Y_i \tag{20-12}$$

Hierbei ist w_i wie folgt definiert:

$$w_i = \frac{x_i}{\Sigma x_j^2} \tag{20-13}$$

● **Kontrollfrage 5:** Man zeige den Übergang von (20-7) nach (20-11) und von (20-8) nach (20-12).

Da in (20-11) und (20-12) Y_i als ZV auftreten (alles übrige sind nichtstochastische Größen), erkennt man, daß $\hat{\alpha}_0$ und $\hat{\beta}$ Linearkombinationen aus jeweils n Zufallsvariablen und damit selber Zufallsvariablen sind (siehe Kap. XIV, Abschnitt 14.6). Man nennt daher $\hat{\alpha}_0$ und $\hat{\beta}$ auch *lineare* Schätzer. Fig. 20-5 illustriert die Zufallsverteilungen von $\hat{\alpha}_0$ und $\hat{\beta}$.

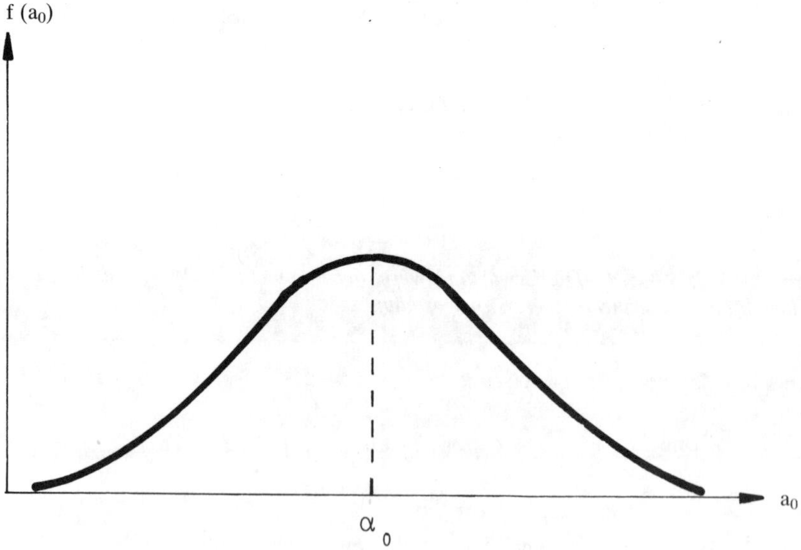

Fig. 20-5a: Die Verteilung des Schätzers $\hat{\alpha}_0$

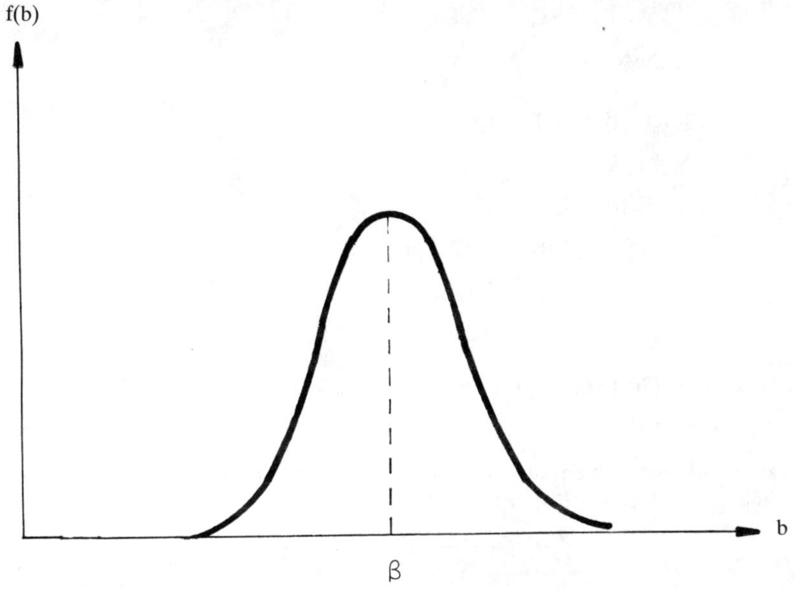

Fig. 20-5b: Die Verteilung des Schätzers $\hat{\beta}$

C. Die Erwartungswerte von $\hat{\alpha}_0$ und $\hat{\beta}$:

In Fig. 20-5 sind die Erwartungswerte der beiden Schätzer $\hat{\alpha}_0$ und $\hat{\beta}$ bereits eingetragen. In der Tat läßt sich zeigen, daß

$$\boxed{E(\hat{\alpha}_0) = \alpha_0} \qquad (20\text{-}14)$$

und

$$\boxed{E(\hat{\beta}) = \beta} \qquad (20\text{-}15)$$

$\hat{\alpha}_0$ und $\hat{\beta}$ sind somit *erwartungstreue,* lineare Schätzer für α_0 und β.

<u>Beweis für (20-15):</u>

$\hat{\beta} = \Sigma w_i Y_i$ gemäß (20-12).

Hierbei ist w_i durch (20-13) festgelegt.

$Y_i = \alpha_0 + \beta X_i + \varepsilon_i$ gemäß (20-2)

Somit: $\hat{\beta} = \Sigma w_i (\alpha_0 + \beta X_i + \varepsilon_i)$

$= \alpha_0 \Sigma w_i + \beta \Sigma w_i X_i + \Sigma w_i \varepsilon_i$

Da

$$\Sigma w_i = \frac{\Sigma x_i}{\Sigma x_j^2} = \frac{\Sigma(X_i - \overline{X})}{\Sigma x_j^2} = 0 \quad \text{(gemäß 4-11)}$$

und

$$\Sigma w_i X_i = \frac{\Sigma x_i X_i}{\Sigma x_j^2} = \frac{\Sigma x_j^2}{\Sigma x_j^2} = 1 \quad (\text{denn}: \Sigma x_i \overline{X} = 0),$$

folgt: $\hat{\beta} = \beta + \Sigma w_i \varepsilon_i$.

Somit:

$$\begin{aligned} E(\hat{\beta}) &= E(\beta + \Sigma w_i \varepsilon_i) \\ &= E(\beta) + E(\Sigma\, w_i\, \varepsilon_i) \\ &= \beta + \Sigma w_i E(\varepsilon_i) \\ &= \beta\,, \quad \text{denn } E(\varepsilon_i) = 0 \text{ für alle i gemäß (20-3).} \end{aligned}$$

Der Beweis für (20-14) erfolgt auf prinzipiell gleiche Weise.

Aus zwei Zufallsvariablen, also auch aus $\hat{\alpha}_0$ und $\hat{\beta}$, kann man als Linearkombination eine neue ZV bilden, also speziell auch:

$$\boxed{\hat{Y}_i = \hat{\alpha}_0 + \hat{\beta} X_i} \tag{20-16}$$

Hinweis:
Auch $\hat{Y}_i$ steht für eine ZV und deren Realisierung, wie oben auch ε_i für beides steht.

Die berechnete Regressionsgerade D besitzt also selber Zufallscharakter. Je nachdem, welche Werte von Y_i zu den fest vorgegebenen X_i eine Stichprobe erbringt, jedesmal resultiert eine etwas andere Realisation von $\hat{\alpha}_0$ und $\hat{\beta}$, d. h. liegt eine etwas andere Realisation der ZV $\hat{Y}_i$ vor.

In Fig. 20-4 wurde diese Situation bereits veranschaulicht: Die berechneten Regressionsgeraden D_j streuen zufällig um die wahre Regressionsgerade Δ.

Nachdem durch (20-14) und (20-15) die Erwartungswerte von $\hat{\alpha}_0$ und $\hat{\beta}$ angegeben wurden, resultiert gemäß (14-48) für $\hat{Y}_i$:

$$\boxed{E(\hat{Y}_i) = \underbrace{\alpha_0 + \beta X_i}_{{}_{\Delta}Y_i}\,, \quad i = 1, 2, \ldots, n} \tag{20-17}$$

Das bedeutet: *Die berechneten Regressionsgeraden D haben als Erwartungswert die wahre Regressionsgerade Δ, d. h. die auf D liegenden, zu X_i gehörenden Werte $\hat{Y}_i$ haben als Erwartungswert den zu X_i gehörenden Wert ${}_{\Delta}Y_i$.*

● **Kontrollfrage 6:** Oben war bereits ${}_{\Delta}Y_i$ als Erwartungswert von $\hat{Y}_i$ erkannt worden. Für welche andere Größe gilt, daß ihr Erwartungswert ${}_{\Delta}Y_i$ ist?

Die sich aus den beobachteten Daten der Tabelle 20-1 ergebenden Werte der Schätzer $\hat{\alpha}_0$ und $\hat{\beta}$ betrugen 31,6 und 0,071. Eine andere Beobachtungsmenge hätte vielleicht 28,5 und 0,089 ergeben. Wären die Daten aus einer GG gewonnen worden, für die $\alpha_0 = 30$ und $\beta = 0{,}085$ betragen hätte, dann nähme bei unendlich vielen Stichproben (alle bestehend aus 7 Beobachtungspaaren) der Durchschnitt aller berechneten a_0 und b genau diese Werte an.

Fazit:
Durch die stochastische Regressionsanalyse haben wir zusätzlich zur beschreibenden Regressionsanalyse die folgende wichtige *Erkenntnis* gewonnen: Wenn wir aus 7 Beobachtungen ein $a_0 = 31{,}6$ (Umsatz in Mio. DM bei keinen Reklameausgaben) und ein $b = 0{,}071$ (71 DM zusätzlichen Umsatz pro zusätzliche DM Reklame) errechnen, dann wissen wir jetzt, daß tendenziell die Grundgesamtheitsparameter durch diese Werte „getroffen" werden. Unsere Berechnung hat *einen allgemeinen Aussagegehalt* bekommen, indem sie sich nicht nur auf sieben Firmen bezieht, sondern *für eine Grundgesamtheit aller Zigarettenfirmen aufgestellt worden ist.*

● **Kontrollfrage 7:** Man rekapituliere aus Kapitel XVII die Schätzer für μ, σ^2 und π und gebe deren Erwartungswerte an.

20.4 Vertrauensintervalle für α_0 und β

A. Die Varianzen von $\hat{\alpha}_0$ und $\hat{\beta}$

Für die Angabe eines Vertrauensintervalls benötigt man als erstes die Varianz des Schätzers, wie dies in Kapitel XVII, Abschnitt 17.3 ausführlich gezeigt wurde: Um das VI für z. B. μ angeben zu können, mußten wir wissen, daß $V(\overline{X}) = \frac{\sigma_x^2}{n}$ beträgt. Die Varianzen der Schätzer $\hat{\alpha}_0$ und $\hat{\beta}$ betragen:

<u>*Varianz von $\hat{\alpha}_0$, d. h. $V(\hat{\alpha}_0)$:*</u>

$$\sigma^2_{\hat{\alpha}_0} = \frac{\Sigma X_i^2}{n \cdot \Sigma x_i^2} \cdot \sigma^2_\varepsilon \qquad (20\text{-}18)$$

<u>*Varianz von $\hat{\beta}$, d. h. $V(\hat{\beta})$:*</u>

$$\sigma^2_{\hat{\beta}} = \frac{\sigma^2_\varepsilon}{\Sigma x_i^2} \qquad (20\text{-}19)$$

Diese Varianzen von $\hat{\alpha}_0$ und $\hat{\beta}$ haben eine interessante, durch den Satz von *Gauß-Markov* zum Ausdruck gebrachte Eigenschaft: *Es existiert kein anderer linearer,* *erwartungstreuer Schätzer für α_0 und β mit kleinerer Varianz!* Die Schätzer $\hat{\alpha}_0$ und $\hat{\beta}$ sind also sowohl erwartungstreu (unbiased) als auch von kleinster Varianz (effizient). Man nennt sie daher auch *BLUE* (englisch: best linear unbiased estimator).

Hinweis:
Formeln (20-18) und (20-19) lassen sich ganz leicht beweisen, z. B. (20-19):

$$V(\hat{\beta}) = V[\beta + \Sigma w_i \varepsilon_i] = V[\Sigma w_i \varepsilon_i] = \Sigma w_i^2 V(\varepsilon_i)$$

$$= \frac{\Sigma x_i^2}{(\Sigma x_j^2)^2} \sigma_\varepsilon^2 = \frac{\sigma_\varepsilon^2}{\Sigma x_i^2}$$

Es wurden verwendet: ein Zwischenergebnis beim Beweis für (20-15), daß die Varianz einer Konstanten gleich Null ist, und (14-53).

In der Regel ist σ_ε^2 unbekannt. Durch (20-4) wird lediglich verlangt, daß es für alle ε_i gleich ist, nicht jedoch, daß es zahlenmäßig bekannt sein muß. Wir müssen σ_ε^2 daher aus den vorliegenden Beobachtungen schätzen, um Vertrauensintervalle angeben zu können.

Schätzer für σ_ε^2 :

$$\hat{\sigma}_\varepsilon^2 = \frac{\Sigma e_i^2}{n-2} \qquad (20\text{-}20)$$

Man nennt $\hat{\sigma}_\varepsilon^2$ die Varianz der Residuen und $\hat{\sigma}_\varepsilon$ den *Standardfehler der Schätzung*. $\hat{\sigma}_\varepsilon^2$ ist, wie man zeigen kann, ein erwartungstreuer Schätzer für σ_ε^2.

● **Kontrollfrage 8:** Was bedeutet dieser Satz konkret?

In Kapitel VIII, Abschnitt 8.4 ist $\hat{\sigma}_\varepsilon^2$ (dort: ${}_u\hat{s}_y^2$ aus der Residualvarianz ${}_us_y^2$ (Formel (8-7'))) hergeleitet und veranschaulicht worden (siehe speziell Fig. 8-5 unten). Der Divisor n – 2 bei $\hat{\sigma}_\varepsilon^2$ anstelle von n bei ${}_us_y^2$ resultiert aus der Herstellung der Erwartungstreue. Formel (8-12) zeigt den Zusammenhang zwischen $\hat{\sigma}_\varepsilon^2$ und ${}_us_y^2$.

● **Kontrollfrage 9:** Welchen Erwartungswert hat ${}_us_y^2$?

Materiell handelt es sich bei $\hat{\sigma}_\varepsilon^2$ und ${}_us_y^2$ um dasselbe: *ein Maß für die Streuung der Residuen e_i um die berechnete Regressionsgerade.* Man benutzt dieses empirisch feststellbare Maß, um die Streuung der ε_i um die wahre Regressionsgerade zu schätzen.

Mit Hilfe einer Schätzung für $\hat{\sigma}_\varepsilon^2$ lassen sich jetzt zahlenmäßig konkrete Schätzungen für die Varianzen von $\hat{\alpha}_0$ und $\hat{\beta}$ berechnen. Wir bezeichnen allgemein die Schätzer für $\sigma_{\hat{\alpha}_0}^2$ und $\sigma_{\hat{\beta}}^2$ wie folgt:

Schätzer für die Varianz von $\hat{\alpha}_0$:

$$\hat{\sigma}^2_{\hat{\alpha}_0} = \frac{\Sigma X_i^2}{n\ \Sigma x_i^2} \cdot \hat{\sigma}^2_{\varepsilon} \qquad (20\text{-}21)$$

Schätzer für die Varianz von $\hat{\beta}$:

$$\hat{\sigma}^2_{\hat{\beta}} = \frac{\hat{\sigma}^2_{\varepsilon}}{\Sigma x_i^2} \qquad (20\text{-}22)$$

Beispiel:
Schätzer liefern eine Schätzung, sobald man die Stichprobenwerte einsetzt. Für das Reklame/Umsatzbeispiel beträgt $\Sigma e_i^2 = 47{,}68$ (siehe Tabelle 8-3), und somit beträgt die Schätzung für σ^2_ε:

$$\hat{\sigma}^2_{\varepsilon} = \frac{47{,}68}{5} = \underline{9{,}536}$$

Eingesetzt in (20-21) und (20-22) und unter Verwendung der in den Tabellen 7-3 und 7-8 schon errechneten Teilergebnisse, resultieren:

$$\hat{\sigma}^2_{\hat{\alpha}_0} = \frac{9{,}536}{280'000} = \underline{0{,}000'034'057}$$

$$\hat{\sigma}^2_{\hat{\beta}} = \frac{9{,}536}{280'000} = \underline{0{,}000'034'057}$$

Für die Angabe der *Vertrauensintervalle* (siehe weiter unten) benötigen wir die jeweiligen *Standardabweichungen:*

$$\hat{\sigma}_{\hat{\alpha}_0} = \underline{2{,}610}$$

$$\hat{\sigma}_{\hat{\beta}} = \underline{0{,}005'836}$$

B. Die Verteilungen der Schätzer $\hat{\alpha}_0$ und $\hat{\beta}$

Die Herleitung aller bisherigen Ergebnisse setzte keine spezielle Annahme über den Typ der Zufallsverteilung der Störvariablen ε_i voraus. Wie wir von Kapitel XVII und XVIII her wissen, kann man ein Vertrauensintervall angeben und eine Parameterhypothese testen, wenn man die Verteilung der Schätzer resp. der Prüfgrößen kennt. Üblicherweise unterstellt man bei der Angabe von VI und bei den Tests, die ε_i seien *normalverteilt.* Da der Erwartungswert und die Varianz bereits durch (20-3) und (20-4) festgelegt sind, lautet die für das VI-Schätzen und Hypothesentesten *zentrale Annahme:*

$$\varepsilon_i = N(0;\sigma^2_\varepsilon)\ ;\quad i = 1, 2, \ldots, n \qquad (20\text{-}23)$$

Bemerkung:
Die Annahme der Normalverteilung der ε_i wird gelegentlich *kritisiert*. Sie ist aber nicht ganz unvernünftig. Man kann bezüglich den ε_i nämlich unterstellen, daß sie sich additiv aus einer sehr großen Zahl von voneinander unabhängigen Einzeleinflüssen und aus von vielen unabhängigen Faktoren resultierenden Meßfehlern zusammensetzen. Es spielen die ε_i daher in etwa die Rolle von Zufallsvariablen, für die die Voraussetzungen des *zentralen Grenzwertsatzes* zutreffen, so daß man zumindest eine approximative Normalverteilung für die einzelnen ε_i voraussetzen kann.

Aus der „Normalitätsannahme" für die ε_i folgt die Normalverteilung für alle Zufallsvariablen, die durch Transformationen aus den ε_i hervorgegangen sind. Im speziellen sind $\hat{\alpha}_0$ und $\hat{\beta}$, die gemäß (20-11) und (20-12) Linearkombinationen der Y_i und damit auch der ε_i sind, normalverteilt mit den durch (20-14) und (20-15) gegebenen Erwartungswerten und den durch (20-18) und (20-19) gegebenen Varianzen:

$$\hat{\alpha}_0 = N(\alpha_0;\ \sigma^2_{\hat{\alpha}_0}) \qquad (20\text{-}24)$$

$$\hat{\beta} = N(\beta;\ \sigma^2_{\hat{\beta}}) \qquad (20\text{-}25)$$

Begründung:
Eine Summe oder Linearkombination von Normal-ZV ist wieder eine Normal-ZV. Dieser Satz ist eine Verallgemeinerung von (14-55).

Die Schätzer für Varianzen sind, wie wir schon mehrfach gesehen haben, transformierte Chiquadratvariable. Im speziellen läßt sich zeigen, daß gilt:

$$\frac{\Sigma e_i^2/(n-2)}{\sigma_\varepsilon^2} = \frac{\hat{\sigma}_\varepsilon^2}{\sigma_\varepsilon^2} = \frac{Q\langle n-2\rangle}{n-2} \qquad (20\text{-}26)$$

Wir sind nun in der Lage, VI für die Parameter α_0 und β sowohl bei bekanntem als auch bei unbekanntem (und durch $\hat{\sigma}_\varepsilon^2$ geschätzten) σ_ε^2 anzugeben. Im ersten Fall können wir direkt von (20-24) resp. (20-25) ausgehen, im zweiten Fall müssen wir durch Quotientenbildung das (unbekannte) σ_ε^2 zum Verschwinden bringen und demzufolge zur T-Verteilung übergehen:

C. Ergebnisse

Fast immer ist bei den real auftretenden Situationen σ_ε^2 unbekannt. Daher wird im folgenden direkt davon ausgegangen, daß σ_ε^2, weil unbekannt, geschätzt werden muß. (In Aufgabe 20-1 wird verlangt, das VI für β bei bekanntem σ_ε zu konstruieren.) Die Konstruktion des VI geht bei unbekanntem σ_ε analog zu dem in Kapitel XVII, Abschnitt 17.3.B.2 gezeigten Verfahren vor sich. Wahrscheinlichkeitstheoretischer Ausgangspunkt sind die beiden folgenden Ausdrücke:

$$\boxed{\frac{\hat\alpha_0 - \alpha_0}{\hat\sigma_{\hat\alpha_0}} = T\,\langle n-2\rangle} \qquad (20\text{-}27)$$

$$\boxed{\frac{\hat\beta - \beta}{\hat\sigma_{\beta}} = T\,\langle n-2\rangle} \qquad (20\text{-}28)$$

Beweis für (20-28):

Wegen (20-25) ist $\frac{\hat\beta-\beta}{\sigma_\beta} = Z$. Wegen (20-26) ist $\frac{\hat\sigma_\varepsilon^2}{\sigma_\varepsilon^2} = \frac{Q\langle n-2\rangle}{n-2}$. Schreibt man σ_β gemäß (20-19) aus, bildet den Quotienten der beiden Ausdrücke und verwendet (20-22) als Definition für $\hat\sigma_\beta$, so resultiert einerseits der linke Teil von (20-28), und andererseits ist der Quotient gemäß (13-19) eine T-Verteilung mit n – 2 FG, so daß auch der rechte Teil von (20-28) folgt:

$$\frac{\dfrac{\hat\beta-\beta}{\sigma_\varepsilon/\sqrt{\Sigma x_i^2}}}{\hat\sigma_\varepsilon/\sigma_\varepsilon} = \frac{\hat\beta-\beta}{\hat\sigma_\varepsilon/\sqrt{\Sigma x_i^2}} = \frac{\hat\beta-\beta}{\hat\sigma_\beta}$$

$$\frac{Z}{\sqrt{\dfrac{Q\,\langle n-2\rangle}{n-2}}} = T\,\langle n-2\rangle$$

Zusätzlich zu beweisen wäre noch die Unabhängigkeit der ZV im Zähler und Nenner. Der Beweis für (20-27) verläuft analog.

Wegen (20-27) und (20-28) lassen sich die beiden folgenden *Wahrscheinlichkeitsaussagen* machen:

$$\boxed{1-\alpha = P\left(-\,t_{\alpha/2} \le \frac{\hat\alpha_0-\alpha_0}{\hat\sigma_{\hat\alpha_0}} \le t_{\alpha/2}\right)} \qquad (20\text{-}29)$$

$$\boxed{1-\alpha = P\left(-\,t_{\alpha/2} \le \frac{\hat\beta-\beta}{\hat\sigma_{\beta}} \le t_{\alpha/2}\right)} \qquad (20\text{-}30)$$

($t_{\alpha/2}$ ist jeweils ein $\alpha/2$-Quantil der $T\langle n-2\rangle$.)

Aufgrund dieser Wahrscheinlichkeitsaussagen kann man die Vertrauensintervalle (bei einem Vertrauensniveau von $1-\alpha$) konstruieren:

<u>*VI für α_0:*</u>

$$[a_0 - t_{\alpha/2} \cdot \hat{\sigma}_{\hat{\alpha}_0} \leq \alpha_0 \leq a_0 + t_{\alpha/2} \cdot \hat{\sigma}_{\hat{\alpha}_0}] \qquad (20\text{-}31)$$

<u>*VI für β:*</u>

$$[b - t_{\alpha/2} \cdot \hat{\sigma}_{\beta} \leqslant \beta \leqslant b + t_{\alpha/2} \cdot \hat{\sigma}_{\beta}] \qquad (20\text{-}32)$$

Als *Balkenschemata,* wie sie in Kap. XVII eingeführt wurden, veranschaulicht:

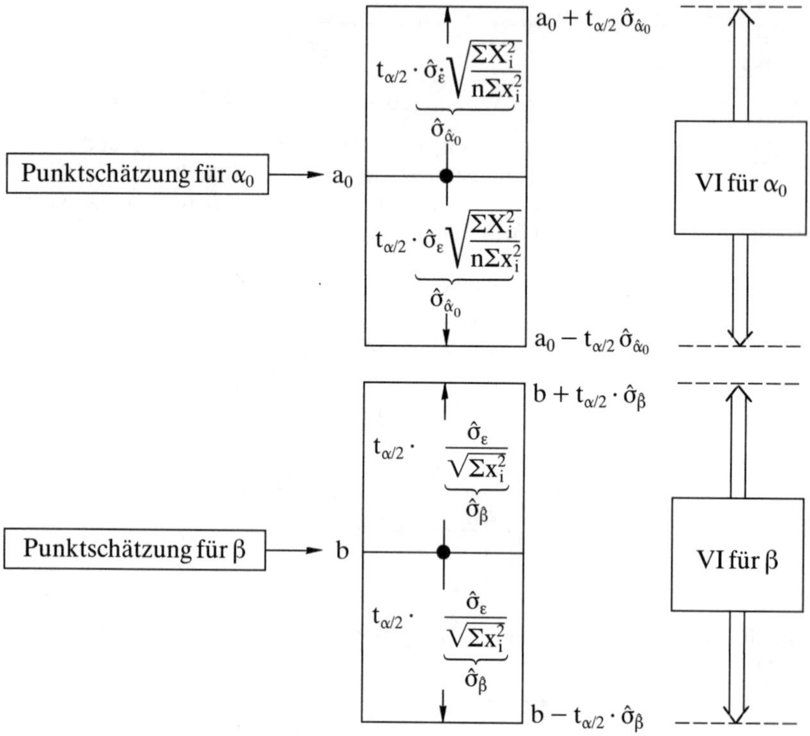

<u>Beispiel:</u>
Für das Reklame/Umsatzbeispiel (Daten von Tabelle 20-1) ergeben sich die beiden folgenden Vertrauensintervalle, wenn man ein 95%-Vertrauensniveau festlegt:

<u>*VI für α_0:*</u>

Es ist $\hat{\sigma}_{\hat{\alpha}_0} = 2{,}610$ und $t_{0,025} < 5 > = 2{,}571$ und somit resultiert

$$[31{,}6 - 2{,}571 \cdot 2{,}610 \leqslant \alpha_0 \leqslant 31{,}6 + 2{,}571 \cdot 2{,}610],$$

d. h.

$$\underline{[24{,}9 \leqslant \alpha_0 \leqslant 38{,}3]}.$$

In Worten:

Ohne Reklameausgaben hätte sich der Firmenumsatz auf zwischen 24,9 Mio. DM und 38,3 Mio. DM (im Durchschnitt: 31,6 Mio. DM) belaufen.

VI für β:

Es ist $\hat{\sigma}_\beta = 0{,}005'836$, und somit resultiert:

$$[0{,}071 - 2{,}571 \cdot 0{,}005'836 \leq \beta \leq 0{,}071 + 2{,}571 \cdot 0{,}005'836],$$

d. h.

$$\underline{[0{,}056 \leq \beta \leq 0{,}086]}.$$

In Worten:

Eine zusätzliche DM für Reklame hat eine Umsatzzunahme zwischen 56 und 86 DM (im Durchschnitt: 71 DM) zur Folge.

D. Die Breite der Vertrauensintervalle

Die Breite der VI für α_0 und β hängt von *drei Größen* ab. Es sei dies für den Parameter β gezeigt, der den Anstieg der Regressionsgeraden angibt. Um die drei Größen klar und deutlich erkennbar zu machen, bringen wir (20-22) in die folgende Form:

$$\hat{\sigma}_\beta^2 = \frac{\hat{\sigma}_\varepsilon^2}{\Sigma x_i^2} = \frac{\hat{\sigma}_\varepsilon^2}{n \cdot \frac{\Sigma (X_i - \bar{X})^2}{n}} = \frac{\hat{\sigma}_\varepsilon^2}{n \cdot s_x^2} \quad ,$$

$$\Rightarrow \hat{\sigma}_\beta = \frac{\hat{\sigma}_\varepsilon}{\sqrt{n}\, s_x} \,. \qquad (20\text{-}33)$$

Der rechte Ausdruck von (20-33) enthält die drei für die zahlenmäßige Größe von $\hat{\sigma}_\beta$ und damit für die Breite des VI zu β gemäß (20-32) bestimmenden Größen:

a) Die Schätzung $\hat{\sigma}_\varepsilon$ für σ_ε: Je größer die Streuung der ε_i ist, d. h. je größer σ_ε, desto größer ist (erwartungsgemäß) auch $\hat{\sigma}_\varepsilon$, die zahlenmäßige Schätzung für das unbekannte σ_ε. Da mit größerem $\hat{\sigma}_\varepsilon$ der Zähler von (20-33) größer wird, *hängt die Genauigkeit der Schätzung* von β von der Größe von $\hat{\sigma}_\varepsilon$ ab. Es sei dies unter Rückgriff auf die in Kapitel VIII verwendeten Zahlen verdeutlicht. Wir hatten dort zur Illustration der Bedeutung des Korrelations- resp. Determinationskoeffizienten r resp. r^2 hypothetisch drei verschiedene Datenreihen angenommen (siehe Tabelle 8-1 und Fig. 8-1). Für die 1. Datenreihe, die den Daten von Tabelle 20-1 entspricht, beträgt, wie oben bereits gesagt, $\hat{\sigma}_\varepsilon = \sqrt{9{,}528} = 3{,}087$. Mit diesem geschätzten Wert für σ_ε ist soeben das VI $[0{,}057 \leq \beta \leq 0{,}086]$ berechnet worden. Ausgehend von der 2. resp. 3. Datenreihe von Tabelle 8-1 ergäben sich jedoch folgende Werte für $\hat{\sigma}_\varepsilon$:

2. Datenreihe

$$\hat{\sigma}_\varepsilon = \sqrt{58{,}310} = \underline{7{,}636}$$

3. Datenreihe:

$$\hat{\sigma}_\varepsilon = \sqrt{589{,}176} = \underline{24{,}273}$$

● **Kontrollfrage 10:** Zeigen Sie, wie Sie aus den in Kapitel VIII, Abschnitt 8.4 angegebenen Werten für ${}_{u}s_y^2 = 41{,}65$ (2. Datenreihe) und ${}_{u}s_y^2 = 420{,}84$ (3. Datenreihe) die Werte von $\hat{\sigma}_\varepsilon$ direkt berechnen können.

Die entsprechenden Schätzungen $\hat{\sigma}_\beta$ und die damit zu konstruierenden VI würden demnach lauten:

2. Datenreihe:

$$\hat{\sigma}_\beta = \frac{7{,}636}{\sqrt{280'000}} = \underline{0{,}014'431}$$

Daraus würde als 95%-VI resultieren:

$$[0{,}071 - 2{,}571 \cdot 0{,}014'431 \leq \beta \leq 0{,}071 + 2{,}571 \cdot 0{,}014'431],$$

$$\text{d. h. } \underline{[0{,}034 \leq \beta \leq 0{,}108]}.$$

3. Datenreihe:

$$\hat{\sigma}_\beta = \frac{24{,}273}{\sqrt{280'000}} = \underline{0{,}045'872}$$

Daraus würde als 95%-VI resultieren:

$$[0{,}071 - 2{,}571 \cdot 0{,}045'872 \leq \beta \leq 0{,}071 + 2{,}571 \cdot 0{,}045'872],$$

$$\text{d. h. } \underline{[-0{,}046 \leq \beta \leq 0{,}189]}.$$

Man sieht jetzt, daß für die 2. Datenreihe (etwas weniger strammer Zusammenhang – vgl. Fig. 8-1, mittlere Punktwolke) das VI bereits um das rund 1,5fache nach beiden Seiten hin breiter ist als für die Daten der 1. Datenreihe. Für die 3. Datenreihe (sehr lockere Punktwolke, siehe Fig. 8-1 rechts) überdeckt das nunmehr sehr breite VI für β sogar den Wert 0. (Auf diesen wichtigen Punkt ist im nächsten Abschnitt (Hypothesentests) nochmals zurückzukommen.)

Resultat:

Man erkennt, *daß eine kleine Streuung der Beobachtungen Y_i um die berechnete Regressionsgerade als Schätzung für die Streuung der ε_i sich positiv auf die Genauigkeit der Schätzung von β auswirkt.* Als genau wird dabei eine Schätzung dann bezeichnet, wenn das 95%-VI relativ schmal ist.

Bemerkung:

Als Nebenprodukt erhielten wir soeben auch noch eine neue Einsicht in die Bedeutung von r^2. *Ein nahe bei 1 resp. 100% gelegenes r^2 impliziert ceteris paribus eine relativ genaue Schätzung der Regressionskoeffizienten α_0 und β.*

---

b) Die Größe der Stichprobe n: Da bei (20-33) $\sqrt{n}$ im Nenner steht, bestätigt sich die alte Erfahrung, daß bei wachsendem Stichprobenumfang ein kleiner werdendes VI resultiert. *Je größer die Zahl der Beobachtungen, desto kleiner wird $\hat{\sigma}_\beta$ und damit die Breite des VI.*

● **Kontrollfrage 11:** In welcher Weise hängt das VI für μ von n ab?

---

c) Die Streuung der X_i: Ausgedrückt durch s_x bedeutet eine kleine Streuung der Beobachtungen des Regressors X eine ungünstigere Ausgangslage als eine große Streuung. Da s_x bei (20-33) im Nenner steht, *wird $\hat{\sigma}_\beta$ und damit das zu β* gehörende VI um so größer, je kleiner s_x ist. „Weit auseinandergezogene" Werte von X_i ermöglichen hingegen eine genauere Schätzung des VI für den Koeffizienten β.

In Fig. 20-6 sind die Einflüsse illustriert, die von den unter a) bis c) aufgeführten Größen auf die Schätzgenauigkeit von β ausgehen. Dargestellt sind neben der wahren Regressionsgeraden Δ jeweils drei zu 3 verschiedenen Stichproben gehörende berechnete Regressionsgeraden. Eine relativ genaue Schätzung von β (kleines VI für β) kommt darin zum Ausdruck, daß die Anstiege der berechneten Regressionsgeraden relativ wenig abweichen vom Anstieg β der wahren Regressionsgeraden (kleine Streuung der b).

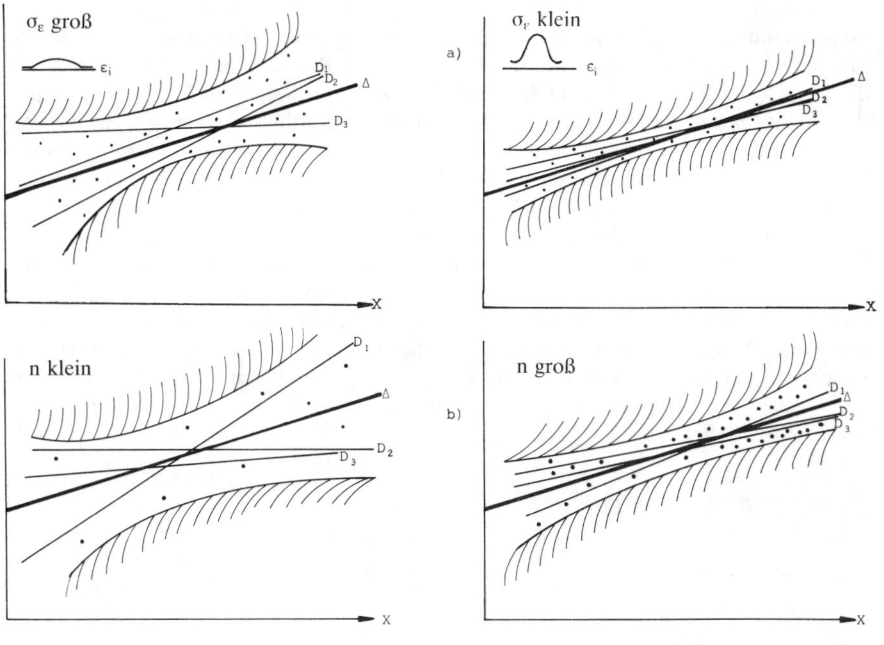

Fig. 20-6: Der Einfluß von σ_ε und n auf die Streuung der Anstiege b der berechneten Regressionsgeraden (Fortsetzung der Fig. 20-6 auf der nächsten Seite)

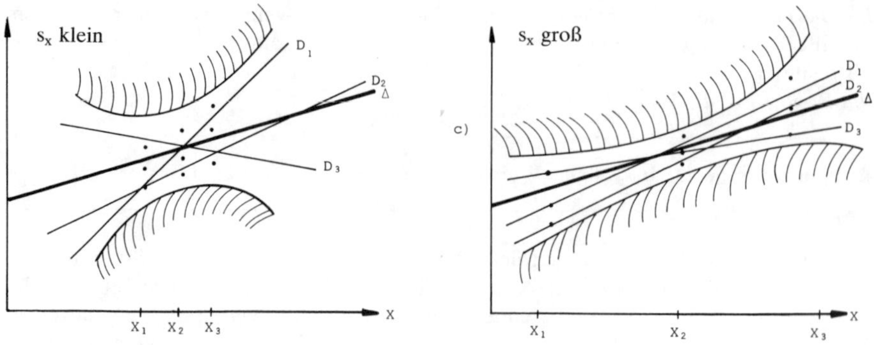

Fig. 20-6: Der Einfluß von s_x auf die Streuung der Anstiege b der berechneten Regressionsgeraden (gezeigt sind jeweils 3 Stichproben und 3 dazugehörige berechnete Regressionsgeraden)

20.5 Hypothesentest bezüglich β

Man kann sowohl bezüglich α_0 wie auch bezüglich β (parametrische) Hypothesentests durchführen. Um die Ausführungen kurz zu halten, wird im folgenden nur ein Hypothesentest bezüglich β bei unbekanntem σ_ε vorgeführt. Die praktisch wichtigste Hypothese, deren Testen geradezu ein *„Muß"* der Regressionsanalyse darstellt, ist die H_0: $\beta = 0$. *Diese Nullhypothese beinhaltet, daß vom Regressor X kein Einfluß auf den Regressanden ausgeht.* Natürlich testet man gelegentlich auch andere Werte von β als Nullhypothese, doch kommt der speziellen Nullhypothese $\beta = 0$ insofern eine Sonderstellung zu, als im Fall ihrer Nichtablehnung (Annahme) die Möglichkeit, daß X ohne Einfluß auf Y ist, nicht auszuschließen ist. Bleibt die Möglichkeit $\beta = 0$ bestehen (bei einem vorgegebenen Signifikanzniveau α), dann bezeichnet man in Kurzform einen berechneten Parameter b als „nichtsignifikant", d. h. als *nicht signifikant von Null verschieden.* Für den Statistiker oder Ökonometriker bedeutet dieser Fall meist eine große Enttäuschung, denn sein Bestreben geht dahin, einen Einfluß von X auf Y nachzuweisen (und ihn quantitativ durch b zu schätzen). Die wissenschaftliche Ehrlichkeit zwingt jedoch dazu, es dem Benutzer mitzuteilen, falls ein berechneter Wert b eventuell *nur zufallsbedingt den berechneten, von Null verschiedenen Wert besitzt.*

Durchführung des Tests für $\beta = 0$:

$$\text{Hypothesen: } H_0\text{: } \beta = 0$$
$$H_A\text{: } \beta > 0$$

Die Nullhypothese wird illustriert durch Fig. 20-7: Der Anstieg von Δ beträgt 0.

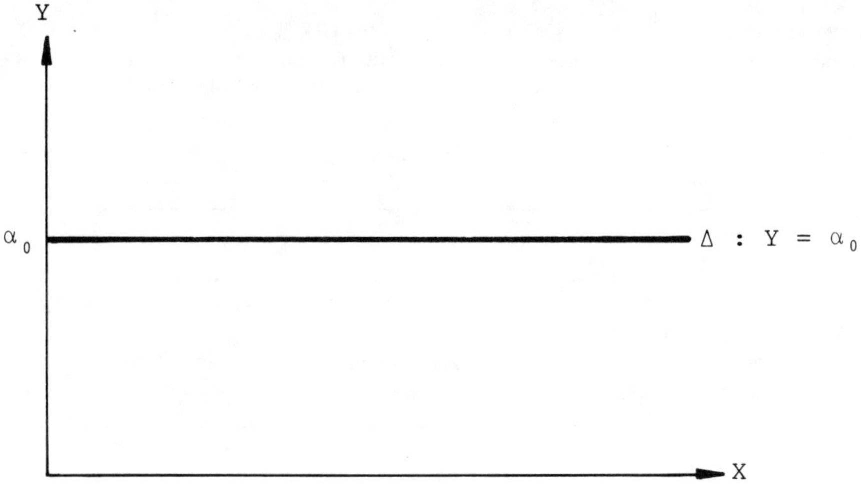

Fig. 20-7: Kein theoretischer Zusammenhang zwischen X und Y ($\beta = 0$)

Bei der für das Reklame/Umsatzbeispiel naheliegenden rechtsseitigen Alternativhypothese ist ein rechtsseitiger Test durchzuführen. Bei einer sachlich begründeten Alternativhypothese $\beta \neq 0$ wäre zweiseitig zu testen. Es soll mit $\alpha = 0{,}05$ als Signifikanzniveau getestet werden.

Prüfgröße:

Bei unbekanntem σ_ε ist die Prüfgröße eine T-Verteilung mit n – 2 FG, wie sie durch (20-28) gegeben ist. Im Fall der H_0 mit $\beta = 0$ folgt als grundlegende Gleichung für einen rechtsseitigen Test bei einem Signifikanzniveau α:

$$\alpha = P\left(\frac{\hat{\beta} - 0}{\hat{\sigma}_{\beta}} \geq t_{\alpha}\langle n-2\rangle\right) \tag{20-34}$$

Dieser Ausdruck entspricht (18-16) für den Test bezüglich μ bei unbekanntem σ_x.

Annahmebereich der H_0:

$$\frac{b - 0}{\hat{\sigma}_{\beta}} < t_{\alpha} \tag{20-35}$$

Ablehnungsbereich der H_0:

$$\frac{b - 0}{\hat{\sigma}_{\beta}} \geq t_{\alpha} \tag{20-36}$$

Hinweis:
Annahme- und Ablehnungsbereich können ebenfalls analog zu (18-17) und (18-18) für den Parameter b angegeben werden. Der kritische Wert würde dann $b_\alpha = t_\alpha \cdot \hat{\sigma}_\beta$ lauten.

Beispiel:
Für $\alpha = 0{,}05$ und $n = 7$ beträgt das den kritischen Wert darstellende Quantil der T-Verteilung $t_{0,05}\langle 5\rangle = 2{,}015$. Bei $b = 0{,}071$ und $\hat{\sigma}_\beta = 0{,}005'836$ resultiert ein Wert $t = 12{,}17$ als Realisation der $T\langle 5\rangle$. Er liegt weit rechts vom kritischen Wert. Die Nullhypothese kann also abgelehnt, der Zusammenhang von X und Y als statistisch gesichert und der berechnete Koeffizient als signifikant bezeichnet werden.

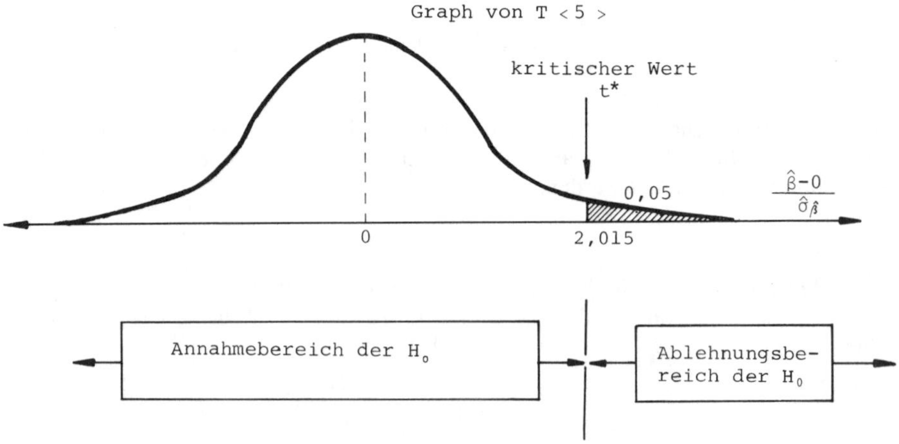

Fig. 20-8: Annahme- und Ablehnungsbereich der Nullhypothese $\beta = 0$

Beispielvarianten:

Wir wollen nochmals die in Tabelle 8-1 und Fig. 8-1 als 2. und 3. Datenreihe bezeichneten Beobachtungen verwenden. Wie in Abschnitt 20.4.D angegeben, beträgt für die 2. Datenreihe (mit einem $r^2 = 0{,}83$) die Schätzung der Standardabweichung $\hat{\sigma}_\beta = 0{,}014'431$. Für die 3. Datenreihe mit einem $r^2 = 0{,}32$ beträgt $\hat{\sigma}_\beta = 0{,}045'872$. Der Test der Hypothese $\beta = 0$ führt bei einem Signifikanzniveau von 5% zu folgenden Entscheidungen:

2. Datenreihe:

$$t = \frac{0{,}071}{0{,}014'431} = \underline{4{,}92 > 2{,}015 = t_{0,05}}$$

Entscheidung: *Ablehnung der H_0.* Die Entscheidung ist gleichlautend wie im bisher behandelten Fall der 1. Datenreihe.

3. Datenreihe:

$$t = \frac{0{,}071}{0{,}045'872} = \underline{1{,}55 < 2{,}015 = t_{0,05}}$$

Entscheidung: *Annahme der H_0.*

Im Fall der 3. Datenreihe muß der berechnete Koeffizient b = 0,071 als *nicht signifikant* bezeichnet werden. Was in Kapitel VIII, Abschnitt 8.4 zu dieser 3. Datenreihe mit einem r^2 = 32% bereits gesagt wurde, ist jetzt in anderer Weise bestätigt. *Die Variable X vermag nicht zu überzeugen, ihre Erklärungskraft für Y ist schwach.* Es könnte sogar sein, daß in Tat und Wahrheit *überhaupt kein Einfluß* von X auf Y ausgegangen ist und der berechnete Wert von b = 0,071 *nur durch Zufall* zustande kam. In einem solchen Fall muß man *ein neues Modell* mit einer anderen Größe als erklärender Variablen suchen.

20.6 Prognosen

Die Regressionsanalyse versucht Zusammenhänge zu bestimmen. Gerade bei wirtschafts- und sozialwissenschaftlichen Anwendungen will man diese Zusammenhänge aber nicht um ihrer selbst willen ermitteln, sondern um mit ihnen Prognosen zu erstellen. Wenn man Prognosen macht, begibt man sich freilich auf ein sehr glattes Parkett. Man sollte sich daher zuerst Rechenschaft ablegen, ob die folgenden Voraussetzungen gegeben sind:

1) Daß die Modellannahmen auch noch *im Zeitpunkt* und *für den Ort* gelten, für den die Prognose Geltung beansprucht. Insbesondere dürfen keine *„Strukturbrüche"* bei den Rahmenbedingungen aufgetreten sein.

2) Wenn man einen linearen Zusammenhang geschätzt hat, dann muß man Grund zu der Annahme haben, daß die *Linearität* auch noch für jenen Bereich gilt, für den die Prognose erstellt wird. Oft kann man nichtlineare Zusammenhänge linear approximieren, aber sobald man sich zu weit auf die Äste hinauswagt, d. h. eine Prognose für ein Y erstellt, das zu weit außerhalb der für die Schätzung herangezogenen Werte von X gehört, wird die Prognose falsch.

3) *Die geschätzten Koeffizienten, speziell b, müssen sich als signifikant erwiesen haben.*

Auch wenn alle Voraussetzungen vorliegen, eine Prognose im Prinzip also zulässig ist, muß man Prognosen mit einem Vertrauens- resp. Prognoseintervall umgeben. Das folgt aus der Zufälligkeit, mit der Stichprobendaten immer behaftet sind.

Im folgenden wird eine *Prognose* als Punktschätzung und werden *zwei zugehörige Unsicherheitsbereiche* – ein 95%-Vertrauensintervall und ein 95%-Prognosebereich – für die abhängige Variable Y gegeben. Die Prognose und die Unsicherheitsbereiche sollen allgemein für einen Wert X* und konkret im Reklame/Umsatzbeispiel für X* = 800 angegeben werden.

A. Prognosewert als Punktschätzung

Als Prognose-Punktschätzung wird der auf der berechneten Regressionsgeraden liegende, zu X* gehörende Wert des Schätzers $\hat{Y}^*$ bezeichnet.

Prognosewert:

$$\hat{Y}^* = a_0 + bX^* \qquad (20\text{-}37)$$

Reklame/Umsatzbeispiel:

Bei $X^* = 800$ resultiert:

$$\hat{Y}^* = 31{,}6 + 0{,}071 \cdot 800 = \underline{88{,}4}$$

In Worten:

Bei einem Werbebudget von 800'000 DM wäre ein Umsatz von 88,4 Mio. DM zu erwarten, falls die für die „Stützdaten" von X = 100 bis X = 700 geltenden Rahmenbedingungen als gleichbleibend vorausgesetzt werden können, falls insbesondere bei den Konkurrenten keine Reaktionen stattfinden und falls die vorhandenen Kapazitäten überhaupt eine solche Umsatzzunahme zulassen.

B. Vertrauensintervall zur Punktschätzung

Die durch (20-37) angegebene Prognose $\hat{Y}^*$ *hat den Charakter einer Parameter-Punktschätzung.* So wie wir früher μ durch ein aufgrund einer Stichprobe berechnetes $\bar{x}$ (punkt-)geschätzt haben, so schätzen wir jetzt ${}_\Delta Y^* = \alpha_0 + \beta X^*$ durch $\hat{Y}^*$, und es gilt gemäß (20-17):

$$E(\hat{Y}^*) = {}_\Delta Y^* = \alpha_0 + \beta X^*$$

Durch (20-17) wird zwischen $\hat{Y}^*$ und ${}_\Delta Y^*$ eine zu (15-13) analoge Beziehung hergestellt. Entsprechend zu $E(\overline{X}) = \mu$ gilt, daß der Erwartungswert eines aufgrund einer Stichprobe berechneten $\hat{Y}^*$ der auf der wahren Regressionsgeraden liegende Wert ${}_\Delta Y^*$ ist. Dieses ${}_\Delta Y^*$ ist eine nichtstochastische Größe, d. h. eine zwar unbekannte, jedoch bestimmte Zahl. Um den geschätzten Parameterwert legen wir in klassischer Weise ein Vertrauensintervall. Es gibt uns an, in welchen Bereich in z.B. 95% der Fälle der wahre Parameterwert ${}_\Delta Y^*$ fällt.

95%-Vertrauensintervall für ${}_\Delta Y^*$:

$$[\hat{Y}^* - t_{0,025} \cdot \hat{\sigma}_{\hat{Y}^*} \leq {}_\Delta Y^* \leq \hat{Y}^* + t_{0,025} \cdot \hat{\sigma}_{\hat{Y}^*}] \qquad (20\text{-}38)$$

Hierbei ist $\hat{Y}^*$ der durch (20-37) angegebene Prognosewert, $t_{0,025}$ ein Quantil der $T\langle n-2\rangle$ und $\hat{\sigma}_{\hat{Y}^*}$ die geschätzte *Standardabweichung des zu erwartenden Prognosewertes* ${}_\Delta Y^*$:

$$\hat{\sigma}_{\hat{Y}^*} = \hat{\sigma}_\varepsilon \sqrt{\frac{1}{n} + \frac{(X^* - \overline{X})^2}{\Sigma x_i^2}} \qquad (20\text{-}39)$$

Reklame/Umsatzbeispiel:

Mit den Daten von Tabelle 20-1 ergibt sich für $X^* = 800$:

$$\hat{\sigma}_{\hat{Y}^*} = 3{,}087 \cdot \sqrt{\frac{1}{7} + \frac{(800 - 400)^2}{280'000}} = \underline{2{,}609}$$

Das zu verwendende Quantil der T⟨5⟩ beträgt $t_{0,025} = \underline{2{,}571}$. Da zu $X^* = 800$ der Prognosewert $\hat{Y}^* = 88{,}4$ gehört, folgt als 95%-VI:

$$[88{,}4 - 2{,}571 \cdot 2{,}609 \leq {}_{\Delta}Y^* \leq 88{,}4 + 2{,}571 \cdot 2{,}609],$$

$$\text{d.h. } \underline{[81{,}7 \leq {}_{\Delta}Y^* \leq 95{,}1]}$$

In Worten:

Der Erwartungswert (Durchschnitt) für den Umsatz liegt bei einem Werbebudget von 800'000 DM mit 95% Sicherheit zwischen 81,7 und 95,1 Mio. DM.

Balkendiagramm:

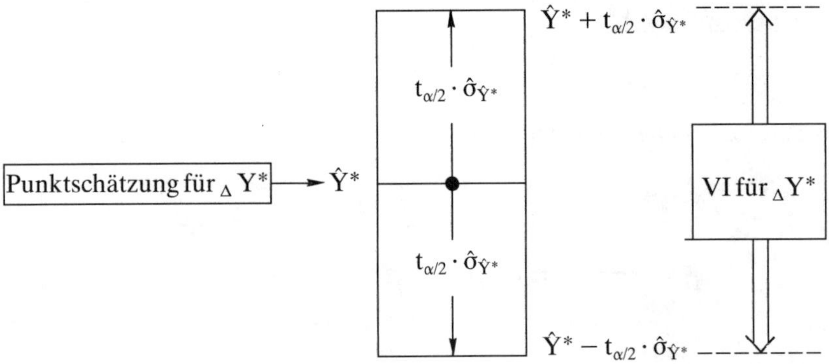

Bemerkungen:

1) Die durch (20-39) gegebene Standardabweichung hängt neben $\hat{\sigma}_\varepsilon$ (als Schätzung für das unbekannte σ_ε) und neben n ab von der Entfernung $X^* - \overline{X}$. Je weiter man „sich auf die Äste hinauswagt", desto breiter wird somit das Vertrauensintervall, desto unsicherer also die Schätzung.

2) Für die Herleitung von (20-39) muß man von (20-16) ausgehen und dann (19-54) anwenden. Man findet diese Herleitung in den meisten Lehrbüchern, die die Regressionsanalyse behandeln. Ebenso wird dort gezeigt, daß die Größe $\frac{\hat{Y}^* - {}_{\Delta}Y^*}{\hat{\sigma}_{\hat{Y}^*}} = T\,\langle n-2\rangle$ ist.

C. Prognosebereich für den individuellen Wert Y*

Bei der Herleitung des Begriffs „Vertrauensintervall" wurde in Kapitel XVII mit dem Begriff Prognoseintervall (Prognosebereich) vertraut gemacht. Sobald man für eine Zufallsvariable ihre Verteilung und ihre Parameter kennt, kann man Bereiche angeben, in die mit vorgegebener Wahrscheinlichkeit die Realisationen dieser ZV fallen.

Mit Y^* soll jetzt eine ZV bezeichnet werden, die an der Stelle $X = X^*$ als Realisationen die möglichen Beobachtungswerte des Regressanden annimmt. Um jede Verwechslung von Y^* mit $\hat{Y}^*$ zu vermeiden, wird Y^* auch als *individueller Prognosewert* bezeichnet. Als Schätzung für Y* verwendet man wiederum den Wert, den der Schätzer $\hat{Y}^*$ liefert, d. h. den Wert auf der berechneten Regressionsgeraden. Um den Bereich angeben zu können, in den mit einer Wahrscheinlichkeit von 1–α die Realisationen von Y* fallen, muß man die geschätzte *Standardabweichung des individuellen Prognosewertes* verwenden:

$$\boxed{\hat{\sigma}_{Y^*} = \hat{\sigma}_\varepsilon \cdot \sqrt{1 + \frac{1}{n} + \frac{(X^* - \overline{X})^2}{\Sigma x_i^2}}} \qquad (20\text{-}40)$$

$\hat{\sigma}^2_{Y^*}$ ist um $\hat{\sigma}^2_\varepsilon$ größer als $\hat{\sigma}^2_{\hat{Y}^*}$, das durch (20-39) gegeben ist, weil die Streuung von Y* durch zwei Faktoren bestimmt wird: durch die Streuung von ε* bei X = X* und durch die Streuung von $\hat{Y}^*$.

<u>*Prognosebereich für Y*:*</u>

$$[\hat{Y}^* - t_{\alpha/2} \cdot \hat{\sigma}_{Y^*} \leq Y^* \leq \hat{Y}^* + t_{\alpha/2} \cdot \hat{\sigma}_{Y^*}] \qquad (20\text{-}41)$$

Als *Balkendiagramm* dargestellt:

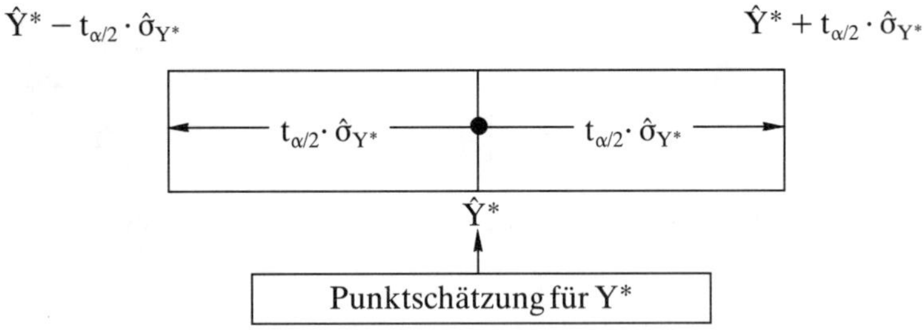

Reklame/Umsatzbeispiel:

Für X* = 800 resultiert

$$\hat{\sigma}_{Y^*} = 3{,}087 \cdot \sqrt{1 + \frac{1}{7} + \frac{(800 - 400)^2}{280'000}} = 4{,}042$$

Bei α = 0,05 beträgt $t_{0,025}\langle 5\rangle = 2{,}571$. Somit gehört zu X* = 800 als 95%-Prognosebereich:

$$[88{,}4 - 2{,}571 \cdot 4{,}042 \leq Y^* \leq 88{,}4 + 2{,}571 \cdot 4{,}042],$$

$$\text{d. h.} \quad [\underline{78{,}0 \leq Y^* \leq 98{,}8}]$$

<u>*In Worten:*</u>

Bei einem Werbebudget von 800'000 DM ist mit 95% Wahrscheinlichkeit ein Umsatz von zwischen 78,0 und 98,8 Mio. DM zu prognostizieren.

Bemerkungen:

1) Für den Praktiker ist in der Regel der Prognosebereich für den individuellen Wert Y* der wichtigere Unsicherheitsbereich um die Punktschätzung $\hat{Y}^*$, weil eine Angabe für eine konkrete Größe (den Umsatz) und nicht für eine konstruierte Größe (einen Durchschnitt) gemacht wird.

2) Die soeben gezeigten Verfahren für die Konstruktion von Vertrauensintervallen und Prognosebereichen ist nicht auf *Extrapolationen* beschränkt, sondern kann ebenfalls für *Interpolationen* verwendet werden. Tabelle 20-2 gibt für einige Werte von X* die zugehörigen 95%-Unsicherheitsbereiche an. Durch Fig. 20-9 werden sie illustriert. Man erkennt sehr deutlich, wie beide Unsicherheitsbereiche bei $X^* = \overline{X} = 400$ am schmalsten sind und mit wachsender Entfernung immer breiter werden.

● **Kontrollfrage 12:** Stimmt es, daß man mit Extrapolationen deswegen zurückhaltend sein muß, weil das Vertrauensintervall und der Prognosebereich immer breiter werden, je weiter man sich von den der Berechnung zugrundeliegenden Daten entfernt?

Tab. 20-2: 95%-Vertrauensintervalle und 95%-Prognosebereiche für das Reklame/Umsatzbeispiel (Daten von Tabelle 20-1)

			VI			Prognosebereich	
X^*	$\hat{Y}^*$	$\hat{\sigma}_{\hat{Y}^*}$	von	bis	$\hat{\sigma}_{Y^*}$	von	bis
100	38,7	2,10	33,3	44,1	3,74	29,1	48,3
150	42,2	1,87	37,4	47,0	3,61	33,0	51,5
200	45,8	1,65	41,5	50,0	3,50	36,8	54,8
250	49,3	1,46	45,6	53,1	3,42	40,6	58,1
300	52,9	1,30	49,5	56,2	3,35	44,3	61,5
350	56,4	1,20	53,4	59,5	3,31	47,9	65,0
400	60,0	1,17	57,0	63,0	3,30	51,5	68,5
450	63,6	1,20	60,5	66,6	3,31	55,0	72,1
500	67,1	1,30	63,8	70,5	3,35	58,5	75,7
550	70,7	1,46	66,9	74,4	3,42	61,9	79,4
600	74,2	1,65	70,0	78,5	3,50	65,2	83,2
650	77,8	1,87	73,0	82,6	3,61	68,5	87,0
700	81,3	2,10	75,9	86,7	3,74	71,7	90,9
750	84,9	2,35	78,8	90,9	3,88	74,9	94,9
800	88,4	2,61	81,7	95,1	4,04	78,0	98,8

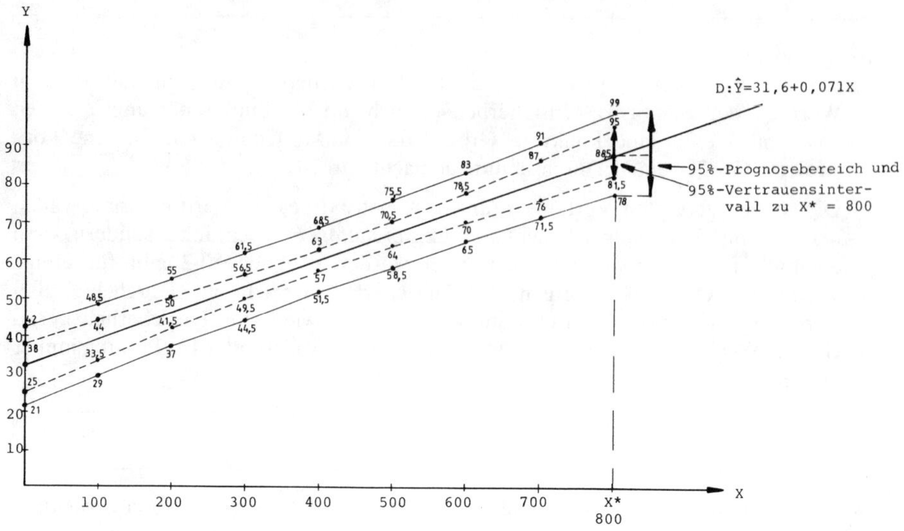

Fig. 20-9: Berechnete Regressionsgerade, Vertrauensintervalle und Prognosebereiche

20.7 Aufgaben mit Lösung

Aufgabe 20-1:
Im Reklame/Umsatz-Beispiel mußte für die Berechnung des VI für β die unbekannte Größe σ_ε^2 geschätzt werden. Leiten Sie die entsprechende Formel für dieses VI für den Fall her, in welchem σ_ε^2 als bekannt vorausgesetzt wird, und berechnen Sie das VI für das Reklame/Umsatzbeispiel mit $\sigma_\varepsilon^2 = 10$ und $\alpha = 0{,}05$.

Lösung:

Aus $\hat{\beta} = N(\beta; \sigma_\beta^2)$ folgt in Entsprechung zu Formel (17-13):

$$P(\hat{\beta} - z_{\alpha/2}\,\sigma_\beta \leq \beta \leq \hat{\beta} + z_{\alpha/2}\,\sigma_\beta) = 1 - \alpha.$$

Da $\sigma_\beta = \dfrac{\sigma_\varepsilon}{\sqrt{\Sigma x_i^2}}$ bekannt ist, beträgt das VI für β:

$$\left[b - z_{\alpha/2}\,\frac{\sigma_\varepsilon}{\sqrt{\Sigma x_i^2}} \leq \beta \leq b + z_{\alpha/2}\,\frac{\sigma_\varepsilon}{\sqrt{\Sigma x_i^2}}\right]$$

$$\left[0{,}071 - 1{,}96 \cdot \sqrt{\frac{10}{280'000}} \leq \beta \leq 0{,}071 + 1{,}96\sqrt{\frac{10}{280'000}}\right]$$

$$\underline{[0{,}059 \leq \beta \leq 0{,}083]}$$

Aufgabe 20-2:
Ein Unternehmer hat folgende 10 Beobachtungspaare vorliegen, wobei X die Menge hergestellter Produkte und Y die dabei aufgetretenen Kosten bedeutet. Er unterstellt eine lineare Kostenfunktion

X (in 1000 Stck.)	Y (in Fr.)
5	13'500
12	17'700
13	17'800
17	18'100
21	24'000
25	27'200
29	31'500
31	31'700
35	34'000
36	34'200

a) Welche Annahmen müssen Sie machen, um den Zusammenhang zwischen X und Y in der Grundgesamtheit feststellen zu können?

b) Wie lautet die geschätzte Kostenfunktion?

c) Geben Sie ein 95%-Vertrauensintervall für die Grenzkosten und fixen Kosten des Unternehmers an.

d) Sind die berechneten Koeffizienten signifikant von Null verschieden? Setzen Sie $\alpha = 0{,}05$.

e) Mit welchen Kosten wäre im Durchschnitt bei einer Produktion von $X^* = 40$ zu rechnen?

Lösung:

a) Siehe die fünf Modellannahmen im Abschnitt 20.2.B sowie die Normalitätsannahme (20-23).

b) $\hat{Y} = a_0 + bX$

$$b = \frac{\Sigma X_i Y_i - n\overline{X}\,\overline{Y}}{\Sigma X_i^2 - n\overline{X}^2} = \frac{6'320'400 - 10 \cdot 22{,}4 \cdot 24'970}{6016 - 10 \cdot 22{,}4} = \frac{727'120}{998{,}4} =$$

$$= \underline{728{,}28526}$$

$$a_0 = \overline{Y} - b\overline{X} = 24'970 - 728{,}28526 \cdot 22{,}4 = \underline{8'656{,}41}$$

$$\underline{\hat{Y} = 8'656{,}41 + 728{,}28526 \cdot X}$$

c) *Vertrauensintervall für Grenzkosten (β):*

$$= b \pm t_{0,025}\langle 8 \rangle \underbrace{\frac{\hat{\sigma}_\varepsilon}{\sqrt{\Sigma x_i^2}}}_{\hat{\sigma}_\beta}$$

$$= b \pm 2{,}306 \cdot \frac{1'325{,}25}{\sqrt{998{,}4}} = b \pm 96{,}72$$

$$\underline{[631{,}57 \leq \beta \leq 825{,}00]}$$

Vertrauensintervall für Fixkosten (α_0):

$$= a_0 \pm t_{0,025}\langle 8 \rangle \frac{\hat{\sigma}_\varepsilon \sqrt{\Sigma X_i^2}}{\sqrt{n \Sigma x_i^2}}$$

$$= a_0 \pm 2{,}306 \cdot \frac{1'325{,}25 \cdot \sqrt{6'016}}{\sqrt{9'984}}$$

$$= a_0 \pm 2'372{,}24$$

$$\underline{[6'284{,}17 \leq \alpha_0 \leq 11'028{,}65]}$$

d) Beide Koeffizienten sind signifikant, da beide VI den Wert 0 nicht enthalten.

e) $a_0 + bX^* = \underline{37'788 \text{ Fr.}}$

Aufgabe 20-3:

Zeichnen Sie nochmals ein Streuungsdiagramm zur 3. Datenreihe von Tabelle 8-1, und skizzieren Sie zur berechneten Regressionsgeraden ein 95%-Vertrauensintervall und einen 95%-Prognosebereich. Berechnen Sie beides für die Werte X* = 100, 250, 400, 550 und 700. Was stellen Sie fest? Ist es sinnvoll, für X* = 800 eine Prognose zu machen?

Lösung:

Die bereits in Kapitel VIII berechnete Regressionsgerade hat die Gleichung $\hat{Y} = 31{,}6 + 0{,}071\ X$. Für die beiden Unsicherheitsbereiche benötigt man $\hat{\sigma}_\varepsilon$, das für die 3. Datenreihe in Abschnitt 20.4.D ebenfalls schon berechnet wurde: $\hat{\sigma}_\varepsilon = 24{,}273$. Damit kann man $\hat{\sigma}_{\hat{Y}*}$ und $\hat{\sigma}_{Y*}$ gemäß (20-42) und (20-43) berechnen. Ergebnisse siehe Tabelle:

X*	Y*	$\hat{\sigma}_{\hat{Y}*}$	VI von	VI bis	$\hat{\sigma}_{Y*}$	Prognosebereich von	Prognosebereich bis
100	38,7	16,54	–3,8	81,2	29,37	–36,8	114,2
250	49,3	11,47	19,9	78,8	26,84	–19,7	118,4
400	60,0	9,17	36,4	83,6	25,95	– 6,7	126,7
550	70,7	11,47	41,2	100,1	26,84	1,6	139,7
700	81,3	16,54	38,8	123,8	29,37	5,8	156,8

Die Breite der Unsicherheitsbereiche ist sehr groß. Man sieht, innerhalb der Grenzen des 95%-VI ließe sich ohne weiteres sogar eine GG-Regressionsgerade mit negativem Anstieg einzeichnen (siehe Zeichnung). Eine Prognose für X* = 800 zu machen ist angesichts der Nichtsignifikanz des berechneten Koeffizienten b = 0,071 sinnlos.

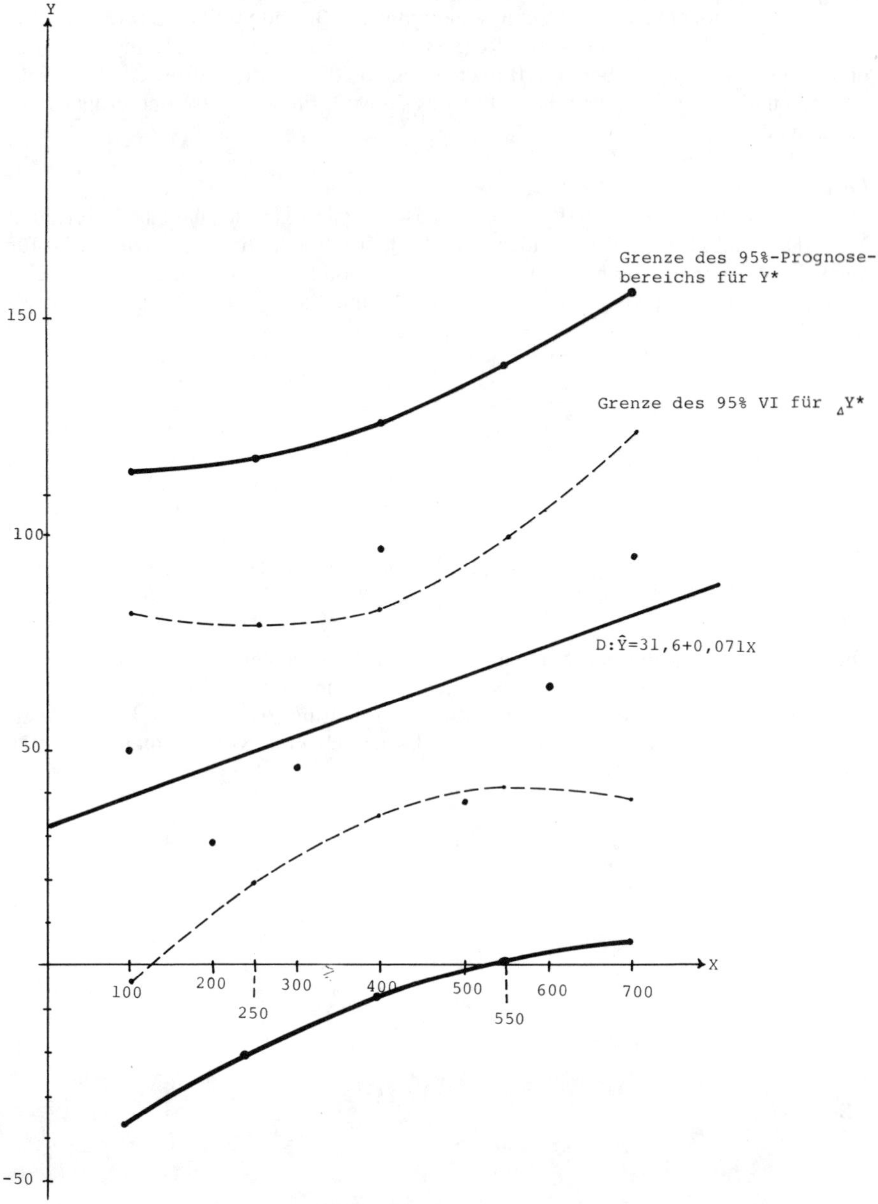
Y
Grenze des 95%-Prognose-
bereichs für Y*
150
Grenze des 95% VI für $_\Delta Y^*$
100
D:$\hat{Y}$=31,6+0,071X
50
100
200
250
300
400
500
550
600
700
X
-50

20.8 Antworten auf die Kontrollfragen

1. a_0: absolutes Glied, Schnittpunkt der Geraden mit der Ordinate Y (Ordinatenabschnitt).
   b: Anstieg der Geraden, Zunahme von Y bei einer Zunahme von X um eins.

2. $_\Delta Y_2 = 30 + 0{,}085 \cdot 200 = 47$. Somit $\varepsilon_2 = -2$.

3. *Nein!* Die ε_i sind als Konzept eingeführt worden. Die Strecken $\varepsilon_i = Y_i - {_\Delta Y_i}$ bleiben unbekannt, da ja die $_\Delta Y_i$-Werte auf der unbekannten GG-Regressionsgeraden liegen. Daher kann in beiden Fällen nur Σe_i^2 minimiert werden.

4. Formel (20-8) resp. (7-17″) verwendet die vereinfachte Schreibweise $x_i = X_i - \overline{X}$. Je nach Wahl der Schreibweise und je nachdem, ob man die auftretenden Produkte ausmultipliziert oder nicht, ergeben sich die völlig äquivalenten Ausdrucksformen:

$$\hat{\beta} = \frac{\Sigma(X_i - \overline{X})Y_i}{\Sigma(X_i - \overline{X})^2} = \frac{\Sigma(X_i - \overline{X})\,(Y_i - \overline{Y})}{\Sigma(X_i - \overline{X})^2} = \frac{\Sigma X_i\, Y_i - n\,\overline{X}\,\overline{Y}}{\Sigma X_i^2 - n\,\overline{X}^2} = \frac{\Sigma x_i y_i}{\Sigma x_i^2}$$

(Siehe die Ausführungen zu den Formeln (7-6″), (7-6‴) und (7-17″)).

5. $$\hat{\alpha}_0 = \overline{Y} - \hat{\beta}\overline{X} = \frac{1}{n}\Sigma Y_i - \frac{\Sigma x_i Y_i}{\Sigma x_i^2}\cdot \overline{X} = \Sigma\left(\frac{1}{n} - \overline{X}\left[\frac{x_i}{\Sigma x_i^2}\right]\right) Y_i = \Sigma\left(\frac{1}{n} - \overline{X}w_i\right) Y_i$$

$$\hat{\beta} = \frac{\Sigma x_i Y_i}{\Sigma x_i^2} = \Sigma\left(\frac{x_i}{\Sigma x_i^2}\right) Y_i = \Sigma\, w_i Y_i$$

6. Für Y_i, denn $E(Y_i) = {_\Delta Y_i}$. Siehe (20-9).

7. $\overline{X}$ ist Schätzer für μ. Erwartungswert: $E(\overline{X}) = \mu$.

   $\hat{S}^2$ ist Schätzer von σ^2. Erwartungswert: $E(\hat{S}^2) = \sigma^2$.

   $\frac{X}{n}$ ist Schätzer für π. Erwartungswert: $E\left(\frac{X}{n}\right) = \pi$.

8. $E(\hat{\sigma}_\varepsilon^2) = \sigma_\varepsilon^2$

9. Da $\sigma_\varepsilon^2 = \frac{n}{n-2}\, {_u s_y^2}$ und $E(\hat{\sigma}_\varepsilon^2) = \sigma_\varepsilon^2$, folgt

$$E({_u s_y^2}) = \frac{n-2}{n}\sigma_\varepsilon^2 = \sigma_\varepsilon^2 - \frac{2}{n}\sigma_\varepsilon^2.$$

10. Da $\hat{\sigma}_\varepsilon = {_u \hat{s}_y^2}$ und wegen (8-12) ${_u \hat{s}_y^2} = \frac{n}{n-2}\, {_u s_y^2}$, beträgt $\hat{\sigma}_\varepsilon^2 = \frac{7}{5}\cdot {_u s_y^2}$. Somit:

$$\hat{\sigma}_\varepsilon^2 = 58{,}310 = \frac{7}{5} \cdot 41{,}65 \text{ (2. Datenreihe)}$$

$$\hat{\sigma}_\varepsilon^2 = 589{,}176 = \frac{7}{5} \cdot 420{,}84 \text{ (3. Datenreihe)}$$

11. Die halbe Breite e des VI beträgt bei $\mu : z_{\alpha/2} \cdot \dfrac{\sigma_x}{\sqrt{n}}$.

12. Nein, die Breite der gezeigten Intervalle stellt das geringste Problem dar! Sie geben modellinterne Fehler an. Selbst ein relativ breiter Unsicherheitsbereich kann jedoch viel zu schmal sein, wenn die Modellannahmen nicht mehr gelten. Es ist die Gefahr, daß modellexterne Fehler zunehmen, die zur Zurückhaltung Anlaß geben.

Kapitel XXI: Mehrfachregression

von Lennart Pirktl

21.1 Vorbemerkung

Realitätsnäher als der elementare Fall der Einfachregression ist häufig ein Modell mit *mehr als nur zwei Variablen* (also mehr als nur einem Regressor). Das leuchtet ein, wenn man an das Reklame/Umsatz-Beispiel denkt. Um die Umsatzhöhe zu erklären, bedarf es noch anderer Variablen als des Werbebudgets. Zumindest der Preis des verkauften Produkts und gegebenenfalls auch die Preise der Konkurrenzprodukte sollten zur Erklärung der Umsatzhöhe herangezogen werden.

Die Regressionstechnik kann glücklicherweise auf Modelle mit beliebig vielen exogenen Variablen übertragen werden. Als zusätzliche mathematische und statistische Instrumente werden dabei allerdings die Matrix-Algebra und für gewisse Tests die F-Verteilung benötigt. Teilweise wird in den Lehrbüchern vor der Behandlung der Mehrfachregression in ihrer allgemeinen, nur mit Hilfe der Matrix-Algebra zu bewältigenden Form der Spezialfall der Mehrfachregression mit zwei Regressoren (Zweifachregression) eingeschoben, der sich noch mit den bisherigen Mitteln behandeln läßt, doch ist dieser Weg umständlich. Im folgenden soll daher die Mehrfachregression direkt in Matrixform dargestellt werden, in welcher in völliger Einheitlichkeit die Fälle von einem Regressor sowie von zwei oder von beliebig vielen Regressoren behandelt werden können.

21.2 Einfachregression in Matrixschreibweise

Der Übergang zu einer neuen, mathematisch "potenteren" Schreibweise bedeutet materiell nichts Neues, sondern ist "nur" formaler Art. Das Arbeiten in dieser neuen Schreibweise bedarf freilich auch der Übung. Im folgenden wird daher das bereits bekannte Modell der Einfachregression in Matrixschreibweise vorgestellt und die Äquivalenz der neuen mit der bisherigen Schreibweise gezeigt.

Das Grundmodell der Einfachregression

Vektoren und Matrizen werden im folgenden einheitlich durch Fettbuchstaben gekennzeichnet. In den Rechenregeln der Beilage (Abschnitt VI), wo auch einige Grundoperationen der Matrixalgebra erläutert sind, werden Vektoren noch durch einen über dem Buchstaben liegenden Pfeil markiert.

Die n Beobachtungen $Y_1, \ldots, Y_n$ und die n Realisationen der Störvariablen $\varepsilon_1, \ldots, \varepsilon_n$ fassen wir jetzt als zwei n-dimensionale (Spalten-)Vektoren auf:

$$\mathbf{Y} = \begin{bmatrix} Y_1 \\ Y_2 \\ \cdot \\ \cdot \\ \cdot \\ Y_n \end{bmatrix}, \qquad \mathbf{e} = \begin{bmatrix} e_1 \\ e_2 \\ \cdot \\ \cdot \\ \cdot \\ e_n \end{bmatrix}$$

Ferner benötigen wir

$$\mathbf{1} = \begin{bmatrix} 1 \\ 1 \\ \cdot \\ \cdot \\ \cdot \\ 1 \end{bmatrix}, \quad \mathbf{0} = \begin{bmatrix} 0 \\ 0 \\ \cdot \\ \cdot \\ \cdot \\ 0 \end{bmatrix} \quad \text{und} \quad \boldsymbol{\varepsilon} = \begin{bmatrix} \varepsilon_1 \\ \varepsilon_2 \\ \cdot \\ \cdot \\ \cdot \\ \varepsilon_n \end{bmatrix}$$

Für den Zufallsvektor $\boldsymbol{\varepsilon}$ (die *stochastische Komponente* des Regressionsmodells) gelte wie bisher die Bedingung

$$E(\boldsymbol{\varepsilon}) = \mathbf{0} \quad \text{, d.h.} \quad \begin{bmatrix} E(\varepsilon_1) \\ E(\varepsilon_2) \\ \cdot \\ \cdot \\ \cdot \\ E(\varepsilon_n) \end{bmatrix} = \begin{bmatrix} 0 \\ 0 \\ \cdot \\ \cdot \\ \cdot \\ 0 \end{bmatrix}$$

Dies ist nichts anderes als (20-3) in Matrixschreibweise. Führt man nun den 2-dimensionalen *Vektor der Regressionsparameter*

$$\boldsymbol{\beta} = \begin{bmatrix} \alpha_0 \\ \beta \end{bmatrix} \tag{21-1}$$

und die $(n \times 2)$ - *Regressormatrix* (für den Fall *eines* Regressors)

$$\mathbf{X} = \begin{bmatrix} 1 & X_1 \\ 1 & X_2 \\ \cdot & \cdot \\ \cdot & \cdot \\ \cdot & \cdot \\ 1 & X_n \end{bmatrix} \tag{21-2}$$

ein, so lassen sich die insgesamt n Beziehungen (20-2)

$$\begin{array}{ccccccc} Y_1 & = & \alpha_0 & + & \beta X_1 & + & \varepsilon_1 \\ Y_2 & = & \alpha_0 & + & \beta X_2 & + & \varepsilon_2 \\ \cdot & & \cdot & & \cdot & & \cdot \\ \cdot & = & \cdot & + & \cdot & + & \cdot \\ \cdot & & \cdot & & \cdot & & \cdot \\ Y_n & = & \alpha_0 & + & \beta X_n & + & \varepsilon_n \end{array}$$

in Matrizenform kompakter wie folgt schreiben:

$$\boxed{\mathbf{Y} = \mathbf{X}\boldsymbol{\beta} + \boldsymbol{\varepsilon}} \qquad (21\text{-}3)$$

• **Kontrollfrage 1 :** Wozu dient die konstante Scheinvariable $\mathbf{1} = [1,...,1]'$ in (21-2)?

Wahre Regressionsgerade:

Wird der n-dimensionale Vektor ${}_{\Delta}\mathbf{Y}$ eingeführt, der als Elemente die n zu den X_i gehörenden Werte ${}_{\Delta}Y_i$ auf der wahren Regressionsgeraden enthält, so läßt sich der *zu schätzende Zusammenhang* wie folgt in Matrixschreibweise ausdrücken:

$$\boxed{{}_{\Delta}\mathbf{Y} = \mathbf{X}\boldsymbol{\beta}} \qquad (21\text{-}4)$$

(21-4) gibt die *deterministische Komponente* des Einfachregressionsmodells an. Sie entspricht (20-1) und bedeutet:

$$\begin{bmatrix} {}_{\Delta}Y_1 \\ {}_{\Delta}Y_2 \\ \cdot \\ \cdot \\ \cdot \\ {}_{\Delta}Y_n \end{bmatrix} = \begin{bmatrix} \alpha_0 + \beta X_1 \\ \alpha_0 + \beta X_2 \\ \cdot \\ \cdot \\ \cdot \\ \alpha_0 + \beta X_n \end{bmatrix}.$$

Die Ausgangslage der (Einfach-) Regressionsanalyse ist damit in Matrixschreibweise dargestellt. Es folgt nun die Herleitung der *Normalgleichungen* in Matrizenform.

Berechnete Regressionsgerade:

Ausgangspunkt für die Anwendung der *Methode der kleinsten Quadrate* (KQ-Methode) sind die in Formel (7-1) definierten *Residuen* e_i, die Abweichungen zwischen den tatsächlich beobachteten Werten Y_i und den geschätzten Werten $\hat{Y}_i$. Die zu minimierende *Residuenquadratsumme* läßt sich in Kurzform durch das *Skalarprodukt* **e'e** darstellen:

$$\sum_{i=1}^{n} e_i^2 = \mathbf{e'e}$$

Die in Kapitel VII mit Hilfe der KQ-Methode gefundenen Schätzungen fassen wir in einem zweidimensionalen Vektor **b** zusammen:

$$\mathbf{b} = \begin{bmatrix} a_0 \\ b \end{bmatrix} = \begin{bmatrix} \bar{Y} - b\bar{X} \\ \dfrac{\Sigma x_i Y_i}{\Sigma x_i^2} \end{bmatrix} \tag{21-5}$$

Führt man den Vektor

$$\hat{\mathbf{Y}} = \begin{bmatrix} \hat{Y}_1 \\ \hat{Y}_2 \\ \cdot \\ \cdot \\ \cdot \\ \hat{Y}_n \end{bmatrix}$$

ein, so kann man statt (20-6) jetzt schreiben:

$$\hat{\mathbf{Y}} = \mathbf{Xb} \tag{21-6}$$

Ausmultipliziert bedeutet (21-6)

$$\begin{matrix} \hat{Y}_1 & = & a_0 & + & bX_1 \\ \hat{Y}_2 & = & a_0 & + & bX_2 \\ \cdot & & \cdot & & \cdot \\ \cdot & = & \cdot & + & \cdot \\ \cdot & & \cdot & & \cdot \\ \hat{Y}_n & = & a_0 & + & bX_n \end{matrix}$$

Der Residuenvektor **e** ergibt sich jetzt als

$$\mathbf{e} = \mathbf{Y} - \hat{\mathbf{Y}} = \mathbf{Y} - \mathbf{Xb}.$$

Ein erster Vorteil der Matrixschreibweise liegt darin, daß der *Vektor* **b** *der geschätzten Regressionsparameter* kompakt und einfach darstellbar wird als

$$\boxed{\mathbf{b} = (\mathbf{X'X})^{-1}\mathbf{X'Y}} \qquad (21\text{-}7)$$

Beweis von (21-7):

$$\mathbf{e'e} = (\mathbf{Y} - \mathbf{Xb})'(\mathbf{Y} - \mathbf{Xb}) = \mathbf{Y'Y} - \mathbf{Y'Xb} - \mathbf{b'X'Y} + \mathbf{b'X'Xb}$$

Da der Ausdruck **Y′Xb** einen Skalar darstellt, darf dieser durch seine Transponierte $(\mathbf{Y'Xb})' = \mathbf{b'X'Y}$ ersetzt werden:

$$\mathbf{e'e} = \mathbf{Y'Y} - 2\mathbf{b'X'Y} + \mathbf{b'X'Xb}$$

Die vektorielle Differentiation

$$\frac{\partial \mathbf{e'e}}{\partial \mathbf{b}} = -2\mathbf{X'Y} + 2\mathbf{X'Xb} = 0$$

(vgl. Regel 4 der Rechenregeln der Beilage, Abschnitt VI) liefert schließlich das *System der Normalgleichungen*

$$\boxed{\mathbf{X'Y} = \mathbf{X'Xb}} \qquad (21\text{-}8)$$

Besitzt die Matrix **X′X** eine Inverse, so kann direkt nach **b** aufgelöst werden und wir erhalten (21-7).

Schätzfunktionen (Schätzer)

Die *Ausführung der Matrixoperationen* von (21-7) für den Fall der Einfachregression soll beispielhaft zeigen, daß (21-7) die von Kapitel VII her bekannten Schätzfunktionen $\hat{\alpha}_0$ und $\hat{\beta}$ liefert. (Das Dach über einem griechischen Buchstaben kennzeichnet eine Schätzfunktion.)

1. Schritt: Berechnung von **X′X**:

$$\mathbf{X'X} = \begin{bmatrix} 1 & 1 & \cdots & 1 \\ X_1 & X_2 & \cdots & X_n \end{bmatrix} \cdot \begin{bmatrix} 1 & X_1 \\ 1 & X_2 \\ \cdot & \cdot \\ \cdot & \cdot \\ \cdot & \cdot \\ 1 & X_n \end{bmatrix} = \begin{bmatrix} n & \Sigma X_i \\ \Sigma X_i & \Sigma X_i^2 \end{bmatrix}$$

• **Kontrollfrage 2 :** Wann ist **X′X** invertierbar?

<u>*2. Schritt:*</u> Invertierung von **X′X**:

$$(\mathbf{X'X})^{-1} = \begin{bmatrix} \dfrac{\Sigma X_i^2}{n\Sigma x_i^2} & \dfrac{-\bar{X}}{\Sigma x_i^2} \\ \dfrac{-\bar{X}}{\Sigma x_i^2} & \dfrac{1}{\Sigma x_i^2} \end{bmatrix}$$

• **Kontrollfrage 3 :** Weisen Sie nach, daß es sich bei dieser Matrix tatsächlich um die Inverse von **X′X** handelt.

<u>*3. Schritt:*</u> Berechnung von **X′Y**:

$$\mathbf{X'Y} = \begin{bmatrix} 1 & 1 & \cdots & 1 \\ X_1 & X_2 & \cdots & X_n \end{bmatrix} \cdot \begin{bmatrix} Y_1 \\ Y_2 \\ \cdot \\ \cdot \\ \cdot \\ Y_n \end{bmatrix} = \begin{bmatrix} \Sigma Y_i \\ \Sigma X_i Y_i \end{bmatrix}$$

<u>*4. Schritt:*</u> Berechnung von $\hat{\boldsymbol{\beta}}$:

$$\hat{\boldsymbol{\beta}} = (\mathbf{X'X})^{-1}\mathbf{X'Y} = \begin{bmatrix} \dfrac{\Sigma X_i^2}{n\Sigma x_i^2} & \dfrac{-\bar{X}}{\Sigma x_i^2} \\ \dfrac{-\bar{X}}{\Sigma x_i^2} & \dfrac{1}{\Sigma x_i^2} \end{bmatrix} \cdot \begin{bmatrix} \Sigma Y_i \\ \Sigma X_i Y_i \end{bmatrix} = \begin{bmatrix} \bar{Y} - \bar{X} \cdot \dfrac{\Sigma x_i Y_i}{\Sigma x_i^2} \\ \dfrac{\Sigma x_i Y_i}{\Sigma x_i^2} \end{bmatrix}$$

Wir stellen somit die erwartete Übereinstimmung mit den Schätzern $\hat{\alpha}_0$ (20-7) und $\hat{\beta}$ (20-8) fest:

$$\hat{\boldsymbol{\beta}} = \begin{bmatrix} \hat{\alpha}_0 \\ \hat{\beta} \end{bmatrix} = \begin{bmatrix} \bar{Y} - \bar{X} \cdot \dfrac{\Sigma x_i Y_i}{\Sigma x_i^2} \\ \dfrac{\Sigma x_i Y_i}{\Sigma x_i^2} \end{bmatrix} = \begin{bmatrix} \bar{Y} - \hat{\beta}\,\bar{X} \\ \dfrac{\Sigma x_i Y_i}{\Sigma x_i^2} \end{bmatrix}$$

<u>*Schätzungen*</u>

Für die beobachteten Daten des Reklame/Umsatz-Beispiels von Kap. VII sollen abschließend die Schätzungen für α_0 und β, d.h. eine Realisation der Schätzer $\hat{\alpha}_0$ und $\hat{\beta}$

ermittelt werden. Wir greifen dazu auf die Zahlen von Tab. 7-1 resp. die 1. Datenreihe von Tab. 8-1 zurück:

Firma Nr. i	X_i : Reklamausgaben (in 1000 DM)	Y_i : Umsatz (in Mio. DM)
1	100	38
2	200	45
3	300	52
4	400	62
5	500	72
6	600	70
7	700	81

Wir bilden zunächst die Regressormatrix

$$\mathbf{X} = \begin{bmatrix} 1 & 100 \\ 1 & 200 \\ 1 & 300 \\ 1 & 400 \\ 1 & 500 \\ 1 & 600 \\ 1 & 700 \end{bmatrix}$$

1. Schritt:

$$\mathbf{X'X} = \begin{bmatrix} 1 & 1 & 1 & 1 & 1 & 1 & 1 \\ 100 & 200 & 300 & 400 & 500 & 600 & 700 \end{bmatrix} \cdot \begin{bmatrix} 1 & 100 \\ 1 & 200 \\ 1 & 300 \\ 1 & 400 \\ 1 & 500 \\ 1 & 600 \\ 1 & 700 \end{bmatrix} = \begin{bmatrix} 7 & 2'800 \\ 2'800 & 1'400'000 \end{bmatrix}$$

2. Schritt:

$$(\mathbf{X'X})^{-1} = \begin{bmatrix} \frac{5}{7} & \frac{-1}{700} \\ \frac{-1}{700} & \frac{1}{280'000} \end{bmatrix}$$

3. Schritt:

$$\mathbf{X'Y} = \begin{bmatrix} 1 & 1 & 1 & 1 & 1 & 1 & 1 \\ 100 & 200 & 300 & 400 & 500 & 600 & 700 \end{bmatrix} \cdot \begin{bmatrix} 38 \\ 45 \\ 52 \\ 62 \\ 72 \\ 70 \\ 81 \end{bmatrix} = \begin{bmatrix} 420 \\ 187'900 \end{bmatrix}$$

4. Schritt:

$$\mathbf{b} = (\mathbf{X'X})^{-1}\mathbf{X'Y} = \begin{bmatrix} \frac{5}{7} & \frac{-1}{700} \\ \frac{-1}{700} & \frac{1}{280'000} \end{bmatrix} \cdot \begin{bmatrix} 420 \\ 187'900 \end{bmatrix} = \begin{bmatrix} 31,6 \\ 0,071 \end{bmatrix}$$

Wir erhalten also wieder als Punktschätzungen für den Ordinatenabschnitt α_0 und den "wahren" Anstieg β die in Kapitel VII ermittelten Werte von a_0 und b und damit die bereits bekannte Regressionsgerade $\hat{Y} = 31,6 + 0,071 \cdot X$.

Abschließend seien die soeben eingeführten Neubezeichnungen noch den alten Bezeichnungen gegenübergestellt.

Tab. 21-1: Vergleich der alten und neue Notation

Einfachregression		
in "alter" Schreibweise		in Matrixschreibweise
$Y_i = \alpha_0 + \beta X_i + \varepsilon_i$ $_{\Delta}Y_i = \alpha_0 + \beta X_i$	$1 \le i \le n$ $1 \le i \le n$	$\mathbf{Y} = \mathbf{X}\boldsymbol{\beta} + \boldsymbol{\varepsilon}$ $_{\Delta}\mathbf{Y} = \mathbf{X}\boldsymbol{\beta}$
$E(\varepsilon_i) = 0$	$1 \le i \le n$	$E(\boldsymbol{\varepsilon}) = \mathbf{0}$
$a_0 = \overline{Y} - b\overline{X}$ $b = \frac{\Sigma x_i Y_i}{\Sigma x_i^2}$		$\mathbf{b} = (\mathbf{X'X})^{-1}\mathbf{X'Y}$
$\hat{Y}_i = a_0 + bX_i$	$1 \le i \le n$	$\hat{\mathbf{Y}} = \mathbf{Xb} = \mathbf{X}(\mathbf{X'X})^{-1}\mathbf{X'Y}$

21.3 Allgemeine Mehrfachregression

Bei der Mehrfachregression liegen statt *eines Regressors* allgemein gesprochen *k Regressoren* (erklärende Variablen) vor. Von der zu erklärenden Variablen Y und diesen k Regressoren $X_1,...,X_k$ enthält eine Stichprobe jeweis n Beobachtungen. Jede Beobachtung besteht ihrerseits aus einem sog. (k+1)-tupel (ein Wert von Y und k Werte der k Regressoren). Die (20-2) entsprechende Beziehung lautet nunmehr

$$Y_i = \beta_0 + \beta_1 X_{i1} + \cdots + \beta_k X_{ik} + \varepsilon_i \;;\; 1 \le i \le n \tag{21-9}$$

Definiert man für den Fall von k Regressoren als **X** anstelle von (21-2) die (k+1)-spaltige *Regressorenmatrix*

$$\mathbf{X} = \begin{bmatrix} 1 & X_{11} & X_{12} & \cdots & X_{1k} \\ 1 & X_{21} & X_{22} & \cdots & X_{2k} \\ \cdot & \cdot & & & \cdot \\ \cdot & \cdot & & & \cdot \\ 1 & X_{n1} & X_{n2} & \cdots & X_{nk} \end{bmatrix} \qquad (21\text{-}10)$$

und anstelle von (21-1) den Vektor $\boldsymbol{\beta}$ der Regressionsparameter sowie dessen KQ-Schätzer $\hat{\boldsymbol{\beta}}$ mit je k+1 Elementen

$$\boldsymbol{\beta} = \begin{bmatrix} \beta_0 \\ \beta_1 \\ \cdot \\ \cdot \\ \cdot \\ \beta_k \end{bmatrix} \qquad \hat{\boldsymbol{\beta}} = \begin{bmatrix} \hat{\beta}_0 \\ \hat{\beta}_1 \\ \cdot \\ \cdot \\ \cdot \\ \hat{\beta}_k \end{bmatrix}, \qquad (21\text{-}11)$$

so läßt sich das Regressionsmodell jetzt (unabhängig von der Anzahl Regressoren) genau wie im Fall der Einfachregression schreiben. Diese stellt von jetzt an den Spezialfall für k = 1 dar.

Notation:
β_0 und β_1 entsprechen den bisherigen α_0 und β.

Multiples Regressionsmodell:

$$\boxed{\mathbf{Y} = \mathbf{X}\boldsymbol{\beta} + \boldsymbol{\varepsilon}} \qquad (21\text{-}12)$$

Die oben gezeigte Herleitung der Normalgleichungen in Matrizenform ist selbstverständlich auch für den allgemeinen Fall (k>1) gültig. Als zusätzliche Annahme ist für die multiple Regression nur erforderlich, daß **X** vom Rang k+1 ist, d.h. daß $(\mathbf{X'X})^{-1}$ existiert. Diese Annahme bedeutet, daß die k Regressoren nicht *kollinear* sind und sich somit keine der k Variablen X_1 bis X_k als Linearkombination der übrigen unabhängigen Variablen darstellen läßt. Notwendigerweise muss also n>k sein. Ist diese Annahme erfüllt, dann liefert (21-7) für jeweils vorliegende Daten eine *Kleinst-Quadrate-Schätzung für* $\boldsymbol{\beta}$.

• **Kontrollfrage 4 :** Was bedeutet die Ungleichung n>k für die Einfachregression?

Erweitertes Reklame/Umsatz-Beispiel (Spezialfall der Mehrfachregression mit k=2 exogenen Variablen)

Die Einfachregression war bisher am konstruierten Zusammenhang von Umsatz und Reklame bei Zigarettenfirmen illustriert worden. Die wenig realitätsnahe Annahme, der Umsatz hänge nur von den Reklamebudgets der Werbeabteilungen ab, wird jetzt aufgegeben und es wird zusätzlich der Zigarettenpreis als (zweiter) Regressor, d.h. zweite exogene oder unabhängige Variable eingeführt. Als Ausgangslage sollen die (zu Recht schlecht korrelierenden) Werte der 3. Datenreihe von Tab. 8-1 übernommen werden und durch die in Tabelle 21-2 angegebenen Preisdaten für eine Packung von 20 Zigaretten ergänzt werden. Der Zusammenhang zwischen Umsatz und den beiden erklärenden Variablen Reklame und Preis läßt sich jetzt nicht mehr durch eine *Regressionsgerade*, sondern nur noch durch eine *Regressionsebene* veranschaulichen.

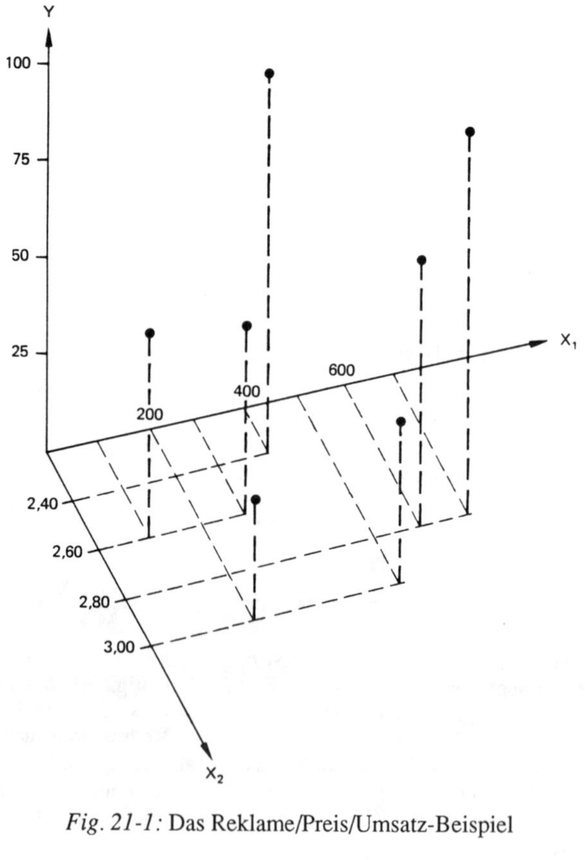

Fig. 21-1: Das Reklame/Preis/Umsatz-Beispiel

Tab. 21-2: Reklame/Preis/Umsatz-Beispiel
(beobachtete Daten)

X_1: Reklameausgaben (in 1000 DM)	X_2: Verkaufspreis (in DM)	Y: Umsatz (in Mio. DM)
100	2,60	50
200	3,00	29
300	2,60	46
400	2,40	97
500	3,00	38
600	2,80	65
700	2,80	95

Formel (21-7) liefert als Punktschätzungen der wahren Regressionsparameter die folgenden Werte:

$$\mathbf{X'Y} = \begin{bmatrix} 1 & 1 & 1 & 1 & 1 & 1 & 1 \\ 100 & 200 & 300 & 400 & 500 & 600 & 700 \\ 2{,}60 & 3{,}00 & 2{,}60 & 2{,}40 & 3{,}00 & 2{,}80 & 2{,}80 \end{bmatrix} \cdot \begin{bmatrix} 50 \\ 29 \\ 46 \\ 97 \\ 38 \\ 65 \\ 95 \end{bmatrix} = \begin{bmatrix} 420 \\ 187'900 \\ 1'131{,}4 \end{bmatrix}$$

$$\mathbf{X'X} = \begin{bmatrix} 1 & 1 & 1 & 1 & 1 & 1 & 1 \\ 100 & 200 & 300 & 400 & 500 & 600 & 700 \\ 2{,}60 & 3{,}00 & 2{,}60 & 2{,}40 & 3{,}00 & 2{,}80 & 2{,}80 \end{bmatrix} \cdot \begin{bmatrix} 1 & 100 & 2{,}60 \\ 1 & 200 & 3{,}00 \\ 1 & 300 & 2{,}60 \\ 1 & 400 & 2{,}40 \\ 1 & 500 & 3{,}00 \\ 1 & 600 & 2{,}80 \\ 1 & 700 & 2{,}80 \end{bmatrix} = \begin{bmatrix} 7 & 2'800 & 19{,}2 \\ 2'800 & 1'400'000 & 7'740 \\ 19{,}2 & 7'740 & 52{,}96 \end{bmatrix}$$

$$(\mathbf{X'X})^{-1} = \begin{bmatrix} 25{,}5499 & 0{,}0005743 & -9{,}34673 \\ 0{,}0005743 & 0{,}000003733 & 0{,}000753769 \\ -9{,}34673 & 0{,}000753769 & 3{,}51759 \end{bmatrix}$$

$$\mathbf{b} = (\mathbf{X'X})^{-1}\mathbf{X'Y} = \begin{bmatrix} 263{,}971 \\ 0{,}0898134 \\ -87{,}4623 \end{bmatrix}$$

Wir erhalten somit die Regressions*ebene* $\hat{Y} = 263{,}971 + 0{,}0898134\ X_1 - 87{,}4623\ X_2$ und berechnen damit folgende Schätzwerte:

$$\hat{\mathbf{Y}} = \mathbf{Xb} = \begin{bmatrix} 1 & 100 & 2{,}60 \\ 1 & 200 & 3{,}00 \\ 1 & 300 & 2{,}60 \\ 1 & 400 & 2{,}40 \\ 1 & 500 & 3{,}00 \\ 1 & 600 & 2{,}80 \\ 1 & 700 & 2{,}80 \end{bmatrix} \cdot \begin{bmatrix} 263{,}971 \\ \\ 0{,}0898134 \\ \\ -87{,}4623 \end{bmatrix} = \begin{bmatrix} 45{,}5506 \\ 19{,}5470 \\ 63{,}5133 \\ 89{,}9871 \\ 46{,}4910 \\ 72{,}9648 \\ 81{,}9462 \end{bmatrix}$$

Gegenüber der Einfachregression (Spalte 4 von Tab. 21-3) erhalten wir jetzt die in Tab. 21-3 in Spalte 5 angegebenen, berechneten Werte $\hat{Y}_i$, die auch den Einfluß des Zigarettenpreises widerspiegeln.

Tab. 21-3: Berechnete Werte $\hat{Y}_i$ bei Einfach- und Mehrfachregression

X_1 Reklame-ausgaben	X_2 Verkaufs-preis	Y_i Umsatz	$\hat{Y}_i$ bei Einfach–regression mit X_1	$\hat{Y}_i$ bei Mehrfach–regression
100	2,60	50	38,68	45,55
200	3,00	29	45,79	19,55
300	2,60	46	52,89	63,51
400	2,40	97	60,00	89,99
500	3,00	38	67,11	46,49
600	2,80	65	74,21	72,96
700	2,80	95	81,32	81,95

Man erkennt jetzt, daß bei einem überdurchschnittlichen Zigarettenpreis von 3,00 die berechneten Umsatzwerte deutlich niedriger liegen als bei Berücksichtigung nur der Reklameausgaben (bei $\hat{Y}_2$ und $\hat{Y}_5$) und daß beim stark unterdurchschnittlichen Preis von 2,40 der berechnete Umsatzwert $\hat{Y}_4$ stark erhöht ist.

Die größere Realitätsnähe des erweiterten Reklame/Umsatzbeispiels kommt natürlich vor allem durch einen verbesserten Determinationskoeffizienten zum Ausdruck. Die Erklärungskraft, ausgedrückt als Anteil der Totalvarianz, der durch die Regressionsebene ermöglicht wird, ist ganz deutlich angestiegen, wie im folgenden Abschnitt gezeigt wird. In Abschnitt 21.6 werden wir schließlich noch abklären, ob die eben berechneten Regressionsparameter als *signifikant* einzustufen sind und mit welcher *Genauigkeit* Prognosen erstellt werden können.

21.4 Multipler Korrelations- und Determinationskoeffizient

In Analogie zur Einfachregression wird der multiple Determinationskoeffizient r^2 resp. Korrelationskoeffizient r definiert. Formel (8-10) läßt sich in Matrixschreibweise wie folgt darstellen:

$$\boxed{r^2 = 1 - \frac{e'e}{y'y}} \tag{21-13}$$

Hierbei werden die *zentrierten Komponenten* von **y** wie in Kapitel VII definiert:

$$\mathbf{y} = \begin{bmatrix} Y_1 - \bar{Y} \\ Y_2 - \bar{Y} \\ \cdot \\ \cdot \\ \cdot \\ Y_n - \bar{Y} \end{bmatrix}$$

Den multiplen Korrelationskoeffizienten erhalten wir als die positive Wurzel

$$\boxed{r = \left| \sqrt{1 - \frac{e'e}{y'y}} \right|} \tag{21-13'}$$

Im Vergleich zu den Determinationskoeffizienten in den Fällen der beiden möglichen Einfachregressionen, bei denen mit $r^2_{X_1,Y} = 0{,}325$ resp. $r^2_{X_2,Y} = 0{,}328$ jede der beiden exogenen Variablen im Alleingang nur eine relativ geringe Erklärungskraft aufweist, zeigt der multiple Determinationskoeffizient (21-13), daß das multiple Regressionsmodell unter simultaner Verwendung beider Regressoren eine wesentliche Verbesserung darstellt. Für die Berechnung des Determinationskoeffizienten benötigen wir zuerst den Vektor der Residuen.

$$\mathbf{e} = \mathbf{Y} - \hat{\mathbf{Y}} = \begin{bmatrix} 50 \\ 29 \\ 46 \\ 97 \\ 38 \\ 65 \\ 95 \end{bmatrix} - \begin{bmatrix} 45{,}5506 \\ 19{,}5470 \\ 63{,}5133 \\ 89{,}9871 \\ 46{,}4910 \\ 72{,}9648 \\ 81{,}9462 \end{bmatrix} = \begin{bmatrix} 4{,}4494 \\ 9{,}4530 \\ -17{,}5133 \\ 7{,}0129 \\ -8{,}4910 \\ -7{,}9648 \\ 13{,}0540 \end{bmatrix}$$

Somit beläuft sich die Residuenquadratsumme auf

$$\mathbf{e'e} = \begin{bmatrix} 4{,}4494 & 9{,}4530 & -17{,}5133 & 7{,}0129 & -8{,}4910 & -7{,}9648 & 13{,}0540 \end{bmatrix} \cdot \begin{bmatrix} 4{,}4494 \\ 9{,}4530 \\ -17{,}5133 \\ 7{,}0129 \\ -8{,}4910 \\ -7{,}9648 \\ 13{,}0540 \end{bmatrix}$$

$$= 770{,}991 \quad .$$

Aus

$$\mathbf{y} = \begin{bmatrix} 50-60 \\ 29-60 \\ 46-60 \\ 97-60 \\ 38-60 \\ 65-60 \\ 95-60 \end{bmatrix} = \begin{bmatrix} -10 \\ -31 \\ -14 \\ 37 \\ -22 \\ 5 \\ 35 \end{bmatrix}$$

und

$$\mathbf{y'y} = \begin{bmatrix} -10 & -31 & -14 & 37 & -22 & 5 & 35 \end{bmatrix} \cdot \begin{bmatrix} -10 \\ -31 \\ -14 \\ 37 \\ -22 \\ 5 \\ 35 \end{bmatrix} = 4360$$

kann nun der Determinationskoeffizient $r^2 = 1 - \frac{\mathbf{e'e}}{\mathbf{y'y}} = 1 - \frac{770{,}991}{4360} = 0{,}823$ bestimmt werden.

Durch die Mehrfachregression unter Verwendung zweier Variablen (Werbebudget und Zigarettenpreis) lassen sich 82% der Totalvarianz der beobachteten Umsätze erklären. Die Einfachregressionen hatten bei Verwendung der Reklameausgaben X_1 nur 32,5% resp. bei Verwendung der Preise X_2 nur 32,8% der Totalvarianz erklären können.

21.5 Polynomiale Regression

In Kapitel VII wurde gezeigt, daß gewisse nichtlineare Zusammenhänge zwischen X und Y (z.B. durch Logarithmierung) linearisiert, d.h. in die Form $V_i = a_0' + b' \cdot U_i$ gebracht werden können. Die Mehrfachregression ermöglicht nun die Behandlung einer weiteren *Klasse nichtlinearer Zusammenhänge zwischen X und Y* der Form (21-14).

$$Y_i = \sum_{j=0}^{k} b_j \cdot X_i^j \qquad (21\text{-}14)$$

Substituiert man nämlich $U_1 = X$, $U_2 = X^2$, ... , $U_k = X^k$, so erhalten wir das lineare, multiple Regressionsmodell (21-15).

$$Y_i = \beta_0 + \beta_1 U_{i1} + \cdots + \beta_k U_{ik} + \varepsilon_i \; ; \quad 1 \le i \le n \qquad (21\text{-}15)$$

Beispiel:
Das folgende einfache Zahlenbeispiel stellt eine extrem nichtlineare U-förmige Beziehung dar (vgl. Fig. 21-2).

X_i	0	1	2	3	4	5	6
Y_i	6	3	2	1	2	4	6

Hinweis:
Die lineare Einfachregression ergibt für diese Daten bei einem Determinationskoeffizienten von $r^2 = 0{,}006$ die in Fig. 21-2 eingezeichnete Schätzgerade $\hat{Y}_i = 3{,}21 + 0{,}071\, X_i$.

Der extrem kleine Wert von r^2 darf also nicht zu dem falschen Schluß verführen, X und Y seien unabhängig. Es besteht im Gegenteil eine extrem ausgeprägte nichtlineare Beziehung der Form $\hat{Y}_i = b_0 + b_1 \cdot X_i + b_2 \cdot X_i^2$. In Kontrollfrage 3 zu Kapitel VIII wurde bereits auf diese hinsichtlich der Interpretation eines kleinen Determinationskoeffizienten erforderliche Vorsicht hingewiesen.

Das polynomiale (quadratische) Modell soll jetzt lauten

$$Y_i = \beta_0 + \beta_1 X_i + \beta_2 X_i^2 + \varepsilon_i$$

Die Bestimmung der Parameter b_0, b_1 und b_2 erfolgt wie bei der soeben beschriebenen Mehrfachregression. Die Regressorenmatrix **X** lautet jetzt:

$$\mathbf{X} = \begin{bmatrix} 1 & 0 & 0 \\ 1 & 1 & 1 \\ 1 & 2 & 4 \\ 1 & 3 & 9 \\ 1 & 4 & 16 \\ 1 & 5 & 25 \\ 1 & 6 & 36 \end{bmatrix}$$

Alle Berechnungen entsprechen den bereits dargestellten vier Matrixoperationen.

$$\mathbf{X'Y} = \begin{bmatrix} 1 & 1 & 1 & 1 & 1 & 1 & 1 \\ 0 & 1 & 2 & 3 & 4 & 5 & 6 \\ 0 & 1 & 4 & 9 & 16 & 25 & 36 \end{bmatrix} \cdot \begin{bmatrix} 6 \\ 3 \\ 2 \\ 1 \\ 2 \\ 4 \\ 6 \end{bmatrix} = \begin{bmatrix} 24 \\ 74 \\ 368 \end{bmatrix}$$

$$\mathbf{X'X} = \begin{bmatrix} 1 & 1 & 1 & 1 & 1 & 1 & 1 \\ 0 & 1 & 2 & 3 & 4 & 5 & 6 \\ 0 & 1 & 4 & 9 & 16 & 25 & 36 \end{bmatrix} \cdot \begin{bmatrix} 1 & 0 & 0 \\ 1 & 1 & 1 \\ 1 & 2 & 4 \\ 1 & 3 & 9 \\ 1 & 4 & 16 \\ 1 & 5 & 25 \\ 1 & 6 & 36 \end{bmatrix} = \begin{bmatrix} 7 & 21 & 91 \\ 21 & 91 & 441 \\ 91 & 441 & 2275 \end{bmatrix}$$

$$(\mathbf{X'X})^{-1} = \begin{bmatrix} 0{,}761905 & -0{,}464286 & 0{,}059524 \\ -0{,}464286 & 0{,}464286 & -0{,}071429 \\ 0{,}059524 & -0{,}071429 & 0{,}011905 \end{bmatrix}$$

Daher lauten die Regressionsparameter

$$\mathbf{b} = (\mathbf{X'X})^{-1}\mathbf{X'Y} = \begin{bmatrix} 0{,}761905 & -0{,}464286 & 0{,}059524 \\ -0{,}464286 & 0{,}464286 & -0{,}071429 \\ 0{,}059524 & -0{,}071429 & 0{,}011905 \end{bmatrix} \cdot \begin{bmatrix} 24 \\ 74 \\ 368 \end{bmatrix} = \begin{bmatrix} 5{,}83333 \\ -3{,}07143 \\ 0{,}52381 \end{bmatrix}$$

und definieren somit die in Fig. 21-2 dargestellte *Parabel* $\hat{Y} = 5{,}83 - 3{,}07\,X + 0{,}52\,X^2$ ($r^2 = 0{,}9779$).

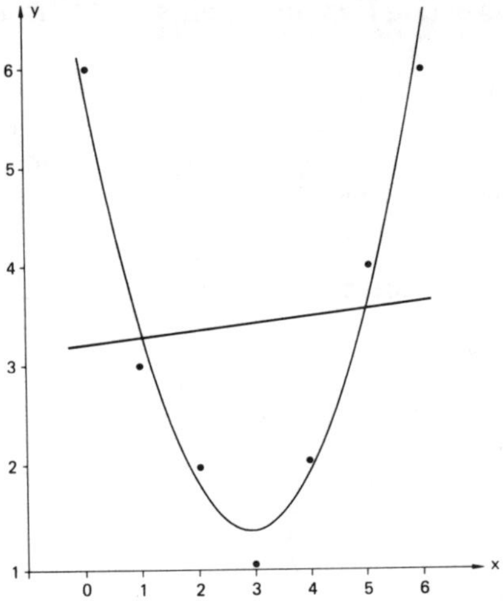

Fig. 21-2: Lineare und quadratische Regression

Warnung:
Da sich in einer Ebene stets ein Polynom von Grade n-1 konstruieren läßt, welche durch n vorgegebene Punkte führt, darf der Grad des anzupassenden Polynomes nicht beliebig hoch festgelegt werden. Nehmen wir beispielsweise an, ein Lottospieler möchte nach Ziehung der ersten fünf Zahlen (2, 11, 21, 16, 34) den Wert der letzten noch zu ziehenden Kugel prognostizieren. Hier liefert die Regressionsrechnung eine perfekte Anpassung (Buchhalterregression mit $r^2 = 1$) durch das Polynom

$$\hat{Y}_i = 64 - 134\frac{1}{3}\, X_i + 95\frac{1}{4}\, X_i^2 - 25\frac{1}{6}\, X_i^3 + 2\frac{1}{4}\, X_i^4 \quad , \; i = 1,2,\ldots,5$$

Durch Einsetzen von 1, 2, 3, 4, und 5 in diese Gleichung erhält man effektiv die gezogenen Zahlen 2, 11, 21, 16 und 34. Für X=6 wird jedoch ein nicht realisierbarer Wert von Y=167 vorhergesagt.

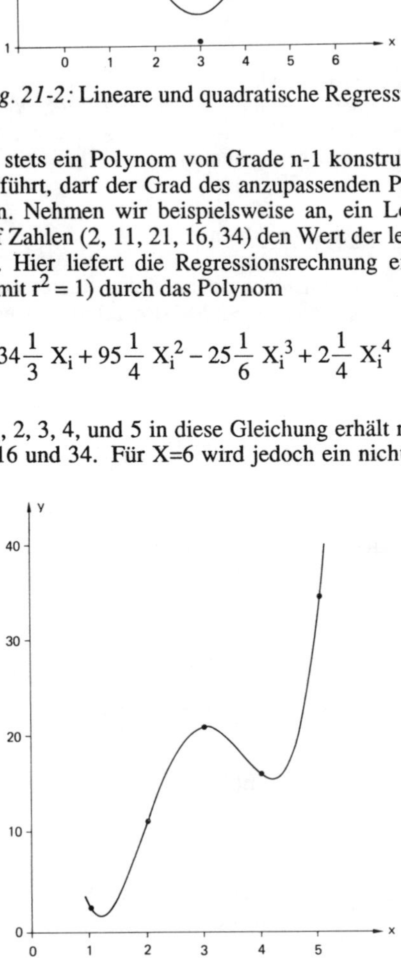

Figur 21-3: Überanpassung durch ein Polynom

21.6 Intervallschätzungen und Hypothesentests bei Mehrfachregression

Zur Herleitung der bisherigen Ergebnisse mußten lediglich die Invertierbarkeit von $\mathbf{X'X}$ sowie die Zentrierung $E(\boldsymbol{\varepsilon})=\mathbf{0}$ vorausgesetzt werden. In diesem Abschnitt sollen *sämtliche Annahmen* zusammengestellt werden, welche nun zur *Intervallschätzung* und zum *Hypothesentesten* benötigt werden.

A. Annahmen bezüglich des Modells

Ausgegangen wird vom *linearen* Modell (21-16).

$$Y_i = \beta_0 + \beta_1 X_{i1} + \cdots + \beta_k X_{ik} + \varepsilon_i \; ; \quad 1 \le i \le n \qquad (21\text{-}16)$$

Hierbei werden die Regressoren wie bisher immer als *deterministische Variable* aufgefaßt. Die Regressorenmatrix $\mathbf{X}$ muß von vollem Rang sein, um die *Existenz der Inversen von* $\mathbf{X'X}$ sicherzustellen. Wir haben bereits gesehen, daß hierzu die Anzahl Beobachtungen n mindestens k+1 betragen muß.

B. Annahmen bezüglich der Störvariablen

Für die n Störvariablen ε_i trifft man bei der multiplen Regression dieselben Annahmen wie bei der Einfachregression (Annahmen 20-3 bis 20-5). Als erstes wurde bereits die *Zentriertheit* der ε_i unterstellt.

$$E(\boldsymbol{\varepsilon}) = \mathbf{0} \qquad (21\text{-}17)$$

Diese entspricht den n Beziehungen (20-3) und bedeutet:

$$E(\boldsymbol{\varepsilon}) = \begin{bmatrix} E(\varepsilon_1) \\ E(\varepsilon_2) \\ \cdot \\ \cdot \\ \cdot \\ E(\varepsilon_n) \end{bmatrix} = \begin{bmatrix} 0 \\ 0 \\ \cdot \\ \cdot \\ \cdot \\ 0 \end{bmatrix} = \mathbf{0}.$$

Die Annahmen (20-4) und (20-5) lassen sich in der Varianz-Kovarianz-Matrix (kurz: Kovarianzmatrix) $\mathbf{V}(\boldsymbol{\varepsilon})$ der ε_i zusammenfassen. Diese besteht aus allen Varianzen und Kovarianzen der ε_i $(1 \le i \le n)$:

$$V(\varepsilon) = \Sigma = \begin{bmatrix} V(\varepsilon_1) & Cov(\varepsilon_1,\varepsilon_2) & Cov(\varepsilon_1,\varepsilon_3) & \cdots & Cov(\varepsilon_1,\varepsilon_n) \\ Cov(\varepsilon_2,\varepsilon_1) & V(\varepsilon_2) & Cov(\varepsilon_2,\varepsilon_3) & \cdots & Cov(\varepsilon_2,\varepsilon_n) \\ \cdot & \cdot & \cdot & & \cdot \\ \cdot & \cdot & \cdot & & \cdot \\ Cov(\varepsilon_n,\varepsilon_1) & Cov(\varepsilon_n,\varepsilon_2) & Cov(\varepsilon_n,\varepsilon_3) & \cdots & V(\varepsilon_n) \end{bmatrix}$$

Falls für alle $1 \leq i \neq j \leq n$ $V(\varepsilon_i) = \sigma_\varepsilon^2$ (20-4) und $Cov(\varepsilon_i,\varepsilon_j) = 0$ (20-5) gilt, so folgt

$$V(\varepsilon) = \Sigma = \begin{bmatrix} \sigma_\varepsilon^2 & 0 & 0 & \cdots & 0 \\ 0 & \sigma_\varepsilon^2 & 0 & \cdots & 0 \\ \cdot & \cdot & \cdot & & \cdot \\ \cdot & \cdot & \cdot & & \cdot \\ 0 & 0 & 0 & \cdots & \sigma_\varepsilon^2 \end{bmatrix}$$

oder abgekürzt mit der $(n \times n)$-Einheitsmatrix $\mathbf{I}_n$:

$$\boxed{\mathbf{V}(\boldsymbol{\varepsilon}) = \boldsymbol{\Sigma} = \sigma_\varepsilon^2 \cdot \mathbf{I}_n} \qquad (21\text{-}18)$$

Bemerkung:
Die Annahme (21-18) der *Homoskedaszität* kennzeichnet das *klassische lineare Modell (OLS: Ordinary Least Squares)*. Läßt man auch Kovarianzmatrizen der Form $\mathbf{V}(\boldsymbol{\varepsilon}) = \sigma_\varepsilon^2 \cdot \boldsymbol{\Omega}$ zu ($\boldsymbol{\Omega}$ sei hierbei eine symmetrische positiv definite Matrix), so spricht man von *Heteroskedastizität* und vom *allgemeinen linearen Modell (GLS: General Least Squares)*. Dieses läßt sich durch geeignete Transformationen in das klassische homoskedastische Modell umwandeln.

Zusätzlich zu Annahmen bezüglich Erwartungswert, Varianz und Kovarianz wird noch *Normalverteilung* der ε_i gefordert.

Tab. 21-4: Die Annahmen in Kurzform

1.	**X** ist deterministisch
2.	$(\mathbf{X}'\mathbf{X})^{-1}$ existiert
3.	$\mathbf{Y} = \mathbf{X}\boldsymbol{\beta} + \boldsymbol{\varepsilon}$
4.	$\boldsymbol{\varepsilon} = \mathbf{N}(\mathbf{0}, \sigma_\varepsilon^2 \mathbf{I}_n)$

Erwartungstreue von $\hat{\boldsymbol{\beta}}$:

Aus der Modellannahme $E(\boldsymbol{\varepsilon}) = \mathbf{0}$ läßt sich die *Erwartungstreue des Schätzers* $\hat{\boldsymbol{\beta}}$ ableiten:

$$
\begin{aligned}
E(\hat{\boldsymbol{\beta}}) &= E[(\mathbf{X}'\mathbf{X})^{-1}\mathbf{X}'\mathbf{Y}] \\
&= (\mathbf{X}'\mathbf{X})^{-1}\mathbf{X}'E(\mathbf{Y}) \\
&= (\mathbf{X}'\mathbf{X})^{-1}\mathbf{X}'E(\mathbf{X}\boldsymbol{\beta} + \boldsymbol{\varepsilon}) \\
&= (\mathbf{X}'\mathbf{X})^{-1}\mathbf{X}'(\mathbf{X}\boldsymbol{\beta} + E(\boldsymbol{\varepsilon})) \\
&= (\mathbf{X}'\mathbf{X})^{-1}\mathbf{X}'\mathbf{X}\boldsymbol{\beta} \\
&= \mathbf{I}_n\boldsymbol{\beta} = \boldsymbol{\beta}
\end{aligned}
$$

$\hat{\boldsymbol{\beta}}$ ist somit ein unverzerrter Schätzer von $\boldsymbol{\beta}$.

Varianz von $\hat{\boldsymbol{\beta}}$:

Die Varianz-Kovarianz-Matrix der Schätzer für die Regressionsparameter lautet

$$
\boxed{V(\hat{\boldsymbol{\beta}}) = E\big([\hat{\boldsymbol{\beta}} - E(\hat{\boldsymbol{\beta}})][(\hat{\boldsymbol{\beta}} - E(\hat{\boldsymbol{\beta}})]'\big)} \qquad (21\text{-}19)
$$

Der Ausdruck $\hat{\boldsymbol{\beta}} - E(\hat{\boldsymbol{\beta}})$ lässt sich nun wie folgt umformen:

$$
\begin{aligned}
\hat{\boldsymbol{\beta}} - E(\hat{\boldsymbol{\beta}}) &= (\mathbf{X}'\mathbf{X})^{-1}\mathbf{X}'\mathbf{Y} - \boldsymbol{\beta} \\
&= (\mathbf{X}'\mathbf{X})^{-1}\mathbf{X}'(\mathbf{X}\boldsymbol{\beta} + \boldsymbol{\varepsilon}) - \boldsymbol{\beta} \\
&= \mathbf{I}_n\boldsymbol{\beta} + (\mathbf{X}'\mathbf{X})^{-1}\mathbf{X}'\boldsymbol{\varepsilon} - \boldsymbol{\beta} \\
&= (\mathbf{X}'\mathbf{X})^{-1}\mathbf{X}'\boldsymbol{\varepsilon}
\end{aligned}
$$

Durch Einsetzen dieser Darstellung in (21-19) erhalten wir

$$
\begin{aligned}
V(\hat{\beta}) &= E([(\mathbf{X}'\mathbf{X})^{-1}\mathbf{X}'\varepsilon][(\mathbf{X}'\mathbf{X})^{-1}\mathbf{X}'\varepsilon]' \\
&= E((\mathbf{X}'\mathbf{X})^{-1}\mathbf{X}'\varepsilon\varepsilon'\mathbf{X}(\mathbf{X}'\mathbf{X})^{-1}) \\
&= (\mathbf{X}'\mathbf{X})^{-1}\mathbf{X}'E(\varepsilon\varepsilon')\mathbf{X}(\mathbf{X}'\mathbf{X})^{-1} \\
&= (\mathbf{X}'\mathbf{X})^{-1}\mathbf{X}'\sigma_\varepsilon^2\mathbf{I}_n\mathbf{X}(\mathbf{X}'\mathbf{X})^{-1} \\
&= \sigma_\varepsilon^2(\mathbf{X}'\mathbf{X})^{-1}\mathbf{X}'\mathbf{X}(\mathbf{X}'\mathbf{X})^{-1} \\
&= \sigma_\varepsilon^2(\mathbf{X}'\mathbf{X})^{-1}
\end{aligned}
$$

Bemerkung:
Unter allen linearen Schätzfunktionen für β weist $\hat{\beta}$ die kleinste Varianz auf (Gauß-Markov Theorem).

Somit können wir (21-20) die für die weitere Arbeit wichtigen Varianzen der Schätzer der Regressionsparameter entnehmen.

$$\mathbf{V}(\hat{\beta}) = \sigma_\varepsilon^2(\mathbf{X}'\mathbf{X})^{-1} \qquad (21\text{-}20)$$

• **Kontrollfrage 5 :** Zeigen Sie, daß die Matrixschreibweise in Formel 21-20 auch die für die Einfachregression geltenden Formeln 20-18 und 20-19 enthält.

Da σ_ε^2 generell als unbekannt vorausgesetzt werden muß, ersetzt man σ_ε^2 durch die erwartungstreue Schätzung $\hat{\sigma}_\varepsilon^2$:

$$\hat{\sigma}_\varepsilon^2 = \frac{1}{n-k-1}\,\mathbf{e}'\mathbf{e} \qquad (21\text{-}21)$$

Die geschätzte Kovarianzmatrix lautet daher

$$\boxed{\hat{V}(\hat{\beta}) = \hat{\sigma}_\varepsilon^2 (\mathbf{X}'\mathbf{X})^{-1}} \qquad (21\text{-}22)$$

Bezeichnen wir die k+1 Hauptdiagonalelemente von $(\mathbf{X}'\mathbf{X})^{-1}$ mit $d_0, d_1, \dots, d_k$, so erhalten wir die Varianzen der Parameterschätzer $\hat{\beta}_j$ durch (21-23).

$$\boxed{\hat{\sigma}_{\hat{\beta}_j}^2 = \hat{\sigma}_\varepsilon^2 \, d_j \qquad j = 0,\dots,k} \qquad (21\text{-}23)$$

Der zur Berechnung von Vertrauensintervallen und zum Testen von Hypothesen bezüglich der Regressionsparameter benötigte *Standardfehler* $\hat{\sigma}_{\hat{\beta}_j}$ beträgt somit

$$\boxed{\hat{\sigma}_{\hat{\beta}_j} = \hat{\sigma}_\varepsilon \sqrt{d_j} \qquad j=0,\dots,k} \qquad (21\text{-}24)$$

Reklame/Preis/Umsatz-Beispiel:
Wir wollen nun untersuchen, mit welcher Genauigkeit der Reklame- (β_1) und Preisparameter (β_2) geschätzt werden konnten. Hierzu müssen die beiden Standardfehler $\hat{\sigma}_{\hat{\beta}_1}$ und $\hat{\sigma}_{\hat{\beta}_2}$ berechnet werden. Aus

$$\mathbf{Y} = \begin{bmatrix} 50 \\ 29 \\ 46 \\ 97 \\ 38 \\ 65 \\ 95 \end{bmatrix} \quad \text{und} \quad \hat{\mathbf{Y}} = \begin{bmatrix} 45{,}5506 \\ 19{,}5470 \\ 63{,}5133 \\ 89{,}9871 \\ 46{,}4910 \\ 72{,}9648 \\ 81{,}9462 \end{bmatrix}$$

errechnen wir die Residuenquadratsumme $\mathbf{e}'\mathbf{e} = 770{,}991$ sowie die Varianz

$$\hat{\sigma}_\varepsilon^2 = \frac{1}{n-k-1}\,\mathbf{e}'\mathbf{e} = \frac{770{,}991}{4} = 192{,}748 \; .$$

Daher:

$$\hat{V}(\hat{\beta}) = \hat{\sigma}_\varepsilon^2 (\mathbf{X}'\mathbf{X})^{-1} = 192{,}748 \cdot \begin{bmatrix} 25{,}5499 & 0{,}0005743 & -9{,}34673 \\ 0{,}0005743 & 0{,}000003733 & 0{,}000753769 \\ -9{,}34673 & 0{,}000753769 & 3{,}51759 \end{bmatrix}$$

Somit betragen die Schätzungen für die beiden Standardabweichungen

$\hat{\sigma}_{\hat{\beta}_1} = \sqrt{192{,}748} \cdot \sqrt{0{,}000003733} = 0{,}0268$ (d.h. etwa 27'000 DM) und

$\hat{\sigma}_{\hat{\beta}_2} = \sqrt{192{,}748} \cdot \sqrt{3{,}51759} = 26{,}04$ (d.h. etwa 26 Mio DM).

Abschließend seien wie in Tab. 21-1 die für die Intervallschätzung eingeführten Neubezeichnungen den alten Bezeichnungen gegenübergestellt.

Tab. 21-5: Vergleich der alten und neuen Notation

Einfachregression	
in "alter" Schreibweise	in Matrixschreibweise
$V(\varepsilon_i) = \sigma_\varepsilon^2 \quad 1 \le i \le n$ $Cov(\varepsilon_i, \varepsilon_j) = 0 \quad 1 \le i \ne j \le n$	$\Sigma = \sigma_\varepsilon^2 \mathbf{I}_n$
$\hat{\sigma}_\varepsilon^2 = \frac{1}{n-2} \Sigma e_i^2$	$\hat{\sigma}_\varepsilon^2 = \frac{1}{n-k-1} e'e$
$\hat{\sigma}^2_{\hat{\alpha}_0} = \frac{\hat{\sigma}_\varepsilon^2 \Sigma X_i^2}{n \Sigma x_i^2}$ $\hat{\sigma}^2_{\hat{\beta}} = \frac{\hat{\sigma}_\varepsilon^2}{\Sigma x_i^2}$	$\hat{\mathbf{V}}(\hat{\boldsymbol{\beta}}) = \hat{\sigma}_\varepsilon^2 (\mathbf{X}'\mathbf{X})^{-1}$

Durch (21-7) und (21-23) erhalten wir nach Einsetzen der beobachteten Daten Punktschätzungen für die k+1 Parameter β_0 bis β_k sowie Schätzungen für die Varianzen von $\hat{\beta}_0$ bis $\hat{\beta}_k$, welche wir zur Konstruktion von Vertrauensintervallen und zum Testen von Hypothesen bezüglich der Regressionsparameter benötigen.

A. Intervallschätzungen für einzelne Parameter

Aus der Normalverteilung der Störvariablen ε_i folgt analog zu (20-28) der Verteilungstyp der Regressionsparameter

$$\boxed{\frac{\hat{\beta}_j - \beta_j}{\hat{\sigma}_{\hat{\beta}_j}} = T_{<n-k>}} \qquad (21\text{-}25)$$

Das Vertrauensintervall für ein bestimmtes β_j lautet somit bei n-k Freiheitsgraden:

$$b_j - t_{\alpha/2} \cdot \hat{\sigma}_{\beta_j} \leq \beta_j \leq b_j + t_{\alpha/2} \cdot \hat{\sigma}_{\beta_j} \tag{21-26}$$

Den in (21-26) erforderlichen Standardfehler $\hat{\sigma}_{\beta_j}$ können wir Formel (21-24) entnehmen.

Reklame/Preis/Umsatz-Beispiel:
Das VI für β_2, den Preisparameter, lautet

$$b_2 - t_{\alpha/2} \cdot \hat{\sigma}_{\beta_2} \leq \beta_2 \leq b_2 + t_{\alpha/2} \cdot \hat{\sigma}_{\beta_2}$$

$$-87{,}462 - 2{,}571 \cdot 26{,}04 \leq \beta_2 \leq -87{,}462 + 2{,}571 \cdot 26{,}04$$

$$-154{,}4 \leq \beta_2 \leq -20{,}5$$

Da n=7 und k=2 ist, war von einer T-Variable mit 5 Freiheitsgraden auszugehen. Die durch einen Preisaufschlag von 10 Pfennig verursachte Umsatzreduktion liegt somit zwischen 2,05 und 15,44 Mio DM. Die gleiche Rechnung liefert für den Reklameparameter das VI $0{,}021 \leq \beta_1 \leq 0{,}159$. Die Umsatzsteigerung durch einen zusätzlichen Werbeaufwand von 1000 DM liegt zwischen 21'000 und 160'000 DM.

B. Prognosebereich für einen individuellen Wert Y^*

Für einen vorgegebenen Vektor

$$\mathbf{X}^* = \begin{bmatrix} 1 \\ X_1^* \\ X_2^* \\ \cdot \\ \cdot \\ \cdot \\ X_k^* \end{bmatrix}$$

kennen wir bereits die Punktschätzung $\hat{Y}^* = \mathbf{X}^{*\prime}\mathbf{b}$. Da $\hat{\boldsymbol{\beta}}$ einen unverzerrten Schätzer für $\boldsymbol{\beta}$ darstellt, handelt es sich hierbei auch um eine erwartungstreue Schätzfunktion:
$E(\mathbf{X}^{*\prime}\hat{\boldsymbol{\beta}}) = \mathbf{X}^{*\prime}E(\hat{\boldsymbol{\beta}}) = \mathbf{X}^{*\prime}\boldsymbol{\beta} = Y^*$.

In Formel (21-27) ist die Varianz des Schätzers in Abhängigkeit von X^* angegeben.

$$\hat{\sigma}^2_{\hat{Y}^*} = \hat{\sigma}_\varepsilon^2(1 + \mathbf{X}^{*\prime}(\mathbf{X}'\mathbf{X})^{-1}\mathbf{X}^*) \tag{21-27}$$

Wiederum erhalten wir eine T-Variable mit n-k Freiheitsgraden

$$\frac{\hat{Y}^* - Y^*}{\hat{\sigma}_\varepsilon\sqrt{1 + (X^{*\prime}(X'X)^{-1}X^*)}} = T_{<n-k>} \qquad (21\text{-}28)$$

und können daraus das Vertrauensintervall für Y^* ableiten:

$$\hat{Y}^* - t_{\alpha/2}\,\hat{\sigma}_\varepsilon\sqrt{1 + (X^{*\prime}(X'X)^{-1}X^*)} \le Y^* \le \hat{Y}^* + t_{\alpha/2}\,\hat{\sigma}_\varepsilon\sqrt{1 + (X^{*\prime}(X'X)^{-1}X^*)} \qquad (21\text{-}29)$$

Reklame/Preis/Umsatz-Beispiel:
Wir interessieren uns nun für den Umsatz, der nach einem Preisaufschlag auf 3,20 DM und bei einem Werbebudget von 800'000 DM zu erwarten ist. Die entsprechende Punktschätzung lautet:

$$\mathbf{X}^{*\prime}\mathbf{b} = \begin{bmatrix} 1 & 800 & 3{,}20 \end{bmatrix} \cdot \begin{bmatrix} 263{,}971 \\ 0{,}0898134 \\ -87{,}4623 \end{bmatrix} = 55{,}943$$

$$X^{*\prime}(X'X)^{-1}X^* = \begin{bmatrix} 1 & 800 & 3{,}20 \end{bmatrix} \cdot \begin{bmatrix} 25{,}5499 & 0{,}0005743 & -9{,}34673 \\ 0{,}0005743 & 0{,}000003733 & 0{,}000753769 \\ -9{,}34673 & 0{,}000753769 & 3{,}51759 \end{bmatrix} \cdot \begin{bmatrix} 1 \\ 800 \\ 3{,}20 \end{bmatrix} = 1{,}19957$$

Somit erhalten wir für diese Prognose einen Standardfehler von

$$\hat{\sigma}_{\hat{Y}^*} = \hat{\sigma}_\varepsilon\sqrt{1 + X^{*\prime}(X'X)^{-1}X^*} = \sqrt{192{,}748} \cdot \sqrt{1 + 1{,}9957} = 20{,}59$$

Das VI für Y^*, den erwarteten Umsatz, lautet daher bei wiederum 5 Freiheitsgraden:

$$Y^* - t_{\alpha/2} \cdot \hat{\sigma}_{\hat{Y}^*} \le Y^* \le b_2 + t_{\alpha/2} \cdot \hat{\sigma}_{\hat{Y}^*}$$

$$55{,}943 - 2{,}571 \cdot 20{,}59 \le Y^* \le 55{,}943 + 2{,}571 \cdot 20{,}59$$

$$-1{,}2 \le Y^* \le 113{,}1$$

Diese Prognose ist sehr vage, da X_1^* und X_2^* weit von $\overline{X}_1$ und $\overline{X}_2$ entfernt liegen.

C. Vertrauensintervall für $_{\Delta}Y^*$

Wie in Kapitel XX bereits erklärt wurde, ist die Varianz von $_{\Delta}\hat{Y}^*$ stets etwas kleiner als diejenige des individuellen Prognosewertes $\hat{Y}^*$. Sie beträgt

$$\hat{\sigma}^2_{\;_{\Delta}\hat{Y}^*} = \hat{\sigma}_\varepsilon^2 \mathbf{X}^{*\prime}(\mathbf{X}'\mathbf{X})^{-1}\mathbf{X}^* \qquad (21\text{-}30)$$

Analog zu (21-28) erhalten wir eine T-Verteilung

$$\frac{_{\Delta}\hat{Y}^* - Y^*}{\hat{\sigma}_\varepsilon \sqrt{\mathbf{X}^{*\prime}(\mathbf{X}'\mathbf{X})^{-1}\mathbf{X}^*}} = T_{<n-k>} \qquad (21\text{-}31)$$

und ein entsprechendes Vertrauensintervall für $_{\Delta}Y^*$:

$$\hat{Y}^* - t_{\alpha/2}\,\hat{\sigma}_\varepsilon \sqrt{(\mathbf{X}^{*\prime}(\mathbf{X}'\mathbf{X})^{-1}\mathbf{X}^*)} \le {_{\Delta}Y^*} \le \hat{Y}^* + t_{\alpha/2}\,\hat{\sigma}_\varepsilon \sqrt{(\mathbf{X}^{*\prime}(\mathbf{X}'\mathbf{X})^{-1}\mathbf{X}^*)} \qquad (21\text{-}32)$$

Reklame/Preis/Umsatz-Beispiel:
Hier beträgt der Standardfehler

$$\hat{\sigma}_{\;_{\Delta}\hat{Y}^*} = \hat{\sigma}_\varepsilon \sqrt{\mathbf{X}^{*\prime}(\mathbf{X}'\mathbf{X})^{-1}\mathbf{X}^*} = \sqrt{192{,}748} \cdot \sqrt{1{,}9957} = 19{,}61 \;.$$

Wie erwartet gilt die Ungleichung $\hat{\sigma}_{\;_{\Delta}\hat{Y}^*} = 19{,}61 < 20{,}59 = \hat{\sigma}_{\hat{Y}^*}$

D. Tests bezüglich einzelner Regressionsparameter

Es soll untersucht werden, ob sich ein bestimmter Parameter β_j signifikant von Null unterscheidet. Somit wird die Nullhypothese $H_{0:}$ $\beta_j = 0$ der Alternativhypothese $H_{A:}$ $\beta_j \neq 0$ gegenübergestellt.

Aus Formel (21-25) erhalten wir den *Annahmebereich der Nullhypothese:*

$$-t_{\alpha/2} < \frac{b_j}{\hat{\sigma}_{\hat{\beta}_j}} < t_{\alpha/2} \tag{21-33}$$

Reklame/Preis/Umsatz-Beispiel:
Es soll getestet werden, ob Werbebudget und Verkaufspreis einen signifikanten Einfluß auf den Umsatz ausüben. Mit Hilfe der der Kovarianzmatrix

$$\hat{V}(\hat{\boldsymbol{\beta}}) = 192{,}748 \cdot \begin{bmatrix} 25{,}5499 & 0{,}0005743 & -9{,}34673 \\ 0{,}0005743 & 0{,}000003733 & 0{,}000753769 \\ -9{,}34673 & 0{,}000753769 & 3{,}51759 \end{bmatrix}$$

können wir $\hat{\sigma}_{\hat{\beta}_1} = \sqrt{192{,}748} \cdot \sqrt{0{,}0000037330} = 0{,}0268$ und $\hat{\sigma}_{\hat{\beta}_2} = \sqrt{192{,}748} \cdot \sqrt{3{,}51759}$ $= 26{,}0386$ berechnen. Der *Annahmebereich* lautet bei 5 Freitsgraden und $\alpha = 0{,}05$

$$-2{,}571 < \frac{b_j}{\hat{\sigma}_{\hat{\beta}_j}} < 2{,}571$$

Da die beiden *Testgrößen*

$$\frac{b_1}{\hat{\sigma}_{\hat{\beta}_1}} = \frac{0{,}0898134}{0{,}0268} = 3{,}35 \quad \text{und} \quad \frac{b_2}{\hat{\sigma}_{\hat{\beta}_2}} = \frac{-87{,}4623}{26{,}03886} = -3{,}36$$

im *Ablehnungsbereich* liegen, müssen die Null-Hypothesen $\beta_1 = 0$ resp. $\beta_2 = 0$ *verworfen werden.* Sowohl der Parameter für das Werbebudget als auch für den Preis sind also "signifikant", d.h. der Test ergibt, daß die geschätzten Werte nicht rein zufällig von Null verschieden sind, sondern daß mit 95% Sicherheit ein Einfluß von den betreffenden Variablen auf die Umsatzhöhe ausgeht.

Von besonderem Interesse ist die Tatsache, daß der Reklameparameter nun als signifikant erklärt wurde, obschon wir in Kapitel XX im Falle der Einfachregression eine gegenteilige Schlußfolgerung für die 3. Datenreihe erhalten hatten. Wir erkennen dadurch, daß das Weglassen eines bedeutsamen Merkmals, also die Wahl eines *unvollständigen Modells,* dazu führen kann, daß effektiv signifikante Regressoren nicht als solche eingestuft werden.

E. Der globale F-Test

Nebst dem eben beschriebenen individuellen Test bezüglich einzelner Regressionsparameter kann mit dem *F-Test* auch die *globale Nullhypothese*

$$H_0:\ \beta_1 = \ldots = \beta_k = 0$$

gegen die *Alternative*

H_A: Mindestens einer der Regressionsparameter ist von Null verschieden.

getestet werden. Die auf dem multiplen Korrelationskoeffizienten r beruhende *Teststatistik* (21-34) folgt der F-Verteilung $F_{<k;n-k-1>}$ und ermöglicht dadurch den Entscheid über Annahme oder Ablehnung der H_0.

$$\boxed{\frac{r^2}{1-r^2} \cdot \frac{n-k-1}{k}} \qquad (21\text{-}34)$$

<u>Reklame/Preis/Umsatz-Beispiel:</u>
Unter Verwendung des bereits berechneten Determinationskoeffizienten erhält man den *empirischen f-Wert*

$$\frac{r^2}{1-r^2} \cdot \frac{n-k-1}{k} = \frac{0{,}823}{1-0{,}823} \cdot \frac{7-2-1}{2} = 9{,}3\ .$$

Für α=0,05 beträgt der kritische Wert 6,94. Wegen f = 9,3 > 6,94 = $_{0,95}f_{<2;4>}$ ist die Null-Hypothese $\beta_1 = \beta_2 = 0$ abzulehnen. Mindestens einer der Regressionsparameter ist also signifikant von 0 verschieden. Dies steht in Übereinstimmung zu dem mit dem T-Test gefundenen Ergebnis, wonach beide Parameter signifikant sind.

21.7 Ein Beispiel mit mehreren Variablen und Multikollinearität

Die wichtige Voraussetzung zur Auflösung der Normalgleichungen (21-8) nach **b** besteht in der Invertierbarkeit der Matrix **X'X**. Wie schon erwähnt, ist hierzu nötig, daß sich keine der k exogenen Variablen X_1 bis X_k als Linearkombination der übrigen unabhängigen Variablen darstellen läßt. Auch wenn diese Bedingung nur annähernd erfüllt ist, kann allerdings die Mehrfachregression zu fehlerhaften Ergebnissen führen. Man spricht deshalb bereits dann von *Kollinearität* resp. *Multikollinearität,* wenn die Regressoren *annähernd linear abhängig* sind. In einem solchen Fall können geringe Variationen der Regressorenwerte, u.U. bereits Rundungen, zu beträchtlichen Veränderungen in der Schätzung **b** führen, also keine zuverlässige Resultate bringen.

Starke Multikollinearität ist sehr häufig bei Zeitreihen beobachtbar. Das nun folgende Beispiel, das sich der von J.W. Longley verwendeten Daten bedient, zeigt den Fall einer Regression mit sechs exogenen Variablen, von denen außer der Zeit-Variablen X_6 drei weitere Merkmale (X_1, X_2 und X_5) "stark trendhaft" belastet sind.

Tab. 21-6: Zahl der Erwerbstätigen in Abhängigkeit von sechs Variablen*)

Y	X_1	X_2	X_3	X_4	X_5	X_6
60323	83,0	234289	2356	1590	107608	1947
61122	88,5	259426	2325	1456	108632	1948
60171	88,2	258054	3682	1616	109773	1949
61187	89,5	284599	3351	1650	110929	1950
63221	96,2	328975	2099	3099	112075	1951
63639	98,1	346999	1932	3594	113270	1952
64989	99,0	365385	1870	3547	115094	1953
63761	100,0	363112	3578	3350	116219	1954
66019	101,2	397469	2904	3048	117388	1955
67857	104,6	419180	2822	2857	118734	1956
68169	108,4	442769	2936	2798	120445	1957
66513	110,8	444546	4681	2637	121950	1958
68655	112,6	482704	3813	2552	123366	1959
69564	114,2	502601	3931	2514	125368	1960
69331	115,7	518173	4806	2572	127852	1961
70551	116,9	554894	4007	2827	130081	1962

*) X_1 = Preisdeflator auf der Basis von 1954
X_2 = BSP in Mio $
X_3 = Arbeitslosigkeit in 1000
X_4 = Truppenstärke in 1000
X_5 = Bevölkerung über 14 (ohne Schüler und Studenten) in 1000
X_6 = Jahr
Y = Erwerbstätige in 1000

Quelle: Longley, J.W.: An appraisal of least squares programs for the electronic computer from the point of view of the user. Journal of the American Statistical Association, Vol.62 (1967) S.819-841.

Im Beispiel der Zahlen aus Tab. 21-6 ist das Vorhandensein der Multikollinearität leicht erkennbar. Es genügt nämlich, die einfachen Korrelationskoeffizienten $r_{X_1,X_2}, \ldots, r_{X_5,X_6}$ zu berechnen. Diese sind in Tab. 21-7 als Korrelationsmatrix dargestellt.

Tab. 21-7: Korrelationsmatrix der Longley-Daten

	X_1	X_2	X_3	X_4	X_5	X_6
X_1		**0,99159**	0,62063	0,46474	**0,97916**	**0,99115**
X_2	**0,99159**		0,60426	0,44644	**0,99109**	**0,99527**
X_3	0,62063	0,60426		-0,17742	0,68655	0,66826
X_4	0,46474	0,44644	-0,17742		0,36442	0,41725
X_5	**0,97916**	**0,99109**	0,68655	0,36442		**0,99395**
X_6	**0,99115**	**0,99527**	0,66826	0,41725	**0,99395**	

Aus der Tabelle 21-7 ist klar ersichtlich, daß insbesondere die Merkmale X_1, X_2, X_5 und X_6 stark korreliert sind. Deren paarweise Korrelationskoeffizienten liegen zwischen 0,979 und 0,995. Beispielsweise läßt sich die Zeitvariable X_6 durch

$$X_6 \approx 1895{,}608 + 0{,}158979 \cdot X_1 + 0{,}00000689902 \cdot X_2 + 0{,}0003410909 \cdot X_5$$

annähernd ($r^2 = 0{,}996$) als Linearkombination der Merkmale X_1 (Preisdeflator), X_2 (Bruttosozialprodukt) und X_5 (Bevölkerung) darstellen.

Somit liegt ein Fall starker Kollinearität vor. Die Absolutwerte der Matrix **X'X** liegen zwischen 16 und $2{,}6 \cdot 10^{12}$. Zudem beträgt die zur Invertierung benötigte Determinante von **X'X** etwa 10^{33} und so ist es nicht erstaunlich, daß für die numerischen Berechnungen hohe *Rundungsfehler* auftreten können.

Bei einem r^2-Wert von 0,996 erhält man die in Tab. 21-8 zusammengestellten Schätzwerte b_0 bis b_6. Nebst den Standardfehlern $\hat{\sigma}_{\beta_j}$ sind in der vorletzten Spalte der Tabelle auch die *empirischen t-Werte* $b_j/\hat{\sigma}_{\beta_j}$ angegeben. Man könnte nun für ein vorgegebenes α den Hypothesentest (21-33) bezüglich der einzelnen Regressionsparameter durchführen und überprüfen, welche dieser t-Werte im Ablehnungsbereich liegen. Mehr Information beinhaltet jedoch die Angabe der Wahrscheinlichkeit $P(T > |t|)$ eines (absolut) noch größeren t-Wertes. Die meisten Statistik-Software-Pakete berechnen diese in der letzten Spalte von Tabelle 21-8 angegebenen Werte.

Tab. 21-8: Regressionsschätzung für die Daten aus Tab. 21-5

Parameter	Schätzung	Standardfehler	t-Wert	P(T > | t |)
β_0	-3482259	890420	-3,911	0,0036
β_1	15,061872	84,914926	0,177	0,8631
β_2	-0,035819	0,033491	-1,070	0,3127
β_3	-2,020230	0,488400	-4,136	0,0025
β_4	-1,033227	0,214274	-4,822	0,0009
β_5	-0,051104	0,226073	-0,226	0,8262
β_6	1829,151	455,478	4,016	0,0030

Setzt man $\alpha = 0{,}05$, so weist von den vier korrelierenden Merkmalen X_1, X_2, X_5 und X_6 lediglich die Zeitvariable X_6 einen von Null signifikant verschiedenen Koeffizienten auf. Aus Tabelle 21-8 geht nämlich hervor, daß der $|t|$-Wert $b_6/\hat{\sigma}_{\beta_6}$ nicht im Annahmebereich (21-33) liegt und nur mit einer Wahrscheinlichkeit von 0,0030 überschritten wird.

Da X_6 wegen (21-35) im wesentlichen durch X_1, X_2 und X_5 ersetzbar ist, sollte der Ausschluß von X_6 aus dem Regressionsmodell eigentlich keine großen Folgen zeigen. Der Wert des Korrelationskoeffizienten für das Modell ohne X_6 ist zwar nur geringfügig auf r=0,987 gesunken. Tab. 21-9 zeigt hingegen, daß ein ehemals signifikant negatives Vorzeichen des konstanten Gliedes (-3'482'259) nun signifikant positiv ausfällt (+92'461). Auch die Punktschätzungen für β_1 bis β_5 unterscheiden sich erheblich von den bisherigen in Tab. 21-8.

Tab. 21-9: Regressionsschätzung ohne die Zeitvariable X_6

Parameter	Schätzung	Standardfehler	t-Wert	P(T > | t |)
β_0	92461,30782	35169,24788	2,629	0,0252
β_1	-48,46282818	132,24775	-0,366	0,7217
β_2	0,07200385	0,03173387	2,269	0,0467
β_3	-0,40387106	0,43853544	-0,921	0,3788
β_4	-0,56049558	0,28381275	-1,975	0,0765
β_5	-0,40350868	0,33026407	-1,222	0,2498

Fazit:

Bei starker Multikollinearität sind zumindest die Parameter der in Multikollinearität involvierten Merkmale sowie das Absolutglied β_0 *nicht klar identifizierbar*. Zudem besteht je nach Rechengenauigkeit die Gefahr starker Rundungsfehler. Im eben untersuchten Beispiel ist es demnach kaum sinnvoll, mehr als eine der vier interkorreliernden Merkmale X_1, X_2, X_5 und X_6 als Regressoren zu verwenden.

Es ist also keineswegs so, daß eine Vergrößerung der Zahl der Regressoren immer eine Verbesserung des Regressionsmodells bedeutet oder daß ein Modell mit dem höchsten Determinationskoeffizienten den Vorzug verdient. Das Auffinden (Spezifizieren) des "richtigen" Modells zur Erfassung empirisch gegebener Zusammenhänge ist eine oft schwierige und viel Erfahrung erfordernde Aufgabenstellung. Sie steht im Zentrum der Tätigkeit des Ökonometrikers und führt über das Arbeitsgebiet des Statistikers hinaus.

21.8 Aufgaben mit Lösung

Aufgabe 21-1*:

Leiten Sie die Formel der linearen exponentiellen Glättung mit Trend und ohne Saisonalität her (vgl. Fall 2b in Kap. IX, Abschnitt 9.7). Erstellen Sie für die Zeitreihe der Hotelübernachtungen aus Tabelle 9-1 Ex-ante-Prognosen (nur die Werte der Jahre *vor* dem zu prognostizierenden Jahr werden zur Schätzung miteinbezogen) für die Jahre 1960 und 1978. Der Glättungsparameter α betrage 0,4 .

Lösung:

Es handelt sich hierbei um eine gewichtete Regressionsanalyse, wobei die Gewichte f_i exponentiell abnehmen: $f_{i-1} = (1-\alpha)\cdot f_i$.

An Stelle des Minimierungsproblems $\mathbf{e'e} = \sum_{i=1}^{n} e_i^2 = \text{Min!}$ tritt daher

$$\mathbf{e'Fe} = \begin{bmatrix} e_1, & \cdots, & e_n \end{bmatrix} \cdot \begin{bmatrix} f_1 & 0 & 0 & \cdots & 0 \\ 0 & f_2 & 0 & \cdots & 0 \\ \cdot & \cdot & \cdot & & \cdot \\ \cdot & \cdot & \cdot & & \cdot \\ 0 & 0 & 0 & \cdots & f_n \end{bmatrix} \cdot \begin{bmatrix} e_1 \\ e_2 \\ \cdot \\ \cdot \\ e_n \end{bmatrix} = \sum_{i=1}^{n} e_i^2 f_i = \text{Min!}$$

Hierbei bezeichnet $\mathbf{F}$ die Diagonalmatrix der Gewichte $f_1, \cdots, f_n$. In Analogie zum Beweis von 21-7 liefert die vektorielle Differentiation von

$$\mathbf{e'Fe} = (\mathbf{Y} - \mathbf{Xb})'\mathbf{F}(\mathbf{Y} - \mathbf{Xb}) = \mathbf{Y'FY} - 2\mathbf{b'X'FY} + \mathbf{b'X'FXb}$$

das System der Normalgleichungen:

$$\frac{\partial \mathbf{e'Fe}}{\partial \mathbf{b}} = -2\mathbf{X'FY} + 2\mathbf{X'FXb} = 0 \quad \text{, d.h.} \quad \mathbf{b} = (\mathbf{X'FX})^{-1}\mathbf{X'FY}$$

$\sum f_i = 1$ ist somit nicht erforderlich, da die Normalgleichungen invariant bezüglich einer Multiplikation der Gewichte f_i mit einer beliebigen Konstante k sind:

$$(\mathbf{X'}\{k\cdot\mathbf{F}\}\mathbf{X})^{-1}\mathbf{X'}\{k\cdot\mathbf{F}\}\mathbf{Y} = k^{-1}\cdot(\mathbf{X'FX})^{-1}k\cdot\mathbf{X'FY} = (\mathbf{X'FX})^{-1}\mathbf{X'FY}$$

Für den Spezialfall der linearen exponentiellen Glättung wählt man demnach nach Festlegung des Glättungsparameters α als Diagonalelemente von $\mathbf{F}$ am einfachsten die fallenden Potenzen $f_i = (1-\alpha)^{n+1-i}$.

Ex-ante-Prognose für 1960:

Die aus Tab. 9-1 entnommenen Werte der Jahre 1957 bis 1959 lauten in Matrixschreibweise

$$\mathbf{X'} = \begin{bmatrix} 1 & 1 & 1 \\ 0 & 1 & 2 \end{bmatrix} \quad \text{und} \quad \mathbf{Y'} = \begin{bmatrix} 20992 & 21007 & 23051 \end{bmatrix}$$

Anhand der Gewichtungsmatrix

$$\mathbf{F} = \begin{bmatrix} (1-0{,}4)^3 & 0 & 0 \\ 0 & (1-0{,}4)^2 & 0 \\ 0 & 0 & (1-0{,}4)^1 \end{bmatrix} = \begin{bmatrix} 0{,}216 & 0 & 0 \\ 0 & 0{,}36 & 0 \\ 0 & 0 & 0{,}6 \end{bmatrix}$$

und den folgenden Zwischenschritten

$$\mathbf{X'FX} = \begin{bmatrix} 1 & 1 & 1 \\ 0 & 1 & 2 \end{bmatrix} \begin{bmatrix} 0{,}216 & 0 & 0 \\ 0 & 0{,}36 & 0 \\ 0 & 0 & 0{,}6 \end{bmatrix} \begin{bmatrix} 1 & 0 \\ 1 & 1 \\ 1 & 2 \end{bmatrix} = \begin{bmatrix} 1{,}176 & 1{,}56 \\ 1{,}56 & 2{,}76 \end{bmatrix}$$

$$(\mathbf{X'FX})^{-1} = \begin{bmatrix} 3{,}39835 & -1{,}9208 \\ -1{,}9208 & 1{,}44799 \end{bmatrix}$$

$$\mathbf{X'FY} = \begin{bmatrix} 1 & 1 & 1 \\ 0 & 1 & 2 \end{bmatrix} \begin{bmatrix} 0{,}216 & 0 & 0 \\ 0 & 0{,}36 & 0 \\ 0 & 0 & 0{,}6 \end{bmatrix} \begin{bmatrix} 20992 \\ 21007 \\ 23051 \end{bmatrix} = \begin{bmatrix} 25927{,}4 \\ 35223{,}7 \end{bmatrix}$$

läßt sich der Vektor der Regressionsparameter berechnen:

$$\mathbf{b} = (\mathbf{X'FX})^{-1}\mathbf{X'FY} = \begin{bmatrix} 3{,}39835 & -1{,}9208 \\ -1{,}9208 & 1{,}44799 \end{bmatrix} \begin{bmatrix} 25927{,}4 \\ 35223{,}7 \end{bmatrix} = \begin{bmatrix} 20452{,}4 \\ 1202{,}18 \end{bmatrix}$$

Die auf den Werten der Jahre 1957-1959 basierende Prognose für 1960 beträgt somit

$$\mathbf{X}^{*\prime}\mathbf{b} = \begin{bmatrix} 1 & 3 \end{bmatrix} \begin{bmatrix} 20452{,}4 \\ 1202{,}18 \end{bmatrix} = 24059$$

Ex-ante-Prognose für 1978:

Die Diagonale der Matrix **F** und die beiden Matrizen **X** und **Y** lauten bei 21 Zeitwerten

$$\begin{bmatrix} (1-\alpha)^{21} & (1-\alpha)^{20} & \cdots & (1-\alpha)^2 & (1-\alpha)^1 \end{bmatrix} = \begin{bmatrix} 0{,}6^{21} & 0{,}6^{20} & \cdots & 0{,}6^2 & 0{,}6^1 \end{bmatrix}$$

$$\mathbf{X}' = \begin{bmatrix} 1 & 1 & 1 & \cdots & 1 & 1 \\ 0 & 1 & 2 & \cdots & 19 & 20 \end{bmatrix} \quad \mathbf{Y}' = \begin{bmatrix} 20992 & 21007 & 23051 & \cdots & 29646 & 31477 \end{bmatrix}.$$

Aus den folgenden Zwischenergebnissen

$$\mathbf{X'FX} = \begin{bmatrix} 1{,}49997 & 27{,}7501 \\ 27{,}7501 & 519 \end{bmatrix} \qquad (\mathbf{X'FX})^{-1} = \begin{bmatrix} 61{,}6729 & -3{,}29755 \\ -3{,}29755 & 0{,}178242 \end{bmatrix}$$

$$\mathbf{X'FY} = \begin{bmatrix} 46715{,}4 \\ 863435 \end{bmatrix}$$

erhalten wir die aktuellen Regressionsparameter

$$\mathbf{b} = (\mathbf{X'FX})^{-1}\mathbf{X'FY} = \begin{bmatrix} 61{,}6729 & -3{,}29755 \\ -3{,}29755 & 0{,}178242 \end{bmatrix} \begin{bmatrix} 46715{,}4 \\ 863435 \end{bmatrix} = \begin{bmatrix} 33850{,}4 \\ -146{,}273 \end{bmatrix}$$

Der auf den Werten der Jahre 1957-1977 basierende Prognosewert für 1978 beträgt somit

$$\mathbf{X}^{*\prime}\mathbf{b} = \begin{bmatrix} 1 & 21 \end{bmatrix} \begin{bmatrix} 33850{,}4 \\ -146{,}273 \end{bmatrix} = 30779$$

Effektiv beobachtet wurde in diesem Jahr der Wert 30574. Dies entspricht einem relativen Prognosefehler von 1%. Die in Figur 9-1 dargestellte lineare Regression ergibt bei einem Prognosewert von 34439 jedoch einen relativen Fehler von 13%. Die hohe Flexibilität der exponentiellen Glättung manifestiert sich v.a. in der möglichen Variation des Steigungsparameters. Dieser betrug für 1959 b=1202,18 und für 1977 b=–146,27 , währenddem im linearen Ansatz (vgl. Fig. 9-1) ein über die ganze Periode hinweg konstanter Zuwachs von b=540,5 geschätzt wurde.

Aufgabe 21-2:

Gegeben seien

$$\mathbf{Y} = \begin{bmatrix} 248 \\ 240 \\ 228 \\ 192 \\ 92 \end{bmatrix}, \quad \mathbf{X}_1 = \begin{bmatrix} 8 \\ 36 \\ 24 \\ 12 \\ 20 \end{bmatrix} \text{ und } \mathbf{X}_2 = \begin{bmatrix} 24 \\ 40 \\ 16 \\ 52 \\ 8 \end{bmatrix}.$$

Bestimmen Sie die Kleinst-Quadrate-Schätzung für das lineare Regressionsmodell.

Lösung:

$$\mathbf{X} = \begin{bmatrix} 1 & 8 & 24 \\ 1 & 36 & 40 \\ 1 & 24 & 16 \\ 1 & 12 & 52 \\ 1 & 20 & 8 \end{bmatrix}$$

$$\mathbf{X'Y} = \begin{bmatrix} 1 & 1 & 1 & 1 & 1 \\ 8 & 36 & 24 & 12 & 20 \\ 24 & 40 & 16 & 52 & 8 \end{bmatrix} \cdot \begin{bmatrix} 248 \\ 240 \\ 228 \\ 192 \\ 92 \end{bmatrix} = \begin{bmatrix} 1000 \\ 20240 \\ 29920 \end{bmatrix}$$

$$X'X = \begin{bmatrix} 1 & 1 & 1 & 1 & 1 \\ 8 & 36 & 24 & 12 & 20 \\ 24 & 40 & 16 & 52 & 8 \end{bmatrix} \cdot \begin{bmatrix} 1 & 8 & 24 \\ 1 & 36 & 40 \\ 1 & 24 & 16 \\ 1 & 12 & 52 \\ 1 & 20 & 8 \end{bmatrix} = \begin{bmatrix} 5 & 100 & 140 \\ 100 & 2480 & 2800 \\ 140 & 2800 & 5200 \end{bmatrix}$$

$$(X'X)^{-1} = \begin{bmatrix} \frac{79}{48} & -\frac{1}{24} & -\frac{7}{320} \\ -\frac{1}{24} & \frac{1}{48} & 0 \\ -\frac{7}{320} & 0 & \frac{1}{1280} \end{bmatrix}$$

$$\hat{\beta} = (X'X)^{-1}X'Y = \begin{bmatrix} \frac{79}{48} & -\frac{1}{24} & -\frac{7}{320} \\ -\frac{1}{24} & \frac{1}{48} & 0 \\ -\frac{7}{320} & 0 & \frac{1}{1280} \end{bmatrix} \cdot \begin{bmatrix} 1000 \\ 20240 \\ 29920 \end{bmatrix} = \begin{bmatrix} 148 \\ 0{,}5 \\ 1{,}5 \end{bmatrix}$$

Somit lautet die Schätzgleichung $\hat{Y} = 148 + 0{,}5\,X_1 + 1{,}5\,X_2$.

Aufgabe 21-3:

Führen Sie für das Regressionsproblem aus Aufgabe 21-2 den F-Test durch und bestimmen Sie 95%-Vertrauensintervalle für β_0, β_1 und β_2.

Lösung:

Aus $\hat{Y}' = [188 \;\; 226 \;\; 184 \;\; 232 \;\; 170]$ kann der Residuenvektor $\mathbf{e}' = [60 \;\; 14 \;\; 44 \;\; -40 \;\; -78]$ und die Residuenquadratsumme $\mathbf{e'e} = 13'416$ berechnet werden. Nach Ermittlung von $\mathbf{y'y} = 16'416$ erhalten wir für den Determinationskoeffizienten

$$r^2 = 1 - \frac{\mathbf{e'e}}{\mathbf{y'y}} = 1 - \frac{13'416}{16'416} = 0{,}1827.$$

Der *empirische f-Wert* beträgt somit

$$\frac{r^2}{1-r^2} \cdot \frac{n-k-1}{k} = \frac{0{,}1827}{1-0{,}1827} \cdot \frac{5-2-1}{2} = 0{,}224 \ .$$

Da für $\alpha = 0{,}05$ der kritische F-Wert ${}_{0{,}95}f_{<2;2>} = 19{,}00 > 0{,}224$ beträgt, darf die Null-Hypothese $\beta_1 = \beta_2 = 0$ *nicht abgelehnt* werden.

Zur Analyse der individuellen Parameter benötigt man vorerst die Schätzung für σ_ε^2:

$$\hat{\sigma}_\varepsilon^2 = \frac{1}{n-k-1}\,\mathbf{e'e} = \frac{1}{5-2-1}\,13'416 = 6'708.$$

Aus Aufgabe 21-2 kennen wir bereits die Matrix $(\mathbf{X'X})^{-1}$ und erhalten so die geschätzte Kovarianzmatrix

$$\hat{\mathbf{V}}(\hat{\boldsymbol{\beta}}) = \hat{\sigma}_\varepsilon^2(\mathbf{X'X})^{-1} = 6'708 \cdot \begin{bmatrix} \frac{79}{48} & -\frac{1}{24} & -\frac{7}{320} \\ -\frac{1}{24} & \frac{1}{48} & 0 \\ -\frac{7}{320} & 0 & \frac{1}{1280} \end{bmatrix} = \begin{bmatrix} 11040{,}2 & -279{,}5 & -146{,}737 \\ -279{,}5 & 13{,}975 & 0 \\ -146{,}737 & 0 & 5{,}24062 \end{bmatrix}$$

Auf deren Diagonale finden wir nun $\hat{\sigma}_{\hat{\beta}_0} = \sqrt{11'040{,}2} = 105{,}07$, $\hat{\sigma}_{\hat{\beta}_1} = \sqrt{13{,}975} = 3{,}74$ und $\hat{\sigma}_{\hat{\beta}_2} = \sqrt{5{,}24062} = 2{,}29$.

Aus den statistischen Tabellen erhalten wir das Quantil ${}_{1-\alpha/2}t_{<n-k>} = {}_{0{,}975}t_{<3>} = 3{,}182$. Aus Formel (21-26) folgt:

$$\begin{array}{lll}
b_0 - {}_{0{,}975}t_{<n-k>}\hat{\sigma}_{\hat{\beta}_0} \le \beta_0 \le b_0 + {}_{0{,}975}t_{<n-k>}\hat{\sigma}_{\hat{\beta}_0}: & & -186{,}3 \le \beta_0 \le 482{,}3 \\
b_1 - {}_{0{,}975}t_{<n-k>}\hat{\sigma}_{\hat{\beta}_1} \le \beta_1 \le b_1 + {}_{0{,}975}t_{<n-k>}\hat{\sigma}_{\hat{\beta}_1}: & & -11{,}4 \le \beta_1 \le 12{,}4 \\
b_2 - {}_{0{,}975}t_{<n-k>}\hat{\sigma}_{\hat{\beta}_2} \le \beta_2 \le b_2 + {}_{0{,}975}t_{<n-k>}\hat{\sigma}_{\hat{\beta}_2}: & & -5{,}8 \le \beta_2 \le 8{,}8
\end{array}$$

Somit ist keiner der drei Parameter signifikant von Null verschieden.

21.9 Antworten auf Kontrollfragen

1. Die Scheinvariable $\mathbf{1} = [1,...,1]'$ in (21-2) dient zur Erzeugung des konstanten Terms α_0 in der Regressionsgleichung. Direke Ausmultiplikation ergibt:

$$\mathbf{X}\beta = \begin{bmatrix} 1 & X_1 \\ 1 & X_2 \\ \cdot & \cdot \\ \cdot & \cdot \\ \cdot & \cdot \\ 1 & X_n \end{bmatrix} \cdot \begin{bmatrix} \alpha_0 \\ \beta \end{bmatrix} = \begin{bmatrix} \alpha_0 & + & \beta X_1 \\ \alpha_0 & + & \beta X_2 \\ \cdot & & \cdot \\ \cdot & + & \cdot \\ \cdot & & \cdot \\ \alpha_0 & + & \beta X_n \end{bmatrix}$$

2. Die Matrix $\mathbf{X'X}$ ist genau dann invertierbar, wenn deren Determinante

$$\text{Det}\,(\mathbf{X'X}) = \text{Det}\begin{bmatrix} n & \Sigma X_i \\ \Sigma X_i & \Sigma X_i^2 \end{bmatrix} = n\Sigma X_i^2 - (\Sigma X_i)^2 = n^2 \cdot s_X^2$$

nicht verschwindet. Somit ist das Regressionsproblem lösbar, wenn die exogene Variable keine Konstante ist.

3.
$$\begin{bmatrix} n & \Sigma X_i \\ \Sigma X_i & \Sigma X_i^2 \end{bmatrix} \cdot \begin{bmatrix} \dfrac{\Sigma X_i^2}{n\Sigma x_i^2} & \dfrac{-\overline{X}}{\Sigma x_i^2} \\ \dfrac{-\overline{X}}{\Sigma x_i^2} & \dfrac{1}{\Sigma x_i^2} \end{bmatrix} = \begin{bmatrix} 1 & 0 \\ 0 & 1 \end{bmatrix}$$

4. Für die Einfachregression (k=1) bedeutet n>k, daß mindestens zwei Datenpaare (X_1,Y_1) und (X_2,Y_2) zur Verfügung stehen müssen.

5. Im Fall k=1 erhalten wir durch Einsetzen von

$$(\mathbf{X'X})^{-1} = \begin{bmatrix} \dfrac{\Sigma X_i^2}{n\Sigma x_i^2} & \dfrac{-\overline{X}}{\Sigma x_i^2} \\ \dfrac{-\overline{X}}{\Sigma x_i^2} & \dfrac{1}{\Sigma x_i^2} \end{bmatrix}$$

in (21-20) auf der Hauptdiagonale von $\mathbf{V}$ die Formeln (20-18) und (20-19).

$$\mathbf{V} = \sigma_\varepsilon^2(\mathbf{X'X})^{-1} = \begin{bmatrix} \dfrac{\sigma_\varepsilon^2\Sigma X_i^2}{n\Sigma x_i^2} & \dfrac{-\overline{X}\sigma_\varepsilon^2}{\Sigma x_i^2} \\ \dfrac{-\overline{X}\sigma_\varepsilon^2}{\Sigma x_i^2} & \dfrac{\sigma_\varepsilon^2}{\Sigma x_i^2} \end{bmatrix}$$

$$V_{\hat{\alpha}_0} = \mathbf{V}_{11} = \frac{\sigma_\varepsilon^2\Sigma X_i^2}{n\Sigma x_i^2} \quad \text{und} \quad V_{\hat{\beta}} = \mathbf{V}_{22} = \frac{\sigma_\varepsilon^2}{\Sigma x_i^2}\ .$$

Kapitel XXII: Methoden der Bevölkerungsstatistik

22.1 Vorbemerkung

Anders als die bisher vorwiegend behandelten *allgemeinen* Methoden, die keinem bestimmten *materiellen* Gegenstand der Statistik zugeordnet sind, gehören die jetzt zu zeigenden Methoden zu einem *speziellen* Untersuchungsobjekt der Statistik. Die Darstellung *spezieller* Methoden der Statistik sprengt an sich den Rahmen des vorliegenden Lehrbuchs. Der Bevölkerung kommt jedoch *ein besonderer Rang* gerade auch in der Statistik zu - und damit ebenfalls den bevölkerungsstatistischen Methoden, die ja gewissermaßen das *historische Fundament* der Statistik bilden. Vorgelegt wird daher eine knapp gehaltene Einführung in einen Stoff, den man ausführlicher in Speziallehrbüchern findet. Einige davon sind im Literaturverzeichnis aufgeführt.

22.2 Methoden der Erfassung von Bevölkerungsbestand und -bewegung

A. Die Volkszählung (der Zensus)

a) Zweck und Inhalt:

Die Volkszählung ist bis heute das wichtigste bevölkerungsstatistische Instrument. Bei ihr kommen die meisten Bürger nicht als passive Konsumenten, sondern als aktiv Beteiligte mit der Statistik in Berührung. Das wird oft als lästig und manchmal als mißbräuchliche Indienstnahme empfunden. Weil so viele Daten erhoben werden, entstehen auch Befürchtungen hinsichtlich des Datenmißbrauchs.

Die Volkszählung dient der *Bestandsaufnahme* einer auf einem bestimmten Territorium lebenden Bevölkerung. Sie erfolgt bis zum heutigen Tag durch ein vollständiges Abzählen jedes einzelnen Individuums im Rahmen einer *Vollerhebung*. Das bedeutet aber nicht Festhalten an einer Steinzeitmethode zur Lösung einer banalen statistischen Aufgabe! Es ist der *einzige adäquate Weg*, um dem demographischen Datenbedarf einer modernen Volkswirtschaft zu genügen. Eine Volkszählung (VZ) ist weit über das hinausgewachsen, was sie früher einmal war. Sie besteht heute neben der eigentlichen Zählung der Bevölkerung *(Personen* und *Haushalte)* auch aus einer Zählung der *Gebäude* und *Wohnungen* und wird oft zusammen mit einer Zählung der *Arbeitsstätten* vorgenommen. Nur so wird die Voraussetzung geschaffen, daß z.B. Verkehrpolitik, Energiepolitik, Raumplanungspolitik oder die unternehmerischen Investitionspläne nicht ins Blaue hinein gemacht werden müssen. Und erst durch die Volkszählung wird der *Rahmen* und die *Voraussetzung* geschaffen, *Stichproben* aus der Bevölkerung ziehen zu können.

Bei der Volkszählung geht es um mehr, als nur darum, *Gesamtumfänge* von Merkmalsträgern oder Merkmalsausprägungen festzustellen, die zu einem Territorium, d.h. in der Regel zu einem Staats- oder Bundesstaatsgebiet gehören. Ihre Hauptfunktion besteht darin, *Merkmalsstrukturen* und insbesondere eine *Zuordnung der Merkmalsträger auch zu kleinen geographischen Teilgebieten* zu ermitteln. Nur so ist die Voraussetzung gegeben, das Gewicht jeder Wählerstimme überall gleich hoch zu machen oder die nach der Einwohnerzahl zu verteilenden Steuereinnahmen resp. Finanzausgleichszahlungen den empfangsberechtigten öffentlichen Haushalten in der richtigen Höhe zufließen zu lassen. Schon kleine Ungenauigkeiten von wenigen 100 Einwohnern können für eine Gemeinde erhebliche Einnahmeunterschiede nach oben oder unten bedeuten.

Als geographische Teilgebiete für die zu erhebenden Bevölkerungsdaten sind zwei Arten zu unterscheiden: *1.) Gebiete, die als politische Gemeinwesen* organisiert sind und deren *Entscheidungsträger* statistische Informationen als Entscheidungsgrundlagen benötigen. Dazu gehören Städte und Gemeinden und andere Gebietskörperschaften wie Kantone, Bundesländer, Landkreise, Bezirke usw. *2.)* Gebiete, die von planerischen oder politischen Entscheidungen oder anderen Ereignissen „betroffen" werden, also Stadtteile, Häuserblocks, Straßenabschnitte, Einzelhäuser, Stimmbezirke, Schuleinzugsbereiche (Schulkreise), Planungsregionen usw. Derartige Gebiete kennt man im Moment der Volkszählung meist noch gar nicht vollständig. Sie entstehen oft erst nach abgeschlossener Volkszählung bei plötzlich neu auftauchenden Planungs- oder Entscheidungssituationen oder bei Ereignissen mit bisher unbekannten Inzidenz-Abgrenzungen. Man denke z.B. an eine auf ein bestimmtes Gebiet beschränkte Naturkatastrophe. Man benötigt jetzt Informationen über die im betroffenen Gebiet wohnenden Personen und die dortigen Häuser, Arbeitsstätten usw. sowie über die in benachbarten Regionen vorhandenen Ressourcen.

Die geographische Zuordnung jedes Merkamalsträgers ist ebenso wie die Ermittlung von Strukturdaten auch Voraussetzung für Stichproben. Es gibt Stichproben, die man z.B. aus der Rentnerbevölkerung, andere die man aus der Bevölkerung von Gemeinden mit unter 5'000 Einwohnern und wiederum andere, die man aus der Bevölkerung mit Facharbeiter- oder akademischer Ausbildung ziehen möchte. Außerdem ist die Kenntnis z.B. der *Altersstruktur* einer Bevölkerung erforderlich, um rechtzeitig Schulen, Bildungsanstalten oder Altenheime planen zu können oder um *Sterbetafeln* zu erstellen, was wiederum für die öffentliche Renten- und die private Lebensversicherung eine unverzichtbare Arbeitsgrundlage ist. Ganz generell kann man sagen, daß gerade diese Strukturdaten *Grundinformationen* darstellen, die für planendes politisches und unternehmerisches Handeln *unentbehrlich* sind. Strukturdaten liefern schließlich die notwendigen Bezugsgrößen, um die in Abschnitt 22-4 zu zeigenden, vor allem *auch die Wissenschaft interessierenden Kennziffern* bilden zu können.

Tabelle 22-1 gibt einen internationalen Überblick über den elementaren Fragenkatalog des bevölkerungsbezogenen Teils von Volkszählungen. Es handelt sich um die drei Hauptbereiche „Fragen zur Person", „Fragen zur Beteiligung am Erwerbsleben" und „Fragen zur Bildung".

Tab. 22-1: Ausgewählte Erhebungsmerkmale im bevölkerungsbezogenen Teil der Volkszählungen einiger Länder in den 80er Jahren

Gegenstand	Bundesrepublik Deutschland 1987	Schweiz 1980	Vereinigte Staaten von Amerika 1980	Deutsche Demokratische Republik 1981	Österreich 1981	Frankreich 1982	Japan 1985
Fragen zur Person							
Alter	x	x	x	x	x	x	x
Geschlecht	x	x	x	x	x	x	x
Familienstand	x	x	x	x	x	x	x
Staatsangehörigkeit	x	x	x	-	x	x	x
Religion[1)]	x	x	x	-	x	-	-
Fragen zum Erwerbsleben							
Beschäftigungsstatus	x	x	x	x	x	x	x
Beruf	x	x	x	x	x	x	x
Stellung im Beruf	x	x	x	x	x	x	x
Arbeitsort	x[2)]	x	x	x	x	x	x
Wirtschafts- bzw. Beschäftigungssektor	x	x	x	x	x	x	x
Geleistete Arbeitszeit[1)]	x	x	x	-	x	-	–[3)]
Verkehrsmittel für die Fahrt zur Arbeit	x	x	x	-	x	-	–[3)]
Zeitbedarf für den Weg zum Arbeitsort	x	x	x	-	x	-	–[3)]
Fragen zur Bildung							
Höchster Schulabschluß	x	x	x	x	x	x	–[3)]
Diplome usw. sowie Fachrichtung	x	x	-	x	x	x	–[3)]

1) Diese Merkmale sind in den UN/ECE-Empfehlungen für 1990 als sogenannte Zusatzmerkmale vorgeschlagen.
2) Wird nur als Hilfsmittel erhoben, d.h. das Merkmal dient nur zur organisatorischen Durchführung der Zählung, keine statistische Auswertung.
3) Bei der Volkszählung in der Mitte der Dekade handelt es sich um ein verkürztes Fragenprogramm. Bei den Zählungen am Anfang der Dekade werden auch diese Merkmale erfragt.
Quelle: Wirtschaft und Statistik, Heft 3, 1987, S.209

• **Kontrollfrage 1 :** Wie oft kann oder sollte man Ihrer Meinung nach eine Volkszählung veranstalten?

---

b) Zur Methode bei Volkszählungen

Bei Vollerhebungen wie der Volkszählung entstehen *keine Stichprobenfehler*, dafür gewinnen *systematische Fehler* eine erhöhte Bedeutung. Um diese klein zu halten, ist eine sehr sorgfältige Konzipierung und Planung der Zählungs- und Auswertungsvorgänge erforderlich. Daher „beginnt“ eine Volkszählung mehrere Jahre vor dem eigentlichen Zählungsstichtag und endet erst Jahre danach mit dem Abschluß der Auswertungen. Man kann sieben strategisch wesentliche Systembestandteile einer Volkszählung unterscheiden, die „methodisch in die richtige Form“ gebracht werden müssen. Es handelt sich im einzelnen um folgende:

1. Die Erstellung einer korrekten *Adressenliste* oder die genaue Umschreibung der Zählkreise (des „Begehungsbereichs").
2. Eine klare begriffliche Festlegung der zu erfassenden Personen und sachgerechte räumliche *Zuordnungsregeln* für die zu zählenden Personen resp. Merkmalsträger.
3. Die aus den Zwecken der Volkszählung abgeleitete und praktisch- psychologischen Gegebenheiten Rechnung tragende Festlegung des sog. *Tabellenprogramms* und des dazugehörigen *Fragebogens.*
4. Die Einrichtung einer *Zählungsorganisation* und die *Durchführung* des Zählvorganges vor Ort.
5. Die Herstellung von *Vollständigkeit* und *Richtigkeit* der Daten (Kontrolle und Korrektur).
6. Schutz der Privatsphäre und Datenschutz.
7. Die *Aufbereitung,*Verarbeitung und *Veröffentlichung* der Daten.

Zu 1.) Adressenliste oder Zählkreisumschreibung: Eins oder das andere ist die Voraussetzung dafür, daß überhaupt alle in Frage kommenden Personen (Haushalte, Häuser, Betriebsstätten) erreicht und befragt werden können. Von Land zu Land sind die Bedingungen anders, um eine solche Ausgangsbasis zu erstellen. Am naheliegendsten ist es, überall dort, wo es sie gibt, von den behördlichen Melderegistern oder den für Wahlen und Abstimmungen erforderlichen Wählerlisten auszugehen und diese durch Heranziehung weiterer Verzeichnisse, Register oder Kataster zu vervollständigen. Wo es, wie in den Vereinigten Staaten von Amerika oder in Entwicklungsländern, keine Melderegister gibt und auch Gebäudekataster nicht allzu zuverlässig sind (man denke an Slums oder Wellblechstädte), muß man von einem durch Luftaufnahmen festgestellten Kataster ausgehen.

Zu 2.) Abgrenzung des Personenkreises und räumliche Zuordnung: Es gibt mehrere Möglichkeiten der Abgrenzung des zu zählenden Personenkreises und der Zuordnung einer jeden Person zu einem bestimmten Ort im Raum. Eine erste Möglichkeit besteht in der Feststellung der *ortsanwesenden* („de facto") *Bevölkerung* am Stichtag. Dies ist ein zwar einfaches aber nicht sehr zweckmäßiges Verfahren, weil systematische Einflüsse (Kalenderzeit) und Zufälligkeiten das Ergebnis stark beeinflussen können und eine solche Abgrenzung auch schlecht auf die mit der Volkszählung verbundenen Zwecke abgestimmt ist.

Eine zweite Möglichkeit bestünde in der Zählung einer nach der *Staatsangehörigkeit* abgegrenzten Bevölkerung. Dieses Kriterium würde jedoch außerordentliche Schwierigkeiten bereiten, jeder Staat müßte seine Staatsangehörigen in der ganzen Welt ausfindig machen. Ferner würde die im Inland lebende ausländische Bevölkerung nicht mitgezählt, obwohl doch auch dieser Bevölkerungsteil für die Zur-Verfügung-Stellung von Schulen, Wohnungen, Arbeitsplätzen, Sozialeinrichtungen usw. von Bedeutung ist.

Eine dritte Möglichkeit besteht in der Zählung der sog. *de-iure-Bevölkerung:* jede Person wird dort gezählt, wo sie ihren rechtlichen Wohnsitz hat. Im Fall von mehreren Wohnsitzen ist der Hauptwohnsitz maßgebend. Voraussetzung für eine solche Abgrenzung ist es natürlich, daß überhaupt ein meldepflichtiger Wohnsitz gesetzlich verlangt ist. Auch dieser juristische Wohnsitzbegriff ist nicht unbedingt zweckmäßig, weil sich das Arbeiten, Wohnen, Konsumieren usw. oft nicht am juristischen Wohnsitz abspielt. Man stellt daher heute überwiegend auf den *wirtschaftlichen* Wohnsitz ab und zählt jede Person an dem Ort, von wo aus sie ihrer regelmäßigen wirtschaftlichen Tätigkeit nachgeht. Auch bei dieser Abgrenzung ergeben sich natürlich noch Probleme. Einerseits gibt es sog. mobile

Personen, wie Künstler, Monteure, Saisonarbeiter im Tourismus, Arbeitende in der Landwirtschaft, im Bauwesen oder im Verkehrswesen, die an keinen unveränderlichen geographischen Arbeitsort gebunden sind. Das Kriterium hat den weiteren Mangel, daß nicht nur der *Arbeitsort,* sondern auch der Ort, an dem sich das *häusliche* Leben abspielt, für die Bereitstellung einer öffentlichen Infrastruktur maßgebend ist. Man kann daher entweder *ganz* auf das Kriterium des „Schwerpunkts häuslichen Lebens" abstellen oder dieses Kriterium wenigstens *hilfsweise* (z.B. bei verheirateten Männern) zu dem des Ortes der wirtschaftlichen Tätigkeit hinzunehmen. Je nach der Gewichtung ergeben sich aber unterschiedliche Raumzuordnungen bei Soldaten, Studenten oder (unverheirateten) Personen, die sich von Montag bis Freitag in einer Wohnung nahe beim Arbeitsplatz und am Wochenende in einer anderen Wohnung aufhalten (in der Schweiz heißen solche Personen „Wochenaufenthalter").

• **Kontrollfrage 2 :** a) Ein Familienvater, der während der Woche am Arbeitsort wohnt und am Wochenende zur Familie zurückkehrt (sog. Wochenendpendler), wird er als Einwohner in zwei Gemeinden, also doppelt gezählt? b) Wo werden wehrpflichtige Soldaten während der Zeit ihrer Ausbildung gezählt? c) Botschaftspersonal oder Angestellte bei internationalen Organisationen haben meist einen priviligierten Status. Dürfen sie daher auch nicht von den Zählern bei der Volkszählung befragt werden?

Zu 3.) Tabellenprogramm und Fragebogen: Aus den inhaltlichen Zielen einer Volkszählung leitet sich im Prinzip das sog. Tabellenprogramm (die statistischen Ergebnisse in Tabellenform) und aus diesem im Prinzip der Katalog zu stellender Fragen her. Für diese Reihenfolge spricht die Logik. Doch Fragen haben in der Realität ein großes „Eigengewicht" und sind nicht einfach resultierende Größe. Von dem, was an Fragen „in Frage" kommt, gehen Rückwirkungen auf das Tabellenprogramm aus. In der Praxis muß man deshalb das Tabellenprogramm auch auf das Frageprogramm, d.h. auf den Fragebogen abstimmen. Tabellenprogramm und Frageprogramm (Fragebogen) müssen simultan erstellt werden.

Ein guter Fragebogen steht im übrigen im Mittelpunkt der Vorbereitung einer Volkszählung und ist die Voraussetzung für zuverlässige Antworten. Um alle Schwachstellen eines projektierten Fragebogens herauszufinden, unterzieht man diesen immer zumindest eines Probelaufs, d.h. man läßt ihn von einer Auswahl an Haushalten „zur Probe" ausfüllen, bevor eine endgültige Festlegung erfolgt.

Zu 4.) Die Einrichtung der Zählungsorganisation und die Durchführung des Zählvorgangs vor Ort: Der Ablauf der Volkszählung erfordert einen großen Zählungsapparat und damit die Bereitstellung von Menschen und Material. Dazu gehört insbesondere die Einrichtung und Ausstattung von *Zählungsbüros* bei den Gemeinden sowie die Rekrutierung und Schulung von *Zählern.* Der eigentliche Zählungsablauf geht so vor sich, daß die Zähler von ihrem Zählungsbüro Listen erhalten, die eine genaue Zählbezirksbeschreibung umfaßt. In ihr trägt der Zähler ein, wem er die Fragebogen ausgehändigt und welche davon er wieder eingesammelt hat. Der Zähler legt sodann eine Zählerliste an, die die Kennziffern der eingesammelten Fragebogen, die Zahl der Personen pro Haushalt usw. festhält. Die Zählerlisten haben eigene Zählerlistennummern. Schließlich werden auf dem Zählungsbüro Gemeindelisten angelegt, die neben der Gemeindekennzahl die Nummern der Zählerlisten enthalten. Die Listen zusammengenommen bilden das System der sog. *Ordnungspapiere,* die für die Kontrolle der Vollständigkeit und Ordnungsmäßigkeit des Zählvorgangs unentbehrlich sind. Ordnungs- und Erhebungspapiere (Fragebogen) werden an die übergeordnete Sammelstelle abgeliefert.

Zu 5.) Herstellung von Vollständigkeit und Richtigkeit der Daten (Kontroll- und Korrekturverfahren): Eine notwendige Bedingung, um bei der Volkszählung Vollständigkeit in der Beantwortung der Fragen zu erreichen, ist die *Auskunftspflicht.* Ohne diese würde ein erheblicher Anteil der Befragten keine Antworten geben, wie man dies von Umfragen privater Institute oder von freiwillig zu beantwortenden Mikrozensusfragen her weiß. Natürlich genügt die Auskunftspflicht noch nicht, um vollständige Antworten, und schon gar nicht, um wahre Antworten zu erhalten. Sowohl die absichtlichen wie die versehentlichen Angabefehler der Befragten als auch Fehler, die von den Zählern resp. im Zuge der Aufbereitung der Daten gemacht wurden, müssen durch ein ganzes System aufeinander aufbauender und sich ergänzender Korrekturen aufgedeckt und gegebenenfalls eliminiert werden. Dabei kann man unterscheiden nach der *Phase* des Zählvorgangs, in der die Kontrolle stattfindet, nach der *Methode,* die zur Prüfung verwendet wird und schließlich nach der *Konsequenz,* die aus der Aufdeckung von Fehlern gezogen wird.

Zur Kontrolle der ersten Phase gehört z.B. die Überprüfung beim oder unmittelbar nach dem Einsammeln der Fragebogen. Die *Prüfmethoden* zur Aufdeckung von möglichen Fehlern hängen weitgehend von der Art des erfragten Merkmals ab. Bei der Frage z.B. nach dem Alter, also einem quantitativen Merkmal, ist vor allem in Ländern mit noch wenig entwickeltem Alphabetisierungsgrad eine Tendenz zur Rundung auf volle 5 oder 10 Lebensjahre zu beobachten, was die Anwendung von „Glättungsmethoden" erforderlich macht. Das illustriert sehr schön Johann Pfanzagl (siehe Literaturverzeichnis, Allgemeine Literatur, Allgemeine Methodenlehre Teil 1, S. 192), von dem die als Fig. 22-1 abgedruckte Bevölkerungspyramide der Türkei, die offensichtlich keiner nachträglichen Korrektur unterzogen wurde, übernommen wurde. Eine einfache Plausibilitätskontrolle ergibt, daß die gemachten Angaben so nicht richtig sein können.

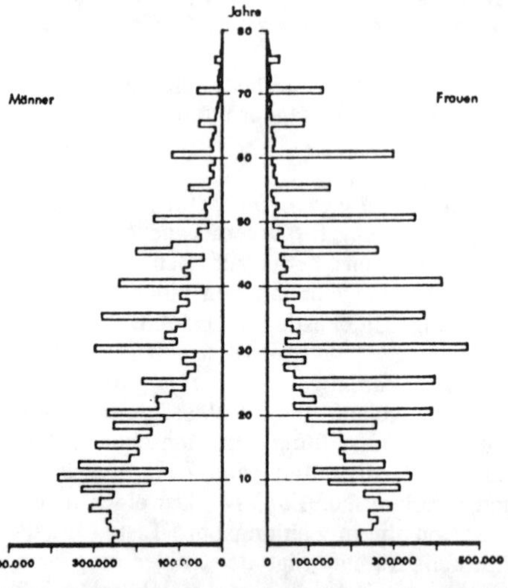

Fig. 22-1: „Altersaufbau" der Bevölkerung der Türkei, 1945

Eine wichtige Gattung von *Prüfmethoden* sind derartige *Plausibilitätskontrollen,* die sich auf eine ganze Reihe von Antwortarten erstrecken können und teilweise maschinell durchgeführt werden. Ferner gibt es den Vergleich der erhobenen Daten mit einer *repräsentativen* Nacherhebung in ausgewählten Kontrollbezirken und nachträglich durchgeführten Kontrollstichproben. Dadurch lassen sich systematische Fehler aufdecken und durch einen Vergleich mit den ursprünglichen Angaben läßt sich ein

Vertrauensintervall für die Größe dieses Fehlers berechnen. Voraussetzung hierfür ist die *Zusammenführung* der Antworten auf dem Fragebogen der Volkszählung mit den Antworten bei den Kontrollstichproben.

Zu 6.) Schutz der Privatsphäre und Datenschutz: Die Wahrung des sog. „Statistikgeheimnisses" lag schon immer im ureigensten Interesse des Statistikers, weil nur so jeglicher Anreiz zu bewußt falscher oder unvollständiger Beantwortung der Fragen vermieden wird. Bei der Volkszählung dienen diesem Zweck *drei klassische Vorkehrungen*: erstens *Strafen* für die mißbräuchliche Weitergabe von Informationen, die bei den Zählern (neudeutsch: Erhebungsbeauftragte) im Zuge des Zählvorgangs angefallen sind, zweitens eine *Beschränkung* des Fragenkatalogs auf solche Fragen, die vernünftigerweise interpretiert nicht zur Privatsphäre gehören (eine Volkszählung darf nur auf der Grundlage eines Gesetzes erfolgen, in welchem der Rahmen der zulässigen Fragen abgesteckt ist) und drittens die *Vermeidung der Veröffentlichung von Einzelangaben* oder überhaupt von Ergebnissen in einer Form, die eine Deanonymisierung möglich machen könnte.

Mit dem Aufkommen der elektronischen Datenverarbeitung sind zu diesen klassischen Schutzvorkehrungen *zusätzliche* Sicherungen erforderlich geworden, die eine *mißbräuchliche Verwendung der gespeicherten Daten* durch Unbefugte verhindern. Diese Sicherungen genannt Datenschutz müssen freilich darauf zielen, den *Verschluß* der erhobenen Daten bei den statistischen Ämtern zu gewährleisten und nicht darauf, die Sammlung und Speicherung von *benötigten* statistischen Daten zu *behindern* oder *einzuschränken.* Datenschutz bedeutet Sicherung erhobener Daten, nicht Schutz vor dem Erheben der Daten.

Im einzelnen ist zu den Privatsphären- und Daten-Schutzvorkehrungen folgendes zu sagen: Eine vernünftige Beschränkung auf „harmlose" Fragen ist die wohl wichtigste Maßnahme für einen wohlverstandenen Schutz der Privatsphäre. Man stellt daher bei einer Volkszählung keine Fragen zur individuellen Einkommens- oder Vermögenssituation, zu politischen oder weltanschaulichen Meinungen oder Einstellungen oder zu anderen „heiklen" Themen wie Intimverhalten, Krankheiten usw. Die Volkszählung hat nichts mit Meinungsforschung oder Aushorchung zu tun. Zum Schutz der Privatsphäre werden Daten der erwähnten Art gar nicht erst erfragt.

Ferner dürfen aus veröffentlichten Ergebnissen einer Volkszählung keine Rückschlüsse auf einzelne Personen, Haushalte oder Betriebe resp. Unternehmen gezogen werden können. Man bringt daher die Ergebnisse in eine dementsprechend aggregierte Form oder veröffentlicht sie sogar überhaupt nicht. Wenn es z.B. in einer kleineren Gemeinde nur *eine* Familie mit 16 Kindern oder nur *einen* Schloßbesitzer mit einer 35-Zimmer-Wohnung gibt, dann wird bei der Veröffentlichung die Klasse 16 Kinder oder 35 Zimmer durch Bildung *offener* Klassen, in denen die deanonymisierbaren Einzelfälle untergehen, zum Verschwinden gebracht. Es gibt dann z.B. nur noch Klassen wie „mehr als 5 Kinder" oder „mehr als 8 Zimmer".

Exkurs: Noch mehr Datenschutz bei Volkszählungen?

Der Einrichtung einer Datenschutzmaßnahme muß prinzipiell eine Abwägung ihrer *sozialen Kosten mit ihrem sozialen Nutzen* vorausgehen. Datenschutz sollte sich auf die Vermeidung öffentlichen Bekanntwerdens von Daten beschränken, die für die betroffenen Personen zu einem *Schaden* führen könnten. Auch Küsten- oder Lawinenschutz betreibt man nur da, wo Land und Leute *vor Schaden* zu bewahren sind. Einer solchen *Abwägung nicht förderlich* sind die *schon sprachlich verunglückten Begriffsprägungen* des deutschen Bundesverfassungsgerichts wie *„informationelle Selbstbestimmung"* oder *„informationelle Gewaltenteilung"*! Auch die kleinste Verletzung solch hoch angesiedelter Rechtsgüter steigert die „Schadenskosten" sofort ins Riesenhafte! Jedoch: Selbstbestimmung kann es nicht geben bezüglich Informationen, wie sie bei Volkszählungen erfaßt werden, sind diese doch mehr oder weniger *öffentliche Güter*. Es liegt *im Wesen öffentlicher Güter*, daß ihr Produzent oder „Träger" kein Eigentum an ihnen reklamieren und *nicht* über deren „Schicksal" bestimmen kann, weil sie ohne sein Zutun diffundieren. „Informationelle Selbstbestimmung" ist bei allgemein zugänglichen Daten daher ein Widerspruch in sich. Richtig ist es hingegen, den Schutz der Privatsphäre als Ausfluß eines Allgemeinen Persönlichlichkeitsrechts durch Nichterheben von Daten, deren Kenntnis in jedem Einzelfall nicht im öffentlichen Interesse notwendig ist, zu gewährleisten.

Auch die „informationelle Gewaltenteilung" ist eine unsachgemäße Begriffsausborgung. Gewaltenteilung ist nötig zur Kontrolle und Ausbalancierung von Legislative, Exekutive und Judikatur. Die Forderung nach Abschottung von statistischen Informationen zwischen Verwaltungszweigen verkennt, daß diese keine „Gewalten" sind und sich nicht gegenseitig zum Schutz des Bürgers „in Schach" zu halten haben, sondern daß sie dem Bürger nur in ihrer Zusammenarbeit dienen können. Will man einem „Moloch Verwaltung" oder dem „Leviathan Staat" engere Schranken setzen, kann man dies „offen" tun, doch sollte man nicht über die Hintertreppe durch Informationsmangel Ineffizienz und Verteuerung des Staats- oder Verwaltungsapparats hervorrufen, also paradoxerweise das Gegenteil von Erstrebenswertem!

Ein richtiges Maß an wohlverstandenem Datenschutz zur Sicherstellung des Statistikgeheimnisses auch im Zeitalter der EDV bedarf *keineswegs* der Etablierung eines sog. Grundrechts auf „informationelle Selbstbestimmung" oder eines Grundsatzes der „informationellen Gewaltenteilung" sondern des Augenmaßes bei der Abwägung einerseits des Informationsbedarfs seitens der ihre Dienstleistungsfunktion auf der Grundlage einer demokratischen Verfassung erfüllenden Staatsorgane und andererseits des möglichen Schadens beim datenliefernden Bürger, falls seine individuellen Daten Unbefugten zugänglich würden. Die *Schweiz* kennt kein Grundrecht auf „informationelle Selbstbestimmung". Ein solches könnte auch nicht einfach durch Richterspruch eingeführt werden. Es bedürfte zuerst der demokratischen, *politischen* Legitimierung.

• **Kontrollfrage 3 :** Könnte man durch Registerauswertungen eine Vollerhebung ersetzen?

---

c) Ergebnisse

Die Wiedergabe und statistische Weiterverarbeitung der bei einer Volkszählung gewonnenen Daten füllen meist viele Bände. Deswegen kann hier nur auf zwei Hauptresultate einer Volkszählung hingewiesen werden: auf den *Gesamtumfang* und die *Altersstruktur* der jeweils statistisch vermessenen Bevölkerung. Bezüglich des ersteren sei auf Tabelle 3-3 in Kapitel III verwiesen. Dort wurden für die Schweiz, Österreich, die DDR, die Bundesrepublik Deutschland sowie für die Türkei die auf der Grundlage von Volkszählungen seit 1950 festgestellten Wohnbevölkerungen angegeben. Ebenfalls in Kapitel III wurden die eine Altersstruktur veranschaulichenden Bevölkerungspyramiden Österreichs und der Bundesrepublik Deutschlands gezeigt und derjenigen der Weltbevölkerung gegenübergestellt. (Figuren 3-21 bis 3-23).

Entsprechend einer althergebrachten Einteilung unterscheidet man *pyramiden-*, glocken- und *urnenförmige* Bevölkerungspyramiden, die auf (langfristig) wachsende, gleichbleibende und abnehmende Bevölkerungen hinweisen. Im ursprünglichen Sinn pyramidenförmige Gebilde findet man heute nur noch bei den Bevölkerungen von Entwicklungsländern und, angesichts von deren Gewicht, bei der ebenfalls stark wachsenden Weltbevölkerung. Die schweizerische Bevölkerungspyramide, die in Fig. 22-2 gezeigt wird, die österreichische und erst recht die westdeutsche Bevölkerungspyramide haben (ungefähr) urnenförmige Umrisse: im unteren Teil immer schwächer werdende Jahrgänge gegenüber stärker besetzten Jahrgängen zur Mitte hin.

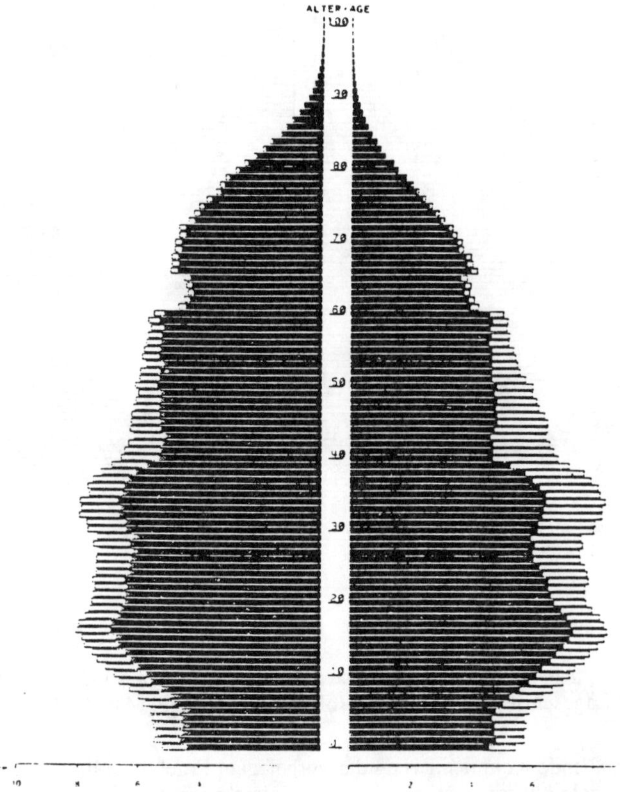

Fig. 22-2: Altersaufbau der schweizerischen Bevölkerung am 2. Dez. 1980 (Datum der Volkszählung)

Nicht alle „entwickelten" Länder besitzen eine urnenförmige Bevölkerungspyramide. So zeigt z.B. die *französische* „pyramide des âges" in etwa eine glockenförmige Gestalt (unterhalb der Mitte ungefähr gleichbleibende Jahrgangsstärken). Sie ist das Resultat einer in Frankreich nach 1945 energisch betriebenen aktiven *Bevölkerungspolitik* (siehe Fig. 22-3). Das französische Beispiel widerlegt das verbreitete Vorurteil, bevölkerungspolitische Maßnahmen seien wirkungslos (Quelle: Annuaire Statistique de la France 1987, S. 46).

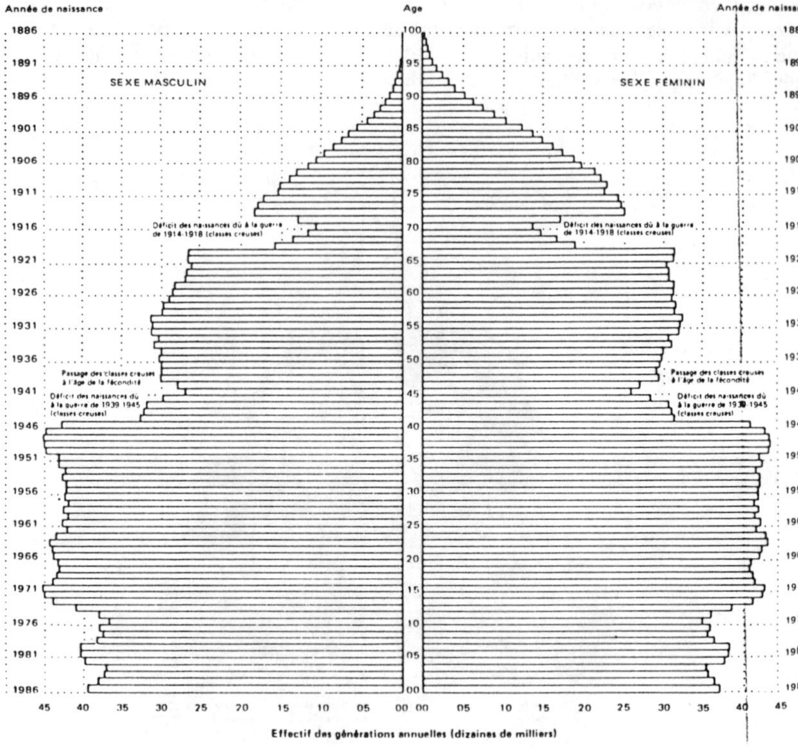

Fig. 22-3: Altersaufbau der französischen Bevölkerung am 1. Jan. 1987 (Fortgeschriebene Daten der Volkszählung vom 9. Mai 1982)

Auf eine weitergehende Kommentierung der vorgelegten Ergebnisse muß hier schon aus Platzgründen verzichtet werden. Wir wollen uns vielmehr jenen Aufgaben zuwenden, die sich dem Bevölkerungsstatistiker nach Abschluß einer Volkszählung stellen, denn Volkszählungen bedürfen der statistischen Ergänzung. Auch eine noch so perfekte Volkszählung kann zwei Dinge nicht: sie kann *keine* aktuellen Daten liefern, denn wegen der Kosten und der Größe des Zählvorgangs kann sie nur in zeitlich größeren Abständen durchgeführt werden und erste Ergebnisse erst mit ziemlicher zeitlicher Verzögerung liefern. Ferner kann (und soll) sie *nicht* zur Gewinnung vertiefter Daten über spezielle oder komplizierte Fragenkomplexe von ebenfalls sozialer oder sozioökonomischer Wichtigkeit dienen. Man bedarf daher zweier ergänzender Instrumente zur Lösung der genannten Probleme: des *Mikrozensus* und der *Fortschreibung*.

B. Der Mikrozensus

Als Mikrozensen („kleine Volkszählungen") bezeichnet man Stichproben von i.d.R. zwischen 0,1 und 1 Prozent einer Gesamtbevölkerung, die in teils monatlichen (USA), teils vierteljährlichen (Österreich) oder teils jährlichen (BRD, Schweiz) Abständen durchgeführt werden. Als Stichprobenmethoden kommen je nach den nationalen Voraussetzungen alle der in Kap. XVI gezeigten Auswahlverfahren oder auch Mischungen aus denselben in Frage. Die Auswahlgrundlage ebenso wie den Hochrechnungsrahmen liefert dabei meist die jeweils vorausgegangene Volkszählung. In der Regel werden bei einem MZ durch Interviewer Fragen zu Spezialgebieten wie Einkommen und Erwerbstätigkeit, Urlaub und Freizeitverhalten, Verkehrsverhalten usw. gestellt, um gegenüber der VZ (und zu deren Entlastung) detailliertere und aktuellere Informationen zu erhalten. Eine weitere Funktion eines MZ besteht ferner darin, durch die Befragung in kürzeren Abständen als bei der VZ statistische Veränderungen im Zeitablauf festzustellen, indem derselbe Personenkreis mehrmals hintereinander befragt wird (Panelbefragung, allerdings mit partiell rotierendem Kreis der Befragten). In der Regel wird beim MZ zwischen einem Grundprogramm (mit Auskunftspflicht) und einem Sonder- oder Zusatzprogramm (je nach gewünschtem Grad an Genauigkeit ohne oder mit Freiwilligkeit der Beantwortung) unterschieden. Bei Freiwilligkeit ergeben sich dann Antwortausfälle, die beispielsweise bei zunehmender Tendenz 1986 in Österreich rd. 25% der angefragten Adressen ausmachten.

Ein Mikrozensus kann niemals eine Volkszählung ersetzen, weil ein MZ prinzipiell immer auf die Grundlagenergebnisse einer VZ angewiesen ist, und weil ein MZ dem Charakter einer Stichprobe entsprechend, für *kleinräumige* Einheiten keine zuverlässigen Ergebnisse ermitteln kann. Die Ergebnisse eines MZ beziehen sich daher i.d.R. auf eine Gesamtbevölkerung resp. auf größere Gebietskörperschaften wie z.B. die Bundesländer in Österreich oder Deutschland. In der Schweiz ist es wegen der Kleinheit einer Reihe der Kantone nicht möglich, regelmäßig kantonsspezifische MZ-Ergebnisse vorzulegen.

C. Die Fortschreibung

Neben der Messung des *Bevölkerungsbestandes* besteht eine zweite Hauptaufgabe der Bevölkerungsstatistik in der Messung der *Bevölkerungsbewegung.* Die Fortschreibung verbindet die Statistik des Bevölkerungsbestandes mit der Statistik der *Bevölkerungsbewegung.* Das Ziel ist es, auch *für alle jene Zeitpunkte, für die keine Volkszählungsergebnisse vorliegen, statistische Angaben über den Bevölkerungsbestand zu erhalten.* Man kann auch sagen, mit Hilfe der Fortschreibung soll unter Berücksichtigung von Zugängen und Abgängen (Gewinnen und Verlusten) für vorgegebene Stichtage (in der Regel für den 31. Dezember) eine Bevölkerungsbilanz gezogen werden.

Die wichtigsten Statistiken zur Messung der Bevölkerungsbewegung sind die *Geburtenstatistik,* die *Sterbefallstatistik* und die *Wanderungsstatistik,* bestehend ihrerseits aus den Statistiken der *Zuzüge* (Zuwanderungen) und der Fort- oder Wegzüge (Abwanderungen). Aus diesen Statistiken der Bevölkerungsbewegung ergibt sich zusammen mit der Statistik des Bevölkerungsbestandes die Hauptformel für die Fortschreibung. Bezeichnet man mit $G_{t,\ t+1}$ die Zahl der Lebendgeborenen zwischen den Zeitpunkten t und t + 1, mit $S_{t,\ t+1}$

die Zahl der im gleichen Zeitraum Gestorbenen und mit $Z_{t,\ t+1}$ und $W_{t,\ t+1}$ die Zahl der Zu- resp. Weggezogenen, ferner mit P_t und P_{t+1} den Bevölkerungsstand („Population") zu den Zeitpunkten t und t + 1, dann folgt:

$$P_{t+1} = P_t + G_{t,\ t+1} - S_{t,t+1} + Z_{t,\ t+1} - W_{t,\ t+1} \tag{22-1}$$

In dieser Hauptformel für die Fortschreibung sind die beiden Hauptformeln für die Bevölkerungsveränderung bereits enthalten, nämlich die *Formel der natürlichen Bevölkerungsbewegung*, gebildet aus dem Saldo von Geburten und Sterbefällen und die *Formel der Wanderungsstatistik,* gebildet aus dem Saldo der Zu- und Wegzüge.

Die auf „natürliche" Ursachen zurückführbare Bevölkerungsveränderung lautet:

$$P^n_{t,t+1} = G_{t,\ t+1} - S_{t,t+1} \tag{22-2}$$

Analog zu (22-2) gebildet ist die Formel für die aus Zu- und Wegzügen zwischen den Zeitpunkten t und t + 1 resultierende Bevölkerungsveränderung:

$$P^w_{t,t+1} = Z_{t,\ t+1} - W_{t,t+1} \tag{22-3}$$

Unter Verwendung von (22-2) und (22-3) läßt sich die Hauptformel der Fortschreibung jetzt auch wie folgt ausdrücken:

$$P_{t+1} = P_t + P^n_{t,t+1} + P^w_{t,t+1} \tag{22-1'}$$

Die beiden folgenden Tabellen 22-2 und 22-3 geben für Deutschland, Österreich und die Schweiz jeweils für einige „runde" Jahre die den jeweiligen statistischen Jahrbüchern entnommenen Zahlen der natürlichen Bevölkerungsbewegung wieder.

Tab. 22-2: Natürliche Bevölkerungsbewegung im Deutschen Reich, in der Bundesrepublik Deutschland und in der DDR

	Deutsches Reich (bis 1940) und Bundesrepublik Deutschland			DDR		
	Lebendgeborene	Gestorbene	Saldo 1)	Lebendgeborene	Gestorbene	Saldo 1)
Jahr	in 1000			in 1000		
1900	1'996	1'236	+ 760	x	x	x
1920	1'599	933	+ 666	x	x	x
1940	1'402	866 *)	+ 516	x	x	x
1960	969	643	+ 326	293	234	+ 59
1965	1'044	678	+ 366	281	230	+ 51
1970	811	735	+ 76	237	241	- 4
1975	601	749	- 149	182	240	- 59
1980	620	714	- 93	245	238	+ 7
1985	586	704	- 118	228	225	+ 2

1) Geburtenüberschuß: +, Sterbeüberschuß: -
*) ohne Wehrmachtsterbefälle
Quelle: Stat. Jahrbücher, versch. Jahrgänge

Tab. 22-3: Natürliche Bevölkerungsbewegung in der Schweiz und in Österreich

Jahr	Schweiz			Österreich *)		
	Lebendgeborene	Gestorbene	Saldo 1)	Lebendgeborene	Gestorbene	Saldo 1)
	in 1000			in 1000		
1900	94	64	+ 31	185 #)	137 #)	+ 48 #)
1920	81	56	+ 25	147	123	+ 24
1940	64	51	+ 13	146	99 **)	+ 46
1960	94	52	+ 42	126	90	+ 36
1965	112	56	+ 56	130	94	+ 36
1970	99	57	+ 42	112	99	+ 13
1975	78	56	+ 23	94	96	- 2
1980	74	59	+ 15	91	92	- 2
1985	75	60	+ 15	87	90	- 2

1) Geburtenüberschuß: +, Sterbeüberschuß: -
*) Auf den heutigen Gebietsstand umgerechnet
**) ohne Wehrmachtsterbefälle
#) Jahresdurchschnitte aus 1896 - 1900
Quelle: Stat. Jahrbücher, versch. Jahrgänge

Auch jetzt wieder muß auf eine Kommentierung und Interpretation der in den Tabellen 22-2 und 22-3 ja nur zum Zweck der Exemplifizierung des methodischen Teils wiedergegebenen Zahlen verzichtet werden. Nur ein Hinweis auf das für „Friedens"- oder Nichtkatastrophenzeiten auch statistisch *bemerkenswerte Phänomen* teilweise *hoher negativer Salden der natürlichen Bevölkerungsbewegung* sei angebracht. Dies gilt insbesondere im Fall der (schon seit 1972 ununterbrochen auftretenden) Sterbeüberschüsse bei der westdeutschen Bevölkerung. Diese Sterbeüberschüsse wären ohne die Geburtenüberschüsse bei der ausländischen Bevölkerung noch erheblich, nämlich um rd. 50'000 bis 100'000 Personen pro Jahr höher. Die westdeutsche Bevölkerung hat zwischen 1972 und 1986 durch Geburtendefizite um rd. 2,5 Millionen abgenommen. Wegen eines Geburtenüberschusses bei der ausländischen Bevölkerung von rd. 1 Million im gleichen Zeitraum betrug der Negativsaldo der natürlichen Bevölkerungsbewegung bei der Wohnbevölkerung „nur" rd. 1,5 Millionen. Weniger ausgeprägt und weniger dauerhaft waren die

Sterbeüberschüsse Österreichs und der DDR während der vergangenen 15-20 Jahre. Der DDR gelang es, durch bevölkerungspolitische Maßnahmen, ihre Sterbeüberschüsse in den 70er Jahren wieder in Geburtenüberschüsse umzuwandeln. Die Schweiz hatte stets einen, wenn auch abnehmenden Geburtenüberschuß aufzuweisen. Ein teilweise hoher Anteil davon entfiel allerdings auf den Geburtenüberschuß bei der ausländischen Bevölkerung.

• **Kontrollfrage 4 :** Sind in der Bewegungsstatistik bei den Sterbefällen auch die Totgeburten enthalten?

Während die von den *Standesämtern* erhobenen Zahlen der Geburten und Sterbefälle im allgemeinen recht zuverlässige Statistiken ergeben, kann man dies in den meisten Ländern bezüglich der Wanderungsstatistik nicht sagen. Die Zahlen der Wanderungsfälle werden von den *Einwohnermeldeämtern* erhoben. Diese Zahlen sind aber nur dann einigermaßen vollständig wenn, wie in der Schweiz, die Einwohnermeldepflicht von In- und Ausländern genau eingehalten wird. Die folgenden Tabellen 22-4 und 22-5 geben für Deutschland und die Schweiz für einige Jahre die Zahl der Zu- und Wegzüge über die Staatsgrenzen an. (Quelle der Zahlen: Statistische Jahrbücher, verschied. Jahrgänge)

Tab. 22-4: Wanderungen über die Grenzen der Bundesrepublik Deutschland:

Jahr	Zuzüge	Wegzüge	Saldo *)
	in 1000		
1961	733	302	+ 431
1970	1'072	498	+ 574
1980	753	442	+ 312
1981	625	473	+ 152
1982	420	496	- 75
1983	372	489	- 117
1984	457	608	- 151
1985	512	429	+ 83

*) Überschuß der Zuzüge: +, Überschuß der Wegzüge: -

Tab. 22-5: Wanderungen über die Grenzen der Schweiz

	Zuzüge	Wegzüge	Saldo *)
Jahr	in 1000		
1982 **)	114	93	+ 21
1983 **)	96	91	+ 5
1984 **)	97	85	+ 12
1985 **)	99	85	+ 14
1986 **)	107	85	+ 22

*) Überschuß der Zuzüge: +, Überschuß der Wegzüge: -
**) Ohne Saisonarbeiter

Einen statistischen „Wanderungsfall“ kann man übrigens begrifflich sehr unterschiedlich festlegen: man kann z.B. Saisonarbeiter einbeziehen oder auch nicht. Ähnliches gilt für zahlreiche andere „Zweifelsfälle“: Erst recht werden Wanderungsstatistiken aus begrifflichen und erhebungstechnischen Gründen „schwierig“, wenn sie sich auf die Binnenwanderung erstrecken. Da es aber, wie oben ausgeführt, aus vielerlei Gründen wichtig ist, die geographische Verteilung der Bevölkerung innerhalb des Gesamtterritoriums eines Staates zu kennen, bleibt eine Fortschreibung des Bevölkerungsstands immer nur ein Ersatz oder Notbehelf, der von Zeit zu Zeit durch eine zu einem bestimmten Zeitpunkt erfolgende Vollerhebung „korrigiert“ werden muß. Die aufgelaufenen Fehler durch Fortschreibung können erheblich sein.

22.3 Das Lexis-Diagramm

Der Stand und die Struktur einer Bevölkerung sind das Ergebnis *vorangegangener Bevölkerungsprozesse* (Geburten, Heiraten, Sterbefälle, Wanderungen usw.). Sie bilden ihrerseits die Grundlage für den Ablauf *zukünftiger Bevölkerungsprozesse*. Es ist der Zweck der jetzt zu zeigenden Darstellungsweise, die auf den schon erwähnten *Wilhelm Lexis* zurückgeht, die Interdependenzen zwischen Bevölkerungsbeständen, -strukturen und -prozessen aufzuzeigen und anschaulich zu machen. Gleichzeitig läßt sich ein Lexis-Diagramm dazu verwenden, in grundlegende Fragestellungen der Bevölkerungsstatistik einzuführen.

Konstruktion

Es gibt zwei Arten von „Zeit“: die Kalenderzeit und die Individualzeit, d.h. das „Lebensalter“ einer Person. Auf der Abszisse eines Lexis-Diagramms ist die Kalenderzeit, auf der Ordinate die Individualzeit eingetragen. In das Lexis-Diagramm werden sog. Lebenslinien von Personen eingezeichnet. Die Koordinaten der auf ihnen liegenden Punkte „verorten“ die die jeweilige Person betreffenden Ereignisse (seine eigene Geburt, evtl. Ein- oder Auswanderung, Heirat, Geburten von Kindern usw.) hinsichtlich des Lebensalters und des Kalenderdatums. Da Kalenderzeit und Individualzeit synchron verlaufen, sind bei Wahl des gleichen Achsenmaßstabs die Lebenslinien 45°-Linien. Sie beginnen „mit Eintritt ins Beobachtungsfeld“, d.h. i.d.R. mit der Geburt.

In Fig. 22-4 ist eine Lebenslinie beginnend bei G (Geburt) dargestellt. Eine Senkrechte über einem beliebigen Kalenderzeitpunkt t* führt zum Schnittpunkt S, dessen Ordinate das Lebensalter der betreffenden Person im Zeitpunkt t* angibt. Da die Lebenslinie der Fig. 22-4 bis zur Senkrechten über dem aktuellen (laufenden) Zeitpunkt t reicht, gehört diese Person zum Bestand der gegenwärtigen Bevölkerung. Die Punkte H oder K_1 sind Ereignisse, die dieser Person im Lauf ihres Lebens zugestoßen sind, wie z.B. Heirat, Geburt des ersten Kindes usw. Für die Bevölkerungsanalyse eines bestimmten Landes müssen theoretisch die Lebenslinien aller zur Wohnbevölkerung dieses Landes gehörenden Personen in das Diagramm eingetragen werden. Dabei ist es nicht so, daß diese Lebenslinien immer auf der Zeitachse mit der Geburt beginnen, vielmehr gibt es Zugänge („Eintritte ins Beobachtungsfeld“) durch Zuwanderungen. In diesem Fall beginnen Lebenslinien oberhalb der Kalenderzeitachse. Auch enden Lebenslinien schon vor Erreichen der Senkrechten über dem aktuellen Zeitpunkt t durch Abgänge („Austritten aus dem Beobachtungsfeld“) infolge von Tod oder Auswanderung.

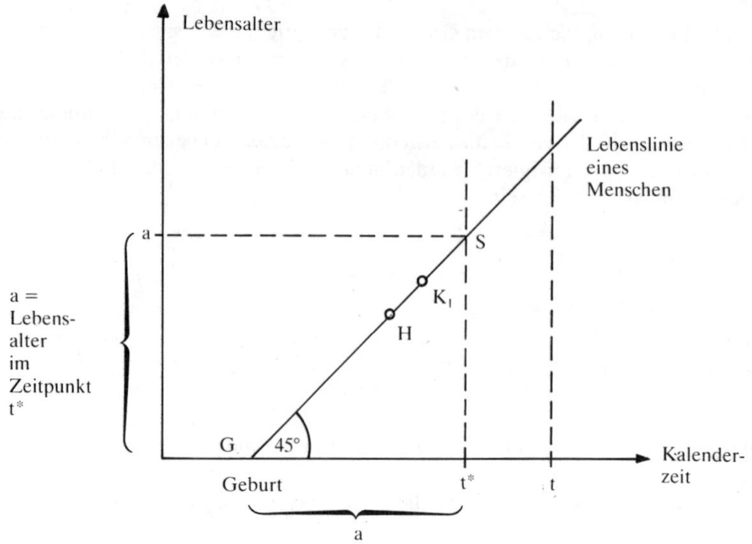

Fig. 22-4: Eine Lebenslinie im Lexis-Diagramm

Im allgemeinen enthält ein Lexis-Diagramm die in Fig. 22-5 gezeigten Lebenslinien. Gezeigt ist eine Bevölkerung von im Zeitpunkt t* (z.B. dem Stichtag einer Volkszählung) vier Personen im Alter von a_1 bis a_4. Eine der vier Personen ist zugewandert, eine Person ist vor dem Stichtag t*, eine nach dem Stichtag t* ausgeschieden. Eine Person wurde nach dem Stichtag t* geboren. Im aktuellen Zeitpunkt t besteht die Bevölkerung daher immer noch aus vier Personen. Die Auswertung der Schnittpunkte von Lebenslinien mit einer Senkrechten gehört zum Bereich der *Querschnittanalyse*.

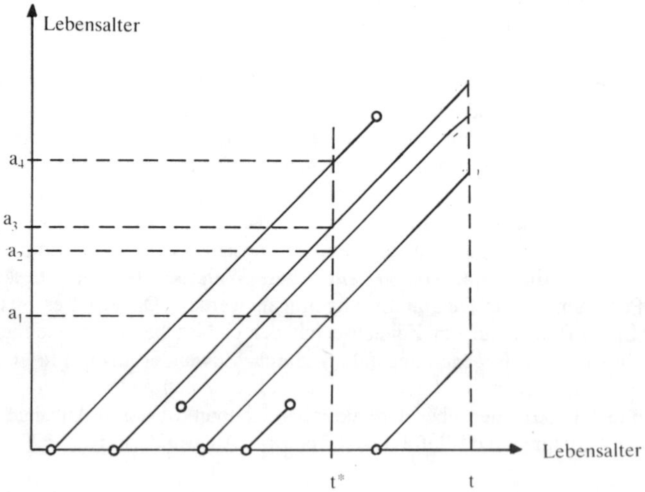

Fig. 22-5: Schnittpunkte von Lebenslinien mit einer Vertikalen

In einem dritten Schritt werden waagerechte Linien in ein Lexis-Diagramm eingezeichnet. Die Schnittpunkte der Lebenslinien mit einer Horizontalen über einem beliebigen Kalenderabschnitt (t*, t* + 1) geben an, wieviele Personen in diesem Zeitabschnitt ein bestimmtes Lebensalter erreicht haben oder in einem Kalenderabschnitt (t*+1, t**) erreichen werden. Solche waagerechten Linien kann man z.B. durch das Schulpflicht-, Wehrdienst- oder Renteneintrittsalter legen. Man erhält dann durch die Zahl der Schnittpunkte die Zahl der in einem bestimmten Kalenderzeitraum eintretenden oder zu erwartenden Eintrittsereignisse der jeweiligen Art. In Fig. 22-6 ist durch das Lebensalter a* eine Waagerechte gelegt. Man erkennt, daß zwei Personen im Zeitabschnitt (t*, t* + 1) dieses Alter erreicht haben und daß eine Person dieses Alter im Zeitabschnitt (t* + 1, t**) erreichen dürfte, sofern sie nicht vorher durch Tod oder Auswanderung ausscheidet.

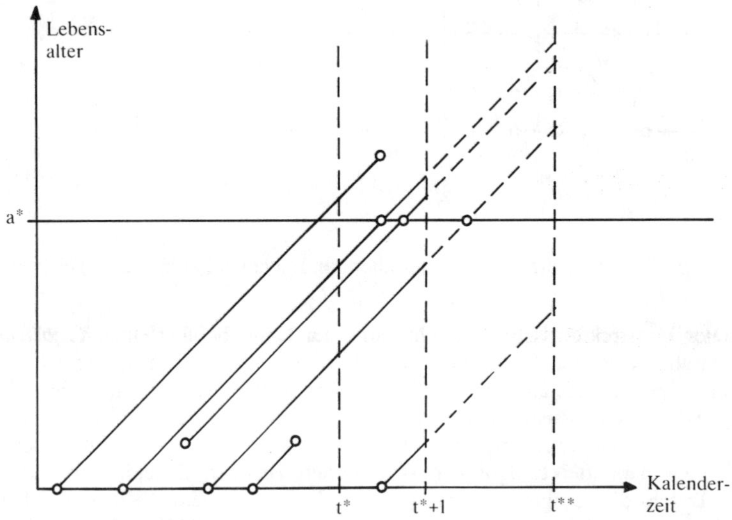

Fig. 22-6: Schnittpunkte von Lebenslinien mit einer Horizontalen

Der nächste Konstruktionsschritt zur Herstellung des Lexis-Diagramms besteht darin, die von den Zeitachsen umschlossene Fläche mit einem *quadratischen* Gitter von waagerechten und senkrechten Linien zu überziehen. Die Linien haben Einjahresabstände voneinander. Es entstehen jetzt zwischen jeweils zwei waagerechten und senkrechten Linien waagerechte und senkrechte Streifen sowie Quadrate mit der Seitenlänge von einem Jahr. Man kann jetzt weitere Querschnitts- und auch Längsschnittanalysen vornehmen, z.B. die Altersstruktur von Jahr zu Jahr vergleichen oder die Anzahl Eintritte in jedes Altersjahr während eines Kalenderjahrs ablesen. Fig. 22-7 zeigt beispielsweise, daß im Jahr 1980 durch Geburt zwei Personen, im Jahr 1981 durch eine Geburt und durch die Zuwanderung einer Person im Alter von unter eins insgesamt zwei Personen und in den Jahren 1982 und 1983 durch Geburt je eine Person in das Beobachtungsfeld eingetreten sind. In den Jahren 1982 und 1983 schied andererseits je eine Person im Alter von unter eins resp. im Alter von 2 Jahren aus.

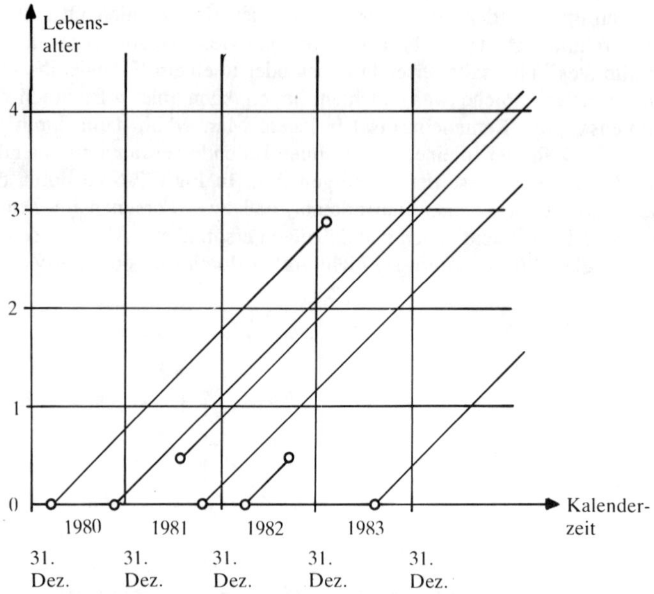

Fig. 22-7: Ein quadratisches Gitter über den Lebenslinien im Lexis-Diagramm

Ein letzter Konstruktionsschritt besteht darin, zur Ermöglichung einer *Kohortenanalyse* das quadratische Raster durch *diagonale* Linien von Südwest nach Nordost durch die Eckpunkte der Quadrate zu ergänzen. Es entstehen jetzt zusätzlich noch Diagonalstreifen. Diese *bündeln* die Lebenslinien von einzelnen Geburtsjahrgängen („Generationen") oder sog. *Kohorten* gleicher Altersjahrgänge und erlauben es, diese hinsichtlich der auf den Lebenslinien markierten Ereignisse (z.B. Geburten, Heiraten, Scheidungen usw.) zu verfolgen. Durch die Diagonalen im quadratischen Gitter entstehen schließlich noch *Schnittfiguren* wie Dreiecke und Parallelogramme. Durch Zählen der die Seiten dieser Schnittfiguren schneidenden Lebenslinien resp. der in den Flächen dieser Figuren liegenden Ereignispunkte auf den Lebenslinien erhält man weitere Antworten auf Fragen im Rahmen von Kohortenanalysen. In Fig. 22-8 erkennt man z.B., wie von der im Zeitintervall 31. Dez. 1979 bis 31. Dez. 1980, also im Lauf des Jahres 1980 geborenen Generation vom Umfang 2 im Verlauf des Jahres 1982 zwei Personen das Alter von 2 Jahren erreichten (Schnittpunkte mit dem Streckenabschnitt b) ebenfalls 2 Personen den 31. Dez. 1982 erlebten und sich zu diesem Zeitpunkt in der Altersklasse von 2 bis 3 Jahren befanden (Schnittpunkte mit dem Streckenabschnitt c). Durch den im schraffierten Dreieck liegenden Endpunkt einer Lebenslinie erkennt man, daß von der Geburtskohorte des Jahres 1980 im Jahr 1983 eine Person im Alter zwischen 2 und 3 Jahren ausgeschieden ist. Nur eine Person des Jahrgangs 1980 erreichte im Verlauf des Jahres 1983 das Lebensalter von drei Jahren (Schnittpunkt mit dem Streckenabschnitt d). Betrachtet man die im *Parallelogramm* mit den Horizontalseiten b und d liegenden Punkte, erhält man alle Personen des Jahrgangs 1980, die im Alter von zwei Jahren gestorben oder ausgewandert sind.

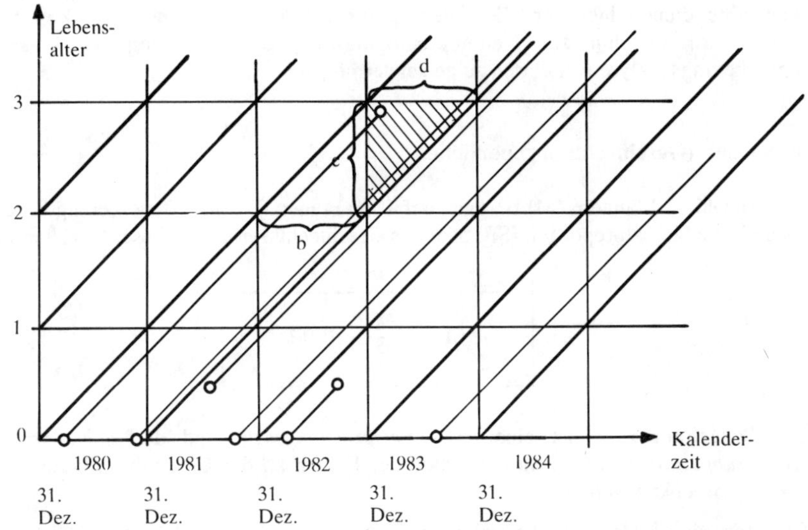

Fig. 22-8: Lexis-Diagramm mit sechs eingezeichneten Lebenslinien

Fazit:
Das gezeichnete Lexis-Diagramm veranschaulicht den Zusammenhang von Bevölkerungsstand und Bevölkerungsbewegung und verdeutlicht die Fragestellungen von Querschnitt-, Längsschnitt- und Kohortenanalysen. Schnittpunkte von Lebenslinien mit *Vertikallinien* ergeben einen Bevölkerungsbestand. Punkte in *Vertikalstreifen* über einem Kalenderjahr ergeben die Bevölkerungsbewegung in diesem Jahr. Schnittpunkte mit *Horizontalen* oder Punkte in Horizontalstreifen dienen der Längsschnittanalyse, Linien und Punkte in Diagonalstreifen dienen der Vornahme von Kohortenanalysen.

In der Praxis kann man nicht Millionen Lebenslinien, Ereignispunkte oder Schnittpunkte zeichnen. Man verwendet dann das Lexis-Diagramm der Idee nach und bildet ein Lexis-Schema mit entsprechend eingetragenen Zahlen.

22.4 Bevölkerungsstatistische Kennzahlen

Die demographische Analyse ist auf bevölkerungsstatistische Kennziffern oder Maßzahlen angewiesen. Bei der im folgenden zu zeigenden Serie von Kennziffern handelt es sich meist um *Verhältniszahlen*, die sich durch Inbeziehungsetzung von Ereignis- und Bestandesmassen ergeben und die sich durch Abzählen der Schnitt- oder Ereignispunkte aus dem Lexis-Diagramm gewinnen lassen. Für diese Kennziffern gibt es leider keine einheitlichen Bezeichnungsweisen. Sie heißen auch Kennzahlen, Raten, Indizes oder Proportionen. Typischerweise werden in der Bevölkerungsstatistik Promilleangaben gemacht resp. auf Tausend Personen oder Ereignisse bezogene Größen gebildet. Nur ein kleiner Ausschnitt davon kann im folgenden gezeigt und soll durch statistische

Zahlenangaben exemplifiziert werden. Im folgenden wird so vorgegangen, daß zuerst einige ganz elementare Kennziffern vorgestellt werden, auf die man oft sogar im Alltag stößt. Sie dienen hier vor allem dem „Einstieg“ in die komplizierter konstruierten Kennziffern bis hin zur Nettoreproduktionsrate, die auf komplexe Fragen der Bevölkerungsanalyse Antworten zu geben vermögen.

A. Sexual- (Geschlechts-)proportionen

Die Anzahl an Männern (M) bezogen auf 1000 Frauen (F) einer Bevölkerung bezeichnet man als die Sexualproportion (SP) oder das Geschlechtsverhältnis dieser Bevölkerung.

$$SP = \frac{M}{F} \cdot 1000 \qquad (22\text{-}4)$$

Die Sexualproportion ist eine sog. *Entsprechungszahl* und darf nicht mit einer *Gliederungszahl*, wie es etwa der Anteil der Frauen an der Gesamtbevölkerung (=F/P) wäre, verwechselt werden.

Üblicherweise bildet man Sexualproportionen außer für eine Gesamtbevölkerung für *einzelne* Altersjahrgänge und im besonderen für den Jahrgang der *Lebendgeborenen.* Wegen der höheren Lebenserwartung der Frauen liegt generell die Sexualproportion der höheren Altersjahrgänge deutlich unter 1000 („weniger Männer als Frauen“), und dies, obwohl die Sexualproportion bei den Lebendgeborenen (SPG) generell über 1000 liegt („mehr Knaben- als Mädchengeburten"). Bezeichnet man mit G^m und G^w die männlichen resp. weiblichen Lebendgeborenen während eines Jahres, dann gilt als Sexualproportion der Lebendgeborenen:

$$SPG = \frac{G^m}{G^w} \cdot 1000 \qquad (22\text{-}5)$$

Im allgemeinen liegt SPG zwischen 1045 und 1070. Historisch ist aber die Besonderheit zu beobachten, daß nach Kriegen die Sexualproportion der Lebendgeborenen signifikant ansteigt. (durch Chiquadrattests „gesichert“) Tabelle 22-6 zeigt für Deutschland und die Schweiz die Sexualproportionen einiger Jahrgänge mit Hervorhebung einiger Nachkriegsjahre.

• **Kontrollfrage 5 :** Sind die Männer in Tat und Wahrheit das schwache Geschlecht, das diversen Gefahren leichter erliegt und das von der Natur daher überproportional „produziert“ wird? Wo liegt, dieser These folgend, Ihrer Meinung nach die Geschlechtsproportion bei Fehlgeburten oder Totgeborenen? Liegt sie über oder unter derjenigen bei den Lebendgeborenen?

Tab. 22-6: Sexualproportionen (Geschlechtsverhältnisse bei Lebendgeborenen (Knaben je 1000 Mädchen) in Deutschland und in der Schweiz, seit 1900

Jahr	Deutschland	Schweiz	Jahr	Deutschland	Schweiz
1900	1055	1046	1946	1079	1056
			1947	1074	1062
1914	1056	1061	1948	1081	1050
			1949	1074	1057
1918	1073	1055	1950	1075	1062
1919	1080	1044			
1920	1072	1065	1960	1059	1043
1921	1073	1048			
1922	1069	1053	1970	1055	1068
1930	1061	1055	1980	1054	1049
1939	1065	1054	1985	1048	1034
Quelle: Stat. Jahrbücher beider Länder, versch. Jahrgänge					

B. Sterbeziffern

Die Zahlenreihe der Sterbeziffern stellt eine der wohl positivsten Statistiken dar, zumindest vermag sie in höchst eindrucksvoller Weise die Befreiung des Menschen von vordem naturgegebenen Eingrenzungen anzuzeigen.

Man definiert als eine erste Kennzahl zur Messung der Intensität der Sterblichkeit die sog. *Allgemeine* oder *Rohe* Sterbeziffer (SZ) durch Inbeziehungsetzung der Zahl der Sterbefälle (S) während eines Jahres zum mittleren Bevölkerungsbestand während dieses Jahres (P).

Allgemeine oder Rohe Sterbeziffer:

$$SZ = \frac{S}{P} \cdot 1000 \qquad (22\text{-}6)$$

Die mittlere Bevölkerung eines Jahres läßt sich ungefähr als Durchschnitt aus den Bevölkerungsbeständen am Anfang und am Ende eines Jahres ermitteln. Eine solche Rohe Sterbeziffer nennt man auch Rohe Todesrate, weil eine Ereignismasse auf eine sie verursachende Bestandesmasse bezogen wird. Sie mißt die Häufigkeit von Todesfällen pro 1000 Personen einer Bevölkerung. Die Rohen Sterbeziffern, die früher bei 40 gelegen hatten, und dies bei durchschnittlich sehr viel jüngeren Bevölkerungen, ist auf (1985) 9,2 in der Schweiz, auf 11,9 in Österreich und 11,5 in der Bundesrepublik Deutschland gesunken. In Ländern, die einen hohen Anteil junger Menschen haben, wie in Entwicklungsländern, liegt sie noch tiefer. Auch Japan z.B. hatte 1985 eine Rohe Sterbeziffer von nur 6,2.

Man erkennt hier allerdings einen Mangel der Rohen Sterbeziffer: sie ist nur ein grobes Maß für die Intensität der Mortalität, weil sie vom Altersaufbau einer Bevölkerung abhängt. Um diesen Einfluß auszuschalten, und um dadurch bessere Vergleichsmöglichkeiten zu schaffen, bildet man altersspezifische Sterbeziffern, die die Gestorbenen im Alter j (S_j) zur Bevölkerung im Alter j (P_j) in Beziehung setzt.

$$SZ_j = \frac{S_j}{P_j} \cdot 1000; \; j = 1, 2, \cdots \qquad (22\text{-}7)$$

Auch jetzt wieder nimmt man als P_j die Besetzung des jeweiligen Jahrgangs als Jahresdurchschnitt. Die altersspezifischen Sterbeziffern sind unabhängig vom Altersaufbau einer Bevölkerung und stellen daher bessere Vergleichszahlen dar als die Rohen Sterbeziffern.

Besondere Aufmerksamkeit unter allen altersspezifischen Sterbeziffern findet die sog. *Säuglingssterblichkeit.* Das Besondere einer solchen Nulljahrgangs-Sterbeziffer besteht darin, daß man die Zahl der während eines Kalenderjahres im ersten Lebensjahr Gestorbenen (S_0) zur Zahl der im gleichen Kalenderjahr Geborenen (G) in Beziehung setzt (also nicht zu einem Durchschnitt aus Anfangs- und Endbestand, was nicht gut ginge).

Säuglingssterblichkeitsziffer:

$$SZ_0 = \frac{S_0}{G} \cdot 1000 \qquad (22\text{-}8)$$

• **Kontrollfrage 6 :** Kann es sein, daß trotz gleichbleibendem Säuglingssterberisiko sich SZ_0 verändert, wenn die Zahl der Geburten während aufeinanderfolgender Jahre stark schwankt?

Es war vor allem die *Abnahme der Säuglingssterblichkeit*, die die *Zunahme der Lebenserwartung* (beim Alter von 0 Jahren, d.h. bei der Geburt), wie sie in den Tabellen 3-1 und 3-2 für einige Länder ausgewiesen wurde, ermöglicht hat. Die Säuglingssterblichkeit liegt in der Schweiz besonders niedrig und hat im Lauf der vergangenen 100 Jahre phänomenal abgenommen, wie dies die Tabelle 22-7 zeigt. Auch in der Bundesrepublik Deutschland hat die Säuglingssterblichkeit inzwischen einen Wert von 8,9, in Österreich einen Wert von 11,2 und in der DDR einen Wert von 9,6 erreicht (jeweils 1985).

Tab. 22-7: Säuglingssterblichkeit in der Schweiz seit 1867/71

Jahr	SZ_0	Jahr	SZ_0
1867/71	246	1940	46
1876	197	1950	31
1880	180	1960	21
1890	157	1970	15
1900	150	1980	9
1910	105	1983	8
1920	84	1986	7
1930	51		
Quelle: F. Höpflinger, S. 149, Stat. Jahrbuch der Schweiz 1987/88, S. 70			

C. Geburten- und Fruchtbarkeitsziffern

Die Konstruktion von Geburten-, Fruchtbarkeits- oder Fertilitätsziffern baut auf der Zählung der Lebendgeborenen während jeweils eines Kalenderjahres (G) auf. Das Ziel ist jetzt aber die Messung des *relativen* natürlichen Zuwachses einer Bevölkerung, der sog. Fertilität. Wie bei den Sterbeziffern bildet man verschiedenartige Beziehungszahlen in prinzipiell analoger Weise. Die elementarste davon ist die (auch Allgemeine Geburten- oder Rohe Fertilitätsrate genannte)

Rohe Geburtenziffer:

$$\text{RGZ} = \frac{G}{P} \cdot 1000 \qquad (22\text{-}9)$$

Bei dieser Formel verwendet man wieder im Nenner die Bevölkerungszahl (P) zu Jahresmitte resp. eine durchschnittliche Bevölkerung zwischen Jahresanfang und Jahresende. Als ein Maß für die Fertilität ist die Rohe Geburtenziffer freilich nur ein grobes Maß, denn sie wird auch von der Sexualproportion und von der Altersstruktur einer Bevölkerung beeinflußt. Für Vergleichszwecke ist sie daher nur bedingt tauglich. Ihr Vorteil besteht in der einfachen Berechenbarkeit. Für einige Länder gibt Tabelle 22-8 einen kleinen Überblick.

Tab. 22-8: Lebendgeborene je 1000 Einwohner in einigen Ländern

Ägypten (1984)	38,4	Japan (1984)	11,9
Brasilien (1984)	19,3	Österreich (1985)	11,5
Bundesrepublik Deutschland (1985)	9,6	Schweiz (1985)	11,5
DDR (1985)	13,7	Sowjetunion (1984)	19,6
Frankreich (1985)	14,1	Vereinigte Staaten von Amerika (1985)	15,7
Quelle: Stat. Jahrbuch 1987 f. d. Bundesrepublik Deutschland, S. 663			

Um die bei Vergleichen besonders störenden Faktoren der Alterstruktur und der Sexualproportion einer Gesamtbevölkerung bei der Messung der Fruchtbarkeit auszuschalten, bildet man Beziehungszahlen, bei denen die *unbeteiligten Teilmassen* weggelassen werden, d.h. bei denen nur im gebärfähigen Alter stehende Frauen im Nenner stehen (ihr Bestand zur Jahresmitte). Ein erste solche Maßzahl verwendet als Nennergröße die Gesamtzahl der Frauen im Alter zwischen (vollendetem) 15. und 45. (oder auch 49.) Lebensjahr. Es ist dies die auch Spezielle Geburtenziffer genannte

Allgemeine Fruchtbarkeitsziffer

$$FZ = \frac{G}{F_{15-45\,(49)}} \cdot 1000 \qquad (22\text{-}10)$$

Da im Nenner der Formel (22-10) nur eine wesentlich kleinere (Teil-)masse als bei Formel (22-9) steht, ist die Allgemeine Fruchtbarkeitsziffer zahlenmäßig stets größer als die Rohe Geburtenziffer. Sie nahm wie jene in den vergangenen Jahren erheblich ab, wie das aus Tabelle 22-9 für einige Länder hervorgeht.

Tab. 22-9: Allgemeine Fruchtbarkeitsziffern in ausgewählten Ländern.
(Lebendgeborene je 1000 Frauen im Alter von 15 bis 49 Jahren)

Land	1965	1975	1985
Bundesrepublik Deutschland	75,7	41,2	37,5
DDR	75,4	45,3	54,5
Frankreich	78,9	60,1	56,8
Österreich	78,4	54,5	51,9
Schweiz	77,5	49,6	45,1
Vereinigte Staaten von Amerika	83,9	59,1	59,8 *)

*) 1984
Quelle: Stat. Bundesamt, Fachserie 1 (Bevölkerung und Erwerbstätigkeit), Reihe 1 (Gebiet und Bevölkerung) 1985, S. 236

Auch die Allgemeine Fruchtbarkeitsziffer hat noch einen Nachteil. Sie ist von der Alterszusammensetzung der Frauen im gebärfähigen Alter abhängig. Man bildet daher, analog wie bei den Sterbeziffern, altersspezifische Geburtenziffern, die auch altersspezifische Fruchtbarkeitsziffern genannt werden. Bei diesen werden die Zahl der von Frauen im Alter j während eines Kalenderjahres lebendgeborenen Kinder (G_j) zur Zahl der Frauen im Alter j (F_j) in Beziehung gesetzt.

Altersspezifische Geburtenziffern:

$$GZ_j = \frac{G_j}{F_j} \cdot 1000; \; j = 15, 16, \cdots \qquad (22\text{-}11)$$

Die folgende Tabelle 22-10 zeigt für Österreich für einige Jahre die Entwicklung der altersspezifischen Geburtenziffern, wobei jeweils fünf Altersjahrgänge zusammengefaßt sind. Die Tabelle ermöglicht ein differenzierteres Bild, als es die Betrachtung nur der allgemeinen Fruchtbarkeitsziffer erlaubte.

Tab. 22-10: Alterspezifische Geburtenziffern für Österreich einige ausgewählte Jahre

Alter der Mutter in Jahren	Anzahl Lebendgeborene je 1000 Frauen des gleichen Jahrgangs		
	1961	1981	1985
15 bis unter 20 Jahre	52,9	34,2	24,8
20 bis unter 25 Jahre	163,4	118,9	100,0
25 bis unter 30 Jahre	163,0	104,2	97,7
30 bis unter 35 Jahre	103,9	52,8	51,5
35 bis unter 40 Jahre	54,5	19,2	18,3
40 bis unter 45 Jahre	18,7	5,1	3,6
45 bis unter 50 Jahre	1,0	0,4	0,3
Quelle: Stat. Handbuch f. d. Rep. Österreich 1986, S.45			

Die bisher vorgestellten Kennziffern ermöglichen, gewissermaßen in aufsteigender Reihenfolge, eine immer bessere Messung der Fruchtbarkeit oder der Regenerationskraft einer Bevölkerung, weil *immer homogenere Bezugsgrößen* verwendet wurden. Allerdings wird bei den altersspezifischen Geburtenziffern insofern der Überblick erschwert, als für Vergleiche *nun ein ganzes Bündel von u.U. gegenläufigen Kennzahlen* zu beachten ist. Die für Vergleiche zeitlicher oder internationaler Art gebräuchlichen Maßzahlen synthetisieren daher die altersspezifischen Geburtenziffern zu einer einzigen Kennzahl. Eine solche Kennzahl ist die *Zusammengefaßte Geburtenziffer* (ZGZ) als Summe der altersspezifischen Geburtenziffern aller Frauenjahrgänge zwischen 15 und 49 Jahren.

$$\mathrm{ZGZ} = \sum_j \mathrm{GZ}_j \quad ; \quad j = 15, 16, \cdots \tag{22-12}$$

Fig. 22-9 zeigt den Verlauf dieser auch Totale Fertilitätsrate oder Index der Gesamtfruchtbarkeit genannten Kennzahl für die Bundesrepublik seit 1962 (Quelle: Wirtschaft und Statistik, Heft 8, 1987, S. 612 - Siehe auch Aufgabe 22-2). Auf 1000 Frauen bezogen (ZGZ dividiert durch 1000) kann die ZGZ als (hypothetische) durchschnittliche Kinderzahl pro Frau interpretiert werden.

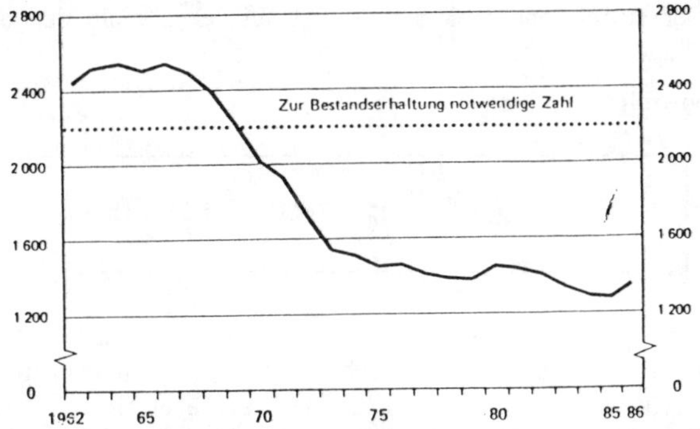

Fig. 22-9: Zusammengefaßte Geburtenziffer (ZGZ) für die Bundesrepublik Deutschland von 1962 bis 1986 (bei Frauen von 15 bis 49 Jahren)

• **Kontrollfrage 7 :** Durch Inbeziehungsetzung welcher Ereignis - resp. Schnittpunkte im Lexisdiagramm entsteht die Formel (22-6) ?

D. Die Nettoreproduktionsrate

Wie die Zusammengefaßte Geburtenziffer (ZGZ) ist die jetzt als letztes zu zeigende Nettoreproduktionsrate (NRR) ein *synthetisches* Maß, welches nicht vom Altersgefüge oder der Geschlechtsproportion einer Gesamtbevölkerung und auch nicht vom Altersgefüge der im gebärfähigen Alter stehenden Frauen abhängt. Sie ist, indem sie von allen historisch oder zufällig entstandenen Besonderheiten einer konkreten Bevölkerung abstrahiert, eine *für Vergleiche auch gefügeungleicher Sozialkörper* geeignete Maßzahl. Sie ist obendrein so konstruiert, daß sie über die Messung der Fertilität hinaus auch zugleich auf die Frage antwortet, ob eine gemessene Fertilität theoretisch ausreichen würde, *langfristig bei unveränderten Annahmen den Bestand einer Bevölkerung zu gewährleisten.* Es liegt durchaus nahe, diese Frage mit der reinen Fertilitätsmessung zu verbinden, denn für jede Spezies und jede Bevölkerung ist *das eigene Überleben* ja doch wohl *das Primärziel* überhaupt. Auch die Zusammengefaßte Geburtenziffer (ZGZ) wird oft mit dieser zusätzlichen Frage verbunden, indem man ihrem *gemessenen* Wert einen hypothetisch *für die Bestandeserhaltung notwendigen Wert* gegenüberstellt. In Figur 22-9 ist das z.B. mit Hilfe einer durch den Ordinatenwert 2200 (Geburten pro 1000 Frauen) gelegten Horizontalen geschehen.

Die NRR baut analog zur Zusammengefaßten Geburtenziffer auf altersspezifischen Geburtenziffern auf. Sie soll aber *unmittelbarer als die ZGZ durch ihren Wert zum Ausdruck bringen*, ob ein konkret vorliegender Satz altersspezifischer Geburtenziffern *theoretisch ausreichen würde, eine Bevölkerung zu ersetzen, d.h. zu reproduzieren.* Die Abstraktion von realen Strukturgegebenheiten wird dazu bei der NRR noch einen Schritt weiter getrieben, indem nur noch die altersspezifischen Geburtenziffern *für Mädchen* Verwendung finden. Die Geschlechtsproportion von Neugeborenen spielt also für die NRR keine Rolle mehr, wie überhaupt die „Männerhälfte" aus der Betrachtung jetzt ganz ausgeklammert wird. Eine NRR, die ihrer Größe nach eine theoretische Bestandserhaltung („Reproduktion") signalisiert, geht stillschweigend davon aus, daß gewissermaßen nebenbei immer ausreichend viele Knaben „bereitstehen", um den demographischen Prozeß in Schwung zu halten!

Die NRR ist wie folgt definiert:

$$\boxed{NRR = \sum_j \frac{G_j^w}{F_j} \cdot \pi_j \cdot 1000 \; ; \; j = 15, 16, \cdots} \qquad (22\text{-}13)$$

Hierbei bedeuten G_j^w die von Frauen im Alter j lebendgeborenen Mädchen, F_j die Frauen im Alter j und π_j die Überlebenswahrscheinlichkeit für ein neugeborenes Mädchen, seinerseits die Altersklasse j zu erreichen. Man berechnet die NRR gewöhnlich unter Einbezug der Jahrgänge von 15 bis 49, doch wird sie auch abweichend für Jahrgänge von 15 bis 45 oder gar von 10 - 50 berechnet. (Wird $\pi_j = 1$ gesetzt, also von der Sterblichkeit bis zum Alter j abgesehen, resultiert die sog. *Bruttoreproduktionsrate.*)

Aussage:

Die NRR mißt die Zahl der Frauen, die von 1000 Frauen am Ende ihrer gebärfähigen Periode bei Unterstellung heutiger altersspezifischer Geburts- und Sterbeziffern theoretisch abstammen müßten. Man kann auch sagen, die NRR gebe die Durchschnittszahl von Töchtern an, die 1000 heute neugeborene Mädchen im Laufe ihres Lebens haben würden, sofern die *im Querschnitt eines aktuellen Jahres* geltenden altersspezifischen Mädchengeburtenziffern und *die aktuell beobachteten Sterbeziffern* einer gegebenen Bevölkerung unverändert weitergälten. Noch anders und kürzer formuliert gibt die NRR den durchschnittlichen Ertrag an Mädchengeburten von 1000 Frauenleben unter Berücksichtigung des Sterberisikos an. Liegt eine NRR bei 1000, dann reproduziert sich demgemäß die heutige Frauengeneration, liegt sie unter 1000, dann stehen in der nächsten Generation weniger Frauen im reproduktionsfähigen Alter bereit, liegt sie über 1000, dann steht eine größere Frauengeneration bereit (siehe Aufgabe 22-4).

Die folgende Tabelle 22-11 gibt für einige Länder die (durch 1000 dividierten, d.h. auf eins normierten) NRR an. Die Bezugsgröße ist dann nicht die fiktive Kohorte von 1000 heute geborenen Frauen, sondern eine fiktive Einzelfrau und ihr „Nettoertrag an Mädchengeburten" im Laufe ihres Lebens.

Tab. 22-11: Nettoreproduktionsraten einiger ausgewählter Länder für einige ausgewählte Jahre

Land	1965	1975	1985
BR Deutschland	1,18	0,68	0,60
Frankreich	1,35	0,92	0,87
Österreich	1,25	0,87	0,70
Schweiz	1,19	0,76	0,73 *)

*) 1984
Quelle: Stat. Bundesamt, Fachserie 1 (Bevölkerung und Erwerbstätigkeit), Reihe 1 (Gebiet und Bevölkerung), 1985, S. 237

Interpretation:

Die NRR verführt leicht zu Mißverständnissen. Man muß die *Einschränkungen* kennen, unter denen ihre Aussagen nur Gültigkeit haben. Zunächst gilt die schon erwähnte Einschränkung auf den weiblichen Teil einer Bevölkerung. Auch bei einer NRR von 1000 könnte eine solche Bevölkerung durch natürliche Veränderungen wachsen oder schrumpfen, wenn sich die Geschlechtsproportion der Neugeborenen nachhaltig verändern würde.

Bedeutsamer als diese eher unwahrscheinliche Entwicklung ist aber die Unterstellung, daß die heute *im Querschnitt* festgestellten altersspezifischen Geburtenziffern *auch im Längsschnitt während eines zukünftigen Frauenlebens Gültigkeit haben.* Die Querschnittszahlen stellen nur einen Ersatz für an sich zu verwendende, aber in der Regel unbekannte Kohorten- oder Längsschnittzahlen dar. Ähnliches gilt für die Sterbeziffern. Aus diesen Gründen kann auch bei einer unter eins (resp. 1000) liegenden NRR eine konkrete Bevölkerung noch längere Zeit wachsen, sofern die Sterblichkeit laufend zurückgeht.

Schließlich spielt für die konkret zu beobachtende Veränderung einer Bevölkerung immer das konkrete, historisch entstandene Altersgefüge der gebärfähigen Frauenjahrgänge eine ganz entscheidende Rolle. Eine Bevölkerung mit stark besetzten Frauenjahrgängen, die noch *vor* ihrer produktivsten Periode stehen, wächst auch bei einer NRR von 1000 oder weniger noch weiter, während sie umgekehrt trotz eines Wertes von 1000 oder mehr sinkt, falls die vorwiegend besetzten Frauenjahrgänge vor allem höhere Altersjahrgänge umfassen. *Man darf daher eine NRR nicht zu Prognosen* verwenden, sondern muß sie als das nehmen, was sie ist: *eine synthetische, von einer Reihe von Annahmen abhängige statistische Kennziffer*, die so konstruiert ist, daß sie durch *Rückspiegelung* aus einer mit statistischen Versatzstücken konstruierten demographischen Zukunft *das heutige generative Verhalten einer Bevölkerung charakterisiert.* In dieser Rückspiegelung kann sich die Gegenwart erkennen.

So läßt sich beispielsweise *das Ungenügen der gegenwärtigen Geburtenzahlen* daraus ersehen, daß bei einem Fortdauern der westdeutschen NRR von 0,6 (sowie heutiger Sterblichkeitsverhältnisse) eine heutige Frauengeneration und grosso modo die heutige Bevölkerung in 100 Jahren, d.h. in rd. drei Generationen, auf $0{,}6^3 = 0{,}2$, d.h. um rd. 80% abnehmen würden. Es ist aber ziemlich unwahrscheinlich, daß in der Mitte Europas eine derartige *Entwicklung*, die weit über der durch Pestilenz und dreißigjährigen Krieg verursachten läge, tatsächlich eintritt. Die genannte Schrumpfung („Implosion“) wäre überdies verbunden mit einem in der Menschheitsgeschichte noch nie dagewesenen *Ungleichgewicht der Altersstruktur.* Der sog. *Altenquotient*, d.h. das Verhältnis der über 65-jährigen zu den im Arbeitsleben Stehenden würde eine für letztere kaum mehr tragbare Höhe erreichen. Werden diese hypothetischen Entwicklungen nicht durch eine gewaltige Erhöhung der NRR abgewendet, ist eine *massive Einwanderungswelle* zu erwarten. Es wird in der Mitte Europas kein *Bevölkerungsvakuum* entstehen, während *sich ringsherum ein ungeheurer Bevölkerungsdruck aufbaut!*

Die Darstellung (elementarer) bevölkerungsstatistischer Instrumente muß an dieser Stelle abgebrochen werden. Der interessierte Leser muß sich selber in die darauf aufbauenden statistischen Methoden, die dann überleiten zu bevölkerungswissenschaftlichen Modellen, mit Hilfe weiterführender Literatur einarbeiten. Er wird schnell feststellen, daß er sich *Fragen und Problemen von fundamentaler Bedeutung* gegenübergestellt sieht. „Die Bevölkerungswissenschaft schreibt die Zukunft mit 20 oder 30 Jahren Vorsprung nieder; aber es ist schwer, ihr zu glauben, solange wir durch die Gegenwart geblendet sind.“ (Ausspruch des früheren französischen Präsidenten Giscard d'Estaing, zitiert bei M. Wingen, S. 27, siehe Literaturverzeichnis, C. Spezialliteratur zu Kap. XXII). *Auch der Bevölkerungsstatistik als Teil und als Grundlage der Bevölkerungswissenschaft fällt daher die Aufgabe der Aufklärung gegenüber den Blendungen und Illusionen der Gegenwart zu.*

22.5 Aufgaben mit Lösung

Aufgabe 22-1*

Geben Sie die Formel (22-6) für die Rohe Sterbeziffer unter Verwendung der Formel (22-7) für die altersspezifische Sterbeziffer an. Welche zusätzliche Größe müssen Sie einführen?

Lösung:

Man benötigt die Gewichte der Jahrgänge g_j. Damit läßt sich dann schreiben:

$$SZ = \sum_j g_j \cdot SZ_j \; ; j = 0, 1, \cdots$$

Aufgabe 22-2*

Die folgende Tabelle gibt für 1984 die altersspezifischen Geburtenziffern für die Schweiz an. Berechnen Sie die Zusammengefaßte Geburtenziffer (ZGZ).

Alter der Mutter in Jahren	Lebendgeborene je 1000 Frauen im Durchschnitt pro Altersjahrgang in den nebenstehenden Altersklassen
15 - 19	5,1
20 - 24	63,7
25 - 29	125,6
30 - 34	88,5
35 - 39	24,9
40 - 44	4,2
45 - 49	0,2
Quelle: Bundesamt für Statistik, Bern	

Lösung:

Als Zusammengefaßte Geburtenziffer (ZGZ) bezeichnet man die Summe der altersspezifischen Geburtenziffern. Da diese in der Tabelle für jeweils Fünfjahresklassen angegeben sind, d.h. also Durchschnitte für jeweils fünf Frauenjahrgänge sind, müssen diese jeweils mit fünf multipliziert werden oder, was angesichts der gleichen Klassenbreiten auf dasselbe hinausläuft, die Summe der angegebenen Geburtenziffern ist mit 5 zu multiplizieren. Es ergibt sich: ZGZ (Schweiz, 1984) = $5 \cdot 312{,}2 = 1561{,}0$.

Aufgabe 22-3*

Erläutern Sie in Worten den Unterschied zwischen der Rohen Geburtenziffer (RGZ) (oft auch Allgemeine Geburtenziffer genannt), der Allgemeinen Fruchtbarkeitsziffer (FZ) und der Zusammengefaßten Geburtenziffer. Woraus erklären sich die großen zahlenmäßigen Unterschiede?

Lösung:

Die *Rohe Geburtenziffer* setzt die Gesamtzahl der Lebendgeborenen zur Gesamtbevölkerung in Beziehung. Die Nennergröße umfaßt mit der Gesamtbevölkerung auch Kinder und Greise und damit einen sehr großen unbeteiligten Personenkreis. Die resultierende Beziehungszahl ist also relativ klein.

Die *Allgemeine Fruchtbarkeitsziffer* setzt dieselbe Zählergröße zu einem wesentlich eingeschränkten Personenkreis, nämlich den Frauen zwischen 15 und 49 in Beziehung. Daher ist diese Beziehungszahl erheblich größer als die erstgenannte.

Die *Zusammengefaßte Geburtenziffer* (auch *Totale Fertilitätsrate* oder *Index der Gesamtfruchtbarkeit* genannt) ist eine synthetische, speziell „standardisierte" Kennziffer, bei der man die Lebendgeborenen nur immer eines Frauenaltersjahrs in Beziehung setzt zur Zahl der entsprechenden Frauen und dann die Summe bildet. Die Gesamtzahl der Lebendgeborenen wird jetzt in 35 (unterschiedliche) Teile zerlegt und auf den jeweiligen Frauenjahrgang bezogen. Das läuft darauf hinaus, jeden Frauenjahrgang gleich zu gewichten. Da man jetzt 35 jeweils auf 1000 Frauen bezogene Kennzahlen (=altersspezifische Geburtenziffern) bildet und diese dann summiert, muß die Größenordnung der resultierenden ZGZ ungefähr das 35-fache der Allgemeinen Fruchtbarkeitsziffer ausmachen.

Aufgabe 22-4

Berechnen Sie mit den Angaben der folgenden Tabelle die vier Nettoreproduktionsraten für die vier hypothetischen Bevölkerungen. Ergänzen Sie zuerst die fehlenden Angaben, indem Sie von dem in der 3. Spalte angegebenen altersspezifischen Geburtenziffern ausgehen.

Altersklassen	Überlebende Frauen eines Geburtsjahrgangs von 1000 Mädchen, die das ... Lebensjahr erreichen	geborene Mädchen gemäß altersspezifischen Geburtenziffern	Zahl der Mädchengeburten, die von den überlebenden Frauen zu erwarten sind
15 - 19	900	200	180
20 - 24	850	400	340
25 - 29	800	200	160
30 - 34	750	200	150
35 - 39	700	150	105
40 - 44	650	100	65
15 - 19	900	100	
20 - 24	850	200	
25 - 29	800	200	
30 - 34	750	200	
35 - 39	700	150	
40 - 44	650	100	
15 - 19	900	200	
20 - 24	850	400	
25 - 29	800	200	
30 - 34	750	200	
35 - 39	700	200	
40 - 44	650	160	
15 - 19	800	100	
20 - 24	750	400	
25 - 29	700	200	
30 - 34	650	150	
35 - 39	600	100	
40 - 44	550	50	

Lösung:

In der letzten Spalte sind für die 2., 3. und 4. Bevölkerung zuerst zu ergänzen:

90	180	80
170	340	300
160	160	140
150	150	97,5
105	140	60
65	104	27,5

Die Summe der Mädchengeburten ergibt bei der ersten Bevölkerung genau 1000, bei der zweiten 740, bei der dritten 1074 und bei der vierten 750. Diese Summen sind die gesuchten NRR.

22.6 Antworten auf die Kontrollfragen

1. Man „kann" eine VZ durchaus alle 5 Jahre durchführen, wie z.B. in Japan. Gemäß einer UNO-Empfehlung sollte sie weltweit in zehnjährigem Rhythmus wiederholt werden. In den Vereinigten Staaten von Amerika gibt es Zensen seit 1790 in regelmäßigem zehnjährigen Abstand. Die amerikanische Verfassung schreibt vor, in jahren mit „0" als Endziffer, eine Volkszählung durchzuführen. Für das Deutsche Reich begann man am 1.12.1871 mit Volkszählungen. Zuerst erfolgten sie ebenfalls in regulärem Zehnjahresabstand. Später wurden sie infolge von Krieg und politischen Umwälzungen in unregelmäßigen Abständen wiederholt (1925, 1933, 1939). In der Westhälfte Deutschlands gab es dann Volkszählungen 1946, 1950, 1961, 1970 und, nach mehreren „Verschiebungen" der ursprünglich für 1981 geplanten Zählung, 1987. In der Schweiz fand 1798 eine erste Helvetische Volkszählung statt. Seit 1850 wird mit geringfügigen Ausnahmen jeweils am 1.12. eines runden Zehnerjahres eine Volkszählung durchgeführt (siehe in Kapitel III, Tabelle 3-3). In Österreich gab es eine erste für heutige Vergleiche brauchbare Volkszählung am 31. Dezember 1869. Auf Zensen im Zehnjahresabstand bis zum 1. Weltkrieg folgten Zählungen in den Jahren 1923, 1934, 1939 und seit 1951 wieder im Zehnjahresabstand.

2. a) Nein, er wird am Wohnort der Familie als Einwohner gezählt. b) Soldaten in der Grundausbildung resp. in Wiederholungsübungen werden in der Gemeinde gezählt, von der aus sie eingerückt sind. c) Jeder wird gezählt, der in einem Land Wohnsitz hat und die Infrastruktur beansprucht. Eine Ausnahme aus historisch begründeter Privilegierung bilden nur Personen mit Diplomatenstatus.

3. Unter Verwendung bestehender Register könnte man eine Volkzählung nicht resp. nur höchst lückenhaft ersetzen, erstens, weil gewisse Register, wie z.B. diejenigen der Finanzämter, aus Datenschutzgründen nicht „angezapft" werden sollten, zweitens, weil viele Register unvollständig nachgeführt sind oder veraltete Daten enthalten und weil es drittens zu einer Reihe wichtiger Volkszählungsfragen, z.B. zu Berufs- oder Bildungsfragen, Verkehrsmittel, gleitende Arbeitszeit usw. gar keine Register gibt oder geben kann. Obendrein werden Register stets für Individuen, nicht für Haushalte geführt. Eine Registerauswertung als Ersatz für eine Volkszählung dient nicht einem besseren Schutz der Privatsphäre und schon gar nicht einem besseren Datenschutz.

4. Nein. Totgeburten werden stets als eigene Kategorie neben Lebendgeborenen und Sterbefällen registriert und sind in beiden Statistiken nicht enthalten.

5. Manches deutet auf die Männer als das schwache Geschlecht hin! Bei Fehlgeburten besonders in den ersten Monaten der Schwangerschaft liegt die Sexualproportion teilweise bei 2000 und höher! Auch bei Totgeburten liegt sie meist viel höher als bei Lebendgeburten, z.B. 1986 in der Schweiz bei 1303. Die „primäre" Sexualproportion (im Moment der Befruchtung des Eis) scheint bei 1250 bis 1300 zu liegen und durch Fehl- und Totgeburten, von denen männliche Leibesfrüchte stärker bedroht sind als weibliche, bis auf die zu beobachtende Sexualproportion bei den Lebendgeborenen abzunehmen. Auch unter den im ersten Lebensjahr Gestorbenen

sind die Knaben weit überproportional vertreten. Siehe dazu *G. Mackenroth, S. 40 ff.* ferner: *H. Ahlbrecht* und *W. Klein,* über das Geschlechtsverhältnis der Neugeborenen, in: Berliner Statistik, Heft 9, 1981.

6. Ja, das ist durchaus möglich. Es liegt daran, daß man aus praktischen Gründen eine nicht völlig korrekte Beziehungszahl verwendet. Eigentlich müßte man die Fälle der im 1. Lebensjahr Gestorbenen jeweils zu „ihrem“ Geburtsjahrgang in Beziehung setzen, also jeweils die im untersten Parallelogramm des Lexisdiagramms liegenden Punkte zu den Geburtspunkten der Grundlinie in Beziehung setzen. Der Fehler bleibt aber meist sehr gering, da aufeinanderfolgende Jahre i.d.R. nicht sehr stark schwankende Jahrgangsstärken aufweisen. Teilweise wird der „Fehler“ nachträglich korrigiert.

7. Es werden die in einem Vertikalstreifen der Breite eines Jahres liegenden Endpunkte von Lebenslinien, die Todesfälle bedeuten, in Beziehung gesetzt zur Zahl der durch 2 dividierten Summe der Lebenslinienschnittpunkte mit den beiden den Vertikalstreifen begrenzenden Vertikallinien über dem 31. Dez. Zum Beispiel: In Fig. 22-7 gab es 1982 einen Todesfall auf eine mittlere Bevölkerung von $(4+4)/2 = 4$. Somit ist $SZ = (1/4) \cdot 1000 = 250$ Promille (der Lebenslinienendpunkt soll keine Auswanderung bedeutet haben).

Literaturverzeichnis

A. Allgemeine Literatur

Bamberg, Günter, **Baur**, Franz, Statistik, 5. Aufl. 1987 (Oldenbourg), München, Wien
Eine relativ knapp gehaltene Einführung in das methodische Normalprogramm für Volks- und Betriebswirte, bestehend aus Deskriptiver Statistik, Wahrscheinlichkeitsrechnung und Induktiver Statistik. Dazu eine Einführung in einige interessante Sondergebiete der Statistik wie Box-Jenkins Modelle, Spektralanalyse, statistische Entscheidungstheorie.

Bleymüller, Josef, **Gehlert**, Günther, **Gülicher**, Herbert, Statistik für Wirtschaftswissenschaftler, 5. Aufl. 1988 (Vahlen), München
Ein in der Grundkonzeption dem vorliegenden Lehrbuch eng verwandtes Buch, aber knapper gehaltene Ausführungen mit dem Schwergewicht auf dem ab Kapitel X behandelten Stoff (Wahrscheinlichkeitsrechnung und darauf aufbauenden Methoden).

Calot, Gérard, Cours de statistique descriptive, 6. Nachdruck 1984 der 2.Aufl. 1973 (Dunod), Paris
Ein an die mathematischen Vorkenntnisse des Lesers gewisse Ansprüche stellendes, sehr originelles Lehrbuch. Die gegenwärtig wohl umfassendste Auseinandersetzung mit dem für die statistische Praxis grundlegend bleibenden Stoff der „Beschreibenden Statistik".

Calot, Gérard, Cours de calcul des probabilités, 6. Nachdruck 1982 der 2.Aufl. 1967 (Dunod), Paris
Mit gleicher Eleganz wie die „statistique déscriptive" geschriebenes, mathematisch recht anspruchsvolles Lehrbuch. Eine Ergänzung und Fortsetzung des erstgenannten Lehrbuchs.

Esenwein-Rothe, Ingeborg, Die Methoden der Wirtschaftsstatistik, 2 Bde, 1976 (Vandenhoek & Ruprecht), Göttingen
Derjenige, der eigene statistische Erhebungen vornehmen will, findet hier viel von dem dazu nötigen Rüstzeug. Eine Ergänzung zum vorliegenden Lehrbuch, speziell zu den Kapiteln I bis IX und XVI. Relativ umfangreiches Literaturverzeichnis unter Einschluß auch älterer Werke.

Feller, William, An Introduction to Probability Theory and its Applications, Bd.1, 3. Aufl. 1968, Bd.2, 2. Aufl. 1971 (Wiley), New York, London, Sidney
Eine umfassende Darstellung der Wahrscheinlichkeitstheorie einschl. ihrer Grundlagen (Kombinatorik), diskreter (Bd.1) und stetiger (Bd.2) Zufallsverteilungen und stochastischer Prozesse. Fast ein „Klassiker".

Ferschl, Franz, Deskriptive Statistik, 3. Aufl. 1985 (Physika Verlag), Würzburg, Wien
Eine mit vielen durchgerechneten Beispielen versehene Darstellung des im vorliegenden Lehrbuch in den ersten neun Kapiteln abgehandelten Stoffs. In eher knappem, an Mathematik-Lehrbüchern orientiertem Stil geschrieben.

Hansen, Gerd, Methodenlehre der Statistik, 3. Aufl. 1985 (Vahlen), München
Eine kurze Darstellung statistischer Methoden für Wirtschaftswissenschaftler unter Einschluß der deskriptiven Statistik und eingeführt an Beispielen aus der wirtschaftlichen und sozialen Realität. Die 3. Auflage enthält auch das multiple Regressionsmodell sowie einen Anhang mit BASIC-Programmen.

Hartung, Joachim, Statistik, Lehr- und Handbuch der angewandten Statistik, 6.Auflage. 1987 (Oldenbourg), München, Wien
Ein voluminöses, 1000-seitiges Werk, das auch viele Beispiele aus dem Wirtschafts- und Sozialbereich enthält, aber in Auswahl der Beispiele und der Methoden in erster Linie an naturwissenschaftlichen Bedürfnissen ausgerichtet ist. Die Deskriptive Statistik wird kurz behandelt, das Hauptgewicht liegt auf zufallsgestützten Verfahren. Als Nachschlagewerk für denjenigen empfehlenswert, der sich auch über Verfahren orientieren will, die nicht Gegenstand des Grundstudiums- oder Vordiplomstoffs sind und daher im vorliegenden Lehrbuch nicht abgehandelt sind.

Hauser, Siegfried, Wahrscheinlichkeitstheorie und Schließende Statistik, 1979 (Schaeffers Grundriß des Rechts und der Wirtschaft Bd. 105 - Kohlhammer), Stuttgart, Berlin, Köln, Mainz
Eine knappe, handliche und gutverständliche Darstellung jenes Stoffes, der bei mir teils in der Beilage: Formeln, Rechenregeln . . ., teils in den Kapiteln X bis XIX enthalten ist.

Ifo-Institut für Wirtschaftsforschung, Spiegel der Wirtschaft, Struktur und Konjunktur in Bild und Zahl, (Campus Verlag - Ifo-Institut), Frankfurt, New York, München
Ein stets aktueller, das Wichtigste auch in graphischer Darstellung hervorhebender Überblick über die wirtschaftsstatistischen Daten der Bundesrepublik Deutschland. Ein Auszug der in der Ifo-Datenbank gespeicherten und dort abrufbaren rd. 50'000 Zeitreihen. Vor allem für den Praktiker, aber auch für die Studierenden als Ergänzung zu den Methodenlehren höchst empfehlenswert, um ein Gefühl auch für Fakten und Größenordnungen zu bekommen. Erscheint jährlich.

Kendall, Maurice G., **Buckland**, William R., A Dictionary of Statistical Terms, 3.Aufl. 1971 (Longman Group), London
Ein Nachschlagewerk für englische Fachausdrücke. Obwohl auch die Erläuterungen in Englisch gegeben werden, fällt es meist nicht schwer, die Brücke zum deutschen Fachausdruck zu finden.

Kreyszig, Erwin, Statistische Methoden und ihre Anwendung, 7. Aufl. 1982 (Vandenhoek & Ruprecht), Göttingen
Ein sehr erfolgreiches, allerdings nicht speziell für Wirtschaftswissenschaftler geschriebenes Lehrbuch. Beginnt mit Wahrscheinlichkeitstheorie und enthält viele Beispiele.

Leiner, Bernd, Einführung in die Statistik, 3.Aufl. 1988 (Oldenbourg), München, Wien
Kurze, für das Verständnis manchmal etwas zu kurze Darstellung. Auf 300 Seiten läßt sich nur ein geraffter Überblick geben

Lippe, Peter von der, Wirtschaftsstatistik, 3.Aufl. 1985 (UTB 209 Gustav Fischer), Stuttgart, New York
In knapper Form wird ein auf dem neuesten Stand gehaltener Überblick über die Wirtschafts- und Sozialstatistik in der Bundesrepublik Deutschland gegeben. Kann als Ergänzung zum vorliegenden, an den Methoden orientierten Lehrbuch bezeichnet werden.

Maaß, Siegfried, Statistik für Wirtschafts- und Sozialwissenschaftler I - Wahrscheinlichkeitstheorie, 1983 (Springer), Berlin, Heidelberg, New York, Tokio

Maaß, Siegfried, **Mürdter**, Heinz, **Rieß**, Hugo Christian, Statistik für Wirtschafts- und Sozialwissenschaftler II - Induktive Statistik, 1983 (Springer), Berlin, Heidelberg, New York, Tokio
Beide Bände müssen als eine Einheit gesehen werden, wobei die Grundlagen in Band I und die darauf aufbauenden Methoden der Schließenden Statistik in Bd. II behandelt werden. Eine auf formale Genauigkeit Wert legende Darstellung jenes Stoffes, der Gegenstand der Kapitel X ff. meines Lehrbuchs sowie der Beilage (Formeln, Rechenregeln und Tabellen zur Statistik) ist - mit einer Reihe von Erweiterungen und Vertiefungen und mit zahlreichen Beispielen sowie Aufgaben mit Lösungen.

Marinell, Gerhard, Statistische Auswertung, 3. Aufl. 1986 (Oldenbourg), München, Wien
Mit vielen Übersichtsschemata versehenes Lehrbuch, das sich auf die Bereiche „Schätzen" und „Testen" konzentriert.

Menges, Günter, Grundriß der Statistik, Teil 1: Theorie, 2. Aufl. 1972 (Westdeutscher Verlag), Köln, Opladen
Ein fundiertes Buch, das sich nicht in erster Linie mit Rezepten, sondern mit den Fragen „dahinter" beschäftigt: den Grundlagen der Statistik in wahrscheinlichkeitstheoretischer und erkenntnistheoretischer Hinsicht. Umfassendes Literaturverzeichnis unter Einschluß historischer Werke.

Menges, Günter, **Skala**, Heinz, Grundriß der Statistik, Teil 2: Daten, 1973 (Westdeutscher Verlag), Köln, Opladen
Diese Fortsetzung des ersten Bandes befaßt sich mit der Beobachtung, Erhebung, Auswertung von Daten - stets aber mit theoretischer Fragestellung. Eingeschlossen ist eine Theorie der Automaten und der Programmsprachen.

Pfanzagl, Johann, Allgemeine Methodenlehre der Statistik, Teil 1, 6. Aufl. 1983, Teil 2, 5. Aufl. 1978 (Göschen 2046, 2047- de Gruyter), Berlin, New York
Eine sorgfältige Zusammenstellung des für Wirtschaftswissenschaftler wichtigsten Stoffs der Deskriptiven und Schließenden Statistik in klarer und knapper Darstellung.

Polasek, Wolfgang, Explorative Datenanalyse EDA, Einführung in die deskriptive Statistik, 1988 (Springer) Berlin, Heidelberg, New York, London, Paris, Tokio.
Dieses Lehrbuch liegt ganz auf der Linie der seit etwa Mitte der siebziger Jahre im angelsächsischen Bereich wiederentdeckten deskriptiven Statistik und knüpft insofern an eine im deutschsprachigen Raum verankerte Tradition an. Die im Zeichen von EDA entwickelten Methoden und Verfahren werden praxisorientiert vorgestellt. Der Graphik wird der ihr zukommende hohe Stellenwert eingeräumt. Ein sehr interessantes und modernes Buch.

Rüger, Bernhard, Induktive Statistik, Einführung für Wirtschafts- und Sozialwissenschaftler, 2. Aufl. 1988 (Oldenbourg), München, Wien
Ein mit der Wahrscheinlichkeitsrechnung beginnendes Lehrbuch, das den Stoff zwar in formaler, jedoch gut lesbarer Art aufbereitet. Die wirtschaftliche und soziale Realität spiegelt sich nur sehr beschränkt im Text des Buches.

Schaich, Eberhard, **Köhle**, Dieter, **Schweitzer**, Walter, **Wegner**, Fritz, Statistik I, 2.Aufl. 1979, Statistik II, 1982 (Vahlen), München
Der erste Band ist ausschließlich der Wahrscheinlichkeitstheorie gewidmet, der zweite Band den darauf aufbauenden Methoden. Ein auf die exakte Herleitung der Methoden Wert legendes, mathematisch zwar nicht allzu weit gehendes, jedoch einen mathematischen Stil pflegendes Lehrbuch. Viele Beispiele und Aufgaben.

Spiegel, Murray R., Statistik, 1976 (McGraw-Hill), Düsseldorf etc.
Deutsche Übersetzung von „Statistics", der amerikanischen Originalausgabe. Ein Kochbuch reinsten Wassers. Stichwortartig kommentierte Rezepte. Eine große Menge von Übungsaufgaben mit und ohne Lösungen.

Svoboda, Helmut, Exakte Geheimnisse, Knaurs Buch der modernen Statistik, 1971, (Droemer Knaur), München, Zürich
Eine amüsant geschriebene, hübsch bebilderte, aber dennoch seriöse, wenn auch nicht sehr anspruchsvolle Einführung in die Statistik. Mit einem Vorwort von Ragnar Frisch.

Ungerer, Albrecht, **Hauser**, Siegfried, Wirtschaftsstatistik als Entscheidungshilfe, 1986 (Rombach), Freiburg i.B.
Eine sehr empfehlenswerte, allerdings kurze Darstellung einiger ausgewählter, aber zentraler Bereiche der Wirtschaftsstatistik, exemplifiziert für die deutsche Bundesrepublik. Verbindet methodische Darlegungen mit wichtigen wirtschaftsstatistischen Zahlen.

Tukey, John W., Exploratory Data Analysis, 1977 (Addison Wesley), Reading, Ma. etc.
Eine Fülle von Techniken und Rezepten zur Aufbereitung von Daten werden angeboten. Viel Nützliches für Fortgeschrittene, aber für Leute ohne vorher erworbenen theoretischen Hintergrund eher verwirrend. Obwohl einfach, nicht für den Einstieg in die Statistik geeignet.

Wetzel, Wolfgang, Statistische Grundausbildung für Wirtschaftswissenschaftler. I. Beschreibende Statistik, 1971, II. Schließende Statistik, 1973 (de Gruyter), Berlin, New York
Eine relativ knappe Darstellung des „Standardstoffs" des wirtschaftswissenschaftlichen Grundstudiums, etwas formaler als das eigene Lehrbuch gehalten.

Wonnacott, Thomas H., **Wonnacott**, Ronald J., Introductory Statistics for Business and Economics, 3. Aufl. 1984 (Wiley), New York etc.
Ein amerikanisches Lehrbuch mit zahlreichen mehrfarbigen Schaubildern und vielen Aufgaben. Die deskriptive Statistik kommt zu kurz, die Wahrscheinlichkeitstheorie und die darauf basierenden Methoden sind beherrschender Inhalt, doch wird der methodische Apparat auf einem für das Verständnis dieses Stoffs zu elementaren Niveau gehalten. Soweit reale Beispiele Verwendung finden, sind sie der US-amerikanischen Wirklichkeit entnommen.

Yamane, Taro, Statistik, ein einführendes Lehrbuch, 2 Bde, 2. Aufl. 1981 (S. Fischer Taschenbuch), Frankfurt/Main
Ein wirklich sehr elementar gehaltenes, mathematisch gänzlich anspruchloses, sehr breit beschreibendes Lehrbuch. Hervorgegangen aus dem schon vor 1960 geschriebenen langjährigen „Renner" Statistics, An Introductory Analysis. Mittlerweile etwas in die Jahre gekommen.

Zwer, Reiner, Internationale Wirtschafts- und Sozialstatistik, 2. Aufl. 1986 (Oldenbourg), München, Wien
Einige der wichtigsten wirtschaftsstatistischen Gebiete mit Schwerpunkt Volkswirtschaftliche Gesamtrechnungen, Input-Output- Rechnungen und Industriestatistik werden international vergleichend beschrieben. Schließt eine große Lücke im Lehrbuchbereich.

B. Amtliche Statistik

a.) Bundesrepublik Deutschland

Deutsche Bundesbank, Monatsberichte und Statistische Beihefte zu den Monatsberichten
Die Monatsberichte enthalten neben Einzelartikeln einen statistischen Teil mit Schwerpunkt auf Geld- und Kapitalmarkt, Öffentliche Finanzen, Allgemeine Konjunkturlage und Außenwirtschaft. In den fünf Reihen der Beihefte finden sich detailliertere statistische Angaben zu: Bankenstatistik, Wertpapierstatistik, Zahlungsbilanzstatistik, Saisonbereinigte Wirtschaftszahlen und Währungen der Welt.

Sachverständigenrat zur Begutachtung der gesamtwirtschaftlichen Entwicklung, Jahresgutachten (Verlag W. Kohlhammer), Stuttgart, Mainz
Eine wunderbare Fundgrube für volkswirtschaftlich wichtige wirtschaftsstatistische Zahlen und Analysen. Erscheint jährlich im Dezember.

Statistisches Bundesamt (Hrsg), Das Arbeitsgebiet der Bundesstatistik 1981, Mai 1981 (Kohlhammer), Mainz
Eine knappe Darstellung der Rechtsgrundlagen, Periodizitäten und insbesondere der gemessenen oder erhobenen Tatbestände sowie der Veröffentlichungsorgane. Sehr nützliche Kurzinformation über die deutsche amtliche Statistik.

Statistisches Bundesamt (Hrsg.), Fachserie 1 (Bevölkerung und Erwerbstätigkeit) bis Fachserie 19 (Umweltschutz).
Jede Fachserie, untergliedert in verschiedene Reihen, enthält die fortlaufend erhobenen Zahlen aus den verschiedensten Gegenstandsbereichen der amtlichen Statistik.

Statistisches Jahrbuch für die Bundesrepublik Deutschland (Kohlhammer), Mainz
Erscheint jährlich. Umfassendste Fundstelle für statistisches Quellenmaterial. Das bundesdeutsche Statistische Jahrbuch enthält auch einen Anhang mit Zahlenmaterial über die DDR sowie einen Anhang mit international vergleichenden Übersichten.

Wirtschaft und Statistik
Monatlich erscheindende Zeitschrift mit den wichtigsten Zeitreihen und Einzelartikeln zu methodischen Fragen.

b.) DDR

Statistisches Jahrbuch der Deutschen Demokratischen Republik (Staatsverlag der Deutschen Demokratischen Republik), Berlin

c.) Österreich

Statistisches Handbuch für die Republik Österreich (Österr. Staatsdruckerei)
Erscheint jährlich. Umfassendste Fundstelle für statistisches Quellenmaterial.

Statistische Nachrichten
Monatlich erscheinende Zeitschrift mit Einzelbeiträgen und statistischem Tabellenteil.

d.) Schweiz

Bohley, Peter, **Jans**, Armin (Hrsg.), Einführung in die Wirtschafts- und Sozialstatistik der Schweiz, erscheint bei Haupt, Bern

Bundesamt für Statistik, Statistische Quellenwerke der Schweiz, Statistische Resultate, Statistische Berichte, Statistische Hefte, Materialien zur Statistik,
Fortlaufend numerierte Hefte zu verschiedenen Gegenstandsbereichen der amtlichen Statistik (in Fachreihen gegliedert).

Bundesamt für Statistik (Hrsg.), Wirtschaftsspiegel
Monatlich erscheinendes Publikationsorgan des BfS mit Schwerpunkt auf wirtschafts- und konjunkturstatistischen Zahlen.

Schweizerische Nationalbank (Hrsg.), Monatsberichte
Inhalt der Monatsberichte sind zahlreiche Kurvendiagramme und statistische Tabellen zu einer Reihe wichtiger Themenbereiche aus dem Gebiet der privaten und öffentlichen Wirtschaft.

Statistisches Jahrbuch der Schweiz (Birkhäuser Verlag), Basel
Erscheint jährlich. Alle Gebiete umfassendes statistisches Quellenmaterial.

Die Volkswirtschaft, Wirtschaftliche und sozialstatistische Mitteilungen.
Monatlich erscheinende Zeitschrift mit den wichtigsten Zeitreihen und Einzelartikeln. Sonderhefte und Beilagen zur Volkswirtschaft enthalten Artikel zu methodischen Fragen. Herausgeber ist das eidgenössische Volkswirtschaftsdepartement.

e.) Internationale Statistiken

Statistisches Amt der Europäischen Gemeinschaft (Eurostat) (Hrsg.), Diverse Titel
Über 100 verschiedene periodische und nichtperiodische vielsprachige Veröffentlichungsreihen zu neun wirtschaftlichen und sozialen Themenkreisen.

United Nations, Statistical Yearbook - Annuaire statistique
Wirtschafts- und Sozialstatistiken im Weltvergleich. Besonderes Gewicht liegt auf der statistischen Erfassung der einzelnen Rohstoff- und Produktemärkte.

United Nations, Demographic Yearbook - Annuaire démographique
Bevölkerungsstatistische Angaben im weltweiten Vergleich.

C. Spezialliteratur zu einzelnen Kapiteln

Kapitel I

Zum schweizerischen Konsumentenpreisindex:

Bundesamt für Industrie, Gewerbe und Arbeit, Haushaltsrechnungen von Unselbständigerwerbenden und Rentnern im Jahre 1981, in: Die Volkswirtschaft, Bern, Heft 5, 1982, S.329 ff.

Bundesamt für Industrie, Gewerbe und Arbeit, Der Landesindex der Konsumentenpreise. Sonderheft Nr. 97 der „Volkswirtschaft“, Bern 1985.

Keel, Alex, Zur Diskussion um den Landesindex der Konsumentenpreise, in: Schweizerische Zeitschrift für Volkswirtschaft und Statistik, Jg.118, 1982, S.59 ff.

Zu den deutschen Preisindizes für die Lebenshaltung:

Euler, Manfred, Einkommens- und Verbrauchsstichprobe 1978, in: Wirtschaft und Statistik, Heft 9, 1977, S.576 ff.

Rasch, Hans Georg, Zur Neuberechnung des Preisindexes für die Lebenshaltung auf Basis 1980, in: Wirtschaft und Statistik, Heft 7, 1984, S.640 ff.

Statistisches Bundesamt Wiesbaden, Fachserie 17, Reihe 7, Preise und Preisindices für die Lebenshaltung 1984, Stuttgart, Mainz 1985.

Kapitel II

Allen, R.G.D., Index Numbers in Theory and Practice, 1975 (The MacMillan Press), London etc.
Eine umfassende, die ökonomischen und die statistischen Aspekte von Indexzahlen gleichermaßen berücksichtigende Untersuchung.

Kapitel III

Bertin, Jacques, Semiologie graphique, Les Diagrammes - les réseaux - les cartes, 1967 (Mouton, Gautier-Villars), Paris
Ein umfassendes, vor allem kartographische Darstellungsweisen beinhaltendes Werk.

Koberstein, Herbert, Statistik in Bildern. Eine graphisch-statistische Darstellungslehre, 1973 (Sammlung Poeschel), Stuttgart
Kurze, populär gehaltene Einführung.

Riedwyl, Hans, Graphische Gestaltung von Zahlenmaterial, 1975 (UTB 440- Haupt), Bern, Stuttgart
Kurze, viele praktische Hinweise für das Zeichnen enthaltende Einführung

Kapitel VI

Arndt, Helmut, **Ollenburg**, Günter, Begriff und Arten der Konzentration, in: Die Konzentration in der Wirtschaft, Schriften des Vereins für Socialpolitik, N.F. Bd.20/I, 2. Aufl. Berlin 1971, S.3 ff.

Enderle, Norbert, Entwicklung und Messung der wirtschaftlichen Konzentration (Diss.), Freiburg/Br. 1971

Kellerer, Hans, **Schaich**, Eberhard, Statistische Probleme der Erfassung von Konzentrationsphänomenen, in: Die Konzentration in der Wirtschaft, Schriften des Vereins für Socialpolitik, N.F. Bd.20/I, 2. Aufl. Berlin 1971, S.41 ff.

Münzner, Hans, Probleme der Konzentrationsmessung, in: Allgemeines Statistisches Archiv, Bd. 47, 1963, S. 1-9.

Piesch, Walter, Statistische Konzentrationsmaße, 1975 (J.C.B. Mohr-Paul Siebeck), Tübingen

Kapitel IX

Deutsche Bundesbank, Statistische Beihefte zu den Monatsberichten der Deutschen Bundesbank, Reihe 4, Saisonbereinigte Wirtschaftszahlen.
Erscheint monatlich, gibt die wichtigsten wirtschaftlichen Reihen in saisonbereinigter Form an.

Deutsche Bundesbank, Saisonbereinigung mit dem Census-Verfahren, in: Monatsberichte der dt. Bundesbank, Jg.22, März 1970, S.38 ff.

Hansmann, Karl-Werner, Kurzlehrbuch Prognoseverfahren. Mit Aufgaben und Lösungen, 1983 (Gabler), Wiesbaden
Auf gut 180 Seiten werden - ohne mathematische Beweisführung - Prognoseverfahren dargestellt, die von Beispielen und Übungen begleitet sind.

Hüttner, Manfred, Prognoseverfahren und ihre Anwendung, 1986 (de Gruyter), Berlin, New York
Eine sehr empfehlenswerte, praxisorientierte, gut lesbare Darstellung, die einen knapp gehaltenen Überblick über die wichtigsten heute gebräuchlichen quantitativen und qualitativen Prognoseverfahren gibt. Mit vielen Beispielen und Aufgaben und umfangreichen Literaturangaben.

Karr, Werner, Umfang saisonaler Arbeitslosigkeit in der Bundesrepublik Deutschland und Veränderungen im Saisonmuster der Arbeitslosigkeit, in: Mitteilungen aus der Arbeitsmarkt- und Berufsforschung, Jg.18, Heft 4, 1985, S.433 ff.

Meyer, Norbert, Kritische Anmerkungen zu neueren Ansätzen der Saisonbereinigung aus der Sicht der aktuellen Konjunkturanalyse, in: K. **Hanau**, R. **Hujer**, W. **Neubauer** (Hrsg), Wirtschafts- und Sozialstatistik. Empirische Grundlagen politischer Entscheidungen, 1986 (Vandenhoeck & Ruprecht), Göttingen, S. 302ff.

Pfanzagl, Johann, Über die Zerlegung statistischer Reihen, in: Metrica, Jg.1, 1958, S.130 ff.

Rudolph, Helmut, Zum gegenwärtigen Verfahren der Saisonbereinigung der Statistik der Arbeitslosen, in: Amtliche Nachrichten der Bundesanstalt für Arbeit, Heft 7, 1983, S.749 ff.

Shiskin, J., **Young**, Allen H., **Musgrave**, John C., The X-11 Variant of the Census Method II Seasonal Adjustment Program, (Bureau of the Census Technical Papers Nr.15), 1967 (Government Printing Office), Washington
Eine ausführliche Beschreibung und Anleitung des weltweit verbreiteten und angewendeten Modells zur Zeitreihenzerlegung und Saisonbereinigung.

Weichselberger, K., Über eine Theorie der gleitenden Durchschnitte und verschiedene Anwendungen dieser Theorie, in: Metrica, Jg.8, 1964, S.185 ff.

Kapitel X

Riedwyl, Hans, Schweizer Zahlenlotto, Spiel, Zufall und Gewinn, 1979 (Haupt), Bern, Stuttgart

Kapitel XVI

Cochran, William G., Stichprobenverfahren, 1972 (de Gruyter), Berlin, New York
Eine lehrbuchartig geschriebene Darstellung, die auch einen guten Teil der wahrscheinlichkeitstheoretischen Grundlagen von Zufallsstichproben umfaßt. Nur Zufallsstichproben werden behandelt. 1977 erschien eine dritte englische Auflage von „Sampling Techniques" bei Wiley, New York.

Krug, Walter, **Nourney**, Martin, Wirtschafts- und Sozialstatistik: Gewinnung von Daten, 2. Aufl. 1987 (Oldenbourg), München, Wien
Umfassende Darstellung der in der deutschen amtlichen Statistik angewandten Methoden bei Stichproben und Vollerhebungen. Im Vordergrund stehen die Zufallsstichproben und ihre Technik.

Morgenstern, Oskar, Über die Ungenauigkeit wirtschaftlicher Beobachtungen, 1965 (Physika - Verlag), Wien
Ein Buch, das zum Nachdenken anregt. Den Ursachen und Gründen für Beobachtungsfehler wird nachgespürt und der Frage der Genauigkeit wirtschaftsstatistischer Daten und Ergebnisse in vielen ihrer Implikationen nachgegangen.

Noelle-Neumann, Elisabeth, Umfragen in der Massengesellschaft. Einführung in die Methoden der Demoskopie, 1963 (rowohlt - deutsche Enzyklopädie, Bd. 177/178), Hamburg
Ein Klassiker auf dem Gebiet der angewandten Stichprobentheorie. Spezielle Berücksichtigung der Fragebogengestaltung.

Kapitel XX + XXI

Dunn, Olive J., **Clark**, Virginia A., Applied Statistics. Analysis of Variance and Regression, 2. Aufl. 1987, (Wiley), New York usw.
Gut lesbare, ziemlich vollständige Darstellung ohne anspruchsvolle Mathematikvoraussetzungen. Anwendungsorientiert, auch über EDV - Programme orientierend.

Flury, Bernhard, **Riedwyl**, Hans, Multivariate Statistics, A practical approach, 1988 (Chapman and Hall), London, New York.

Hartung, J., **Elpelt**, B., Multivariate Statistik, 2. Aufl. 1986 (Oldenbourg Verlag), München, Wien
Ein Nachschlagewerk für multivariate statistische Verfahren, welches ohne große mathematischen Vorkenntnisse benützt werden kann. Nebst der Regressionsanalyse werden u.a. Korrelations-, Diskriminanz-, Faktoren-, Varianz-, Clusteranalyse und MDS (multidimensionale Skalierung) dargestellt.

Riedwyl, Hans, Regressionsgerade und Verwandtes, 1980 (UTB 923- Haupt), Bern, Stuttgart
Eine mit vielen Schaubildern versehene, kurze Einführung in die Einfach- und Mehrfachregression.

Kapitel XXII

Birg, Herwig, **Koch**, Helmut, Der Bevölkerungsrückgang in der Bundesrepublik Deutschland. Langfristige Bevölkerungsvorausschätzung auf der Grundlage des demographischen Kohortenmodells und der biographischen Theorie der Fertilität, 1987 (Campus - Verlag), Frankfurt / Main, New York
Eine in ihren Ergebnissen aufrüttelnde Arbeit mit teilweise allerdings sehr gewagten Thesen, z. B. der These eines Grundwiderspruchs zwischen ökonomischem Erfolg und demographischer Stabilität. Die Vermutung der Autoren, daß das außerordentlich niedrige Fertilitätsniveau in Deutschland eine Spätwirkung des epochalen Schocks der jüngsten deutschen Geschichte ist, wirft die von den Autoren unbeantwortete Frage auf, warum dieser Schock plötzlich erst Mitte der sechziger Jahre einsetzte und welche Art von geistig-intellektuellen und politischen Strömungen konkret den „Dammbruch" ermöglichten.

Bundesamt für Statistik, Eidgenössische Volkszählung 1980 (Statistische Quellenwerke der Schweiz, Hefte 701 - 741) 41 Bde., Bern 1981 - 1985

Bundesamt für Statistik, Bevölkerungsbewegung in der Schweiz, Bern.
Jährlich erscheinender Tabellenband mit allgemeinen Übersichten aus jährlichen Daten aus der Statistik der natürlichen Bevölkerungsbewegung.

Bundesamt für Statistik, Bericht zur demographischen Entwicklung der Schweiz seit 1971, Bern 1984

Bundesamt für Statistik, Bilanz der Wohnbevölkerung in den Gemeinden der Schweiz, Bern.
Jährlich erscheinender Tabellenband mit ausführlichen Daten aus der Wanderungsstatistik und der Bevölkerungsfortschreibung nach Gemeinden, Bezirken, Kantonen, Städten und Agglomerationen.

Bundesamt für Statistik, Szenarien zur Entwicklung der Bevölkerung in der Schweiz 1986 - 2025, Bern 1987
Drei aktualisierte Szenarien auf der Basis eines gleichbleibenden Index der Gesamtfruchtbarkeit (ZGZ) von 1520 und unterschiedlichen Annahmen bezüglich Lebenserwartung und Einwanderung.

Dinkel, Reiner, Theorie und Technik demographischer Prognose. In: Allgemeines Statistisches Archiv, 70. Band, 1986, S. 28 ff.

Feichtinger, Gustav, Bevölkerungsstatistik, 1973 (Walter de Gruyter), Berlin, New York
Eine sehr klare und übersichtliche Darstellung bevölkerungsstatistischer Methoden unter Einbezug der Darstellung demographischer Modelle.

Grohmann, Heinz, Statistik, Bevölkerungs- und Wirtschaftsstatistik, 1985 (dipa - Verlag) Frankfurt / Main
Etwa die Hälfte des Buches besteht aus einer Einführung in die Bevölkerungs- einschl. der Erwerbstätigenstatistik. Die Konstruktion von Sterbetafeln und Begriffe wie stationäre oder stabile Bevölkerung werden erklärt.

Höpflinger, François, Bevölkerungswandel in der Schweiz. Zur Entwicklung von Heiraten, Geburten, Wanderungen und Sterblichkeit, 1986 (Verlag Rüegger), Grüsch
Eine historisch-soziologisch orientierte Darstellung einiger bevölkerungsstatistisch interessanter Größen.

Mackenroth, Gerhard, Bevölkerungslehre, Theorie, Soziologie und Statistik der Bevölkerung, 1953 (Springer - Verlag), Berlin, Göttingen, Heidelberg
Ein „Klassiker“ der Bevölkerungsstatistik und der Demographie. Ein immer noch sehr lesenswertes Buch.

Statistische Bundesamt (Hrsg.), Bevölkerung gestern, heute und morgen, 1985 (W. Kohlhammer), Mainz
Eine viele historische Zahlen enthaltende Broschüre und ein Überblick über die amtliche Bevölkerungsstatistik bis in die Gegenwart sowie über Modellrechnungen.

Wingen, Max, Überblick über die gegenwärtige Bevölkerungsentwicklung in der Bundesrepublik Deutschland und Perspektivern für die Zukunft. In: Allgemeines Statistisches Archiv, 70. Band, 1986, S.1ff

Statistische Tabellen

Wetzel, Wolfgang, **Jöhnk**, Max-Detlef, **Naeve**, Peter, Statistische Tabellen, 1967 (de Gruyter), Berlin
Wesentlich umfangreichere Tabellen als im Anhang des vorliegenden Lehrbuchs, dazu eine kurze Beschreibung des Aufbaus der Tabellen und eine kurze Anleitung zu deren Gebrauch. Für die Normalverteilung werden z.B. sowohl die Werte der Dichtefunktion von Z als auch die Wahrscheinlichkeiten für Z-Werte mit drei Stellen hinter dem Komma, für die Binomialverteilung werden für 50 Werte von π für n=1 bis n=100 die Einzel- und aufwärtskumulierten Wahrscheinlichkeiten angegeben.

Statistische Tabellen

Inhaltsverzeichnis des Tabellenteils

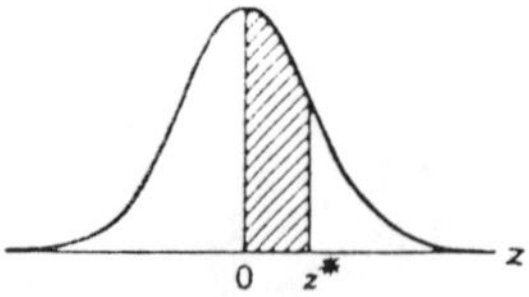

Tabelle 1:
Standard-Normalverteilung Z = N (0 ; 1): Wahrscheinlichkeiten der ZV Z über dem Intervall [0, z*]

z*	0,00	0,01	0,02	0,03	0,04	0,05	0,06	0,07	0,08	0,09
0,0	0,0000	0,0040	0,0080	0,0120	0,0160	0,0199	0,0239	0,0279	0,0319	0,0359
0,1	0398	0438	0478	0517	0557	0596	0636	0675	0714	0753
0,2	0793	0832	0871	0910	0948	0987	1026	1064	1103	1141
0,3	1179	1217	1255	1293	1331	1368	1406	1443	1480	1517
0,4	1554	1591	1628	1664	1700	1736	1772	1808	1844	1879
0,5	1915	1950	1985	2019	2054	2088	2123	2157	2190	2224
0,6	2257	2291	2324	2357	2389	2422	2454	2486	2517	2549
0,7	2580	2611	2642	2673	2703	2734	2764	2794	2823	2852
0,8	2881	2910	2939	2967	2995	3023	3051	3078	3106	3133
0,9	3159	3186	3212	3238	3264	3289	3315	3340	3365	3389
1,0	3413	3438	3461	3485	3508	3531	3554	3577	3599	3621
1,1	3643	3665	3686	3708	3729	3749	3770	3790	3810	3830
1,2	3849	3869	3888	3907	3925	3944	3962	3980	3997	4015
1,3	4032	4049	4066	4082	4099	4115	4131	4147	4162	4177
1,4	4192	4207	4222	4236	4251	4265	4279	4292	4306	4319
1,5	4332	4345	4357	4370	4382	4394	4406	4418	4429	4441
1,6	4452	4463	4474	4484	4495	4505	4515	4525	4535	4545
1,7	4554	4564	4573	4582	4591	4599	4608	4616	4625	4633
1,8	4641	4649	4656	4664	4671	4678	4686	4693	4699	4706
1,9	4713	4719	4726	4732	4738	4744	4750	4756	4761	4767
2,0	4772	4778	4783	4788	4793	4798	4803	4808	4812	4817
2,1	4821	4826	4830	4834	4838	4842	4846	4850	4854	4857
2,2	4861	4864	4868	4871	4875	4878	4881	4884	4887	4890
2,3	4893	4896	4898	4901	4904	4906	4909	4911	4913	4916
2,4	4918	4920	4922	4925	4927	4929	4931	4932	4934	4936
2,5	4938	4940	4941	4943	4945	4946	4948	4949	4951	4952
2,6	4953	4955	4956	4957	4959	4960	4961	4962	4963	4964
2,7	4965	4966	4967	4968	4969	4970	4971	4972	4973	4974
2,8	4974	4975	4976	4977	4977	4978	4979	4979	4980	4981
2,9	4981	4982	4982	4983	4984	4984	4985	4985	4986	4986
3,0	4987	4987	4987	4988	4988	4989	4989	4989	4990	4990

3,10	0,499'033	3,50	0,499'767	4,00	0,499'968	4,50	0,499'997	5,00	0,499'999'7

Hinweis zu Tab. 1:
Die Werte von z* im Intervall von 0,00 bis 3,09 addieren sich aus dem Wert der Vorspalte und dem Wert in der Kopfzeile, z. B. z* = 1,96 = 1,9 + 0,06.

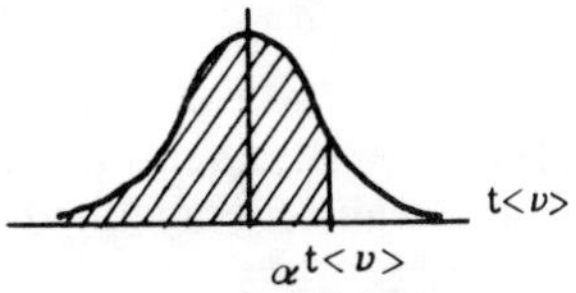

Tabelle 2:
T-Verteilung $T\langle\nu\rangle$: Quantile ${}_{\alpha}t\langle\nu\rangle$

ν \ α	0,60	0,75	0,90	0,95	0,975	0,99	0,995	0,9995
1	0,325	1,000	3,078	6,314	12,706	31,821	63,657	636,619
2	0,289	0,816	1,886	2,920	4,303	6,965	9,925	31,598
3	0,277	0,765	1,638	2,353	3,182	4,541	5,841	12,941
4	0,271	0,741	1,533	2,132	2,776	3,747	4,604	8,610
5	0,267	0,727	1,476	2,015	2,571	3,365	4,032	6,859
6	0.265	0.718	1,440	1,943	2,447	3,143	3,707	5,959
7	0,263	0,711	1,415	1,895	2,365	2,998	3,499	5,405
8	0,262	0,706	1,397	1,860	2,306	2,896	3,355	5,041
9	0,261	0,703	1,383	1,833	2,262	2,821	3,250	4,781
10	0,260	0,700	1,372	1,812	2,228	2,764	3,169	4,587
11	0,260	0,697	1,363	1,796	2,201	2,718	3,106	4,437
12	0,259	0,695	1,356	1,782	2,179	2,681	3,055	4,318
13	0,259	0,694	1,350	1,771	2,160	2,650	3,012	4,221
14	0,258	0,692	1,345	1,761	2,145	2,624	2,977	4,140
15	0,258	0,691	1,341	1,753	2,131	2,602	2,947	4,073
16	0,258	0,690	1,337	1,746	2,120	2,583	2,921	4,015
17	0,257	0,689	1,333	1,740	2,110	2,567	2,898	3,965
18	0,257	0,688	1,330	1,734	2,101	2,552	2,878	3,922
19	0,257	0,688	1,328	1,729	2,093	2,539	2,861	3,883
20	0,257	0,687	1,325	1,725	2,086	2,528	2,845	3,850
21	0,257	0,686	1,323	1,721	2,080	2,518	2,831	3,819
22	0,256	0,686	1,321	1,717	2,074	2,508	2,819	3,792
23	0,256	0,685	1,319	1,714	2,069	2,500	2,807	3,767
24	0,256	0,685	1,318	1,711	2,064	2,492	2,797	3,745
25	0,256	0,684	1,316	1,708	2,060	2,485	2,787	3,725
26	0,256	0,684	1,315	1,706	2,056	2,479	2,779	3,707
27	0,256	0,684	1,314	1,703	2,052	2,473	2,771	3,690
28	0,256	0,683	1,313	1,701	2,048	2,467	2,763	3,674
29	0,256	0,683	1,311	1,699	2,045	2,462	2,756	3,659
30	0,256	0,683	1,310	1,697	2,042	2,457	2,750	3,646
40	0,255	0,681	1,303	1,684	2,021	2,423	2,704	3,551
60	0,254	0,679	1,296	1,671	2,000	2,390	2,660	3,460
120	0,254	0,677	1,289	1,658	1,980	2,358	2,617	3,373
∞	0,253	0,674	1,282	1,645	1,960	2,326	2,576	3,291

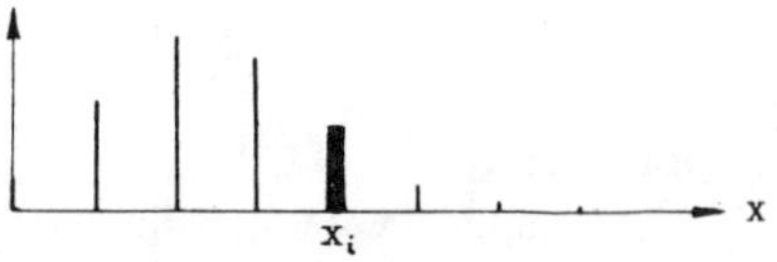

Tabelle 3: Binomialverteilung B (n; π):
Einzelwahrscheinlichkeiten: $P(X = x_i)$

		π									
n	x_i	0,05	0,10	0,15	0,20	0,25	0,30	0,35	0,40	0,45	0,50
1	0	0,9500	0,9000	0,8500	0,8000	0,7500	0,7000	0,6500	0,6000	0,5500	0,5000
	1	0500	1000	1500	2000	2500	3000	3500	4000	4500	5000
2	0	0,9025	0,8100	0,7225	0,6400	0,5625	0,4900	0,4225	0,3600	0,3025	0,2500
	1	0950	1800	2550	3200	3750	4200	4550	4800	4950	5000
	2	0025	0100	0225	0400	0625	0900	1225	1600	2025	2500
3	0	0,8574	0,7290	0,6141	0,5120	0,4219	0,3430	0,2746	0,2160	0,1664	0,1250
	1	1354	2430	3251	3840	4219	4410	4436	4320	4084	3750
	2	0071	0270	0574	0960	1406	1890	2389	2880	3341	3750
	3	0001	0010	0034	0080	0156	0270	0429	0640	0911	1250
4	0	0,8145	0,6561	0,5220	0,4096	0,3164	0,2401	0,1785	0,1296	0,0915	0,0625
	1	1715	2916	3685	4096	4219	4116	3845	3456	2995	2500
	2	0135	0486	0975	1536	2109	2646	3105	3456	3675	3750
	3	0005	0036	0115	0256	0469	0756	1115	1536	2005	2500
	4	0000	0001	0005	0016	0039	0081	0150	0256	0410	0625
5	0	0,7738	0,5905	0,4437	0,3277	0,2373	0,1681	0,1160	0,0778	0,0503	0,0312
	1	2036	3280	3915	4096	3955	3602	3124	2592	2059	1562
	2	0214	0729	1382	2048	2637	3087	3364	3456	3369	3125
	3	0011	0081	0244	0512	0879	1323	1811	2304	2757	3125
	4	0000	0004	0022	0064	0146	0284	0488	0768	1128	1562
	5	0000	0000	0001	0003	0010	0024	0053	0102	0185	0312
6	0	0,7351	0,5314	0,3771	0,2621	0,1780	0,1176	0,0754	0,0467	0,0277	0,0156
	1	2321	3543	3993	3932	3560	3025	2437	1866	1359	0938
	2	0305	0984	1762	2458	2966	3241	3280	3110	2780	2344
	3	0021	0146	0415	0819	1318	1852	2355	2765	3032	3125
	4	0001	0012	0055	0154	0330	0595	0951	1382	1861	2344
	5	0000	0001	0004	0015	0044	0102	0205	0369	0609	0938
	6	0000	0000	0000	0001	0002	0007	0018	0041	0083	0156
7	0	0,6983	0,4783	0,3206	0,2097	0,1335	0,0824	0,0490	0,0280	0,0152	0,0078
	1	2573	3720	3960	3670	3115	2471	1848	1306	0872	0547
	2	0406	1240	2097	2753	3115	3177	2985	2613	2140	1641
	3	0036	0230	0617	1147	1730	2269	2679	2903	2918	2734
	4	0002	0026	0109	0287	0577	0972	1442	1935	2388	2734
	5	0000	0002	0012	0043	0115	0250	0466	0774	1172	1641
	6	0000	0000	0001	0004	0013	0036	0084	0172	0320	0547
	7	0000	0000	0000	0000	0001	0002	0006	0016	0037	0078
8	0	0,6634	0,4305	0,2725	0,1678	0,1001	0,0576	0,0319	0,0168	0,0084	0,0039
	1	2793	3826	3847	3355	2670	1977	1373	0896	0548	0312
	2	0515	1488	2376	2936	3115	2965	2587	2090	1569	1094
	3	0054	0331	0839	1468	2076	2541	2786	2787	2568	2188
	4	0004	0046	0185	0459	0865	1361	1875	2322	2627	2734
	5	0000	0004	0026	0092	0231	0467	0808	1239	1719	2188
	6	0000	0000	0002	0011	0038	0100	0217	0413	0703	1094
	7	0000	0000	0000	0001	0004	0012	0033	0079	0164	0312
	8	0000	0000	0000	0000	0000	0001	0002	0007	0017	0039

Tabelle 3 (Fortsetzung)**:** Binomialverteilung – Einzelwahrscheinlichkeiten

		π									
n	x_i	0,05	0,10	0,15	0,20	0,25	0,30	0,35	0,40	0,45	0,50
9	0	0,6302	0,3874	0,2316	0,1342	0,0751	0,0404	0,0207	0,0101	0,0046	0,0020
	1	2985	3874	3679	3020	2253	1556	1004	0605	0339	0176
	2	0629	1722	2597	3020	3003	2668	2162	1612	1110	0703
	3	0077	0446	1069	1762	2336	2668	2716	2508	2119	1641
	4	0006	0074	0283	0661	1168	1715	2194	2508	2600	2461
	5	0000	0008	0050	0165	0389	0735	1181	1672	2128	2461
	6	0000	0001	0006	0028	0087	0210	0424	0743	1160	1641
	7	0000	0000	0000	0003	0012	0039	0098	0212	0407	0703
	8	0000	0000	0000	0000	0001	0004	0013	0035	0083	0176
	9	0000	0000	0000	0000	0000	0000	0001	0003	0008	0020
10	0	0,5987	0,3487	0,1969	0,1074	0,0563	0,0282	0,0135	0,0060	0,0025	0,0010
	1	3151	3874	3474	2684	1877	1211	0725	0403	0207	0098
	2	0746	1937	2759	3020	2816	2335	1757	1209	0763	0439
	3	0105	0574	1298	2013	2503	2668	2522	2150	1665	1172
	4	0010	0112	0401	0881	1460	2001	2377	2508	2384	2051
	5	0001	0015	0085	0264	0584	1029	1536	2007	2340	2461
	6	0000	0001	0012	0055	0162	0368	0689	1115	1596	2051
	7	0000	0000	0001	0008	0031	0090	0212	0425	0746	1172
	8	0000	0000	0000	0001	0004	0014	0043	0106	0229	0439
	9	0000	0000	0000	0000	0000	0001	0005	0016	0042	0098
	10	0000	0000	0000	0000	0000	0000	0000	0001	0003	0010
11	0	0,5688	0,3138	0,1673	0,0859	0,0422	0,0198	0,0088	0,0036	0,0014	0,0005
	1	3293	3835	3248	2362	1549	0932	0518	0266	0125	0054
	2	0867	2131	2866	2953	2581	1998	1395	0887	0513	0269
	3	0137	0710	1517	2215	2581	2568	2254	1774	1259	0806
	4	0014	0158	0536	1107	1721	2201	2428	2365	2060	1611
	5	0001	0025	0132	0388	0803	1321	1830	2207	2360	2256
	6	0000	0003	0023	0097	0268	0566	0985	1471	1931	2256
	7	0000	0000	0003	0017	0064	0173	0379	0701	1128	1611
	8	0000	0000	0000	0002	0011	0037	0102	0234	0462	0806
	9	0000	0000	0000	0000	0001	0005	0018	0052	0126	0269
	10	0000	0000	0000	0000	0000	0000	0002	0007	0021	0054
	11	0000	0000	0000	0000	0000	0000	0000	0000	0002	0005
12	0	0,5404	0,2824	0,1422	0.0687	0,0317	0,0138	0,0057	0,0022	0,0008	0,0002
	1	3413	3766	3012	2062	1267	0712	0368	0174	0075	0029
	2	0988	2301	2924	2835	2323	1678	1088	0639	0339	0161
	3	0173	0852	1720	2362	2581	2397	1954	1419	0923	0537
	4	0021	0213	0683	1329	1936	2311	2367	2128	1700	1208
	5	0002	0038	0193	0532	1032	1585	2039	2270	2225	1934
	6	0000	0005	0040	0155	0401	0792	1281	1766	2124	2256
	7	0000	0000	0006	0033	0115	0291	0591	1009	1489	1934
	8	0000	0000	0001	0005	0024	0078	0199	0420	0762	1208
	9	0000	0000	0000	0001	0004	0015	0048	0125	0277	0537
	10	0000	0000	0000	0000	0000	0002	0008	0025	0068	0161
	11	0000	0000	0000	0000	0000	0000	0001	0003	0010	0029
	12	0000	0000	0000	0000	0000	0000	0000	0000	0001	0002

Tabelle 3 (Fortsetzung): Binomialverteilung – Einzelwahrscheinlichkeiten

		π									
n	x_i	0,05	0,10	0,15	0,20	0,25	0,30	0,35	0,40	0,45	0,50
13	0	0,5133	0,2542	0,1209	0,0550	0,0238	0,0097	0,0037	0,0013	0,0004	0,0001
	1	3512	3672	2774	1787	1029	0540	0259	0113	0045	0016
	2	1109	2448	2937	2680	2059	1388	0836	0453	0220	0095
	3	0214	0997	1900	2457	2517	2181	1651	1107	0660	0349
	4	0028	0277	0838	1535	2097	2337	2222	1845	1350	0873
	5	0003	0055	0266	0691	1258	1803	2154	2214	1989	1571
	6	0000	0008	0063	0230	0559	1030	1546	1968	2169	2095
	7	0000	0001	0011	0058	0186	0442	0833	1312	1775	2095
	8	0000	0000	0001	0011	0047	0142	0336	0656	1089	1571
	9	0000	0000	0000	0001	0009	0034	0101	0243	0495	0873
	10	0000	0000	0000	0000	0001	0006	0022	0065	0162	0349
	11	0000	0000	0000	0000	0000	0001	0003	0012	0036	0095
	12	0000	0000	0000	0000	0000	0000	0000	0001	0005	0016
	13	0000	0000	0000	0000	0000	0000	0000	0000	0000	0001
14	0	0,4877	0,2288	0,1028	0,0440	0,0178	0,0068	0,0024	0,0008	0,0002	0,0001
	1	3593	3559	2539	1539	0832	0407	0181	0073	0027	0009
	2	1229	2570	2912	2501	1802	1134	0634	0317	0141	0056
	3	0259	1142	2056	2501	2402	1943	1366	0845	0462	0222
	4	0037	0349	0998	1720	2202	2290	2022	1549	1040	0611
	5	0004	0078	0352	0860	1468	1963	2178	2066	1701	1222
	6	0000	0013	0093	0322	0734	1262	1759	2066	2088	1833
	7	0000	0002	0019	0092	0280	0618	1082	1574	1952	2095
	8	0000	0000	0003	0020	0082	0232	0510	0918	1398	1833
	9	0000	0000	0000	0003	0018	0066	0183	0408	0762	1222
	10	0000	0000	0000	0000	0003	0014	0049	0136	0312	0611
	11	0000	0000	0000	0000	0000	0002	0010	0033	0093	0222
	12	0000	0000	0000	0000	0000	0000	0001	0005	0019	0056
	13	0000	0000	0000	0000	0000	0000	0000	0001	0002	0009
	14	0000	0000	0000	0000	0000	0000	0000	0000	0000	0001
15	0	0,4633	0.2059	0,0874	0,0352	0,0134	0,0047	0,0016	0,0005	0,0001	0,0000
	1	3658	3432	2312	1319	0668	0305	0126	0047	0016	0005
	2	1348	2669	2856	2309	1559	0916	0476	0219	0090	0032
	3	0307	1285	2184	2501	2252	1700	1110	0634	0318	0139
	4	0049	0428	1156	1876	2252	2186	1792	1268	0780	0417
	5	0006	0105	0449	1032	1651	2061	2123	1859	1404	0916
	6	0000	0019	0132	0430	0917	1472	1906	2066	1914	1527
	7	0000	0003	0030	0138	0393	0811	1319	1771	2013	1964
	8	0000	0000	0005	0035	0131	0348	0710	1181	1647	1964
	9	0000	0000	0001	0007	0034	0116	0298	0612	1048	1527
	10	0000	0000	0000	0001	0007	0030	0096	0245	0515	0916
	11	0000	0000	0000	0000	0001	0006	0024	0074	0191	0417
	12	0000	0000	0000	0000	0000	0001	0004	0016	0052	0139
	13	0000	0000	0000	0000	0000	0000	0001	0003	0010	0032
	14	0000	0000	0000	0000	0000	0000	0000	0000	0001	0005
	15	0000	0000	0000	0000	0000	0000	0000	0000	0000	0000

Tabelle 3 (Fortsetzung): Binomialverteilung – Einzelwahrscheinlichkeiten

		π									
n	x_i	0,05	0,10	0,15	0,20	0,25	0,30	0,35	0,40	0,45	0,50
16	0	0,4401	0,1853	0,0743	0,0281	0,0100	0,0033	0,0010	0,0003	0,0001	0,0000
	1	3706	3294	2097	1126	0535	0228	0087	0030	0009	0002
	2	1463	2745	2775	2111	1336	0732	0353	0150	0056	0018
	3	0359	1423	2285	2463	2079	1465	0888	0468	0215	0085
	4	0061	0514	1311	2001	2252	2040	1553	1014	0572	0278
	5	0008	0137	0555	1201	1802	2099	2008	1623	1123	0667
	6	0001	0028	0180	0550	1101	1649	1982	1983	1684	1222
	7	0000	0004	0045	0197	0524	1010	1524	1889	1969	1746
	8	0000	0001	0009	0055	0197	0487	0923	1417	1812	1964
	9	0000	0000	0001	0012	0058	0185	0442	0840	1318	1746
	10	0000	0000	0000	0002	0014	0056	0167	0392	0755	1222
	11	0000	0000	0000	0000	0002	0013	0049	0142	0337	0667
	12	0000	0000	0000	0000	0000	0002	0011	0040	0115	0278
	13	0000	0000	0000	0000	0000	0000	0002	0008	0029	0085
	14	0000	0000	0000	0000	0000	0000	0000	0001	0005	0018
	15	0000	0000	0000	0000	0000	0000	0000	0000	0001	0002
	16	0000	0000	0000	0000	0000	0000	0000	0000	0000	0000
17	0	0,4181	0,1668	0,0631	0,0225	0,0075	0,0023	0,0007	0,0002	0,0000	0,0000
	1	3741	3150	1893	0957	0426	0169	0060	0019	0005	0001
	2	1575	2800	2673	1914	1136	0581	0260	0102	0035	0010
	3	0415	1556	2359	2393	1893	1245	0701	0341	0144	0052
	4	9076	0605	1457	2093	2209	1868	1320	0796	0411	0182
	5	0010	0175	0668	1361	1914	2081	1849	1379	0875	0472
	6	0001	0039	0236	0680	1276	1784	1991	1839	1432	0944
	7	0000	0007	0065	0267	0668	1201	1685	1927	1841	1484
	8	0000	0001	0014	0084	0279	0644	1134	1606	1883	1855
	9	0000	0000	0003	0021	0093	0276	0611	1070	1540	1855
	10	0000	0000	0000	0004	0025	0095	0263	0571	1008	1484
	11	0000	0000	0000	0001	0005	0026	0090	0242	0525	0944
	12	0000	0000	0000	0000	0001	0006	0024	0081	0215	0472
	13	0000	0000	0000	0000	0000	0001	0005	0021	0068	0182
	14	0000	0000	0000	0000	0000	0000	0001	0004	0016	0052
	15	0000	0000	0000	0000	0000	0000	0000	0001	0003	0010
	16	0000	0000	0000	0000	0000	0000	0000	0000	0000	0001
	17	0000	0000	0000	0000	0000	0000	0000	0000	0000	0000

Tabelle 4: Binomialverteilung – abwärtskumulierte Wahrscheinlichkeiten: $P(X \geq x^*)$

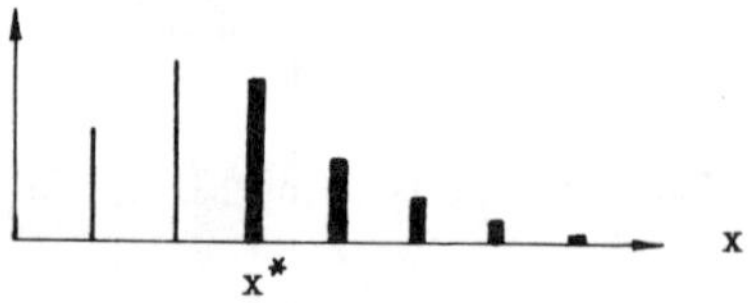

n	x*	π 0,05	0,10	0,15	0,20	0,25	0,30	0,35	0,40	0,45	0,50
17	1	0,5819	0,8332	0,9369	0,9775	0,9925	0,9977	0,9993	0,9998	1,0000	1,0000
	2	2078	5182	7475	8818	9499	9807	9933	9979	0,9994	0,9999
	3	0503	2382	4802	6904	8363	9226	9673	9877	9959	9988
	4	0088	0826	2444	4511	6470	7981	8972	9536	9816	9936
	5	0012	0221	0987	2418	4261	6113	7652	8740	9404	9755
	6	0001	0047	0319	1057	2347	4032	5803	7361	8529	9283
	7	0000	0008	0083	0377	1071	2248	3812	5522	7098	8338
	8	0000	0001	0017	0109	0402	1046	2128	3595	5257	6855
	9	0000	0000	0003	0026	0124	0403	0994	1989	3374	5000
	10	0000	0000	0000	0005	0031	0127	0383	0919	1834	3145
	11	0000	0000	0000	0001	0006	0032	0120	0348	0826	1662
	12	0000	0000	0000	0000	0001	0007	0030	0106	0301	0717
	13	0000	0000	0000	0000	0000	0001	0006	0025	0086	0245
	14	0000	0000	0000	0000	0000	0000	0000	0005	0019	0064
	15	0000	0000	0000	0000	0000	0000	0000	0001	0003	0012
	16	0000	0000	0000	0000	0000	0000	0000	0000	0000	0001
	17	0000	0000	0000	0000	0000	0000	0000	0000	0000	0000
18	1	0,6028	0,8499	0,9464	0,9820	0,9944	0,9984	0,9996	0,9999	1,0000	1,0000
	2	2265	5497	7759	9009	9605	9858	9954	9987	0,9997	0,9999
	3	0581	2662	5203	7287	8647	9400	9764	9918	9975	9993
	4	0109	0982	2798	4990	6943	8354	9217	9672	9880	9962
	5	0015	0282	1206	2836	4813	6673	8114	9058	9589	9846
	6	0002	0064	0419	1329	2825	4656	6450	7912	8923	9519
	7	0000	0012	0118	0513	1390	2783	4509	6257	7742	8811
	8	0000	0002	0027	0163	0569	1407	2717	4366	6085	7597
	9	0000	0000	0005	0043	0193	0596	1391	2632	4222	5927
	10	0000	0000	0001	0009	0054	0210	0597	1347	2527	4073
	11	0000	0000	0000	0002	0012	0061	0212	0576	1280	2403
	12	0000	0000	0000	0000	0002	0014	0062	0203	0537	1189
	13	0000	0000	0000	0000	0000	0003	0014	0058	0183	0481
	14	0000	0000	0000	0000	0000	0000	0003	0013	0049	0154
	15	0000	0000	0000	0000	0000	0000	0000	0002	0010	0038
	16	0000	0000	0000	0000	0000	0000	0000	0000	0001	0007
	17	0000	0000	0000	0000	0000	0000	0000	0000	0000	0001
	18	0000	0000	0000	0000	0000	0000	0000	0000	0000	0000
19	1	0,6226	0,8649	0,9544	0,9856	0,9958	0,9989	0,9997	0,9999	1,0000	1,0000
	2	2453	5797	8015	9171	9690	9896	9969	9992	0,9998	1,0000
	3	0665	2946	5587	7631	8887	9538	9830	9945	9985	0,9996
	4	0132	1150	3159	5449	7369	8668	9409	9770	9923	9978
	5	0020	0352	1444	3267	5346	7178	8500	9304	9720	9904
	6	0002	0086	0537	1631	3322	5261	7032	8371	9223	9682
	7	0000	0017	0163	0676	1749	3345	5188	6919	8273	9165
	8	0000	0003	0041	0233	0775	1820	3344	5122	6831	8204
	9	0000	0000	0008	0067	0287	0839	1855	3325	5060	6762
	10	0000	0000	0001	0016	0089	0326	0875	1861	3290	5000

Tabelle 4 (Fortsetzung): Binomialverteilung – abwärtskumulierte Wahrscheinlichkeiten

		π									
n	x*	0,05	0,10	0,15	0,20	0,25	0,30	0,35	0,40	0,45	0,50
19	11	0,0000	0,0000	0,0000	0,0003	0,0023	0,0105	0,0347	0,0885	0,1841	0,3238
	12	0000	0000	0000	0000	0005	0028	0114	0352	0871	1796
	13	0000	0000	0000	0000	0001	0006	0031	0116	0342	0835
	14	0000	0000	0000	0000	0000	0001	0007	0031	0109	0318
	15	0000	0000	0000	0000	0000	0000	0001	0006	0028	0096
	16	0000	0000	0000	0000	0000	0000	0000	0001	0005	0022
	17	0000	0000	0000	0000	0000	0000	0000	0000	0001	0004
	18	0000	0000	0000	0000	0000	0000	0000	0000	0000	0000
	19	0000	0000	0000	0000	0000	0000	0000	0000	0000	0000
20	1	0,6415	0,8784	0,9612	0,9885	0,9968	0,9992	0,9998	1,0000	1,0000	1,0000
	2	2642	6083	8244	9308	9757	9924	9979	0,9995	0,9999	1,0000
	3	0755	3231	5951	7939	9087	9645	9879	9964	9991	0,9998
	4	0159	1330	3523	5886	7748	8929	9556	9840	9951	9987
	5	0026	0432	1702	3704	5852	7625	8818	9490	9811	9941
	6	0003	0113	0673	1958	3828	5836	7546	8744	9447	9793
	7	0000	0024	0219	0867	2142	3920	5834	7500	8701	9423
	8	0000	0004	0059	0321	1018	2277	3990	5841	7480	8684
	9	0000	0001	0013	0100	0409	1133	2376	4044	5857	7483
	10	0000	0000	0002	0026	0139	0480	1218	2447	4086	5881
	11	0000	0000	0000	0006	0039	0171	0532	1275	2493	4119
	12	0000	0000	0000	0001	0009	0051	0196	0565	1308	2517
	13	0000	0000	0000	0000	0002	0013	0060	0210	0580	1316
	14	0000	0000	0000	0000	0000	0003	0015	0065	0214	0577
	15	0000	0000	0000	0000	0000	0000	0003	0016	0064	0207
	16	0000	0000	0000	0000	0000	0000	0000	0003	0015	0059
	17	0000	0000	0000	0000	0000	0000	0000	0000	0003	0013
	18	0000	0000	0000	0000	0000	0000	0000	0000	0000	0002
	19	0000	0000	0000	0000	0000	0000	0000	0000	0000	0000
	20	0000	0000	0000	0000	0000	0000	0000	0000	0000	0000
21	1	0,6594	0,8906	0,9671	0,9908	0,9976	0,9994	0,9999	1,0000	1,0000	1,0000
	2	2830	6353	8450	9424	9810	9944	9996	0,9997	0,9999	1,0000
	3	0849	3516	6295	8213	9255	9729	9914	9976	9994	0,9999
	4	0189	1520	3887	6296	8083	9144	9669	9890	9969	9993
	5	0032	0522	1975	4140	6326	8016	9076	9630	9874	9967
	6	0004	0144	0827	2307	4334	6373	7991	9043	9611	9867
	7	0000	0033	0287	1085	2564	4495	6433	7998	9036	9608
	8	0000	0006	0083	0431	1299	2770	4635	6505	8029	9054
	9	0000	0001	0020	0144	0561	1477	2941	4763	6587	8083
	10	0000	0000	0004	0041	0206	0676	1632	3086	4883	6682
	11	0000	0000	0001	0010	0064	0264	0772	1744	3210	5000
	12	0000	0000	0000	0002	0017	0087	0313	0849	1841	3318
	13	0000	0000	0000	0000	0004	0024	0108	0352	0908	1917
	14	0000	0000	0000	0000	0001	0006	0031	0123	0379	0946
	15	0000	0000	0000	0000	0000	0001	0007	0036	0132	0392
	16	0000	0000	0000	0000	0000	0000	0001	0008	0037	0133
	17	0000	0000	0000	0000	0000	0000	0000	0002	0008	0036
	18	0000	0000	0000	0000	0000	0000	0000	0000	0001	0007
	19	0000	0000	0000	0000	0000	0000	0000	0000	0000	0001

Tabelle 4 (Fortsetzung): Binomialverteilung – abwärtskumulierte Wahrscheinlichkeiten

		π									
n	x*	0,05	0,10	0,15	0,20	0,25	0,30	0,35	0,40	0,45	0,50
21	20	0,0000	0,0000	0,0000	0,0000	0,0000	0,0000	0,0000	0,0000	0,0000	0,0000
	21	0000	0000	0000	0000	0000	0000	0000	0000	0000	0000
22	1	0,6765	0,9015	0,9720	0,9926	0,9982	0,9966	0,9999	1,0000	1,0000	1,0000
	2	3018	6608	8633	9520	9851	9959	9990	0,9998	1,0000	1,0000
	3	0948	3800	6618	8455	9394	9793	9399	9984	0,9997	0,9999
	4	0222	1719	4248	6680	8376	9319	9755	9924	9980	9996
	5	0040	0621	2262	4571	6765	8355	9284	9734	9917	9978
	6	0006	0182	0999	2674	4832	6866	8371	9278	9729	9915
	7	0001	0044	0368	1330	3006	5058	6978	8416	9295	9738
	8	0000	0009	0114	0561	1615	3287	5264	7102	8482	9331
	9	0000	0001	0030	0201	0746	1865	3534	5460	7236	8569
	10	0000	0000	0007	0061	0295	0916	2084	3756	5650	7383
	11	0000	0000	0001	0016	0100	0387	1070	2281	3963	5841
	12	0000	0000	0000	0003	0029	0140	0474	1207	2457	4159
	13	0000	0000	0000	0001	0007	0043	0180	0551	1328	2617
	14	0000	0000	0000	0000	0001	0011	0058	0215	0617	1431
	15	0000	0000	0000	0000	0000	0002	0015	0070	0243	0669
	16	0000	0000	0000	0000	0000	0000	0003	0019	0080	0262
	17	0000	0000	0000	0000	0000	0000	0001	0004	0021	0085
	18	0000	0000	0000	0000	0000	0000	0000	0001	0005	0022
	19	0000	0000	0000	0000	0000	0000	0000	0000	0001	0004
	20	0000	0000	0000	0000	0000	0000	0000	0000	0000	0001
	21	0000	0000	0000	0000	0000	0000	0000	0000	0000	0000
	22	0000	0000	0000	0000	0000	0000	0000	0000	0000	0000
23	1	0,6926	0,9114	0,9762	0,9941	0,9987	0,9997	1,0000	1,0000	1,0000	1,0000
	2	3206	6849	8796	9602	9884	9970	0,9993	0,9999	1,0000	1,0000
	3	1052	4080	6920	8668	9508	9843	9957	9990	1,0000	1,0000
	4	0258	1927	4604	7035	8630	9462	9819	9948	0,9988	0,9998
	5	0049	0731	2560	4993	7168	8644	9449	9810	9945	9987
	6	0008	0226	1189	3053	5315	7312	8691	9460	9814	9947
	7	0001	0058	0463	1598	3463	5601	7466	8760	9490	9827
	8	0000	0012	0152	0715	1963	3819	5864	7627	8848	9534
	9	0000	0002	0042	0273	0963	2291	4140	6116	7797	8950
	10	0000	0000	0010	0089	0408	1201	2592	4438	6364	7976
	11	0000	0000	0002	0025	0149	0546	1425	2871	4722	6612
	12	0000	0000	0000	0006	0046	0214	0682	1636	3135	5000
	13	0000	0000	0000	0001	0012	0072	0283	0813	1836	3388
	14	0000	0000	0000	0000	0003	0021	0100	0349	0937	2024
	15	0000	0000	0000	0000	0001	0005	0030	0128	0411	1050
	16	0000	0000	0000	0000	0000	0001	0008	0040	0153	0466
	17	0000	0000	0000	0000	0000	0000	0002	0010	0048	0173
	18	0000	0000	0000	0000	0000	0000	0000	0002	0012	0053
	19	0000	0000	0000	0000	0000	0000	0000	0000	0002	0013
	20	0000	0000	0000	0000	0000	0000	0000	0000	0000	0002
	21	0000	0000	0000	0000	0000	0000	0000	0000	0000	0000
	22	0000	0000	0000	0000	0000	0000	0000	0000	0000	0000
	23	0000	0000	0000	0000	0000	0000	0000	0000	0000	0000

Tabelle 4 (Fortsetzung): Binomialverteilung – abwärtskumulierte Wahrscheinlichkeiten

		π									
n	x*	0,05	0,10	0,15	0,20	0,25	0,30	0,35	0,40	0,45	0,50
24	1	0,7080	0,9202	0,9798	0,9953	0,9990	0,9998	1,0000	1,0000	1,0000	1,0000
	2	3391	7075	8941	9669	9910	9978	0,9995	0,9999	1,0000	1,0000
	3	1159	4357	7202	8855	9602	9881	9970	9993	0,9999	1,0000
	4	0298	2143	4951	7361	8850	9576	9867	9965	9992	0,9999
	5	0060	0851	2866	5401	7534	8889	9578	9866	9964	9992
	6	0010	0277	1394	3441	5778	7712	8956	9600	9873	9967
	7	0001	0075	0572	1889	3926	6114	7894	9040	9636	9887
	8	0000	0017	0199	0892	2338	4353	6425	8081	9137	9680
	9	0000	0003	0059	0362	1213	2750	4743	6721	8270	9242
	10	0000	0001	0015	0126	0547	1528	3134	5109	7009	8463
	11	0000	0000	0003	0038	0213	0742	1833	3498	5461	7294
	12	0000	0000	0001	0010	0072	0314	0942	2130	3849	5806
	13	0000	0000	0000	0002	0021	0115	0423	1143	2420	4194
	14	0000	0000	0000	0000	0005	0036	0164	0535	1341	2706
	15	0000	0000	0000	0000	0001	0010	0055	0217	0648	1537
	16	0000	0000	0000	0000	0000	0002	0016	0075	0269	0758
	17	0000	0000	0000	0000	0000	0000	0004	0022	0095	0320
	18	0000	0000	0000	0000	0000	0000	0001	0005	0028	0113
	19	0000	0000	0000	0000	0000	0000	0000	0001	0007	0033
	20	0000	0000	0000	0000	0000	0000	0000	0000	0001	0008
	21	0000	0000	0000	0000	0000	0000	0000	0000	0000	0001
	22	0000	0000	0000	0000	0000	0000	0000	0000	0000	0000
	23	0000	0000	0000	0000	0000	0000	0000	0000	0000	0000
	24	0000	0000	0000	0000	0000	0000	0000	0000	0000	0000
25	1	0,7226	0,9282	0,9828	0,9962	0,9992	0,9999	1,0000	1,0000	1,0000	1,0000
	2	3576	7288	9069	9726	9930	9984	0,9997	0,9999	1,0000	1,0000
	3	1271	4629	7463	9018	9679	9910	9979	9996	0,9999	1,0000
	4	0341	2364	5289	7660	9038	9668	9903	9976	9995	0,9999
	5	0072	0980	3179	5793	7863	9095	9680	9905	9977	9995
	6	0012	0334	1615	3833	6217	8065	9174	9706	9914	9980
	7	0002	0095	0695	2200	4389	6593	8266	9264	9742	9927
	8	0000	0023	0255	1091	2735	4882	6939	8464	9361	9784
	9	0000	0005	0080	0468	1494	3231	5332	7265	8660	9461
	10	0000	0001	0021	0173	0713	1894	3697	5754	7576	8852
	11	0000	0000	0005	0056	0297	0978	2288	4142	6157	7878
	12	0000	0000	0001	0015	0107	0442	1254	2677	4574	6550
	13	0000	0000	0000	0004	0034	0175	0604	1538	3063	5000
	14	0000	0000	0000	0001	0009	0060	0255	0778	1827	3450
	15	0000	0000	0000	0000	0002	0018	0093	0344	0960	2122
	16	0000	0000	0000	0000	0000	0005	0029	0132	0440	1148
	17	0000	0000	0000	0000	0000	0001	0008	0043	0174	0539
	18	0000	0000	0000	0000	0000	0000	0002	0012	0058	0216
	19	0000	0000	0000	0000	0000	0000	0000	0003	0016	0073
	20	0000	0000	0000	0000	0000	0000	0000	0001	0004	0020
	21	0000	0000	0000	0000	0000	0000	0000	0000	0001	0005
	22	0000	0000	0000	0000	0000	0000	0000	0000	0000	0001
	23	0000	0000	0000	0000	0000	0000	0000	0000	0000	0000
	24	0000	0000	0000	0000	0000	0000	0000	0000	0000	0000

Tabelle 4 (Fortsetzung): Binomialverteilung – abwärtskumulierte Wahrscheinlichkeiten

		π									
n	x*	0,05	0,10	0,15	0,20	0,25	0,30	0,35	0,40	0,45	0,50
25	25	0,0000	0,0000	0,0000	0,0000	0,0000	0,0000	0,0000	0,0000	0,0000	0,0000
30	1	0,7854	0,9576	0,9924	0,9988	0,9998	1,0000	1,0000	1,0000	1,0000	1,0000
	2	4465	8163	9520	9895	9980	0,9997	1,0000	1,0000	1,0000	1,0000
	3	1878	5886	8486	9558	9894	9979	0,9997	1,0000	1,0000	1,0000
	4	0608	3526	6783	8773	9626	9907	9981	0,9997	1,0000	1,0000
	5	0156	1755	4755	7448	9021	9698	9925	9985	0,9998	1,0000
	6	0033	0732	2894	5725	7974	9234	9767	9943	9989	0,9998
	7	0006	0258	1526	3930	6519	8405	9414	9828	9960	9993
	8	0001	0078	0698	2392	4857	7186	8762	9565	9879	9974
	9	0000	0020	0278	1287	3264	5685	7753	9060	9688	9919
	10	0000	0005	0097	0611	1966	4112	6425	8237	9306	9786
	11	0000	0001	0029	0256	1057	2696	4922	7085	8650	9506
	12	0000	0000	0008	0095	0507	1593	3452	5689	7673	8998
	13	0000	0000	0002	0031	0216	0845	2198	4215	6408	8192
	14	0000	0000	0000	0009	0082	0401	1263	2855	4975	7077
	15	0000	0000	0000	0002	0027	0169	0652	1754	3552	5722
	16	0000	0000	0000	0001	0008	0064	0301	0971	2309	4278
	17	0000	0000	0000	0000	0002	0021	0124	0481	1356	2923
	18	0000	0000	0000	0000	0001	0006	0045	0212	0714	1808
	19	0000	0000	0000	0000	0000	0002	0014	0083	0334	1002
	20	0000	0000	0000	0000	0000	0000	0004	0029	0138	0494
	21	0000	0000	0000	0000	0000	0000	0001	0009	0050	0214
	22	0000	0000	0000	0000	0000	0000	0000	0002	0016	0081
	23	0000	0000	0000	0000	0000	0000	0000	0000	0004	0026
	24	0000	0000	0000	0000	0000	0000	0000	0000	0001	0007
	25	0000	0000	0000	0000	0000	0000	0000	0000	0000	0002
	26	0000	0000	0000	0000	0000	0000	0000	0000	0000	0000
	27	0000	0000	0000	0000	0000	0000	0000	0000	0000	0000
	28	0000	0000	0000	0000	0000	0000	0000	0000	0000	0000
	29	0000	0000	0000	0000	0000	0000	0000	0000	0000	0000
	30	0000	0000	0000	0000	0000	0000	0000	0000	0000	0000
35	1	0,8339	0,9750	0,9966	0,9996	1,0000	1,0000	1,0000	1,0000	1,0000	1,0000
	2	5280	8776	9757	9960	0,9995	0,9999	1,0000	1,0000	1,0000	1,0000
	3	2542	6937	9130	9810	9967	9995	0,9999	1,0000	1,0000	1,0000
	4	0958	4690	7912	9395	9864	9976	9997	1,0000	1,0000	1,0000
	5	0290	2693	6193	8565	9590	9909	9984	0,9998	1,0000	1,0000
	6	0073	1316	4311	7279	9024	9731	9942	9990	0,9999	1,0000
	7	0015	0552	2652	5672	8080	9350	9830	9966	9995	0,9999
	8	0003	0200	1438	4007	6777	8674	9581	9898	9981	9997
	9	0000	0063	0689	2550	5257	7659	9110	9740	9943	9991
	10	0000	0017	0292	1457	3737	6354	8349	9425	9848	9970
	11	0000	0004	0110	0747	2419	4900	7284	8877	9646	9917
	12	0000	0001	0037	0344	1421	3484	5981	8048	9271	9795
	13	0000	0000	0011	0142	0756	2271	4577	6943	8656	9552
	14	0000	0000	0003	0053	0363	1350	3240	5639	7767	9123
	15	0000	0000	0001	0018	0158	0731	2109	4272	6624	8447
	16	0000	0000	0000	0005	0062	0359	1256	2997	5315	7502

Tabelle 4 (Fortsetzung): Binomialverteilung – abwärtskumulierte Wahrscheinlichkeiten

		π									
n	x*	0,005	0,10	0,15	0,20	0,25	0,30	0,35	0,40	0,45	0,50
35	17	0,0000	0,0000	0,0000	0,0001	0,0022	0,0160	0,0682	0,1935	0,3976	0,6321
	18	0000	0000	0000	0000	0007	0064	0336	1143	2751	5000
	19	0000	0000	0000	0000	0002	0023	0150	0615	1749	3679
	20	0000	0000	0000	0000	0001	0008	0061	0300	1016	2498
	21	0000	0000	0000	0000	0000	0002	0022	0133	0536	1553
	22	0000	0000	0000	0000	0000	0001	0007	0053	0255	0877
	23	0000	0000	0000	0000	0000	0000	0002	0019	0109	0448
	24	0000	0000	0000	0000	0000	0000	0001	0006	0042	0205
	25	0000	0000	0000	0000	0000	0000	0000	0002	0014	0083
	26	0000	0000	0000	0000	0000	0000	0000	0000	0004	0030
	27	0000	0000	0000	0000	0000	0000	0000	0000	0001	0009
	28	0000	0000	0000	0000	0000	0000	0000	0000	0000	0003
	29	0000	0000	0000	0000	0000	0000	0000	0000	0000	0001
	30	0000	0000	0000	0000	0000	0000	0000	0000	0000	0000
	31	0000	0000	0000	0000	0000	0000	0000	0000	0000	0000
40	1	0,8715	0,9852	0,9985	0,9999	1,0000	1,0000	1,0000	1,0000	1,0000	1,0000
	2	6009	9195	9879	9985	0,9999	1,0000	1,0000	1,0000	1,0000	1,0000
	3	3233	7772	9514	9921	9990	0,9999	1,0000	1,0000	1,0000	1,0000
	4	1381	5769	8698	9715	9953	9994	0,9999	1,0000	1,0000	1,0000
	5	0480	3710	7367	9241	9840	9974	9997	1,0000	1,0000	1,0000
	6	0139	2063	5675	8387	9567	9914	9987	0,9999	1,0000	1,0000
	7	0034	0995	3933	7141	9038	9762	9956	9994	0,9999	1,0000
	8	0007	0419	2441	5629	8180	9447	9876	9979	9998	1,0000
	9	0001	0155	1354	4069	7002	8890	9697	9939	9991	0,9999
	10	0000	0051	0672	2682	5605	8041	9356	9844	9973	9997
	11	0000	0015	0299	1608	4161	6913	8785	9648	9926	9989
	12	0000	0004	0120	0875	2849	5594	7947	9291	9821	9968
	13	0000	0001	0043	0432	1791	4228	6857	8715	9614	9917
	14	0000	0000	0014	0194	1032	2968	5592	7888	9249	9808
	15	0000	0000	0004	0079	0544	1926	4279	6826	8674	9597
	16	0000	0000	0001	0029	0262	1151	3054	5598	7858	9231
	17	0000	0000	0000	0010	0116	0633	2022	4319	6815	8659
	18	0000	0000	0000	0003	0047	0320	1239	3115	5609	7852
	19	0000	0000	0000	0001	0017	0148	0699	2089	4349	6821
	20	0000	0000	0000	0000	0006	0063	0363	1298	3156	5627
	21	0000	0000	0000	0000	0002	0024	0173	0744	2130	4373
	22	0000	0000	0000	0000	0000	0009	0075	0392	1331	3179
	23	0000	0000	0000	0000	0000	0003	0030	0189	0767	2148
	24	0000	0000	0000	0000	0000	0001	0011	0083	0405	1341
	25	0000	0000	0000	0000	0000	0000	0004	0034	0196	0769
	26	0000	0000	0000	0000	0000	0000	0001	0012	0086	0403
	27	0000	0000	0000	0000	0000	0000	0000	0004	0034	0192
	28	0000	0000	0000	0000	0000	0000	0000	0001	0012	0083
	29	0000	0000	0000	0000	0000	0000	0000	0000	0004	0032
	30	0000	0000	0000	0000	0000	0000	0000	0000	0001	0011
	31	0000	0000	0000	0000	0000	0000	0000	0000	0000	0003
	32	0000	0000	0000	0000	0000	0000	0000	0000	0000	0001
	33	0000	0000	0000	0000	0000	0000	0000	0000	0000	0000
	34	0000	0000	0000	0000	0000	0000	0000	0000	0000	0000

Tabelle 5:

Hypergeometrische Verteilung

Y = H (N; n; N_1)

Aufwärtskumulierte

Wahrscheinlichkeiten und

Einzelwahrscheinlichkeiten

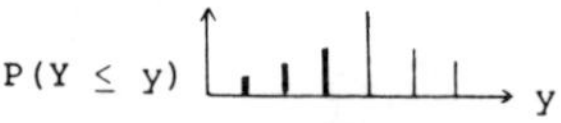

N	n	N_1	y	P (Y ≤ y)	P (Y = y)
2	1	1	0	0,500000	0,500000
2	1	1	1	1,000000	0,500000
3	1	1	0	0,666667	0,666667
3	1	1	1	1,000000	0,333333
3	2	1	0	0,333333	0,333333
3	2	1	1	1,000000	0,666667
3	2	2	1	0,666667	0,666667
3	2	2	2	1,000000	0,333333
4	1	1	0	0,750000	0,750000
4	1	1	1	1,000000	0,250000
4	2	1	0	0,500000	0,500000
4	2	1	1	1,000000	0,500000
4	2	2	0	0,166667	0,166667
4	2	2	1	0,833333	0,666667
4	2	2	2	1,000000	0,166667
4	3	1	0	0,250000	0,250000
4	3	1	1	1,000000	0,750000
4	3	2	1	0,500000	0,500000
4	3	2	2	1,000000	0,500000
4	3	3	2	0,750000	0,750000
4	3	3	3	1,000000	0,250000
5	1	1	0	0,800000	0,800000
5	1	1	1	1,000000	0,200000
5	2	1	0	0,600000	0,600000
5	2	1	1	1,000000	0,400000
5	2	2	0	0,300000	0,300000
5	2	2	1	0,900000	0,600000
5	2	2	2	1,000000	0,100000
5	3	1	0	0,400000	0,400000
5	3	1	1	1,000000	0,600000
5	3	2	0	0,100000	0,100000
5	3	2	1	0,700000	0,600000
5	3	2	2	1,000000	0,300000
5	3	3	1	0,300000	0,300000
5	3	3	2	0,900000	0,600000
5	3	3	3	1,000000	0,100000
5	4	1	0	0,200000	0,200000
5	4	1	1	1,000000	0,800000
5	4	2	1	0,400000	0,400000
5	4	2	2	0,000000	0,600000

N	n	N_1	y	P (Y ≤ y)	P (Y = y)
5	4	3	2	0,600000	0,600000
5	4	3	3	1,000000	0,400000
5	4	4	3	0,800000	0,800000
5	4	4	4	1,000000	0,400000
6	1	1	1	0,833333	0,833333
6	1	1	1	1,000000	0,166667
6	2	1	0	0,666667	0,666667
6	2	1	1	1,000000	0,333333
6	2	2	0	0,400000	0,400000
6	2	2	1	0,933333	0,533333
6	2	2	2	1,000000	0,066667
6	3	1	0	0,500000	0,500000
6	3	1	1	1,000000	0,500000
6	3	2	0	0,200000	0,200000
6	3	2	1	0,800000	0,600000
6	3	2	2	1,000000	0,200000
6	3	3	0	0,050000	0,050000
6	3	3	1	0,500000	0,450000
6	3	3	2	0,950000	0,450000
6	3	3	3	1,000000	0,050000
6	4	1	0	0,333333	0,333333
6	4	1	1	1,000000	0,666667
6	4	2	0	0,066667	0,066667
6	4	2	1	0,600000	0,533333
6	4	2	2	1,000000	0,400000
6	4	3	1	0,200000	0,200000
6	4	3	2	0,800000	0,600000
6	4	3	3	1,000000	0,200000
6	4	4	2	0,400000	0,400000
6	4	4	3	0,933333	0,533333
6	4	4	4	1,000000	0,066667
6	5	1	0	0,166667	0,166667
6	5	1	1	1,000000	0,833333
6	5	2	1	0,333333	0,333333
6	5	2	2	1,000000	0,666667
6	5	3	2	0,500000	0,500000
6	5	3	3	1,000000	0,500000
6	5	4	3	0,666667	0,666667
6	5	4	4	1,000000	0,333333
6	5	5	4	0,833333	0,833333
6	5	5	5	1,000000	0,166667

Tabelle 6: Zufallszahlen

18611	19241	66083	24653	84609	58232	41849	84547	46850	52326
58319	15997	08355	60860	29735	47762	46352	33049	69248	93460
61199	67940	55121	29281	59076	07936	11087	96294	14013	31792
18627	90872	00911	98936	76355	93779	52701	08337	56303	87315
00441	58997	14060	40619	29549	69616	57275	36898	81304	48585
32624	68691	14845	46672	61958	77100	20857	73156	70284	24326
65961	73488	41839	55382	17267	70943	15633	84924	90415	93614
20288	34060	39685	23309	10061	68829	92694	48297	39904	02115
59362	95938	74416	53166	35208	33374	77613	19019	88152	00080
99782	93478	53152	67433	35663	52972	38688	32486	45134	63545
27767	43584	85301	88977	29490	69714	94015	64874	32444	48277
13025	14338	54066	15243	47724	66733	74108	88222	88570	74015
80217	36292	98525	24335	24432	24896	62880	87873	95160	59221
10875	62004	90391	61105	57411	06368	11748	12102	80580	41867
54127	57326	26629	19087	24472	88779	17944	05600	60478	03343
60311	42824	37301	42678	45990	43242	66067	42792	95043	52680
49739	71484	92003	98086	76668	73209	54244	91030	45547	70818
78626	51594	16453	94614	39014	97066	30945	57589	31732	57260
66692	13986	99837	00582	81232	44987	69170	37403	86995	90307
44071	28091	07362	97703	76447	42537	08345	88975	35841	85771
59820	96163	78851	16499	87064	13075	73035	41207	74699	09310
25704	91035	26313	77463	55387	72681	47341	43905	31048	56699
22304	90314	78438	66276	18396	73538	43277	58874	11466	16082
17710	59621	15292	76139	59526	52113	53856	30743	08670	84741
25852	58905	55018	56374	35824	71708	30540	27886	61732	75454
46780	56487	75211	10271	36633	68424	17374	52003	70707	70214
59849	96169	87195	46092	26787	60939	59202	11973	02902	33250
47670	07654	30342	40277	11049	72049	83012	09832	25571	77628
94304	71803	73465	09819	58869	35220	09504	96412	90193	79568
08105	59987	21437	36786	49226	77837	98524	97831	65704	09514
64281	61826	18555	64937	64654	25843	41145	42820	14924	39650
66847	70495	32350	02985	01755	14750	48968	38603	70312	05682
72461	33230	21529	53424	72877	17334	39283	04149	90850	64618
21032	91050	13058	16218	06554	07850	73950	79552	24781	89683
95362	67011	06651	16136	57216	39618	49856	99326	40902	05069

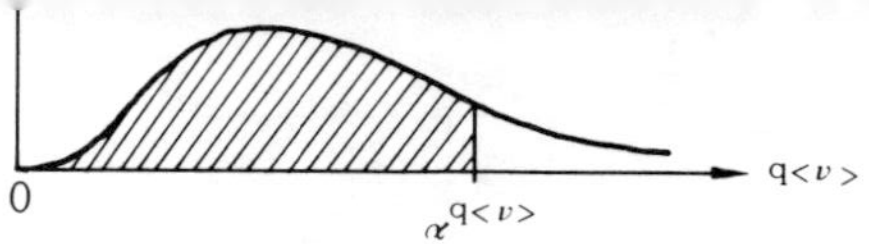

Tabelle 7: Chiquadratverteilung $Q\langle\nu\rangle$: Quantile $_{\alpha}q\langle\nu\rangle$

ν \ α	0,005	0,010	0,025	0,050	0,100	0,250	0,500	0,750	0,900	0,950	0,975	0,990	0,995
1	0,000	0,000	0,001	0,004	0,02	0,10	0,45	1,32	2,71	3,84	5,02	6,6	7,9
2	0,010	0,020	0,051	0,103	0,21	0,58	1,39	2,77	4,61	5,99	7,38	9,2	10,6
3	0,072	0,115	0,216	0,352	0,58	1,21	2,37	4,11	6,25	7,81	9,35	11,3	12,8
4	0,207	0,297	0,484	0,711	1,06	1,92	3,36	5,39	7,78	9,49	11,1	13,3	14,9
5	0,412	0,554	0,831	1,15	1,61	2,67	4,35	6,63	9,24	11,1	12,8	15,1	16,7
6	0,676	0,872	1,24	1,64	2,20	3,45	5,35	7,84	10,6	12,6	14,4	16,8	18,5
7	0,989	1,24	1,69	2,17	2,83	4,25	6,35	9,04	12,0	14,1	16,0	18,5	20,3
8	1,34	1,65	2,18	2,73	3,49	5,07	7,34	10,2	13,4	15,5	17,5	20,1	22,0
9	1,73	2,09	2,70	3,33	4,17	5,90	8,34	11,4	14,7	16,9	19,0	21,7	23,6
10	2,16	2,56	3,25	3,94	4,87	6,74	9,34	12,5	16,0	18,3	20,5	23,2	25,2
11	2,60	3,05	3,82	4,57	5,58	7,58	10,3	13,7	17,3	19,7	21,9	24,7	26,8
12	3,07	3,57	4,40	5,23	6,30	8,44	11,3	14,8	18,5	21,0	23,3	26,2	28,3
13	3,57	4,11	5,01	5,89	7,04	9,30	12,3	16,0	19,8	22,4	24,7	27,7	29,8
14	4,07	4,66	5,63	6,57	7,79	10,2	13,3	17,1	21,1	23,7	26,1	29,1	31,3
15	4,60	5,23	6,26	7,26	8,55	11,0	14,3	18,2	22,3	25,0	27,5	30,6	32,8
16	5,14	5,81	6,91	7,96	9,31	11,9	15,3	19,4	23,5	26,3	28,8	32,0	34,3
17	5,70	6,41	7,56	8,67	10,1	12,8	16,3	20,5	24,8	27,6	30,2	33,4	35,7
18	6,26	7,01	8,23	9,39	10,9	13,7	17,3	21,6	26,0	28,9	31,5	34,8	37,2
19	6,84	7,63	8,91	10,1	11,7	14,6	18,3	22,7	27,2	30,1	32,9	36,2	38,6
20	7,43	8,26	9,59	10,9	12,4	15,5	19,3	23,8	28,4	31,4	34,2	37,6	40,0
21	8,03	8,90	10,3	11,6	13,2	16,3	20,3	24,9	29,6	32,7	35,5	38,9	41,4
22	8,64	9,54	11,0	12,3	14,0	17,2	21,3	26,0	30,8	33,9	36,8	40,3	42,8
23	9,26	10,2	11,7	13,1	14,8	18,1	22,3	27,1	32,0	35,2	38,1	41,6	44,2
24	9,89	10,9	12,4	13,8	15,7	19,0	23,3	28,2	33,2	36,4	39,4	43,0	45,6
25	10,5	11,5	13,1	14,6	16,5	19,9	24,3	29,3	34,4	37,7	40,6	44,3	46,9
26	11,2	12,2	13,8	15,4	17,3	20,8	25,3	30,4	35,6	38,9	41,9	45,6	48,3
27	11,8	12,9	14,6	16,2	18,1	21,7	26,3	31,5	36,7	40,1	43,2	47,0	49,6
28	12,5	13,6	15,3	16,9	18,9	22,7	27,3	32,6	37,9	41,3	44,5	48,3	51,0
29	13,1	14,3	16,0	17,7	19,8	23,6	28,3	33,7	39,1	42,6	45,7	49,6	52,3
30	13,8	15,0	16,8	18,5	20,6	24,5	29,3	34,8	40,3	43,8	47,0	50,9	53,7
40	20,7	22,2	24,4	26,5	29,1	33,7	39,3	45,6	51,8	55,8	59,3	63,7	66,8
50	28,0	29,7	32,4	34,8	37,7	42,9	49,3	56,3	63,2	67,5	71,4	76,2	79,5
100	67,3	70,1	74,2	77,9	82,4	90,1	99,3	109,1	118,5	124,3	129,6	135,8	140,2
120	83,9	86,9	91,6	95,7	100,6	109,2	119,3	130,1	140,2	146,6	152,2	158,9	163,7
150	109,1	112,7	118,0	122,7	128,3	138,0	149,3	161,3	172,6	179,6	185,8	193,2	198,4

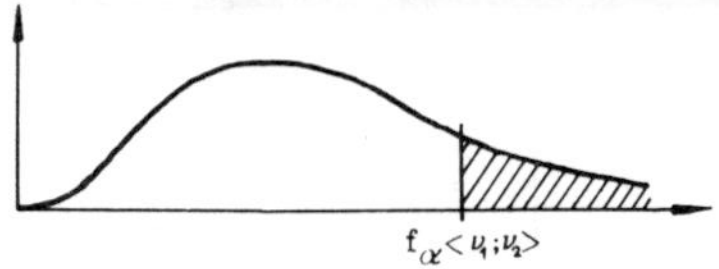

Tabelle 8: F-Verteilung $F\langle \nu_1; \nu_2 \rangle$: Quantile $f_{0,05}\langle \nu_1; \nu_2 \rangle$

ν_2 \ ν_1	1	2	3	4	5	6	7	8	9	10	12	15	20	24	30	40	60	120	∞
1	161,4	199,5	215,7	224,6	230,2	234,0	236,8	238,9	240,5	241,9	243,9	245,9	248,0	249,1	250,1	251,1	252,2	253,3	254,3
2	18,51	19,00	19,16	19,25	19,30	19,33	19,35	19,37	19,38	19,40	19,41	19,43	19,45	19,45	19,46	19,47	19,48	19,49	19,50
3	10,13	9,55	9,28	9,12	9,01	8,94	8,89	8,85	8,81	8,79	8,74	8,70	8,66	8,64	8,62	8,59	8,57	8,55	8,53
4	7,71	6,94	6,59	6,39	6,26	6,16	6,09	6,04	6,00	5,96	5,91	5,86	5,80	5,77	5,75	5,72	5,69	5,66	5,63
5	6,61	5,79	5,41	5,19	5,05	4,95	4,88	4,82	4,77	4,74	4,68	4,62	4,56	4,53	4,50	4,46	4,43	4,40	4,36
6	5,99	5,14	4,76	4,53	4,39	4,28	4,21	4,15	4,10	4,06	4,00	3,94	3,87	3,84	3,81	3,77	3,74	3,70	3,67
7	5,59	4,74	4,35	4,12	3,97	3,87	3,79	3,73	3,68	3,64	3,57	3,51	3,44	3,41	3,38	3,34	3,30	3,27	3,23
8	5,32	4,46	4,07	3,84	3,69	3,58	3,50	3,44	3,39	3,35	3,28	3,22	3,15	3,12	3,08	3,04	3,01	2,97	2,93
9	5,12	4,26	3,86	3,63	3,48	3,37	3,29	3,23	3,18	3,14	3,07	3,01	2,94	2,90	2,86	2,83	2,79	2,75	2,71
10	4,96	4,10	3,71	3,48	3,33	3,22	3,14	3,07	3,02	2,98	2,91	2,85	2,77	2,74	2,70	2,66	2,62	2,58	2,54
11	4,84	3,98	3,59	3,36	3,20	3,09	3,01	2,95	2,90	2,85	2,79	2,72	2,65	2,61	2,57	2,53	2,49	2,45	2,40
12	4,75	3,89	3,49	3,26	3,11	3,00	2,91	2,85	2,80	2,75	2,69	2,62	2,54	2,51	2,47	2,43	2,38	2,34	2,30
13	4,67	3,81	3,41	3,18	3,03	2,92	2,83	2,77	2,71	2,67	2,60	2,53	2,46	2,42	2,38	2,34	2,30	2,25	2,21
14	4,60	3,74	3,34	3,11	2,96	2,85	2,76	2,70	2,65	2,60	2,53	2,46	2,39	2,35	2,31	2,27	2,22	2,18	2,13
15	4,54	3,68	3,29	3,06	2,90	2,79	2,71	2,64	2,59	2,54	2,48	2,40	2,33	2,29	2,25	2,20	2,16	2,11	2,07
16	4,49	3,63	3,24	3,01	2,85	2,74	2,66	2,59	2,54	2,49	2,42	2,35	2,28	2,24	2,19	2,15	2,11	2,06	2,01
17	4,45	3,59	3,20	2,96	2,81	2,70	2,61	2,55	2,49	2,45	2,38	2,31	2,23	2,19	2,15	2,10	2,06	2,01	1,96
18	4,41	3,55	3,16	2,93	2,77	2,66	2,58	2,51	2,46	2,41	2,34	2,27	2,19	2,15	2,11	2,06	2,02	1,97	1,92
19	4,38	3,52	3,13	2,90	2,74	1,63	2,54	2,48	2,42	2,38	2,31	2,23	2,16	2,11	2,07	2,03	1,98	1,93	1,88
20	4,35	3,49	3,10	2,87	2,71	2,60	2,51	2,45	2,39	2,35	2,28	2,20	2,12	2,08	2,04	1,99	1,95	1,90	1,84
21	4,32	3,47	3,07	2,84	2,68	2,57	2,49	2,42	2,37	2,32	2,25	2,18	2,10	2,05	2,01	1,96	1,92	1,87	1,81
22	4,30	3,44	3,05	2,82	2,66	2,55	2,46	2,40	2,34	2,30	2,23	2,15	2,07	2,03	1,98	1,94	1,89	1,84	1,78
23	4,28	3,42	3,03	2,80	2,64	2,53	2,44	2,37	2,32	2,27	2,20	2,13	2,05	2,01	1,96	1,91	1,86	1,81	1,76
24	4,26	3,40	3,01	2,78	2,62	2,51	2,42	2,36	2,30	2,25	2,18	2,11	2,03	1,98	1,94	1,89	1,84	1,79	1,73
25	4,24	3,39	2,99	2,76	2,60	2,49	2,40	2,34	2,28	2,24	2,16	2,09	2,01	1,96	1,92	1,87	1,82	1,77	1,71
26	4,23	3,37	2,98	2,74	2,59	2,47	2,39	2,32	2,27	2,22	2,15	2,07	1,99	1,95	1,90	1,85	1,80	1,75	1,69
27	4,21	3,35	2,96	2,73	2,57	2,46	2,37	2,31	2,25	2,20	2,13	2,06	1,97	1,93	1,88	1,84	1,79	1,73	1,67
28	4,20	3,34	2,95	2,71	2,56	2,45	2,36	2,29	2,24	2,19	2,12	2,04	1,96	1,91	1,87	1,82	1,77	1,71	1,65
29	4,18	3,33	2,93	2,70	2,55	2,43	2,35	2,28	2,22	2,18	2,10	2,03	1,94	1,90	1,85	1,81	1,75	1,70	1,64
30	4,17	3,32	2,92	2,69	2,53	2,42	2,33	2,27	2,21	2,16	2,09	2,01	1,93	1,89	1,84	1,79	1,74	1,68	1,62
40	4,08	3,23	2,84	2,61	2,45	2,34	2,25	2,18	2,12	2,08	2,00	1,92	1,84	1,79	1,74	1,69	1,64	1,58	1,51
60	4,00	3,15	2,76	2,53	2,37	2,25	2,17	2,10	2,04	1,99	1,92	1,84	1,75	1,70	1,65	1,59	1,53	1,47	1,39
120	3,92	3,07	2,68	2,45	2,29	2,17	2,09	2,02	1,96	1,91	1,83	1,75	1,66	1,61	1,55	1,50	1,43	1,35	1,25
∞	3,84	3,00	2,60	2,37	2,21	2,10	2,01	1,94	1,88	1,83	1,75	1,67	1,57	1,52	1,46	1,39	1,32	1,22	1,00

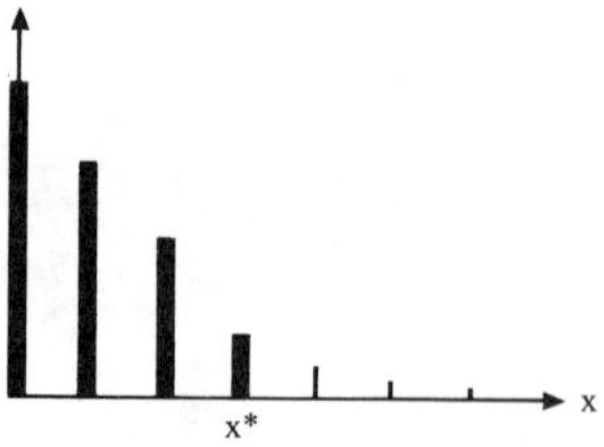

Tabelle 9:
Poissonverteilung P (λ) – aufwärtskumulierte Wahrscheinlichkeiten: P (X ≤ x*)

	λ					
x*	0,001	0,005	0,010	0,015	0,020	0,025
0	0,9990 0050	0,9950 1248	0,9900 4983	0,9851 1194	0,9801 9867	0,9753 099
1	0,9999 9950	0,9999 8754	0,9999 5033	0,9998 8862	0,9998 0264	0,9996 927
2	1,0000 0000	0,9999 9998	0,9999 9983	0,9999 9945	0,9999 9868	0,9999 974
3	–	1,0000 0000	1,0000 0000	1,0000 0000	0,9999 9999	1,0000 000
4	–	–	–	–	1,0000 0000	1,0000 000

	λ					
x*	0,030	0,035	0,040	0,045	0,050	0,055
0	0,970 446	0,965 605	0,960 789	0,955 997	0,951 229	0,946 485
1	0,999 559	0,999 402	0,999 221	0,999 017	0,998 791	0,998 542
2	0,999 996	0,999 993	0,999 990	0,999 985	0,999 980	0,999 973
3	1,000 000	1,000 000	1,000 000	1,000 000	1,000 000	1,000 000

	λ					
x*	0,060	0,065	0,070	0,075	0,080	0,085
0	0,941 765	0,937 067	0,932 394	0,927 743	0,923 116	0,918 512
1	0,998 270	0,997 977	0,997 661	0,997 324	0,996 966	0,996 586
2	0,999 966	0,999 956	0,999 946	0,999 934	0,999 920	0,999 904
3	0,999 999	0,999 999	0,999 999	0,999 999	0,999 998	0,999 998
4	1,000 000	1,000 000	1,000 000	1,000 000	1,000 000	1,000 000

	λ					
x*	0,090	0,095	0,100	0,200	0,300	0,400
0	0,913 931	0,909 373	0,904 837	0,818 731	0,740 818	0,670 320
1	0,996 185	0,995 763	0,995 321	0,982 477	0,963 064	0,938 448
2	0,999 886	0,999 867	0,999 845	0,998 852	0,996 401	0,992 074
3	0,999 997	0,999 997	0,999 996	0,999 943	0,999 734	0,999 224
4	1,000 000	1,000 000	1,000 000	0,999 998	0,999 984	0,999 939
5				1,000 000	0,999 999	0,999 996
6					1,000 000	1,000 000

	λ					
x*	0,500	0,600	0,700	0,800	0,900	1,000
0	0,606 531	0,548 812	0,496 585	0,449 329	0,406 570	0,367 879
1	0,909 796	0,878 099	0,844 195	0,808 792	0,772 482	0,735 759
2	0,985 612	0,976 885	0,965 858	0,952 577	0,937 143	0,919 699
3	0,998 248	0,996 642	0,994 247	0,990 920	0,986 541	0,981 012
4	0,999 828	0,999 606	0,999 214	0,998 589	0,997 656	0,996 340
5	0,999 986	0,999 961	0,999 910	0,999 816	0,999 657	0,999 406
6	0,999 999	0,999 997	0,999 991	0,999 979	0,999 957	0,999 917
7	1,000 000	1,000 000	0,999 999	0,999 998	0,999 995	0,999 990
8			1,000 000	1,000 000	1,000 000	0,999 999
9						1,000 000

Tabelle 9 (Fortsetzung):
Poissonverteilung P (λ) – aufwärtskumulierte Wahrscheinlichkeiten: P (X ≤ x*)

x*	λ							
	1,20	1,40	1,60	1,80	2,00	2,50	3,00	3,50
0	0,3012	0,2466	0,2019	0,1653	0,1353	0,0821	0,0498	0,0302
1	0,6626	0,5918	0,5249	0,4628	0,4060	0,2873	0,1991	0,1359
2	0,8795	0,8335	0,7834	0,7306	0,6767	0,5438	0,4232	0,3208
3	0,9662	0,9463	0,9212	0,8913	0,8571	0,7576	0,6472	0,5366
4	0,9923	0,9857	0,9763	0,9636	0,9473	0,8912	0,8153	0,7254
5	0,9985	0,9968	0,9940	0,9896	0,9834	0,9580	0,9161	0,8576
6	0,9997	0,9994	0,9987	0,9974	0,9955	0,9858	0,9665	0,9347
7	1,0000	0,9999	0,9997	0,9994	0,9989	0,9958	0,9881	0,9733
8		1,0000	1,0000	0,9999	0,9998	0,9989	0,9962	0,9901
9				1,0000	1,0000	0,9997	0,9989	0,9967
10						0,9999	0,9997	0,9990
11						1,0000	0,9999	0,9997
12							1,0000	0,9999
13								1,0000

x*	λ							
	4,00	4,50	5,00	6,00	7,00	8,00	9,00	10,00
0	0,0183	0,0111	0,0067	0,0025	0,0009	0,0003	0,0001	0,0000
1	0,0916	0,0611	0,0404	0,0174	0,0073	0,0030	0,0012	0,0005
2	0,2381	0,1736	0,1247	0,0620	0,0296	0,0138	0,0062	0,0028
3	0,4335	0,3423	0,2650	0,1512	0,0818	0,0424	0,0212	0,0103
4	0,6288	0,5321	0,4405	0,2851	0,1730	0,0996	0,0550	0,0293
5	0,7851	0,7029	0,6160	0,4457	0,3007	0,1912	0,1157	0,0671
6	0,8893	0,8311	0,7622	0,6063	0,4497	0,3134	0,2068	0,1301
7	0,9489	0,9134	0,8666	0,7440	0,5987	0,4530	0,3239	0,2202
8	0,9786	0,9597	0,9319	0,8472	0,7291	0,5925	0,4577	0,3328
9	0,9919	0,9829	0,9682	0,9161	0,8305	0,7166	0,5874	0,4579
10	0,9972	0,9933	0,9863	0,9574	0,9015	0,8159	0,7060	0,5830
11	0,9991	0,9976	0,9945	0,9799	0,9467	0,8881	0,8030	0,6968
12	0,9997	0,9992	0,9980	0,9912	0,9730	0,9362	0,8758	0,7916
13	0,9999	0,9997	0,9993	0,9964	0,9872	0,9658	0,9261	0,8645
14	1,0000	0,9999	0,9998	0,9986	0,9943	0,9827	0,9585	0,9165
15		1,0000	0,9999	0,9995	0,9976	0,9918	0,9780	0,9513
16			1,0000	0,9998	0,9990	0,9963	0,9889	0,9730
17				0,9999	0,9996	0,9984	0,9947	0,9857
18				1,0000	0,9999	0,9993	0,9976	0,9928
19					1,0000	0,9997	0,9989	0,9965
20						0,9999	0,9996	0,9984
21						1,0000	0,9998	0,9993
22							0,9999	0,9997
23							1,0000	0,9999
24								1,0000

OC-Kurven für einen Test bezüglich des Mittelwertes einer Normalverteilung mit bekannter Standardabweichung

Mit Hilfe der OC-Kurven läßt sich bei vorgegebenem α und β der benötigte Stichprobenumfang ablesen für den Test der Hypothese H_O: $\mu = \mu_O$, wenn die Standardabweichung bekannt ist.

Dabei ist $\Delta = \frac{|\mu_A - \mu_O|}{\sigma}$. Die Testgröße ist das normalverteilte $z = \frac{\bar{x} - \mu_o}{\sigma/\sqrt{n}}$.

OC-Kurven lassen sich auch verwenden für den Test der Hypothese H_O: $\mu_1 = \mu_2$, wenn die Standardabweichungen σ_1 und σ_2 bekannt sind.

$$\Delta = \frac{|\mu_1 - \mu_2|}{\sqrt{\sigma_1^2 + \sigma_2^2}}. \text{ Die Testgröße ist } z = \frac{\bar{x}_1 - \bar{x}_2}{\sqrt{\frac{\sigma_1^2}{n_1} + \frac{\sigma_2^2}{n_2}}}.$$

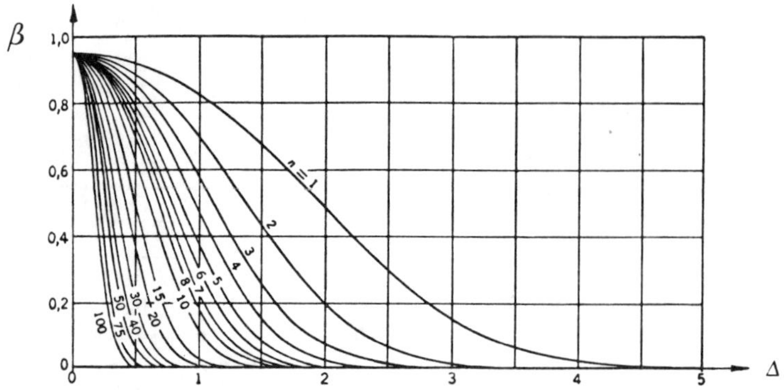

Fig. 1: OC-Kurven für zweiseitige Tests ($\alpha = 0{,}05$)

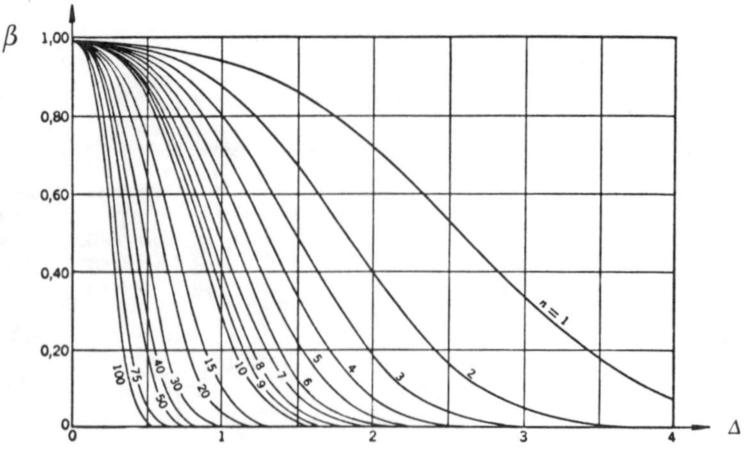

Fig. 2: OC-Kurven für zweiseitige Tests ($\alpha = 0{,}01$)

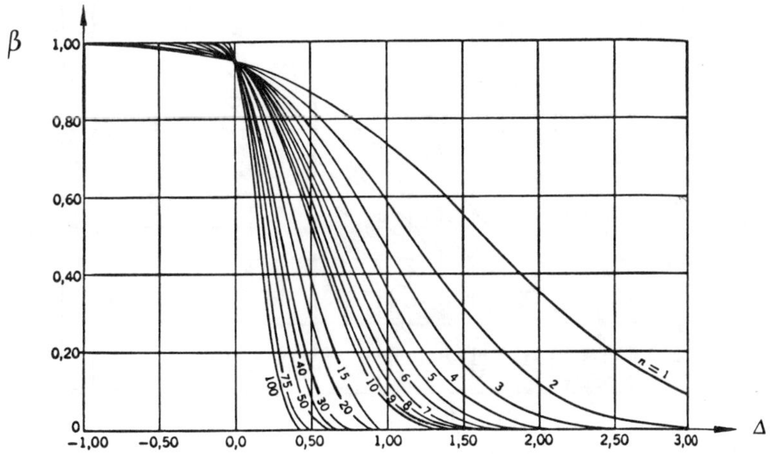

Fig. 3: OC-Kurven für einseitige Tests (α = 0,05)

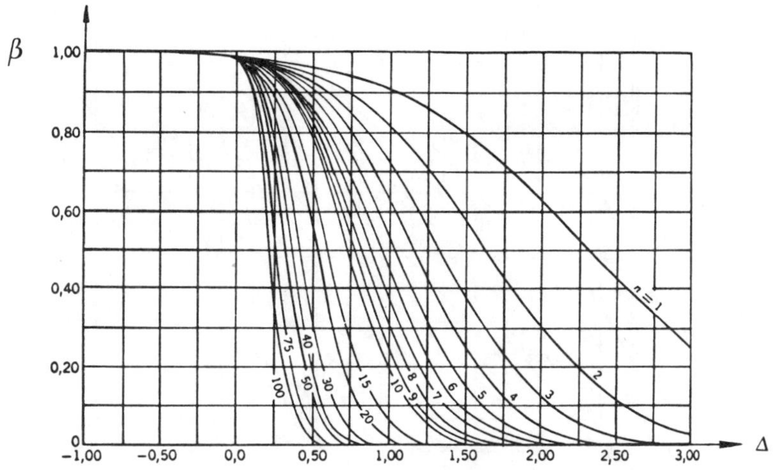

Fig. 4: OC-Kurven für einseitige Tests (α = 0,01)

Clopper - Pearson - Diagramme

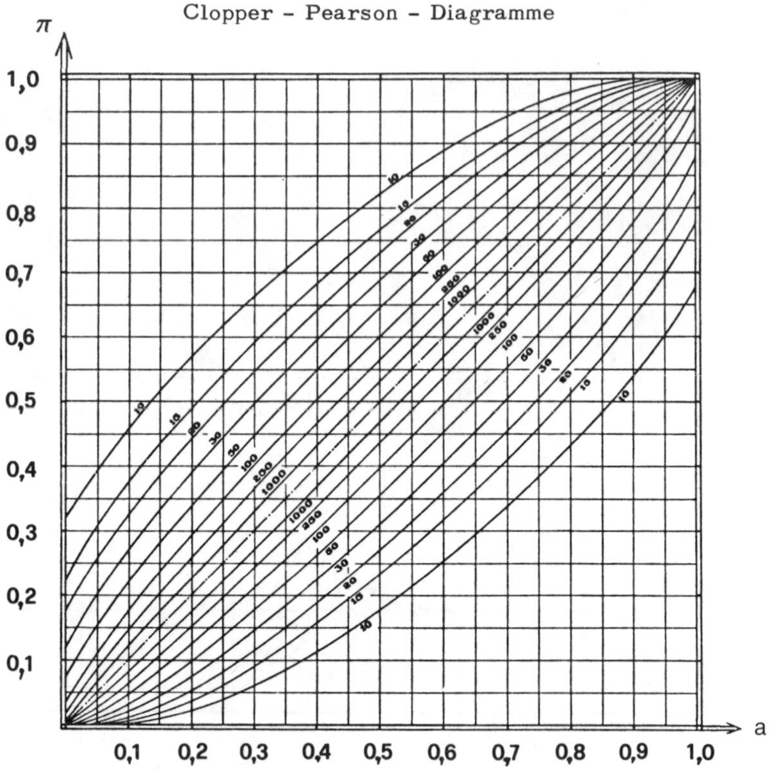

Fig. 5: 95%-Vertrauensintervalle

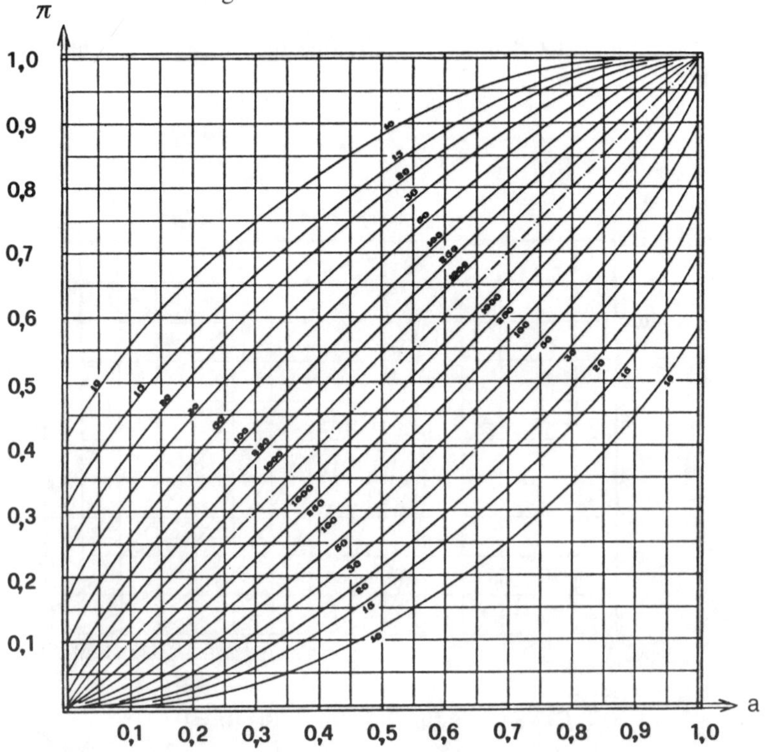

Fig. 6: 99%-Vertrauensintervalle

Quellenverzeichnis

Gnedenko, B.W., Lehrbuch der Wahrscheinlichkeitsrechnung, 1965 (Akademie-Verlag), Berlin
S. 370 – Tab. 1: Normalverteilung

Handbook of Tables for Probability and Statistics, (Hrsg. Beyer, W.H.), 2. Aufl. 1968 (Chemical Rubber Publ.), Cleveland, Ohio
S. 283 – Tab. 2: T-Verteilung
S. 183-186 – Tab. 3: Binomialverteilung – Einzelwahrscheinlichkeiten
S. 198-204 – Tab. 4: Binomialverteilung – abwärtskumulierte Wahrscheinlichkeiten
S. 246 – Tab. 5: Hypergeometrische Verteilung
S. 145-146 – Fig. 1-4: OC-Kurven

The Rand Corporation, A Million Random Digits with 100'000 Normal Deviates, 1955, New York
– Tab. 6: Zufallszahlen

Wetzel, W., Jöhnk, M.-D., Naeve, P., Statistische Tabellen, 1967 (Walter de Gruyter), Berlin
S. 104 ff. – Tab. 7: Chiquadratverteilung

Sachs, L., Angewandte Statistik – Anwendung statistischer Methoden, 6. Aufl., 1984 (Springer), Berlin usw.
S. 117 – Tab. 8: F-Verteilung

Owen, D.B., Handbook of Statistical Tables, 1962 (Addison-Wesley Publishing Company), London
S. 260-261 – Tab. 9: Poissonverteilung – aufwärtskumulierte Wahrscheinlichkeiten

Clopper, C.J., Pearson, E.S., The Use of Confidence or Fiducial Limits Illustrated in the Case of the Binomial, Biometrika, Vol. 26, 1934
S. 410, 411 – Fig. 5, Fig. 6: Clopper-Pearson -Diagramme

Griechisches Alphabet

A	α	Alpha	N	ν	Ny
B	β	Beta	Ξ	ξ	Xi
Γ	γ	Gamma	O	o	Omikron
Δ	δ	Delta	Π	π	Pi
E	ε	Epsilon	P	ϱ	Rho
Z	ζ	Zeta	Σ	σ	Sigma
H	η	Eta	T	τ	Tau
Θ	θ	Theta	Y	υ	Ypsilon
I	ι	Jota	Φ	φ	Phi
K	$\varkappa$	Kappa	X	χ	Chi
Λ	λ	Lambda	Ψ	ψ	Psi
M	μ	My	Ω	ω	Omega

Register

(integriertes Sach- und Personenverzeichnis ohne Hinweise auf das Literaturverzeichnis)

Anhang zu Kap. X, Abschnitt 10.3

(„*Das Gesetz der großen Zahl*“ veranschaulicht mit Hilfe von Häufigkeitspolygonen gezogener Lottozahlen.)

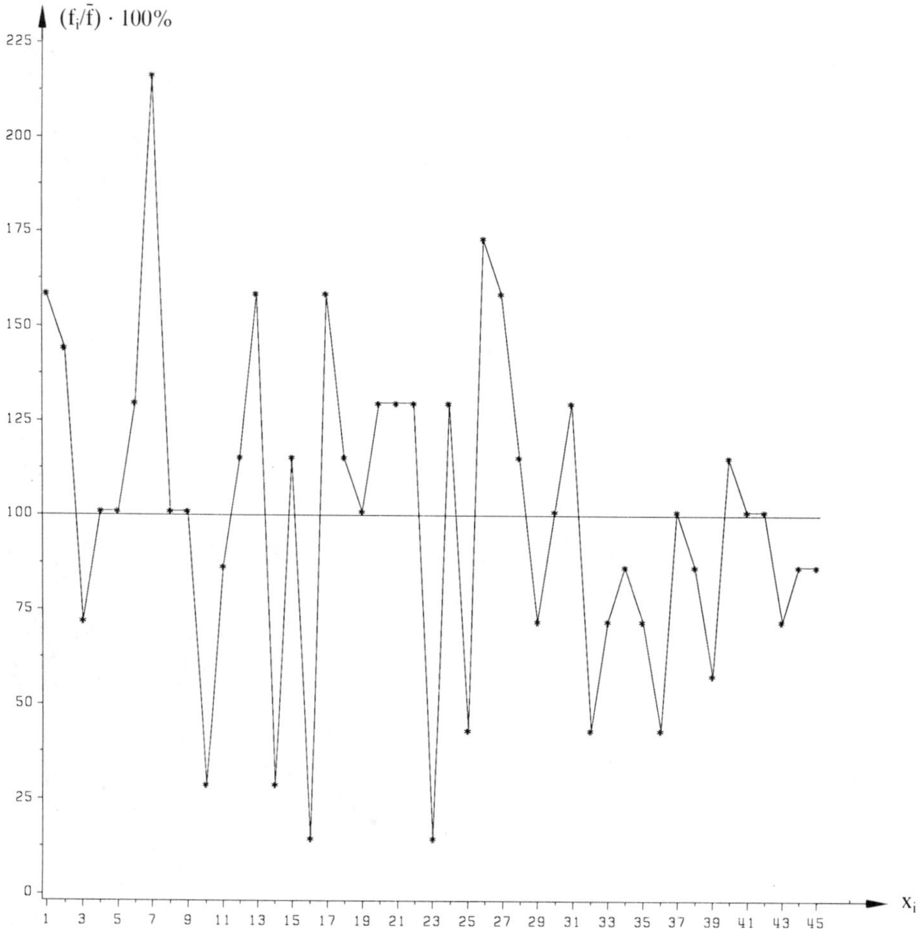

Fig. 10 – 3a: 312 Ziehungen (6 aus 45)

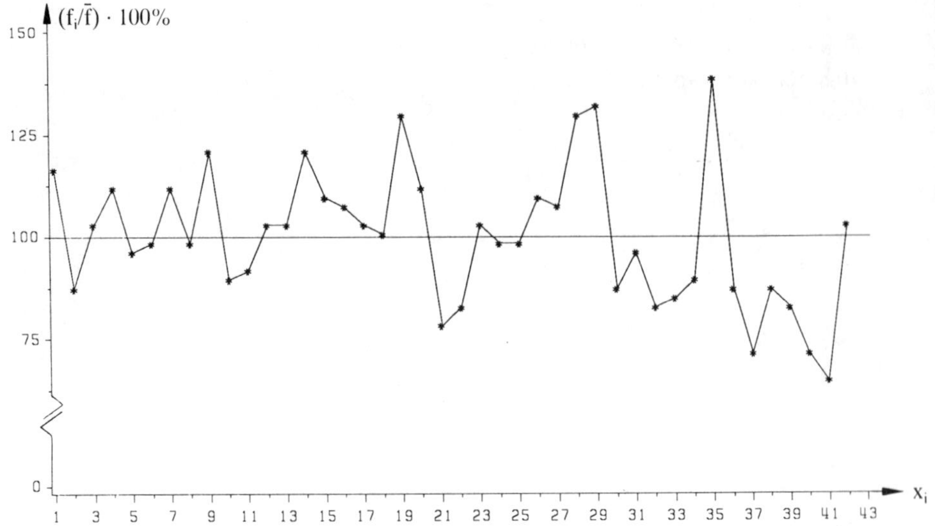

Fig. 10 – 3b: 1878 Ziehungen (6 aus 42)

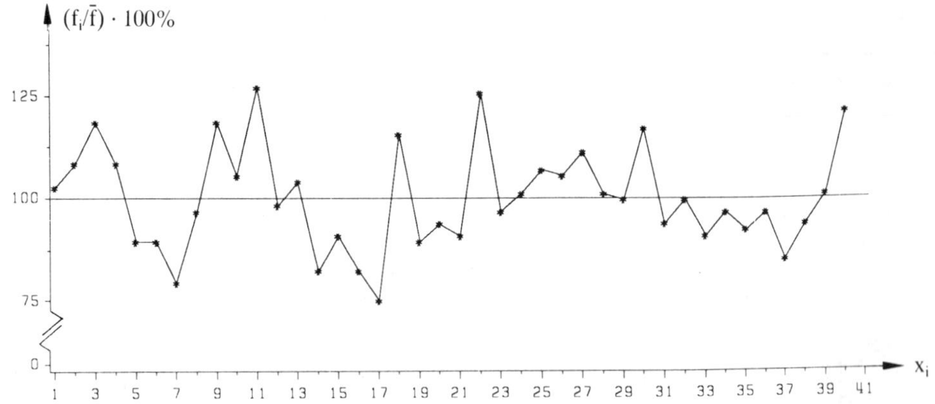

Fig. 10 – 3c: 2772 Ziehungen (6 aus 40)

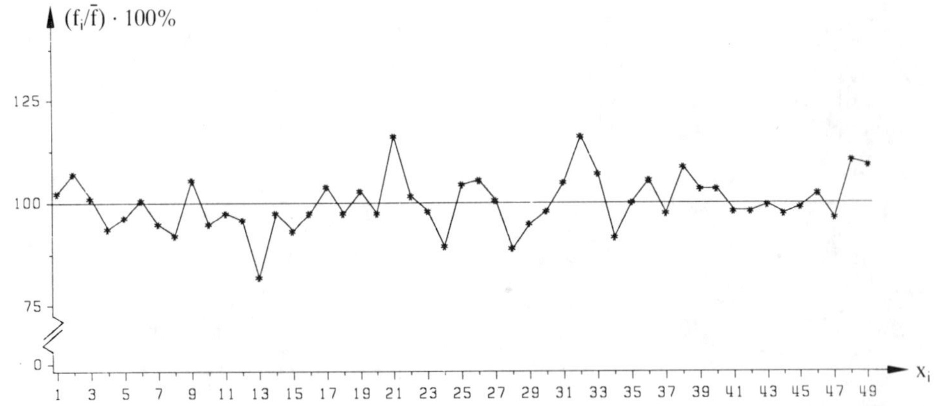

Fig. 10 – 3d: 9150 Ziehungen (6 aus 49)

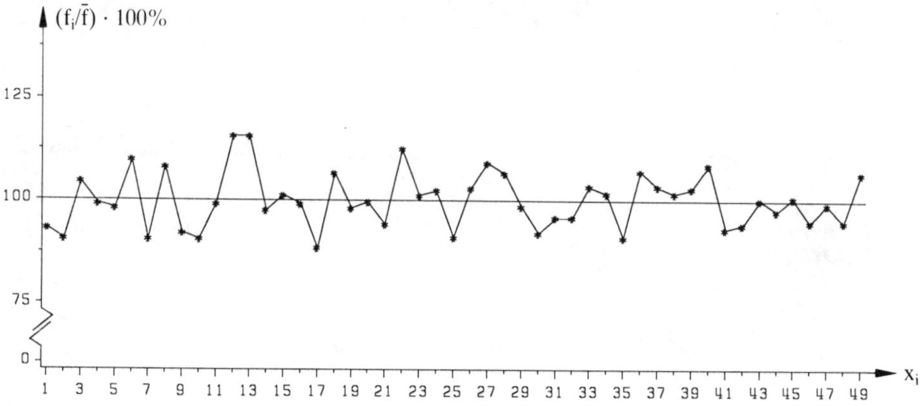

Fig. 10 – 3e: 9150 simulierte Ziehungen (6 aus 49)

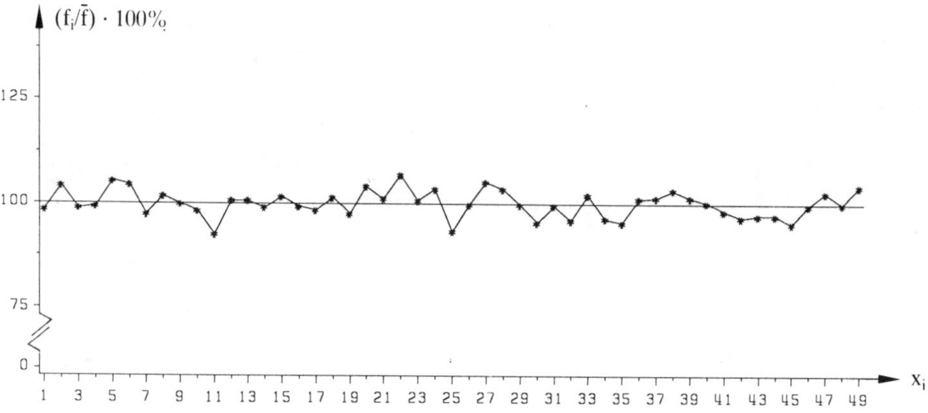

Fig. 10 – 3f: 36'600 simulierte Ziehungen (6 aus 49)

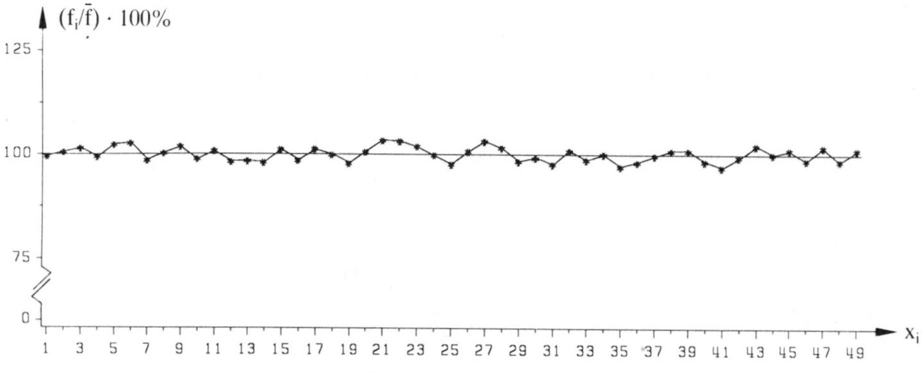

Fig. 10 – 3g: 146'400 simulierte Ziehungen (6 aus 49)

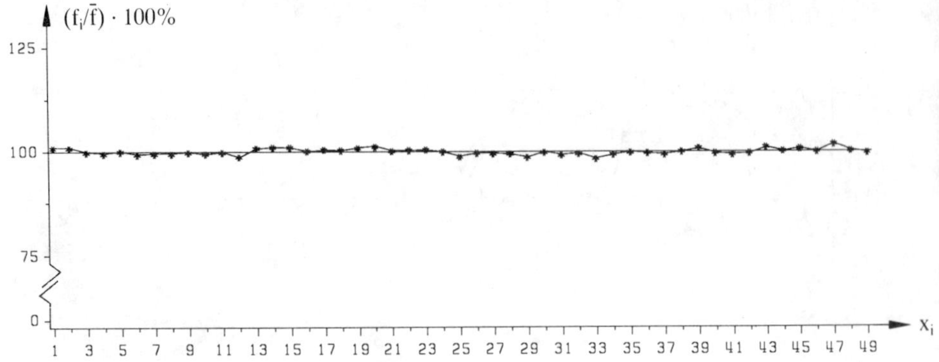

Fig. 10 – 3h: 585'600 simulierte Ziehungen (6 aus 49)

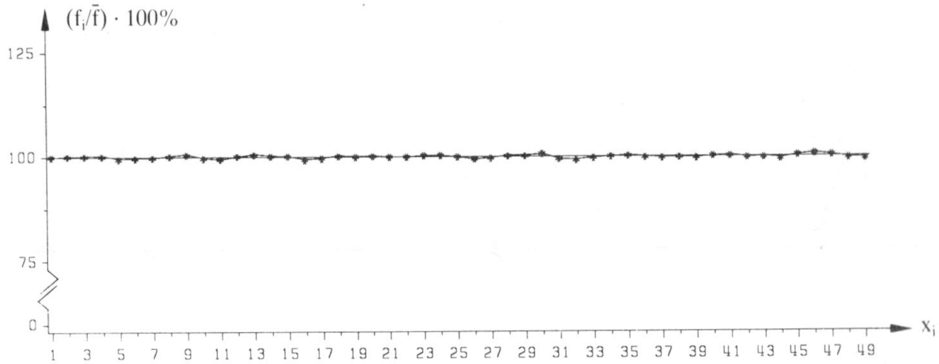

Fig. 10 – 3i: 2'342'400 simulierte Ziehungen (6 aus 49)

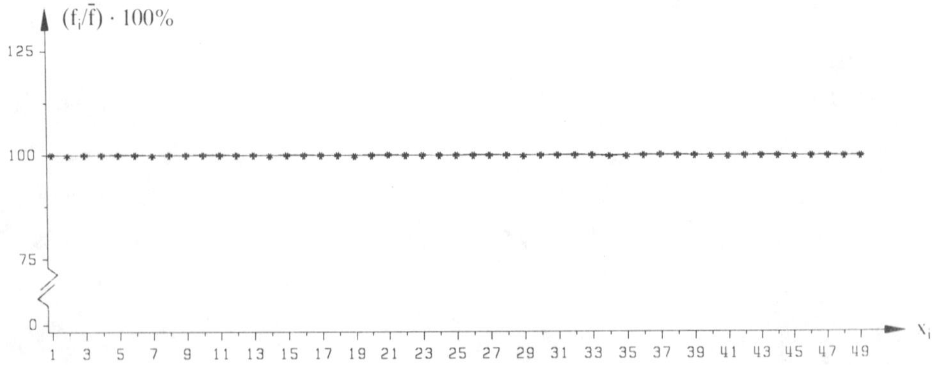

Fig. 10 – 3j: 9'369'600 simulierte Ziehungen (6 aus 49)

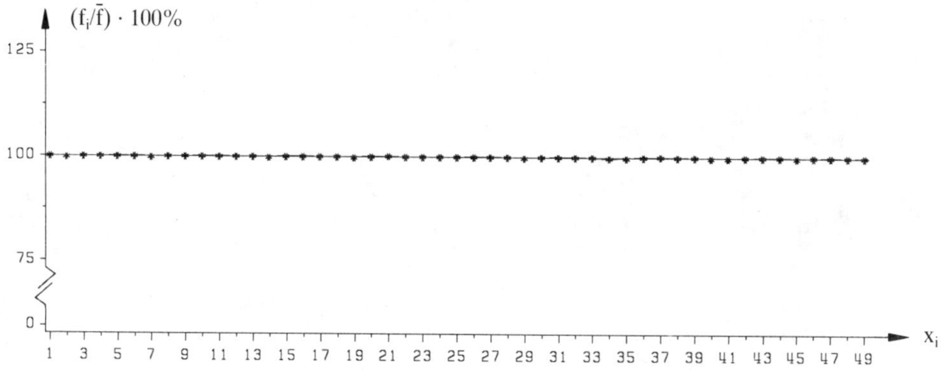

Fig. 10 – 3k: 37'478'400 simulierte Ziehungen (6 aus 49)

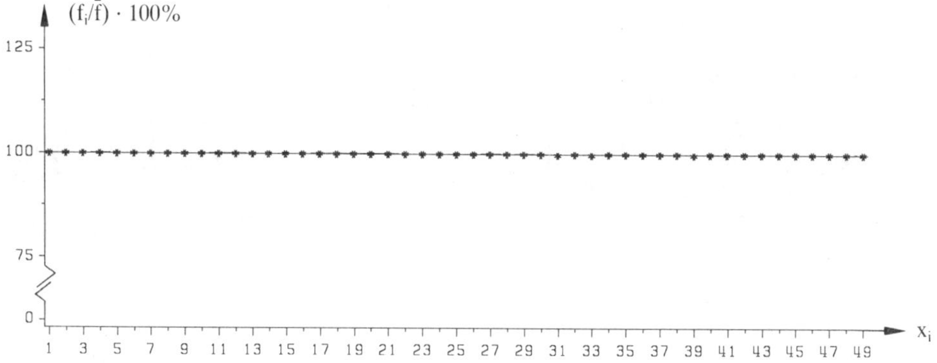

Fig. 10 – 3l: 149'913'600 simulierte Ziehungen (6 aus 49)